KB209715

벡터 도함수

직각좌표계. $d\mathbf{l} = dx\,\hat{\mathbf{x}} + dy\,\hat{\mathbf{y}} + dz\,\hat{\mathbf{z}}; \quad d\tau = dx\,dy\,dz$

기울기: $$\nabla t = \frac{\partial t}{\partial x}\hat{\mathbf{x}} + \frac{\partial t}{\partial y}\hat{\mathbf{y}} + \frac{\partial t}{\partial z}\hat{\mathbf{z}}$$

발산: $$\nabla \cdot \mathbf{v} = \frac{\partial v_x}{\partial x} + \frac{\partial v_y}{\partial y} + \frac{\partial v_z}{\partial z}$$

회전: $$\nabla \times \mathbf{v} = \left(\frac{\partial v_z}{\partial y} - \frac{\partial v_y}{\partial z}\right)\hat{\mathbf{x}} + \left(\frac{\partial v_x}{\partial z} - \frac{\partial v_z}{\partial x}\right)\hat{\mathbf{y}} + \left(\frac{\partial v_y}{\partial x} - \frac{\partial v_x}{\partial y}\right)\hat{\mathbf{z}}$$

라플라스 연산: $$\nabla^2 t = \frac{\partial^2 t}{\partial x^2} + \frac{\partial^2 t}{\partial y^2} + \frac{\partial^2 t}{\partial z^2}$$

구좌표계. $d\mathbf{l} = dr\,\hat{\mathbf{r}} + r\,d\theta\,\hat{\boldsymbol{\theta}} + r\sin\theta\,d\phi\,\hat{\boldsymbol{\phi}}; \quad d\tau = r^2\sin\theta\,dr\,d\theta\,d\phi$

기울기: $$\nabla t = \frac{\partial t}{\partial r}\hat{\mathbf{r}} + \frac{1}{r}\frac{\partial t}{\partial \theta}\hat{\boldsymbol{\theta}} + \frac{1}{r\sin\theta}\frac{\partial t}{\partial \phi}\hat{\boldsymbol{\phi}}$$

발산: $$\nabla \cdot \mathbf{v} = \frac{1}{r^2}\frac{\partial}{\partial r}(r^2 v_r) + \frac{1}{r\sin\theta}\frac{\partial}{\partial \theta}(\sin\theta\, v_\theta) + \frac{1}{r\sin\theta}\frac{\partial v_\phi}{\partial \phi}$$

회전: $$\nabla \times \mathbf{v} = \frac{1}{r\sin\theta}\left[\frac{\partial}{\partial \theta}(\sin\theta\, v_\phi) - \frac{\partial v_\theta}{\partial \phi}\right]\hat{\mathbf{r}} + \frac{1}{r}\left[\frac{1}{\sin\theta}\frac{\partial v_r}{\partial \phi} - \frac{\partial}{\partial r}(r v_\phi)\right]\hat{\boldsymbol{\theta}} + \frac{1}{r}\left[\frac{\partial}{\partial r}(r v_\theta) - \frac{\partial v_r}{\partial \theta}\right]\hat{\boldsymbol{\phi}}$$

라플라스 연산: $$\nabla^2 t = \frac{1}{r^2}\frac{\partial}{\partial r}\left(r^2\frac{\partial t}{\partial r}\right) + \frac{1}{r^2\sin\theta}\frac{\partial}{\partial \theta}\left(\sin\theta\frac{\partial t}{\partial \theta}\right) + \frac{1}{r^2\sin^2\theta}\frac{\partial^2 t}{\partial \phi^2}$$

원통좌표계. $d\mathbf{l} = ds\,\hat{\mathbf{s}} + s\,d\phi\,\hat{\boldsymbol{\phi}} + dz\,\hat{\mathbf{z}}; \quad d\tau = s\,ds\,d\phi\,dz$

기울기: $$\nabla t = \frac{\partial t}{\partial s}\hat{\mathbf{s}} + \frac{1}{s}\frac{\partial t}{\partial \phi}\hat{\boldsymbol{\phi}} + \frac{\partial t}{\partial z}\hat{\mathbf{z}}$$

발산: $$\nabla \cdot \mathbf{v} = \frac{1}{s}\frac{\partial}{\partial s}(s v_s) + \frac{1}{s}\frac{\partial v_\phi}{\partial \phi} + \frac{\partial v_z}{\partial z}$$

회전: $$\nabla \times \mathbf{v} = \left[\frac{1}{s}\frac{\partial v_z}{\partial \phi} - \frac{\partial v_\phi}{\partial z}\right]\hat{\mathbf{s}} + \left[\frac{\partial v_s}{\partial z} - \frac{\partial v_z}{\partial s}\right]\hat{\boldsymbol{\phi}} + \frac{1}{s}\left[\frac{\partial}{\partial s}(s v_\phi) - \frac{\partial v_s}{\partial \phi}\right]\hat{\mathbf{z}}$$

라플라스 연산: $$\nabla^2 t = \frac{1}{s}\frac{\partial}{\partial s}\left(s\frac{\partial t}{\partial s}\right) + \frac{1}{s^2}\frac{\partial^2 t}{\partial \phi^2} + \frac{\partial^2 t}{\partial z^2}$$

벡터 항등식

삼중곱

(1) $\mathbf{A} \cdot (\mathbf{B} \times \mathbf{C}) = \mathbf{B} \cdot (\mathbf{C} \times \mathbf{A}) = \mathbf{C} \cdot (\mathbf{A} \times \mathbf{B})$

(2) $\mathbf{A} \times (\mathbf{B} \times \mathbf{C}) = \mathbf{B}(\mathbf{A} \cdot \mathbf{C}) - \mathbf{C}(\mathbf{A} \cdot \mathbf{B})$

곱셈 규칙

(3) $\nabla(fg) = f(\nabla g) + g(\nabla f)$

(4) $\nabla(\mathbf{A} \cdot \mathbf{B}) = \mathbf{A} \times (\nabla \times \mathbf{B}) + \mathbf{B} \times (\nabla \times \mathbf{A}) + (\mathbf{A} \cdot \nabla)\mathbf{B} + (\mathbf{B} \cdot \nabla)\mathbf{A}$

(5) $\nabla \cdot (f\mathbf{A}) = (\nabla f) \cdot \mathbf{A} + f(\nabla \cdot \mathbf{A})$

(6) $\nabla \cdot (\mathbf{A} \times \mathbf{B}) = (\nabla \times \mathbf{A}) \cdot \mathbf{B} - \mathbf{A} \cdot (\nabla \times \mathbf{B})$

(7) $\nabla \times (f\mathbf{A}) = (\nabla f) \times \mathbf{A} + f(\nabla \times \mathbf{A})$

(8) $\nabla \times (\mathbf{A} \times \mathbf{B}) = (\mathbf{B} \cdot \nabla)\mathbf{A} - (\mathbf{A} \cdot \nabla)\mathbf{B} + \mathbf{A}(\nabla \cdot \mathbf{B}) - \mathbf{B}(\nabla \cdot \mathbf{A})$

2계 도함수

(9) $\nabla \cdot (\nabla \times \mathbf{A}) = 0$

(10) $\nabla \times (\nabla f) = 0$

(11) $\nabla \times (\nabla \times \mathbf{A}) = \nabla(\nabla \cdot \mathbf{A}) - \nabla^2 \mathbf{A}$

기본정리

기울기 정리: $\int_{\mathbf{a}}^{\mathbf{b}} (\nabla f) \cdot d\mathbf{l} = f(\mathbf{b}) - f(\mathbf{a})$

발산 정리: $\int (\nabla \cdot \mathbf{A})\, d\tau = \oint \mathbf{A} \cdot d\mathbf{a}$

회전 정리: $\int (\nabla \times \mathbf{A}) \cdot d\mathbf{a} = \oint \mathbf{A} \cdot d\mathbf{l}$

| 5th Edition |

기초전자기학

DAVID J. GRIFFITHS 지음 | 김진승 옮김

북스힐

저자 머리말

이 책은 학부 3, 4학년 수준에 맞춘 전자기학 교재이다. 책의 내용은 2학기 강좌에서 모두 다룰 수 있고, 특별한 주제(교류 회로, 수치계산법, 플라스마 물리, 전송선, 안테나 이론 등)를 다룰 수 있는 여유도 낼 수 있을 것이다. 1학기 강좌에서는 7장까지 다루면 된다. 전기역학은 (예를 들어) 양자역학이나 열 물리와는 달리 무엇을 가르쳐야 하는가에 대해 상당히 일반적인 합의가 있다; 다룰 내용과 순서까지도 특별히 논쟁거리가 되지는 않으며, 교재의 차이는 주로 설명 방식과 말투에 있다. 내 방법은 아마도 대부분의 책보다 덜 형식적일 것이다; 내 생각에는 그렇게 하면 어려운 개념을 보다 재미있고 수월하게 보여줄 수 있는 것 같다.

이 새 판에서는 내용을 명확하고 멋지게 만들고자 조금씩 고쳤다. 몇 군데 오류를 바로 잡았거나 설명을 늘렸다. 새 문제를 몇 개 더 넣었는데, 풀 때 컴퓨터가 필요한 것도 있다 (여백에 생쥐를 넣어 표시했다). 전자기장 분포를 화살표로 나타내거나, 장 선을 (어떤 점에서 시작하여) 그리거나, 전/자기장 속의 어떤 곳을 정해진 속도로 지나는 하전 입자의 궤적을 그리려는 사람에게는 적어도 최소한의 안내를 할 필요가 있다고 생각했다. 이러한 문제는 Mathematica(특히 13.1판)로 코드를 짰지만, 사람마다 자신이 잘 쓰는 프로그램 언어로 바꾸는 데 어려움이 없을 것이다. 미묘한 다음 주제에 대한 설명은 새로 넣었다: 결정의 편극밀도의 정의의 애매함, 전기 및 (특히) 자기 장 선의 문제점, 자성 재료에 대한 고전적 설명에서 고유 스핀(엄밀히 양자적 현상)의 어색한 역할.

그리고 참고문헌을 더 넣었다 (특히 *American Journal of Physics*). 물론 대개의 독자는 그것을 찾아 볼 시간이 없거나 즐기지 않음을 알지만, 전기역학이 오래된 학문임에도 여전히 활기 있고, 늘 흥미 있는 것이 새로 발견되고 있음을 강조하는데도 가치가 있다고 생각한다. 가끔 여러분이 문제를 풀다 호기심이 생겨 참고문헌 – 어떤 것은 참된 보석이다 – 을 찾아보기 바란다.

이 책에서도 세 가지 독특한 기호체계를 유지했다:

- 직각좌표계의 단위벡터는 $\hat{\mathbf{x}}$, $\hat{\mathbf{y}}$, $\hat{\mathbf{z}}$로 나타낸다 (그리고 일반적으로 모든 단위벡터는 해당 좌표를 나타내는 글자를 굵게 쓰고 위에 모자를 씌웠다).
- 원통 좌표계에서 z축에 대한 거리[1]는 s로 나타내어, 구 좌표계의 반지름 좌표 및 원점에 대한 거리를 나타내는 r과 헷갈리지 않게 했다.

- 필기체 글자 $\boldsymbol{\mathscr{r}}$은 원천점 $\mathbf{r}'$에서 관찰점 $\mathbf{r}$까지의 벡터를 나타낸다 (그림을 보라). 더 명확한 $(\mathbf{r}-\mathbf{r}')$을 더 좋아하는 사람도 있다. 그러나 그렇게 하면 많은 식이 너무 지저분해지며, 특히 단위벡터 $\hat{\boldsymbol{\mathscr{r}}}$가 들어가면 더 그렇다. 경험에 비추어 조심성 없는 학생들이 $\boldsymbol{\mathscr{r}}$을 $\mathbf{r}$로 보는 경우가 많은 것을 안다 – 그러면 틀림없이 적분이 더 쉬워진다! 다음을 적어 두어라: $\boldsymbol{\mathscr{r}} \equiv \mathbf{r}-\mathbf{r}'$. 이것은 $\mathbf{r}$과는 다르다. 내 생각에는 좋은 기호이지만, 다룰 때 주의해야 한다.[2]

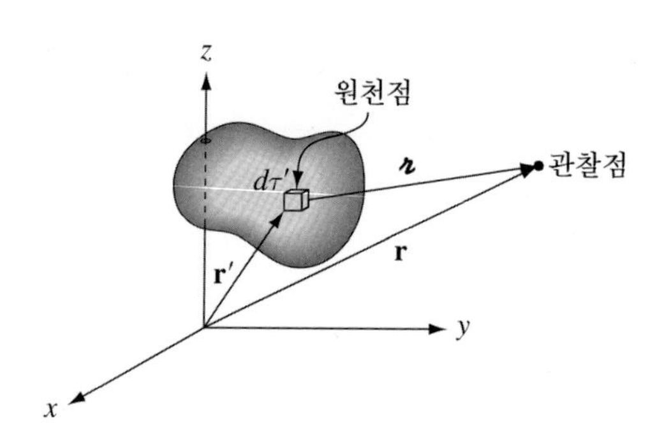

이전 판과 같이 문제를 두 가지로 나눈다. 어떤 것은 명확한 교육적 목적이 있고, 따라서 관련된 절을 읽은 뒤 바로 풀어야 한다; 이것은 각 장의 가운데 적절한 곳에 두었다. (어떤 것은 문제의 해를 뒷부분의 설명에서 쓰는데, 그러한 것에는 왼쪽에 점(•)을 붙였다.) 더 긴 문제나 보다 일반적 인 문제는 각 장의 끝에 두었다. 내가 가르칠 때는 이 가운데 일부를 과제로 주고, 일부는 강의시간에 풀어주며 설명한다. 특히 도전적인 문제는 왼쪽에 느낌표(!)를 붙였다. 많은 독자가 책 뒤에 문제풀이를 붙여달라고 요청했었다; 불행히도 같은 수의 독자가 완강히 그것을 반대했다. 나는 타협하여 특별히 적절한 것에는 답을 주었다. 완전한 해답집은 출판사에서 (선생들만) 얻을 수 있다; Cambridge University Press의 다음 웹사이트에 요청하면 된다: www.cambridge.org/electrodynamics5e

많은 동료들의 조언으로부터 도움을 받았다 – 그들을 모두 여기에 늘어놓을 수는 없지만 특히 이 새 판에 도움이 되는 제안을 해준 다음 동료들에게는 고마움을 전하고 싶다: Catherine Crouch (Swarthmore), Ted Jacobson (Maryland), DonKoks (Adelaide), T. R. Lemberger (Ohio State), Kirk McDonald[3] (Princeton), Jim McTavish (Liverpool), Mahdiyar Noorbala (Tehran), Darrell Schroeter (Reed), Herschel Snodgrass (Lewis and Clark), Larry Tankersley (Naval Academy), 그리고 누구보다도 Joel Franklin (Reed). 전자기학에 대해 내가 아는 거의 모든 것 – 전자기학을 가르치는 것까지도 – 은 퍼셀(Edward Purcell)에게 배운 것이다.

David J. Griffiths

1 D. Pontius(*Phys. Teach.* **55**, 388, 2017)는 이를 축의 **좌표**(abaxial coordinate)라고 부르자고 제안한다.

2 $\boldsymbol{\mathscr{r}}$(원문의 글자)은 MS 워드의 '카우프만 폰트'이다. 텍(Tex)을 쓴다면 내 웹사이트에서 이 글자를 닮은 그림을 받아 써라.

3 Kirk의 웹사이트 http://kirkmcd.princeton.edu/examples/에 좋은 설명, 멋진 문제, 유용한 참고문헌이 있다.

옮긴이 머리말

전자기학은 역학, 양자역학, 열통계역학과 함께 학부 물리학전공 교육과정의 네 기둥을 이루는 과목으로 그 비중이 양자역학과 거의 같다고 생각한다 (역학 2, 전자기학 3, 양자역학 3, 열통계역학 2). 전자기현상은 나날이 보는 거의 모든 자연현상의 배경이며, 전자기학을 공부할 때 익히는 개념과 수학적 기법은 고급과정의 물리학에서 꼭 필요하고, 공학에서도 폭 넓게 쓰인다.

그렇지만, 전자기학은 벡터 미적분, 복소수, 미분방정식, 특수함수 등 계속 나오는 고급 수학의 어려움과 전기장, 자기장, 전하, 전류, 전기쌍극자, 자기쌍극자, 그리고 맨 끝에는 특수 상대성 이론까지 나오는 내용의 복잡함이 뒤엉켜 배울 때 애를 먹는다. 또 많은 전자기학 교재들이 개념적 이해를 위한 설명 보다는 수학적 기법을 중심으로 설명하기 때문에 배울 때 힘들고 재미도 없으며, 배운 뒤에도 그 큰 줄거리가 명확히 떠오르기 않아 결국 자신이 없어 하는 경우가 많다.

그러한 어려움을 생각하면 설명을 더 치밀하게 하고, 예제 풀이, 문제의 선택과 배열을 더 세심하게 해야 한다. 또한 정보통신기술의 고도화 및 확산을 생각하면 문제 풀이에 컴퓨터를 쓰는 기법도 익힐 계기를 마련해주는 것이 좋다. 이 책은 그러한 점이 잘 반영되어 이번 개정판에는 컴퓨터를 써서 푸는 초보적인 문제가 추가되었다.

전자기학을 원서로 배울 수도 있지만, 학습 효율에서는 한글 교재와 비교할 수 없다. 원서를 우리말로 옮기는 까닭은 여기에 있다. 혹시 오류가 보이거든, 전자우편으로 알려주면 최대한 빨리 고치겠다: jin@jbnu.ac.kr.

2024. 12.

전북대학교 김진승 (명예교수)

들어가며

전기역학은 무엇을 다루며,
물리학 전체의 틀 속에서 어디에 들어가는가?

역학의 네 영역

아래 그림은 역학을 크게 네 영역으로 나누어 본 것이다:

고전역학 (뉴턴)	**양자역학** (보어, 하이젠베르크, 슈뢰딩거 등)
특수상대론 (아인슈타인)	**양자장론** (디랙, 파울리, 파인만, 슈잉거 등)

고전역학은 "일상생활"의 대부분의 목적에는 잘 맞지만, (빛처럼) 빨리 움직이는 물체에 대해서는 맞지 않아 (아인슈타인이 1905년에 도입한) 특수상대론으로 대치해야 했다; (원자 정도의) 아주 작은 물체에 대해서는 다른 이유로 맞지 않아 (20세기에 보어, 하이젠베르크, 슈뢰딩거와 다른 많은 사람들이 만든) 양자역학으로 대치되었다. (현대 입자 물리학에서 흔히 보듯이) 매우 빠르고 작은 물체에 대해서는 상대론과 양자원리를 결합한 역학이 맞다: 이 상대론적 양자역학을 양자장론이라고 한다 – 이것은 1930~40년대에 주로 개발되었는데, 아직도 아주 만족스러운 이론체계는 아니다. 이 책에서는 마지막장을 빼고는 고전역학의 영역만 다루겠지만, 전기역학은 나머지 세 영역 모

두에서도 적용되는 독특한 단순성이 있다. (사실 전자기학 이론은 대부분 특수상대론과 저절로 잘 맞기 때문에 역사적으로는 상대론을 발전시키는 주요 동인이 되었다.) 그러나, 이 책의 주제는 고전 (그리고 12장에서는 상대론적) 전자기학임을 기억하자; 양자역학은 다루지 않으므로 그 이론이 모든 것을 설명할 것을 기대할 수는 없다. 6장에서 보겠지만, 고전 이론은 자성 물질을 정성적으로 설명하기도 벅차다. 그리고 광자에 관해서는 전혀 말하지 않는다 (음, 진실은 아니다. 12장에서 질량이 없는 입자의 예로 잠깐 나오지만, 전자기장의 양자라는 중요한 역할은 결코 아니다.) 고전 전자기학이 서술하는 세계도 있음직하지만, 우리가 실제로 사는 세계와 모든 세부 사항이 같지는 않다. 실제의 세계는 그보다 더 복잡하다.

네 가지 힘

역학은 물체가 힘을 받으면 어떻게 되는가를 알려준다. 물리학에 (지금까지) 알려진 기본적인 힘은 네 가지이고, 강한 것부터 차례로 쓰면 다음과 같다:

1. 강력
2. 전자기력
3. 약력
4. 중력

가짓수가 너무 적은가? 마찰력은 어디로 갔나? 우리가 마루 위에 서있게 받쳐주는 "법선력"은 어디로 갔나? 분자들을 묶어주는 화학력은 어디로 갔나? 당구공이 부딪칠 때의 충격력은 어디로 갔나? 그 대답은 이 모두가 전자기적이라는 것이다. 사실 우리는 전자기력의 세계에 살고 있다 – 우리가 나날이 느끼는 힘은 중력을 빼고는, 거의 모두, 근원이 전자기력이다.

강력은 원자핵 속에서 양성자와 중성자를 묶어주는데, 그 세기가 전자기력의 수백배나 되지만 힘이 미치는 거리가 아주 짧아서 우리는 그것을 "느낄" 수 없다. **약력**은 방사성 붕괴를 일으키는 힘인데, 힘이 미치는 거리도 짧지만, 전자기력 보다 훨씬 약하다. 중력은 (다른 힘에 비해) 너무 약해서 그 힘을 느끼려면 (지구나 해처럼) 질량이 엄청나야 한다. 두 전자가 밀어내는 전기력은 끌어당기는 중력의 10^{42}배이므로, 원자가 (전기력 대신) 중력으로 묶인다면 수소원자의 크기는 우주보다 훨씬 더 커질 것이다.

전자기력은 우리가 나날이 느끼는 힘의 대부분일 뿐 아니라, 현재 우리가 완전히 아는 유일한 힘이다. **중력**에 대해서는 고전이론(뉴턴의 만유인력 법칙)과 상대성 이론(아인슈타인의 일반 상대론)이 있지만, (많은 사람들의 노력에도 불구하고) 중력에 관한 양자이론은 아직 완전히 만족스럽지는 않다. 현재로서는 약한 상호작용에 관한 (복잡하지만) 매우 성공적인 이론과 강한 상호작용에 관한 아주 매력적인 이론[**색역학**(chromodynamics)이라고 한다]이 있다. 이 모든 이론은 전자기학 이론에서 영감을 받았지만, 아직 어느 것도 완전한 실험적 검증을 받지 못했다. 따라서 전자기학은 완전하고 성공적인 이론으로서 물리학자에게는 일종의 표준모범 – 다른 이론들이 따라야 하는 이상적 모형 – 이 되었다.

고전 전자기학의 법칙은 프랭클린, 쿨롱, 앙페르, 패러데이 등의 발견을 통해 조금씩 부분적으로 이해되었지만, 이것을 모두 모아 오늘날의 간결하고 일관된 꼴로 정리한 사람은 맥스웰(James Clerk Maxwell)이다.[4] 이 이론은 이제 150살이 조금 넘었다.

물리학 이론의 통일

애초에 **전기**(electricity)와 **자기**(magnetism)는 전혀 다른 주제였다. 전기는 유리막대, 고양이 털, 수지 공, 전지, 전류, 전해질, 그리고 번개에 관한 것이었고; 자기는 막대자석, 쇳가루, 나침반, 그리고 북극에 관한 것이었다. 그러나 1820년 외르스테드는 전기적인 전류가 흐르는 도선 주위에서 자기적인 나침반 바늘이 움직이는 것을 발견했다. 그 뒤 곧 앙페르는 모든 자기현상은 전하가 움직여서 생긴다고 (올바로) 가정했다. 1831년 페러데이는 자석이 움직이면 전류가 생기는 것을 발견했다. 그즈음 맥스웰과 로런츠는 전기와 자기를 하나로 묶어 이론을 완성시켰다. 전기와 자기는 동떨어진 현상이 아니라 **전자기**(electromagnetism)라는 한 가지 현상의 두 가지 측면으로 보게 되었다.

패러데이는 빛도 전기현상일 것이라고 짐작했다. 맥스웰 이론은 이 가정이 옳음을 멋지게 보여주었고, 곧 **광학**(optics) – 렌즈, 거울, 프리즘, 간섭, 회절에 관한 학문 – 이 전자기학 속으로 들어왔다. 맥스웰 이론을 뒷받침하는 결정적인 실험을 1888년에 한 헤르츠는 이렇게 말했다 "빛과 전기의 연관성이 확립되었다 … 모든 불꽃과 빛나는 입자에서 우리는 전기현상을 본다 따라서 전기의 영역은 자연현상 전체로 확장되었다. 심지어 우리 자신도 밀접한 영향을 받는다: 우리 눈도 전기적 기관이다." 1900년에는 물리학의 세 커다란 분야인 전기, 자기, 광학이 통일된 이론으로 묶였다. (그리고 가시광은 라디오파, 극초단파, 적외선, 자외선에서 X선, 감마선에 이르는 방대한 전자기파 스펙트럼의 아주 작은 부분임이 분명해졌다.)

1세기 전에 전기와 자기가 묶인 것처럼 아인슈타인은 중력학과 전기역학을 묶는 것을 꿈꾸었다. 그의 **통일장이론**(unified field theory)은 그리 성공적이지 않았지만, 최근에는 똑같은 충동이

---

4 실제로 정리를 마무리한 사람은 헤비사이드(Oliver Heaviside)이다.

계층적이고 점점 더 야심적인 (그리고 사변적인) 통일 구상을 낳았다: 1960년대의 글래쇼, 와인버그, 살람의 **전기약력**(electroweak) 이론 (약력과 전자기력을 묶는 이론)에서 시작하여 1980년대의 **초끈**(superstring) 이론 (하나의 "모든 것의 이론" 속에 네 힘 모두가 들어간다고 주장한다)까지 나왔다. 이 계층적 이론의 각 단계마다 수학적 어려움이 더 커지고 이론적 예측을 실험적으로 검증하는 일도 더 어려워진다; 그렇지만 전자기학에서 시작된 힘의 통일은 물리학의 발전에서 중요 주제가 되었음은 명확하다.

전기역학의 장론화

전자기 이론에서 풀려는 근본문제는 다음과 같다: 이곳에서 전하를 한 움큼 들어 올리면 (그리고 흔들면) 저곳에 있는 다른 전하에 무슨 일이 생기는가? 고전적인 답은 **장론**(field theory)의 꼴이 된다: 전하 주위의 공간에 전기와 자기의 **장**(field) (말하자면 전하가 내는 전자기적 "냄새")가 스며든다. 이 장이 다른 전하에 힘을 준다; 이렇게 해서 그 장은 한 전하의 영향을 다른 전하에게 전해준다 — 상호작용을 "매개"한다.

전하가 가속되면 장의 일부가 말하자면 "떨어져 나가" 에너지, 운동량, 그리고 각운동량을 싣고 빛의 속도로 움직인다. 이것이 **전자기파**(electromagnetic wave)이다. 이것이 있기 때문에 (강요받지 않아도) 장 자체를 원자나 야구공과 같이 "참된" 역학적 실체로 보게 된다. 따라서 우리의 관심은 전하끼리 주고받는 힘에서 장 자체에 관한 이론으로 바뀐다. 그러나 전자기장을 만들려면 전하가 있어야 하고, 그것을 검지하려면 다른 전하가 있어야 하므로 전하의 본성을 먼저 살펴보는 것이 가장 좋겠다.

전하

1. **전하는 두 가지이다.** 그 효과는 서로 지우는 경향이 있으므로 "양(+)"과 "음(-)"으로 부른다 (양전하 $+q$와 음전하 $-q$가 같은 곳에 있으면 전하가 없는 것과 똑 같다). 이것은 너무 뻔해서 따로 말할 필요도 없는 것 같지만, 다른 가능성도 생각해 보라: 전하의 가짓수가 8이나 10이라면 어떻게 될까? (색동역학에서는 전하 같은 양이 세 가지이며, 저마다 양성과 음성이 있다.) 또는 두 가지가 서로 지우지 않는다면 어떻게 될까? 이상한 것은 물체 속에 양전하와 음전하가 똑같은 양이 있어서 전기효과가 거의 완전히 지워진다는 것이다. 그렇지 않다면 우리는 엄청난 힘을 느

낄 것이다: 감자 속의 전하가 10^{10}분의 1 정도만 제대로 지워지지 않아도 엄청난 위력으로 폭발해 버릴 것이다.

2. **전하는 보존된다.** 전하는 생기거나 없어지지 않는다 — 지금 있는 만큼 언제나 있어왔다. (양전하는 똑같은 양의 음전하를 "지울" 수 있지만, 양전하만 저절로 사라질 수는 없다 — 사라졌다면 무엇인가가 전하를 받아 지니고 있어야 한다.) 따라서 우주의 총 전하량은 늘 같다. 이것이 **대역적**(global) 전하보존이다. 실제로는 이보다 훨씬 세게 말할 수 있다: 대역적 전하보존은 서울에서 전하가 없어지는 순간 평양에서 똑같은 전하가 생기는 것을 허용하지만 (총 전하량은 같다), 그러한 일은 생기지 않는다. 전하가 서울에서 평양으로 갔다면, 그 전하는 두 곳을 잇는 길을 거쳐 가야한다. 이것이 **국소적**(local) 전하보존이다. 뒤에 국소적 전하보존을 나타내는 정확한 수학적 법칙 — **연속 방정식**(continuity equation) — 을 배운다.
3. **전하는 양자화 되어 있다.** 고전 전기역학에서 딱히 그래야 할 이유는 없지만, 실제의 전하량은 반드시 기본량의 정수배이다. 양성자의 전하량을 $+e$라 하면, 전자는 $-e$, 중성자는 0, 그리고 파이 중간자는 $+e$, 탄소핵은 $+6e$ 등의 전하량을 지닌다 ($7.392e$나 $1/2e$ 등은 결코 되지 않는다).[5]

이 전하의 기본 단위는 아주 작아서 실제로는 양자화 된 것을 무시해도 된다. 물도 "실제로는" 물분자로 이루어져 있지만 보통은 연속적 유체로 다루는 것과 마찬가지다. 이것은 사실 맥스웰의 생각에 가깝다; 그는 전자나 양성자에 대해 전혀 몰랐으므로 전하를 마치 "젤리" 처럼 얼마든지 작게 나눌 수 있고 마음대로 스며들 수 있는 것으로 상상했을 것이다.

단위

전기역학에는 단위계가 여러 가지여서, 소통에 어려움이 생길 때가 있다. 역학에서는 단위계가 달라도 방정식의 모양은 같다. 영국 단위계(파운드-피트-초)에서나 국제 단위계(킬로그램-미터-초) 모두 뉴턴 제 2 법칙은 $\mathbf{F} = m\mathbf{a}$이다. 그러나 전자기학에서는 쿨롱의 법칙이 단위계마다 다른 꼴이 된다:

$$\mathbf{F} = \frac{q_1 q_2}{\mathscr{r}^2}\hat{\boldsymbol{\mathscr{r}}} \text{ (가우스 단위)}, \quad \mathbf{F} = \frac{1}{4\pi\epsilon_0}\frac{q_1 q_2}{\mathscr{r}^2}\hat{\boldsymbol{\mathscr{r}}} \text{ (국제단위)}, \quad \mathbf{F} = \frac{1}{4\pi}\frac{q_1 q_2}{\mathscr{r}^2}\hat{\boldsymbol{\mathscr{r}}} \text{ (헤비사이드-로런츠 단위)}$$

5 실제로 양성자와 중성자는 세 개의 **쿼크**로 되어 있는데, 쿼크의 전하량은 전자의 전하량의 분수 값이다($\pm\frac{2}{3}e$와 $\pm\frac{1}{3}e$). (핵 바깥으로 나온)자유 쿼크는 아직 관측되지 않았지만, 그것이 발견되어도 전하가 양자화 되어 있다는 것은 바뀌지 않는다; 기본 단위의 크기가 작아질 뿐이다.

가장 많이 쓰는 것은 **가우스(Gaussian)**(cgs)와 **국제(System International)**(mks) 단위계이다. 입자 이론가들은 **헤비사이드-로런츠(Heaviside-Lorentz)** 단위계를 더 좋아한다. 가우스 단위계가 이론적 장점이 있기는 하지만 학부강의에서는 대부분 국제단위계를 더 선호하는 것 같은데, 그 까닭은 집에서 쓰는 단위(볼트, 암페어, 와트)가 들어있어서인 것 같다. 그러므로 이 책에서도 국제단위계를 썼다. 부록 C에는 주요 결과를 가우스 단위계의 식으로 바꾸는 "사전"이 있다.

차례

제1장 벡터해석 1

1.1 벡터대수 **1**

1.1.1 벡터연산 1
1.1.2 벡터대수 : 성분 형식 5
1.1.3 삼중곱 8
1.1.4 위치, 변위, 분리 벡터 9
1.1.5 벡터 변환규칙 11

1.2 미분 **14**

1.2.1 "상" 미분 14
1.2.2 기울기 15
1.2.3 연산자 ∇ 17
1.2.4 발산 18
1.2.5 회전 20
1.2.6 곱셈규칙 22
1.2.7 2계 도함수 24

1.3 적분 **27**

1.3.1 선, 면, 부피 적분 27
1.3.2 미적분의 기본 정리 31
1.3.3 기울기의 기본정리 32
1.3.4 발산의 기본정리 35
1.3.5 회전의 기본정리 37
1.3.6 부분적분 40

1.4 곡선 좌표계 42

1.4.1 구 좌표계 42

1.4.2 원통좌표계 47

1.5 디랙 델타함수 49

1.5.1 $\hat{\mathbf{r}}/r^2$의 발산 49

1.5.2 1차원 디랙 델타함수 50

1.5.3 3차원 델타함수 54

1.6 벡터장 이론 57

1.6.1 헬름홀츠 정리 57

1.6.2 전위(전기적 위치 에너지) 58

제2장 정전기학 65

2.1 정전기장 65

2.1.1 서론 65

2.1.2 쿨롱 법칙 66

2.1.3 전기장 67

2.1.4 연속 전하분포 69

2.2 정전기장의 발산과 회전 73

2.2.1 장선과 가우스 법칙 73

2.2.2 E의 발산 77

2.2.3 가우스 법칙의 응용 78

2.2.4 E의 회전 84

2.3 전위 86

2.3.1 서론 86

2.3.2 전위에 대해 덧붙이는 말 88

2.3.3 푸아송 방정식과 라플라스 방정식 91

2.3.4 국소 전하분포에 대한 전위 92

2.3.5 경계조건 96

2.4 정전기학에서의 일과 에너지 100

2.4.1 전하를 옮기느라 한 일 100

2.4.2 점전하 분포의 에너지 101
2.4.3 연속 전하 분포의 에너지 103
2.4.4 정전기 에너지에 대해 덧붙이는 말 105

2.5 도체 107

2.5.1 기본성질 107
2.5.2 유도전하 109
2.5.3 도체 위의 면전하와 그것이 받는 힘 112
2.5.4 축전기 114

제3장 전위 127

3.1 라플라스 방정식 127

3.1.1 서론 127
3.1.2 1차원 라플라스 방정식 128
3.1.3 2차원 라플라스 방정식 129
3.1.4 3차원 라플라스 방정식 131
3.1.5 경계조건과 유일성 정리 133
3.1.6 도체와 제 2 유일성 정리 135

3.2 영상법 138

3.2.1 전형적인 영상문제 138
3.2.2 표면에 유도된 전하 140
3.2.3 힘과 에너지 141
3.2.4 그 밖의 영상문제 142

3.3 변수 분리법 145

3.3.1 직각좌표계 145
3.3.2 구좌표계 155

3.4 다중극 전개 165

3.4.1 먼 곳의 전위의 근사식 165
3.4.2 홀극항과 쌍극자항 169
3.4.3 다중극 전개에서 좌표계의 원점 172
3.4.4 쌍극자가 만드는 전기장 173

제4장 물질 속의 정전기장 185

4.1 편극밀도 185

4.1.1 유전체 185
4.1.2 유도된 쌍극자 185
4.1.3 극성분자의 정렬 189
4.1.4 편극밀도 191

4.2 편극된 물체가 만드는 전기장 192

4.2.1 속박전하 192
4.2.2 속박전하에 관한 물리적 해석 195
4.2.3 미시적 장과 거시적 장 199

4.3 대체 전기장 201

4.3.1 유전체가 있을 때의 가우스 법칙 201
4.3.2 잘못 알기 쉬운 비슷함 204
4.3.3 경계조건 205
4.3.4 결정의 애매함 206

4.4 선형 유전체 207

4.4.1 감수율, 유전율, 유전상수 207
4.4.2 선형 유전체가 있는 경계값 문제 214
4.4.3 유전체 계의 에너지 220
4.4.4 유전체가 받는 힘 224

제5장 정자기학 233

5.1 로런츠 힘 법칙 233

5.1.1 자기장 233
5.1.2 자기력 235
5.1.3 전류 239

5.2 비오-사바르 법칙 247

5.2.1 정상전류 247
5.2.2 정상전류가 만드는 자기장 248

5.3 B의 발산과 회전 253

5.3.1 직선전류 253
5.3.2 B의 발산과 회전 255
5.3.3 앙페르 법칙 257
5.3.4 정자기학과 정전기학의 비교 265

5.4 자기 벡터 전위 269

5.4.1 벡터 전위 269
5.4.2 경계조건 277
5.4.3 벡터 전위의 다중극 전개 279

제6장 물질 속의 자기장 297

6.1 자화밀도 297

6.1.1 반자성체, 상자성체, 강자성체 297
6.1.2 자기 쌍극자가 받는 회전력과 힘 298
6.1.3 자기장이 원자 궤도에 미치는 영향 302
6.1.4 자화밀도 304

6.2 자화된 물체가 만드는 자기장 305

6.2.1 속박전류 305
6.2.2 속박전류의 물리적인 뜻 309
6.2.3 물질 속의 자기장 311

6.3 보조장 H 311

6.3.1 자성체 속에서의 앙페르 법칙 311
6.3.2 잘못 알기 쉬운 비슷함 315
6.3.3 경계조건 315

6.4 선형 및 비선형 물질 316

6.4.1 자기 감수율과 투자율 316
6.4.2 강자성체 320

제7장 전기역학 329

7.1 기전력 329
7.1.1 옴 법칙 329
7.1.2 기전력 336
7.1.3 운동 기전력 339

7.2 전자기 유도 348
7.2.1 패러데이 법칙 348
7.2.2 유도된 전기장 353
7.2.3 인덕턴스 358
7.2.4 자기장 속의 에너지 365

7.3 맥스웰 방정식 370
7.3.1 맥스웰 이전의 전기역학 370
7.3.2 맥스웰이 앙페르 법칙을 고친 방법 372
7.3.3 맥스웰 방정식 376
7.3.4 자하 377
7.3.5 물질 속의 맥스웰 방정식 379
7.3.6 경계조건 382

7.4 회전 자석이 만드는 자기장 384

제8장 보존법칙 399

8.1 전하와 에너지 399
8.1.1 연속방정식 399
8.1.2 포인팅 정리 400

8.2 운동량 405
8.2.1 전기역학에서의 뉴턴 제 3 법칙 405
8.2.2 맥스웰 변형력 텐서 406
8.2.3 운동량 보존 411
8.2.4 각운동량 415

8.3 자기력은 일을 하지 않는다 419

제9장 전자기파 431

9.1 일차원 파동 431

9.1.1 파동 방정식 431
9.1.2 사인파 434
9.1.3 경계조건: 반사와 투과 438
9.1.4 편광 442

9.2 진공에서의 전자기파 444

9.2.1 E와 B에 대한 파동 방정식 444
9.2.2 단색 평면파 445
9.2.3 전자기파의 에너지와 운동량 449

9.3 물질 속에서의 전자기파 452

9.3.1 선형매질 속에서의 전파 452
9.3.2 수직 입사파의 반사와 투과 454
9.3.3 비스듬히 입사한 파의 반사와 투과 457

9.4 흡수와 분산 464

9.4.1 도체 속에서의 전자기파 464
9.4.2 도체 표면에서의 반사 468
9.4.3 유전율의 진동수에 대한 변화 470

9.5 도파 478

9.5.1 도파관 478
9.5.2 네모꼴 도파관에서의 TE파 481
9.5.3 동축 전송선 484

제10장 전위와 전자기장 491

10.1 전위 형식 491

10.1.1 스칼라와 벡터 전위 491
10.1.2 게이지 변환 494
10.1.3 쿨롱 게이지와 로렌츠 게이지 496
10.1.4 전위로 나타낸 로렌츠 힘 법칙 498

10.2 연속 분포 500
10.2.1 지연 전위 500
10.2.2 제피멩코 방정식 506
10.3 점전하 508
10.3.1 리에나르–비케르트 전위 508
10.3.2 움직이는 점전하가 만드는 전자기장 514

제11장 전자기파 방사 527

11.1 쌍극자 방사 527
11.1.1 전자기파는 무엇인가? 527
11.1.2 전기 쌍극자 방사 528
11.1.3 자기 쌍극자의 전자기파 방사 535
11.1.4 임의의 원천에서 나오는 전자기파 539
11.2 점전하의 방사 일률 545
11.2.1 라모 공식 545
11.2.2 리에나르 공식 548
11.3 방사 반작용 551
11.3.1 아브라함–로런츠 공식 552
11.3.2 전하를 띤 입자가 받는 자체힘 557

제12장 전자기학과 상대론 569

12.1 특수 상대성 이론 569
12.1.1 아인슈타인 가설 569
12.1.2 상대론의 기하학 575
12.1.3 로런츠 변환식 586
12.1.4 시공간의 구조 592
12.2 상대론적 역학 600
12.2.1 고유시간과 고유속도 600

12.2.2 상대론적 에너지와 운동량 603
12.2.3 상대론적 운동학 605
12.2.4 상대론적 동역학 610

12.3 상대론적 전자기학 619

12.3.1 자성: 상대론적 현상 619
12.3.2 장의 변환 622
12.3.3 장 텐서 632
12.3.4 텐서로 쓴 전기 동역학 634
12.3.5 상대론적 전위 639

부록

부록 A 곡선 좌표계에서의 벡터 미적분 645

A.1 서론 645
A.2 기호 645
A.3 기울기 연산자 646
A.4 발산 연산자 647
A.5 회전 연산자 650
A.6 라플라스 연산자 653

부록 B 헬름홀츠 정리 655

부록 C 단위계 659

찾아보기 663

제 1 장 벡터해석

1.1 벡터대수

1.1.1 벡터연산

그림 1.1과 같이 북쪽으로 4km 간 다음 동쪽으로 3km 간다면, 걸어간 거리는 총 7km이지만, 출발점에서 멀어진 거리는 7km가 아니라 5km이다. 이러한 양을 더하고 빼려면 보통 숫자와는 다른 셈법을 써야 한다. 그 까닭은 이 **변위**(displacement: 한 곳에서 다른 곳으로 가는 선분)는 **크기**(길이)와 함께 방향도 있어서, 덧셈을 할 때 두 가지를 모두 따져야 하기 때문이다. 이러한 양이 **벡터**(vector)이며, 예를 들면 속도, 가속도, 힘, 운동량 등이 있다. 이와 달리 크기만 있고 방향은 없는 양은 **스칼라**(scalar)이며, 예를 들면 질량, 전하, 밀도, 온도 등이 있다.

이 책에서는 벡터를 나타낼 때는 ($\mathbf{A}$, $|\mathbf{B}|$처럼) **굵은 글자**(bold face)를, 스칼라는 보통의 가는 글자를 쓴다. 벡터 $\mathbf{A}$의 크기는 $|\mathbf{A}|$ 또는 그냥 A라고 쓴다. 벡터를 화살표로 나타내기도 하는데, 벡터의 크기는 화살표의 길이로, 방향은 화살머리로 나타낸다. $-\mathbf{A}$는 $\mathbf{A}$와 크기는 같지만 방향이

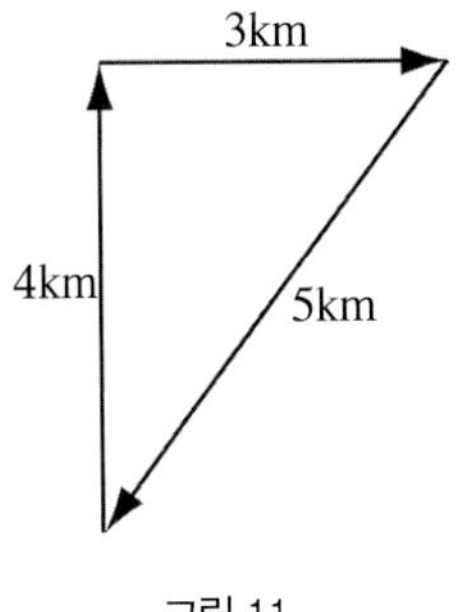

그림 1.1

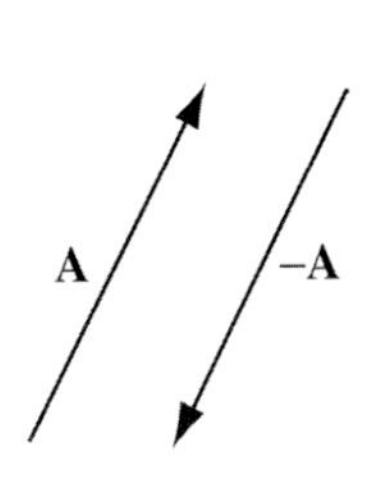

그림 1.2

반대이다(그림 1.2), 벡터는 크기와 방향이 있지만 위치는 따지지 않는다. 서울에서 북쪽으로 4km 간 변위와 평양에서 북쪽으로 4km 간 변위는 (물론, 지구의 곡률을 무시한다면) 똑같은 벡터로 표시된다. 그러므로 그림에서 벡터를 나타내는 화살표의 방향과 크기를 유지한다면 어느 곳으로든 옮길 수 있다.

벡터연산 네 가지 — 덧셈과 세 가지 곱셈 — 를 정의하자:

(i) **두 벡터의 덧셈**: 두 벡터 **A**와 **B**의 합 **A**+**B**는 **A**의 머리에 **B**의 꼬리를 붙인 뒤, **A**의 꼬리에서 **B**의 머리까지 그린 벡터이다 (그림 1.3). (이것은 두 변위를 더하는 것을 일반화한 것이다.) 벡터 덧셈의 순서는 바꿀 수 있다(교환법칙):

$$\mathbf{A}+\mathbf{B}=\mathbf{B}+\mathbf{A}$$

동쪽으로 3km 간 다음 북쪽으로 4km가나, 북쪽으로 먼저 4km 간 다음 동쪽으로 3km 가나 같은 곳에 이른다. 또한, 세 벡터를 더할 때, 처음 두 벡터를 먼저 더한 뒤 세 번째 벡터를 더하나, 뒤의 두 벡터를 먼저 더한 뒤, 처음 벡터를 더하나 결과는 같다. 벡터 덧셈에서 결합법칙도 성립한다:

$$(\mathbf{A}+\mathbf{B})+\mathbf{C}=\mathbf{A}+(\mathbf{B}+\mathbf{C})$$

어떤 벡터를 빼려면 그 벡터와 방향이 반대인 벡터를 더하면 된다(그림 1.4).

$$\mathbf{A}-\mathbf{B}=\mathbf{A}+(-\mathbf{B})$$

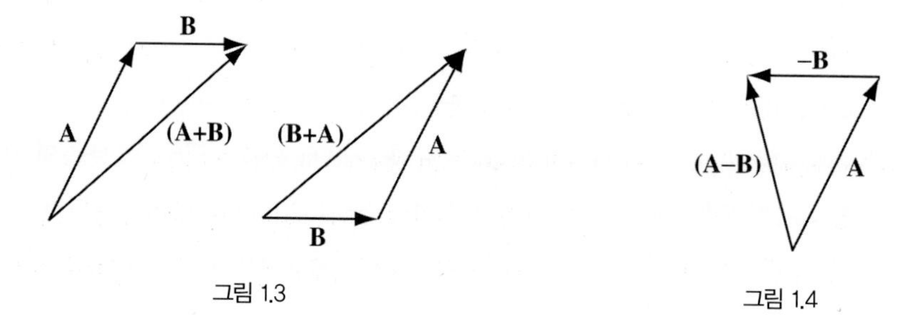

그림 1.3

그림 1.4

(ii) **스칼라 곱셈**(scalar multiplication): 값이 양수인 스칼라 a를 벡터에 곱하면 크기는 늘어나지만 방향은 바뀌지 않는다(그림 1.5). (a의 값이 음수이면 방향은 반대가 된다.) 스칼라 곱셈에서는 분배법칙이 성립한다.

$$a(\mathbf{A}+\mathbf{B})=a\mathbf{A}+a\mathbf{B}$$

(iii) **점곱**(dot product): 두 벡터의 점곱은 다음과 같이 정의한다:

$$\mathbf{A}\cdot\mathbf{B}\equiv AB\cos\theta \tag{1.1}$$

여기에서, θ는 두 벡터의 꼬리를 붙일 때 두 벡터가 이루는 각이다 (그림 1.6). $\mathbf{A} \cdot \mathbf{B}$ 자체가 스칼라임을 유의하라 [그래서 이 곱셈을 '**스칼라 곱**(scalar product)'이라고도 한다]. 점곱은 **교환법칙**이 성립하며,

$$\mathbf{A} \cdot \mathbf{B} = \mathbf{B} \cdot \mathbf{A}$$

분배법칙도 성립한다.

$$\mathbf{A} \cdot (\mathbf{B} + \mathbf{C}) = \mathbf{A} \cdot \mathbf{B} + \mathbf{A} \cdot \mathbf{C} \tag{1.2}$$

그림으로 해석하면 $\mathbf{A} \cdot \mathbf{B}$는 $\mathbf{A}$의 크기 A와 $\mathbf{B}$의 $\mathbf{A}$쪽 성분의 크기를 곱한 것이다(또는 B와 $\mathbf{A}$의 $\mathbf{B}$쪽 성분을 곱한 것이다). 두 벡터가 나란하면 $\mathbf{A} \cdot \mathbf{B} = AB$이다. 특히, 모든 벡터 $\mathbf{A}$에 대해

$$\mathbf{A} \cdot \mathbf{A} = A^2 \tag{1.3}$$

이다. 두 벡터 $\mathbf{A}$와 $\mathbf{B}$가 수직이면 $\mathbf{A} \cdot \mathbf{B} = 0$이다.

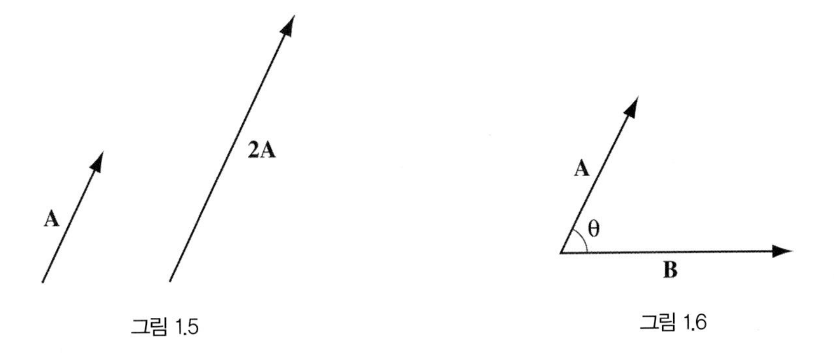

그림 1.5

그림 1.6

예제 1.1

$\mathbf{C} = \mathbf{A} - \mathbf{B}$ 일 때 (그림 1.7), 자체의 점곱을 셈하라.

■ 풀이 ■

$$\mathbf{C} \cdot \mathbf{C} = (\mathbf{A} - \mathbf{B}) \cdot (\mathbf{A} - \mathbf{B}) = \mathbf{A} \cdot \mathbf{A} - \mathbf{A} \cdot \mathbf{B} - \mathbf{B} \cdot \mathbf{A} + \mathbf{B} \cdot \mathbf{B},$$

또는

$$C^2 = A^2 + B^2 - 2AB\cos\theta.$$

이다. 이것은 **코사인 법칙**(law of cosine)이다.

(iv) **가위곱**(cross product): 두 벡터의 가위곱은 다음과 같이 정의된다.

$$\mathbf{A} \times \mathbf{B} \equiv AB\sin\theta\,\hat{\mathbf{n}} \tag{1.4}$$

여기에서, $\hat{\mathbf{n}}$은 **A**와 **B**를 품는 평면에 수직이고, 길이가 1인 **단위벡터**(unit vector)이다. (이 책에서는 고깔(^)을 씌워 단위벡터를 나타낸다.) 물론 평면에 수직인 방향은 ("위"와 "아래"의) 둘인데, **오른손 규칙**(right-handed rule)에 따라 그 방향을 정한다: 오른손 엄지손가락을 뺀 나머지 네 손가락으로 첫째 벡터에서 둘째 벡터로 말아 쥐고 엄지손가락을 뻗어 가리키는 쪽이 $\hat{\mathbf{n}}$의 방향이다. (그림 1.8에서 $\mathbf{A} \times \mathbf{B}$는 종이면 속으로 들어가고, $\mathbf{B} \times \mathbf{A}$는 솟아 나온다.) $\mathbf{A} \times \mathbf{B}$ 자체는 벡터임에 유의하자[그래서 **벡터곱**(vector product)이라고도 한다]. 이 가위곱은 분배법칙이 성립한다.

$$\mathbf{A} \times (\mathbf{B} + \mathbf{C}) = (\mathbf{A} \times \mathbf{B}) + (\mathbf{A} \times \mathbf{C}) \tag{1.5}$$

그러나 교환법칙이 아니라, 반교환법칙이 성립한다.

$$(\mathbf{B} \times \mathbf{A}) = -(\mathbf{A} \times \mathbf{B}) \tag{1.6}$$

그림으로 해석하면, $|\mathbf{A} \times \mathbf{B}|$는 **A**와 **B**가 두 변인 평행사변형의 넓이이다(그림 1.8). 두 벡터가 나란하면 가위곱은 0이다. 특히, 모든 **A**에 대해 다음과 같다.

$$\mathbf{A} \times \mathbf{A} = \mathbf{0}$$

[이 식에서 **0**은 크기가 0인 **0벡터**(zero vector)이다.]

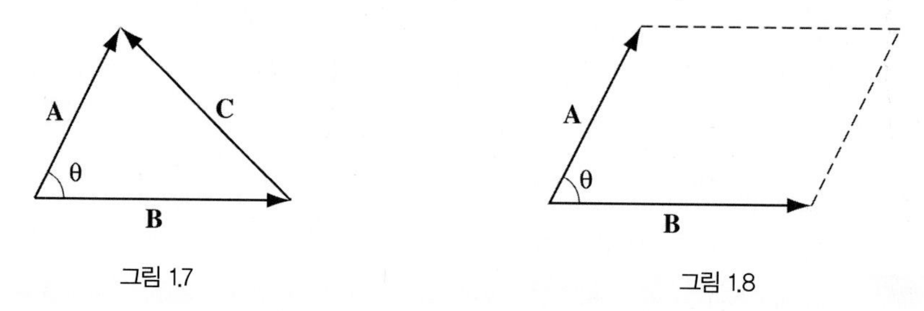

그림 1.7

그림 1.8

문제 1.1 정의식 1.1과 1.4 그리고 적절한 그림을 써서 다음 두 경우에 대해 점곱과 가위곱이 분배적임을 밝혀라.

1) 세 벡터가 한 평면 위에 놓일 때

2) 일반적인 경우

! 문제 1.2 가위곱은 결합법칙이 성립하는가?

$$(\mathbf{A} \times \mathbf{B}) \times \mathbf{C} \stackrel{?}{=} \mathbf{A} \times (\mathbf{B} \times \mathbf{C}).$$

그렇다면 그것을 증명하고, 그렇지 않다면 어긋나는 예를 들어라 (간단한 것이 더 좋다).

1.1.2 벡터대수: 성분 형식

앞 절에서는 네 가지 벡터연산(덧셈, 스칼라 곱셈, 점곱, 가위곱)을 좌표계를 쓰지 않고 "추상적"으로 정의했다. 실제로 셈을 할 때는 직각좌표계를 잡고 벡터의 직각좌표 **성분**을 써서 셈하는 것이 편리하다. x, y, z축에 나란한 단위벡터를 $\hat{\mathbf{x}}, \hat{\mathbf{y}}, \hat{\mathbf{z}}$로 나타내자 (그림 1.9(a)). 벡터 $\mathbf{A}$는 이들 **바탕벡터**(basis vector)를 써서 나타낼 수 있다 (그림 1.9(b)).

$$\mathbf{A} = A_x\hat{\mathbf{x}} + A_y\hat{\mathbf{y}} + A_z\hat{\mathbf{z}}$$

숫자 A_x, A_y, A_z는 $\mathbf{A}$의 "성분" 이다; 이것들은 그림으로 보면 $\mathbf{A}$를 각각의 좌표축에 투영시킨 것이다($A_x = \mathbf{A}\cdot\hat{\mathbf{x}}, A_y = \mathbf{A}\cdot\hat{\mathbf{y}}, A_z = \mathbf{A}\cdot\hat{\mathbf{z}}$).

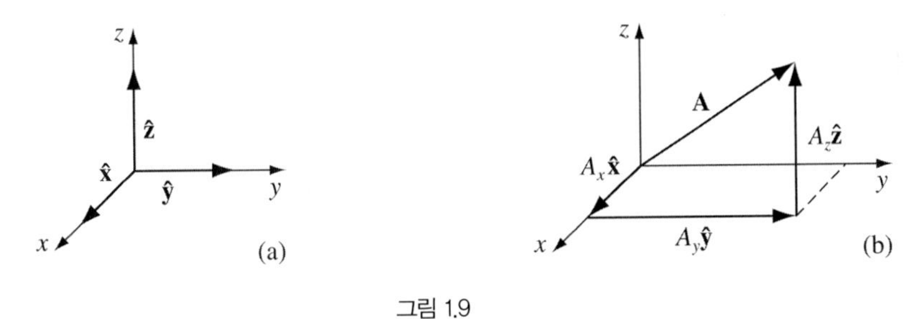

그림 1.9

이제 벡터연산 네 가지를 벡터의 성분을 써서 셈하는 규칙으로 다시 정의할 수 있다.

$$\begin{aligned}\mathbf{A}+\mathbf{B} &= (A_x\hat{\mathbf{x}} + A_y\hat{\mathbf{y}} + A_z\hat{\mathbf{z}}) + (B_x\hat{\mathbf{x}} + B_y\hat{\mathbf{y}} + B_z\hat{\mathbf{z}}) \\ &= (A_x + B_x)\hat{\mathbf{x}} + (A_y + B_y)\hat{\mathbf{y}} + (A_z + B_z)\hat{\mathbf{z}}.\end{aligned} \tag{1.7}$$

규칙 (i): 벡터를 더할 때는 같은 성분끼리 더한다.

$$a\mathbf{A} = (aA_x)\hat{\mathbf{x}} + (aA_y)\hat{\mathbf{y}} + (aA_z)\hat{\mathbf{z}}. \tag{1.8}$$

규칙 (ii): 어떤 스칼라를 곱할 때는 그것을 모든 성분에 곱해준다.

$\hat{\mathbf{x}}, \hat{\mathbf{y}}, \hat{\mathbf{z}}$는 서로 수직인 단위벡터이므로, 서로 점곱하면 다음과 같다:

$$\hat{\mathbf{x}}\cdot\hat{\mathbf{x}} = \hat{\mathbf{y}}\cdot\hat{\mathbf{y}} = \hat{\mathbf{z}}\cdot\hat{\mathbf{z}} = 1; \quad \hat{\mathbf{x}}\cdot\hat{\mathbf{y}} = \hat{\mathbf{x}}\cdot\hat{\mathbf{z}} = \hat{\mathbf{y}}\cdot\hat{\mathbf{z}} = 0. \tag{1.9}$$

따라서 두 벡터 $\mathbf{A}$와 $\mathbf{B}$의 점곱을 직각좌표 성분으로 나타내면 다음과 같다:

$$\begin{aligned}\mathbf{A}\cdot\mathbf{B} &= (A_x\hat{\mathbf{x}} + A_y\hat{\mathbf{y}} + A_z\hat{\mathbf{z}})\cdot(B_x\hat{\mathbf{x}} + B_y\hat{\mathbf{y}} + B_z\hat{\mathbf{z}}) \\ &= A_xB_x + A_yB_y + A_zB_z.\end{aligned} \tag{1.10}$$

규칙 (iii): 점곱은 같은 성분끼리 곱한 뒤 모두 더한다.

특히,

$$\mathbf{A} \cdot \mathbf{A} = A_x^2 + A_y^2 + A_z^2,$$

이므로 다음과 같다.

$$A = \sqrt{A_x^2 + A_y^2 + A_z^2} \tag{1.11}$$

(이것은 피타고라스 정리를 삼차원으로 확장한 것으로 볼 수 있다.)

마찬가지로, 단위벡터끼리 가위곱하면 다음과 같다:[1]

$$\begin{aligned} \hat{\mathbf{x}} \times \hat{\mathbf{x}} &= \quad \hat{\mathbf{y}} \times \hat{\mathbf{y}} = \hat{\mathbf{z}} \times \hat{\mathbf{z}} = \mathbf{0}, \\ \hat{\mathbf{x}} \times \hat{\mathbf{y}} &= -\hat{\mathbf{y}} \times \hat{\mathbf{x}} = \hat{\mathbf{z}}, \\ \hat{\mathbf{y}} \times \hat{\mathbf{z}} &= -\hat{\mathbf{z}} \times \hat{\mathbf{y}} = \hat{\mathbf{x}}, \\ \hat{\mathbf{z}} \times \hat{\mathbf{x}} &= -\hat{\mathbf{x}} \times \hat{\mathbf{z}} = \hat{\mathbf{y}}. \end{aligned} \tag{1.12}$$

따라서 두 벡터 **A**와 **B**의 가위곱을 직각좌표 성분으로 나타내면 다음과 같다:

$$\begin{aligned} \mathbf{A} \times \mathbf{B} &= (A_x\hat{\mathbf{x}} + A_y\hat{\mathbf{y}} + A_z\hat{\mathbf{z}}) \times (B_x\hat{\mathbf{x}} + B_y\hat{\mathbf{y}} + B_z\hat{\mathbf{z}}) \\ &= (A_yB_z - A_zB_y)\hat{\mathbf{x}} + (A_zB_x - A_xB_z)\hat{\mathbf{y}} + (A_xB_y - A_yB_x)\hat{\mathbf{z}} \end{aligned} \tag{1.13}$$

이 복잡한 식은 행렬의 판별식을 쓰면 다음과 같이 산뜻하게 정리된다.

$$\mathbf{A} \times \mathbf{B} = \begin{vmatrix} \hat{\mathbf{x}} & \hat{\mathbf{y}} & \hat{\mathbf{z}} \\ A_x & A_y & A_z \\ B_x & B_y & B_z \end{vmatrix} \tag{1.14}$$

규칙 (iv): 두 벡터 **A**와 **B**의 가위곱은 첫째 가로줄이 $\hat{\mathbf{x}}$, $\hat{\mathbf{y}}$, $\hat{\mathbf{z}}$이고, 둘째 줄과 셋째 줄이 각각 **A**와 **B**의 직각좌표성분인 행렬의 판별식과 같다.

---

1 여기에서의 부호는 오른손 좌표계(x축이 종이면에서 나오고, y축은 오른쪽, z축은 위쪽인 좌표계 또는 이것을 돌린 것)에 대해 적용된다. 왼손 좌표계(z축이 아래쪽을 향함)에서는 부호가 반대가 된다:, 등등. 이 책에서는 오른손 좌표계만 쓴다.

예제 1.2

정육면체의 각 면에 있는 대각선들이 이루는 각을 구하라.

■ 풀이 ■

그림 1.10처럼 모서리의 길이가 1인 정육면체의 한 꼭지점을 원점에 둔다. 면에 놓인 대각선 **A**와 **B**는 다음과 같다.

$$\mathbf{A} = 1\,\hat{\mathbf{x}} + 0\,\hat{\mathbf{y}} + 1\,\hat{\mathbf{z}}; \qquad \mathbf{B} = 0\,\hat{\mathbf{x}} + 1\,\hat{\mathbf{y}} + 1\,\hat{\mathbf{z}}.$$

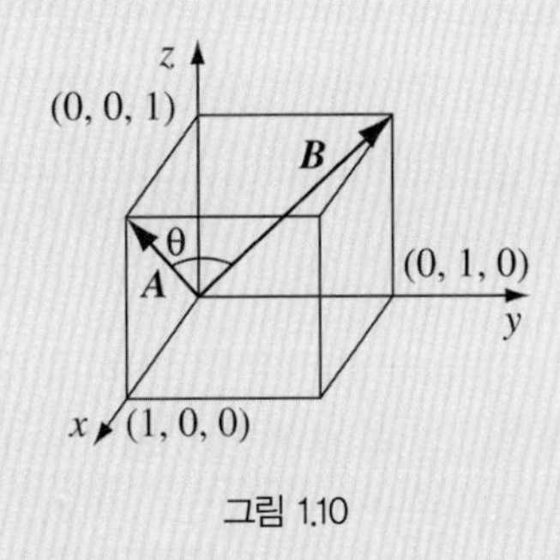

그림 1.10

따라서 이 두 벡터의 점곱을 직각좌표 성분을 써서 셈하면 다음과 같다.

$$\mathbf{A} \cdot \mathbf{B} = 1 \cdot 0 + 0 \cdot 1 + 1 \cdot 1 = 1.$$

그런데 이것을 "추상적"인 꼴로 쓰면 다음과 같다.

$$\mathbf{A} \cdot \mathbf{B} = AB\cos\theta = \sqrt{2}\sqrt{2}\cos\theta = 2\cos\theta.$$

그러므로 두 벡터의 사이각 θ는 다음과 같다.

$$\cos\theta = 1/2, \quad \text{또는} \quad \theta = 60°.$$

물론, 윗면에 대각선을 이어 정삼각형을 만들면 사잇각이 60°임을 쉽게 알 수 있다. 그러나 모양이 단순하지 않을 때는 점곱의 추상적인 꼴과 성분꼴을 비교하면 사이각을 쉽게 알 수 있다.

문제 1.3 정육면체의 '몸 대각선(body diagonal)' 사이의 각을 셈하여라.

문제 1.4 그림 1.11에 보인 평면에 대해 수직인 단위벡터 $\hat{\mathbf{n}}$의 성분을 가위곱을 써서 셈하여라.

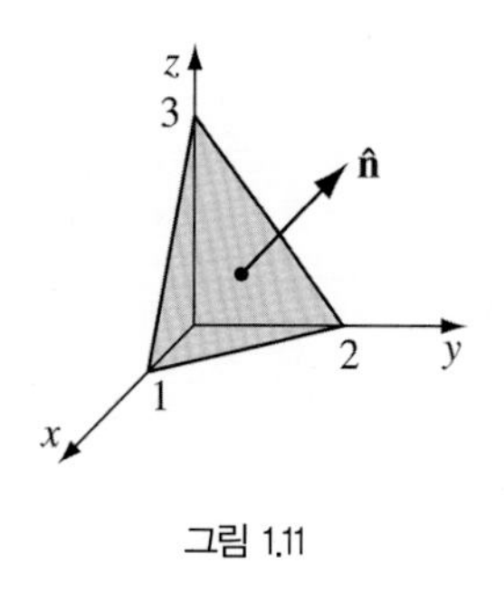

그림 1.11

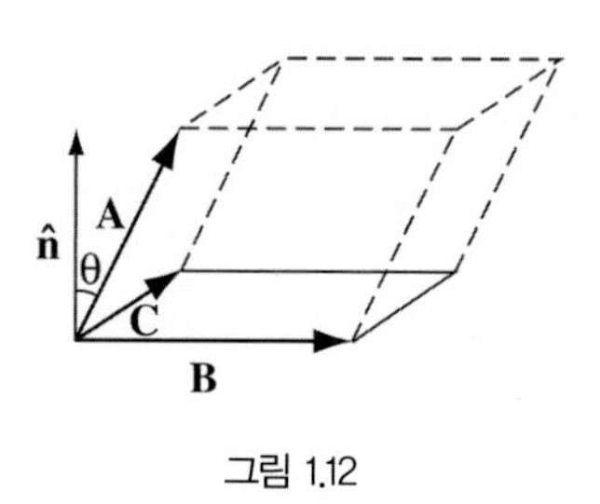

그림 1.12

1.1.3 삼중곱

두 벡터의 가위곱은 벡터이므로, 이것을 다른 벡터와 점곱 또는 가위곱하면 **삼중곱**(triple product)이 된다.

(i) **스칼라 삼중곱**: $\mathbf{A} \cdot (\mathbf{B} \times \mathbf{C})$. 그림으로 보면 $|\mathbf{A} \cdot (\mathbf{B} \times \mathbf{C})|$는 세 벡터 **A**, **B**, **C**로 된 평행육면체의 부피이다: $|\mathbf{B} \times \mathbf{C}|$는 바닥면의 넓이, $|A \cos\theta|$는 높이이다 (그림 1.12).

$$\mathbf{A} \cdot (\mathbf{B} \times \mathbf{C}) = \mathbf{B} \cdot (\mathbf{C} \times \mathbf{A}) = \mathbf{C} \cdot (\mathbf{A} \times \mathbf{B}), \tag{1.15}$$

는 모두가 똑같이 위의 그림에 해당된다. 위의 세 식에서 벡터의 글자 순서가 똑같이 유지되는 것을 유의하라. 식 1.6을 생각하면, 벡터의 글자 순서를 바꾸면 삼중곱의 부호가 바뀐다.

$$\mathbf{A} \cdot (\mathbf{C} \times \mathbf{B}) = \mathbf{B} \cdot (\mathbf{A} \times \mathbf{C}) = \mathbf{C} \cdot (\mathbf{B} \times \mathbf{A}),$$

직각좌표 성분으로 나타내면 다음과 같다.

$$\mathbf{A} \cdot (\mathbf{B} \times \mathbf{C}) = \begin{vmatrix} A_x & A_y & A_z \\ B_x & B_y & B_z \\ C_x & C_y & C_z \end{vmatrix} \tag{1.16}$$

삼중곱에서 점(·)과 가위(×)를 맞바꿀 수 있다.

$$\mathbf{A} \cdot (\mathbf{B} \times \mathbf{C}) = (\mathbf{A} \times \mathbf{B}) \cdot \mathbf{C}$$

(이것은 식 1.15에서 바로 나온다); 그러나 괄호를 꼭 쳐야 한다: $(\mathbf{A} \cdot \mathbf{B}) \times \mathbf{C}$는 뜻이 없는 식이다 - 스칼라와 벡터는 가위곱을 할 수 없다.

(ii) **벡터 삼중곱**: $\mathbf{A} \times (\mathbf{B} \times \mathbf{C})$. 이것은 이른바 **BAC−CAB 규칙**을 써서 간단한 꼴로 고칠 수 있다.

$$\mathbf{A} \times (\mathbf{B} \times \mathbf{C}) = \mathbf{B}(\mathbf{A} \cdot \mathbf{C}) - \mathbf{C}(\mathbf{A} \cdot \mathbf{B}) \tag{1.17}$$

그런데

$$(\mathbf{A} \times \mathbf{B}) \times \mathbf{C} = -\mathbf{C} \times (\mathbf{A} \times \mathbf{B}) = -\mathbf{A}(\mathbf{B} \cdot \mathbf{C}) + \mathbf{B}(\mathbf{A} \cdot \mathbf{C})$$

는 전혀 다른 벡터이다 (가위곱에서는 결합법칙이 맞지 않다). 여러 번 거듭된 가위곱은 식 1.17을 써서 가위곱을 한 번씩 줄여가면 결국 낱낱의 항에 가위곱이 한번씩만 나오게 된다. 예를 들면 다음과 같다.

$$\begin{aligned} (\mathbf{A} \times \mathbf{B}) \cdot (\mathbf{C} \times \mathbf{D}) &= (\mathbf{A} \cdot \mathbf{C})(\mathbf{B} \cdot \mathbf{D}) - (\mathbf{A} \cdot \mathbf{D})(\mathbf{B} \cdot \mathbf{C}); \\ \mathbf{A} \times [\mathbf{B} \times (\mathbf{C} \times \mathbf{D})] &= \mathbf{B}[\mathbf{A} \cdot (\mathbf{C} \times \mathbf{D})] - (\mathbf{A} \cdot \mathbf{B})(\mathbf{C} \times \mathbf{D}) \end{aligned} \tag{1.18}$$

문제 1.5 성분꼴을 써서 BAC−CAB 규칙을 증명하여라.

문제 1.6 아래의 식을 증명하여라.

$$[\mathbf{A} \times (\mathbf{B} \times \mathbf{C})] + [\mathbf{B} \times (\mathbf{C} \times \mathbf{A})] + [\mathbf{C} \times (\mathbf{A} \times \mathbf{B})] = \mathbf{0}.$$

어떤 조건에서 결합법칙 $\mathbf{A} \times (\mathbf{B} \times \mathbf{C}) = (\mathbf{A} \times \mathbf{B}) \times \mathbf{C}$이 성립하는가?

1.1.4 위치, 변위, 분리 벡터

삼차원 공간의 한 점의 위치는 직각좌표 (x, y, z)로 나타낼 수 있다. 원점(O)에서 그 점까지의 벡터가 그 점의 **위치벡터**(position vector)이다 (그림 1.13):

$$\mathbf{r} \equiv x\,\hat{\mathbf{x}} + y\,\hat{\mathbf{y}} + z\,\hat{\mathbf{z}} \tag{1.19}$$

이 책에서는 위치벡터를 $\mathbf{r}$로 나타낸다. 이 벡터의 크기는 원점까지의 거리이다:

$$r = \sqrt{x^2 + y^2 + z^2} \tag{1.20}$$

그리고, 원점에서 그 점을 향한 단위벡터는 다음과 같다:

$$\hat{\mathbf{r}} = \frac{\mathbf{r}}{r} = \frac{x\,\hat{\mathbf{x}} + y\,\hat{\mathbf{y}} + z\,\hat{\mathbf{z}}}{\sqrt{x^2 + y^2 + z^2}} \tag{1.21}$$

(x, y, z)에서 $(x + dx,\ y + dy,\ z + dz)$까지의 **미소 변위 벡터**(infinitesimal displacement vector)

는 다음과 같다:

$$d\mathbf{l} = dx\,\hat{\mathbf{x}} + dy\,\hat{\mathbf{y}} + dz\,\hat{\mathbf{z}} \tag{1.22}$$

(이것을 $d\mathbf{r}$로 나타낼 수도 있지만, 미소 변위는 특별한 글자로 나타내는 것이 좋다.)

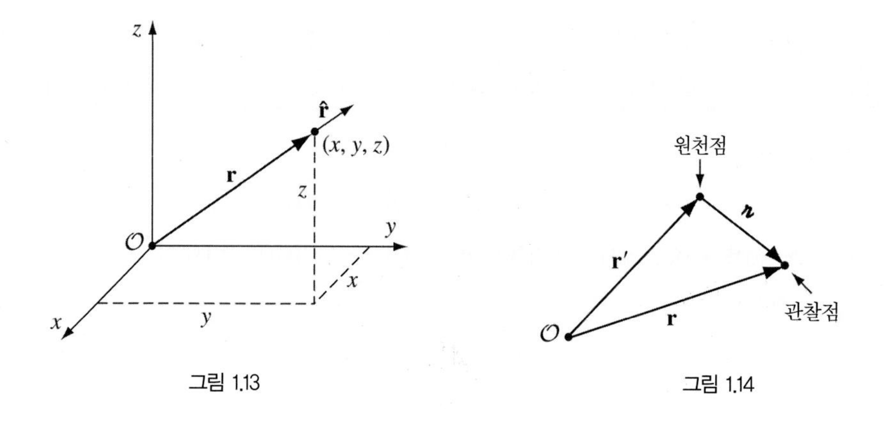

그림 1.13

그림 1.14

전기역학에서 자주 다루는 문제에서는 두 점이 관련된다 – 두 점은 대개 전하가 있는 **원천점**(source point) $\mathbf{r}'$과 전기장 또는 자기장을 셈하는 **관찰점**(field point) $\mathbf{r}$이다(그림 1.14). 원천점에서 관찰점까지의 **분리 벡터**(separation vector)를 나타내는 간단한 기호를 처음부터 정하는 것이 좋겠다. 이것은 $\boldsymbol{\mathscr{r}}$로 나타낸다:

$$\boldsymbol{\mathscr{r}} \equiv \mathbf{r} - \mathbf{r}' \tag{1.23}$$

이것의 크기는 다음과 같다:

$$\mathscr{r} = |\mathbf{r} - \mathbf{r}'| \tag{1.24}$$

원천점 $\mathbf{r}'$에서 관찰점 $\mathbf{r}'$을 향한 단위벡터는 다음과 같다:

$$\hat{\boldsymbol{\mathscr{r}}} = \frac{\boldsymbol{\mathscr{r}}}{\mathscr{r}} = \frac{\mathbf{r} - \mathbf{r}'}{|\mathbf{r} - \mathbf{r}'|}. \tag{1.25}$$

직각좌표로 나타내면 다음과 같다.

$$\boldsymbol{\mathscr{r}} = (x - x')\hat{\mathbf{x}} + (y - y')\hat{\mathbf{y}} + (z - z')\hat{\mathbf{z}}, \tag{1.26}$$

$$\mathscr{r} = \sqrt{(x - x')^2 + (y - y')^2 + (z - z')^2} \tag{1.27}$$

$$\hat{\boldsymbol{\mathscr{r}}} = \frac{(x - x')\hat{\mathbf{x}} + (y - y')\hat{\mathbf{y}} + (z - z')\hat{\mathbf{z}}}{\sqrt{(x - x')^2 + (y - y')^2 + (z - z')^2}} \tag{1.28}$$

문제 1.7 원천점 (2,8,7)에서 관찰점(4,6,8)까지의 분리벡터 $\boldsymbol{\mathscr{r}}$을 셈하여라. 이 벡터의 크기($\mathscr{r}$)와 단위벡터 $\hat{\boldsymbol{\mathscr{r}}}$를 셈하여라.

1.1.5 벡터 변환규칙[2]

벡터를 "크기와 방향이 있는 양"으로 정의하는 것으로는 충분하지 않다. "방향"이 뜻하는 바가 정확히 무엇인가? 이 질문이 공리공론 같이 들릴지 모르나, 우리는 곧 벡터처럼 보이는 특별한 도함수를 다루게 될 것인데, 그것이 참으로 벡터인지 알아야 한다.

벡터란 성분이 셋인 양으로서 벡터 덧셈규칙을 따르는 것이라고 생각할 수도 있겠다. 이제 통속에 사과 N_x개, 배 N_y개, 바나나 N_z개가 있다고 하자. $\mathbf{N} = N_x\hat{\mathbf{x}} + N_y\hat{\mathbf{y}} + N_z\hat{\mathbf{z}}$가 벡터인가? 이것은 세 성분이 있고, 다른 통에 든 사과 M_x개, 배 M_y개, 바나나 M_z개를 더하면 사과 $(N_x + M_x)$개, 배 $(N_y + M_y)$개, 바나나 $(N_z + M_z)$개가 된다. 따라서 이것은 벡터 덧셈규칙을 따른다. 그렇지만 물리학자가 보기에 이것은 방향이 없으므로 벡터가 아님은 분명하다. 무엇이 잘못되었을까?

답은 $\mathbf{N}$이 좌표계를 바꿀 때 적절히 변환되지 않는다는 것이다. 위치를 나타낼 때 좌표계는 마음대로 잡을 수 있지만, 좌표계를 바꾸면 그에 따라 벡터성분도 바뀌는데, 그 변환은 특별한 기하학적 법칙을 따른다. 예를 들어 x, y, z 좌표계에서 x축을 고정시킨 채 각도 ϕ 만큼 돌려 $\overline{x}, \overline{y}, \overline{z}$ 좌표계를 만들었다고 하자. 그림 1.15에서 다음 관계식을 확인할 수 있다.

$$
\begin{aligned}
A_y &= A\cos\theta, \qquad A_z = A\sin\theta, \\
\overline{A}_y &= A\cos\overline{\theta} = A\cos(\theta - \phi) = A(\cos\theta\cos\phi + \sin\theta\sin\phi) \\
&= \cos\phi A_y + \sin\phi A_z,
\end{aligned}
$$

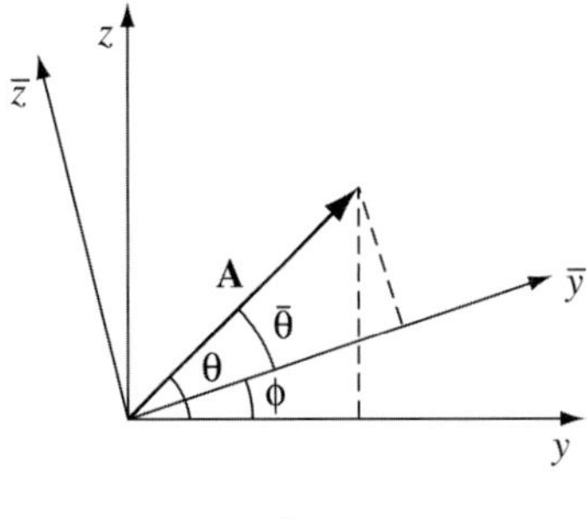

그림 1.15

2 이 절은 건너뛰어도 된다.

$$\overline{A}_z = A\sin\overline{\theta} = A\sin(\theta-\phi) = A(\sin\theta\cos\phi - \cos\theta\sin\phi)$$
$$= -\sin\phi A_y + \cos\phi A_z.$$

이것을 행렬식로 나타내면 다음과 같다.

$$\begin{pmatrix} \overline{A}_y \\ \overline{A}_z \end{pmatrix} = \begin{pmatrix} \cos\phi & \sin\phi \\ -\sin\phi & \cos\phi \end{pmatrix} \begin{pmatrix} A_y \\ A_z \end{pmatrix} \tag{1.29}$$

더 일반적으로 3차원 공간에서 어느 축에 대한 회전에 대한 벡터 성분의 변환 법칙은 다음과 같고

$$\begin{pmatrix} \overline{A}_x \\ \overline{A}_y \\ \overline{A}_z \end{pmatrix} = \begin{pmatrix} R_{xx} & R_{xy} & R_{xz} \\ R_{yx} & R_{yy} & R_{yz} \\ R_{zx} & R_{zy} & R_{zz} \end{pmatrix} \begin{pmatrix} A_x \\ A_y \\ A_z \end{pmatrix} \tag{1.30}$$

이것을 간단히 쓰면 다음과 같다.

$$\overline{A}_i = \sum_{j=1}^{3} R_{ij} A_j, \tag{1.31}$$

여기에서 아래 글자 i와 j는 값이 1, 2, 3일 때 각각 x, y, z를 나타낸다. 행렬 R의 요소는 x축에 대한 회전처럼 회전이 정해지면 기하학의 법칙에 따라 결정된다.

이제, **N**의 성분도 그렇게 변환되는가? 물론 아니다. 어떤 좌표계를 쓰든 통속의 사과의 갯수는 같다. 어떤 좌표계를 쓰든 바나나가 배로 바뀌지는 않는다. 하지만, A_x를 $\overline{A}_y$로 바꿀 수는 있다. 그러므로 벡터란 세 성분을 가진 양으로서 좌표계를 바꿀 때 변위처럼 변환되는 양이다. 변위는 모든 벡터의 특성에 관한 모범이다.[3]

그런데, (2계) **텐서**(tensor)란 성분이 9개 $T_{xx}, T_{xy}, T_{xz}, T_{yx}, \cdots, T_{zz}$이고, 변환할 때는 R이 두 번 붙는 양이다:

$$\overline{T}_{xx} = R_{xx}(R_{xx}T_{xx} + R_{xy}T_{xy} + R_{xz}T_{xz})$$
$$+ R_{xy}(R_{xx}T_{yx} + R_{xy}T_{yy} + R_{xz}T_{yz})$$
$$+ R_{xz}(R_{xx}T_{zx} + R_{xy}T_{zy} + R_{xz}T_{zz}), \ldots$$

이것을 간단히 쓰면 다음과 같다.

---

3 수학자들이 생각하는 일반 벡터 공간의 '축'은 방향과는 무관하여, 바탕벡터는 더 이상 $\hat{\mathbf{x}}, \hat{\mathbf{y}}, \hat{\mathbf{z}}$가 아니다 (사실 차원이 3을 넘을 수 있다). **선형 대수**는 이것을 다룬다. 그렇지만 우리가 쓰는 벡터는 보통의 3차원 공간(또는 12장에서는 4차원 시공간)이다 .

$$\overline{T}_{ij} = \sum_{k=1}^{3}\sum_{l=1}^{3} R_{ik}R_{jl}T_{kl} \tag{1.32}$$

일반적으로 n계 텐서는 아래 글자가 n개 붙어 성분이 3^n개이며, 변환할 때 R이 n개 붙는다. 이러한 체계에서 보면 벡터는 1계 텐서, 스칼라는 0계 텐서이다.[4]

문제 1.8

(a) 식 1.29의 2차원 회전행렬에 대해 벡터 점곱이 보존됨을 밝혀라. (즉, $\overline{A}_y\overline{B}_y + \overline{A}_z\overline{B}_z = A_yB_y + A_zB_z$임을 보여라.)

(b) 식 1.30의 3차원 회전변환에서 (모든) 벡터 **A**의 길이가 보존되려면, 그 요소 (R_{ij})들이 어떤 조건을 맞추어야 하는가?

문제 1.9 원점과 점(1, 1, 1)을 지나는 축을 중심으로 120° 회전한 것을 나타내는 변환행렬 R을 구하라. 회전방향은 축 위에서 원점을 쳐다볼 때 시침방향이다.

문제 1.10 벡터(와 스칼라 그리고 텐서)는 좌표축의 **회전**에 대한 거동으로 정의된다. 그러나 다른 좌표 변화(예: 병진 또는 반전)에 대한 변환 특성을 (변위를 모형으로 삼아) 살펴보는 것도 때로는 흥미롭다.

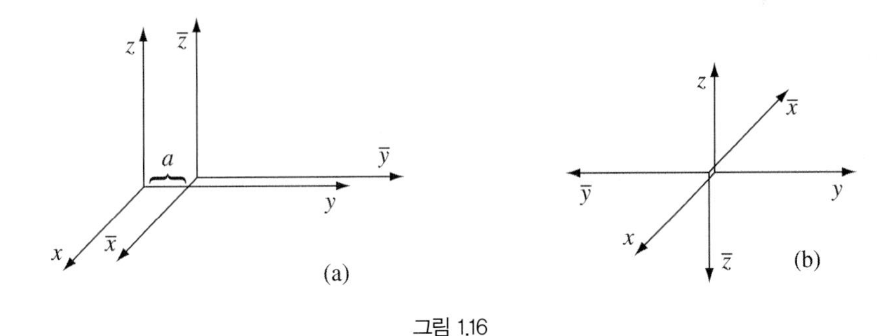

그림 1.16

(a) 좌표계가 **병진이동**(translation)할 때 벡터의 성분은[5] 어떻게 변환되는가($\overline{x} = x, \overline{y} = y - a, \overline{z} = z$, 그림 1.16a)?

(b) 좌표계가 **반전**(inversion)될 때 벡터의 성분은 어떻게 변환되는가($\overline{x} = -x, \overline{y} = -y, \overline{z} = -z$,

---

4 스칼라는 좌표계를 바꾸어도 값이 바뀌지 않는다. 특히 벡터의 성분은 스칼라가 아니지만, 그 크기는 스칼라이다.

5 식 1.19의 벡터 **r**은 공간의 어떤 점(원점 $\mathcal{O}$)에서 점 $P = (x, y, z)$로 간다. 좌표계를 병진이동시키면 새 원점($\overline{\mathcal{O}}$)의 위치가 달라지므로 $\overline{\mathcal{O}}$에서 P까지의 화살표는 전혀 다른 벡터가 된다. 애초의 벡터 r은 $\mathcal{O}$와 P의 좌표가 어떻게 바뀌건 상관 없이 $\mathcal{O}$에서 P로 가는 벡터이다.

그림 1.16b)?

(c) 두 벡터의 가위곱(식 1.13)은 좌표계가 반전될 때 어떻게 변환되는가? [두 벡터의 가위곱은 좌표계가 반전될 때 "이상하게" 변환되므로 **준벡터**(pseudovector)라고 한다.] 회전에 대한 거동을 보면 그것도 역시 벡터이다; 문제는 반전에 대한 거동이 "정상(normal)"인 **보통 벡터**(ordinary vector)와 다른 것이다] 두 준벡터의 가위곱은 벡터인가, 준벡터인가? 고전역학에 나오는 준벡터를 두 개 들어라.

(d) 세 벡터의 스칼라 삼중곱은 좌표계가 반전될 때 어떻게 변환되는가? [이러한 양을 **준스칼라**(pseudoscalar)라고 한다.]

1.2 미분

1.2.1 "상" 미분

질문: 변수가 하나인 함수 $f(x)$가 있다고 하자. 도함수 df/dx는 무엇을 말해 주는가?
답: 이것은 변수 x가 미소량 만큼 바뀔 때 함수 $f(x)$가 얼마나 변하는지를 말해 준다.

$$df = \left(\frac{df}{dx}\right) dx \tag{1.33}$$

즉, x를 dx만큼 늘리면 f가 df 만큼 바뀌며, 도함수는 그 비례인자이다. 예를 들면, 그림 1.17(a)에서 함수가 x에 대해 조금씩 변하면 그 도함수도 따라서 작아진다. 그림 1.17(b)와 같이 f가 x에 따라 많이 변하면 $x = 0$에서 멀어질수록 그 도함수는 커진다.

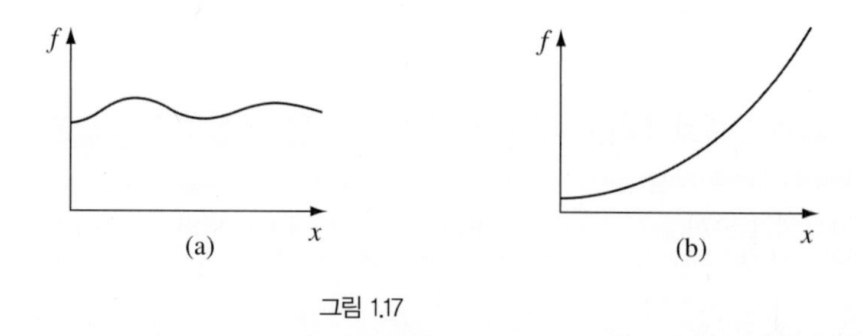

그림 1.17

기하학적 해석: 도함수 df/dx는 x에 대한 f의 변화를 보여주는 곡선의 기울기이다.

1.2.2 기울기

이제 변수가 셋인 함수, 예를 들어 방 안의 온도함수 $T(x, y, z)$가 있다고 하자. 방의 한 구석을 원점으로 잡아 방 속의 점을 직각좌표 (x, y, z)로 나타내면 T는 그 곳의 온도를 나타낸다. "도함수"의 개념을 일반화하여 T와 같은 세 변수함수에 대해서도 쓰자.

도함수는 위치를 조금 바꿀 때 함수가 얼마나 많이 변하는지를 알려 준다. 그러나 이제는 상황이 더 복잡하다. 왜냐하면 위치를 바꿀 때 온갖 방향이 있어, 그에 따라 도함수의 값이 달라지기 때문이다. 위로 올라가면, 온도는 매우 빨리 오를 것이고, 옆으로 가면 별로 달라지지 않을 것이다. 사실 "T가 얼마나 많이 변하는가?"에 대한 답은, 움직이는 방향 마다 다르므로, 한없이 많다.

다행히도 문제가 겉보기처럼 복잡하지는 않다. 편도함수에 대한 정리에 따르면 다음 관계가 성립한다.

$$dT = \left(\frac{\partial T}{\partial x}\right) dx + \left(\frac{\partial T}{\partial y}\right) dy + \left(\frac{\partial T}{\partial z}\right) dz. \tag{1.34}$$

이 식은 세 변수 모두를 아주 조금 dx, dy, dz 만큼씩 바꿀 때 T가 얼마나 바뀌는가를 알려준다. 한없이 많은 도함수를 알아야 하는 것이 아니다 – 세 좌표축 방향의 세 편도함수로 충분하다.

식 1.34의 꼴은 점곱과 같다:

$$dT = \left(\frac{\partial T}{\partial x}\hat{\mathbf{x}} + \frac{\partial T}{\partial y}\hat{\mathbf{y}} + \frac{\partial T}{\partial z}\hat{\mathbf{z}}\right) \cdot (dx\,\hat{\mathbf{x}} + dy\,\hat{\mathbf{y}} + dz\,\hat{\mathbf{z}}) = (\boldsymbol{\nabla} T) \cdot (d\mathbf{l}) \tag{1.35}$$

여기에서

$$\boldsymbol{\nabla} T \equiv \frac{\partial T}{\partial x}\hat{\mathbf{x}} + \frac{\partial T}{\partial y}\hat{\mathbf{y}} + \frac{\partial T}{\partial z}\hat{\mathbf{z}} \tag{1.36}$$

는 T의 **기울기**(gradient)이다. $\boldsymbol{\nabla} T$는 성분이 셋인 벡터량으로, 우리가 구하려던 일반화된 도함수이다. 식 1.35는 식 1.33의 삼차원 꼴이다.

기울기의 기하학적 해석: 기울기는 여느 벡터처럼 크기와 방향이 있다. 이것의 기하학적인 뜻을 알려면 식 1.35의 점곱을 식 1.1을 써서 고치자.

$$dT = \boldsymbol{\nabla} T \cdot d\mathbf{l} = |\boldsymbol{\nabla} T||d\mathbf{l}| \cos\theta \tag{1.37}$$

여기에서 θ는 $\boldsymbol{\nabla} T$와 $d\mathbf{l}$ 사이의 각이다. 이제 크기 $|d\mathbf{l}|$을 고정시키고 방향(즉, θ)을 변화시키면 θ

= 0일 때 T의 변화량 dT가 가장 커진다 ($\cos\theta = 1$이므로). 다시 말해 거리 $|d\mathbf{l}|$을 고정하면 방향이 ∇T와 같을 때 dT가 최대가 된다. 따라서,

기울기 ∇T의 방향은 함수 T가 가장 많이 변하는 쪽이다.

또한,

그 크기 $|\nabla T|$는 그 쪽의 기울기(변화율)이다.

비탈길에 서서 주위를 둘러볼 때, 그곳의 기울기의 방향은 가장 가파른 쪽, 크기는 그 쪽의 물매(이동 거리에 대한 높이의 변화율)이다. (여기에서 함수 값은 비탈길 곳곳의 높이이고, 좌표는 위치 – 경도와 위도 – 에 따라 결정된다. 이 함수의 변수는 셋이 아니라 둘이지만, 기울기의 기하학적인 뜻은 2차원에서 더 쉽게 알 수 있다.) 식 1.37에서 보면, 가장 가파른 내리막길은 가장 가파른 오르막길의 반대 쪽이고, 그에 대한 직각방향(= 90°)의 기울기는 0이다 (기울기는 등고선과 직교한다). 이러한 성질을 가지지 않은 표면도 있다: 바늘끝처럼 뾰쪽한 "꼭지"에서는 미분할 수 없다.

기울기가 0이라면 무엇을 뜻할까? 어떤 곳 (x, y, z)에서 $\nabla T = 0$이면, 그 곳에서는 어느 쪽으로 조금 움직여도 $dT = 0$이므로 함수 $T(x, y, z)$의 값이 달라지지 않는 **정지점**(stationary point)이다. 이것은 극대점(봉우리), 극소점(골짜기), 말안장점(고갯마루) 또는 어깨점(한쪽으로는 변곡점, 다른쪽으로는 봉우리나 골짜기)이 될 수 있다. 이것은 변수가 하나인 함수에서, 도함수가 0인 점이 극대, 극소, 변곡점의 어느 하나인 것과 비슷하다. 특히, 세 변수 함수의 극점을 찾으려면 이 함수의 기울기를 0으로 두면 된다.

예제 1.3

위치 벡터의 크기인 $r = \sqrt{x^2 + y^2 + z^2}$의 기울기를 구하여라.

■ 풀이 ■

$$\begin{aligned}
\nabla r &= \frac{\partial r}{\partial x}\,\hat{\mathbf{x}} + \frac{\partial r}{\partial y}\,\hat{\mathbf{y}} + \frac{\partial r}{\partial z}\,\hat{\mathbf{z}} \\
&= \frac{1}{2}\frac{2x}{\sqrt{x^2+y^2+z^2}}\,\hat{\mathbf{x}} + \frac{1}{2}\frac{2y}{\sqrt{x^2+y^2+z^2}}\,\hat{\mathbf{y}} + \frac{1}{2}\frac{2z}{\sqrt{x^2+y^2+z^2}}\,\hat{\mathbf{z}} \\
&= \frac{x\,\hat{\mathbf{x}} + y\,\hat{\mathbf{y}} + z\,\hat{\mathbf{z}}}{\sqrt{x^2+y^2+z^2}} = \frac{\mathbf{r}}{r} = \hat{\mathbf{r}}.
\end{aligned}$$

이 답이 맞는가? 원점까지의 거리는 반지름을 따라 갈 때 가장 빨리 늘어나며, 증가율은 1로, 예상과 딱 맞는다.

문제 1.11 다음 함수의 기울기를 구하라.

(a) $f(x, y, z) = x^2 + y^3 + z^4$.

(b) $f(x, y, z) = x^2y^3z^4$.

(c) $f(x, y, z) = e^x \sin(y) \ln(z)$.

문제 1.12 어떤 언덕의 높이가 다음과 같다 (단위: km).

$$h(x, y) = 10(2xy - 3x^2 - 4y^2 - 18x + 28y + 12)$$

여기에서, y와 x는 각각 광화문으로부터 북쪽과 동쪽 방향의 거리(단위: km)이다.

(a) 언덕의 꼭대기는 어디에 있는가?

(b) 언덕의 높이는 얼마인가?

(c) 광화문에서 북쪽으로 1 km, 동쪽으로 1 km 떨어진 곳의 물매(단위: m/km)는 얼마인가? 그 곳에서 어느 쪽의 물매가 가장 큰가?

• **문제 1.13** 고정된 점 (x', y', z')에서 점 (x, y, z)까지의 분리벡터를 $\boldsymbol{\mathscr{r}}$, 그리고 그 길이를 $\mathscr{r}$이라 하자. 다음을 밝혀라.

(a) $\nabla(\mathscr{r}^2) = 2\boldsymbol{\mathscr{r}}$.

(b) $\nabla(1/\mathscr{r}) = -\hat{\boldsymbol{\mathscr{r}}}/\mathscr{r}^2$.

(c) $\nabla(\mathscr{r}^n)$의 일반 공식은 무엇인가?

! **문제 1.14** f가 두 변수(y와 z) 함수라고 하자. 기울기 $\nabla f = (\partial f/\partial y)\hat{\mathbf{y}} + (\partial f/\partial z)\hat{\mathbf{z}}$는 좌표축의 회전에 대해 벡터처럼 식 1.29에 따라 변환됨을 보여라. [실마리: $(\partial f/\partial \overline{y}) = (\partial f/\partial y)(\partial y/\partial \overline{y}) + (\partial f/\partial z)(\partial z/\partial \overline{y})$ 및 $(\partial f/\partial \overline{z})$에 대한 이와 비슷한 공식을 쓴다. $\overline{y} = y\cos\phi + z\sin\phi$이고 $\overline{z} = -y\sin\phi + z\cos\phi$임은 알고 있다; 이 식을 y와 z에 대해 ($\overline{y}$와 $\overline{z}$의 함수로) 푼 다음, $(\partial y/\partial \overline{y})$, $(\partial z/\partial \overline{y})$ 등을 써서 필요한 도함수를 셈한다.]

1.2.3 연산자 ∇

어떤 스칼라 함수 T의 기울기

$$\nabla T = \left(\hat{\mathbf{x}}\frac{\partial}{\partial x} + \hat{\mathbf{y}}\frac{\partial}{\partial y} + \hat{\mathbf{z}}\frac{\partial}{\partial z}\right)T \tag{1.38}$$

는 마치 벡터 ∇에 스칼라 T를 "곱한" 꼴이다. (단위벡터를 **왼쪽**에 쓴 까닭은 $\partial\hat{\mathbf{x}}/\partial x$ – 이것은 $\hat{\mathbf{x}}$가 상수벡터이므로 값이 0이다 – 로 오해하는 것을 막고자 함이다.) 식 1.38의 괄호 속의 양을 "**델

(del)"이라고 읽는다.

$$\boxed{\nabla = \hat{\mathbf{x}}\frac{\partial}{\partial x} + \hat{\mathbf{y}}\frac{\partial}{\partial y} + \hat{\mathbf{z}}\frac{\partial}{\partial z}.} \tag{1.39}$$

물론, 델은 보통의 벡터가 아니다. 이것은 연산할 함수를 붙여야만 뜻이 있다. 더욱이, 이것은 함수 T에 "곱해지는" 것이 아니라, 그 함수를 미분하라는 것이다. 따라서, 정확히 말하면, 델은 T에 곱해지는 벡터가 아니라, T에 작용하는 **벡터 연산자**(vector operator)이다.

이러한 제약이 있지만 ∇은 거의 모든 면에서 벡터와 같다; 즉, "곱해진다"는 말을 "작용한다"로 바꾸면, 벡터가 할 수 있는 거의 모든 일을 ∇도 할 수 있다. 따라서, ∇을 참된 벡터처럼 표시하자: 이것을 쓰면 수식이 아주 간결해지는데, 이것은 맥스웰이 ∇을 편리함을 모른 채 쓴 원래의 전자기에 관한 논문을 보면 확실히 알 수 있다.

보통벡터 $\mathbf{A}$는 세 가지 방법으로 곱할 수 있다.

(1) 스칼라 a에 곱하기: $\mathbf{A}a$
(2) 다른 벡터 $\mathbf{B}$에 점곱하기: $\mathbf{A} \cdot \mathbf{B}$
(3) 다른 벡터 $\mathbf{B}$에 가위곱하기: $\mathbf{A} \times \mathbf{B}$

마찬가지로, 연산자 ∇도 세 가지로 작용할 수 있다.

(1) 스칼라 함수 T에 작용하기 : ∇T (기울기)
(2) 벡터함수 $\mathbf{v}$에 점곱하기: $\nabla \cdot \mathbf{v}$ (**발산**)
(3) 벡터함수 $\mathbf{v}$에 가위곱하기: $\nabla \times \mathbf{v}$ (**회전**)

기울기는 이미 설명했으므로, 다음 절에서는 다른 두 벡터도함수인 발산과 회전에 관해서 알아보자.

1.2.4 발산

∇의 정의로부터 발산을 셈할 수 있다:

$$\begin{aligned}\nabla \cdot \mathbf{v} &= \left(\hat{\mathbf{x}}\frac{\partial}{\partial x} + \hat{\mathbf{y}}\frac{\partial}{\partial y} + \hat{\mathbf{z}}\frac{\partial}{\partial z}\right) \cdot (v_x\hat{\mathbf{x}} + v_y\hat{\mathbf{y}} + v_z\hat{\mathbf{z}}) \\ &= \frac{\partial v_x}{\partial x} + \frac{\partial v_y}{\partial y} + \frac{\partial v_z}{\partial z}.\end{aligned} \tag{1.40}$$

벡터함수[6] $\mathbf{v}$의 발산 $\nabla \cdot \mathbf{v}$는 스칼라이다.

기하학적 해석: **발산**(divergence)은 아주 잘 지은 이름이다. 그 까닭은 $\nabla \cdot \mathbf{v}$는 벡터 $\mathbf{v}$가 그 점에서 얼마나 퍼져나가는가(발산하는가)를 가늠하는 지표이기 때문이다. 예를 들어 그림 1.18a의 벡터함수는 발산이 크고[양성(+)] [화살이 안쪽을 향하면 발산은 음성(−)이다], 그림 1.18b의 함수는 발산이 0이며 (전혀 퍼지지 않는다), 그림 1.18c의 함수도 발산이 양성이다. (여기에서는 $\mathbf{v}$가 함수이다 − 공간의 각 점마다 다른 벡터가 부여된다. 그림에는 물론 몇몇 점에만 벡터를 나타내는 화살표를 그려놓을 수 있다.)

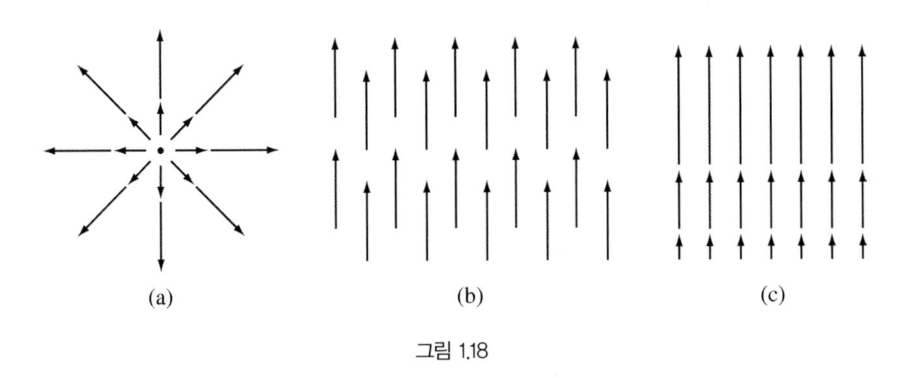

그림 1.18

연못가에서, 톱밥이나 솔잎을 물위에 뿌린다고 하자. 그것들이 퍼져간다면 그 곳의 발산은 양성, 모인다면 음성이다. [이 경우 벡터함수 $\mathbf{v}$는 수면의 유속이다 − 이 예는 이차원적이지만 발산이 무엇인가 "감을 잡는데"는 도움이 된다. 발산이 양성인 곳은 샘(source) 또는 "수도꼭지" 같은 곳이고, 음성인 곳은 소멸점(sink) 또는 "수채구멍" 같은 곳이다.]

예제 1.4

그림 1.18의 함수들이 $\mathbf{v}_a = \mathbf{r} = x\,\hat{\mathbf{x}} + y\,\hat{\mathbf{y}} + z\,\hat{\mathbf{z}}$, $\mathbf{v}_b = \hat{\mathbf{z}}$, $\mathbf{v}_c = z\,\hat{\mathbf{z}}$라 하자. 이들의 발산을 셈하여라.

■ 풀이 ■

$$\nabla \cdot \mathbf{v}_a = \frac{\partial}{\partial x}(x) + \frac{\partial}{\partial y}(y) + \frac{\partial}{\partial z}(z) = 1 + 1 + 1 = 3.$$

예상한 바와 같이, 이 함수의 발산은 양이다.

6 벡터 함수 $\mathbf{v}(x, y, z) = v_x(x, y, z)\,\hat{\mathbf{x}} + v_y(x, y, z)\,\hat{\mathbf{y}} + v_z(x, y, z)\,\hat{\mathbf{z}}$는 성분마다 독립된 함수이므로 실제로는 세 개의 함수로 되어 있다. 스칼라의 발산 같은 것은 없다.

$$\nabla \cdot \mathbf{v}_b = \frac{\partial}{\partial x}(0) + \frac{\partial}{\partial y}(0) + \frac{\partial}{\partial z}(1) = 0 + 0 + 0 = 0,$$

$$\nabla \cdot \mathbf{v}_c = \frac{\partial}{\partial x}(0) + \frac{\partial}{\partial y}(0) + \frac{\partial}{\partial z}(z) = 0 + 0 + 1 = 1.$$

문제 1.15 다음 벡터함수의 발산을 셈하여라.

(a) $\mathbf{v}_a = x^2\,\hat{\mathbf{x}} + 3xz^2\,\hat{\mathbf{y}} - 2xz\,\hat{\mathbf{z}}$.

(b) $\mathbf{v}_b = xy\,\hat{\mathbf{x}} + 2yz\,\hat{\mathbf{y}} + 3zx\,\hat{\mathbf{z}}$.

(c) $\mathbf{v}_c = y^2\,\hat{\mathbf{x}} + (2xy + z^2)\,\hat{\mathbf{y}} + 2yz\,\hat{\mathbf{z}}$.

• **문제 1.16** 다음 벡터함수를 그리고 발산을 셈하여라. 답이 이상하게 보일 텐데, 그것을 설명해 보라.

$$\mathbf{v} = \frac{\hat{\mathbf{r}}}{r^2}$$

! **문제 1.17** 2차원에서는 좌표계 회전에 대해 발산이 스칼라처럼 변환됨을 증명하라. [실마리: 식 1.29를 써서 $\bar{v}_y$와 $\bar{v}_z$를 결정한 다음 문제 1.14의 방법을 써서 도함수를 셈하여라. 결국 다음 등식을 보이면 된다: $\partial\bar{v}_y/\partial\bar{y} + \partial\bar{v}_z/\partial\bar{z} = \partial v_y/\partial y + \partial v_z/\partial z$.]

1.2.5 회전

∇의 정의에 따라 회전을 셈하면 다음과 같다:

$$\begin{aligned}\nabla \times \mathbf{v} &= \begin{vmatrix} \hat{\mathbf{x}} & \hat{\mathbf{y}} & \hat{\mathbf{z}} \\ \partial/\partial x & \partial/\partial y & \partial/\partial z \\ v_x & v_y & v_z \end{vmatrix} \\ &= \hat{\mathbf{x}}\left(\frac{\partial v_z}{\partial y} - \frac{\partial v_y}{\partial z}\right) + \hat{\mathbf{y}}\left(\frac{\partial v_x}{\partial z} - \frac{\partial v_z}{\partial x}\right) + \hat{\mathbf{z}}\left(\frac{\partial v_y}{\partial x} - \frac{\partial v_x}{\partial y}\right)\end{aligned} \tag{1.41}$$

벡터함수 $\mathbf{v}$의 회전[7]은 여느 가위곱과 마찬가지로 벡터이다.

7 스칼라 함수의 회전 같은 것은 없다.

기하학적 해석: **회전**(curl)도 아주 잘 지은 이름이다. 그 까닭은 어느 곳의 $\nabla \times \mathbf{v}$는 벡터 $\mathbf{v}$가 그 곳을 중심으로 맴도는 정도를 나타내는 지표이기 때문이다. 따라서 그림 1.18의 세 함수는 모두 회전이 0이지만, 그림 1.19에 있는 함수들은 회전이 상당히 크고, z쪽을 향하는데 이것은 오른손 규칙과 자연스럽게 맞는다. 코르크에 이쑤시개로 바퀴살을 붙여 만든 작은 물레방아를 연못에 띄우는 것을 상상하자. 이 물레방아가 도는 곳은 회전이 0이 아닌 곳이고, 소용돌이치는 곳은 회전이 큰 곳이다.

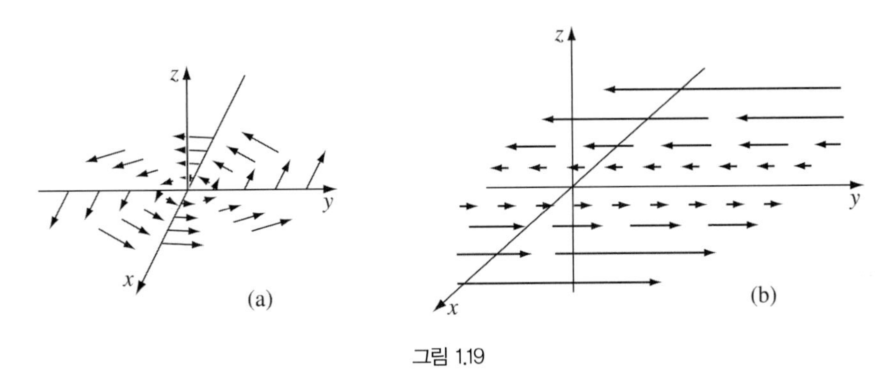

그림 1.19

예제 1.5

그림 1.19a에 그린 함수가 $\mathbf{v}_a = -y\hat{\mathbf{x}} + x\hat{\mathbf{y}}$, 그림 1.19b에 그린 함수가 $\mathbf{v}_b = x\hat{\mathbf{y}}$라 하자. 이들의 회전을 셈하여라.

■ 풀이 ■

$$\nabla \times \mathbf{v}_a = \begin{vmatrix} \hat{\mathbf{x}} & \hat{\mathbf{y}} & \hat{\mathbf{z}} \\ \partial/\partial x & \partial/\partial y & \partial/\partial z \\ -y & x & 0 \end{vmatrix} = 2\hat{\mathbf{z}}$$

이고

$$\nabla \times \mathbf{v}_b = \begin{vmatrix} \hat{\mathbf{x}} & \hat{\mathbf{y}} & \hat{\mathbf{z}} \\ \partial/\partial x & \partial/\partial y & \partial/\partial z \\ 0 & x & 0 \end{vmatrix} = \hat{\mathbf{z}}$$

예상과 같이 이 회전은 $+z$쪽이다. (그림에서 짐작할 수 있듯이 이들은 모두 발산이 0이다: "퍼져 나가는" 것은 없고, 단지 "맴돌" 뿐이다.)

문제 1.18 문제 1.15의 벡터함수의 회전을 셈하여라.

문제 1.19 xy평면에 원을 그려라. 원둘레의 몇몇 곳에 원과 접하는, 반시계 방향의 벡터 $\mathbf{v}$를 그려라. 이웃하는 벡터와 비교하여 $\partial v_x/\partial y$와 $\partial v_y/\partial x$의 부호를 구하여라. 식 1.41에 따르면 $\nabla \times \mathbf{v}$의

방향은 어느 쪽인가? 이 예를 써서 회전을 기하학적으로 설명하라.

문제 1.20 어디에서나 발산과 회전 모두 0인 벡터함수를 만들어 보아라. (물론 상수벡터도 답이 되지만, 그보다는 더 재미있는 것을 찾아보아라!)

1.2.6 곱셈규칙

상미분을 할 때 다음 몇 가지 일반적인 규칙을 쓰면 편리하다.

덧셈 규칙: $$\frac{d}{dx}(f+g) = \frac{df}{dx} + \frac{dg}{dx}$$

상수 곱셈 규칙: $$\frac{d}{dx}(cf) = c\frac{df}{dx}$$

곱셈 규칙: $$\frac{d}{dx}(fg) = f\frac{dg}{dx} + g\frac{df}{dx}$$

나눗셈 규칙: $$\frac{d}{dx}\left(\frac{f}{g}\right) = \frac{g\frac{df}{dx} - f\frac{dg}{dx}}{g^2}$$

벡터미분에도 비슷한 규칙이 있다:

$$\boldsymbol{\nabla}(f+g) = \boldsymbol{\nabla} f + \boldsymbol{\nabla} g,$$

$$\boldsymbol{\nabla}\cdot(\mathbf{A}+\mathbf{B}) = (\boldsymbol{\nabla}\cdot\mathbf{A}) + (\boldsymbol{\nabla}\cdot\mathbf{B}), \qquad \boldsymbol{\nabla}\times(\mathbf{A}+\mathbf{B}) = (\boldsymbol{\nabla}\times\mathbf{A}) + (\boldsymbol{\nabla}\times\mathbf{B}),$$

$$\boldsymbol{\nabla}(cf) = c\boldsymbol{\nabla}f, \quad \boldsymbol{\nabla}\cdot(c\mathbf{A}) = c(\boldsymbol{\nabla}\cdot\mathbf{A}), \quad \boldsymbol{\nabla}\times(c\mathbf{A}) = c(\boldsymbol{\nabla}\times\mathbf{A}),$$

이것은 여러분이 쉽게 증명할 수 있다. 그러나 곱셈규칙은 간단하지 않다. 두 함수를 곱해서 스칼라를 만드는 방법은 두 가지이다:

fg (두 스칼라 함수의 곱)

$\mathbf{A}\cdot\mathbf{B}$ (두 벡터 함수의 점곱)

벡터를 만드는 방법도 두 가지이다:

$f\mathbf{A}$ (스칼라 함수와 벡터 함수의 곱)

$\mathbf{A}\times\mathbf{B}$ (두 벡터 함수의 가위곱)

따라서, 곱셈규칙은 여섯 가지이고, 이 가운데 둘은 기울기에 관한 것이다:

(i) $\nabla(fg) = f\nabla g + g\nabla f$,

(ii) $\nabla(\mathbf{A}\cdot\mathbf{B}) = \mathbf{A}\times(\nabla\times\mathbf{B}) + \mathbf{B}\times(\nabla\times\mathbf{A}) + (\mathbf{A}\cdot\nabla)\mathbf{B} + (\mathbf{B}\cdot\nabla)\mathbf{A}$,

두 가지는 발산에 관한 것이다:

(iii) $\nabla\cdot(f\mathbf{A}) = f(\nabla\cdot\mathbf{A}) + \mathbf{A}\cdot(\nabla f)$,

(iv) $\nabla\cdot(\mathbf{A}\times\mathbf{B}) = \mathbf{B}\cdot(\nabla\times\mathbf{A}) - \mathbf{A}\cdot(\nabla\times\mathbf{B})$,

두 가지는 회전에 관한 것이다:

(v) $\nabla\times(f\mathbf{A}) = f(\nabla\times\mathbf{A}) - \mathbf{A}\times(\nabla f)$,

(vi) $\nabla\times(\mathbf{A}\times\mathbf{B}) = (\mathbf{B}\cdot\nabla)\mathbf{A} - (\mathbf{A}\cdot\nabla)\mathbf{B} + \mathbf{A}(\nabla\cdot\mathbf{B}) - \mathbf{B}(\nabla\cdot\mathbf{A})$.

이 곱셈규칙은 자주 쓰므로 쉽게 찾아볼 수 있게 책의 앞쪽 속표지에 모아두었다. 이들에 대한 증명은 상미분의 곱셈규칙을 써서 쉽게 할 수 있다. 예를 들면, 다음과 같다:

$$\begin{aligned}
\nabla\cdot(f\mathbf{A}) &= \frac{\partial}{\partial x}(fA_x) + \frac{\partial}{\partial y}(fA_y) + \frac{\partial}{\partial z}(fA_z) \\
&= \left(\frac{\partial f}{\partial x}A_x + f\frac{\partial A_x}{\partial x}\right) + \left(\frac{\partial f}{\partial y}A_y + f\frac{\partial A_y}{\partial y}\right) + \left(\frac{\partial f}{\partial z}A_z + f\frac{\partial A_z}{\partial z}\right) \\
&= (\nabla f)\cdot\mathbf{A} + f(\nabla\cdot\mathbf{A}).
\end{aligned}$$

마찬가지로, 나눗셈 규칙도 세 가지를 정리할 수 있다:

$$\begin{aligned}
\nabla\left(\frac{f}{g}\right) &= \frac{g\nabla f - f\nabla g}{g^2}, \\
\nabla\cdot\left(\frac{\mathbf{A}}{g}\right) &= \frac{g(\nabla\cdot\mathbf{A}) - \mathbf{A}\cdot(\nabla g)}{g^2}, \\
\nabla\times\left(\frac{\mathbf{A}}{g}\right) &= \frac{g(\nabla\times\mathbf{A}) + \mathbf{A}\times(\nabla g)}{g^2}.
\end{aligned}$$

그러나 이들은 곱셈규칙에서 바로 얻을 수 있으므로 속표지에 따로 모아두지 않았다.

문제 1.21 곱셈규칙 (i), (iv), (v)를 증명하라.

문제 1.22

(a) 두 벡터함수 **A**와 **B**에 대해, $(\mathbf{A}\cdot\nabla)\mathbf{B}$는 무엇을 뜻하는가? (이것의 직각좌표성분을 **A**, **B**, ∇의 직각좌표 성분으로 나타내라.)

(b) $\hat{\mathbf{r}}$을 식 1.21에서 정의한 단위벡터라 할 때 $(\hat{\mathbf{r}} \cdot \nabla)\hat{\mathbf{r}}$를 셈하여라.
(c) 문제 1.15의 함수에 대해 $(\mathbf{v}_a \cdot \nabla)\mathbf{v}_b$를 셈하여라.

문제 1.23 (까다로운 사람만 풀어라.) 곱셈규칙 (ii)와 (vi)을 증명하여라. $(\mathbf{A} \cdot \nabla)\mathbf{B}$의 정의는 문제 1.22를 참조하여라.

문제 1.24 나눗셈 규칙을 끌어내라.

문제 1.25
(a) 아래의 함수에 대해 항을 하나하나 셈하여 곱셈규칙 (iv)를 확인하여라.

$$\mathbf{A} = x\,\hat{\mathbf{x}} + 2y\,\hat{\mathbf{y}} + 3z\,\hat{\mathbf{z}}; \qquad \mathbf{B} = 3y\,\hat{\mathbf{x}} - 2x\,\hat{\mathbf{y}}$$

(b) 곱셈규칙 (ii)에 대해 같은 일을 해보아라.
(c) 곱셈규칙 (vi)에 대해 같은 일을 해보아라.

1.2.7 2계 도함수

∇을 써서 만들 수 있는 1계 도함수는 기울기, 발산, 회전뿐이다; ∇을 두 번 쓰면 2계 도함수를 다섯 가지 만들 수 있다. ∇T는 벡터이므로 이것의 발산과 회전을 얻을 수 있다.

(a) 기울기의 발산: $\nabla \cdot (\nabla T)$
(b) 기울기의 회전: $\nabla \times (\nabla T)$

발산 $\nabla \cdot \mathbf{v}$는 스칼라이므로 기울기만 셈할 수 있다.

(c) 발산의 기울기: $\nabla(\nabla \cdot \mathbf{v})$

$\nabla \times \mathbf{v}$는 벡터이므로 발산과 회전을 셈할 수 있다.

(d) 회전연산의 발산: $\nabla \cdot (\nabla \times \mathbf{v})$
(e) 회전연산의 회전: $\nabla \times (\nabla \times \mathbf{v})$

∇을 써서 만들 수 있는 2계 도함수는 이 다섯 가지 뿐이지만, 이 모두가 새로운 내용은 아니다. 하나씩 살펴보자:

(1)
$$\nabla \cdot (\nabla T) = \left(\hat{\mathbf{x}}\frac{\partial}{\partial x} + \hat{\mathbf{y}}\frac{\partial}{\partial y} + \hat{\mathbf{z}}\frac{\partial}{\partial z}\right) \cdot \left(\frac{\partial T}{\partial x}\hat{\mathbf{x}} + \frac{\partial T}{\partial y}\hat{\mathbf{y}} + \frac{\partial T}{\partial z}\hat{\mathbf{z}}\right) \tag{1.42}$$
$$= \frac{\partial^2 T}{\partial x^2} + \frac{\partial^2 T}{\partial y^2} + \frac{\partial^2 T}{\partial z^2}.$$

이것은 줄여서 $\nabla^2 T$으로 쓰기도 하며, T의 **라플라스 연산**(Laplacian)이라고 한다; 이에 관해서는 뒤에 자세히 배울 것이다. 스칼라 함수 T의 라플라스 연산은 스칼라이다. 가끔 $\nabla^2 \mathbf{v}$와 같이 벡터의 라플라스 연산을 쓰기도 하는데, 이것은 벡터로서 $x-$성분이 v_x의 라플라스 연산이다:[8]

$$\nabla^2 \mathbf{v} \equiv (\nabla^2 v_x)\hat{\mathbf{x}} + (\nabla^2 v_y)\hat{\mathbf{y}} + (\nabla^2 v_z)\hat{\mathbf{z}}. \tag{1.43}$$

이것은 ∇^2을 뜻을 편리하게 확장한 것일 뿐이다.

(2) 기울기의 회전은 늘 0이다.

$$\nabla \times (\nabla T) = \mathbf{0} \tag{1.44}$$

이것은 중요한 사실로서, 앞으로 여러 번 쓸 것이다. 이것은 ∇의 정의식 1.39를 써서 곧 증명할 수 있다. 주의: 식 1.44가 참인 것이 "뻔하다"고 생각할지 모르겠다 – 이것을 $(\nabla \times \nabla)T$로 쓰면 벡터 자체의 가위곱은 0이므로 값이 0이 아닐까? 이 추론이 그럴 듯하지만, 옳지는 않다. 그 까닭은 ∇은 연산자이므로 보통의 벡터처럼 "곱할" 수 없기 때문이다. 식 1.44의 증명은 다음과 같이 두 변수에 대한 2계미분은 순서를 바꿀 수 있다는 것에 바탕을 둔다.

$$\frac{\partial}{\partial x}\left(\frac{\partial T}{\partial y}\right) = \frac{\partial}{\partial y}\left(\frac{\partial T}{\partial x}\right) \tag{1.45}$$

너무 유난을 떤다고 생각한다면, 다음 값이 늘 0이 되는지 직관적으로 판단해 보라:

$$(\nabla T) \times (\nabla S)$$

(∇을 보통의 벡터로 바꿔치면 이것은 물론 값이 0이다.)

(3) $\nabla(\nabla \cdot \mathbf{v})$은 물리학에서 별로 나오지 않으며, 따로 이름도 붙어 있지 않다. 이것은 그저 **발산의 기울기**(the gradient of the divergence)이다. $\nabla(\nabla \cdot \mathbf{v})$은 벡터의 라플라스 연산과

8 곡선좌표계에서는 단위벡터가 위치에 따라 달라지므로 그것도 미분해야 한다(§1.4.1을 보라)

도 다르다: $\nabla^2\mathbf{v} = (\boldsymbol{\nabla}\cdot\boldsymbol{\nabla})\mathbf{v} \neq \boldsymbol{\nabla}(\boldsymbol{\nabla}\cdot\mathbf{v})$.

(4) 회전의 발산은 기울기의 회전처럼 늘 0이다:

$$\boldsymbol{\nabla}\cdot(\boldsymbol{\nabla}\times\mathbf{v}) = 0. \tag{1.46}$$

이것도 쉽게 증명할 수 있다. [벡터 항등식 $\mathbf{A}\cdot(\mathbf{B}\times\mathbf{C}) = (\mathbf{A}\times\mathbf{B})\cdot\mathbf{C}$를 쓰면 곧 증명될 것 같지만 옳은 방법이 아니다.]

(5) $\boldsymbol{\nabla}$의 정의를 써서 다음을 보일 수 있다:

$$\boldsymbol{\nabla}\times(\boldsymbol{\nabla}\times\mathbf{v}) = \boldsymbol{\nabla}(\boldsymbol{\nabla}\cdot\mathbf{v}) - \nabla^2\mathbf{v} \tag{1.47}$$

회전의 회전은 새로운 것이 아니다; 첫 항은 (3)이고 둘째 항은 (벡터의) 라플라스 연산이다. (직각좌표계를 쓴 식 1.43 대신 식 1.47을 써서 벡터에 대한 라플라스연산을 정의하기도 한다.)

따라서 참된 2계 도함수는 두 가지 뿐이다: (근본적으로 중요한) 라플라스 연산과 (별로 쓰지 않는) 발산의 기울기가 그것이다. 3계 도함수도 마찬가지 방법으로 계속할 수 있지만, 다행히도 물리학에서 쓰는 것은 2계 도함수로 충분하다.

벡터미분에 관해 마지막으로 덧붙이자면, 모든 것은 $\boldsymbol{\nabla}$ 연산자의 정의와 이것의 벡터적 성질로부터 생겨났다. $\boldsymbol{\nabla}$의 정의만 제대로 알면, 모든 결과를 끌어 낼 수 있다.

문제 1.26 다음 함수의 라플라스 연산을 셈하여라.

(a) $T_a = x^2 + 2xy + 3z + 4$

(b) $T_b = \sin x \sin y \sin z$

(c) $T_c = e^{-5x}\sin 4y \cos 3z$

(d) $\mathbf{v} = x^2\,\hat{\mathbf{x}} + 3xz^2\,\hat{\mathbf{y}} - 2xz\,\hat{\mathbf{z}}$

문제 1.27 회전의 발산이 늘 0임을 밝혀라. 문제 1.15의 함수 $\mathbf{v}_a$에 대해 확인하라.

문제 1.28 기울기의 회전이 늘 0이 됨을 밝혀라. 문제 1.11(b)의 함수에 대해 확인하라.

1.3 적분

1.3.1 선, 면, 부피 적분

전기역학에서는 여러 가지 적분을 다루는데, 이 가운데 가장 중요한 것은 **선적분**(line integral)[또는 **경로적분**(path integral)], **면적분**(surface integral) [또는 **선속**(flux)], 그리고 **부피적분**(volume integral)이다.

(가) 선 적분. 선 적분은 다음과 같은 꼴이다.

$$\int_{\mathbf{a}}^{\mathbf{b}} \mathbf{v} \cdot d\mathbf{l} \tag{1.48}$$

여기에서 **v**는 벡터함수, $d\mathbf{l}$은 미소 변위 벡터(식 1.22), 그리고 적분은 점 **a**에서 **b**까지 정해진 경로를 따라가며 한다(그림1.20). 그 경로가 닫힌 고리를 이루면 (곧, **a** = **b**이면) 적분기호에 동그라미를 붙여준다:

$$\oint \mathbf{v} \cdot d\mathbf{l} \tag{1.49}$$

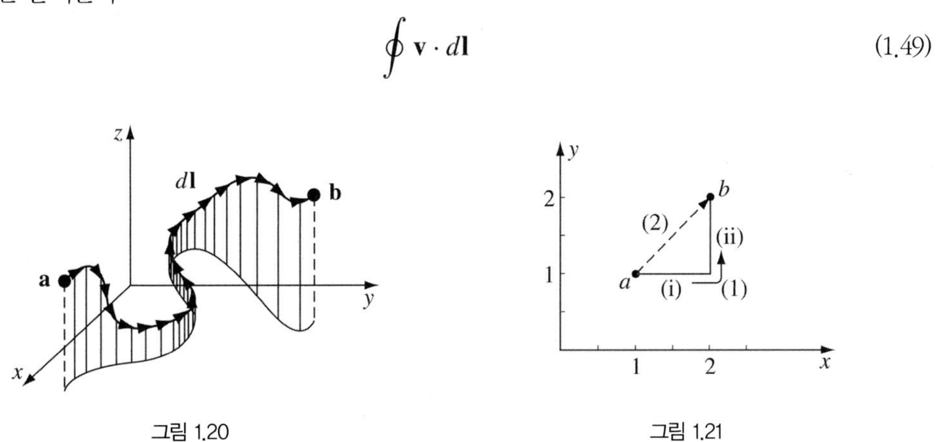

그림 1.20

그림 1.21

경로 위의 점마다 그곳의 값 **v**와 다음 점까지의 변위벡터 $d\mathbf{l}$의 점곱을 셈한다. 물리학자에게 가장 낯익은 선적분은 힘 **F**가 해준 일 에너지이다: $W = \int \mathbf{F} \cdot d\mathbf{l}$.

보통 선적분의 값은 **a**에서 **b**로 가는 경로에 따라 달라진다. 그러나 벡터함수 가운데는 그 값이 적분경로의 양 끝점에 따라서 결정될 뿐이고, 경로와는 무관한 특수한 종류가 있다. 뒤에 적당한 때에 이 특수한 벡터함수의 특성을 살펴볼 것이다. [이러한 특성을 가진 힘이 **보존력**(conservative force)이다.]

예제 1.6

벡터함수 $\mathbf{v} = y^2\,\hat{\mathbf{x}} + 2x(y+1)\,\hat{\mathbf{y}}$를 점 $\mathbf{a}$ = (1,1,0)에서 $\mathbf{b}$ = (2,2,0)까지 그림 1.21의 경로 (1)과 (2)를 따라 적분한 값을 셈하여라. $\oint \mathbf{v}\cdot d\mathbf{l}$을 점 $\mathbf{a}$에서 (1)을 따라 $\mathbf{b}$까지 간 다음 경로 (2)를 따라 $\mathbf{a}$로 되돌아오는 고리에 대해 적분한 값은 얼마인가?

■ 풀이 ■

늘 그렇듯이 $d\mathbf{l} = dx\,\hat{\mathbf{x}} + dy\,\hat{\mathbf{y}} + dz\,\hat{\mathbf{z}}$이다. 경로(1)은 두 부분으로 되어 있다.
"수평" 선분에서는 $dy = dz = 0$이므로 다음과 같다.

(i) $d\mathbf{l} = dx\,\hat{\mathbf{x}},\ y = 1,\ \mathbf{v}\cdot d\mathbf{l} = y^2\,dx = dx$. 따라서

$$\int \mathbf{v}\cdot d\mathbf{l} = \int_1^2 dx = 1$$

"수직" 선분에서는 $dx = dz = 0$이므로 다음과 같다.

(ii) $d\mathbf{l} = dy\,\hat{\mathbf{y}},\ x = 2,\ \mathbf{v}\cdot d\mathbf{l} = 2x(y+1)\,dy = 4(y+1)\,dy$. 따라서

$$\int \mathbf{v}\cdot d\mathbf{l} = 4\int_1^2 (y+1)\,dy = 10$$

그러므로 경로(1)을 따라서 적분한 값은 다음과 같다.

$$\int_{\mathbf{a}}^{\mathbf{b}} \mathbf{v}\cdot d\mathbf{l} = 1 + 10 = 11$$

한편, 경로(2)에서는 $x = y, dx = dy, dz = 0$이므로, $d\mathbf{l} = dx\,\hat{\mathbf{x}} + dx\,\hat{\mathbf{y}}, \mathbf{v}\cdot d\mathbf{l} = x^2\,dx + 2x(x+1)\,dx = (3x^2 + 2x)\,dx$. 그러므로, 경로(2)를 따라서 적분한 값은 다음과 같다.

$$\int_{\mathbf{a}}^{\mathbf{b}} \mathbf{v}\cdot d\mathbf{l} = \int_1^2 (3x^2 + 2x)\,dx = (x^3 + x^2)\big|_1^2 = 10.$$

(전략은 적분변수를 하나로 줄이는 것이다; x를 지워 y에 대한 적분으로 바꿀 수도 있다.)

경로(1)을 따라 갔다가 경로(2)를 따라 돌아오는 고리에 대한 적분값은 다음과 같다.

$$\oint \mathbf{v}\cdot d\mathbf{l} = 11 - 10 = 1$$

(나) 면 적분. 면 적분은 다음과 같은 꼴이다.

$$\int_S \mathbf{v}\cdot d\mathbf{a}, \tag{1.50}$$

여기에서 $\mathbf{v}$는 벡터함수이고, 적분은 곡면 S에 대한 것이다. $d\mathbf{a}$는 미소 면 벡터로 그 방향은 면에

대해 수직이다 (그림 1.22). 물론 어떤 면에 수직인 방향은 둘이므로, 면적분의 부호는 애매함이 있다. 면이 닫혀 있으면 (그래서 "방울"을 이루면), 적분기호에 동그라미를 붙여준다

$$\oint \mathbf{v} \cdot d\mathbf{a},$$

이 때 전통적으로 잡는 $d\mathbf{a}$의 방향은 "바깥쪽"이다. 그러나 열린 곡면에서는 방향이 애매하다. $\mathbf{v}$가 유체의 흐름(단위시간 동안 단위면적을 지나가는 양)을 나타낸다면, $\int \mathbf{v} \cdot d\mathbf{a}$는 단위시간 동안 그 면을 지나가는 총질량이 되므로 **유량**(flux)이라고도 한다.

보통은 면적분의 값은 적분면에 따라 달라지지만, 특별한 벡터함수는 그 값이 적분면과 무관하고, 면의 테두리 선에 따라서 결정된다. 이 특별한 함수의 특성을 알아내는 것이 중요한 과제이다.

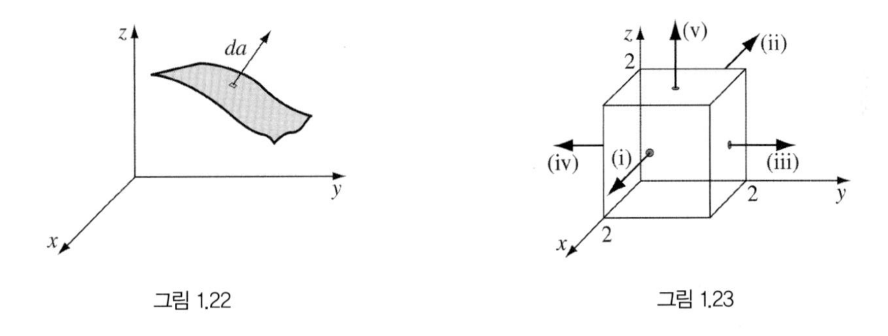

그림 1.22

그림 1.23

예제 1.7

벡터함수 $\mathbf{v} = 2xz\,\hat{\mathbf{x}} + (x+2)\,\hat{\mathbf{y}} + y(z^2-3)\,\hat{\mathbf{z}}$을 그림 1.23의 모서리의 길이가 2인 정육면체의 (바닥면을 뺀) 다섯 면에 대해 적분한 값을 셈하여라. 면의 방향은 화살표로 보인 것처럼 위쪽 그리고 바깥쪽이다.

■ 풀이 ■

옆면에 대한 적분값을 하나씩 셈하자:

(i) $x = 2,\ d\mathbf{a} = dy\,dz\,\hat{\mathbf{x}},\ \mathbf{v} \cdot d\mathbf{a} = 2xz\,dy\,dz = 4z\,dy\,dz$이므로,

$$\int \mathbf{v} \cdot d\mathbf{a} = 4\int_0^2 dy \int_0^2 z\,dz = 16$$

(ii) $x = 0,\ d\mathbf{a} = -dy\,dz\,\hat{\mathbf{x}},\ \mathbf{v} \cdot d\mathbf{a} = -2xz\,dy\,dz = 0$이므로,

$$\int \mathbf{v} \cdot d\mathbf{a} = 0$$

(iii) $y = 2,\ d\mathbf{a} = dx\,dz\,\hat{\mathbf{y}},\ \mathbf{v} \cdot d\mathbf{a} = (x+2)\,dx\,dz$이므로,

$$\int \mathbf{v} \cdot d\mathbf{a} = \int_0^2 (x+2)\,dx \int_0^2 dz = 12$$

(iv) $y = 0,\ d\mathbf{a} = -dx\,dz\,\hat{\mathbf{y}},\ \mathbf{v}\cdot d\mathbf{a} = -(x+2)\,dx\,dz$이므로,

$$\int \mathbf{v}\cdot d\mathbf{a} = -\int_0^2 (x+2)\,dx \int_0^2 dz = -12$$

(v) $z = 2,\ d\mathbf{a} = dx\,dy\,\hat{\mathbf{z}},\ \mathbf{v}\cdot d\mathbf{a} = y(z^2-3)\,dx\,dy = y\,dx\,dy$이므로,

$$\int \mathbf{v}\cdot d\mathbf{a} = \int_0^2 dx \int_0^2 y\,dy = 4$$

총 유량은 다음과 같다.

$$\int_{\text{면}} \mathbf{v}\cdot d\mathbf{a} = 16 + 0 + 12 - 12 + 4 = 20.$$

(다) 부피적분

부피적분은 다음과 같은 꼴이다.

$$\int_{\mathcal{V}} T\,d\tau \tag{1.51}$$

여기에서 T는 스칼라 함수, $d\tau$는 미소 부피 요소로서 직각좌표계에서는 다음과 같다.

$$d\tau = dx\,dy\,dz \tag{1.52}$$

예를 들어 T가 물질의 밀도라면 (그 값이 곳마다 다를 수 있다), 부피적분은 물체의 전체 질량이 될 것이다. 가끔 벡터함수의 부피적분을 다룰 때도 있다.

$$\int \mathbf{v}\,d\tau = \int (v_x\,\hat{\mathbf{x}} + v_y\,\hat{\mathbf{y}} + v_z\,\hat{\mathbf{z}})d\tau = \hat{\mathbf{x}}\int v_x d\tau + \hat{\mathbf{y}}\int v_y d\tau + \hat{\mathbf{z}}\int v_z d\tau \tag{1.53}$$

여기에서 단위벡터($\hat{\mathbf{x}}, \hat{\mathbf{y}}, \hat{\mathbf{z}}$)는 상수벡터이므로 적분기호 바깥으로 끌어냈다.

예제 1.8

$T = xyz^2$를 그림 1.24의 세모기둥에 대해 부피적분한 값을 셈하여라.

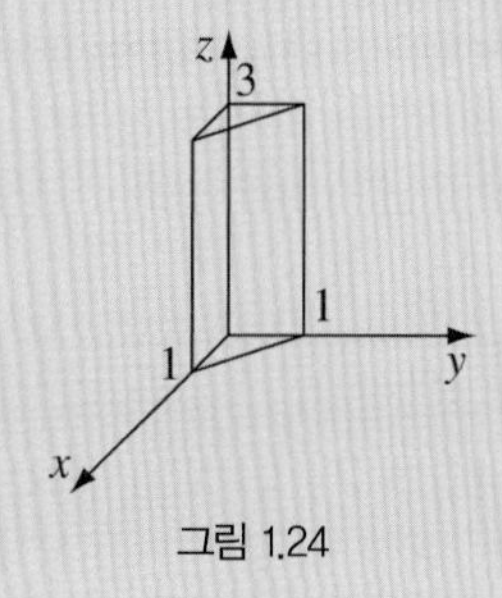

그림 1.24

■ 풀이 ■

세 변수에 대한 적분의 순서는 바꾸어도 된다. 먼저 x에 대해 적분하자: 이 변수의 값은 0에서 $(1-y)$까지이다; 그 다음에 y에 대해 (0에서 1까지), 끝으로 z에 대해 (0에서 3까지) 적분한다.

$$\int T\,d\tau = \int_0^3 z^2 \left\{\int_0^1 y \left[\int_0^{1-y} x\,dx\right] dy\right\} dz$$
$$= \frac{1}{2}\int_0^3 z^2\,dz \int_0^1 (1-y)^2 y\,dy = \frac{1}{2}(9)\left(\frac{1}{12}\right) = \frac{3}{8}$$

문제 1.29 함수 $\mathbf{v} = x^2\,\hat{\mathbf{x}} + 2yz\,\hat{\mathbf{y}} + y^2\,\hat{\mathbf{z}}$을 원점에서 (1,1,1)까지 아래와 같은 세 개의 다른 경로에 대해 선적분하여라:

(a) $(0,0,0) \rightarrow (1,0,0) \rightarrow (1,1,0) \rightarrow (1,1,1)$

(b) $(0,0,0) \rightarrow (0,0,1) \rightarrow (0,1,1) \rightarrow (1,1,1)$

(c) 곧은 선분

(d) 경로(a)를 따라 간 다음 경로(b)를 따라 돌아오는 닫힌 고리를 따라 선적분한 값은 얼마인가?

문제 1.30 예제 1.7의 함수를 상자의 바닥면에 대해 적분한 값을 셈하여라. 일관성을 위해 "윗쪽"을 면벡터의 방향으로 잡자. 이 면적분 값이 면의 테두리에 의해서만 결정되는가? 상자를 이루는 닫힌곡면에 대한 총 유량은 얼마인가? (주의: 닫힌곡면에서는 면벡터가 "바깥쪽"을 향하므로 밑바닥의 면벡터는 "아래쪽"을 향한다.)

문제 1.31 함수 $T = z^2$을 꼭지점이 (0, 0, 0), (1, 0, 0), (0, 1, 0), (0, 0, 1)에 있는 사면체에 대해 부피적분하여라.

1.3.2 미적분의 기본 정리

변수가 하나인 함수 $f(x)$를 생각하자. **미적분의 기본정리**(fundamental theorem of calculus)는 다음과 같다.

$$\int_a^b \left(\frac{df}{dx}\right) dx = f(b) - f(a) \tag{1.54}$$

이것이 친숙하지 않다면, 달리 써보자.

$$\int_a^b F(x)\,dx = f(b) - f(a)$$

여기에서, $df/dx = F(x)$이다. 이 기본정리는 $F(x)$를 적분하는 방법을 일러 준다: 도함수가 F가 되는 함수 $f(x)$를 찾아내면 된다.

기하학적 해석: 식 1.33에 따르면 $df = (df/dx)dx$는 변수의 값이 (x)에서 $(x + dx)$로 바뀔 때, f가 아주 조금 변하는 양이다. 식 1.54의 기본정리에 따르면 a에서 b까지의 구간을 폭 dx로 잘게 도막낸 뒤(그림 1.25), 각각의 도막에서 생기는 증분 df를 모두 더하면, 그 결과는 f의 총 변화량 $f(b) - f(a)$와 같다. 총 변화량을 셈하는 방법은 두 가지이다: 하나는 구간의 양끝에서의 값을 빼는 것이고, 다른 하나는 작은 구간마다 생기는 작은 변화량을 모두 더하는 것이다. 어느 방법을 쓰든 결과는 같다.

기본정리의 근본 형식은 다음과 같다: "도함수를 어느 구간에서 적분한 값은 구간의 양끝(경계점)에서의 모함수의 값으로 결정된다." 벡터미적분의 도함수는 세 가지(기울기, 발산, 회전)이고, 각각에 대해 고유의 "기본정리"가 있는데, 형식은 본질적으로 같다. 여기에서 이 정리를 증명하지는 않겠지만, 담긴 뜻을 설명하고, 정리가 성립할 법한 논리를 보여주겠다. 증명은 부록 A에 있다.

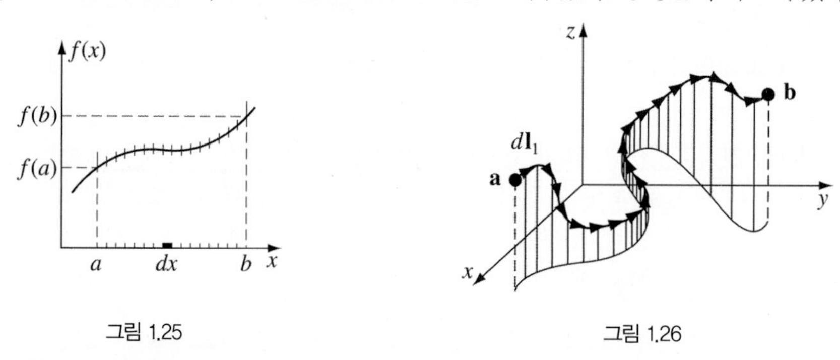

그림 1.25 그림 1.26

1.3.3 기울기의 기본정리

변수가 셋인 스칼라 함수 $T(x, y, z)$를 생각하자. 점 **a**에서 출발하여 작은 거리 $d\mathbf{l}_1$만큼 가자(그림 1.26). 함수 T의 변화는 식 1.37에 따르면 다음과 같다.

$$dT = (\nabla T) \cdot d\mathbf{l}_1$$

이제 $d\mathbf{l}_2$만큼 조금 더 움직이면 T의 증분은 $(\nabla T) \cdot d\mathbf{l}_2$가 된다. 이렇게 조금씩 가서 점 **b**까지 간다. 조금씩 갈 때 마다 (그 곳에서의) T의 기울기를 셈하고 변위 $d\mathbf{l}$과 점곱을 하면, T의 변화량을 셈할 수 있다. 분명히 정해진 경로를 따라 점 **a**에서 **b**로 갈 때의 T의 총 변화량은 다음과 같다.

$$\int_{\mathbf{a}}^{\mathbf{b}} (\nabla T) \cdot d\mathbf{l} = T(\mathbf{b}) - T(\mathbf{a}) \tag{1.55}$$

이것이 **기울기의 기본정리**(fundamental theorem for gradients)이다; "보통의" 기본정리처럼 도함수(기울기)를 (선)적분한 값은 경계(**a**와 **b**)에서의 함수 값으로 결정된다.

기하학적 해석: 남산탑의 높이를 결정하고자 한다고 하자. 계단을 오르면서 줄자를 가지고 각 계단의 높이를 재어, 그 값을 모두 더하거나 (식 1.55의 왼쪽), 탑의 꼭대기와 바닥에 고도계를 두어 잰 두 값의 차이를 낼 수도 있다(오른쪽); 어떤 방법을 써도 얻는 결과는 같다 (이것이 기본정리에 담긴 뜻이다).

예제 1.6에서 본 것처럼 선적분 값은 보통 점 **a**에서 **b**로 가는 경로에 따라 달라진다. 그러나 식 1.55의 오른쪽은 경로와는 무관하고 구간의 양 끝만 관계된다. 분명히 기울기는 그 선적분이 경로에 무관하다는 특별한 성질이 있다:

따름정리 1: $\int_{\mathbf{a}}^{\mathbf{b}} (\nabla T) \cdot d\mathbf{l}$은 **a**에서 **b**까지의 경로와 무관하다.

따름정리 2: $\oint (\nabla T) \cdot d\mathbf{l} = 0$이다. 그 까닭은 시작점과 끝점이 같아서 $T(\mathbf{b}) - T(\mathbf{a}) = 0$이기 때문이다.

예제 1.9

$T = xy^2$라 하고 원점 $\mathbf{a} = (0, 0, 0)$에서 $\mathbf{b} = (2, 1, 0)$까지에 대해 기울기의 기본정리를 점검하여라.

■ 풀이 ■

이 적분값은 경로에 무관하지만, 그 값을 셈하려면 경로를 정해야한다. 그 경로를 x축을 따라 간 다음 위로 가자(그림 1.27). 늘 그렇듯이 $d\mathbf{l} = dx\,\hat{\mathbf{x}} + dy\,\hat{\mathbf{y}} + dz\,\hat{\mathbf{z}}$이다, $\nabla T = y^2\,\hat{\mathbf{x}} + 2xy\,\hat{\mathbf{y}}$이다.

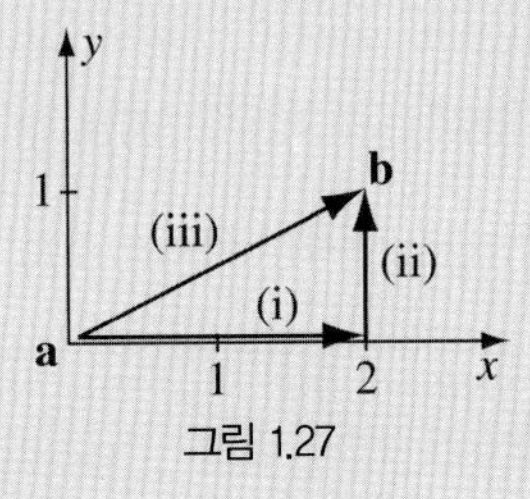

그림 1.27

(i) $y = 0$; $d\mathbf{l} = dx\,\hat{\mathbf{x}}$, $\nabla T \cdot d\mathbf{l} = y^2\,dx = 0$이므로

$$\int_{\mathrm{i}} \nabla T \cdot d\mathbf{l} = 0$$

(ii) $x = 2;\ d\mathbf{l} = dy\,\hat{\mathbf{y}},\ \nabla T \cdot d\mathbf{l} = 2xy\,dy = 4y\,dy$이므로

$$\int_{\text{ii}} \nabla T \cdot d\mathbf{l} = \int_0^1 4y\,dy = 2y^2\Big|_0^1 = 2$$

선적분 값은 2이다. 이것이 기본정리와 맞는가? 그렇다: $T(\mathbf{b}) - T(\mathbf{a}) = 2 - 0 = 2$.

이제, 답이 경로에 무관함을 확인하려면 경로 (iii)에 대해 같은 적분을 셈하자 (**a**에서 **b**까지의 직선):

(iii) $y = \frac{1}{2}x,\ dy = \frac{1}{2}\,dx,\ \nabla T \cdot d\mathbf{l} = y^2\,dx + 2xy\,dy = \frac{3}{4}x^2\,dx$ 이므로

$$\int_{\text{iii}} \nabla T \cdot d\mathbf{l} = \int_0^2 \tfrac{3}{4}x^2\,dx = \tfrac{1}{4}x^3\Big|_0^2 = 2$$

문제 1.32 기울기의 기본정리가 맞는가를 다음 경우에 대해 확인 하여라: $T = x^2 + 4xy + 2yz^3$, 양 끝점은 $\mathbf{a} = (0, 0, 0)$, $\mathbf{b} = (1, 1, 1)$, 그리고 적분경로는 그림 1.28에 보인 세 경로이다.

(a) $(0, 0, 0) \to (1, 0, 0) \to (1, 1, 0) \to (1, 1, 1)$

(b) $(0, 0, 0) \to (0, 0, 1) \to (0, 1, 1) \to (1, 1, 1)$

(c) 포물선 경로 $z = x^2;\ y = x$.

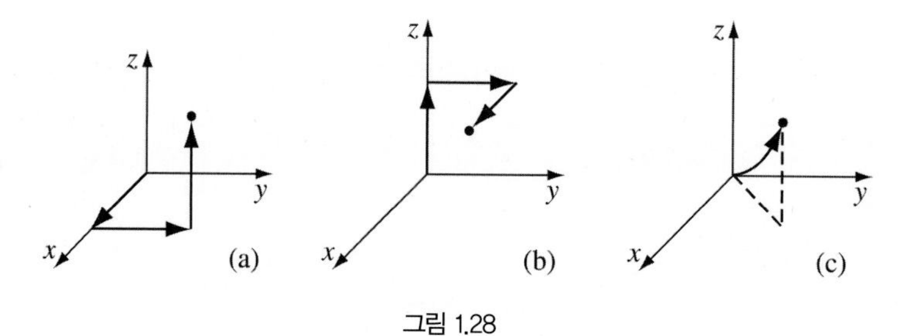

그림 1.28

1.3.4 발산의 기본정리

발산의 기본정리는 다음과 같다.

$$\int_{\mathcal{V}} (\nabla \cdot \mathbf{v})\, d\tau = \oint_{\mathcal{S}} \mathbf{v} \cdot d\mathbf{a}. \tag{1.56}$$

이것은 매우 중요하므로 이름이 적어도 세 개는 된다: **가우스 정리**(Gauss's theorem), **그린 정리**(Green's theorem), 또는 간단히 **발산정리**(divergence theorem). 다른 "기본정리"처럼, 이것도 도함수(이 경우에는 발산)를 구간(이 경우에는 부피 $\mathcal{V}$)에 대해 적분하면, 그 값은 경계(이 경우에는 부피를 둘러싸는 표면 $\mathcal{S}$)에서의 함수값과 같다. 지금은 경계에서의 값 자체가 적분(표면적분)임에 유의하자. 이것도 합리적이다: 선의 "경계"는 양끝의 두 점이지만, 부피의 경계는 (닫힌) 곡면이다.

기하학적 해석: $\mathbf{v}$가 비압축성 유체의 흐름을 나타낸다면, $\mathbf{v}$의 유량(식 1.56의 오른쪽)은 단위시간 동안 그 면을 지나가는 유체의 총량이다. 발산은 한 점에서 벡터가 "퍼져 나가는 것"을 재는 것이므로 – 발산이 큰 곳은 유체를 뿜어내는 "수도꼭지"와 같다. 비압축성 유체로 채워진 곳에 수도꼭지가 많으면, 수도꼭지에서 나오는 양 만큼 경계면을 통해 흘러 나가야 한다. 유체가 얼마나 나오는지 아는 방법은 두 가지이다: (a) 수도꼭지의 수를 모두 세고, 각 꼭지가 내뿜는 양을 기록하거나, (b) 경계면의 각 점을 지나가는 유량을 재고 그것을 모두 더하는 것이다. 어느 방법이든 결과가 같을 것이다:

$$\int (\text{부피 속에 든 수도꼭지}) = \oint (\text{표면을 통해 나가는 유량})$$

이것이 발산정리가 나타내는 핵심이다.

예제 1.10

발산정리를 확인하여라: 함수는 아래와 같고, 부피는 모서리 길이가 1이고 꼭지점이 원점에 있는 정육면체이다(그림 1.29).

$$\mathbf{v} = y^2\,\hat{\mathbf{x}} + (2xy + z^2)\,\hat{\mathbf{y}} + (2yz)\,\hat{\mathbf{z}}$$

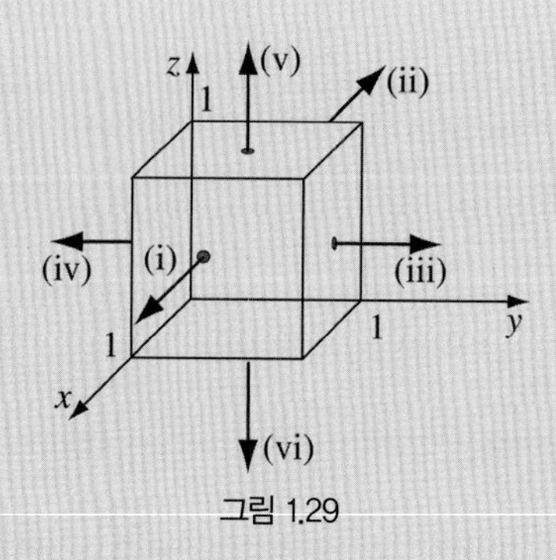

그림 1.29

■ 풀이 ■

발산정리의 왼쪽의 피적분 함수는 다음과 같다:

$$\nabla \cdot \mathbf{v} = 2(x + y)$$

따라서 부피적분은 다음과 같다:

$$\int_{\mathcal{V}} 2(x + y)\, d\tau = 2\int_0^1 \int_0^1 \int_0^1 (x + y)\, dx\, dy\, dz$$

$$\int_0^1 (x + y)\, dx = \tfrac{1}{2} + y, \quad \int_0^1 (\tfrac{1}{2} + y)\, dy = 1, \quad \int_0^1 1\, dz = 1$$

그러므로 부피적분은 다음과 같다:

$$\int_{\mathcal{V}} \nabla \cdot \mathbf{v}\, d\tau = 2$$

발산정리의 오른쪽의 표면적분은 정육면체의 여섯 면 모두에 대해 한다.

(i) $\int \mathbf{v} \cdot d\mathbf{a} = \int_0^1 \int_0^1 y^2 dy\, dz = \frac{1}{3}$

(ii) $\int \mathbf{v} \cdot d\mathbf{a} = -\int_0^1 \int_0^1 y^2\, dy\, dz = -\frac{1}{3}$

(iii) $\int \mathbf{v} \cdot d\mathbf{a} = \int_0^1 \int_0^1 (2x + z^2)\, dx\, dz = \frac{4}{3}$

(iv) $\int \mathbf{v} \cdot d\mathbf{a} = -\int_0^1 \int_0^1 z^2\, dx\, dz = -\frac{1}{3}$

(v) $\int \mathbf{v}\cdot d\mathbf{a} = \int_0^1 \int_0^1 2y\,dx\,dy = 1$

(vi) $\int \mathbf{v}\cdot d\mathbf{a} = -\int_0^1 \int_0^1 0\,dx\,dy = 0$

그러므로 총 유량은

$$\oint_{\mathcal{S}} \mathbf{v}\cdot d\mathbf{a} = \tfrac{1}{3} - \tfrac{1}{3} + \tfrac{4}{3} - \tfrac{1}{3} + 1 + 0 = 2$$

으로 예상한 바와 같다.

문제 1.33 함수 $\mathbf{v} = (xy)\,\hat{\mathbf{x}} + (2yz)\,\hat{\mathbf{y}} + (3zx)\,\hat{\mathbf{z}}$에 대해 발산정리가 맞는지 확인하여라. 적분공간은 그림 1.30의 정육면체로 모서리의 길이는 2이다.

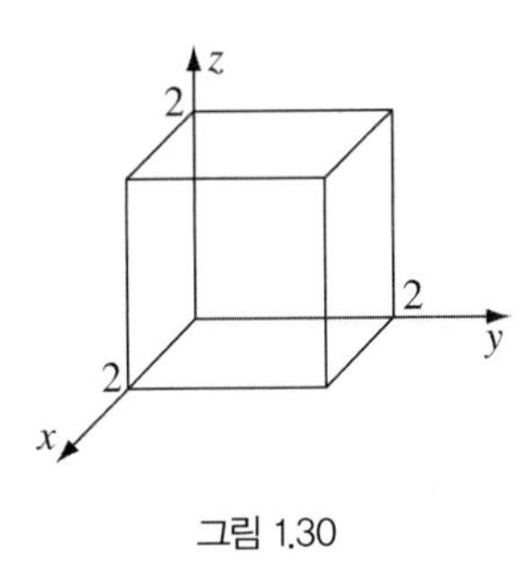

그림 1.30

1.3.5 회전의 기본정리

회전의 기본정리는 **스토크스 정리**(Stokes' theorem)라고도 하며, 다음과 같다:

$$\int_{\mathcal{S}} (\nabla \times \mathbf{v})\cdot d\mathbf{a} = \oint_{\mathcal{P}} \mathbf{v}\cdot d\mathbf{l}. \tag{1.57}$$

다른 기본정리처럼, 이것도 도함수(이 경우에는 회전)를 어떤 영역(이 경우에는 면 $\mathcal{S}$)에 대해 적분하면, 그 값은 경계(이 경우에는 면의 테두리 $\mathcal{P}$)에서의 함수값과 같다. 발산 정리처럼 경계에서의 값 자체가 (닫힌곡선에 대한) 적분이다.

기하학적 해석: 회전은 벡터 $\mathbf{v}$의 "소용돌이"를 나타내는 양임을 상기하자; 회전이 큰 곳에는 소용돌이가 있다 – 작은 물레방아를 그곳에 두면 돌아갈 것이다. 이제 회전을 어떤 면에 대해 적분한 값(구체적으로 그 면을 지나가는 회전의 유량)은 "소용돌이의 총량"을 나타내는데, 이것은 테두리를 따라 도는 흐름이 얼마나 있는가를 알면 셈할 수 있다(그림 1.31). 사실 $\oint \mathbf{v} \cdot d\mathbf{l}$을 때로는 $\mathbf{v}$의 **순환**(circulation)이라고도 한다.

스토크스 정리에 애매한 점이 있음을 눈치 챘을 것이다: 테두리를 따라 선적분할 때 어느 쪽으로 돌아야 하는가(시침을 따라 돌까 반대쪽으로 돌까)? "거꾸로" 돌면, 적분값의 부호가 바뀐다. 그러나 일관성만 지키면 어느 쪽으로 돌든지 상관없다. 왜냐하면, 면적분에도 애매함이 있어 상쇄되기 때문이다: $d\mathbf{a}$는 어느 쪽을 향하는가? (발산정리에서처럼) 닫힌곡면에서는 $d\mathbf{a}$가 바깥쪽 법선 방향이다; 그러나 열린 곡면에서는 어느 쪽이 "바깥"이 되는가? 오른손 규칙을 쓰면 스토크스 정리에 일관성이 유지 된다: 선적분의 방향을 따라 오른손의 네 손가락을 말아 쥔 채 세운 엄지손가락이 가리키는 쪽이 $d\mathbf{a}$의 방향이다 (그림 1.32).

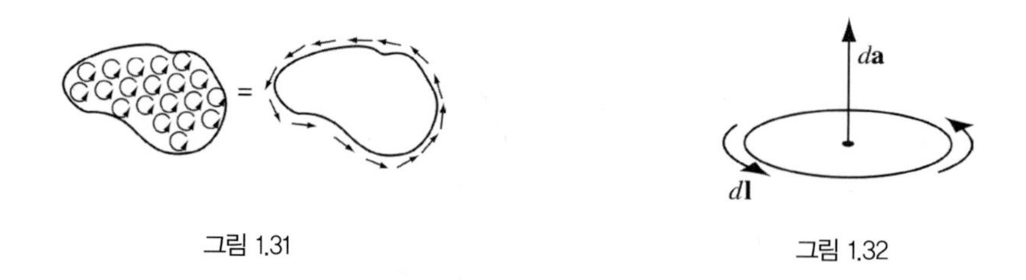

그림 1.31　　　　그림 1.32

그런데, 테두리가 같은 곡면은 한없이 많다. 철사 고리를 비눗물에 담갔다 꺼낼 때 생기는 비누 막은 철사 고리를 테두리로 하는 곡면이 된다. 비누 막에 입김을 불면 막이 부풀어 오르지만 테두리는 전과 같다. 보통 유량 적분은 적분면에 따라 값이 바뀌지만, 회전 적분은 그렇지 않다. 스토크스 정리에 따르면, $\int(\nabla \times \mathbf{v}) \cdot d\mathbf{a}$는 테두리를 따라 $\mathbf{v}$를 적분한 값과 같은데, 이 값은 어떤 곡면을 고르든 똑같다.

따름정리 1: $\int(\nabla \times \mathbf{v}) \cdot d\mathbf{a}$는 곡면의 테두리에 따라서 결정될 뿐, 어떤 곡면에 대해서나 똑같다.

따름정리 2: 모든 닫힌곡면에 대해 $\oint(\nabla \times \mathbf{v}) \cdot d\mathbf{a} = 0$이다. 그 까닭은 이 경우 테두리는 풍선의 주둥이처럼 한 점으로 줄어들어, 식 1.57의 오른쪽의 값이 0이 되기 때문이다.

이 따름 정리는 기울기 정리에 대한 따름 정리와 비슷하다. 이 두 가지의 비슷함을 뒤에 더 설명하겠다.

예제 1.11

$\mathbf{v} = (2xz + 3y^2)\hat{\mathbf{y}} + (4yz^2)\hat{\mathbf{z}}$라 하자. 그림 1.33의 정사각형 면에 대해 스토크스 정리를 확인하자.

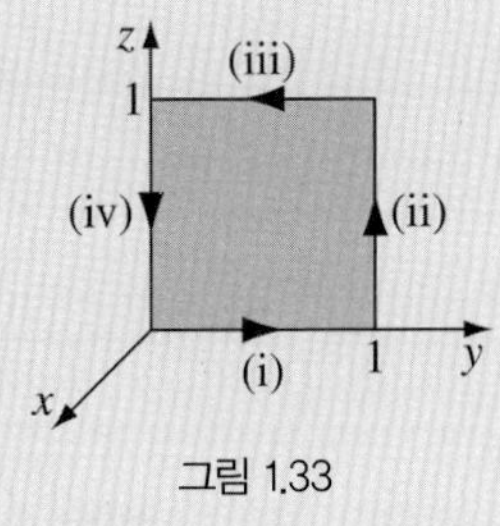

그림 1.33

■ 풀이 ■

면적분의 피적분함수와 미소 면 요소는 다음과 같다:

$$\nabla \times \mathbf{v} = (4z^2 - 2x)\,\hat{\mathbf{x}} + 2z\,\hat{\mathbf{z}} \quad \text{그리고} \quad d\mathbf{a} = dy\,dz\,\hat{\mathbf{x}}$$

($d\mathbf{a}$를 x쪽으로 잡으면, 선적분의 방향은 시계 바늘과 반대로 돈다. $d\mathbf{a} = -dy\,dz\,\hat{\mathbf{x}}$로 쓸 수도 있는데, 그러면 시계 바늘과 같이 돌아야 한다.) 이 면에서는 $x = 0$이므로 다음 결과를 얻는다.

$$\int (\nabla \times \mathbf{v}) \cdot d\mathbf{a} = \int_0^1 \int_0^1 4z^2\,dy\,dz = \frac{4}{3}$$

이제 선적분은 어떻게 할까? 적분 구간을 네 토막으로 나누자.

(i) $x = 0, \quad z = 0, \quad \mathbf{v} \cdot d\mathbf{l} = 3y^2\,dy, \quad \int \mathbf{v} \cdot d\mathbf{l} = \int_0^1 3y^2\,dy = 1$

(ii) $x = 0, \quad y = 1, \quad \mathbf{v} \cdot d\mathbf{l} = 4z^2\,dz, \quad \int \mathbf{v} \cdot d\mathbf{l} = \int_0^1 4z^2\,dz = \frac{4}{3}$

(iii) $x = 0, \quad z = 1, \quad \mathbf{v} \cdot d\mathbf{l} = 3y^2\,dy, \quad \int \mathbf{v} \cdot d\mathbf{l} = \int_1^0 3y^2\,dy = -1$

(iv) $x = 0, \quad y = 0, \quad \mathbf{v} \cdot d\mathbf{l} = 0, \quad \int \mathbf{v} \cdot d\mathbf{l} = \int_1^0 0\,dz = 0$

그러므로 선적분은 다음과 같다:

$$\oint \mathbf{v} \cdot d\mathbf{l} = 1 + \frac{4}{3} - 1 + 0 = \frac{4}{3}$$

따라서 스토크스 정리가 맞다.

전략: 단계 (iii)의 적분을 잘 살펴보라. 적분경로는 왼쪽을 향하지만 $d\mathbf{l} = -dy\,\hat{\mathbf{y}}$라고 쓰지 않았다. 이렇게 쓴다면 적분을 $0 \to 1$로 해야 한다. 따라서, 늘 $d\mathbf{l} = dx\,\hat{\mathbf{x}} + dy\,\hat{\mathbf{y}} + dz\,\hat{\mathbf{z}}$로 쓰고(음성 부호를 붙이지 않는다), 적분방향에 맞추어 적분구간의 양끝을 정하는 것이 좋다.

문제 1.34 함수 $\mathbf{v} = (xy)\,\hat{\mathbf{x}} + (2yz)\,\hat{\mathbf{y}} + (3zx)\,\hat{\mathbf{z}}$에 대해 그림 1.34의 회색 삼각형을 써서 스토크스 정리를 확인하여라.

문제 1.35 따름정리 1을 확인 하여라. 예제 1.11의 함수와 테두리를 쓰되, 그림 1.35에 있는 정육면체의 다섯 면에 대해 적분하라. 정육면체의 뒷면은 열려 있다.

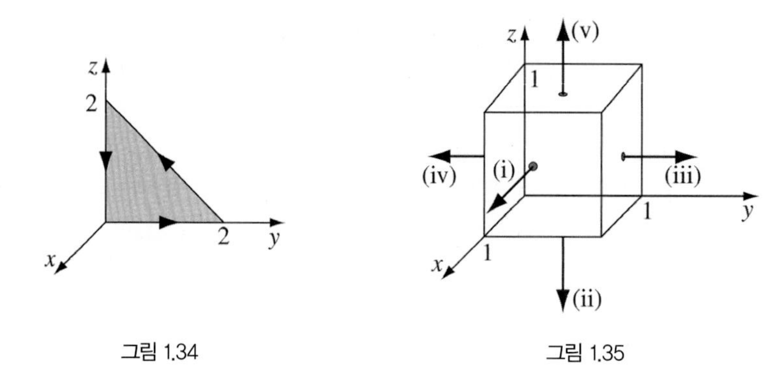

그림 1.34 그림 1.35

1.3.6 부분적분

부분적분(Integration by parts)은 도함수에 대한 곱셈규칙을 쓴다:

$$\frac{d}{dx}(fg) = f\left(\frac{dg}{dx}\right) + g\left(\frac{df}{dx}\right)$$

양쪽을 모두 적분하고, 기본정리를 쓰면

$$\int_a^b \frac{d}{dx}(fg)\,dx = fg\Big|_a^b = \int_a^b f\left(\frac{dg}{dx}\right)dx + \int_a^b g\left(\frac{df}{dx}\right)dx$$

또는 다음과 같다.

$$\int_a^b f\left(\frac{dg}{dx}\right)dx = -\int_a^b g\left(\frac{df}{dx}\right)dx + fg\Big|_a^b \tag{1.58}$$

이것이 부분적분이다. 이것은 어떤 함수 (f)와 다른 함수 (g)의 **도함수**의 곱을 적분할 때 쓴다: **도함수를 g에서 f로 넘기면서** 부호를 바꾸고 테두리에서의 값을 더해준다.

예제 1.12

다음 적분값을 셈하여라.

$$\int_0^\infty xe^{-x}\,dx$$

■ 풀이 ■

지수함수는 도함수로 나타낼 수 있다:

$$e^{-x} = \frac{d}{dx}\left(-e^{-x}\right)$$

이 경우 $f(x) = x$, $g(x) = -e^{-x}$이고 $df/dx = 1$이므로 다음과 같다.

$$\int_0^\infty xe^{-x}\,dx = \int_0^\infty e^{-x}\,dx - xe^{-x}\Big|_0^\infty = -e^{-x}\Big|_0^\infty = 1$$

벡터 미적분의 곱셈규칙과 기본정리를 적절히 써서 똑같은 방식으로 벡터 항등식을 얻을 수 있다. 예를 들면

$$\nabla\cdot(f\mathbf{A}) = f(\nabla\cdot\mathbf{A}) + \mathbf{A}\cdot(\nabla f)$$

을 부피적분하고, 발산정리를 쓰면 다음 결과를 얻는다.

$$\int_\mathcal{V} f(\nabla\cdot\mathbf{A})\,d\tau = -\int_\mathcal{V} \mathbf{A}\cdot(\nabla f)\,d\tau + \oint_\mathcal{S} f\mathbf{A}\cdot d\mathbf{a}$$

또는

$$\int \nabla\cdot(f\mathbf{A})\,d\tau = \int f(\nabla\cdot\mathbf{A})\,d\tau + \int \mathbf{A}\cdot(\nabla f)\,d\tau = \oint f\mathbf{A}\cdot d\mathbf{a} \tag{1.59}$$

여기에서도 피적분함수는 어떤 함수 (f)와 다른 함수 ($\mathbf{A}$)의 도함수(이 경우 발산)의 곱이며, 부분적분을 하면 도함수를 $\mathbf{A}$에서 f로 옮기면서 (따라서 기울기가 된다), 부호가 바뀌고 테두리에서의 값(이 경우 표면적분)이 더해진다.

어떤 함수와 다른 함수의 도함수의 곱을 적분하는 일이 얼마나 자주 있느냐고? 놀라울 정도로 자주 있고, 부분적분은 벡터 미적분에서 가장 위력적인 도구의 하나이다.

문제 1.36

(a) 다음을 보여라.

$$\int_\mathcal{S} f(\nabla\times\mathbf{A})\cdot d\mathbf{a} = \int_\mathcal{S}[\mathbf{A}\times(\nabla f)]\cdot d\mathbf{a} + \oint_\mathcal{P} f\mathbf{A}\cdot d\mathbf{l} \tag{1.60}$$

(b) 다음을 보여라.

$$\int_{\mathcal{V}} \mathbf{B} \cdot (\nabla \times \mathbf{A})\, d\tau = \int_{\mathcal{V}} \mathbf{A} \cdot (\nabla \times \mathbf{B})\, d\tau + \oint_{\mathcal{S}} (\mathbf{A} \times \mathbf{B}) \cdot d\mathbf{a} \tag{1.61}$$

1.4 곡선 좌표계

1.4.1 구 좌표계

어떤 점 P를 나타내는데 직각좌표 (x, y, z)를 써도 되지만, 때로는 **구**(spherical) 좌표 (r, θ, ϕ)를 쓰면 더 편리하다; r은 원점까지의 거리 (위치벡터 $\mathbf{r}$의 크기), θ(z축을 기준으로 잰 각도)은 **극각**(polar angle), 그리고 ϕ는 **방위각**(azimuthal angle)이다. 두 좌표의 관계는 그림 1.36에서 끌어낼 수 있다:

$$x = r \sin\theta \cos\phi, \qquad y = r \sin\theta \sin\phi, \qquad z = r \cos\theta \tag{1.62}$$

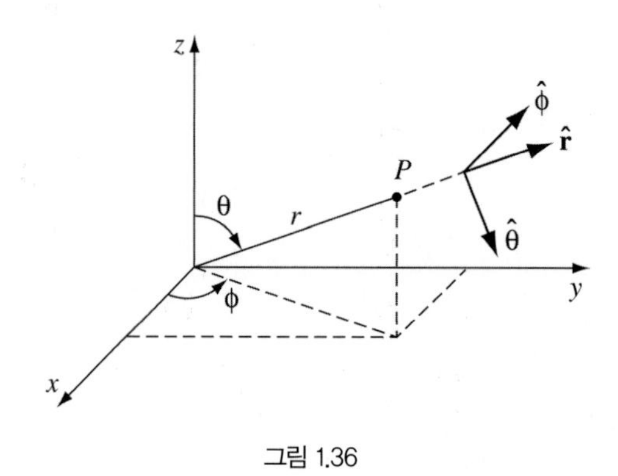

그림 1.36

그림 1.36은 또한 세 단위벡터 $\hat{\mathbf{r}}, \hat{\boldsymbol{\theta}}, \hat{\boldsymbol{\phi}}$를 보여주는데, 이들은 해당 좌표값이 커지는 쪽을 향한다. 이들은 ($\hat{\mathbf{x}}, \hat{\mathbf{y}}, \hat{\mathbf{z}}$처럼) 직교바탕을 이루며, 어떤 벡터 $\mathbf{A}$도 이들 성분의 합으로 나타낼 수 있다:

$$\mathbf{A} = A_r\, \hat{\mathbf{r}} + A_\theta\, \hat{\boldsymbol{\theta}} + A_\phi\, \hat{\boldsymbol{\phi}} \tag{1.63}$$

A_r, A_θ, A_ϕ는 $\mathbf{A}$의 반지름, 극각, 방위각 성분이다. 세 단위벡터를 직각좌표계의 단위벡터로 나타내면 다음과 같다.

$$\begin{aligned}
\hat{\mathbf{r}} &= \sin\theta\cos\phi\,\hat{\mathbf{x}} + \sin\theta\sin\phi\,\hat{\mathbf{y}} + \cos\theta\,\hat{\mathbf{z}}, \\
\hat{\boldsymbol{\theta}} &= \cos\theta\cos\phi\,\hat{\mathbf{x}} + \cos\theta\sin\phi\,\hat{\mathbf{y}} - \sin\theta\,\hat{\mathbf{z}}, \\
\hat{\boldsymbol{\phi}} &= -\sin\phi\,\hat{\mathbf{x}} + \cos\phi\,\hat{\mathbf{y}},
\end{aligned} \tag{1.64}$$

이것은 여러분 스스로 쉽게 확인할 수 있고 (문제 1.38), 쉽게 찾아볼 수 있게 책의 뒤쪽 속표지에 모아 두었다.

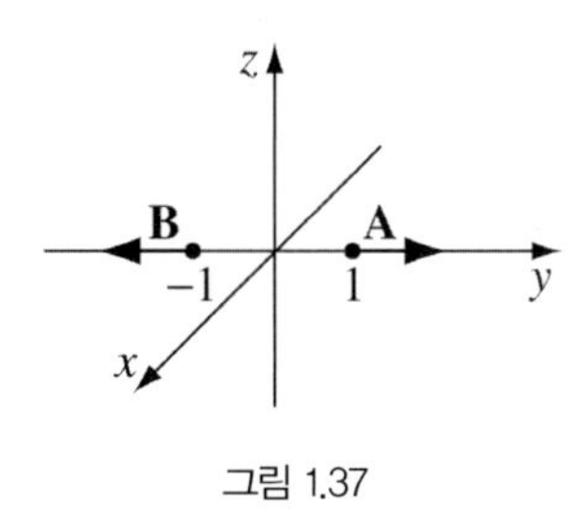

그림 1.37

그러나 꼭 조심해야 하는 점을 경고하겠다: $\hat{\mathbf{r}}$, $\hat{\boldsymbol{\theta}}$, $\hat{\boldsymbol{\phi}}$의 방향은 위치에 따라 달라진다. 예를 들어 $\hat{\mathbf{r}}$은 늘 원점에서 멀어지는 쪽을 향하는데, 그것은 놓인 곳에 따라서 x축 방향이 될 수도 있고, y축 방향이나 또 다른 방향이 될 수도 있다. 그림 1.37에서 $\mathbf{A} = \hat{\mathbf{y}}$이고 $\mathbf{B} = -\hat{\mathbf{y}}$인데, 구좌표계에서는 둘 다 $\hat{\mathbf{r}}$로 쓸 수 있다. 이것을 명확히 드러내려면 벡터가 놓인 점의 좌표를 표시하여 $\hat{\mathbf{r}}(\theta, \phi)$, $\hat{\boldsymbol{\theta}}(\theta, \phi)$, $\hat{\boldsymbol{\phi}}(\theta, \phi)$로 쓸 수 있지만 기호가 너무 복잡하고 조심만 하면 이렇게까지 하지 않아도 큰 어려움은 없을 것이다.[9] 특히 두 곳에 놓인 벡터의 구좌표 성분을 어리숙하게 그냥 더하는 바보짓은 하지마라 (그림 1.37에서 $\mathbf{A} + \mathbf{B} = 0$이지 $2\,\hat{\mathbf{r}}$이 아니며, $\mathbf{A} \cdot \mathbf{B} = -1$이지 $+1$이 아니다). 구좌표로 표시된 벡터를 미분할 때는 조심해야 한다: 단위벡터가 위치의 함수로서 방향이 변한다 (예를 들면 $\partial\hat{\mathbf{r}}/\partial\theta = \hat{\boldsymbol{\theta}}$이다). 그리고 식 1.53에서 $\hat{\mathbf{x}}$, $\hat{\mathbf{y}}$, $\hat{\mathbf{z}}$를 적분기호 밖으로 꺼냈다고 해서 $\hat{\mathbf{r}}$, $\hat{\boldsymbol{\theta}}$, $\hat{\boldsymbol{\phi}}$도 따라서 그렇게 하면 안 된다. 일반적으로 어떤 연산에 대해 확신할 수 없으면, 그 문제를 직각좌표계를 써서 고쳐 써보면 그러한 어려움이 사라진다.

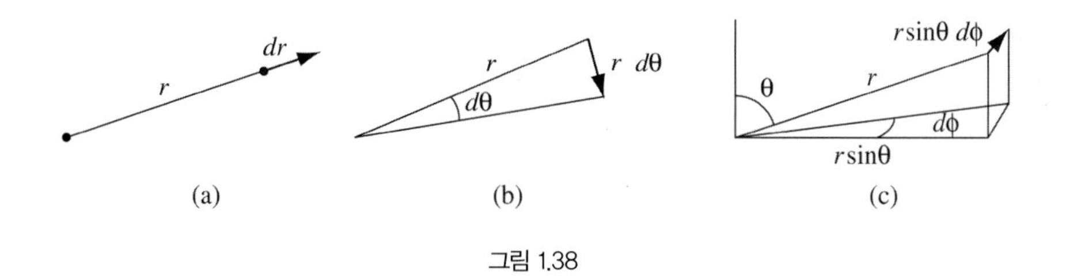

그림 1.38

9 2쪽에서 벡터는 어디에 있든 상관없다고 했는데, 그것은 틀린 말이 아니다. 벡터는 좌표계와는 무관하게 그 자체로서 "존재한다." 그러나 곡선좌표계에서는 벡터가 있는 곳에 따라 벡터를 나타내는 기호가 달라진다.

x방향의 길이요소가 dx이듯이, $\hat{\mathbf{r}}$방향의 길이요소는 dr이다 (그림 1.38a):

$$dl_r = dr \tag{1.65}$$

한편 $\hat{\boldsymbol{\theta}}$방향의 미소 길이요소는 $d\theta$가 아니라 (이것은 각도로서, 길이와는 단위부터가 다르다), $rd\theta$이다(그림 1.38b):

$$dl_\theta = r\,d\theta \tag{1.66}$$

마찬가지로 $\hat{\boldsymbol{\phi}}$방향의 미소 길이요소는 $r\sin\theta\,d\phi$이다(그림 1.38c):

$$dl_\phi = r\sin\theta\,d\phi \tag{1.67}$$

따라서 일반적인 길이요소 $d\mathbf{l}$은 다음과 같다:

$$d\mathbf{l} = dr\,\hat{\mathbf{r}} + r\,d\theta\,\hat{\boldsymbol{\theta}} + r\sin\theta\,d\phi\,\hat{\boldsymbol{\phi}} \tag{1.68}$$

이것은 직각좌표계에서 $d\mathbf{l} = dx\,\hat{\mathbf{x}} + dy\,\hat{\mathbf{y}} + dz\,\hat{\mathbf{z}}$이 했던 구실을 한다.

구 좌표계에서의 미소 부피요소 $d\tau$는 세 길이요소의 곱이다:

$$d\tau = dl_r\,dl_\theta\,dl_\phi = r^2\sin\theta\,dr\,d\theta\,d\phi \tag{1.69}$$

면 요소 $d\mathbf{a}$는 면의 방향에 따라 달라지므로 일반적인 식은 얻을 수 없고, 주어진 상황에 따라 기하학적 분석을 하여 알맞는 식을 끌어내야 한다 (이것은 직각좌표계나 곡선좌표계 모두 마찬가지다). 예를 들어 공의 표면(그림 1.39) 위에서 적분 한다면 r은 일정하고 θ와 ϕ는 변화하므로 면 요소는 다음과 같다:

$$d\mathbf{a}_1 = dl_\theta\,dl_\phi\,\hat{\mathbf{r}} = r^2\sin\theta\,d\theta\,d\phi\,\hat{\mathbf{r}}$$

이와는 달리 적분면이 xy평면 위에 있으면, θ가 일정하고($\pi/2$) r과 ϕ는 변화하므로 면 요소는 다음과 같다:

$$d\mathbf{a}_2 = dl_r\,dl_\phi\,\hat{\boldsymbol{\theta}} = r\,dr\,d\phi\,\hat{\boldsymbol{\theta}}$$

끝으로 r값의 범위는 0에서 ∞까지, ϕ는 0에서 2π까지, θ는 0에서 π까지 이다(2π가 아니다 – 그러면 각 점을 두 번 지나게 된다).[10]

---

10 또는 ϕ값의 범위를 0에서 π로 제한하고 ("동쪽 반구"), θ값의 범위를 π에서 2π로 넓혀 "서쪽 반구"를 표시할 수도 있다. 그러나 그렇게 하면 $\sin\theta$값이 음수가 되어 부피 요소와 면 요소에 절대값 기호를 붙여야 하므로 좋은 표시방법이 아니다 (넓이와 부피는 기본적으로 양수이다).

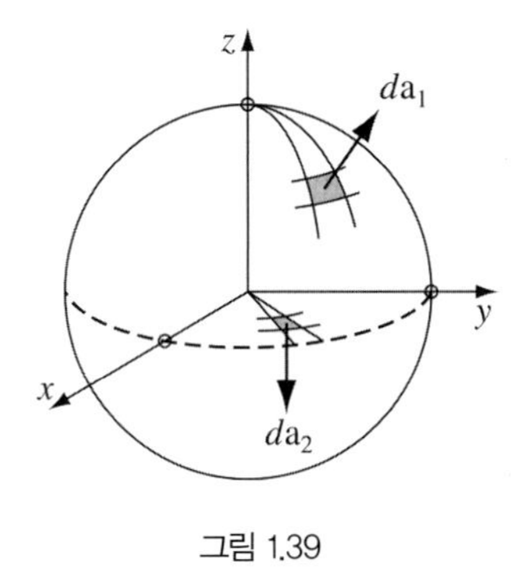

그림 1.39

예제 1.13

반지름 R인 공의 부피를 셈하여라.

■ 풀이 ■

$$V = \int d\tau = \int_{r=0}^{R} \int_{\theta=0}^{\pi} \int_{\phi=0}^{2\pi} r^2 \sin\theta \, dr \, d\theta \, d\phi$$

$$= \left(\int_0^R r^2 \, dr\right)\left(\int_0^\pi \sin\theta \, d\theta\right)\left(\int_0^{2\pi} d\phi\right)$$

$$= \left(\frac{R^3}{3}\right)(2)(2\pi) = \frac{4}{3}\pi R^3$$

(놀랍지 않다.)

지금까지는 구좌표계의 모양에 대해서만 이야기했다. 이제는 벡터 도함수(기울기, 발산, 회전, 그리고 라플라스 연산)를 r, θ, ϕ의 함수로 "바꾸겠다". 이 일은 원리적으로는 쉽다: 기울기는 직교좌표계에서는 다음과 같다:

$$\nabla T = \frac{\partial T}{\partial x}\hat{\mathbf{x}} + \frac{\partial T}{\partial y}\hat{\mathbf{y}} + \frac{\partial T}{\partial z}\hat{\mathbf{z}}$$

직각좌표계의 편도함수를 구좌표계의 편도함수로 사슬규칙을 써서 바꾸자:

$$\frac{\partial T}{\partial x} = \frac{\partial T}{\partial r}\left(\frac{\partial r}{\partial x}\right) + \frac{\partial T}{\partial \theta}\left(\frac{\partial \theta}{\partial x}\right) + \frac{\partial T}{\partial \phi}\left(\frac{\partial \phi}{\partial x}\right)$$

괄호 속의 항들은 식 1.62 − 또는 그 식을 뒤집은 식(문제 1.37)을 써서 풀어낼 수 있다. 그 다음에는 $\partial T/\partial y$와 $\partial T/\partial z$에 대해서도 같은 일을 한다. 끝으로 $\hat{\mathbf{x}}, \hat{\mathbf{y}}, \hat{\mathbf{z}}$을 $\hat{\mathbf{r}}, \hat{\boldsymbol{\theta}}, \hat{\boldsymbol{\phi}}$로 나타낸 식으로 바꾸어 넣는다 (문제 1.38). 이렇게 막된 방법을 써서 기울기를 구좌표계의 식으로 바꾸는 일은 거의 한

시간이 걸린다. 훨씬 효율적인 간접적 방법이 있는데, 이것은 모든 직교 좌표계에서 쓸 수 있다. 이에 관한 설명은 부록 A에 있다. 위에서 "막된" 방법을 설명한 까닭은 직각좌표계의 식을 구좌표계의 식으로 바꾸는 것에 아무런 미묘함이나 신비함이 없음을 보여주려고 했기 때문이다: 같은 양(기울기, 발산, 또는 그 어느 것이든)을 다른 기호로 나타낸 것일 뿐이다.

아래는 벡터 도함수를 구좌표계에서 나타낸 식이다:

기울기: $$\nabla T = \frac{\partial T}{\partial r}\hat{\mathbf{r}} + \frac{1}{r}\frac{\partial T}{\partial \theta}\hat{\boldsymbol{\theta}} + \frac{1}{r\sin\theta}\frac{\partial T}{\partial \phi}\hat{\boldsymbol{\phi}} \tag{1.70}$$

발산: $$\nabla \cdot \mathbf{v} = \frac{1}{r^2}\frac{\partial}{\partial r}(r^2 v_r) + \frac{1}{r\sin\theta}\frac{\partial}{\partial \theta}(\sin\theta\, v_\theta) + \frac{1}{r\sin\theta}\frac{\partial v_\phi}{\partial \phi} \tag{1.71}$$

회전: $$\nabla \times \mathbf{v} = \frac{1}{r\sin\theta}\left[\frac{\partial}{\partial \theta}(\sin\theta\, v_\phi) - \frac{\partial v_\theta}{\partial \phi}\right]\hat{\mathbf{r}} + \frac{1}{r}\left[\frac{1}{\sin\theta}\frac{\partial v_r}{\partial \phi} - \frac{\partial}{\partial r}(r v_\phi)\right]\hat{\boldsymbol{\theta}} + \frac{1}{r}\left[\frac{\partial}{\partial r}(r v_\theta) - \frac{\partial v_r}{\partial \theta}\right]\hat{\boldsymbol{\phi}} \tag{1.72}$$

라플라스 연산: $$\nabla^2 T = \frac{1}{r^2}\frac{\partial}{\partial r}\left(r^2\frac{\partial T}{\partial r}\right) + \frac{1}{r^2\sin\theta}\frac{\partial}{\partial \theta}\left(\sin\theta\frac{\partial T}{\partial \theta}\right) + \frac{1}{r^2\sin^2\theta}\frac{\partial^2 T}{\partial \phi^2} \tag{1.73}$$

쉽게 찾아볼 수 있게 앞쪽 속표지에 이 공식을 모아 두었다.

문제 1.37 r, θ, ϕ를 x, y, z로 나타내는 공식을 구하여라 (이것은 식 1.62의 역이다).

- **문제 1.38** 단위벡터 $\hat{\mathbf{r}}, \hat{\boldsymbol{\theta}}, \hat{\boldsymbol{\phi}}$를 $\hat{\mathbf{x}}, \hat{\mathbf{y}}, \hat{\mathbf{z}}$로 나타내라 (즉 식 1.64를 끌어내라). 얻은 답을 여러 가지로 점검 하여라($\hat{\mathbf{r}} \cdot \hat{\mathbf{r}} \stackrel{?}{=} 1$, $\hat{\boldsymbol{\theta}} \cdot \hat{\boldsymbol{\phi}} \stackrel{?}{=} 0$, $\hat{\mathbf{r}} \times \hat{\boldsymbol{\theta}} \stackrel{?}{=} \hat{\boldsymbol{\phi}}, \ldots$). 또한 이것을 뒤집어 $\hat{\mathbf{x}}, \hat{\mathbf{y}}, \hat{\mathbf{z}}$를 $\hat{\mathbf{r}}, \hat{\boldsymbol{\theta}}, \hat{\boldsymbol{\phi}}$(그리고 θ, ϕ)로 나타내라.

- **문제 1.39**
  (a) 원점에 중심이 있는 반지름 R인 공의 부피를 써서 함수 $\mathbf{v}_1 = r^2\hat{\mathbf{r}}$에 대해 발산정리를 확인하여라.
  (b) 함수 $\mathbf{v}_2 = (1/r^2)\hat{\mathbf{r}}$에 대해서도 해보라. (답이 이상하다고 생각되면 문제 1.16을 다시 보아라).

문제 1.40 다음 함수의 발산을 셈하여라:

$$\mathbf{v} = (r\cos\theta)\,\hat{\mathbf{r}} + (r\sin\theta)\,\hat{\boldsymbol{\theta}} + (r\sin\theta\cos\phi)\,\hat{\boldsymbol{\phi}}$$

원점에 중심을 두고 xy평면 위에 뒤집혀 있는 반지름 R인 반구의 부피를 써서 이 함수에 대한 발산정리를 확인하여라 (그림 1.40).

문제 1.41 함수 $T = r(\cos\theta + \sin\theta\cos\phi)$의 기울기와 라플라스 연산을 셈하여라. T를 직각좌표계의 함수로 바꾼 다음 식 1.42를 써서 라플라스 연산을 셈하여 두 결과가 같은지 확인하여라. 이 함수에 대해 그림 1.41에 보인 (0, 0, 0)에서 (0, 0, 2)까지의 적분경로를 써서 기울기 정리가 성립하는지 확인하여라.

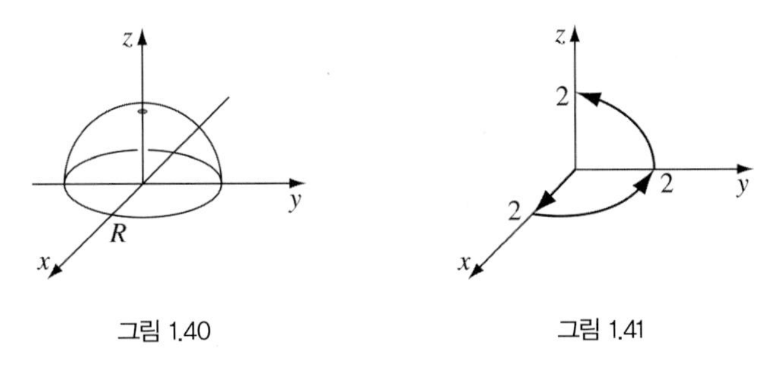

그림 1.40 그림 1.41

1.4.2 원통좌표계

그림 1.42에 점 P의 원통좌표 (s, ϕ, z)를 정의했다. ϕ는 구좌표계, z는 직각좌표계에서와 같다; 그렇지만, s는 z축에서 P까지의 거리인데 반해, 구좌표계의 r은 원점에서 P까지의 거리이다. 직각좌표와의 관계는 다음과 같다.

$$x = s\cos\phi, \qquad y = s\sin\phi, \qquad z = z \tag{1.74}$$

단위벡터는 다음과 같다 (문제 1.42).

$$\begin{aligned} \hat{\mathbf{s}} &= \cos\phi\,\hat{\mathbf{x}} + \sin\phi\,\hat{\mathbf{y}}, \\ \hat{\boldsymbol{\phi}} &= -\sin\phi\,\hat{\mathbf{x}} + \cos\phi\,\hat{\mathbf{y}}, \\ \hat{\mathbf{z}} &= \hat{\mathbf{z}}. \end{aligned} \tag{1.75}$$

길이요소는 다음과 같다.

$$dl_s = ds, \qquad dl_\phi = s\,d\phi, \qquad dl_z = dz \tag{1.76}$$

그러므로 길이요소 벡터는 다음과 같다.

$$d\mathbf{l} = ds\,\hat{\mathbf{s}} + s\,d\phi\,\hat{\boldsymbol{\phi}} + dz\,\hat{\mathbf{z}} \tag{1.77}$$

그리고 부피요소는 다음과 같다.

$$d\tau = s\,ds\,d\phi\,dz \tag{1.78}$$

s의 값의 범위는 $0 \rightarrow \infty$, ϕ의 값의 범위는 $0 \rightarrow 2\pi$, z의 값의 범위는 $-\infty$에서 ∞까지 이다.

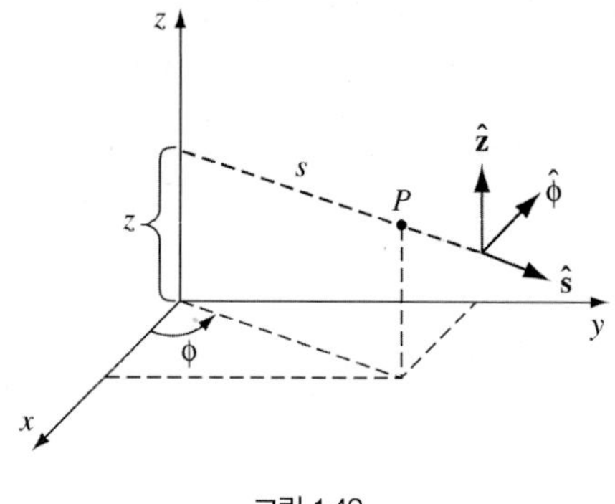

그림 1.42

원통좌표계에서의 벡터도함수는 다음과 같다.

기울기: $$\nabla T = \frac{\partial T}{\partial s}\hat{\mathbf{s}} + \frac{1}{s}\frac{\partial T}{\partial \phi}\hat{\boldsymbol{\phi}} + \frac{\partial T}{\partial z}\hat{\mathbf{z}} \tag{1.79}$$

발산: $$\nabla \cdot \mathbf{v} = \frac{1}{s}\frac{\partial}{\partial s}(s v_s) + \frac{1}{s}\frac{\partial v_\phi}{\partial \phi} + \frac{\partial v_z}{\partial z} \tag{1.80}$$

회전: $$\nabla \times \mathbf{v} = \left(\frac{1}{s}\frac{\partial v_z}{\partial \phi} - \frac{\partial v_\phi}{\partial z}\right)\hat{\mathbf{s}} + \left(\frac{\partial v_s}{\partial z} - \frac{\partial v_z}{\partial s}\right)\hat{\boldsymbol{\phi}} + \frac{1}{s}\left[\frac{\partial}{\partial s}(s v_\phi) - \frac{\partial v_s}{\partial \phi}\right]\hat{\mathbf{z}} \tag{1.81}$$

라플라스 연산: $$\nabla^2 T = \frac{1}{s}\frac{\partial}{\partial s}\left(s\frac{\partial T}{\partial s}\right) + \frac{1}{s^2}\frac{\partial^2 T}{\partial \phi^2} + \frac{\partial^2 T}{\partial z^2} \tag{1.82}$$

이 공식들도 앞쪽 표지에 있다.

문제 1.42 원통좌표계의 단위벡터 $\hat{\mathbf{s}}, \hat{\boldsymbol{\phi}}, \hat{\mathbf{z}}$를 $\hat{\mathbf{x}}, \hat{\mathbf{y}}, \hat{\mathbf{z}}$로 나타내어라 (다시 말해 식 1.75를 끌어내라). 이 공식을 뒤집어 $\hat{\mathbf{x}}, \hat{\mathbf{y}}, \hat{\mathbf{z}}$를 $\hat{\mathbf{s}}, \hat{\boldsymbol{\phi}}, \hat{\mathbf{z}}$(그리고 ϕ)로 나타내어라.

문제 1.43

(a) 다음 함수의 발산을 구하라.

$$\mathbf{v} = s(2+\sin^2\phi)\,\hat{\mathbf{s}} + s\sin\phi\cos\phi\,\hat{\boldsymbol{\phi}} + 3z\,\hat{\mathbf{z}}$$

(b) 그림 1.43에 보인 4분 원통(반지름 2, 높이 5)을 써서 이 함수에 대한 발산정리를 확인하라

(c) **v**의 회전을 구하라.

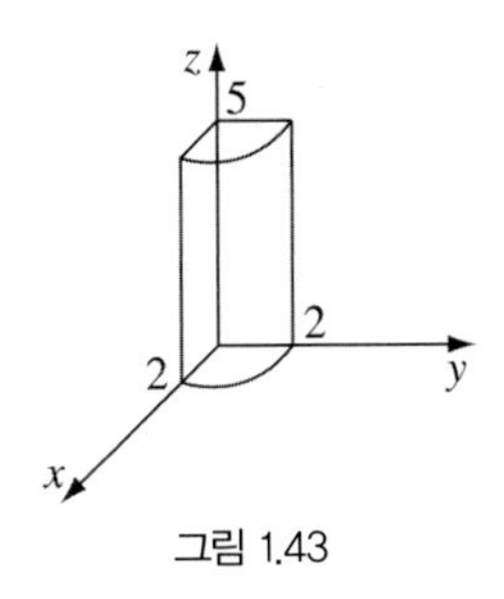

그림 1.43

1.5 디랙 델타함수

1.5.1 $\hat{\mathbf{r}}/r^2$의 발산

다음 벡터함수를 살펴보자:

$$\mathbf{v} = \frac{1}{r^2}\,\hat{\mathbf{r}} \tag{1.83}$$

v는 어디에서나 반지름 바깥쪽을 향한다(그림 1.44): 발산이 아주 큰 양수인 함수가 있다면 바로 이 함수이다. 그런데 발산을 (식 1.71을 써서) 실제로 셈해 보면 그 값이 정확히 0이다:

$$\nabla\cdot\mathbf{v} = \frac{1}{r^2}\frac{\partial}{\partial r}\left(r^2\frac{1}{r^2}\right) = \frac{1}{r^2}\frac{\partial}{\partial r}(1) = 0 \tag{1.84}$$

또는 (문제 1.16처럼) 직각좌표를 써서 할 수도 있다. 이 함수에 발산정리를 써 보면 문제가 더 심각해진다. 중심이 원점에 있는 반지름 R인 공에 대해 적분해 보자 (문제 1.39b); 면적분 값은 다음과 같다.

$$\begin{aligned}\oint \mathbf{v}\cdot d\mathbf{a} &= \int\left(\frac{1}{R^2}\hat{\mathbf{r}}\right)\cdot\left(R^2\sin\theta\,d\theta\,d\phi\,\hat{\mathbf{r}}\right)\\ &= \left(\int_0^\pi \sin\theta\,d\theta\right)\left(\int_0^{2\pi} d\phi\right) = 4\pi\end{aligned} \tag{1.85}$$

그러나 식 1.84가 참으로 옳다면, 부피적분 $\int \nabla \cdot \mathbf{v}\, d\tau$의 값은 0이다. 발산정리가 틀린 것일까? 도대체 무엇이 문제인가?

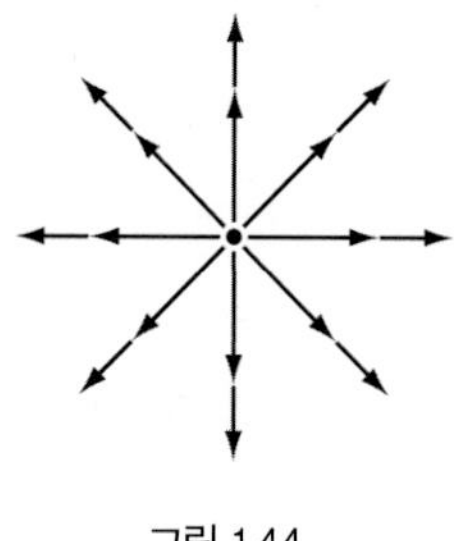

그림 1.44

문제의 근원은 $r = 0$인 곳으로, 이곳에서는 **v**값이 무한대가 된다 (그리고 식 1.84는 그곳에서 0으로 나누는 셈을 했는데, 그것을 깨닫지 못하였다). 원점이 아닌 곳에서는 $\nabla \cdot \mathbf{v} = 0$이 참이지만, 원점에서는 상황이 조금 복잡하다. 식 1.85의 표면적분은 R과 무관함에 유의하자; 발산정리가 옳다면 (실제로 옳지만) 공의 크기에 관계없이 원점에 중심을 둔 공에 대해 적분하면 $\int (\nabla \cdot \mathbf{v})\, d\tau = 4\pi$가 된다. 그러므로 적분값은 온통 $r = 0$인 점에서 나오는 것이 분명하다! $\nabla \cdot \mathbf{v}$의 값은 한 점을 뺀 모든 곳에서 0이지만 (그 점을 품는 어떤 부피에 대해서도) 적분값은 4π이다. 보통의 함수에는 이러한 성질이 없다. [이러한 것의 물리적인 예를 들면 질량이 한 점에 뭉쳐 있는 질점의 밀도(단위부피 속에 든 질량)이다. 질점이 있는 곳을 빼고는 어디나 밀도가 0이지만 적분값은 유한하다 – 곧 입자의 질량이다.] 이러한 함수가 바로 물리학에서 쓰는 **디랙 델타함수**(Dirac delta function)이다. 이 함수는 이론 물리학의 여러 분야에서 나온다. 더구나 우리가 지금 다루는 문제(함수 $\hat{\mathbf{r}}/r^2$의 발산)는 단순한 호기심의 대상이 아니라, 전기역학 이론 전체의 핵심이다. 그러므로 여기에서 잠시 쉬면서 디랙 델타함수를 잘 살펴보자.

1.5.2 1차원 디랙 델타함수

1차원 디랙 델타함수 $\delta(x)$는 한없이 높고 폭이 한없이 좁은, 넓이가 1인 "뾸"로 그릴 수 있다 (그림 1.45). 즉, 다음과 같다.

$$\delta(x) = \begin{Bmatrix} 0, & x \neq 0 \text{일 때} \\ \infty, & x = 0 \text{일 때} \end{Bmatrix} \tag{1.86}$$

그리고[11]

$$\int_{-\infty}^{\infty} \delta(x)\, dx = 1 \tag{1.87}$$

11 $\delta(x)$의 차원은 변수의 차원의 역수이다; x가 길이라면 $\delta(x)$의 값의 단위는 m^{-1}이다.

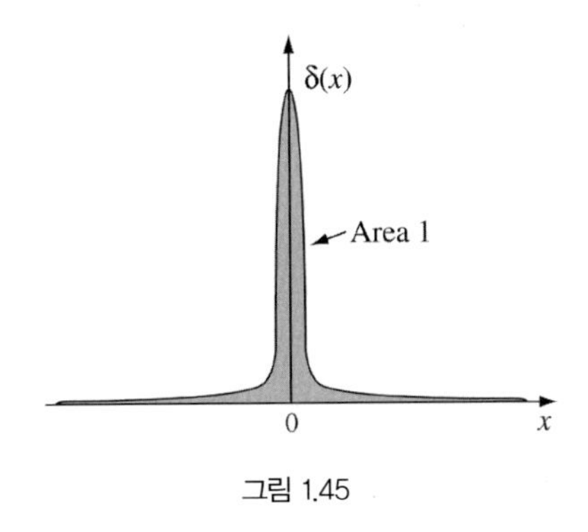

그림 1.45

$\delta(x)$는 $x = 0$에서 값이 한없이 커지므로 기술적으로는 함수가 아니다. 수학 문헌에서는 **일반화된 함수**(generalized function) 또는 **분포**(distribution)라고 한다. 달리 말하자면, 높이가 n, 폭이 $1/n$인 직사각형 $R_n(x)$, 또는 높이가 n, 밑변이 $2/n$인 이등변삼각형 $T_n(x)$과 같은 함수열의 극한에 해당된다(그림 1.46).

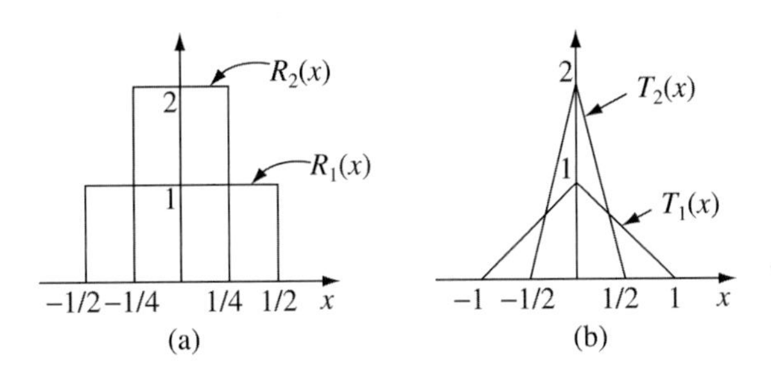

그림 1.46

함수 $f(x)$가 (델타함수가 아니라, 연속적인) "보통" 함수라면, 곱 $f(x)\delta(x)$의 값은 $x = 0$을 뺀 모든 곳에서 0이다. 그러므로 다음 관계가 성립한다:

$$f(x)\delta(x) = f(0)\delta(x) \tag{1.88}$$

[이 식은 델타함수의 특성 중에서 가장 중요한 것이므로 이것이 참인 까닭을 스스로 확실히 알아야한다: $x = 0$을 뺀 모든 곳에서 이 곱의 값이 0이므로 $f(x)$를 $f(0)$으로 바꾸어도 된다.] 특히

$$\int_{-\infty}^{\infty} f(x)\delta(x)\,dx = f(0)\int_{-\infty}^{\infty} \delta(x)\,dx = f(0) \tag{1.89}$$

적분을 하면 델타함수는 $x = 0$에서 $f(x)$값을 "뽑아낸다". (적분구간이 꼭 $-\infty$에서 $+\infty$일 필요는 없다; 델타함수의 봉우리가 들어있는 $-\epsilon$에서 $+\epsilon$까지 해도 된다.)

물론, 델타함수의 봉우리를 $x = 0$에서 $x = a$로 옮길 수도 있다 (그림 1.47):

$$\delta(x-a) = \begin{cases} 0, & x \neq a \text{일 때} \\ \infty, & x = a \text{일 때} \end{cases} \quad \text{그리고} \quad \int_{-\infty}^{\infty} \delta(x-a)\, dx = 1 \tag{1.90}$$

그러면 식 1.88은 다음과 같이 바뀐다.

$$f(x)\delta(x-a) = f(a)\delta(x-a) \tag{1.91}$$

그리고 식 1.89는 다음과 같이 일반화할 수 있다.

$$\boxed{\int_{-\infty}^{\infty} f(x)\delta(x-a)\, dx = f(a).} \tag{1.92}$$

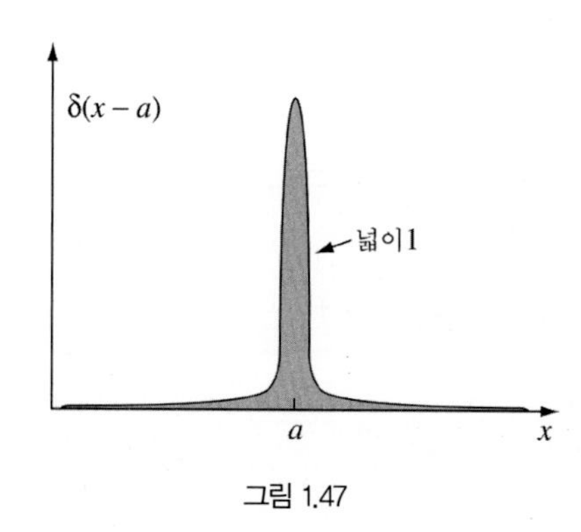

그림 1.47

예제 1.14

다음 적분값을 셈하여라.

$$\int_0^3 x^3\delta(x-2)\, dx$$

■ 풀이 ■

델타함수는 x^3의 값을 $x = 2$에서 뽑아내므로, 적분값은 $2^3 = 8$이다. 그렇지만 적분구간의 상한이 (3이 아니고) 1이라면 델타함수의 봉우리가 적분구간 바깥에 있으므로 적분값은 0이 된다.

델타함수 자체는 적법한 함수가 아니지만, 이 함수의 적분은 완벽하게 타당하다. 사실 델타함수는 늘 피적분 함수로만 쓴다고 보는 것이 좋다. 특히, 모든 (보통) 함수 $f(x)$에 대해 두 가지 델타함수[이를테면 $D_1(x)$와 $D_2(x)$]의 적분이 같다면

$$\int_{-\infty}^{\infty} f(x)D_1(x)\,dx = \int_{-\infty}^{\infty} f(x)D_2(x)\,dx \tag{1.93}$$

그 두 델타함수는 같다고 본다.[12]

예제 1.15

k가 0이 아닌 상수일 경우 다음을 보여라.

$$\delta(kx) = \frac{1}{|k|}\delta(x) \tag{1.94}$$

[특히 $\delta(-x) = \delta(x)$이다.]

■ 풀이 ■

아무 함수 $f(x)$에 대한 다음 적분을 생각하자.

$$\int_{-\infty}^{\infty} f(x)\delta(kx)\,dx$$

변수를 바꾸어 $y \equiv kx$로 두면 $x = y/k$, $dx = 1/k\,dy$이다. k가 양수이면 적분구간은 여전히 $-\infty$에서 $+\infty$이다. 음수이면 $x = \infty$는 $y = -\infty$, $x = -\infty$는 $y = \infty$가 되므로 적분구간의 순서가 뒤집히며, 이 순서를 "바로잡으면" 적분의 부호가 바뀐다. 따라서 적분은 다음과 같다:

$$\int_{-\infty}^{\infty} f(x)\delta(kx)\,dx = \pm\int_{-\infty}^{\infty} f(y/k)\delta(y)\frac{dy}{k} = \pm\frac{1}{k}f(0) = \frac{1}{|k|}f(0)$$

(−부호는 k가 음수일 때이므로 절대값 기호를 쓰면 식이 간결해진다.) 적분기호 속에서는 $\delta(kx)$는 $(1/|k|)\delta(x)$로 바꿔 써도 된다:

$$\int_{-\infty}^{\infty} f(x)\delta(kx)\,dx = \int_{-\infty}^{\infty} f(x)\left[\frac{1}{|k|}\delta(x)\right]dx$$

식 1.93의 판정기준에 따르면 $\delta(kx)$와 $(1/|k|)\delta(x)$는 같다.

---

12 핵심은 모든 함수 $f(x)$에 대해 적분이 같다는 것이다. $D_1(x)$와 $D_2(x)$가 가령 $x = 17$ 근처에서 실제로 다르다고 하자. 이제 $x = 17$에서 뾰족한 봉우리가 있는 함수를 $f(x)$로 쓴다면 적분값이 달라질 것이다.

문제 1.44 다음 적분값을 셈하라.

(a) $\int_2^6 (3x^2 - 2x - 1)\,\delta(x-3)\,dx$

(b) $\int_0^5 \cos x\,\delta(x-\pi)\,dx$

(c) $\int_0^3 x^3\delta(x+1)\,dx$

(d) $\int_{-\infty}^{\infty} \ln(x+3)\,\delta(x+2)\,dx$

문제 1.45 다음 적분값을 셈하라.

(a) $\int_{-2}^{2} (2x+3)\,\delta(3x)\,dx$

(b) $\int_0^2 (x^3+3x+2)\,\delta(1-x)\,dx$

(c) $\int_{-1}^{1} 9x^2\delta(3x+1)\,dx$

(d) $\int_{-\infty}^{a} \delta(x-b)\,dx$

문제 1.46

(a) 다음을 증명 하라.

$$x\frac{d}{dx}(\delta(x)) = -\delta(x)$$

[실마리: 부분적분]

(b) **계단함수**(step function) $\theta(x)$는 다음과 같이 정의된다.

$$\theta(x) \equiv \begin{cases} 1, & x > 0\text{일 때} \\ 0, & x \le 0\text{일 때} \end{cases} \tag{1.95}$$

$d\theta/dx = \delta(x)$임을 보여라.

1.5.3 3차원 델타함수

델타함수를 3차원으로 확장하는 것은 쉽다:

$$\delta^3(\mathbf{r}) = \delta(x)\,\delta(y)\,\delta(z) \tag{1.96}$$

[여기에서, $\mathbf{r} \equiv x\,\hat{\mathbf{x}} + y\,\hat{\mathbf{y}} + z\,\hat{\mathbf{z}}$는 원점에서 점 (x, y, z)까지의 위치벡터이다.] 이 3차원 델타 함수의 값은 원점 (0, 0, 0)을 뺀 모든 곳에서 0이며, 원점에서 발산한다. 그 부피 적분값은 1이다.

$$\int_{\text{온 공간}} \delta^3(\mathbf{r})\,d\tau = \int_{-\infty}^{\infty}\int_{-\infty}^{\infty}\int_{-\infty}^{\infty} \delta(x)\,\delta(y)\,\delta(z)\,dx\,dy\,dz = 1 \tag{1.97}$$

식 1.92를 일반화하면 다음과 같이 된다.

$$\int_{\text{온 공간}} f(\mathbf{r})\delta^3(\mathbf{r}-\mathbf{a})\,d\tau = f(\mathbf{a}) \tag{1.98}$$

1차원에서와 마찬가지로 델타 함수를 곱하여 적분하면 봉우리가 있는 곳에서 함수 f의 값을 뽑아낸다.

이제 §1.5.1에서 나온 역설을 풀어 보자. 돌이켜 보면 $\hat{\mathbf{r}}/r^2$의 발산은 원점이 아닌 모든 곳에서 0이지만, 원점을 품는 공간에 대한 적분값(4π)은 일정했다. 이것이 바로 디랙 델타함수를 정의하는 조건이다; 즉,

$$\nabla\cdot\left(\frac{\hat{\mathbf{r}}}{r^2}\right) = 4\pi\delta^3(\mathbf{r}) \tag{1.99}$$

더 일반적으로 다음과 같이 쓸 수 있다.

$$\boxed{\nabla\cdot\left(\frac{\hat{\boldsymbol{\mathscr{r}}}}{\mathscr{r}^2}\right) = 4\pi\delta^3(\boldsymbol{\mathscr{r}}),} \tag{1.100}$$

여기에서 $\boldsymbol{\mathscr{r}}$는 분리벡터이다: $\boldsymbol{\mathscr{r}} \equiv \mathbf{r}-\mathbf{r}'$. 여기에서 미분은 $\mathbf{r}'$는 고정시킨 채 $\mathbf{r}$에 대해 하는 것에 유의하자. 또한

$$\nabla\left(\frac{1}{\mathscr{r}}\right) = -\frac{\hat{\boldsymbol{\mathscr{r}}}}{\mathscr{r}^2} \tag{1.101}$$

이므로 (문제 1.13), 다음 결과를 얻는다:

$$\nabla^2\frac{1}{\mathscr{r}} = -4\pi\delta^3(\boldsymbol{\mathscr{r}}) \tag{1.102}$$

예제 1.16

다음 적분을 구하라.

$$J = \int_{\mathcal{V}} (r^2+2)\,\nabla\cdot\left(\frac{\hat{\mathbf{r}}}{r^2}\right)d\tau$$

$\mathcal{V}$는 원점에 중심을 둔 반지름 R인 공이다.[13]

---

13 수학 용어로는 "공(sphere)"은 공 표면을, "공 속(ball)"은 그 속의 공간을 나타낸다. 하지만 물리학자들은 (대개) 그렇게 세심하게 구별하지 않으므로, 둘 다 "공"이라고 하겠다. 뜻이 애매할 때는, "공 표면"과 "공 속"이라고 쓰겠다. 언어학자는 공 표면은 중복이고 공 속은 형용 모순이라고 지적하는데, 주변의 물리학자들은 모두들 그렇게 쓴다고 한다.

■ 풀이 1 ■

식 1.99를 써서 발산 인자를 바꾸고, 식 1.98을 써서 적분한다.

$$J = \int_{\mathcal{V}} (r^2 + 2) 4\pi \delta^3(\mathbf{r})\, d\tau = 4\pi(0 + 2) = 8\pi$$

이 단 한 줄의 해가 델타함수의 위력과 아름다움을 잘 보여준다. 그러나, 아래의 두 번째 해법은 훨씬 더 복잡하지만 부분적분법(§1.3.6)을 보여준다.

■ 풀이 2 ■

식 1.59의 부분적분 공식을 써서 $\hat{\mathbf{r}}/r^2$에 대한 도함수를 $(r^2 + 2)$에 대한 것으로 바꾼다:

$$J = -\int_{\mathcal{V}} \frac{\hat{\mathbf{r}}}{r^2} \cdot [\nabla(r^2 + 2)]\, d\tau + \oint_{\mathcal{S}} (r^2 + 2) \frac{\hat{\mathbf{r}}}{r^2} \cdot d\mathbf{a}$$

기울기는 다음과 같다:

$$\nabla(r^2 + 2) = 2r\hat{\mathbf{r}}$$

그러므로 부피적분은 다음과 같다:

$$\int \frac{2}{r}\, d\tau = \int \frac{2}{r} r^2 \sin\theta\, dr\, d\theta\, d\phi = 8\pi \int_0^R r\, dr = 4\pi R^2$$

한편, 경계면인 공의 표면($r = R$)에서는 면 요소는 다음과 같다.

$$d\mathbf{a} = R^2 \sin\theta\, d\theta\, d\phi\, \hat{\mathbf{r}}$$

그러므로 면적분 값은 다음과 같다:

$$\int (R^2 + 2) \sin\theta\, d\theta\, d\phi = 4\pi(R^2 + 2)$$

모두 한데 모으면 다음과 같이 앞서 얻은 결과와 똑같다:

$$J = -4\pi R^2 + 4\pi(R^2 + 2) = 8\pi$$

문제 1.47

(a) $\mathbf{r}'$에 있는 점전하 q의 전하밀도 $\rho(\mathbf{r})$을 나타내는 식을 써라. ρ의 부피적분이 q임을 확인하여라.

(b) 원점에 있는 점전하 $-q$와 $\mathbf{a}$에 있는 점전하 $+q$로 이루어진 전기 쌍극자의 전하밀도를 나타내라.

(c) 중심이 원점에 있고 반지름이 R인 아주 얇은 공껍질에 총 전하량 Q가 고르게 퍼져있을 때 전하밀도를 나타내는 식을 써라. (주의: 모든 공간에 대해 적분한 값이 Q가 되어야 한다.)

문제 1.48 다음 적분을 구하라.

(a) $\int (r^2 + \mathbf{r} \cdot \mathbf{a} + a^2)\delta^3(\mathbf{r} - \mathbf{a})\, d\tau$. 여기에서 $\mathbf{a}$는 상수벡터이고 a는 그 크기이다.

(b) $\int_{\mathcal{V}} |\mathbf{r} - \mathbf{b}|^2 \delta^3(5\mathbf{r})\, d\tau$. 여기에서 $\mathcal{V}$는 정육면체로 중심이 원점에 있고 모서리의 길이는 2이며, $\mathbf{b} = 4\,\hat{\mathbf{y}} + 3\,\hat{\mathbf{z}}$이다.

(c) $\int_{\mathcal{V}} \left[r^4 + r^2(\mathbf{r} \cdot \mathbf{c}) + c^4\right] \delta^3(\mathbf{r} - \mathbf{c})\, d\tau$. 여기에서 $\mathcal{V}$는 공으로 중심이 원점에 있고 반지름이 6이며, $\mathbf{c} = 5\,\hat{\mathbf{x}} + 3\,\hat{\mathbf{y}} + 2\,\hat{\mathbf{z}}$이고 c는 그 크기이다.

(d) $\int_{\mathcal{V}} \mathbf{r} \cdot (\mathbf{d} - \mathbf{r})\delta^3(\mathbf{e} - \mathbf{r})\, d\tau$. 여기에서 $\mathbf{d} = (1, 2, 3)$, $\mathbf{e} = (3, 2, 1)$이고, $\mathcal{V}$는 공으로 반지름이 1.5이고 중심이 (2, 2, 2)에 있다.

문제 1.49 다음 적분을 예제 1.16처럼 두 가지 방법으로 셈하여라.

$$J = \int_{\mathcal{V}} e^{-r} \left(\nabla \cdot \frac{\hat{\mathbf{r}}}{r^2} \right) d\tau$$

($\mathcal{V}$는 공으로 중심이 원점에 있고 반지름이 R이다.)

1.6 벡터장 이론

1.6.1 헬름홀츠 정리

이 절은 뒷 장에서 나올 문제를 예상하여 넣었는데, 한 편으로는 완전성을 위해서, 다른 한 편으로는 뒤에 나올 문제에서 물리적인 내용과 수학적인 내용을 구별할 수 있게 돕고자 함이다. 지금은 읽어서 "지형"을 파악하고, 나중에 필요하면 다시 보라. 패러데이 이후, 전자기 법칙은 **전기장**

(electric field) **E**와 **자기장**(magnetic field) **B**로 나타내 왔다. 많은 물리학 법칙처럼, 이것도 미분방정식으로 나타내면 아주 간결하다. **E**와 **B**가 벡터이므로 미분방정식도 벡터 도함수, 즉 발산과 회전으로 표현된다. 실제로 맥스웰은 전자기 이론 전체를 **E**와 **B**의 발산과 회전을 명시해주는 단 4개의 방정식으로 줄였다.

맥스웰이 정리한 방정식에서 중요한 수학적인 물음이 생긴다: 벡터함수의 발산과 회전을 알면 그 함수를 완전히 결정할 수 있는가? 다시 말해, 어떤 벡터함수 **F**(상황에 따라 **E** 또는 **B**를 나타낸다)의 발산이 스칼라 함수 D이고,

$$\nabla \cdot \mathbf{F} = D$$

회전이 벡터함수 **C**라고 하자.

$$\nabla \times \mathbf{F} = \mathbf{C}$$

(논리의 일관성을 위해 **C**의 발산은 0이어야 한다:

$$\nabla \cdot \mathbf{C} = 0$$

왜냐하면 벡터의 회전의 발산은 늘 0이기 때문이다.) 이제 함수 **F**를 구할 수 있을까?

글쎄, 꼭 그렇지는 않다. 예를 들어 문제 1.19를 풀 때 이미 발견했겠지만, 모든 곳에서 발산과 회전이 모두 0인 함수는 아주 많다 − $\mathbf{F} = \mathbf{0}$인 시시한 것은 물론, $\mathbf{F} = yz\,\hat{\mathbf{x}} + zx\,\hat{\mathbf{y}} + xy\,\hat{\mathbf{z}}$, $\mathbf{F} = \sin x \cosh y\,\hat{\mathbf{x}} - \cos x \sinh y\,\hat{\mathbf{y}}$등이 있다. 미분방정식을 풀려면 적절한 **경계조건**(boundary condition)도 있어야 한다. 전기역학에서는 보통 "한없이 먼"(모든 전하에서 아주 먼) 곳에서는 전자기장이 0이 되게 잡는다.[14] 그러한 정보를 덧붙이면 **헬름홀츠 정리**(Helmholtz theorem)는 전자기장은 발산과 회전을 바탕으로 유일하게 결정된다는 것을 보장한다. (헬름홀츠 정리의 증명은 부록 B에 있다.)

1.6.2 전위(전기적 위치 에너지)

어떤 벡터장(**F**)의 회전이 (모든 곳에서) 0이면, **F**는 **스칼라 전위**(scalar potential) V의 기울기로 나타낼 수 있다:

$$\nabla \times \mathbf{F} = \mathbf{0} \iff \mathbf{F} = -\nabla V \tag{1.103}$$

[앞에 음성(−) 부호가 붙는 까닭은 다음과 같다: 어느 곳의 위치 에너지는 물체를 기준점에서 그

14 몇몇 전자기학 교재의 문제에는 전하가 한없이 먼 곳까지 퍼져있는 것이 나온다 (예: 무한 평판의 전기장 또는 무한 도선의 자기장). 이 때 전자기장에 유일성을 주는 것은 보통의 경계조건이 아니라 대칭성이다.

곳까지 끌어오는데 드는 일에너지로 정의되는데, 물체를 끌어오려면 힘 **F**에 대해 평형을 유지할 수 있게 −**F**를 주면서 끌어와야 하기 때문이다.]* 이것이 다음 정리의 핵심적인 조건이다:

정리 1: **비회전장**(curl-less field 또는 irrotational field). 다음 조건들은 모두 같다 (곧, **F**가 한 조건에 맞으면 다른 모든 조건에도 맞다):

(a) 모든 곳에서 $\nabla \times \mathbf{F} = \mathbf{0}$이다.

(b) $\int_{\mathbf{a}}^{\mathbf{b}} \mathbf{F} \cdot d\mathbf{l}$의 값은 적분의 시작점과 끝점이 정해지면 경로에 무관하다.

(c) 닫힌 고리에 대해서는 늘 $\oint \mathbf{F} \cdot d\mathbf{l} = 0$이다.

(d) **F**는 어떤 스칼라 함수의 기울기이다: $\mathbf{F} = -\nabla V$.

스칼라 전위는 유일하지 않다 − 그렇지만 V에 어떤 상수를 더해도 기울기는 같으므로 문제가 없다.

벡터장 **F**의 발산이 모든 곳에서 0이면, **F**는 어떤 **벡터 전위**(vector potential) (**A**)의 회전으로 나타낼 수 있다:

$$\nabla \cdot \mathbf{F} = 0 \Longleftrightarrow \mathbf{F} = \nabla \times \mathbf{A} \tag{1.104}$$

이것이 다음 정리의 주요 결론이다:

정리 2: **비발산장**(divergence free field 또는 solenoidal field). 다음 조건들은 모두 같다:

(a) 모든 곳에서 $\nabla \cdot \mathbf{F} = 0$이다.

(b) 테두리가 같은 모든 면에 대한 면적분 $\int \mathbf{F} \cdot d\mathbf{a}$은 똑같다.

(c) 모든 닫힌면에 대해 $\oint \mathbf{F} \cdot d\mathbf{a} = 0$이다.

(d) **F**는 어떤 벡터의 회전이다: $\mathbf{F} = \nabla \times \mathbf{A}$.

벡터 전위는 유일하지 않다 − 기울기의 회전은 0이므로 **A**에 어떤 스칼라 함수의 기울기를 더해도 회전은 같다.

---

* 원서에는 "앞의 음성(−) 부호는 순전히 관습적인 것이다"로 되어 있다. 그러나 이 설명은 옳지 않다. 힘 **F**가 작용하는 공간 속의 어느 곳 **r**에 있는 물체의 이 힘에 대한 위치에너지 V는 "그 물체를 그 힘이 미치지 않는 곳(보통은 한없이 먼 곳) $\mathbf{r}_{기준}$에서 그 곳 **r**로 끌어 오는데 드는 일 에너지"로 정의된다. $\mathbf{r}'$에 있는 물체는 $\mathbf{F}(\mathbf{r}')$의 힘을 받으므로, 내버려 두면 그 힘의 방향으로 가속운동을 할 것이다. 따라서 물체를 **r**로 끌어오려면 적어도 $\mathbf{F}(\mathbf{r}')$에 반대되는 힘 $-\mathbf{F}(\mathbf{r}')$을 주어 평형을 유지하고, 덧붙여 $d\mathbf{r}'$쪽으로 아주 작은 힘 ϵ을 더 주어 끌면 된다. 이 때 물체가 받는 미소 일에너지는 $dW = \{-\mathbf{F}(\mathbf{r}') + \epsilon\} \cdot d\mathbf{r}'$이다. 위치에너지 V는 물체를 끌어오는 동안 해준 일에너지를 모두 더한 값이다:

$$V \equiv \lim_{\epsilon \to 0} \int_{\mathbf{r}_{기준}}^{\mathbf{r}'} dW = -\int_{\mathbf{r}_{기준}}^{\mathbf{r}'} \mathbf{F}(\mathbf{r}') \cdot d\mathbf{r}'$$

그러므로 앞에 음성 부호가 붙는 것은 순전히 관습적인 것이 아니라 필연적인 이유가 있다. 옮긴이 이제 여러분은 이 정리에서 (a), (b), 또는 (c)가 (d)를 뜻함을 뺀 모든 논리적 연결을 증명할 수 있다. 빼놓은 부분은 미묘하며, 뒤에 나온다. 모든 경우에 (회전과 발산이 어떤 값이든) 벡터장 $\mathbf{F}$는 스칼라 함수의 기울기와 벡터함수의 회전을 더한 꼴로 나타낼 수 있다:[15]

$$\mathbf{F} = -\boldsymbol{\nabla} V + \boldsymbol{\nabla} \times \mathbf{A} \quad \text{(언제나)} \tag{1.105}$$

문제 1.50

(a) $\mathbf{F}_1 = x^2\,\hat{\mathbf{z}}$이고 $\mathbf{F}_2 = x\,\hat{\mathbf{x}} + y\,\hat{\mathbf{y}} + z\,\hat{\mathbf{z}}$라 하자. $\mathbf{F}_1$과 $\mathbf{F}_2$의 회전 및 발산을 셈하여라. 어떤 것을 스칼라 함수의 기울기로 나타낼 수 있는가? 그 스칼라 전위를 구하라. 어떤 것을 벡터함수의 회전으로 나타낼 수 있는가? 적절한 벡터 전위를 구하라.

(b) 함수 $\mathbf{F}_3 = yz\,\hat{\mathbf{x}} + zx\,\hat{\mathbf{y}} + xy\,\hat{\mathbf{z}}$를 스칼라 함수의 기울기와 벡터 함수의 회전 어느 것으로나 나타낼 수 있음을 보여라. 이 함수의 스칼라 전위와 벡터 전위를 구하라.

문제 1.51 정리 1에 대해 (d) ⇒ (a), (a) ⇒ (c), (c) ⇒ (b), (b) ⇒ (c), (c) ⇒ (a)임을 보여라.

문제 1.52 정리 2에 대해 (d) ⇒ (a), (a) ⇒ (c), (c) ⇒ (b), (b) ⇒ (c), (c) ⇒ (a)임을 보여라.

문제 1.53

(a) 문제 1.15의 벡터 가운데 어느 것을 스칼라 함수의 기울기로 쓸 수 있는가? 그 스칼라 함수를 구하라.

(b) 어느 것을 벡터 함수의 회전으로 쓸 수 있는가? 그 벡터 함수를 구하라.

보충문제

문제 1.54 다음 함수에 대해 발산 정리를 확인하여라.

$$\mathbf{v} = r^2\cos\theta\,\hat{\mathbf{r}} + r^2\cos\phi\,\hat{\boldsymbol{\theta}} - r^2\cos\theta\sin\phi\,\hat{\boldsymbol{\phi}}$$

부피적분은 반지름 R인 공의 제 1 팔분구(그림 1.48)에 대해 한다. 면적분은 모든 표면에 대해 해야 한다. [답: $\pi R^4/4$]

15 물리학에서 **장**(field)은 일반적으로 위치 (x, y, z)와 시간 (t)의 함수를 나타낸다. 그러나 전기역학에서는 아주 중요한 전기장 $\mathbf{E}$와 자기장 $\mathbf{B}$을 나타낼 때 쓴다. 따라서 기술적으로는 전위도 "장"이지만 그렇게 부르지는 않는다.

문제 1.55 함수 $\mathbf{v} = ay\,\hat{\mathbf{x}} + bx\,\hat{\mathbf{y}}$($a$와 b는 상수)를 xy평면 위에 놓인, 원점에 중심을 둔, 반지름 R인 원둘레를 따라 적분한 값을 써서 스토크스 정리를 확인하여라. [답: $\pi R^2(b-a)$]

문제 1.56 그림 1.49의 세모꼴 경로를 따라 아래 함수의 선적분을 셈하여라:

$$\mathbf{v} = 6\,\hat{\mathbf{x}} + yz^2\,\hat{\mathbf{y}} + (3y+z)\,\hat{\mathbf{z}}$$

그 답을 스토크스 정리를 써서 확인하여라. [답: 8/3]

문제 1.57 그림 1.50의 경로를 따라 아래 함수의 선적분을 셈하여라 (점들은 각각의 직각좌표로 나타냈다).

$$\mathbf{v} = (r\cos^2\theta)\,\hat{\mathbf{r}} - (r\cos\theta\sin\theta)\,\hat{\boldsymbol{\theta}} + 3r\,\hat{\boldsymbol{\phi}}$$

이것을 원통좌표 또는 구좌표를 써서 해 보아라. 답을 스토크스 정리를 써서 확인하여라.
[답: $3\pi/2$]

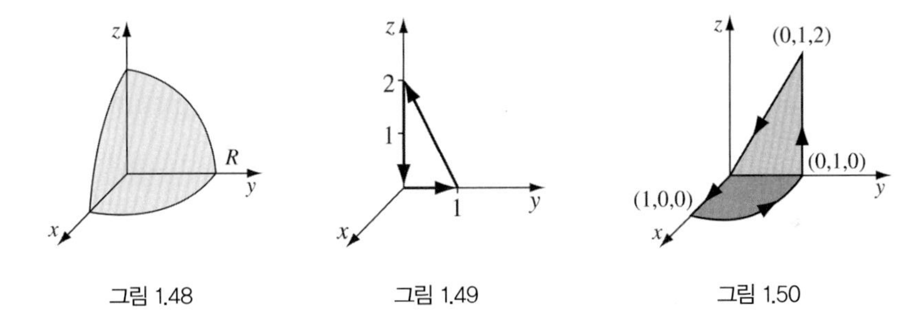

그림 1.48　그림 1.49　그림 1.50

문제 1.58 함수 $\mathbf{v} = y\,\hat{\mathbf{z}}$에 대해 그림 1.51의 세모꼴을 써서 스토크스 정리를 확인하여라. [답: a^2]

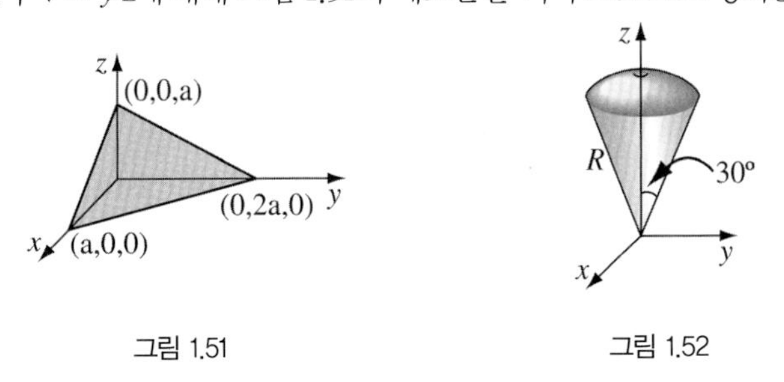

그림 1.51　그림 1.52

문제 1.59 다음 함수에 대해 발산정리를 확인하여라.

$$\mathbf{v} = r^2\sin\theta\,\hat{\mathbf{r}} + 4r^2\cos\theta\,\hat{\boldsymbol{\theta}} + r^2\tan\theta\,\hat{\boldsymbol{\phi}}$$

적분은 그림 1.52의 "아이스크림 원뿔"(위쪽 표면은 중심이 원점에 있고, 반지름이 R인 공의 위쪽 반)에 대해 한다. [답: $(\pi R^4/12)(2\pi + 3\sqrt{3})$]

문제 1.60 아래는 기본정리를 확인하는 멋진 방법이다:

(a) 기울기 정리의 따름정리 2를 스토크스 정리와 묶어라 (이 경우 $\mathbf{v} = \boldsymbol{\nabla} T$이다). 이 결과가 이미 알고 있는 2계 도함수와 맞음을 보여라.

(b) 스토크스 정리의 따름정리 2를 발산 정리와 묶어라. 이 결과가 이미 알고 있는 것과 맞음을 보여라.

• **문제 1.61** 기울기, 발산, 회전 정리가 벡터 미적분의 기본 적분 정리이지만, 이로부터 여러 따름정리를 끌어낼 수 있다. 다음을 보여라:

(a) $\int_{\mathcal{V}} (\boldsymbol{\nabla} T)\, d\tau = \oint_{\mathcal{S}} T\, d\mathbf{a}$. [실마리: 발산정리에서 $\mathbf{v} = \mathbf{c}T$로 두어라. 여기에서 $\mathbf{c}$는 상수벡터이다; 곱셈규칙을 써라.]

(b) $\int_{\mathcal{V}} (\boldsymbol{\nabla} \times \mathbf{v})\, d\tau = -\oint_{\mathcal{S}} \mathbf{v} \times d\mathbf{a}$. [실마리: 발산정리에서 $\mathbf{v}$를 $(\mathbf{v} \times \mathbf{c})$로 놓아라.]

(c) $\int_{\mathcal{V}} [T\nabla^2 U + (\boldsymbol{\nabla} T) \cdot (\boldsymbol{\nabla} U)]\, d\tau = \oint_{\mathcal{S}} (T\boldsymbol{\nabla} U) \cdot d\mathbf{a}$. [실마리: 발산정리에서 $\mathbf{v} = T\boldsymbol{\nabla} U$로 두어라.]

(d) $\int_{\mathcal{V}} (T\nabla^2 U - U\nabla^2 T)\, d\tau = \oint_{\mathcal{S}} (T\boldsymbol{\nabla} U - U\boldsymbol{\nabla} T) \cdot d\mathbf{a}$. [설명: 이것을 **그린 제2정리**(Green's second identity)라고도 한다; 이것은 **그린 항등식**(Green's identity) (c)에서 나온다.]

(e) $\int_{\mathcal{S}} \boldsymbol{\nabla} T \times d\mathbf{a} = -\oint_{\mathcal{P}} T\, d\mathbf{l}$. [실마리: 스토크스 정리에서 $\mathbf{v} = \mathbf{c}T$로 두어라.]

(f) $\int_{\mathcal{S}} [(d\mathbf{a} \times \boldsymbol{\nabla}) \times \mathbf{v}] = -\oint_{\mathcal{P}} \mathbf{v} \times d\mathbf{l}$[실마리: 스토크스 정리에서 $\mathbf{v}$를 $(\mathbf{v} \times \mathbf{c})$로 바꿔라.]

• **문제 1.62** 다음 적분을 때로 면 S의 **벡터 넓이**(vector area)라고 한다.

$$\mathbf{a} \equiv \int_{\mathcal{S}} d\mathbf{a} \tag{1.106}$$

S가 평평하면, $|\mathbf{a}|$는 보통의 (스칼라) 넓이이다.

(a) 반지름 R인 공 반쪽의 벡터넓이를 셈하여라.

(b) 닫힌곡면은 어느 것이나 $\mathbf{a} = \mathbf{0}$임을 보여라. [실마리: 문제 1.61a를 써라.]

(c) 테두리가 같은 면은 모두 $\mathbf{a}$가 같음을 보여라.

(d) 다음을 보여라.

$$\mathbf{a} = \frac{1}{2} \oint \mathbf{r} \times d\mathbf{l} \tag{1.107}$$

이 적분은 테두리를 따라 한다. [실마리: 한 가지 방법은 원점을 꼭지로 하고, 테두리를 밑면으로 하는 원뿔의 빗면을 아주 잘게 쐐기꼴로 나눈다; 이것의 꼭지는 모두 원점이고, 밑변은 $d\mathbf{l}$인데, 이것에 대해 가위곱의 기하학적 해석을 적용한다 (그림 1.8).]

(e) 모든 상수벡터 $\mathbf{c}$에 대해서 다음 식이 성립함을 보여라:

$$\oint (\mathbf{c} \cdot \mathbf{r})\, d\mathbf{l} = \mathbf{a} \times \mathbf{c} \tag{1.108}$$

[실마리: 문제 1.61e에서 $T = \mathbf{c} \cdot \mathbf{r}$로 두어라.]

- **문제 1.63**

(a) 다음 함수의 발산을 셈하여라:

$$\mathbf{v} = \frac{\hat{\mathbf{r}}}{r}$$

먼저 식 1.84처럼 곧바로 셈하여라. 얻은 결과를 식 1.85처럼 발산정리를 써서 확인하여라. $\hat{\mathbf{r}}/r^2$과 같이 원점에 델타함수가 있는가? $r^n\hat{\mathbf{r}}$의 발산에 대한 일반 공식은 무엇인가? [답: $n = -2$이면 $4\pi\delta^3(\mathbf{r})$, $n \neq -2$이면 $\nabla \cdot (r^n\hat{\mathbf{r}}) = (n+2)r^{n-1}$이다; $n < -2$이면 원점에서 발산을 정의할 수 없다.]

(b) $r^n\hat{\mathbf{r}}$의 회전을 셈하여라. 얻은 결과를 문제 1.61b를 써서 확인하여라. [답: $\nabla \times (r^n\hat{\mathbf{r}}) = \mathbf{0}$]

문제 1.64 식 (1.102)에서 $\mathbf{r}' = \mathbf{0}$으로 둔 간결한 식 $\nabla^2(1/r) = -4\pi\delta^3(\mathbf{r})$를 이해할 수 없다면, r을 $\sqrt{r^2+\epsilon^2}$으로 바꾸고, $\epsilon \to 0$이면 어떻게 되는지 살펴보라.[16] 구체적으로 다음과 같이 두자:

$$D(r, \epsilon) \equiv -\frac{1}{4\pi}\nabla^2\frac{1}{\sqrt{r^2+\epsilon^2}}$$

$\epsilon \to 0$이면 이것이 $\delta^3(\mathbf{r})$이 된다는 것을 다음 순서를 따라서 확인하라:

(a) $D(r, \epsilon) = (3\epsilon^2/4\pi)(r^2+\epsilon^2)^{-5/2}$임을 보여라.

(b) $\epsilon \to 0$이면 $D(0, \epsilon) \to \infty$임을 확인하라.

(c) $\epsilon \to 0$이면 모든 $r \neq 0$에서 $D(r, \epsilon) \to 0$임을 확인하라.

(d) $D(r, \epsilon)$을 공간 전체에 대해 적분한 값이 1임을 확인하라.

문제 1.65

(a) 다음 벡터 함수에 대해 스토크스 정리를 확인하라:

$$\mathbf{A} = \frac{-y\hat{\mathbf{x}} + x\hat{\mathbf{y}}}{x^2+y^2}$$

적분면은 xy 평면 위의 반지름 R인 원이다. 이 문제를 분석하여 $\mathbf{A}$의 회전을 보정하여 바로잡아라. 직각좌표를 써라.

(b) $\mathbf{A}$를 원통 좌표로 바꿔 s, ϕ, z를 써서 (a)를 되풀이하라.

---

16 이 문제는 Frederick Strauch가 제시했다.

제 2 장 정전기학

2.1 정전기장

2.1.1 서론

전기역학 이론이 풀고자 하는 근본문제는 이것이다 (그림 2.1): **원천전하**(source charge) q_1, q_2, q_3, ⋯ 가 있을 때 **시험전하**(test charge) Q가 받는 힘은 무엇인가? 원천전하의 위치를 (시간의 함수로) 알고 시험전하의 궤적을 셈한다. 일반적으로 두 가지 전하 모두가 움직인다.

이 문제를 풀 때 **중첩원리**(superposition principle) — 어느 두 전하의 상호작용은 다른 전하의 영향을 전혀 받지 않는다는 것 — 를 쓰면 편하다. Q가 받는 힘을 셈하려면 먼저 (다른 모든 전하는 무시하고) q_1이 주는 힘 $\mathbf{F}_1$을 셈하고, 그 다음에 q_2가 주는 힘 $\mathbf{F}_2$를 셈한다; 등등. 마지막으로 이렇게 구한 낱낱의 힘을 모두 벡터 덧셈하면 된다: $\mathbf{F} = \mathbf{F}_1 + \mathbf{F}_2 + \cdots$. 따라서 하나의 원천전하 q가 Q에 주는 힘을 셈할 수 있으면 문제 풀이는 원리적으로는 다 끝난 셈이다 (나머지는 똑같이 되풀이한 뒤 모두 더하면 된다).[1]

얼핏 모든 것이 아주 쉬워 보인다: 그렇다면 왜 q가 Q에 주는 힘의 공식을 적어 놓고 바로 끝내지 않는가? 그렇게 할 수 있고, 10장에서는 그렇게 하겠지만, 그 공식을 지금 본다면 몹시 놀랄 것이다. 왜냐하면 q가 Q에 주는 힘은 두 전하 사이의 거리 η에 따라 달라질 뿐 아니라 (그림 2.2), 두 전하의 속도와 q의 가속도에 따라서도 달라진다. 그것도 q의 지금 당장의 위치, 속도, 가속도가

1 중첩원리가 "뻔" 할지 모르나, 꼭 그래야 할 까닭은 없다: 예를 들어 전자기력이 총 원천전하의 제곱에 비례한다면, 중첩원리는 맞지 않다. 왜냐하면 $(q_1 + q_2)^2 \neq q_1^2 + q_2^2$이므로 "교차항"을 넣어야 하기 때문이다. 중첩원리는 실험적 사실이지 논리적 필연성이 아니다.

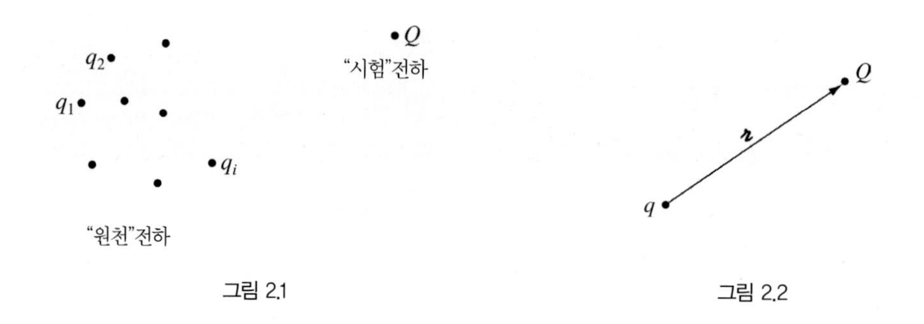

그림 2.1

그림 2.2

아니다: 전자기 "소식"은 빛의 속도로 전해지므로 지금 Q가 받는 소식이 q에서 출발했던 순간의 위치, 속도, 가속도가 중요하다.

"q가 Q에 주는 힘은 무엇인가?"라는 근본문제는 말하기는 쉬워도 지금 바로 풀기는 어려우니 차근차근 풀어나가자. 우선은 이처럼 단순하지 않고, 더 미묘한 전자기학 문제를 다룰 수 있는 이론을 전개하겠다. 먼저 시험전하는 움직일 수 있지만 원천전하는 고정된 특별한 경우인 **정전기학**(electrostatics)을 다루자.

2.1.2 쿨롱 법칙

고정된 점전하 q에서 거리 $\mathscr{r}$인 곳에 서 있는 시험전하 Q가 받는 힘은 어떻게 되나? 이 문제에 대한 (실험에 바탕을 둔) 답은 **쿨롱 법칙**(Coulomb's law)이다:

$$\boxed{\mathbf{F} = \frac{1}{4\pi\epsilon_0}\frac{qQ}{\mathscr{r}^2}\hat{\boldsymbol{\mathscr{r}}}.} \tag{2.1}$$

여기에서 상수 ϵ_0는 **진공 유전율**(permittivity of free space)이다. 국제단위계에서는 힘은 뉴턴(N), 거리는 미터(m), 전하는 쿨롱(C)을 단위로 쓰므로, ϵ_0의 값은 다음과 같다:

$$\epsilon_0 = 8.85 \times 10^{-12}\frac{\mathrm{C}^2}{\mathrm{N}\cdot\mathrm{m}^2}$$

말하자면 Q가 받는 힘의 크기는 두 전하량의 곱에 비례하고 거리의 제곱에 반비례한다. $\mathscr{r}$은 앞에서 정한대로 (§1.1.4), $\mathbf{r}'$(q가 있는 곳)에서 $\mathbf{r}$(Q가 있는 곳)까지의 분리벡터이다:

$$\boldsymbol{\mathscr{r}} \equiv \mathbf{r} - \mathbf{r}' \tag{2.2}$$

$\mathscr{r}$은 크기, $\hat{\boldsymbol{\mathscr{r}}}$는 방향이다. 힘의 방향은 q와 Q를 잇는 직선과 나란하며, 두 전하의 부호가 같으면 밀고, 다르면 당긴다.

쿨롱 법칙과 중첩원리는 정전기학에서 가장 중요한 요소이다. 나머지는 물질의 특별한 성질을 빼면 이 근본 규칙을 수학적으로 다듬은 것일 뿐이다.

문제 2.1

(a) 전하 q 12개를 정12각형의 꼭지점(예를 들어 시계의 숫자) 위에 놓았다. 중심에 둔 시험전하 Q가 받는 알짜 힘은 얼마인가?

(b) (6시 위에 있는) 전하 하나를 빼 냈다고 하자. Q가 받는 힘은 얼마인가? 추론 과정을 잘 설명하라.

(c) 이제 전하 q 13개를 정13각형의 꼭지점 위에 놓았다. 중심에 둔 시험전하 Q가 받는 알짜 힘은 얼마인가?

(d) 13개의 q 가운데 하나를 빼내면 Q가 받는 힘은 얼마인가? 추론의 근거를 설명하라.

2.1.3 전기장

점전하 $q_1, q_2, \cdots, q_n$ 이 Q로부터 거리 $\mathscr{r}_1, \mathscr{r}_2, \mathscr{r}_3, \cdots, \mathscr{r}_n$ 만큼 떨어져 있다면 Q가 받는 알짜 힘은 중첩원리에 따라 다음과 같다:

$$\mathbf{F} = \mathbf{F}_1 + \mathbf{F}_2 + \ldots = \frac{1}{4\pi\epsilon_0}\left(\frac{q_1 Q}{\mathscr{r}_1^2}\hat{\boldsymbol{\mathscr{r}}}_1 + \frac{q_2 Q}{\mathscr{r}_2^2}\hat{\boldsymbol{\mathscr{r}}}_2 + \ldots\right)$$

$$= \frac{Q}{4\pi\epsilon_0}\left(\frac{q_1}{\mathscr{r}_1^2}\hat{\boldsymbol{\mathscr{r}}}_1 + \frac{q_2}{\mathscr{r}_2^2}\hat{\boldsymbol{\mathscr{r}}}_2 + \frac{q_3}{\mathscr{r}_3^2}\hat{\boldsymbol{\mathscr{r}}}_3 + \ldots\right),$$

또는

$$\boxed{\mathbf{F} = Q\mathbf{E}} \tag{2.3}$$

여기에서 $\mathbf{E}$는 원천전하가 만드는 **전기장**(electric field)으로 아래와 같다:

$$\mathbf{E}(\mathbf{r}) \equiv \frac{1}{4\pi\epsilon_0}\sum_{i=1}^{n}\frac{q_i}{\mathscr{r}_i^2}\hat{\boldsymbol{\mathscr{r}}}_i \tag{2.4}$$

분리벡터 $\boldsymbol{\mathscr{r}}_i$가 관찰점 P의 위치에 따라 달라지므로 전기장은 위치($\mathbf{r}$)의 함수이지만, 시험전하의 전하량 Q와는 무관하다 (그림 2.3). 전기장은 벡터량으로서 곳곳마다 다르고 원천 전하의 배치에 따라 결정된다; $\mathbf{E}(\mathbf{r})$은 물리적으로는 단위 시험 전하를 P 에 둘 때 그 전하가 받는 힘이다.

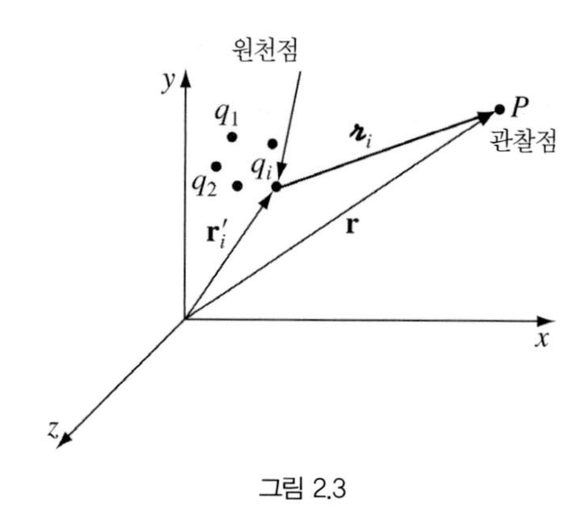

그림 2.3

전기장은 도대체 무엇인가? 나는 일부러 $\mathbf{E}$의 "가장 좁은" 해석이라고 할, 전기력을 셈하는 중간 단계로 시작했다. 그러나 이 전기장을 전하 주위의 공간을 채우고 있는 "참된" 물리량으로 보는 것이 좋겠다. 맥스웰은 전기장과 자기장을 태초부터 있었지만 보이지 않는 젤리와 같은 "에테르"의 변형력과 변형률이라고 믿었다. 특수 상대론이 나와 에테르의 개념을 버리면서 맥스웰이 도입한 전자기장의 역학적 해석도 함께 버렸다. ["원격작용" 이론을 쓰면 "장"의 개념을 쓰지 않고도 고전 전기역학을 전개할 수는 있지만 번잡하다.] 장이 무엇인지는 설명할 수 없지만, 그것을 셈하는 방법과 그것을 써서 할 수 있는 일은 설명할 수 있다.

예제 2.1

점전하 q 두 개가 거리 d 떨어져 있을 때, 그 중간점에서 위로 거리 z인 곳의 전기장을 구하라 (그림 2.4a).

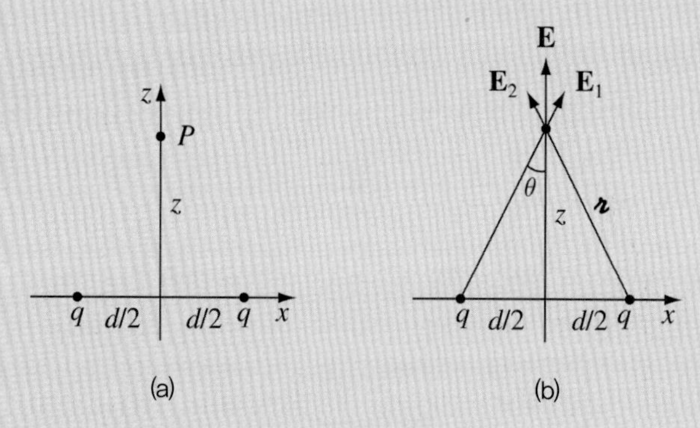

그림 2.4

■ 풀이 ■

왼쪽 전하가 만드는 전기장을 $\mathbf{E}_1$, 오른쪽 전하가 만드는 전기장을 $\mathbf{E}_2$라 하자. 이 두 벡터를 더하면 수평성분은 지워지고 수직성분만 남는다:

$$E_z = 2\frac{1}{4\pi\epsilon_0}\frac{q}{\mathscr{r}^2}\cos\theta$$

여기에서 $\mathscr{r} = \sqrt{z^2 + (d/2)^2}$, $\cos\theta = z/\mathscr{r}$ 이므로 전기장은 다음과 같다:

$$\mathbf{E} = \frac{1}{4\pi\epsilon_0}\frac{2qz}{\left[z^2 + (d/2)^2\right]^{3/2}}\hat{\mathbf{z}}$$

확인: 전하에서 아주 멀리 있어 $z \gg d$이면 전하량이 $2q$인 점전하처럼 보일 것이므로 전기장은 다음과 같은 꼴이 되어야 한다: $\mathbf{E} = \frac{1}{4\pi\epsilon_0}\frac{2q}{z^2}\hat{\mathbf{z}}$. 그리고 실제로 그렇다 (위의 공식에서 $d \to 0$의 극한값을 구해 보라).

문제 2.2 크기가 같고 부호가 반대인 두 점전하($\pm q$)가 거리 d 떨어져 있을 때, 그 중간점에서 위로 거리 z인 곳의 전기장을 구하라(예제 2.1과 비슷한데, $x = +d/2$에 있는 전하가 $-q$이다).

2.1.4 연속 전하분포

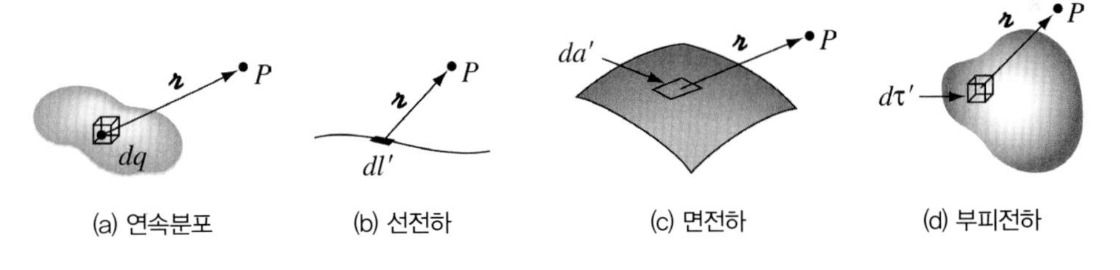

(a) 연속분포 (b) 선전하 (c) 면전하 (d) 부피전하

그림 2.5

식 2.4에서 전기장을 정의할 때 그 원천은 점전하 q_i의 모임이라고 가정했는데, 전하가 어떤 영역에 연속적으로 퍼져 있다면 덧셈이 적분으로 바뀐다(그림 2.5a):

$$\mathbf{E}(\mathbf{r}) = \frac{1}{4\pi\epsilon_0}\int\frac{1}{\mathscr{r}^2}\hat{\boldsymbol{\mathscr{r}}}\,dq \tag{2.5}$$

전하가 선에 퍼져 있고(그림 2.5b), 단위 길이에 든 전하가 λ라면, $dq = \lambda\, dl'$이다 (dl'는 길이 요소); 전하가 면에 퍼져 있고(그림 2.5c), 단위 넓이에 든 전하가 σ라면, $dq = \sigma\, da'$이다 (da'는 면 요소); 전하가 부피를 채우고 있고(그림 2.5d), 단위 부피에 든 전하가 ρ라면, $dq = \rho\, d\tau'$이다

($d\tau'$는 부피 요소).

$$dq \to \lambda\, dl' \sim \sigma\, da' \sim \rho\, d\tau'$$

선전하, 면전하, 부피전하가 만드는 전기장은 각각 다음과 같다:

$$\text{선전하:} \quad \mathbf{E}(\mathbf{r}) = \frac{1}{4\pi\epsilon_0}\int \frac{\lambda(\mathbf{r}')}{\mathscr{r}^2}\hat{\boldsymbol{\mathscr{r}}}\, dl' \tag{2.6}$$

$$\text{면전하:} \quad \mathbf{E}(\mathbf{r}) = \frac{1}{4\pi\epsilon_0}\int \frac{\sigma(\mathbf{r}')}{\mathscr{r}^2}\hat{\boldsymbol{\mathscr{r}}}\, da' \tag{2.7}$$

$$\text{부피전하:} \quad \boxed{\mathbf{E}(\mathbf{r}) = \frac{1}{4\pi\epsilon_0}\int \frac{\rho(\mathbf{r}')}{\mathscr{r}^2}\hat{\boldsymbol{\mathscr{r}}}\, d\tau'} \tag{2.8}$$

식 2.8을 흔히 "쿨롱 법칙"이라고 하는데, 그 까닭은 식 2.1에서 바로 끌어낼 수 있고, 부피전하가 가장 일반적이고 실제적인 경우이기 때문이다. 이 공식에서 $\boldsymbol{\mathscr{r}}$의 뜻을 잘 새겨 보아라. 애초에 식 2.4에서 $\boldsymbol{\mathscr{r}}_i$는 원천전하 q_i에서 관찰점 $\mathbf{r}$까지의 벡터를 나타냈다. 그러므로, 식 2.5-2.8에서 $\boldsymbol{\mathscr{r}}$은 전하 dq(그러므로 dl', da', $d\tau'$)에서 관찰점 $\mathbf{r}$까지의 벡터이다.[2]

예제 2.2

길이 $2L$인 도선 토막에 전하가 선밀도 λ로 고르게 펴져 있을 때, 중심에서 위쪽으로 거리 z인 곳의 전기장을 구하라(그림 2.6).

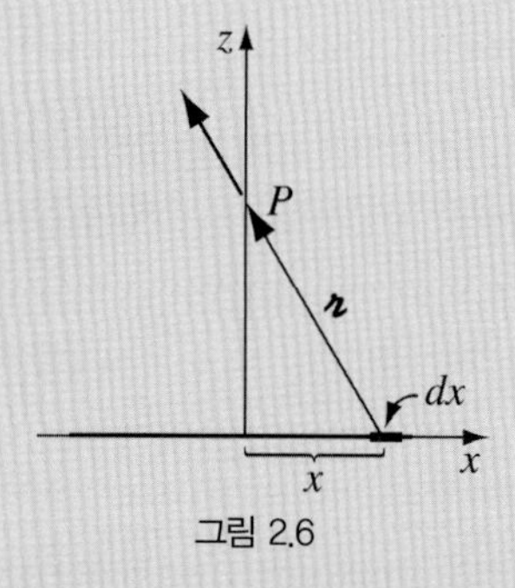

그림 2.6

■ 풀이 ■

가장 간단한 방법은 도선을 잘게 나누어 양쪽에 짝을 이루게 하고($\pm x$), 예제 2.1의 결과를 써서 ($d/2 \to x$, $q \to \lambda\, dx$), 적분한다(x: $0 \to L$). 그러나 더 일반적인 방법은 다음과 같다:[3]

---

2 주의: 단위벡터 $\hat{\boldsymbol{\mathscr{r}}}$은 일정하지 않다. 그 방향이 원천점 $\mathbf{r}'$에 따라 바뀌므로, 식 2.5~2.8의 적분기호 밖으로 꺼낼 수 없다. 실제로 적분을 할 때 곡선좌표계를 쓰더라도 직각좌표계의 성분으로 나누어 셈해야 한다 ($\hat{\mathbf{x}}, \hat{\mathbf{y}}, \hat{\mathbf{z}}$ 는 상수이므로 적분기호 밖으로 꺼낼 수 있다).

3 보통은 원천전하의 좌표에 붓점을 붙이지만, 헷갈리지 않을 때는 식이 간결해지게 붓점을 뗀다.

$$\mathbf{r} = z\,\hat{\mathbf{z}}, \quad \mathbf{r}' = x\,\hat{\mathbf{x}}, \quad dl' = dx$$

$$\boldsymbol{\mathscr{r}} = \mathbf{r} - \mathbf{r}' = z\,\hat{\mathbf{z}} - x\,\hat{\mathbf{x}}, \quad \mathscr{r} = \sqrt{z^2 + x^2}, \quad \hat{\boldsymbol{\mathscr{r}}} = \frac{\boldsymbol{\mathscr{r}}}{\mathscr{r}} = \frac{z\,\hat{\mathbf{z}} - x\,\hat{\mathbf{x}}}{\sqrt{z^2 + x^2}}$$

$$\begin{aligned}
\mathbf{E} &= \frac{1}{4\pi\epsilon_0}\int_{-L}^{L} \frac{\lambda}{z^2 + x^2}\frac{z\,\hat{\mathbf{z}} - x\,\hat{\mathbf{x}}}{\sqrt{z^2 + x^2}}\,dx \\
&= \frac{\lambda}{4\pi\epsilon_0}\left[z\,\hat{\mathbf{z}}\int_{-L}^{L}\frac{1}{(z^2 + x^2)^{3/2}}\,dx - \hat{\mathbf{x}}\int_{-L}^{L}\frac{x}{(z^2 + x^2)^{3/2}}\,dx\right] \\
&= \frac{\lambda}{4\pi\epsilon_0}\left[z\,\hat{\mathbf{z}}\left(\frac{x}{z^2\sqrt{z^2 + x^2}}\right)\Bigg|_{-L}^{L} - \hat{\mathbf{x}}\left(-\frac{1}{\sqrt{z^2 + x^2}}\right)\Bigg|_{-L}^{L}\right] \\
&= \frac{1}{4\pi\epsilon_0}\frac{2\lambda L}{z\sqrt{z^2 + L^2}}\,\hat{\mathbf{z}}
\end{aligned}$$

도선에서 아주 먼 곳($z \gg L$)에서는 다음과 같다:

$$E \cong \frac{1}{4\pi\epsilon_0}\frac{2\lambda L}{z^2}$$

이것은 사리에 맞다: 도선 도막을 아주 멀리서 보면 점전하 $q = 2\lambda L$처럼 보일 것이다. 한편 $L \to \infty$이면 한없이 긴 곧은 도선이 만드는 전기장이 된다:

$$E = \frac{1}{4\pi\epsilon_0}\frac{2\lambda}{z} \tag{2.9}$$

문제 2.3 길이 L인 곧은 도선에 전하가 선밀도 λ로 퍼져 있을 때, 한쪽 끝에서 위쪽으로 거리 z인 곳의 전기장을 구하라(그림 2.7). 얻은 답이 맞는지 $z \gg L$일 때 예상하는 결과와 비교하여 확인하라.

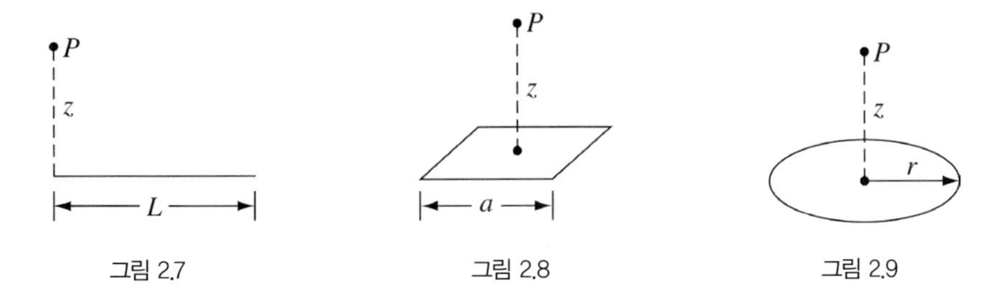

그림 2.7　그림 2.8　그림 2.9

문제 2.4 변의 길이가 a인 정사각형 고리에 전하가 선밀도 λ로 퍼져 있을 때, 고리 중심에서 위쪽으로 거리 z인 곳의 전기장을 구하라(그림 2.8). [실마리: 예제 2.2의 결과를 써라.]

문제 2.5 반지름이 r인 둥근 고리에 전하가 선밀도 λ로 퍼져 있을 때, 고리 중심에서 위쪽으로 거리 z인 곳의 전기장을 구하라(그림 2.9).

문제 2.6 반지름이 R인 원반에 전하가 면밀도 σ로 고르게 퍼져 있을 때, 원반 중심에서 위로 거리 z인 곳의 전기장을 구하라(그림 2.10). $R \to \infty$이면 어떻게 되는가? $z \gg R$일 때도 확인해 보라.

! **문제 2.7** 반지름이 R인 공껍질에 전하가 면밀도 σ로 퍼져 있을 때, 중심에서 거리 z인 곳의 전기장을 구하라(그림 2.11). $z < R$(공 속)일 때와 $z > R$(공 바깥)일 때를 모두 따져라. 그 결과를 공에 있는 총 전하 q로 나타내라. [실마리: $\mathscr{r}$을 R과 θ로 나타낼 때 코사인 법칙을 쓰는데, 제곱근을 셈할 때 부호를 잘 따져라: $\sqrt{R^2 + z^2 - 2Rz}$ 의 값은 $z < R$이면 $(R - z)$, $z > R$이면 $(z - R)$이다.

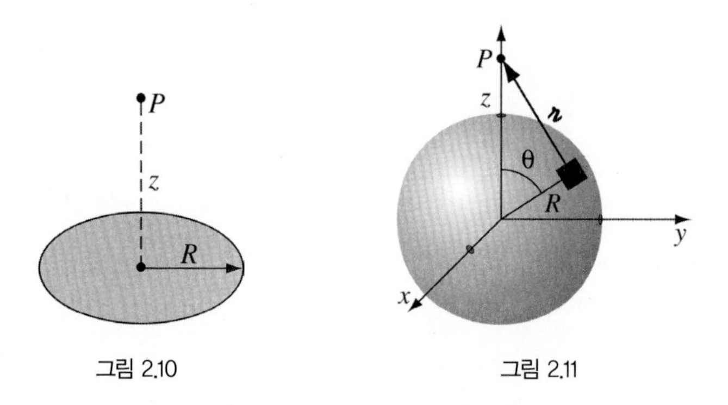

그림 2.10 그림 2.11

문제 2.8 문제 2.7의 결과를 써서 반지름이 R인 속이 찬 공에 전하가 면밀도 σ로 퍼져 있을 때, 공 속과 바깥에서의 전기장을 구하라. 얻은 답을 공을 채운 총 전하 q로 나타내라. $|\mathbf{E}|$를 공의 중심에서 관찰점까지의 거리의 함수로 그려 보아라.

2.2 정전기장의 발산과 회전

2.2.1 장선과 가우스 법칙

원리적으로는 이제 정전기학을 다 배운 셈이다. 전하 분포가 만드는 전기장은 식 2.8을 써서 셈할 수 있고, 그 전기장 속에 놓인 전하 Q가 받는 힘을 식 2.3을 써서 셈할 수 있다. 불행히도, 문제 2.7을 풀면서 발견했겠지만, $\mathbf{E}$를 셈하려면 전하분포가 비교적 간단할 때도 엄청난 적분을 해야 한다. 정전기학의 나머지 부분은 대개 이 적분을 피하는 방법과 요령을 찾아 모으는 일이다. 이 일은 $\mathbf{E}$의 발산과 회전을 셈하는 것부터 시작된다. §2.2.2의 식 2.15에서 곧바로 $\mathbf{E}$의 발산을 셈하겠지만, 먼저 물리적 내용을 잘 드러내는 직관적 방법부터 보여주겠다.

점전하 q가 원점에 있는 가장 간단한 전기장에서 시작하자:

$$\mathbf{E}(\mathbf{r}) = \frac{1}{4\pi\epsilon_0}\frac{q}{r^2}\hat{\mathbf{r}} \tag{2.10}$$

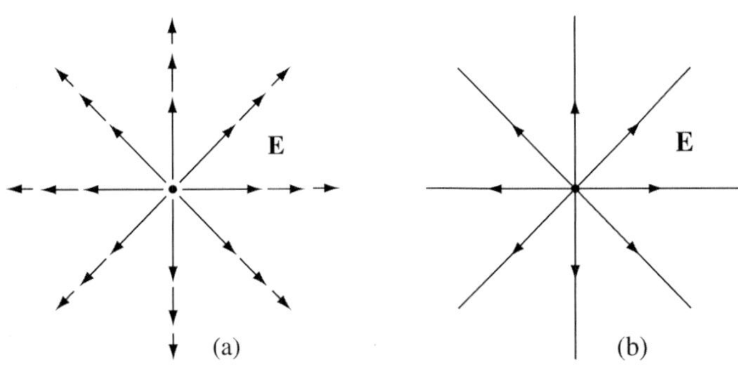

그림 2.12

이 전기장에 대한 "느낌"을 얻으려면 그림 2.12a처럼 전기장 벡터를 나타내는 화살표를 그려보자. 전기장의 크기는 $1/r^2$에 비례하여 줄어드니까 화살표는 원점에서 멀어질수록 짧아지고, 방향은 늘 반지름 바깥쪽이다. 하지만 더 좋은 방법은 화살표를 이어서 **장선**(field line)을 그리는 것이다(그림 2.12b). 그러면 화살표의 길이로 나타냈던 전기장의 세기에 관한 정보를 버리는 것처럼 보이지만, 실제로는 그렇지 않다. 전기장의 세기는 장선의 **밀도**로 나타난다: 원점 근처에서는 장선이 빽빽하므로 전기장이 세고, 원점에서 멀어질수록 성기게 되어 전기장이 약해진다.

사실은 2차원 면에 장선을 그리면 맞지 않다. 왜냐하면 반지름 r인 원을 지나는 장선의 밀도는 장선의 총 수 n을 원둘레의 길이로 나눈 값 $n/2\pi r$이 되어, $1/r^2$이 아니라 $1/r$에 비례하기 때문이다.[4] 그러나 (밤송이와 같은) 3차원 모형을 상상하면 장선의 밀도는 장선의 총 수를 공의 표면적으로 나눈 값 $n/4\pi r^2$이 되어 $1/r^2$에 비례한다.

그러한 그림은 더 복잡한 장을 나타내는데도 편리하다. 물론, 전기장 분포를 더 정확히 느끼려면 장선을 충분히 많이 그려야 하고, 장선의 수를 일관성 있게 정해야 한다: q에서 8개의 장선이 나온다면, $2q$에서는 16개가 나와야 한다. 또한 장선의 간격도 고르게 해야 한다 – 점전하에서는 모든 방향으로 고르게 나가야 한다. 장선은 양전하에서 뻗어 나와 음전하로 들어가 사라진다; 장선은 한없이 먼 곳으로 뻗을 수는 있지만 중간에서 끊어지지는 않는다.[5] 더욱이 두 장선이 교차할 수 없다 – 교차점에서 장선의 방향이 둘이 된다! 이러한 것을 모두 생각하면 단순하게 배열된 점전하가 만드는 전기장선을 쉽게 그릴 수 있다: 낱낱의 전하 주위에 장선을 그리고, 그것들을 잇거나 한없이 멀리 뻗어가게 하면 된다(그림 2.13과 2.14).

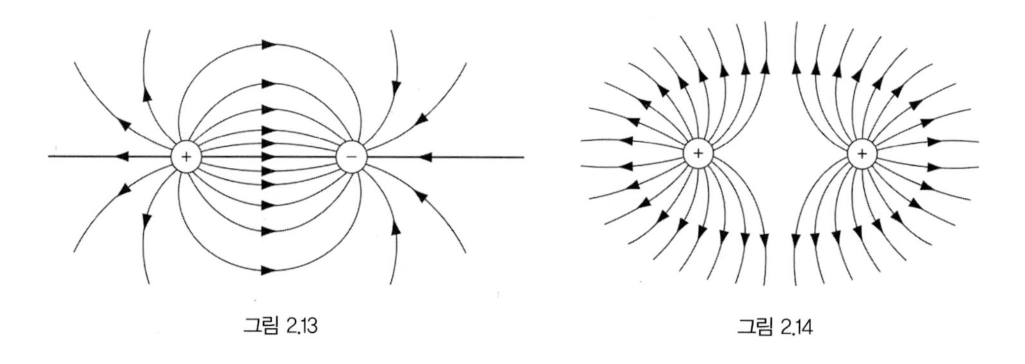

그림 2.13

그림 2.14

이 모형에서는 면 S를 지나는 "전기장선의 수"의 지표로서 면 S를 지나는 $\mathbf{E}$의 선속(flux)을 다음과 같이 정의한다:

$$\Phi_E \equiv \int_S \mathbf{E} \cdot d\mathbf{a} \tag{2.11}$$

겹따옴표를 붙인 까닭은 총 전기장선은 한없이 많아 그것 나타내는 표본만을 그릴 수 있을 뿐이기 때문이다. 그러나 장선을 뽑아내는 비율을 정하면 선속은 장선의 밀도(단위면적을 지나가는 장선의 수)에 비례하며, 따라서 $\mathbf{E} \cdot d\mathbf{a}$는 면 요소 $d\mathbf{a}$를 지나가는 장선의 수에 비례한다. (점곱을 하면 그림 2.15에 보인 것처럼 $d\mathbf{a}$의 성분 가운데 $\mathbf{E}$와 나란한 것만 남는다. 이것이 $\mathbf{E}$에 수직인 면의 넓이로서 장선의 밀도가 단위면적을 지나가는 장선의 수라고 할 때 쓰는 넓이이다.)

---

4 전기장선 그림에 대한 비판은 다음을 보라: A. Wolf et al. *Am. J. Phys.* 64, 714(1996).

5 장선이 중간에 끊어진다면, 그곳에서 $\mathbf{E}$의 발산이 0이 아닌데, 진공에서는 그렇게 될 수 없다 (곧 배운다). 물론 전하밀도가 0이 아닌 곳($\rho \neq 0$)에서는 장선 일부가 끝날 수 있다.

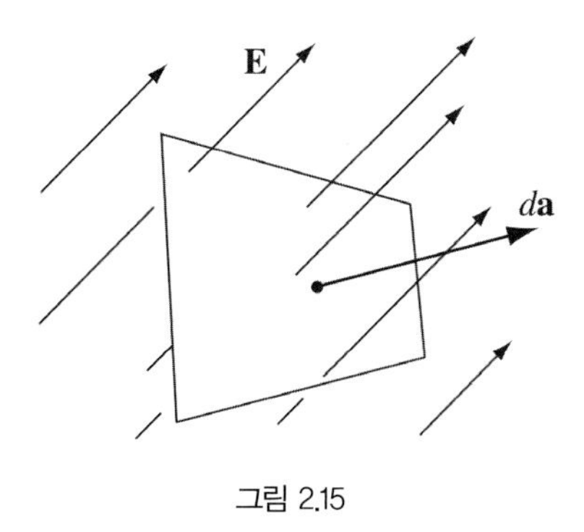

그림 2.15

이것은 닫힌곡면을 지나는 선속이 그 속에 들어있는 총 전하량의 지표가 될 수 있음을 시사한다. 양전하에서 나오는 장선은 그 곡면을 지나 밖으로 빠져나가거나, 아니면 그 속에 있는 음전하에서 끝나기 때문이다(그림 2.16a). 반면에 곡면 밖에 있는 전하는 총 선속에 아무 영향을 주지 않는다. 왜냐하면 그 전하에서 나오는 장선은 닫힌곡면의 한쪽으로 들어가서 다른 쪽으로 나오기 때문이다(그림 2.16b). 이것이 **가우스 법칙**(Gauss's law)의 요체이다. 이제 이것을 정량적으로 살펴보자.

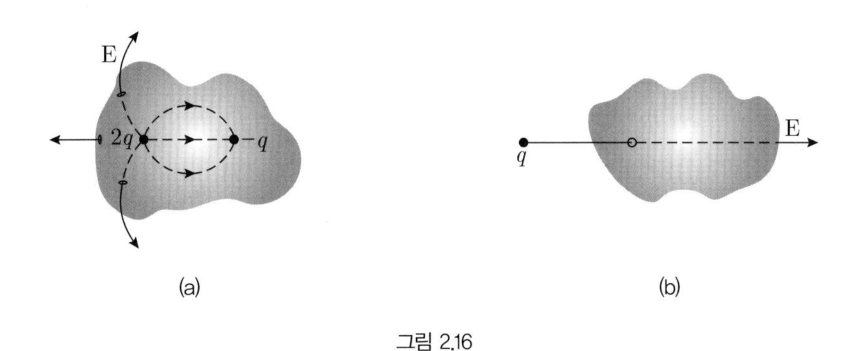

그림 2.16

원점에 점전하 q가 있을 때, 반지름 r인 구면을 지나가는 $\mathbf{E}$의 선속은 다음과 같다.

$$\oint \mathbf{E} \cdot d\mathbf{a} = \int \frac{1}{4\pi\epsilon_0}\left(\frac{q}{r^2}\hat{\mathbf{r}}\right) \cdot (r^2 \sin\theta \, d\theta \, d\phi \, \hat{\mathbf{r}}) = \frac{1}{\epsilon_0}q \tag{2.12}$$

이 식에서 공의 반지름이 지워지는데, 그것은 공의 표면적은 r^2에 비례하여 커지지만, 전기장은 $1/r^2$에 비례하여 줄어들기 때문에 둘을 곱하면 상수가 되기 때문이다. 장선 그림으로 보면 이것이 사리에 맞다. 그 까닭은 원점에 중심을 둔 공 표면을 지나는 장선의 수는 공의 크기가 얼마든 똑같기 때문이다. 사실, 곡면의 모양이 꼭 공이 아니어도 된다 – 닫힌곡면이라면 모양이 어떻든 지나가는 장선의 수가 같다. 명백히, 전하를 감싸는 곡면의 선속은 q/ϵ_0이다.

이제 전하가 원점에 하나만 있는 것이 아니라 여기저기 많이 흩어져 있을 때를 생각하자. 중

첩 원리에 따르면, 총 전기장은 낱낱의 전하가 만드는 전기장을 벡터 덧셈한 것이다:

$$\mathbf{E} = \sum_{i=1}^{n} \mathbf{E}_i$$

이 모든 전하를 감싸는 곡면을 지나는 선속은 다음과 같다:

$$\oint \mathbf{E} \cdot d\mathbf{a} = \sum_{i=1}^{n} \left(\oint \mathbf{E}_i \cdot d\mathbf{a} \right) = \sum_{i=1}^{n} \left(\frac{1}{\epsilon_0} q_i \right)$$

따라서 모든 닫힌곡면에 대해 다음 식이 성립한다:

$$\boxed{\oint \mathbf{E} \cdot d\mathbf{a} = \frac{1}{\epsilon_0} Q_{\text{안}}} \tag{2.13}$$

여기에서 $Q_{\text{안}}$은 닫힌곡면 속에 든 총 전하이다.[6] 이것이 가우스 법칙을 나타내는 식이다. 여기에 담긴 정보가 쿨롱 법칙과 중첩 원리에 이미 담긴 것 이상은 아니지만, 거의 마술적인 힘이 있음을 §2.2.3에서 볼 것이다. 이 모든 것은 쿨롱 법칙이 $1/r^2$에 비례하는 특성 때문에 생긴다. 그것이 아니면 식 2.12에서 r이 극적으로 지워지지 않았을 것이고, 그러면 $\mathbf{E}$의 총 선속은 닫힌곡면 안에 든 총 전하만이 아니라 곡면의 모양에 따라서도 달라졌을 것이다. $1/r^2$에 비례하는 다른 힘(특히 뉴턴의 만유인력)도 그 나름의 "가우스 법칙"을 따르며, 앞으로 나올 공식들이 고스란히 적용된다.

위의 가우스 법칙은 **적분 방정식**이지만 발산 정리를 써서 **미분방정식**으로 쉽게 바꿀 수 있다.

$$\oint_{\mathcal{S}} \mathbf{E} \cdot d\mathbf{a} = \int_{\mathcal{V}} (\nabla \cdot \mathbf{E})\, d\tau$$

$Q_{\text{안}}$을 전하밀도 ρ로 나타내면 다음과 같다:

$$Q_{\text{안}} = \int_{\mathcal{V}} \rho\, d\tau$$

따라서 가우스 법칙은 다음과 같이 된다:

$$\int_{\mathcal{V}} (\nabla \cdot \mathbf{E})\, d\tau = \int_{\mathcal{V}} \left(\frac{\rho}{\epsilon_0} \right) d\tau$$

이것은 어떤 부피에서나 성립하므로, 양쪽의 피적분함수가 같아야 한다.[7]

---

6 곡면 밖에 전하가 더 있다면, 그것도 물론 전기장을 만들지만, 선속을 바꾸지는 않는다.

7 어떤 점 P 주변에서 피적분 함수가 다르면, P를 품는 작은 부피 V에 대한 적분이 달라진다.

$$\boxed{\nabla \cdot \mathbf{E} = \frac{1}{\epsilon_0}\rho} \tag{2.14}$$

식 2.14가 **미분꼴 가우스 법칙**(Gauss's law in differential form)으로 내용은 식 2.13과 똑같다. 미분꼴이 더 깔끔하지만, 적분꼴은 점, 선, 면전하를 더 자연스럽게 수용한다.

문제 2.9 어떤 영역의 전기장을 구좌표로 나타내면 $\mathbf{E} = kr^3\hat{\mathbf{r}}$이라고 하자($k$는 상수).

(a) 전하밀도 ρ를 구하라.

(b) 원점에 중심을 둔, 반지름 R인 공 속에 든 총 전하를 구하라. (두 가지 방법으로 하라.)

문제 2.10 그림 2.17과 같이 정육면체의 한 꼭지점에 전하 q가 있다. 회색면을 지나는 $\mathbf{E}$의 선속을 구하라.

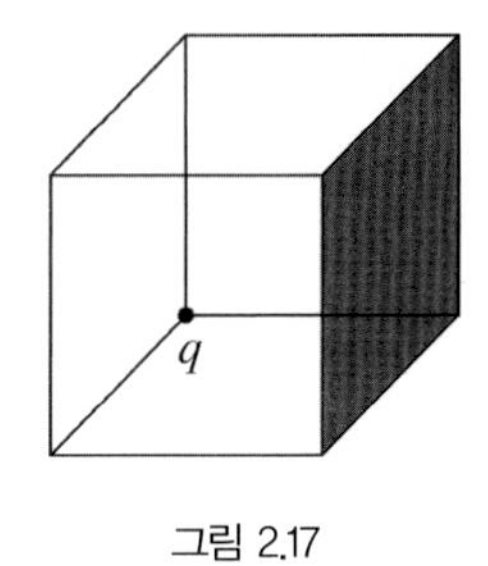

그림 2.17

문제 2.11 전하가 고르게 퍼진, 속이 찬 공 안팎의 장선 분포를 그려라.

2.2.2 E의 발산

이제 식 2.8로 돌아가서 $\mathbf{E}$의 발산을 직접 셈해보자.

$$\mathbf{E}(\mathbf{r}) = \frac{1}{4\pi\epsilon_0}\int_{\text{모든 공간}} \frac{\hat{\boldsymbol{\mathscr{r}}}}{\mathscr{r}^2}\rho(\mathbf{r}')\,d\tau' \tag{2.15}$$

(적분공간은 애초에는 전하가 있는 곳으로 한정했지만, 그 바깥에서는 $\rho = 0$이므로 모든 공간으로 확 넓혀도 된다.) $\mathbf{r}$의 함수는 $\boldsymbol{\mathscr{r}} = \mathbf{r} - \mathbf{r}'$에 들어 있으므로 발산을 셈하면 다음과 같다.

$$\nabla \cdot \mathbf{E} = \frac{1}{4\pi\epsilon_0}\int \nabla \cdot \left(\frac{\hat{\boldsymbol{\mathscr{r}}}}{\mathscr{r}^2}\right)\rho(\mathbf{r}')\,d\tau'$$

이것은 바로 식 1.100에서 셈한 발산이다.

$$\nabla \cdot \left(\frac{\hat{\boldsymbol{\imath}}}{\imath^2}\right) = 4\pi\delta^3(\boldsymbol{\imath})$$

따라서

$$\nabla \cdot \mathbf{E} = \frac{1}{4\pi\epsilon_0}\int 4\pi\delta^3(\mathbf{r}-\mathbf{r}')\rho(\mathbf{r}')\,d\tau' = \frac{1}{\epsilon_0}\rho(\mathbf{r}) \tag{2.16}$$

이 되는데, 이것이 미분꼴 가우스 법칙인 식 2.14이다. 식 2.13의 적분꼴을 되찾으려면 앞서의 논리를 거꾸로 되짚어가면 된다 – 부피적분을 한 다음 발산 정리를 쓴다.

$$\int_{\mathcal{V}} \nabla \cdot \mathbf{E}\,d\tau = \oint_{\mathcal{S}} \mathbf{E}\cdot d\mathbf{a} = \frac{1}{\epsilon_0}\int_{\mathcal{V}} \rho\,d\tau = \frac{1}{\epsilon_0}Q_{안}$$

2.2.3 가우스 법칙의 응용

이론전개는 여기에서 잠깐 멈추고 적분꼴 가우스 법칙의 위력을 살펴보자. 대칭성이 있으면 가우스 법칙을 써서 전기장을 가장 빠르고 쉽게 셈할 수 있다. 몇 가지 예를 들어 그 방법을 설명하겠다.

예제 2.3

전하가 고르게 퍼진, 반지름 R인 공 밖의 전기장을 구하라.

■ 풀이 ■

반지름 $r > R$인 공껍질을 그리자(그림 2.18); 이것을 **가우스 곡면**(Gaussian surface)이라고 한다. 가우스 법칙에 따르면 이 곡면에 대해 다음 식이 성립한다.

$$\oint_{\mathcal{S}} \mathbf{E}\cdot d\mathbf{a} = \frac{1}{\epsilon_0}Q_{안}$$

여기에서 Q안 = q이다. 언뜻 보기에는 우리가 원하는 양 $\mathbf{E}$가 면적분 속에 묻혀 있으므로 이 식에서 얻을게 별로 없을 것 같다. 다행히 대칭성이 있으므로 $\mathbf{E}$를 적분기호 밖으로 끌어낼 수 있다. $\mathbf{E}$의 방향은 확실히 $d\mathbf{a}$처럼 반지름쪽이므로[8] 점곱에서 점을 떼어낼 수 있다.

8 $\mathbf{E}$가 반지름쪽이라는 것이 의심스러우면, 다른 방법을 생각하자. 그 방향이 "적도선"에서 동쪽을 향한다고 하자. 그렇지만 적도선의 방향은 완벽하게 임의이다 - 이 공은 돌지 않으므로 자연스러운 '남-북' 축이 없다 - $\mathbf{E}$가

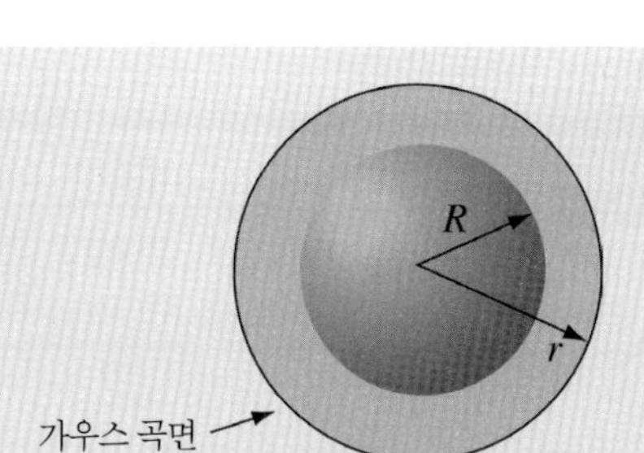

그림 2.18

$$\int_S \mathbf{E} \cdot d\mathbf{a} = \int_S |\mathbf{E}|\, da$$

그리고 **E**의 크기는 가우스 곡면에서 일정하므로 적분기호 밖으로 꺼낼 수 있다.

$$\int_S |\mathbf{E}|\, da = |\mathbf{E}| \int_S da = |\mathbf{E}|\, 4\pi r^2$$

따라서

$$|\mathbf{E}|\, 4\pi r^2 = \frac{1}{\epsilon_0} q$$

또는

$$\mathbf{E} = \frac{1}{4\pi\epsilon_0} \frac{q}{r^2} \hat{\mathbf{r}}$$

이 결과의 놀라운 특징을 살펴보라: 공 밖의 전기장은 모든 전하가 중심에 모여있을 때와 같다.

가우스 법칙은 늘 성립하지만, 늘 쓸모가 있는 것은 아니다. ρ가 고르지 않거나(또는 구대칭성이 없거나), 가우스 곡면을 다른 꼴로 잡으면 **E**의 총선속이 q/ϵ_0이라는 것은 참이지만, **E**의 방향이 $d\mathbf{a}$와는 다를 수도 있고 또 그 크기가 곡면에서 곳곳마다 다를 수도 있으므로 $|\mathbf{E}|$를 적분기호 밖으로 꺼낼 수 없다. 가우스 법칙을 쓸 때 대칭성이 핵심이다. 가우스 법칙에 쓸 수 있는 대칭성은 단 세 가지이다:

(1) **구 대칭성.** 중심이 일치하는 공을 가우스 곡면으로 잡는다.

(2) **원통 대칭성.** 중심축이 일치하는 원통을 가우스 곡면으로 잡는다(그림 2.19).

(3) **면 대칭성.** 면을 품는 "동전" 모양을 가우스 곡면으로 잡는다(그림 2.20).

동쪽을 향한다는 논리는 그대로 서쪽, 북쪽, 동쪽 또는 그 밖의 어느 방향에 대해서도 똑같이 쓸 수 있다. 따라서 공 표면에서 유일한 방향은 반지름 방향이다.

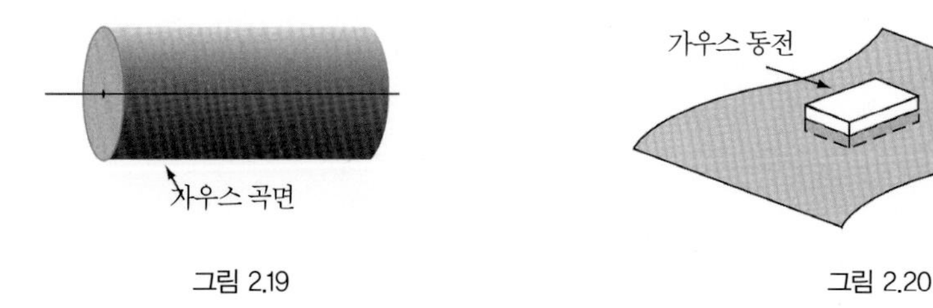

그림 2.19 그림 2.20

(2)와 (3)은 한없이 긴 원통과 사방으로 한없이 뻗친 평면이 필요하지만, “긴” 원통이나 “큰” 평면의 테두리에서 멀리 떨어진 곳에서 어림값을 찾을 때 자주 쓴다.

예제 2.4

긴 원통(그림 2.21)의 전하밀도가 축까지의 거리에 비례한다: $\rho = ks$, k는 상수. 이 원통 속의 전기장을 구하라.

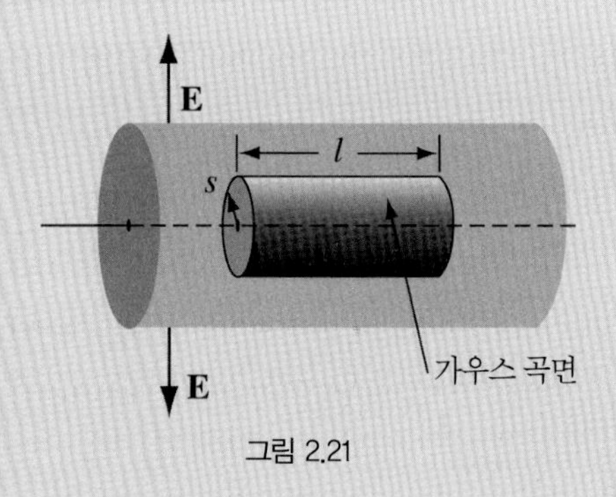

그림 2.21

■ 풀이 ■

길이 l, 반지름 s인 원통 꼴의 가우스 곡면을 그린다. 이 곡면에 대한 가우스 법칙은 다음과 같다.

$$\oint_{\mathcal{S}} \mathbf{E} \cdot d\mathbf{a} = \frac{1}{\epsilon_0} Q_{\text{안}}$$

이 곡면에 둘러싸인 전하는 다음과 같다.

$$Q_{\text{안}} = \int_{\mathcal{V}} \rho \, d\tau = \int (ks')(s' \, ds' \, d\phi \, dz) = 2\pi kl \int_0^s s'^2 \, ds' = \tfrac{2}{3}\pi kls^3$$

(부피 요소로는 원통좌표계에 대한 식 1.78을 썼고, 적분은 ϕ는 0에서 2π까지, z는 0에서 l까지 했다. 적분변수로는 붓점을 붙인 s'를 써서 가우스 곡면의 반지름 s와 구별했다.)

대칭성에 따라 E의 방향은 반지름 바깥쪽이므로 가우스 곡면의 원통면에서는

$$\int \mathbf{E} \cdot d\mathbf{a} = \int |\mathbf{E}|\, da = |\mathbf{E}| \int_{\mathcal{S}} da = |\mathbf{E}|\, 2\pi s l$$

이 되고, 양쪽 끝면에서는 0이 된다(여기에서는 $\mathbf{E}$와 $d\mathbf{a}$가 수직이다). 따라서

$$|\mathbf{E}|\, 2\pi s l = \frac{1}{\epsilon_0} \frac{2}{3} \pi k l s^3$$

이고, 결국 다음 결과를 얻는다.

$$\mathbf{E} = \frac{1}{3\epsilon_0} k s^2 \hat{\mathbf{s}}$$

예제 2.5

무한 평판에 전하가 면밀도 σ로 고르게 퍼져 있다. 그 전기장을 구하라.

■ 풀이 ■

평판 위아래로 똑같은 두께가 되게 "가우스 동전"을 그리고(그림 2.22), 그 표면에 대해 가우스 법칙을 적용하자.

$$\oint_{\mathcal{S}} \mathbf{E} \cdot d\mathbf{a} = \frac{1}{\epsilon_0} Q_{\text{안}}$$

이 때, 동전의 한쪽 뚜껑의 넓이가 A이면, $Q_{\text{안}} = \sigma A$이다. 대칭성 때문에 $\mathbf{E}$는 평판에서 나가는 쪽(평판 위에서는 위쪽, 아래에서는 아래쪽)을 향한다. 따라서 위아래 뚜껑에서의 전기장 선속은 다음과 같다:

$$\int \mathbf{E} \cdot d\mathbf{a} = 2A|\mathbf{E}|$$

그리고 옆면에서는 0이 된다. 따라서 다음 결과를 얻는다:

$$2A\,|\mathbf{E}| = \frac{1}{\epsilon_0} \sigma A$$

또는

$$\mathbf{E} = \frac{\sigma}{2\epsilon_0} \hat{\mathbf{n}} \tag{2.17}$$

여기에서 $\hat{\mathbf{n}}$은 평판에서 나가는 쪽의 단위벡터이다. 문제 2.6에서는 같은 결과를 훨씬 더 복잡하게 얻었다.

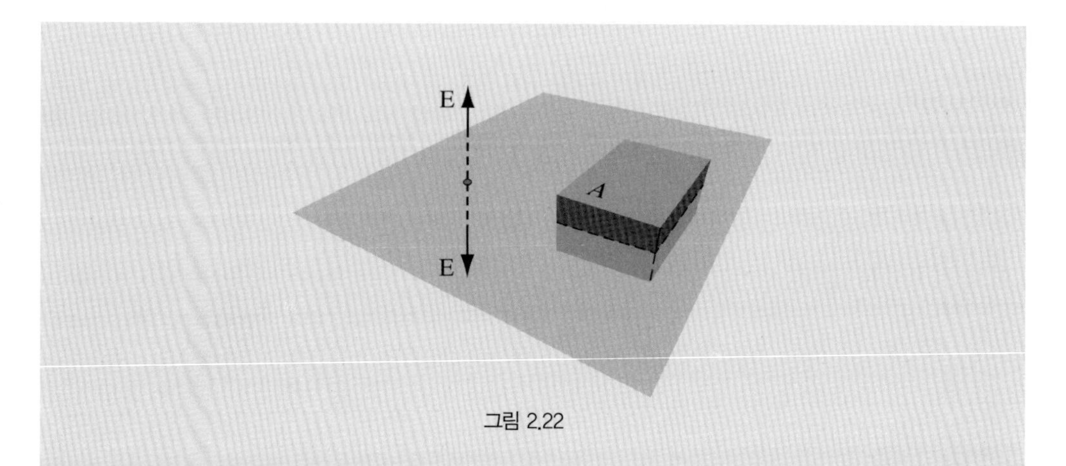

그림 2.22

무한 평판의 전기장이 평판까지의 거리와 무관하다는 것은 처음에는 이상하게 느껴진다. 쿨롱 법칙에 있던 $1/r^2$은 어떻게 되었는가? 이 경우에는 평판에서 멀어질수록 "시야(눈을 꼭지점으로 하는 원뿔꼴)"에 더 많은 전하가 들어오므로, 평판의 한 부분의 전하가 멀어지면서 그것이 만드는 전기장이 약해지는 효과가 상쇄된다. 전하를 띤 공이 만드는 전기장은 $1/r^2$에 비례하여 줄어들고, 무한 도선이 만드는 전기장은 $1/s$에 비례하여 줄어들며, 무한 평판이 만드는 전기장은 전혀 줄어들지 않는다 (무한 평판에서는 빠져나갈 수 없다).

전기장을 셈하는데 가우스 법칙을 직접 쓸 수 있는 것은 구대칭, 원통대칭, 면대칭 문제 뿐이지만, 그러한 대칭성을 띤 물체를 조합하여 만든 물체가 대칭성이 없어도 중첩 원리를 써서 전기장을 구할 수는 있다. 예를 들면, 전하가 고르게 퍼진 두 평행 원통 주변이나 무한 평판 근처의 공 주변의 전기장 등이다.

예제 2.6

두 장의 나란한 무한 평판에 크기가 같고 부호가 반대인 전하가 고르게 밀도 $\pm\sigma$로 펴져 있다(그림 2.23). 다음 세 영역에서의 전기장을 구하라: (i) 왼쪽, (ii) 한 가운데, (iii) 오른쪽.

■ 풀이 ■

왼쪽 평판은 그것에서 멀어지는 쪽 - 영역 (i)에서는 왼쪽, (ii)와 (iii)에서는 오른쪽 - 으로 전기장 $(1/2\epsilon_0)\sigma$를 만든다(그림 2.24). 오른쪽 평판은 음전하를 띠므로 그것에 다가오는 쪽 − 영역 (i)과 (ii)에서는 오른쪽, (iii)에서는 왼쪽 − 으로 전기장 $(1/2\epsilon_0)\sigma$를 만든다. 두 전기장은 (i)과 (iii)에서는 상쇄되고, (ii)에서는 강화된다. 결론: 두 평판 사이에서는 전기장이 σ/ϵ_0이고 오른쪽을 향하며, 다른 곳에서는 0이다.

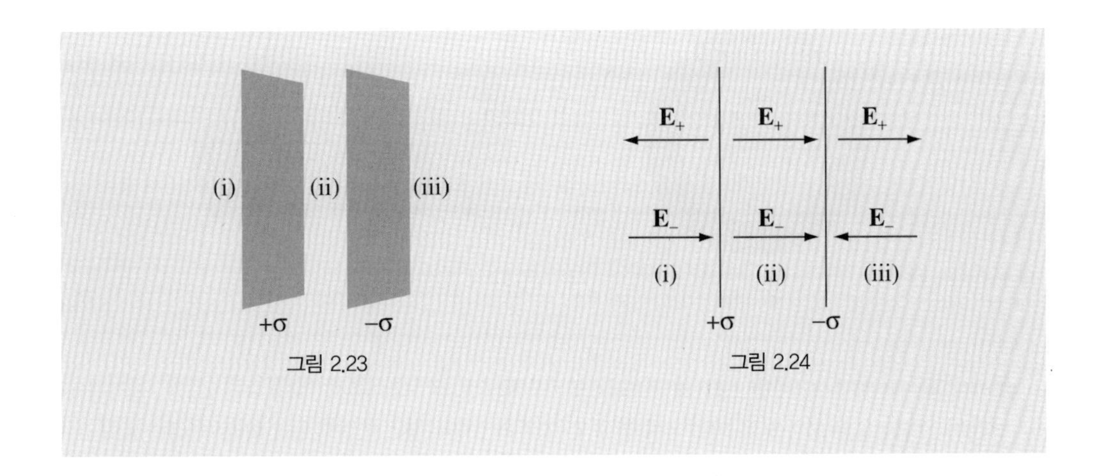

그림 2.23

그림 2.24

문제 2.12 가우스 법칙을 써서 반지름 R이고 면전하가 밀도 σ로 고르게 퍼진 공껍질 안팎의 전기장을 구하고 문제 2.7의 답과 비교하라. 가우스 방법이 얼마나 빠르고 쉬운지 보라.

문제 2.13 가우스 법칙을 써서 전하가 고르게 퍼진, 속이 찬 공(전하밀도 ρ) 속의 전기장을 구하고 문제 2.8의 답과 비교하라.

문제 2.14 한없이 긴 직선 도선에 전하가 선밀도 λ로 고르게 퍼져 있을 때, 도선에서 거리 s인 곳의 전기장을 구하고 식 2.9와 비교하라.

문제 2.15 전하밀도가 원점까지의 거리에 비례하여 $\rho = kr$(k는 상수)인 공 속의 전기장을 구하라. [실마리: 전하밀도가 고르지 않으므로 가우스 곡면에 둘러싸인 총 전하를 구하려면 적분을 해야 한다.]

문제 2.16 속이 빈 공껍질 속의 전하밀도가 다음과 같다(그림 2.25):

$$\rho = \frac{k}{r^2} \quad (a \le r \le b)$$

세 영역 (i) $r < a$, (ii) $a < r < b$, (iii) $r > b$에서의 전기장을 구하고, $b = 2a$일 때의 $|\mathbf{E}|$를 r의 함수로 그려라.

문제 2.17 긴 동축 도선(그림 2.26) 안쪽 원통(반지름 a)은 부피전하밀도 ρ가 고르게, 바깥쪽 원통(반지름 b)은 면전하가 고르게 퍼져 있다. 면전하의 부호는 음(−)이고 크기는 도선의 총 전하가 전기적으로 중성이 되도록 조정된다. 다음 세 영역에서의 전기장을 구하라: (i) 안쪽 원통 속($s < a$), (ii) 두 원통 사이($a < s < b$), (iii) 도선 밖($s > b$). $|\mathbf{E}|$를 s의 함수로 그려라.

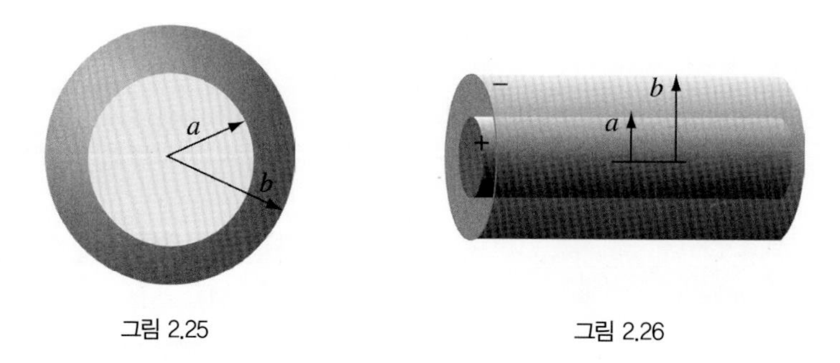

그림 2.25

그림 2.26

문제 2.18 두께 $2d$인 무한 평판에 전하가 부피밀도 ρ로 고르게 퍼져 있다(그림 2.27). 전기장을 평판의 중심면($y = 0$)까지의 거리 y의 함수로 구하라. 전기장의 크기를 y의 함수로 나타내되, $+y$쪽을 향하면 양수로, $-y$쪽을 향하면 음수로 그려라.

• **문제 2.19** 전하가 각각 밀도 $+\rho$와 $-\rho$로 고르게 퍼진, 반지름 R인 공 두 개의 일부가 겹쳐있다(그림 2.28). 음전하 공의 중심에서 양전하 공의 중심까지의 벡터를 $\mathbf{d}$라고 하자. 겹쳐진 부분에서는 전기장이 일정함을 밝히고, 그 값을 구하라. [실마리: 문제 2.12의 결과를 써라.]

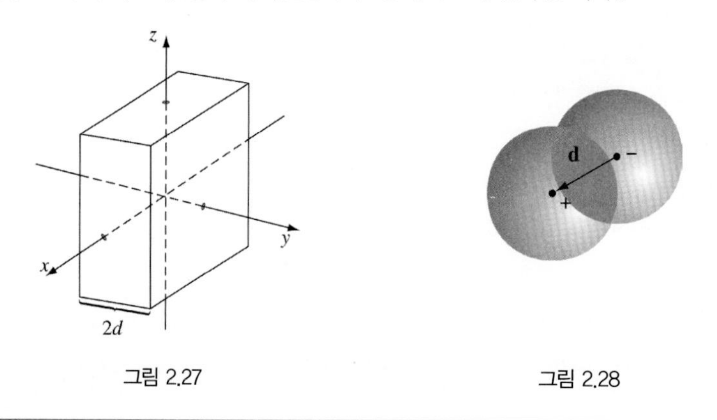

그림 2.27

그림 2.28

2.2.4 E의 회전

이제 $\mathbf{E}$의 회전을 셈하는데, §2.2.1에서 발산을 셈했던 것처럼, 먼저 가장 간단한, 점전하가 원점에 있는 경우를 살펴보면 전기장은 다음과 같다:

$$\mathbf{E} = \frac{1}{4\pi\epsilon_0}\frac{q}{r^2}\hat{\mathbf{r}}$$

그림 2.12를 보면 이 전기장의 회전이 0임을 쉽게 알 수 있지만, 좀 더 엄밀하게 셈해보아야 한다. 어떤 점 $\mathbf{a}$에서 다른 점 $\mathbf{b}$까지의 전기장의 선적분은 다음과 같다(그림 2.29):

$$\int_{\mathbf{a}}^{\mathbf{b}} \mathbf{E} \cdot d\mathbf{l}$$

구좌표계에서는 $d\mathbf{l} = dr\,\hat{\mathbf{r}} + r\,d\theta\,\hat{\boldsymbol{\theta}} + r\sin\theta\,d\phi\,\hat{\boldsymbol{\phi}}$이므로 피적분 함수는 다음과 같은 꼴이 된다:

$$\mathbf{E} \cdot d\mathbf{l} = \frac{1}{4\pi\epsilon_0}\frac{q}{r^2}dr$$

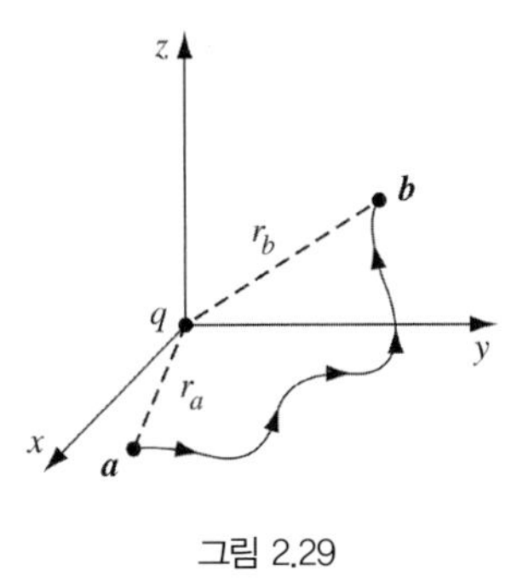

그림 2.29

그러므로,

$$\int_{\mathbf{a}}^{\mathbf{b}} \mathbf{E} \cdot d\mathbf{l} = \frac{1}{4\pi\epsilon_0}\int_{\mathbf{a}}^{\mathbf{b}} \frac{q}{r^2}dr = \frac{-1}{4\pi\epsilon_0}\frac{q}{r}\bigg|_{r_a}^{r_b} = \frac{1}{4\pi\epsilon_0}\left(\frac{q}{r_a} - \frac{q}{r_b}\right) \tag{2.18}$$

여기에서 r_a와 r_b는 각각 원점에서 **a**와 **b**까지의 거리이다. 이 적분값은 닫힌 곡선(이 때는 $r_a = r_b$)에 대해서는 명백히 0이다:

$$\boxed{\oint \mathbf{E} \cdot d\mathbf{l} = 0} \tag{2.19}$$

따라서, (식 2.19는 모든 닫힌 곡선에 적용되므로) 스토크스 정리를 쓰면 다음 결과를 얻는다:

$$\boxed{\boldsymbol{\nabla} \times \mathbf{E} = \mathbf{0}} \tag{2.20}$$

식 2.19와 2.20은 원점에 있는 점전하가 만드는 전기장에 대해서만 증명했지만, 좌표계를 어떻게 잡든, 전하가 어디에 있든 성립한다. 더구나, 전하가 많다면, 중첩 원리에 따라 총 전기장은 낱낱의 전하가 만드는 전기장의 벡터합이다:

$$\mathbf{E} = \mathbf{E}_1 + \mathbf{E}_2 + \ldots$$

그래서, 다음과 같다:

$$\boldsymbol{\nabla} \times \mathbf{E} = \boldsymbol{\nabla} \times (\mathbf{E}_1 + \mathbf{E}_2 + \ldots) = (\boldsymbol{\nabla} \times \mathbf{E}_1) + (\boldsymbol{\nabla} \times \mathbf{E}_2) + \ldots = \mathbf{0}$$

따라서, 식 2.19와 2.20은 서 있는 전하가 어떻게 퍼져있든 성립한다.

문제 2.20 §2.2.2의 방법을 써서 식 2.8에서 곧바로 $\nabla \times \mathbf{E}$를 셈하라. 어려우면 문제 1.63을 참고하라.

2.3 전위

2.3.1 서론

전기장 $\mathbf{E}$는 회전이 늘 0인 아주 특별한 벡터함수이다. 예를 들어, $\mathbf{E} = y\hat{\mathbf{x}}$는 전기장이 될 수 없다; 전하의 크기와 위치를 아무리 바꾸어도 이러한 전기장은 생기지 않는다. 여기에서는 전기장의 이러한 특별한 성질을 써서 전기장 $\mathbf{E}$를 구하는 벡터 문제를 훨씬 간단한 스칼라 문제로 바꾸겠다. §1.6.2의 제 1 정리에 따르면, 회전이 0인 벡터는 어떤 스칼라 함수의 기울기와 같다. 그 정리를 정전기학에 맞추어 증명하겠다.

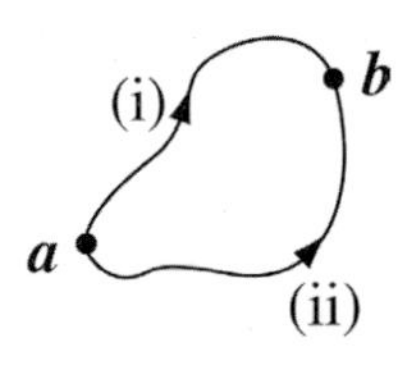

그림 2.30

$\nabla \times \mathbf{E} = 0$이므로 닫힌 고리를 따라 $\mathbf{E}$를 선적분한 값은 0이다(이것은 스토크스 정리에서 나온다). $\oint \mathbf{E} \cdot d\mathbf{l} = 0$이므로 $\mathbf{E}$를 $\mathbf{a}$에서 $\mathbf{b}$까지 선적분한 값은 어떤 경로에서나 똑같다 [그렇지 않다면 경로 (i)를 따라 간 다음 경로 (ii)를 따라 돌아오면 – 그림 2.30 – $\oint \mathbf{E} \cdot d\mathbf{l} \neq 0$이 된다]. 선적분이 어떤 경로에서나 똑같으므로 다음과 같은 스칼라 함수를 정의할 수 있다:[9]

9 헷갈리지 않게 적분변수에 붓점을 붙일 수도 있다:

$$V(\mathbf{r}) = -\int_{\mathcal{O}}^{\mathbf{r}} \mathbf{E}(\mathbf{r}') \cdot d\mathbf{l}'$$

하지만 그러면 식이 복잡해지므로 붓점은 주로 원천전하를 나타낼 때 쓰도록 유보해 왔다. 그렇지만 (예제 2.7처럼) 그러한 적분을 구체적으로 셈할 때는 변수에 붓점을 붙인다.

$$\boxed{V(\mathbf{r}) \equiv -\int_{\mathcal{O}}^{\mathbf{r}} \mathbf{E} \cdot d\mathbf{l}} \tag{2.21}$$

여기에서 $\mathcal{O}$는 미리 정한 기준점이다; 그러면 V의 값은 $\mathbf{r}$만의 함수가 되며, **전위**(electric potential)라고 한다.

두 점 $\mathbf{a}$와 $\mathbf{b}$의 전위차는 다음과 같다:

$$\begin{aligned} V(\mathbf{b}) - V(\mathbf{a}) &= -\int_{\mathcal{O}}^{\mathbf{b}} \mathbf{E} \cdot d\mathbf{l} + \int_{\mathcal{O}}^{\mathbf{a}} \mathbf{E} \cdot d\mathbf{l} \\ &= -\int_{\mathcal{O}}^{\mathbf{b}} \mathbf{E} \cdot d\mathbf{l} - \int_{\mathbf{a}}^{\mathcal{O}} \mathbf{E} \cdot d\mathbf{l} = -\int_{\mathbf{a}}^{\mathbf{b}} \mathbf{E} \cdot d\mathbf{l} \end{aligned} \tag{2.22}$$

이제 기울기의 기본정리에 따라 다음과 같다:

$$V(\mathbf{b}) - V(\mathbf{a}) = \int_{\mathbf{a}}^{\mathbf{b}} (\nabla V) \cdot d\mathbf{l}$$

따라서

$$\int_{\mathbf{a}}^{\mathbf{b}} (\nabla V) \cdot d\mathbf{l} = -\int_{\mathbf{a}}^{\mathbf{b}} \mathbf{E} \cdot d\mathbf{l}$$

끝으로, 이 식은 $\mathbf{a}$와 $\mathbf{b}$가 어떤 점이라도 성립하므로, 피적분함수가 같아야 한다:

$$\boxed{\mathbf{E} = -\nabla V} \tag{2.23}$$

식 2.23은 식 2.21의 미분꼴이다; 이것은 전기장은 전위의 기울기임을 보여주며, 우리가 증명하려던 것이다.

이 과정에서 적분값이 경로에 무관하다는 것(또는, $\nabla \times \mathbf{E} = 0$이라는 사실)이 미묘하지만 결정적인 구실을 했다. $\mathbf{E}$의 선적분이 경로에 따라 달라진다면, 식 2.21의 V에 대한 "정의" 자체가 말이 안된다. 그러면 경로가 바뀌면 $V(\mathbf{r})$의 값이 바뀌므로 함수를 정의할 수도 없다. 그런데, 식 2.23의 (−) 부호는 식 2.21의 정의에서 건너온 것이다. 그것은 앞에서 설명한 것처럼 보존력장에서 어느 곳의 위치 에너지를 정의할 때, 물체를 기준점에서 그 곳까지 끌어 오느라 해주는 일 에너지로 정의하기 때문에 붙는다.*

* 원서에서는 "(−) 부호는 그냥 관습일 뿐"이라고 설명하는데, 옳은 설명이 아니다.

문제 2.21 다음 중 어느 것이 정전기장이 아닌가?

(a) $\mathbf{E} = k[xy\,\hat{\mathbf{x}} + 2yz\,\hat{\mathbf{y}} + 3xz\,\hat{\mathbf{z}}]$

(b) $\mathbf{E} = k[y^2\,\hat{\mathbf{x}} + (2xy + z^2)\,\hat{\mathbf{y}} + 2yz\,\hat{\mathbf{z}}]$

여기에서 k는 적당한 단위의 상수이다. 정전기장이면 원점을 기준점으로 잡아 전위를 구하라. 답이 맞는지 ∇V를 셈하여 확인하라. [실마리: 선적분을 하려면 어떤 경로를 잡아야 한다. 답은 경로에 무관하므로 어떤 것을 잡아도 되지만, 적분을 가장 쉽게 할 수 있게 고른다.]

2.3.2 전위에 대해 덧붙이는 말

(i) **이름** "전위"는 "**단위** 전하의 전기적 위치에너지"를 뜻한다. §2.4에서 보겠지만 "전위"와 (전기적) "위치에너지"는 실제로 연관이 있다.* 또한, 전위가 같은 면을 **등전위면**(equipotential)이라고 한다.

(ii) **전위의 이점** V를 알면 $\mathbf{E}$를 쉽게 알 수 있다. 그저 기울기를 셈하면 된다: $\mathbf{E} = -\nabla V$. 이것이 이상하게 느껴질 수도 있겠다: $\mathbf{E}$는 (성분이 셋인) 벡터이고 V는 (성분이 하나인) 스칼라인데, 어떻게 한 개의 함수가 세 개의 독립된 성분에 담긴 정보를 모두 가질 수 있단 말인가? 이에 대한 설명은 $\mathbf{E}$의 세 성분이 독립적이 아니라는 것이다. 세 성분은 처음 시작한 조건 $\nabla \times \mathbf{E} = 0$으로 서로 연결되어 있다. 이것을 성분별로 풀어 쓰면 다음과 같다:

$$\frac{\partial E_x}{\partial y} = \frac{\partial E_y}{\partial x}, \qquad \frac{\partial E_z}{\partial y} = \frac{\partial E_y}{\partial z}, \qquad \frac{\partial E_x}{\partial z} = \frac{\partial E_z}{\partial x}$$

이것은 §2.3.1의 첫 머리에서 $\mathbf{E}$가 특별한 벡터라고 한 말을 상기시킨다. 전위를 도입한 까닭은 바로 이 점을 잘 써서 벡터 문제를 스칼라 문제로 바꾸어, 성분으로 야단을 떨지 않으려는 것이다.

(iii) **기준점** $\mathcal{O}$ 전위의 정의에서 기준점 $\mathcal{O}$는 마음대로 잡을 수 있으므로 근본적인 애매함이 있다. 기준점을 바꾸면 전위에 상수 K가 더해진다:

$$V'(\mathbf{r}) = -\int_{\mathcal{O}'}^{\mathbf{r}} \mathbf{E}\cdot d\mathbf{l} = -\int_{\mathcal{O}'}^{\mathcal{O}} \mathbf{E}\cdot d\mathbf{l} - \int_{\mathcal{O}}^{\mathbf{r}} \mathbf{E}\cdot d\mathbf{l} = K + V(\mathbf{r})$$

* 원서의 이 문장은 다음과 같다: "potential"은 potential energy를 연상시키므로 매우 좋지 않은 이름이다. "potential"과 "potential energy"는 §2.4에서 보듯이 실제로 연관이 있기 때문에 더 헷갈리는데, 이 말을 쓸 수밖에 없으니 딱하다. 내가 할 수 최선의 설명은 "potential"과 "potential energy"가 전혀 다른 말이며, 달리 불렀어야 한다는 것이다.

여기에서 K는 애초의 기준점 $\mathcal{O}$에서 새 기준점 $\mathcal{O}'$까지 $\mathbf{E}$를 선적분한 값이다. 물론 V에 상수를 더해주어도 두 점의 **전위차**에서는 K가 상쇄되어 아무 영향이 없다.

$$V'(\mathbf{b}) - V'(\mathbf{a}) = V(\mathbf{b}) - V(\mathbf{a})$$

(실제로 식 2.22에서 이미 전위차는 $\mathcal{O}$와는 무관함이 명백해졌다. 왜냐하면 전위차는 $\mathbf{E}$를 $\mathbf{a}$에서 $\mathbf{b}$까지 선적분한 값이므로 $\mathcal{O}$와는 상관없기 때문이다.) 또한 상수의 도함수는 0이므로 V의 기울기에도 영향을 주지 않는다:

$$\nabla V' = \nabla V$$

그래서 V의 기준점을 달리 잡아도 전기장 $\mathbf{E}$는 똑같이 나온다.

전위의 값 자체는 물리적으로 중요하지 않다. 왜냐하면 $\mathcal{O}$를 달리 잡으면 모든 곳의 전위가 달라지기 때문이다. 이러한 면에서 전위는 마치 해발고도와 같다. 개마고원의 높이를 묻는다면, 해발 얼마라고 대답할 것이다. 바다면이 편리하고 전통적인 기준점이기 때문이다. 그러나 서울이나 평양을 기준으로 고도 얼마라고도 말할 수 있을 것이다. 그 고도는 해발고도에서 일정한 값을 빼주면 되지만, 그렇다고 해서 실제 모습이 바뀌는 것은 아니다. 참으로 중요한 것은 두 곳의 **높이차**이며, 이것은 기준점을 어디에 두어도 같다.

그렇지만, 고도의 기준을 바닷면으로 잡듯이 정전기학에서도 $\mathcal{O}$로 쓸 수 있는 "자연스러운" 곳이 있고, 그곳은 전하에서 한없이 먼 곳이다. 보통 "한없이 먼 곳의 전위를 0으로 잡는다." [$V(\mathcal{O}) = 0$이므로 기준점을 잡는 것은 V가 0인 곳을 잡는 것과 같다.] 그러나 이러한 기준점을 쓸 수 없는 특별한 상황이 하나 있다. 전하가 한없이 먼 곳까지 퍼져 있으면 전위가 한 없이 커진다. 예를 들어, 예제 2.5에서 본 것처럼 전하가 고르게 퍼진 무한평판이 만드는 전기장은 $(\sigma/2\epsilon_0)\hat{\mathbf{n}}$이다. 만일 생각없이 $\mathcal{O} = \infty$로 두면, 평면 위로 높이 z인 곳의 전위는 다음과 같아진다:

$$V(z) = -\int_{\infty}^{z} \frac{1}{2\epsilon_0}\sigma\, dz = -\frac{1}{2\epsilon_0}\sigma(z - \infty)$$

이것을 고치려면 기준점을 달리 정하면 된다 (이 경우에는 평판 위의 점을 기준점으로 잡을 수 있다). 이러한 문제점을 따지는 것은 공리공론이다. 실제 상황에서는 전하가 유한한 영역에 퍼져 있으므로 언제나 한 없이 먼 곳을 기준점으로 잡을 수 있다.

(iv) 전위는 중첩 원리를 따른다. 애초의 중첩 원리는 시험 전하 Q가 받는 힘에 관한 것이었다. 즉 Q가 받는 전체 힘은 낱낱의 원천전하가 주는 힘을 벡터 덧셈한 값이다:

$$\mathbf{F} = \mathbf{F}_1 + \mathbf{F}_2 + \cdots$$

이것을 Q로 나누면 전기장도 중첩 원리를 따름을 알 수 있다:

$$\mathbf{E} = \mathbf{E}_1 + \mathbf{E}_2 + \cdots$$

공통의 기준점에서 **r**까지 적분하면 전위도 중첩 원리를 따름을 알 수 있다:

$$V = V_1 + V_2 + \cdots$$

어느 곳에서나 전위는 낱낱의 원천전하가 만드는 전위를 모두 더한 값이다. 이것은 벡터 덧셈이 아니라 스칼라 덧셈이므로 더 쉽다.

(v) 전위의 단위. 우리가 쓰는 국제단위계에서 힘의 단위는 뉴턴, 전하의 단위는 쿨롱이므로 전기장의 단위는 '뉴턴/쿨롱'이다. 따라서 전위의 단위는 '뉴턴-미터/쿨롱' 또는 '줄/쿨롱'이며, 이것을 **볼트**(volt)라고 한다.

예제 2.7

반지름 R인 공껍질(그림 2.31)에 전하가 고르게 퍼져 있을 때, 공껍질 안팎의 전위를 구하라. 기준점은 한없이 먼 곳이다.

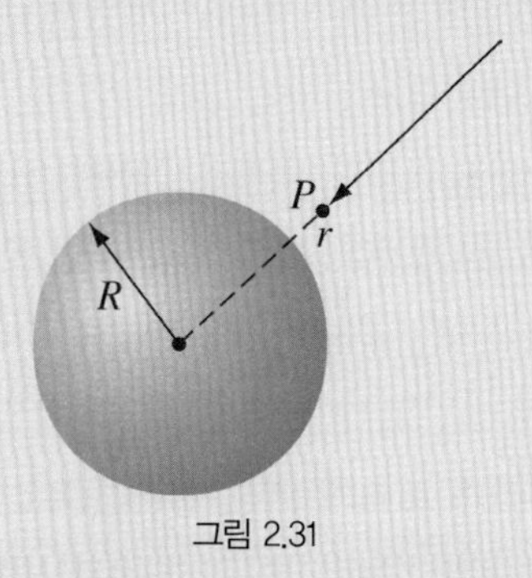

그림 2.31

■ 풀이 ■

공껍질의 총 전하량을 q라고 할 때 가우스 법칙을 써서 전기장을 구하면 다음과 같다:

$$\mathbf{E}(\mathbf{r}) = \begin{cases} \dfrac{1}{4\pi\epsilon_0}\dfrac{q}{r^2}\hat{\mathbf{r}} & r > R \quad (\text{공껍질 밖}) \\ 0 & r < R \quad (\text{공껍질 안}) \end{cases}$$

따라서 공껍질 밖($r > R$)의 전위는 다음과 같다:

$$V(r) = -\int_{\mathcal{O}}^{\mathbf{r}} \mathbf{E} \cdot d\mathbf{l} = -\frac{q}{4\pi\epsilon_0}\int_{\infty}^{r} \frac{1}{r'^2}\,dr' = -\frac{q}{4\pi\epsilon_0}\left(-\frac{1}{r'}\right)\Big|_{\infty}^{r} = \frac{1}{4\pi\epsilon_0}\frac{q}{r}$$

공껍질 안($r < R$)의 전위를 구하려면, 적분구간을 공껍질 밖과 안, 둘로 나누어 각 구간에 맞는 전기장을 써야 한다:

$$V(r) = -\frac{q}{4\pi\epsilon_0}\int_{\infty}^{R}\frac{1}{r'^2}\,dr' - \int_{R}^{r}(0)\,dr' = V(r) + 0 = \frac{1}{4\pi\epsilon_0}\frac{q}{R}$$

공껍질 안에서는 전기장은 0이지만 전위는 0이 아님에 유의하라. 그곳에서는 V가 상수이므로 $\nabla V = 0$이고, 이것이 중요하다. 이러한 유형의 문제를 풀 때는 늘 전위가 "고정된" 기준점에서 시작해야 한다. 공 안의 전위를 정할 때, 전기장만 알면 된다고 생각할지 모르나, 그렇지 않다. 공 안의 전위는 공 밖에서 벌어지는 일에 따라 민감하게 변한다. 이 공껍질을 반지름 R'이 더 크고($> R$) 전하가 고르게 퍼진 공껍질로 둘러싸면, 안쪽 공껍질 속($r < R$)의 전기장은 여전히 0일지라도 전위는 달라진다. 가우스 법칙에 따르면, 구 대칭이나 원통 대칭성이 있을 때 반지름 r인 영역 밖에 있는 전하는 그 영역 안에 알짜 전기장을 만들지 못한다. 그러나 전위는 기준점을 아주 먼 곳에 둘 때는 그러한 규칙이 없다.

문제 2.22 반지름 R인, 속이 찬 공에 총 전하 q가 고르게 퍼져 있을 때, 공 안팎에서의 전위를 구하라. 기준점을 아주 먼 곳에 잡고 각 영역에서 V의 기울기를 셈하고, 그것이 정확한 전기장이 되는지 확인하라. $V(r)$을 그려보아라.

● **문제 2.23** 무한 직선도선에 전하가 선밀도 λ로 고르게 퍼져 있을 때, 도선에서 거리 s인 곳의 전위를 구하라. 그 전위의 기울기를 셈하고, 그것이 정확한 전기장이 되는지 확인하라.

문제 2.24 문제 2.16의 전하분포에 대해 아주 먼 곳을 기준점으로 잡아 중심에서의 전위를 구하라.

문제 2.25 문제 2.17의 경우에, 축과 바깥 원통의 전위차를 구하라. 식 2.22를 쓰면 기준점을 생각할 필요가 없다.

2.3.3 푸아송 방정식과 라플라스 방정식

§2.3.1에서 전기장을 스칼라 전위의 기울기로 쓸 수 있음을 알았다:

$$\mathbf{E} = -\nabla V$$

그렇다면 다음과 같은 물음이 나온다: $\mathbf{E}$에 대한 기본 방정식

$$\nabla\cdot\mathbf{E} = \frac{\rho}{\epsilon_0} \quad \text{그리고} \quad \nabla\times\mathbf{E} = \mathbf{0}$$

에 해당하는 V의 방정식은 무엇인가? 글쎄, $\nabla \cdot \mathbf{E} = \nabla \cdot (-\nabla V) = -\nabla^2 V$이므로 (−) 부호를 빼면 $\mathbf{E}$의 발산은 V의 라플라스 연산이다. 그래서 가우스 법칙은 다음과 같다:

$$\boxed{\nabla^2 V = -\frac{\rho}{\epsilon_0}} \tag{2.24}$$

이것이 **푸아송 방정식**(Poisson's equation)이다. 전하가 없는 곳에서는 $\rho = 0$이므로 푸아송 방정식은 **라플라스 방정식**(Laplace's equation)이 된다:

$$\nabla^2 V = 0 \tag{2.25}$$

이 방정식은 3장에서 더 자세히 살펴본다.

가우스 법칙은 그것으로 됐고, 회전 법칙은 어떻게 되는가? 이것은 다음과 같다:

$$\nabla \times \mathbf{E} = \nabla \times (-\nabla V) = \mathbf{0}$$

이것은 V에 대한 조건이 아니다 − 기울기의 회전은 늘 0이기 때문이다. 물론, 회전 법칙을 써서 $\mathbf{E}$를 스칼라 함수의 기울기로 나타낼 수 있음을 보였으므로 이것이 놀랄 일은 아니다: $\nabla \times \mathbf{E} = 0$이므로 $\mathbf{E} = -\nabla V$로 쓸 수 있다; 거꾸로 $\mathbf{E} = -\nabla V$이므로 $\nabla \times \mathbf{E} = 0$이다. V는 스칼라 함수이므로 V를 구하려면 (푸아송) 미분 방정식 하나면 된다; $\mathbf{E}$는 벡터 함수이므로 발산과 회전의 두 방정식이 필요했다.

2.3.4 국소 전하분포에 대한 전위

V는 $\mathbf{E}$를 써서 정의했다 (식 2.21). 그렇지만 보통 우리가 찾는 것은 $\mathbf{E}$이다 ($\mathbf{E}$를 이미 안다면 V를 셈하는 일은 크게 중요하지 않다). 애초의 착상은 먼저 V를 구한 다음 그 기울기를 셈하여 $\mathbf{E}$를 얻는 것이 더 쉬우리라는 것이었다. 대개는 전하가 있는 곳을(즉 ρ를) 알고, 이로부터 V를 구한다. 이제 푸아송 방정식이 V와 ρ를 이어주지만, 불행히도 그것은 "거꾸로" 되어 있다: V를 알면 이것을 써서 ρ를 구할 수 있지만, 우리가 바라는 것은 ρ를 알 때, 그로부터 V를 구하는 것이기 때문이다. 따라서 푸아송 방정식을 "뒤집어야" 한다. 이것이 여기에서 할 일인데, 원점에 놓인 점전하에서 시작하자.

전기장은 다음과 같다: $\mathbf{E} = (1/4\pi\epsilon_0)(q/r^2)\,\hat{\mathbf{r}}$. 그리고 길이 요소는 구좌표계에서 다음과 같다(식 1.68): $d\mathbf{l} = dr\,\hat{\mathbf{r}} + r\,d\theta\,\hat{\boldsymbol{\theta}} + r\sin\theta\,d\phi\,\hat{\boldsymbol{\phi}}$. 따라서

$$\mathbf{E} \cdot d\mathbf{l} = \frac{1}{4\pi\epsilon_0}\frac{q}{r^2}\,dr$$

기준점을 아주 먼 곳에 두면, 원점에 있는 점전하가 만드는 전위는 다음과 같다:

$$V(r) = -\int_{\mathcal{O}}^{\mathbf{r}} \mathbf{E} \cdot d\mathbf{l} = -\frac{q}{4\pi\epsilon_0}\int_{\infty}^{r} \frac{1}{r'^2}\,dr' = -\frac{q}{4\pi\epsilon_0}\left(-\frac{1}{r'}\right)\Bigg|_{\infty}^{r} = \frac{1}{4\pi\epsilon_0}\frac{q}{r}$$

(여기에서 보듯이 아주 먼 곳을 기준점으로 잡으면 좋은 점이 있다: 적분의 하한값이 0이 되어 사라진다.) V의 부호를 살펴보자: V의 정의식 2.21에서 (−) 부호를 붙였다.* 그래서 다음과 같이 기억하면 된다: 양전하 있는 곳은 전위 "언덕"이 되고, 음전하가 있는 곳은 전위 "골짜기"가 되어, 전기장은 양(+)전하에서 음(−)전하로 "내리막길"을 만든다.

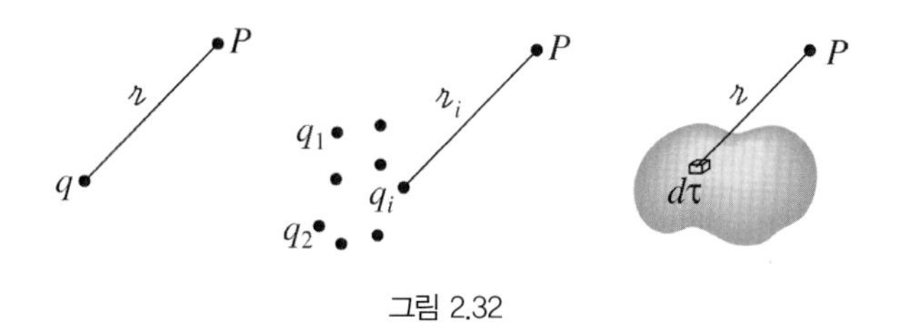

그림 2.32

일반적으로 점전하 q의 전위는 다음과 같다:

$$V(\mathbf{r}) = \frac{1}{4\pi\epsilon_0}\frac{q}{\mathscr{r}} \tag{2.26}$$

여기에서 $\mathscr{r}$은 늘 그렇듯이 전하에서 $\mathbf{r}$까지의 거리이다(그림 2.32). 전하 무리가 만드는 전위는 중첩원리에 따라 다음과 같다:

$$V(\mathbf{r}) = \frac{1}{4\pi\epsilon_0}\sum_{i=1}^{n}\frac{q_i}{\mathscr{r}_i} \tag{2.27}$$

또는 전하분포가 연속적이면 다음과 같다:

$$V(\mathbf{r}) = \frac{1}{4\pi\epsilon_0}\int \frac{1}{\mathscr{r}}\,dq \tag{2.28}$$

특히, 전하분포가 어떤 공간을 채우고 있다면 전위는 다음과 같다:

$$\boxed{V(\mathbf{r}) = \frac{1}{4\pi\epsilon_0}\int \frac{\rho(\mathbf{r}')}{\mathscr{r}}\,d\tau'} \tag{2.29}$$

* 원서의 이 부분 설명은 다음과 같은데, 이 역시 옳지 않다: "V의 정의식 2.21에서 인습적으로 (-)부호를 붙인 까닭은 아마도 양전하의 전위가 양수가 되게 하려는 것이었을 것이다."

이것이 우리가 찾던 식으로서 ρ를 알 때 V를 셈하는 방법을 알려준다. 이 식은 전하가 한정된 영역에 퍼져 있을 때의 푸아송 방정식의 "해"이다.[10] 식 2.29를 아래의 ρ를 써서 나타낸 전기장에 관한 식 2.8과 비교해 보라:

$$\mathbf{E}(\mathbf{r}) = \frac{1}{4\pi\epsilon_0}\int \frac{\rho(\mathbf{r}')}{\mathscr{r}^2}\hat{\mathscr{r}}\,d\tau'$$

요점은 식 2.29에서는 성가신 단위벡터 $\hat{\mathscr{r}}$가 사라져서 벡터 성분에 대해 신경쓰지 않아도 된다는 것이다. 선전하나 면전하가 만드는 전위는 다음과 같다:

$$V = \frac{1}{4\pi\epsilon_0}\int \frac{\sigma(\mathbf{r}')}{\mathscr{r}}\,da' \qquad \text{그리고} \qquad V = \frac{1}{4\pi\epsilon_0}\int \frac{\lambda(\mathbf{r}')}{\mathscr{r}}\,dl' \tag{2.30}$$

이 절에서 주의할 점은 모든 식에서 기준점을 아주 먼 곳으로 잡았다는 것이다. 식 2.29에는 전혀 드러나지 않지만, 그 식은 원점에 있는 점전하가 만드는 전위 $(1/4\pi\epsilon_0)(q/r)$로부터 얻었고, 이 식은 $\mathcal{O} = \infty$일 때만 맞다. 이 공식들을 전하가 아주 먼 곳까지 뻗쳐있는 인위적인 문제에 적용하면 적분값이 한없이 커진다. – 그것은 되돌아가서 기준점을 바꿔라는 경고이다.

예제 2.8

전하가 고르게 퍼져 있는, 반지름 R인 공껍질이 만드는 전위를 구하라(그림 2.33).

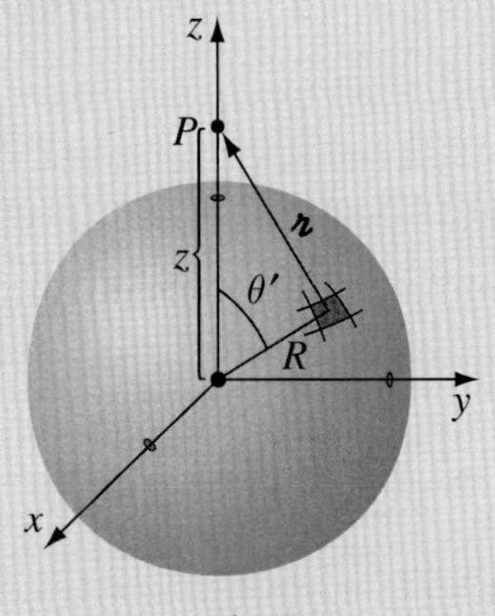

그림 2.33

■ 풀이 ■

이것은 예제 2.7에서 푼 문제와 같지만, 이번에는 식 2.30을 써서 풀자:

---

10 식 2.29는 헬름홀츠 정리(부록 B)의 예이다.

$$V(\mathbf{r}) = \frac{1}{4\pi\epsilon_0}\int \frac{\sigma}{\mathscr{r}}\, da'$$

점 P를 z축 위에 두고 $\mathscr{r}$을 코사인 법칙을 써서 나타내자:

$$\mathscr{r}^2 = R^2 + z^2 - 2Rz\cos\theta'$$

공껍질의 넓이 요소는 $R^2\sin\theta'\,d\theta'\,d\phi'$이므로,

$$\begin{aligned}
4\pi\epsilon_0 V(z) &= \sigma\int \frac{R^2\sin\theta'\,d\theta'\,d\phi'}{\sqrt{R^2+z^2-2Rz\cos\theta'}} \\
&= 2\pi R^2\sigma\int_0^\pi \frac{\sin\theta'}{\sqrt{R^2+z^2-2Rz\cos\theta'}}\,d\theta' \\
&= 2\pi R^2\sigma\left(\frac{1}{Rz}\sqrt{R^2+z^2-2Rz\cos\theta'}\right)\Bigg|_0^\pi \\
&= \frac{2\pi R\sigma}{z}\left(\sqrt{R^2+z^2+2Rz}-\sqrt{R^2+z^2-2Rz}\right) \\
&= \frac{2\pi R\sigma}{z}\left[\sqrt{(R+z)^2}-\sqrt{(R-z)^2}\right]
\end{aligned}$$

이제 제곱근 기호를 벗길 때 아주 조심해야 한다: 값이 양수인 것을 골라야 한다. 공 밖에서는 $z > R$ 이므로 $\sqrt{(R-z)^2} = z - R$이고, 공 안에서는 $z < R$이므로 $\sqrt{(R-z)^2} = R - z$이다. 따라서 다음과 같다:

$$V(z) = \begin{cases} \dfrac{R\sigma}{2\epsilon_0 z}[(R+z)-(z-R)] = \dfrac{R^2\sigma}{\epsilon_0 z} & \text{공 밖} \\ \dfrac{R\sigma}{2\epsilon_0 z}[(R+z)-(R-z)] = \dfrac{R\sigma}{\epsilon_0} & \text{공 안} \end{cases}$$

공껍질에 있는 총 전하 $q = 4\pi R^2\sigma$와 반지름 좌표 r을 쓰면 다음과 같다:

$$V(r) = \frac{q}{4\pi\epsilon_0}\begin{cases} \dfrac{1}{r} & r \geqq R\text{ 일 때} \\ \dfrac{1}{R} & r \leqq R\text{ 일 때} \end{cases}$$

물론, 이 특별한 경우에는 가우스 법칙을 쓰면 $\mathbf{E}$를 쉽게 구할 수 있으므로 V를 구하는데 식 2.30보다는 식 2.21을 쓰는 것이 훨씬 더 쉽다. 그러나 예제 2.8과 문제 2.7을 비교해 보면 전위를 쓰는 방법의 위력을 느낄 수 있다.

문제 2.26 그림 2.34의 전하분포의 중심에서 위로 거리 z인 곳의 전위를 식 2.27과 2.30을 써서 구하라. 각각의 경우 $\mathbf{E} = -\nabla V$를 셈하고, 그 답을 각각 예제 2.1, 예제 2.2 그리고 문제 2.6의 답과 비교하라. 그림 2.34a의 오른쪽 전하를 $-q$로 바꾸면, P의 전위와 전기장은 어떻게 되는가? 답을 문제 2.2의 답과 비교하고, 다른 점이 있다면 자세히 설명하라.

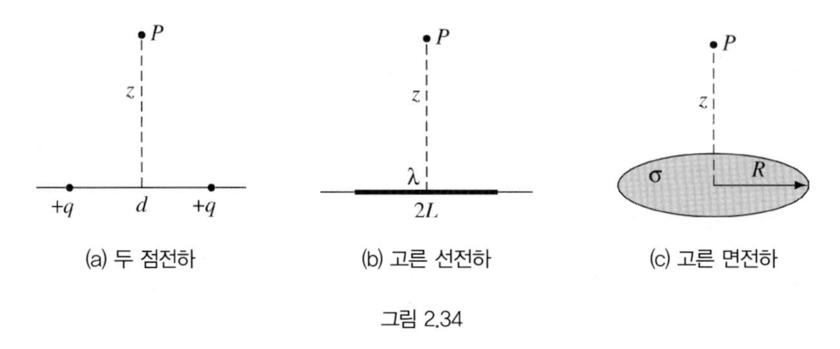

(a) 두 점전하 (b) 고른 선전하 (c) 고른 면전하

그림 2.34

문제 2.27 바닥면이 없는 원뿔면에 전하가 면밀도 σ로 고르게 퍼져있다. 원뿔의 높이 h는 바닥의 반지름과 같다. 원뿔의 꼭지점 $\mathbf{a}$와 바닥의 중심 $\mathbf{b}$의 전위차를 구하라.

문제 2.28 원통 속에 전하가 고르게 퍼져 있을 때, 중심에서 축을 따라 거리 z인 곳의 전위를 구하라. 원통의 길이는 L, 반지름은 R, 전하밀도는 ρ이다. 그 결과를 써서 그곳의 전기장을 구하라 ($z > L/2$로 가정하라).

문제 2.29 식 2.29를 써서 반지름이 R이고, 총 전하 q가 고르게 퍼진, 속이 찬 공 안에서의 전위를 구하라. 그 결과를 문제 2.21과 비교하라.

문제 2.30 라플라스 연산자와 식 1.102를 써서 식 2.29가 푸아송 방정식을 만족하는지 확인하라.

2.3.5 경계조건

전형적인 정전기학 문제에서는 원천전하의 분포 ρ를 알고, 그것이 만드는 전기장 $\mathbf{E}$를 구한다. 대칭성이 없어서 가우스 법칙을 쓸 수 없으면, 일반적으로 중간 단계로서, 전위를 먼저 셈하는 것이 좋다. 정전기학의 기본량은 ρ, $\mathbf{E}$, V이다. 지금까지의 설명에서 이들을 이어주는 여섯 개의 공식을 모두 끌어냈는데, 이것을 그림 2.35에 간결하게 요약했다. 시작은 단 두 가지 실험 결과였다: (1) 중첩 원리 – 모든 전자기력에 적용되는 폭넓은 일반 규칙, (2) 쿨롱 법칙 – 정전기학의 기본법칙이다. 나머지는 모두 이로부터 나왔다.

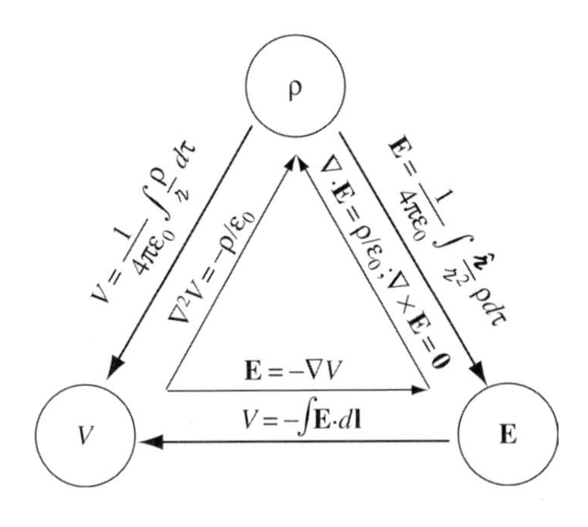

그림 2.35

예제 2.5와 2.6을 배울 때, 또는 문제 2.7, 2.12, 2.17을 풀 때, 알아챘겠지만, 전기장은 면전하 σ를 지날 때 불연속이 된다. 그러한 경계에서 **E**가 얼마나 변하는가는 쉽게 알 수 있다. 얇은 통 모양의 가우스 곡면을 경계면의 양쪽으로 겨우 올라올 정도로 그리자(그림 2.36). 가우스 법칙에 따르면, 통 뚜껑의 넓이를 A라 할 때, 다음과 같다:

$$\oint_{\mathcal{S}} \mathbf{E}\cdot d\mathbf{a} = \frac{1}{\epsilon_0} Q_{\text{안}} = \frac{1}{\epsilon_0}\sigma A$$

(σ가 고르지 않으면 A를 아주 작게 만든다.) 이제 통의 두께 ϵ가 0에 가까워지면 통 옆면의 선속은 값이 0이 되므로, 다음 결과를 얻는다:

$$E^{\perp}_{\text{위}} - E^{\perp}_{\text{아래}} = \frac{1}{\epsilon_0}\sigma \tag{2.31}$$

여기에서 $E^{\perp}_{\text{위}}$와 $E^{\perp}_{\text{아래}}$는 각각 경계면 위쪽과 아래쪽에 있는 **E**의, 경계면에 대한 수직성분이다. 논리적 일관성을 위해 경계면 위와 아래 영역 모두 위쪽을 양(+)의 방향으로 잡는다. **결론: E의 수직성분은 경계면 어디에서나 σ/ϵ_0만큼 불연속적이다.** 특히, 전하가 고르게 퍼진, 속이 찬 공에서 보듯이 면전하가 없으면 $E^{\perp}$는 연속적이다.

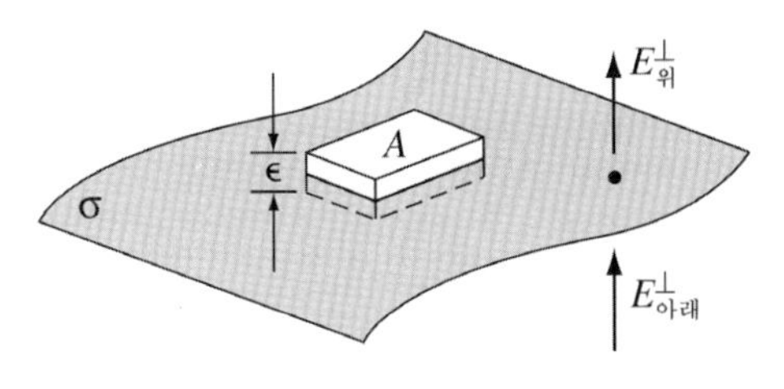

그림 2.36

이에 반해 **E**의 평행성분은 늘 연속적이다. 왜냐하면 식 2.19

$$\oint \mathbf{E} \cdot d\mathbf{l} = 0$$

을 그림 2.37의 가느다란 직사각형 고리에 적용하면 양쪽 끝에서의 적분값은 0이고($\epsilon \to 0$), 양변에서의 적분값은 $(E^{\parallel}_{위} l - E^{\parallel}_{아래} l)$이므로 다음 식이 성립하기 때문이다:

$$\mathbf{E}^{\parallel}_{위} = \mathbf{E}^{\parallel}_{아래} \tag{2.32}$$

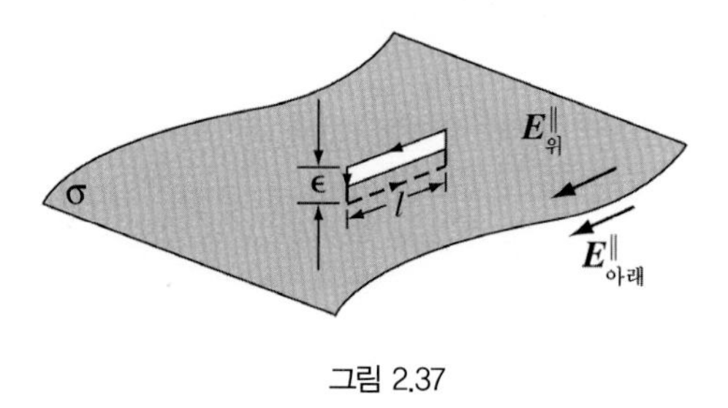

그림 2.37

여기에서 $\mathbf{E}^{\parallel}$는 전기장 **E**의 성분 가운데 경계면과 나란한 것을 나타낸다. **E**의 경계조건(식 2.31과 2.32)을 식 하나로 묶을 수 있다.

$$\mathbf{E}_{위} - \mathbf{E}_{아래} = \frac{\sigma}{\epsilon_0}\hat{\mathbf{n}} \tag{2.33}$$

여기에서 $\hat{\mathbf{n}}$은 경계면 "아래"에서 "위"로 향하는, 면에 수직인 단위벡터이다.[11]

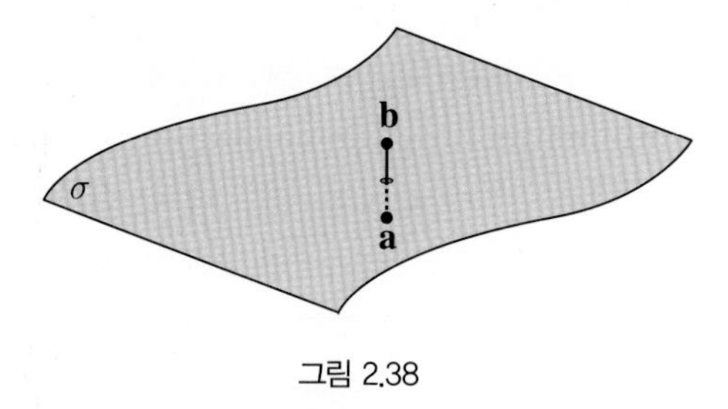

그림 2.38

반면에 전위는 어떤 경계면에서나 연속적이다(그림 2.38). 왜냐하면

11 경계면의 어느 쪽을 "위"로 잡아도 문제될 것 없다. 왜냐하면 위아래를 바꾸면 $\hat{\mathbf{n}}$의 방향도 바뀌기 때문이다. 따라서 표면전하가 있는 (거의 평평한) 부분에 의한 전기장만 생각하면 경계면 바로 위에서는 $(\sigma/2\epsilon_0)\hat{\mathbf{n}}$, 바로 아래에서는 $-(\sigma/2\epsilon_0)\hat{\mathbf{n}}$이다. 이것은 예제 2.5이 결과인데, 그 까닭은 경계면에 아주 가까이 가면 그것이 무한평면처럼 "보이기" 때문이다. 명백히 **E**의 **불연속성**은 관찰점에 가까운 표면의 전하 때문에 생긴다.

$$V_{위} - V_{아래} = -\int_{\mathbf{a}}^{\mathbf{b}} \mathbf{E} \cdot d\mathbf{l}$$

이므로 경로 길이가 줄어들면 적분값도 따라서 줄어들기 때문이다.

$$V_{위} = V_{아래} \tag{2.34}$$

그렇지만, V의 기울기는 $\mathbf{E}$의 불연속성을 넘겨받는다. $\mathbf{E} = -\nabla V$이므로, 식 2.33은 다음을 뜻한다:

$$\nabla V_{위} - \nabla V_{아래} = -\frac{1}{\epsilon_0}\sigma\hat{\mathbf{n}} \tag{2.35}$$

또는 더 간편하게 쓰면 다음과 같다:

$$\frac{\partial V_{위}}{\partial n} - \frac{\partial V_{아래}}{\partial n} = -\frac{1}{\epsilon_0}\sigma \tag{2.36}$$

여기에서

$$\frac{\partial V}{\partial n} = \nabla V \cdot \hat{\mathbf{n}} \tag{2.37}$$

은 V의 **수직 도함수**(normal derivative)(경계면에 수직 방향의 V의 변화율)이다.

이 경계조건은 경계면의 바로 위와 바로 아래에서의 전기장과 전위를 연결해준다는 것에 유의하자. 예를 들어 식 2.36의 도함수는 경계면의 양쪽에서 면에 접근할 때의 극한값이다.

문제 2.31

(a) 예제 2.5와 2.6, 문제 2.12가 식 2.33과 맞는지 확인하라.

(b) 속이 빈, 긴 원통 표면에 전하가 면밀도 σ로 고르게 퍼져 있을 때, 원통 안팎의 전기장을 가우스 법칙을 써서 구하라. 그 결과가 식 2.33과 맞는지 확인하라.

(c) 예제 2.8의 결과가 경계조건인 식 2.34와 2.36과 맞는지 확인하라.

2.4 정전기학에서의 일과 에너지

2.4.1 전하를 옮기느라 한 일

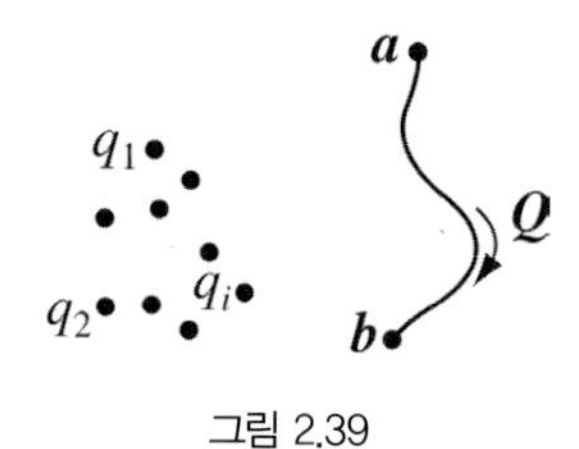

그림 2.39

원천전하들이 고정되어 있는데, 시험전하 Q를 점 **a**에서 점 **b**까지 옮기려한다(그림 2.39). 물음: 일 에너지가 얼마나 들어갈까? Q는 경로의 어디에서나 힘 $\mathbf{F} = Q\mathbf{E}$를 받는다. 시험전하를 옮기려면 이 힘에 거슬러 $-Q\mathbf{E}$의 힘을 주어야 한다. (부호가 마음에 걸리면 벽돌을 들어 올릴 때를 생각하라. 중력은 아래쪽으로 mg이므로 벽돌에는 위쪽으로 mg의 힘을 주어야 한다. 물론 더 센 힘을 줄 수 있지만, 그러면 벽돌은 가속되어, 해준 일의 일부는 운동 에너지로 "낭비"된다. 여기에서 따지는 것은 그 일에 필요한 최소의 힘이다.) 그러므로 해야 하는 일은 다음과 같다:

$$W = \int_{\mathbf{a}}^{\mathbf{b}} \mathbf{F} \cdot d\mathbf{l} = -Q \int_{\mathbf{a}}^{\mathbf{b}} \mathbf{E} \cdot d\mathbf{l} = Q[V(\mathbf{b}) - V(\mathbf{a})]$$

이 값은 **a**에서 **b**까지의 경로와 무관하다. 역학에서는 이러한 힘을 "보존력"이라고 한다. 위 식을 Q로 나누면 다음과 같다:

$$V(\mathbf{b}) - V(\mathbf{a}) = \frac{W}{Q} \tag{2.38}$$

이것을 말로 하면, **a**와 **b**의 전위차는 단위전하를 **a**에서 **b**로 옮기며 하는 일과 같다. 특히, 전하 Q를 아주 먼 곳에서 **r**에 갖다 놓는데 드는 일은 다음과 같다:

$$W = Q[V(\mathbf{r}) - V(\infty)]$$

따라서 아주 먼 곳을 기준점으로 잡으면 다음과 같아진다.

$$W = QV(\mathbf{r}) \tag{2.39}$$

이러한 뜻에서 전위는 단위전하의 전기적 위치 에너지이다(전기장이 단위전하가 받는 힘인 것과 같다).

2.4.2 점전하 분포의 에너지

점전하 무리를 모으려면 일을 얼마나 해야 할까? 전하를 아주 먼 곳에서 하나씩 가져오는 것을 상상하자(그림 2.40). 처음에 전하 q_1을 가져올 때는 아무런 전기장이 없으므로 일이 들지 않는다. 이제 q_2를 $\mathbf{r}_2$에 가져오는데 드는 일 W_2는 식 2.39에 따르면 $q_2V_1(\mathbf{r}_2)$이다. 여기에서 $V_1(\mathbf{r}_2)$는 q_1이 만드는 전위의 $\mathbf{r}_2$에서의 값이다. 따라서 다음과 같다:

$$W_2 = \frac{1}{4\pi\epsilon_0} q_2 \left(\frac{q_1}{\mathscr{r}_{12}}\right)$$

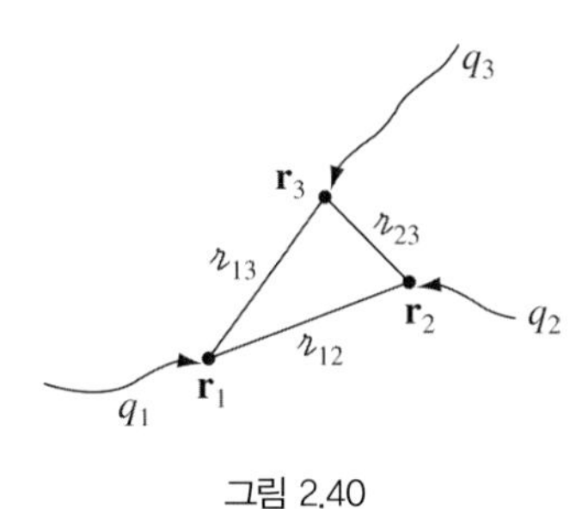

그림 2.40

($\mathscr{r}_{12}$는 q_1과 q_2가 자리 잡은 뒤의 둘의 거리이다.) 전하를 하나씩 가져올 때마다 정해진 곳에 고정시켜 다음 전하를 가져올 때 움직이지 않게 한다. 이제 q_3를 가져올 때는 $q_3V_{1,2}(\mathbf{r}_3)$의 일이 필요하다. 여기에서 $V_{1,2}$는 전하 q_1과 q_2가 만드는 전위로서 $(1/4\pi\epsilon_0)(q_1/\mathscr{r}_{13} + q_2/\mathscr{r}_{23})$이다. 따라서 다음과 같다:

$$W_3 = \frac{1}{4\pi\epsilon_0} q_3 \left(\frac{q_1}{\mathscr{r}_{13}} + \frac{q_2}{\mathscr{r}_{23}}\right)$$

q_4를 가져오는데 드는 일은 다음과 같다:

$$W_4 = \frac{1}{4\pi\epsilon_0} q_4 \left(\frac{q_1}{\mathscr{r}_{14}} + \frac{q_2}{\mathscr{r}_{24}} + \frac{q_3}{\mathscr{r}_{34}}\right)$$

그러므로, 처음 네 개의 전하를 모으는데 드는 일의 **총량**은 다음과 같다:

$$W = \frac{1}{4\pi\epsilon_0} \left(\frac{q_1q_2}{\mathscr{r}_{12}} + \frac{q_1q_3}{\mathscr{r}_{13}} + \frac{q_1q_4}{\mathscr{r}_{14}} + \frac{q_2q_3}{\mathscr{r}_{23}} + \frac{q_2q_4}{\mathscr{r}_{24}} + \frac{q_3q_4}{\mathscr{r}_{34}}\right)$$

이제 일반 규칙을 알 수 있다: 모든 전하 짝에 대해 전하를 곱한 다음 분리 거리로 나누고, 이 모두를 더한다.

$$W = \frac{1}{4\pi\epsilon_0}\sum_{i=1}^{n}\sum_{j>i}^{n}\frac{q_i q_j}{\mathscr{r}_{ij}} \tag{2.40}$$

$j > i$는 같은 전하 짝을 두 번 세지 않으려는 것이다. 더 나은 방법은 같은 전하 짝을 일부러 두 번씩 센 뒤 2로 나누어주는 것이다.

$$W = \frac{1}{8\pi\epsilon_0}\sum_{i=1}^{n}\sum_{j\neq i}^{n}\frac{q_i q_j}{\mathscr{r}_{ij}} \tag{2.41}$$

(물론 $i = j$인 것은 빼야 한다.) 이렇게 되면, 모든 전하 짝을 더하므로 전하는 모으는 순서를 따질 필요가 없다.

끝으로, 인자 q_i를 끌어내자:

$$W = \frac{1}{2}\sum_{i=1}^{n} q_i \left(\sum_{j\neq i}^{n}\frac{1}{4\pi\epsilon_0}\frac{q_j}{\mathscr{r}_{ij}}\right)$$

괄호 속의 항은 (q_i가 있는 곳인) $\mathbf{r}_i$에 다른 모든 전하가 만드는 전위이다. 따라서

$$W = \frac{1}{2}\sum_{i=1}^{n} q_i V(\mathbf{r}_i) \tag{2.42}$$

이것이 점전하를 모으는데 드는 일의 양이다; 이것은 이 무리를 흩어버릴 때 되찾는 일의 양이기도 하다. 당분간은 이것이 전하 무리에 저장된 에너지를 나타낸다("위치" 에너지라고 할 수도 있겠다).

문제 2.32

(a) 그림 2.41과 같이 변의 길이가 a인 정사각형의 꼭지에 세 전하가 놓여있다. 전하 $+q$를 아주 먼 곳에서 빈 꼭지로 가져오는데 드는 일은 얼마인가?

(b) 전하 네 개를 모두 끌어오는데 드는 일은 얼마인가?

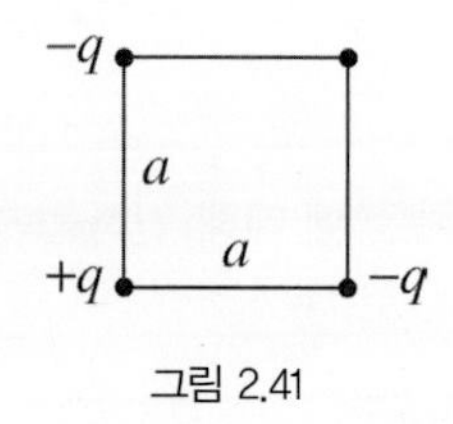

그림 2.41

문제 2.33 질량이 각각 m_A와 m_B인 두 양전하 q_A와 q_B가 길이 a인 질량이 없는 실에 묶여 가만히 서 있다. 이제 실을 끊으면 두 전하는 서로 반대쪽으로 날아가는데, 아주 멀어지면 얼마나 빨리 움직일까?

문제 2.34 x축을 따라 점전하 $\pm q$가 간격 a로 번갈아 놓여 한없이 긴 사슬을 이룬다. 이 전하 무리를 모으는데 드는 일을 입자 수로 나눈 값을 구하라. [부분 답: $\alpha q^2/(4\pi\epsilon_0 a)$, 여기에서 α는 무차원 수이다; 문제는 α의 값을 구하는 것이다. 이 수가 **마델룽 상수**(Madelung constant)이다. 2차원 및 3차원 전하 배열에 대한 마델룽 상수를 구하는 것은 훨씬 더 미묘하고 어렵다.]

2.4.3 연속 전하 분포의 에너지

식 2.42는 부피 전하밀도 ρ에 대해서는 다음과 같이 된다:

$$W = \frac{1}{2}\int \rho V\, d\tau \tag{2.43}$$

(선전하와 면전하에 대해서는 각각 $\int \lambda V\, dl$과 $\int \sigma V\, da$가 된다.) 이 결과에서 ρ와 V를 $\mathbf{E}$로 바꾸어 고쳐 쓰는 멋진 방법이 있다. 먼저 가우스 법칙을 써서 ρ를 $\mathbf{E}$로 나타낸다.

$$\rho = \epsilon_0 \nabla \cdot \mathbf{E}, \quad \text{따라서} \quad W = \frac{\epsilon_0}{2}\int (\nabla \cdot \mathbf{E}) V\, d\tau$$

이제 부분적분(식 1.59)을 하여 도함수를 $\mathbf{E}$에서 V로 옮긴다.

$$W = \frac{\epsilon_0}{2}\left[-\int \mathbf{E}\cdot(\nabla V)\, d\tau + \oint V\mathbf{E}\cdot d\mathbf{a}\right]$$

그런데 $\nabla V = -\mathbf{E}$이므로 다음과 같이 고쳐 쓸 수 있다:

$$W = \frac{\epsilon_0}{2}\left(\int_{\mathcal{V}} E^2\, d\tau + \oint_{\mathcal{S}} V\mathbf{E}\cdot d\mathbf{a}\right) \tag{2.44}$$

그런데 적분 영역 $\mathcal{V}$은 어디인가? 처음 식 2.43으로 돌아가 보자. 그 전개 과정을 보면 적분 영역은 전하가 있는 모든 곳이다. 그렇지만 영역을 더 키워도 된다. 왜냐하면 "키운" 영역에서는 $\rho = 0$이므로 적분값이 없기 때문이다. 이것을 생각하고 식 2.44로 돌아가자. 적분 영역을 모든 전하를 품는 최소한의 영역 보다 더 키우면 어떤 일이 벌어지는가? E^2의 적분은 커지기만 한다 (피적분 함수가 양수이다); 총 합은 일정해야 하므로 면적분이 그만큼 줄어들 것이다. (사실, 전하에서 먼 곳에서는 E가 $1/r^2$에 비례하고 V는 $1/r$에 비례하며, 표면의 넓이는 r^2에 비례한다; 그래서 대체로 면적분은 $1/r$에 비례하여 줄어든다.) 식 2.44는 (모든 전하를 품는 한) 어떤 영역에 대해 적분해도 에너지 W가 정확하게 나온다. 그러나 부피를 키울수록 부피적분은 커지고 면적분은 작아진다. 특히 온 공간에 대해 적분하면 어떨까? 그러면 면적분은 0이 되므로 다음 식을 얻는다:

$$\boxed{W = \frac{\epsilon_0}{2}\int E^2\,d\tau} \quad \text{(온 공간)} \tag{2.45}$$

예제 2.9

총 전하 q가 고르게 퍼져 있는, 반지름 R인 공껍질의 에너지를 구하라.

■ 풀이 1 ■

면전하에 맞는 식 2.43을 쓰자.

$$W = \frac{1}{2}\int \sigma V\,da$$

이제, 이 공 표면의 전위는 $(1/4\pi\epsilon_0)q/R$(예제 2.7)로 상수이므로 에너지는 다음과 같다:

$$W = \frac{1}{8\pi\epsilon_0}\frac{q}{R}\int \sigma\,da = \frac{1}{8\pi\epsilon_0}\frac{q^2}{R}$$

■ 풀이 2 ■

식 2.45를 쓴다. 공 안에서는 $\mathbf{E} = 0$이고, 밖에서는 다음과 같다:

$$\mathbf{E} = \frac{1}{4\pi\epsilon_0}\frac{q}{r^2}\hat{\mathbf{r}} \quad \text{따라서} \quad E^2 = \frac{q^2}{(4\pi\epsilon_0)^2 r^4}$$

그러므로,

$$\begin{aligned} W_{\text{총}} &= \frac{\epsilon_0}{2(4\pi\epsilon_0)^2}\int_{\text{공 바깥}} \left(\frac{q^2}{r^4}\right)(r^2\sin\theta\,dr\,d\theta\,d\phi) \\ &= \frac{1}{32\pi^2\epsilon_0}q^2 4\pi\int_R^\infty \frac{1}{r^2}\,dr = \frac{1}{8\pi\epsilon_0}\frac{q^2}{R} \end{aligned}$$

문제 2.35 반지름 R인 속이 찬 공에 전하 q가 고르게 퍼져 있을 때 저장된 에너지를 구하라. 이것을 세 가지 방법으로 풀어라.

(a) 식 2.43을 써라. 전위는 이미 문제 2.22에서 구했다.
(b) 식 2.45를 써라. 적분을 **온 공간**에 대해 해야 한다.
(c) 식 2.44를 써라. 반지름 a인 공에 대해 부피적분하라. $a \to \infty$이면 어떻게 되는가?

문제 2.36 전하가 고르게 퍼져 있는, 속이 찬 공의 에너지를 구하는 넷째 방법이다[조립법(method of assembly)]. 전하를 한 꺼풀씩 입혀 공을 만드는데, 매번 아주 먼 곳에서 미소 전하 dq를 가져와 공 표면에 고르게 씌워 반지름을 늘린다. 반지름을 r에서 $r+dr$로 늘리는데 드는 일 dW는 얼마인가? 이것을 적분하여 반지름이 R이고 총 전하가 q인 공을 만드는데 드는 일을 구하라.

2.4.4 정전기 에너지에 대해 덧붙이는 말

(i) 황당한 "모순". 식 2.45는 고정된 전하분포의 에너지는 늘 양수임을 분명히 보여준다. 그렇지만, 식 2.45가 나온 식 2.42는 양수, 음수 어느 것도 될 수 있다. 예를 들어 식 2.42에서 두 전하의 크기가 같고 부호가 다르며 거리가 $\mathscr{r}$이면 에너지는 $-(1/4\pi\epsilon_0)(q^2/\mathscr{r})$로 음수이다. 무엇이 잘못된 것일까? 어느 식이 맞는가?

답은 두 식 모두 맞지만, 쓰이는 상황이 다르다는 것이다. 식 2.42는 점전하 자체를 만드는 데 드는 일은 셈에 넣지 않았다; 점전하는 애초부터 있다고 하고, 그것을 끌어 모으는데 드는 일만 구했다. 이것은 현명한 방법이다. 왜냐하면 식 2.45에 따르면 점전하 자체의 에너지는 한없이 크기 때문이다.

$$W = \frac{\epsilon_0}{2(4\pi\epsilon_0)^2}\int\left(\frac{q^2}{r^4}\right)(r^2\sin\theta\,dr\,d\theta\,d\phi) = \frac{q^2}{8\pi\epsilon_0}\int_0^\infty \frac{1}{r^2}\,dr = \infty$$

식 2.45는 전하 배열에 축적된 모든 에너지를 알려주므로 더 완전하지만, 점전하를 다룰 때는 식 2.42가 더 적절하다. 왜냐하면 총 에너지에서 점전하 자체를 만드는데 드는 에너지는 빼내버리는 것이 (분명히!) 더 낫기 때문이다. (전자와 같은) 점전하는 이미 만들어져 있으므로 실제로 하는 일은 그것을 이리저리 옮기는 것이 전부이다. 그것들을 만들지도 않았고, 깨트릴 수도 없으므로 그 과정에서 드는 일이 얼마인가는 따질 필요가 없다. (그렇지만, 점전하의 한 없이 큰 에너지는 전자기 이론에서 계속 나와 우리를 괴롭히고, 고전이론은 물론 양자이론도 괴롭힌다. 이 문제는 11장에서 다시 다룬다.)

이제, 식 2.45를 얻는 과정이 겉보기에는 빈틈이 없는데, 문제가 어디에서 끼어들었는지 궁금할 것이다. 그 "결함"은 식 2.42와 2.43 사이에 있다: 앞의 식에서는 $V(\mathbf{r}_i)$가 q_i를 뺀 모든 전하가 만드는 전위를 나타내지만, 뒤의 식에서는 $V(\mathbf{r})$이 모든 전하가 만드는 전위이다. 전하분포가 연속적이면 그러한 구별을 할 필요가 없다. 왜냐하면 **r**에 있는 전하량이 아주 작아서 총 전위에 주는 값이 0이 되기 때문이다. 그러나 점전하가 있으면 식 2.42를 쓰는 것이 좋다.

(ii) **에너지는 어디에 있는가**? 식 2.43과 2.45는 같은 것을 다른 방식으로 셈한다. 첫째 것은 전하분포를 적분하고, 둘째 것은 전기장을 적분한다. 두 식은 적분영역이 전혀 다를 수 있다. 예를 들어, 공껍질(예제 2.9)의 경우 전하는 공껍질에 갇혀 있지만, 전기장은 공껍질 밖의 모든 곳에 퍼져 있다. 그렇다면 에너지는 어디에 있는가? 식 2.45가 시사하듯이 전기장 속에 저장되어 있는가? 아니면 식 2.43이 뜻하는 것처럼 전하에 저장되어 있는가? 지금 이 단계에서는 이 물음에 대답할 수 없다: 단지 총 에너지가 무엇인가, 그리고 그것을 셈하는 여러 가지 방법을 말할 수 있지만, 에너지가 어디에 있는가를 따지는 것은 무의미하다. 전자기파 방사 이론(11장)에서는 에너지가 장에 저장되어 있고 그 밀도가 다음과 같다고 보는 것이 좋다(일반 상대론에서는 필수적이다):

$$\frac{1}{2}\epsilon_0 E^2 = \text{단위 부피 속의 에너지} \tag{2.46}$$

그러나 정전기학에서는 전하가 에너지를 간직하고 있고, 그 밀도가 $\frac{1}{2}\rho V$라고 해도 좋다. 그 차이라고는 적어두는 방법이 다를 뿐이다.[12]

(iii) **중첩 원리.** 정전기 에너지가 전기장의 제곱에 비례하므로 중첩 원리가 적용되지 않는다. 여러 전하로 된 계의 총 에너지는 각 부분을 따로 생각할 때의 에너지를 더한 값이 아니다 - "교차항"도 들어간다.

$$\begin{aligned} W_{\text{총}} &= \frac{\epsilon_0}{2}\int E^2\,d\tau = \frac{\epsilon_0}{2}\int (\mathbf{E}_1 + \mathbf{E}_2)^2\,d\tau \\ &= \frac{\epsilon_0}{2}\int \left(E_1^2 + E_2^2 + 2\mathbf{E}_1\cdot\mathbf{E}_2\right)\,d\tau \\ &= W_1 + W_2 + \epsilon_0\int \mathbf{E}_1\cdot\mathbf{E}_2\,d\tau \end{aligned} \tag{2.47}$$

예를 들어, 모든 곳의 전하를 2배로 늘리면 총 에너지는 4배가 된다.

12 맥스웰 이래로 물리학자는 정전기 에너지가 "있는 곳"에 대해 고민해 왔다. 파인만은 그의 독특한 방식으로 이 문제를 정리한다: "에너지가 어디에 있건, 그게 무슨 상관입니까? 그건 의미 없는 질문 아닌가요?" … 어떠한 상황에서도 총 에너지가 변하지 않는다면 에너지가 저장되어 있는 위치를 굳이 따지고 들 필요는 없다," R. P. Feynman, R. B. Leighton, M. Sands, 김인보, 박병철 외 6명 역, 파인만 물리학 강의, 2권, 승산 (2006), 8장.

문제 2.37 반지름이 a와 b인 두 공심 공껍질을 생각하자. 안쪽 껍질에는 전하 q가, 바깥쪽 껍질에는 전하 $-q$가 고르게 퍼져 있다. 이 전하 배열의 에너지를 (a) 식 2.45를 써서, (b) 식 2.47과 예제 2.9의 결과를 써서 셈하라.

문제 2.38 두 점전하 q_1과 q_2가 거리 a떨어져 있을 때 상호작용 에너지(식 2.47의 $\epsilon_0 \int \mathbf{E}_1 \cdot \mathbf{E}_2 \, d\tau$)를 구하라. [실마리: q_1을 원점에 두고 q_2를 z축 위에 둔다; 구좌표계를 써서 r에 대한 적분을 먼저 한다.]

2.5 도체

2.5.1 기본성질

유리나 고무 같은 **절연체**(insulator)에서는 전자가 원자에 묶여 있어 멀리가지 못한다. 반면에 금속 **도체**(conductor)에서는 원자마다 전자가 하나 이상 풀려나와 자유롭게 돌아다닌다. (소금물과 같은 전도성 액체에서는 이온이 움직인다.) 완전도체란 자유로운 전하가 한없이 많은 물질이다. 실제로는 완전도체는 없지만, 대부분의 목적에서는 금속이 거의 비슷하다.

이 정의에서 이상적인 도체의 기본적인 정전기적 특성이 바로 나온다.

(i) 도체 속에서는 $\mathbf{E} = 0$이다. 왜냐고? 만일 전기장이 있다면, 자유 전하들이 움직일 것이고, 그러면 정전기적 상태가 아니기 때문이다. 글쎄, 이 설명은 그리 흡족하지 않다. 이 말이 증명하는 것은 도체 속에 전기장이 있으면 정전기적 상태가 아니라는 것일 뿐이기 때문이다. 그보다는 밖에서 전기장 $\mathbf{E}_0$를 걸어주고(그림 2.42), 그 속에 도체를 넣으면 어떻게 되는지 살펴보는 게 낫다. 처음에는 그 전기장이 양전하는 오른쪽, 음전하는 왼쪽으로 몰 것이다 (실제로는 음전하 – 전자 – 가 움직이지만, 전자가 떠나면 오른쪽에는 알짜 양전하 – 서 있는 원자핵 – 가 남으므로 어떤 전하가 실제로 움직이는가는 문제가 되지 않는다; 그 효과는 같다.) 이동한 전하가 물체의 양쪽 끝에 이르면 양전하는 오른쪽, 음전하는 왼쪽에 쌓인다. 이 **유도전하**(induced charge)가 만드는 새로운 장 $\mathbf{E}_1$의 방향은, 그림 2.42에서 보듯이 $\mathbf{E}_0$와는 반대쪽인데, 이것이 요점이다. 왜냐하면 유도전하가 만드는 장은 원래 있던 장을 지우는 경향이 있음을 뜻하기 때문이다. 자유전하는 알짜 전기장이 완전히 사라질 때까지 계속 흘러, 결국 도체 속의 알짜 전기장은 정확히 0이 된다.[13] 이 모든 과정이 실질적으로 순간에 일어난다.

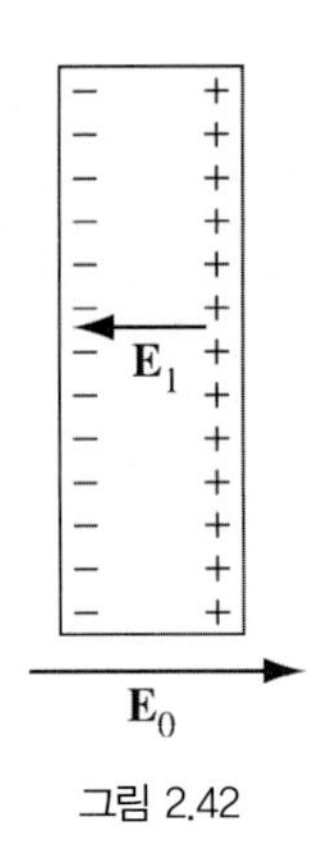

그림 2.42

(ii) **도체 속에서는 $\rho = 0$이다.** 이것은 가우스 법칙 $\nabla \cdot \mathbf{E} = q/\epsilon_0$에서 나온다. $\mathbf{E} = 0$이면, $\rho = 0$이다. 그렇지만 도체 속에 전하가 전혀 없는 것이 아니고, 곳곳마다 양전하와 음전하가 똑같은 양이 있어서 알짜 전하밀도가 0이다.

(iii) **알짜 전하는 표면에만 있다.** 전하가 있을 곳은 여기뿐이다.

(iv) **도체 속에서는 전위가 똑같다.** 왜냐하면 **a**와 **b**가 도체 속(또는 표면)의 두 점이라면 $V(\mathbf{b}) - V(\mathbf{a}) = -\int_{\mathbf{a}}^{\mathbf{b}} \mathbf{E} \cdot d\mathbf{l} = 0$이므로 $V(\mathbf{a}) = V(\mathbf{b})$이다.

(v) **도체 바로 밖의 E는 표면에 수직이다.** 그렇지 않다면 (i)처럼 전하는 곧바로 표면을 따라 움직여 전기장이 접선 성분을 지울 것이다(그림 2.43). (물론, 전하는 도체에 갇혀 있으므로 표면에 수직방향으로는 움직일 수 없다.)

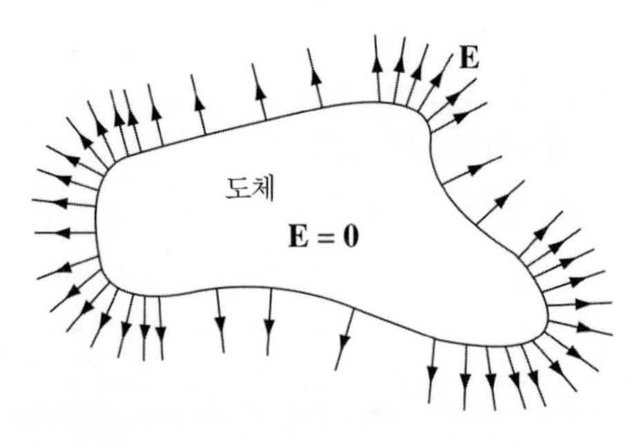

그림 2.43

전하가 도체 표면 쪽으로 흘러간다는 것이 이상하게 생각될 것이다. 전하는 서로 밀치므로 최대한 멀리 퍼지는 것이 자연스러운데, 모든 전하가 표면으로 간다면 내부 공간을 낭비하는 것처럼 보인다. 낱낱의 전하를 최대한 멀리 떼어 놓는다는 관점에서 보면 전하를 도체의 부피 전체에

13 도체 밖에서는 전기장이 0이 아니다. 왜냐하면 그 곳에서는 $\mathbf{E}_0$와 $\mathbf{E}_1$이 지워지지 않기 때문이다.

퍼뜨려 놓는 것이 더 나을 것 같다. 그러나 그것은 옳지 않다. 도체의 크기와 모양이 어떠하든 모든 전하를 표면에 놓는 것이 최선이다.[14]

이 문제는 에너지를 써서도 설명할 수 있다. 여느 자유로운 역학계와 마찬가지로 도체의 전하는 위치 에너지가 가장 작은 상태를 찾아 퍼져간다. 위의 기본성질 (iii)이 일러주는 것은 (모양과 총 전하가 정해진) 속이 찬 물체의 정전기 에너지는 전하가 표면에 퍼져 있을 때 최소가 된다는 것이다. 예를 들어, 전하를 띤 도체 공의 에너지는 모든 전하가 표면에 고르게 퍼지면 예제 2.9에서 구한 바와 같이 $(1/8\pi\epsilon_0)(q^2/R)$인데, 문제 2.35처럼 공속에 고르게 퍼지면 $(3/20\pi\epsilon_0)(q^2/R)$로 더 커진다.

2.5.2 유도전하

전하를 띠지 않은 도체 가까이에 전하 $+q$를 두면(그림 2.44), 둘이 서로 끌어당긴다. 그 까닭은 $+q$가 도체 속의 음전하는 가까운 쪽으로 끌어당기고 양전하는 먼 쪽으로 밀쳐 내기 때문이다. (이것은 도체 속의 전하가 움직여서 $+q$가 만든 전기장을 도체 속에서 지워 알짜 전기장이 0이 되게 한다고 볼 수도 있다.) 유도된 음전하가 $+q$에 더 가까우므로, 결국 당기는 힘이 생긴다. (3장에서는 공 모양의 도체에 대해 이 힘을 명확하게 셈한다.)

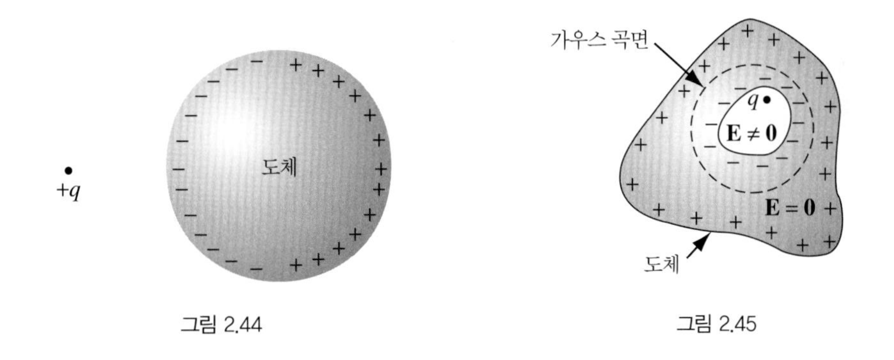

그림 2.44　　그림 2.45

도체 속의 전기장, 전하, 전위를 말할 때, 그 "속"은 도체를 이루는 "덩어리"를 뜻한다; 도체 속에 구멍이 있고, 그 구멍 속에 전하가 있으면, 그 구멍 속의 전기장은 0이 아니다. 그러나 놀랍게도 구멍을 둘러싼 도체는 그 구멍과 그 속에 있는 것을 도체 바깥의 세상으로부터 전기적으로 고

14 그런데 1차원 및 2차원의 비슷한 문제에서는 이야기가 전혀 다르다: 도체 원반에 든 전하 모두가 가장자리로 가지는 않으며 [R. Friedberg, *Am. J. Phys*. **61**, 1084 (1993)], 도체 바늘에서도 양쪽 끝에 모두 모이지는 않는다 [D. J. Griffiths, Y. Lim, *Am. J. Phys.* **64**, 706 (1996)]. 문제 2.58을 보라. 더구나 쿨롱 법칙에서 r의 지수가 정확히 2가 아니면 속이 찬 도체 속의 알짜 전하도 모두가 표면으로 가지는 않는다. 다음을 보라: D. J. Griffiths, D. Z. Uvanovic, *Am. J. Phys*. **69**, 435 (2001)과 문제 2.55g.

립시킨다(그림 2.45). 바깥의 어떤 전기장도 도체 속으로 뚫고 들어갈 수 없고, 도체의 바깥 표면에 유도된 전하에 의해 도체 속에서는 지워진다. 마찬가지로 구멍 속의 전하가 만드는 전기장도 구멍의 안쪽 표면에 유도된 전하에 의해 구멍 바깥(곧 도체 속)에서는 지워진다. 그렇지만, 구멍의 안쪽 표면에 유도된 전하를 보상하여 바깥 표면에 남은, 부호가 반대인 전하는 속에 전하 q가 있음을 바깥 세상에 실질적으로 "알려준다". 구멍의 안쪽 표면에 유도된 총 전하는 구멍 속의 전하와 크기는 같고 부호는 반대이다. 왜냐하면 구멍을 감싸는 가우스 곡면을 도체 속에 잡으면 (그림 2.45), $\oint \mathbf{E} \cdot d\mathbf{a} = 0$이므로 (가우스 법칙에 따라) 그 속의 알짜 전하는 0이기 때문이다. 그러나 $Q_{안} = q + q_{유도}$이므로 $q_{유도} = -q$이다. 그러므로, 도체가 전기적으로 중성이면, 바깥 표면에는 $+q$가 퍼져 있어야 한다.

예제 2.10

원점에 중심을 둔 전기적으로 중성인 도체 공 속에 괴상한 모양의 구멍이 있다(그림 2.46). 그 구멍 속 어딘가에 전하 q가 있다. 물음: 공 밖의 전기장을 구하라.

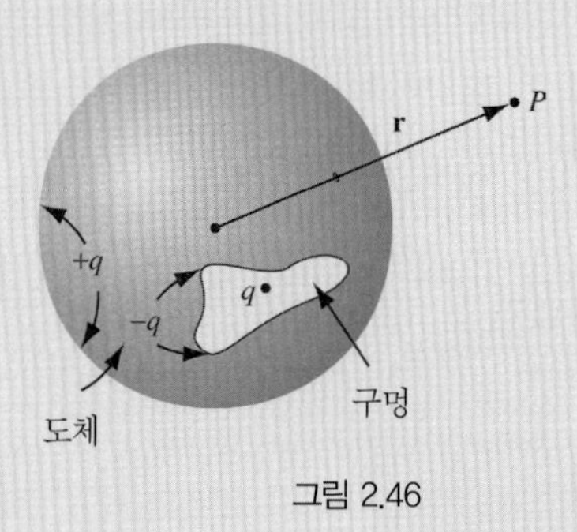

그림 2.46

■ 풀이 ■

얼핏, 전기장은 구멍의 모양과 전하의 위치에 따라 달라질 것 같지만, 그렇지 않다. 답은 다음과 같다:

$$\mathbf{E} = \frac{1}{4\pi\epsilon_0}\frac{q}{r^2}\hat{\mathbf{r}}$$

도체는 구멍의 특성에 관한 모든 정보를 감추고 그 속에 든 총 전하만 알려준다. 왜 그럴까? 전하 q때문에 구멍의 안쪽 표면에 부호가 반대인 전하 $-q$가 유도되어 전하 q가 구멍 바깥에 만드는 전기장을 모두 지운다. 이 도체는 전기적으로 중성이므로 그 속에 알짜 전하가 없고, 따라서 공의 바깥 표면에는 전하 $+q$가 고르게 퍼진다. (고르게 퍼지는 까닭은 괴상한 모양의 구멍과 그 속의 전하 q가 만드는 비대칭성을 안쪽 표면에 유도된 전하 $-q$가 모두 지웠기 때문이다.) 그러므로, 이 공 바깥에 남는 전기장은 바깥 표면에 고르게 퍼진 전하 $+q$가 만드는 전기장뿐이다.

이 논리에서 미심쩍은 게 하나 있을 것이다: 전기장은 실제로는 세 가지다: $\mathbf{E}_q$, $\mathbf{E}_{유도}$, $\mathbf{E}_{남음}$. 확실한 것은 도체 속에서는 이 셋을 더한 값이 0이라는 것인데, 위의 설명에서 처음 둘이 서로 지워지고 셋째는 따로 0이 된다고 했다. 더구나, 처음 둘이 도체 속에서 지워진다고 바깥에서도 지워진다고 보장할 수 있는가? 지금 당장 아주 만족스럽게 설명할 수는 없으나, 적어도 다음은 참이다: 전하 q가 구멍 바깥에 만드는 전기장을 모두 지우도록 구멍의 안쪽 면에 전하 $-q$를 퍼뜨릴 수는 있다. 아주 큰 – 반지름을 27 km로 하든 27 광년으로 하든 – 도체공에서 똑같은 구멍을 파내고 같은 곳에 전하 q를 둔다고 상상하면, 바깥 표면에 남은 전하 $+q$는 너무 멀리 있어 눈에 띌만한 전기장을 만들지 못하므로 처음 두 전기장만으로 서로 지워야 할 것이다. 따라서 그런 결론이 나온다. 그런데, 참으로 그럴까? 도체 공이 작으면 자연은 세 전기장이 복잡하게 지우게 할지도 모른다. 천만에: 3장의 유일성 정리에서 알게 되겠지만, 정전기학은 구두쇠 같다; 즉 도체 속의 전기장이 0이 되게 표면에 전하를 퍼뜨리는 방법은 딱 한가지 밖에 없다. 어떤 방법이든지 찾아냈다면 그것으로 끝이라는 것이 원리적으로 보장된다.

도체로 둘러싸인 구멍 속에 전하가 없다면, 구멍 속의 전기장은 0이다. 왜냐하면 만일 장선이 있다면 구멍 벽면의 어디에선가 나와 어디론가 들어갈 것이며, 그러면 나오는 곳에는 양전하가, 들어가는 곳에는 음전하가 있어야 한다(그림 2.47). 그 장선이 닫힌 고리의 일부라면, 나머지 부분은 도체 속($\mathbf{E} = 0$)에 있으므로 $\oint \mathbf{E} \cdot d\mathbf{l}$의 값이 양수가 되어 식 2.19와 어긋난다. 따라서 빈 구멍 속에서는 $\mathbf{E} = 0$이고 구멍 벽에는 전하가 없다. (그래서 벼락이 칠 때 쇠로된 차 속에 있는 것이 비교적 안전하다. 그 때 벼락을 맞으면 화상을 입을 수는 있으나 감전되지는 않는다. 같은 원리로 민감한 전기장치를 접지한 **패러데이 통**(Faraday cage) 속에 두면 쓸데없는 바깥 전기장을 막을 수 있다. 실제로는 도체판 대신 쇠그물로 감싸도 된다.

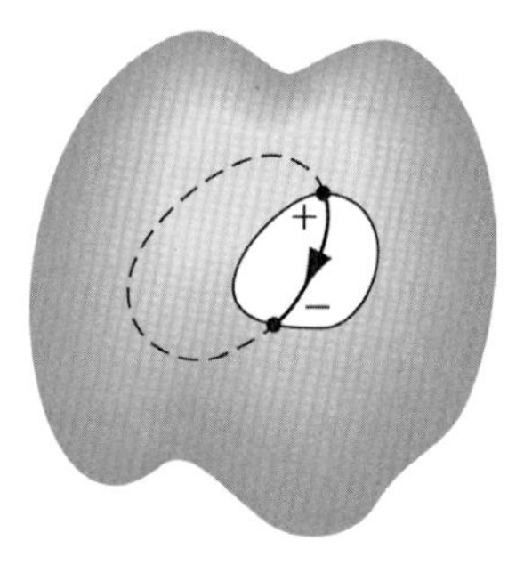

그림 2.47

문제 2.39 두꺼운 금속 공껍질(안쪽 반지름 a, 바깥쪽 반지름 b) 속에, 반지름 R인 금속 공이 들어 있다(그림 2.48). 공껍질은 전기적으로 중성이고, 공은 전하 q를 띠고 있다.

(a) R, a, b에서의 면전하밀도 σ를 구하라.

(b) 아주 먼 곳을 기준점으로 잡아 중심의 전위를 구하라.

(c) 공껍질의 바깥면을 접지하면 전하가 빠져나가 전위가 0이 된다(아주 먼 곳의 전위와 같다). (a)와 (b)의 답이 어떻게 바뀌는가?

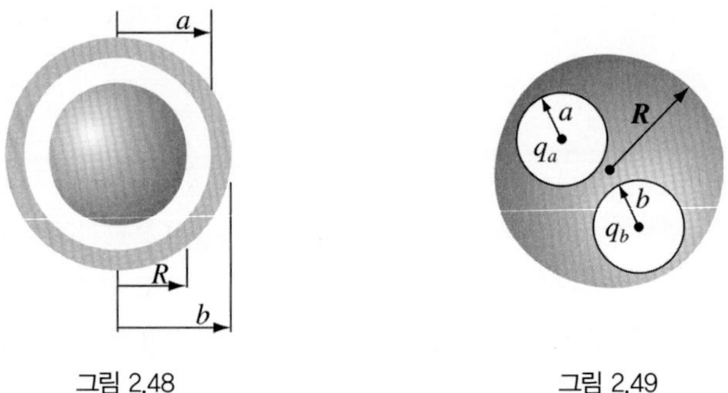

그림 2.48 그림 2.49

문제 2.40 반지름 R인 금속 공 속에 반지름이 a와 b인 둥근 구멍을 두 개 팠다(그림 2.49). 공은 전기적으로 중성이고, 두 구멍의 중심에 각각 전하 q_a와 q_b가 있다.

(a) 면전하밀도 $\sigma_a, \sigma_b, \sigma_R$을 구하라.

(b) 도체 공 밖의 전기장을 구하라.

(c) 각각의 구멍 속의 전기장을 구하라.

(d) q_a와 q_b가 받는 힘을 구하라.

(e) 셋째 전하 q_c를 도체 공 가까이 가져와 공 밖에 두면 위의 답 중에서 어떤 것이 바뀌는가?

문제 2.41

(a) 전하를 띠지 않은 도체 속에 난 구멍 속에 점전하 q가 있다(그림 2.45). q가 받는 힘이 꼭 0인가?[15]

(b) 전하를 띠지 않은 도체와 가까이 있는 점전하는 늘 끌어당기는가?[16]

2.5.3 도체 위의 면전하와 그것이 받는 힘

도체 속에서는 전기장이 0이므로, 바로 바깥의 전기장은 식 2.33의 경계조건에 따라 다음과 같다:

$$\mathbf{E} = \frac{\sigma}{\epsilon_0}\hat{\mathbf{n}} \tag{2.48}$$

15 이 문제는 Nelson Christensen이 제시했다.

16 다음을 보라: M. Levin, S. G. Johnson, *Am. J. Phys.* 79, 843 (2011).

이것은 앞서 얻은 '전기장이 표면과 수직이다'는 결론과 맞다. 식 2.36을 전위로 나타내면 다음과 같다:

$$\sigma = -\epsilon_0 \frac{\partial V}{\partial n} \tag{2.49}$$

E나 V를 알면 위 식을 써서 도체 표면의 전하를 셈할 수 있다. 다음 장에서는 위 식을 자주 쓴다.

전기장이 있으면, 면전하는 힘을 받는데; 단위면적이 받는 힘 **f**는 $\sigma\mathbf{E}$이다. 그런데 문제가 있다. 면전하가 있는 곳에서는 전기장이 **불연속적**인데, $\mathbf{E}_{위}$와 $\mathbf{E}_{아래}$의 어느 것을 써야 할까? 아니면 중간 어떤 값인가? 그 답은 두 전기장의 **평균값**을 써야 한다는 것이다:

$$\mathbf{f} = \sigma \mathbf{E}_{평균} = \frac{1}{2}\sigma(\mathbf{E}_{위} + \mathbf{E}_{아래}) \tag{2.50}$$

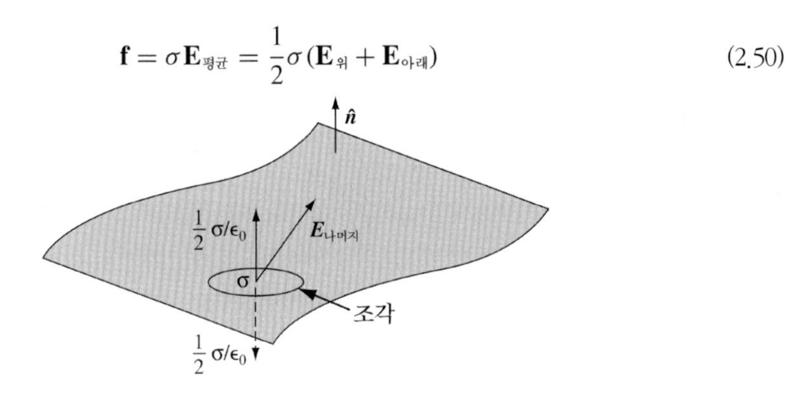

그림 2.50

왜 평균값인가? 설명은 복잡하지만, 이유는 아주 간단하다: 문제가 되는 점을 품는 아주 작은 조각을 생각하자(그림 2.50). (조각을 아주 작게 잡아 실질적으로 평평하고 전하밀도가 상수가 되게 한다.) 총 전기장은 두 부분으로 되어 있다 – 하나는 조각 자체가 만드는 것, 다른 하나는 나머지 모든 것(표면의 다른 부분과 그 밖의 모든 전하)이 만드는 것이다:

$$\mathbf{E} = \mathbf{E}_{조각} + \mathbf{E}_{나머지}$$

그런데 조각은 스스로에게 힘을 줄 수 없다. 자기 몸을 자기 팔로 위로 끌어 하늘로 올라갈 수 없는 것과 같은 이치다. 따라서 조각이 받는 힘은 오직 $\mathbf{E}_{나머지}$ 때문이고, 이것은 불연속적이 아니다(조각을 없애면, 그 "구멍" 속의 전기장은 완벽하게 연속적이 된다). 불연속성은 이 조각에 있는 전하가 전기장($\sigma/2\epsilon_0$)을 조각면 양쪽으로 만들어내기 때문에 생긴다. 따라서 다음과 같다:

$$\begin{aligned}\mathbf{E}_{위} &= \mathbf{E}_{나머지} + \frac{\sigma}{2\epsilon_0}\hat{\mathbf{n}} \\ \mathbf{E}_{아래} &= \mathbf{E}_{나머지} - \frac{\sigma}{2\epsilon_0}\hat{\mathbf{n}}\end{aligned}$$

따라서

$$\mathbf{E}_{\text{나머지}} = \frac{1}{2}(\mathbf{E}_{\text{위}} + \mathbf{E}_{\text{아래}}) = \mathbf{E}_{\text{평균}}$$

평균을 하는 것은 바로 조각이 스스로 힘을 주는 효과를 지우는 방법이다.

이러한 논리는 모든 면전하에 적용된다; 특히 도체 표면의 안쪽에서는 전기장이 0이고 바깥쪽에서는 $(\sigma/\epsilon_0)\hat{\mathbf{n}}$이므로(식 2.48), 평균 전기장은 $(\sigma/2\epsilon_0)\hat{\mathbf{n}}$이고, 단위면적이 받는 힘은 다음과 같다:

$$\mathbf{f} = \frac{1}{2\epsilon_0}\sigma^2\hat{\mathbf{n}} \tag{2.51}$$

이것이 표면 밖으로 밀어내는 **정전기 압력**(electrostatic pressure)이며, 도체는 σ의 부호가 무엇이든 전기장 쪽으로 끌린다. 이 압력을 도체 표면 바로 밖의 전기장으로 나타내면 다음과 같다:

$$P = \frac{\epsilon_0}{2}E^2 \tag{2.52}$$

문제 2.42 넓이 A인 커다란 금속 판 두 장이 가까운 거리 d만큼 떨어져 나란히 있다. 판 마다 전하 Q를 채웠다면 금속판이 받는 정전기 압력은 얼마인가?

문제 2.43 반지름 R인 금속 공에 총 전하 Q가 실려 있다. "북" 반구와 "남" 반구가 서로 밀치는 힘은 얼마인가?

2.5.4 축전기

그림 2.51

도체를 두 개 마련하여 하나에 전하 $+Q$를, 다른 것에 $-Q$를 채운다고 하자(그림 2.51). 도체에서는 V가 일정하므로, 두 도체의 전위차를 명확히 말할 수 있다:

$$V = V_+ - V_- = -\int_{(-)}^{(+)} \mathbf{E} \cdot d\mathbf{l}$$

두 도체의 모양이 복잡하면 전하가 어떻게 퍼져 있는지 모르고, 전기장을 셈하는 것은 아주 힘들겠지만, 다음은 확실히 안다: **E**는 Q에 비례한다. 왜냐하면 **E**는 쿨롱 법칙에 따라 정해지기 때문이다.

$$\mathbf{E} = \frac{1}{4\pi\epsilon_0}\int \frac{\rho}{\mathscr{r}^2}\hat{\mathscr{r}}\, d\tau$$

따라서 ρ가 2배가 되면 **E**도 2배가 된다. [그런데 잠깐! Q를(그리고 $-Q$도) 2배로 한다고 ρ도 꼭 2배가 될까? 어쩌면 전하가 움직여서 어떤 곳에서는 ρ가 4배가 되고, 다른 곳에서는 반으로 줄면서 총 전하를 2배로 하여 전하분포가 전혀 달라질 수도 있다. 이것은 쓸데없는 걱정이다. Q를 2배로 늘리면 모든 곳에서 ρ가 2배가 된다. 전하가 이리저리 옮겨 다니지 않는다. 이에 대한 증명은 3장에 있으니, 지금은 그냥 믿자.]

E가 Q에 비례하므로, V도 마찬가지다. 비례상수가 그 도체 배열의 **전기용량**(capacitance)이다:

$$C \equiv \frac{Q}{V} \tag{2.53}$$

전기용량은 순전히 기하학적인 양으로서 두 도체의 크기, 모양, 간격에 따라 결정된다. 국제단위계에서 C의 단위는 **패럿**(farad: F)이다. 1 패럿은 1 볼트당 1 쿨롬이다. 이 단위는 너무 커서 실제로 쓰는 단위는 마이크로 패럿(μF: 10^{-6} F), 나노 패럿(nF: 10^{-9} F), 피코 패럿(pF: 10^{-12} F) 등이다.

눈여겨 볼 것은 V는 양전하를 띤 도체의 전위에서 음전하를 띤 도체의 전위를 뺀 값으로 정의된다는 것이다. 또한 Q는 양전하의 크기이다. 따라서 전기용량은 원래 양수이다. (그런데, 가끔 도체 하나의 전기용량을 말할 때가 있다. 이 때는 음전하를 띤 "둘째 도체"는 그 도체를 둘러싼, 반지름이 한없이 큰 공껍질을 상상하면 된다. 그것은 전기장을 만들지 않으므로 전기용량은 식 2.53으로 정해지며, 이 때 V는 아주 먼 곳을 기준점으로 잡은 전위이다.)

예제 2.11

넓이 A인 금속판 두 장을 간격 d로 나란히 두어 만든 **평행판 축전기**(parallel-plate capacitor)의 전기용량을 구하라(그림 2.52).

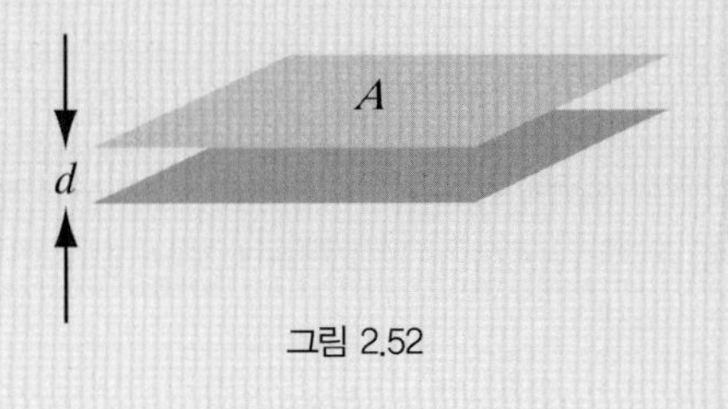

그림 2.52

■ 풀이 ■

위쪽 판에 $+Q$를, 아래쪽 판에 $-Q$를 채우면, 두 금속판이 충분히 넓고 간격이 좁다면 전하는 두 면에 고르게 퍼진다.[17] 그러면 위쪽 판의 면 전하밀도는 $\sigma = Q/A$이므로, 전기장은 예제 2.6에 따라 $(1/\epsilon_0)Q/A$이다. 그러므로 두 판의 전위차는 다음과 같다:

$$V = \frac{Q}{A\epsilon_0}d$$

따라서 전기용량은 다음과 같다:

$$C = \frac{A\epsilon_0}{d} \tag{2.54}$$

예를 들어, 금속판의 한 변이 1 cm인 정사각형이고 간격이 1 mm라면 전기용량은 9×10^{-13} F이다.

예제 2.12

반지름이 a와 b인 두 공심 도체 공껍질의 전기용량을 구하라.

■ 풀이 ■

안쪽 공껍질에 $+Q$를, 바깥쪽 공껍질에 $-Q$를 채우면, 두 공껍질 사이의 전기장은 다음과 같다:

$$\mathbf{E} = \frac{1}{4\pi\epsilon_0}\frac{Q}{r^2}\hat{\mathbf{r}}$$

따라서 둘의 전위차는 다음과 같다:

$$V = -\int_b^a \mathbf{E}\cdot d\mathbf{l} = -\frac{Q}{4\pi\epsilon_0}\int_b^a \frac{1}{r^2}\,dr = \frac{Q}{4\pi\epsilon_0}\left(\frac{1}{a} - \frac{1}{b}\right)$$

앞서 말했듯이 V는 Q에 비례하고, 전기용량은 다음과 같다:

$$C = \frac{Q}{V} = 4\pi\epsilon_0\frac{ab}{(b-a)}$$

축전기에 전하를 "채우려면", 양극판에서 전자를 밀어내어 음극판으로 옮겨야 하는데, 그 때 전자를 양극판으로 잡아끌고 음극판에서 밀어내려는 전기장과 싸워야 한다. 축전기에 전하를 Q만큼 채우려면 일을 얼마나 해야할까? 이 과정의 중간 단계에서 양극판의 전하가 q라면, 전위차는 q/C가 된다. 식 2.38에 따르면 이 상태에서 전하를 dq만큼 옮기는데 드는 일은 다음과 같다:

---

17 정확한 해를 얻기는 – 심지어 원판 조차도 – 쉽지 않다. 다음을 보라: G. T. Carlson, B. L. Illman, *Am. J. Phys.* **62**, 1009 (1994).

$$dW = \left(\frac{q}{C}\right) dq$$

따라서 $q = 0$에서 $q = Q$인 상태까지 전하를 옮기느라 한 일은 다음과 같다:

$$W = \int_0^Q \left(\frac{q}{C}\right) dq = \frac{1}{2}\frac{Q^2}{C}$$

축전기의 최종 전위차를 V라 하면 $Q = CV$이므로 셈한 결과는 다음과 같다:

$$W = \frac{1}{2}CV^2 \tag{2.55}$$

문제 2.44 반지름이 a와 b인 두 동축 금속원통의 단위길이당 전기용량을 구하라(그림 2.53).

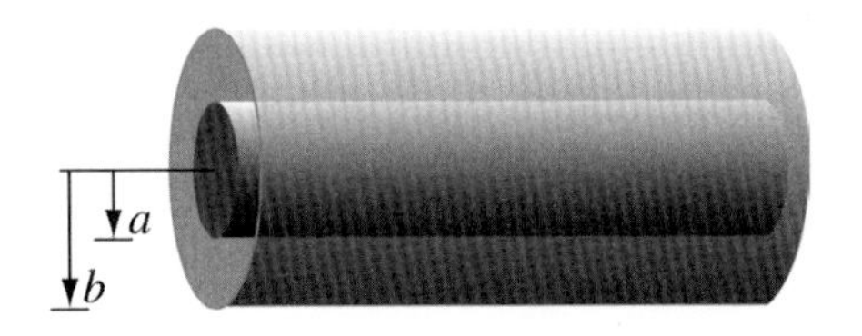

그림 2.53

문제 2.45 평행판 축전기의 두 극판이 서로 끌어당겨 미소 거리 ϵ만큼 가까워졌다고 하자.

(a) 식 2.52를 써서 정전기력이 한 일을 전기장 E와 극판의 넓이 A로 나타내라.

(b) 식 2.46을 써서 이 과정에서 전기장이 잃은 에너지를 구하라.

(이 문제는 쉬워 보이지만, 에너지 보존 법칙을 써서 식 2.52를 끌어내는 다른 방법의 씨앗을 품고 있다.)

보충문제

문제 2.46 변의 길이가 a인 정사각형 종이에 면전하가 밀도 σ로 고르게 퍼져 있다. 이 종이의 가운데서 위로 z인 곳의 전기장을 구하라. 구한 답을 $a \to \infty$일 때와 $z \gg a$일 때의 결과를 써서 확인하라. [답: $(\sigma/2\epsilon_0)\left\{(4/\pi)\tan^{-1}\sqrt{1 + (a^2/2z^2)} - 1\right\}$]

문제 2.47 어떤 곳의 전기장이 (구좌표계로) 다음과 같다:

$$\mathbf{E}(\mathbf{r}) = \frac{k}{r}\left[3\,\hat{\mathbf{r}} + 2\sin\theta\cos\theta\sin\phi\,\hat{\boldsymbol{\theta}} + \sin\theta\cos\phi\,\hat{\boldsymbol{\phi}}\right]$$

k가 상수일 때 전하밀도는 얼마인가? [답: $3k\epsilon_0(1 + \cos 2\theta \sin\phi)/r^2$]

문제 2.48 전하가 고르게 퍼진 공의 남반구가 북반구에 주는 힘을 구하라. 그 답을 반지름 R과 총 전하 Q를 써서 나타내라. [답: $(1/4\pi\epsilon_0)(3Q^2/16R^2)$]

문제 2.49 반지름 R인, 뒤집힌 반구형 그릇에 면전하가 밀도 σ로 고르게 퍼져 있다. "북극"과 중심점의 전위차를 구하라. [답: $(R\sigma/2\epsilon_0)(\sqrt{2} - 1)$]

문제 2.50 반지름 R인 공 속에 전하가 밀도 $\rho(r) = kr$로 퍼져 있다(k는 상수). 이 전하분포의 에너지를 구하라. 적어도 두 가지 이상의 방법으로 셈하여 답을 확인하라. [답: $\pi k^2 R^7/7\epsilon_0$]

문제 2.51 어떤 전하 배열에 대한 전위가 다음과 같다:

$$V(\mathbf{r}) = A\frac{e^{-\lambda r}}{r}$$

여기에서 A와 λ는 상수이다. 전기장 $\mathbf{E}(\mathbf{r})$, 전하밀도 $\rho(r)$, 총 전하 Q를 구하라. [답: $\rho = \epsilon_0 A\{4\pi\delta^3(\mathbf{r}) - \lambda^2 e^{-\lambda r}/r\}$]

문제 2.52 반지름 R인 원반에 면전하가 밀도 σ로 고르게 퍼져 있다. 원반 테두리의 전위를 구하라. [실마리: 먼저 $V = k(\sigma R/\pi\epsilon_0)$임을 보여라. 여기에서 k는 무차원 상수로서 적분 식으로 나타난다. 그 다음에 적분을 해석적으로 또는 수치셈으로 하여 k값을 구한다.]

! 문제 2.53 x축과 나란한, 아주 긴 도선 두 가닥이 각각 전하밀도 $+\lambda$와 $-\lambda$를 띠고 있다(그림 2.54).

(a) 원점을 기준점으로 잡아 모든 곳 (x, y, z)의 전위를 구하라.

(b) 등전위면이 원통꼴임을 보이고, 전위 V_0인 원통의 축과 반지름을 구하라.

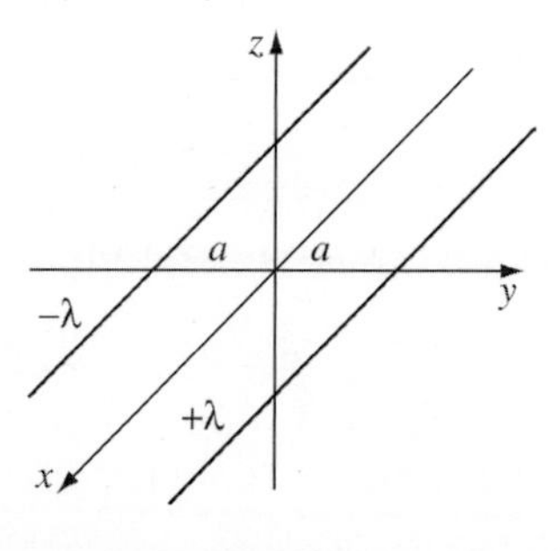

그림 2.54

! 문제 2.54 2극 진공관에서는 전위가 0인 뜨거운 **음극**(cathode)에서 전자가 "끓어" 올라 튀어나와 양전위 V_0인 **양극**(anode)쪽으로 가며 가속된다. 두 전극 사이에서 움직이는 전자구름[**공간전하**(space charge)라고 한다]은 공간을 재빨리 채워 음극 표면의 전기장을 0으로 만든다. 그 뒤로는 두 극판 사이에 정상전류 I가 흐른다.

두 극판의 넓이가 간격 보다 훨씬 커서(그림 2.55에서 $A \gg d^2$) 테두리 효과를 무시할 수 있다고 하자. 그러면 V, ρ, v(전자의 속력)가 모두 x만의 함수가 된다.

(a) 두 극판 사이의 영역에서의 푸아송 방정식을 써라.

(b) 전자가 서 있다가 음극을 떠날 때, 전위가 $V(x)$인 곳에서의 속력을 구하라.

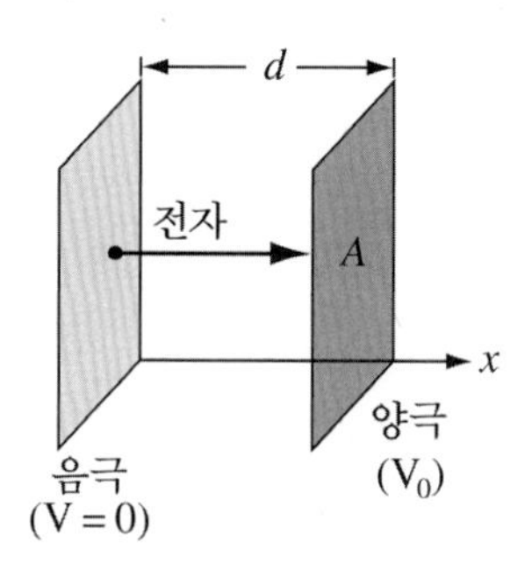

그림 2.55

(c) 정상상태에서 I는 x와 무관하다. 그렇다면 ρ와 v의 관계는 어떠한가?

(d) 위의 세 문제에서 얻은 결과를 써서 ρ와 v를 지워 V에 대한 미분 방정식을 구하라.

(e) V에 대한 미분 방정식을 풀어 해를 x, V_0, d의 함수로 나타내라. $V(x)$를 그래프로 그리고 공간전하가 없을 때와 비교하라. 또 ρ와 v를 x의 함수로 나타내라.

(f) I에 관한 다음 식을 얻고

$$I = K V_0^{3/2} \tag{2.56}$$

상수 K를 구하라. [식 2.56이 **차일드-랭뮤어 법칙**(Child-Langmuir law)이다. 이것은 전극의 모양에 상관없이 공간전하가 전류를 제한할 때는 늘 적용된다. 공간전하 제한 2극관은 옴 법칙을 따르지 않고 비선형적인 것을 눈여겨보라.]

! 문제 2.55 전하끼리 주고받는 힘을 아주 정밀하게 새로 재보니 쿨롱 법칙과 어긋남을 발견했다고 하자. 두 점전하가 실제로 주고받는 힘은 다음과 같다고 밝혀졌다:

$$\mathbf{F} = \frac{1}{4\pi\epsilon_0}\frac{q_1 q_2}{\mathscr{r}^2}\left(1 + \frac{\mathscr{r}}{\lambda}\right)e^{-(\mathscr{r}/\lambda)}\hat{\boldsymbol{\mathscr{r}}}$$

여기에서 λ는 새로운 자연 상수이다 (차원은 길이, 크기는 우주 반지름의 약 반 정도로 아주 커서 오차는 아주 작다. 그래서 전에는 아무도 이것을 찾아내지 못했다). 이 새로운 발견을 받아들여 정전기학을 정리하자. 중첩원리는 여전히 성립한다고 가정하자.

(a) 전하분포 ρ가 만드는 (식 2.8을 대체하는) 전기장을 구하라.

(b) 이 전기장에 대한 스칼라 전위가 있는가? 그 답을 어떻게 얻었는지 간단히 설명하라. (공식적인 증명은 필요 없고 설득력 있는 논리를 대면 된다.)

(c) 식 2.26과 비슷하게 점전하 q가 만드는 전위를 구하라. [만일 (b)에 대해 "아니오"라고 답했다면, 되돌아가 답을 바꾸는 것이 좋다!] 아주 먼 곳을 기준점으로 잡아라.

(d) 원점에 있는 점전하 q에 대해, 원점에 중심을 둔 공의 표면을 S, 부피를 V라 할 때 다음 관계식이 성립함을 보여라:

$$\oint_{\mathcal{S}} \mathbf{E} \cdot d\mathbf{a} + \frac{1}{\lambda^2} \int_{\mathcal{V}} V\, d\tau = \frac{1}{\epsilon_0} q$$

(e) 이 결과를 일반화하면 다음과 같음을 보여라:

$$\oint_{\mathcal{S}} \mathbf{E} \cdot d\mathbf{a} + \frac{1}{\lambda^2} \int_{\mathcal{V}} V\, d\tau = \frac{1}{\epsilon_0} Q_{\text{안}}$$

(이것은 새 "정전기학"에서 가우스 법칙에 해당한다.)

(f) 이 세계에 맞는 모든 공식을 모아 (그림 2.35와 같은) 삼각도표를 그려라. [푸아송 방정식은 ρ를 V로 나타내는 공식으로, (미분꼴) 가우스 법칙은 ρ를 $\mathbf{E}$로 나타내는 방정식으로 생각하라.]

(g) 도체에 있는 전하의 일부는 스스로 부피에 (고르게!) 퍼지고, 나머지는 표면에 퍼짐을 보여라. [실마리: 도체 속에서는 $\mathbf{E}$가 역시 0이다.]

문제 2.56 전기장 $\mathbf{E}(x, y, z)$가 다음과 같은 꼴이라고 하자:

$$E_x = ax, \qquad E_y = 0, \qquad E_z = 0$$

여기에서 a는 상수이다. 전하밀도를 구하라. 전하밀도가 고른데도 전기장이 어떤 쪽을 가리키는 것을 어떻게 설명할 수 있는가? [이것은 보기보다 미묘한 문제로, 잘 생각해볼 가치가 있다.]

문제 2.57 정전기학의 모든 것은 쿨롱 법칙의 $1/r^2$특성과 중첩원리에서 나온다. 그러므로 뉴턴의 중력법칙에 대해서도 비슷한 이론을 꾸밀 수 있다. 질량 M, 반지름 R인, 밀도가 고른 공의 중력 에너지는 얼마인가? 이 결과를 써서 "해"의 중력 에너지를 어림해보라. (셈에 필요한 자료는 인터넷을 찾아보라.) 이 에너지의 값은 음수임을 유의하라 – 질량은 끌어당기지만, (부호가 같은) 전하는 밀어낸다. 물질이 "떨어져" 뭉쳐 해를 만들면서 위치에너지가 다른(보통은 열) 에너지로 바뀌며, 결국은 빛으로 나온다. 해는 3.86×10^{26} W의 비율로 빛을 낸다. 이 모두가 중력 에너지에서 나온다면 해가 얼마나 오래 지속될까? (해는 사실 그보다 훨씬 더 오래 되었으므로, 에너지의 근원이 중력 에너지가 아님이 확실하다.[18])

18 켈빈 경은 이 논리를 써서 지구의 나이가 훨씬 더 길어야 하는 다윈의 진화론을 반박했다. 물론 지금은 해의 에너지가 중력이 아닌 핵융합에서 나옴을 알고 있다.

! **문제 2.58** 도체의 전하는 표면에 있다는 것을 알고 있지만, 그곳에서 어떻게 퍼지는가는 쉽게 알 수 없다. 표면전하밀도를 명확하게 셈할 수 있는 유명한 예의 하나가 타원체이다:

$$\frac{x^2}{a^2} + \frac{y^2}{b^2} + \frac{z^2}{c^2} = 1$$

이 때 표면전하밀도는 다음과 같다:[19]

$$\sigma = \frac{Q}{4\pi abc}\left(\frac{x^2}{a^4} + \frac{y^2}{b^4} + \frac{z^2}{c^4}\right)^{-1/2} \tag{2.57}$$

여기에서 Q는 총전하이다. 식 2.57에서 a, b, c의 값을 잘 골라 다음 값을 구하고 각각의 결과를 그래프로 그려라:

(a) 반지름 R인 원반의 알짜 표면전하밀도 $\sigma(r)$ (양쪽 면 모두).

(b) xy평면에서 $x = -a$와 $x = a$사이를 덮는 아주 긴 도체 "띠" 위의 알짜 표면전하밀도(이 띠의 단위 길이당의 총전하를 λ라고 하자).

(c) $x = -a$에서 $x = a$까지 걸친 도체 "바늘"의 단위 길이당 알짜 전하 $\lambda(x)$.

문제 2.59

(a) 반지름 a인 원에 내접하는 정삼각형의 꼭지점마다 점전하 q가 있는 것을 생각하자. 중심에서는 전기장이 (뻔히) 0이지만, (놀랍게도) 정삼각형 속에 전기장이 0인 곳이 세 곳 더 있다. 그곳을 찾아내라. [답: $r = 0.285a$. 아마도 컴퓨터가 필요할 것이다.]

(b) 정 n각형 속에서 전기장이 0인 곳은 (중심 말고도) n곳이 더 있다.[20] 중심에서 그곳까지의 거리를 $n = 4$와 $n = 5$일 때에 대해 구하라. $n \to \infty$이면 어떻게 될까?

문제 2.60 다음 명제를 증명하거나 (예를 들어) 반증하라:

정리: 밖에서 걸어준 전기장 $\mathbf{E}_{바깥}$ 속에 알짜 전하 Q가 실린 도체를 두면 힘 $\mathbf{F}$를 받는다; 이제 전기장의 방향을 뒤집으면 ($\mathbf{E}_{바깥} \to -\mathbf{E}_{바깥}$), 힘의 방향도 뒤집힌다 ($\mathbf{F} \to -\mathbf{F}$).

그 전기장이 고르다면 어떨까?

문제 2.61 안쪽 반지름이 a, 바깥쪽 반지름이 b인, 전하를 띠지 않은 쇠 공껍질의 중심에 점전하 q가 있다. 물음: (공껍질에 아주 작은 구멍을 뚫어) 그 전하를 꺼내어 아주 먼 곳으로 보내려면 일을 얼마나 해야할까? [답: $(q^2/8\pi\epsilon_0)(1/a - 1/b)$.]

---

19 이것을 얻는 과정(참된 묘기이다)은 다음을 보라: W. R. Smythe, *Static and Dynamic Electricity*, 3판. (New York, Hemisphere, 1989), §5.02.

20 S. D. Baker, Am. J. Phys. **52**, 165 (1984); D. Kiang, D. A. Tindall, *Am. J. Phys.* **53**, 593 (1985).

문제 2.62 N개의 똑같은 점전하를 반지름 R인 원둘레 위 또는 안쪽에 늘어놓아 에너지가 최소가 되게 하려면 어떻게 해야 하는가?[21] 도체의 전하가 표면으로 가므로, N개의 점전하가 원둘레에 (고르게) 퍼질 것으로 생각하기 쉽다. (그와 반대로) $N = 12$일 때 11개는 원둘레에 두고 하나는 중심에 두는 것이 더 나음을 보여라. $N = 11$일 때는 어떤가 (모두를 원둘레에 두는 것이 나은가, 아니면 10개를 원둘레에 두고 하나는 중심에 두는 것이 더 나은가)? [**실마리**: 셈을 해 보라 – 유효숫자를 적어도 4개는 써야 할 것이다. 모든 에너지를 $q^2/4\pi\epsilon_0 R$의 배수로 나타내라.]

! 문제 2.63

(a) 반지름 r, 전하 밀도 σ인 고르게 대전된 원반의 테두리의 전위를 구하라. [**실마리**: 원반을 반지름 $\imath$, 너비 $d\imath$, 각도 범위가 $-\theta$에서 $+\theta$까지인 원호 모양의 띠로 쪼갠 다음 θ에 대해 적분하라.]

(b) (a)의 결과를 써서 반지름 R, 총 전하 Q인 고르게 대전된 원반의 에너지를 셈하라.

(c) 반지름 R인 도체 원반에 총 전하 Q가 있다. 문제 2.58a에서 전하 밀도가 다음과 같음을 보였다.

$$\sigma(r) = \frac{Q}{2\pi R}\frac{1}{\sqrt{R^2 - r^2}}$$

원반의 전위를 구하라.

(d) (c)의 결과를 써서 반지름 R, 총 전하 Q인 도체 원반의 에너지를 셈하라. 답을 (b)의 결과와 비교하라. 어느 쪽이 더 작고, 왜 그런가?[22]

문제 2.64 많은 프로그래밍 언어에는 (그림 2.12a와 같은) 장 분포 그림을 그리는 꾸러미가 들어 있다. $\mathbf{E}(x, y, z)$를 입력하면 프로그램은 대표적인 점의 배열에서 장을 나타내는 화살표를 그려 보여준다. Mathematica에서는 VectorPlot이다. 예를 들어, 원점에 있는 점전하 q가 만드는 전기장을 그린다고 하자. xy 평면의 전기장은 다음과 같다:

$$\mathbf{E} = \frac{q}{4\pi\epsilon_0}\frac{\hat{\mathbf{r}}}{r^2} = \frac{q}{4\pi\epsilon_0}\frac{\mathbf{r}}{r^3} = \frac{q}{4\pi\epsilon_0}\frac{x\hat{\mathbf{x}} + y\hat{\mathbf{y}}}{(x^2 + y^2)^{3/2}}$$

따라서 $q/4\pi\epsilon_0 \to 1$로 두고 Mathematica 구문을 써서 함수를 정의하려면 다음과 같이 쳐 넣는다:

```
EF[{x_,y_}] := {x,y} /((x^2 + y^2)^(3/2))
```

그리고 다음 함수를 불러낸다:

---

21 M. G. Calkin, D. Kiang, D. A. Tindall, *Am. J. Phys.* 79, 843 (2011).

22 이 결과의 쓰임새는 다음을 보라: T. M. Minteer, *Eur. J. Phys.* 35, 035022 (2014).

```
VectorPlot [EF[{x,y}], {x,-1,1}, {y,-1,1}]
```

(꼬불 괄호 속의 항은 살펴볼 영역을 명시한다: $-1 \le x \le 1$ 및 $-1 \le y \le 1$).

(a) 위의 프로그램을 돌려보라. 화살표의 수를 바꾸려면 다음과 같이 쳐 넣는다 (예: 행/열당 10개)

```
VectorPlot[EF[{x,y}], {x,-1,1}, {y,-1,1}, VectorPoints->10]
```

장의 세기는 Mathematica에서 화살표의 색상으로 나타낸다; 길이로 나타내려면 (늘 쉼표 뒤에) 다음을 넣는다: `VectorScaling->Automatic`; 색상 코딩을 완전히 끄려면 다음을 넣는다: `VectorColorFunction->None`. x-축과 y-축을 그리려면 다음을 넣는다: `Axes->True`. 두 전하가 만드는 장의 그림을 그리는데, 크기가 같고 부호도 같은 것과(그림 2.14 참조), 부호는 반대인 것(그림 2.13 참조)을 각각 그려라.

(b) 전기장의 3차원 분포를 Mathematica로 그리려면 다음 함수를 쓴다:

```
VectorPlot3D[EF[{x,y,z}J,{x,-1,1}, {y,-1,1}, {z,-1,1},
  VectorScaling->Autornatic]
```

원점에 있는 점전하가 만드는 전기장을 그려보라. 그림이 다소 복잡할 것이다; 다음을 넣으면 그림이 더 나아 보인다: `VectorMarkers->Arrow`

문제 2.65 문제 2.64에서 대표적인 점의 장 벡터를 그렸다. 그 대신 점 (x_0, y_0)을 지나는 장선을 그리려 한다. Mathematica에서는 `StreamPlot`을 써서 할 수 있다.

```
StrearnPlot(EF[{x,y}], {x,-1,1}, {y,-1,1}, StreamPoints->{{x0,y0}},
  StreamScale->Full, Axes->True)
```

(a) 원점에 있는 점전하에 대해 (0.5, 0.5)를 지나는 장선을 그려라.

(b) 그림 2.13 및 2.14의 전하 배치에 대한 일반적인 장선을 그려라.

(c) `StreamPoints`의 인수를 숫자로 바꾸면(예: `StreamPoints->20`) `StreamPlot`은 20개의 대표적인 장선을 그린다. (b)의 전하 배치에 대해 해 보라.

문제 2.66 문제 2.65에서 `StreamPlot`을 써서 2차원에서 전기장 선을 그렸다. 빠르고 쉽지만 컴퓨터가 실제로 무엇을 하는지는 알려주지 않는다. 기본 발상은 매우 간단하다. 전기장 선 위의 한 점 $[\mathbf{r}(t)]$에서 다음 점 $[\mathbf{r}(t+dt)]$로 가려면 전기장의 방향으로 짧게 한 걸음 간다.

$$\mathbf{r}(t+dt) = \mathbf{r}(t) + \mathbf{E}(\mathbf{r}(t))dt.$$

여기서 t는 곡선을 따라 단조증가하는 매개변수(호의 길이)이다. 걸음이 무한소인 극한에서는 다음과 같다:

$$\frac{d\mathbf{r}}{dt} = \mathbf{E}$$

이것은 $\mathbf{r}(t)$에 대한 일반적인 1계 미분 방정식이며, Mathematica는 `NDSolve`를 써서 (수치적으로) 이를 풀 수 있다. 문제 2.64에서와 같이 먼저 전기장(EF)을 지정한 다음, 컴퓨터를 시켜 장선의 좌표($x(t), y(t), z(t)$)를 셈하게 한다.

```
FieldLine = NDSolve[{
   x'[t] == EF[{x[t], y[t], z[t]}] [[1]],
   y'[t] == EF[{x[t], y[t], z[t]}] [[2]],
   z'[t] == EF[{x[t], y[t], z[t]}] [[3]],
      x[0] == x0, y[0] == y0, z[0] == z0}, {x,y,z}, {t,0,tmax}];
```

마지막 줄에서 시작점(`x0`, `y0`, `z0`)에 대한 적절한 값을 넣고 얼마나 멀리(tmax) 갈 지 정한다. 마지막으로, 장선을 그리려면 다음을 넣는다.

```
ParametricPlot3D[{x[t] ,y[t] ,z[t]}/.FieldLine, {t,0,tmax}]
```

주의: 장선이 장이 크고 빨리 변하는 점전하에 너무 가까이에서 움직이면 수치해가 불안정해질 수 있으며 오류 전언이 뜨거나 그림이 이상하게 꼬인다.

(a) 코드가 잘 돌아가는지 확인하려면 문제 2.65a 및 b의 그림을 재현한다 (하지만 이제는 3차원이다). `tmax = 10`로 시작할 수 있고, 필요하면 바꿀 수 있다.

(b) (a)에서 장선은 모두 평면에 놓인다. 점전하 3개를 배열하여 평면에서 벗어나는 전기장선을 그려라.

문제 2.67 질량 m인 점전하 q가 전기장 $\mathbf{E}(x, y, z)$ 속에서 움직인다. $\mathbf{x}_0 = (x_0, y_0, z_0)$에서 속도 $\mathbf{v}_0 = (v_{x0}, v_{y0}, v_{z0})$ 로 시작하며, 궤적을 구하려고 한다. 다음 Mathematica 코드가 그 일을 한다.

```
Etraj [x0_, v0_, m_, q__, dt_, n_, EF_J :=
   Module[{X, V, x, v, xprev, j},
      X = Table[0., {i, 1, n}];
      X[[1]] =x0;
      V = Table[0., {i, 1, n}];
      v [[1]] = v0;
      x = x0;
      v = v0;
      For [j = 2, j <= n, j = j+1,
         xprev = x;
         x = x + v dt + 1/(2m) q EF[x] dt^2;
```

```
            v = 1/(2m) (q EF[xprev] + q EF[x] ) dt;
            X[[j]] = x;
            V[[j]] = v;
        ];
        Return[{X, V}J;
    ]
ShowTrajectory[pts_] :=
    Show[Graphics3D[Table[Line[{pts[[jj]], pts[[jj+1]]}],
        {jj, 1, Length [pts]-1}]]]
```

(a) Etraj는 벡터 $\mathbf{x}_0$ 및 $\mathbf{v}_0$, 값 q, m, dt, n 및 전기장 EF를 입력으로 쓰고, 두 목록을 반환한다: 전하의 위치 X와 속도 V는 n번 거듭 작은 간격 dt로 구분된다. 핵심 단계는 다음과 같다.

```
x = x + v dt + 1/(2m) q EF [ x ] dt^2;
v = v + 1/(2m) (q EF [xprev] + q EF [x]) dt;
```

이것의 내용을 설명하라. 그림을 그리려면 다음을 입력한다.

```
{X1, V1} = Etraj [ ... ];
ShowTrajectory [X1]
```

(b) 예를 들어, 원점에 있는 (음성) 점전하 Q가 장을 만든다고 하자. 이것은 수학적으로 고전적인 케플러 문제와 같다. 궤적은 다음 셋 중의 하나이다: 타원(총 역학적 에너지 – 운동 에너지와 위치 에너지의 합 – 이 음수일 때), 쌍곡선(양수일 때) 및 포물선(0일 때). 각각의 예를 만들어라. 각 경우. ($q = 1, m = 1, Q/4\pi\epsilon_0 = -1$로 둘 수 있다.)

(c) 좀 더 이색적으로 똑같은 두 음성 점전하가 (±0.5, 0, 0)에 있는데; q가 원점에서 초기 속도 $\mathbf{v}$ = (1.02, 1.10, 0)로 가는 상황을 살펴보라. $dt = 1/20{,}000$, $n = 32{,}000$으로 잡아라.

제3장 전위

3.1 라플라스 방정식

3.1.1 서론

정전기학의 첫째 과제는 고정된 전하분포가 만드는 전기장을 셈하는 것이다. 원리적으로는 이 일은 식 2.8의 쿨롱 법칙을 써서 할 수 있다:

$$\mathbf{E}(\mathbf{r}) = \frac{1}{4\pi\epsilon_0}\int \frac{\hat{\boldsymbol{\mathscr{r}}}}{\mathscr{r}^2}\rho(\mathbf{r}')\,d\tau' \tag{3.1}$$

그러나 이 적분은 전하분포가 아주 간단한 몇 가지 경우를 빼고는 매우 어렵다. 때로 대칭성이 있을 때는 가우스 법칙을 써서 이 어려움을 피할 수도 있다. 그러나 가장 좋은 길은 더 다루기 쉬운 식 2.29를 써서 전위 V를 셈하는 것이다:

$$V(\mathbf{r}) = \frac{1}{4\pi\epsilon_0}\int \frac{1}{\mathscr{r}}\rho(\mathbf{r}')\,d\tau' \tag{3.2}$$

그러나 이 적분도 흔히 해석적으로 다루기가 쉽지 않다. 뿐만 아니라, 도체가 있는 문제에서는 전하밀도 ρ자체를 모를 때도 있다: 도체에서는 전하가 자유로이 움직이므로, 우리가 직접 통제할 수 있는 것은 낱낱의 도체의 총 전하량 (또는 전위) 정도이기 때문이다.

그 때는 푸아송 방정식(식 2.24)을 써서 문제를 미분꼴로 바꾸는 것이 더 좋다.

$$\nabla^2 V = -\frac{1}{\epsilon_0}\rho \tag{3.3}$$

이 식에 적절한 경계조건을 주면 식 3.2와 같은 내용이 된다. 흔히 $\rho = 0$인 영역의 전위를 구하는 문제를 다루게 된다. (만일, 모든 곳에서 $\rho = 0$이라면, 물론 $V = 0$이고 더 말할 것이 없다. 그러나 여기에서 뜻하는 바는, 다른 곳에 전하가 많이 있지만 우리가 살펴본 곳에는 전하가 없다는 것이다.) 이 경우 푸아송 방정식은 라플라스 방정식이 된다:

$$\nabla^2 V = 0 \tag{3.4}$$

이것을 직각좌표로 풀어서 쓰면 다음과 같다.

$$\frac{\partial^2 V}{\partial x^2} + \frac{\partial^2 V}{\partial y^2} + \frac{\partial^2 V}{\partial z^2} = 0 \tag{3.5}$$

이 것은 정전기학의 근본 방정식이므로, 정전기학은 라플라스 방정식을 연구하는 것이라고까지 말할 수 있다. 또한, 이 방정식은 물리학의 온갖 분야, 즉 중력학, 자기학, 열이론 및 비눗방울 연구 등 거의 모든 곳에 나타난다. 수학에서는 이것이 해석함수 이론에서 중요한 구실을 한다. 라플라스 방정식과 그 해[**조화함수**(harmonic functions)라고 한다]를 감각적으로 느낄 수 있게 1차원 및 2차원 문제부터 살펴보자. 이들은 쉽게 그림으로 나타낼 수 있고, 3차원 문제의 핵심 특성을 모두 보여준다.

3.1.2 1차원 라플라스 방정식

V의 변수가 x뿐이라면, 라플라스 방정식은 다음과 같다.

$$\frac{d^2 V}{dx^2} = 0$$

이 방정식의 일반해는 다음과 같이 직선의 식이다.

$$V(x) = mx + b \tag{3.6}$$

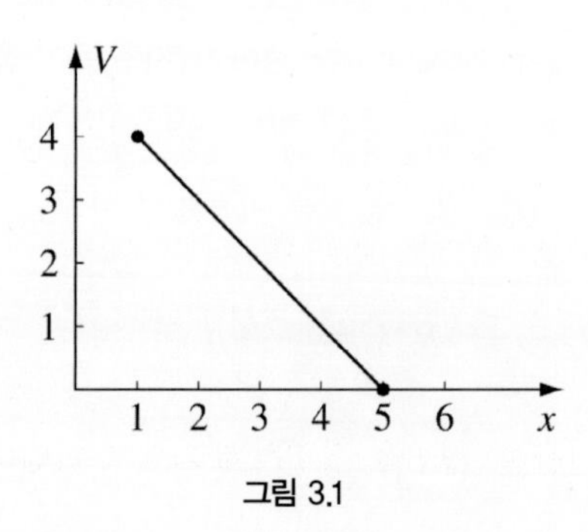

그림 3.1

이 식에는 미정 상수가 둘(m과 b)인데, 그것이 2계 (상)미분방정식이기 때문이다. 이 상수의 값은 문제의 경계조건에 따라 정해진다. 예를 들면, 이 경계조건이 $x = 1$일 때 $V = 4$, $x = 5$일 때 $V = 0$이면, $m = -1$과 $b = 5$로 되어 해는 $V = -x + 5$ 이다 (그림 3.1을 보라).

이 결과에서 두 가지 특징에 유의하자: 1차원 해는 "뻔"해서 시시해 보일지 모르나, 이와 비슷한 내용이 2차원 및 3차원 해에서는 전혀 "뻔"하지 않다:

(1) $V(x)$는 모든 a에 대해 $V(x+a)$와 $V(x-a)$의 평균값이다.

$$V(x) = \frac{1}{2}[V(x+a) + V(x-a)]$$

라플라스 방정식은 일종의 평균셈을 지시하는 식이다; 즉, x에 대해 왼쪽과 오른쪽 값의 평균값을 부여하도록 지시한다. 라플라스 방정식의 해는 이러한 뜻에서 더할 수 없이 따분하며, 그럼에도 양쪽 끝점에서는 정확히 맞는다.

(2) 라플라스 방정식은 영역 안에 극대나 극소를 허용하지 않는다; V의 극값은 반드시 끝점에 있다. 사실 이 조건은 (1)의 결과이다. 왜냐하면 극대가 구간 안에 있다면 그 값은 양쪽 어느 곳의 값 보다 클 것이므로 평균값이 될 수 없기 때문이다. (보통 2계 도함수의 값은 극대점에서 음수, 극소점에서 양수이다. 이에 반해 라플라스 방정식은 2계 도함수가 0이므로, 그 해에는 극값이 없어야 하는 것처럼 보인다. 그렇지만 이 설명은 증명이 아니다. 왜냐하면, 2계 도함수가 0인 점에서도 극대값과 극소값이 되는 함수가 있기 때문이다: 예를 들어 x^4은 $x = 0$에서 최소값이 된다.)

3.1.3 2차원 라플라스 방정식

만일, V의 변수가 둘이라면, 라플라스 방정식은 다음과 같은 꼴이다:

$$\frac{\partial^2 V}{\partial x^2} + \frac{\partial^2 V}{\partial y^2} = 0$$

이것은 더 이상 (변수가 하나인) 상미분방정식이 아니라 편미분방정식이다. 그 결과 잘 아는 간단한 규칙은 더 이상 적용되지 않는다. 예를 들어 이 방정식이 2계 미분방정식인데도 그 일반해의 미정 상수는 단지 두 개가 아니다 – 유한한 개수가 아니다. 사실 "일반해" 라는 것을 (적어도 식 3.6과 같은 간단한 꼴로) 쓸 수가 없다. 그런데도, 모든 해에 공통인 성질을 끌어낼 수는 있다.

물리적인 예를 살펴보자. 얇은 고무막(또는 비누막)을 받침대 위에 펼쳐 놓은 모습을 상상하자. 그림 3.2와 같이 종이상자의 옆면을 물결 모양으로 잘라 윗부분은 떼어 낸 다음, 고무막을 늘려 상자 위에 북처럼 붙이자. (물론, 옆면을 평평하게 자르지 않았다면 북이 평평한 모양은 아니다.) 상자 바닥에 xy-좌표계를 두면, 좌표 (x, y)인 곳의 고무판의 높이 $V(x, y)$는 라플라스 방정식을 만족시킨다.[1] (이에 해당하는 1차원 문제는 두 점 사이에 고무줄을 당겨 놓은 것이다. 물론 이 때는 직선이 된다.)

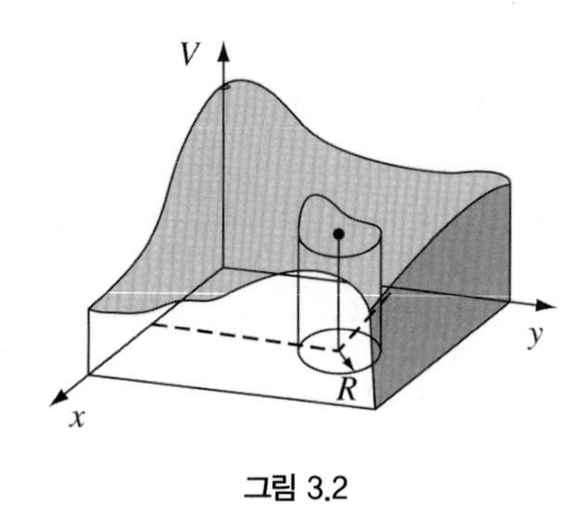

그림 3.2

조화함수는 2차원에서도 1차원에서와 똑같은 성질이 있다:

(1) 점 (x, y)에서의 V값은 그 주위의 값의 평균이다. 즉, 점 (x, y)를 중심으로 반지름 R인 원을 그리면 그 원 위에서의 V값의 평균이 중심에서의 값과 같다.

$$V(x, y) = \frac{1}{2\pi R} \oint_{\text{원}} V\, dl$$

(이 성질은 라플라스 방정식을 컴퓨터로 푸는 방법의 바탕인 **이완법**(method of relaxation)을 시사한다: 이 방법은 경계에서 명시된 V값에서 시작하여 내부의 격자점에 적절한 값을 어림한 다음, 내부의 각점의 값을 그 주위의 평균값으로 바꾸어 준다. 그리고 고친 값을 써서 이 과정을 되풀이한다. 이 과정을 몇 번 되풀이하면, 그 내부의 값이 안정되어 거의 달라지지 않게 되므로, 경계조건에 맞는 라플라스 방정식의 수치해를 얻는다.)[2]

(2) V는 극대 또는 극소 값이 없다; 모든 극값은 경계에 있다. [앞에서와 같이 이것은 (1)로부터 나온다.] 라플라스 방정식은 경계조건에 맞는 가장 단순한 함수를 고른다: 언덕도 골짜기도 없는 가장 매끄러운 면이다. 예를 들어 그림 3.2의 당겨진 고무막에 탁구공을 올려놓으면 공은 그냥 한쪽으로 굴러가 그 끝에서 떨어질 것이다 – 라플라스 방정식은 면에 움푹 팬 곳을

---

1 실제로 고무막의 방정식은 다음과 같다.

$$\frac{\partial}{\partial x}\left(g\frac{\partial V}{\partial x}\right) + \frac{\partial}{\partial y}\left(g\frac{\partial V}{\partial y}\right) = 0, \text{ 여기에서 } g = \left[1 + \left(\frac{\partial V}{\partial x}\right)^2 + \left(\frac{\partial V}{\partial y}\right)^2\right]^{-1/2}$$

고무막이 평면에서 너무 많이 벗어나지 않으면 이 식은 (근사적으로) 라플라스 방정식이 된다.

2 문제 3.65를 보라.

허용하지 않으므로 공이 자리 잡을 수 있는 "웅덩이"가 없다. 기하학적으로 보면 두 점을 잇는 가장 짧은 선이 직선인 것처럼, 조화함수는 2차원에서 경계선으로 둘러싸인 면의 넓이가 가장 작은 것이다.

3.1.4 3차원 라플라스 방정식

3차원에서는 1차원에서와 같이 명확한 해를 간단히 구할 수도 없고, 2차원에서와 같이 직관적 이해를 돕는 물리적인 예를 찾기도 힘들다. 그렇지만 앞에서 설명한 두 가지 성질은 똑같이 나타난다. 그것을 간단히 보이겠다.[3]

(1) $\mathbf{r}$에서의 V값은 $\mathbf{r}$에 중심을 둔 반지름 R인 공의 표면에서의 V의 평균값이다.

$$V(\mathbf{r}) = \frac{1}{4\pi R^2} \oint_{\text{공}} V\, da$$

(2) 그 결과 V는 극대 또는 극소 값이 없다; V의 극값은 반드시 경계에만 있다. [만일, V가 $\mathbf{r}$에서 극대가 된다면, $\mathbf{r}$을 중심으로 충분히 작은 공을 그리면 그 속의 모든 곳의 V값이 – 따라서 평균값이 – $V(\mathbf{r})$ 보다 작을 것이다.]

증명: 반지름 R인 공 밖에 있는 점전하 q가 만든 전위를 공의 표면에서 평균해 보자. 그림 3.3과 같이 좌표계의 원점을 공의 중심에 두고, q를 z축 위에 놓자. 공표면 위의 한 점의 전위는 다음과 같다.

$$V = \frac{1}{4\pi\epsilon_0}\frac{q}{\mathscr{r}}$$

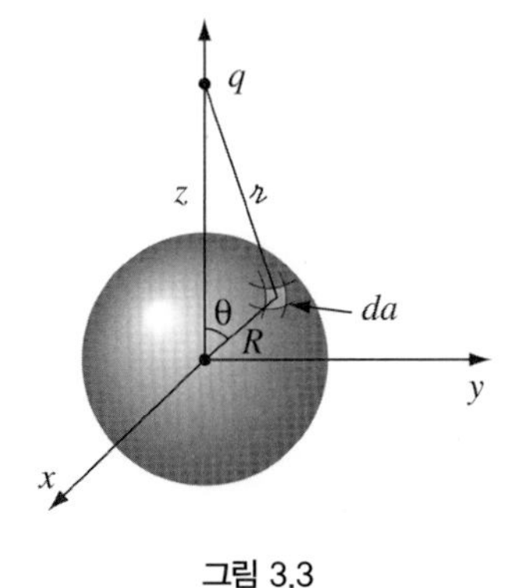

그림 3.3

3 쿨롱 법칙을 쓰지 않고 라플라스 방정식만 쓰는 증명은 문제 3.39를 보라.

여기에서 분모의 $\mathscr{r}$은 다음과 같다 (코사인 법칙):

$$\mathscr{r}^2 = z^2 + R^2 - 2zR\cos\theta$$

따라서, 전위의 평균값은 다음과 같다.

$$\begin{aligned} V_{\text{평균}} &= \frac{1}{4\pi R^2}\frac{q}{4\pi\epsilon_0}\int [z^2 + R^2 - 2zR\cos\theta]^{-1/2} R^2 \sin\theta\, d\theta\, d\phi \\ &= \frac{q}{4\pi\epsilon_0}\frac{1}{2zR}\sqrt{z^2 + R^2 - 2zR\cos\theta}\,\Big|_0^\pi \\ &= \frac{q}{4\pi\epsilon_0}\frac{1}{2zR}[(z+R) - (z-R)] = \frac{1}{4\pi\epsilon_0}\frac{q}{z} \end{aligned}$$

그런데 이것은 바로 점전하 q가 공의 **중심**에 만드는 전위이다! 중첩원리에 따라 공 밖에 있는 어떤 전하무리에 대해서도 위의 논리가 적용된다: 공표면의 평균 전위는 공 중심의 전위와 같다. ■

문제 3.1 반지름 R인 공 속에 점전하 q가 있을 때, 공표면의 평균 전위를 구하라 (위와 같은 문제이나 이번에는 $r < R$이다). (물론, 이 경우에는 공 안에서는 라플라스 방정식이 성립하지 않는다.) 일반적으로 전위가 다음과 같음을 보여라.

$$V_{\text{평균}} = V_{\text{중심}} + \frac{1}{4\pi\epsilon_0}\frac{Q_{\text{안}}}{R}$$

여기에서, $V_{\text{중심}}$은 공 밖의 모든 전하가 공 중심에 만드는 전위의 값, $Q_{\text{안}}$은 공 안에 든 총 전하량이다.

문제 3.2 다음 **언쇼 정리**(Earnshaw's theorem)를 한 문장으로 증명하라: **정전기력은 전하를 띤 입자에 대해 안정 평형점을 만들지 못한다.** 예를 들어, 그림 3.4와 같이 정육면체 꼭지점마다 전하 q가 박힌 것을 생각하자. 얼핏 중심에 양전하를 두면 꼭지점마다 밀어내므로 그 전하가 공중에 떠 있을 것 같다. 이 "정전기 병"은 어디에서 샐까? [핵융합을 다스려 실제 에너지원으로 쓰려면 **플라스마**(전하를 띤 입자로 된 죽)를 초고온 – 너무 뜨거워서 모든 그릇을 기화시켜 버린다 – 으로 데워야 한다. 언쇼 정리에 따르면, 정전기 그릇은 아무 쓸모가 없다. 다행히도 **자기장**을 써서 뜨거운 플라스마를 가둘 수 있다.]

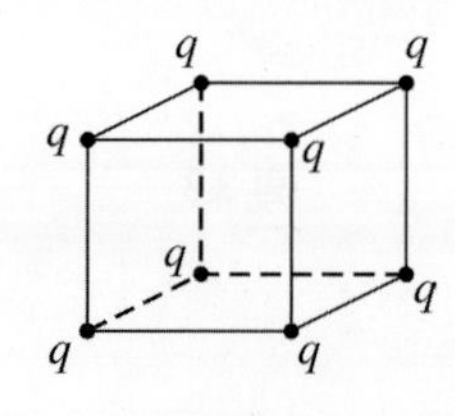

그림 3.4

문제 3.3 구 좌표계에서 V가 r만의 함수일 때 라플라스 방정식의 일반해를 구하라. 마찬가지로, 원통 좌표계에서 V가 s만의 함수일 때도 해를 구해 보라.

문제 3.4
(a) 공 밖의 전하가 만드는 전기장을 공표면에서 평균하면 공의 중심의 전기장과 같음을 보여라.
(b) 공 속의 전하가 만드는 전기장을 평균한 값은 어떤가?

3.1.5 경계조건과 유일성 정리

라플라스 방정식만으로는 V를 결정할 수 없다; 적절한 경계조건이 있어야 한다. 그래서 미묘한 문제가 생긴다: 답을 구하기에 충분하지만, 모순이 생기지는 않는, 적절한 경계조건은 무엇인가? 1차원의 경우는 쉽다. 일반해 $V = mx + b$에 상수가 둘이므로 경계조건이 두 개 필요하다. 예를 들어, 양쪽 끝의 함수 값을 주든지, 한쪽 끝의 함수 값과 도함수 값을 주든지, 또는 한쪽 끝의 함수 값과 다른 쪽의 도함수 값을 주든지 하는 따위이다. 그러나 어느 한쪽 끝의 함수 값이나 도함수 값만을 주면 – 조건이 충분하지 않다. 또는 양쪽 끝에서의 도함수 값만 주면 안 된다 – 두 값이 같으면 중복이고 다르면 모순이다.

2차원이나 3차원에서는 편미분방정식이 되는데, 적절한 경계조건이 무엇인지 알기 어렵다. 예를 들어, 팽팽하게 당겨진 고무막의 모양은 그것이 붙어 있는 테두리만 알면 유일하게 결정될까? 아니면 볼록한 깡통 뚜껑처럼 안정된 모양이 한 가지 꼴에서 다른 꼴로 바뀔 수 있을까? 그 대답은 여러분의 직관이 일러주는 것처럼 V는 경계값에 따라 유일하게 결정된다는 것이다 (깡통 뚜껑은 라플라스 방정식을 따르지 않는다). 그렇지만 다른 경계조건을 쓸 수도 있다(문제 3.5를 보라). 어떤 경계조건이 충분한가에 대한 증명은 보통 **유일성 정리**(uniqueness theorem)로 제시된다. 정전기학에는 그러한 정리가 많지만 기본형식은 모두 같다 - 여기에서는 가장 쓸모 있는 2개를 보여주겠다.[4]

제 1 유일성 정리: 라플라스 방정식의 해 V의 값이 어떤 부피영역 $\mathcal{V}$의 경계면 $\mathcal{S}$에서 명시되면 그 영역 속에서의 해가 유일하게 결정된다.[5]

---

4 여기에서는 해가 있음을 증명하려는 것이 아니다 – 그것은 훨씬 더 어렵다. 해가 있음은 보통 물리적 근거 때문에 명확하다.

5 표면에서의 값이 상수라는 것이 아니라, 곳곳마다 다를 수 있지만, 정해져 있다는 것이다.

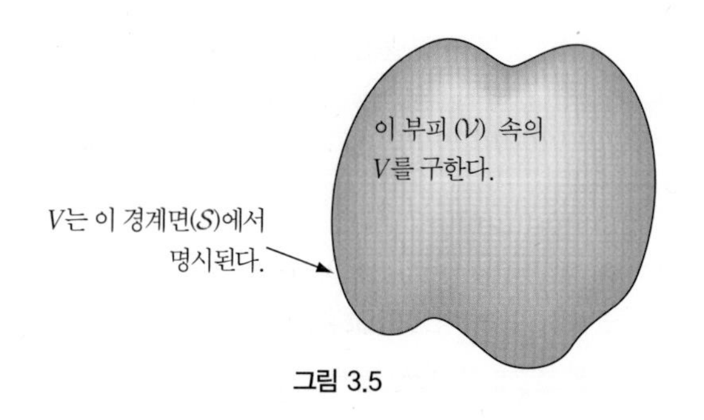

그림 3.5

증명: 그림 3.5와 같이 어떤 영역과 경계를 그린다. (표면의 모든 곳에서 V가 주어진다면, "섬"이 그 속에 있어도 좋다; 또, 바깥 경계가 아주 먼 곳이 될 수도 있는데, 그 곳의 V는 보통 0으로 둔다.) 라플라스 방정식의 해가 두 개라고 가정하자:

$$\nabla^2 V_1 = 0 \qquad \text{그리고} \qquad \nabla^2 V_2 = 0$$

두 해 모두 경계면에서의 값은 정해진 값으로 똑같다. 이 두 해가 같음을 보이면 된다. 요령은 두 해의 차를 살펴보는 것이다.

$$V_3 \equiv V_1 - V_2$$

이것도 라플라스 방정식의 해이다.

$$\nabla^2 V_3 = \nabla^2 V_1 - \nabla^2 V_2 = 0$$

그리고 경계면의 모든 곳에서 값이 0이다 (V_1과 V_2가 경계면에서 같으므로). 그러나 라플라스 방정식은 영역 안에 극대나 극소가 없다 – 극값은 오직 경계에만 있다. 따라서 V_3의 극대와 극소 값은 모두 0이다. 그러므로 V_3는 어디에서나 0이며, 따라서 다음과 같다:

$$V_1 = V_2$$

■

예제 3.1

완전히 막힌 도체 통 속에 전하가 없으면, 그 통 속의 전위는 **일정함**을 보여라.

■ 풀이 ■

통의 벽의 전위는 어떤 값 V_0으로 일정하므로[§2.5.1의 (iv)항], 통 속의 전위는 라플라스 방정식을 충족시키면서 경계에서는 값이 V_0인 함수이다. 이 문제의 해 가운데 하나는 천재가 아니라도 생각해 낼 수 있다: 통 속 어디에서나 $V = V_0$. 유일성 정리는 이것이 유일한 해임을 보증한다. (따라서, 통 속의 전기장은 0이다 – §2.5.2에서도 같은 결과를 얻었지만 논리적 바탕은 달랐다.)

유일성 정리는 우리 상상력에 대한 허가증이다. 해가 다음 조건만 맞춘다면 그것을 어떻게 얻든 상관없다: (a) 라플라스 방정식을 충족시키고, (b) 경계에서 올바른 값을 가진다. 이 논리의 위력을 뒤에 영상법에서 볼 것이다.

그런데 제 1 유일성 정리를 더 낫게 고치기는 쉽다: 앞에서는 관심영역에 전하가 없다고 가정하여 전위가 라플라스 방정식을 충족시켜야 했지만, 몇 개의 전하가 있어도 된다 (그러면 V는 푸아송 방정식을 충족시켜야 한다). 이 때도 논리는 같은데, 다만

$$\nabla^2 V_1 = -\frac{1}{\epsilon_0}\rho, \qquad 그리고 \qquad \nabla^2 V_2 = -\frac{1}{\epsilon_0}\rho$$

이므로 다음과 같다:

$$\nabla^2 V_3 = \nabla^2 V_1 - \nabla^2 V_2 = -\frac{1}{\epsilon_0}\rho + \frac{1}{\epsilon_0}\rho = 0$$

두 전위의 차(V_3)는 다시 라플라스 방정식을 충족시키고, 모든 경계에서 값이 0이므로 $V_3 = 0$이고 따라서 $V_1 = V_2$이다.

따름정리: 어떤 영역 $\mathcal{V}$ 속의 전위는 다음 조건이 있으면 유일하게 정해진다: (a) 그 영역 안에서의 전하밀도와 (b) 모든 경계에서의 V값.

3.1.6 도체와 제 2 유일성 정리

정전기학 문제에서 경계조건을 정하는 가장 간단한 방법은 관심영역을 둘러싼 모든 면에서 V값을 정해 주는 것이다. 이러한 상황은 실제로 종종 일어난다: 실험실에서는 도체의 전위를 일정하게 유지하려면 전지에 연결하고, 전위가 0이 되게 하려면 **접지**(ground)한다. 그러나 이와는 달리 경계에서의 전위는 모르지만 여러 도체 표면의 전하량은 알 때도 있다. 첫째 도체에 전하 Q_1, 둘째 도체에 Q_2, n번째 도체에 Q_n을 채운다고 하자 – 전하는 도체 표면에 이르면 곧 스스로 알아서 퍼져가므로, 그에 관해서는 말하지 않겠다. 덤으로 도체 사이의 영역에서는 전하밀도 ρ가 명시되었다고 하자. 이제 전기장이 유일하게 정해질까? 아니면 도체마다 전하가 배열되는 방법이 갖가지이고 이에 따라 전기장도 달라질까?

제 2 유일성 정리: 도체로 둘러싸여 있고, 전하밀도가 ρ인 부피영역 $\mathcal{V}$에서는 낱낱의 도체의 총 전하량을 알면 전기장을 유일하게 결정할 수 있다(그림 3.6) (전체영역은 다른 도체가 둘러쌀 수도 있고, 한없이 퍼져갈 수도 있다.)

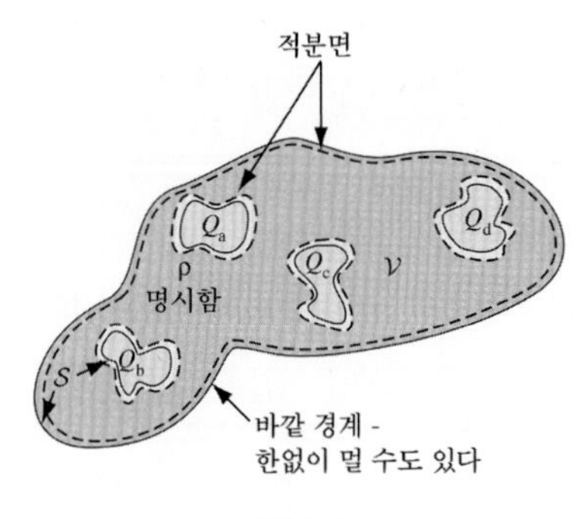

그림 3.6

증명: 조건에 맞는 전기장이 둘이라고 하자. 둘 다 도체 사이에 있는 공간에서는 미분꼴 가우스 법칙을 따르고:

$$\nabla \cdot \mathbf{E}_1 = \frac{1}{\epsilon_0}\rho, \qquad \nabla \cdot \mathbf{E}_2 = \frac{1}{\epsilon_0}\rho$$

낱낱의 도체를 둘러싸는 가우스 표면에서는 적분꼴 가우스 법칙을 따른다:

$$\oint_{i\text{번째 도체 표면}} \mathbf{E}_1 \cdot d\mathbf{a} = \frac{1}{\epsilon_0} Q_i, \qquad \oint_{i\text{번째 도체 표면}} \mathbf{E}_2 \cdot d\mathbf{a} = \frac{1}{\epsilon_0} Q_i$$

마찬가지로, 영역 전체의 바깥 경계(영역전체를 둘러싼 도체의 안쪽 표면이든 또는 아주 먼 곳이든 간에)에서도 적분꼴 가우스 법칙을 따른다:

$$\oint_{\text{바깥 경계면}} \mathbf{E}_1 \cdot d\mathbf{a} = \frac{1}{\epsilon_0} Q_{\text{전체}}, \qquad \oint_{\text{바깥 경계면}} \mathbf{E}_2 \cdot d\mathbf{a} = \frac{1}{\epsilon_0} Q_{\text{전체}}$$

전과 마찬가지로 두 전기장의 차를 살펴보자

$$\mathbf{E}_3 \equiv \mathbf{E}_1 - \mathbf{E}_2$$

이것은 도체 사이의 영역에서는 다음의 가우스 법칙을 따르고

$$\nabla \cdot \mathbf{E}_3 = 0 \tag{3.7}$$

각 경계면에서는 다음의 적분꼴 가우스 법칙을 따른다.

$$\oint \mathbf{E}_3 \cdot d\mathbf{a} = 0 \tag{3.8}$$

이제, 마지막 정보를 써야 한다: 비록 i번째 도체 표면에서 전하 Q_i가 어떻게 퍼지는지는 모르지만 도체 마다 등전위라는 것은 안다. 따라서 V_3는 각 도체 표면에서 **일정하다** (값은 도체마다 다를 수 있다). (또, V_1과 V_2가 다를 수도 있으므로 V_3가 0일 필요도 없다 – 확실한 것은 **둘** 다 도체 표면에서 값이 **일정하다**는 것이다.) 다음 요령은 곱셈규칙 5번을 쓰는 것이고, 그 결과는 다음과 같다:

$$\nabla \cdot (V_3 \mathbf{E}_3) = V_3(\nabla \cdot \mathbf{E}_3) + \mathbf{E}_3 \cdot (\nabla V_3) = -(E_3)^2$$

여기에서 식3.7과 $\mathbf{E}_3 = -\nabla V_3$를 썼다. 이것을 $\mathcal{V}$에 대해 적분하고 왼쪽에 발산정리를 쓰면 다음 결과를 얻는다.

$$\int_{\mathcal{V}} \nabla \cdot (V_3 \mathbf{E}_3)\, d\tau = \oint_{\mathcal{S}} V_3 \mathbf{E}_3 \cdot d\mathbf{a} = -\int_{\mathcal{V}} (E_3)^2\, d\tau$$

표면적분은 관심영역의 모든 경계면 – 도체 표면과 전체영역의 바깥경계면 – 에 대해 한다. 이제, V_3는 각 표면에서 일정하므로 (바깥경계면이 아주 먼 곳이면 그곳에서는 $V_3 = 0$이다.), 적분기호 밖으로 꺼내면, 나머지는 식 3.8에 따라 0이 된다. 그러므로 다음 결과를 얻는다.

$$\int_{\mathcal{V}} (E_3)^2\, d\tau = 0$$

그러나 피적분함수의 값은 결코 음수가 될 수 없다; 적분값이 0이 되는 유일한 길은 모든 곳에서 $E_3 = 0$인 것이다. 따라서 $\mathbf{E}_1 = \mathbf{E}_2$이고 이 정리는 증명되었다. ■

이 증명은 쉽지 않았지만, 참된 위험은 이 정리가 당연해 보여서 증명이 필요 없을 것처럼 보인다는 것이다. 제 2 유일성 정리가 너무 "뻔"하다고 생각되면 퍼셀이 든 예를 생각해 보자: 그림 3.7은 전하가 $\pm Q$인 도체 4 개를 (+)와 (–)가 가깝게 놓은 것을 보여준다. 이것은 아주 안정되어 보인다. 이제 그림 3.8처럼 가는 도선으로 (+), (–) 쌍끼리 연결하면 어떻게 될까? 양전하가 음전하에 가깝게 있어 (이것이 서로 좋아하는 위치이다) 아무 일도 없을 것으로 짐작할지도 모른다.

글쎄, 그럴듯하지만 틀렸다. 그림 3.8의 배열은 **불가능하다**. 왜냐하면, 이제는 도체가 실질적으로 두 개이고, 각 도체의 총 전하량은 0이기 때문이다. 도체의 총 전하량이 0이 되는 한 가지 방법은 어느 곳에도 전하가 쌓이지 않는 것이며, 따라서 어느 곳이나 전기장도 0이 되는 것이다(그림 3.9). 제 2유일성 정리에 따르면 이것이 바로 해가 되어야 한다. 전하는 도선을 따라 흘러가 서로 지워 버린다.

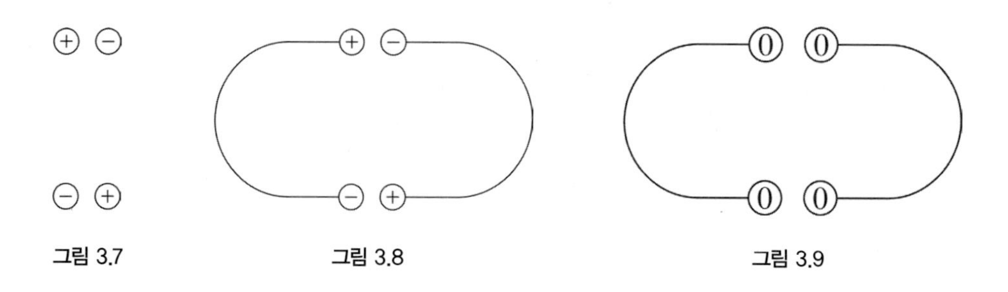

그림 3.7 그림 3.8 그림 3.9

문제 3.5 전하밀도 ρ가 정해지고, 경계면 마다 V나 법선 도함수 $\partial V/\partial n$이 정해지면 전기장이 유일하게 결정됨을 증명하라. 경계면이 도체라거나 V가 어떤 면에서 일정하다고 가정하지 마라. 물론, 규정된 모든 $\partial V/\partial n$은 가우스 법칙과 맞아야 한다. 예를 들어, 모든 표면의 $\partial V/\partial n$이 정해지면 각각의 표면으로 둘러싸인 전하가 정해진 셈이고, 바깥 경계면이 내부의 모든 전하를 둘러싸면 더 좋을 것이다 − 그렇지 않으면 해가 없다. 이 문제를 푸는데 이 사실이 필요하지는 않지만, $\partial V/\partial n$이 전하배치를 정의하는지 궁금해 할지도 몰라 말해두는데, 정의하지 않는다.]

문제 3.6 제 2 유일성 정리의 더 멋진 증명에서는 $T = U = V_3$로 놓고 그린 항등식(문제 1.61c)을 쓴다. 자세한 내용을 채워라.

3.2 영상법

3.2.1 고전적인 영상문제

접지된 무한 도체평판 위로 거리 d인 곳에 점전하 q가 있다 (그림 3.10). 물음: 평면 위쪽 영역의 전위는 얼마인가? 단순히 $(1/4\pi\epsilon_0)q/\mathscr{r}$은 아니다. 왜냐하면, 전하 q때문에 가까운 도체표면에는 음전하가 어느 정도 유도되기 때문이다; 그러므로 총 전위의 일부는 q가 만들고, 나머지는 이 유도전하가 만들 것이다. 문제는 표면의 유도전하가 얼마나 되고, 어떻게 퍼져있는지도 모르는데 전위를 어떻게 셈할 수 있는가이다.

수학적으로 보면 이 문제는 점전하 q가 $(0, 0, d)$에 있을 때 $z > 0$인 영역에서 푸아송 방정식을 푸는 일이며, 이 때 다음 경계조건에 맞추어야 한다:

(1) $z = 0$에서 $V = 0$ (도체평판이 접지되어 있으므로)이고,

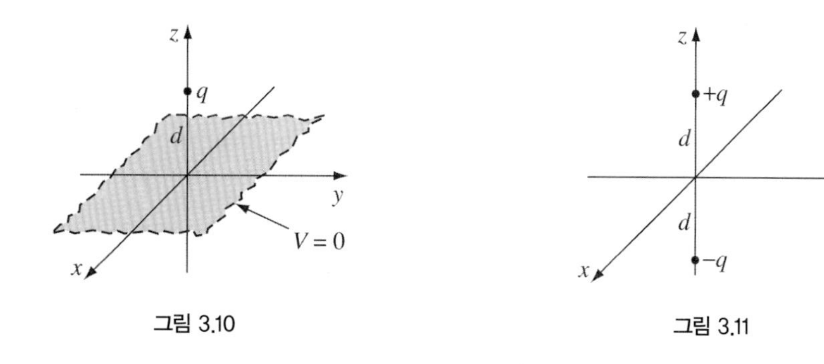

그림 3.10

그림 3.11

(2) 전하에서 아주 먼 곳(곧 $x^2 + y^2 + z^2 \gg d^2$인 곳)에서는 $V \to 0$이다.

제 1 유일성 정리(실은 따름정리)에 의하면, 이러한 조건에 맞는 함수는 딱 하나다. 꾀를 쓰든 짐작해 내든 어떤 방법을 쓰든 그러한 함수를 찾아낸다면, 그것이 답이다.

요령: 이 문제를 잠시 잊고 전혀 다른 상황을 생각하자. 새 문제에서는 점전하가 둘 있는데, $+q$는 $(0, 0, d)$, $-q$는 $(0, 0, -d)$에 있고, 도체평판은 아예 없다(그림 3.11). 이 때의 전위는 아래와 같음을 쉽게 알 수 있다:

$$V(x, y, z) = \frac{1}{4\pi\epsilon_0}\left[\frac{q}{\sqrt{x^2 + y^2 + (z - d)^2}} - \frac{q}{\sqrt{x^2 + y^2 + (z + d)^2}}\right] \tag{3.9}$$

[두 항의 분모는 각각 (x, y, z)에서 전하 $+q$와 $-q$까지의 거리이다.] 따라서 다음 조건에 맞다:

(1) $z = 0$에서 $V = 0$이고

(2) $x^2 + y^2 + z^2 \gg d^2$ 이면 $V \to 0$이다.

그리고, $z > 0$인 영역에는 딱 하나의 점전하 $+q$가 $(0, 0, d)$에 있을 뿐이다. 그런데 이것은 바로 원래의 문제의 조건이다! 분명히 둘째 문제는 $z \geq 0$인 "위쪽" 영역에서 첫째 문제와 전위가 똑같다. ($z < 0$인 "아래쪽" 영역에서는 전혀 다르지만, 알바 아니다. 필요한 것은 위쪽뿐이다.) 결론: 접지된 무한 도체평판 위쪽에 점전하가 하나 있을 때의 전위는 식(3.9)에서 $z \geq 0$인 부분이다.

이 논리에서 유일성 정리가 아주 중요한 구실을 하고 있음에 유의하라: 이 결과는 전혀 다른 전하배열에서 얻은 것이므로, 그 정리가 아니면 아무도 이 해를 받아들이지 않을 것이다. 그러나 전위가 관심영역에서 푸아송 방정식을 충족시키고 경계에서 정확한 값을 지니면 그것이 옳은 해임을 유일성 정리가 보증해 준다.

3.2.2 표면에 유도된 전하

이제, 전위를 아니까 도체 위에 유도된 표면전하 σ를 쉽게 셈할 수 있다. 식 2.49에 따르면

$$\sigma = -\epsilon_0 \frac{\partial V}{\partial n}$$

인데, 여기에서 $\partial V/\partial n$은 표면에서의 V의 법선 도함수이다. 이 경우 법선방향이 z−쪽이므로 다음과 같다:

$$\sigma = -\epsilon_0 \left.\frac{\partial V}{\partial z}\right|_{z=0}$$

식 3.9에서

$$\frac{\partial V}{\partial z} = \frac{1}{4\pi\epsilon_0}\left\{\frac{-q(z-d)}{[x^2+y^2+(z-d)^2]^{3/2}} + \frac{q(z+d)}{[x^2+y^2+(z+d)^2]^{3/2}}\right\}$$

이므로 다음과 같다:[6]

$$\sigma(x, y) = \frac{-qd}{2\pi(x^2+y^2+d^2)^{3/2}} \tag{3.10}$$

예상대로 (q가 양전하라면) 유도전하는 음전하이고 $x = y = 0$에서 값이 가장 크다.

여기까지 온 김에 총 유도전하량도 셈하자:

$$Q = \int \sigma\, da$$

이 적분은 xy−평면에 대한 것이므로 직각좌표계에서 $da = dxdy$로 놓고 할 수도 있지만, 극좌표계(r, ϕ) 를 쓰는 것이 더 쉽다. $r^2 = x^2 + y^2$이고 $da = rdrd\phi$ 로 두면

$$\sigma(r) = \frac{-qd}{2\pi(r^2+d^2)^{3/2}}$$

이다. 따라서 다음과 같다:

$$Q = \int_0^{2\pi}\int_0^{\infty} \frac{-qd}{2\pi(r^2+d^2)^{3/2}} r\, dr\, d\phi = \left.\frac{qd}{\sqrt{r^2+d^2}}\right|_0^{\infty} = -q \tag{3.11}$$

평판에 유도된 총 전하량은 $-q$이며, 당연히 그래야 함을 (뒤늦게 깨닫고) 확신할 수 있을 것이다.

6 이 결과를 전혀 다른 방법으로 끌어낼 수 있다. 문제 3.38을 보라.

3.2.3 힘과 에너지

위의 문제에서 점전하 q는 유도된 음전하 때문에 도체판 쪽으로 끌린다. 이 힘의 세기를 셈하자. q근처의 전위는 위의 유사 문제(말하자면, $+q$, $-q$가 있고 도체는 없는 것)와 같으므로 전기장도 같고, 따라서 힘도 같다:

$$\mathbf{F} = -\frac{1}{4\pi\epsilon_0}\frac{q^2}{(2d)^2}\hat{\mathbf{z}} \tag{3.12}$$

주의: 들떠서 두 문제가 모든 점에서 똑같다고 가정하기 쉽다. 그렇지만 에너지는 다르다. 두 전하만 있고 도체가 없을 때의 에너지는 식 2.42로부터 다음과 같다:

$$W = -\frac{1}{4\pi\epsilon_0}\frac{q^2}{2d} \tag{3.13}$$

그러나 점전하 하나와 도체평판이 있을 때는 에너지가 위에서 얻은 값의 반이다.

$$W = -\frac{1}{4\pi\epsilon_0}\frac{q^2}{4d} \tag{3.14}$$

왜 반인가? 전기장에 저장된 에너지를 생각해 보자(식 2.45):

$$W = \frac{\epsilon_0}{2}\int E^2\, d\tau$$

첫째 경우, 위쪽 영역($z > 0$)과 아래쪽 영역($z < 0$)이 모두 이 적분에 들어간다 – 그리고 대칭성에 의해 값이 같다. 그러나 둘째 경우에는 위쪽 영역에서만 전기장이 0이 아니고, 따라서 에너지는 원래의 첫째 경우의 값의 반이 된다.[7]

물론, 이 에너지는 q를 아주 먼 곳에서 가져오는 데 드는 일 에너지를 셈하여 구할 수도 있다. 이때 드는 힘은 $(1/4\pi\epsilon_0)(q^2/4z^2)\hat{\mathbf{z}}$이므로 그 값은 다음과 같다:

$$\begin{aligned} W &= \int_\infty^d \mathbf{F}\cdot d\mathbf{l} = \frac{1}{4\pi\epsilon_0}\int_\infty^d \frac{q^2}{4z^2}\,dz \\ &= \frac{1}{4\pi\epsilon_0}\left(-\frac{q^2}{4z}\right)\Bigg|_\infty^d = -\frac{1}{4\pi\epsilon_0}\frac{q^2}{4d} \end{aligned}$$

---

7 이 결과의 일반화에 관해서는 다음을 보라: M. M. Taddei, T. N. C. Mendes, C. Farina, *Eur. J. Phys.* **30**, 965 (2009). 그리고 문제 3.41b

q를 도체 쪽으로 가져올 때, q에만 일을 해준다. 유도전하도 도체판 안에서 움직이지만, 도체에서는 전위가 0이므로 일을 할 필요가 없다. 이에 반해 도체가 없는 곳에 두 점전하를 동시에 가져오려면, 두 점전하 모두에 일을 해야 하고, 필요한 일 에너지는 두 배가 된다.

3.2.4 그 밖의 영상문제

위에서 설명한 방법은 접지된 도체평판 근처에 놓인 점전하 하나가 있는 문제에만 쓸 수 있는 것은 아니다. 평판 근처에 고정된 모든 전하 배열 문제는 거울에 비친 상을 도입하여 다룰 수 있다 – 그래서 **영상법**(method of images)이라고 한다. (영상전하는 **부호가 반대**임을 기억하라; 그래야 xy 평면의 전위가 0이 된다.) 이와 비슷한 방법으로 다룰 수 있는 특이한 문제가 몇 가지 더 있는데, 그 가운데 가장 멋진 것을 아래에 소개한다.

예제 3.2

반지름 R인, 접지된 도체 공의 중심에서 거리 a인 곳에 점전하 q가 있다 (그림 3.12). 공 밖의 전위를 구하라.

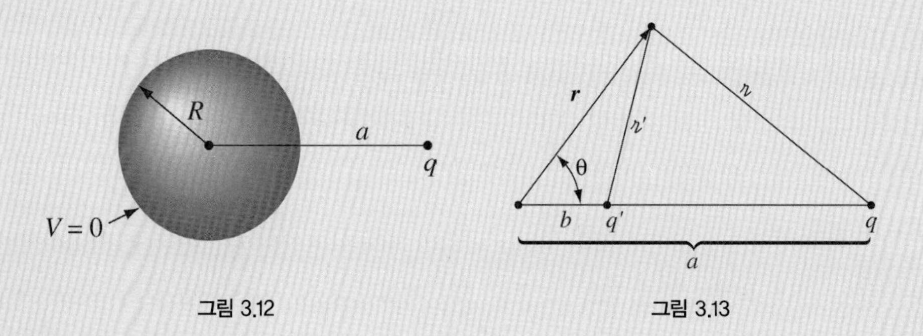

그림 3.12

그림 3.13

■ 풀이 ■

점전하 q와 다른 점전하 q'로 이루어진 전혀 다른 상황을 살펴보자. q'의 크기는 다음과 같고

$$q' = -\frac{R}{a}q \tag{3.15}$$

위치는 공의 중심에서 오른쪽으로 다음 거리에 있다(그림 3.13).

$$b = \frac{R^2}{a} \tag{3.15}$$

두 점전하 말고는 아무것도 – 도체도 – 없다. 이 전하 배열이 만드는 전위는 다음과 같다:

$$V(\mathbf{r}) = \frac{1}{4\pi\epsilon_0}\left(\frac{q}{\mathscr{r}} + \frac{q'}{\mathscr{r}'}\right) \tag{3.17}$$

$\mathscr{r}$과 $\mathscr{r}'$는 각각 점전하 q와 q'까지의 거리이다. 이 전위는 공표면의 모든 곳에서 0이므로(문제 3.8), 원래의 문제에 있는 도체 공 밖에서 경계조건을 충족시킨다.[8] **결론**: 식 3.17은 접지된 도체 공 가까이 있는 점전하가 만드는 전위이다. (b가 R보다 작으므로 "영상전하" q'는 도체 공 안에 있다 – 영상전하는 V를 셈하려는 영역 속에 놓을 수 없다; 그러면 전하밀도 ρ가 바뀌어 전하분포가 다른 푸아송 방정식을 푸는 셈이 되기 때문이다.) 전하와 도체 공이 서로 끄는 힘은 다음과 같다.

$$F = \frac{1}{4\pi\epsilon_0}\frac{qq'}{(a-b)^2} = -\frac{1}{4\pi\epsilon_0}\frac{q^2 Ra}{(a^2-R^2)^2} \tag{3.18}$$

이 영상전하법은 매혹적으로 간단하지만, 운이 아주 좋을 때뿐이다. 이 방법은 과학적인 만큼이나 예술적이기도 하다. 왜냐하면, 어떻게든 그 문제에 딱 맞는 "보조" 전하를 생각해내야 하고, 대부분의 모양에서는 그 일이 불가능 까지는 아니라도 너무 복잡해서 실질적으로 할 수 없다.

문제 3.7 그림 3.14의 전하 $+q$가 받는 힘을 셈하라. (xy평면은 접지된 도체이다.)

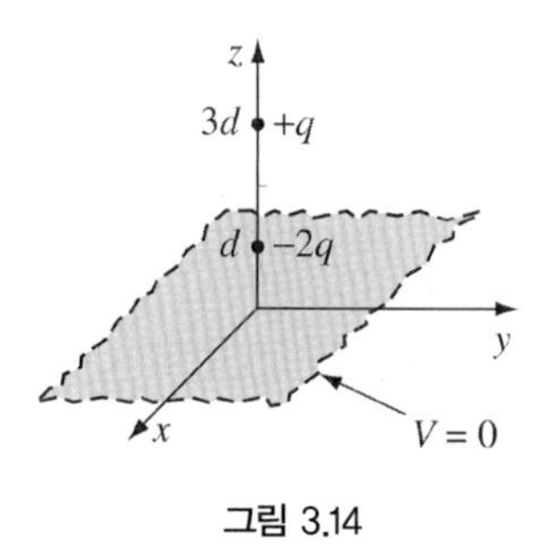

그림 3.14

문제 3.8

(a) 코사인 법칙을 써서 식 3.17을 다음과 같이 쓸 수 있음을 보여라.

$$V(r,\theta) = \frac{1}{4\pi\epsilon_0}\left[\frac{q}{\sqrt{r^2+a^2-2ra\cos\theta}} - \frac{q}{\sqrt{R^2+(ra/R)^2-2ra\cos\theta}}\right] \tag{3.19}$$

여기에서, r과 θ는 구좌표계의 값이며, z축은 q를 지난다. 이끌은 $r = R$인 공 표면에서 $V = 0$임

---

8 이 해는 톰슨(William Thomson)[뒤에 켈빈 경(Lord Kelvin)이 된다]이 1848년에 풀었는데, 그 때 겨우 24살이었다. 그것은 아폴로니우스(Apollonius, 200 BC) 정리인 두 점까지의 거리의 비가 같은 점의 궤적이 공이라는 것에서 영감을 받은 것 같다. 다음을 보라: J. C. Maxwell, *Treatise on Electricity and Magnetism*, 1권, (Dover, New York), 245쪽. 이 흥미있는 역사는 Gabriel Karl이 알려주었다.

을 분명히 보여준다.

(b) 도체 공 표면에 유도된 전하를 θ의 함수로 구하라. 이것을 적분하여 유도전하의 총량을 구하라 (얼마여야할까?)

(c) 이 배열에서의 에너지를 셈하라.

문제 3.9 반지름 R인 도체 공 껍질이 접지되어 있다. 공의 중심에서 거리 a ($< R$)인 곳에 있는 점전하 q가 받는 힘을 구하라.

문제 3.10 예제 3.2에서는 도체 공이 접지된 것으로 가정했다 ($V = 0$). 그러나 도체 공의 전위가 다른 어떤 값 V_0(물론 아주 먼 곳에 대한 값이다)이어도 영상전하를 하나 더 두면, 똑같은 방식으로 문제를 다룰 수 있다. 어떤 전하를 어디에 두어야 할까? 점전하 q와 전기적으로 **중성**인 도체 공 사이의 인력을 구하라.

문제 3.11 점 전하 q와 그 근처의, (총) 전하 q가 퍼져있는 도체 공 사이의 힘을 구하라 (문제 3.10의 방법을 써라). 분리 거리 a가 임계 값 $a_{임계}$보다 작으면 이 힘이 실제로 인력(!)임을 보여라. 그 임계 값을 구하라. [답: $(1 + \sqrt{5})/2$]

! **문제 3.12** 접지된 도체 판에서 거리 d인 곳에 선전하 λ가 고르게 퍼진 아주 긴 직선도선이 있다. (말하자면, 도체면은 xy평면이고, 도선은 x축과 나란하다고 하자.)

(a) 도체 판 위쪽 영역의 전위를 구하라. [실마리: 문제 2.52를 보라.]

(b) 도체 판에 유도된 전하밀도 σ를 구하라.

문제 3.13 접지된 도체 반평면 두 장이 그림 3.15와 같이 직각으로 붙어 있고, 그 사이에 점전하 q가 있다. 경계조건에 맞게 영상전하를 배치하고 이 영역의 전위를 구하라. (어떤 전하를 어디에다 두어야 할까? q가 받는 힘은 얼마인가? 아주 먼 곳에서 q를 가져오려면 일을 얼마나 해야 하는가?) 두 평면이 만나는 각이 90°가 아니어도 영상법을 쓸 수 있을까? 아니라면 영상법을 쓸 수 있는 특별한 각은 얼마일까?

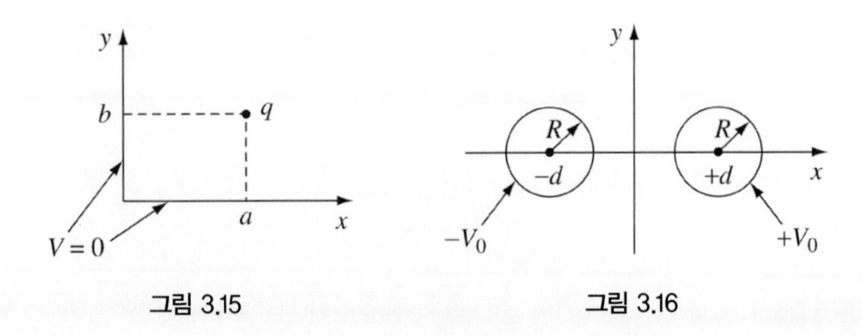

그림 3.15

그림 3.16

문제 3.14 반지름 R인 길고 곧은 구리 관 두 개가 거리 $2d$ 떨어져 있다. 하나의 전위는 V_0, 다른 것은 $-V_0$이다(그림 3.16). 모든 곳의 전위를 구하라. [실마리: 문제 2.53의 결과를 써라.]

3.3 변수 분리법

이 절에서는 물리학자들이 편미분방정식을 풀 때 가장 즐겨 쓰는 **변수 분리법**(separation of variables)을 써서 라플라스 방정식을 직접 풀어 보자. 이 방법을 쓸 수 있는 상황은 어떤 영역의 경계면에서 전위(V) 또는 전하밀도(σ)가 명시되어 있을 때 경계면 안쪽의 전위를 구하는 경우이다. 기본전략은 아주 단순하다: 함수의 곱으로 된 해를 찾는데, 각 함수의 변수는 좌표 하나이다. 그러나 수식을 정리하는 일은 아주 힘들 수 있으므로, 예제를 차례로 들어 이 방법을 전개하겠다. 직각좌표계에서 시작하여 구좌표계까지 다룬다 (원통좌표계는 문제 3.26에 남겨 두었으니 스스로 해보라.)

3.3.1 직각좌표계

예제 3.3

아주 큰 금속판 두 장이 xz 평면에 나란하게 접지된, 하나는 $y = 0$에, 다른 하나는 $y = a$에 놓여 있다(그림 3.17). $x = 0$인 왼쪽 끝은 두 금속판과 절연된 아주 긴 띠로 막혀 있는데, 이것은 전위가 $V_0(y)$로 유지된다. 이 ㄷ자 꼴 통 속의 전위를 구하라.

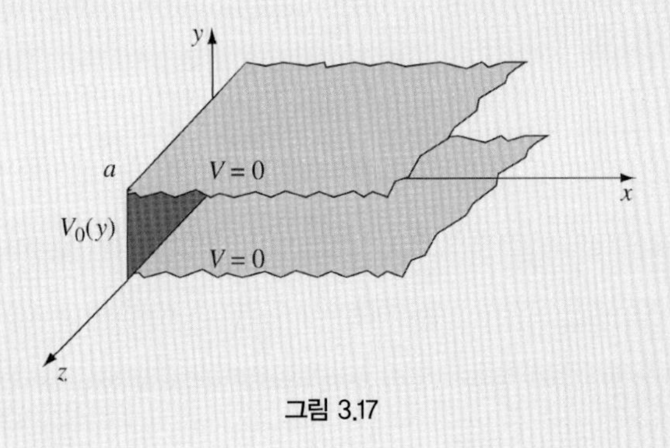

그림 3.17

■ 풀이 ■

물체의 모양이 z와는 무관하므로, 실제로는 2차원 문제이다. 수학적으로 말하면, 다음 라플라스 방정식

$$\frac{\partial^2 V}{\partial x^2} + \frac{\partial^2 V}{\partial y^2} = 0 \tag{3.20}$$

을 다음 경계조건에 맞게 풀어야 한다.

$$\left.\begin{array}{ll} \text{(i) } y = 0\text{일 때} & V = 0 \\ \text{(ii) } y = a\text{일 때} & V = 0 \\ \text{(iii) } x = 0\text{일 때} & V = V_0(y) \\ \text{(iv) } x \to \infty\text{일 때} & V \to 0 \end{array}\right\} \tag{3.21}$$

(마지막 조건은 문제에서 명시하지 않았지만, 물리적으로 필요하다. $x = 0$에 있는 "고전위" 띠에서 멀어질수록 전위는 낮아져서 결국 0이 되어야 한다.) 모든 경계면의 전위가 정해졌으므로 답은 유일하게 결정된다.

첫 단계는 함수를 곱한 꼴의 해를 찾는 것이다.

$$V(x, y) = X(x)Y(y) \tag{3.22}$$

얼핏 이것은 터무니없는 제약 같다 – 라플라스 방정식의 해의 대부분은 이러한 꼴이 아니다. 예를 들어 $V(x, y) = (5x + 6y)$는 식 3.20을 충족시키지만 x의 함수와 y의 함수의 곱으로 나타낼 수 없다. 이 방법으로 얻을 수 있는 해는 모든 해의 아주 작은 부분집합일 뿐이며, 이 가운데 하나가 문제의 경계조건을 충족시킨다면, 그것은 기적일 것이다. 그러나 우리가 얻는 해는 아주 특별한 것이므로 계속해보자. 그리고 이들을 이어 붙이면 일반해를 만들 수 있음이 드러난다.

아무튼 식 3.22를 식 3.20에 넣으면 다음 결과를 얻는다.

$$Y\frac{d^2 X}{dx^2} + X\frac{d^2 Y}{dy^2} = 0$$

다음 단계가 "변수 분리"이다 (즉, x의 함수를 모두 묶어 항 하나로, y의 함수를 모두 묶어 또 다른 항으로 만든다). 보통 이것은 양쪽을 V로 나누면 된다.

$$\frac{1}{X}\frac{d^2 X}{dx^2} + \frac{1}{Y}\frac{d^2 Y}{dy^2} = 0 \tag{3.23}$$

여기에서, 첫 항은 x의 함수이고 둘째 항은 y의 함수이다. 다시 말해 다음과 같은 꼴의 방정식이 된다:

$$f(x) + g(y) = 0 \tag{3.24}$$

이제, 이 방정식이 성립하는 길은 단 한 가지이다: "f와 g모두가 상수여야 한다". x를 변화시켜 $f(x)$가 달라진다면 어떻게 될까 $-y$를 고정시키고 x만 변화시키면 $f(x) + g(y)$가 변하게 되어 전체가 항상 0이라는 식 3.24의 조건이 깨질 것이다. (이 설명은 간단하지만 이해하기 쉽지는 않다: 변수 분리법은 이 논리에 바탕을 두므로 잘 생각하여 이해한 다음 받아들여야 한다.)

이제 식 3.23에서 다음 결과를 얻는다:

$$\frac{1}{X}\frac{d^2X}{dx^2} = C_1 \quad \text{그리고} \quad \frac{1}{Y}\frac{d^2Y}{dy^2} = C_2, \quad C_1 + C_2 = 0 \tag{3.25}$$

두 상수 가운데 하나는 양수, 다른 하나는 음수이다(모두 0일수도 있다). 일반적으로는 모든 가능성을 조사해야 한다. 그러나 이 문제에서는 C_1을 양수, C_2를 음수로 둔 까닭은 조금 뒤에 알게 된다. 따라서 다음과 같다.

$$\frac{d^2X}{dx^2} = k^2X, \qquad \frac{d^2Y}{dy^2} = -k^2Y \tag{3.26}$$

어떻게 되었나 보라: 식 3.20의 편미분방정식이 식 3.26의 상미분방정식 둘로 바뀌었다. 좋은 점은 자명하다: 상미분방정식이 훨씬 풀기 쉽다. X와 Y의 일반해는 다음과 같은 꼴이다:

$$X(x) = Ae^{kx} + Be^{-kx}, \qquad Y(y) = C\sin ky + D\cos ky$$

따라서 $V(x, y)$의 일반해는 다음과 같은 꼴이 된다:

$$V(x, y) = (Ae^{kx} + Be^{-kx})(C\sin ky + D\cos ky) \tag{3.27}$$

이것이 변수 분리법으로 푼 라플라스 방정식의 해이다; 이제 경계조건을 써서 상수의 값을 결정하면 된다. 금속판의 끝에서 시작하면, 마지막 조건 (iv) 때문에 A는 0이다.[9] B를 C와 D에 넣으면, 다음 결과를 얻는다.

$$V(x, y) = e^{-kx}(C\sin ky + D\cos ky)$$

조건 (i)에서 D는 0이므로

$$V(x, y) = Ce^{-kx}\sin ky \tag{3.28}$$

이고, 조건 (ii)에서 $\sin ka = 0$이므로 다음 결과를 얻는다.

$$k = \frac{n\pi}{a}, \qquad (n = 1, 2, 3, \ldots) \tag{3.29}$$

(이제 C_1은 양수로 C_2는 음수로 고른 까닭을 알 수 있을 것이다: X가 사인함수라면 아주 먼 곳에서 0이 되게 할 수 없고, Y가 지수함수라면 0과 a에서 전위가 0이 되게 할 수 없었을 것이다. 또한 $n = 0$이면 전위가 어디에서나 0이 되므로 적당한 해가 아니다. 그리고 n이 음수인 경우는 이미 뺐다.)

9 k가 양수라고 가정했지만, 일반성은 사라지지 않는다 – 음수라고 해도 (3.27)과 같은 해가 나오는데, 다만 상수가 맞바뀐다 ($A \leftrightarrow B$, $C \rightarrow -C$). (여기에서는 아니지만) 때로는 $k = 0$을 넣어야 한다 (문제 3.59를 보라).

여기까지가 변수 분리 해를 써서 갈 수 있는 한계이다. $V_0(y)$가 어떤 정수 n에 대해 $\sin(n\pi y/a)$ 꼴의 함수가 아니면 $x = 0$에서 경계조건을 맞출 수가 없다. 이제 이 방법을 구원하는 중요한 과정이 나온다: 변수 분리법으로 얻을 수 있는 해는 한없이 많고(n값 마다 해가 하나씩이다), 어느 하나의 해만으로 경계조건을 맞출 수 없으면, 여러 개를 묶어서 맞추면 된다. 왜냐하면, 라플라스 방정식이 선형이므로 $V_1, V_2, V_3, \cdots$가 해이면 이들과 임의의 상수 $\alpha_1, \alpha_2, \alpha_3, \cdots$를 써서 만드는 **선형 결합** $V = \alpha_1 V_1 + \alpha_2 V_2 + \alpha_3 V_3 + \cdots$도 해가 되기 때문이다:

$$\nabla^2 V = \alpha_1 \nabla^2 V_1 + \alpha_2 \nabla^2 V_2 + \ldots = 0\alpha_1 + 0\alpha_2 + \ldots = 0$$

이 사실을 써서 변수분리 해(식 3.28)를 끌어 모아 일반해를 만들 수 있다:

$$V(x, y) = \sum_{n=1}^{\infty} C_n e^{-n\pi x/a} \sin(n\pi y/a) \tag{3.30}$$

이 식도 경계조건 4개 가운데 3개는 충족시킨다: 문제는 다음과 같다: (계수 C_n을 잘 고르면) 경계조건 (iii)을 맞출 수 있는가?

$$V(0, y) = \sum_{n=1}^{\infty} C_n \sin(n\pi y/a) = V_0(y) \tag{3.31}$$

이 합이 무엇인가 알아볼 수 있을 것이다 – **푸리에 사인 급수**이다. 그리고 디리클레 정리(Dirichlet's theorem)[10]에 따르면, 거의 모든 함수 $V_0(y)$ – 불연속점이 유한개 있어도 –를 이러한 급수로 펼칠 수 있다.

그러면, 무한급수 속에 파묻힌 계수 C_n의 값은 어떻게 구할까? 그 방법이 너무 멋져서 이름이 따로 있다 – 나는 **푸리에 요령**(Fourier's trick)이라고 부르는데, 실은 오일러(Euler)가 본질적으로 같은 착상을 좀 더 일찍 했었다. 방법은 다음과 같다: 식 3.31에 $\sin(n'\pi y/a)$를 곱하고 (n'는 양의 정수), 0에서 a까지 적분한다:

$$\sum_{n=1}^{\infty} C_n \int_0^a \sin(n\pi y/a)\, \sin(n'\pi y/a)\, dy = \int_0^a V_0(y) \sin(n'\pi y/a)\, dy \tag{3.32}$$

이 식의 왼쪽을 적분하면 다음 결과를 얻는다.

$$\int_0^a \sin(n\pi y/a)\, \sin(n'\pi y/a)\, dy = \begin{cases} 0, & n' \neq n \text{ 일 때} \\ \dfrac{a}{2}, & n' = n \text{ 일 때} \end{cases} \tag{3.33}$$

10 다음 책을 보라: Boas, M., *Mathematical Methods in the Physical Sciences*, 3판. (New York: John Wiley, 2005).

따라서 이 급수에서 $n = n'$인 항만 남고 나머지는 사라진다. 식 3.32의 왼쪽은 $(a/2)C_{n'}$이 된다. 결론:[11]

$$C_n = \frac{2}{a}\int_0^a V_0(y)\sin(n\pi y/a)\,dy \tag{3.34}$$

이것으로 됐다: 식 3.30이 해이고, 계수는 식 3.34로 결정된다. 구체적인 예로서 $x = 0$에 금속띠가 있고 전위는 V_0로 일정하다고 하자. (물론, $y = 0$ 및 $y = a$에 있는 접지된 금속판과는 절연되어 있다.) 그러면 전개계수는 다음과 같다.

$$C_n = \frac{2V_0}{a}\int_0^a \sin(n\pi y/a)\,dy = \frac{2V_0}{n\pi}(1-\cos n\pi) = \begin{cases} 0, & n\text{이 짝수일 때} \\ \dfrac{4V_0}{n\pi}, & n\text{이 홀수일 때} \end{cases} \tag{3.35}$$

따라서 식 3.30의 무한급수는 다음과 같다.

$$V(x, y) = \frac{4V_0}{\pi}\sum_{n=1,3,5\ldots}\frac{1}{n}e^{-n\pi x/a}\sin(n\pi y/a) \tag{3.36}$$

그림 3.18은 전위를 그림으로 보여준다; 그림 3.19는 푸리에 급수에서 더하는 항의 개수를 차례로 늘리면 일정한 전위 V_0에 더 가까운 어림값이 되는 것을 보여준다:
(a)는 $n = 1$, (b)는 n을 5까지, (c)는 처음 10개, (d)는 처음 100개의 항을 더한 것이다.

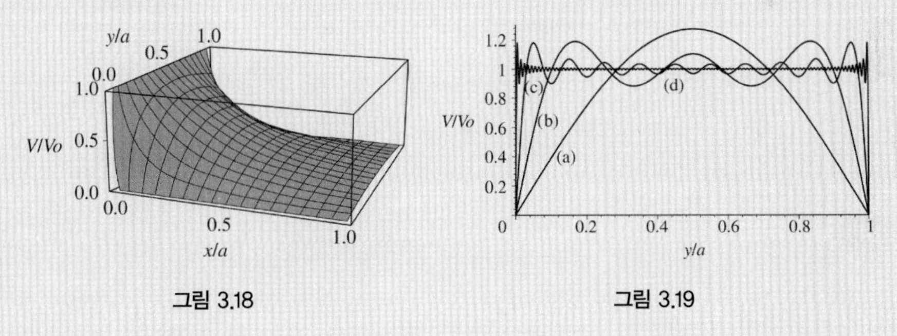

그림 3.18　　　　그림 3.19

우연히도 식 3.36의 무한급수는 다음과 같이 간단한 꼴이 된다 (원하면 직접 셈해보라):[12]

11 붓점은 미학적 이유로 떼어 버렸다; 식 3.34는 $n = 1, 2, 3, \ldots$에 대해 성립하며 "아래 글자(dummy index)"로는 어떤 글자를 써도 상관이 없다.

12 변수 분리 "해"(식 3.36)이 무한급수 꼴이어서 실망스러운가? 식 3.37과 같은 "깔끔한 꼴"은 어떨까? (실제로 급수의 합이 단순하고 명확한 꼴이 될 때는 드물다.) 사실, 이 둘은 겉보기 이상의 차이는 없다. 수학자들은 예를 들어 $\sin x$가 "실제로는" 다음 급수의 줄임꼴이라고 말한다.

$$x - (1/3!)x^3 + (1/5!)x^5 - \cdots$$

$$V(x, y) = \frac{2V_0}{\pi} \tan^{-1}\left(\frac{\sin(\pi y/a)}{\sinh(\pi x/a)}\right) \tag{3.37}$$

이 꼴은 라플라스 방정식의 해이고, 네 개의 경계조건(식 3.21)을 충족시킴을 쉽게 확인할 수 있다.

이 방법이 성공적인 까닭은 변수분리 해(식 3.28과 3.29)의 다음 두 가지 특별한 성질 때문이다: **완비성**(completeness)과 **직교성**(orthogonality). 어떤 함수의 집합 $f_n(y)$가 **완비되었다**(complete)는 것은 아무 함수 $f(y)$를 이들의 선형결합으로 나타낼 수 있음을 뜻한다:

$$f(y) = \sum_{n=1}^{\infty} C_n f_n(y) \tag{3.38}$$

예를 들어, 함수 $\sin(n\pi y/a)$는 구간 $0 \le y \le a$에서 완비되었다. 이 완비성 때문에 계수 C_n을 잘 고르면 식 3.31을 충족시킬 수 있음을 디리클레 정리가 보증한다. (함수 집합의 완비성 증명은 아주 어려워서, 물리학자들은 증명은 수학자에게 맡기고, 이것을 참이라고 가정하고 쓴다.) 함수 집합이 직교한다는 것은 그 집합의 원소인 두 다른 함수의 곱의 적분이 0이라는 것이다:

$$\int_0^a f_n(y) f_{n'}(y)\, dy = 0 \qquad (n' \neq n) \tag{3.39}$$

사인함수는 직교한다 (식 3.33); 이 성질이 "푸리에 요령"의 바탕으로서, 무한급수에서 항 하나를 뺀 모든 항을 지우므로 계수 C_n이 결정된다. (직교성의 증명은 일반적으로 아주 간단하다: 곧바로 적분하거나 그 함수가 나온 원래의 미분방정식을 분석한다.)

예제 3.4

그림 3.20과 같이 한없이 긴 금속 띠 두 장이 $y=0$ 및 $y=a$에 접지되어 있고, $x=\pm b$에서 이들을 잇는 금속 띠는 전위가 V_0로 유지된다 (테두리에 얇은 절연체를 씌워 금속 띠 끼리는 직접 닿지 않는다). 금속띠로 둘러싸인 네모꼴 관 속의 전위를 구하라.

■ 풀이 ■

이것도 전위분포는 z좌표와 무관하다. 이 문제는 다음 이차원 라플라스 방정식

$$\frac{\partial^2 V}{\partial x^2} + \frac{\partial^2 V}{\partial y^2} = 0$$

(수렴) 급수는 함수를 정의하는 완벽한 방법이고, 유일한 질문은 그 급수에 친숙한 이름이 있는가이다. 자주 나오는 급수에는 이름이 있지만(삼각 함수, 베셀 함수, 초기하 함수 등) 그것은 편의상의 문제일 뿐 심오한 것은 없다.

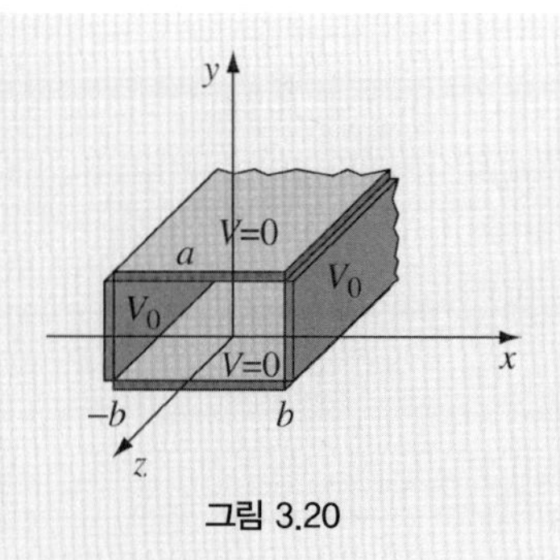

그림 3.20

을 다음의 경계조건에 맞게 푸는 것이다.

$$\left.\begin{array}{l}\text{(i) } y = 0\text{일 때 } V = 0 \\ \text{(ii) } y = a\text{일 때 } V = 0 \\ \text{(iii) } x = b\text{일 때 } V = V_0 \\ \text{(iv) } x = -b\text{일 때 } V = V_0\end{array}\right\} \tag{3.40}$$

푸는 방법은 앞서 식 3.27까지의 과정은 같다:

$$V(x, y) = (Ae^{kx} + Be^{-kx})(C \sin ky + D \cos ky)$$

그렇지만 이번에는 $A = 0$으로 둘 수 없다; 문제 영역은 $x = \infty$까지 가지 않으므로 e^{kx}도 해가 된다. 한편 $x = 0$에 대해 대칭이므로 $V(-x, y) = V(x, y)$이고, 따라서 $A = B$이다. 다음 관계식을 쓰고

$$e^{kx} + e^{-kx} = 2 \cosh kx$$

$2A$를 C와 D에 흡수시키면 다음과 같이 된다.

$$V(x, y) = \cosh kx\,(C \sin ky + D \cos ky)$$

경계조건 (i)과 (ii)로부터 앞서와 같이 $D = 0$과 $k = n\pi/a$의 조건이 나오므로 해는 다음과 같은 꼴이다.

$$V(x, y) = C \cosh(n\pi x/a)\, \sin(n\pi y/a) \tag{3.41}$$

여기에서 $V(x, y)$는 x에 대해 대칭이므로 조건 (iii)을 맞추면 (iv)는 저절로 맞게 된다. 그러므로 다음과 같은 선형결합을 꾸미고

$$V(x, y) = \sum_{n=1}^{\infty} C_n \cosh(n\pi x/a)\, \sin(n\pi y/a)$$

계수 C_n은 조건 (iii)이 맞게 고른다:

$$V(b, y) = \sum_{n=1}^{\infty} C_n \cosh(n\pi b/a)\, \sin(n\pi y/a) = V_0$$

이것은 앞서 푸리에 해석에서 다룬 것과 같은 문제이다: 식 3.35의 결과를 끌어오면 다음과 같다.

$$C_n \cosh(n\pi b/a) = \begin{cases} 0, & n \text{ 이 짝수일 때} \\ \dfrac{4V_0}{n\pi}, & n \text{ 이 홀수일 때} \end{cases}$$

결론: 이 경우의 전위는 다음과 같다.

$$V(x, y) = \frac{4V_0}{\pi} \sum_{n=1,3,5\ldots} \frac{1}{n} \frac{\cosh(n\pi x/a)}{\cosh(n\pi b/a)} \sin(n\pi y/a) \tag{3.42}$$

그림 3.21은 이 함수를 보여준다.

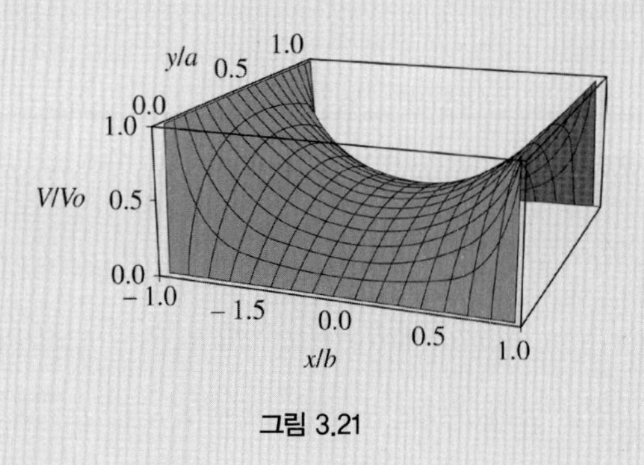

그림 3.21

예제 3.5

그림 3.22와 같이 아주 긴 네모꼴 금속 관(변의 길이는 a와 b)의 네 면은 접지되어 있고, $x = 0$인 변의 전위는 $V_0(y, z)$로 유지된다. 관 속의 전위를 구하라.

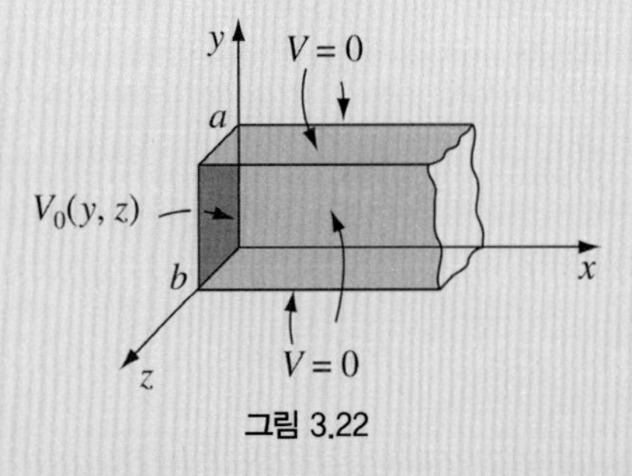

그림 3.22

■ 풀이 ■

이것은 참된 3차원 문제로서 방정식은 다음과 같다.

$$\frac{\partial^2 V}{\partial x^2} + \frac{\partial^2 V}{\partial y^2} + \frac{\partial^2 V}{\partial z^2} = 0 \tag{3.43}$$

경계조건은 다음과 같다.

$$\left.\begin{array}{lll} \text{(i)} & y = 0\text{일 때} & V = 0 \\ \text{(ii)} & y = a\text{일 때} & V = 0 \\ \text{(iii)} & z = 0\text{일 때} & V = 0 \\ \text{(iv)} & z = b\text{일 때} & V = 0 \\ \text{(v)} & x \to \infty\text{일 때} & V \to 0 \\ \text{(vi)} & x = 0\text{일 때} & V = V_0(y, z) \end{array}\right\} \tag{3.44}$$

여느 때처럼 함수의 곱꼴인 해를 찾는다:

$$V(x, y, z) = X(x)Y(y)Z(z) \tag{3.45}$$

이것을 식 3.43에 넣고 V로 나누면 다음 결과를 얻는다.

$$\frac{1}{X}\frac{d^2 X}{dx^2} + \frac{1}{Y}\frac{d^2 Y}{dy^2} + \frac{1}{Z}\frac{d^2 Z}{dz^2} = 0$$

따라서 다음 식을 얻는다.

$$\frac{1}{X}\frac{d^2 X}{dx^2} = C_1, \quad \frac{1}{Y}\frac{d^2 Y}{dy^2} = C_2, \quad \frac{1}{Z}\frac{d^2 Z}{dz^2} = C_3, \quad \text{그리고} \quad C_1 + C_2 + C_3 = 0$$

앞서의 경험(예제 3.3)에서 C_1은 양수, C_2와 C_3는 음수이어야 한다. $C_2 = -k^2, C_3 = -l^2$으로 놓으면 $C_1 = k^2 + l^2$이 되므로 다음과 같이 쓸 수 있다.

$$\frac{d^2 X}{dx^2} = (k^2 + l^2)X, \quad \frac{d^2 Y}{dy^2} = -k^2 Y, \quad \frac{d^2 Z}{dz^2} = -l^2 Z \tag{3.46}$$

이번에도 변수분리를 하여 편미분방정식을 상미분방정식으로 바꾸었다. 그 해는 다음과 같다.

$$X(x) = Ae^{\sqrt{k^2+l^2}\,x} + Be^{-\sqrt{k^2+l^2}\,x}$$

$$Y(y) = C \sin ky + D \cos ky$$

$$Z(z) = E \sin lz + F \cos lz$$

경계조건 (v)는 $A = 0$, (i)은 $D = 0$, (iii)은 $F = 0$임을 뜻하지만, (ii)와 (iv)는 $k = n\pi/a$와 $l = m\pi/b$임을 요구한다. 남아 있는 상수들을 묶으면 다음 식을 얻는다.

$$V(x, y, z) = Ce^{-\pi\sqrt{(n/a)^2+(m/b)^2}\,x}\sin(n\pi y/a)\sin(m\pi z/b) \tag{3.47}$$

이 해는 (vi)를 뺀 모든 경계조건에 맞다. 여기에는 값이 정해지지 않은 **두** 정수(m과 n)가 들어 있으며, 가장 일반적인 선형결합은 **이중합**(二重合)이다:

$$V(x, y, z) = \sum_{n=1}^{\infty}\sum_{m=1}^{\infty} C_{n,m}e^{-\pi\sqrt{(n/a)^2+(m/b)^2}\,x}\sin(n\pi y/a)\sin(m\pi z/b) \tag{3.48}$$

계수 $C_{n,m}$을 잘 골라 나머지 경계조건을 맞춘다:

$$V(0, y, z) = \sum_{n=1}^{\infty}\sum_{m=1}^{\infty} C_{n,m}\sin(n\pi y/a)\sin(m\pi z/b) = V_0(y, z) \tag{3.49}$$

이 상수를 결정하려면 $\sin(n'\pi y/a)\sin(m'\pi z/b)$를 곱해 주고 적분하여 다음을 얻는다:

$$\sum_{n=1}^{\infty}\sum_{m=1}^{\infty} C_{n,m}\int_0^a \sin(n\pi y/a)\sin(n'\pi y/a)\,dy\int_0^b \sin(m\pi z/b)\sin(m'\pi z/b)\,dz$$
$$= \int_0^a\int_0^b V_0(y, z)\sin(n'\pi y/a)\sin(m'\pi z/b)\,dy\,dz.$$

여기에서 n'와 m'는 임의의 양의 정수이다. 식 3.33을 쓰면 왼쪽은 $(ab/4)C_{n',m'}$이므로 다음 결과를 얻는다.

$$C_{n,m} = \frac{4}{ab}\int_0^a\int_0^b V_0(y, z)\sin(n\pi y/a)\sin(m\pi z/b)\,dy\,dz \tag{3.50}$$

식 3.48 및 식 3.50의 계수가 바로 문제의 해이다.

예를 들어 관의 왼쪽 면의 전위가 V_0으로 일정하다면, 전개 계수의 값은 다음과 같다.

$$C_{n,m} = \frac{4V_0}{ab}\int_0^a \sin(n\pi y/a)\,dy\int_0^b \sin(m\pi z/b)\,dz$$
$$= \begin{cases} 0, & n \text{ 또는 } m\text{이 짝수}, \\ \dfrac{16V_0}{\pi^2 nm}, & n \text{ 및 } m\text{이 홀수} \end{cases} \tag{3.51}$$

따라서 전위는 다음과 같다.

$$V(x, y, z) = \frac{16V_0}{\pi^2}\sum_{n,m=1,3,5\ldots}^{\infty}\frac{1}{nm}e^{-\pi\sqrt{(n/a)^2+(m/b)^2}\,x}\sin(n\pi y/a)\sin(m\pi z/b) \tag{3.52}$$

각 항은 차례로 빨리 줄어든다; 처음 몇 항만 셈해도 상당히 잘 맞는 어림값이 된다.

문제 3.15 예제 3.3의 아주 긴 ㄷ자꼴 금속 홈에서 $x = 0$에 금속 띠가 두 개 있는데, 하나는 $y = 0$에서 $y = a/2$까지 전위 V_0으로 일정하게 유지되고, 다른 하나는 $y = a/2$에서 $y = a$까지 전위 $-V_0$으로 일정하게 유지된다. 홈 속의 전위를 구하라.

문제 3.16 예제 3.3의 아주 긴 ㄷ자꼴 금속 홈에서 $x = 0$에 있는 금속 띠가 전위 V_0으로 일정하게 유지된다고 가정하고 전하밀도 $\sigma(y)$를 구하라.

문제 3.17 네모꼴 관이 z축에 나란히 뻗어 있다($-\infty$에서 ∞까지). $y = 0$, $y = a$, $x = 0$에 있는 세 면은 접지되고, $x = b$에 있는 면은 전위 $V_0(y)$로 유지된다.

(a) 관 속의 전위에 대한 일반 공식을 전개하라.

(b) $V_0(y) = V_0$(상수)일 때의 전위를 구체적으로 구하라.

문제 3.18 모서리 길이가 a인 정육면체 통이 있다. 5개의 면은 금속판으로서 모서리가 용접되어 접지되어 있고, 뚜껑은 다른 면과 절연되어 전위가 V_0로 일정하게 유지된다(그림 3.23). 상자 속의 전위분포를 구하라. [통의 중심 $(a/2, a/2, a/2)$의 전위는 얼마일까? 답으로 얻은 식의 값이 맞는지 수치 셈을 하여 확인하라.][13]

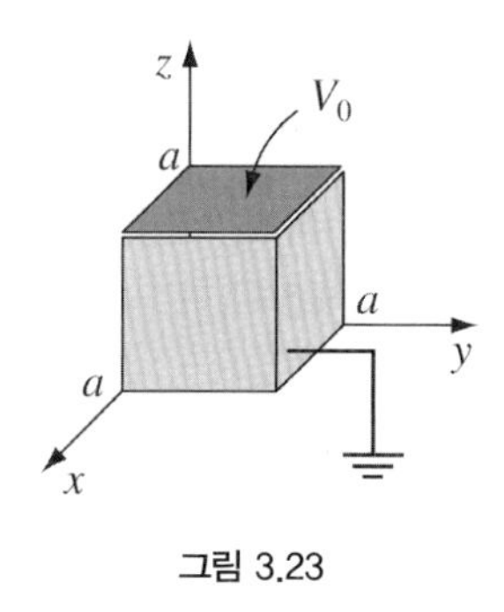

그림 3.23

3.3.2 구좌표계

이제까지 살펴본 예제에서는 경계가 평면이었기 때문에 직각좌표계가 잘 맞았다. 그러나 둥근 물체에 대해서는 구좌표계가 더 잘 맞는다. 구좌표계에서는 라플라스 방정식이 다음과 같은 꼴이다.

13 이 재치있는 검사 방법은 J. Castro가 제시했다.

$$\frac{1}{r^2}\frac{\partial}{\partial r}\left(r^2\frac{\partial V}{\partial r}\right)+\frac{1}{r^2\sin\theta}\frac{\partial}{\partial\theta}\left(\sin\theta\frac{\partial V}{\partial\theta}\right)+\frac{1}{r^2\sin^2\theta}\frac{\partial^2 V}{\partial\phi^2}=0 \tag{3.53}$$

문제에 **회전 대칭성**(azimuthal symmetry)이 있으면 V가 ϕ와 무관하다;[14] 이 경우에 식 3.53은 다음과 같은 꼴이 된다.

$$\frac{\partial}{\partial r}\left(r^2\frac{\partial V}{\partial r}\right)+\frac{1}{\sin\theta}\frac{\partial}{\partial\theta}\left(\sin\theta\frac{\partial V}{\partial\theta}\right)=0 \tag{3.54}$$

앞서와 같이 함수를 곱한 꼴의 해를 구하자:

$$V(r,\theta)=R(r)\Theta(\theta) \tag{3.55}$$

식 3.54에 넣고 V로 나누어 주면 다음과 같이 된다.

$$\frac{1}{R}\frac{d}{dr}\left(r^2\frac{dR}{dr}\right)+\frac{1}{\Theta\sin\theta}\frac{d}{d\theta}\left(\sin\theta\frac{d\Theta}{d\theta}\right)=0 \tag{3.56}$$

첫째 항은 r에만, 둘째 항은 θ에만 의존하므로 각 항은 상수이어야 한다:

$$\frac{1}{R}\frac{d}{dr}\left(r^2\frac{dR}{dr}\right)=l(l+1),\qquad \frac{1}{\Theta\sin\theta}\frac{d}{d\theta}\left(\sin\theta\frac{d\Theta}{d\theta}\right)=-l(l+1) \tag{3.57}$$

여기에서, $l(l+1)$은 분리상수로서 좀 특이하게 썼는데, 왜 그렇게 쓰는가는 곧 알게 된다.

여느 때처럼, 변수분리로 편미분방정식(식 3.54)이 상미분방정식(식 3.57)으로 바뀌었다. 반지름 방정식

$$\frac{d}{dr}\left(r^2\frac{dR}{dr}\right)=l(l+1)R \tag{3.58}$$

의 일반해는 다음과 같음을 쉽게 확인할 수 있다.

$$R(r)=Ar^l+\frac{B}{r^{l+1}} \tag{3.59}$$

A와 B는 2계 미분방정식의 해에 나타나는 두 개의 적분 상수이다. 각도 방정식은 다음과 같이 조금 복잡하다:

---

14 ϕ에 대한 대칭성이 없어 전위가 ϕ의 함수인 일반적인 경우는 대학원 교재에서 다룬다. 예를 들어 다음을 보라: J. D. Jackson, *Classical Electrodynamics,* 3판 (New York, John Wiley, 1999), 3장.

$$\frac{d}{d\theta}\left(\sin\theta\frac{d\Theta}{d\theta}\right) = -l(l+1)\sin\theta\,\Theta \tag{3.60}$$

이 방정식의 해는 변수 $\cos\theta$에 대한 **르장드르 다항식**(Legendre polynomial)이다:

$$\Theta(\theta) = P_l(\cos\theta) \tag{3.61}$$

여기에서, $P_l(x)$는 다음의 **로드리그 공식**(Rodrigues formula)으로 정의하는 것이 가장 간단하다.

$$P_l(x) \equiv \frac{1}{2^l l!}\left(\frac{d}{dx}\right)^l (x^2-1)^l \tag{3.62}$$

처음 몇 개의 르장드르 다항식은 표 3.1과 같다.

표 3.1 르장드르 다항식

$P_0(x) = 1$
$P_1(x) = x$
$P_2(x) = (3x^2-1)/2$
$P_3(x) = (5x^3-3x)/2$
$P_4(x) = (35x^4-30x^2+3)/8$
$P_5(x) = (63x^5-70x^3+15x)/8$

$P_l(x)$는 (이름이 시사하듯이) x의 l차 다항식이다; 이 다항식에 들어있는 항의 차수는 l이 짝수이면 모두 짝수, l이 홀수이면 모두 홀수이다. 맨 앞의 곱수 $(1/2^l l!)$은 다음 조건에 맞게 고른 값이다:

$$P_l(1) = 1 \tag{3.63}$$

로드리그 공식은 l이 양의 정수일 때만 쓸 수 있고, 게다가 하나의 해만 나온다. 그러나 식 3.60은 2계 미분방정식이므로 l값 마다 독립인 해가 둘씩 있다. "둘째 해"는 $\theta = 0$과 $\theta = \pi$에서 발산하며, 따라서, 물리적인 해로 받아들일 수 없다.[15] 예를 들어 $l = 0$에 대한 둘째 해는 다음과 같다.

$$\Theta(\theta) = \ln\left(\tan\frac{\theta}{2}\right) \tag{3.64}$$

이 식이 식 3.60을 충족시킴을 스스로 확인해 보라.

회전 대칭성이 있으면 라플라스 방정식의 변수분리 해 가운데 최소한의 물리적인 조건을 충족

15 아주 드물게 어떤 까닭으로 z축에 가까이 갈 수 없을 때는 이 "둘째 해"도 생각할 수 있다.

시키는 일반해는 다음과 같다.

$$V(r, \theta) = \left(Ar^l + \frac{B}{r^{l+1}} \right) P_l(\cos\theta)$$

(식 3.61에는 적분상수를 곱수로 붙일 필요가 없다. 왜냐하면 그것은 여기에서 A와 B에 흡수되기 때문이다.) 앞서와 같이 변수분리법으로 l값 마다 해가 하나씩 나오므로 아주 많은 해의 집합이 나온다. 일반해는 변수분리 해의 선형결합 꼴이다:

$$\boxed{V(r, \theta) = \sum_{l=0}^{\infty} \left(A_l r^l + \frac{B_l}{r^{l+1}} \right) P_l(\cos\theta)} \tag{3.65}$$

다음의 예들은 이 중요한 결과의 위력을 보여준다.

예제 3.6

반지름 R인 공 껍질의 전위분포가 $V_0(\theta)$이다. 이 공 속의 전위를 구하라.

■ 풀이 ■

이 때는 모든 l에 대해 $B_l = 0$이다 – 그렇지 않으면 전위가 원점에서 발산할 것이다. 따라서, 전위는 다음과 같은 꼴이다.

$$V(r, \theta) = \sum_{l=0}^{\infty} A_l r^l P_l(\cos\theta) \tag{3.66}$$

$r = R$에서는 경계조건에 따라 $V_0(\theta)$와 같아야 한다:

$$V(R, \theta) = \sum_{l=0}^{\infty} A_l R^l P_l(\cos\theta) = V_0(\theta) \tag{3.67}$$

계수 A_l을 잘 고르면 위의 방정식이 성립할까? 그렇다: 르장드르 다항식은 (사인함수처럼) 구간 $-1 \leq x \leq 1$ $(0 \leq \theta \leq \pi)$에서 완비된 함수집합이다. 이 상수들을 어떻게 결정하는가? 르장드르 다항식은 (사인함수처럼) 직교함수이므로 다시 또 푸리에 요령을 쓰면 된다:[16]

$$\int_{-1}^{1} P_l(x) P_{l'}(x)\, dx = \int_0^{\pi} P_l(\cos\theta) P_{l'}(\cos\theta) \sin\theta\, d\theta$$

16 다음 책을 보라: Boas, M., *Mathematical Methods in the Physical Sciences*, 3판(New York: John Wiley, 2005) §12.7, 각주 9.

$$= \begin{cases} 0, & l' \neq l \text{ 일 때} \\ \dfrac{2}{2l+1}, & l' = l \text{ 일 때} \end{cases} \tag{3.68}$$

따라서 식 3.67의 양변에 $P_{l'}(\cos\theta)\sin\theta$를 곱한 다음 적분하면 다음 결과를 얻는다.

$$A_{l'}R^{l'}\frac{2}{2l'+1} = \int_0^\pi V_0(\theta)P_{l'}(\cos\theta)\sin\theta\, d\theta$$

또는

$$A_l = \frac{2l+1}{2R^l}\int_0^\pi V_0(\theta)P_l(\cos\theta)\sin\theta\, d\theta \tag{3.69}$$

식 3.66이 문제의 해이며, 계수는 식 3.69로 정해진다.

식 3.69의 적분값을 해석적으로 구하기 어려울 수 있으므로, 실제로는 식 3.67을 "눈썰미"로 푸는 것이 더 쉬울 때가 있다.[17] 예를 들어 공 껍질의 전위가 다음과 같다고 하자.

$$V_0(\theta) = k\sin^2(\theta/2) \tag{3.70}$$

여기에서, k는 상수이다. 반각공식을 써서 이것은 다음과 같이 고쳐 쓸 수 있다:

$$V_0(\theta) = \frac{k}{2}(1-\cos\theta) = \frac{k}{2}[P_0(\cos\theta) - P_1(\cos\theta)]$$

이것을 식 3.67에 넣으면 곧 다음 결과를 얻는다: $A_0 = k/2$, $A_1 = -k/(2R)$, 그리고 나머지 모든 A_l은 0임을 바로 알 수 있다. 그러므로 전위는 다음과 같다.

$$V(r,\theta) = \frac{k}{2}\left[r^0P_0(\cos\theta) - \frac{r^1}{R}P_1(\cos\theta)\right] = \frac{k}{2}\left(1 - \frac{r}{R}\cos\theta\right) \tag{3.71}$$

예제 3.7

반지름 R인 공 껍질의 표면 전위분포가 다시 $V_0(\theta)$인데, 이번에는 공 밖의 전위를 구해 보자. 그곳에는 전하가 없다고 가정한다.

■ 풀이 ■

이 경우 A_l은 모두 0이다. (그렇지 않으면 아주 먼 곳에서 V가 0이 되지 않는다.) 따라서 전위는 다음과 같은 꼴이다:

---

17 이것은 $V_0(\theta)$를 $\cos\theta$의 다항식으로 나타낼 수만 있다면 확실히 참이다. 다항식의 차수는 l의 최대값이 되어야 하고, 최고차항의 계수는 대응되는 A_l의 값을 결정한다. $A_lR^lP_l(\cos\theta)$을 빼내고 같은 과정을 되풀이하면 A_0까지 체계적으로 결정된다. V_0가 $\cos\theta$의 **대칭함수**이면 차수가 짝수인 항만 (반대칭함수이면 차수가 홀수인 항만) 선형결합에 들어간다.

$$V(r, \theta) = \sum_{l=0}^{\infty} \frac{B_l}{r^{l+1}} P_l(\cos\theta) \tag{3.72}$$

공 껍질에서의 전위는 경계조건에 따라 $V_0(\theta)$와 같아야 한다:

$$V(R, \theta) = \sum_{l=0}^{\infty} \frac{B_l}{R^{l+1}} P_l(\cos\theta) = V_0(\theta)$$

$P_{l'}(\cos\theta)\sin\theta$를 곱한 다음 적분하면 – 다시 또 3.68의 직교관계를 쓰면 – 다음 결과를 얻는다.

$$\frac{B_{l'}}{R^{l'+1}} \frac{2}{2l'+1} = \int_0^{\pi} V_0(\theta) P_{l'}(\cos\theta) \sin\theta \, d\theta$$

또는

$$B_l = \frac{2l+1}{2} R^{l+1} \int_0^{\pi} V_0(\theta) P_l(\cos\theta) \sin\theta \, d\theta \tag{3.73}$$

식 3.72와 식 3.73의 계수가 바로 문제의 해이다.

예제 3.8

반지름이 R이고 전하가 없는 쇠공을 고른 전기장 $\mathbf{E} = E_0\hat{\mathbf{z}}$ 속에 두었다. 전기장은 양 전하를 공의 "북쪽" 표면으로 밀어, 음 전하는 "남쪽" 표면에 남는다 (그림 3.24). 이 유도전하는 전기장을 만들어 쇠공 근처의 전기장을 변화시킨다. 쇠공 밖의 전위를 구하라.

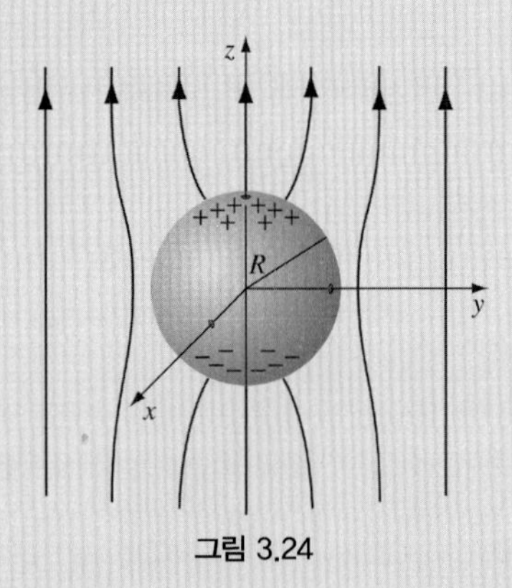

그림 3.24

■ 풀이 ■

쇠공은 등전위 – 0으로 잡아도 된다 – 이다. 그러면, 대칭성에 의해 xy평면 전체의 전위가 0이 된다. 그러나 이번에는 z가 아주 커져도 V가 0이 되지 않는다. 사실, 쇠공에서 먼 곳의 전기장은 $E_0\hat{\mathbf{z}}$이므로 그곳의 전위는 다음과 같다.

$$V \rightarrow -E_0 z + C$$

적도면에서 $V = 0$이므로 상수 C는 0이어야 한다. 따라서 이 문제의 경계조건은 다음과 같다.

$$\begin{aligned} &\text{(i) } r = R\text{일 때 } V = 0 \\ &\text{(ii) } r \gg R\text{일 때 } V \rightarrow E_0 r \cos\theta \end{aligned} \tag{3.74}$$

이제, 식 3.65와 같은 꼴의 함수로 이 경계조건을 맞추어야 한다.

첫째 조건에서 다음 결과를 얻는다.

$$A_l R^l + \frac{B_l}{R^{l+1}} = 0$$

또는

$$B_l = -A_l R^{2l+1} \tag{3.75}$$

따라서 전위분포는 다음과 같은 꼴이다:

$$V(r, \theta) = \sum_{l=0}^{\infty} A_l \left(r^l - \frac{R^{2l+1}}{r^{l+1}} \right) P_l(\cos\theta)$$

$r \gg R$이면 괄호 속의 둘째 항은 무시할 수 있으므로 경계조건 (ii)에 따라 다음과 같아야 한다.

$$\sum_{l=0}^{\infty} A_l r^l P_l(\cos\theta) = -E_0 r \cos\theta$$

위식의 오른쪽에는 항이 딱 하나이다: $l = 1$. 사실 $P_1(\cos\theta) = \cos\theta$이므로 곧 바로 다음을 알 수 있다.

$$A_1 = -E_0, \text{ 나머지 다른 } A_l\text{은 } 0$$

결론:

$$V(r, \theta) = -E_0 \left(r - \frac{R^3}{r^2} \right) \cos\theta \tag{3.76}$$

첫 항($-E_0 r \cos\theta$)은 밖에서 걸어준 전기장 때문이다; 유도전하가 만드는 것은 분명히 다음 항이다:

$$E_0 \frac{R^3}{r^2} \cos\theta$$

유도전하 밀도는 다음과 같이 셈할 수 있다.

$$\sigma(\theta) = -\epsilon_0 \left.\frac{\partial V}{\partial r}\right|_{r=R} = \epsilon_0 E_0 \left(1 + 2\frac{R^3}{r^3} \right) \cos\theta \Big|_{r=R} = 3\epsilon_0 E_0 \cos\theta \tag{3.77}$$

예상대로, 이것은 북반구($0 \le \theta \le \pi/2$)에서 양수, 남반구($\pi/2 \le \theta \le \pi$)에서 음수이다.

예제 3.9

반지름 R인 공 껍질에 전하가 밀도 $\sigma_0(\theta)$로 퍼져 있다. 이 공 껍질 안팎의 전위를 구하라.

■ 풀이 ■

이것은 곧바로 적분해도 된다.

$$V = \frac{1}{4\pi\epsilon_0}\int \frac{\sigma_0}{\mathscr{r}}\,da$$

그러나 흔히 변수 분리법이 더 쉽다. 공 껍질 안쪽 영역의 전위는 다음과 같은 꼴이다:

$$V(r,\theta) = \sum_{l=0}^{\infty} A_l r^l P_l(\cos\theta) \qquad (r \le R) \tag{3.78}$$

(B_l 항은 없다 – 원점에서 발산하므로); 바깥 영역의 전위는 다음과 같은 꼴이다:

$$V(r,\theta) = \sum_{l=0}^{\infty} \frac{B_l}{r^{l+1}} P_l(\cos\theta) \qquad (r \ge R) \tag{3.79}$$

(A_l 항은 없다 - 아주 먼 곳에서 0이 되지 않으므로). 이 두 함수는 공 껍질에서 적절한 경계조건에 따라 연결되어야 한다. 첫째, 전위는 $r = R$에서 연속이다 (식 2.34):

$$\sum_{l=0}^{\infty} A_l R^l P_l(\cos\theta) = \sum_{l=0}^{\infty} \frac{B_l}{R^{l+1}} P_l(\cos\theta) \tag{3.80}$$

따라서 양쪽의 차수가 같은 르장드르 다항식의 계수가 같아야 한다:

$$B_l = A_l R^{2l+1} \tag{3.81}$$

(이것을 직접 증명하려면 식 3.80의 양쪽에 $P_{l'}(\cos\theta)\sin\theta$를 곱하고 식 3.68의 직교성을 써서 0에서 π까지 적분한다.) 둘째, V의 반지름에 대한 도함수는 표면에서 불연속이다 (식 2.36):

$$\left.\left(\frac{\partial V_{\text{밖}}}{\partial r} - \frac{\partial V_{\text{안}}}{\partial r}\right)\right|_{r=R} = -\frac{1}{\epsilon_0}\sigma_0(\theta) \tag{3.82}$$

따라서, 다음과 같다:

$$-\sum_{l=0}^{\infty}(l+1)\frac{B_l}{R^{l+2}} P_l(\cos\theta) - \sum_{l=0}^{\infty} l A_l R^{l-1} P_l(\cos\theta) = -\frac{1}{\epsilon_0}\sigma_0(\theta)$$

또는, 식 3.81을 쓰면 다음과 같은 꼴이 된다.

$$\sum_{l=0}^{\infty}(2l+1) A_l R^{l-1} P_l(\cos\theta) = \frac{1}{\epsilon_0}\sigma_0(\theta) \tag{3.83}$$

이제부터는 푸리에 요령을 써서 계수를 결정할 수 있다:

$$A_l = \frac{1}{2\epsilon_0 R^{l-1}} \int_0^\pi \sigma_0(\theta) P_l(\cos\theta) \sin\theta \, d\theta \tag{3.84}$$

식 3.78과 식 3.79가 문제의 해이고, 계수는 식 3.81과 식 3.84로 정해진다.

예를 들어, 어떤 상수 k에 대해 표면전하밀도가 다음과 같으면

$$\sigma_0(\theta) = k\cos\theta = k P_1(\cos\theta) \tag{3.85}$$

$l = 1$을 뺀 모든 A_l이 0이고 A_1은 다음과 같다:

$$A_1 = \frac{k}{2\epsilon_0} \int_0^\pi [P_1(\cos\theta)]^2 \sin\theta \, d\theta = \frac{k}{3\epsilon_0}$$

그러므로 공 속의 전위는 다음과 같다.

$$V(r, \theta) = \frac{k}{3\epsilon_0} r\cos\theta \qquad (r \le R) \tag{3.86}$$

그리고 공 바깥의 전위는 다음과 같다.

$$V(r, \theta) = \frac{k}{3\epsilon_0} \frac{R^3}{r^2} \cos\theta \qquad (r \ge R) \tag{3.87}$$

특히, $\sigma_0(\theta)$가 바깥에서 걸어준 전기장 $\mathbf{E} = E_0\hat{\mathbf{z}}$ 속에 놓인 쇠공 표면에 유도된 전하라면, $k = 3\epsilon_0 E_0$이므로(식 3.77), 안쪽 영역의 전위는 $E_0 r\cos\theta = E_0 z$이고 전기장은 $-E_0\hat{\mathbf{z}}$로 바깥에서 걸어준 전기장을 정확히 지우며, 물론 그래야 한다. 이 표면전하가 공 밖에 만드는 전위는 다음과 같다.

$$E_0 \frac{R^3}{r^2} \cos\theta$$

이것은 예제 3.8에서 얻은 결론과 맞다.

문제 3.19 $P_3(x)$를 로드리그 공식에서 끌어내고 $P_3(\cos\theta)$가 $l = 3$일 때 각도 방정식 3.60을 충족시킴을 확인하라. P_3와 P_1이 직교함을 직접 적분하여 확인하라.

문제 3.20

(a) 공 표면의 전위가 V_0로 일정하다고 하자. 예제 3.6과 3.7의 결과를 써서 공 안팎의 전위를 구하라. (물론, 여러분은 답을 이미 알고 있다 – 이것은 방법이 맞는가를 점검하는 것일 뿐이다.)

(b) 표면전하 밀도가 σ_0로 일정한 공껍질 안팎의 전위를 예제 3.9의 결과를 써서 구하라.

문제 3.21 반지름 R인 공 껍질 표면에서의 전위가 다음과 같다.

$$V_0 = k \cos 3\theta$$

k는 상수이다. 공의 표면전하 밀도 $\sigma(\theta)$ 및 공 안팎의 전위를 구하라. (공 안팎에 전하가 없다고 가정하라.)

문제 3.22 공의 표면전위가 $V_0(\theta)$이고, 공 안팎에 전하가 없다고 가정하자. 공 표면의 전하밀도는 다음과 같음을 증명하라.

$$\sigma(\theta) = \frac{\epsilon_0}{2R} \sum_{l=0}^{\infty} (2l+1)^2 C_l P_l(\cos\theta) \tag{3.88}$$

여기에서 계수 C_l은 다음과 같다.

$$C_l = \int_0^{\pi} V_0(\theta) P_l(\cos\theta) \sin\theta \, d\theta \tag{3.89}$$

문제 3.23 고른 전기장 $\mathbf{E}_0$속에 반지름이 R이고 전하 Q를 띤 쇠공을 놓아 둘 때, 공 밖의 전위를 구하라. 전위를 어디에서 0으로 잡았는지 명확히 설명하라.

문제 3.24 문제 2.25에서 전하가 고르게 퍼진 원판의 축 위에서의 전위는 다음과 같음을 알았다.

$$V(r, 0) = \frac{\sigma}{2\epsilon_0} \left(\sqrt{r^2 + R^2} - r \right)$$

(a) 이것과 $P_l(1) = 1$이라는 사실을 써서, $r > R$일 때 축에서 벗어난 곳의 전위에 대한 전개식 3.72의 처음 세 항의 값을 구하라.

(b) $r < R$인 곳의 전위를 식 3.66을 써서 같은 방법으로 구하라. [유의: 영역을 원판의 위쪽과 아래쪽의 두 반구로 나누어야 한다. 계수 A_l이 두 반구에서 같다고 가정하지 말아라.]

문제 3.25 반지름 R인 공 껍질의 표면 전하밀도가 "북"반구는 σ_0, "남"반구는 $-\sigma_0$로 고르게 퍼져 있다. 공 안팎의 전위를 구하되, 계수 A_6과 B_6까지 셈하라.

• **문제 3.26** 라플라스 방정식을 원통좌표계에서 변수 분리법으로 풀되, z에 무관하다고 가정하라 (원통대칭성). [반지름 방정식의 모든 해를 구하라; 특히 이미 답을 아는 아주 긴 선전하에 대한 것이 들어 있어야 한다.]

문제 3.27 고른 전기장 $\mathbf{E}_0$ 속에 반지름 R인 아주 긴 금속관을 직각 방향으로 둘 때 관 밖의 전위를 구하라. 이 관에 유도된 표면전하를 구하라. [문제 3.26의 결과를 써라.]

문제 3.28
한 없이 긴, 반지름 R인 원통표면에 다음과 같은 전하밀도가 붙어 있다 (그림 3.25):

$$\sigma(\phi) = a \sin 5\phi$$

(a는 상수). 원통 안팎의 전위를 구하라. [문제 3.26의 결과를 써라.]

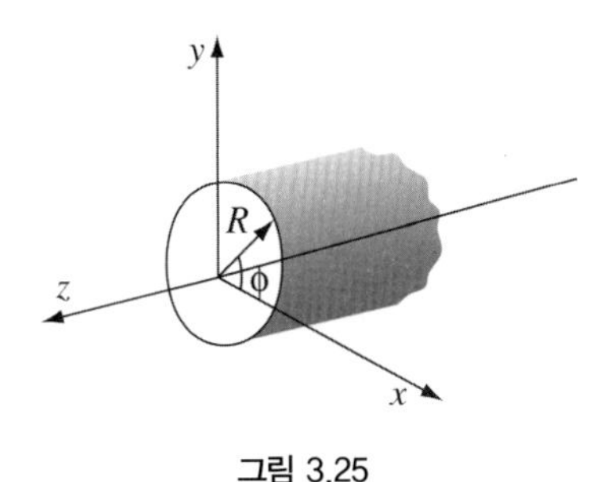

그림 3.25

3.4 다중극 전개

3.4.1 먼 곳의 전위의 근사식

어느 곳에 모여 있는 전하분포를 아주 멀리서 보면 마치 점전하처럼 "보여" 총 전하량이 Q라면 전위는 얼추 $(1/4\pi\epsilon_0)Q/r$로 잡아도 잘 맞는다. 이것을 전위 V에 대한 공식이 맞는지 점검하는 데 자주 썼다. 그런데, Q가 0이면 어떻게 될까? 그 때는 전위가 거의 0이라고 대답해도 어떤 면에서는 맞다 (Q가 0이 아니어도 거리가 아주 멀면 전위는 아주 작아진다). 그러나 그보다는 좀 더 많은 정보를 찾아보자.

예제 3.10

(물리적) **전기 쌍극자**(electric dipole)는 크기가 같고 부호가 반대인 두 전하 ($\pm q$)가 거리 d만큼 떨어져 있는 것이다. 쌍극자에서 먼 곳의 전위의 어림값을 구하라.

■ 풀이 ■

$-q$까지의 거리를 $\mathscr{r}_-$, $+q$까지의 거리를 $\mathscr{r}_+$라고 하자(그림 3.26). 그러면,

$$V(\mathbf{r}) = \frac{1}{4\pi\epsilon_0}\left(\frac{q}{\mathscr{r}_+} - \frac{q}{\mathscr{r}_-}\right)$$

이고 (코사인 법칙을 쓰면) 분리 거리는 다음과 같다:

$$\mathscr{r}_\pm^2 = r^2 + (d/2)^2 \mp rd\cos\theta = r^2\left(1 \mp \frac{d}{r}\cos\theta + \frac{d^2}{4r^2}\right)$$

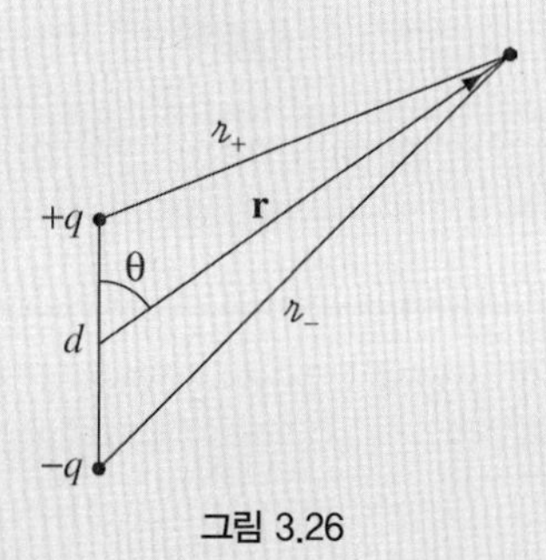

그림 3.26

$r \gg d$인 영역의 전위를 구하려 하므로 셋째 항은 무시할 수 있고, 2항전개를 하면 다음 결과를 얻는다:

$$\frac{1}{\mathscr{r}_\pm} \cong \frac{1}{r}\left(1 \mp \frac{d}{r}\cos\theta\right)^{-1/2} \cong \frac{1}{r}\left(1 \pm \frac{d}{2r}\cos\theta\right)$$

그래서

$$\frac{1}{\mathscr{r}_+} - \frac{1}{\mathscr{r}_-} \cong \frac{d}{r^2}\cos\theta$$

이고, 따라서 어림값은 다음과 같다.

$$V(\mathbf{r}) \cong \frac{1}{4\pi\epsilon_0}\frac{qd\cos\theta}{r^2} \tag{3.90}$$

쌍극자의 전위는 거리가 멀어지면 $1/r^2$에 비례한다; 예상대로 점전하의 전위보다 더 빨리 작아진다. 또한 크기가 같고 방향이 반대인 쌍극자 한 쌍을 함께 두어 **사중극자**(quodrupole)를 만들면, 그 전위는 $1/r^3$에 비례하고; 다시 사중극자 두 개를 반대로 맞대 놓으면[**팔중극자**(octopole)] 전위는 $1/r^4$에 비례한다, 등등. 그림 3.27은 이러한 계층관계를 보여주며, 여기에 전기 **홀극**(monopole)도 함께 두었는데, 물론 이것의 전위는 $1/r$에 비례한다.

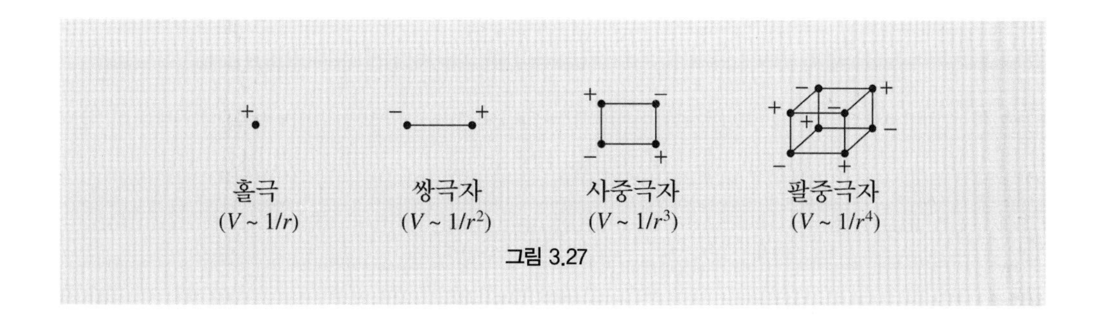

그림 3.27

예제 3.10은 아주 특별한 전하배열과 관련된 것이다. 이제 한 곳에 모여 있는 전하분포에 의한 전위를 $1/r$의 급수로 펼쳐 보자. 그림 3.28은 적절한 변수를 정의해준다; $\mathbf{r}$에서의 전위는 다음과 같다.

$$V(\mathbf{r}) = \frac{1}{4\pi\epsilon_0}\int \frac{1}{\mathscr{r}}\rho(\mathbf{r}')\,d\tau' \tag{3.91}$$

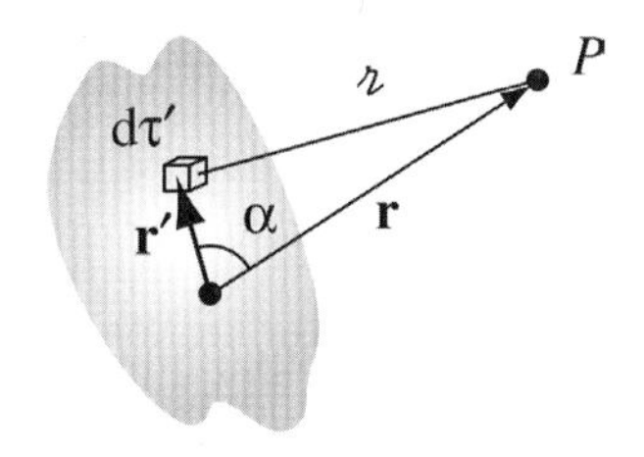

그림 3.28

코사인 법칙을 쓰면 분리거리를 다음과 같이 전개할 수 있다:

$$\mathscr{r}^2 = r^2 + (r')^2 - 2rr'\cos\alpha = r^2\left[1 + \left(\frac{r'}{r}\right)^2 - 2\left(\frac{r'}{r}\right)\cos\alpha\right]$$

여기에서 α는 $\mathbf{r}$과 $\mathbf{r}'$의 사이각이다. 따라서 다음과 같은 꼴로 쓸 수 있다:

$$\mathscr{r} = r\sqrt{1+\epsilon} \tag{3.92}$$

여기에서, ϵ은 다음과 같다:

$$\epsilon \equiv \left(\frac{r'}{r}\right)\left(\frac{r'}{r} - 2\cos\alpha\right)$$

전하분포에서 아주 먼 곳에서는, ϵ은 1보다 훨씬 작고, 따라서 다음과 같이 2항전개할 수 있다.

$$\frac{1}{\mathscr{r}} = \frac{1}{r}(1+\epsilon)^{-1/2} = \frac{1}{r}\left(1 - \frac{1}{2}\epsilon + \frac{3}{8}\epsilon^2 - \frac{5}{16}\epsilon^3 + \ldots\right) \tag{3.93}$$

또는 r, r', α의 함수로 쓰면 다음과 같다:

$$\frac{1}{\imath} = \frac{1}{r}\left[1 - \frac{1}{2}\left(\frac{r'}{r}\right)\left(\frac{r'}{r} - 2\cos\alpha\right) + \frac{3}{8}\left(\frac{r'}{r}\right)^2\left(\frac{r'}{r} - 2\cos\alpha\right)^2 \right.$$
$$\left. - \frac{5}{16}\left(\frac{r'}{r}\right)^3\left(\frac{r'}{r} - 2\cos\alpha\right)^3 + \ldots\right]$$
$$= \frac{1}{r}\left[1 + \left(\frac{r'}{r}\right)(\cos\alpha) + \left(\frac{r'}{r}\right)^2\left(\frac{3\cos^2\alpha - 1}{2}\right) \right.$$
$$\left. + \left(\frac{r'}{r}\right)^3\left(\frac{5\cos^3\alpha - 3\cos\alpha}{2}\right) + \ldots\right]$$

마지막 줄은 (r'/r)의 급수로 정리한 것이다; 놀랍게도 급수의 계수(괄호 안에 있는 항)들은 르장드르 다항식이다! 놀라운 결과는[18] 다음과 같다:

$$\frac{1}{\imath} = \frac{1}{r}\sum_{n=0}^{\infty}\left(\frac{r'}{r}\right)^n P_n(\cos\alpha) \tag{3.94}$$

이것을 식 3.91에 넣고, r이 적분에 대해서는 상수이므로 적분기호 밖으로 꺼내면 다음 결과를 얻는다:

$$\boxed{V(\mathbf{r}) = \frac{1}{4\pi\epsilon_0}\sum_{n=0}^{\infty}\frac{1}{r^{(n+1)}}\int (r')^n P_n(\cos\alpha)\rho(\mathbf{r}')\,d\tau'} \tag{3.95}$$

또는 이것을 풀어 쓰면 다음과 같다:

$$V(\mathbf{r}) = \frac{1}{4\pi\epsilon_0}\left[\frac{1}{r}\int \rho(\mathbf{r}')\,d\tau' + \frac{1}{r^2}\int r'\cos\alpha\,\rho(\mathbf{r}')\,d\tau' \right.$$
$$\left. + \frac{1}{r^3}\int (r')^2\left(\frac{3}{2}\cos^2\alpha - \frac{1}{2}\right)\rho(\mathbf{r}')\,d\tau' + \ldots\right] \tag{3.96}$$

이 식이 바로 V를 $1/r$의 급수로 전개한 **다중극 전개식**(multipole expansion)이다. 첫 항(n = 0)은 홀극에 의한 것($1/r$에 비례), 둘째 항(n = 1)은 쌍극자 항($1/r^2$ 에 비례), 셋째 항은 4중극자 항; 넷째 항은 8중극자 항; 등이다. α가 $\mathbf{r}$과 $\mathbf{r}'$의 사이각이므로, 적분값이 관찰점의 방향에 따라서 달라진다. z'축 위의 전위를 알고싶으면(또는 – 바꾸어 말해 – $\mathbf{r}'$ 좌표의 z'축이 $\mathbf{r}$과 나란하도록 잡으면) α는 보통의 극각 θ'가 된다.

---

18 이것은 르장드르 다항식을 정의하는 둘째 방법이다 (첫째는 로드리그 공식이다): $1/\imath$을 르장드르 다항식의 **모함수**(generating function)라고 한다.

식 3.95는 정확하지만, 주로 어림식을 만드는데 쓴다: 전개식에서 차수가 가장 낮은 항은 r이 충분히 큰 곳(먼 곳)의 전위의 어림값이 되며, 정밀도를 높이려면 차수가 더 높은 항을 차례로 넣어 셈하면 된다.

문제 3.29 원점에 중심을 둔, 반지름 R인 공의 전하밀도가 다음과 같다:

$$\rho(r,\theta) = k\frac{R}{r^2}(R-2r)\sin\theta$$

여기에서 k는 상수 r, θ는 구좌표이다. 이 공에서 멀리, z축 위에 있는 곳의 전위를 구하라.

문제 3.30 xy평면에 있는, 원점에 중심을 둔, 반지름 R인 둥근 고리에 전하가 선밀도 λ로 고르게 퍼져 있다. $V(r,\theta)$에 대한 다중극 전개식의 처음 세 항($n = 0, 1, 2$)을 구하라.

3.4.2 홀극항과 쌍극자항

보통 다중극 전개는 홀극 항이 가장 크다 (r이 클 때):

$$V_{\text{홀}}(\mathbf{r}) = \frac{1}{4\pi\epsilon_0}\frac{Q}{r} \tag{3.97}$$

여기에서 $Q = \int \rho\, d\tau$는 전하 배열의 총 전하량이다. 이것은 전하에서 먼 곳의 전위의 어림값이다. 원점에 점전하 Q만 있다면, $V_{\text{홀}}$은 r이 클 때의 전위의 일차 근사가 아니라 어느 곳에서나 정확한 전위이다; 이 때는 고차항이 모두 0이 된다.

총 전하가 0이면, 전위에서 가장 큰 항은 쌍극자항이 된다 (물론, 이 항이 0이 아닐 때이다).

$$V_{\text{쌍극자}}(\mathbf{r}) = \frac{1}{4\pi\epsilon_0}\frac{1}{r^2}\int r'\cos\alpha\,\rho(\mathbf{r}')\,d\tau'$$

α는 $\mathbf{r}$과 $\mathbf{r}'$의 사이각이므로(그림 3.28)

$$r'\cos\alpha = \hat{\mathbf{r}}\cdot\mathbf{r}'$$

이 되고, 쌍극자 전위는 더 간단히 다음과 같이 쓸 수 있다:

$$V_{\text{쌍극자}}(\mathbf{r}) = \frac{1}{4\pi\epsilon_0}\frac{1}{r^2}\hat{\mathbf{r}}\cdot\int \mathbf{r}'\rho(\mathbf{r}')\,d\tau'$$

이 적분은 $\mathbf{r}$에 무관하며, 전하분포의 **쌍극자 모멘트**(dipole moment)라고 한다.

$$\boxed{\mathbf{p} \equiv \int \mathbf{r}' \rho(\mathbf{r}')\, d\tau'} \tag{3.98}$$

쌍극자에 의한 전위는 다음과 같이 간단해진다:

$$\boxed{V_{쌍극자}(\mathbf{r}) = \frac{1}{4\pi\epsilon_0}\frac{\mathbf{p}\cdot\hat{\mathbf{r}}}{r^2}} \tag{3.99}$$

쌍극자 모멘트는 전하분포의 특성(크기, 모양 및 밀도)에 따라 결정된다. 식 3.98은 점전하, 선전하, 표면전하의 경우에 적절히 바꿔 쓸 수 있다 (§2.1.4). 따라서 점전하가 뭉쳐서 만드는 쌍극자 모멘트는 다음과 같다:

$$\mathbf{p} = \sum_{i=1}^{n} q_i \mathbf{r}'_i \tag{3.100}$$

물리적 쌍극자(크기가 같고 부호가 반대인 두 전하, $\pm q$)의 쌍극자 모멘트는 다음과 같다:

$$\mathbf{p} = q\mathbf{r}'_+ - q\mathbf{r}'_- = q(\mathbf{r}'_+ - \mathbf{r}'_-) = q\mathbf{d} \tag{3.101}$$

여기에서 **d**는 음전하에서 양전하까지의 벡터이다 (그림 3.29).

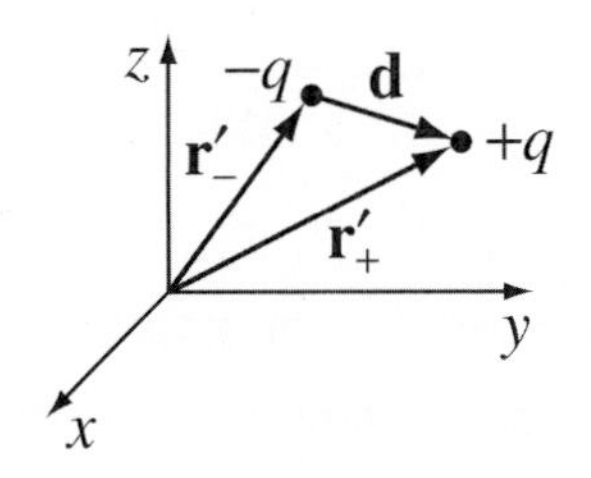

그림 3.29

이것이 예제 3.10에서 얻은 물리적 쌍극자와 맞는가? 그렇다: 식 3.101을 식 3.99에 넣으면 식 3.90을 다시 얻는다. 그러나 이 식은 물리적 쌍극자의 전위의 어림값일 뿐임을 유의하라 - 분명히 고차 다중극의 전위가 더 있다. 물론, 쌍극자에서 점점 더 멀수록 $V_{쌍극자}$는 더 잘 맞는데, 그 까닭은 고차항은 r이 커지면 급격히 줄어들기 때문이다. 게다가, r이 고정되어 있으면 두 전하의 거리 d가 줄어들수록 어림값이 더 잘 맞는다. 전위가 정확히 식 3.99가 되는 **점 쌍극자**(point dipole)를 만들려면 d가 0이 되게 해야 한다. 불행히도 이 경우에는 전하 q를 한없이 키우지 않는 한, 쌍극자항도 사라져 버린다! "실제" 쌍극자가 "점" 쌍극자로 되려면, $qd = p$의 값이 고정되면서 $d \to 0$, $q \to \infty$인 다소 인위적인 극한이 되어야한다. "쌍극자"라고 할 때 그것이 (두 전하의 거리가 유한한) 실제 쌍극자와 점 쌍극자 가운데 어느 것을 뜻하는지 구별할 수 없다. 의심스러우면 d가 (r

보다) 충분히 작아서 식 3.99를 써도 문제가 없다고 가정해야 한다.

쌍극자 모멘트는 **벡터**이므로 더할 수 있다: 두 쌍극자 $\mathbf{p}_1$과 $\mathbf{p}_2$가 있으면 전체 쌍극자 모멘트는 $\mathbf{p}_1+\mathbf{p}_2$이다. 예를 들어 그림 3.30과 같이 점전하 4개가 정사각형 꼭지에 있으면 알짜 쌍극자 모멘트값은 0이다. 이것은 짝을 이루는 전하를 더하거나(위아래로 하면 ↑+↓= 0, 옆으로 하면 →+←= 0) 또는 식 3.100을 써서 4개의 점전하를 낱낱이 더해 보면 알 수 있다. 이것은 앞에서 보여준 **사중극자**이며, 그 전위는 다중극 전개에서 주로 사중극자 항이 결정한다.

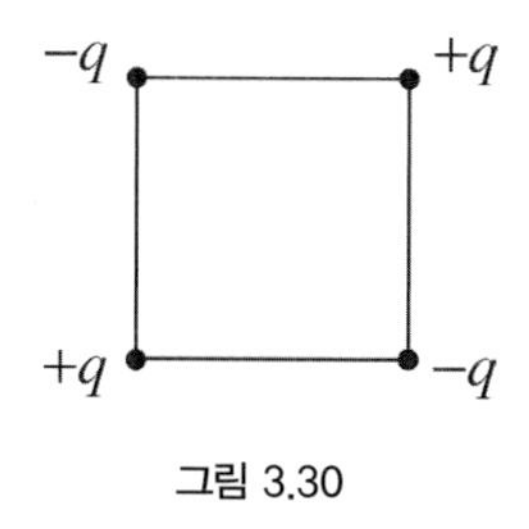

그림 3.30

문제 3.31 그림 3.31과 같이 전하 4개(하나는 q, 또 하나는 $3q$, 다른 두 개는 $-2q$)가 각각 원점에서 거리 a인 곳에 있다. 원점에서 먼 곳의 전위에 대한 간단한 어림식을 구하라. (구좌표계를 써라.)

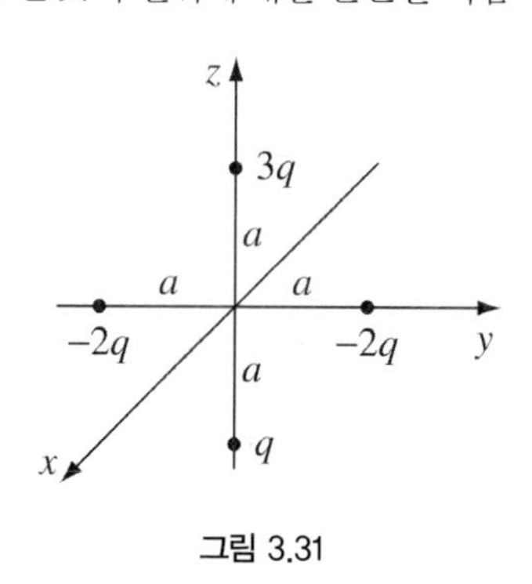

그림 3.31

문제 3.32 예제 3.9에서는 반지름 R인 공 껍질에 표면전하가 밀도 $\sigma = k\cos\theta$로 퍼져 있을 때의 정확한 전위를 유도했다.

(a) 이 전하분포의 쌍극자 모멘트를 셈하라.

(b) 이 공에서 먼 곳의 전위를 어림하여 정확한 답인 식 3.87과 비교하라. 고차 다중극자에 대해 어떤 결론을 내릴 수 있는가?

문제 3.33 예제 3.10의 쌍극자에 대해 $1/\mathscr{r}_\pm$를 $(d/r)^3$까지 전개하고, 이것을 써서 전위의 사중극자 및 팔중극자 항을 구하라.

3.4.3 다중극 전개에서 좌표계의 원점

앞에서 점전하가 원점에 있어야 "순수한" 홀극이 된다는 것은 배웠다. 원점에 있지 않다면 "순수한" 홀극이 될 수 없다. 예를 들어 점전하가 그림 3.32와 같이 놓여 있으면, 쌍극자 모멘트 $\mathbf{p} = qd\hat{\mathbf{y}}$가 있고, 전위에는 이에 대응되는 항도 있다. 이 때 정확한 전위는 홀극 전위 $(1/4\pi\epsilon_0)q/r$이 아니라 $(1/4\pi\epsilon_0)q/\mathscr{r}$이다. 다중극 전개는 원점까지의 거리 r의 멱급수로 이루어지며, $1/\mathscr{r}$을 펼치면 첫째 항만이 아니라 모든 차수의 멱급수항을 얻는다는 것을 기억하라.

따라서 원점을 옮기면(또는 전하를 옮기면) 다중극 전개가 전혀 달라진다. 총 전하는 명백히 좌표계와 무관하므로 **홀극 모멘트** Q는 바뀌지 않는다. (그림 3. 32에서 홀극항은 전하를 원점에서 옮겨도 변하지 않았다 - 그렇지만 이것이 전부는 아니다: 쌍극자항이 − 그리고 그 점에서는 모든 고차 다중극자가 − 생겨났기 때문이다.) 보통, 원점을 옮기면 쌍극자 모멘트가 바뀌지만 중요한 예외가 있다: 총 전하가 0이면, 쌍극자 모멘트의 값은 원점을 어디에 두든 똑같다. 원점을 $\mathbf{a}$만큼 옮겼다고 하자(그림 3.33). 그러면, 새 쌍극자 모멘트는 다음과 같다.

$$\begin{aligned}\bar{\mathbf{p}} &= \int \bar{\mathbf{r}}'\rho(\mathbf{r}')\,d\tau' = \int (\mathbf{r}' - \mathbf{a})\rho(\mathbf{r}')\,d\tau' \\ &= \int \mathbf{r}'\rho(\mathbf{r}')\,d\tau' - \mathbf{a}\int \rho(\mathbf{r}')\,d\tau' = \mathbf{p} - Q\mathbf{a}\end{aligned}$$

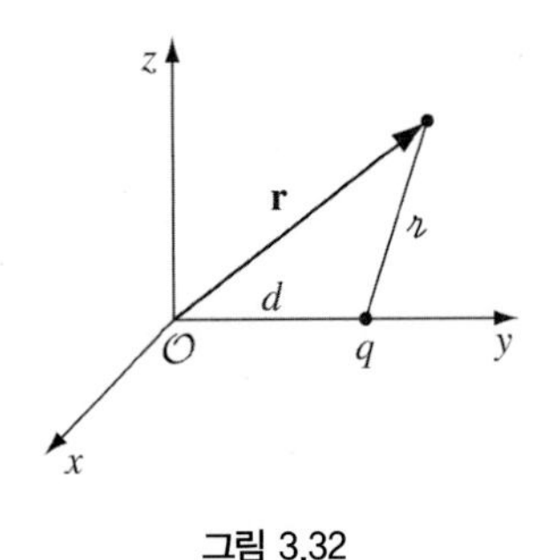

그림 3.32

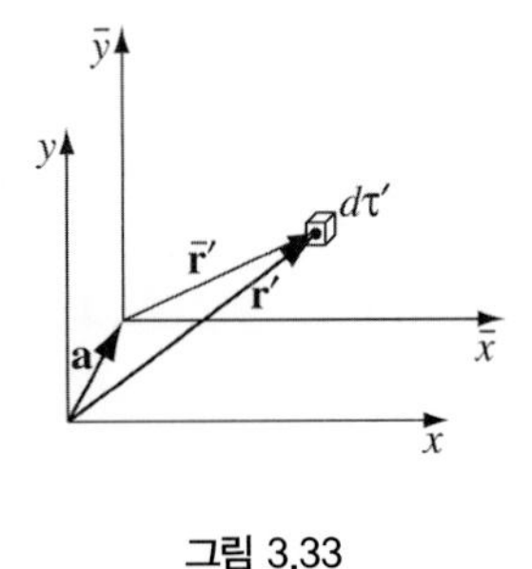

그림 3.33

특히, $Q = 0$이면 $\bar{\mathbf{p}} = \mathbf{p}$이다. 따라서, 누가 그림 3.34(a)의 쌍극자 모멘트의 값을 물으면, 그 값은 "$q\mathbf{d}$"라고 답할 수 있지만, 3.34(b)의 쌍극자 모멘트의 값을 물으면 "원점이 어디인가?" 하고 되물어야 한다.

(a) (a)

그림 3.34

문제 3.34 두 점전하 $3q$와 $-q$가 거리 a만큼 떨어져 있다. 그림 3.35의 전하배열에서 다음을 구하라: (i) 홀극 모멘트, (ii) 쌍극자 모멘트 (좌표계의 원점에 대해), (iii) (구 좌표계에서) r값이 큰 곳의 전위의 어림값 (홀극과 쌍극자의 항을 넣어라).

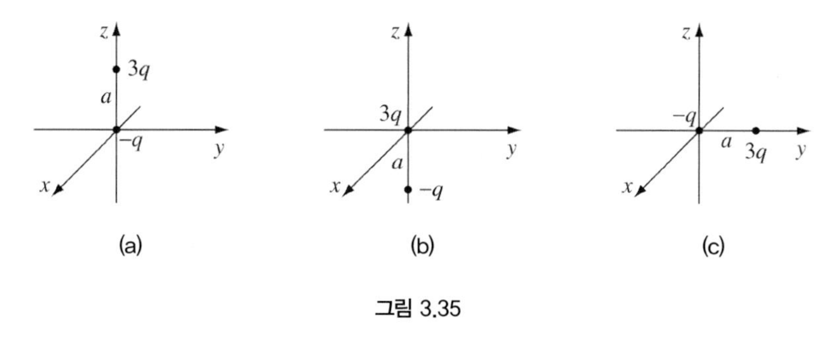

그림 3.35

3.4.4 쌍극자가 만드는 전기장

이제까지는 전위만 다루었다. 이제 점 쌍극자가 만드는 전기장을 셈하겠다. **p**가 원점에 있고 z축과 나란하도록 좌표계를 잡으면 (그림 3.36), (r, θ)의 전위는 다음과 같다 (식 3.99):

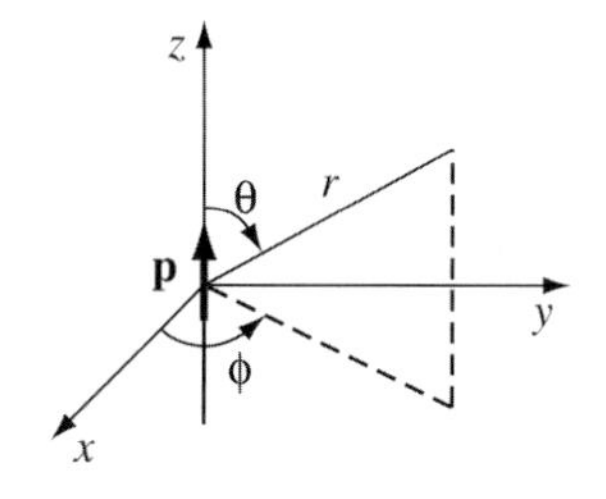

그림 3.36

$$V_{\text{쌍극자}}(r, \theta) = \frac{1}{4\pi\epsilon_0}\frac{\mathbf{p}\cdot\hat{\mathbf{r}}}{r^2} = \frac{1}{4\pi\epsilon_0}\frac{p\cos\theta}{r^2} \tag{3.102}$$

전기장은 V의 기울기에 (−) 부호를 붙인 것이다:

$$E_r = -\frac{\partial V}{\partial r} = \frac{1}{4\pi\epsilon_0}\frac{2p\cos\theta}{r^3}$$

$$E_\theta = -\frac{1}{r}\frac{\partial V}{\partial \theta} = \frac{1}{4\pi\epsilon_0}\frac{p\sin\theta}{r^3}$$

$$E_\phi = -\frac{1}{r\sin\theta}\frac{\partial V}{\partial \phi} = 0$$

따라서 다음과 같다.

$$\boxed{\mathbf{E}_{\text{쌍극자}}(r,\theta) = \frac{1}{4\pi\epsilon_0}\frac{p}{r^3}(2\cos\theta\,\hat{\mathbf{r}} + \sin\theta\,\hat{\boldsymbol{\theta}})} \tag{3.103}$$

이 공식은 원점에 있는, z축 방향의 $\mathbf{p}$가 만드는 전기장을 구좌표계로 나타낸 것이다. 이것을 식 3.99의 전위와 비슷하게 좌표계에 무관한 꼴로 고칠 수 있다 – 문제 3.38을 보라.

쌍극자 전기장은 $1/r^3$에 비례함을 눈여겨보라; 물론 홀극의 전기장 $(Q/4\pi\epsilon_0 r^2)\hat{\mathbf{r}}$은 $1/r^2$에 비례한다. 4중극장은 $1/r^4$, 8중극장은 $1/r^5$에 비례한다. (이것은 홀극 전위가 $1/r$, 쌍극자가 $1/r^2$, 사중극자가 $1/r^3$등에 비례함을 보여 준다 – 기울기를 셈하면 $1/r$을 덧붙여준 결과가 된다.)

그림 3.37(a)는 "점" 쌍극자의 전기장선(식 3.103)이고, 그림 3.34(b)는 "실제" 쌍극자의 전기장선이다. 두 그림을 비교하면 거의 비슷하지만, 중심부에서는 아주 다르다. $r \gg d$인 곳에서만 식 3.103이 실제 쌍극자의 전기장에 가깝다. 이러한 어림법이 잘 맞으려면 r이 크거나 두 전하가 아주 가까워야 한다.[19]

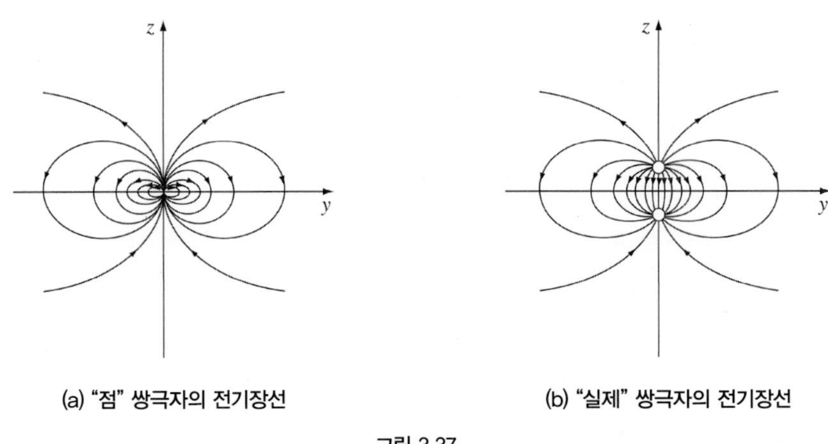

(a) "점" 쌍극자의 전기장선

(b) "실제" 쌍극자의 전기장선

그림 3.37

문제 3.35 원점에 "점" 쌍극자 $\mathbf{p}$가 z쪽을 향하고 있다.

(a) 직각좌표 $(a, 0, 0)$에 있는 점전하 q가 받는 힘을 구하라.

(b) $(0, 0, a)$에 있는 점전하 q가 받는 힘을 구하라.

---

19 이 극한에서도 원점 근처의 아주 작은 영역에서는 실제 쌍극자가 만드는 전기장의 방향은 "반대"쪽을 향하는 것을 그림 3.35(b)에서 z축을 따라 "걸어" 보면 알 수 있다. 이 미묘하지만 중요한 점을 살펴보려면 문제 3.45를 풀어라.

(c) 전하 q를 $(a, 0, 0)$에서 $(0, 0, a)$로 옮길 때 하는 일을 구하라.

문제 3.36 점전하 3개가 그림 3.38과 같이 원점에서 거리 a인 곳에 있다. 원점에서 먼 곳의 전기장의 어림값을 구하라. 답을 구좌표계로 나타내고, 다중극 전개에서 차수가 가장 낮은 두 항을 넣어라.

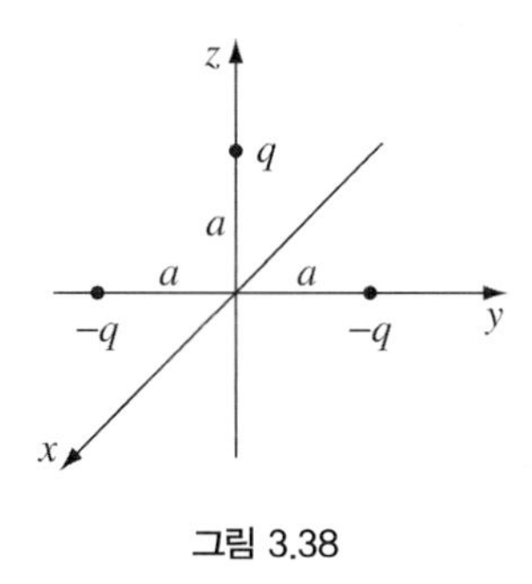

그림 3.38

문제 3.37 반지름이 R인, 속이 찬 공이 원점에 중심을 두고 있다. "북" 반구와 "남" 반구에는 전하가 각각 밀도 ρ_0와 $-\rho_0$로 고르게 퍼져 있다. 공에서 먼 곳의 전기장 $\mathbf{E}(r, \theta)$의 어림식을 구하라.

- **문제 3.38** 점 쌍극자가 만드는 전기장의 식 3.103을 다음과 같이 좌표계와 무관한 꼴로 쓸 수 있음을 보여라.

$$\boxed{\mathbf{E}_{\text{쌍극자}}(\mathbf{r}) = \frac{1}{4\pi\epsilon_0}\frac{1}{r^3}[3(\mathbf{p}\cdot\hat{\mathbf{r}})\hat{\mathbf{r}} - \mathbf{p}]} \tag{3.104}$$

보충문제

문제 3.39 §3.1.4에서 전하가 없는 영역 속의 한 점 P의 전위는 그 곳을 둘러싼 (반지름 R인) 공껍질에 대한 평균값과 같음을 증명했다. 그 증명을 쿨롱 법칙을 쓰지 않고 라플라스 방정식만을 써서 할 수도 있다. 원점을 P에 잡자. 전위의 평균값 $V_{\text{평균}}(R)$이 다음과 같음을 보여라:

$$\frac{dV_{\text{평균}}}{dR} = \frac{1}{4\pi R^2}\oint \nabla V \cdot d\mathbf{a}$$

($d\mathbf{a}$의 R^2과 앞의 인수의 $1/R^2$이 맞지워지므로 R에 대한 변화는 V자체의 특성임을 눈여겨보라). 이제 발산 정리를 써서 V가 라플라스 방정식의 해이면, 어떤 R에 대해서도 다음 등식이 성립함을 보여라: $V_{\text{평균}}(R) = V_{\text{평균}}(0) = V(P)$.[20]

---

20 이 증명을 제시한 Ted Jacobson에게 고마움을 전한다.

문제 3.40 (접지된 도체 평판 위로 높이 d에 있는 점전하 q때문에 유도된 표면 전하 밀도인) 식 3.10을 영상전하 방법을 쓰지 않고 얻는 방법이다 (다른 여러 문제에 대해서도 일반화할 수 있다).[21] 전체 전기장을 일부는 q가, 일부는 유도된 표면 전하가 만든다. 도체 평판 표면 바로 밑의 전기장의 z성분을 q와 아직 모르는 $\sigma(x, y)$의 함수로 적는다. 그 곳은 도체 속이므로 그 합은 물론 0이어야 한다. 그 조건을 써서 σ를 구한다.

문제 3.41 접지된 무한 도체 평판 두 장이 거리 a를 두고 나란히 있다. 그 사이에 점전하 q가 한쪽 판에서 거리 x만큼 떨어져 있다. q가 받는 힘을 구하라.[22] $a \to \infty$와 $x = a/2$인 특별한 경우에 답이 맞는지 확인하라.

! **문제 3.42** 반지름 R, 전하 Q인 두 도체 공이 있다. 두 공의 중심 간격은 $a > 2R$이다. 두 공이 주고받는 힘은 19세기 중반에 영상 전하법을 써서 구했다. 그 방법을 설명하라 (예제 3.2와 문제 3.41의 전략을 써라). 영상 전하 $q_1, q_2, q_3, \cdots$, 그리고 중심에서 각각의 거리 $b_1 = 0, b_2, b_3, \cdots$을 결정하는 방법을 보여라. 하지만 계산 세부 사항은 신경 쓰지 마라 (다음 문제로 미룬다). 그 힘은 늘 밀어내는가? 아니면(문제 3.11처럼) 두 공이 당기는 임계 간격이 있는가?[23]

문제 3.43

(a) 위의 문제에서 개발한 절차에 맞추어 프로그램을 짜서 돌리되, 공마다 영상 전하를 10개씩 남겨라 $a = 2R$에서 $a = 10R$까지의 힘의 변화를 도표로 그리고, 전하 Q가 각 공 표면에 고르게 퍼진 경우에 얻을 도표와 비교하라.

(b) $a = 2R$인 (두 공이 맞닿은) 특별한 경우 b_n과 q_n에 대한 명확한 공식을 구하라 (q_n은 q_1의 배수로 나타난다). q_1을 Q의 배수로 구하고 두 공의 정확한 반발력을 구하라 (Mathematica는 무한급수를 합산할 수 있다). 아래의 답은 1853년 켈빈이 구했다:

$$F = \frac{1}{4\pi\epsilon_0}\frac{Q^2}{4R^2}\left(\frac{4\ln 2 - 1}{6(\ln 2)^2}\right)$$

문제 3.44 반지름 R인 도체원통 양쪽에, 아주 긴 직선도선이 축까지의 거리가 a인 곳에 나란히 놓여 있다(그림 3.39). 원통에는 알짜 전하가 없고, 두 도선에는 선전하가 밀도 $\pm\lambda$로 고르게 퍼져 있다. 전위분포를 구하라.

---

21 J. L. R. Marrero, *Am. J. Phys.* **78**, 639 (2010).

22 유도된 표면전하를 구하기는 쉽지 않다. 다음을 보라: B.G. Dick, *Am. J. Phys.* **41**, 1289 (1973), M. Zahn, *Am. J. Phys.* **44**, 1132 (1976)와 문제 3.55 참조.

23 (반지름이 다르고, 전하도 다른) 일반적인 경우에는 거의 늘 그러한 임계 간격이 있다. 이 문제에 대한 자세한 내용은 다음을 보라: J. A. Soules, *Am. J. Phys.* **58**, 1195 (1990); J. Lekner, *Proc. R. Soc. A* **468**, 2829 (2012) 및 *Am. J. Phys.* **84**, 474 (2016).

$$\left[\text{답: } V(s,\phi) = \frac{\lambda}{4\pi\epsilon_0} \ln\left\{\frac{(s^2+a^2+2sa\cos\phi)[(sa/R)^2+R^2-2sa\cos\phi]}{(s^2+a^2-2sa\cos\phi)[(sa/R)^2+R^2+2sa\cos\phi]}\right\}\right]$$

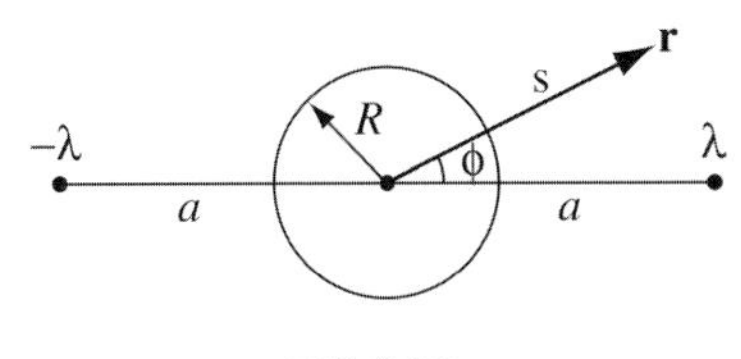

그림 3.39

문제 3.45 풀러린(Buckminsterfullerine)은 탄소원자 60개가 축구공의 바느질 꼭지처럼 배열된 분자이다. 그것은 반지름 R = 3.5 Å인 도체 공껍질로 어림할 수 있다. 가까운 전자는 문제 3.9에 따르면 끌리므로, C_{60}^-이온이 있는 것이 놀랍지 않다. (전자가 − 평균적으로 − 표면에 고르게 퍼져 있다고 상상하자.) 그러나 둘째 전자는 어떨까? 멀리서는 이온에 밀리겠지만, (중심에 대한) 어떤 거리 r에서는 알짜 힘이 0이 될 것이고, 더 가까워지면 끌릴 것이다. 따라서 전자의 에너지가 충분하여 이 분자에 그렇게 다가가면 결합될 것이다.

(a) r을 Å 단위로 구하라. [값을 셈해야 한다.]

(b) 전자를 아주 먼 곳에서 r까지 밀고 오는데 필요한 에너지를 eV 단위로 구하라. [C_{60}^{--}이온도 발견되었다.][24]

문제 3.46 변수 분리법으로 얻은 해를 중첩원리를 써서 묶어낼 수 있다. 예를 들어 문제 3.18에서 정육면체 통의 5개 면은 접지하고 나머지 면은 전위 V_0로 유지할 때 통 속의 전위를 구했다; 이러한 해를 6개 겹치면 정육면체의 낱낱의 면의 전위를 $V_1, V_2, \cdots, V_6$로 유지할 때, 그 속의 전위를 구할 수 있다. 이 방법을 써서, 예제 3.4와 문제 3.17의 결과를 바탕으로 네모꼴 관의 두 수직면($x = \pm b$)은 전위 V_0, 윗면($y = a$)은 V_1, 바닥면($y = 0$)은 접지되어 있을 때, 관 속의 전위를 구하라.

문제 3.47 전위가 V_0이고 반지름 a인 도체공을 중심이 같고 반지름이 b인 얇은 공껍질이 싸고 있다. 공껍질의 표면전하 밀도는 다음과 같다:

$$\sigma(\theta) = k\cos\theta$$

여기에서 k는 상수, θ는 구좌표계의 극각이다.

(a) 다음 각 영역의 전위를 구하라: (i) $r > b$, (ii) $a < r < b$

(b) 도체 공 표면에 유도된 표면전하 밀도 $\sigma_i(\theta)$를 구하라.

(c) 이 계의 총 전하량은 얼마인가? 답이 r이 클 때의 V의 거동이 맞는지 살펴보라.

24 이 문제는 Richard Mawhorter가 제시했다.

$$\left[\text{답: } V(r,\theta) = \begin{cases} aV_0/r + (b^3 - a^3)k\cos\theta/3r^2\epsilon_0, & r \geq b \\ aV_0/r + (r^3 - a^3)k\cos\theta/3r^2\epsilon_0, & r \leq b \end{cases}\right].$$

문제 3.48 전하 $+Q$가 $z = -a$에서 $z = +a$까지 z축 위에 고르게 퍼져 있다. $r > a$인 곳의 전위는 다음과 같음을 보여라:

$$V(r,\theta) = \frac{Q}{4\pi\epsilon_0}\frac{1}{r}\left[1 + \frac{1}{3}\left(\frac{a}{r}\right)^2 P_2(\cos\theta) + \frac{1}{5}\left(\frac{a}{r}\right)^4 P_4(\cos\theta) + \ldots\right]$$

문제 3.49 반지름이 R인, 아주 긴 원통 껍질 위에 표면전하가 위쪽 반은 $+\sigma_0$, 아래쪽 절반은 $-\sigma_0$로 고르게 퍼져 있다 (그림 3.40). 원통 안팎의 전위를 구하라.

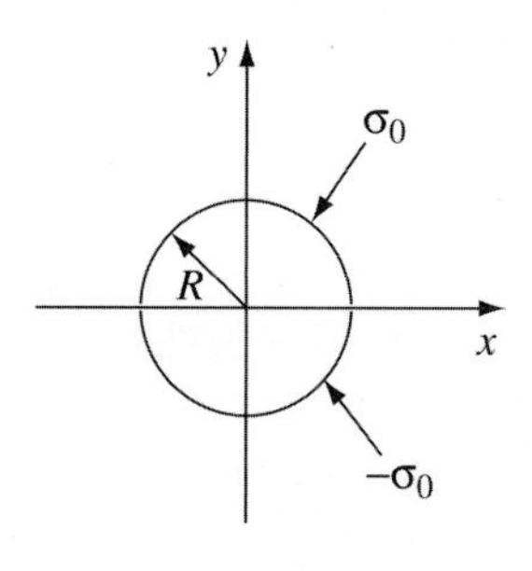

그림 3.40

문제 3.50 $z = -a$에서 $z = +a$까지 뻗친 가느다란 절연막대에 다음과 같이 선전하가 있다. 각각의 경우에 전위의 다중극 전개식에서 차수가 가장 낮은 항을 구하라: (a) $\lambda = k\cos(\pi z/2a)$, (b) $\lambda = k\sin(\pi z/a)$, (c) $\lambda = k\cos(\pi z/a)$. 여기에서 k는 상수이다.

• **문제 3.51** 반지름 R인 공 속의 모든 전하가 만드는 그 공 속의 전기장의 **평균값**은 다음과 같음을 보여라:

$$\mathbf{E}_{평균} = -\frac{1}{4\pi\epsilon_0}\frac{\mathbf{p}}{R^3} \tag{3.105}$$

여기에 $\mathbf{p}$는 총 쌍극자 모멘트이다. 아주 간단한 이 결과를 증명하는 방법이 여러 가지인데, 그 중의 하나는 다음과 같다.[25]

(a) 공 속의 점 $\mathbf{r}$에 있는 점전하 q가 만드는 전기장의 평균값은 전하가 밀도 $\rho = -q/(\frac{4}{3}\pi R^3)$로 공 속에 고르게 퍼진 상태에서 $\mathbf{r}$에 생기는 다음 전기장과 같음을 보여라:

25 또 다른 방법은 문제 3.4의 결과를 쓴다. 다음을 보라: B. Y.-K. Hu, *Eur. J. Phys.* **30**, L29 (2009).

$$\frac{1}{4\pi\epsilon_0}\frac{1}{(\frac{4}{3}\pi R^3)}\int\frac{q}{\mathscr{r}^2}\hat{\boldsymbol{\mathscr{r}}}\,d\tau'$$

여기에서 $\boldsymbol{\mathscr{r}}$은 $\mathbf{r}$에서 $d\tau'$까지의 벡터이다.

(b) 위의 전기장은 가우스 법칙을 써서 셈할 수 있다 (문제 2.13을 보라). 답을 q의 쌍극자 모멘트로 나타내라.

(c) 중첩원리를 써서 임의의 전하배열에 대해 일반화시켜라.

(d) 공 밖에 있는 모든 전하가 공 안에 만드는 전기장을 공의 부피에 대해 평균한 값은 공의 중심에 생기는 전기장과 같음을 보여라.

문제 3.52

(a) 식 3.103을 써서 쌍극자가 만드는 전기장의 평균값을 중심이 원점에 있고 반지름이 R인 공 속에 대해 셈하라. 각도 적분을 먼저 하라. [유의: 적분하기 전에 $\hat{\mathbf{r}}, \hat{\boldsymbol{\theta}}$를 $\hat{\mathbf{x}}, \hat{\mathbf{y}}, \hat{\mathbf{z}}$로 나타내야 한다(뒤쪽 속표지를 보라). 이유를 잘 모르겠거든 §1.4.1을 다시 읽어보라.] 얻은 답을 식 3.105의 일반정리와 비교하라. 결과가 다른 까닭은 쌍극자의 전기장이 $r=0$에서 발산하는 것과 관련이 있다. 각도 적분은 0이지만, 반지름 적분은 무한대이어서 정확한 답이 무엇인지 알 수 없다. 이 문제를 풀려면 식 3.103은 **반지름이 ϵ인 아주 작은 공 바깥**에 적용된다고 하자 – 그러면 그것이 $E_{평균}$에 기여하는 값은 **분명히** 0이므로 답은 모두 반지름 ϵ인 공 속의 전기장으로부터 나와야 한다.

(b) 식 3.105의 일반정리가 성립하려면 반지름 ϵ인 공 속의 전기장은 얼마이어야 하는가? [**실마리:** ϵ은 아주 작으므로 $r=0$에서 발산하지만 그 점들을 품는 아주 작은 부피에 대한 적분값은 유한하다.] [답: $-(\mathbf{p}/3\epsilon_0)\delta^3(\mathbf{r})$]

명백히 쌍극자의 **참된** 전기장은 다음과 같다:

$$\mathbf{E}_{쌍극자}(\mathbf{r})=\frac{1}{4\pi\epsilon_0}\frac{1}{r^3}[3(\mathbf{p}\cdot\hat{\mathbf{r}})\hat{\mathbf{r}}-\mathbf{p}]-\frac{1}{3\epsilon_0}\mathbf{p}\,\delta^3(\mathbf{r}) \tag{3.106}$$

앞서 §3.4.4에서 쌍극자가 만드는 전기장을 셈할 때 어떻게 해서 **접촉 항**(델타함수 항)[26]을 빠뜨렸나 이상할 것이다. 그 대답은 식 3.103을 얻을 때 하는 미분이 $r=0$을 **빼고는** 모두 완벽하게 타당하지만, 바로 $r=0$인 점에서 문제가 생긴다는 것을 (§1.5.1의 경험으로부터) 알았어야 했다.[27]

---

26 쌍극자가 만드는 전기장의 델타함수 항을 달리 얻는 방법도 있다 – 내가 좋아하는 방법은 문제 3.53이다. 쌍극자의 머리 위에 있지 않은 한, 식 3.104는 완벽하게 맞다.

27 다음을 보라: C. P. Frahm, *Am. J. Phys.* **51**, 826 (1983). 응용에 관해서는 다음을 보라: D. J. Griffiths, *Am. J. Phys.* **50**, 698 (1982). 식 3.106의 접촉 항을 나타내는 다른 (어쩌면 더 나은) 방법도 있다; 다음을 보라: A. Gsponer, *Eur. J. Phys.* **28**, 267 (2007), J. Franklin, *Am. J. Phys.* **78**, 1225 (2010), V. Hnizdo, *Eur. J. Phys.* **32**, 287 (2011).

문제 3.53 예제 3.9에서 표면 전하 밀도가 $\sigma(\theta) = k\cos\theta$인 공껍질이 만드는 전위분포를 구했다. 문제 3.32에서는 공 밖에서는 전기장이 점쌍극자의 전기장과 같다는 것을 알았다; 공 안에서는 전기장이 고르다 (식 3.86). $R \to 0$의 극한에서는 식 3.106의 델타함수 항이 생겨남을 보여라.

문제 3.54

(a) 어떤 전하분포 $\rho_1(\mathbf{r})$이 전위 $V_1(\mathbf{r})$을, 또 다른 전하분포 $\rho_2(\mathbf{r})$가 전위 $V_2(\mathbf{r})$을 만든다고 하자. [이 두 상황이 전혀 다를 수 있다 – 첫째 것은 전하가 고르게 퍼진 공이고, 둘째 것은 평행판 축전기일 수 있다. 또, ρ_1과 ρ_2가 동시에 존재하지 않는다; 두 가지는 서로 다른 문제로서, 한 문제에는 ρ_1만 있고, 다른 문제에는 ρ_2만 있다.] 다음의 **그린 역진정리**(Green's reciprocity theorem)를 증명하라.[28]

$$\int_{\text{모든 공간}} \rho_1 V_2\, d\tau = \int_{\text{모든 공간}} \rho_2 V_1\, d\tau$$

[실마리: $\int \mathbf{E}_1 \cdot \mathbf{E}_2\, d\tau$의 값을 두 가지 방법으로 셈하라. 먼저는 $\mathbf{E}_1 = -\nabla V_1$으로 두고, 부분 적분하여 도함수를 $\mathbf{E}_2$로 옮기고, 그 다음에는 $\mathbf{E}_2 = -\nabla V_2$로 두고, 부분 적분하여 도함수를 $\mathbf{E}_1$으로 옮긴다.]

(b) 그림 3.41과 같이 두 도체가 떨어져 있다고 하자. 도체 a에 전하를 Q만큼 채우면 (b는 아직 전하가 없다), b의 전위가 V_{ab}가 된다. 또, (a는 전하가 없는 상태에서) 도체 b에 같은 양의 전하 Q를 채우면, a의 전위는 V_{ba}가 된다. 그린 역진정리를 써서 $V_{ab} = V_{ba}$를 증명하라 (도체의 모양이나 위치에 대해 아무 가정도 하지 않았으므로 이것은 놀라운 결과이다).

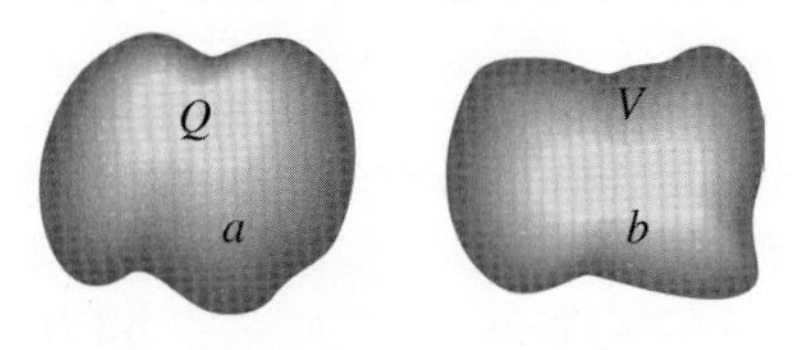

그림 3.41

문제 3.55 그린 역진정리(문제 3.54)를 써서 다음 두 문제를 풀어라. [실마리: 전하분포 1에 대해서는 실제상황을 쓰고, 전하분포 2에 대해서는 q를 없앤 다음 도체 하나를 전위 V_0으로 놓아라.]

(a) 평행판 축전기의 두 극판이 모두 접지되어 있고, 그 사이에 점전하 q가 극판 1에서 거리 x인 곳에 있다. 두 극판의 거리는 d이다. 두 극판에 유도된 전하를 구하라. [답: $Q_1 = q(x/d - 1)$; $Q_2 = -qx/d$.]

(b) 두 동심 도체 공 껍질(반지름 a 및 b)이 모두 접지되어 있고, 그 사이에 있는 반지름 r인 곳에 점전하 q가 있다. 각각의 공 껍질에 유도된 전하를 구하라.

---

28 흥미있는 의견이 있다: B. Y.-K. Hu, *Am. J. Phys.* **69**, 1280 (2001).

(c) 점전하 q가 반지름 R인 접지된 도체 공 껍질의 중심에서 거리 a인 곳에 있다. 공에 유도된 알짜 전하 Q를 구하라. [다음 두 경우를 모두 다루어라: (i) $a > R$ 및 (ii) $a < R$.]

문제 3.56 그린의 역진 정리(문제 3.54)의 흥미로운 쌍둥이가 있다.

$$\int_{\text{모든 공간}} \rho_1 \mathbf{E}_2 \, d\tau = -\int_{\text{모든 공간}} \rho_2 \mathbf{E}_1 \, d\tau$$

여기서 $\mathbf{E}_1$은 ρ_1이 만드는 장, $\mathbf{E}_2$는 ρ_2가 만드는 장이다. 이 정리는 이름이 없지만 정전기학의 뉴턴 제3법칙에 해당한다: (두 전하 분포가 함께 있을 때) 분포 1이 분포 2에 주는 알짜 힘은 분포 2가 분포 1에 주는 알짜 힘과 크기가 같고 방향이 반대이다.

(a) 쿨롱 법칙에서 시작하여 증명하라. (8장에서 알게 되겠지만, 쿨롱 법칙이 유효하지 않은 시간 변화 분포에서는 제3법칙이 성립하지 않는다. 이 과제는 정전기학에서 성립함을 증명하는 것이다.)

(b) 분포 1은 반지름 R인 공 안에 있는 임의의 전하이고 분포 2는 같은 공을 고르게 채운 전하라고 하자. 식 3.108을 써서 공의 부피에 대한 분포 1의 평균 전기장이 식 3.105임을 보여라.[29]

문제 3.57

(a) 다중극 전개식에서 4중극자항을 다음과 같이 쓸 수 있음을 보여라.

$$V_{4\text{중극}}(\mathbf{r}) = \frac{1}{4\pi\epsilon_0}\frac{1}{r^3}\sum_{i,j=1}^{3} \hat{r}_i \hat{r}_j Q_{ij}$$

(식 1.31의 기호를 썼다). 여기에서 Q_{ij}는 전하분포의 **4중극 모멘트**로서 다음과 같고

$$Q_{ij} \equiv \frac{1}{2}\int [3r_i' r_j' - (r')^2 \delta_{ij}]\rho(\mathbf{r}')\, d\tau'$$

δ_{ij}는 **크로넥커 델타**로서 다음과 같다:

$$\delta_{ij} = \begin{cases} 1 & i = j \text{ 일 때} \\ 0 & i \neq j \text{ 일 때} \end{cases}$$

참고로 다중극 전위의 항은 차수에 따라 다음과 같이 계층구조를 이룬다:

$$V_{\text{홀극}} = \frac{1}{4\pi\epsilon_0}\frac{Q}{r}; \quad V_{\text{쌍극자}} = \frac{1}{4\pi\epsilon_0}\frac{\sum \hat{r}_i p_i}{r^2}; \quad V_{4\text{중극}} = \frac{1}{4\pi\epsilon_0}\frac{\sum \hat{r}_i \hat{r}_j Q_{ij}}{r^3}; \ \ldots$$

홀극 모멘트 Q는 스칼라, 쌍극자 모멘트 $\mathbf{p}$는 벡터, 4중극모멘트 Q_{ij}는 2계 텐서이다.

---

29 공 표면 및 부피에 대한 평균 전기장과 평균 전위에 대한 공식(3.1.4, 문제 3.4, 3.39, 3.51)은 식 3.107 및 3.108을 쓰면 매우 효율적으로 얻을 수 있다. 다음을 보라: V Kovacs 및 L. Palfalvi, *Eur. J. Phys.* 42, 045202 (2021).

(b) 그림 3.30의 전하분포에 대한 Q_{ij}의 9개의 성분을 모두 구하라. (정사각형은 한 변의 길이가 a, 중심이 원점에 있고 xy평면 위에 있다.)

(c) 홀극과 쌍극자 모멘트값이 0이면 원점을 어디에 잡아도 사중극자 모멘트가 같음을 증명하라, (이 원칙은 그 순서대로 늘 적용된다 – 값이 0이 아닌, 차수가 가장 낮은 다중극 모멘트는 늘 원점과 무관하다.)

(d) **팔중극 모멘트**를 어떻게 정의할 수 있을까? 다중극 전개에서 팔중극항을 팔중극 모멘트로 표시하라.

문제 3.58 예제 3.8에서 밖에서 걸어준 고른 전기장 $\mathbf{E}_0$속에 놓인, 반지름 R인 도체 공 밖의 전기장을 구했다. 이 문제를 영상법으로 풀고, 얻은 답이 식 3.76과 같은지 확인하라. [실마리: 예제 3.2를 쓰되 q의 반대쪽에 또 하나의 전하 $-q$를 두어라. 그리고 $a \to \infty$로 하되 $(1/4\pi\epsilon_0)(2q/a^2) = -E_0$를 일정하게 유지시킨다.]

! 문제 3.59 예제 3.4의 아주 긴 네모꼴 관에서 바닥($y = 0$)과 양쪽 옆($x = \pm b$)의 전위는 0, 위쪽($y = a$)의 전위는 V_0이라 하자. 관 속의 전위를 구하라. [유의: 이것은 문제 3.17(b)를 돌려 놓은 것인데, 예제 3.4처럼 y에 대한 조화함수와 x에 대한 쌍곡선함수를 쓴다. 이것은 $k = 0$을 넣어야 하는 특수한 경우이다. $k = 0$일 때 식 3.26에 대한 일반해를 구하는 것에서 시작하라.][30]

[답: $V_0\left(\frac{y}{a} + \frac{2}{\pi}\sum_{n=1}^{\infty}\frac{(-1)^n}{n}\frac{\cosh(n\pi x/a)}{\cosh(n\pi b/a)}\sin(n\pi y/a)\right)$. 다른 방법으로는 x에 대한 조화함수와 y에 대한 쌍곡선함수를 쓸 수 있다: $-\frac{2V_0}{b}\sum_{n=1}^{\infty}\frac{(-1)^n}{\alpha_n}\frac{\sinh(\alpha_n y)}{\sinh(\alpha_n a)}\cos(\alpha_n x)$, 여기에서 $\alpha_n \equiv (2n-1)\pi/2b$이다.]

! 문제 3.60

(a) 단면이 변의 길이 a인 정사각형인 긴 금속관이 있다. 이것의 세 면을 접지하고, 이들과 절연된 나머지 한 면은 일정 전위 V_0를 유지한다. 전위가 V_0인 면과 마주한 면에 유도되는 전하밀도를 구하라. [실마리: 문제 3.17 또는 3.59에서 얻은 답을 써라.]

(b) 단면이 반지름 R인 원인 긴 금속관이 있다. 이것을 길이방향으로 잘라 폭이 같게 네 토막을 내어 이 가운데 세 개는 접지하고, 나머지 한 개는 일정 전위 V_0로 유지한다. 전위가 V_0인 토막과 마주한 토막에 유도되는 알짜 전하의 단위 길이당의 전하량을 구하라. [답: (a)와 (b) 모두 $\lambda = -(\epsilon_0 V_0/\pi)\ln 2$.][31]

문제 3.61 그림 3.36과 같이 이상적인 전기 쌍극자가 원점에서 z축을 향하고 있다. xy평면의 한 곳에서 전하를 정지상태에서 풀어 놓았다. 이 전하가 마치 원점에 묶여 있는 추처럼 반원꼴 호를

30 더 자세한 설명은 다음을 보라: S. Hassani, *Am. J. Phys.* 59, 470 (1991).

31 이것은 **톰슨-램퍼드 정리**(Thompson-Lampard theorem)의 특별한 경우이다; J. D. Jackson, *Am. J. Phys.* 67, 107 (1995).

따라 진동함을 보여라.[32]

문제 3.62 전기 쌍극자 $\mathbf{p} = p\hat{\mathbf{z}}$가 원점에 서 있다. 질량이 m인 양성 점전하 q가 이 쌍극자 전기장 속에서 반지름 s인 원을 따라 등속 원운동을 한다. 궤도 평면을 구하고, 이 전하의 속력, 각운동량, 총에너지를 구하라.[33] [답: $L = \sqrt{qpm/3\sqrt{3}\pi\epsilon_0}$]

문제 3.63 반지름 R인 공 표면의 전하밀도 $\sigma(\theta)$가 공 밖에 만드는 전기장이 z축 위 $a < R$인 점에 있는 전하 q가 만드는 전기장과 같다. $\sigma(\theta)$를 구하라. [답: $\frac{q}{4\pi R}(R^2 - a^2)(R^2 + a^2 - 2Ra\cos\theta)^{-3/2}$]

문제 3.64 y쪽을 향하는 점 쌍극자가 원점에 있다. 점 (2, 0)을 지나는 장선을 문제 2.65의 방법을 써서 그려라. [$p/(4\pi\epsilon_0) \to 1$로 둘 수 있다.] (닫힌) 고리에 대한 선적분 $\oint \mathbf{E} \cdot d\mathbf{l}$은 무엇일까? [주의: 이것은 함정 문제이다. 답을 설명하라.] 전기장선 25가닥을 그려라. [`StreamPoints->25`는 "대표적인" 장선을 고르지만, 밀도는 장의 세기에 비례하지 않음을 x 축과 만나는 곳에서 볼 수 있다. 세기를 반영하려면 간격을 더 벌려야 한다.]

문제 3.65 **[이완법]** 편도함수를 유한 차분으로 나타내면 2차원에서는 다음과 같다:

$$\frac{\partial V}{\partial x} = \frac{V(x+\epsilon/2, y) - V(x-\epsilon/2, y)}{\epsilon}, \quad \frac{\partial V}{\partial y} = \frac{V(x, y+\epsilon/2) - V(x, y-\epsilon/2)}{\epsilon}$$

($\epsilon \to 0$에서는 물론 등식이 된다). 따라서

$$\frac{\partial^2 V}{\partial x^2} = \frac{\partial}{\partial x}\left(\frac{\partial V}{\partial x}\right) = \frac{V(x+\epsilon, y) - 2V(x, y) + V(x-\epsilon, y)}{\epsilon^2}$$

이다 ($\partial^2 V/\partial y^2$에 관한 식도 비슷하다). 라플라스 방정식은 다음 꼴이 된다:

$$\begin{aligned}\frac{\partial^2 V}{\partial x^2} + \frac{\partial^2 V}{\partial y^2} &= \frac{1}{\epsilon^2}[V(x+\epsilon, y) + V(x-\epsilon, y) + V(x, y+\epsilon) + V(x, y-\epsilon) - 4V(x, y)] \\ &= 0\end{aligned}$$

따라서

$$V(x, y) = \frac{1}{4}[V(x+\epsilon, y) + V(x-\epsilon, y) + V(x, y+\epsilon) + V(x, y-\epsilon)] \tag{3.109}$$

한 칸의 길이가 ϵ인 사각 그물에서, V는 가장 가까운 네 이웃 그물코의 값의 **평균**이다 (ϵ이 무한소

---

32 이 멋진 결과는 다음 논문에서 따 왔다: R. S. Jones, *Am. J. Phys.* 63, 1042 (1995).

33 G. P. Sastry, V. Srinivas, A. V. Madhav, *Eur, J. Phys.* 17, 275 (1996).

일 때는 정확한 식이지만, 작은 유한값일 때는 어림식이다).

테두리의 값이 정해진 직사각형 영역에서 라플라스 방정식을 풀려 한다. 그 영역을 ϵ – 그물로 덮고 각 점 (i, j)에 값 $V(i, j)$를 정해주는 것으로 시작한다; 테두리에서는 정해진 경계값이 된다. 내부 점에서는 어떤 값이든 될 수 있는데, 모두 0으로 두자. 이제 각 내부 점의 값을 4개 이웃의 평균값으로 바꾼다 (식 3.109 참조). 그런 다음 바꾼 값을 써서 같은 셈을 반복하여 결과가 더 이상 크게 변하지 않을 때까지 계속한다.

다음은 Mathematica에서 구현한 기본 틀이다 (속도, 정확도, 다양성을 높이는 등 개선 방법은 많고, 같은 전략을 3차원 및 다른 수학적 조건에서 쓸 수 있다):

```
For [k = 1, k <= n, k = k+1,
   For [i = 2, i <= r-1, i = i+1,
      For [j = 2, j <= c-1, j = j+1,
         New V[[i, j]] = (1/4)  (V[[i, j+1]] + V[[i, j-1]] + V[i-1, j]]
            + V[ [i+1, j]])]];
   V = NewV];
ListPlot3D [V]
```

입력은 초기값 목록 V와 세 정수이다: n(반복 횟수), r(그물의 행 수), c(열 수). (Mathematica는 초기 보조 목록 NewV도 요구하지만, 이는 바로 바뀌므로 무엇을 입력하든 상관없다. NewV = V로 두어도 좋다.) 그물이 충분히 작으면 초기 V를 직접 입력할 수 있다. 예를 들면 다음과 같다:

```
V = {{4,0,0,0,0,0,0,0,4}, {4,0,0,0,0,0,0,0,4},
   {4,0,0,0,0,0,0,0,4}, {4,0,0,0,0,0,0,0,4},
   {4,0,0,0,0,0,0,0,4}, {4,0,0,0,0,0,0,0,4}}
```

이것을 그물로 띄워 보려면 MatrixForm[V]를 쳐라. 여기서 경계 값은 왼쪽과 오른쪽 테두리에서는 상수(4)이고, 위쪽과 아래쪽에서는 0이다. 단, 테두리 값은 미리 정해 놓았으므로 계산 과정에서 바뀌지 않는다.

(a) 그 예제를 돌려 결과를 그림 3.21과 비교하라.

(b) 초기값 V를 고쳐 그림 3.18을 흉내내라.

(c) 20×20 그물에서 테두리는 0으로, 중앙의 4 점은 4로 전위를 정한다. 그 중앙 전위는 고정시켜야 하므로, 그 방법을 찾아야 한다. 한 가지 방법 “If ... then” 절을 넣는 것이다.

```
If [ (i==10 || i==11) && (j==10 || j==11), NewV[[i,j]]=4, ... ]
```

(즉, “i = 10 또는 i = 11이고 j = 10 또는 j = 11이면 NewV[[i,j]]를 4로 둔다. 그렇지 않으면 ... ”). n = 500을 써라.

제4장 물질 속의 정전기장

4.1 편극밀도

4.1.1 유전체

이 장에서는 물질 속의 전기장을 공부한다. 물질에는 고체, 액체, 기체, 금속, 나무, 유리 등 여러 가지가 있고, 정전기장에 대한 이들의 반응은 저마다 다르다. 그러나 나날이 쓰는 물건은 대부분 (적어도 근사적으로는) 크게 보아 **도체**(conductor)와 **절연체**(insulator)[또는 **유전체**(dielectrics)] 둘 중의 하나이다. 도체 속에는 이미 설명한 바와 같이 자유로이 움직일 수 있는 전하가 "아주 많다." 자유롭다는 말은 많은 전자들이(전형적인 금속에서는 원자 한 개에 전자 하나나 둘) 어떤 특정한 원자핵 주위에 갇혀 있지 않고 제멋대로 이리저리 돌아다닌다는 뜻이다. 이에 반해 유전체 속에서는 모든 전자가 특정 원자 또는 분자에 붙어 있다 – 전자들은 분자 속에서는 조금은 움직일 수 있으나 분자로부터 떨어져 나갈 수는 없다. 유전체 속의 전자의 이러한 작은 움직임은 도체 속에서 자유 전자들이 재배치되는 것만큼 극적인 것은 아니지만, 그 작은 효과들이 모여 유전체 재료의 특성으로 나타난다. 유전체 원자나 분자의 전하분포가 전기장 때문에 변형되는 두 가지 주된 과정은 늘림(stretching)과 돌림(rotating)이다. 다음 두 절에서는 이 과정을 설명한다.

4.1.2 유도된 쌍극자

전기적으로 중성인 원자를 전기장 $\mathbf{E}$ 속에 두면 어떻게 될까? 먼저 이렇게 생각할 것이다: "아무 일도 생기지 않는다. 왜냐하면, 원자가 전기적으로 중성이니까 전기장으로부터 아무 힘도 받지 않기 때문이다." 그러나 이 생각은 틀렸다. 원자 전체는 전기적으로 중성이지만, 그 심지(원자핵)는 양전하를 띠고 있고 그 둘레를 음전하를 띤 전자구름이 감싸고 있다. 원자 속의 이 두 부분은 전기장의 영향을 반대로 받는다: 원자핵은 전기장 쪽으로, 전자들은 그 반대쪽으로 밀린다. 원리상으로는, 전기장이 아주 세면 원자핵과 전자들이 완전히 나뉘어서 원자는 "**이온이 된다**(ionized)" (그러면, 그 물질은 도체가 된다). 그렇지만 전기장이 그리 세지 않으면 곧 평형이 이루어진다. 왜냐하면, 전자구름의 중심이 원자핵과 어긋나면 이들 양전하와 음전하가 서로 끌어당겨 원자상태로 묶어 두기 때문이다. 서로 대항하는 두 힘 – 전자와 원자핵을 떼어 놓으려는 **E**와 그 둘이 서로 잡아끄는 힘 – 의 크기가 같아지면 원자는 양전하와 음전하의 중심이 조금 어긋나 **편극된다**(polarized). 이 원자는 이제 아주 작은 쌍극자 모멘트 **p**를 가지는데, 그 방향은 **E**와 같다. 사실, 이 유도된 쌍극자 모멘트는 (전기장이 너무 세지 않으면) 전기장에 비례한다:

$$\mathbf{p} = \alpha \mathbf{E} \tag{4.1}$$

비례상수 α는 **원자 편극성**(atomic polarizability)이며, 그 값은 원자의 내부구조에 따라 정해진다. 표 4.1은 실험으로 잰 몇 가지 원자 편극성의 값이다.

표 4.1 원자편극성($\alpha/4\pi\epsilon_0$, 단위는 10^{-30} m^3).

H	He	Li	Be	C	Ne	Na	Ar	K	Cs
0.667	0.205	24.3	5.60	1.67	0.396	24.1	1.64	43.4	59.4

자료: Handbook of Chemistry and Physics, 91판 (Boca Raton: CRC Press, 2010).

예제 4.1

초보적인 원자모형은 점으로 된 원자핵($+q$)을 반지름이 a인 공 모양의 전하구름($-q$)이 고르게 둘러싼 것이다(그림 4.1). 이러한 원자의 원자 편극성을 셈하라.

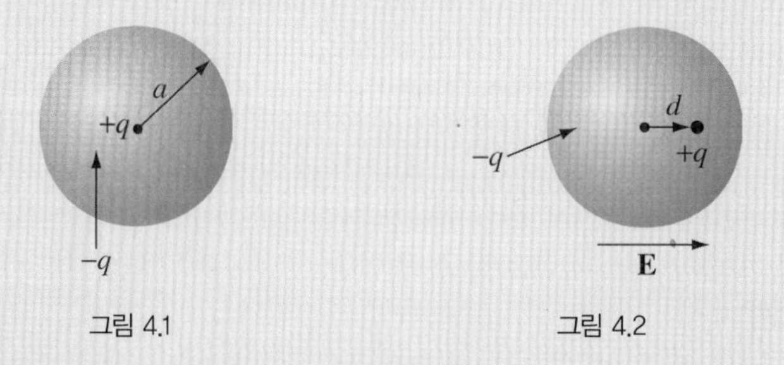

그림 4.1 그림 4.2

■ 풀이 ■

전기장 **E**를 밖에서 걸어 주면 그림 4.2와 같이 원자핵은 오른쪽으로, 전자구름은 왼쪽으로 조금 옮겨간다. (실제로 옮겨간 거리는 문제 4.1에서 알게 되겠지만, 아주 작아서 전자구름은 공 모양을 그대로 유지한 채 움직인다고 할 수 있다.) 원자핵이 이 공의 중심에서 거리 d만큼 옮겨갔을 때 평형이 이루어졌다고 하자. 그 곳에서는 밖의 전기장이 원자핵을 오른쪽으로 미는 힘과 안에 생긴 전기장이 원자핵을 왼쪽으로 끌어당기는 힘이 정확히 맞비긴다: $E = E_{전자}$이다. 여기에서 $E_{전자}$는 전자구름이 만든 전기장의 세기이다. 전하가 고르게 퍼진 공의 중심에서 d만큼 벗어난 곳의 전기장은 다음과 같다 (문제 2.12):

$$E_{전자} = \frac{1}{4\pi\epsilon_0}\frac{qd}{a^3}$$

따라서 평형상태에서는 다음과 같다:

$$E = \frac{1}{4\pi\epsilon_0}\frac{qd}{a^3}, \qquad \text{또는} \qquad p = qd = (4\pi\epsilon_0 a^3)E$$

그러므로 원자 편극성은 다음과 같다:

$$\alpha = 4\pi\epsilon_0 a^3 = 3\epsilon_0 v \tag{4.2}$$

여기에서 v는 원자의 부피이다. 이 원자모형은 아주 유치하지만 그 결과(식 4.2)는 크게 틀리지 않는다 – 이것은 많은 단순한 원자에 대해 4배의 범위 안에서 맞다.

분자는 그렇게 간단하지 않다. 왜냐하면, 분자는 모양에 따라 더 쉽게 편극되는 방향이 있기 때문이다. 예를 들어, 이산화탄소 분자(그림 4.3)는 전기장을 축방향에 나란히 걸어 주면 편극성이 4.5×10^{-40} $C^2 \cdot m/N$ 이지만 수직하게 걸어 주면 겨우 2.0×10^{-40} $C^2 \cdot m/N$이다. 전기장을 축에 대해 비스듬히 걸면 전기장을 축과 나란한 성분과 수직한 성분으로 나누고 각 성분에 맞는 편극성을 곱하여 유도 쌍극자 모멘트를 구한다:

$$\mathbf{p} = \alpha_\perp \mathbf{E}_\perp + \alpha_\parallel \mathbf{E}_\parallel$$

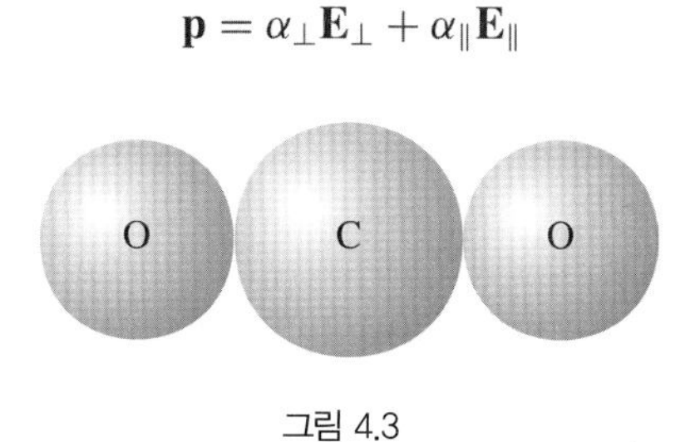

그림 4.3

이 경우에 유도된 쌍극자 모멘트는 일반적으로 **E**와 나란하지 않다. CO_2 분자는 적어도 모든 원자가 한 줄로 늘어서 있으므로 다른 분자들 보다 단순하다. 대칭성이 전혀 없는 분자에서는 식 (4.1)의 가장 일반적인 꼴은 **E**와 **p**의 선형 관계식이다.

$$\begin{cases} p_x = \alpha_{xx}E_x + \alpha_{xy}E_y + \alpha_{xz}E_z \\ p_y = \alpha_{yx}E_x + \alpha_{yy}E_y + \alpha_{yz}E_z \\ p_z = \alpha_{zx}E_x + \alpha_{zy}E_y + \alpha_{zz}E_z \end{cases} \tag{4.3}$$

이 식에 들어있는 9개의 상수 α_{ij}의 집합이 그 분자의 **편극성 텐서**(polarizability tensor)이다. 이들의 값은 좌표축의 방향을 어떻게 잡는가에 따라 달라지는데, 좌표축을 잘 잡으면 편극성 텐서의 세 주요성분 α_{xx}, α_{yy}, α_{zz}만 남고 나머지 비대각 성분들(α_{xy}, α_{zx} 등)은 모두 값이 0이 된다.

문제 4.1 수소원자(반지름이 보어 반지름 0.5Å) 하나를 두 장의 나란한 금속판 사이에 놓아두었다. 두 금속판은 1mm 떨어져 있고, 각각 500V 전지의 양쪽 극에 연결되어 있다. 전기장 때문에 떨어진 원자핵과 전자구름의 중심 사이의 거리 d는 원자 반지름의 약 몇 배인가? 이 장치로 원자를 이온화시키는 데 필요한 전압의 크기를 어림하라. [표 4.1에 있는 α값을 써라. 주의: 지금 말하는 이동거리는 원자크기에 비추어 보아도 아주 작다.]

문제 4.2 양자역학에 따르면, 바닥상태에 있는 수소원자의 전자구름의 전하밀도는 다음과 같다.

$$\rho(r) = \frac{q}{\pi a^3}e^{-2r/a}$$

여기에서 q는 전자의 전하, a는 보어 반지름이다. 이 원자의 편극성을 구하라. [실마리: 먼저 전자구름이 만드는 $E_{전자}(r)$전기장 을 구하라; 그 다음 $r \ll a$로 가정하여 지수함수를 급수로 펼쳐라.][1]

문제 4.3 식 4.1에 따르면, 원자의 유도 쌍극자 모멘트는 거의 밖에서 걸어준 전기장의 세기에 비례한다. 이것은 "실용규칙"이지 근본법칙은 아니므로, 어긋나는 경우를 이론적으로 쉽게 꾸며낼 수 있다. 예를 들어, 전자구름의 전하밀도가 중심까지의 거리에 비례하고, 이것이 반지름 R이 될 때까지 성립한다고 하자. 이때에는 p가 E의 몇 제곱에 비례하는가? 전기장이 약할 때 식 4.1이 성립하려면 $\rho(r)$에 어떤 조건을 주어야 하는가?

문제 4.4 전기적으로 중성이고 편극성이 α인 원자에서 멀리 떨어진 거리 r인 곳에 점전하 q가 있다. 이 둘이 당기는 힘을 구하라

---

1 더 정교한 풀이법은 다음을 보라: W. A. Bowers, *Am. J. Phys.* 54, 347 (1986).

4.1.3 극성분자의 정렬

§4.1.2에서 말한 중성원자에는 처음에 쌍극자 모멘트 $\mathbf{p}$가 없었는데, 전기장을 걸어 주어서 생겨났다. 어떤 분자는 영구 쌍극자 모멘트가 저절로 생긴다. 예를 들어 물 분자 속에서 전자들은 산소원자 주위에 모이는 경향이 있다 (그림 4.4). 그런데 이 분자는 105°로 굽어 있어, 꼭지에는 음전하가 모이고 반대쪽 끝에는 알짜 양전하가 남는다. (물의 쌍극자 모멘트는 유난히 커서 $6.1 \times 10^{-30}\,\mathrm{C \cdot m}$이다; 그래서 물이 효과적인 용매가 된다.) 그러한 분자[**극성분자**(polar molecule)라고 한다]를 전기장 속에 놓아두면 어떻게 되겠는가?

만일 전기장이 고르다면, 양전하가 모인 끝이 받는 힘 $\mathbf{F}_+ = q\mathbf{E}$는 음전하가 모인 끝이 받는 힘 $\mathbf{F}_- = -q\mathbf{E}$와 정확히 맞비겨 알짜 힘은 0이다 (그림 4.5). 그렇지만 다음과 같은 회전력을 받는다.

$$\begin{aligned}\mathbf{N} &= (\mathbf{r}_+ \times \mathbf{F}_+) + (\mathbf{r}_- \times \mathbf{F}_-) \\ &= \left[(\mathbf{d}/2) \times (q\mathbf{E})\right] + \left[(-\mathbf{d}/2) \times (-q\mathbf{E})\right] = q\mathbf{d} \times \mathbf{E}\end{aligned}$$

따라서 고른 전기장 $\mathbf{E}$속에 있는 쌍극자 $\mathbf{p} = q\mathbf{d}$는 다음과 같은 회전력을 받는다.

$$\boxed{\mathbf{N} = \mathbf{p} \times \mathbf{E}} \tag{4.4}$$

$\mathbf{N}$은 $\mathbf{p}$가 $\mathbf{E}$에 나란히 놓이도록 작용한다; 이 회전력을 받은 극성분자는 자유로이 돌 수 있으면 빙글 돌아서 걸어 준 전기장과 나란히 늘어선다.

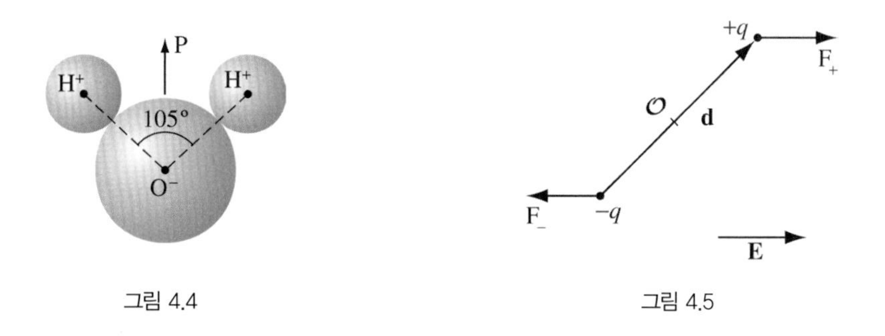

그림 4.4　　　　그림 4.5

전기장이 고르지 않으면 $\mathbf{F}_+$와 $\mathbf{F}_-$는 완전히 비기지 못하므로, 쌍극자는 회전력과 아울러 알짜 힘도 받는다. 물론 분자 하나가 차지한 공간 안에서 전기장이 상당히 변하려면 $\mathbf{E}$의 변화가 아주 커야 하므로, 유전체의 성질을 다룰 때에는 전기장이 고르지 않음을 무시해도 된다. 그렇지만 전기장이 고르지 않을 때 쌍극자가 받는 힘의 공식이 조금은 재미있다.

$$\mathbf{F} = \mathbf{F}_+ + \mathbf{F}_- = q(\mathbf{E}_+ - \mathbf{E}_-) = q(\Delta\mathbf{E})$$

여기에서, $\Delta\mathbf{E}$는 양전하와 음전하가 있는 끝에서의 전기장의 차이를 나타낸다. 쌍극자의 길이가 아주 짧으면 식 1.35를 써서 E_x의 작은 변화를 나타낼 수 있다.

$$\Delta E_x \equiv (\nabla E_x) \cdot \mathbf{d}$$

E_y와 E_z도 같은 공식을 쓸 수 있다. 이것을 보다 간결하게 쓰면,

$$\Delta\mathbf{E} = (\mathbf{d} \cdot \nabla)\mathbf{E}$$

이고, 그러므로 다음과 같다.[2]

$$\boxed{\mathbf{F} = (\mathbf{p} \cdot \nabla)\mathbf{E}} \tag{4.5}$$

길이가 아주 짧은 "점" 쌍극자에서는 식 4.4는 전기장이 고르지 않을 때에도 쌍극자의 중심에 대한 회전력이 된다; 다른 점에 대한 회전력은 다음과 같다: $\mathbf{N} = (\mathbf{p} \times \mathbf{E}) + (\mathbf{r} \times \mathbf{F})$.

문제 4.5 그림 4.6에서 (점)쌍극자 $\mathbf{p}_1$과 $\mathbf{p}_2$의 거리가 r이다. $\mathbf{p}_2$가 $\mathbf{p}_1$에 주는 회전력은 얼마인가? $\mathbf{p}_1$이 $\mathbf{p}_2$에 주는 회전력은 얼마인가? [이 경우 회전력은 쌍극자의 중심에 대한 것이다. 두 답이 크기는 같고 방향이 반대가 아니어서 께름칙하면 문제 4.29를 보라.]

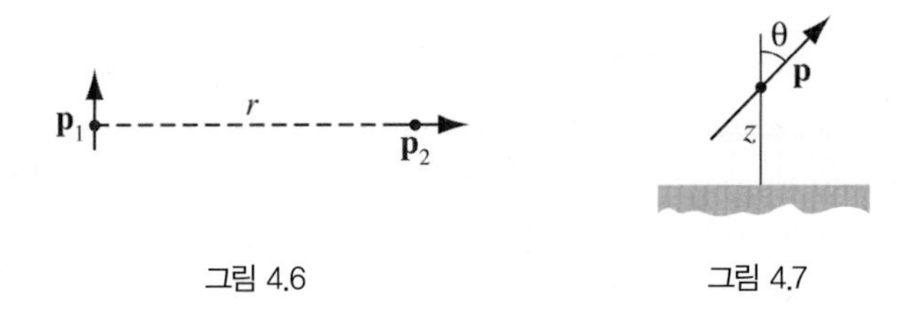

그림 4.6 그림 4.7

문제 4.6 접지된 무한 도체판에서 거리 z인 곳에 (점)쌍극자 $\mathbf{p}$가 있다 (그림 4.7). 이 쌍극자는 도체판에 대한 법선과 θ의 각을 이룬다. $\mathbf{p}$가 받는 회전력을 구하라. 쌍극자가 자유로이 돌 수 있다면, 이것은 어느 쪽을 가리키겠는가?

문제 4.7 전기장 $\mathbf{E}$속에 놓인 영구[3] 쌍극자 $\mathbf{p}$의 에너지는 다음과 같음을 보여라.

$$\boxed{U = -\mathbf{p} \cdot \mathbf{E}} \tag{4.6}$$

---

2 현재의 문맥에서 식 4.5는 $\mathbf{F} = \nabla(\mathbf{p} \cdot \mathbf{E})$로 쓸 수 있다. 그렇지만 $(\mathbf{p} \cdot \nabla)\mathbf{E}$로 두는 것이 안전하다. 왜냐하면 앞으로 이 공식을 쌍극자 모멘트 (밀도)가 위치에 따라 바뀌는 물질에 대해 쓸 때 둘째 식에서는 $\mathbf{p}$도 미분되어 맞지 않기 때문이다.

3 크기가 고정되어 있음을 뜻한다. 식 4.1의 유도 쌍극자에 삭 4..6을 적용할 때 조심하라 틀린 것은 아니지만, 완전한 설명은 아니다. 문제 4.32를 참조하라.

문제 4.8 거리 $\mathbf{r}$인 두 이상적인 쌍극자의 상호작용 에너지는 다음과 같음을 보여라.

$$U = \frac{1}{4\pi\epsilon_0}\frac{1}{r^3}[\mathbf{p}_1 \cdot \mathbf{p}_2 - 3(\mathbf{p}_1 \cdot \hat{\mathbf{r}})(\mathbf{p}_2 \cdot \hat{\mathbf{r}})] \tag{4.7}$$

[실마리: 문제 4.7과 식 3.104를 써라.]

문제 4.9 쌍극자 $\mathbf{p}$가 점전하 q로부터 거리 r인 곳에 있고, $\mathbf{p}$의 방향은 q에서 $\mathbf{p}$까지의 벡터 $\mathbf{r}$과 각도 θ를 이룬다.

(a) $\mathbf{p}$가 받는 힘을 셈하라.

(b) q가 받는 힘을 셈하라.

4.1.4 편극밀도

앞의 두 절에서는 밖에서 걸어 준 전기장이 낱낱의 원자나 분자에 미치는 효과를 살펴보았다. 이제는 유전체 재료 한 조각을 전기장 속에 놓아두면 어떻게 되는가 하는 애초의 물음에 대해 (정성적으로) 답할 수 있다. 그것이 중성원자(또는 비극성 분자)로 이루어져 있으면, 전기장은 각 원자(또는 분자)에서 그에 나란한 아주 작은 쌍극자를 이끌어낸다.[4] 그것이 극성분자로 만들어져 있으면, 영구 쌍극자마다 회전력을 받아 전기장과 나란하게 늘어서려고 한다. (무질서한 열운동은 이것을 방해하므로 분자는 결코 완벽하게 늘어서지 못한다. 특히 온도가 높으면 더 많이 흐트러지며, 걸어 준 전기장을 없애면 늘어선 상태가 곧 완전히 사라진다.)

이들 두 과정에서 생겨나는 효과는 본질적으로 같다. 아주 많은 작은 쌍극자들이 전기장의 방향과 나란히 늘어선다 – 유전체가 **편극된다**(polarized). 이 효과를 가늠하는 편리한 양은 다음과 같다:

$$\mathbf{P} \equiv \text{단위부피 속에 든 쌍극자 모멘트}$$

이것이 **편극밀도**(polarization)이다. 앞으로는 편극밀도가 매질에 어떻게 해서 생겼는지 따지지 않겠다. 실제로 위의 두 과정을 뚜렷이 나누어 볼 수도 없다. 극성분자에서도 전하가 움직여서 생겨나는 (첫째 유형) 편극이 조금은 있다. 그러나 분자를 잡아 늘이기보다는 돌리기가 훨씬 쉬우므로 둘째 과정이 지배적이다. 어떤 재료에서는 편극밀도가 "굳어진" 경우도 있는데, 이때에는 전기장을 없애도 편극밀도가 그대로 남는다. 편극밀도의 원인은 잠시 잊어버리고, 한 덩어리의

4 대칭성이 없는 분자에서는 유도 쌍극자 모멘트가 전기장과 나란하지 않을 수도 있다. 그러나 분자 배향이 제멋대로이면 수직방향의 성분은 더한 뒤 평균하면 없어진다. 단결정 속에서는 분자 배향이 고르므로 따로 다루어야한다.

편극된 물질 스스로가 만드는 전기장을 살펴보자, 그런 뒤에 4.3절에서 $\mathbf{P}$를 이끌어낸 원래의 전기장과 $\mathbf{P}$가 새로 만들어 내는 전기장을 더해 보자.

4.2 편극된 물체가 만드는 전기장

4.2.1 속박전하

한 조각의 편극된 물질 – 즉, 아주 많은 원자 쌍극자가 나란히 선 채로 들어 있는 물체 - 이 있다고 하자. 이 물체의 단위부피 안에 든 쌍극자 모멘트는 $\mathbf{P}$이다. 물음: 이 물체가 만들어낸 전기장 (편극밀도를 유도한 전기장이 아니라, 이 편극밀도가 만들어낸 전기장)은 얼마인가? 낱낱의 쌍극자가 만드는 전기장은 이미 배워 알고 있다. 그러므로 이 물체를 잘게 쪼개어 아주 작은 쌍극자 조각으로 만든 뒤, 낱낱의 쌍극자 조각이 만드는 전기장을 더하여 총 전기장을 구하면 될 것이다. 여느 때와 같이 이번에도 전위를 쓰는 것이 쉽다. 하나의 쌍극자 $\mathbf{p}$가 만드는 전위는 다음과 같다 (식 3.99):

$$V(\mathbf{r}) = \frac{1}{4\pi\epsilon_0}\frac{\mathbf{p}\cdot\hat{\boldsymbol{\mathscr{r}}}}{\mathscr{r}^2} \tag{4.8}$$

여기에서 $\boldsymbol{\mathscr{r}}$은 쌍극자가 있는 곳에서 전위를 구하는 곳까지의 거리이다 (그림 4.8), 물체 속의 부피요소 $d\tau'$속에는 $\mathbf{p} = \mathbf{P}\,d\tau'$의 쌍극자 모멘트가 들어 있으므로, 총 전위는 다음과 같다:

$$V(\mathbf{r}) = \frac{1}{4\pi\epsilon_0}\int_{\mathcal{V}} \frac{\mathbf{P}(\mathbf{r}')\cdot\hat{\boldsymbol{\mathscr{r}}}}{\mathscr{r}^2}\,d\tau' \tag{4.9}$$

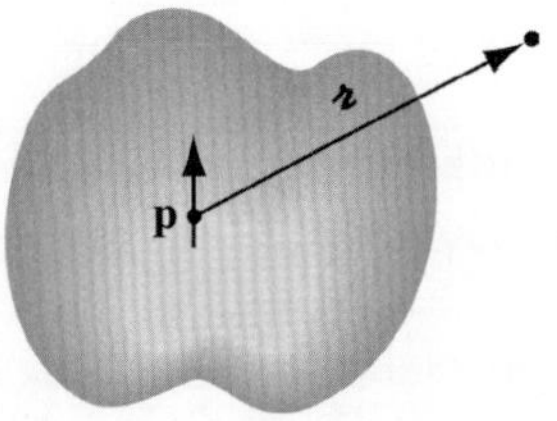

그림 4.8

원리상으로는 이것으로 끝났다. 그러나 재주를 조금 부리면, 이 적분을 훨씬 멋진 꼴로 바꿀 수 있다. 다음의 미분을 살펴보자.

$$\nabla'\left(\frac{1}{\mathscr{r}}\right)=\frac{\hat{\mathscr{r}}}{\mathscr{r}^2}$$

이 식에서는 (문제 1.13과는 달리) 쌍극자의 좌표에 대해 미분하였으므로 식 4.9는 다음과 같이 바뀐다.

$$V=\frac{1}{4\pi\epsilon_0}\int_{\mathcal{V}}\mathbf{P}\cdot\nabla'\left(\frac{1}{\mathscr{r}}\right)d\tau'$$

이제, 곱셈규칙 5번을 쓰고 부분적분을 하면 다음 결과를 얻는다.

$$V=\frac{1}{4\pi\epsilon_0}\left[\int_{\mathcal{V}}\nabla'\cdot\left(\frac{\mathbf{P}}{\mathscr{r}}\right)d\tau'-\int_{\mathcal{V}}\frac{1}{\mathscr{r}}(\nabla'\cdot\mathbf{P})\,d\tau'\right]$$

여기에 발산정리를 쓰면 다음 결과를 얻는다.

$$V=\frac{1}{4\pi\epsilon_0}\oint_{\mathcal{S}}\frac{1}{\mathscr{r}}\mathbf{P}\cdot d\mathbf{a}'-\frac{1}{4\pi\epsilon_0}\int_{\mathcal{V}}\frac{1}{\mathscr{r}}(\nabla'\cdot\mathbf{P})\,d\tau' \tag{4.10}$$

첫 항은 $\hat{\mathbf{n}}$을 법선 단위벡터라고 할 때, 면전하

$$\boxed{\sigma_{속박}\equiv\mathbf{P}\cdot\hat{\mathbf{n}}} \tag{4.11}$$

이 만드는 전위와 모양이 같다. 둘째 항은 부피전하

$$\boxed{\rho_{속박}\equiv-\nabla\cdot\mathbf{P}} \tag{4.12}$$

가 만드는 전위와 모양이 같다. 면전하와 부피전하를 쓰면 식 4.10은 다음과 같이 쓸 수 있다:

$$V(\mathbf{r})=\frac{1}{4\pi\epsilon_0}\oint_{\mathcal{S}}\frac{\sigma_{속박}}{\mathscr{r}}da'+\frac{1}{4\pi\epsilon_0}\int_{\mathcal{V}}\frac{\rho_{속박}}{\mathscr{r}}d\tau' \tag{4.13}$$

이 식이 뜻하는 것은 편극된 물체가 만드는 전위는(따라서, 전기장도) $\rho_{속박}\equiv-\nabla\cdot\mathbf{P}$인 부피전하 밀도와 $\sigma_{속박}=\mathbf{P}\cdot\hat{\mathbf{n}}$인 면전하 밀도가 만드는 전위를 더한 것과 같다는 것이다. 식 4.9처럼 아주 작은 쌍극자들이 만드는 전위를 직접 적분하는 대신 이 **속박전하**(bound charge)를 먼저 구한 다음, 다른 부피전하와 면전하가 만드는 전기장을 구하는 방법과 똑같은 방법으로 전기장을 구할 수 있다 (예를 들어 가우스 법칙을 쓰는 방법).

예제 4.2

고르게 편극된 반지름 R인 공이 만드는 전기장을 구하라.

■ 풀이 ■

이 문제에서는 그림 4.9와 같이 z축을 편극방향에 맞추는 것이 좋다. **P**가 일정하므로 부피전하 밀도 $\rho_{속박}$은 0이다. 그러나 표면전하 밀도는 다음과 같다.

$$\sigma_{속박} = \mathbf{P} \cdot \hat{\mathbf{n}} = P \cos\theta$$

여기에서 θ는 구좌표의 각도이다. 이제 구면에 붙어 있는 밀도 $P\cos\theta$인 면전하가 만드는 전기장을 구해야 한다. 그런데 예제 3.9에서 이미 이렇게 배열된 전하가 만드는 전위를 구하였다:

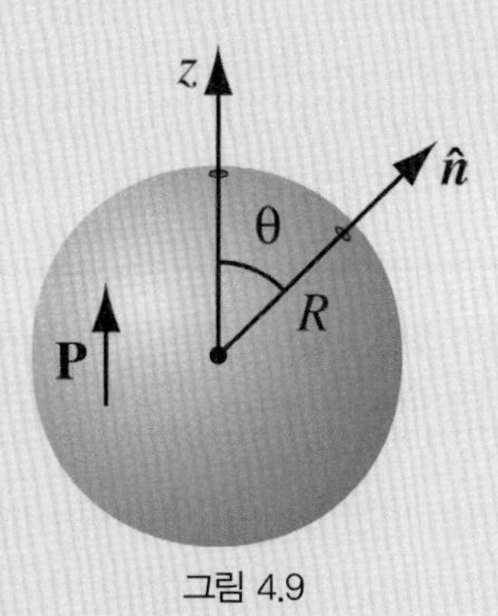

그림 4.9

$$V(r,\theta) = \begin{cases} \dfrac{P}{3\epsilon_0} r\cos\theta, & r \le R \text{ 일 때,} \\[2ex] \dfrac{P}{3\epsilon_0}\dfrac{R^3}{r^2}\cos\theta, & r \ge R \text{ 일 때} \end{cases}$$

$r\cos\theta = z$이므로, 이 공 속의 전기장은 균일하다.

$$\mathbf{E} = -\nabla V = -\frac{P}{3\epsilon_0}\hat{\mathbf{z}} = -\frac{1}{3\epsilon_0}\mathbf{P}, \qquad r < R \text{ 일 때} \tag{4.14}$$

이 놀라운 결과는 앞으로 쓸모가 많다. 공 바깥의 전위는 점 쌍극자가 원점에 있을 때의 전위와 똑같다.

$$V = \frac{1}{4\pi\epsilon_0}\frac{\mathbf{p}\cdot\hat{\mathbf{r}}}{r^2}, \qquad r \ge R \text{ 일 때} \tag{4.15}$$

이 때, 쌍극자 모멘트는 당연히 공이 가진 총 쌍극자 모멘트와 같다.

$$\mathbf{p} = \frac{4}{3}\pi R^3 \mathbf{P} \tag{4.16}$$

고르게 편극된 공이 만드는 전기장은 그림 4.10과 같다.

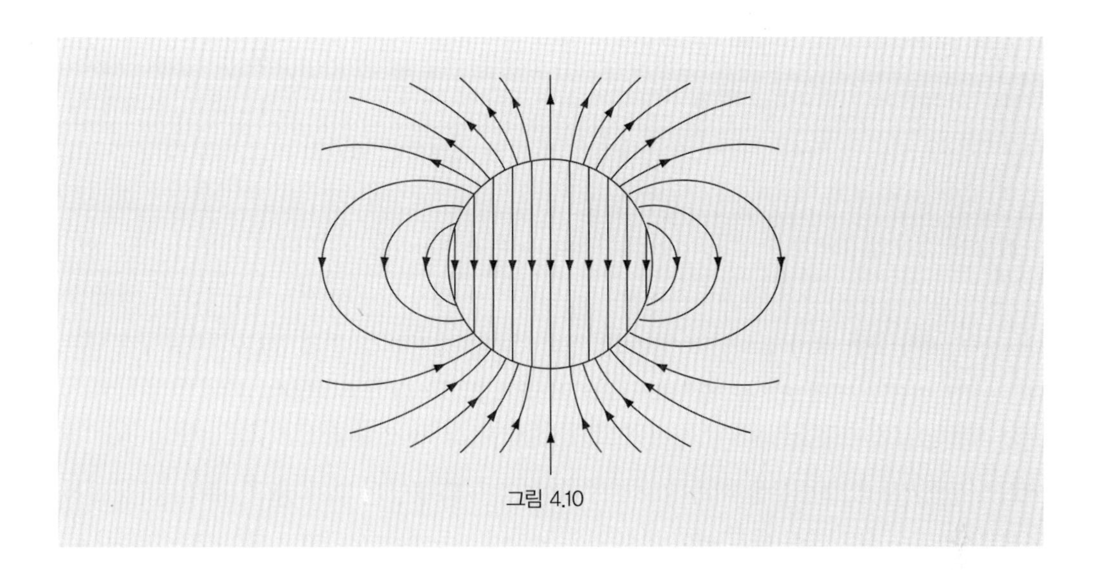
그림 4.10

문제 4.10 반지름 R인 공의 편극밀도가 다음과 같다.

$$\mathbf{P}(\mathbf{r}) = k\mathbf{r}$$

여기에서 k는 상수, r은 공의 중심까지의 거리이다.

(a) 속박전하 $\sigma_{속박}$과 $\rho_{속박}$을 셈하라.

(b) 공의 안팎의 전기장을 구하라.

문제 4.11 반지름이 a, 길이가 L인 짧은 원통에 고른 편극밀도 $\mathbf{P}$가 축과 나란히 굳어져 있다. 속박전하를 구하고, 이 원통이 만드는 전기장을 다음 세 경우에 대해 그림으로 그려라: (i) $L \gg a$일 때, (ii) $L \ll a$일 때, 그리고 (iii) $L \approx a$일 때. [이것은 막대자석과 비슷한 전기소자로서 **막대 전기 쌍극자**(bar electret)라고 한다. 실제로는 아주 특별한 재료 – 가장 흔한 예로 바륨티탄 산화물이 있다 – 만이 영구적인 전기 쌍극자를 지니므로 장난감 가게에서 살 수 없다.]

문제 4.12 고르게 편극된 공(예제 4.2)이 만드는 전위를 식 4.9로부터 직접 셈하라.

4.2.2 속박전하에 관한 물리적 해석

앞 절에서 편극된 물체가 만드는 전기장은 어떤 모양으로 분포된 "속박전하" $\sigma_{속박}$과 $\rho_{속박}$이 만드는 전기장과 똑 같음을 보았다. 그러나 이 결론은 식 4.9의 적분을 수학적으로 처리하는 과정에서 튀어나왔을 뿐, 이들 속박전하의 물리적인 뜻에 관해서는 아무런 실마리도 주지 않았다. 어떤 사람은 속박전하란 전기장을 쉽게 구하려고 쓰는 도구에 지나지 않는 "가짜" 전하라고 하는데, 그렇지 않다. $\sigma_{속박}$과 $\rho_{속박}$은 **참된 전하가 쌓인 것**이다. 이 절에서는 편극된 물질 속에 전하가 어떻게 쌓이는지 알아보자.

바탕에 깔린 생각은 아주 단순하다. 그림 4.11과 같이 쌍극자로 된 기다란 실이 한 가닥 있다고 하자. 이 실을 따라가면 한 쌍극자의 머리는 다음 쌍극자의 꼬리와 지워진다. 그러나 양쪽 끝에는 지워지지 못한 전하가 하나씩 남아 오른쪽 끝에는 양전하가, 왼쪽 끝에는 음전하가 남는다. 결국은 한쪽 끝에서 전자를 떼어내어 다른 쪽 끝으로 가져다 놓은 것과 같은데, 그 전자가 실제로 한쪽 끝에서 다른 쪽 끝으로 옮겨가는 것은 아니지만, 모든 전자들이 아주 조금씩 같은 방향으로 옮겨가므로 그 모두를 더하면 효과는 같다. 양쪽 끝에 남는 알짜 전하를 **속박전하**라고 하는데, 그 까닭은 이 전하를 따로 떼어낼 수 없음을 알리려는 것이다. 유전체 속의 모든 전자는 원자나 분자에 붙어 있다. 그 점 말고는 속박전하도 다른 종류의 전하와 똑같다.

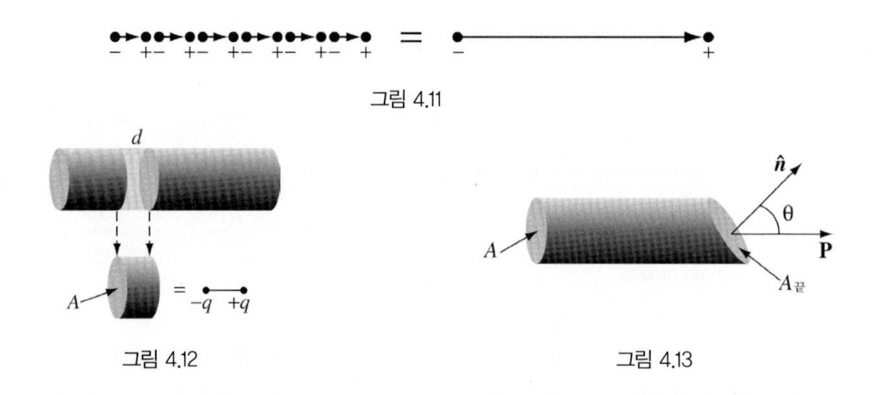

그림 4.11

그림 4.12

그림 4.13

편극밀도를 알 때 속박전하의 양을 셈하려면 **P**에 나란한 유전체 "통"을 생각한다. 그림 4.12에 보인 아주 작은 조각의 쌍극자 모멘트는 $P(Ad)$이다. 여기에서 A는 통의 단면적, d는 그 길이이다. 양쪽 끝에 있는 전하(q)로 이 쌍극자 모멘트를 나타내면 qd이다. 따라서, 통의 오른쪽 끝에 쌓인 전하는 다음과 같다.

$$q = PA$$

양쪽 끝을 수직으로 얇게 베어내면 표면전하 밀도는 다음과 같다.

$$\sigma_{속박} = \frac{q}{A} = P$$

끝을 비스듬히 자르면(그림 4.13), **전하량**은 같지만 면적은 $A = A_{끝}\cos\theta$ 이므로 표면전하 밀도는 다음과 같다.

$$\sigma_{속박} = \frac{q}{A_{끝}} = P\cos\theta = \mathbf{P}\cdot\hat{\mathbf{n}}$$

따라서 편극밀도의 효과는 결국 속박전하 $\sigma_{속박} = \mathbf{P}\cdot\hat{\mathbf{n}}$을 재료의 겉면에 발라준 것이다. 이것은 § 4.2.1에서 엄밀한 방법을 써서 알아낸 것과 같다. 그러나 이제는 속박전하가 어디로부터 생겨나는지를 알게 되었다.

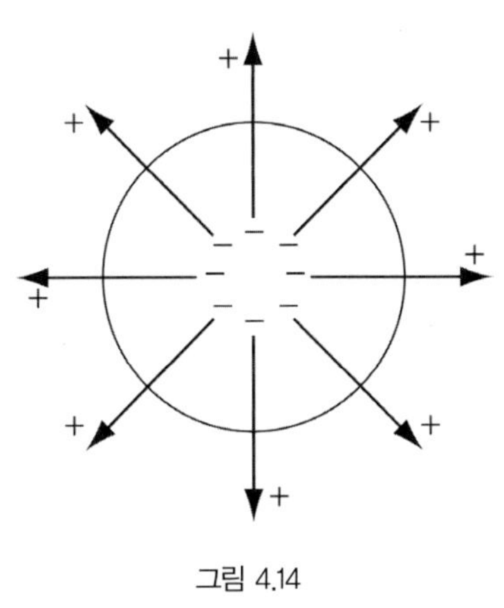

그림 4.14

편극밀도가 고르지 않다면 재료의 겉면은 물론, 그 속에도 속박전하가 쌓인다. 그림 4.14를 잠깐 보면, **P**가 사방으로 퍼져 나갈 때는 그 가운데에 음전하가 쌓임을 알 수 있다. 어떤 부피 속에서든지 알짜 속박전하 $\int \rho_{속박}\,d\tau$는 그 겉면을 통해 밖으로 밀려난 전하량과 크기가 같고 부호는 반대이다. 단위면적의 겉면을 통해 밀려난 전하량은 $\mathbf{P}\cdot\hat{\mathbf{n}}$이므로 다음과 같다:

$$\int_{\mathcal{V}} \rho_{속박}\,d\tau = -\oint_{\mathcal{S}} \mathbf{P}\cdot d\mathbf{a} = -\int_{\mathcal{V}} (\nabla\cdot\mathbf{P})\,d\tau$$

이 식은 어느 부피에서나 성립하므로 다음 관계식을 얻는다:

$$\rho_{속박} = -\nabla\cdot\mathbf{P}$$

이것은 §4.2.1에서 이미 더 엄밀하게 얻은 결과이다.

예제 4.3

고르게 편극된 공(예제 4.2)을 분석하는 또 다른 방법이 있는데, 이것은 속박전하가 멋진 개념임을 보여 준다. 이제, 각각 양전하와 음전하로 된 두 개의 공을 생각하자. 편극되지 않으면, 두 공이 완전히 포개져서 전하가 모두 지워진 것과 같다. 그러나 물체가 고루 편극되면, 양전하는 모두 위로(z방향), 음전하는 모두 아래로 조금씩 움직여서(그림 4.15) 두 공은 완전히 포개지지 않으므로, 꼭지에서는 지워지지 못하고 남은 양전하의 모자가 씌워지며, 바닥에는 남은 음전하의 신발이 씌워진다. 이 "남은" 전하가 바로 속박전하 $\sigma_{속박}$이다.

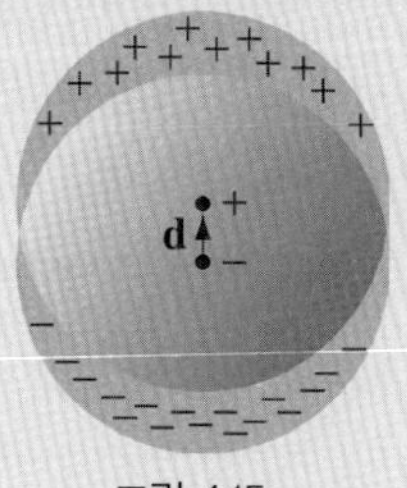

그림 4.15

문제 2.18에서 전하가 고르게 채워진 두 공이 포개진 곳의 전기장을 셈하였는데, 그 결과는 다음과 같다:

$$\mathbf{E} = -\frac{1}{4\pi\epsilon_0}\frac{q\mathbf{d}}{R^3}$$

여기에서, q는 양전하로 채워진 공의 총 전하, $\mathbf{d}$는 음전하의 중심에서 양전하의 중심까지의 거리 벡터, 그리고 R은 공의 반지름이다. 이것을 공의 편극 $\mathbf{p} = q\mathbf{d} = (\frac{4}{3}\pi R^3)\mathbf{P}$로 나타내면 다음과 같다.

$$\mathbf{E} = -\frac{1}{3\epsilon_0}\mathbf{P}$$

그런데 공 바깥의 점에 대해서 전하들이 미치는 효과는 공속의 모든 전하가 공의 중심에 모여 있을 때와 같다. 그래서 공 밖에서는 전기 쌍극자 하나가 만드는 전위와 같다:

$$V = \frac{1}{4\pi\epsilon_0}\frac{\mathbf{p}\cdot\hat{\mathbf{r}}}{r^2}$$

($\mathbf{d}$는 원자 반지름보다 작은 거리임을 기억하라. 그림 4.15는 크게 부풀려 그린 것이다.) 이 답은 말할 것도 없이 예제 4.2의 결과와 잘 맞는다.

문제 4.13 반지름이 a인 아주 긴 원통의 편극밀도 $\mathbf{P}$가 고르고 축에 대해 직각방향이다. 원통 속의 전기장을 구하라. 원통 밖의 전기장은 다음과 같음을 보여라.

$$\mathbf{E}(\mathbf{r}) = \frac{a^2}{2\epsilon_0 s^2}[2(\mathbf{P}\cdot\hat{\mathbf{s}})\hat{\mathbf{s}} - \mathbf{P}]$$

[주의: 편극밀도가 "고르다"고 했지, "반지름 방향"이라고 하지 않았다!]

문제 4.14 전기적으로 중성인 유전체를 편극시키면, 전하가 약간 움직이지만 알짜 전하량은 여전히 없다. 이 사실은 속박전하 $\sigma_{속박}$와 $\rho_{속박}$에서도 나타나야 한다. 식 4.11과 4.12로부터 속박전하를 모두 더한 알짜 전하량은 값이 0임을 증명하라.

4.2.3 미시적 장과 거시적 장[5]

지금까지는 "점" 쌍극자와 "실제" 쌍극자를 엉성하게 나누어 왔다. 속박전하에 관한 이론을 펼칠 때는 점 쌍극자로 가정했었다 – 사실, 출발점으로 삼은 식 4.8은 점 쌍극자의 전위 공식이다. 그런데 실제의 편극된 유전체는 아주 작기는 하지만 실제 쌍극자로 이루어진다. 게다가 따로따로 떨어져 있는 분자 쌍극자를 연속적인 밀도함수 **P**로 나타낼 수 있다고 가정하였다. 이러한 방법을 어떻게 합리화할 수 있을까? 유전체 밖에서는 문제가 없다. 그 곳은 분자들로부터 멀리 떨어져 있어서($\mathscr{r}$은 분자 속의 양전하와 음전하 사이의 거리보다 훨씬 멀다) 쌍극자 전위가 압도적으로 세고, 분자 쌍극자들이 알갱이 모양으로 퍼져 있어서 생기는 효과는 거의 사라진다. 그러나 유전체 속에서는 모든 쌍극자들로부터 멀리 떨어진 것이 아니므로 §4.2.1에서 썼던 과정을 진지하게 다시 검토해야 한다.

사실, 이 문제를 다시 생각하면 물체 속의 실제 전기장은 미시적 수준에서는 엄청나게 복잡하다는 것을 바로 알 수 있다. 어느 곳이든 전자에 가까운 곳에서는 전기장이 아주 세고, 그 곳에서 조금 벗어나면 전기장은 아주 약하거나 심지어는 전혀 다른 쪽을 가리킬 것이다. 뿐만 아니라, 원자가 움직이면 바로 다음 순간 전기장 분포는 완전히 바뀔 것이다. 이와 같이 참된 **미시적**(microscopic) 전기장을 셈하는 일은 완전히 불가능할 뿐만 아니라, 할 수 있어도 별로 재미없는 일이다. 거시적으로는 물을 연속유체로 생각하는 것처럼, 물질 속에서 전기장의 미세한 모습은 무시하고 이른바 **거시적**(macroscopic) 전기장에 집중하자. 이 거시적 전기장은 미시적 전기장의 공간적 **평균값**으로 정의되는데, 평균할 영역을 충분히 크게 잡아, 그 속에 수천 개의 원자가 들어가게 하되(이렇게 평균하면 재미없는 미시적 흔들림은 없어진다), 전기장의 중요한 거시적 변화는 씻겨 사라지지 않게 영역의 크기를 제한한다. (이 말은 평균할 영역이 유전체보다 훨씬 작아야 한다는 뜻이다.) 이 거시적 전기장이 바로 우리가 말하는 물질 속의 전기장이다.[6]

그런데, §4.2.1의 방법을 써서 얻는 것이 실제로 거시적 전기장인가? 지금 하는 이야기는 미묘하므로 잘 들어야 한다. 유전체 속의 어느 곳 **r**의 거시적 전기장을 셈하려 한다 (그림 4.16). 그러

5 이 절은 건너 뛸 수 있다.

6 거시적 전기장을 말하는 것이 이상하게 생각된다면, 물질의 밀도를 말할 때도 똑같은 평균 과정을 거친다는 것을 생각하라.

려면 참된 (미시적) 전기장을 구하여 적당한 부피의 공간에 대해 평균해야 하므로, **r**을 중심으로 반지름이 분자 크기의 약 1000배인 작은 공을 그리자. 그러면 **r**에서의 거시적 전기장은 두 부분으로 이루어진다: 공 밖의 모든 전하가 만드는 전기장과 공 속의 모든 전하가 만드는 전기장을 각각 공속에서 평균한 것이다:

$$\mathbf{E} = \mathbf{E}_{밖} + \mathbf{E}_{안}$$

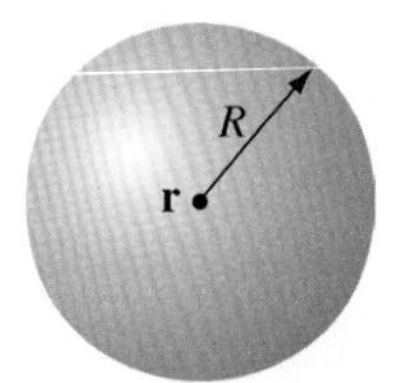

그림 4.16

이미 문제 3.47(d)에서, 공 바깥의 전하들이 만든 전기장을 평균한 값은 그 전하들이 공의 중심에 만드는 전기장과 같음을 밝혔다. 따라서, $\mathbf{E}_{밖}$은 공 바깥의 쌍극자들이 **r**에 만드는 전기장과 같고, 이 쌍극자들은 **r**에서 아주 멀리 있으므로 식4.9를 안심하고 쓸 수 있다.

$$V_{밖} = \frac{1}{4\pi\epsilon_0}\int_{밖}\frac{\mathbf{P}(\mathbf{r}')\cdot\hat{\boldsymbol{\mathscr{r}}}}{\mathscr{r}^2}\,d\tau' \tag{4.17}$$

공 속의 쌍극자들은 너무 가까이 있어서 이렇게 다룰 수 없다. 그러나 다행히도 셈해야 하는 것은 쌍극자들이 만드는 평균 전기장이고, 이것은 식 3.105에 따르면 공 속에 전하가 어떻게 퍼져 있든지 상관없이 다음과 같다.

$$\mathbf{E}_{안} = -\frac{1}{4\pi\epsilon_0}\frac{\mathbf{p}}{R^3}$$

전기장과 관련된 양은 총 전기 쌍극자 모멘트 $\mathbf{p} = (\frac{4}{3}\pi R^3)\,\mathbf{P}$뿐이다:

$$\mathbf{E}_{안} = -\frac{1}{3\epsilon_0}\mathbf{P} \tag{4.18}$$

공이 충분히 작다고 가정했으므로, 그 속에서는 **P**가 크게 변하지 않는다. 따라서, 식 4.17의 적분에 들어가지 않은 부분은 고르게 편극된 공의 중심에서의 전기장 $-(1/3\epsilon_0)\mathbf{P}$이다 (식 4.14). 그런데 이것이 바로 그곳에 도로 넣어주는 $\mathbf{E}_{안}$ 값이다(식 4.18). 그러므로 거시적 전기장은 다음의 전위로부터 얻게 된다.

$$V(\mathbf{r}) = \frac{1}{4\pi\epsilon_0}\int \frac{\mathbf{P}(\mathbf{r}')\cdot\hat{\boldsymbol{\mathscr{r}}}}{\mathscr{r}^2}\,d\tau' \tag{4.19}$$

여기에서 적분은 유전체 전체에 대해 한다. 이것은 물론 §4.2.1에서 쓴 전위인데, 그때는 미처 알지 못한 채 유전체 속의 거시적 전기장을 정확히 셈하고 있었다.

여기까지의 설명을 잘 이해하려면 앞의 몇 문단을 두세 번 되풀이해서 읽는 것이 좋다. 특히, 설명의 알맹이는 어느 공이든지 (그 속에 든 전하들에 의한) 평균 전기장은 전체 쌍극자 모멘트가 똑같은, 고르게 편극된 공의 중심에서의 전기장과 같다는 것이다. 이것이 뜻하는 바는, 실제의 전하 배치가 미시적으로 어떻게 되어 있든 평균적인 거시적 전기장을 셈할 때는 이것을 쌍극자가 완전히 고르게 퍼진 유전체로 바꾸어 놓을 수 있다는 것이다. 앞의 이야기는 전기장을 평균할 때 공 모양을 골랐기 때문에 성립하는 것처럼 보이지만 거시적 전기장은 평균값을 셈하는 방법에 관계없이 같을 것이고 이것은 나중에 얻은 결과인 식 4.19에 나타나 있다. 아마도 거시적 전기장을 셈할 때 네모상자 또는 타원형 공 또는 어느 모양을 잡아도 셈은 복잡해지겠지만 결론은 같을 것이다.

4.3 대체 전기장

4.3.1 유전체가 있을 때의 가우스 법칙

§4.2에서 편극밀도의 효과는 유전체 속에 $\rho_{속박} = -\nabla\cdot\mathbf{P}$, 겉면에 $\sigma_{속박} = \mathbf{P}\cdot\hat{\mathbf{n}}$의 속박전하가 쌓이는 것으로 나타남을 알았다. 매질이 편극되어 생기는 전기장은 바로 이 속박전하가 만드는 전기장이다. 이제, 속박전하가 만드는 전기장과 다른 모든 것[이것에 대한 좋은 이름이 없으므로 **자유전하**(free charge) $\rho_{자유}$라고 부르자]이 만드는 전기장을 한꺼번에 이야기하자. 자유전하란 도체 속의 전자, 또는 유전체 재료 속에 묻힌 이온들로서 편극밀도 때문에 생긴 것이 아니면 무엇이든 좋다. 유전체 속의 총 전하밀도는 다음과 같이 쓸 수 있다.

$$\rho = \rho_{속박} + \rho_{자유} \tag{4.20}$$

가우스 법칙은 다음과 같다.

$$\epsilon_0\nabla\cdot\mathbf{E} = \rho = \rho_{속박} + \rho_{자유} = -\nabla\cdot\mathbf{P} + \rho_{자유}$$

여기서, $\mathbf{E}$는 총 전기장으로서 편극 때문에 생긴 것도 들어있다. 두 발산항을 묶으면 다음과 같다.

$$\nabla \cdot (\epsilon_0 \mathbf{E} + \mathbf{P}) = \rho_{자유}$$

괄호 안의 식을 **D**로 표시하며, **대체 전기장**(electric displacement)이라고 한다:

$$\boxed{\mathbf{D} \equiv \epsilon_0 \mathbf{E} + \mathbf{P}} \tag{4.21}$$

가우스 법칙을 **D**를 써서 나타내면 다음과 같다.

$$\boxed{\nabla \cdot \mathbf{D} = \rho_{자유}} \tag{4.22}$$

적분꼴은 다음과 같다.

$$\oint \mathbf{D} \cdot d\mathbf{a} = Q_{자유(안)} \tag{4.23}$$

여기에서, $Q_{자유(안)}$은 부피 속에 든 모든 자유전하를 나타낸다. 유전체가 있을 때 가우스 법칙을 나타내는 데는 이 식이 특히 쓸모 있는데, 그 까닭은 손쉽게 조절할 수 있는 자유전하만 나타나기 때문이다. 속박전하는 문제를 풀어 가면 나타난다. 자유전하를 풀어 놓으면 §4.1의 과정에 따라 편극밀도가 저절로 생긴다. 그러므로 전형적인 문제에서 $\rho_{자유}$는 처음부터 알 수 있으나 $\rho_{속박}$은 그렇지 않다. $\rho_{자유}$를 알면 식 4.23을 써서 바로 문제를 다룰 수 있다. 특히, 문제에 대칭성이 있으면 가우스 법칙을 쓰는 표준적인 방법으로 **D**를 바로 셈할 수 있다.

예제 4.4

선전하 λ가 고르게 깔린 길고 곧은 도선이 반지름인 a인 절연고무에 싸여 있다 (그림 4.17). 대체 전기장을 구하라.

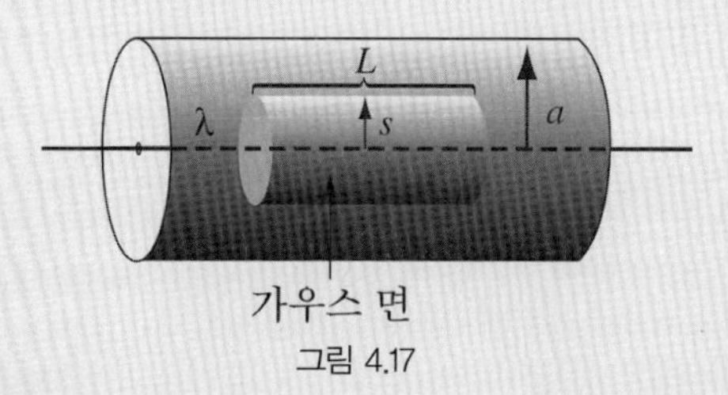

그림 4.17

■ 풀이 ■

반지름이 s, 길이가 L인 원통꼴의 가우스 면을 그리고, 식 4.23을 쓰면 다음 결과를 얻는다.

$$D(2\pi s L) = \lambda L$$

그러므로

$$\mathbf{D} = \frac{\lambda}{2\pi s}\hat{\mathbf{s}} \tag{4.24}$$

이 공식은 절연층의 안팎 모든 곳에서 쓸 수 있다. 절연층 밖에서는 $\mathbf{P} = 0$이므로 전기장은 다음과 같다,

$$\mathbf{E} = \frac{1}{\epsilon_0}\mathbf{D} = \frac{\lambda}{2\pi\epsilon_0 s}\hat{\mathbf{s}}, \quad s > a \text{ 일 때}$$

고무 속의 전기장은 구할 수 없다. 왜냐하면 $\mathbf{P}$를 모르기 때문이다.

식 4.22를 끌어낼 때 표면의 속박전하 $\sigma_{속박}$을 빠뜨린 것처럼 여길 텐데, 어떤 면에서는 그것이 맞다. 가우스 법칙을 유전체 표면에서는 쓸 수 없는데, 그 까닭은 그 곳에서 $\mathbf{E}$의 발산을 셈하면 $\rho_{속박}$이 한없이 커지기 때문이다.[7] 그렇지만 다른 모든 곳에서는 논리가 맞다. 그러므로 실제 유전체 표면을 두께가 어느 정도 유한하여 그 속에서 편극이 점점 줄어들어 없어지는 것으로 그려본다면 (아마도 갑자기 끊기는 것보다는 이것이 더 실제에 가까운 모형일 것이다), 표면 속박전하는 없고 $\rho_{속박}$이 이 "껍질" 속에서 빨리, 그렇지만 연속적으로 변할 것이다. 그러면 미분형 가우스 법칙을 어디에서나 안심하고 쓸 수 있을 것이다. 아무튼, 적분꼴(식 4.23)에는 이러한 "결점"이 없다.

문제 4.15 유전체로 된 두꺼운 공 껍질이 있다 (안쪽 반지름 a, 바깥쪽 반지름 b). 유전체에는 다음 편극밀도가 "굳어져" 있다.

$$\mathbf{P}(\mathbf{r}) = \frac{k}{r}\hat{\mathbf{r}}$$

여기에서 k는 상수, r은 중심까지의 거리이다 (그림 4.18). (이 문제에서는 **자유전하**가 없다.) 세 영역 모두에서의 전기장을 아래의 두 방법으로 구하라:

(a) 속박전하가 있는 곳을 모두 찾아낸 뒤, 가우스 법칙(식 2.13)을 써서 이들이 만드는 전기장을 셈하라.

(b) 식 4.23을 써서 $\mathbf{D}$를 구하고, 식 4.21을 써서 $\mathbf{E}$를 구하라. [둘째 방법은 훨씬 빠르면서도 속박전하가 꼭 필요하지 않음에 유의하라.]

---

7 편극밀도가 유전체 밖에서는 갑자기 0이 되므로 도함수는 델타함수가 된다(문제 1.46을 보라). 표면의 속박전하는 바로 이 항이다 – 이러한 면에서는 그것이 실제로는 $\rho_{속박}$속에 들어있는 셈이지만 보통은 따로 떼어 $\sigma_{속박}$으로 둔다.

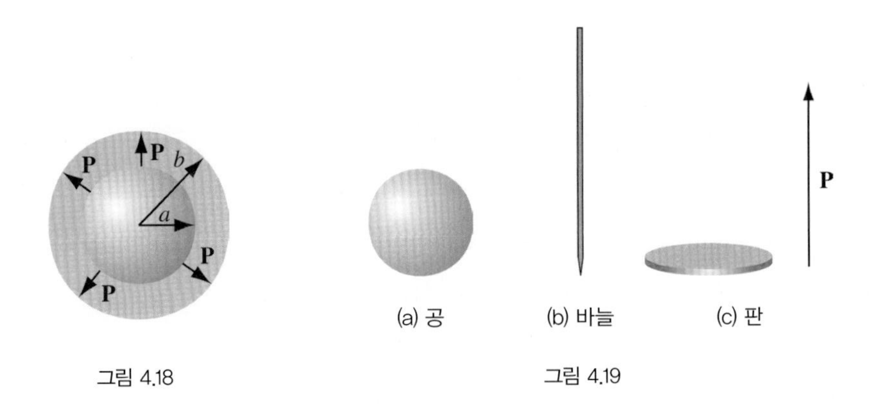

(a) 공 (b) 바늘 (c) 판

그림 4.18 그림 4.19

문제 4.16 큰 유전체 조각 속의 전기장이 $\mathbf{E}_0$이고, 대체 전기장은 $\mathbf{D}_0 = \epsilon_0\mathbf{E}_0 + \mathbf{P}$라고 하자.

(a) 이제 이 물체에 작은 공 모양의 구멍을 팠다(그림 4.19a). 이 구멍 중심에서 본 전기장을 $\mathbf{E}_0$와 $\mathbf{P}$로 나타내어라. 그리고 그 곳에서의 대체 전기장을 $\mathbf{D}_0$와 $\mathbf{P}$로 나타내어라. 편극밀도는 "굳어서", 구멍을 파도 변하지 않는다고 가정한다.

(b) $\mathbf{P}$에 나란한 바늘 모양의 구멍에 대해서 같은 일을 하라 (그림 4.19b).

(c) $\mathbf{P}$에 수직인 얇은 판 모양의 구멍에 대해 같은 일을 하라 (그림 4.19c).

[구멍은 모두 아주 작아 $\mathbf{P}$, $\mathbf{E}_0$ 그리고 $\mathbf{D}_0$가 실질적으로 고르다고 가정하라. 실마리: 구멍을 파낸다는 것은 모양은 같지만 편극방향이 반대인 물체를 포개놓는 일과 같다.]

4.3.2 잘못 알기 쉬운 비슷함

식 4.22는 꼭 가우스 법칙 같은데, 다만 총 전하밀도 ρ가 자유전하밀도 $\rho_{자유}$로, $\epsilon_0\mathbf{E}$가 $\mathbf{D}$로 바뀐 것처럼 보인다. 이 때문에 자칫(ϵ_0를 빼면) $\mathbf{D}$는 $\mathbf{E}$와 "똑같은" 것이고, 단지 그 원천이 ρ가 아니라 $\rho_{자유}$로 바뀌었을 뿐이라고 결론짓기 쉽다: "유전체가 나오는 문제를 풀려면 속박전하는 모두 잊어라 – 보통 때와 같이 전기장을 셈하되, 그 결과를 $\mathbf{E}$가 아닌 $\mathbf{D}$라고 하라." 이 추론은 그럴듯하지만 결론이 옳지 않다. 특히, $\mathbf{D}$에 관해서는 "쿨롱 법칙"이 성립하지 않는다.

$$\mathbf{D}(\mathbf{r}) \neq \frac{1}{4\pi}\int \frac{\hat{\boldsymbol{\mathscr{r}}}}{\mathscr{r}^2}\rho_{자유}(\mathbf{r}')\,d\tau'$$

$\mathbf{E}$와 $\mathbf{D}$의 비슷함은 좀 미묘하다.

그 까닭은 벡터장을 정하려면, 발산뿐만 아니라 회전도 알아야 하기 때문이다. 정전기장 문제에서는 다음의 차이를 잊기 쉽다: $\mathbf{E}$의 회전은 늘 0이지만 $\mathbf{D}$의 회전은 늘 0은 아니다.

$$\nabla \times \mathbf{D} = \epsilon_0(\nabla \times \mathbf{E}) + (\nabla \times \mathbf{P}) = \nabla \times \mathbf{P} \tag{4.25}$$

인데, 일반적으로 **P**가 비회전성이라고 가정할 수 없다. 때로는 예제 4.4와 문제 4.15에서처럼, **P**가 비회전성일 수도 있지만, 많은 경우 **P**의 회전이 0이 아니다. 그 예가 문제 4.11의 막대 전기 쌍극자이다: 그것에는 어디에도 자유전하가 없으므로 **D**의 원천이 $\rho_{자유}$뿐이라면 모든 곳에서 $\mathbf{D} = \mathbf{0}$이라고 결론지어야 한다. 따라서, 쌍극자 속에서는 $\mathbf{E} = (-1/\epsilon_0)\mathbf{P}$이고 밖에서는 $\mathbf{E} = \mathbf{0}$이어야 하는데, 이것은 명백히 그릇된 이야기이다. (이 문제에서 $\nabla \times \mathbf{P} \neq \mathbf{0}$인 곳을 스스로 찾아보기 바란다.) 뿐만 아니라, $\nabla \times \mathbf{D} \neq \mathbf{0}$이므로, **D**는 스칼라 함수의 기울기로 나타낼 수 없다 −**D** 에 대한 "전위"는 없다.

도움말: 대체 전기장을 구할 때는, 먼저 문제에 대칭성이 있는지 살펴보라. 문제에 구대칭, 원통 대칭, 또는 평면 대칭성이 있으면 가우스 법칙을 써서 식 4.23에서 바로 **D**를 얻을 수 있다. (이때는 분명히 $\nabla \times \mathbf{P}$가 저절로 0이 된다. 대칭성만으로도 답이 정해지므로, **P**의 회전에 대해 걱정할 필요가 없다.) 대칭성이 없으면 다른 방법을 생각해야 하며, 특히 **D**가 자유전하만으로 결정된다고 가정하면 안 된다.

4.3.3 경계조건

§2.3.5의 정전기학의 경계조건을 **D**에 대한 것으로 고쳐쓸 수 있다. 식 4.23은 경계면에 수직인 성분의 불연속 조건을 일러준다:

$$D^{\perp}_{위} - D^{\perp}_{아래} = \sigma_{자유} \tag{4.26}$$

그리고 식 4.25는 나란한 성분의 불연속 조건을 일러준다:

$$\mathbf{D}^{\parallel}_{위} - \mathbf{D}^{\parallel}_{아래} = \mathbf{P}^{\parallel}_{위} - \mathbf{P}^{\parallel}_{아래} \tag{4.27}$$

유전체가 있으면 이 조건들은 **E**에 대한 경계조건(식 2.31과 식 2.32) 보다 때론 더 쓸모가 있다:

$$E^{\perp}_{위} - E^{\perp}_{아래} = \frac{1}{\epsilon_0}\sigma \tag{4.28}$$

와

$$\mathbf{E}^{\parallel}_{위} - \mathbf{E}^{\parallel}_{아래} = \mathbf{0} \tag{4.29}$$

예를 들어 그 조건들을 문제 4.16과 4.17을 푸는데 써볼 수 있다.

문제 4.17 문제 4.11의 막대 전기 쌍극자에 대해 세 벡터 **P**, **E**, **D**를 묘사하여 그리고, 차이를 설명하라. $L \cong 2a$로 잡아라 [실마리: **E**의 장선은 전하에서 끝난다; **D**의 장선은 자유전하에서 끝난다.]

4.3.4 결정의 애매함[8]

이 장을 시작할 때 유전체가 중성 원자 또는 분자로 되어 있고, 전기장을 걸면 그것이 늘어나거나 돌아서 거시적으로 정렬된 쌍극자 집합을 이루는 것으로 기술했다. 그러나, 소금과 같은 이온결정은 어떨까? 그것은 그림 4.20과 같이 소듐 양이온(Na^+)과 염소 음이온(Cl^-)을 번갈아 채운 것이다. 그것은 사실 도체가 아니라 (전자는 특정 원자에 붙어 있다), 유전체이다. 그렇다면 궁금한 수수께끼가 나온다: 편극 밀도 **P**는?

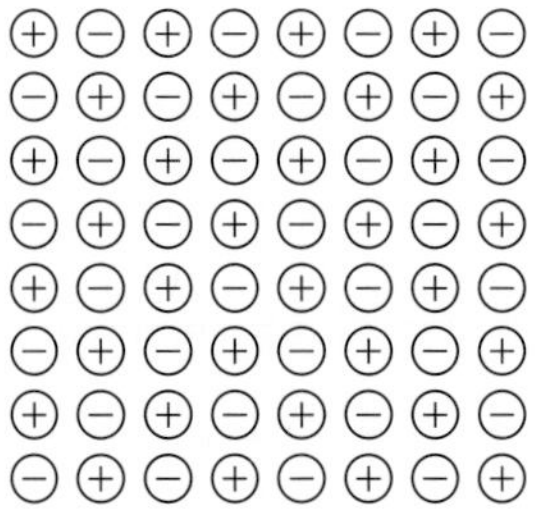

⊕ ⊖ ⊕ ⊖ ⊕ ⊖ ⊕ ⊖
⊖ ⊕ ⊖ ⊕ ⊖ ⊕ ⊖ ⊕
⊕ ⊖ ⊕ ⊖ ⊕ ⊖ ⊕ ⊖
⊖ ⊕ ⊖ ⊕ ⊖ ⊕ ⊖ ⊕
⊕ ⊖ ⊕ ⊖ ⊕ ⊖ ⊕ ⊖
⊖ ⊕ ⊖ ⊕ ⊖ ⊕ ⊖ ⊕
⊕ ⊖ ⊕ ⊖ ⊕ ⊖ ⊕ ⊖
⊖ ⊕ ⊖ ⊕ ⊖ ⊕ ⊖ ⊕

그림 4.20

그림에서 소듐 이온에 염소 이온을 붙여 쌍극자 **p**를 만들려면 어떤 것 − 위쪽, 아래쪽, 왼쪽, 오른쪽 을 붙여야 할까? 아래쪽 염소 이온을 붙인다면 (그림 4.21a), 모든 쌍극자가 아래를 향할 것이고, 위쪽을 붙인다면 (그림 4.21b) 위를; 왼쪽을 붙인다면 (그림 4.21c) 왼쪽을; 오른쪽을 붙인다면 (그림 4.21d) 오른쪽을 향할 것이다. 따라서 **P**는 쌍극자를 꾸미는 방식에 따라 위, 아래, 왼쪽 또는 오른쪽을 향할 수 있다 (또는 종이 면에서 튀어 나오거나 들어갈 수도 있다). 어느 경우든 테두리에는 남은 전하가 있고, 그것을 (기본 쌍극자에 속하지 않으므로) "자유" 전하 $\sigma_{자유}$로 본다. 그것은 "속박" 표면 전하 $\sigma_{속박}$와 정확히 상쇄된다. 그러나, 그 위치와 부호는 기본 쌍극자의 선택에 따라 달라진다. 따라서 편극 밀도뿐 아니라 자유 및 속박 전하의 구별도 애매하다.

심지어는 편극밀도가 0이 되게 배열하여 (그림 4.22) 자유 또는 속박 전하를 남기지 않을 수도 있다. 실제로, 어떤 면에서는 이것이 가장 "자연스러운" 방식일 수 있다. 그러나 진실은 이 모든 배열이 똑같이 "옳다"는 것이다; 이들 모두 똑같은 물리적 상황을 나타낸다. 여기에서 알 수 있는

8 이 절은 건너 뛸 수 있다.

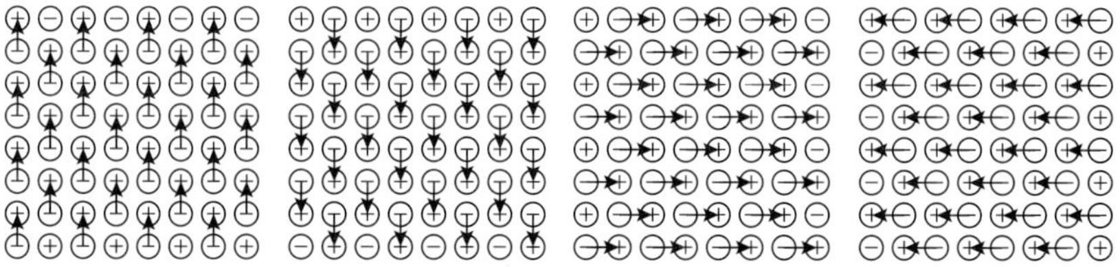

그림 4.21

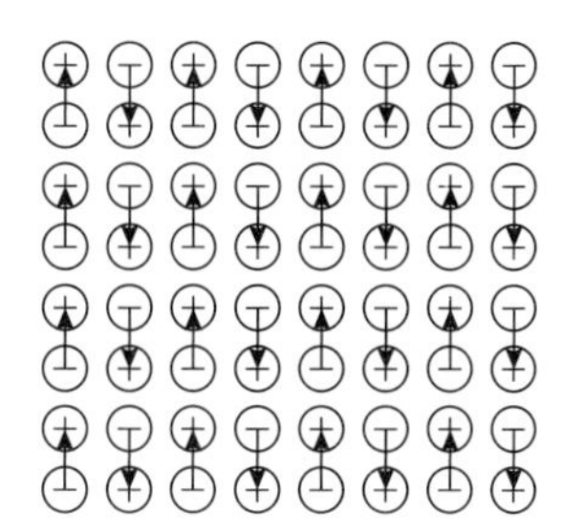

그림 4.22

것은 (적어도 이온 결정에서는), "단위 부피 당 쌍극자 모멘트", "자유 전하", 그리고 "속박 전하"의 개념은 (따라서 전기 변위 **D**도) 본질적으로 명확히 정의되지 않는다는 것이다.

그러나, 그것이 실제로는 문제되지 않는다. 중요한 것은 총 전하 ρ이다. 소금 결정(그림 4.20)에서 총(거시적) 전하 밀도는 0임에 누구나 동의하며, (거시적) 전기장은 0이다; 논란거리는 전하를 자유 전하와 속박 전하로 나누고, 이온을 묶어 쌍극자를 만드는 방법이다. 결국 물리학에서 참으로 중요한 것은 편극 밀도의 변화(예를 들어 전기장을 걸 때 이온이 그에 반응하여 조금 이동하는 것)이지, 그것을 가시화하는 방법이 아니다.

4.4 선형 유전체

4.4.1 감수율, 유전율, 유전상수

§4.2와 §4.3에서는 **P**의 원인에 관해 생각하지 않고, 다만 그것의 영향만을 다루었다. §4.1의 정성적인 설명에서 유전체에 편극밀도가 생기는 까닭은 걸어준 전기장이 원자 또는 분자 쌍극자를 정렬시키기 때문임을 알았다. 많은 물질에서는 전기장이 너무 세지 않으면 실제로 편극밀도가 전기장에 비례한다:[9]

$$\mathbf{P} = \epsilon_0 \chi_{\text{전기}} \mathbf{E} \tag{4.30}$$

이 비례상수 $\chi_{전기}$를 그 매질의 **전기 감수율**(electric susceptibility)이라고 한다(곱수 ϵ_0를 넣으면 $\chi_{전기}$가 무차원 수가 된다). $\chi_{전기}$의 값은 물질의 미시구조에 따라서 (그리고 온도와 같은 바깥 조건에 따라서도) 좌우된다. 식 4.30을 따르는 재료를 **선형 유전체**(linear dielectrics)라고 한다.[10]

식 4.30에서 **E**는 총 전기장으로서, 일부는 자유전하 때문에, 그리고 일부는 편극 자체 때문에 생길 수 있다. 예로서 전기장 $\mathbf{E}_0$속에 유전체 조각을 두었을 때 **P**를 식 4.30을 써서 곧바로 계산할 수 없다. 왜냐하면, 전기장이 유전체를 편극시키고, 이렇게 생긴 편극밀도가 스스로 전기장을 만들어 총 전기장에 더해지고, 이것이 다시 편극밀도를 바꿀 것이며, ...가 되풀이 되기 때문이다. 이러한 끝없는 되풀이를 셈하는 것이 어렵다. 곧 몇 가지 예를 보게 될 것이다. 적어도 자유전하의 분포에서 **D**를 곧바로 이끌어낼 수 있으면 가장 단순한 길은 대체 전기장에서 시작하는 일이다.

선형 매질에서는 다음과 같다.

$$\mathbf{D} = \epsilon_0\mathbf{E} + \mathbf{P} = \epsilon_0\mathbf{E} + \epsilon_0\chi_{전기}\mathbf{E} = \epsilon_0(1 + \chi_{전기})\mathbf{E} \tag{4.31}$$

따라서, **P**뿐만 아니라, **D**도 **E**에 비례한다.

$$\mathbf{D} = \epsilon\mathbf{E} \tag{4.32}$$

여기에서, ϵ은 재료의 **유전율**(permittivity)이라고 하며 다음과 같이 정의한다.

$$\epsilon \equiv \epsilon_0(1 + \chi_{전기}) \tag{4.33}$$

[진공에서는 편극될 물질이 전혀 없어 감수율이 0이므로 유전률은 ϵ_0이다. 그러므로 ϵ_0를 **진공 유전율**이라고 한다. 이 말은 좋지 않다. 왜냐하면, 진공을 마치 유전율이 $8.85 \times 10^{-12} C^2/N \cdot m^2$인 특별한 선형 유전체로 보게 만들기 때문이다.] 곱수 ϵ_0를 없애고 남는, 차원이 없는 양

$$\epsilon_{상대} \equiv 1 + \chi_{전기} = \frac{\epsilon}{\epsilon_0} \tag{4.34}$$

을 **상대 유전율**(relative permittivity) 또는 **유전상수**(dielectric constant)라고 한다. 표 4.2는 자주 쓰는 재료들의 유전상수이다. (모든 물질은 $\epsilon_{상대}$가 보통 1 보다 크다는 것을 눈여겨보라.) 물론, 유전율과 유전상수에는 감수율에서 얻을 수 있는 정보이상의 내용이 없으므로 식4.32에는 새로운 것이 없다. 선형 유전체의 모든 물리적 내용은 식 4.30에 담겨 있다.[11]

---

9 식 4.30은 유전체 결정의 애매함(§4.3.4)을 없앤다.

10 현대 응용광학에서 특히 비선형 재료의 중요성이 더 커지고 있다. 이 경우에는 **P**를 **E**의 함수로 나타내는 공식에 고차항이 더 붙는다. **P**를 **E**의 급수로 나타내는 테일러 급수에서 일반적으로 식 4.30은 (0이 아닌) 첫째 항으로 볼 수 있다.

표 4.2 유전상수(달리 명시하지 않을 때의 조건은 1기압, 20℃이다.)

물질	유전상수	물질	유전상수
진공	1	벤젠	2.28
헬륨	1.000065	금강석	5.7–5.9
네온	1.00013	소금	5.9
수소(H_2)	1.000254	규소	11.7
알곤	1.000517	메틸알코올	33.0
공기(건조)	1.000536	물	80.1
질소(N_2)	1.000548	얼음(−30° C)	104
수증기(100° C)	1.00589	$KTaNbO_3$(0° C)	34,000

자료: *Handbook of Chemistry and Physics*, 91판 (Boca Raton: CRC Press, 2010).

예제 4.5

반지름 a인 금속 공에 전하 Q가 있다 (그림 4.23). 이것을 반지름 b, 유전율 ϵ인 선형 유전체가 에워싸고 있다. 중심의 전위를 구하라 (기준점은 아주 먼 곳으로 잡아라).

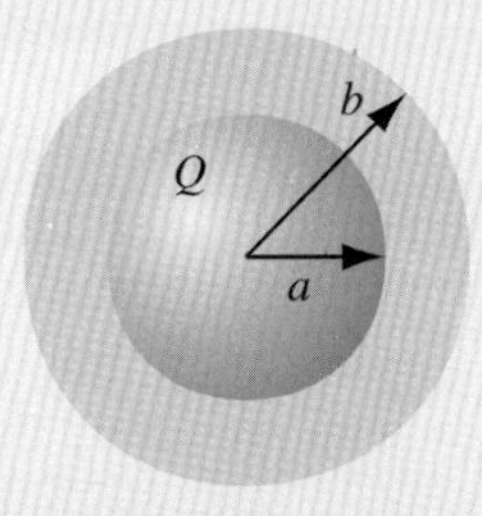

그림 4.23

■ 풀이 ■

V를 셈하려면 $\mathbf{E}$를 알아야 하고, $\mathbf{E}$를 알려면 먼저 속박전하가 있는 곳을 알아야 한다. 속박전하는 $\mathbf{P}$로부터 셈할 수 있지만, $\mathbf{P}$를 구하려면 $\mathbf{E}$를 먼저 알아야 한다(식 4.30). 헤어날 길 없는 곤경에 빠진 것 같다. 알고 있는 것은 **자유전하** Q인데, 이것은 다행히도 구대칭으로 퍼져있다. 따라서 식 4.23을 써서 $\mathbf{D}$를 셈하자.

$$\mathbf{D} = \frac{Q}{4\pi r^2}\hat{\mathbf{r}}, \qquad r > a$$

(금속 공 속에서는 물론 $\mathbf{E} = \mathbf{P} = \mathbf{D} = 0$이다.) $\mathbf{D}$를 알면, $\mathbf{E}$를 구하는 것은 간단하다. 식 4.32를 쓰

11 번잡한 용어와 기호의 잔치에서는 $\mathbf{D}$를 $\mathbf{E}$로 나타내는 공식(선형 유전체의 경우 식 4.32)을 **물성 관계식** (constitutive relation)이라고 한다.

면 다음 결과를 얻는다.

$$\mathbf{E} = \begin{cases} \dfrac{Q}{4\pi\epsilon r^2}\hat{\mathbf{r}}, & a < r < b \text{ 일 때} \\ \dfrac{Q}{4\pi\epsilon_0 r^2}\hat{\mathbf{r}}, & r > b \text{ 일 때} \end{cases}$$

그러므로 중심의 전위는 다음과 같다.

$$V = -\int_\infty^0 \mathbf{E}\cdot d\mathbf{l} = -\int_\infty^b \left(\frac{Q}{4\pi\epsilon_0 r^2}\right) dr - \int_b^a \left(\frac{Q}{4\pi\epsilon r^2}\right) dr - \int_a^0 (0)\, dr$$
$$= \frac{Q}{4\pi}\left(\frac{1}{\epsilon_0 b} + \frac{1}{\epsilon a} - \frac{1}{\epsilon b}\right)$$

이제 드러난 바와 같이, 전위를 구하는 데는 편극이나 속박전하를 꼭 알아야 할 필요가 없다. 하지만, 선형 유전체 속에서는 이것도 쉽게 구할 수 있고 다음과 같다:

$$\mathbf{P} = \epsilon_0\chi_{\text{전기}}\mathbf{E} = \frac{\epsilon_0\chi_{\text{전기}}Q}{4\pi\epsilon r^2}\hat{\mathbf{r}}$$

따라서 부피전하 밀도는 다음과 같고,

$$\rho_{\text{속박}} = -\nabla\cdot\mathbf{P} = 0$$

표면 전하밀도는 다음과 같다.

$$\sigma_{\text{속박}} = \mathbf{P}\cdot\hat{\mathbf{n}} = \begin{cases} \dfrac{\epsilon_0\chi_{\text{전기}}Q}{4\pi\epsilon b^2}, & \text{바깥쪽 공표면 (반지름 } b) \\ \dfrac{-\epsilon_0\chi_{\text{전기}}Q}{4\pi\epsilon a^2}, & \text{안쪽 공표면 (반지름 } a) \end{cases}$$

금속 공의 안쪽 표면 a의 속박전하의 밀도가 음성(−)인 것을 눈여겨보라 ($\hat{\mathbf{n}}$은 유전체의 바깥쪽을 향하므로, 반지름 b인 곳에서는 $+\hat{\mathbf{r}}$, a인 곳에서는 $-\hat{\mathbf{r}}$이다). 이것은 당연하다. 왜냐하면, 금속 공에 있는 전하는 유전체 분자에 있는, 그에 반대되는 전하들을 끌어당기기 때문이다. 이 음전하들 때문에 유전체 안에서의 전기장이 $(1/4\pi\epsilon_0)(Q/r^2)\hat{\mathbf{r}}$에서 $(1/4\pi\epsilon)(Q/r^2)\hat{\mathbf{r}}$로 줄어든다. 이러한 성질에서 보면 유전체는 마치 불완전한 도체와 같다. 도체 공 껍질이라면 유도된 표면전하가 Q의 전기장을 완전히 지워서 $a < r < b$에서는 전기장이 전혀 없다. 유전체는 Q의 전기장을 일부만 지운다.

선형 유전체에서는 **E**와 **D**가 완전히 비슷하리라고 짐작할 수도 있다. **P**와 **D**가 **E**에 비례하므로 그것들도 **E**처럼 비회전성 벡터장이어야 하지 않을까? 불행히도 이 짐작은 옳지 않다. 왜냐하면, 두 재료가 맞닿은 곳을 품는 닫힌 경로에 대해 **E**의 선적분을 셈하면 0이지만, **P**의 선적분은 보통 0이 아니기 때문이다. 그 이유는 비례인자 $\epsilon_0\chi_{전기}$가 경계의 양쪽에서 다르기 때문이다. 예로서, 진공과 유전체 사이의 경계면에서(그림 4.21), **P**는 한쪽에서 0이고 다른 쪽에서는 0이 아니다. 이 고리를 따라 적분하면 $\oint \mathbf{P}\cdot d\mathbf{l} \neq 0$이므로, 스토크스 정리에 따라 **P**의 회전이 고리 속의 모든 곳에서 0이 되지는 않는다(사실, 경계에서는 무한대이다).[12]

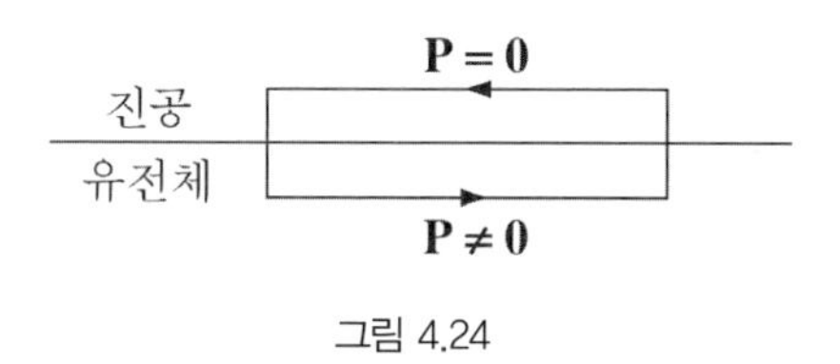

그림 4.24

물론, 온 공간을 한 가지 선형 유전체로 고르게[13] 채우면 위의 논리는 사라져서 **E**와 **D**는 완전히 비슷해지고, 이 특별한 경우에는

$$\nabla\cdot\mathbf{D} = \rho_{자유} \quad 그리고 \quad \nabla\times\mathbf{D} = \mathbf{0}$$

이므로 유전체가 전혀 없는 것처럼 자유전하로부터 **D**를 구할 수 있다.

$$\mathbf{D} = \epsilon_0\mathbf{E}_{진공}$$

여기에서, $\mathbf{E}_{진공}$은 진공에서 똑같은 자유전하 분포가 만드는 전기장이다. 그러므로 식 4.32와 식 4.34에 따라 다음과 같이 된다.

$$\mathbf{E} = \frac{1}{\epsilon}\mathbf{D} = \frac{1}{\epsilon_{상대}}\mathbf{E}_{진공} \tag{4.35}$$

결론: 온 공간을 한 가지 선형 유전체로 고르게 채우면, 어디에서나 전기장은 진공에서의 전기장에 유전상수의 역수를 곱한 만큼 줄어든다. (실제로는 유전체를 온 공간에 채우지 않아도 된다. 어찌 되었든 전기장이 0인 곳에서는 편극밀도도 없으므로 그 곳에는 유전체가 있으나마나이다.)

예를 들어 자유전하 q를 커다란 유전체 속에 묻어두면, 그 전하가 만드는 전기장은 다음과 같다.

$$\mathbf{E} = \frac{1}{4\pi\epsilon}\frac{q}{r^2}\hat{\mathbf{r}} \tag{4.36}$$

(여기에서 ϵ_0가 아니라 ϵ이다). 따라서 이 전하가 주변의 다른 전하에 주는 힘도 그만큼 줄어든

---

12 이 논리를 미분꼴로 나타내면, 식 4.30과 곱셈 규칙 7에서 $\nabla\times\mathbf{P} = -\epsilon_0\mathbf{E}\times(\nabla\chi_{전기})$이므로 $\nabla\chi_{전기}$가 **E**와 나란하지 않을 때 문제가 된다.

13 **고르다**는 것은 물리적 성질(여기에서는 유전율)이 어디나 같다는 것이다.

다. 그렇지만 여기에서 쿨롱 법칙에 문제가 생긴 것은 아니다. 그 보다는 매질 속에서 부호가 반대인 속박전하가 이 자유전하를 에워싸서 매질의 편극밀도가 전하를 "부분적으로" 가리게 된다(그림 4.25).[14]

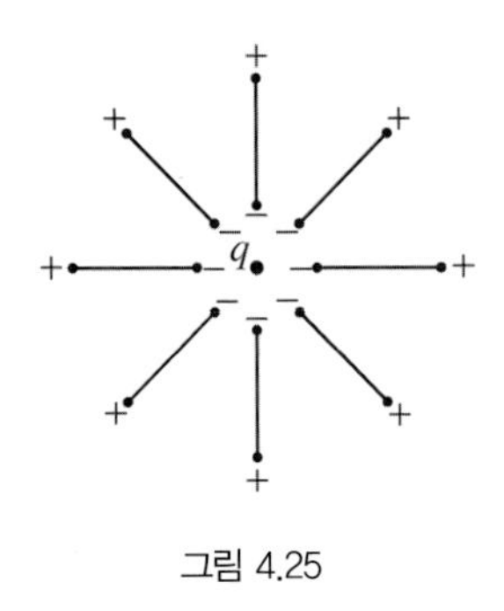

그림 4.25

예제 4.6

평행판 축전기(그림 4.26)를 유전상수 $\epsilon_{상대}$인 유전체로 채웠다. 이것은 전기용량에 어떤 효과를 주는가?

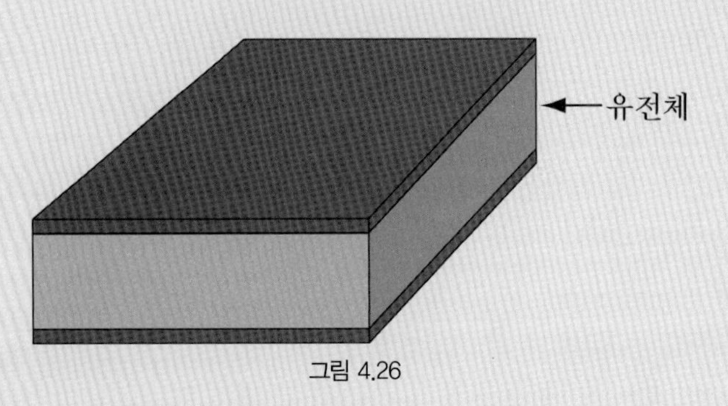

그림 4.26

■ 풀이 ■

전기장은 두 평행판 사이의 공간에 갇혀 있으므로, 유전체는 전기장 **E**를 줄이고, 따라서 전위차 V도 같은 인자 $1/\epsilon_{상대}$만큼 −1이 아니라 1 줄어든다. 그러므로 전기용량 $C = Q/V$는 유전상수를 곱한만큼 커진다.

$$C = \epsilon_{상대} C_{진공} \tag{4.37}$$

실제로 이것은 전기용량을 키울 때 많이 쓰는 방법이다.

---

14 양자 전기역학에서는 진공도 편극될 수 있다. 이것이 뜻하는 바는 실험실에서 잴 수 있는 전자의 "유효"(또는 "재규격화된") 전하는 참("벌거벗은") 값이 아니라, 전하에서 얼마나 멀리 있는가에 따라 아주 조금 달라진다는 것이다.

결정체에는 보통 편극이 잘 되는 방향이 있다.[15] 이때에는 식 4.1이 비대칭 분자에 대해 식 4.3으로 바뀌듯이, 식 4.30이 다음과 같이 일반적인 선형 관계식으로 바뀐다.

$$\left.\begin{aligned} P_x &= \epsilon_0(\chi_{\text{전기}xx} E_x + \chi_{\text{전기}xy} E_y + \chi_{\text{전기}xz} E_z) \\ P_y &= \epsilon_0(\chi_{\text{전기}yx} E_x + \chi_{\text{전기}yy} E_y + \chi_{\text{전기}yz} E_z) \\ P_z &= \epsilon_0(\chi_{\text{전기}zx} E_x + \chi_{\text{전기}zy} E_y + \chi_{\text{전기}zz} E_z) \end{aligned}\right\} \tag{4.38}$$

$\chi_{\text{전기}xx}$, $\chi_{\text{전기}xy}$, … 등의 9개의 계수는 **감수율 텐서**(susceptibility tensor)의 요소이다.

문제 4.18 평행판 축전기(그림 4.27)에 두 장의 선형 유전체 판을 채워 넣었다. 각 판의 두께는 a이고, 두 전극 사이의 거리는 $2a$이다. 판 1의 유전상수는 2, 판 2의 유전상수는 1.5이다. 위아래 전극의 자유전하 밀도는 각각 σ, $-\sigma$이다. 다음을 구하라.

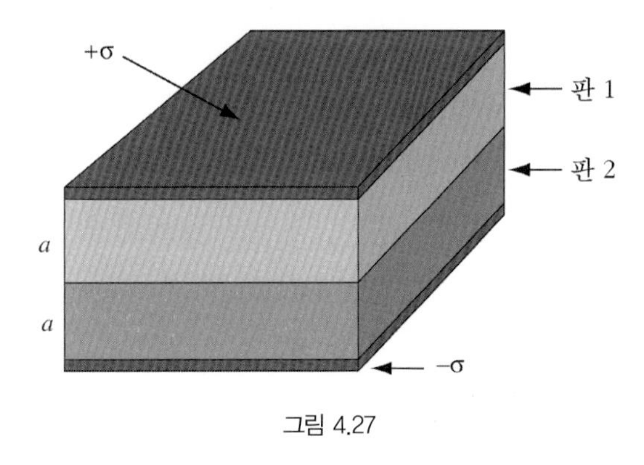

그림 4.27

(a) 각 유전체판 속의 대체 전기장 **D**

(b) 각 유전체판 속의 전기장 **E**

(c) 각 유전체판 속의 편극밀도 **P**

(d) 각 유전체판에 걸리는 전위차

(e) 모든 속박전하가 있는 곳과 그 양

(f) 이제 모든 (자유 및 속박)전하를 알고 있으므로 각 유전체판 속에서의 전기장을 다시 셈하여 (b)의 결과와 비교하라.

---

15 매질의 성질이 모든 방향에 대해 같으면 **등방성**(isotropic)이라고 한다. 따라서 식 4.30은 식 4.38의 특별한 경우로서 등방성 매질에 대해 성립한다. 물리학자들은 말을 부주의하게 쓰는 경향이 있는데, 달리 토를 달지 않는다면 "선형 유전체"는 "등방성 선형 유전체"를 뜻하며, 아마도 "고른 등방성 선형 유전체"를 뜻할 것이다. 그러나 기술적으로는 "선형"이란 어디에서나, 그리고 **E**가 어느 쪽을 향하건, **P**의 성분은 **E**에 비례함을 뜻한다 – 비례상수는 위치나 방향에 따라 다를 수 있다.

문제 4.19 평행판 축전기의 반을 유전상수 $\epsilon_{상대}$인 선형 유전체로 채운다고 하자(그림 4.28). 그림 4.28(a)처럼 채울 때 전기용량이 커지는 비율은 얼마인가? 그림 4.28(b)처럼 채울 때는? 두 극판의 전위차 V에 대해 각 영역에서의 $\mathbf{E}$, $\mathbf{D}$, $\mathbf{P}$를 구하고 모든 면에서의 자유전하와 속박전하를 구하라.

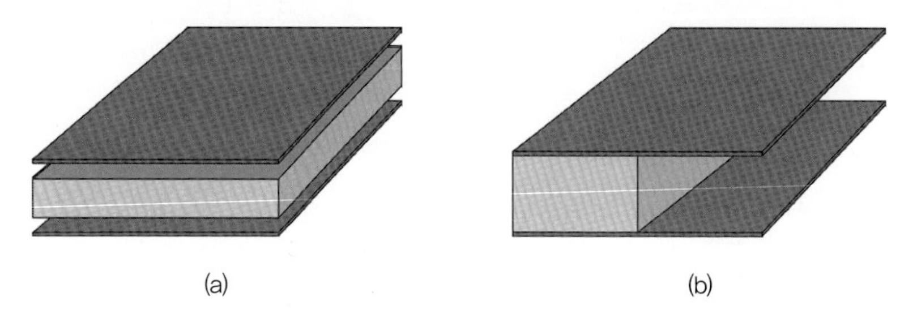

그림 4.28

문제 4.20 선형 유전체로 된 공 속에 자유전하를 밀도 ρ로 고르게 퍼뜨렸다. 공의 중심의 전위를 구하라. 공의 반지름은 R, 유전상수는 $\epsilon_{상대}$이다.

문제 4.21 반지름이 a인 구리줄을, 중심이 같고 안쪽 반지름이 b인 구리 관으로 둘러싼 동축도선이 있다(그림 4.29). 관과 구리줄 사이의 공간의 일부(반지름 b부터 반지름 c까지)를 유전상수 $\epsilon_{상대}$인 재료로 채웠다. 이 동축도선의 단위길이당 전기용량을 구하라.

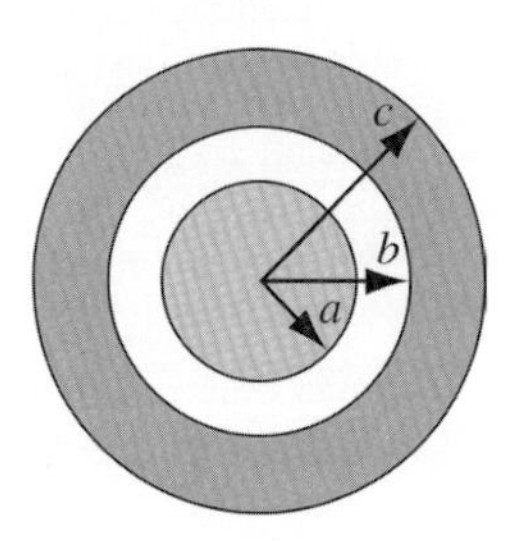

그림 4.29

4.4.2 선형 유전체가 있는 경계값 문제

고른 등방성 선형 유전체에서 속박전하 밀도($\rho_{속박}$)는 자유전하 밀도($\rho_{자유}$)에 비례한다:[16]

$$\rho_{속박} = -\nabla \cdot \mathbf{P} = -\nabla \cdot \left(\epsilon_0 \frac{\chi_{전기}}{\epsilon} \mathbf{D}\right) = -\left(\frac{\chi_{전기}}{1+\chi_{전기}}\right) \rho_{자유} \tag{4.39}$$

특히 물질 속에 자유전하가 실제로 묻혀 있지 않다면, $\rho = 0$이고, 알짜 전하는 표면에 올라갈 수

16 이것은 표면 전하 ($\sigma_{속박}$)에는 적용되지 않는다. 왜냐하면 $\chi_{전기}$는 경계면에서의 위치에 따라 달라지기 때문이다.

밖에 없다. 그러한 유전체 속에서는 전위는 라플라스 방정식을 따르므로 3장의 모든 도구를 고스란히 넘겨받아 쓸 수 있다. 그렇지만 경계조건을 자유전하만을 써서 고치는 것이 편리하다. 식 4.26은 다음과 같다:

$$\epsilon_{위} E^{\perp}_{위} - \epsilon_{아래} E^{\perp}_{아래} = \sigma_{자유} \tag{4.40}$$

또는 (전위를 써서 나타내면) 다음과 같다:

$$\epsilon_{위} \frac{\partial V_{위}}{\partial n} - \epsilon_{아래} \frac{\partial V_{아래}}{\partial n} = -\sigma_{자유} \tag{4.41}$$

그렇지만 전위 자체는 연속이다 (식 2.34):

$$V_{위} = V_{아래} \tag{4.42}$$

예제 4.7

애초에 고른 전기장 $\mathbf{E}_0$가 있는 곳에 고른 선형 유전체로 된 공을 두었다(그림 4.30). 공 속의 전기장을 구하라.

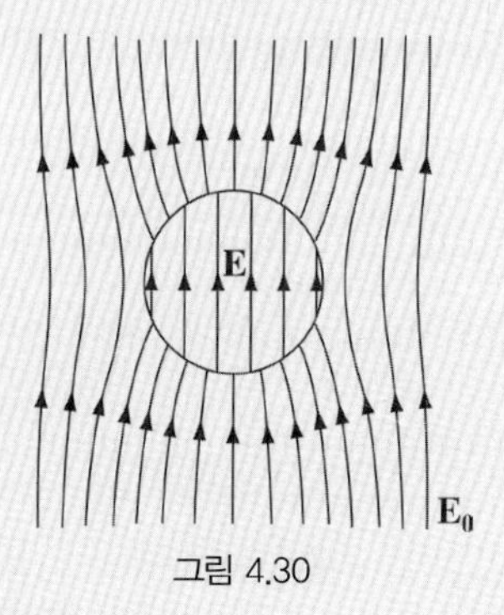

그림 4.30

■ 풀이 ■

이 문제는 예제 3.8을 떠올리게 한다. 거기에서는 전하가 없는 **도체** 공을 고른 전기장 속에 두었고, 유도된 전하가 그 공 안에서 $\mathbf{E}_0$를 완전히 지웠다; **유전체** 공에서는 유도된 속박전하가 밖에서 걸어 준 전기장을 불완전하게 지운다.

이 문제는 라플라스 방정식의 해를 구하는 것이다: $r \le R$이면 $V_{안}(r, \theta)$이고, $r \ge R$이면 $V_{밖}(r, \theta)$이며 이들은 다음 경계조건에 맞아야 한다:

$$\left.\begin{array}{llll} \text{(i)} & V_{안} = V_{밖}, & r = R \text{ 에서} \\ \text{(ii)} & \epsilon \dfrac{\partial V_{안}}{\partial r} = \epsilon_0 \dfrac{\partial V_{밖}}{\partial r}, & r = R \text{ 에서} \\ \text{(iii)} & V_{밖} \rightarrow -E_0 r \cos\theta, & r \gg R \text{ 일 때} \end{array}\right\} \tag{4.43}$$

(둘째 조건은 식 4.41로부터 나온다. 왜냐하면 표면에 자유전하가 없기 때문이다.) 공 속에서는 식 3.65에 따라 다음과 같다:

$$V_{안}(r,\theta)=\sum_{l=0}^{\infty}A_l r^l P_l(\cos\theta) \tag{4.44}$$

공 밖에서는 경계조건 (iii)을 고려하면 다음과 같다:

$$V_{밖}(r,\theta)=-E_0 r\cos\theta+\sum_{l=0}^{\infty}\frac{B_l}{r^{l+1}}P_l(\cos\theta) \tag{4.45}$$

경계조건 (i) 때문에 다음 식이 성립해야 한다:

$$\sum_{l=0}^{\infty}A_l R^l P_l(\cos\theta)=-E_0 R\cos\theta+\sum_{l=0}^{\infty}\frac{B_l}{R^{l+1}}P_l(\cos\theta)$$

따라서 다음과 같다.[17]

$$\left.\begin{aligned}A_l R^l&=\frac{B_l}{R^{l+1}}, \qquad l\neq 1,\\ A_1 R&=-E_0 R+\frac{B_1}{R^2}.\end{aligned}\right\} \tag{4.46}$$

한편 경계조건 (ii)로부터 다음 식을 얻는다:

$$\epsilon_{상대}\sum_{l=0}^{\infty}lA_l R^{l-1}P_l(\cos\theta)=-E_0\cos\theta-\sum_{l=0}^{\infty}\frac{(l+1)B_l}{R^{l+2}}P_l(\cos\theta)$$

따라서 다음과 같다.

$$\left.\begin{aligned}\epsilon_{상대}lA_l R^{l-1}&=-\frac{(l+1)B_l}{R^{l+2}}, \qquad l\neq 1,\\ \epsilon_{상대}A_1&=-E_0-\frac{2B_1}{R^3}.\end{aligned}\right\} \tag{4.47}$$

그러므로 다음 결과를 얻는다:

$$\left.\begin{aligned}&A_l=B_l=0, \qquad\qquad l\neq 1,\\ &A_1=-\frac{3}{\epsilon_{상대}+2}E_0 \quad B_1=\frac{\epsilon_{상대}-1}{\epsilon_{상대}+2}R^3E_0.\end{aligned}\right\} \tag{4.48}$$

---

17 $P_l(\cos\theta)=\cos\theta$이고, 각각의 l에 대해 계수가 같아야 함을 기억하라. 이것은 양쪽에 $P_{l'}(\cos\theta)\sin\theta$을 곱하여 0에서 π까지 적분하고 르장드르 다항식의 직교성(식 3.68)을 쓰면 증명된다.

명백히 공 속의 전위는 다음과 같다.

$$V_{안}(r,\theta) = -\frac{3E_0}{\epsilon_{상대}+2} r\cos\theta = -\frac{3E_0}{\epsilon_{상대}+2} z$$

따라서 공 속의 전기장은 (놀랍게도) 고르다:

$$\mathbf{E} = \frac{3}{\epsilon_{상대}+2}\mathbf{E}_0 \tag{4.49}$$

예제 4.8

그림 4.31에서 평면 $z=0$ 아래는 모두 감수율 $\chi_{전기}$인 선형 유전체로 고르게 채워져 있다. 원점에서 위로 거리 d인 곳에 있는 점전하 q가 받는 힘을 구하라.

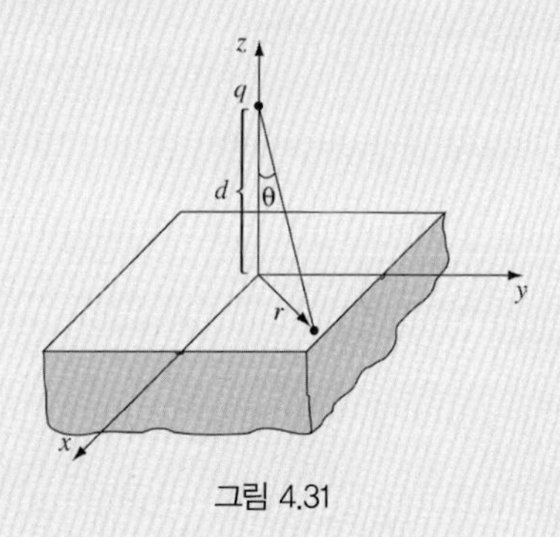

그림 4.31

■ 풀이 ■

xy평면 위의 속박전하는 q와 부호가 반대이므로 서로 끌어당긴다. (식 4.39에 비추어 부피 속박전하는 없다.) 먼저 식 4.11과 식 4.30을 써서 $\sigma_{속박}$을 셈하자.[18]

$$\sigma_{속박} = \mathbf{P}\cdot\hat{\mathbf{n}} = P_z = \epsilon_0\chi_{전기}E_z$$

여기에서 E_z는 $z=0$평면 바로 밑의 총 전기장의 z성분이다. 이 전기장의 일부는 q가, 나머지는 속박전하가 만든다. q가 만드는 전기장은 쿨롱 법칙에 따라 다음과 같다.

$$-\frac{1}{4\pi\epsilon_0}\frac{q}{(r^2+d^2)}\cos\theta = -\frac{1}{4\pi\epsilon_0}\frac{qd}{(r^2+d^2)^{3/2}}$$

18 이 방법은 문제 3.38을 푸는 방법과 비슷하다.

여기에서, $r = \sqrt{x^2 + y^2}$는 원점까지의 거리이다. 한편, 속박전하가 만드는 전기장의 z성분은 $-\sigma_{속박}/2\epsilon_0$이다 (식 2.33 뒤의 각주를 보라). 따라서,

$$\sigma_{속박} = \epsilon_0 \chi_{전기} \left[-\frac{1}{4\pi\epsilon_0} \frac{qd}{(r^2 + d^2)^{3/2}} - \frac{\sigma_{속박}}{2\epsilon_0} \right]$$

인데, 이것을 $\sigma_{속박}$에 대해 풀면 다음과 같다:

$$\sigma_{속박} = -\frac{1}{2\pi} \left(\frac{\chi_{전기}}{\chi_{전기} + 2} \right) \frac{qd}{(r^2 + d^2)^{3/2}} \tag{4.50}$$

이것은 인자 $\chi_{전기}/(\chi_{전기} + 2)$말고는 비슷한 상황에서 한없이 넓은 **도체평판**에 유도된 전하와 꼭 같다(식 3.10).[19] 명백히 총 속박전하는 다음과 같다:

$$q_{속박} = -\left(\frac{\chi_{전기}}{\chi_{전기} + 2} \right) q \tag{4.51}$$

물론 $\sigma_{속박}$이 만드는 전기장은 곧바로 적분하여 얻을 수도 있다.

$$\mathbf{E} = \frac{1}{4\pi\epsilon_0} \int \left(\frac{\hat{\boldsymbol{\imath}}}{\imath^2} \right) \sigma_{속박} \, da$$

그러나 도체판 문제처럼 영상법으로 더 멋진 해를 구할 수 있다. 실제로, 유전체 대신 영상점 $(0, 0, -d)$에 점전하 $q_{속박}$을 두면 $z > 0$인 영역에서는 전위가 다음과 같다:

$$V = \frac{1}{4\pi\epsilon_0} \left[\frac{q}{\sqrt{x^2 + y^2 + (z - d)^2}} + \frac{q_{속박}}{\sqrt{x^2 + y^2 + (z + d)^2}} \right] \tag{4.52}$$

한편 $z < 0$인 영역에서는 $(0, 0, d)$에 있는 전하 $(q + q_{속박})$이 만드는 전위가 다음과 같다:

$$V = \frac{1}{4\pi\epsilon_0} \left[\frac{q + q_{속박}}{\sqrt{x^2 + y^2 + (z - d)^2}} \right] \tag{4.53}$$

식 4.52와 식 4.53은 함께 $(0, 0, d)$에 점전하 q가 있을 때의 푸아송 방정식을 만족시키는 함수로서 아주 먼 곳에서는 값이 0이 되고, 경계면 $z = 0$에서 연속이며, 그 면에서의 법선 도함수의 불연속값은 $z = 0$에서의 면전하 밀도 $\sigma_{속박}$과 같다.

---

19 때로는 도체를 $\chi_{전기} \to \infty$인 선형 유전체로 볼 수 있다. 이것은 답을 점검할 때 가끔 쓸모가 있다 – 이것을 예제 4.5, 4.6, 4.7에 적용해 보라.

$$-\epsilon_0\left(\left.\frac{\partial V}{\partial z}\right|_{z=0^+}-\left.\frac{\partial V}{\partial z}\right|_{z=0^-}\right)=-\frac{1}{2\pi}\left(\frac{\chi_{전기}}{\chi_{전기}+2}\right)\frac{qd}{(x^2+y^2+d^2)^{3/2}}$$

따라서, 이것은 문제에 맞는 전위이다. 특히, q가 받는 힘은 다음과 같다:

$$\mathbf{F}=\frac{1}{4\pi\epsilon_0}\frac{qq_{속박}}{(2d)^2}\hat{\mathbf{z}}=-\frac{1}{4\pi\epsilon_0}\left(\frac{\chi_{전기}}{\chi_{전기}+2}\right)\frac{q^2}{4d^2}\hat{\mathbf{z}} \tag{4.54}$$

식 4.52와 식 4.53을 만든 어떤 강력한 동기도 없었다 – 모든 영상법이 그렇듯이, 이것의 정당성은 이 방법이 쓸모 있다는 것이다: 이것은 푸아송 방정식을 풀고, 경계조건을 만족시킨다. 그렇지만 영상법으로 해를 찾는 일이 온통 짐작으로만 되는 것은 아니다. 여기에는 적어도 두 가지 "경기 규칙"이 있다. 즉, (1) 전위를 셈하는 영역에 영상전하를 두면 안 된다. (따라서, 식 4.52는 $z>0$인 곳의 전위를 주지만, 이 영상전하 $q_{속박}$은 $z=-d$에 있다. $z<0$인 곳의 전위의 식 4.53에서는 영상전하 $(q+q_{속박})$이 $z=+d$에 있다.) (2) 영상전하를 모두 더하면 그 영역에서의 총 전하 값이 되어야 한다. (그래서 $z>0$인 곳의 전하로는 $q_{속박}$을, $z<0$인 곳은 $(q+q_{속박})$을 써야 함을 알 수 있다.)

문제 4.22 고른 전기장 $\mathbf{E}_0$속에 선형 유전체로 된 아주 긴 원통을 두었다. 원통 속에서의 전기장을 구하라. (원통의 반지름은 a, 감수율은 $\chi_{전기}$, 그리고 축은 $\mathbf{E}_0$에 수직이다.)

문제 4.23 고른 전기장 $\mathbf{E}_0$속에 놓인, 선형 유전체로 된 공 속의 전기장(예제 4.7)을 다음 순차 근사법을 써서 구하라: 먼저 공 속의 전기장이 $\mathbf{E}_0$라고 보고 식 4.30을 써서 편극밀도 $\mathbf{P}$를 구하라. 이 편극밀도는 그 자체의 전기장 $\mathbf{E}_1$을 만들며(예제 4.2), 이것은 다시 편극밀도를 $\mathbf{P}_1$만큼 바꾸고, 이것은 다시 전기장을 $\mathbf{E}_2$만큼 만들며, 등등... 결국 총 전기장은 $\mathbf{E}_0+\mathbf{E}_1+\mathbf{E}_2+\cdots$ 이다. 이 급수를 더하고, 그 결과를 식 4.49와 비교하여라.

문제 4.24 전하가 없는, 반지름 a인 도체 공에 두꺼운 절연체 껍질(유전상수 $\epsilon_{상대}$)을 반지름 b까지 입혔다. 이 물체를 고른 전기장 $\mathbf{E}_0$속에 놓았다. 절연체 속의 전기장을 구하라.

! **문제 4.25** 예제 4.8의 xy평면 위쪽 영역도 감수율이 $\chi'_{전기}$인 선형 유전체로 채웠다. 모든 곳의 전위를 구하라.

4.4.3 유전체 계의 에너지

축전기에 전하를 채워 전위를 V까지 올리려면 다음과 같은 일을 해주어야 한다 (식 2.55):

$$W = \frac{1}{2}CV^2$$

축전기에 선형 유전체를 채우면 전기용량은 예제 4.6에서 밝혔듯이 유전상수를 곱한 만큼 커진다.

$$C = \epsilon_{상대} C_{진공}$$

따라서, (같은 전압에서) 유전체를 채운 축전기에 전하를 채우는데 드는 일도 같은 비율로 커진다. 그 이유는 명백하다: 축전기의 두 전극 사이에 생기는 전기장이 속박전하 때문에 부분적으로 지워지므로, 같은 전위차를 이루려면 더 많은 (자유)전하를 채워야 한다.

제 2 장에서는 정전기계에 저장되는 에너지에 관한 일반 공식을 이끌어냈었다 (식 2.45).

$$W = \frac{\epsilon_0}{2}\int E^2\, d\tau \tag{4.55}$$

유전체를 채운 축전기에는 선형 유전체가 있으므로 이 식을 다음과 같이 고쳐야 한다.

$$W = \frac{\epsilon_0}{2}\int \epsilon_{상대} E^2\, d\tau = \frac{1}{2}\int \mathbf{D}\cdot\mathbf{E}\, d\tau$$

이것을 **증명**하자: 유전체의 위치는 고정되어 있고, 자유전하를 조금씩 가져온다고 하자. $\rho_{자유}$를 $\Delta\rho_{자유}$만큼 늘리면 그에 따라 편극밀도가 바뀌고, 속박전하의 분포도 변한다; 그렇지만 알고자 하는 것은 늘려주는 **자유**전하에 해준 일뿐이다:

$$\Delta W = \int (\Delta\rho_{자유})V\, d\tau \tag{4.56}$$

그런데 $\nabla\cdot\mathbf{D} = \rho_{자유}$, $\Delta\rho_{자유} = \nabla\cdot(\Delta\mathbf{D})$ 이다. 여기에서 $\Delta\mathbf{D}$은 $\mathbf{D}$의 변화량이므로

$$\Delta W = \int [\nabla\cdot(\Delta\mathbf{D})]V\, d\tau$$

이다. 이제,

$$\nabla\cdot[(\Delta\mathbf{D})V] = [\nabla\cdot(\Delta\mathbf{D})]V + \Delta\mathbf{D}\cdot(\nabla V)$$

이므로 (부분적분하면) 다음 결과를 얻는다.

$$\Delta W = \int \nabla\cdot[(\Delta\mathbf{D})V]\, d\tau + \int (\Delta\mathbf{D})\cdot\mathbf{E}\, d\tau$$

첫항은 발산정리를 써서 표면적분으로 바꾸고, 적분공간을 한없이 키우면 0이 된다. 그러므로

해준 일의 양은 다음과 같다:

$$\Delta W = \int (\Delta \mathbf{D}) \cdot \mathbf{E}\, d\tau \tag{4.57}$$

지금까지의 과정은 어떤 물질에서나 성립한다. 이제, 매질이 선형 유전체라면 $\mathbf{D} = \epsilon \mathbf{E}$이므로 늘려주는 전하 $\Delta\rho_{자유}$가 아주 작으면,

$$\tfrac{1}{2}\Delta(\mathbf{D}\cdot\mathbf{E}) = \tfrac{1}{2}\Delta(\epsilon E^2) = \epsilon(\Delta\mathbf{E})\cdot\mathbf{E} = (\Delta\mathbf{D})\cdot\mathbf{E}$$

이므로

$$\Delta W = \Delta\left(\frac{1}{2}\int \mathbf{D}\cdot\mathbf{E}\, d\tau\right)$$

이다. 그러므로 자유전하가 전혀 없던 상태에서 맨 마지막 상태로 채울 때까지 해준 일 모두는

$$W = \frac{1}{2}\int \mathbf{D}\cdot\mathbf{E}\, d\tau \tag{4.58}$$

로서, 예상한 바와 같다.[20]

2장에서 아주 일반적인 조건에서 끌어낸 식 4.55가 유전체가 있을 때는 성립하지 않고 식 4.58로 고쳐진 것이 이상하게 보일 것이다. 요점은 이 두 방정식의 어느 하나가 틀린 것이 아니고 내용이 다르다는 것이다. 이 차이는 미묘하므로 처음으로 돌아가자: "계의 에너지"란 무엇인가? 답: 계를 만들 때 해주는 일이다. 그렇다 – 그런데 유전체가 있을 때는 계를 만드는 방법이 두 가지이다:

(1) 모든 전하(자유전하와 속박전하)를 집게로 하나씩 가져와 그것들이 있을 곳에 붙여 둔다. 이렇게 하는 것이 "계를 꾸미는 것"이라면 계에 저장된 에너지에 관한 공식은 식 4.55이다. 그러나 이때는 유전체 분자를 늘이고 비트는 데 든 일은 셈하지 않았다 (양전하와 음전하가 아주 작은 용수철로 묶여 있는 것으로 본다면, 낱낱의 분자를 편극시키는데 드는 일과 관련된 용수철 에너지 $\frac{1}{2}kx^2$을 셈하지 않은 셈이다).[21]

(2) 유전체가 편극되지 않은 채 있을 때 자유전하를 하나씩 가져오면서 유전체가 전기장에 따라 반응하게 한다. 이렇게 하는 것이 "계를 꾸미는 것"이라면(실제로 옮길 수 있는 것은 자유전

20 이 식을 끌어내는데 더 간단하게 §2.4.3의 방법을 써서 $W = \frac{1}{2}\int \rho_{자유} V\, d\tau$에서 시작하지 않은 까닭은 그 공식이 일반적으로 성립하지는 않기 때문이다. 식 2.42를 끌어낸 과정을 잘 살펴보면 이것은 총 전하에만 적용됨을 알 수 있다. 선형 유전체에서는 자유전하에 대해서만 성립한다. 그렇지만 이것이 처음부터 뚜렷이 이해되지는 않고, 식 4.58에서 시작하여 거꾸로 끌어가면 쉽게 확인할 수 있다.

21 이 "용수철"은 전기적인 것일 수도 있는데, 식 4.55의 **E**가 거시적인 장이면 그 효과가 들어있지 않다.

하이므로 보통은 이 방법을 쓴다), 식 4.58이 찾는 공식이다. 이 경우에는 "용수철" 에너지도 간접적이지만 공식 안에 들어 있다. 그 까닭은 **자유전하**를 움직이는 데 드는 힘이 **속박전하**의 배열상태에 따라 달라지기 때문이다; 자유전하를 움직이면 그에 맞추어 "용수철"이 저절로 늘어난다. 다시 말하면, (2)에서 계의 전체 에너지는 세 부분으로 이루어진다: 자유전하의 정전기적 에너지, 속박전하의 정전기적 에너지, 그리고 "용수철" 에너지이다.

예제 4.9

유전상수 $\epsilon_{상대}$인 물질로 된 반지름 R인 공 속에 자유전하 $\rho_{자유}$가 고르게 퍼져 있다. 이 전하배치의 에너지는 얼마인가?

■ 풀이 ■

(식 4.23과 같은 꼴의) 가우스 법칙에서 대체 전기장은 다음과 같다:

$$\mathbf{D}(r) = \begin{cases} \dfrac{\rho_{자유}}{3}\mathbf{r} & (r < R) \\ \dfrac{\rho_{자유}}{3}\dfrac{R^3}{r^2}\hat{\mathbf{r}} & (r > R) \end{cases}$$

따라서 전기장은 다음과 같다:

$$\mathbf{E}(r) = \begin{cases} \dfrac{\rho_{자유}}{3\epsilon_0\epsilon_{상대}}\mathbf{r} & (r < R) \\ \dfrac{\rho_{자유}}{3\epsilon_0}\dfrac{R^3}{r^2}\hat{\mathbf{r}} & (r > R) \end{cases}$$

순수한 **정전기** 에너지(식 4.55)는 다음과 같다:

$$\begin{aligned} W_1 &= \frac{\epsilon_0}{2}\left[\left(\frac{\rho_{자유}}{3\epsilon_0\epsilon_{상대}}\right)^2 \int_0^R r^2\, 4\pi r^2\, dr + \left(\frac{\rho_{자유}}{3\epsilon_0}\right)^2 R^6 \int_R^\infty \frac{1}{r^4}\, 4\pi r^2\, dr\right] \\ &= \frac{2\pi}{9\epsilon_0}\rho_{자유}^2 R^5 \left(\frac{1}{5\epsilon_{상대}^2} + 1\right) \end{aligned}$$

그러나 **총** 에너지(식 4.58)은 다음과 같다:

$$\begin{aligned} W_2 &= \frac{1}{2}\left[\left(\frac{\rho_{자유}}{3}\right)\left(\frac{\rho_{자유}}{3\epsilon_0\epsilon_{상대}}\right)\int_0^R r^2\, 4\pi r^2\, dr + \left(\frac{\rho_{자유}R^3}{3}\right)\left(\frac{\rho_{자유}R^3}{3\epsilon_0}\right)\int_R^\infty \frac{1}{r^4}\, 4\pi r^2\, dr\right] \\ &= \frac{2\pi}{9\epsilon_0}\rho_{자유}^2 R^5 \left(\frac{1}{5\epsilon_{상대}} + 1\right) \end{aligned}$$

$W_1 < W_2$임을 눈여겨보라 – 그 까닭은 W_1에서는 분자를 늘리는데 들어간 에너지를 셈하지 않았기 때문이다.

W_2가 계를 꾸밀 때 자유 전하에 해준 일인지 확인하자. (전하가 없고, 편극되지 않은) 유전체 공에서 시작하여 자유전하를 아주 조금씩(dq) 가져와 공에 한겹씩 채운다. 반지름 r'만큼 채우면 전기장은 다음과 같다.

$$\mathbf{E}(r) = \begin{cases} \dfrac{\rho_{자유}}{3\epsilon_0\epsilon_{상대}}\mathbf{r} & (r < r'), \\ \dfrac{\rho_{자유}}{3\epsilon_0\epsilon_{상대}}\dfrac{r'^3}{r^2}\hat{\mathbf{r}} & (r' < r < R), \\ \dfrac{\rho_{자유}}{3\epsilon_0}\dfrac{r'^3}{r^2}\hat{\mathbf{r}} & (r > R) \end{cases}$$

다음 전하 dq를 아주 먼 곳에서 r'로 가져오는데 드는 일은 다음과 같다:

$$\begin{aligned} dW &= -dq\left[\int_\infty^R \mathbf{E}\cdot d\mathbf{l} + \int_R^{r'} \mathbf{E}\cdot d\mathbf{l}\right] \\ &= -dq\left[\frac{\rho_{자유}r'^3}{3\epsilon_0}\int_\infty^R \frac{1}{r^2}\,dr + \frac{\rho_{자유}r'^3}{3\epsilon_0\epsilon_{상대}}\int_R^{r'}\frac{1}{r^2}\,dr\right] \\ &= \frac{\rho_{자유}r'^3}{3\epsilon_0}\left[\frac{1}{R} + \frac{1}{\epsilon_{상대}}\left(\frac{1}{r'} - \frac{1}{R}\right)\right]dq \end{aligned}$$

이로써 반지름(r')이 늘어나는 값은 다음과 같다:

$$dq = \rho_{자유}4\pi r'^2\,dr'$$

따라서 $r' = 0$에서 시작하여 $r' = R$이 될 때까지 한 일의 총량은 다음과 같다:

$$\begin{aligned} W &= \frac{4\pi\rho_{자유}^2}{3\epsilon_0}\left[\frac{1}{R}\left(1 - \frac{1}{\epsilon_{상대}}\right)\int_0^R r'^5\,dr' + \frac{1}{\epsilon_{상대}}\int_0^R r'^4\,dr'\right] \\ &= \frac{2\pi}{9\epsilon_0}\rho_{자유}^2 R^5\left(\frac{1}{5\epsilon_{상대}} + 1\right) = W_2.\ \checkmark \end{aligned}$$

분명히 "용수철에 저장된" 에너지는 다음과 같다:

$$W_{용수철} = W_2 - W_1 = \frac{2\pi}{45\epsilon_0\epsilon_{상대}^2}\rho_{자유}^2 R^5(\epsilon_{상대} - 1)$$

때때로 식 4.58은 비선형 유전체에 대해서도 쓸 수 있다고 우기는 사람이 있는데, 그것은 옳지 않다: 식 4.57에서 더 나아가려면 매질의 선형성을 가정해야 한다. 사실, 흩어지기 계(dissipative system)에서 "저장된 에너지"라는 말은 뜻이 없다. 왜냐하면, 계를 만드는 데 드는 일의 양은 마지막 상태뿐만 아니라, 만드는 과정에 따라서도 달라지기 때문이다 예를 들어 분자 "용수철"에 마찰이 있다면 전하를 끌어 모을 때 용수철이 평형상태에 이르기 전에 여러 차례 늘이고 줄여 $W_{용수철}$을 얼마든지 크게 할 수 있다. 특히, 식 4.58을 편극밀도가 굳어진 전기 쌍극자 막대에 대해 쓰면 터무니없는 결과가 나온다(문제 4.27을 보라).

문제 4.26 반지름 a인 금속 공에 전하 Q가 들어 있고, 이것을 감수율이 $\chi_{전기}$인 선형 유전체가 반지름 b까지 둘러싸고 있다(그림 4.32). 이 전하분포의 에너지를 구하라 (식 4.58).

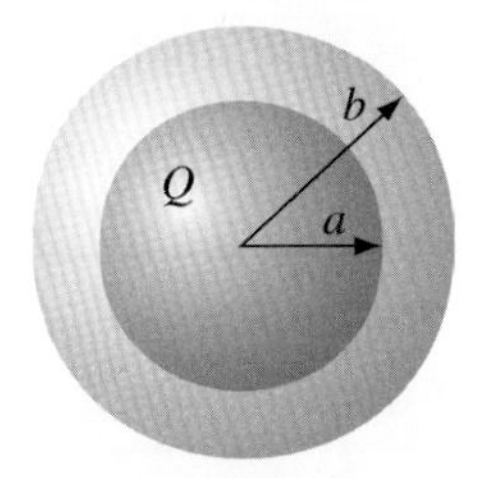

그림 4.32

문제 4.27 식 4.55와 식 4.58을 써서 반지름이 R, 편극밀도가 $\mathbf{P}$로 고르게 굳어진 공(예제 4.2)에 대해 W를 셈하고, 그 결과의 차이를 설명하라. 이 계의 참된 에너지는 (둘 가운데 하나라면) 어느 것인가?

4.4.4 유전체가 받는 힘

도체가 전기장에 끌리듯이(식 2.51) 유전체도 끌리는데 그 이유는 본질적으로 같다: 속박전하는 부호가 반대인 자유전하 가까이에 모이려는 버릇이 있다. 유전체가 받는 힘을 셈하는 일은 아주 까다롭다. 예를 들어 평행판 축전기의 두 전극 사이에 선형 유전체 판을 조금 끼웠다고 하자(그림 4.33). 지금까지는 평행판 축전기 속의 전기장은 완전히 고르고 그 밖에는 전기장이 없는 것처럼 생각해 왔다 이것이 옳다면, 전기장이 어디에서나 판에 수직하므로 유전체 판은 아무런 힘도 받지 않을 것이다. 그렇지만 실제로 가장자리에는 **테두리 장**(fringing field)이 생긴다. 대개는 이것을 무시해도 되지만 이 경우에는 이것이 모든 효과를 만들어 낸다. (실제로 전기장은 축전기의 테두리에서 갑자기 없어질 수 없다. 그렇게 된다면 그림 4.34처럼 닫힌 고리를 따라 $\mathbf{E}$를 선적분하면 그 값이 0이 아니다.) 바로 이 테두리 장이 유전체 판을 축전기 안으로 끌어당긴다.

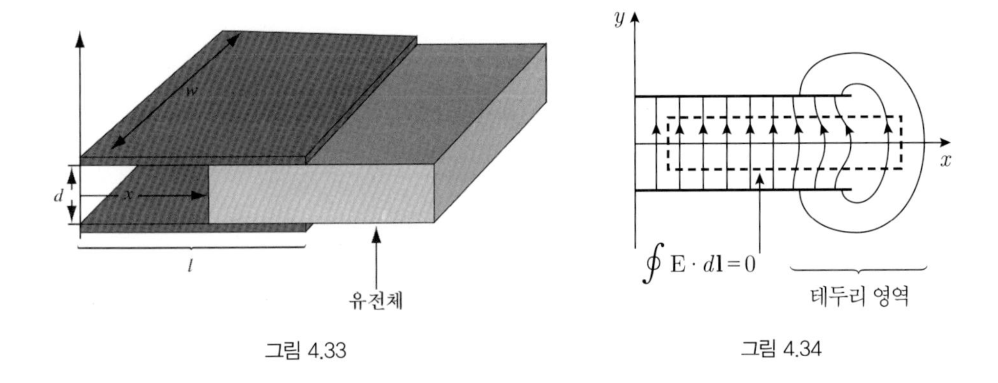

그림 4.33

그림 4.34

테두리 장을 셈하는 일은 아주 힘들지만, 다행히도 다음과 같은 교묘한 방법을 쓰면 이것을 전혀 셈하지 않고도 유전체가 받는 힘을 알 수 있다.[22] W를 이 계의 정전기적 에너지라고 하자 – 그것은 물론 축전기와 유전체가 겹치는 양의 함수이다. 유전체를 축전기 밖으로 아주 작은 거리 dx만큼 밀어내면 에너지는 해준 일만큼 늘어난다.

$$dW = F_{나}\,dx \tag{4.59}$$

여기에서 $F_{나}$는 내가 유전체 판을 미는 힘이다. 이 힘은 유전체가 받는 전기력 F와 맞비긴다: $F_{나} = -F$. 따라서, 유전체 판이 받는 전기력은 다음과 같다:

$$F = -\frac{dW}{dx} \tag{4.60}$$

축전기에 저장된 에너지는 다음과 같다:

$$W = \tfrac{1}{2}CV^2 \tag{4.61}$$

그리고 이 때의 축전용량은 다음과 같다:

$$C = \frac{\epsilon_0 w}{d}(\epsilon_{상대} l - \chi_{전기} x) \tag{4.62}$$

여기에서 l은 축전기의 전극판의 길이이다 (그림 4.30). 유전체 판이 움직이는 동안에도 전극판의 총 전하 ($Q = CV$)는 일정하게 유지된다고 가정하자. Q를 써서 나타내면

$$W = \frac{1}{2}\frac{Q^2}{C} \tag{4.63}$$

22 테두리 장을 직접 셈하는 방법은 다음을 보라: E. R. Dietz, *Am. J. Phys.* 72, 1499 (2004).

따라서

$$F = -\frac{dW}{dx} = \frac{1}{2}\frac{Q^2}{C^2}\frac{dC}{dx} = \frac{1}{2}V^2\frac{dC}{dx} \tag{4.64}$$

이다. 그런데,

$$\frac{dC}{dx} = -\frac{\epsilon_0 \chi_{전기} w}{d}$$

이므로 힘은 다음과 같다.

$$F = -\frac{\epsilon_0 \chi_{전기} w}{2d} V^2 \tag{4.65}$$

(음성 부호는 이 힘의 방향이 $-x$쪽임을 나타낸다; 유전체 판은 축전기 안쪽으로 끌린다.)

힘을 셈할 때 식 4.63(Q가 일정)을 쓰지 않고 식 4.61(V가 일정)을 쓰는 잘못을 흔히 저지르는데, 그러면 다음과 같이 부호가 반대인 결과를 얻는다:

$$F = -\frac{1}{2}V^2\frac{dC}{dx}$$

물론 축전기의 전극을 전지에 연결하여 전압을 일정하게 유지할 수도 있다. 그러나 그렇게 되면 유전체 판이 움직이는 동안 전지도 일을 하게 된다; 그러면 식 4.59 대신 다음 식을 써야 한다:

$$dW = F_{나}dx + V\,dQ \tag{4.66}$$

여기에서 VdQ는 전지가 한 일이다. 이로부터 다음 결과를 얻는다:

$$F = -\frac{dW}{dx} + V\frac{dQ}{dx} = -\frac{1}{2}V^2\frac{dC}{dx} + V^2\frac{dC}{dx} = \frac{1}{2}V^2\frac{dC}{dx} \tag{4.67}$$

이것은 앞에서 얻은 결과(식 4.64)와 같고 부호도 맞다.

유전체가 받는 힘은 Q또는 V의 어느 것을 일정하게 유지하는가에 따라 달라지지 않는다 - 그것은 온전히 자유전하 및 속박전하의 분포에 따라서만 정해진다. Q가 일정하다고 보고 힘을 셈하는 것이 더 쉬운데, 그 까닭은 전지가 한 일은 따지지 않아도 되기 때문이다; 그러나 원한다면 V가 일정하다고 가정해도 정확한 답을 얻을 수 있다.

유전체가 힘을 받는 근본 원인인 테두리 전기장에 관해 전혀 모른 채 그 힘을 셈할 수 있었음에 유의하자! 물론, 이 모든 것은 $\nabla \times \mathbf{E} = \mathbf{0}$이고, 따라서 테두리 전기장이 있어야 한다는 정전기학의 전체 이론체계 속에 들어 있다. 아무것도 없는 곳에서 무엇인가를 얻어낸 것이 아니고, 이론의 여러 부분이 일관성이 있어야 한다는 점을 교묘하게 썼을 뿐이다. 유전체 판이 움직여도 테두리 전기장 속에 저장된 에너지 자체는 일정하게 유지된다; 그 과정에서 변한 것은 축전기 속 깊은 곳에 저장된 에너지이고, 그곳에서는 전기장이 고르다.

문제 4.28 기다란 두 개의 동축 금속관(안쪽 반지름 a, 바깥쪽 반지름 b)이 유전체 기름(감수율 $\chi_{전기}$, 질량밀도 ρ)이 담긴 통 속에 서 있다. 안쪽 관은 전위 V로 유지되고, 바깥쪽 관은 접지되어 있다 (그림 4.35). 기름은 두 관 사이로 얼마의 높이(h)까지 올라오겠는가?

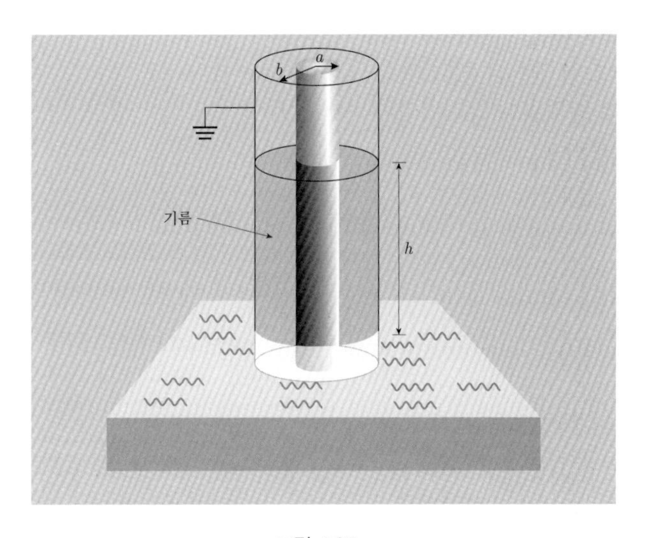

그림 4.35

보충문제

문제 4.29

(a) 문제 4.5의 전하배열에서 $\mathbf{p}_1$이 $\mathbf{p}_2$에 주는 힘과 $\mathbf{p}_2$가 $\mathbf{p}_1$에 주는 힘을 셈하라. 이 결과가 뉴턴 제 3 법칙에 잘 맞는가?

(b) $\mathbf{p}_1$의 중심을 기준으로 삼아 $\mathbf{p}_2$가 받는 총 회전력을 셈하고, 이것을 같은 점을 기준으로 $\mathbf{p}_1$이 받는 총 회전력과 비교하여라. [실마리: (a)의 답과 문제 4.5의 결과를 묶어라.]

문제 4.30 그림 4.36과 같이 두 장의 커다란 전극판의 사이 한가운데에 전기 쌍극자 $\mathbf{p}$가 y축을 향하고 있다. 각각의 전극판은 x축에 대해 각도 θ만큼 기울어 있고, 전위는 $\pm V$로 유지된다. $\mathbf{p}$가 받는 알짜 힘의 방향은 어느쪽인가? (답을 얻고자 셈할 필요는 없고, 정성적으로 설명하여라.)

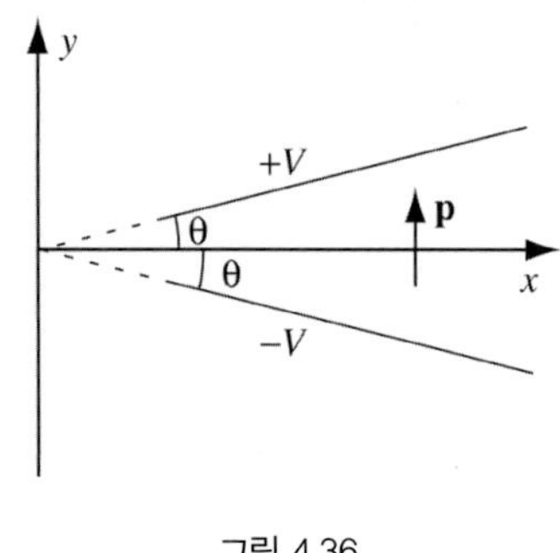

그림 4.36

문제 4.31 점전하 Q를 탁자에 "박아" 놓았다. 그것을 중심으로 반지름 R인 원궤도를 따라 쌍극자 $\mathbf{p}$가 마찰없이 돌며, 방향은 늘 궤도에 접하는 쪽을 유지한다. 식 4.5를 써서 쌍극자가 받는 전기력이 다음과 같음을 보여라.

$$\mathbf{F} = \frac{Q}{4\pi\epsilon_0}\frac{\mathbf{p}}{R^3}$$

이 힘의 방향은 늘 "앞"쪽임을 눈여겨보라(쌍극자 양끝이 받는 힘을 그려 보면 쉽게 알 수 있다). 이것이 왜 영구 운동 기관이 아닌가?[23]

문제 4.32 원자의 편극 모형으로서, 두 점 전하 $\pm q$가 탄성 상수 k, 평형 길이 0인 용수철로 연결된 것을 살펴보자 (원점에 −q 가 박혀 있음). 즉, $+q$가 받는 힘은 $-kx$이며, 여기서 x는 두 전하의 분리 거리이다. (여기서 "용수철"은 분자를 함께 뭉쳐두는 것의 대체물로서, 양 끝의 전기 인력이 포함된다. 힘이 $1/r^2$에 비례하지 않고 분리 거리에 비례하는 것이 못마땅하다면 예제 4.1이나 문제 4.2와 4.3을 다시 살펴보라; 전하가 번져있는 현실적인 모형은 적어도 변위가 작을 때는 자연스레 후크 법칙으로 이어진다.)

(a) 편극성 α를 k와 q로 나타내라.

(b) 이제 전기장 $\mathbf{E}$ 속에서 유도 쌍극자 $\mathbf{p}$의 에너지를 셈하라. [실마리: 전하를 끌어와 어떤 곳에 두는 데 드는 일은 여전히 식 4.6으로 정해진다. 그러나 그 밖에도 용수철을 적절한 길이로 늘려야 한다. 일이 얼마나 많이 들까?]

! 문제 4.33 언쇼 정리(문제 3.2)는 정전기장 속에 전하 입자를 가두어 놓을 수 없다는 것이다. 물음: 중성(그렇지만 편극되는) 원자는 정전기장 속에 가두어 놓을 수 있는가?

(a) 원자가 받는 힘이 다음과 같음을 보여라: $\mathbf{F} = \frac{1}{2}\alpha\nabla(E^2)$. 쌍극자는 전기장이 센 곳으로 끌림에 유의하라.

(b) 그러므로 물음은 다음과 같다: E^2이 (전하가 없는 곳에서) 국소 최대인 곳이 있는가? 그렇다

23 이 멋진 역설은 K. Brownstein이 제시했다.

면 그 힘은 원자를 평형 위치로 밀어줄 것이다. 그 대답은 '아니다'임을 보여라. [실마리: 문제 3.4(a)를 써라.][24]

문제 4.34 한 변의 길이가 a, 중심이 원점에 있는 유전체 정육면체에 "굳어진" 편극밀도 $\mathbf{P} = k\mathbf{r}$이 있다. 여기에서 k는 상수이다. 모든 속박전하를 구하고, 모두를 더하면 0이 되는지 확인하라.

문제 4.35 평행판 축전기의 극판 사이를 유전체로 채웠는데, 그 유전상수가 아래판($x = 0$)에서는 1이고 높이에 비례하여 커져서 위판($x = d$)에서는 2이다. 이 축전기를 전압 V인 전지에 달았다. 모든 속박전하를 구하고, 총 전하량이 0임을 확인하라.

문제 4.36 선형 유전체 공(감수율 $\chi_{전기}$, 반지름 R)의 중심에 점전하 q가 있다. 전기장, 편극밀도, 그리고 속박전하 밀도 $\sigma_{속박}$과 $\rho_{속박}$을 구하라. 표면에서의 총 속박전하는 얼마인가? 이것을 맞지우는 음성 속박전하는 어디에 있는가?

문제 4.37 두 선형 유전체의 경계면에서는 전기장선이 꺾인다(그림 4.37). 경계면에 자유전하가 없으면 전기장선의 방향 사이에 다음 관계가 있음을 보여라.

$$\tan\theta_2/\tan\theta_1 = \epsilon_2/\epsilon_1 \tag{4.68}$$

[주의: 식 4.68은 광학의 스넬 법칙을 연상시킨다. 유전체로 된 볼록 "렌즈"는 전기장을 "모으"겠는가 아니면 "퍼뜨리"겠는가?]

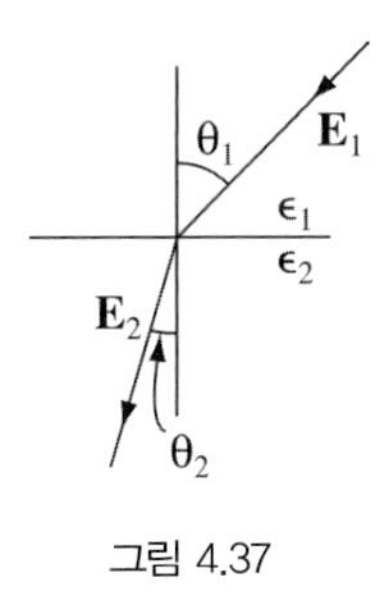

그림 4.37

! **문제 4.38** 선형 유전체 공(반지름 R, 유전상수 $\epsilon_{상대}$)의 중심에 점 쌍극자 $\mathbf{p}$가 있다. 이 공 안팎에서의 전위를 구하라.

$$\left[\text{답: } \frac{p\cos\theta}{4\pi\epsilon r^2}\left(1 + 2\frac{r^3}{R^3}\frac{(\epsilon_r - 1)}{(\epsilon_r + 2)}\right)\ (r \le R);\quad \frac{p\cos\theta}{4\pi\epsilon_0 r^2}\left(\frac{3}{\epsilon_r + 2}\right)\ (r \ge R)\right]$$

문제 4.39 다음 유일성 정리를 증명하라: 부피 $\mathcal{V}$에 자유전하가 퍼져 있고 선형 유전체 물질 여러

---

24 *진동* 전자기장을 써서 할 수 있다. 문제 9.44를 보라.

조각이 들어있다. 낱낱의 조각의 감수율을 알고 있다. $\mathcal{V}$의 경계면 $\mathcal{S}$의 전위분포가 정해지면 (아주 먼 곳에서는 $V = 0$이 적당하다), $\mathcal{V}$의 모든 곳의 전위가 유일하게 정해진다. [실마리: $\nabla \cdot (V_3\mathbf{D}_3)$을 $\mathcal{V}$에 대해 적분하라.]

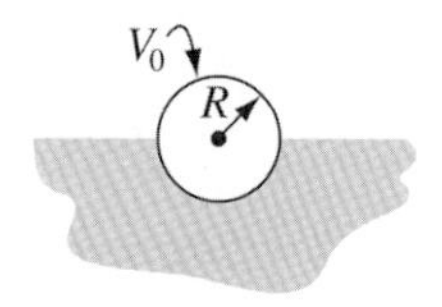

그림 4.38

문제 4.40 $z < 0$인 영역을 채우고 있는 감수율이 $\chi_{전기}$인 선형 유전체 물질에 전위가 V_0인 도체 공의 반이 묻혀있다 (그림 4.38). **주장**: 모든 곳의 전위가 유전체가 없을 때와 똑같다! 이 주장을 다음 순서를 따라서 확인하여라.

(a) 전위를 나타내는 식 $V(r)$을 V_0, R, r의 함수로 써라. 이것을 써서 공 표면의 전기장, 편극밀도, 속박전하 및 자유전하의 분포를 구하라.

(b) 총 전하 배열이 실제로 전위 $V(r)$을 만들어냄을 보여라.

(c) 문제 4.39의 유일성 정리를 써서 논의를 마무리하라.

(d) 그림 4.39와 같은 상황에서 같은 전위를 유지할 때 전위문제를 풀 수 있는가? 아니라면 그 까닭을 설명하라.

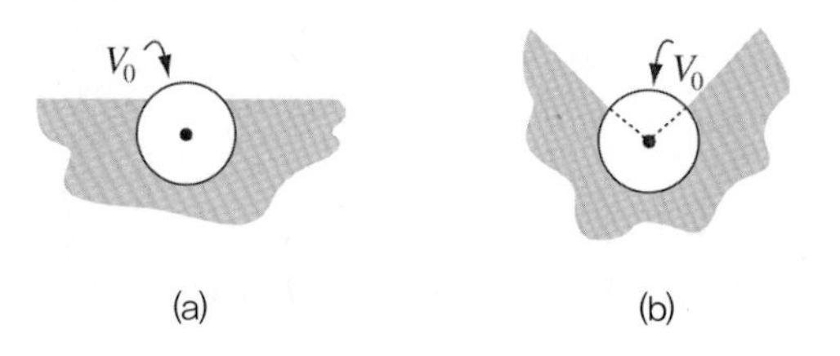

그림 4.39

문제 4.41 식 4.5에 따르면 쌍극자 하나가 받는 힘은 $(\mathbf{p} \cdot \nabla)\mathbf{E}$이므로 유전체 조각 전체가 받는 힘은 다음과 같다:

$$\mathbf{F} = \int (\mathbf{P} \cdot \nabla)\mathbf{E}_{밖} d\tau \tag{4.69}$$

[여기서 $\mathbf{E}_{밖}$은 유전체를 뺀 모든 것이 만드는 전기장이다. 총 전기장을 써도 된다고 가정할 수 있다; 유전체가 <u>스스로</u> 힘을 줄 수는 없을 테니까. 그렇지만, 유전체가 만드는 전기장은 면 속박전하가 있는 곳에서는 불연속이므로 그 도함수로부터 쓸데없는 델타함수가 생겨난다. 따라서, $\mathbf{E}_{밖}$을 쓰는 것이 안전하다.] 선전하 밀도가 λ인 가느다란 도선에서 거리 s인 곳에 감수율 $\chi_{전기}$인 선형 유전체로 된 반지름 R인 작은 공이 있을 때, 이 공이 받는 힘을 식 4.69를 써서 구하라.

! **문제 4.42** 선형 유전체에서는 편극밀도가 전기장에 비례한다: $\mathbf{P} = \epsilon_0 \chi_{전기} \mathbf{E}$. 물질이 원자(또는 비극성 분자)로 되어 있으면, 낱낱의 원자에 유도된 쌍극자 모멘트도 전기장에 비례한다: $\mathbf{p} = \alpha \mathbf{E}$. 물음: 원자 편극성 α와 감수율 $\chi_{전기}$는 어떤 관계가 있는가?

$\mathbf{P}$(단위 부피 속의 쌍극자 모멘트)는 $\mathbf{p}$(원자의 쌍극자 모멘트)에 N(단위 부피 속의 원자의 수)를 곱한 것이므로, $\mathbf{P} = N\mathbf{p} = N\alpha\mathbf{E}$이고 따라서 다음과 같다고 말하기 쉽다.

$$\chi_{전기} = \frac{N\alpha}{\epsilon_0} \tag{4.70}$$

사실, 밀도가 낮으면 이 식은 크게 틀리지 않는다. 그러나 잘 살펴보면 미묘한 문제가 드러난다. 왜냐하면 식 4.30에 있는 전기장 $\mathbf{E}$는 매질 속에서의 총 거시적 전기장인데 비해, 식 4.1에 있는 전기장은 쌍극자 모멘트가 생기는 원자를 뺀 모든 것이 만드는 미시적 전기장이기 때문이다(원자 편극성은 밖에서 걸어 준 전기장 속에 놓인, 외톨이 원자에 대해 정의했다); 이것을 $\mathbf{E}$나머지라 하자. 각 원자에 반지름 R인 공간을 주었다고 상상하고, 두 전기장 사이에 다음 관계가 있음을 보이자:

$$\mathbf{E} = \left(1 - \frac{N\alpha}{3\epsilon_0}\right)\mathbf{E}_{나머지} \tag{4.71}$$

이것을 쓰면 감수율과 원자 편극성 사이에는 다음 관계가 있음을 알 수 있다:

$$\chi_{전기} = \frac{N\alpha/\epsilon_0}{1 - N\alpha/3\epsilon_0}$$

또는

$$\alpha = \frac{3\epsilon_0}{N}\left(\frac{\epsilon_{상대} - 1}{\epsilon_{상대} + 2}\right) \tag{4.72}$$

식 4.72는 **클라우지우스-모소티**(Clausius-Mossotti) 공식 또는 광학에서는 **로런츠-로렌츠**(Lorentz-Lorenz) 방정식이라고 한다.

문제 4.43 클라우지우스-모소티 공식 4.72를 표 4.1의 기체에 대해 확인해보라. (유전상수는 표 4.2에 있다.) (여기에서는 밀도가 아주 낮아 식 4.70과 식 4.72를 구별할 수 없다. 클라우지우스-모소티 보정항을 확인시켜주는 실험 자료를 보려면, 예를 들어 퍼셀의 Electricity and Magnetism, 1판 문제 9.28을 보라.)[25]

! **문제 4.44**

클라우지우스-모소티 공식(문제 4.42)을 쓰면 **비극성** 물질의 감수율을 원자 편극성 α로부터 셈할 수 있다. **랑주뱅 방정식**(Langevin equation)을 쓰면, **극성**물질의 감수율을 영구 분자 쌍극자 모멘

25 E. M. Purcell, *Electricity and Magnetism* (Berkeley Physics Course, Vol. 2), (New York: McGraw-Hill, 1963).

트 p로부터 다음과 같이 구할 수 있다

(a) 밖에서 건 전기장 $\mathbf{E}$속의 쌍극자의 에너지는 다음과 같다(식 4.6): $u = -\mathbf{p} \cdot \mathbf{E} = -pE\cos\theta$. 여기에서 θ는 z축을 $\mathbf{E}$와 나란히 잡을 때 쌍극자의 극각이다. 통계역학에 따르면, 물질이 절대 온도 T에서 열평형 상태에 있으면 분자가 에너지 u를 가질 확률은 다음 볼츠만(Boltzmann) 인자에 비례한다:

$$\exp(-u/kT)$$

그러므로, 쌍극자의 평균 에너지는 다음과 같다.

$$\langle u \rangle = \frac{\int u e^{-(u/kT)}\, d\Omega}{\int e^{-(u/kT)}\, d\Omega}$$

여기에서, $d\Omega = \sin\theta\, d\theta\, d\phi$이고 적분은 모든 방향에 대해한다($\theta$: $0 \to \pi$; $\phi : 0 \to 2\pi$). 이것을 써서 단위부피 속에 N개의 분자가 들어 있는 물질의 편극밀도는 다음과 같음을 보여라:

$$P = Np[\coth(pE/kT) - (kT/pE)] \tag{4.73}$$

이것이 **랑주뱅 공식**(Langevin formula)이다. P/Np를 pE/kT의 함수로 그려 보라.

(b) 전기장이 세거나 온도가 낮으면 거의 모든 분자가 나란히 늘어서므로, 재료가 비선형 특성을 보인다. 그렇지만, 보통은 kT가 pE보다 훨씬 크다. 이 영역에서는 재료의 특성이 선형임을 밝히고, 재료의 감수율을 N, p, T, k의 함수로 구하라. 온도 20℃인 물의 감수율을 구하고, 그 값을 표 4.2의 실험값과 비교하라. (물의 쌍극자 모멘트는 6.1×10^{-30}C · m이다.) 이 결과의 차이는 조금 큰데, 그 까닭은 $\mathbf{E}$와 $\mathbf{E}_{나머지}$의 차이를 무시했기 때문이다. 밀도가 낮은 기체에서는 보다 잘 맞는다. 이때는 $\mathbf{E}$와 $\mathbf{E}_{나머지}$의 차이를 무시할 수 있다. 1기압, 100℃의 수증기에 대해서도 해보라.

제 5 장 정자기학

5.1 로런츠 힘 법칙

5.1.1 자기장

고전 전기역학의 기본 문제는 ("원천")전하 $q_1, q_2, q_3, \cdots$ 가 다른 (시험)전하 Q에 주는 힘을 셈하는 것이다. (그림 2.1) 중첩원리에 따르면, 단 하나의 원천전하가 시험전하에 주는 힘을 셈하면 된다 – 전체 힘은 낱낱의 원천전하가 주는 힘을 벡터 덧셈하면 된다. 이제까지는 가장 간단한 경우인 **정전기학**, 즉 원천전하가 **고정된** 경우의 문제(Q는 고정되어 있을 필요가 없다)를 생각해 왔다. 이제부터는 **움직이는** 전하들이 주고받는 힘을 살펴보자.

다음 예를 생각해 보자. 도선 두 가닥이 간격 수 cm로 나란히 천장에 매달려 서 있다. 도선에 전류를 흘리되, 한 도선에서는 위로 다른 도선에서는 아래로 흘리면 두 도선은 서로 밀어 낸다 [그림 5.1(a)]. 이것을 어떻게 설명해야 할까? 여러분은 전지(또는 그 무엇이든 전류를 흘려보내는 것)가 도선에 전하를 채우기 때문에 두 도선이 서로 밀어낸다고 할지도 모른다. 그러나 이 설명은 옳지 않다. 시험전하를 이 도선 근처에 가져가도 힘을 전혀 받지 않는다.[1] 왜냐하면 도선은 사실 전기적으로 중성이기 때문이다. (전자가 도선을 따라 흐르지만 – 이것이 바로 전류이다 – 도선의 일부를 잘라 보면 거기에는 움직이는 음전하만큼 서 있는 양전하도 있다.) 게다가 그림 5.1(b)와 같이 전류를 같은 쪽으로 흘리면 두 도선은 서로 **끌어당긴다!**

전류가 같은 쪽으로 흐를 때는 서로 끌어당기고, 반대쪽으로 흐를 때는 서로 밀어내는 힘은 정전기력이 아니라 **자기력**이다. 서있는 전하는 주위에 전기장 $\mathbf{E}$만을 만들지만 **움직이는** 전하는 그

---

1 엄밀하게는 이것이 참이 아님을 문제 7.45에서 알게 된다.

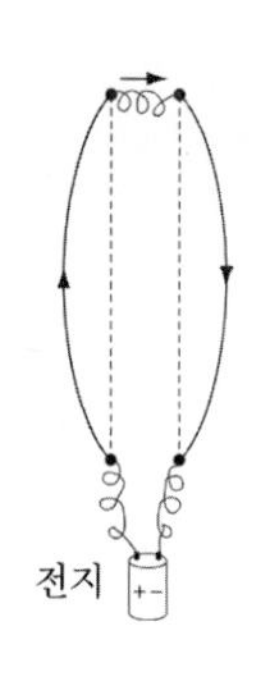

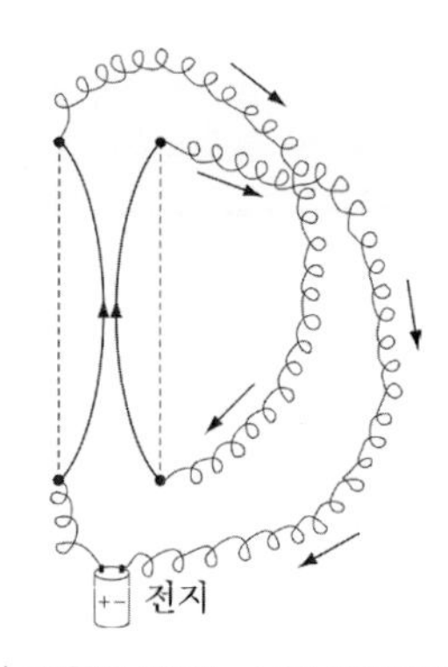

(a) 반대쪽 전류는 서로 밀어낸다. (b) 같은쪽 전류는 서로 끌어당긴다.

그림 5.1

밖에 자기장 **B**도 만든다. 사실, 자기력은 실제로 훨씬 쉽게 검지할 수 있다 – 나침반만 있으면 된다. 나침반의 작동원리는 당장은 중요한 문제가 아니다. 나침반 바늘이 그 곳의 자기장의 방향을 가리킨다는 것만 알면 충분하다. 보통은 나침반의 바늘이 지구의 자기장의 영향을 받아 북쪽을 가리키지만, 실험실에서 만드는 전형적인 자기장은 지자기보다 수백 배 더 세기 때문에 나침반의 바늘은 그 자기장의 방향을 가리킨다.

이제, 작은 나침반을 전류가 흐르는 도선 가까이 두면 이상한 현상을 금방 볼 수 있다. 즉, 자기장은 도선을 향하거나 도선에서 멀어지는 쪽을 가리키지 않고 도선 둘레를 감싸며 원을 그린다. 사실은 오른손으로 도선을 감싸 쥐되 엄지손가락이 전류가 흐르는 쪽을 향하게 하면 나머지 손가락들의 방향이 곧 자기장의 방향이 된다 (그림 5.2). 이러한 자기장이 어떻게 가까이 있는 나란히 흐르는 전류를 끌어당길까? 두 번째 도선이 있는 곳에서는 자기장이 종이면 속으로 들어가고 (그림 5.3) 전류는 위쪽으로 흐르는데, 이 전류가 받는 힘의 방향은 왼쪽이다! 이러한 방향을 설명하려면 괴상한 법칙이 필요하다.

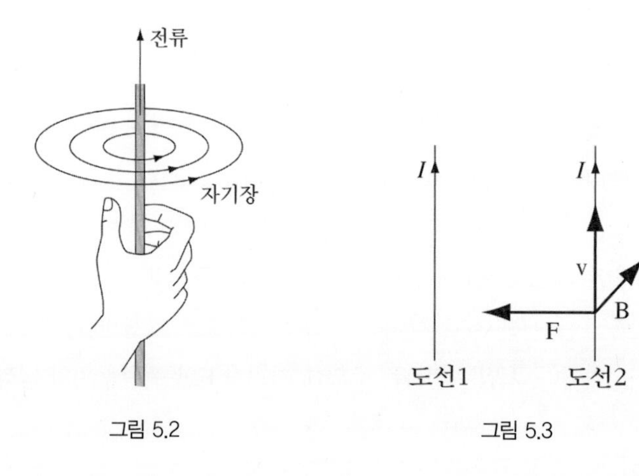

그림 5.2 그림 5.3

5.1.2 자기력

사실, 이 방향의 조합은 벡터 가위곱과 같다: 자기장 **B**속에서 속도 **v**로 움직이는 전하 Q가 받는 자기력 $F_{자기}$는 다음과 같다.[2]

$$\boxed{\mathbf{F}_{자기} = Q(\mathbf{v} \times \mathbf{B})} \tag{5.1}$$

이것이 **로런츠 힘 법칙**(Lorentz force law)이다.[3] 전기장과 자기장이 함께 있으면 전하 Q가 받는 알짜 힘은 다음과 같다.

$$\mathbf{F} = Q[\mathbf{E} + (\mathbf{v} \times \mathbf{B})] \tag{5.2}$$

물론 식 5.1은 끌어낸 것이 아니고, 쿨롱 법칙처럼 전자기 이론의 근본 공리로서, 그 근거는 §5.1.1에서 설명한 것과 같은 실험에 있다.

이제부터 할 일은 자기장 **B**를 셈하는 것이다(그리고 **E**도 구해야 한다; 원천전하가 움직이면 규칙이 상당히 복잡해진다). 그러나 자기장을 셈하기에 앞서 로런츠 힘 법칙을 자세히 살펴보는 것도 좋겠다. 왜냐하면, 자기력은 특이해서 전하 궤적의 모양도 아주 특별하기 때문이다.

예제 5.1

사이클로트론 운동

전하를 띤 입자는 자기장 속에서 전형적으로 원운동을 하며, 구심가속도는 자기력 때문에 생긴다. 그림 5.4와 같이 고른 자기장이 종이면 속으로 들어간다고 하자. 전하 Q가 반지름 R인 원을 따라 속력 v로 반시침 방향으로 움직이면, 자기력은 중심을 향하며 크기는 QvB로 일정하다 − 이것은 바로 등속 원운동의 조건이다:

$$QvB = m\frac{v^2}{R} \qquad 또는 \qquad p = QBR \tag{5.3}$$

여기에서 m은 입자의 질량, $p = mv$는 입자의 운동량이다. 식 5.3을 **사이클로트론 공식**(cyclotron formula)이라고 하는데, 그 까닭은 이 식이 최초의 현대적 입자 가속기인 사이클로트론 속의 입자의 운동을 기술하기 때문이다. 이것은 또한 입자의 운동량을 실험적으로 간단히 잴 수 있는 방법을 제시해 준다: 자기장의 방향과 세기를 아는 곳에 입자를 쏘아 준 뒤, 이 입자가 원운동을 할 때 궤도 반지름을 잰다. 이것은 실제로 소립자의 운동량을 재는 표준적인 방법이다.

---

2 $F_{자기}$와 **v**는 벡터이므로 **B**는 실제로는 준벡터(pseudovector)이다.

3 실제로는 헤비사이드가 알아냈다.

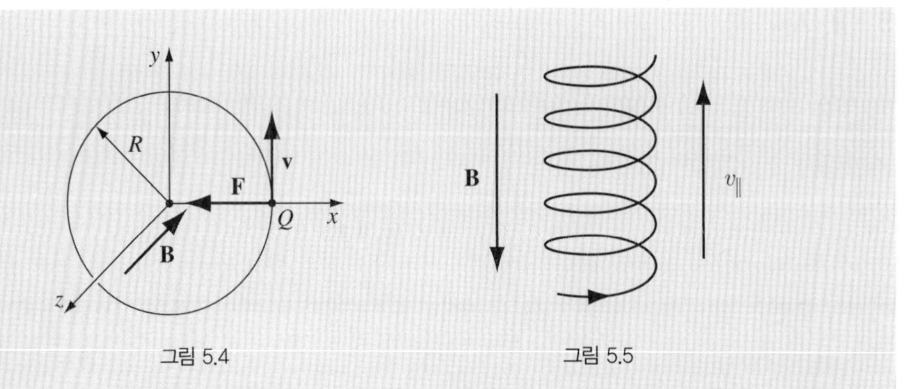

그림 5.4 그림 5.5

지금까지는 전하가 자기장 **B**에 수직인 평면 안에서 운동한다고 가정했다. 전하의 속도에 **B**와 나란한 성분 $v_\|$도 있다면, 이 성분은 자기장의 영향을 전혀 받지 않으므로 입자는 나선궤적을 그리며 움직인다 (그림 5.5). 이 나선궤적의 반지름은 역시 식 5.3에 따라 정해지는데, 이 때 공식에 들어가는 속도는 **B**에 수직인 속도성분 $v_\perp$이다.

예제 5.2

사이클로이드 운동

고른 자기장에 직각 방향으로 고른 전기장을 걸어 주면 전하가 더 이상한 궤적을 그린다. 예를 들어 그림 5.6과 같이 **B**는 x−쪽, **E**는 z−쪽을 가리킨다고 하자. 양전하를 원점에 가만히 두면 어떤 길을 따라 갈까?

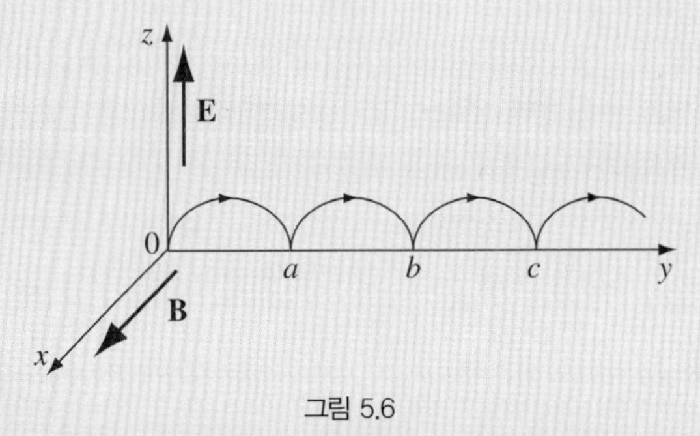

그림 5.6

■ 풀이 ■

먼저, 정성적으로 따져 보자. 처음에는 입자가 서 있었으므로 자기력은 0이고 전기장은 z−쪽으로 입자를 가속시킨다. 입자에 속력이 붙으면 자기력이 생겨나고, 이 힘은 식 5.1에 따라 입자를 오른쪽으로 끌어당긴다. 입자의 속력이 빨라질수록 $F_{자기}$도 세지므로 결국 입자의 궤적이 굽어 y축을 향해 되돌아오게 된다. 그러면 이제는 입자가 전기력과 반대쪽으로 움직이므로 점점 느려지기 시작한다 − 그러면 자기력이 약해지고 전기력이 더 세져서, 그림 5.6의 점 a에서 입자가 선다. 이러한 모든 과정이 다시 시작되면서 되풀이되어 입자는 점 $b, c \cdots$ 등에 이르게 된다.

이제, 이것을 정량적으로 다루자. x–쪽의 힘은 없으므로 어느 시각 t의 입자의 위치는 $(0, y(t), z(t))$로 나타낼 수 있다. 그러므로 속도는 다음과 같다:

$$\mathbf{v} = (0, \dot{y}, \dot{z})$$

여기에서, 점은 시간도함수를 나타낸다. 그래서

$$\mathbf{v} \times \mathbf{B} = \begin{vmatrix} \hat{\mathbf{x}} & \hat{\mathbf{y}} & \hat{\mathbf{z}} \\ 0 & \dot{y} & \dot{z} \\ B & 0 & 0 \end{vmatrix} = B\dot{z}\,\hat{\mathbf{y}} - B\dot{y}\,\hat{\mathbf{z}}$$

이므로 뉴턴 제 2 법칙은 다음과 같다:

$$\mathbf{F} = Q(\mathbf{E} + \mathbf{v} \times \mathbf{B}) = Q(E\,\hat{\mathbf{z}} + B\dot{z}\,\hat{\mathbf{y}} - B\dot{y}\,\hat{\mathbf{z}}) = m\mathbf{a} = m(\ddot{y}\,\hat{\mathbf{y}} + \ddot{z}\,\hat{\mathbf{z}})$$

$\hat{\mathbf{y}}$ 성분과 $\hat{\mathbf{z}}$ 성분을 따로 쓰면 다음과 같다

$$QB\dot{z} = m\ddot{y}, \qquad QE - QB\dot{y} = m\ddot{z}$$

다음과 같은 물리량을 정의하자.

$$\omega \equiv \frac{QB}{m} \tag{5.4}$$

[이것은 전기장이 없을 때 원운동하는 입자의 **사이클로트론 진동수**(cyclotron frequency)에 해당한다.] 따라서, 운동 방정식은 다음과 같은 꼴이 된다:

$$\ddot{y} = \omega\dot{z}, \qquad \ddot{z} = \omega\left(\frac{E}{B} - \dot{y}\right) \tag{5.5}$$

이 식의 일반해는 다음과 같다:[4]

$$\left.\begin{aligned} y(t) &= C_1 \cos\omega t + C_2 \sin\omega t + (E/B)t + C_3, \\ z(t) &= C_2 \cos\omega t - C_1 \sin\omega t + C_4. \end{aligned}\right\} \tag{5.6}$$

이 예에서는 서 있던($\dot{y}(0) = \dot{z}(0) = 0$) 입자가 원점($y(0) = z(0) = 0$)에서 출발했다; 이 네 조건에서 상수 C_1, C_2, C_3, C_4가 결정된다:

$$y(t) = \frac{E}{\omega B}(\omega t - \sin\omega t), \qquad z(t) = \frac{E}{\omega B}(1 - \cos\omega t) \tag{5.7}$$

이 해에 담긴 물리적인 뜻은 잘 드러나지 않는다.[5] 그러나

---

4 이 연립미분방정식을 쉽게 풀려면 첫째 식을 미분한 다음 둘째 식을 써서 $\dot{z}$를 없앤다.

$$R \equiv \frac{E}{\omega B} \tag{5.8}$$

로 놓고 삼각 항등식 $\sin^2 \omega t + \cos^2 \omega t = 1$을 쓰면 다음 결과를 얻는다.

$$(y - R\omega t)^2 + (z - R)^2 = R^2 \tag{5.9}$$

이것은 원의 공식으로서 반지름이 R, 중심은 $(0, R\omega t, R)$이다. 따라서 중심이 y-쪽으로 일정한 속력 u로 움직인다:

$$u = \omega R = \frac{E}{B} \tag{5.10}$$

이 입자는 마치 반지름 R인 바퀴가 y축을 따라 굴러갈 때 그 테두리에 있는 붙어 있는 점처럼 움직인다. 이렇게 생겨난 곡선이 **사이클로이드**(cycloid)이다. 입자의 전체적인 운동은 **E**방향일 것이라고 지레짐작하기 쉬운데, 실제로는 그에 대해 **수직**방향이다.

자기력의 법칙(식 5.1)에서 특별히 주의할 점은 다음과 같다.

자기력은 일을 하지 않는다.

전하 Q가 $d\mathbf{l} = \mathbf{v}dt$ 만큼 움직이면 이 전하에 해준 일은 다음과 같다.

$$dW_{자기} = \mathbf{F}_{자기} \cdot d\mathbf{l} = Q(\mathbf{v} \times \mathbf{B}) \cdot \mathbf{v}\, dt = 0 \tag{5.11}$$

그 까닭은 $(\mathbf{v} \times \mathbf{B})$가 $\mathbf{v}$에 수직이므로 $(\mathbf{v} \times \mathbf{B}) \cdot \mathbf{v} = 0$이기 때문이다. 입자가 자기력을 받으면 운동 **방향**은 바뀌지만 속력은 바뀌지 않는다. 자기력이 일을 하지 않는다는 것은 로런츠 힘 법칙의 기본적이고 직접적인 결과이다 그러나 많은 경우, 겉보기에는 이것이 틀린 것처럼 보여 이 확신이 흔들릴 때가 많다. 예를 들어, 자석을 쓴 기중기가 부서진 차를 들어 올릴 때는 분명히 **무엇인가**가 일을 했다. 그래서 자기력이 일을 했다는 것을 부정하기가 아주 어려워 보인다. 그러나 어쨌든 부정해야 하고, 그 다음에, 어렵기는 하지만 그러한 상황에서 일을 한 것이 무엇인지를 찾아내야 한다. 다음 절에서 몇 가지 멋진 예를 보여주겠지만 온전한 설명은 8장에서 한다.

문제 5.1 전하 q인 입자가 고른 자기장 **B**(종이면 속으로 들어가는 방향)가 퍼져 있는 영역 속으로 들어간다. 자기장은 이 입자의 경로를 그림 5.7과 같이 애초의 경로로부터 거리 d만큼 위로 휘

---

5 $v^2 = \dot{y}^2 + \dot{z}^2 = [(2E/B)\sin(\omega t/2)]^2$이므로 (뉴턴 제2법칙의 비상대론적 꼴에 바탕을 둔) 이 해는 $3E \ll cB$일 때만 타당하다. c는 광속이다.

게 한다. 이 전하는 양전하일까 또는 음전하일까? 이 입자의 운동량을 a, d, B, q로 나타내라.

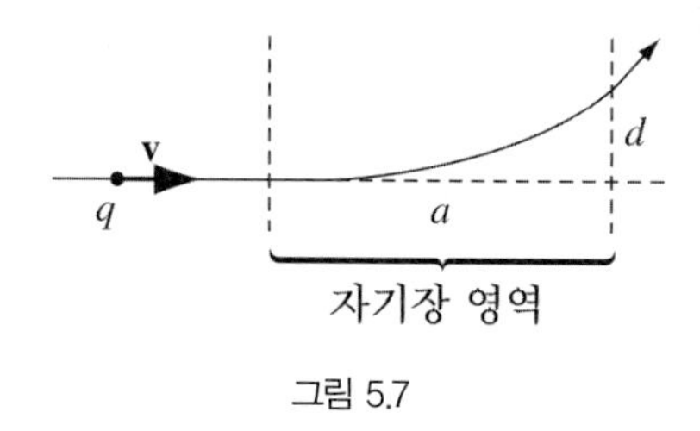

그림 5.7

문제 5.2 예제 5.2의 입자가 원점에서 아래의 속도로 움직일 때, 이 입자의 궤적을 구하고, 그림을 그려라.

(a) $\mathbf{v}(0) = (E/B)\hat{\mathbf{y}}$

(b) $\mathbf{v}(0) = (E/2B)\hat{\mathbf{y}}$

(c) $\mathbf{v}(0) = (E/B)(\hat{\mathbf{y}} + \hat{\mathbf{z}})$

문제 5.3 1897년 톰슨(J. J. Thompson)은 다음과 같은 방법으로 "음극선"(실제로는 전하 q, 질량 m인 전자의 흐름)의 질량–대–전하 비를 재어 전자를 "발견"했다:

(a) 먼저 고른 전기장 **E**와 자기장 **B**가 직교하는 곳을 전자살이 지나게 한다 (전기장과 자기장은 서로 직교하고, 전자살의 진행방향과도 모두 직교한다). 그리고 전기장의 세기를 조정하여 입자의 궤적이 휘지 않게 한다. 그렇게 되면 입자의 속력은 (**E**와 **B**로 나타내면) 얼마인가?

(b) 그 다음에는 전기장을 끄고 자기장만 있는 곳에서 전자살이 운동하면서 휠 때의 곡률반지름 R을 잰다. 입자의 질량–대–전하 비 (q/m)를 E, B, R로 나타내면 어떻게 되는가?

5.1.3 전류

전류(current)는 도선의 어느 곳을 단위시간 동안 지나가는 전하량으로 정의된다. 이 정의에 따르면, 왼쪽으로 움직이는 음전하나 오른쪽으로 움직이는 양전하는 부호가 같은 전류이다. 이것은 움직이는 전하 때문에 생기는 거의 모든 물리현상이 전하에 속도를 곱한 값의 함수라는 사실을 반영한다 – q와 $\mathbf{v}$의 부호를 바꾸어도 결과는 같다. [로런츠 힘은 이 사실과 맞다. 그러나 홀효과(Hall effect; 문제 5.41)는 예외로서 악명이 높다.] 실제로 움직이는 것은 보통 음전하를 띤 전자이다 – 이것은 전류와 반대쪽으로 움직인다. 이 때문에 생기는 사소한 혼동을 피하고자 움직이는 것은 양전하라고 가정한다. 프랭클린(B. Franklin)이 전하의 부호를 정한 뒤로 모든 사람들이 그것을 따랐다.[6] 전류를 재는 단위는 1초 동안에 1쿨롱이 흐르는 것, 즉 **암페어**(ampere) [A]이다.

$$1\ \text{A} = 1\ \text{C/s} \tag{5.12}$$

선밀도가 λ인 전하가 도선을 따라 속력 v로 달리면 (그림 5.8), 시간 Δt동안 P점을 지나는 전하의 양은 길이가 $v\Delta t$인 도선토막 속에 든 전하량 $\lambda v \Delta t$이므로 전류는 다음과 같다:

$$I = \lambda v \tag{5.13}$$

전류는 실제로는 벡터량이다:

$$\mathbf{I} = \lambda \mathbf{v} \tag{5.14}$$

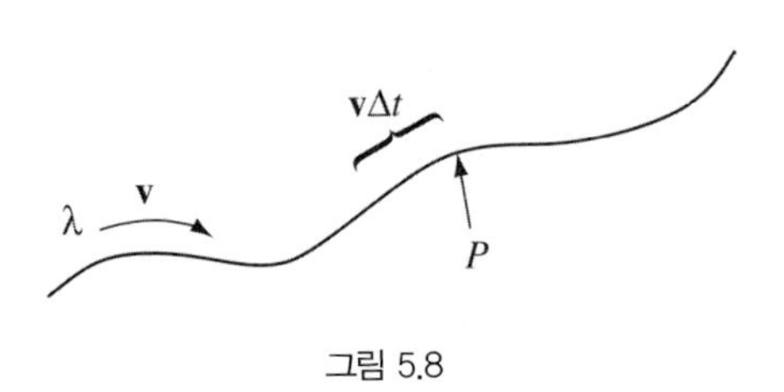

그림 5.8

전류는 도선을 따라 흐르므로 대개는 $\mathbf{I}$의 방향을 명확하게 드러내지 않아도 된다. 하지만, 표면전류나 부피전류를 다룰 때는 그렇게 태평하게 하면 안되고, 기호의 일관성을 지키려면 처음부터 전류가 실제로는 벡터량임을 명확히 해두는 것이 좋다.[7] 물론 전기적으로 중성인 도선에는 움직이는 음전하 만큼 서 있는 양전하가 들어있다. 서 있는 양전하는 전류에 끼지 않는다 – 식 5.13의 전하밀도 λ는 움직이는 전하만을 따진다. 두 가지 전하가 모두 움직이는 특이한 상황에서는 전류는 다음과 같다: $\mathbf{I} = \lambda_+ \mathbf{v}_+ + \lambda_- \mathbf{v}_-$.[8]

전류가 흐르는 도선 토막이 받는 자기력은 다음과 같다:

$$\mathbf{F}_{자기} = \int (\mathbf{v} \times \mathbf{B})\, dq = \int (\mathbf{v} \times \mathbf{B}) \lambda\, dl = \int (\mathbf{I} \times \mathbf{B})\, dl \tag{5.15}$$

여기에서 $\mathbf{I}$와 $d\mathbf{l}$ 모두 같은 쪽을 가리키므로 위 식은 다음과 같이 쓸 수 있다:

$$\boxed{\mathbf{F}_{자기} = \int I (d\mathbf{l} \times \mathbf{B})} \tag{5.16}$$

6 애초에 전자를 (+)로, 양성자를 (−)로 했더라면 이런 문제는 없었을 것이다. 그러나 프랭클린이 고양이 털과 유리막대를 가지고 실험할 때는 무엇을 (+)로 하든 상관이 없었다.

7 전류를 벡터로서 다루는 것이 불편하다면, 다음 웹사이트에 가서 “Is Current a Vector?”를 읽어보라: www.reed.edu/physics/griffiths/VectorCurrent.pdf.

8 원리적으로는 전하가 여러 가지일 수 있고 (어떤 것은 양성, 다른 것은 음성), 저마다 밀도와 속도가 다를 수 있다; 그러면 $\mathbf{I} = \sum_i \lambda_i \mathbf{v}_i$이다. 그러나 보통은 단순한 (5.14)로 충분하다.

보통 도선에 흐르는 전류는 (크기가) 일정하므로, I는 적분기호 밖으로 꺼낼 수 있다:

$$\mathbf{F}_{\text{자기}} = I \int (d\mathbf{l} \times \mathbf{B}) \tag{5.17}$$

예제 5.3

그림 5.9와 같이 네모꼴 도선고리에 질량 m인 추가 연직으로 매달려 일정한 자기장 **B**의 한쪽 끝에 있다(자기장은 종이면으로 들어간다). 아래쪽의 중력과 위쪽의 자기력이 꼭 맞비기려면, 고리의 전류 I는 얼마가 되어야 하는가?

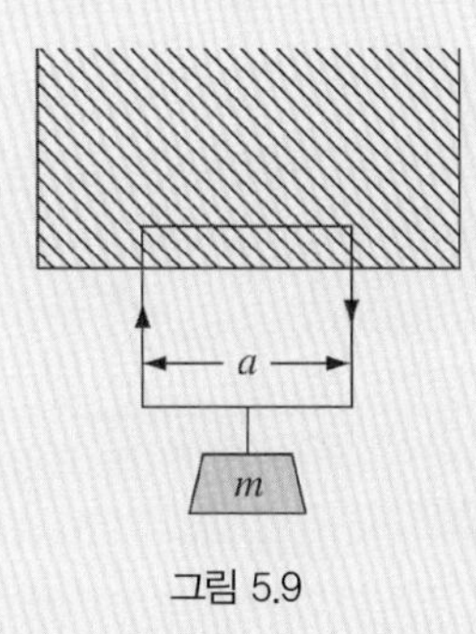

그림 5.9

■ 풀이 ■

먼저, 도선의 수평부분이 받는 자기력 ($\mathbf{I} \times \mathbf{B}$)가 위쪽을 향하려면 전류는 시침방향으로 흘러야 한다. 고리의 폭이 a라면 그 힘은 다음과 같다:

$$F_{\text{자기}} = IBa$$

(도선의 수직부분이 받는 자기력은 서로 지워진다.) $F_{\text{자기}}$가 중력(mg)과 비겨 추가 허공에 떠 있을 조건은 다음과 같다:

$$I = \frac{mg}{Ba} \tag{5.18}$$

이제 전류를 늘리면 어떻게 될까? 그러면 위쪽의 자기력이 아래쪽의 중력보다 커서 위로 끌어 올리므로 고리가 올라간다. 무엇인가가 그 일을 하는데, 마치 자기력이 하는 것처럼 보인다. 사실, 다음과 같이 쓰고 싶은 생각이 간절할 것이다:

$$W_{\text{자기}} = F_{\text{자기}} h = IBah \tag{5.19}$$

여기에서 h는 고리가 올라가는 높이이다. 그러나 우리는 자기력은 결코 일을 하지 않음을 알고 있다. 도대체 어떤 일이 벌어지는 걸까?

글쎄, 고리가 올라가기 시작하면 도선 속의 전하의 운동방향은 더 이상 수평방향이 아니다 – 전하의 속도에는 전류($I = \lambda w$)와 관련된 수평성분 w에 고리가 위로 올라가는 속력 u가 더해진다(그림 5.10). 자기력은 늘 전하의 속도와 직교하므로 이제는 위쪽이 아니고 기울어진 방향이다. 이것은 전하의 **알짜** 변위(**v**의 방향)와 직교하고, 따라서 q에 **일을 하지 않는다**. 자기력의 **수직 성분**은 qw**B**이다; 사실 고리의 위쪽 토막의 전하(λa)가 받는 알짜힘의 수직 성분은 다음과 같다(앞서와 같다):

$$F_{수직} = \lambda a w B = I B a \tag{5.20}$$

그러나 이제는 **수평방향** 성분(quB)도 있고, 이것은 전류의 방향과 반대이다. 그러므로 그 전류를 유지하는 것은 그것이 무엇이든 이 자기력 성분에 거슬러 전하를 **밀어내야** 한다.

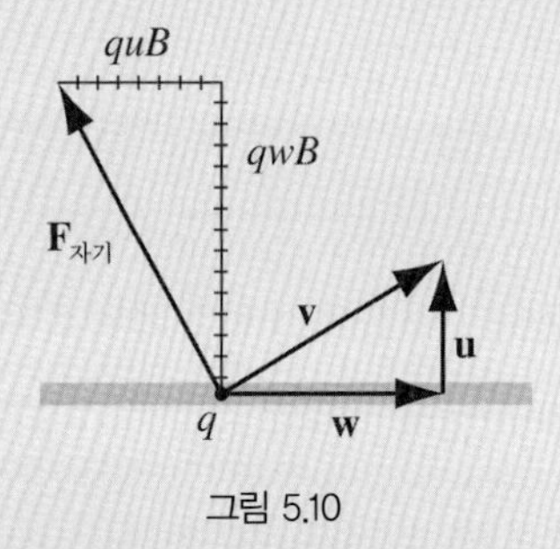

그림 5.10

위쪽 토막이 받는 알짜 힘의 수평성분은 다음과 같다.

$$F_{수평} = \lambda a u B \tag{5.21}$$

시간 dt동안 전하가 (수평방향으로) 움직인 거리는 $w\,dt$이므로, 이 대행자(아마도 전지나 발전기)가 한 일은 다음과 같다.

$$W_{전지} = \lambda a B \int u w \, dt = I B a h$$

이것은 식 5.19에서 섣불리 **자기력**이 하는 일이라고 생각했던 양과 똑같다. 이 과정을 통해 일했는가? 당연하다! 무엇이 일을 했는가? 전지! 그렇다면 자기력의 구실은 무엇인가? 글쎄, 그것은 전지가 수평방향으로 주는 **힘의 방향을 바꾸어** 고리와 추를 수직방향인 위쪽으로 들어올렸다.[9]

이와 비슷한 역학적 사건을 생각하면 도움이 될 것이다. 마찰 없는 빗면에 놓인 짐을 막대기로 수평방향으로 미는 것을 상상하자(그림 5.12). 법선력(N)은 변위와 직교하므로 아무런 일도 하지 않는다. 그러나 이 힘에는 수직성분(그것이 실제로 짐을 밀어 올린다)과 (왼쪽을 향한) 수평성분(막대기로 밀어 이겨내야 한다)이 있다. 여기에서 일을 하는 것은 무엇인가? 그것은 명백히 당신이다 – 그렇지만 상자를 밀어 올리는 것은 (적어도 직접적으로는) 당신이 준 힘(이것은 온전히 수평

9 자기력의 수직성분 $F_{자기}$가 추를 들어올리지만, **수평**성분은 전류를 방해하므로 해주는 일이 음수이고 크기는 같다고 할 수도 있다. 어떻게 보든, 자기력이 해준 알짜 일은 0이다.

방향이다)이 아니다. 법선력은 예제 5.3에서 자기력이 한 것과 똑같은 수동적(그렇지만 결정적) 구실을 한다: 그 자체는 일을 전혀 하지 않지만, 실제로 일을 하는 것(당신 또는 전지, 그 어느 것이든)이 주는 힘의 방향을 수평에서 수직으로 바꾸어준다.

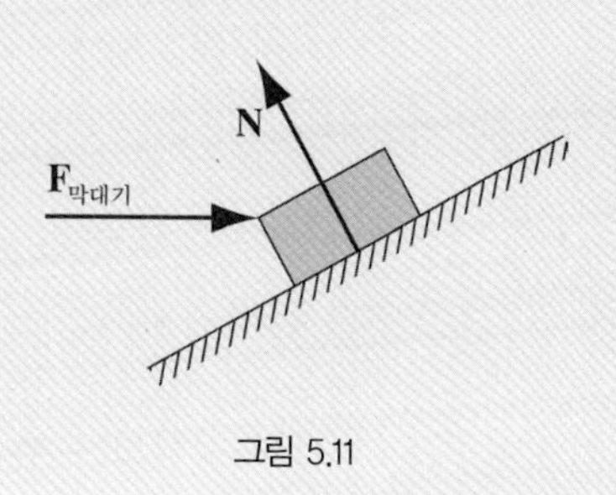

그림 5.11

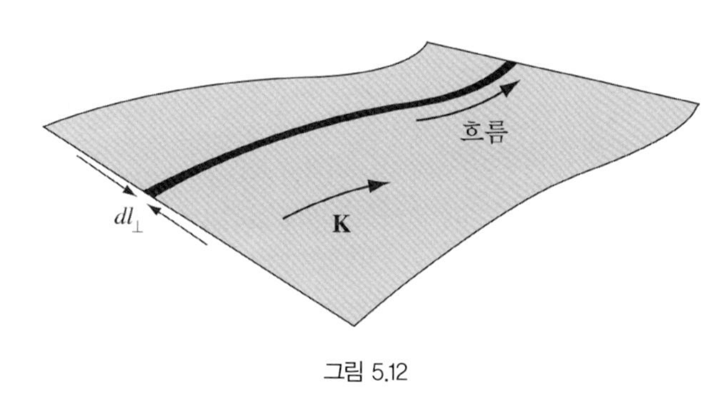

그림 5.12

표면에 흐르는 전류는 **표면 전류 밀도**(surface current density), **K**로 기술하는데, 이것은 다음과 같이 정의된다: 그림 5.12와 같이 흐름에 나란히 놓인, 폭이 $dl_\perp$로 아주 좁은 "띠"에 전류 $d\mathbf{I}$가 흐른다면, 표면 전류밀도는 다음과 같다.

$$\mathbf{K} \equiv \frac{d\mathbf{I}}{dl_\perp} \tag{5.22}$$

즉, K는 단위길이의 폭을 지나가는 전류이다. 특히, (움직이는) 표면전하의 밀도가 σ, 속도가 $\mathbf{v}$이면 표면전류 밀도는 다음과 같다.

$$\mathbf{K} = \sigma \mathbf{v} \tag{5.23}$$

일반적으로 표면 위 곳곳의 σ나 $\mathbf{v}$가 달라지면 **K**도 따라서 달라진다. 표면전류가 받는 자기력은 다음과 같다.

$$\mathbf{F}_{자기} = \int (\mathbf{v} \times \mathbf{B})\sigma\, da = \int (\mathbf{K} \times \mathbf{B})\, da \tag{5.24}$$

주의: 면전하 때문에 **E**에 불연속이 생겼던 것처럼, **B**도 표면전류가 있는 곳에서는 불연속이다. 이때에는 §2.5.3에서 했던 것처럼, 식 5.24에서 **평균** 자기장을 써야 한다.

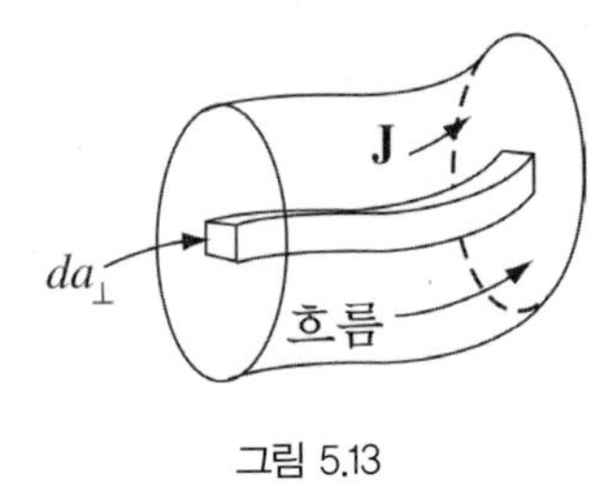

그림 5.13

전류가 3차원 공간에 퍼져 있으면 다음과 같이 정의되는 **부피 전류 밀도**(volume current density) **J**를 쓴다: 그림 5.13과 같이 단면적 $da_\perp$가 아주 작은, 흐름과 나란한 "관"을 생각하자. 이 관을 통해 흐르는 전류가 $d\mathbf{I}$라면 부피 전류밀도는 다음과 같이 정의된다.

$$\mathbf{J} \equiv \frac{d\mathbf{I}}{da_\perp} \tag{5.25}$$

즉, J는 단위면적을 지나가는 전류이다. 부피 전하밀도가 ρ이고 전하의 속도가 **v**라면, 전류밀도는 다음과 같다.

$$\mathbf{J} = \rho\mathbf{v} \tag{5.26}$$

그러므로 부피전류가 받는 자기력은 다음과 같다.

$$\mathbf{F}_{자기} = \int (\mathbf{v} \times \mathbf{B})\rho\, d\tau = \int (\mathbf{J} \times \mathbf{B})\, d\tau \tag{5.27}$$

예제 5.4

(a) 그림 5.14와 같이 반지름이 a인 원통 속에 전류 I가 고루 퍼져 흐른다. 부피 전류밀도 J를 구하라.

그림 5.14 그림 5.15

■ 풀이 ■

전류가 고르게 퍼져 흐르므로 전류밀도는 일정하며, 전류를 단면적으로 나눈 값이다. (전류에 수직한) 단면적은 πa^2이므로 전류밀도는 다음과 같다:

$$J = \frac{I}{\pi a^2}$$

(b) 전류밀도가 축까지의 거리에 비례하여 다음과 같다:

$$J = ks$$

(k는 상수) 도선을 따라 흐르는 총 전류를 구하라.

■ 풀이 ■

J가 s에 따라 변하므로 식 5.25를 적분해야 한다. 그림 5.15의 회색 면을 따라 흐르는 전류는 $J\,da_\perp$이고 $da_\perp = s\,ds\,d\phi$ 이므로 총 전류는 다음과 같다.

$$I = \int (ks)(s\,ds\,d\phi) = 2\pi k \int_0^a s^2\,ds = \frac{2\pi k a^3}{3}$$

식 5.25에 따르면 면 $\mathcal{S}$를 지나는 총 전류는 일반적으로 다음과 같이 쓸 수 있다.

$$I = \int_{\mathcal{S}} J\,da_\perp = \int_{\mathcal{S}} \mathbf{J} \cdot d\mathbf{a} \tag{5.28}$$

(여기에서 점곱은 $d\mathbf{a}$에서 수직 성분을 골라 준다.) 또, 단위시간 동안 부피 $\mathcal{V}$를 빠져나가는 총 전하량은 다음과 같다.

$$\oint_{\mathcal{S}} \mathbf{J} \cdot d\mathbf{a} = \int_{\mathcal{V}} (\nabla \cdot \mathbf{J})\,d\tau$$

전하는 보존되므로 표면을 지나 밖으로 나가는 양만큼 속에 있던 전하는 줄어든다.

$$\int_{\mathcal{V}} (\nabla \cdot \mathbf{J})\,d\tau = -\frac{d}{dt}\int_{\mathcal{V}} \rho\,d\tau = -\int_{\mathcal{V}} \left(\frac{\partial \rho}{\partial t}\right) d\tau$$

[음성(−) 부호는 전하가 빠져나가는 만큼 부피 $\mathcal{V}$ 안에 있는 전하가 줄어든다는 것을 말해 준다.] 이것은 어떤 부피에 대해서도 성립하므로 다음 결론을 얻는다.

$$\boxed{\nabla \cdot \mathbf{J} = -\frac{\partial \rho}{\partial t}} \tag{5.29}$$

이것이 **연속방정식**(continuity equation)으로 국소적 전하 보존법칙을 수학적으로 정확히 표현한다.

앞으로 필요할 때 쓸 수 있게 이제까지 전개해 온 점, 선, 면, 부피 전류에 대한 표기를 "사전"

으로 정리하자:

$$\sum_{i=1}^{n}(\ )q_i\mathbf{v}_i \sim \int_{\text{선}}(\ )\mathbf{I}\,dl \sim \int_{\text{면}}(\ )\mathbf{K}\,da \sim \int_{\text{부피}}(\ )\mathbf{J}\,d\tau \tag{5.30}$$

이 대응관계는 여러 전하분포의 대응관계 $q \sim \lambda\,dl \sim \sigma\,da \sim \rho\,d\tau$와 비슷한데, 원래의 로런츠 힘 법칙인 식 5.1로부터 식 5.15, 5.24, 5.27 등을 만들어낸다.

문제 5.4 어떤 영역에서 자기장이 다음과 같다고 하자.

$$\mathbf{B} = kz\,\hat{\mathbf{x}}$$

(여기에서 k는 상수이다). yz평면에 놓인, 중심이 원점에 있고 한 변의 길이가 a인 정사각형 고리에 전류 I가 흐른다. 전류의 방향은 x축을 내려다 보면 반시침 방향일 때 이 고리가 받는 힘을 셈하라.

문제 5.5 반지름이 a인 도선을 따라 전류 I가 흐른다.

(a) 이 전류가 겉면에 고르게 퍼져 있다면, 표면전류 밀도 K는 얼마인가?

(b) 부피 전류밀도가 축까지의 거리에 반비례하도록 퍼져 있으면 $J(s)$는 얼마인가?

문제 5.6

(a) 음반에 "정전하"가 밀도 σ로 고르게 퍼져 있다. 이 판이 각속도 ω로 돌 때 중심까지의 거리가 r인 곳의 표면전류 밀도 K는 얼마인가?

(b) 원점에 중심을 둔, 반지름이 R인 공 속에 총 전하 Q가 고르게 퍼져 있고, z축에 대해 각속도 ω로 자전한다. 공 속에 있는 점 (r, θ, ϕ)의 $\mathbf{J}$를 셈하라.

문제 5.7 부피 $\mathcal{V}$속에 갇힌 전하와 전류 사이에 다음 관계가 있음을 증명하라.

$$\int_{\mathcal{V}} \mathbf{J}\,d\tau = d\mathbf{p}/dt \tag{5.31}$$

여기에서 $\mathbf{p}$는 총 쌍극자 모멘트이다. [실마리: $\int_{\mathcal{V}} \nabla \cdot (x\mathbf{J})\,d\tau$를 먼저 셈하라.]

5.2 비오-사바르 법칙

5.2.1 정상전류

정지 전하가 만드는 전기장은 시간불변이므로 그것을 다루는 분야는 **정전기학**(electrostatics)이고,[10] 정상전류가 만드는 자기장은 시간불변이므로 정상전류에 관한 이론은 **정자기학**(magnetostatics)이다.

정지 전하 ⇒ 일정한 전기장 : 정전기학
정상 전류 ⇒ 일정한 자기장 : 정자기학

정상전류(steady current)란 늘거나 줄지 않고, 진로도 바뀌지 않으며, 영원히 계속되는 전하의 흐름이다. 형식상으로는 정전/자기학의 영역에서는 어디에서나 늘 다음 조건이 성립한다:

$$\frac{\partial \rho}{\partial t} = 0, \qquad \frac{\partial \mathbf{J}}{\partial t} = \mathbf{0} \tag{5.32}$$

물론, 실제로는 참된 정지 전하가 없는 것처럼 참된 정상전류도 없다. 이러한 뜻에서 정전기학이나 정자기학은 책 속에서나 나오는 가상 세계이다. 그러나 흔들림이 아주 작거나 느리면, 실제로는 적절한 어림법이 된다. 실제로 정자기학은 1초에 120번 바뀌는 가정용 전류에도 잘 적용된다.

움직이는 점전하는 정상전류를 만들 수 없다. 점전하는 한 순간 여기 있다가도 다음 순간에는 사라져 버린다. 이 때문에 아주 골치 아픈 문제가 생긴다. 아는 바와 같이, 정전기학의 주제를 전개할 때는 간단하게 서 있는 점전하에서 시작했다. 그 다음, 중첩원리를 써서 임의의 전하분포가 있는 문제로 일반화했다. 이 방식을 정자기학에서는 쓸 수 없는데, 그 까닭은 무엇보다도 점전하가 정자기장을 만들지 못하기 때문이다. 이제는 점전류는 없고 처음부터 퍼져 있는 전류 문제를 다루어야 하기 때문에 논리가 까다롭다.

정상전류가 도선에 흐르면, 그 크기 I는 도선 어디에서나 똑같다. 그렇지 않으면 전하가 어느 곳엔가 쌓이므로 전류를 계속 유지할 수 없다. 더 일반적으로 정자기학에서는 $\partial\rho/\partial t = 0$ 이므로 연속방정식 5.29는 다음과 같아진다.

$$\nabla \cdot \mathbf{J} = 0 \tag{5.33}$$

---

10 실제로는 전하가 서 있을 필요는 없고, 각 점의 전하밀도만 일정하면 된다. 예를 들어 문제 5.6b의 공은 비록 돌고 있지만 만들어내는 것은 정전기장 $1/4\pi\epsilon_0(Q/r^2)\hat{\mathbf{r}}$이다. 그 까닭은 ρ가 시간에 따라 바뀌지 않기 때문이다.

5.2.2 정상전류가 만드는 자기장

정상전류가 만드는 자기장은 다음의 **비오-사바르 법칙**(Biot-Savart law)을 써서 셈할 수 있다.

$$\boxed{\mathbf{B}(\mathbf{r}) = \frac{\mu_0}{4\pi}\int \frac{\mathbf{I}\times\hat{\boldsymbol{\mathscr{r}}}}{\mathscr{r}^2}\,dl' = \frac{\mu_0}{4\pi} I \int \frac{d\mathbf{l}'\times\hat{\boldsymbol{\mathscr{r}}}}{\mathscr{r}^2}} \tag{5.34}$$

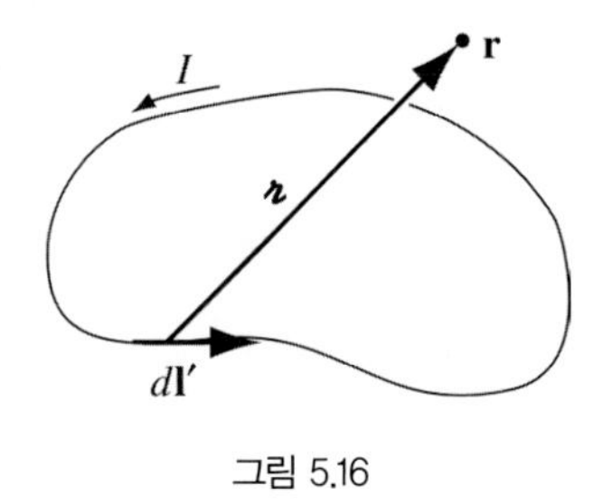

그림 5.16

적분은 전류의 경로를 따라가며 한다; $d\mathbf{l}'$은 도선을 따라 만든 길이요소, $\boldsymbol{\mathscr{r}}$은 원천에서 관측점 $\mathbf{r}$까지의 벡터이다(그림 5.16). 상수 μ_0는 **진공 투자율**(permeability of free space)이다:[11]

$$\mu_0 = 4\pi \times 10^{-7}\ \mathrm{N/A^2} \tag{5.35}$$

이 값을 쓰면 로런츠 힘 법칙에서 $\mathbf{B}$의 단위는 암페어-미터 당 뉴턴[N/A · m] 또는 **테슬라**(tesla: T)이다:[12]

$$1\ \mathrm{T} = 1\ \mathrm{N/(A\cdot m)} \tag{5.36}$$

비오-사바르 법칙은 정자기학의 출발점으로서, 정전기학의 쿨롱 법칙과 유사한 역할을 한다. 식 5.34와 식 2.6을 비교해보라; 둘 다 $1/\mathscr{r}^2$에 비례한다. 쿨롱 법칙과 마찬가지로 비오-사바르 법칙도 실험을 통해 얻은 경험 법칙이다. 가위곱이 처음에는 이상하게 보이겠지만, 그림 5.2에 보인 관찰된 방향을 잘 설명한다.

---

11 이것은 실험 상수가 아니고 정확한 값이다. 이 값을 써서 (식 5.40을 통해) 암페어를 정의하고, 쿨롬은 암페어를 써서 정의한다.

12 cgs단위계에서는 자기장의 단위가 **가우스**(gauss)인데, 왠 일인지 테슬라보다 실제로는 이것을 더 많이 쓴다: 1 테슬라 = 10^4 가우스. 지자기는 약 0.5 가우스 정도이고, 실험실에서 만드는 강한 자기장은 약 10,000 가우스 정도이다.

예제 5.5

정상전류 I가 흐르는 길고 곧은 도선에서 수직거리 s인 곳의 자기장을 셈하라 (그림 5.17).

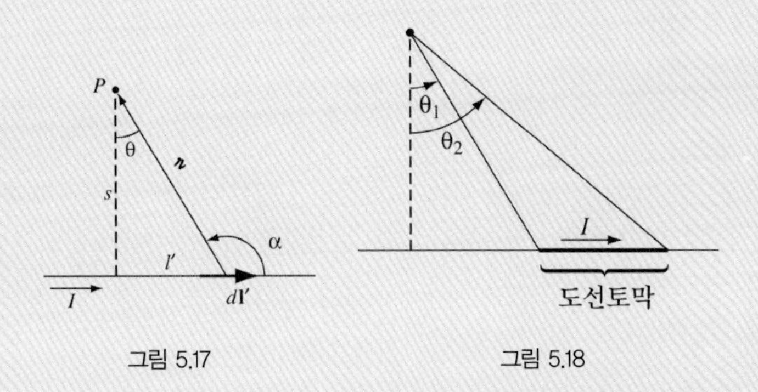

그림 5.17 그림 5.18

■ 풀이 ■

그림에서 $(d\mathbf{l}' \times \hat{\boldsymbol{\mathscr{r}}})$는 종이면 밖을 향하고, 그 크기는 다음과 같다:

$$dl' \sin\alpha = dl' \cos\theta$$

또한, $l' = s \tan\theta$ 이므로

$$dl' = \frac{s}{\cos^2\theta}\, d\theta$$

이고, $s = \mathscr{r}\cos\theta$ 이므로

$$\frac{1}{\mathscr{r}^2} = \frac{\cos^2\theta}{s^2}$$

이다. 따라서 자기장은 다음과 같다.

$$B = \frac{\mu_0 I}{4\pi}\int_{\theta_1}^{\theta_2}\left(\frac{\cos^2\theta}{s^2}\right)\left(\frac{s}{\cos^2\theta}\right)\cos\theta\, d\theta$$

$$= \frac{\mu_0 I}{4\pi s}\int_{\theta_1}^{\theta_2}\cos\theta\, d\theta = \frac{\mu_0 I}{4\pi s}(\sin\theta_2 - \sin\theta_1) \tag{5.37}$$

식 5.37은 길이가 유한한 직선도선이 만드는 자기장을 처음 각 θ_1과 끝 각 θ_2로 나타낸다 (그림 5.18). 물론 길이가 유한한 도선에는 결코 정상전류가 흐를 수 없다. (도선의 끝에서 전하가 어디로 가겠는가?) 그러나 아주 긴 도선의 일부분이라고 생각하면, 그 부분을 흐르는 전류가 만드는 자기장이 바로 식 5.37이다. 도선이 아주 길다면 $\theta_1 = -\pi/2$이고 $\theta_2 = \pi/2$가 되어 다음 결과를 얻는다.

$$B = \frac{\mu_0 I}{2\pi s} \tag{5.38}$$

자기장의 세기는 도선까지의 거리에 반비례함을 눈여겨보라 – 이 점은 아주 긴 선전하가 만드는 전기장과 비슷하다. **B**의 방향은 도선 아래에서는 종이면 속으로 들어가며, 일반적으로 앞에서 설명한 오른손 법칙에 따라 도선을 "감싸고 돈다." (그림 5.2).

$$\mathbf{B} = \frac{\mu_0 I}{2\pi s}\hat{\boldsymbol{\phi}} \tag{5.39}$$

한 가지 응용으로 전류 I_1과 I_2가 흐르는 두 가닥의 도선이 나란하고, 간격이 d일 때 서로 당기는 힘을 셈해 보자 (그림 5.19). (1)이 (2)에 만드는 자기장의 크기는 다음과 같고,

$$B = \frac{\mu_0 I_1}{2\pi d}$$

그 방향은 종이면 속으로 들어간다. 식 5.17의 로런츠 힘 법칙을 쓰면 힘의 방향은 (1)쪽을 향하고, 크기는 다음과 같다:

$$F = I_2\left(\frac{\mu_0 I_1}{2\pi d}\right)\int dl$$

전체 힘은 당연히 한없이 크지만 단위길이당의 힘은 다음과 같다:

$$f = \frac{\mu_0}{2\pi}\frac{I_1 I_2}{d} \tag{5.40}$$

두 전류가 서로 반대쪽(하나는 위쪽, 다른 것은 아래쪽)으로 흐르면 이 힘은 반발력이 되는데, 이것은 §5.1.1의 정성적인 분석과 맞다.

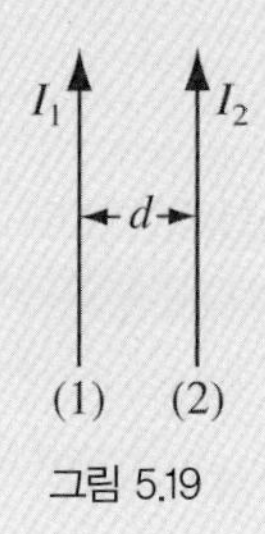

그림 5.19

예제 5.6

반지름이 R인 둥근 고리에 정상전류 I가 흐른다. 고리의 중심에서 위로 거리 z인 곳의 자기장을 셈하라(그림 5.20).

■ 풀이 ■

도선 토막 $d\mathbf{l}'$이 만드는 자기장 $d\mathbf{B}$는 그림에 보인 바와 같다. 고리 전체에 대해 적분하면 $d\mathbf{B}$는 원뿔을 이루므로 수평성분은 지워지고 수직성분은 다음과 같이 쓸 수 있다.

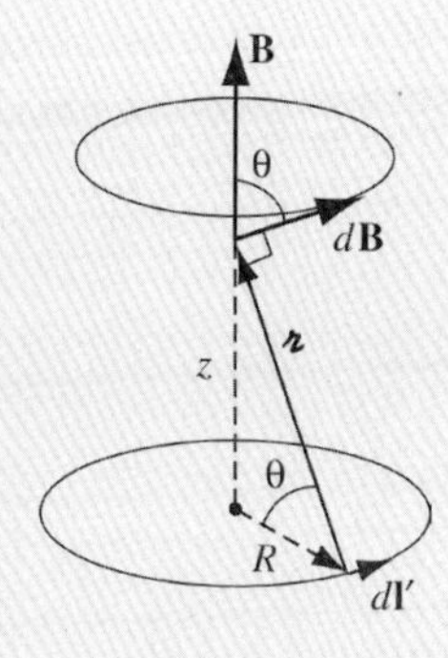

그림 5.20

$$B(z) = \frac{\mu_0}{4\pi} I \int \frac{dl'}{\mathscr{r}^2} \cos\theta$$

(이 경우에 $d\mathbf{l}'$과 $\boldsymbol{\mathscr{r}}$은 직교하고, 곱수 $\cos\theta$는 수직성분만 투영해 낸다.) $\cos\theta$와 $\mathscr{r}^2$이 상수이므로, $\int dl'$은 간단히 원둘레의 길이 $2\pi R$이 되어 결국 다음과 같다:

$$B(z) = \frac{\mu_0 I}{4\pi}\left(\frac{\cos\theta}{\mathscr{r}^2}\right) 2\pi R = \frac{\mu_0 I}{2} \frac{R^2}{(R^2+z^2)^{3/2}} \tag{5.41}$$

표면 전류 및 부피 전류에 대한 비오-사바르 법칙은 각각 다음과 같은 꼴이 된다.

$$\mathbf{B}(\mathbf{r}) = \frac{\mu_0}{4\pi}\int \frac{\mathbf{K}(\mathbf{r}') \times \hat{\boldsymbol{\mathscr{r}}}}{\mathscr{r}^2} da' \qquad \mathbf{B}(\mathbf{r}) = \frac{\mu_0}{4\pi}\int \frac{\mathbf{J}(\mathbf{r}') \times \hat{\boldsymbol{\mathscr{r}}}}{\mathscr{r}^2} d\tau' \tag{5.42}$$

움직이는 점전하에 대해서는 식(5.30)의 "사전"을 써서 다음과 같이 쓰고 싶을 것이다.

$$\mathbf{B}(\mathbf{r}) = \frac{\mu_0}{4\pi} \frac{q\mathbf{v} \times \hat{\boldsymbol{\mathscr{r}}}}{\mathscr{r}^2} \tag{5.43}$$

그러나 이 식은 **맞지 않다.**[13] 앞서 말한 대로 점전하는 정상전류를 이루지 못하며, 비오-사바르 법칙은 정상전류에 대해서만 쓸 수 있으므로 움직이는 점전하가 만드는 자기장을 셈하는데 쓰면 정확한 결과를 얻지 못한다.

중첩원리는 전기장과 마찬가지로 자기장에도 적용된다: 원천 전류의 무리가 있으면 알짜 자기장은 낱낱의 전류가 만드는 자기장을 벡터 덧셈한 것이다.

---

13 원리의 핵심을 강조하고자 다음을 명확히 말하겠다: 식 5.43은 어림식이며, 비상대론적 전하($v \ll c$)에 대해 시간지연을 무시할 수 있을 때만 맞다 (예제 10.4를 보라).

문제 5.8

(a) 정상전류 I가 흐르는 정사각형 고리의 중심의 자기장을 구하라. 중심에서 변까지의 거리는 R이다 (그림 5.21).

(b) 정상전류 I가 흐르는 정 n−각형 고리의 중심의 자기장을 구하라. 중심에서 변까지의 거리는 R이다.

(c) (b)에서 얻은 공식이 $n \to \infty$의 극한에서 둥근 고리의 중심의 자기장과 같음을 확인하라.

문제 5.9 그림 5.22에 있는 고리에 정상전류 I가 흐를 때, P점의 자기장을 각각 구하라.

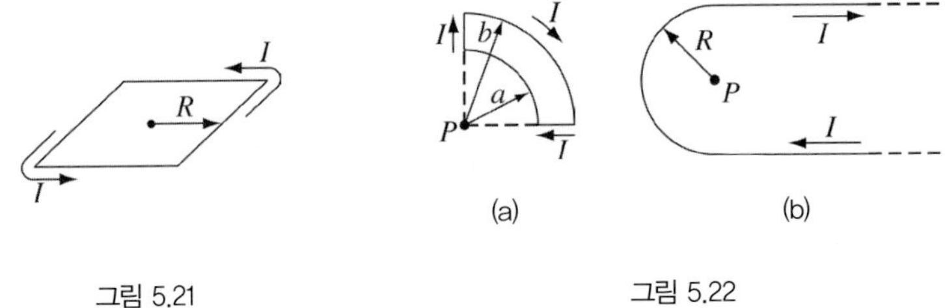

그림 5.21 그림 5.22

문제 5.10

(a) 그림 5.23(a)와 같이 아주 긴 곧은 도선 가까이 있는 정사각형 고리가 받는 힘을 구하라. 고리와 도선 모두 정상전류 I가 흐른다.

(b) 그림 5.23(b)의 세모꼴 고리가 받는 힘을 구하라.

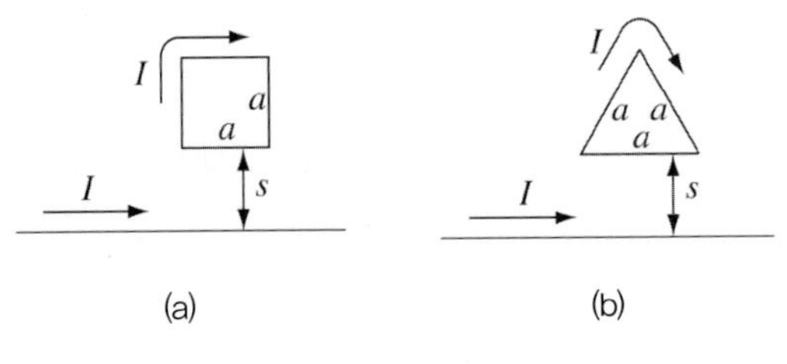

그림 5.23

문제 5.11 반지름 a인 원통 관에 도선을 빽빽하게 단위길이당 n번 감은 코일에 정상전류 I를 흘릴 때, 축 위의 P점의 자기장을 셈하라(그림 5.24). 구한 답을 θ_1과 θ_2의 함수로 나타내라(이것이

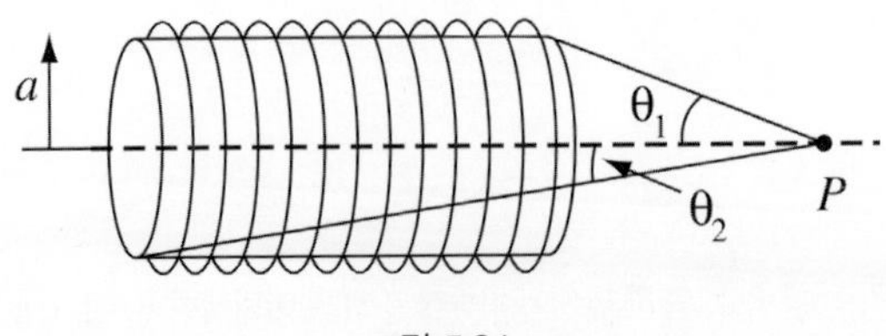

그림 5.24

가장 깔끔하다). 감긴 도선이 거의 원형이라 생각하고, 예제 5.6의 결과를 써라. 무한(양쪽으로 아주 먼 곳까지 뻗친) 코일 축에서의 자기장은 얼마인가?

문제 5.12 총 전하 Q가 고르게 퍼진, 반지름 R인 공껍질이 일정한 각속도 ω로 돌 때, 중심의 자기장을 예제 5.6의 결과를 써서 셈하라.

문제 5.13 아주 긴 곧은 도선 두 가닥이 간격 d로 나란하게 일정한 속력 v로 움직인다(그림 5.25). 두 도선의 선전하 밀도는 λ이다. v가 얼마나 되어야 전기적 반발력과 자기적 인력이 평형을 이룰까? 실제 값을 셈해 보라. 그 속력이 그럴듯한가?[14]

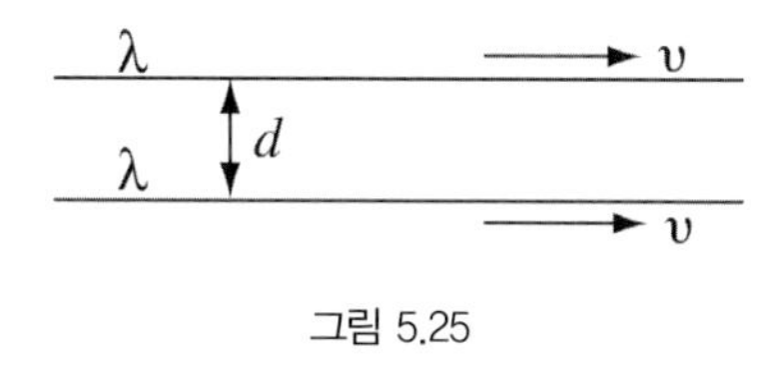

그림 5.25

5.3 B의 발산과 회전

5.3.1 직선전류

아주 긴 곧은 도선 주위의 자기장을 그림 5.26에 장선으로 보였다(전류는 종이면 위로 솟아 나온

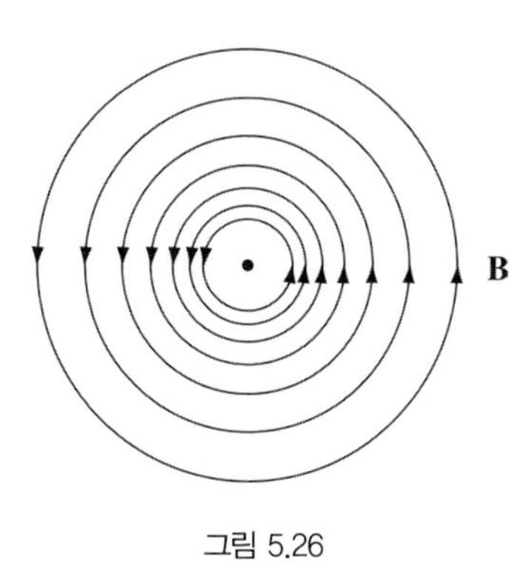

그림 5.26

14 특수 상대론을 배운 사람은 이 문제를 복잡하게 생각하기 쉬우나 실제로는 그렇지 않다 $-\lambda$와 v는 모두 실험실 틀에서 잰 값이고, 이것은 보통의 정전기학 문제이다.

다). 이 자기장은 회전이 있음을 금방 보아 알 수 있다(이것은 정전기장에서는 결코 볼 수 없다); 이것을 셈해보자.

식 5.38에 따르면 도선에 중심을 둔, 반지름이 s인 원둘레를 따라 자기장 $\mathbf{B}$를 적분하면 다음 결과를 얻는다.

$$\oint \mathbf{B}\cdot d\mathbf{l} = \oint \frac{\mu_0 I}{2\pi s}\,dl = \frac{\mu_0 I}{2\pi s}\oint dl = \mu_0 I$$

이 답은 s와 무관함을 눈여겨보라; 그 까닭은 원둘레가 늘어나는 만큼, B는 약해지기 때문이다. 사실은 적분경로가 꼭 원이 아니어도 된다; 도선을 감싸는 어떤 고리에 대해서도 답은 같다. 왜냐하면, z축을 따라 전류가 흐를 때 원통좌표계 (s, ϕ, z)를 쓰면 $\mathbf{B} = (\mu_0 I/2\pi s)\hat{\boldsymbol{\phi}}$이고 $d\mathbf{l} = ds\,\hat{\mathbf{s}} + s\,d\phi\,\hat{\boldsymbol{\phi}} + dz\,\hat{\mathbf{z}}$이므로 다음과 같기 때문이다:

$$\oint \mathbf{B}\cdot d\mathbf{l} = \frac{\mu_0 I}{2\pi}\oint \frac{1}{s}\,s\,d\phi = \frac{\mu_0 I}{2\pi}\int_0^{2\pi} d\phi = \mu_0 I$$

이것은 고리가 도선을 한 번 감은 경우이다; 두 번 감으면 ϕ가 0에서 4π까지 되고, 한 번도 감싸지 않으면 ϕ는 ϕ_1에서 ϕ_2로 갔다가 다시 제자리로 오기 때문에 $\int d\phi = 0$이 된다(그림 5.27).

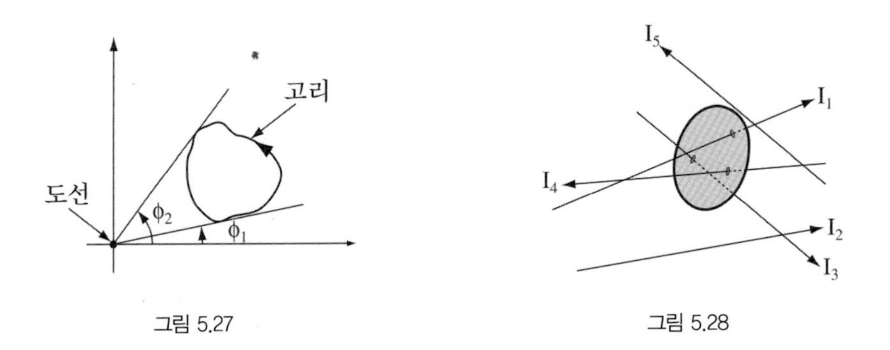

그림 5.27

그림 5.28

곧은 도선 한 다발이 있다고 하자. 고리를 지나는 도선마다 적분값 $\mu_0 I$가 나오고, 고리 밖에 있는 도선에 대한 적분값은 0이다 (그림 5.28). 따라서 선적분은 다음과 같다.

$$\oint \mathbf{B}\cdot d\mathbf{l} = \mu_0 I_{\text{안}} \tag{5.44}$$

$I_{\text{안}}$은 적분경로로 둘러싸인 총 전류이다. 전하의 흐름을 부피 전류밀도 $\mathbf{J}$로 나타내면, 총 전류는 다음과 같다.

$$I_{\text{안}} = \int \mathbf{J}\cdot d\mathbf{a} \tag{5.45}$$

적분은 고리로 둘러싸인 면에 대한 것이다. 식 5.44에 스토크스 정리를 쓰면,

$$\int (\nabla \times \mathbf{B}) \cdot d\mathbf{a} = \mu_0 \int \mathbf{J} \cdot d\mathbf{a}$$

가 되므로 다음 결과를 얻는다.

$$\nabla \times \mathbf{B} = \mu_0 \mathbf{J} \tag{5.46}$$

자기장 **B**의 회전에 대한 공식을 간단히 얻었다. 그러나 이 방법은 한없이 긴 곧은 도선(과 이들의 묶음)에 흐르는 전류에만 적용된다는 심각한 결함이 있다. 대부분의 전류 배열은 한없이 긴 곧은 도선으로 만들 수 없고, 그때도 식 5.46을 쓸 수 있다고 우길 근거는 없다. 따라서 다음 절에서는 비오–사바르 법칙에서 시작하여 자기장 **B**의 발산과 회전을 정식으로 끌어내겠다.

5.3.2 B의 발산과 회전

일반적인 부피전류에 대한 비오–사바르 법칙은 다음과 같다.

$$\mathbf{B}(\mathbf{r}) = \frac{\mu_0}{4\pi} \int \frac{\mathbf{J}(\mathbf{r}') \times \hat{\boldsymbol{\mathscr{r}}}}{\mathscr{r}^2} d\tau' \tag{5.47}$$

이 공식에서 전류분포 $\mathbf{J} = (x', y', z')$를 적분하면 어느 한 점 $\mathbf{r} = (x, y, z)$의 자기장이 결정된다(그림 5.29). 이제는 낱낱의 변수들의 좌표를 더 명확히 살펴보는 게 좋겠다:

B는 (x, y, z)의 함수

J는 (x', y', z')의 함수

$$\boldsymbol{\mathscr{r}} = (x - x')\,\hat{\mathbf{x}} + (y - y')\,\hat{\mathbf{y}} + (z - z')\,\hat{\mathbf{z}}$$

$$d\tau' = dx'\,dy'\,dz'$$

적분은 붓점 좌표에 대한 것이고, 발산과 회전은 붓점 없는 좌표에 대한 것이다.

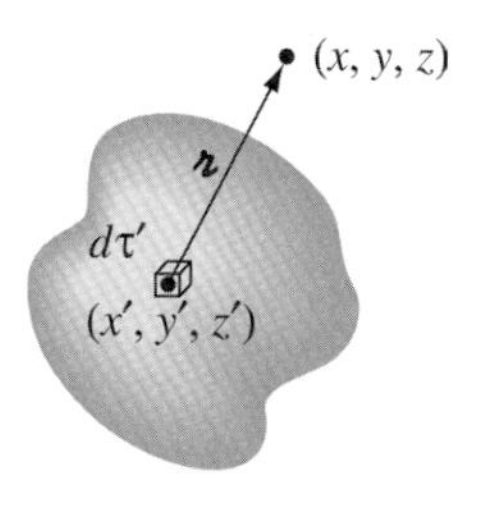

그림 5.29

식 5.47의 발산을 셈하면 다음 결과를 얻는다.

$$\nabla \cdot \mathbf{B} = \frac{\mu_0}{4\pi} \int \nabla \cdot \left(\mathbf{J} \times \frac{\hat{\boldsymbol{\mathscr{r}}}}{\mathscr{r}^2} \right) d\tau' \tag{5.48}$$

곱셈규칙 6번을 쓰면 다음과 같이 된다:

$$\nabla \cdot \left(\mathbf{J} \times \frac{\hat{\boldsymbol{\mathscr{r}}}}{\mathscr{r}^2} \right) = \frac{\hat{\boldsymbol{\mathscr{r}}}}{\mathscr{r}^2} \cdot (\nabla \times \mathbf{J}) - \mathbf{J} \cdot \left(\nabla \times \frac{\hat{\boldsymbol{\mathscr{r}}}}{\mathscr{r}^2} \right) \tag{5.49}$$

그러나 $\mathbf{J}$는 붓점 좌표의 함수이므로 $\nabla \times \mathbf{J} = 0$이다. 또한, $\nabla \times (\hat{\boldsymbol{\mathscr{r}}}/\mathscr{r}^2) = \mathbf{0}$(문제 1.63b)이므로 다음 결과를 얻는다.

$$\boxed{\nabla \cdot \mathbf{B} = 0} \tag{5.50}$$

명백히 자기장의 발산은 0이다.

식 5.47의 회전을 셈하면 다음과 같다:

$$\nabla \times \mathbf{B} = \frac{\mu_0}{4\pi} \int \nabla \times \left(\mathbf{J} \times \frac{\hat{\boldsymbol{\mathscr{r}}}}{\mathscr{r}^2} \right) d\tau' \tag{5.51}$$

다시 한 번 곱셈규칙 8번을 적절히 써서 피적분함수를 펼치면 다음과 같이 된다:

$$\nabla \times \left(\mathbf{J} \times \frac{\hat{\boldsymbol{\mathscr{r}}}}{\mathscr{r}^2} \right) = \mathbf{J} \left(\nabla \cdot \frac{\hat{\boldsymbol{\mathscr{r}}}}{\mathscr{r}^2} \right) - (\mathbf{J} \cdot \nabla) \frac{\hat{\boldsymbol{\mathscr{r}}}}{\mathscr{r}^2} \tag{5.52}$$

($\mathbf{J}$는 x, y, z의 함수가 아니므로, $\mathbf{J}$의 도함수는 빼버렸다.) 둘째 항은 다음 문단에서 보겠지만, 적분하면 0이다. 첫째 항에는 제 1장에서 힘들여 셈했던 발산이 들어있다 (식 1.100).

$$\nabla \cdot \left(\frac{\hat{\boldsymbol{\mathscr{r}}}}{\mathscr{r}^2} \right) = 4\pi \delta^3(\boldsymbol{\mathscr{r}}) \tag{5.53}$$

그래서 다음 결과를 얻는다.

$$\nabla \times \mathbf{B} = \frac{\mu_0}{4\pi} \int \mathbf{J}(\mathbf{r}') 4\pi \delta^3(\mathbf{r} - \mathbf{r}')\, d\tau' = \mu_0 \mathbf{J}(\mathbf{r})$$

이것은 정자기학에서 식 5.46이 직선 전류만이 아니라 일반적으로 적용됨을 확인시켜준다.

그렇지만 논리를 완결하려면 식 5.52의 둘째 항을 적분하면 0이라는 것을 확인해야 한다. 도함수는 $\hat{\boldsymbol{\mathscr{r}}}/\mathscr{r}^2$에만 작용하므로 ∇을 ∇'로 바꿀 수 있는데 이 때 부호가 바뀐다.[15]

---

15 요점은 $\boldsymbol{\mathscr{r}}$이 좌표의 차이만의 함수인 것과 $(\partial/\partial x)\, f(x - x') = -(\partial/\partial x') f(x - x')$인 것이다.

$$-(\mathbf{J}\cdot\nabla)\frac{\hat{\boldsymbol{\mathscr{r}}}}{\mathscr{r}^2} = (\mathbf{J}\cdot\nabla')\frac{\hat{\boldsymbol{\mathscr{r}}}}{\mathscr{r}^2} \tag{5.54}$$

특히 x성분은 다음과 같다 (곱셈규칙 5번):

$$(\mathbf{J}\cdot\nabla')\left(\frac{x-x'}{\mathscr{r}^3}\right) = \nabla'\cdot\left[\frac{(x-x')}{\mathscr{r}^3}\mathbf{J}\right] - \left(\frac{x-x'}{\mathscr{r}^3}\right)(\nabla'\cdot\mathbf{J})$$

정상전류이면 $\mathbf{J}$의 발산이 0이므로(식 5.33) 다음과 같다:

$$\left[-(\mathbf{J}\cdot\nabla)\frac{\boldsymbol{\mathscr{r}}}{\mathscr{r}^3}\right]_x = \nabla'\cdot\left[\frac{(x-x')}{\mathscr{r}^3}\mathbf{J}\right]$$

그러므로 식 5.51의 적분 가운데 이 성분에 의한 것은 다음과 같이 쓸 수 있다:

$$\int_{\mathcal{V}}\nabla'\cdot\left[\frac{(x-x')}{\mathscr{r}^3}\mathbf{J}\right]d\tau' = \oint_{\mathcal{S}}\frac{(x-x')}{\mathscr{r}^3}\mathbf{J}\cdot d\mathbf{a}' \tag{5.55}$$

(∇을 ∇'로 로 바꾼 까닭은 바로 이것을 부분적분하려 했기 때문이다.) 그런데 적분영역은 어디인가? 물론 식 5.47의 비오–사바르 법칙에 나타나는 영역이다 – 모든 전류를 품을 수 있게 충분히 커야 하고, 더 크게 잡아도 된다; 그 밖에서는 $\mathbf{J}=0$이므로 적분값은 달라지지 않는다. 핵심은 그 경우에 경계면의 전류가 0이라는 것이고(모든 전류는 속에 있다) 따라서 식 5.55의 표면적분은 0이다.[16]

5.3.3 앙페르 법칙

$\mathbf{B}$의 회전에 관한 방정식

$$\boxed{\nabla\times\mathbf{B} = \mu_0\mathbf{J}} \tag{5.56}$$

이 (미분꼴) **앙페르 법칙**(Ampere's law)이다. 이것을 적분꼴로 바꾸려면 다음과 같이 스토크스 정리를 쓴다.

$$\int(\nabla\times\mathbf{B})\cdot d\mathbf{a} = \oint\mathbf{B}\cdot d\mathbf{l} = \mu_0\int\mathbf{J}\cdot d\mathbf{a}$$

여기서 $\int\mathbf{J}\cdot d\mathbf{a}$는 경계선을 이루는 고리로 둘러싸인 면(그림 5.30)을 지나가는 총 전류 $I_{안}$[**앙페**

16 $\mathbf{J}$가 (아주 긴 곧은 도선처럼)아주 먼 곳까지 퍼져 있어도, 표면적분은 여전히 0이지만, 이때는 세심하게 분석해야 한다.

르 고리(amperian loop)에 **둘러싸인 전류**(current enclosed)]이다 . 따라서 적분꼴 앙페르 법칙은 다음과 같다.

$$\boxed{\oint \mathbf{B} \cdot d\mathbf{l} = \mu_0 I_{\text{안}}} \tag{5.57}$$

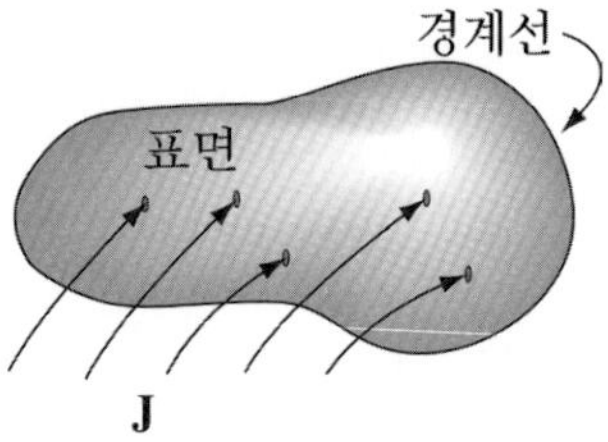

그림 5.30

이것은 식 5.44를 임의의 정상전류에 대해 일반화한 것이다. 식 5.57은 스토크스 정리에서 부호가 애매한 것을 물려받았다 (§1.3.5). 고리를 어느 쪽으로 돌아야 하고, 면의 어느 쪽으로 흐르는 전류가 "양성(+)"일까? 그 해결책은 여느 때와 같이 오른손 규칙이다: 오른 손가락들로 적분경로를 따라 말아 쥘 때, 엄지손가락을 세운 방향이 양성전류의 방향이다.

정전기학의 쿨롱 법칙과 같은 구실을 정자기학에서 비오–사바르 법칙이 한 것처럼, 가우스 법칙과 같은 구실을 앙페르 법칙이 한다.

$$\begin{cases} \text{정전기학 : 쿨롱법칙} \rightarrow \text{가우스 법칙} \\ \text{정자기학 : 비오–사바르 법칙} \rightarrow \text{앙페르 법칙} \end{cases}$$

특히, 전류에 대칭성이 있으면 적분꼴 앙페르 법칙을 써서 자기장을 멋지게 그리고 아주 효율적으로 셈할 수 있다.

예제 5.7

정상전류 I가 흐르는 긴 직선도선(그림 5.31)에서 거리 s인 곳의 자기장을 구하라(예제 5.5에서는 같은 문제를 비오–사바르 법칙을 써서 풀었다).

■ 풀이 ■

B의 방향은 오른손 규칙에 따라 이 도선 주위를 "도는" 방향이다. 원통 대칭성 때문에 **B**의 크기는 반지름이 s인 앙페르 고리 어디에서나 같다. 따라서 앙페르 법칙을 쓰면,

$$\oint \mathbf{B} \cdot d\mathbf{l} = B \oint dl = B 2\pi s = \mu_0 I_{\text{안}} = \mu_0 I$$

이므로

$$B = \frac{\mu_0 I}{2\pi s}$$

가 되어 앞에서 얻은 결과(식 5.38)와 같지만 이번에는 훨씬 쉽게 얻었다.

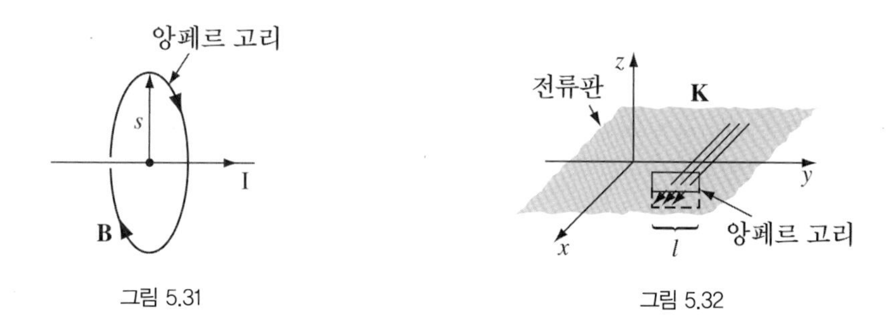

그림 5.31

그림 5.32

예제 5.8

그림 5.32와 같이 온 xy평면에 표면전류 $\mathbf{K} = K\,\hat{\mathbf{x}}$가 고르게 흐를 때 자기장을 구하라.

■ 풀이 ■

우선 **B**의 방향은 어느 쪽일까? $x-$성분이 있을까? 없다. 식 5.42의 비오-사바르 법칙을 보면, **B**가 **K**와 직교함을 곧 알 수 있다. $z-$성분이 있을까? 없다. $+y$에 있는 전류가 만드는 연직성분은 $-y$에 있는 전류가 만드는 성분과 지워지기 때문이다. 그러나 다음과 같이 생각하는 것이 더 좋겠다: 자기장의 방향이 평면에서 **멀어지는** 쪽이라면 전류의 방향을 바꾸면, 그 자기장은 **평면 쪽**을 향한다(비오-사바르 법칙에서 전류의 부호가 바뀌면 **B**의 방향이 바뀐다). 그러나 **B**의 $z-$성분은 xy평면에 있는 전류가 어느 쪽으로 흐르든지 같아야 한다. (생각해보라!) 따라서 **B**에는 $y-$성분 뿐이고, 오른손 규칙을 쓰면 평면 위쪽에서는 **왼쪽**을, 아래쪽에서는 **오른쪽**을 향함을 쉽게 알 수 있다.

이것을 마음에 두고, 그림 5.32와 같이 앙페르 고리를 네모꼴로 그리되 yz평면에 나란하고 면의 위아래로 똑같은 거리만큼 뻗치게 하자. 앙페르 법칙을 쓰면 다음 결과를 얻는다.

$$\oint \mathbf{B} \cdot d\mathbf{l} = 2Bl = \mu_0 I_{\text{안}} = \mu_0 K l$$

(Bl 하나는 위쪽, 다른 하나는 아래쪽 토막에서 나온다). 따라서 $B = (\mu_0/2)K$ 또는 좀 더 정확히 쓰면 다음과 같다:

$$\mathbf{B} = \begin{cases} +(\mu_0/2)K\,\hat{\mathbf{y}} & z < 0 \text{ 일 때} \\ -(\mu_0/2)K\,\hat{\mathbf{y}} & z > 0 \text{ 일 때} \end{cases} \tag{5.58}$$

한없이 큰 평면에 고르게 퍼진 전하가 만드는 전기장(예제 2.5)과 마찬가지로, 이 자기장의 세기도 평면까지의 거리에 관계없이 일정하다.

예제 5.9

정상전류 I가 흐르는 아주 긴 코일 안팎의 자기장을 구하라. 코일은 반지름이 R인 원통 위에 단위 길이당 n번 빽빽이 감겨 있다(그림 5.33). [도선이 빽빽이 감겨 있으므로 감긴 모양이 거의 원형이라고 할 수 있다. 이것이 마음에 걸리면(아무리 빽빽하게 감아도 코일의 축 방향으로 알짜전류 I가 흐른다), 원통 주위에 알루미늄 박지를 감아 표면전류 $K = nI$를 흘린다고 생각하면 된다(그림 5.34). 또는 코일을 두 번 감는데 한 번은 한쪽으로 감아올리고, 또 한 번은 같은 방향으로 감아 내려 세로방향의 전류를 없앴다고 볼 수도 있다. 그러나 사실은 코일 속의 자기장이 아주 세고 세로방향의 전류가 만드는 자기장은 아주 작아서 이런 일들은 시시한 것이다.]

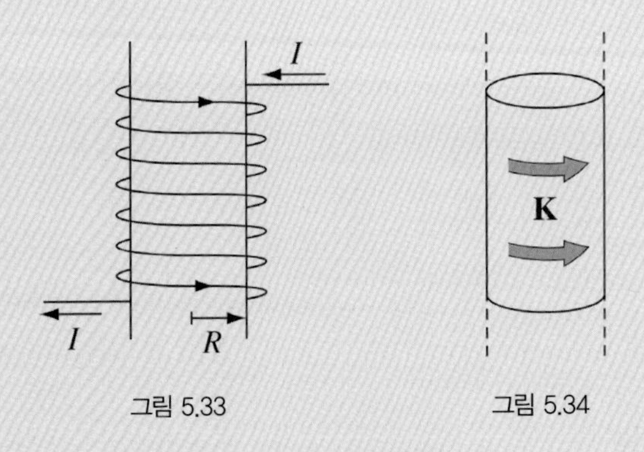

그림 5.33 그림 5.34

■ 풀이 ■

B의 방향은 어느 쪽인가? 반지름방향 성분이 있을까? 없다. 왜냐하면, B_s가 양수라면 전류의 방향을 바꾸면 B_s는 음수가 될 것이다. 전류의 방향을 바꾸는 것은 코일을 거꾸로 놓는 것과 같은데, 그래도 반지름의 방향은 바뀌지 않기 때문이다. "원둘레 방향" 성분은 어떨까? 없다. B_ϕ의 크기는 원둘레를 따라 같을 것이므로 그림 5.35와 같이 코일과 동심원을 이루는 앙페르 고리를 잡으면 이 고리에 감싸인 전류는 없으므로 다음과 같다.

$$\oint \mathbf{B} \cdot d\mathbf{l} = B_\phi(2\pi s) = \mu_0 I_{\text{안}} = 0$$

그래서 한없이 길고 빽빽하게 감은 코일이 만드는 자기장의 방향은 축과 나란하다. 오른손 규칙을 쓰면 코일 안에서는 위쪽을, 밖에서는 아래쪽을 향할 것을 알 수 있다. 밖에서는 아주 멀리 가면 자기장의 세기는 0에 가까워진다. 이것을 마음에 두고 앙페르 법칙을 그림 5.36의 두 네모꼴 고리에 적용시켜 보자. 고리 1은 온통 코일 밖에 놓여 있고 각 변은 각각 축에서 a와 b만큼 떨어져 있다.

$$\oint \mathbf{B} \cdot d\mathbf{l} = [B(a) - B(b)]L = \mu_0 I_{안} = 0$$

따라서 다음과 같다:

$$B(a) = B(b)$$

명백히 코일 밖의 자기장은 축까지의 거리에 무관하다. 그러나 s가 크면 그 값이 0이 된다고 했으므로 코일 밖에서는 어디나 자기장이 모두 0이어야 한다. (이 놀라운 결과는 물론 비오-사바르 법칙으로부터도 나오지만 훨씬 어렵다. 문제 5.49를 보라.)

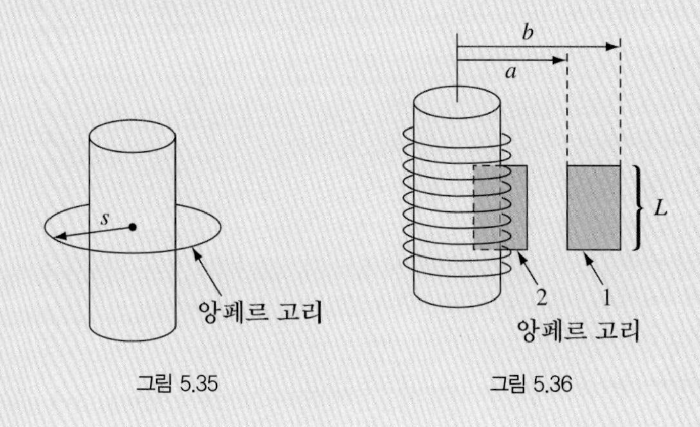

그림 5.35 그림 5.36

고리 2는 반은 코일 안쪽에, 반은 바깥쪽에 있으므로 앙페르 법칙을 쓰면 다음과 같다.

$$\oint \mathbf{B} \cdot d\mathbf{l} = BL = \mu_0 I_{안} = \mu_0 n I L$$

여기에서 B는 코일 속의 자기장이다. (코일 밖에서는 $B = 0$이므로 고리의 오른쪽 부분의 적분값은 0이다.) 결론:

$$\mathbf{B} = \begin{cases} \mu_0 n I \, \hat{\mathbf{z}}, & \text{코일 속} \\ \mathbf{0}, & \text{코일 밖} \end{cases} \tag{5.59}$$

코일 속의 자기장은 고르다 – 축까지의 거리와 상관없다. 이러한 면에서 정자기학에서의 코일은 바로 정전기학에서의 평행판 축전기에 해당된다: 고르고 강한 장을 만들 수 있는 간단한 기구들이다.

가우스 법칙과 같이 앙페르 법칙도 (정상전류에 대해) 늘 옳지만, 항상 쓸모있는 것은 아니다. 문제에 대칭성이 있어서 B를 $\oint \mathbf{B} \cdot d\mathbf{l}$ 적분 밖으로 꺼낼 수 있을 때에만 앙페르 법칙을 써서 자기장을 셈할 수 있다. 그 때는, 자기장을 셈하는 데는 이 방법이 가장 빠르다. 그렇지 않으면 비오-사바르 법칙을 써야 한다. 앙페르 법칙을 써서 풀 수 있는 문제에는 다음과 같은 것이 있다:

1. 한없이 긴 곧은 도선 (예제 5.7)
2. 한없이 넓은 평판 (예제 5.8)
3. 한없이 긴 코일 (예제 5.9)
4. 원환체(Toroid) (예제 5.10)

맨 끝의 문제는 앙페르 법칙을 쓰면 놀랍게도 아주 멋지게 풀린다. 예제 5.8과 5.9에서 보듯이 어려운 점은 **자기장의 방향**을 알아내는 것이다 (그것은 문제마다 한번만 하면 끝이다); 앙페르 법칙을 실제로 쓰는 것은 겨우 한 줄이다.

예제 5.10

원환체 코일은 그림 5.38과 같이 굵은 고리에 코일을 감은 것이다. 코일을 고르고 빽빽하게 감아 한 번씩 감은 부분을 닫힌 고리로 볼 수 있다고 하자. 이 코일의 단면 모양은 중요하지 않다. 그림 5.37에서는 간단히 네모꼴로 만들었지만, 그림 5.38과 같이 괴상한 모양이어도 단면의 모양만 일정하게 유지하면 문제가 없다. 이 경우 **원환체 속의 자기장은 코일 안팎 모두에서 원둘레의 방향이 된다.**

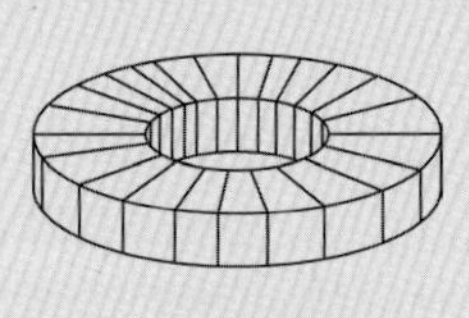

그림 5.37

■ 증명 ■

비오–사바르 법칙에 따르면, $\mathbf{r}'$에 있는 전류 요소가 $\mathbf{r}$에 만드는 자기장은 다음과 같다.

$$d\mathbf{B} = \frac{\mu_0}{4\pi}\frac{\mathbf{I}\times\hat{\boldsymbol{\mathscr{r}}}}{\mathscr{r}^2}\,dl'$$

$\mathbf{r}$을 xz평면에 둘 수 있는데(그림 5.38), 그러면 직각좌표는 $(x, 0, z)$이다. 그리고 원천 전류 요소의 직각좌표는 다음과 같다.

$$\mathbf{r}' = (s'\cos\phi', s'\sin\phi', z')$$

따라서 전류 요소에서 관찰점까지의 벡터는 다음과 같다.

$$\boldsymbol{\mathscr{r}} = (x - s'\cos\phi', -s'\sin\phi', z - z')$$

전류에는 ϕ성분이 없으므로 $\mathbf{I} = I_s\,\hat{\mathbf{s}} + I_z\,\hat{\mathbf{z}}$ 또는 (직각좌표계에서는) 다음과 같다.

$$\mathbf{I} = (I_s\cos\phi', I_s\sin\phi', I_z)$$

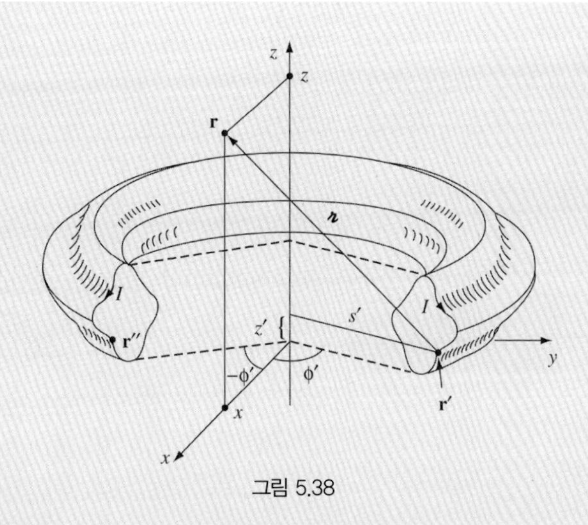

그림 5.38

따라서, 다음과 같다.

$$\mathbf{I} \times \boldsymbol{\mathscr{r}} = \begin{bmatrix} \hat{\mathbf{x}} & \hat{\mathbf{y}} & \hat{\mathbf{z}} \\ I_s \cos\phi' & I_s \sin\phi' & I_z \\ (x - s'\cos\phi') & (-s'\sin\phi') & (z - z') \end{bmatrix}$$

$$= \left[\sin\phi' \left(I_s(z - z') + s'I_z\right)\right] \hat{\mathbf{x}} + \left[I_z(x - s'\cos\phi') - I_s\cos\phi'(z - z')\right] \hat{\mathbf{y}}$$

$$+ \left[-I_s x \sin\phi'\right] \hat{\mathbf{z}}$$

그런데 대칭인 곳 $\mathbf{r}''$에 있는 전류 요소는 방위각 ϕ'만 부호가 다를 뿐, s', $\mathscr{r}$, dl', I_s, I_z 모두가 같다 (그림 5.38). ϕ'의 부호가 바뀌면 $\sin\phi'$의 부호도 바뀌므로 $\mathbf{r}'$와 $\mathbf{r}''$에 있는 전류 요소가 만드는 자기장의 $\hat{\mathbf{x}}$, $\hat{\mathbf{z}}$성분은 지워지고 $\hat{\mathbf{y}}$성분만 남는다. 따라서, $\mathbf{r}$에서의 자기장은 $\hat{\mathbf{y}}$방향이고, 일반적으로는 $\hat{\boldsymbol{\phi}}$ 방향이 된다. ■

이제 자기장이 원둘레 방향인 것을 알았으니, 자기장의 세기를 셈하는 일은 아주 쉽다. 원환체의 축에 대해 반지름 s인 원에 대해 앙페르 법칙을 쓰면

$$B 2\pi s = \mu_0 I_{\text{안}}$$

이므로 다음과 같다.

$$\mathbf{B}(\mathbf{r}) = \begin{cases} \dfrac{\mu_0 N I}{2\pi s}\hat{\boldsymbol{\phi}}, & \text{코일 속} \\ \mathbf{0}, & \text{코일 밖} \end{cases} \tag{5.60}$$

여기에서, N은 코일을 감은 총수이다.

문제 5.14 반지름이 a인 긴 원통 도선을 따라 정상전류 I가 흐른다(그림 5.39). 다음 각각의 상황에서 도선 안팎의 자기장을 구하라.

(a) 전류가 겉 껍질에 고르게 퍼져 있을 때

(b) 부피 전류밀도 J가 축까지의 거리 s에 비례할 때

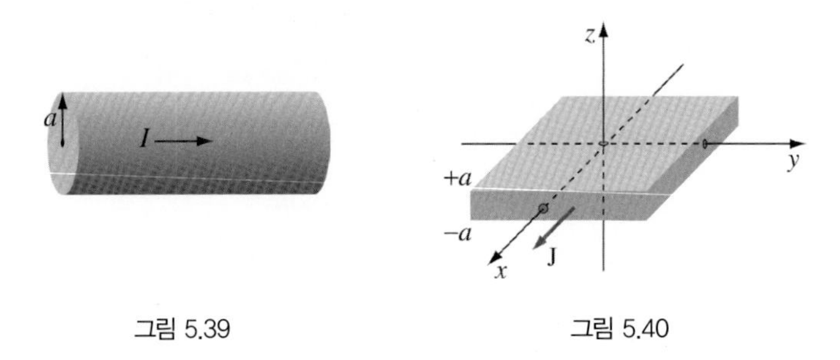

그림 5.39　　　　그림 5.40

문제 5.15　$z = -a$에서 $z = +a$까지 채우고 있는 (x 및 y쪽으로는 한없이 퍼진) 두꺼운 도체 판에 부피 전류밀도 $\mathbf{J} = J\,\hat{\mathbf{x}}$가 고르게 흐른다(그림 5.40). 도체판 안팎의 자기장을 z의 함수로 구하라.

문제 5.16　예제 5.8의 전류 판을 살펴보자. 전류 판 위의 xz 평면(장이 고르다)에서 움직이는 하전 입자는 사이클로트론 운동을 한다. 하지만 그 궤적이 xz 평면을 가로지른다면 어떨까? 그 운동을 설명하고 평균("표류") 속도를 셈하라.[17]

문제 5.17　그림 5.41과 같이 긴 동축코일 두 개에 같은 전류 I가 서로 반대쪽으로 흐른다. 반지름 a인 안쪽 코일에는 도선이 단위길이당 n_1번, 반지름이 b인 바깥쪽 코일에는 단위길이당 n_2번 감겨 있다. 다음 세 영역의 $\mathbf{B}$를 구하라: (i) 안쪽 코일의 속, (ii) 두 코일 사이 (iii) 바깥 코일의 바깥.

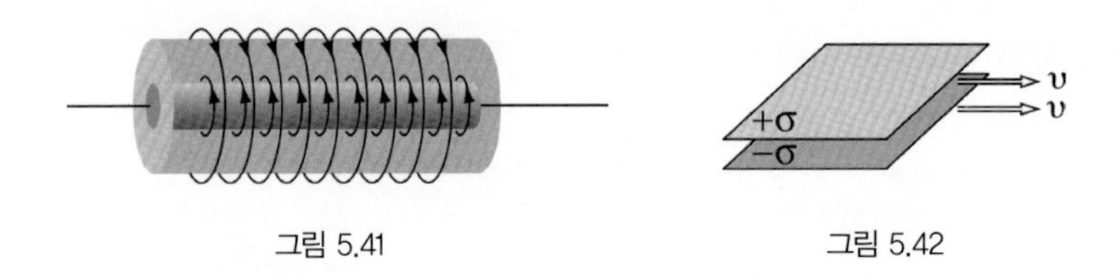

그림 5.41　　　　그림 5.42

문제 5.18　그림 5.42와 같이 면 전하밀도가 위판에는 $+\sigma$, 아래판에는 $-\sigma$로 고르게 퍼진 평행판 축전기가 일정 속력 v로 움직인다.

(a) 두 전극 판의 사이, 위, 아래의 자기장을 구하라.

(b) 위판에서 단위면적이 받는 힘의 크기와 방향을 구하라.

(c) 속력이 얼마가 되면 자기력이 전기력과 비길까?[18]

---

17 다음을 보라: H. Essén, A. B. Nordmark, *Eur. Phys. J. D* **70**, 198 (2016).

! **문제 5.19** 한없이 긴 코일에서는 단면이 어떤 모양이든 축을 따라 일정하게 유지되기만 하면, 자기장의 방향은 축과 나란함을 증명하라. 이때 코일 안팎의 자기장의 크기는 얼마인가? 원환체의 반지름이 아주 커서 일부분을 곧은 통으로 볼 수 있을 정도가 되면 그 속의 자기장(식 5.60)이 곧은 코일 속의 자기장과 같아짐을 밝혀라.

문제 5.20 앙페르 고리로 둘러싸인 전류를 셈하려면 보통 다음과 같은 적분을 해야 한다.

$$I_{\text{안}} = \int_S \mathbf{J} \cdot d\mathbf{a}$$

문제는 둘레가 같은 면이 수없이 많다는 것이다. 어느 것을 써야 할까?

5.3.4 정자기학과 정전기학의 비교

정전기장의 회전과 발산은 다음과 같다.

$$\begin{cases} \nabla \cdot \mathbf{E} = \dfrac{1}{\epsilon_0}\rho, & \text{(가우스 법칙)} \\ \nabla \times \mathbf{E} = \mathbf{0}, & \text{(이름 없음)} \end{cases}$$

이것이 정전기학의 **맥스웰 방정식**(Maxwell's equation)이다. 모든 전하로부터 아주 먼 곳에서는 $\mathbf{E} \rightarrow \mathbf{0}$이라는 경계조건과[19] 전하밀도 ρ가 있으면 맥스웰 방정식은 전기장을 결정한다. 이것은 쿨롱 법칙에 중첩원리를 더한 것과 본질적으로 같다. 정자기장의 발산과 회전은 다음과 같다.

$$\begin{cases} \nabla \cdot \mathbf{B} = 0, & \text{(이름 없음)*} \\ \nabla \times \mathbf{B} = \mu_0 \mathbf{J}, & \text{(앙페르 법칙)} \end{cases}$$

이것이 정자기학의 맥스웰 방정식이다. 모든 전류로부터 아주 먼 곳에서는 $\mathbf{B} \rightarrow \mathbf{0}$이라는 경계조건과 전류밀도 $\mathbf{J}$가 있으면, 맥스웰 방정식은 자기장을 결정한다. 이것은 비오–사바르 법칙(더하기 중첩원리)과 똑같다. 맥스웰 방정식과 함께 로런츠 힘 법칙

$$\mathbf{F} = Q(\mathbf{E} + \mathbf{v} \times \mathbf{B})$$

---

18 문제 5.13에 대한 각주를 보라.

19 전하(또는 전류)가 아주 먼 곳까지 퍼져있는 – 예를 들어 한없이 큰 평면 – 인위적인 문제에서는 때로는 경계조건 대신 대칭성을 쓴다.

* 옮긴이: "자기장에 관한 가우스 법칙"이라고도 한다.

는 정전기학과 정자기학의 기본적인 법칙을 이룬다.

본질적으로 전기력은 자기력보다 훨씬 더 세다. 그것이 이론의 구조에서 명백히 보이지는 않지만, 상수 ϵ_0와 μ_0의 크기 그리고 관련 입자의 전형적인 속력과 관련이 있다. 자기력이 전기력과 비슷해지는 것은 일반적으로 원천 전하와 시험 전하 모두 빛의 속도에 가깝게 빨리 움직일 때 뿐이다. (문제 5.13과 5.18은 이 규칙을 보여준다.) 그렇다면 보통의 상황에서 자기 효과가 어떻게 드러날 수 있을까? 답은 자기장을 만들고(비오-사바르 법칙) 검출하는데(로런츠 법칙) 모두 관여하는 **전류**가 흐를 때, 엄청난 양의 전하가 참여함으로써 느린 속도를 보상할 수 있다는 것이다. 보통은 이 전하는 자기력을 압도하는 센 **전기력**도 함께 준다. 하지만 도선의 전기적 중성을 유지하는, 부호가 반대인 같은 양의 정지 전하가 그 전기력은 상쇄하고 자기력은 그대로 유지한다. 매우 교묘하게 들리겠지만, 이것이 바로 도선에 전류가 흐를 때 실제로 벌어지는 일이다 (문제 5.21).

전기장은 (양)전하에서 **퍼져 나가고**, 자기장은 전류 **주위를 맴돈다** (그림 5.43). **E**와는 달리 **B**를 **만드는 원천 점은 없다** – 전하에 해당되는 자기적인 것은 없다. 이것이 $\nabla \cdot \mathbf{B} = 0$에 담긴 내용이다. 쿨롱을 비롯한 많은 사람들은 자기장이 **자하**(magnetic charge)[오늘날은 **자기홀극**(magnetic monopole)이라고 한다]에서 생긴다고 믿었다. 아직도 오래된 책에서는 자기력에 맞춘 쿨롱 법칙을 써서 "북"극과 "남"극이 끌고 미는 힘을 설명하는 것을 볼 수 있다. 자기 현상은 **움직이는 전하**(전류)가 만들어낸다는 것을 처음으로 생각해낸 사람은 앙페르이다. 우리가 아는 한 앙페르의 생각이 옳다. 그렇지만 과연 자기홀극이 있는가의 여부는 아직도 실험적으로 확정되지 않았다 (자기홀극이 있다고 해도 아주 드물 것이고, 또 어떤 이는 발견했다고 주장했다[20]). 최근의 어떤 입자물리 이론에서는 자기홀극이 있어야 한다고 주장한다. 그렇지만 고전 전기역학에서는 **B**가 발산이 0이고 자기홀극은 없다. **전하가 움직여야 자기장이 생기고**, 그 자기장은 다른 움직이는 전하만 "느낀다".

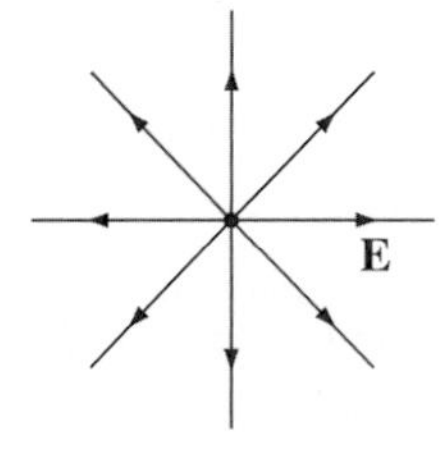

(a) 점전하가 만드는 전기장

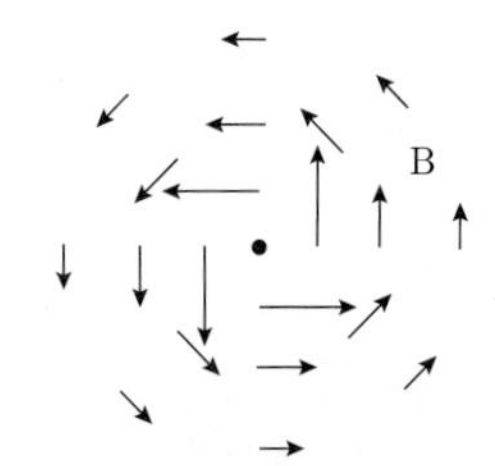

(b) 아주 긴 도선이 만드는 자기장

그림 5.43

---

20 자기홀극을 찾은 것처럼 보였으나 [B. Cabrera, *Phys. Rev. Lett.* **48**, 1378 (1982)], 그 결과를 재현하지 못했다. 자기현상에 관한 여러 가지 생각에 관한 재미있고 간단한 역사는 D. C. Mattis, *The Theory of Magnetism* (New York: Harper and Row, 1965)의 제 1 장을 보라.

정전기학에서 전기장 벡터를 이어 **장선**(field line)을 그리면 전기장 분포를 잘 알 수 있음을 발견했다. 전기장의 방향은 장선에 대한 접선 방향이고, 전기장의 크기는 장선의 **밀도**(단위 단면적당 수)에 비례한다. 같은 도구가 자기장을 시각화하는 데 도움이 된다; 그림 5.43의 장은 그림 5.44의 **장선**이 된다. 전기장 선은 양전하에서 나와 음전하에서 사라진다 (그렇지 않으면 아주 멀리 뻗어간다). 자기장 선은 나오거나 사라지는 곳이 없다. 앞서 본 예에서 그들은 닫힌 고리를 그린다 (또는 아주 멀리 뻗어간다). 자기장 선의 방향도 자기장의 방향을 알려준다. 그런데 자기장 선의 밀도도 $|\mathbf{B}|$에 비례할까? 그렇다 – 또는 늘 그렇게 만들 수 있다.

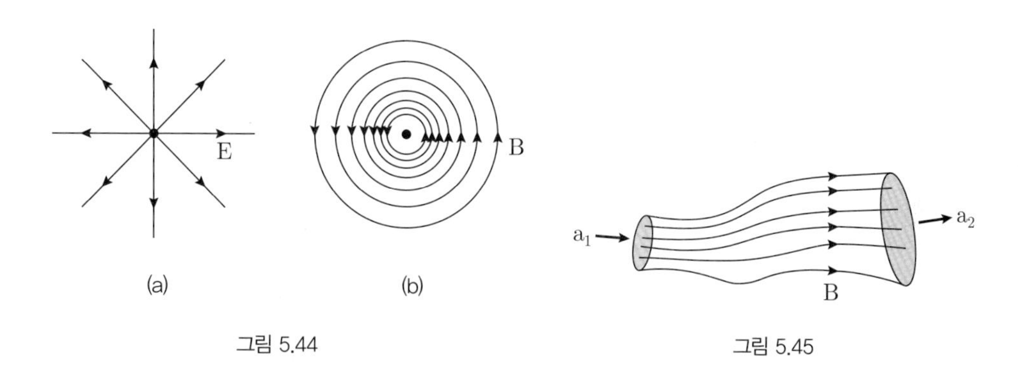

그림 5.44

그림 5.45

증명. 자속 관(flux tube) – 장선 묶음을 양 끝에서 수직으로 잘라낸 것 (그림 5.45) – 을 상상하자. 관은 아주 가늘어서 양 끝에서 장이 본질적으로 일정하다. **B**를 이 관의 표면에 대해 적분하면

$$\oint_{\mathcal{S}} \mathbf{B} \cdot d\mathbf{a} = B_2 a_2 - B_1 a_1 = \int_{\mathcal{V}} \boldsymbol{\nabla} \cdot \mathbf{B}\, d\tau = 0$$

이다. 따라서 **B**의 자속은 자속 관을 따라가며 일정하게 유지된다. “시작면”면 1)에서 자속에 비례하는 여러 장선을 그었다면[$n = \kappa B_1 a_1$ 또는 $B_1 = n/(\kappa a_1)$] B는 관 전체의 단위 면적당 장선의 수에 비례한다. 자속 관마다 똑같이 하면(똑같은 비례 계수 κ를 씀), 어디에서나 자기장 선의 밀도는 그 곳의 자기장의 세기를 나타낸다. ■

하지만 자기장 선에는 말 못할 고약한 비밀이 있다. 많은 간단한 문제(무한 도선, 둥근 전류 고리, 긴 코일, 원환체 코일 등)에서 자기장 선은 닫힌 고리를 이룬다. 실제로 자기장은 늘 닫힌 고리를 이룬다는 설명을 자주 볼 것이다. 딱하게도 이는 규칙이 아니라 예외이며 원천의 특수한 대칭성에 따라 경우마다 달라진다. 예를 들어, 정상 전류 I 가 흐르는 둥근 고리를 살펴보자. 자기장 선은 도선을 둘러싼 닫힌 타원 꼴 고리를 이룬다 (그림 5.46a).

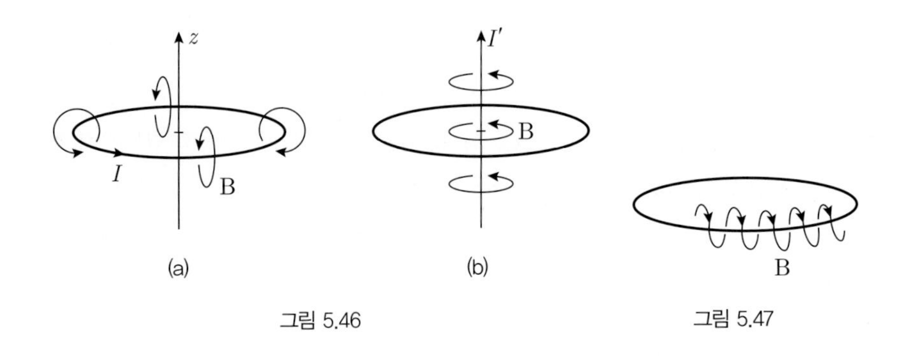

그림 5.46 그림 5.47

하지만 이제 긴 도선을 z축을 따라 끼워 넣고 가변 전류 I'를 흘린다고 하자. 이것은 방위각 방향의 자기장(그림 5.46b)을 만들고, 고리의 자기장과 결합하여 고리를 싸고 도는 "나선형" 자기장 선을 만든다 (그림 5.47). "나선"은 전류가 매우 특별한 값일 때를 빼고는, 고리를 돌고 난 뒤 스스로 닫히지 않는다. 실제로 고리를 빙빙 돌며 가락지 모양의 싸개를 엮는다. 모두 자기장 선 한 가닥에서 나온다 (문제 5.68 참조). 자기장 선의 밀도가 자기장의 크기를 나타낸다는 생각은 이제 끝! 그리고 이것은 특이한 경우가 아니다; 자기장 선의 전형적인 거동이다.[21] 무엇이 잘못되었고, 고칠 수 있을까?

그림 5.45의 자속 관으로 돌아가 보자. "진입" 면 a_1의 있는 여러 점에서 시작하여, 그 점에서 나오는 장선을 그리고, 그 선을 따라 a_2까지 간다. 이것들은 자속 관 속의 장선이다. 하지만 그 선 중 하나를 a_2를 지나서 계속 따라가면, 그것은 (관 밖에서) 돌아다니다가 결국 아마도 a_1으로 돌아오게 된다. 그것이 우연히 시작점 중 하나에 오면 좋다. 총 개수는 바뀌지 않으니까. 하지만 점 사이에 오면 어떨까? 그것이 자속 관으로 들어가면 장의 세기를 나타내는 장선의 수가 갑자기 너무 많아진다. 어떻게 해야 할까? 장선의 밀도가 장의 세기를 나타낸다는 생각을 버리거나(그러면 장선 그림의 장점이 사라진다) 아니면 잘못 들어온 선을 문에서 세우고 이미 그린 선 중 하나에 연결해야 한다. a_1에서 나가는 장선의 수가 들어온 장선의 수와 같으면 $\nabla \cdot \mathbf{B} = 0$에 어긋나지 않는다. 하지만 경계에서 **불연속이다** – 그러면. 장선은 정체성을 잃고 이미 있는 장선으로 건너간다. (그림 5.47의 장선은 고리를 한 바퀴 돈 뒤 꼬리에 다시 연결되기 위해 건너간다.)

이러한 복잡함이 아주 단순한 예를 뺀 모든 경우에 자기장 선의 유용성을 훼손한다 (그래서 이것을 말하기 싫어한다). 이 이야기의 교훈은 자기장 선을 너무 글자 그대로 믿지 마라는 것이다.[22] 그것은 유한한 영역 안에서 괜찮지만 대역적으로는 맞지 않다. 이 개념을 도입한 패러데이는 자기장 선을 물리적 실체, 즉 공간에 깔린 보이지 않는 도선(또는 거미줄)으로 생각했다 (오늘날까지도 대부분의 전기 공학자가 그렇게 생각한다). 그 그림을 정말로 유지하고 싶다면 아주

21 다음을 보라: J. Slepian, *Am. J. Phys.* **19**, 87 (1951); M. Lieberherr, *Am. J. Phys.* **78**, 1117 (2010). 문제 5.67.

22 정전기장 선에는 그러한 문제가 없다. 문제 5.24를 보라.

임의의 공간에서 끊길 수 있는 자기장 선을 받아들여야 할 것이다. 나는 장선이 물리적 실체가 아니라고 말하겠다. 그것은 때때로 시각적 보조 도구로 쓰는 것은 좋지만, 너무 많이 걸지는 마라. 어쨌든, 맥스웰 방정식에서, 장선은 아무 역할도 하지 않는다. "실제" 물리량은 장(각 점의 벡터량)이고 장선은 만화일 뿐이다.

문제 5.21

(a) 구리원자마다 자유전자를 하나씩 낸다고 하고, 구리조각 속에서 움직일 수 있는 전하의 밀도 ρ를 구하라. [필요한 물리 상수의 값은 찾아보라.]

(b) 전류 1A가 흐르는, 지름 1mm인 구리 도선 속의 전자의 평균속력을 구하라. [유의: 이것은 그야말로 달팽이 속력이다. 그렇다면 장거리 전화는 어떻게 된 것일까?]

(c) 1cm 떨어진 두 가닥의 도선이 끄는 힘은 얼마인가?

(d) 서 있는 양이온을 없애 버리면 전기적 반발력은 얼마나 될까? 자기력의 몇 배일까?

문제 5.22 벡터함수의 회전의 발산은 0이라는 일반 규칙(식 1.46)과 앙페르 법칙이 잘 맞는가? 앙페르 법칙이 정자기학 밖에서는 일반적으로 맞지 않음을 밝혀라. 다른 3개의 맥스웰 방정식에도 이러한 "결함"이 있는가?

문제 5.23 자기홀극이 있다고 하자. 그것에 맞추려면 맥스웰 방정식과 힘의 법칙을 어떻게 고쳐야 하는가? 고치는 방법이 여러 가지이면 모두 늘어놓고, 옳은 것을 가려내는 실험방법을 제시하라.

문제 5.24 정전기학에서는 왜 "고약한 비밀"이 없는가?

5.4 자기 벡터 전위

5.4.1 벡터 전위

정전기학에서 $\nabla \times \mathbf{E} = \mathbf{0}$이므로 스칼라 전위 V를 도입했다.

$$\mathbf{E} = -\nabla V$$

비슷하게, 자기학에서는 $\nabla \cdot \mathbf{B} = 0$이므로 벡터 전위 $\mathbf{A}$를 도입할 수 있다:

$$\boxed{\mathbf{B} = \nabla \times \mathbf{A}} \tag{5.61}$$

스칼라 전위의 근거는 정리 1(§1.6.2)이고 벡터 전위의 근거는 정리 2이다(정리 2의 증명은 문제 5.33에서 전개된다). 벡터 전위를 쓰면 $\nabla \cdot \mathbf{B} = 0$는 저절로 충족된다 (왜냐하면 벡터의 회전의 발산은 늘 0이기 때문이다); 남아있는 앙페르 법칙은 다음과 같은 꼴이 된다.

$$\nabla \times \mathbf{B} = \nabla \times (\nabla \times \mathbf{A}) = \nabla(\nabla \cdot \mathbf{A}) - \nabla^2 \mathbf{A} = \mu_0 \mathbf{J} \tag{5.62}$$

전위에는 원래 애매함이 있다: V에 기울기가 0인 아무 함수(말하자면 상수)를 더해주어도 물리적인 양 $\mathbf{E}$는 달라지지 않는다. 마찬가지로 회전이 0인 벡터 함수(즉, 스칼라 함수의 기울기) 어떤 것을 $\mathbf{A}$에 더해도 $\mathbf{B}$는 똑같다. 이 자유도를 써서 $\mathbf{A}$의 발산을 0으로 만들 수 있다.

$$\boxed{\nabla \cdot \mathbf{A} = 0} \tag{5.63}$$

늘 이렇게 만들 수 있음을 증명하려면 다음을 생각하자. 애초의 전위 $\mathbf{A}_0$의 발산이 0이 아니라고 하자. 여기에 λ의 기울기를 더하면 $(\mathbf{A} = \mathbf{A}_0 + \nabla\lambda)$, 새 벡터 전위의 발산은 다음과 같다.

$$\nabla \cdot \mathbf{A} = \nabla \cdot \mathbf{A}_0 + \nabla^2 \lambda$$

다음 조건에 맞는 함수 λ를 찾으면 식 5.63이 성립한다.

$$\nabla^2 \lambda = -\nabla \cdot \mathbf{A}_0$$

그런데, 이 식은 모양이 푸아송 방정식 2.24와 똑같다.

$$\nabla^2 V = -\frac{\rho}{\epsilon_0}$$

다만, "원천" ρ/ϵ_0 대신 $\nabla \cdot \mathbf{A}_0$으로 바꾼 것이다. 또, 푸아송 방정식을 푸는 방법도 알고 있다 – 정전기학의 주제는 "전하분포를 알 때 전위를 구하라"이다. 특히, ρ가 아주 먼 곳에서 0이 되면 그 해는 식 2. 29이다:

$$V = \frac{1}{4\pi\epsilon_0} \int \frac{\rho}{\mathscr{r}} \, d\tau'$$

마찬가지로 $\nabla \cdot \mathbf{A}_0$이 아주 먼 곳에서 0이 되면 λ는 다음과 같다.

$$\lambda = \frac{1}{4\pi} \int \frac{\nabla \cdot \mathbf{A}_0}{\mathscr{r}} \, d\tau'$$

$\nabla \cdot \mathbf{A}_0$이 아주 먼 곳에서 0 되지 않으면, 전하가 아주 먼 곳까지 뻗쳐 있을 때 다른 방법으로 전위를 구했던 것처럼, 다른 방법을 써서 λ를 셈해야 한다. 그러나 요점은 "벡터 전위의 발산은 늘 0으

로 만들 수 있다"는 것이다. 달리 말하면, 원래의 정의 $\mathbf{B} = \nabla \times \mathbf{A}$는 **A**의 회전을 명시하지만, 발산에 관해서는 전혀 말하지 않는다 - 그러므로 선택의 자유가 있고, 그 중 가장 간단한 것은 0이다.

A에 이 조건을 쓰면 앙페르 법칙인 식 5.62는 다음과 같이 된다:

$$\boxed{\nabla^2 \mathbf{A} = -\mu_0 \mathbf{J}} \tag{5.64}$$

이 식은 직각좌표 성분마다 하나씩 대응되는 3개의 푸아송 방정식일 뿐이다.[23] 아주 먼 곳에서 **J**가 0이 된다면 해는 다음과 같다:

$$\boxed{\mathbf{A}(\mathbf{r}) = \frac{\mu_0}{4\pi} \int \frac{\mathbf{J}(\mathbf{r}')}{\scriptstyle{\mathcal{R}}} \, d\tau'} \tag{5.65}$$

선 전류나 표면 전류에 대한 벡터 전위는 다음과 같다:

$$\mathbf{A} = \frac{\mu_0}{4\pi} \int \frac{\mathbf{I}}{\scriptstyle{\mathcal{R}}} \, dl' = \frac{\mu_0 I}{4\pi} \int \frac{1}{\scriptstyle{\mathcal{R}}} \, d\mathbf{l}'; \qquad \mathbf{A} = \frac{\mu_0}{4\pi} \int \frac{\mathbf{K}}{\scriptstyle{\mathcal{R}}} \, da' \tag{5.66}$$

(전류가 아주 먼 곳에서 0이 되지 않으면 **A**를 다른 방법으로 구해야 한다; 이런 종류의 문제는 예제 5.12와 이 절의 끝에 있는 문제에서 다룬다.)

A는 V만큼 쓸모는 없다. 그 까닭의 하나는 식 5.63과 5.64가 비오-사바르 법칙보다는 다루기 쉽지만 아직도 벡터여서 각 성분들은 따로 다루어야 하기 때문이다. 다음 조건

$$\mathbf{B} = -\nabla U \tag{5.67}$$

에 맞는 스칼라 전위를 구할 수만 있으면 문제는 아주 간단해진다. 그러나 기울기의 회전은 늘 0이므로 이것은 앙페르 법칙에 어긋난다. [계를 전류가 없는 단순연결 영역에 국한시키면 **정자기 스칼라 전위**(magnetostatic scalar potential)를 쓸 수 있지만, 이론적으로 보면 별로 멋진 도구는 아니다. 문제 5.31을 보라.] 더구나 자기력은 일을 하지 않기 때문에 **A**를 단위전하당의 위치 에너지와 같은 간단한 물리적 양으로 해석할 수도 없다. (어떤 문맥에서는 이것을 단위 전하당의 운동량으로 해석할 수도 있다.[24]) 그렇지만 벡터 전위는 이론적으로 상당히 중요함을 제 10 장에서 보게 될 것이다.

---

23 직각좌표계에서는 $\nabla^2\mathbf{A} = (\nabla^2 A_x)\hat{\mathbf{x}} + (\nabla^2 A_y)\hat{\mathbf{y}} + (\nabla^2 A_z)\hat{\mathbf{z}}$이므로, 식 5.64는 $\nabla^2 A_x = -\mu_0 J_x$, $\nabla^2 A_y = -\mu_0 J_y$, $\nabla^2 A_z = -\mu_0 J_z$가 된다. 곡선좌표계에서는 단위벡터 자체가 위치의 함수이고, 도함수가 0이 아니므로 $\nabla^2 A_r = -\mu_0 J_r$등이 성립하지 않는다. 어떤 벡터의 라플라스 연산을 곡선 좌표계에서 셈하는 가장 안전한 길은 다음 항등식을 쓰는 것이다: $\nabla^2\mathbf{A} = \nabla(\nabla \cdot \mathbf{A}) - \nabla \times (\nabla \times \mathbf{A})$. 식 5.65와 같은 적분을 곡선좌표계에서 셈할 때도 먼저 **J**를 직각좌표 성분으로 나타내야한다 (§1.4.1을 보라).

24 M. D. Semon, J. R. Taylor, *Am. J. Phys.* **64**, 1361 (1996).

예제 5.11

반지름 R이고 표면 전하밀도 σ가 고르게 퍼져 있는 공 껍질이 각속도 $\boldsymbol{\omega}$로 돌고 있다. 이것이 점 $\mathbf{r}$에 만드는 벡터 전위를 구하라 (그림 5.48).

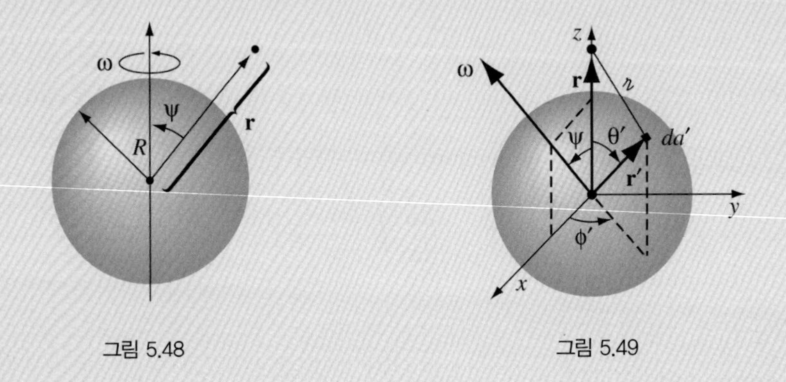

그림 5.48　　그림 5.49

■ 풀이 ■

극축을 $\boldsymbol{\omega}$와 나란히 잡는 것이 자연스럽게 보이겠지만, 실제로는 z축 위에 오게 하여 $\boldsymbol{\omega}$가 각도 ψ만큼 기울어지게 하는 것이 적분하기가 훨씬 쉽다. 그림 5.49처럼 $\boldsymbol{\omega}$가 xz평면에 놓이도록 x축을 잡자. 그러면, 식 5.66에 따라

$$\mathbf{A}(\mathbf{r}) = \frac{\mu_0}{4\pi}\int \frac{\mathbf{K}(\mathbf{r}')}{\mathscr{r}}\,da'$$

가 된다. 여기에서 $\mathbf{K} = \sigma\mathbf{v}$, $\mathscr{r} = \sqrt{R^2 + r^2 - 2Rr\cos\theta'}$, $da' = R^2\sin\theta'\,d\theta'\,d\phi'$이다. 이제 돌고 있는 강체 속의 점 $\mathbf{r}'$의 속도는 $\boldsymbol{\omega}\times\mathbf{r}'$로 그 직각좌표 성분은 다음과 같다.

$$\mathbf{v} = \boldsymbol{\omega}\times\mathbf{r}' = \begin{vmatrix} \hat{\mathbf{x}} & \hat{\mathbf{y}} & \hat{\mathbf{z}} \\ \omega\sin\psi & 0 & \omega\cos\psi \\ R\sin\theta'\cos\phi' & R\sin\theta'\sin\phi' & R\cos\theta' \end{vmatrix}$$

$$= R\omega\big[-\big(\cos\psi\sin\theta'\sin\phi'\big)\,\hat{\mathbf{x}} + (\cos\psi\sin\theta'\cos\phi' - \sin\psi\cos\theta')\,\hat{\mathbf{y}}$$

$$+ (\sin\psi\sin\theta'\sin\phi')\,\hat{\mathbf{z}}\big]$$

그런데 항 하나만 빼고, 모든 항에 $\sin\phi'$ 또는 $\cos\phi'$가 들어있고, 그 항은 각도에 대해 적분하면 0이 된다:

$$\int_0^{2\pi}\sin\phi'\,d\phi' = \int_0^{2\pi}\cos\phi'\,d\phi' = 0$$

따라서 다음 항만 남는다:

$$\mathbf{A}(\mathbf{r}) = -\frac{\mu_0 R^3 \sigma \omega \sin\psi}{2}\left(\int_0^{\pi} \frac{\cos\theta' \sin\theta'}{\sqrt{R^2 + r^2 - 2Rr\cos\theta'}}\, d\theta'\right)\hat{\mathbf{y}}$$

$u \equiv \cos\theta'$로 두면 적분은 다음과 같다.

$$\begin{aligned}
&\int_{-1}^{+1} \frac{u}{\sqrt{R^2 + r^2 - 2Rru}}\, du \\
&= -\frac{(R^2 + r^2 + Rru)}{3R^2 r^2}\sqrt{R^2 + r^2 - 2Rru}\,\Bigg|_{-1}^{+1} \\
&= -\frac{1}{3R^2 r^2}\left[(R^2 + r^2 + Rr)|R - r| - (R^2 + r^2 - Rr)(R + r)\right]
\end{aligned}$$

$\mathbf{r}$이 공 속에 있으면 $R > r$이므로 위의 값은 $(2r/3R^2)$이 된다; $\mathbf{r}$이 공 밖에 있으면 $R < r$이므로 위의 값은 $(2R/3r^2)$이 된다. 또 $(\boldsymbol{\omega} \times \mathbf{r}) = -\omega r \sin\psi\,\hat{\mathbf{y}}$이므로, 벡터 전위는 결국 다음과 같이 된다.

$$\mathbf{A}(\mathbf{r}) = \begin{cases} \dfrac{\mu_0 R \sigma}{3}(\boldsymbol{\omega} \times \mathbf{r}), & \text{공 속} \\[2ex] \dfrac{\mu_0 R^4 \sigma}{3r^3}(\boldsymbol{\omega} \times \mathbf{r}), & \text{공 바깥} \end{cases} \tag{5.68}$$

적분을 구했으므로, 이제 이 식을 그림 5.48과 같이 $\boldsymbol{\omega}$가 z축과 나란하고 $\mathbf{r}$의 좌표가 (r, θ, ϕ)인 "자연적인" 좌표계로 바꾸자.

$$\mathbf{A}(r, \theta, \phi) = \begin{cases} \dfrac{\mu_0 R \omega \sigma}{3} r \sin\theta\,\hat{\boldsymbol{\phi}}, & (r \le R) \\[2ex] \dfrac{\mu_0 R^4 \omega \sigma}{3}\dfrac{\sin\theta}{r^2}\,\hat{\boldsymbol{\phi}}, & (r \ge R) \end{cases} \tag{5.69}$$

이상하게도 공 껍질 속에서는 **자기장이 고르다**:

$$\mathbf{B} = \nabla \times \mathbf{A} = \frac{2\mu_0 R \omega \sigma}{3}(\cos\theta\,\hat{\mathbf{r}} - \sin\theta\,\hat{\boldsymbol{\theta}}) = \frac{2}{3}\mu_0 \sigma R \omega\,\hat{\mathbf{z}} = \frac{2}{3}\mu_0 \sigma R \boldsymbol{\omega} \tag{5.70}$$

예제 5.12

반지름이 R이고 도선이 단위길이당 n번 감긴, 한없이 긴 코일에 전류 I가 흐를 때 벡터 전위를 구하라.

■ 풀이 ■

이번에는 전류가 아주 먼 곳까지 퍼져 있으므로 식 5.66을 쓸 수 없다. 그러나 이 문제를 푸는 아주 좋은 방법이 있다. 자기장과 벡터 전위의 관계식으로부터

$$\oint \mathbf{A} \cdot d\mathbf{l} = \int (\nabla \times \mathbf{A}) \cdot d\mathbf{a} = \int \mathbf{B} \cdot d\mathbf{a} = \Phi \tag{5.71}$$

이다. 여기에서, Φ는 문제의 고리를 지나가는 **B**의 자속(flux)이다. 이것의 모양은 적분꼴 앙페르 법칙인 식 5.57과 비슷하다:

$$\oint \mathbf{B} \cdot d\mathbf{l} = \mu_0 I_{\text{안}}$$

사실 이 둘은 같은 식으로서 $\mathbf{B} \to \mathbf{A}$, $\mu_0 I_{\text{안}} \to \Phi$으로 바꾼 것이다. 대칭성이 있으면 §5.3.3에서 $I_{\text{안}}$으로부터 **B**를 구한 것처럼 Φ로부터 **A**를 결정할 수 있다. 지금의 문제(코일 속에는 축방향으로 고른 자기장 $\mu_0 nI$가 있고 밖에는 없는)는 앙페르 법칙의 문제에서 굵은 도선 속에 고르게 퍼진 것을 다루는 것과 비슷하다. 벡터 전위는 "원둘레" 방향이므로(도선의 자기장과 비슷하다), 코일 속에 반지름 s인 둥근 "앙페르 고리"를 잡으면

$$\oint \mathbf{A} \cdot d\mathbf{l} = A(2\pi s) = \int \mathbf{B} \cdot d\mathbf{a} = \mu_0 nI(\pi s^2)$$

이므로 다음 결과를 얻는다.

$$\mathbf{A} = \frac{\mu_0 nI}{2} s\,\hat{\boldsymbol{\phi}}, \quad s \leq R \text{ 일 때} \tag{5.72}$$

코일 밖에 앙페르 고리를 잡으면, 자기장은 R까지만 있으므로 자속은 다음과 같다:

$$\int \mathbf{B} \cdot d\mathbf{a} = \mu_0 nI(\pi R^2)$$

따라서 벡터 전위는 다음과 같다.

$$\mathbf{A} = \frac{\mu_0 nI}{2} \frac{R^2}{s}\,\hat{\boldsymbol{\phi}}, \quad s \geq R \text{ 일 때} \tag{5.73}$$

답이 의심스러우면 다음 두 조건을 확인하라: $\nabla \times \mathbf{A} = \mathbf{B}$? $\nabla \cdot \mathbf{A} = 0$? 둘 다 맞으면 답이 옳다.[25]

---

25 **A**는 코일 밖에서 0이 아니지만 **B** (= $\nabla \times \mathbf{A}$)는 그곳에서 0임에 유의하라. 고전 전기역학에서는 **B**만이 하전 입자에 자기력을 줄 수 있다 (로런츠 힘 법칙을 통해). 이에 반해 **양자** 이론에서는 전하에 대한 자기적 영향은 **B**가 아닌 **A**를 써서 나타내고, 코일 근처의 바깥을 지나는 전자의 파동 함수의 위상이 변한다. 이는 유명한 **아로노프-봄 효과**(Aharonov-Bohm effect)에서 검출할 수 있다. [예를 들어 다음을 보라: D. J. Griffiths와 D. F. Schroeter, *Introduction to Quantum Mechanics*, 3판, Cambridge University Press(2018), 4.5]

A의 방향은 대개 전류의 방향과 같다. 예를 들어 예제 5.11과 5.12에서는 둘 다 원둘레 방향이었다. 사실 모든 전류가 한 방향으로 흐르면 식 5.65는 **A**의 방향도 같아야 함을 시사한다. 따라서 길이가 유한한 곧은 도선의 벡터전위(문제 5.23)는 전류의 방향과 같다. 물론 전류가 아주 먼 곳까지 흐르면 무엇보다도 식 5.65를 쓸 수 없다 (문제 5.28과 5.29를 보라). 더구나 **A**에 언제라도 아무 상수벡터나 더할 수 있고 – 이것은 V의 기준점을 바꾸는 것과 비슷하다 – 그래도 본질적으로 중요한 양인 **A**의 발산과 회전은 달라지지 않는다 (식 5.65에서는 **A**가 아주 먼 곳에서 0이 되도록 상수벡터를 정했다). 원리적으로는 발산이 0이 아닌 벡터 전위도 쓸 수 있는데, 그러면 모든 것이 무효가 된다. 이 모든 경고에도 불구하고 요점은 남는다: **A**의 방향은 대개 전류의 방향과 같다.

문제 5.25 길이가 유한한 곧은 도선 토막에 전류 I가 흐를 때 자기 벡터 전위를 구하라. [도선을 z축 위, z_1에서 z_2사이에 놓고, 식 5.66을 써라.] 구한 답이 식 5.37과 맞는지 확인하라.

문제 5.26

(a) 어떤 전류밀도가 원통좌표계에서 벡터 전위 $\mathbf{A} = k\,\hat{\boldsymbol{\phi}}$를 만들어낼까 ($k$는 상수)?

(b) z축에 회잰 대칭인 자기장이 있다. 그 방향은 z쪽이고, 크기는 s만의 함수이다. 벡터 전위가 다음과 같음을 발산과 회전을 셈하여 확인하라:

$$\mathbf{A} = A(s)\hat{\boldsymbol{\phi}},\ \text{여기에서}\ A(s) = \frac{1}{s}\int_0^s B(s')s'\,ds'$$

(이것은 예제 5.12를 일반화한 것이다.)

문제 5.27 **B**가 고르다면 $\mathbf{A}(\mathbf{r}) = -\frac{1}{2}(\mathbf{r}\times\mathbf{B})$임을 보여라. 곧 $\nabla\cdot\mathbf{A} = 0$이고 $\nabla\times\mathbf{A} = \mathbf{B}$임을 확인하라. 이 결과는 유일한가, 아니면 발산과 회전이 같은 다른 함수가 있는가?

문제 5.28

(a) 전류 I가 흐르는 아주 긴 곧은 도선에서 거리 s인 곳의 벡터 전위를 어떤 방법으로든 구해 보라. $\nabla\cdot\mathbf{A} = 0$이고 $\nabla\times\mathbf{A} = \mathbf{B}$인가 확인하라.

(b) 반지름이 R이고 전류가 고르게 퍼져 있는 도선 속의 벡터 전위를 구하라.

문제 5.29 예제 5.8에서 표면전류 위와 아래의 벡터 전위를 구하라.

문제 5.30

(a) 식 5.65의 발산을 구하여 식 5.63과 맞음을 확인하라.

(b) 식 5.65의 회전을 구하여 식 5.47와 맞음을 확인하라.

(c) 식 5.65의 **라플라스** 연산을 구하여 식 5.64와 맞음을 확인하라.

문제 5.31 전류가 흐르는 도선 근처에서 자기 스칼라 전위 U(식 5.67)를 정의한다고 하자. 무엇보다 먼저 (도선에서는 $\nabla \times \mathbf{B} \neq \mathbf{0}$이므로) 도선에서 떨어져 있어야 하지만, 그것으로 충분하지는 않다. 그림 5.50과 같이 **a**에서 출발하여 도선을 돌아 **b**에 돌아오는 경로에 앙페르 법칙을 써서 어느 한 점에서의 스칼라 전위의 값이 하나로 정의되지 못함을 증명하라[즉, **a**와 **b**가 같은 점이어도 $U(\mathbf{a}) \neq U(\mathbf{b})$이다]. 예를 들어, 한없이 긴 곧은 도선이 만드는 스칼라 전위를 구하라. (한 점의 전위 값이 단 하나가 되게 하려면 문제의 영역을 도선의 한쪽 또는 다른 쪽으로 제한시켜 단순연결 영역을 만들어야지, 도선을 완전히 한 바퀴 감을 수 있는 다중연결 영역을 만들면 안 된다.)

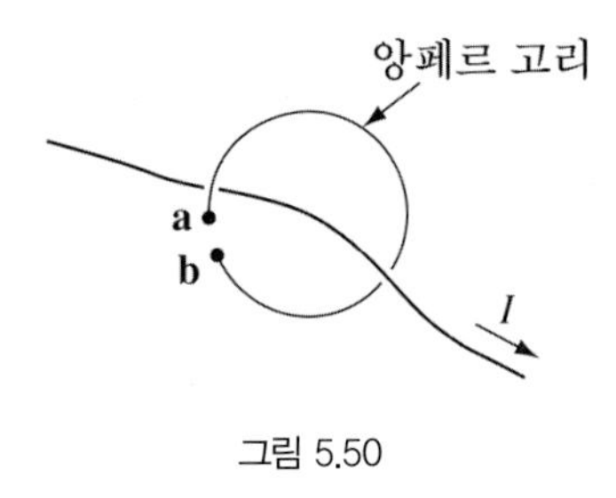

그림 5.50

문제 5.32 예제 5.11의 결과를 써서 반지름이 R이고 전하밀도가 ρ로 일정한, 속이 찬 공이 일정한 각속도 $\boldsymbol{\omega}$로 돌고 있을 때, 그 속의 자기장을 구하라.

문제 5.33

(a) §1.6.2의 정리 2의 증명을 완결시켜라. 다시 말해 발산이 0인 벡터 장 **F**는 벡터 전위 **A**의 회전으로 나타낼 수 있음을 보여라. 해야 할 일은 다음과 같은 조건에 맞는 A_x, A_y, A_z를 찾는 것이다: (i) $\partial A_z/\partial y - \partial A_y/\partial z = F_x$; (ii) $\partial A_x/\partial z - \partial A_z/\partial x = F_y$; (iii) $\partial A_y/\partial x - \partial A_x/\partial y = F_z$. 증명방법은 다음과 같다: $A_x = 0$으로 잡고 (ii)와 (iii)를 풀어 A_y와 A_z를 구한다. 여기에서 유의할 것은 "적분상수"가 x에 대해서 상수일 뿐 y및 z에 대해서는 함수라는 것이다. 이제 이 결과를 (i)에 넣고 $\nabla \cdot \mathbf{F} = 0$라는 사실을 써서 다음 결과를 얻어라:

$$A_y = \int_0^x F_z(x', y, z)\,dx'; \quad A_z = \int_0^y F_x(0, y', z)\,dy' - \int_0^x F_y(x', y, z)\,dx'$$

(b) (a)에서 구한 **A**를 직접 미분하여 $\nabla \times \mathbf{A} = \mathbf{F}$임을 보여라. **A**의 발산은 0인가? [회전이 **F**이고 발산이 0인 벡터가 있다는 것은 알고 있지만, 위의 벡터 전위는 **F**의 성분에 대해 매우 비대칭적이므로 **A**의 발산이 0이라면 매우 이상할 것이다.]

(c) 한 예로서, $\mathbf{F} = y\,\hat{\mathbf{x}} + z\,\hat{\mathbf{y}} + x\,\hat{\mathbf{z}}$라고 할 때 **A**를 셈하여 $\nabla \times \mathbf{A} = \mathbf{F}$를 확인하라(더욱 자세한 설명은 문제 5.56을 보라).

5.4.2 경계조건

제 2장에서 정전기학의 세 기본 양인 전하밀도 ρ, 전기장 $\mathbf{E}$, 전위 V의 관계를 요약하여 삼각형을 그렸다. 정자기학에서도 이와 비슷하게 전류밀도 $\mathbf{J}$, 자기장 $\mathbf{B}$, 벡터 전위 $\mathbf{A}$의 관계를 요약하는 그림을 그릴 수 있다(그림 5.51). 그런데 그림에서 연결이 하나 "빠져" 있다: $\mathbf{A}$를 $\mathbf{B}$로 나타내는 식이 없다. 그것이 꼭 필요하지는 않지만, 흥미가 있다면 문제 5.55와 5.56을 보라.

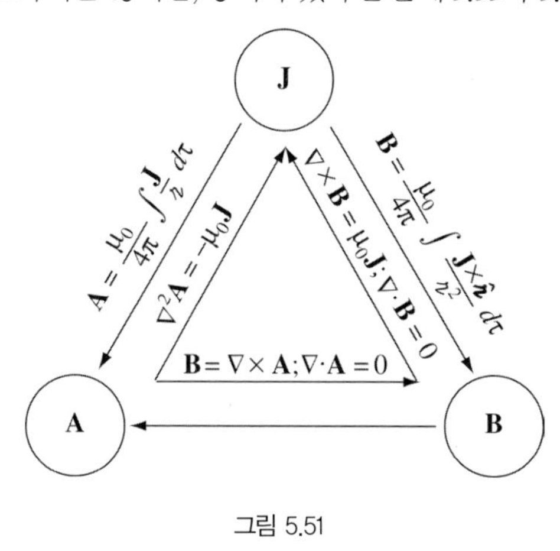

그림 5.51

전기장이 **표면 전하** 때문에 불연속이 되는 것처럼, 자기장도 **표면 전류**가 있는 곳에서는 불연속이다. 이때만 **접선성분**이 달라진다. 식 5.50의 적분꼴

$$\oint \mathbf{B}\cdot d\mathbf{a} = 0$$

을 표면에 걸린 얇은 상자(그림 5.52)에 적용하면 다음 식을 얻는다.

$$B^{\perp}_{위} = B^{\perp}_{아래} \tag{5.74}$$

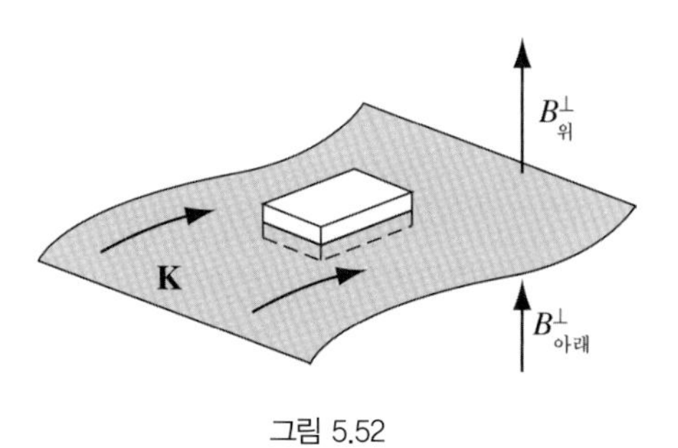

그림 5.52

접선성분에 대해서는 전류에 수직하게 앙페르 고리를 잡으면(그림 5.53) 다음 결과를 얻는다.

$$\oint \mathbf{B} \cdot d\mathbf{l} = \left(B_{\text{위}}^{\parallel} - B_{\text{아래}}^{\parallel}\right) l = \mu_0 I_{\text{안}} = \mu_0 K l$$

또는

$$B_{\text{위}}^{\parallel} - B_{\text{아래}}^{\parallel} = \mu_0 K \tag{5.75}$$

따라서 **B**의 성분 가운데 표면과 나란하고 전류에 수직인 것은 $\mu_0 K$만큼 불연속이다. 앙페르 고리를 전류에 나란하게 잡으면, 전류와 나란한 성분은 연속임을 알 수 있다. 이 결과를 공식 하나로 요약하면 다음과 같다.

$$\mathbf{B}_{\text{위}} - \mathbf{B}_{\text{아래}} = \mu_0 (\mathbf{K} \times \hat{\mathbf{n}}) \tag{5.76}$$

여기에서 $\hat{\mathbf{n}}$은 표면에 수직인 "위쪽" 단위벡터이다.

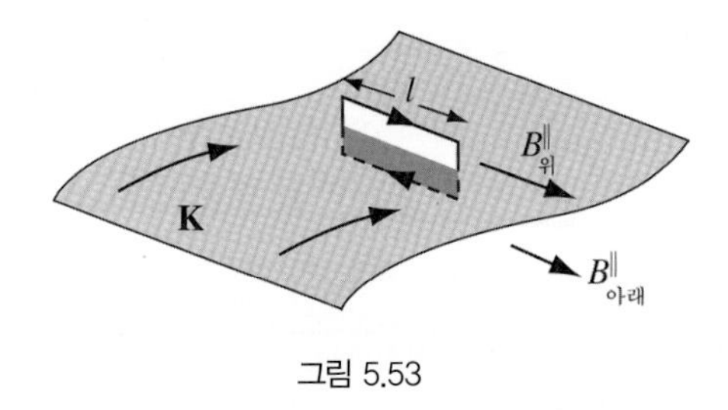

그림 5.53

정전기학의 스칼라 전위처럼, 벡터 전위도 모든 경계면에서 연속이다:

$$\mathbf{A}_{\text{위}} = \mathbf{A}_{\text{아래}} \tag{5.77}$$

왜냐하면 $\nabla \cdot \mathbf{A} = 0$이 법선성분의 연속을 보증하고,[26] $\nabla \times \mathbf{A} = \mathbf{B}$의 적분꼴

$$\oint \mathbf{A} \cdot d\mathbf{l} = \int \mathbf{B} \cdot d\mathbf{a} = \Phi$$

는 접선성분이 연속임을 뜻한다(앙페르 고리의 두께가 0이면 그것을 지나는 자속도 0이 된다). 그러나 **A**의 도함수는 **B**의 불연속성을 물려 받는다:

$$\frac{\partial \mathbf{A}_{\text{위}}}{\partial n} - \frac{\partial \mathbf{A}_{\text{아래}}}{\partial n} = -\mu_0 \mathbf{K} \tag{5.78}$$

26 식 5.77과 5.78은 **A**의 발산이 0임을 미리 가정했다.

문제 5.34

(a) 예제 5.9의 전류분포에 대해 식 5.76을 확인하라.

(b) 예제 5.11의 전류분포에 대해 식 5.77과 5.78을 확인하라.

문제 5.35

식 5.63, 5.76, 5.77을 써서 식 5.78을 증명하라. [실마리: 면에 직각좌표계를 잡되 z축은 면에 수직하게, x축은 전류와 나란하게 두어라.]

5.4.3 벡터 전위의 다중극 전개

전류가 한 곳에 모여 있을 때, 멀리 떨어진 곳의 벡터 전위의 어림식을 얻으려면 다중극 전개를 한다. 다중극 전개란 전위를 $1/r$의 멱급수 꼴로 쓰는 것이다. 여기에서 r은 관찰점까지의 거리이다(그림 5.54). r이 충분히 크면 이 급수는 차수가 가장 낮은 항이 주도하므로 차수가 높은 항은 무시할 수 있다. 거리의 역수를 §3.4.1의 식 3.94와 같이 멱급수로 전개하면 다음과 같다:

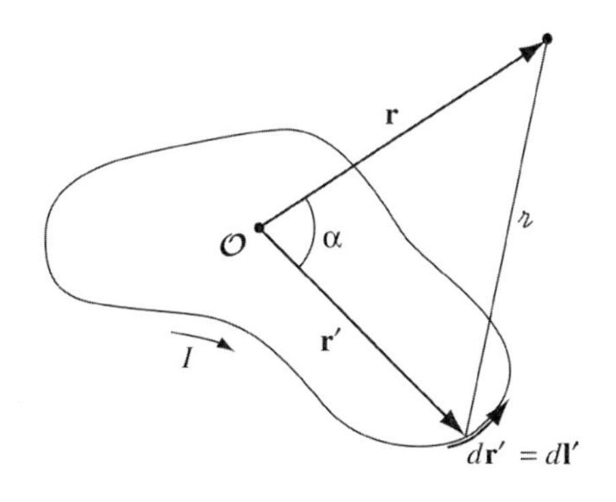

그림 5.54

$$\frac{1}{\mathscr{r}} = \frac{1}{\sqrt{r^2 + (r')^2 - 2rr'\cos\alpha}} = \frac{1}{r}\sum_{n=0}^{\infty}\left(\frac{r'}{r}\right)^n P_n(\cos\alpha) \tag{5.79}$$

여기에서 α는 $\mathbf{r}$과 $\mathbf{r}'$의 사이각이다. 따라서, 전류고리가 만드는 벡터 전위는 다음과 같다.

$$\mathbf{A}(\mathbf{r}) = \frac{\mu_0 I}{4\pi}\oint \frac{1}{\mathscr{r}}\,d\mathbf{l}' = \frac{\mu_0 I}{4\pi}\sum_{n=0}^{\infty}\frac{1}{r^{n+1}}\oint (r')^n P_n(\cos\alpha)\,d\mathbf{l}' \tag{5.80}$$

이것을 풀어서 쓰면 다음과 같다.

$$\mathbf{A}(\mathbf{r}) = \frac{\mu_0 I}{4\pi}\left[\frac{1}{r}\oint d\mathbf{l}' + \frac{1}{r^2}\oint r'\cos\alpha\, d\mathbf{l}' \right.$$
$$\left. +\frac{1}{r^3}\oint (r')^2\left(\frac{3}{2}\cos^2\alpha - \frac{1}{2}\right) d\mathbf{l}' + \cdots\right] \tag{5.81}$$

V의 다중극 전개와 같이 첫 항($\propto 1/r$)을 **홀극**(monopole), 둘째 항($\propto/\ 1/r^2$)을 **쌍극자**(dipole), 셋째 항을 **사중극자**(quadrupole) 등으로 부른다.

자기 홀극항은 늘 0이다. 왜냐하면, 그 항은 닫힌곡선을 따라가며 벡터변위를 적분한 것으로 그 값은 늘 0이기 때문이다.

$$\oint d\mathbf{l}' = \mathbf{0} \tag{5.82}$$

이 식은 자연에 자기홀극이 없다는 사실(맥스웰 방정식 $\nabla \cdot \mathbf{B} = 0$에 담긴 가정이며, 벡터 전위 이론 전체의 바탕이다)을 반영하고 있다.

홀극이 없으므로 쌍극자(0이 아닐 때)가 벡터 전위에서 가장 중요한 항이다.

$$\mathbf{A}_{\text{쌍극자}}(\mathbf{r}) = \frac{\mu_0 I}{4\pi r^2}\oint r'\cos\alpha\, d\mathbf{l}' = \frac{\mu_0 I}{4\pi r^2}\oint (\hat{\mathbf{r}}\cdot\mathbf{r}')\, d\mathbf{l}' \tag{5.83}$$

이 적분은 식 1.108에서 $\mathbf{c} = \hat{\mathbf{r}}$로 두어 얻는 다음 식을 쓰면 좀 더 쓸모 있게 고칠 수 있다.

$$\oint (\hat{\mathbf{r}}\cdot\mathbf{r}')\, d\mathbf{l}' = -\hat{\mathbf{r}} \times \int d\mathbf{a}' \tag{5.84}$$

그러면 다음 결과를 얻는다.

$$\boxed{\mathbf{A}_{\text{쌍극자}}(\mathbf{r}) = \frac{\mu_0}{4\pi}\frac{\mathbf{m}\times\hat{\mathbf{r}}}{r^2}} \tag{5.85}$$

여기에서 $\mathbf{m}$은 **자기 쌍극자 모멘트**(magnetic dipole moment)이다:

$$\boxed{\mathbf{m} \equiv I\int d\mathbf{a} = I\mathbf{a}} \tag{5.86}$$

여기에서 $\mathbf{a}$는 고리의 "벡터 넓이"이다(문제 1.62); 고리가 **평평하면** $\mathbf{a}$의 크기는 그 고리에 둘러싸인 면의 넓이이고, 방향은 오른손 규칙(손가락을 전류방향으로 말아쥐면 엄지를 세운 방향)에 따라 정해진다.

예제 5.13

그림 5.55와 같은 "ㄴ자 모양" 고리의 자기 쌍극자 모멘트를 구하라. 모든 변의 길이는 w이고 전류 I가 흐른다.

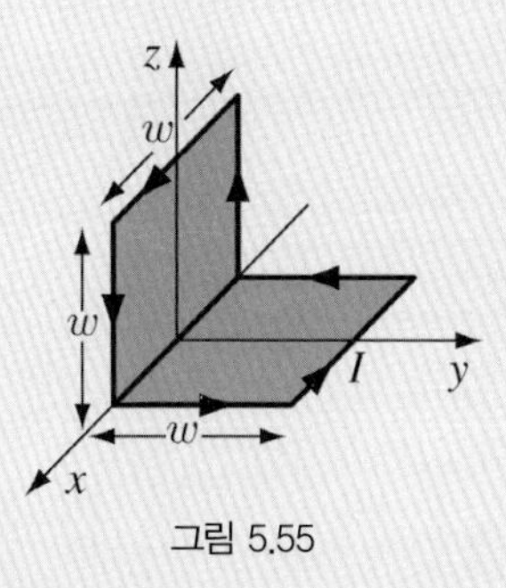

그림 5.55

■ 풀이 ■

이 도선은 정사각형 평면고리를 두 개 붙여 놓은 것으로 볼 수 있다 (그림 5.56). "남는" 변(AB)은 붙여 놓으면, 전류가 반대로 흐르기 때문에 지워진다. 따라서, 알짜 자기 모멘트는

$$\mathbf{m} = Iw^2\,\hat{\mathbf{y}} + Iw^2\,\hat{\mathbf{z}};$$

로서 크기는 $\sqrt{2}Iw^2$, 방향은 기울기가 45°인 직선 $z = y$와 나란하다.

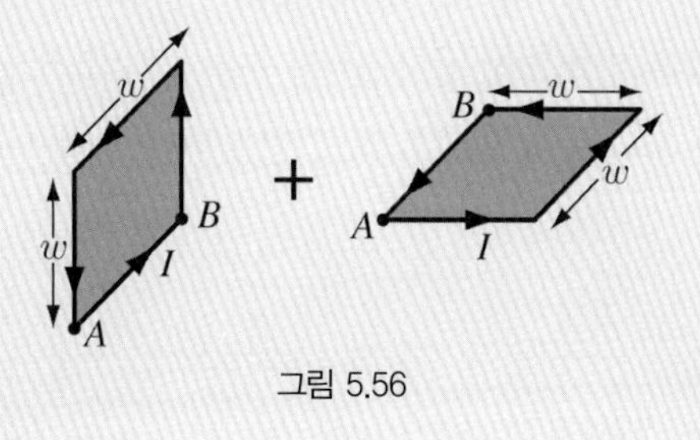

그림 5.56

식 5.86에서 자기 쌍극자 모멘트는 원점을 어디에 잡든 똑같다는 것은 명백하다. 전기 쌍극자 모멘트는 총 전하가 0일 때만 원점과 무관했다(§3.4.3). 자기 홀극 모멘트는 늘 0이므로, 자기 쌍극자 모멘트가 늘 원점과 무관하다는 것은 놀랍지 않다.

다중극 전개에서 ($\mathbf{m}$ = 0이 아닌 한) 쌍극자항이 가장 크고, 참값에 가까운 어림값이지만, 정확한 전위는 아니다; 즉, 사중극자, 팔중극자 등의 고차항도 있다. 전위가 "순수한" 쌍극자항만으로 되어 식 5.85가 정확한 전위가 되는 전류 분포가 있을까? 그렇기도 하고 그렇지 않기도 하다: 전기 쌍극자와 같이 가능하지만 그 모형은 비현실적이다. 원점에 아주 작은 전류고리를 놓고 전류를 무한대로 흘려주어 $m = Ia$를 일정하게 해주어야 한다. 실제로는 거리 r이 고리보다 훨씬 크기만 하면 쌍극자 전위는 적절한 어림값이다.

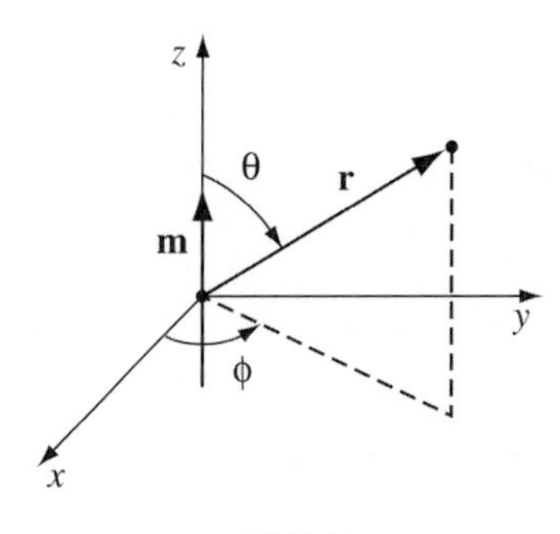

그림 5.57

(순수한) 쌍극자가 만드는 자기장은, $\mathbf{m}$을 원점에 놓고 z-방향을 가리키게 하면 쉽게 셈할 수 있다(그림 5.57). 식 5.85에 따르면 점 (r, θ, ϕ)의 전위는 다음과 같다.

$$\mathbf{A}_{\text{쌍극자}}(\mathbf{r}) = \frac{\mu_0}{4\pi}\frac{m\sin\theta}{r^2}\,\hat{\boldsymbol{\phi}} \tag{5.87}$$

따라서 $\mathbf{B}$는 다음과 같다.

$$\mathbf{B}_{\text{쌍극자}}(\mathbf{r}) = \nabla \times \mathbf{A} = \frac{\mu_0 m}{4\pi r^3}(2\cos\theta\,\hat{\mathbf{r}} + \sin\theta\,\hat{\boldsymbol{\theta}}) \tag{5.88}$$

놀랍게도 이 식은 전기 쌍극자가 만드는 전기장(식 3.103)과 똑같은 꼴이다! (그렇지만 잘 들여다보면 실제 자기 쌍극자 – 작은 전류고리 – 가 만드는 장은 실제 전기 쌍극자 – 조금 떨어진 양전하와 음전하 – 가 만드는 장과는 아주 다르다. 그림 5.58과 그림 3.37을 비교해 보라.)

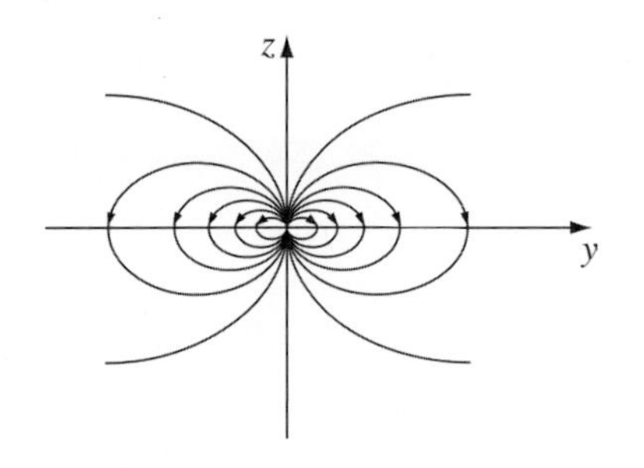

(a) '순수한' 자기 쌍극자의 자기장선

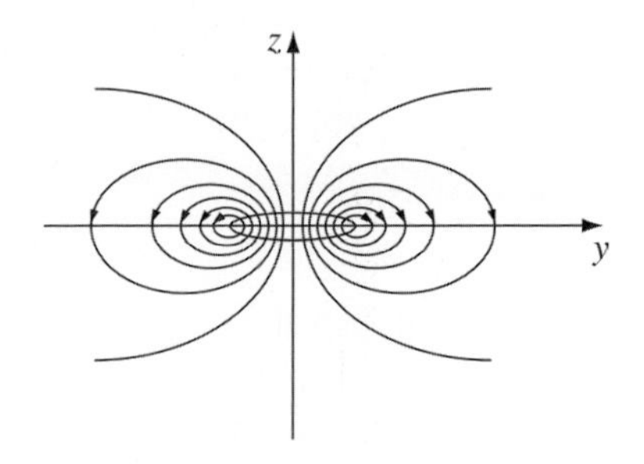

(b) '실제' 자기 쌍극자의 자기장선

그림 5.58

- **문제 5.36** 쌍극자가 만드는 자기장을 다음과 같이 좌표계와 무관한 꼴로 쓸 수 있음을 보여라:

$$\boxed{\mathbf{B}_{\text{쌍극자}}(\mathbf{r}) = \frac{\mu_0}{4\pi}\frac{1}{r^3}\left[3(\mathbf{m}\cdot\hat{\mathbf{r}})\hat{\mathbf{r}} - \mathbf{m}\right]} \tag{5.89}$$

문제 5.37 반지름 R인 둥근 도선 고리가 xy평면 위에 중심을 원점에 두고 있다. 여기에 전류 I가 $+z$축에 대해 반시침 방향으로 흐른다.

(a) 자기 쌍극자 모멘트를 구하라.

(b) 원점에서 먼 곳의 자기장의 어림식을 구하라.

(c) z축 위에 있는 점의 자기장은 $z \gg R$일 때 정확한 답(예제 5.6)과 일치함을 보여라.

문제 5.38 한 변의 길이가 w인 정사각형 고리에 전류 I가 흐를 때, 중심에서 위로 z인 곳의 정확한 자기장을 구하라. $z \gg w$이면 이 값이 쌍극자가 만드는 자기장과 같음을 확인하라.

문제 5.39

(a) 반지름 R인 음반에 전하가 표면밀도 σ로 고르게 퍼져 있고, 일정한 각속도 ω로 돌고 있다. 이 음반의 자기 쌍극자 모멘트를 구하라.

(b) 예제 5.11의 도는 공껍질의 자기 쌍극자 모멘트를 구하라. $r > R$인 곳의 벡터 전위는 완벽한 쌍극자에 의한 값임을 보여라.

문제 5.40 도선 전류가 만드는 벡터 전위의 다중극 전개식을 셈했는데, 그 까닭은 그것이 가장 흔하기 때문이고, 어떤 면에서는 가장 쉽기 때문이다. 부피전류 $\mathbf{J}$에 대해,

(a) 식 5.80과 비슷한 꼴로 다중극 전개식을 써라.

(b) 자기홀극항을 쓰고, 그것이 0임을 보여라.

(c) 식 1.107과 5.86을 써서 자기 쌍극자 모멘트를 다음과 같이 쓸 수 있음을 보여라.

$$\mathbf{m} = \frac{1}{2}\int (\mathbf{r} \times \mathbf{J})\, d\tau \qquad (5.90)$$

보충문제

문제 5.41 긴 직선 도선의 정상전류 I가 만드는 자기장 속의 입자(전하 q, 질량 m)의 운동을 분석한다.[27]

(a) 운동에너지가 보존되는가?

(b) z축이 도선과 나란한 원통좌표계를 써서 입자가 받는 힘을 구하라.

(c) 운동 방정식, 즉, $\ddot{s}, \ddot{\phi}, \ddot{z}$에 대한 방정식을 구하라. 마지막 둘은 한 번 적분하여 $\dot{\phi}$와 $\dot{z}$에 대한 방정식을 (s의 함수로) 구할 수 있다. $\ddot{s}$에 대한 방정식은 그렇게 쉽지 않다. 대신 속도

27 이 상황의 수치 분석은 문제 5.66을 보라.

가 상수라는 사실을 써서 $\dot{s}$에 대한 공식을 구하라.

(d) $\dot{z}$가 상수일 때의 운동을 설명하라.

문제 5.42 각각 임의의 방향의 두 무한 직선 정상 전류 I_1과 I_2가 있다. 둘 사이의 가장 가까운 거리는 d이고, 방향을 유지한 채 하나를 밀어서 교차하게 하면 사이각이 α가 된다. 애초의 배치에서 두 전류가 주고받는 자기력을 구하라.[28] [답: $\frac{1}{2}\mu_0 I_1 I_2 \cot\alpha$]

문제 5.43 나란한 전류는 서로 끌어당기므로 도선 속의 전류는 축을 향해 수축되어 아주 가늘게 모여 흐른다고 생각할지 모른다. 그러나 실제로는 전류가 도선에 골고루 퍼져 흐른다. 이것을 어떻게 설명할 수 있을까? 양전하(밀도 ρ_+)가 "박혀" 서 있고, 음전하(밀도 ρ_-)가 속력 v로 움직이면 (그리고 모두가 축까지의 거리에 무관하다면), $\rho_- = -\rho_+\gamma^2$임을 보여라. 여기에서 $\gamma \equiv 1/\sqrt{1-(v/c)^2}$이고 $c^2 = 1/\mu_0\epsilon_0$이다. 도선 전체는 전기적으로 중성이라면 음전하를 보상하는 전하는 어디에 있는가?[29] [전형적인 속도에서는(문제 5.20을 보라) 전류가 흘러도 두 전하밀도는 실질적으로 같다 ($\gamma \approx 1$이므로). 그렇지만 **플라스마**(plasma)에서는 양전하도 자유롭게 움직일 수 있어서 이러한 이른바 **핀치 효과**(pinch effect)가 아주 중요할 수 있다.]

문제 5.44 그림 5.59의 화살표 방향의 고른 자기장 **B**속에 놓인 직사각형 도체 막대에 전류 I가 오른쪽으로 흐른다.

(a) 전류가 양성 전하의 흐름이면, 그 전하가 자기장 때문에 휘는 방향은 어느 쪽일까? 이렇게 휘면 막대의 위쪽과 아래쪽 표면에 전하가 쌓여, 결국 자기력에 반대되는 전기력을 만든다. 두 힘이 서로 맞비기면 평형이 이루어진다. [이 현상이 **홀효과**(Hall effect)이다.]

(b) 이 막대의 위와 아래의 전위차[**홀전압**(Hall voltage)]를 B, v(전하의 속력) 그리고 막대의 크기를 써서 나타내라.[30]

(c) 전류가 음성 전하의 흐름이면 위의 결과가 어떻게 달라질까? [홀효과는 물질 속에서 움직이는 전하의 부호를 결정하는 고전적 방법이다.]

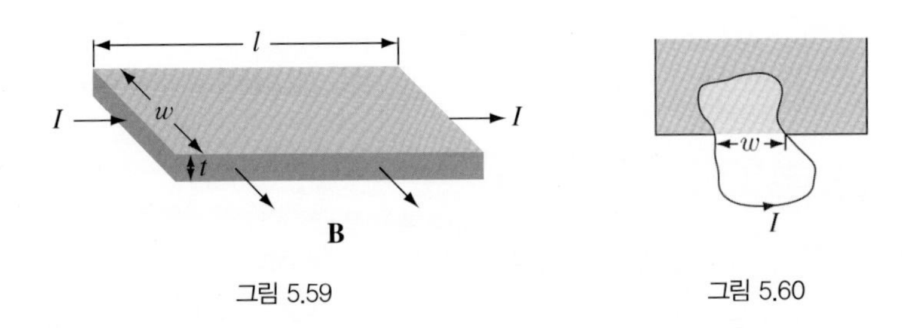

그림 5.59 그림 5.60

28 P.-M. Binder, F. Cross, J. K. Silva, *Eur. J. Phys.* **37**, 045206 (2016).

29 더 자세한 설명은 다음을 보라: D. C. Gabuzda, *Am. J. Phys.* **61**, 370 (1993).

30 막대 속의 전위는 흥미있는 경계값 문제이다: M. J. Moeller, J. Evans, G. Elliot, *Am. J. Phys.* **66**, 668 (1998).

문제 5.45 모양이 불규칙한 평면 도선 고리의 일부가 고른 자기장 **B**속에 들어 있다(그림 5.60에서 어두운 부분에 자기장이 있으며, 그 방향은 고리 면에 수직이다). 이 고리에 전류 I가 흐른다. 고리가 받는 알짜 자기력은 $F = IBw$임을 보여라. 여기에서 w는 자기장에 걸린 부분의 현의 길이이다. 이 결과를 일반화하여 자기장이 걸린 영역 자체가 불규칙한 모양일 때에도 적용시켜 보라. 이 힘의 방향은 어느 쪽인가?

! **문제 5.46** 회전대칭 자기장(**B**가 축까지의 거리만의 함수)이 그림 5.58의 어두운 부분에 있는데, 방향은 종이면과 직교한다.

(a) 총 자속($\int \mathbf{B} \cdot d\mathbf{a}$)이 0이면, 전하를 띤 입자가 중심에서 출발하여 자기장을 빠져 나올 때(그럴 수 있다면) **반지름 방향**의 경로를 따른다는 것을 밝혀라. 거꾸로, 밖에서 중심 쪽으로 쏘아준 입자는 이상한 경로를 거치겠지만, (에너지가 충분하면) 결국 표적을 맞출 수 있음을 밝혀라. [**실마리**: 로런츠 힘 법칙을 써서 입자가 얻은 총 각운동량을 셈하라.]

(b) 또는 속력이 충분하지 않으면($v < v_{탈출}$), 중심에서 떠난 입자는 임계 반경 $s_{임계}$(장 영역 안에 있음)에 이른 뒤 중심으로 돌아간다 – 또는 밖에서 반지름 방향으로 안쪽으로 쏜 입자는 중심에 이르지 못하고 임계 반지름에 이른 다음 다시 빠져나온다. 그 임계 반지름이 다음과 같음을 보여라.

$$s_{임계} = -\frac{q}{2\pi m v}\Phi(s_{임계})$$

여기서 m은 입자의 q는 전하, v는 속력이다. (임계 반지름이 여러 개인 경우 셋째 가능성은 입자가 그 사이에 갇히는 것이다.)

(c) 장이 s/R에 비례할 때(즉 $B = B_0[(s/R) - a]$)를 살펴보자. 먼저 상수 a를 구한 다음 계 반지름과 "탈출 속도" $v_{탈출}$을 구하라.[31]

(d) 장이 반지름 a까지는 고르고(B_0), 그 뒤로 R까지는 방향이 반대($-B_0$)라고 하자. a, $s_{임계}$, $v_{탈출}$을 구하고, 다음 두 경우의 궤적을 그려라: (i) v가 $v_{탈출}$보다 조금 작을 때; (ii) v가 $v_{탈출}$보다 조금 클 때.

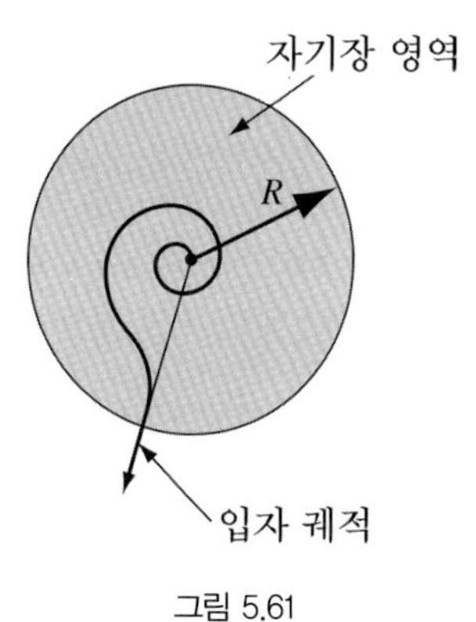

그림 5.61

31 이 흥미로운 문제에 관한 더 자세한 설명은 다음을 보라: J. Franklin, K. Cole Newton, *Am. J. Phys.* **84**, 263 (2061).

문제 5.47 전하를 띤 공 껍질이 자전할 때(예제 5.11) 북반구와 남반구가 서로 당기는 자기력을 구하라. [답: $(\pi/4)\mu_0\sigma^2\omega^2 R^4$]

! **문제 5.48** 원점에 서 있는 (가상적인) **자기 홀극** $q_{자기}$가 만드는 다음과 같은 자기장 속에서 질량 m, 전하 $q_{전기}$인 입자가 움직이는 것을 생각하자.

$$\mathbf{B} = \frac{\mu_0}{4\pi}\frac{q_{자기}}{r^2}\hat{\mathbf{r}}$$

(a) 그 입자의 가속도를 $q_{전기}$, $q_{자기}$, m 및 위치 $\mathbf{r}$과 속도 $\mathbf{v}$로 나타내라.

(b) 속력 $v = |\mathbf{v}|$가 운동 상수임을 보여라.

(c) 다음 벡터량이 운동 상수임을 보여라:

$$\mathbf{Q} \equiv m(\mathbf{r} \times \mathbf{v}) - \frac{\mu_0 q_{전기} q_{자기}}{4\pi}\hat{\mathbf{r}}$$

[실마리: 이것을 시간에 대해 미분하고, (a)에서 얻은 운동방정식을 써서 그 도함수가 0임을 보여라.] $\mathbf{Q}$의 물리적 해석은 문제 8.21을 보라.

(d) z축이 $\mathbf{Q}$와 나란하게 구좌표계 (r, θ, ϕ)를 잡아서,

(i) $\mathbf{Q}\cdot\hat{\boldsymbol{\phi}}$를 셈하고, θ가 운동 상수임을 보여라. (따라서 $q_{전기}$는 원뿔면 위에서 움직인다 – 이것은 푸앵카레가 1896년 발견했다)[32]

(ii) $\mathbf{Q}\cdot\hat{\mathbf{r}}$를 셈하고, $\mathbf{Q}$의 크기가 다음과 같음을 보여라:

$$Q = \frac{\mu_0}{4\pi}\left|\frac{q_{전기} q_{자기}}{\cos\theta}\right|$$

(iii) $\mathbf{Q}\cdot\hat{\boldsymbol{\theta}}$를 셈하고, 다음 관계식을 보여라:

$$\frac{d\phi}{dt} = \frac{k}{r^2}$$

그리고 상수 k를 결정하여라.

(e) v^2을 구좌표를 써서 나타내고 궤적의 방정식을 다음과 같은 꼴로 구하여라:

$$\frac{dr}{d\phi} = f(r)$$

[다시 말해 함수 $f(r)$을 구하라.]

(f) 이 방정식을 풀어 $r(\phi)$를 구하라.

---

32 사실은 전하가 원뿔면 위의 **측지선**(geodesic)을 따라간다. 원전은 다음과 같다: H. Poincare, *Comptes rendus de l'Academie des Sciences* 123, 530 (1896); 현대적인 방법으로 다룬 것은 다음을 보라: B. Rossi, S. Olbert, *Introduction to the Physics of Space* (New York: McGraw-Hill, 1970). 이 문제에 관한 자세한 역사는 다음을 보라: K. T. McDonald, http://kirkmcd.princeton.edu/examples/birkland.pdf

! **문제 5.49** 비오–사바르 법칙을 써서(표면전류의 경우 식 5.42) 한 없이 긴 코일 안팎의 자기장을 구하라. 코일의 반지름은 R, 단위길이에 도선이 n번 감겼고, 정상전류 I가 흐른다.

문제 5.50 둥근 전류 고리의 축에서의 자기장(식 5.41)은 전혀 고르지 않다 (z가 커지면 빨리 0에 가까워진다). 그림 5.62와 같이 이 고리 2개를 거리 d만큼 떼어 놓으면 거의 고른 자기장을 만들 수 있다.

(a) 자기장(B)을 z의 함수로 구하고, 두 고리 사이의 중간점($z = 0$)에서 $\partial B/\partial z$가 0임을 보여라.

(b) d를 잘 잡으면 B의 2계 도함수가 그 중간점에서 0이 된다. 이것이 **헬름홀츠 코일**(Helmholtz coil)이며, 실험실에서 비교적 고른 자기장을 쉽게 만들 때 쓴다. 중간점에서 $\partial^2 B/\partial z^2 = 0$이 되는 d값을 찾고, 그 때 중간점에서의 자기장을 구하라. [답: $8\mu_0 I/5\sqrt{5}R$]

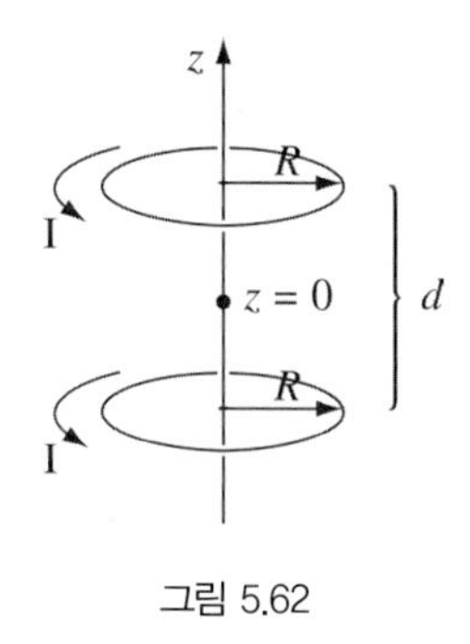

그림 5.62

문제 5.51 문제 5.39(a)의 도는 원반의 축에서의 자기장을 식 5.41을 써서 구하라. 자기 쌍극자가 만드는 자기장에 관한 식 5.88에 문제 5.39에서 얻은 자기 쌍극자 모멘트를 넣으면 $z \gg R$일 때 잘 맞는 어림식이 됨을 보여라.

문제 5.52 둥근 전류 고리가 만드는 자기장(예제 5.6)을 축에서 벗어난 곳 $\mathbf{r}$에서 구하려 한다(그림 5.63). $\mathbf{r}$이 yz평면위의 $(0, y, z)$에 오게 좌표축을 잡는다. 원천점의 좌표는 $(R\cos\phi', R\sin\phi')$이고 ϕ'의 범위는 0에서 2π까지이다. B_x, B_y, B_z를 셈할 수 있는 적분식을 세우고,[33] B_x를 셈하라.

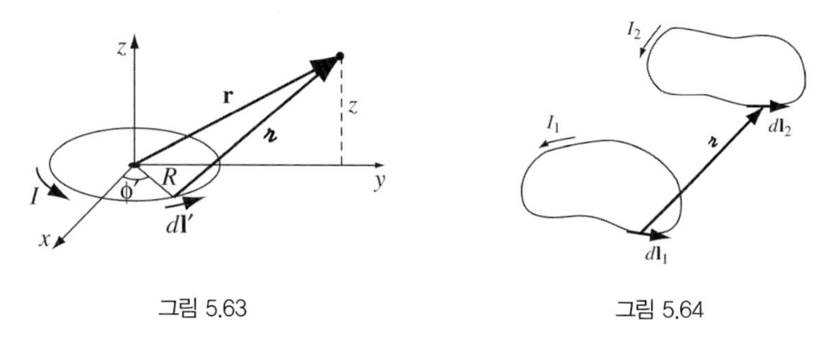

그림 5.63 그림 5.64

33 이것은 타원적분(elliptic integral)이다. 다음을 보라: R. H. Good, *Eur. J. Phys.* 22, 119 (2001). 수치 해석은 문제 5.68을 보라.

문제 5.53 정자기학에서는 (자기장을 만드는) "원천 전류"와 (자기력을 받는) "시험 전류"를 비대칭적으로 다루므로 두 전류 고리가 주고받는 자기력이 뉴턴 제 3 법칙에 맞는지 명확히 드러나지 않는다. 비오–사바르 법칙인 식 5.34와 로런츠 힘 법칙인 식 5.16에서 시작하여 고리 1이 고리 2에 주는 힘은 다음과 같이 쓸 수 있음을 보여라(그림 5.64):

$$\mathbf{F}_2 = -\frac{\mu_0}{4\pi} I_1 I_2 \oint \oint \frac{\hat{\boldsymbol{\imath}}}{\imath^2}\, d\mathbf{l}_1 \cdot d\mathbf{l}_2 \tag{5.91}$$

이 식은 $\mathbf{F}_2 = -\mathbf{F}_1$임이 명백하다. 왜냐하면 밑수 1과 2의 구실을 맞바꾸면 $\hat{\boldsymbol{\imath}}$의 방향이 뒤집히기 때문이다. ("남는" 항이 있거든 $d\mathbf{l}_2 \cdot \hat{\boldsymbol{\imath}} = d\imath$임에 유의하라.)

문제 5.54 정상전류 I가 흐르는 **평면**고리가 그 평면에 만드는 자기장을 셈하려 한다. 자기장을 셈하려는 곳(고리 안팎의 어느 곳이든 좋다)을 좌표계의 원점으로 잡을 수 있다. 고리의 모양은 함수 $r(\theta)$로 기술된다 (그림 5.65).

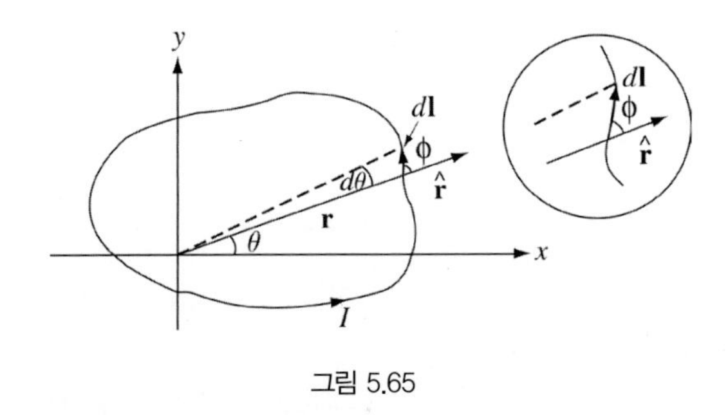

그림 5.65

(a) 자기장의 세기가 다음과 같음을 보여라 :[34]

$$B = \frac{\mu_0 I}{4\pi} \oint \frac{d\theta}{r} \tag{5.92}$$

[실마리: 비오–사바르 법칙에서 시작하여, $\boldsymbol{\imath} = -\mathbf{r}$이고, $d\mathbf{l} \times \hat{\mathbf{r}}$은 고리면과 직교함을 확인하고, 다음을 보여라: $|d\mathbf{l} \times \hat{\mathbf{r}}| = dl\ \sin\phi = r\, d\theta$.]

(b) 이 공식을 써서 둥근 고리의 중심의 자기장을 셈하여 맞는지 확인하라.

(c) **리투스 나선**(lituus spiral)의 정의식은 다음과 같다:

$$r(\theta) = \frac{a}{\sqrt{\theta}}, \quad (0 < \theta \le 2\pi,\ a\text{는 상수})$$

이 나선을 그려보고, x축을 따라 선분을 그어 고리를 만들어라. 원점의 자기장을 구하라.

(d) 원점에 초점을 둔 원뿔 단면 곡선의 식은 다음과 같다:

$$r(\theta) = \frac{p}{1 + e\cos\theta}$$

---

34 J. A. Miranda, *Am. J. Phys.* **68**, 254 (2000).

여기에서 p는 y**절편**이고 e는 **이심률**($e = 0$이면 원, $0 < e < 1$이면 타원, $e = 1$이면 포물선)이다. 이심률의 값이 얼마든 원점의 자기장은 다음과 같음을 보여라.[35]

$$B = \frac{\mu_0 I}{2p}$$

문제 5.55

(a) 그림 5.51의 "빠진" 연결을 잇는 한 가지 방법은 $\mathbf{A}$의 정의식 ($\nabla \times \mathbf{A} = \mathbf{B}$, $\nabla \cdot \mathbf{A} = 0$)과 $\mathbf{B}$에 관한 맥스웰 방정식 ($\nabla \cdot \mathbf{B} = 0$, $\nabla \times \mathbf{B} = \mu_0 \mathbf{J}$)이 비슷함을 쓰는 것이다. 분명히 $\mathbf{A}$와 $\mathbf{B}$의 관계는 $\mathbf{B}$와 $\mu_0 \mathbf{J}$의 관계(비오-사바르 법칙)와 똑같다. 이러한 점을 써서 $\mathbf{A}$를 $\mathbf{B}$로 나타내는 공식을 써라.

(b) (a)의 결과에 대한 전기적 유사식은 다음과 같다:

$$V(\mathbf{r}) = -\frac{1}{4\pi} \int \frac{\mathbf{E}(\mathbf{r}') \cdot \hat{\boldsymbol{\mathscr{r}}}}{\mathscr{r}^2} d\tau'$$

이것을 적절한 유추를 통해 끌어내라.

! 문제 5.56 그림 5.51의 "빠진" 연결을 잇는 또 하나의 방법은 식 2.21에 대한 정자기적 유사성을 찾는 것이다. 명백한 후보는 다음과 같다:

$$\mathbf{A}(\mathbf{r}) = \int_{\mathcal{O}}^{\mathbf{r}} (\mathbf{B} \times d\mathbf{l})$$

(a) 이 공식을 가장 단순한 경우 − 고른 $\mathbf{B}$(원점을 기준점으로 잡아라)에 대해 확인해 보라. 그 결과가 문제 5.27과 맞는가? 1/2을 곱해주면 그 문제점은 없앨 수 있지만, 이 식의 결함은 더 심각해진다.

(b) $\int (\mathbf{B} \times d\mathbf{l})$을 그림 5.66의 네모꼴 고리에 대해 셈하여 $\oint (\mathbf{B} \times d\mathbf{l})$이 경로에 따라 값이 달라짐을 보여라.

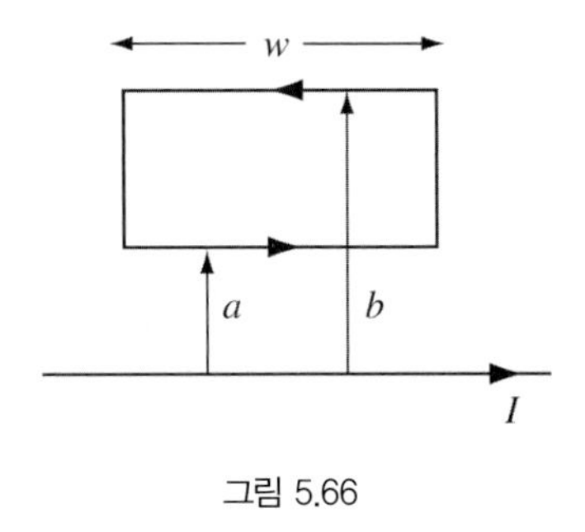

그림 5.66

내가 알기로는 이 문제를 푸는 가장 좋은 방법은 다음 두 식을 쓰는 것이다.[36]

---

35 C. Christodoulides, *Am. J. Phys.* **77**, 1195 (2009).

36 R. L. Bishop, S. I. Goldberg, *Tensor Analysis on Manifolds*, §4.5 (New York: Macmillan, 1968). 이것이 **푸앵카레 게이지**(Poincaré gauge)이다 [예를 들어 다음을 보라: J. D. Jackson, *Am. J. Phys.* **70**, 917 (2002)].

(i) $V(\mathbf{r}) = -\mathbf{r} \cdot \int_0^1 \mathbf{E}(\lambda \mathbf{r})\, d\lambda$

(ii) $\mathbf{A}(\mathbf{r}) = -\mathbf{r} \times \int_0^1 \lambda \mathbf{B}(\lambda \mathbf{r})\, d\lambda$

[식(i)은 식 2.21의 적분경로를 반지름으로 잡는 것에 해당한다; 식(ii)는 문제 5.33에 대한 더 "대칭적인" 해가 된다.]

(c) 식(ii)를 써서 고른 자기장 **B**에 대한 벡터 전위를 구하라.

(d) 식(ii)를 써서 정상전류 I가 흐르는 한없이 긴 직선 도선의 벡터 전위를 구하라. 식(ii)가 $\nabla \cdot \mathbf{A} = 0$을 저절로 충족시킬까? [답: $(\mu_0 I/2\pi s)(z\,\hat{\mathbf{s}} - s\,\hat{\mathbf{z}})$]

문제 5.57

(a) "이상적인" 자기 쌍극자 **m**에 대해 스칼라 전위 $U(\mathbf{r})$(식 5.67)을 구성하라.

(b) 회전하는 공 껍질(예제 5.11)에 대한 스칼라 전위를 구성하라. [실마리: $r > R$에서는 순수한 쌍극자의 자기장임을 식 5.69 및 5.87과 비교하여 알 수 있다.]

(c) 회전하는 속이 찬 공 속에 대해서 같은 일을 해보라. [실마리: 문제 5.32를 풀었다면 이미 자기장을 알고 있는 셈이다; 그것이 $-\nabla U$와 같다고 놓고, U에 관해 풀어라. 무엇이 문제인가?]

문제 5.58 $\nabla \cdot \mathbf{B} = 0$때문에 **B**를 벡터 전위의 회전($\nabla \times \mathbf{A} = \mathbf{B}$)으로 나타낼 수 있는 것처럼, $\nabla \cdot \mathbf{A} = 0$로 두면 **A**를 다시 "고차" 전위의 회전으로 나타낼 수 있다: $\nabla \times \mathbf{W} = \mathbf{A}$. (그리고 이러한 사다리 구조는 끝없이 되풀이된다.)

(a) **W**를 **B**에 대한 적분으로 나타내는 공식을 구하되, ∞에서 $\mathbf{B} \to \mathbf{0}$일 때 성립하게 하라.

(b) 고른 자기장 **B**에 대한 **W**를 구하라. [실마리: 문제 5.27을 보라.]

(c) 한없이 긴 코일의 안팎의 **W**를 구하라. [실마리: 예제 5.12를 보라.]

문제 5.59 다음 유일성 정리를 증명하라: 어떤 공간 $\mathcal{V}$에서 전류밀도 **J**가 명시되고, $\mathcal{V}$를 둘러싼 면 $\mathcal{S}$위의 모든 곳에서 벡터 전위 **A**나 자기장 **B**가 명시되면, 자기장은 $\mathcal{V}$의 어디에서나 유일하게 정해진다. [실마리: 먼저 발산정리를 써서 아무 벡터 함수 **U**와 **V**에 대해 다음 등식이 맞음을 증명하라.]

$$\int \{(\nabla \times \mathbf{U}) \cdot (\nabla \times \mathbf{V}) - \mathbf{U} \cdot [\nabla \times (\nabla \times \mathbf{V})]\}\, d\tau = \oint [\mathbf{U} \times (\nabla \times \mathbf{V})] \cdot d\mathbf{a}$$

문제 5.60 고른 자기장 $\mathbf{B} = B_0\,\hat{\mathbf{z}}$ 속에 자기 쌍극자 모멘트 $\mathbf{m} = -m_0\,\hat{\mathbf{z}}$가 원점에 있다. 그러면 원점에 중심을 둔 어떤 공의 표면에는 자기장선이 전혀 지나가지 않음을 증명하라. 이 공의 반지름을 구하고, 공 안팎의 장선을 그려 보라.

문제 5.61 그림 5.67과 같이 질량이 M, 전하가 Q인 얇고 고른 둥근 띠가 축을 중심으로 돈다.

(a) 각운동량에 대한 자기 쌍극자 모멘트의 비를 구하라. 이 값이 **자기 회전비**(gyromagnetic ratio) 또는 **자기 역학비**(magnetomechanical ratio)이다.

(b) 전하가 고르게 퍼진 공이 자전하면 자기 회전비는 얼마인가? [따로 셈할 필요 없이 공을 가느다란 둥근 띠로 나누어 (a)의 결과를 써라.]

(c) 양자역학에서 자전하는 전자의 각운동량은 $\frac{1}{2}\hbar$인데, $\hbar$는 플랑크 상수이다. 전자의 자기 쌍극자 모멘트 값은 $A \cdot m^2$단위로 얼마인가? [이 반고전적인 값은 거의 정확하게 참값의 2배이다. 디랙의 상대론적 전자 이론은 이 2를 제대로 고쳐주었다. 뒤에 파인만, 슈빙거, 토모나가는 아주 작은 보정값을 셈하였다. 전자의 자기 쌍극자 모멘트를 결정하는 것은 양자전기역학에서 가장 멋진 성취이며, 물리학의 모든 분야에서 이론과 실험이 가장 정확하게 맞는 사례이다. e와 m을 각각 전자의 전하량과 질량이라면 $e\hbar/2m$가 **보어 마그네톤**(Bohr magneton)이다.]

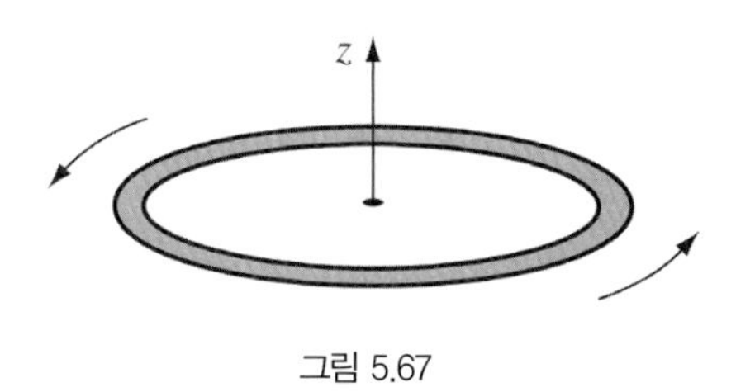

그림 5.67

문제 5.62

(a) 반지름이 R인 공 속에 정상전류가 흐를 때, 공 표면의 평균 자기장은 다음과 같음을 증명하라.

$$\mathbf{B}_{평균} = \frac{\mu_0}{4\pi}\frac{2\mathbf{m}}{R^3} \tag{5.93}$$

여기에서, $\mathbf{m}$은 공의 총 자기 쌍극자 모멘트이다. 정전기학의 결과인 식 3.105와 대조하라. [이것은 어려우므로 다음 식에서 시작하라:

$$\mathbf{B}_{평균} = \frac{1}{\frac{4}{3}\pi R^3}\int \mathbf{B}\, d\tau$$

여기에서, $\mathbf{B}$를 $(\nabla \times \mathbf{A})$로 나타내고 문제 1.61(b)를 써라. 이것을 식 5.65에 넣고, 면적분을 한 다음, 다음을 보여라(그림 5.68).

$$\int \frac{1}{\imath}\, d\mathbf{a} = \frac{4}{3}\pi \mathbf{r}'$$

필요하면 식 5.90을 써라.]

(b) 공 밖의 정상전류가 만드는 자기장의 평균값은 중심의 자기장과 같음을 보여라.

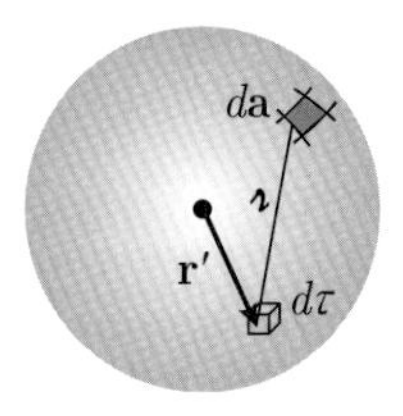

그림 5.68

문제 5.63 총 전하 Q가 퍼져 있는, 반지름이 R인 속이 찬 공이 z축에 대해 각속도 ω로 돌고 있다.

(a) 이 공의 자기 쌍극자 모멘트를 구하라.

(b) 공 속의 자기장의 평균값을 구하라 (문제 5.62를 보라).

(c) $r \gg R$인 점 (r, θ)의 벡터 전위의 어림값을 구하라.

(d) 공 밖의 점 (r, θ)의 전위의 정확한 값을 구하고, (c)와 맞는가 확인하라. [실마리: 예제 5.11을 보라.]

(e) 공 속의 점 (r, θ)의 자기장을 구하고(문제 5.32), (b)와 맞는가 확인하라.

문제 5.64 식 5.88을 써서 자기 쌍극자가, 원점에 중심을 둔, 반지름 R인 공 속에 만드는 자기장의 평균값을 셈하라. 먼저 각적분을 하라. 얻은 결과를 문제 5.62의 일반 정리와 비교하라. 차이에 대해 설명하고 $r = 0$에서의 애매함을 없애려면 식 5.89를 어떻게 고쳐야 하는지 설명하라. (잘 풀리지 않으면 문제 3.52를 보라.) 분명히 자기 쌍극자가 만드는 참된 자기장은 다음과 같다.[37]

$$\mathbf{B}_{\text{쌍극자}}(\mathbf{r}) = \frac{\mu_0}{4\pi}\frac{1}{r^3}\left[3(\mathbf{m}\cdot\hat{\mathbf{r}})\hat{\mathbf{r}} - \mathbf{m}\right] + \frac{2\mu_0}{3}\mathbf{m}\delta^3(\mathbf{r}) \tag{5.94}$$

이에 대응되는 정전기장의 식 3.106과 비교하라.

문제 5.65 반지름 R, 길이 L인 가느다란 유리막대 표면에 전하가 고르게 면밀도 σ로 퍼져 있다. 이 막대가 축을 중심으로 각속도 ω로 돌고 있다. 막대의 축에서 거리 $s \gg R$인 곳의 자기장을 구하라 (그림 5.69). [실마리: 유리막대를 자기 쌍극자가 쌓인 것으로 생각하라.] [답: $\mu_0\omega\sigma LR^3/4[s^2 + (L/2)^2]^{3/2}$]

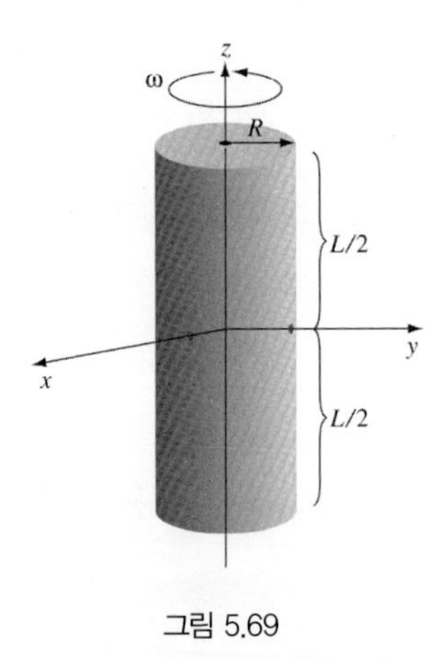

그림 5.69

37 이 델타함수 항 때문에 원자 분광선에 **초미세 갈라짐**(hyperfine splitting)이 생긴다: D. J. Griffiths, *Am. J. Phys.* 50, 698 (1982).

문제 5.66 예제 5.2와 문제 5.16, 5.46, 5.48에서 보았듯이, 로런츠 힘 법칙은 비교적 단순한 자기장 속에서도 괴상한 입자 궤적을 만들어낼 수 있다. 하지만 해석적으로 풀 수 있는 경우는 드물고, 더 탐구하려면 수치 셈법을 써야 한다. 자기장 속에서의 운동에 특히 맞는 알고리즘은 **magnetic velocity Verlet**[38]이며, Mathematica에서는 다음 코드로 구현할 수 있다.

```
MVVerlet [x0_, v0_, m_, q_, dt_, n_, BF_] : =
   Module [{X, V, alpha, x, v, d, C, j},
      X = Table [0., {i, 1 ,n}];
      X[[1]] = x0;
      V = Table [0., {i, 1 , n}];
      V[[1]] = v0;
      x = x0;
      v = v0;
      alpha = q dt I (2m);
      For[j = 2, j<=n, j = j + 1,
         d = v + alpha Cross[v, BF[x]];
         x = x + d dt;
         C = BF[x] ;
         v = (d +alpha Cross[d, CJ
            + alpha^2 C d.C) / (1 + alpha^2 C.C);
         X[[j]] = x;
         V[[j]] = v;
       ];
       Return [{X, V}];
   ]
```

그리고

```
ShowTrajectory [pts_] := Show[Graphics3D [Table[Line
   [{pts[[jj]], pts[[jj + 1]]}], {jj, 1, Length[pts] - 1}]]]
```

`MVVerlet`의 입력 매개변수는 다음과 같다:

x0 = $\{x(0), y(0), z(0)\}$ (초기 위치),
v0 = $\{v_x(0), v_y(0), v_z(0)\}$ (초기 속도),
m (입자의 질량 보통 1로 둠),

38 A. Chambliss, J. Franklin, *Am. J. Phys.* **88**, 1075 (2020).

```
q     (입자의 전하 보통 1로 둠),
dt    (시간 진행 간격 – 작음),
n     (반복 횟수 – 큼).
```

처음에는 자기장을 명시한다:

```
BF[{x_,y_,z_}] := {Bx(x,y,z), By(x,y,z), Bz(x,y,z)};
```

그 다음에는 다음을 넣는다:

```
{X,V} = MVVerlet[x0, v0, m, q, dt, n, BF];
```

(적당한 매개변수를 골라 넣은 뒤), 마지막으로 다음을 불러 궤적을 그린다:

```
ShowTrajectory [X]
```

(a) 고른 자기장에 대해 시험한다 (다음과 같이 시작할 수 있다: `dt = 0. 005, n = 5000, x0 = {1,0,0}, v0 = {0,1, 0.1}, BF[{x,y,z}] = {0,0,1}`. 하지만 작동 방식을 느끼려면 매개변수를 바꿔보라).

(b) 다음을 써서 속도가 일정한지 확인하라.

```
vsquared = Table[V[[jj]] .V[[jj]], {jj, 1, Length[V]}];
ListPlot[vsquared]
```

(c) 이제 긴 직선 정상 전류의 경우(문제 5.41)에 적용하라. 먼저 문제 5.41(d)에서 예측한 나선형 운동을 재현하라. 다음과 같이 둘 수 있는데 vz를 잘 잡아야 한다: $\mu_0 I/(2\pi) = 1$, `x0 = {1, 0, 0}, v0 = {0, .1, vz}`.

(d) 초기 조건을 바꿔 이 장이 허용하는 다양한 거동을 탐색해보라.[39] 특히 눈에 띄는 것은 다음과 같다: x0 = {1, 0, 0}, v0 = { .05, .05, 0}.

문제 5.67 $x = a$ 및 $z = 0$에서 y축과 나란한 아주 긴 도선과 $x = -a$ 및 $y = 0$에서 z축과 나란한 또 다른 아주 긴 도선이 있는 것을 상상하자. 각 도선에는 정상 전류 I가 흐르고, 일정한 자기장 $\mathbf{B}_0$가 있다.[40]

(a) 알짜 자기장 $\mathbf{B}(x, y, z)$를 구하라. (세 항의 합으로 나타내라.)

(b) 문제 2.66의 방법을 써서 (0.4, 0, 0)에서 시작하는 자기장 선을 그려라. `tmax = 5`로 시작하라; 그 다음에는 75와 150을 넣어 보라. 이것은 자기장 선 한 가닥의 일부일 뿐임에 유의하라! [다음과 같이 잡아라: $a = 1$, $\mu_0 I/(2\pi) = 1$, $\mathbf{B}_0 = -(0.1, 0.1, 0.1)$.]

---

39 J. Franklin, D. J. Griffiths, N. Mann, *Am. J. Phys.* **90**, 513 (2022).

40 M. Rosada 외, *Phys. Rev. E* **80**, 067202 (2009); M. Lieberherr, 각주 21.

문제 5.68 예제 5.6에서 비오-사바르 법칙을 써서 반지름 R인 둥근 고리에 정상 전류가 흐를 때 축의 자기장을 계산했다. 축에서 벗어난 곳(문제 5.52)의 자기장은 더 복잡하다.[41] 원통 좌표에서는 다음과 같다:

$$B_z(s,\phi,z) = \frac{\mu_0 I}{2\pi}\frac{1}{\sqrt{(R+s)^2+z^2}}\left[\frac{R^2-s^2-z^2}{(R-s)^2+z^2}E(k)+K(k)\right]$$
$$B_s(s,\phi,z) = \frac{\mu_0 I}{2\pi}\frac{z}{s}\frac{1}{\sqrt{(R+s)^2+z^2}}\left[\frac{R^2+s^2+z^2}{(R-s)^2+z^2}E(k)-K(k)\right]$$

여기서 $K(k)$와 $E(k)$는 각각 제1종 및 제2종 완전 타원 적분이다(Mathematica에서는 각각 `EllipticK[k]`와 `EllipticE[k]`). 그리고 k는 다음과 같다:

$$k \equiv \frac{4Rs}{(R+s)^2+z^2}$$

(a) 문제 2.66의 방법을 써서 $(3R/4)\hat{\mathbf{y}}$에서 시작하는 자기장 선을 그려라. ($\mu_0 I/(2\pi)=1$ 및 $R=1$로 두어라; t는 0에서 10까지 가게 하라.)

(b) 이제 z축 방향의 전류 $0.1I$을 도입하고 합성 자기장에 대한 자기장 선을 그려라. 이번에는 t를 200까지 가게 하라. 이것은 자기장 선 한 가닥임에 유의하라. 결국 "원환체"의 표면 전체를 덮을 것이다.

문제 5.69 문제 5.48에서 고정된 자기 홀극 $q_{자기}$의 자기장 속에서 전하 $q_{전기}$의 운동을 살펴보았는데, 홀극에 꼭지가 있는, (축에 대한) 꼭지각 θ인 원뿔 표면에서 움직임을 알았다. 구좌표 (r,θ,ϕ)로 나타내면 다음과 같다:

$$r(\phi)=\frac{A}{\cos(\phi\sin\theta)},\quad \frac{d\phi}{dt}=\frac{v\cos^2(\phi\sin\theta)}{A\sin\theta}\quad 여기에서\ A=\frac{\mu_0|q_{전기}q_{자기}|\tan\theta}{4\pi m v}$$

(m은 입자의 질량, v는 속력이다).

(a) Mathematica의 `PararnetricPlot3D`를 써서 입자의 궤적을 그려라.

```
PararnetricPlot3D[ {x[phi], y[phi], z[phi]}, {phi, -phi0, phi0}]
```

($A=1, \sin\theta=0.05, \phi_0=9\pi$를 써라).

(b) 문제. 5.66의 magnetic velocity Verlet을 써서 (a)의 궤적을 맞추어라. $m=1$, $q_{전기}=1$, $v=1$로 둘 수 있지만 초기 위치와 속도를 알아내야 한다.

(c) 자기장 선이 홀극에 모이므로, 전하가 홀극에 다가갔다가 어떻게 다시 튀어나오는지 눈여겨보라. 물론 홀극의 존재는 (아마도) 수수께끼이지만 똑같은 "거울" 효과[42]가 지구의 쌍극자장에서 생겨 전자가 (자기) 북극과 남극에서 튕겨 둘 사이를 오가면서 "휘파람 신호(whistler)"를 생

---

41 J. D. Jackson, *Classical Electrodynamics*, 3rd ed., Wiley, New York (1999), §5.5.

42 A. Chambliss, J. Franklin, 각주 38.

성하여 아마추어 무선 기사들을 짜증나게(그리고 당혹스럽게) 한다. (b)의 방법과 자기 쌍극자($\mathbf{m} = m\hat{\mathbf{z}}$)의 장을 써서 이 현상을 탐구하라. $\mu_0 m/4\pi = 100$으로 두고, 예를 들어 $x_0 = \{1., 0., 0.\}$, $v_0 = \{0., 1.5, -3\}$으로 시작하라. 이 이야기에 대한 흥미로운 반전을 보게 될 것이다. 전자는 경로를 되밟아가지만 점차 지구를 돌게 된다.[43]

43 이것은 지구 자기장 속에서의 하전 입자의 운동에 대한 연구인 **스트뢰머 문제**(Str mer's problem)의 한 예이다. C. Stormer, *The Polar Aurora*, Clarendon Press, Oxford (1955); Rossi, Olbert, 각주 32.

제 6 장 물질 속의 자기장

6.1 자화밀도

6.1.1 반자성체, 상자성체, 강자성체

사람들에게 "자성"에 대해 물어 보면 아마도 냉장고 자석단추, 나침반, 북극 등을 말할 텐데 이것들은 겉보기에는 움직이는 전하나 전류가 흐르는 도선과는 아무 관계가 없어 보인다. 그러나 고전 전기역학에서는 모든 자기 현상은 전하의 운동에서 생겨난다; 자성체 속을 원자수준까지 들여다볼 수 있다면 전자가 핵 주위를 돌거나 자전하기 때문에[1] 생기는 미세 전류를 잴 수 있을 것이다. 거시적으로는 이 전류 고리가 너무 작아서 자기 쌍극자로 다룰 수 있다. 보통 원자들의 방향은 제멋대로여서 쌍극자 모멘트를 벡터 덧셈하면 서로 지워진다. 그러나 자기장을 걸어주면 그 자기 쌍극자들이 나란히 배향되어 매질이 자성을 띠게 되어 **자화된다**(magnetized).

전기 편극밀도는 늘 **E**와 나란하지만, 자화밀도는 어떤 물질에서는 **B**와 나란하고[**상자성체**(paramagnet)], 어떤 물질에서는 반대 방향이 된다[**반자성체**(diamagnet)]. 몇몇 물질은 밖에서 걸어준 자기장을 없앤 후에도 오랫동안 자성을 띤다[**강자성체**(ferromagnet) – 이러한 재료로 가장 흔한 것이 철(라틴어로 ferum)이어서 그렇게 이름 지었다.] 이들 물질의 자화밀도를 결정하는 것

---

1 그것은 **고전적** 그림이고, **양자** 역학의 설명은 전혀 다르다. 전자의 고유 스핀과 관련된 자기 쌍극자 모멘트는 점이고 크기는 고정된다. 그것을 자전하는 작은 공으로 보는 모형은 그릇된 결과를 내는 것으로 악명 높다. 우선, "적도" 위의 점은 광속보다 훨씬 빠르다 (문제 8.19d). 회전력을 주어 속력을 높이거나 낮출 수 없다. 전자는 **파울리 배타 원리**와 에너지 및 각운동량의 양자화를 따른다. 물질의 자성을 제대로 이해하려면 이렇게 근본적으로 비고전적인 물체를 받아들여야만 한다. 하지만 이 책은 고전 전기역학 교재이므로, 그러한 것을 넣을 자리가 없다. 자성과 관련된 기구를 최선을 다해 그럴듯하게 설명하겠지만, 그 결과로 얻는 이론은 필연적으로 불완전함을 기억하라.

은 현재의 자기장이 아니라 그 물체가 겪은 자기장의 전체 "역사"이다. 철로 된 영구자석은 가장 흔한 자성체이지만 이론분석이 가장 어려우므로 이 장의 끝으로 미루고, 처음에는 상자성체와 반자성체에 대한 정성적 모형을 다루자.

6.1.2 자기 쌍극자가 받는 회전력과 힘

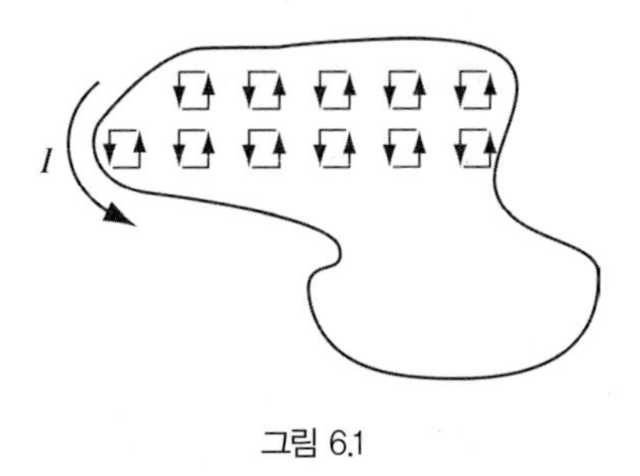

그림 6.1

전기 쌍극자가 전기장 속에서 회전력을 받는 것처럼 자기 쌍극자는 자기장 속에서 회전력을 받는다. 고른 자기장 **B** 속에서 네모꼴 전류고리가 받는 회전력을 셈해 보자. (어떤 모양의 전류고리도 그림 6.1과 같이 아주 작은 네모꼴 고리를 겹쳐서 "안쪽" 변을 지워 만들 수 있으므로, 네모꼴로 시작해도 일반성은 유지된다. 그러나 처음부터 임의의 모양으로 시작하려면 문제 6.2를 보라.) 고리 중심을 원점에 놓고 z축에 대해 y축 방향으로 θ만큼 기울여 놓자(그림 6.2). **B**가 z축을 향하면, 기울어진 두 변이 받는 힘은 서로 비긴다 (고리를 잡아 늘이기는 해도 돌리지는 않는다). "수평한" 변이 받는 힘은 크기는 같고 방향이 반대이므로(따라서, 고리가 받는 알짜 힘은 0이다) 회전력으로 작용한다:

$$\mathbf{N} = aF\sin\theta\,\hat{\mathbf{x}}$$

각 변이 받는 힘의 크기는 다음과 같다.

$$F = IbB$$

따라서 회전력은 다음과 같다.

$$\mathbf{N} = IabB\sin\theta\,\hat{\mathbf{x}} = mB\sin\theta\,\hat{\mathbf{x}}$$

또는

$$\boxed{\mathbf{N} = \mathbf{m}\times\mathbf{B},} \tag{6.1}$$

$m = Iab$는 고리의 자기 쌍극자 모멘트이다. 식 6.1은 고른 자기장 속에서 한정된 전류분포가 받는 회전력에 관한 정확한 식이다. 그러나 자기장이 고르지 않으면 아주 작은 "완벽한" 쌍극자에 대

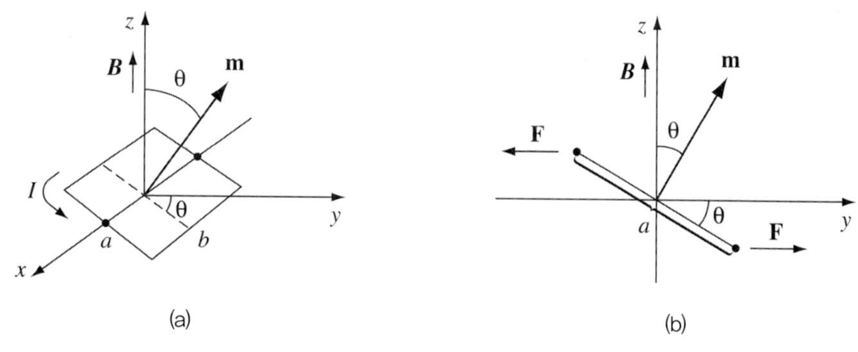

그림 6.2

해서만 정확하다.

식 6.1은 전기 쌍극자에 관한 식 4.4의 $\mathbf{N} = \mathbf{p} \times \mathbf{E}$와 똑같은 꼴이다. 특히, 이 회전력도 자기 쌍극자를 자기장과 **나란히** 정렬시킨다. 바로 이 회전력 때문에 **상자성**(paramagnetism)이 생겨난다. 모든 전자는 자기 쌍극자를 가지고 있으므로(아주 작은 전하 공이 자전한다고 생각해도 좋다), 상자성은 보편적 현상이라고 예상할 수 있다. 그러나 원자 속의 전자는 양자역학(파울리 배타원리)에 따라 스핀 방향이 반대인 두 개씩 쌍을 이루는 경향이 있으므로,[2] 회전력이 지워진다. 그 결과 상자성은 대개 전자가 홀수 개인 원자나 분자에서 나타나며, 이때에는 짝이 없이 "남은" 전자가 자기장에 의한 회전력을 받는다. 그러나 이때도 무질서한 열적 충돌 때문에 전자스핀의 정렬이 많이 흐트러진다.

고른 자기장 속에서는 전류고리가 받는 알짜 힘은 0이다:

$$\mathbf{F} = I \oint (d\mathbf{l} \times \mathbf{B}) = I \left(\oint d\mathbf{l} \right) \times \mathbf{B} = \mathbf{0}$$

B는 일정하므로 적분기호 밖으로 나오고, 닫힌 고리를 따라 더한 알짜 변위 $\oint d\mathbf{l}$은 0이다. 자기장이 **고르지 않으면** 이 식이 맞지 않다. 예를 들어 전류 I가 흐르는 반지름 R인 둥근 고리가 짧은 코일의 "테두리" 영역에 떠 있다고 하자 (그림 6.3). **B**에는 반지름 성분이 있으므로 고리는 아래쪽으로 알짜 힘을 받는다 (그림 6.4):

$$F = 2\pi IRB\cos\theta \tag{6.2}$$

자기 쌍극자 모멘트가 **m**인 아주 작은 고리가 자기장 **B**속에서 받는 힘은 다음과 같다 (문제 6.4를 보라):

$$\boxed{\mathbf{F} = \nabla(\mathbf{m} \cdot \mathbf{B})} \tag{6.3}$$

2 맨 바깥 전자껍질에서는 전자스핀이 나란히 되기도 한다.

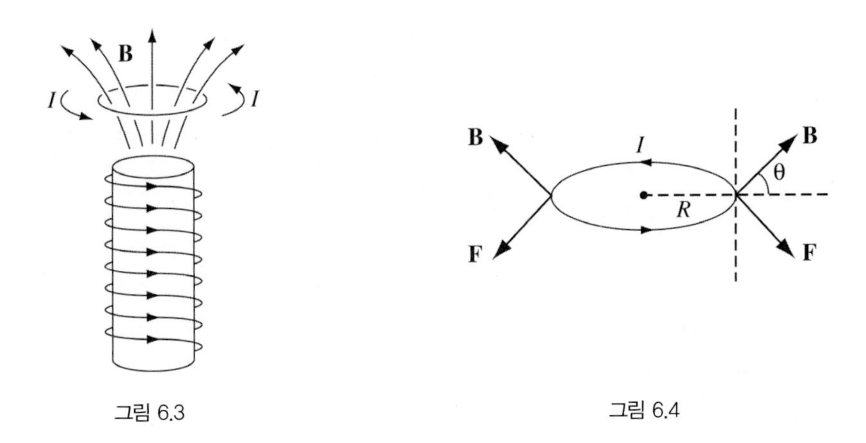

그림 6.3

그림 6.4

여기에서도 자기장에 관한 공식이 전기장에 관한 것 $\mathbf{F} = \nabla(\mathbf{p} \cdot \mathbf{E})$과 "쌍둥이" 꼴이다.[3]

나오는 공식들이 낯이 익다고 느끼기 시작한다면, 옛날 물리학자들이 자기 쌍극자를 마치 전기 쌍극자처럼 음(−)과 양(+)의 "자하(magnetic charge)"(그들은 남, 북"극"이라고 불렀다)가 아주 가까이 있는 것으로 상상한 것이 조금 더 존경스러울 것이다 [그림 6.5(a)]. 그들은 두 극 사이의 인력과 반발력에 관한 "쿨롱 법칙"을 적어 놓았고, 정전기학과 똑같이 정자기학을 전개했다. 그것은 여러 점에서 나쁜 모형이 아니다 − 그것을 쓰면 쌍극자가 만드는 장(적어도 원점이 아닌 곳), (적어도 서 있는) 쌍극자가 받는 회전력, (적어도 밖에서 공급되는 전류가 없을 때) 쌍극자가 받는 힘 등을 정확하게 셈할 수 있다. 그러나 이것은 그릇된 물리학이며, 그 까닭은 북극이나 남극 같은 자기홀극은 없기 때문이다. 막대자석을 반으로 잘라도 한 쪽이 북극 다른 쪽이 남극으로 나뉘는 것이 아니라, 각각 완전한 자석이 된다. 자기현상이 생기는 것은 자기홀극 때문이 아니라 움직이는 전하 때문이다. 자기 쌍극자는 작은 전류고리이며 [그림 6.5(c)], $\mathbf{m}$이 들어간 공식이 $\mathbf{p}$가 들어간 공식과 똑같은 꼴인 것이 참으로 신기하다. 때로는 자기 쌍극자를 물리적으로 맞는 "앙페르" 모형(전류고리) 대신 "길버트(Gilbert)" 모형(떨어져 있는 홀극)으로 보는 것이 쉬울 때가 있

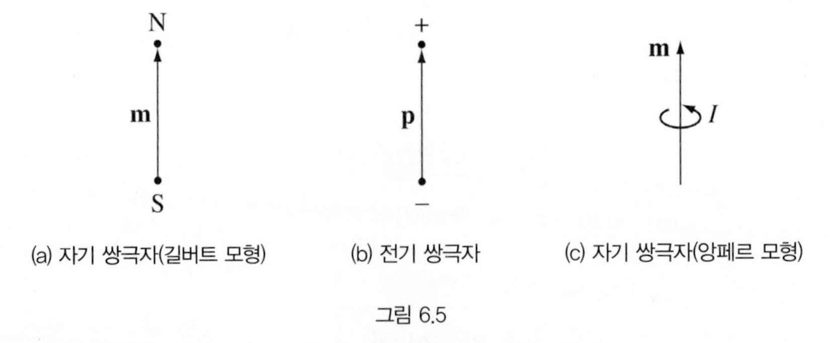

(a) 자기 쌍극자(길버트 모형) (b) 전기 쌍극자 (c) 자기 쌍극자(앙페르 모형)

그림 6.5

3 식 4.5에 대한 각주의 뜻을 따르면 식 6.3에서도 $\mathbf{m}$은 미분할 수 없으므로 다음과 같이 쓰는 것이 안전하다: $\mathbf{F} = \mathbf{m} \times (\nabla \times \mathbf{B}) + (\mathbf{m} \cdot \nabla)\mathbf{B}$.

다. 이것을 쓰면 성가신 문제도 가끔 빠르고 재치 있게 풀 수 있다. (대응되는 정전기학의 문제의 답에서 **p**를 **m**으로, $1/\epsilon_0$를 μ_0로, **E**를 **B**로 바꾸면 된다.) 그러나 쌍극자의 세밀한 특성이 문제가 될 때는 두 모형이 완전히 다른 답을 주기도 한다. 나의 충고는 문제를 풀 때 원한다면 길버트 모형을 써서 직관적 "느낌"을 얻어도 좋지만, 그 값은 결코 믿지 마라는 것이다.

문제 6.1 그림 6.6의 둥근 고리가 네모꼴 고리에 주는 회전력을 구하라 (r이 a나 b보다 훨씬 크다고 하자). 네모꼴 고리가 자유로이 돌 수 있다면, 평형상태에서는 어느 쪽을 향할까?

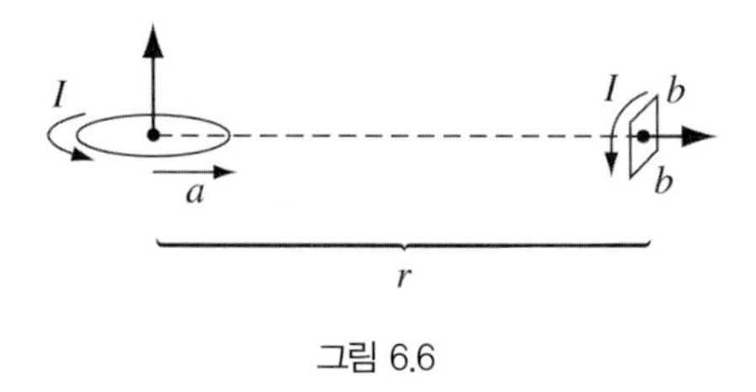

그림 6.6

문제 6.2 식 5.16의 로런츠 힘 법칙에서 시작하여 고른 장 **B**속에 있는 정상전류 분포가 받는 회전력은 그 모양이 어떠하든 $\mathbf{m} \times \mathbf{B}$임을 보여라.

문제 6.3 두 자기 쌍극자 $\mathbf{m}_1$, $\mathbf{m}_2$가 그림 6.7과 같이 배향되어 거리 r만큼 떨어져 있다. (a)식 6.2를 쓰거나, (b) 식 6.3을 써서 두 쌍극자가 끄는 힘을 구하라.

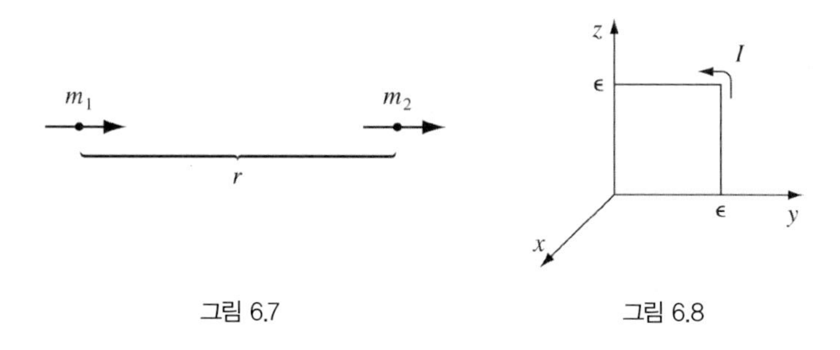

그림 6.7 그림 6.8

문제 6.4 식 6.3을 끌어내어라. [한 가지 방법은 쌍극자를 한 변의 길이가 ϵ인 아주 작은 네모꼴로 보는 것이다 (모양이 다르면 작은 네모꼴로 잘라 각각에 같은 논리를 적용한다). 좌표축을 그림 6.8처럼 잡고, 네 변을 따라 힘 $\mathbf{F} = I\int(d\mathbf{l} \times \mathbf{B})$를 셈하라. **B**를 테일러 급수로 전개하라 − 예를 들면 아래 식의 오른쪽과 같은 꼴이 된다.

$$\mathbf{B} = \mathbf{B}(0, \epsilon, z) \cong \mathbf{B}(0, 0, z) + \epsilon \left.\frac{\partial \mathbf{B}}{\partial y}\right|_{(0,0,z)}$$

더 정교한 방법은 문제 6.22 또는 문제 6.23을 보라.]

문제 6.5 yz평면에 $x = -a$에서 $x = +a$까지 놓인 판에 고른 전류밀도 $\mathbf{J} = J_0\,\hat{\mathbf{z}}$가 흐른다. 자기쌍극자 $\mathbf{m} = m_0\,\hat{\mathbf{x}}$가 원점에 있다.

(a) 식 6.3을 써서 쌍극자가 받는 힘을 구하라.

(b) 쌍극자가 y축과 나란할 때 받는 힘을 구하라: $\mathbf{m} = m_0\hat{\mathbf{y}}$.

(c) 정전기학에서는 전기쌍극자가 받는 힘에 관한 식 $\mathbf{F} = \nabla(\mathbf{p}\cdot\mathbf{E})$와 $\mathbf{F} = (\mathbf{p}\cdot\nabla)\mathbf{E}$이 등가이지만 (증명하라), 정자기학에서 대응되는 식은 그렇지 않다(까닭을 설명하라). 예를 들어 (a)와 (b)에서 $(\mathbf{m}\cdot\nabla)\mathbf{B}$를 셈하라.

6.1.3 자기장이 원자 궤도에 미치는 영향

전자는 자전할 뿐만 아니라 핵 주위를 공전도 한다 − 공전궤도는 간단히 반지름 R인 원이라고하자 (그림 6.9). 기술적으로는 이 궤도운동이 정상전류를 이루지 않지만, 주기 $T = 2\pi R/v$는 아주 짧아서 눈을 엄청나게 빨리 깜빡거리지 않는 한 다음과 같은 정상전류처럼 보일 것이다:

$$I = \frac{-e}{T} = -\frac{ev}{2\pi R}$$

(음성 부호는 전자의 음전하 때문이다.) 따라서, 이 궤도 자기 쌍극자($I\pi R^2$)는 다음과 같다.

$$\mathbf{m} = -\frac{1}{2}evR\,\hat{\mathbf{z}} \tag{6.4}$$

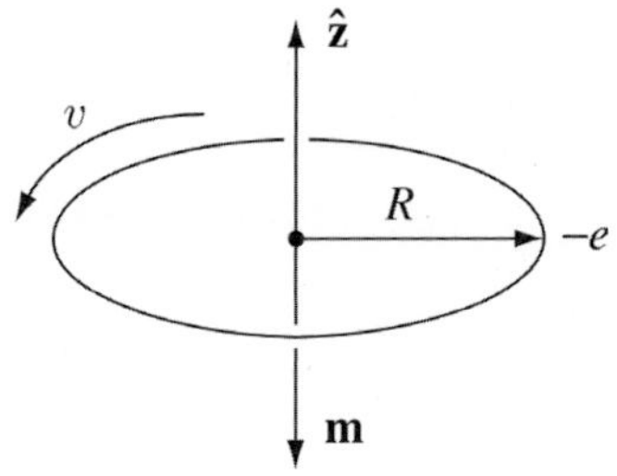

그림 6.9

자기장을 켜면 이 원자는 회전력 $(\mathbf{m}\times\mathbf{B})$를 받는다. 그러나 궤도 전체를 기울이는 것은 스핀을 기울이는 것보다 훨씬 더 힘들기 때문에 궤도운동에 의한 자기 쌍극자는 상자성에 크게 기여하지 못한다. 그러나 이 궤도운동에 더 중요한 효과가 있다: 그것은 $\mathbf{B}$의 방향에 따라서 전자가 더 빨라지거나 느려지는 것이다. 왜냐하면, 구심가속도 v^2/R은 보통은 전기력만으로 유지되지만[4]

---

4 자기 쌍극자 모멘트 m과 헷갈리지 않게 전자의 질량은 '전자'를 아래에 붙여 $m_{전자}$로 쓰겠다.

$$\frac{1}{4\pi\epsilon_0}\frac{e^2}{R^2} = m_{전자}\frac{v^2}{R} \tag{6.5}$$

자기장이 있으면 다른 항 $-e(\mathbf{v} \times \mathbf{B})$가 더 생긴다. 그림 6.10과 같이 $\mathbf{B}$가 궤도면에 직교한다면 운동방정식은 다음과 같다:

$$\frac{1}{4\pi\epsilon_0}\frac{e^2}{R^2} + e\bar{v}B = m_{전자}\frac{\bar{v}^2}{R} \tag{6.6}$$

이 조건에서는 새로운 속력 $\bar{v}$는 애초의 속력 v보다 더 빠르다.

$$e\bar{v}B = \frac{m_{전자}}{R}(\bar{v}^2 - v^2) = \frac{m_{전자}}{R}(\bar{v} + v)(\bar{v} - v)$$

또는 속력의 변화량 $\Delta v = \bar{v} - v$가 작다면 다음 식이 성립한다.

$$\Delta v = \frac{eRB}{2m_{전자}} \tag{6.7}$$

$\mathbf{B}$를 걸어주면 전자의 속력이 빨라진다.[5]

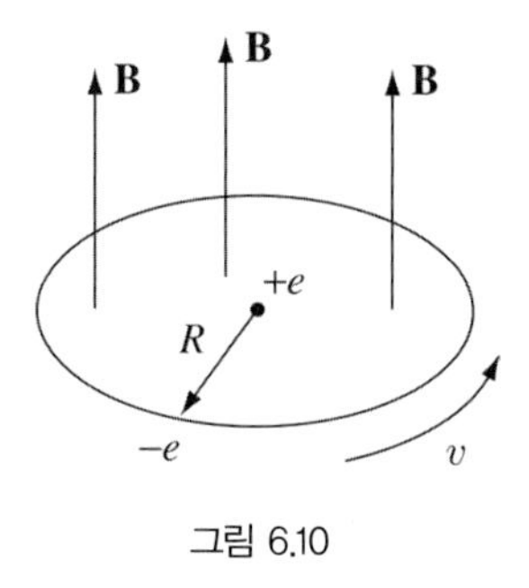

그림 6.10

궤도운동의 속력이 변하면 식 6.4의 쌍극자 모멘트도 변한다:

$$\Delta\mathbf{m} = -\frac{1}{2}e(\Delta v)R\,\hat{\mathbf{z}} = -\frac{e^2R^2}{4m_{전자}}\mathbf{B} \tag{6.8}$$

$\mathbf{m}$의 변화는 $\mathbf{B}$와 반대쪽임을 눈여겨보라. (전자가 반대쪽으로 돈다면 쌍극자는 위쪽을 향하겠지만, 그 궤도운동은 자기장 때문에 속력이 느려지므로 결국 자기쌍극자의 변화는 $\mathbf{B}$와 반대쪽이 된다.) 자화되지 않은 보통물질에서는 전자궤도의 방향이 무질서하므로 궤도 쌍극자 모멘트는 서로 지워진다. 그러나 자기장 속에서는 원자마다 "여분"의 쌍극자 모멘트가 조금씩 생기고, 이것은 모

5 앞에서 자기장은 일을 하지 않으며 입자의 가속시키지 못한다고 했고(식 5.11), 그것은 참이다. 그렇지만 7 장에서 보게 되듯이 시간 변화하는 자기장은 전기장을 만들어내고, 이 경우에 전자를 가속시키는 것은 바로 그 전기장이다.

두 자기장과 반대쪽이다. 그래서 **반자성**(diamagnetism)이 생긴다. 이것은 모든 원자에 적용되는 보편적 현상이지만, 상자성보다 훨씬 약하므로 전자가 짝수개 있어 상자성이 없는 원자에서만 관찰된다.

식 6.8을 끌어낼 때 전자는 반지름이 R인 원궤도를 유지한다고 가정했는데, 이것을 이제는 정당화할 수 없다. 자기장을 걸어주는 동안 원자가 정상상태에 있다면 그 가정을 증명할 수 있지만 정자기학 이상의 것이 필요하므로, 자세한 증명은 제 7 장을 배울 때까지 기다려야 한다 (문제 7.55를 보라). 원자가 움직여 그 자기장 속으로 들어온다면 사정은 훨씬 더 복잡해진다. 그러나 반자성을 대강 설명하는 것이므로 반지름이 변해도 속력은 일정하다고 가정해도 좋다. 식 6.8은 (2배만큼) 변하지만 결론은 똑같다. 고전적 모형에는 원래 결함이 있으므로 (반자성은 실제로는 양자현상이다), 사소한 것을 바꾸어 보아야 소용이 없다.[6] 중요한 것은 반자성체에 유도된 쌍극자의 방향은 자기장과 반대라는 실험적 사실이다.

6.1.4 자화밀도

자기장 속에서는 물질이 자화된다; 다시 말해 미시적으로 살펴보면 수많은 작은 쌍극자들이 어느 쪽으로 대체로 정렬된 것을 볼 수 있을 것이다. 앞에서 이 자기 편극(magnetic polarization)를 설명하는 두 가지 기구를 설명했다: (1) 상자성(짝없는 전자의 스핀이 회전력을 받아 자기장에 나란히 배향되려는 경향을 보인다)과 (2) 반자성(전자의 궤도속력이 변해서 궤도 쌍극자 모멘트의 변화가 자기장과 반대쪽으로 생긴다)이다. 어떻게 생겨났든 물체의 자기 편극 상태를 나타내는 벡터량을 다음과 같이 나타낸다:

$$\mathbf{M} \equiv \text{단위부피 속에 든 자기 쌍극자 모멘트} \tag{6.9}$$

M이 **자화밀도**(magnetization)이다: 이것은 정전기학의 편극밀도 **P**와 비슷하다. 다음 절에서는 이 자화밀도가 어떻게 생겨났든 – 상자성, 반자성 또는 강자성이든지간에 – **M**이 있다고 하고, 이 자화밀도가 만드는 자기장을 셈할 것이다.

유명한 강자성체 삼총사(철, 니켈, 코발트)가 아닌 물질도 자기장의 영향을 받는다는 것에 놀랄지 모르겠다. 물론 나무나 알루미늄 조각을 자석으로 끌어올릴 수는 없다. 그 까닭은 반자성이나 상자성은 매우 약하기 때문이다: 그러한 성질이 있다는 것을 보려면 강한 자석을 써서 정교

6 S. L. O'Dell, R. K. P. Zia, *Am. J. Phys.* **54**, 32 (1986); R. Peierls, *Surprises in Theoretical Physics*, 4장3절 (Princeton, N. J.: Princeton University Press, 1979); R. P. Feynman, R. B. Leighton, M. Sands, *The Feynman Lectures on Physics*, 2권 34-36절 (New York: Addison–Wesley, 1966).

한 실험을 해야 한다. 그림 6.3과 같이 코일 위에 상자성체를 올려놓으면, 유도된 자화밀도는 위쪽을 향하므로 결국 아래쪽으로 힘을 받는다. 이에 반해, 반자성체의 자화밀도는 아래쪽을 향하고 힘은 위쪽을 향한다. 일반적으로 시료를 고르지 않은 자기장 속에 두면 **상자성체는 자기장이 센 쪽으로 끌리고 반자성체는 약한 쪽으로 밀려 난다.** 그러나 실제의 힘은 몹시 작다 – 전형적인 실험에서 철로 된 시료가 받는 힘이 10^4또는 10^5배 더 크다. 이러한 까닭에 제 5 장에서 구리줄 속의 자기장을 구할 때 자화밀도를 따질 필요가 없었다.[7]

문제 6.6 다음 물질 중에서 어느 것이 상자성체이고 어느 것이 반자성체인지 말하라. 알루미늄, 구리, 염화구리($CuCl_2$), 탄소, 납, 질소(N_2), 소금(NaCl), 나트륨, 황, 물. (실제로 구리만이 약간 반자성체이고 나머지는 예상 대로이다.)[8]

6.2 자화된 물체가 만드는 자기장

6.2.1 속박전류

자화된 물체 한 조각이 있다고 하자; 자화밀도(단위 부피 속의 자기쌍극자 모멘트)는 $\mathbf{M}$이다. 이 물체가 만드는 자기장은 얼마일까? 하나의 쌍극자 $\mathbf{m}$이 만드는 벡터 전위는 식 5.85이다:

$$\mathbf{A}(\mathbf{r}) = \frac{\mu_0}{4\pi}\frac{\mathbf{m}\times\hat{\boldsymbol{\mathscr{r}}}}{\mathscr{r}^2} \tag{6.10}$$

자화된 물체의 부피요소 $d\tau'$속에는 쌍극자 모멘트 $\mathbf{M}\,d\tau'$가 들어 있으므로, 총 벡터 전위는 다음과 같다 (그림 6.11):

$$\mathbf{A}(\mathbf{r}) = \frac{\mu_0}{4\pi}\int\frac{\mathbf{M}(\mathbf{r}')\times\hat{\boldsymbol{\mathscr{r}}}}{\mathscr{r}^2}\,d\tau' \tag{6.11}$$

---

7 1997년 Andre Geim은 살아 있는 개구리(반자성)를 30분 동안 띄웠다; 그는 이 일로 2000년 이그 노벨상을 받았고, 뒤에(2010년) 그래핀에 관한 연구로 노벨상을 받았다: M. V. Berry, A. K Geim, *Eur. J. Phys.* **18**, 307 (1997); A. K Geim, *Physics Today*, September 1998, 36쪽.

8 사실, 이 결정은 시사한 것보다 더 복잡하다. 전자가 홀수 개인 원자(또는 분자)는 분명히 짝 없는 전자가 있고 따라서 상자성이지만, 짝수 개인 원자(또는 분자)에도 짝 없는 전자가 있을 수 있다 [**훈트 규칙**(Hund' rule)]. 예를 들어, 산소(원자 번호 8) 원자는 상자성이다. 게다가 분자와 고체에서는 **공유** 전자가 짝짓기를 할 수 있다. 따라서 비스무트(원자 번호 83)는 고체 상태에서는 강한 반자성을 띤다.

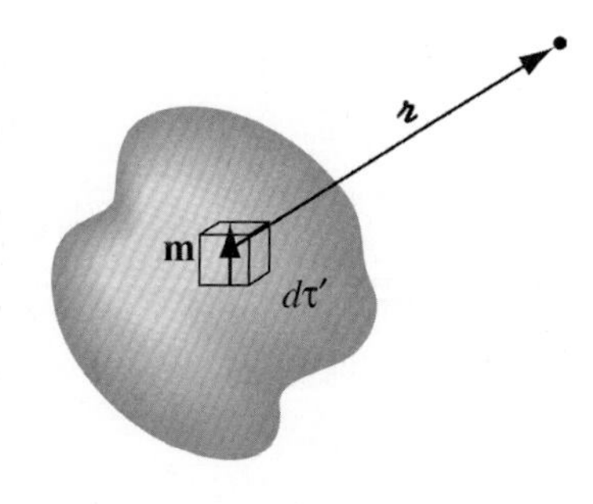

그림 6.11

원리적으로는 이 식으로 됐다. 그러나 정전기의 경우처럼(§4.2.1), 이 적분을 다음의 항등식을 써서 알기 쉬운 꼴로 바꿀 수 있다:

$$\nabla'\frac{1}{\mathscr{r}} = \frac{\hat{\mathscr{r}}}{\mathscr{r}^2}$$

그러면 다음과 같아진다.

$$\mathbf{A}(\mathbf{r}) = \frac{\mu_0}{4\pi}\int\left[\mathbf{M}(\mathbf{r}')\times\left(\nabla'\frac{1}{\mathscr{r}}\right)\right]d\tau'$$

곱셈규칙 7번을 써서 부분적분하면 다음 결과를 얻는다.

$$\mathbf{A}(\mathbf{r}) = \frac{\mu_0}{4\pi}\left\{\int\frac{1}{\mathscr{r}}[\nabla'\times\mathbf{M}(\mathbf{r}')]\,d\tau' - \int\nabla'\times\left[\frac{\mathbf{M}(\mathbf{r}')}{\mathscr{r}}\right]d\tau'\right\}$$

문제 1.61(b)를 쓰면 마지막 항을 면적분으로 바꿀 수 있다.

$$\mathbf{A}(\mathbf{r}) = \frac{\mu_0}{4\pi}\int\frac{1}{\mathscr{r}}[\nabla'\times\mathbf{M}(\mathbf{r}')]\,d\tau' + \frac{\mu_0}{4\pi}\oint\frac{1}{\mathscr{r}}[\mathbf{M}(\mathbf{r}')\times d\mathbf{a}'] \tag{6.12}$$

첫 항은 다음과 같은 **부피전류** 때문에 생기는 전위라고 볼 수 있다:

$$\boxed{\mathbf{J}_{속박} = \nabla\times\mathbf{M}} \tag{6.13}$$

둘째 항은 다음과 같은 **표면전류** 때문에 생기는 전위라고 볼 수 있다:

$$\boxed{\mathbf{K}_{속박} = \mathbf{M}\times\hat{\mathbf{n}}} \tag{6.14}$$

여기에서 $\hat{\mathbf{n}}$은 단위 법선벡터이다. 이 양들을 쓰면 다음과 같은 꼴이 된다.

$$\mathbf{A}(\mathbf{r}) = \frac{\mu_0}{4\pi}\int_{\mathcal{V}}\frac{\mathbf{J}_{속박}(\mathbf{r}')}{\mathscr{r}}\,d\tau' + \frac{\mu_0}{4\pi}\oint_{\mathcal{S}}\frac{\mathbf{K}_{속박}(\mathbf{r}')}{\mathscr{r}}\,da' \tag{6.15}$$

이 식이 뜻하는 바는 다음과 같다: 자화된 물체가 만드는 벡터 전위는(따라서 자기장도) 그 속에 있는 부피 전류밀도 $\mathbf{J}_{속박} = \nabla \times \mathbf{M}$과 가장자리에 있는 표면 전류밀도 $\mathbf{K}_{속박} = \mathbf{M} \times \hat{\mathbf{n}}$이 만드는 전위와 같다. 식6.11을 써서 모든 쌍극자를 적분하는 대신에, **속박전류**(bound current)를 구한 다음, 이 전류가 만드는 장을 구하면 된다. 이것도 정전기의 경우와 놀랄만큼 비슷하다: 편극된 물체가 만드는 전기장은 속박 부피전하 $\rho_{속박} = -\nabla \cdot \mathbf{P}$와 속박 표면전하 $\sigma_{속박} = \mathbf{P} \cdot \hat{\mathbf{n}}$이 만든 것과 같다.

예제 6.1

고르게 자화된 공이 만드는 자기장을 구하라.

■ 풀이 ■

그림 6.12와 같이 z축을 $\mathbf{M}$의 방향과 나란히 잡으면 속박 전류밀도는 다음과 같다:

$$\mathbf{J}_{속박} = \nabla \times \mathbf{M} = \mathbf{0}, \quad \mathbf{K}_{속박} = \mathbf{M} \times \hat{\mathbf{n}} = M \sin\theta\, \hat{\boldsymbol{\phi}}$$

그런데 표면전하 σ가 고르게 퍼진 공 껍질이 돌면, 표면 전류밀도가 다음과 같이 생긴다:

$$\mathbf{K} = \sigma \mathbf{v} = \sigma \omega R \sin\theta\, \hat{\boldsymbol{\phi}}$$

그러므로 고르게 자화된 공이 만드는 자기장은, $\sigma R\boldsymbol{\omega} \to \mathbf{M}$으로 바꾸면 자전하는 공 껍질이 만드는 장과 똑같다. 예제 5.11 에서 보면, 그 자기장은 공 속에서는

$$\mathbf{B} = \frac{2}{3}\mu_0 \mathbf{M} \tag{6.16}$$

이고, 공 밖에서는 다음과 같은 순수한 자기 쌍극자가 만드는 것과 같다:

$$\mathbf{m} = \frac{4}{3}\pi R^3 \mathbf{M}$$

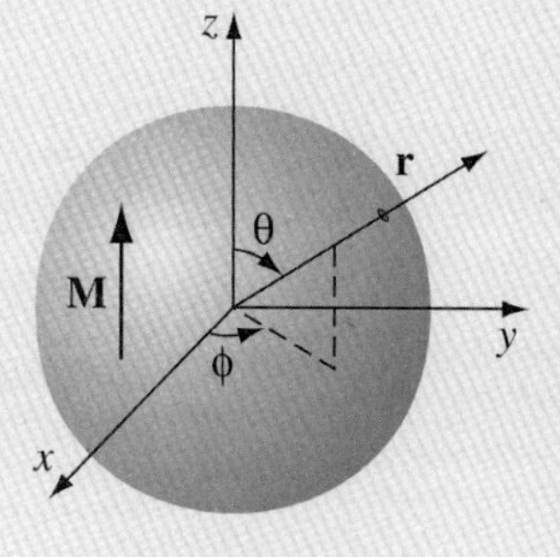

그림 6.12

고르게 편극된 공 속의 전기장이 고른 것처럼(식 4.14) 고르게 자화된 공 속의 자기장도 고르다. 다만 두 경우 실제 공식은 신기하게도 다르다($-\frac{1}{3}$ 대신 $\frac{2}{3}$이다).[9] 공 밖의 장도 비슷하다: 두 경우 모두 순수 쌍극자가 만든 것과 같다.

문제 6.7 아주 긴 원통이 고르게 자화되어 자화밀도 $\mathbf{M}$이 축과 나란하다. ($\mathbf{M}$때문에 생긴) 자기장을 원통 안팎에서 구하라.

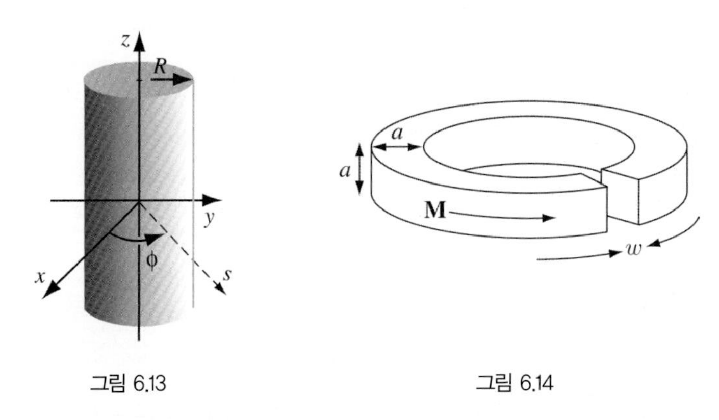

그림 6.13 그림 6.14

문제 6.8 반지름 R인 긴 원통의 자화밀도가 $\mathbf{M} = ks^2\,\hat{\boldsymbol{\phi}}$이다. 여기에서 k는 상수, s는 축까지의 거리, $\hat{\boldsymbol{\phi}}$는 원둘레 방향의 단위벡터이다(그림 6.13). $\mathbf{M}$이 만드는 자기장을 원통 안팎에 대해 구하라.

문제 6.9 반지름 a, 길이 L인 짧은 원통에 고른 자화밀도 $\mathbf{M}$이 축과 나란히 "굳어" 있다. 속박전류를 구하고, 원통이 만드는 자기장을 대강 그려라. ($L \gg a$, $L \ll a$, $L \approx a$일 때의 세 가지에 대해서 하라.) 이 **막대자석**(bar magnet)을 문제 4.11의 "막대 전기 쌍극자"와 비교하라.

문제 6.10 길이 L, 단면이 네모꼴(변의 길이 a)인 철봉에 고른 자화밀도 $\mathbf{M}$을 길이방향으로 준 다음, 그림 6.14처럼 둥글게 구부려 그 간극이 w가 되게 했다. $w \ll a \ll L$일 때 간극 가운데의 자기장을 구하라. [실마리: 이것을 완전한 원환체와 반대쪽으로 전류가 흐르는 네모꼴 고리가 겹쳐진 것으로 생각하라.]

---

9 전기 및 자기 쌍극자가 만드는 장의 "접촉" 항(식 3.106과 5.94)에도 같은 인자가 붙는 것이 우연이 아니다. 사실 편극/자화된 공을 $R \to 0$인 극한으로 보낸 것이 완벽한 쌍극자에 대한 좋은 모형이다.

6.2.2 속박전류의 물리적인 뜻

앞 절에서 자화된 물체가 만드는 장은 속박전류 $\mathbf{J}_{속박}$과 $\mathbf{K}_{속박}$이 만드는 장과 같음을 보았다. 이 속박전류가 물리적으로 어떻게 생기는지 살펴보자. 이미 수학적으로 엄밀한 유도과정은 설명했으므로, 이번에는 추론을 통해 살펴보자. 그림 6.15는 고르게 자화된 얇은 판을 그린 것인데, 쌍극자를 작은 전류고리로 나타냈다. "내부" 전류는 모두 지워짐을 눈여겨보자: 오른쪽으로 흐르는 것 바로 곁에 왼쪽으로 흐르는 것이 있다. 그러나 테두리에는 맞지울 고리가 곁에 없으므로, 전체적으로 보면 테두리를 따라 도는 큰 전류띠 I가 된다(그림 6.16).

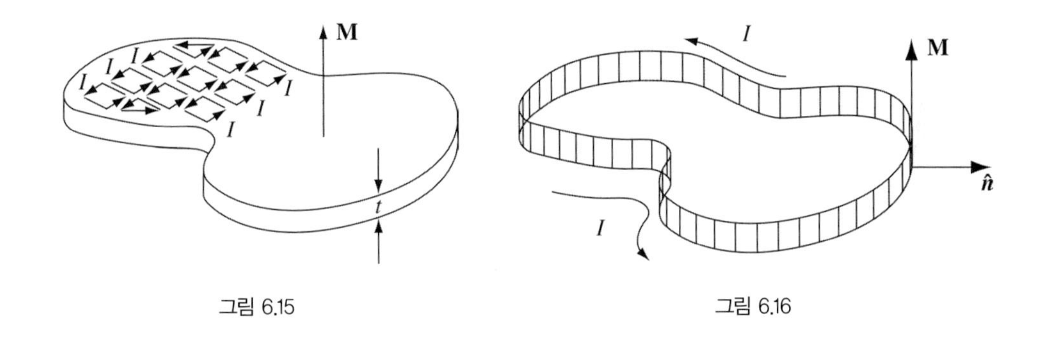

그림 6.15　　　　그림 6.16

이 전류는 $\mathbf{M}$으로 어떻게 표시될까? 작은 고리의 넓이를 a, 두께 t라고 하자(그림 6.17). 쌍극자 모멘트를 자화밀도 M으로 나타내면 $m = Mat$, 전류 I로 나타내면 $m = Ia$이다. 따라서 $I = Mt$이고 표면전류는 $K_{속박} = I/t = M$이다. 밖으로 향하는 단위벡터 $\hat{\mathbf{n}}$을 쓰면(그림 6.16), $K_{속박}$의 방향은 다음과 같이 가위곱으로 나타낼 수 있다:

$$\mathbf{K}_{속박} = \mathbf{M} \times \hat{\mathbf{n}}$$

(이 식은 또한 그 판의 위아래 표면에는 전류가 없다는 것도 나타낸다; 이 경우 $\mathbf{M}$은 $\hat{\mathbf{n}}$에 나란하므로 가위곱을 하면 0이 된다.)

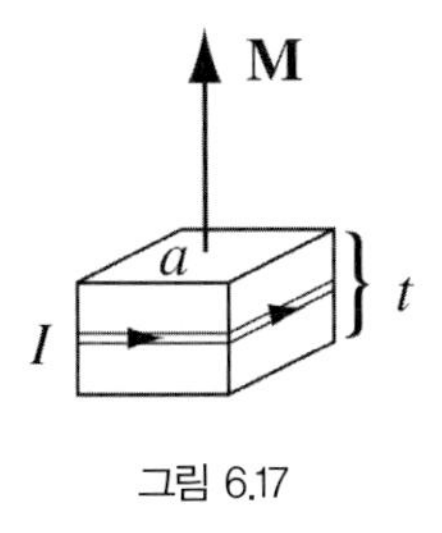

그림 6.17

이 속박 표면전류는 §6.2.1에서 얻은 것과 똑같다. 이것은 특이한 전류로서, 어떤 전하도 실제로는 가장자리 전체를 따라 움직이지는 않는다 – 전하마다 원자 속에서 아주 작은 궤도를 따라 움직일 따름이다. 그렇지만 알짜 효과는 거시적인 전류가 자화된 물체 표면을 따라 흐르는 것과 같다. 이것을 "속박" 전류라고 부르는 까닭은 전하마다 물체 속의 어떤 원자에 붙어 있음을 기억하려는 것이다. 그러나 이것은 완벽하게 참된 전류이고, 다른 전류와 똑같이 자기장을 만든다.

자화밀도가 **고르지 않으면** 내부전류는 더 이상 지워지지 않는다. 그림 6.18(a)의 이웃한 두 자성체 조각 중 오른쪽에 있는 화살표를 더 크게 그려 그 점의 자화밀도가 더 크다는 것을 나타냈다. 이 둘이 붙은 면에서는 x–쪽으로 알짜 전류가 흐른다.

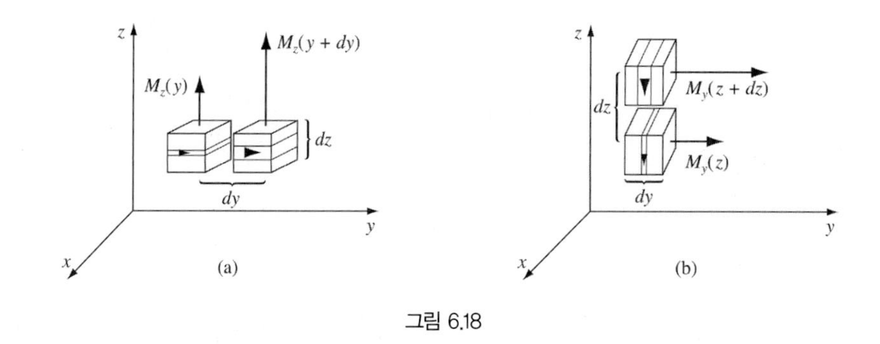

그림 6.18

$$I_x = [M_z(y + dy) - M_z(y)]\,dz = \frac{\partial M_z}{\partial y}\,dy\,dz$$

그러므로 이것에 해당하는 부피 전류밀도는 다음과 같다.

$$(J_{\text{속박}})_x = \frac{\partial M_z}{\partial y}$$

마찬가지로 y–쪽으로 고르지 못한 자화밀도는 $-\partial M_y/\partial z$가 되므로[그림 6.18(b)] 이것에 해당하는 부피 전류밀도는 다음과 같다.

$$(J_{\text{속박}})_x = \frac{\partial M_z}{\partial y} - \frac{\partial M_y}{\partial z}$$

따라서 고르지 않은 자화밀도 때문에 생기는 속박 전류밀도의 일반적인 꼴은 다음과 같다.

$$\mathbf{J}_{\text{속박}} = \nabla \times \mathbf{M}$$

이것은 §6.2.1의 결과와 같다.

또한 다른 전류처럼 $\mathbf{J}_{\text{속박}}$도 식 5.33의 보존법칙을 충족시켜야 한다:

$$\nabla \cdot \mathbf{J}_{\text{속박}} = 0$$

이 조건이 충족되는가? **그렇다.** 회전의 발산은 늘 0이기 때문이다.

6.2.3 물질 속의 자기장

전기장과 마찬가지로 물질 속의 미시적 자기장도 때와 곳에 따라 크게 변한다. "물질 속의 자기장"이란 거시적인 장을 뜻한다: 이것은 많은 원자를 품는 충분히 큰 영역에 대한 평균값이다. (자화밀도 **M**도 이렇게 하여 "매끄러워졌다.") §6.2.1의 방법을 자화된 물체 속의 점에 적용하여 얻은 값이 바로 이 자기장이고, 이것은 여러분 스스로 다음 문제를 풀어 증명할 수 있다.

문제 6.11 §6.2.1에서는 완벽한 쌍극자 전위(식 6.10)로부터 시작했지만, 사실은 실제의 쌍극자를 다룬다. 그렇지만 그렇게 얻은 거시적인 장이 정확함을 §4.2.3의 방법을 써서 보여라.

6.3 보조장 H

6.3.1 자성체 속에서의 앙페르 법칙

§6.2에서 자화밀도의 효과는 속박전류로 나타나며, 그것이 물질 속에서는 $\mathbf{J}_{속박} = \nabla \times \mathbf{M}$, 표면에서는 $\mathbf{K}_{속박} = \mathbf{M} \times \hat{\mathbf{n}}$임을 배웠다. 매질의 자화밀도 때문에 생기는 자기장은 바로 이 전류가 만드는 자기장이다. 이제 모두 모이자: 속박전류가 만드는 자기장과, 다른 모든 것 – **자유전류**(free current) – 이 만드는 자기장을 더하자. 자유전류는 자성체 속에 넣은 도선을 따라 흐르거나, 자성체가 도체라면 그 속을 직접 흐른다. 어쨌든 총 전류는 다음과 같이 쓸 수 있다.

$$\mathbf{J} = \mathbf{J}_{속박} + \mathbf{J}_{자유} \tag{6.17}$$

식 6.17에 새로운 물리적 내용은 없다; 편의상 전류를 두 부분으로 나누었을 뿐이다: 자유전류는 도선에 전지를 연결하면 흐른다 – 이것은 전하가 실제로 이동하는 것이다; 그러나 속박전류는 자화밀도 때문에 생긴다 – 이것은 많은 원자수준의 자기 쌍극자가 나란히 정렬하여 생긴다.

식 6.17과 식 6.13을 보면 앙페르 법칙은 다음과 같이 쓸 수 있다:

$$\frac{1}{\mu_0}(\nabla \times \mathbf{B}) = \mathbf{J} = \mathbf{J}_{자유} + \mathbf{J}_{속박} = \mathbf{J}_{자유} + (\nabla \times \mathbf{M})$$

두 회전 벡터를 모으면 다음과 같은 꼴이 된다.

$$\nabla \times \left(\frac{1}{\mu_0}\mathbf{B} - \mathbf{M}\right) = \mathbf{J}_{자유}$$

괄호 속에 있는 양을 **H**로 나타내자.

$$\boxed{\mathbf{H} \equiv \frac{1}{\mu_0}\mathbf{B} - \mathbf{M}} \tag{6.18}$$

H를 쓰면 앙페르 법칙은 같은 꼴이 되고

$$\boxed{\nabla \times \mathbf{H} = \mathbf{J}_{자유}} \tag{6.19}$$

적분꼴은 다음과 같다:

$$\oint \mathbf{H} \cdot d\mathbf{l} = I_{자유(안)} \tag{6.20}$$

여기에서, $I_{자유(안)}$는 앙페르 고리를 지나가는 **자유전류**를 모두 더한 값이다.

H가 정자기학에서 하는 구실은 정전기학에서 **D**가 하는 구실과 같다: **D**를 쓰면 가우스 법칙을 자유전하만으로 나타낼 수 있는 것처럼 **H**를 쓰면 앙페르 법칙을 직접 조절할 수 있는 자유전류만으로 나타낼 수 있다. 속박전류는 속박전하와 마찬가지로 식을 정리하면서 생겨난 것일 뿐이다. – 이것은 물질이 자화되면 생겨나고, 자유전류와는 달리 마음대로 켰다 껐다 할 수 없다. 식 6.20을 쓸 때는 자유전류만 생각하면 되는데, 이 전류는 우리가 흘려주므로 잘 안다. 특히 대칭성이 있으면 앙페르 법칙의 방법을 쓰며, 식 6.20에서 금방 **H**를 구할 수 있다. (예를 들어 문제 6.7과 6.8은 **H** = 0임에 유의하면 한 줄로 풀 수 있다.)

예제 6.2

반지름 R인 긴 구리막대에 자유전류 I가 고르게 퍼져 흐른다(그림 6.19). 막대 안팎의 H를 구하라.

■ 풀이 ■

구리는 약한 반자성체이므로 쌍극자는 자기장과 반대쪽으로 정렬한다. 그러므로 속박전류의 방향은 도선 속에서는 I와 반대이고 표면에서는 I와 같다(그림 6.20). 이 전류의 크기는 아직 모르지만, **H**를 셈하는 데는 전류가 축방향이라는 것만 알면 된다. **B**, **M**과 **H**는 모두 원둘레 방향이므로 식 6.20을 반지름 $s < R$인 앙페르 고리에 적용하면,

$$H(2\pi s) = I_{자유(안)} = I\frac{\pi s^2}{\pi R^2}$$

이고, 따라서 도선 속에서는

$$\mathbf{H} = \frac{I}{2\pi R^2} s\,\hat{\boldsymbol{\phi}} \qquad (s \leq R) \tag{6.21}$$

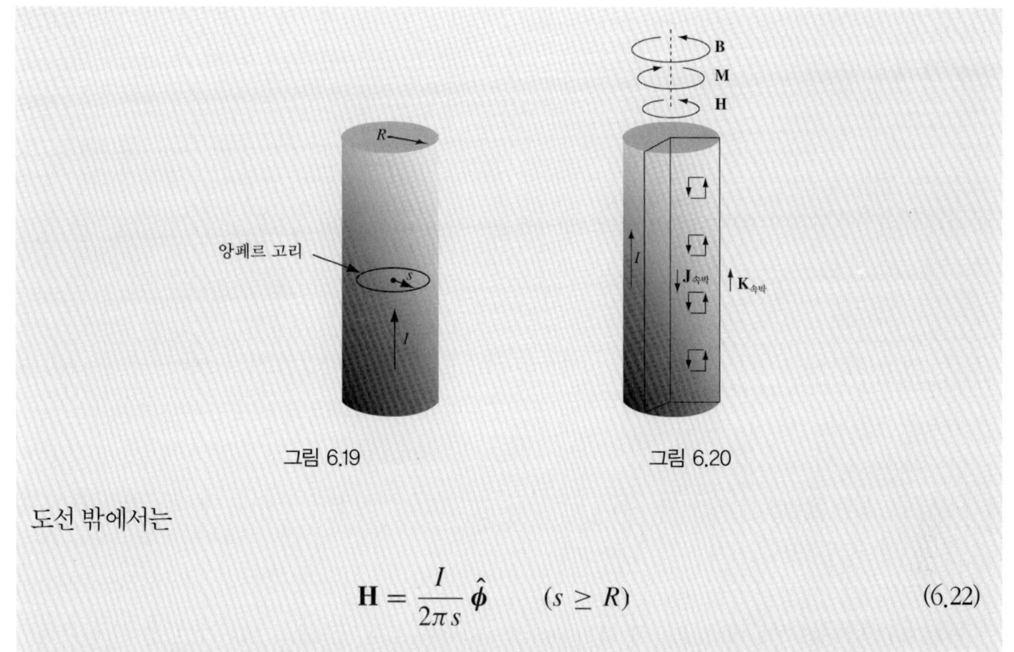

그림 6.19　　　　그림 6.20

도선 밖에서는

$$\mathbf{H} = \frac{I}{2\pi s}\hat{\boldsymbol{\phi}} \qquad (s \geq R) \tag{6.22}$$

이다. 도선 밖에서는(빈 공간에서 늘 그렇듯이) **M** = 0이므로 자화되지 않은 도선과 같이

$$\mathbf{B} = \mu_0\mathbf{H} = \frac{\mu_0 I}{2\pi s}\hat{\boldsymbol{\phi}} \qquad (s \geq R)$$

이므로 자화되지 않은 도선에 흐르는 전류가 만드는 자기장과 같다(예제 5.7). 도선 속의 **B**는 이 단계에서는 결정할 수 없는데, 그 까닭은 **M**을 모르기 때문이다(실제로는 구리의 자화밀도가 아주 작아서 대부분 완전히 무시할 수 있다).

H는 **D**보다 훨씬 쓸모가 있다. 실험실에서는 **H**에 대해서는(심지어 **B**보다 더) 많이 말하지만, **D**에 대해서는 아무도 말하지 않는다(단지 **E**만을 말할 뿐이다). 그 이유는 다음과 같다: 전자석을 만들려면 (자유)전류를 코일에 흘려보낸다. 계기판에서 읽는 양은 전류이고 이것이 **H**를(**H**의 선적분을) 결정한다. **B**는 쓰는 물질에 따라 달라지고, 철과 같은 물질은 자석의 이력에 따라서도 달라진다. 반면에 전기장을 만들려면 평행판 축전기에 알고 있는 전하량을 고정시키는 대신에, 보통 전압을 알고 있는 전지를 연결한다. 계기판에서 읽는 양은 전위차이고 이것이 **E**를(그보다는 **E**의 선적분을) 결정한다. **D**가 얼마인가는 쓰는 유전체에 따라 다르다. 만일 전하를 재는 것이 쉽고 전위를 재는 것이 어려웠다면 실험 물리학자는 **E**대신 **D**를 이야기할 것이다. 따라서 **D**에 비해 **H**가 비교적 친근한 것은 순전히 실용적인 면일 뿐, 이론적 바탕은 둘 다 같다.

많은 책에서 **B**가 아니라 **H**를 "자기장"이라고 부른다. 그러면 **B**에 이름을 따로 붙여야 한다. 그래서 어떤 이는 "자속밀도(flux density)" 또는 "자기유도(magnetic induction)"라고 한다(매우 불합리하다: 이 말은 전기역학에서 적어도 두 가지 다른 뜻으로 이미 쓴다). 어쨌든 **B**가 기본량이므로, 모든 사람이 일상생활에서 쓰듯이 **B**를 "자기장"이라 하자. **H**는 적당한 말이 없으므로 그냥 "**H**"라고 하자.[10]

문제 6.12 반지름이 R인, 아주 긴 원통에 자화밀도가 축과 나란히 "굳어" 있다:

$$\mathbf{M} = ks\,\hat{\mathbf{z}},$$

k는 상수, s는 축까지의 거리이다; 자유전류는 전혀 없다. 원통 안팎의 자기장을 다음 두 가지 방법으로 구하라.

(a) §6.2와 같이 속박전류를 찾아내고, 이것이 만드는 장을 구하라.

(b) 식 6.20의 앙페르 법칙을 써서 **H**를 구한 뒤, 식 6.18을 써서 **B**를 구하라. (둘째 방법이 훨씬 빠르며, 속박전류를 직접 쓰지 않는다.)

문제 6.13 큰 자성체 덩어리 속의 자기장이 $\mathbf{B}_0$이며 $\mathbf{H}_0 = (1/\mu_0)\mathbf{B}_0 - \mathbf{M}$이라고 하자. 여기에서 **M**은 "굳은" 자화밀도이다.

(a) 덩어리 속에 작은 공 모양의 구멍을 파냈다(그림 6.21). 이 구멍 중심의 장을 $\mathbf{B}_0$와 **M**으로 나타내라. 중심의 **H**도 $\mathbf{H}_0$와 **M**으로 나타내라.

(b) **M**과 나란히 긴 바늘 모양의 구멍을 파냈다고 하고 똑같이 해보라.

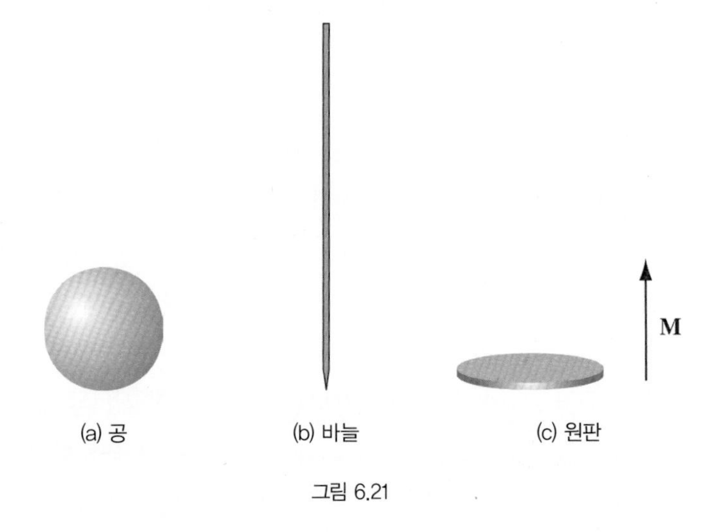

그림 6.21

---

10 이것에 동의하지 않는 사람은 A. Sommerfeld의 *Electrodynamics* (New York: Academic Press, 1952) 45쪽을 보라: "**H**를 '자기장'이라는 좋지 않은 말로 부르는 것은 될 수 있으면 피해야한다. 이 말 때문에 맥스웰 자신도 잘못을 저질렀다." (전류가 아닌) 자화밀도가 만드는 **H**를 때로는 **자기소거 장**(demagnetization field)이라고 하는데, 그 까닭은 M과 방향이 반대인 경향이 있기 때문이다 (예를 들어 문제 6.14를 보라).

(c) **M**에 수직하게 얇은 원판 모양의 구멍을 파냈다고 하고 똑같이 해보라.

이 문제를 풀 때 구멍이 충분히 작아서 **M**, $\mathbf{B}_0$, $\mathbf{H}_0$가 거의 일정하다고 생각하라. 문제 4.16과 비교하라. [실마리: 구멍을 내는 것은 자화밀도가 반대인 똑같은 모양의 물체를 겹쳐두는 것과 같다.]

6.3.2 잘못 알기 쉬운 비슷함

식 6.19는 애초의 앙페르 법칙(식 5.56)과 똑같은데, 총 전류가 자유전류로, **B**가 $\mu_0\mathbf{H}$로 바뀐 것처럼 보인다. 그렇지만 **D**에서와 같이 이러한 대응관계를 너무 중요하게 생각하지 말기 바란다. 이 식에 담긴 내용은 "$\mu_0\mathbf{H}$는 **B**와 같되 원천전류가 **J**가 아니라 $\mathbf{J}_{자유}$일 뿐이다"가 결코 아니다. 그 이유는 벡터의 회전만으로는 벡터장을 결정할 수 없기 때문이다 - 발산도 알아야 한다. 한편 $\nabla \cdot \mathbf{B} = 0$인데 반해 **H**의 발산은 보통 0이 아니다. 식 6.18에 따르면

$$\nabla \cdot \mathbf{H} = -\nabla \cdot \mathbf{M} \tag{6.23}$$

이다. 따라서 **M**의 발산이 0일 때만 **B**와 $\mu_0\mathbf{H}$가 비슷해진다.

이것이 공리공론처럼 들린다면 막대자석을 예로 들어 보자 – 짧은 원통꼴 쇠막대에 축과 나란하게 영구 자화밀도 **M**이 고르게 퍼져 있다. (문제 6.9 및 6.14를 보라). 여기에는 자유전류가 어디에도 없다고하여 순진하게 식 6.20을 쓰면 $\mathbf{H} = 0$이므로, 자석 속에서는 $\mathbf{B} = \mu_0\mathbf{M}$, 밖에서는 $\mathbf{B} = 0$이 되어 상식에서 벗어난다. **H**의 회전이 어디에서나 0인 것은 맞지만, 발산은 그렇지 않다(어디에서 $\nabla \cdot \mathbf{M} \neq 0$이 되는가?). 도움말: 자성체 문제에서 **B**나 **H**를 구하려면, 먼저 대칭성이 있는지 살펴보라. 원통, 판, 솔레노이드, 원환체 등의 대칭성이 있으면 앙페르 법칙의 방법을 써서 식 6.20에서 곧바로 **H**를 얻을 수 있다. (명백히 이 경우에는 자유전류만으로 답이 결정되므로 $\nabla \cdot \mathbf{M}$이 저절로 0이 된다.) 필요한 대칭성이 없으면 다른 방법을 생각해 내야 하는데, 특히 자유전류가 보이지 않는다고 해서 **H**가 0이라고 가정하면 안 된다.

6.3.3 경계조건

§5.4.2의 정자기학의 경계조건은 **H**와 자유전류를 써서 고쳐 쓸 수 있다. 식 6.23에서 다음과 같이 쓸 수 있다:

$$H^{\perp}_{위} - H^{\perp}_{아래} = -(M^{\perp}_{위} - M^{\perp}_{아래}) \tag{6.24}$$

그리고 식 6.19에 따르면 다음과 같다:

$$\mathbf{H}^{\parallel}_{위} - \mathbf{H}^{\parallel}_{아래} = \mathbf{K}_{자유} \times \hat{\mathbf{n}} \tag{6.25}$$

이에 대응되는 **B**의 경계조건은 다음과 같다 (식 5.74와 5.75):

$$B^{\perp}_{위} - B^{\perp}_{아래} = 0 \tag{6.26}$$

그리고

$$\mathbf{B}^{\parallel}_{위} - \mathbf{B}^{\parallel}_{아래} = \mu_0(\mathbf{K} \times \hat{\mathbf{n}}) \tag{6.27}$$

물질이 있을 때는 때로 **H**의 경계조건(식 6.24와 6.25)이 **B**의 경계조건(식 6.26과 6.27) 보다 더 쓸모가 있다. 경계조건을 확인하고 싶거든 예제 6.2 또는 문제 6.14를 풀어 보라.

문제 6.14 문제 6.9의 막대자석에 대해 L이 약 $2a$정도라고 가정하고 **M**, **B**, **H**를 주의 깊게 그려 보아라. 문제 4.17의 결과와 비교하여라.

문제 6.15 어디에서나 $\mathbf{J}_{자유} = 0$이면 **H**의 회전은 0이 되므로(식 6.19), **H**를 어떤 스칼라 전위 W의 기울기로 나타낼 수 있다:

$$\mathbf{H} = -\boldsymbol{\nabla} W$$

그렇다면, 식 6.23에 따르면

$$\nabla^2 W = (\boldsymbol{\nabla} \cdot \mathbf{M})$$

이므로 W는 $\boldsymbol{\nabla} \cdot \mathbf{M}$이 "원천"인 푸아송 방정식의 해가 된다. 이것으로 제 3 장에서 다룬 모든 도구를 쓸 수 있게 된다. 예를 들어 고르게 자화된 공 속의 자기장(예제 6.1)을 변수분리법을 써서 구하라. [실마리: 공의 표면($r = R$)을 뺀 모든 곳에서 $\boldsymbol{\nabla} \cdot \mathbf{M} = 0$이므로 $r < R$인 영역과 $r > R$인 영역에서는 W가 라플라스 방정식의 해가 된다; 식 3.65를 쓰고 6.24로부터 W에 대한 적절한 경계조건을 찾아내라.]

6.4 선형 및 비선형 물질

6.4.1 자기 감수율과 투자율

상자성체와 반자성체에서 자화밀도는 자기장 때문에 유지된다; **B**를 없애면 **M**도 사라진다. 사실 대부분의 물질의 자화밀도는 자기장이 너무 세지 않은 한 자기장에 비례한다. 전기장에서 쓴

기호(식 4.30)와 맞추려면 비례상수를 다음과 같이 나타내야 할 것이다:

$$\mathbf{M} = \frac{1}{\mu_0}\chi_{\text{자기}}\mathbf{B} \quad \text{(틀렸다!)} \tag{6.28}$$

그러나 관습에 따라 **B**대신 **H**를 써서 비례관계를 나타낸다:

$$\boxed{\mathbf{M} = \chi_{\text{자기}}\mathbf{H}} \tag{6.29}$$

비례상수 $\chi_{\text{자기}}$는 **자기 감수율**(magnetic susceptibility)이다; 이것은 차원이 없는 양이며, 값이 물질에 따라 다르다 – 상자성체에서는 양수, 반자성체에서는 음수이다. 전형적인 값은 10^{-5} 정도이다(표 6.1을 보라).

표 6.1 자기 감수율(따로 적지 않으면 1기압 20°에서의 값이다)

재료	감수율	재료	감수율
반자성체		**상자성체**	
비스무스	-1.7×10^{-4}	산소(O_2)	1.7×10^{-6}
금	-3.4×10^{-5}	나트륨	8.5×10^{-6}
은	-2.4×10^{-5}	알루미늄	2.2×10^{-5}
구리	-9.7×10^{-6}	텅스텐	7.0×10^{-5}
물	-9.0×10^{-6}	백금	2.7×10^{-4}
이산화탄소	-1.1×10^{-8}	액체산소(−200°C)	3.9×10^{-4}
수소(H_2)	-2.1×10^{-9}	가돌리늄	4.8×10^{-1}

자료: *Handbook of Chemistry and Physics*, 91판 (Boca Raton: CRC Press, Inc., 2010) 등

식 6.29를 따르는 물질이 **선형매질**(linear medium)이다. 식 6.18를 생각하면 선형매질에서는 다음과 같다.

$$\mathbf{B} = \mu_0(\mathbf{H} + \mathbf{M}) = \mu_0(1 + \chi_{\text{자기}})\mathbf{H} \tag{6.30}$$

따라서, **B**도 **H**에 비례한다:[11]

$$\mathbf{B} = \mu\mathbf{H} \tag{6.31}$$

여기에서 μ는 다음과 같이 정의되는 **투자율**(permeability)이다:[12]

---

11 그러므로 물리적으로는 식 6.28은 식 6.29와 똑같고, 상수 $\chi_{\text{자기}}$의 값만 다를 뿐이다. 실험에서는 **H**가 **B**보다 더 다루기 쉬우므로 식 6.29가 조금 더 편리하다.

12 $\mu_{\text{상대}}$를 곱수로 끌어내고 남는 것이 **상대 투자율**(relative permeability)이다: $\mu_{\text{상대}} \equiv 1 + \chi_{\text{자기}} = \mu/\mu_0$. 그런데 **H**를 **B**로 나타내는 공식(선형 매질의 경우 식 6.31)은 **물성관계식**이며, 이것은 **D**를 **E**로 나타내는 것과 같다.

$$\mu \equiv \mu_0(1+\chi_{자기}) \tag{6.32}$$

진공에는 아무 것도 없으므로 자기감수율 $\chi_{자기}$의 값은 0이고, 따라서 투자율은 μ_0이다. 그래서 μ_0는 **진공 투자율**(permeability of vacuum)이다.

예제 6.3

(전류 I가 흐르고 단위길이에 n번씩 감은) 긴 코일에 감수율 $\chi_{자기}$인 선형물질을 채웠다. 코일 속의 자기장을 구하라

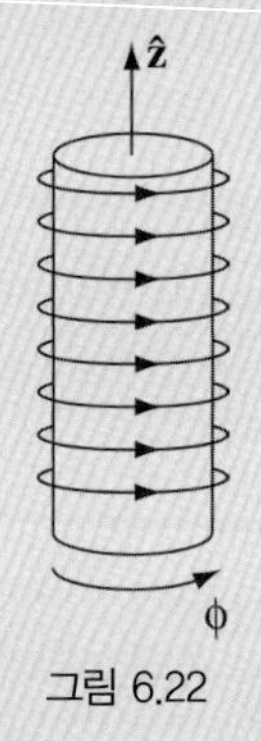

그림 6.22

■ 풀이 ■

B의 일부는 잘 모르는 속박전류가 만들기 때문에 이것을 직접 구할 수는 없다. 그러나 이 문제(그림 6.22)에는 대칭성이 있으므로 식 6.20의 앙페르 법칙을 써서 자유전류만으로 **H**를 구할 수 있다:

$$\mathbf{H} = nI\,\hat{\mathbf{z}}$$

식 6.31에 따르면 다음과 같다.

$$\mathbf{B} = \mu_0(1+\chi_{자기})nI\,\hat{\mathbf{z}}$$

매질이 상자성체라면 자기장이 조금 세지고, 반자성체라면 조금 약해진다. 이것은 속박표면전류

$$\mathbf{K}_{속박} = \mathbf{M}\times\hat{\mathbf{n}} = \chi_{자기}(\mathbf{H}\times\hat{\mathbf{n}}) = \chi_{자기}nI\,\hat{\boldsymbol{\phi}}$$

가 첫째 경우에는 I와 같은 쪽($\chi_{자기} > 0$), 둘째 경우에는 반대쪽($\chi_{자기} < 0$)이기 때문이다.

선형매질에서는 **B**와 **H**를 대비시킬 때 나타나는 결점이 없으리라고 생각할지 모른다: 이 경우에는 **M**과 **H**모두 **B**에 비례하므로, 이것들의 발산이 **B**처럼 늘 0이 아닐까? 불행히도 그렇지 않다;[13]

13 형식적으로는, $\nabla\cdot\mathbf{H} = \nabla\cdot\left(\frac{1}{\mu}\mathbf{B}\right) = \frac{1}{\mu}\nabla\cdot\mathbf{B} + \mathbf{B}\cdot\nabla\left(\frac{1}{\mu}\right) = \mathbf{B}\cdot\nabla\left(\frac{1}{\mu}\right)$이다. 따라서 **H**는 (일반적으로) μ가 변하는 곳에서는 발산이 0이 아니다.

감수율이 다른 두 매질의 경계에서는 **M**의 발산값이 실제로 무한대가 될 수 있다. 예를 들어 선형 상자성체로 된 긴 원통의 끝에서는 **M**이 원통 밖에서는 0이지만 속에서는 0이 아니다. 그림 6.23의 "가우스 상자"에서 $\oint \mathbf{M} \cdot d\mathbf{a} \neq 0$이므로 발산정리에 따라 속의 모든 점에서 $\nabla \cdot \mathbf{M}$이 0이 될 수는 없다.

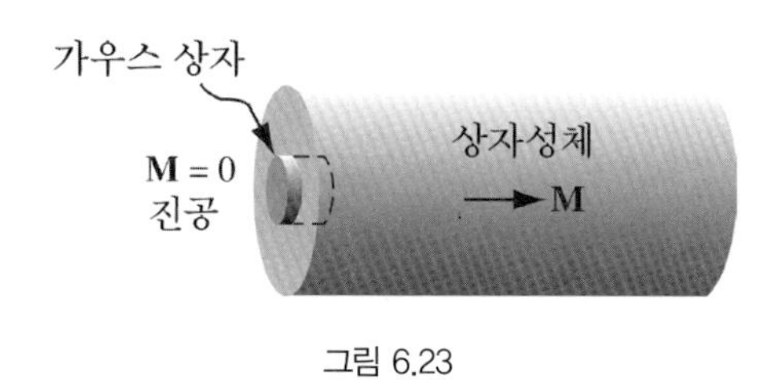

그림 6.23

고른 선형매질 속에서는 속박전류의 부피밀도가 자유전류 밀도에 비례한다:

$$\mathbf{J}_{속박} = \nabla \times \mathbf{M} = \nabla \times (\chi_{자기}\mathbf{H}) = \chi_{자기}\mathbf{J}_{자유} \tag{6.33}$$

따라서, 자유전류가 매질 속으로 흐르지 않는다면, 속박전류는 표면에서만 흐른다.

문제 6.16 두 개의 아주 긴 동축 원통 사이에 자기 감수율 $\chi_{자기}$인 선형 유전체를 채워 놓은 동축 도선이 있다. 전류 I는 안쪽 도체를 따라 흘러가고 바깥쪽을 따라 돌아온다. 전류는 각 도체의 표면에 고루 퍼져 있다 (그림 6.24). 두 원통 사이의 자기장을 구하라. 자화밀도와 속박전류를 셈하고, 이것들이 (자유전류와 함께) 만드는 자기장이 맞는지 확인해 보라.

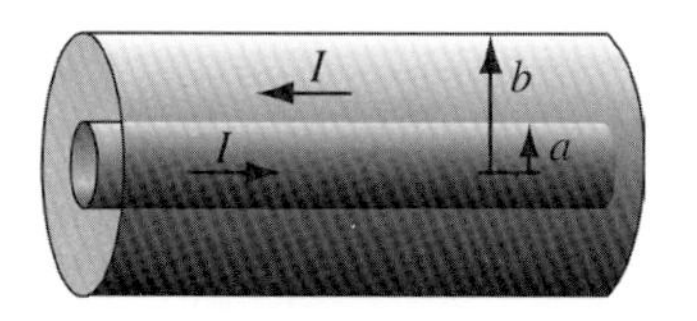

그림 6.24

문제 6.17 반지름 a인 긴 곧은 도선에 전류 I가 흐른다. 이 도선이 자기 감수율 $\chi_{자기}$인 선형물질(구리, 또는 알루미늄 등)로 되어 있고, 전류가 단면에 고루 퍼져 있다면, 중심에서 거리 s인 곳의 자기장은 얼마인가? 속박전류를 모두 구하라. 도선에 흐르는 **알짜** 속박전류는 얼마인가?

! **문제 6.18** 선형 자성체 공을 고른 자기장 $\mathbf{B}_0$속에 두었다. 이 공 속의 자기장을 구하라. [실마리: 문제 6.15 또는 문제 4.23을 보라.]

문제 6.19 §6.1.3에 있는 간단한 모형을 써서 구리와 같은 반자성 금속의 자기 감수율을 어림해 보라. 이 결과를 표 6.1의 실험값과 비교해 보고, 차이가 있거든 그 까닭을 설명해 보라.

6.4.2 강자성체

선형매질의 원자 쌍극자는 밖에서 건 자기장에 의해 배향이 유지된다. 강자성체는 – 결코 선형이 아니다[14] – 밖에서 자기장을 걸지 않아도 자화밀도가 유지된다; 정렬이 "굳어" 있다. 상자성처럼 강자성도 짝없는 전자의 스핀에 의한 자기 쌍극자가 관련된다. 강자성을 상자성과 전혀 다르게 만드는 새로운 특징은 이웃 쌍극자와의 상호작용이다: 강자성체에서는 **쌍극자마다 주위의 다른 쌍극자와 나란해지려고 한다.** 이 성질의 근원은 본질적으로 양자역학적이므로 여기에서 그 이유를 설명하지 않겠다; 다만 짝없는 스핀은 상관관계가 아주 강해서 거의 모두가 나란히 정렬된다는 것만 알면 충분하다. 철조각을 확대해서 낱낱의 쌍극자를 작은 화살처럼 "볼" 수 있다면, 그림 6.25와 같이 모든 스핀이 같은 쪽을 향한 것으로 보일 것이다.

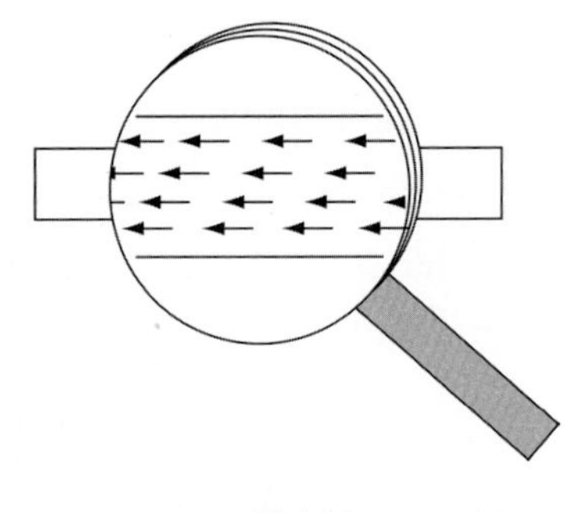

그림 6.25

그런데 이것이 사실이라면 왜 망치나 못이 모두 강한 자석이 되지 않는가? 그 까닭은 **자구**(magnetic domain)라는 비교적 작은 영역 안에서만 고르게 정렬되기 때문이다. 낱낱의 자구 속에는 수십억 개의 쌍극자가 정렬되어 있지만(부식법을 쓰면 현미경으로 자구들을 실제로 볼 수 있다 – 그림 6.26을 보라), 이 자구들 자체의 방향은 제멋대로이다. 집에서 쓰는 망치에는 수많은 자구가 있는데, 그들 자구의 자기장이 서로 지워지므로 망치 전체로는 자화되지 않는다. (실제로 자구의 방향이 아주 제멋대로는 아니다; 왜냐하면, 결정 속에서는 결정 축 방향으로 정렬하려는

14 이러한 면에서 강자성체의 자기 편극율이나 투자율을 말하는 것은 오해의 소지가 있다. 이 용어는 그러한 물질에서도 쓰지만, 그 뜻은 **H**가 조금 변할 때 **M**(또는 **B**)의 작은 변화의 비례인자이다; 더구나 그 값은 상수가 아니라 **H**의 함수이다.

경향이 있기 때문이다. 그러나 축의 한쪽을 향한 자구만큼 반대쪽을 향한 자구가 있으므로 거시적 자화밀도는 0이다. 뿐만 아니라 결정 스스로가 금속조각 속에 방향이 제멋대로 퍼져 있다.)

그림 6.26 강자성체의 자구(R. W. DeBlois의 사진)

그렇다면 가게에서 파는 **영구자석**(permanent magnet)은 어떻게 만들까? 센 자기장 속에 쇳조각을 넣으면 회전력 $\mathbf{N} = \mathbf{m} \times \mathbf{B}$가 쌍극자를 돌려 자기장과 나란하게 정렬시키려고 한다. 쌍극자는 이웃 쌍극자와 나란히 배향하려 하므로, 대부분은 이 회전력에 거슬러 돌지 않는다. 그렇지만 두 자구의 경계에 있는 쌍극자들은 나란히 배향되어 있지 않은데, 회전력은 자기장과 나란한 자구의 편을 든다. 따라서 방향이 어긋나게 놓여 있던 쌍극자들이 방향을 바꾸게 되어, 자기장에 어긋난 자구의 쌍극자는 줄고, 그만큼이 자기장에 나란한 자구에 더 붙는다. 결과적으로 자기장은 **자구 경계를 움직이는** 효과를 준다. 자기장과 나란한 자구는 커지고 다른 것은 작아진다. 자기장이 충분히 세면 자구는 하나가 될 것이고, 이때 철의 자화상태는 **포화되었다**(saturated)고 한다.

그런데 이 과정(밖에서 걸어준 자기장에 반응하여 자구 경계가 이동하는 것)은 완전히 가역적이 아니다: 자기장을 끄면 자구의 배향이 조금은 무질서한 상태로 되돌아가지만 완전하지는 않다 – 아주 많은 자구가 잘 정렬된 상태로 남아있다. 이것이 "영구자석"이다.

이것을 간단하게 해보려면 자화시킬 물체(렌치)에 도선 코일을 감은 다음 (그림 6.27), 그 코일에 전류 I를 흘려 (그림에서 왼쪽으로 향하는) 자기장을 걸어준다. 전류를 늘리면 자기장이 세지고, 자구 경계가 움직여 자화밀도가 커진다. 결국 모든 쌍극자가 정렬되면 포화점에 이르고 그때는 전류를 더 흘려도 $\mathbf{M}$은 더 커지지 않는다 (그림 6.28, 점 b).

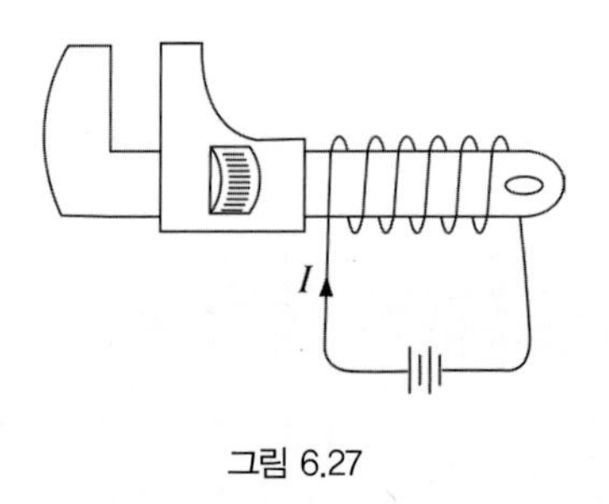

그림 6.27

이제 전류를 줄이면, 처음 경로를 되돌아 $M = 0$으로 가지 않고, 자구의 일부만 배향이 제멋대로인 상태로 돌아간다. M이 줄기는 하지만 전류를 꺼도 자화밀도가 남아 있다(점 c). 렌치는 이제 영구자석이 되었다. 남은 자화밀도를 없애려면 코일에 전류를 아까와는 반대쪽으로 흘려야 한다 ($-I$). 전류를 (반대쪽으로) 늘리면 자기장은 오른쪽을 향하고 M은 0이 된다 (점 d). 전류 I를 더 늘리면 반대쪽으로 자화되어 결국 포화된다 – 모든 쌍극자가 오른쪽을 향한다 (점 e). 이 단계에서 전류를 끄면 렌치의 영구 자화밀도는 오른쪽을 향한다 (점 f). 다시 전류를 양(+)으로 늘리면 M은 0으로 돌아오고 (점 g) 결국 앞쪽의 포화점으로 돌아온다 (점 b).

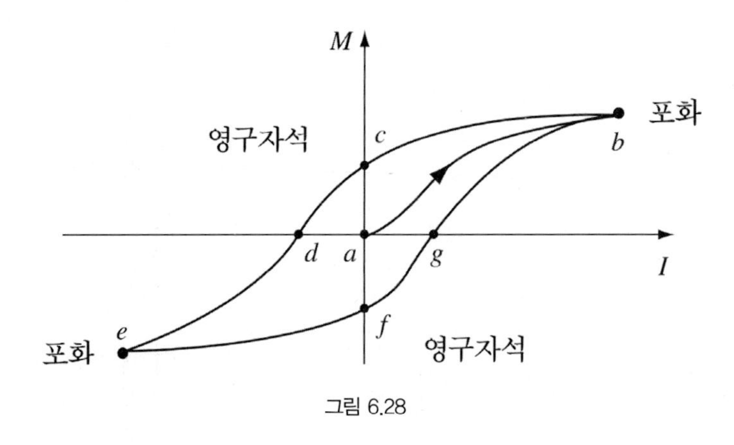

그림 6.28

지금까지 밟아 온 경로가 **이력곡선**(hysteresis loop)이다. 렌치의 이력곡선은 걸어준 자기장(즉, 전류 I)뿐만 아니라 자기장의 "경력"에 따라서도 달라진다.[15] 위의 예에서 보면, 세 점(a, c, f)에서 전류가 0이었으나, 자화밀도는 각 점에서 모두 달랐다. 실제로는 관례상 이력곡선을 I에 대한 M값의 변화로 나타내는 대신 H에 대한 B의 변화로 나타낸다. (코일이 단위길이당 n번 감은 아주 긴 코일이라면, $H = nI$이므로 H는 I에 비례한다. 그런데 $\mathbf{B} = \mu_0(\mathbf{H} + \mathbf{M})$이지만 실제로는 M이 H보다 엄청나게 크기 때문에 **B**는 **M**에 비례한다고 볼 수 있다.[16])

---

15 어원을 따지면 "hysteresis"라는 말은 history(역사)나 hysteria(발작)라는 말과 관계가 없고, "뒤처진다"라는 그리스 말에서 나왔다.

똑같은 단위를 쓸 수 있게 그림 6.29에서 가로축을 $\mu_0 H$로 잡았다; 그렇지만 세로축의 단위는 가로축의 단위의 10^4배라는 것에 유의하자. $\mu_0\mathbf{H}$는 쇳조각이 없을 때 코일만으로 만들어지는 자기장이다. 실제로 얻는 양은 **B**인데, 이것은 $\mu_0\mathbf{H}$에 비해 엄청나게 크다. 작은 전류일지라도 곁에 강자성체가 있으면 큰 효과가 나는 것이다. 그래서 센 자석을 만들려면 철심 주위를 코일로 감는다. 그러면 철에 있는 쌍극자가 일을 도와주어 밖에서 걸어준 자기장이 크지 않아도 자구 경계를 움직일 수 있다.

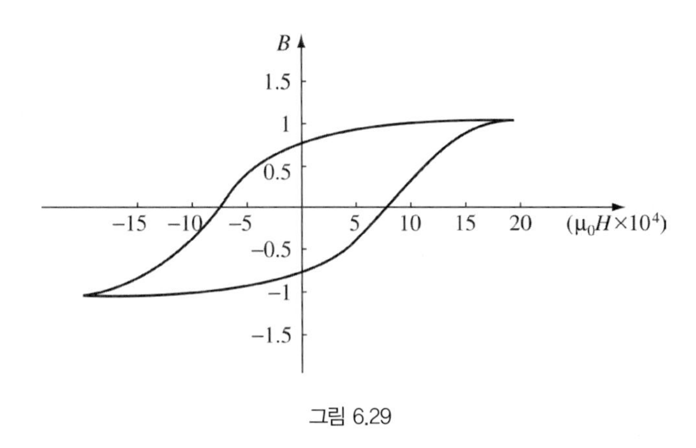

그림 6.29

강자성에 관한 마지막 한 마디: 이 모든 결과는 같은 자구 속에 있는 쌍극자들은 서로 나란히 정렬하기 때문이다. 제멋대로인 열운동이 이것을 흩뜨리려 하지만 온도가 너무 높아지지 않는 한 쌍극자는 흐트러지지 않는다. 아주 높은 온도에서 이 정렬이 흐트러지는 것은 놀랍지 않다. 정작 놀라운 것은 이 현상이 정확한 온도(철의 경우 770℃)에서 일어난다는 것이다. 이 온도[**퀴리점**(Curie point)]보다 낮으면 강자성, 높으면 상자성이 된다. 강자성과 상자성 사이에 점진적인 전이 현상이 없다는 점에서 퀴리점은 물의 끓는점이나 어는점과 비슷하다. 물체의 특성이 정확히 정의된 온도에서 급격히 바뀌는 현상을 통계물리에서는 **상전이**(phase transition)라고 한다.

문제 6.20 영구자석(렌치의 이력곡선에서 점 c)의 자화밀도를 없애려면 어떻게 해야 하는가? 다시 말해 처음상태인 $I = 0$일 때 $M = 0$인 상태로 돌아가려면 어떻게 하는가?

문제 6.21

(a) 자기장 **B**속에서 자기 쌍극자의 에너지는 다음과 같음을 보여라:

---

16 H가 아주 크고, M은 (포화되어) 상수라면, B는 H에 비례하므로 그림 6.28에서는 곡선이 수평하게 뻗어가지만, 그림 6.29에서는 비례하여 커진다.

$$\boxed{U = -\mathbf{m} \cdot \mathbf{B}} \tag{6.34}$$

이것을 식(4.6)과 비교하라. [쌍극자 모멘트의 **크기가 고정**되었다고 가정하면, 할 일은 쌍극자를 가져다 두고 평형을 이루는 방향으로 돌려놓는 것이다. 전류가 계속 흐르게 하는데 드는 에너지는 다른 문제로서 제 7 장에서 다룬다.]

(b) 자기 쌍극자 2 개가 변위 $\mathbf{r}$ 만큼 떨어져 있을 때 상호작용 에너지가 다음과 같음을 보여라:

$$U = \frac{\mu_0}{4\pi}\frac{1}{r^3}[\mathbf{m}_1 \cdot \mathbf{m}_2 - 3(\mathbf{m}_1 \cdot \hat{\mathbf{r}})(\mathbf{m}_2 \cdot \hat{\mathbf{r}})] \tag{6.35}$$

식 4.7과 비교하라.

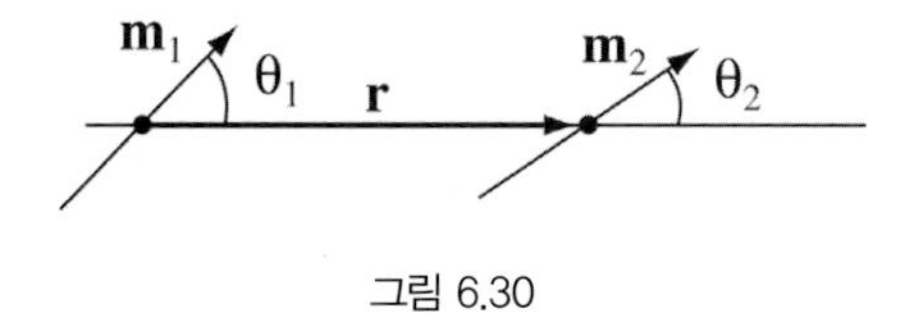

그림 6.30

(c) (b)의 답을 그림 6.30의 각도 θ_1과 θ_2로 나타내고, 이것을 써서 두 쌍극자가 거리는 고정되어 있으나 회전할 수는 있을 때의 안정된 배열을 구하라.

(d) 많은 바늘을 직선 위에 일정한 간격으로 세우고 그 끝에 나침반 바늘을 하나씩 올려놓았다고 하자. 지구 자기장을 무시한다면 나침반 바늘은 어느 쪽을 가리키겠는가? [네모꼴 격자로 배열된 나침반 바늘은 스스로 정렬하므로, 때로는 이것을 써서 거시적인 규모의 "강자성" 특성을 보여준다. 그러나 이것은 약간 거짓이다. 왜냐하면 이 과정은 완전히 고전적이고, 강자성의 참된 원인인 양자역학적 **교환력**(exchange force) 보다 훨씬 약하기 때문이다.[17]]

보충문제

! 문제 6.22 문제 6.4에서 자기 쌍극자가 받는 힘을 "그냥" 셈했다. 더 멋진 방법이 있다. 먼저 $\mathbf{B}(\mathbf{r})$을 고리의 중심에 대한 테일러 급수로 펼친다:

$$\mathbf{B}(\mathbf{r}) \cong \mathbf{B}(\mathbf{r}_0) + [(\mathbf{r} - \mathbf{r}_0) \cdot \nabla_0]\mathbf{B}(\mathbf{r}_0)$$

여기에서 $\mathbf{r}_0$는 쌍극자가 있는 곳, ∇_0는 $\mathbf{r}_0$에 대한 미분이다. 이것을 로런츠 힘 법칙(식 5.16)에 넣어 다음 결과를 얻어라:

$$\mathbf{F} = I \oint d\mathbf{l} \times [(\mathbf{r} \cdot \nabla_0)\mathbf{B}(\mathbf{r}_0)]$$

17 흥미있는 예외가 있다: B. Parks, *Am. J. Phys.* 74, 351 (2006), §11.

또는 직각좌표를 1에서 3까지의 번호로 나타내면 다음과 같은 꼴이 된다.

$$F_i = I \sum_{j,k,l=1}^{3} \epsilon_{ijk} \left\{ \oint r_l \, dl_j \right\} [\nabla_{0_l} B_k(\mathbf{r}_0)]$$

여기에서 ϵ_{ijk}는 **레비–치비타 기호(Levi–Civita symbol)** (ijk = 123, 231, 312이면 +1; ijk = 132, 213, 321이면 −1; 그 밖에는 0)이다. 이것을 써서 가위곱을 나타내면 $(\mathbf{A} \times \mathbf{B})_i = \sum_{j,k=1}^{3} \epsilon_{ijk} A_j B_k$이다. 식 1.108을 써서 적분값을 셈하라. 다음 관계식을 써라:

$$\sum_{j=1}^{3} \epsilon_{ijk} \epsilon_{ljm} = \delta_{il} \delta_{km} - \delta_{im} \delta_{kl}$$

여기에서 δ_{ij}는 크로네커 델타이다 (문제 3.57).

문제 6.23 식 6.3의 3줄 증명이다.[18] 문제 1.61(f)를 써서 전류 고리가 받는 힘을 $\mathbf{F} = I \int \nabla(\mathbf{B} \cdot d\mathbf{a})$로 쓸 수 있음을 보여라. (적분은 고리로 둘러싸인 면에 대해 하고 ∇은 B에만 작용한다.) 이제 고리가 매우 작아서 B의 도함수가 본질적으로 해당 면에서 일정하다고 가정하자: $\nabla[\mathbf{B}(\mathbf{r}) \cdot d\mathbf{a}] \approx \nabla_0[\mathbf{B}(\mathbf{r}_0) \cdot d\mathbf{a}]$이다. 여기서 $\mathbf{r}_0$는 고리의 "중심"이다. 거기에서 시작하여 …

문제 6.24 그림 6.31과 같은 장난감은 수직 막대에 고리 모양의 영구자석(자화밀도가 축과 나란하다)을 끼운 것으로 자석이 막대에서 마찰 없이 미끄러진다. 이 자석들은 질량이 $m_{자석}$이고 쌍극자 모멘트는 $\mathbf{m}$이다.

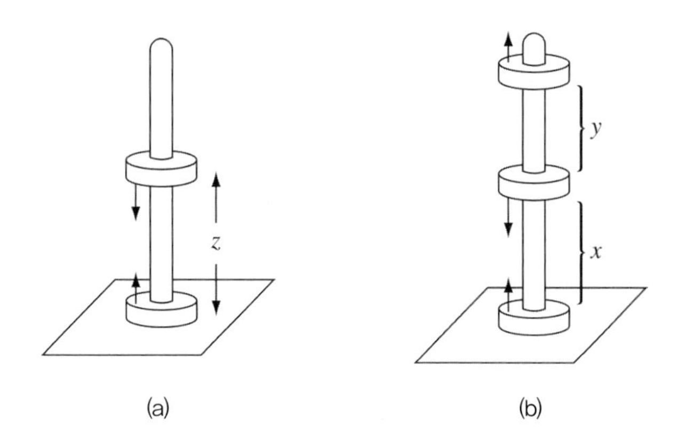

그림 6.31

(a) 두 자석을 같은 자극이 마주보게 막대에 끼워두면 자기력이 중력과 맞비겨 위의 자석이 "떠" 있다. 이 자석이 떠 있는 높이(z)는 얼마인가?

[18] K. T. McDonald가 제시했음.

(b) 셋째 자석을 (바닥에 있는 것과 나란히) 두면, 떠 있는 두 자석의 높이의 비는 얼마일까? (유효숫자 네 자리까지 구하라.)

[답: (a) $[3\mu_0 m^2/2\pi m_{자석} g]^{1/4}$; (b) 0.8501]

문제 6.25 전하를 띤 자기 쌍극자(전하 q, 쌍극자 모멘트 $\mathbf{m}$) 두 개가 z축을 따라 움직인다[문제 6.24(a)와 같지만, 중력이 없다]. 이들은 전기력으로는 밀어내고, (둘 다 $\mathbf{m}$이 z쪽을 향하면) 자기력으로는 끌어당긴다.

(a) 평형상태의 간격을 구하라.

(b) 두 전자가 이러한 배향을 할 때의 평형 간격을 구하라. [답: 4.72×10^{-13} m.]

(c) 그렇다면 두 전자에 대해 안정된 결합 상태가 있는가?

문제 6.26 다음 대응 관계를 눈여겨보자:

$$\nabla \cdot \mathbf{D} = 0, \quad \nabla \times \mathbf{E} = \mathbf{0}, \quad \epsilon_0 \mathbf{E} = \mathbf{D} - \mathbf{P}, \qquad \text{(자유전하가 없다)};$$
$$\nabla \cdot \mathbf{B} = 0, \quad \nabla \times \mathbf{H} = \mathbf{0}, \quad \mu_0 \mathbf{H} = \mathbf{B} - \mu_0 \mathbf{M} \quad \text{(자유전류가 없다)}.$$

따라서 $\mathbf{D} \to \mathbf{B}$, $\mathbf{E} \to \mathbf{H}$, $\mathbf{P} \to \mu_0 \mathbf{M}$, $\epsilon_0 \to \mu_0$로 바꾸면 정전기 문제가 정자기 문제로 바뀐다. 이것과 정전기학에서 배운 결과를 써서 다음을 끌어내라.

(a) 고르게 자화된 공 속의 자기장 (식 6.16).

(b) 고른 자기장 속에 놓인 선형 자성체 공 속의 자기장 (문제 6.18).

(c) 공 속의 정상전류가 만드는 자기장의 공 전체에 대한 평균값 (식 5.93).

문제 6.27 식 2.15, 4.9, 6.11을 비교하여라. ρ, $\mathbf{P}$, $\mathbf{M}$이 고르면 세 식 모두 똑같이 다음 적분이 들어간다:

$$\int \frac{\hat{\boldsymbol{\mathscr{r}}}}{\mathscr{r}^2}\, d\tau'$$

그러므로 전하가 고르게 퍼진 물체의 전기장을 어떻게든 알면, 똑같은 물체에 편극밀도가 고르게 채워질 때의 스칼라 전위와 자화밀도가 고르게 채워질 때의 벡터 전위를 알 수 있다. 이 결과를 써서 고르게 편극된 공 안팎의 전위 V를 구하고(예제 4.2), 고르게 자화된 공 안팎의 벡터 전위 $\mathbf{A}$를 구하라 (예제 6.1).

문제 6.28 두 선형 자성 재료의 경계면에서는 자기장선이 꺾인다(그림 6.32). 경계면에 자유전류가 없으면 $\tan\theta_2/\tan\theta_1 = \mu_2/\mu_1$임을 보여라. 식 4.68과 비교하여라.

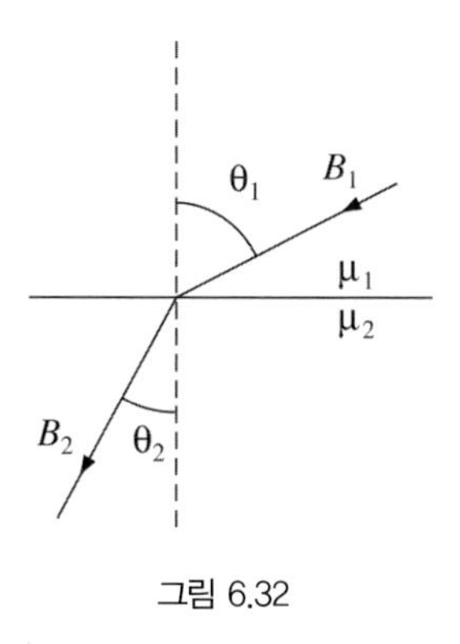

그림 6.32

! **문제 6.29** 자기 쌍극자 $\mathbf{m}$이 (반지름 R인) 선형 자성체 공(투자율 μ)의 중심에 놓여 있다. 이 공 속($0 < r \leq R$)의 자기장이 다음과 같음을 보여라:

$$\frac{\mu}{4\pi}\left\{\frac{1}{r^3}[3(\mathbf{m}\cdot\hat{\mathbf{r}})\hat{\mathbf{r}}-\mathbf{m}]+\frac{2(\mu_0-\mu)\mathbf{m}}{(2\mu_0+\mu)R^3}\right\}$$

공 밖의 자기장을 구하라.

문제 6.30 여러분이 연구과제를 심사하는데, 그 연구내용은 철의 자화밀도가 생긴 원인이 "앙페르" 쌍극자 (전류 고리)인가 아니면 "길버트" 쌍극자(부호가 반대인 자기홀극 짝으로 된 쌍극자)인가를 결정하는 것이다. 실험은 철 원통(반지름 R, 길이 $L = 10R$)을 축방향으로 고르게 자화시켜 쓴다. 자화밀도를 만드는 쌍극자가 앙페르형이면 자화밀도는 표면 속박전류 $\mathbf{K}_{속박} = M\,\hat{\boldsymbol{\phi}}$와 등가일 것이고, 길버트형이면 자화밀도는 원통의 양쪽 끝의 표면 홀극밀도 $\sigma_{속박} = \pm M$이다. 불행히도 이 두 가지 배열이 만드는 자기장은 원통 밖에서는 똑같다. 그렇지만 원통 속에서는 전혀 다르다 – 첫째 경우에는 $\mathbf{B}$가 $\mathbf{M}$과 나란하고, 둘째 경우에는 대략 $\mathbf{M}$과 반대방향이다. 과제 신청자는 이 원통 속의 자기장을 원통 속에 작은 구멍을 내고 그곳에 작은 나침반을 두어 회전력을 잼으로써 원통 속의 자기장을 재겠다고 한다.

기술적 어려움을 모두 풀어낼 수 있고, 문제점이 연구할 가치가 있다면 이 과제를 승인하겠는가? 그렇다면 원통 속에 내는 구멍은 어떤 꼴이어야 하는가? 그렇지 않다면 연구신청서의 어떤 내용이 잘못인가? [실마리: 문제 4.11, 4.16, 6.9, 6.13을 보라.]

제 7 장 전기역학

7.1 기전력

7.1.1 옴 법칙

전류가 흐르게 하려면 전하를 밀어야 한다. 힘을 받은 전하가 얼마나 빨리 움직이는가는 재료의 성질에 따라 달라진다. 대부분의 물질에서 전류밀도 $\mathbf{J}$는 단위 전하가 받는 힘 $\mathbf{f}$에 비례한다:

$$\mathbf{J} = \sigma\mathbf{f} \tag{7.1}$$

이 비례인자 σ(표면 전하와 헷갈리지 말아라)는 실험 상수로 재료마다 그 값이 다르다; 이것이 그 매질의 **전도도**(conductivity)이다. [물성사전에는 대개 σ의 역수인 **비저항**(resistivity)이 실려 있다: $\rho = 1/\sigma$(전하밀도와 헷갈리지 말아라 – 둘 다 같은 그리스 글자를 써서 미안하지만, 이것은 표준적인 기호이다)]. 그 전형적인 값을 표 7.1에 보였다. 유의할 것은 절연체에서도 전기가 조금은 통하며 절연체에 비해 금속의 전도도는 천문학적으로 크다. 사실 대개의 경우 금속은 $\sigma \to \infty$인 **완전도체**(perfect conductor)로 볼 수 있고 절연체는 $\sigma = 0$으로 볼 수 있다.

표 7.1 비저항 [Ω · m] (1기압, 20℃에서의 값)

재료	비저항	재료	비저항
도체		**반도체**	
은	1.59×10^{-8}	바닷물	0.2
구리	1.68×10^{-8}	게르마늄	0.46
금	2.21×10^{-8}	금강석	2.7
알루미늄	2.65×10^{-8}	실리콘	2500

재료	비저항	재료	비저항
철	9.61×10^{-8}	**절연체**	
수은	9.61×10^{-7}	순수한 물	2.5×10^{5}
니크롬	1.08×10^{-6}	유리	$10^{9}-10^{14}$
망간	1.44×10^{-6}	고무	$10^{13}-10^{15}$
흑연	1.6×10^{-5}	테플론	$10^{22}-10^{24}$

자료: *Handbook of Chemistry and Physics*, 91판 (Boca Raton: CRC Press, 2010) 등.

전하를 움직여 전류를 만드는 힘은 원리적으로 화학력, 중력 또는 아주 작은 고삐를 맨 훈련된 개미등 어느 것이나 좋다. 그러나 우리의 목적에서 맞는 힘은 보통 전자기력이고, 이때 식 7.1은 다음과 같이 된다.

$$\mathbf{J} = \sigma(\mathbf{E} + \mathbf{v} \times \mathbf{B}) \tag{7.2}$$

보통은 전하의 속력이 그리 빠르지 않으므로 둘째 항은 무시하고 다음과 같이 쓴다.

$$\boxed{\mathbf{J} = \sigma\mathbf{E}.} \tag{7.3}$$

(그러나 플라즈마에서는 자기력이 아주 중요한 구실을 할 수도 있다.) 식 7.3은 **옴 법칙**(Ohm's law)이며, 그 바탕에 깔린 물리적인 내용은 식 7.1에 담겨 있고, 식 7.3은 그것의 특별한 경우이다.

도체 속에서는 $\mathbf{E} = \mathbf{0}$이라고 했기 때문에(§2.5.1) 여러분은 헷갈릴 것이다. 그러나 그것은 서 있는 전하($\mathbf{J} = \mathbf{0}$)에 대한 것이었다. 더구나 완전도체에서는 전류가 흘러도 $\mathbf{E} = \mathbf{J}/\sigma = \mathbf{0}$이다. 실제로는 금속은 좋은 도체이므로 전류를 구동하는데 필요한 전기장은 아주 약해도 된다. 따라서 전기회로에서 소자를 잇는 도선은 등전위로 본다. 이에 반해 **저항기**(resistor)는 전도도가 나쁜 재료로 만든다.

예제 7.1

전도도 σ인 재료로 된 단면적 A, 길이 L인 원통 모양의 도선이 있다. (그림 7.1 참조: 단면은 둥글지 않아도 되지만 균일해야 한다.) 양끝의 전위차가 V이면, 이 도선에 전류가 얼마나 흐르는가?

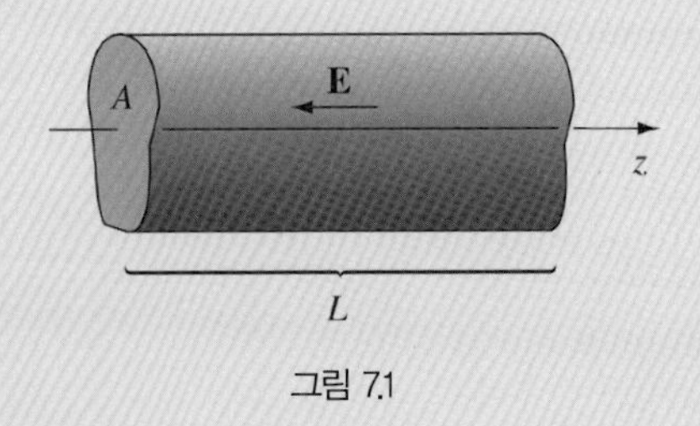

그림 7.1

■ 풀이 ■ 전기장은 도선 속에 고르게 퍼져 있는 것으로 밝혀진다(증명은 곧 나온다). 식 7.3에 따라 전류밀도도 고르므로 다음과 같다:

$$I = JA = \sigma EA = \frac{\sigma A}{L} V$$

예제 7.2

반지름이 각각 a와 b인 두 개의 긴 원통 사이에 전도도 σ인 금속이 채워져 있다(그림 7.2). 두 원통의 전위차가 V이면, 길이 L인 구간에서 두 원통 사이에 흐르는 전류는 얼마인가?

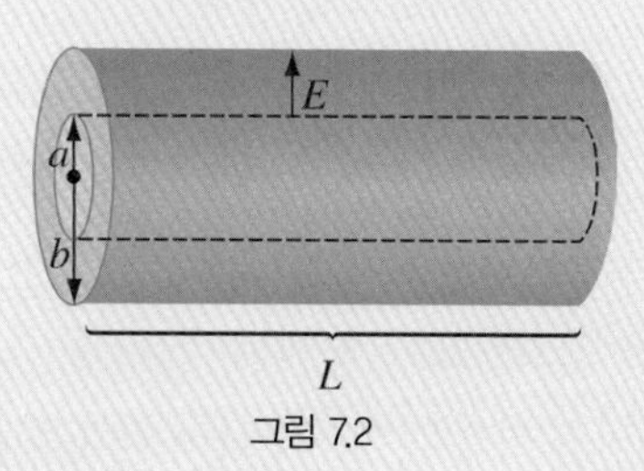

그림 7.2

■ 풀이 ■ 두 원통 사이의 전기장은 다음과 같다.

$$\mathbf{E} = \frac{\lambda}{2\pi\epsilon_0 s}\hat{\mathbf{s}}$$

여기에서 λ는 안쪽 원통에 있는 단위길이당의 전하이다. 그러므로 전류는 다음과 같다.

$$I = \int \mathbf{J} \cdot d\mathbf{a} = \sigma \int \mathbf{E} \cdot d\mathbf{a} = \frac{\sigma}{\epsilon_0}\lambda L$$

(적분은 안쪽 원통을 감싸는 곡면에 대한 것이다.) 그런데 두 원통 사이의 전위차는

$$V = -\int_b^a \mathbf{E} \cdot d\mathbf{l} = \frac{\lambda}{2\pi\epsilon_0} \ln\left(\frac{b}{a}\right)$$

이므로 전류는 다음과 같다.

$$I = \frac{2\pi\sigma L}{\ln(b/a)} V$$

위의 예에서 보듯이, 한쪽 **전극**(electrode)에서 다른쪽 전극으로 흐르는 전류는 둘 사이의 전위차에 비례한다.

$$\boxed{V = IR} \tag{7.4}$$

이것이 더 낯익은 옴 법칙이다. 비례상수 R이 **저항**(resistance)이다; 이것은 전극의 배열과 두 전극 사이의 매질의 전도도에 따라 결정된다. [예제 7.1에서는 $R = (L/\sigma A)$; 예제 7.2에서는 $R = \ln(b/a)/2\pi\sigma L$.] 저항을 재는 단위는 **옴**(ohm)인데, 1옴은 1볼트/암페어이다. V와 I가 비례하는 것은 식 7.3의 결과임에 유의하자: V를 2배로 올리려면 모든 곳의 전하를 2배로 늘려야한다 – 그러면 $\mathbf{E}$도 2배가 되고, 따라서 $\mathbf{J}$와 I도 2배가 된다.

전도도가 고른 재료 속을 흐르는 정상 전류에 대해서는 다음과 같다(식 5.33).

$$\nabla \cdot \mathbf{E} = \frac{1}{\sigma}\nabla \cdot \mathbf{J} = 0 \tag{7.5}$$

따라서 전하밀도는 0이고, 맞비기지 못한 전하는 물체의 **표면**에 놓인다. (이것은 이미 앞에서 증명했는데, 그때는 전하가 서 있을 때 $\mathbf{E} = \mathbf{0}$임을 써서 증명했었다; 이것은 전하가 움직일 때도 분명히 성립한다.) 따라서, 전도도가 고른 도체 속에서 정상전류가 흐를 때도 라플라스 방정식이 성립하며, 3장의 모든 도구와 기법을 써서 전위를 구하고 그로부터 $\mathbf{E}$와 $\mathbf{J}$를 구할 수 있다.

예제 7.3

예제 7.1에서 도선 속의 전기장은 고르다고 했었다. 이제 그것을 증명하자.

■ 풀이 ■

원통 속에서 V는 라플라스 방정식을 따른다. 그러면 경계조건은 무엇인가? 왼쪽 끝에서는 전위가 일정하다 – 이것을 0으로 놓자. 오른쪽 끝에서도 전위는 일정하므로 이것을 V_0이라고 하자. 원통 표면에서는 $\mathbf{J} \cdot \hat{\mathbf{n}} = 0$이다. 그렇지 않다면 주위의 공간(절연체가 둘러싸고 있다고 하자)으로 전하들이 새어나갈 것이다. 따라서 $\mathbf{E} \cdot \hat{\mathbf{n}} = 0$이고 $\partial V/\partial n = 0$이다. 모든 경계면에서 V 또는 이것의 법선 도함수가 명시되면, 전위는 유일하게 정해진다 (문제 3.5). 라플라스 방정식을 따르면서 이 경계조건에 맞는 전위는 쉽게 짐작할 수 있다:

$$V(z) = \frac{V_0 z}{L}$$

여기에서 z는 축을 따라 잰 좌표이다. 해의 유일성 때문에 이것이 방정식의 해이다. 이 전위에 해당하는 전기장은 다음과 같다.

$$\mathbf{E} = -\nabla V = -\frac{V_0}{L}\hat{\mathbf{z}}$$

이것은 실제로 고르다.

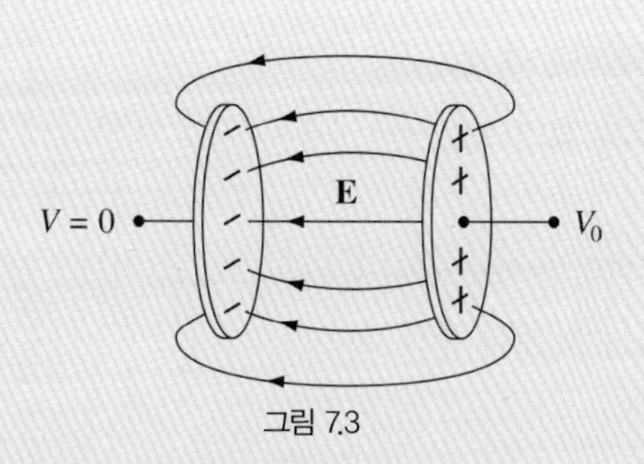

그림 7.3

가운데의 금속을 없애 양쪽 끝에 금속판만을 남겨 두면(그림 7.3) 훨씬 더 어려운 문제가 되므로 이 문제가 얼마나 단순한지 잘 알 수 있다. 여기에서 분명한 것은 전하가 도체표면에서 스스로 퍼져 도선 속의 전기장을 고르게 만든다는 것이다.[1]

옴 법칙은 가장 널리 알려진 물리학 공식이지만 가우스 법칙이나 앙페르 법칙과 같은 참된 법칙은 아니고, 많은 물질에 대해 놀랄 만큼 잘 들어맞는 "실용 규칙"이다. 예외를 찾아낸다고 해도 노벨상을 받을만한 일은 아니다. 사실 잠깐 생각해 보면, 옴 법칙이 성립하는 것부터가 놀라운 일이다. 전기장 **E**가 있으면 (전하 q가) $q\mathbf{E}$의 힘을 받으므로, 뉴턴 제2법칙에 따라 전하는 가속된다. 전하가 가속된다면, 왜 전류는 시간이 지나면서 커지지 않는가? 옴 법칙은 그와 반대로 전기장이 일정하면 속도가 일정하고, 따라서 전류도 일정함을 뜻한다. 그렇다면 이것은 뉴턴 법칙과 서로 어긋나지 않는가?

아니다. 왜냐하면 전자들은 도선을 따라 움직이면서 자주 부딪치기 때문이다. 전자의 움직임은 마치 다음과 같다. 모든 교차로에 정지신호가 있는 길을 따라 차를 몬다면, 교차로 사이의 구간에서 아무리 가속해도 구간이 시작되는 곳에서는 멈췄다가 다시 출발해야 한다. 그렇게 되면 (정지신호에 따른 갑작스런 감속을 빼면) 차는 늘 가속되지만, 차의 **평균속력**은 일정하다. 그 구간의 길이가 λ이고 가속도가 a이면, 한 구간을 지나는 데 걸리는 시간은 다음과 같다:

$$t = \sqrt{\frac{2\lambda}{a}}$$

따라서 평균속력은 다음과 같다:

$$v_{\text{평균}} = \frac{1}{2}at = \sqrt{\frac{\lambda a}{2}}$$

1 이 표면전하를 셈하기는 쉽지 않다. 다음을 보라: J. D. Jackson, *Am. J. Phys.* **64**, 855 (1996). 도선 밖의 전기장을 구하는 것도 쉽지 않다 – 문제 7.45를 보라.

그러나 이것도 아주 옳지는 않다! 위의 식에 따르면 전자의 속도는 가속도의 **제곱근**에 비례하므로, 도체 속의 전류는 전기장의 **제곱근**에 비례해야 한다! 여기에 또 함정이 있다. 실제로 전자들은 전기장이 아니더라도 열에너지 때문에 이미 굉장히 빠르게 움직이고 있다. 그러나 열운동의 속도는 방향이 제멋대로이므로 평균 속도는 0이다. 전류를 이루는 알짜 **표류속도**(drift velocity)는 열운동 속도에 비하면 아주 작다 (문제 5.21). 그러므로 잇단 두 충돌 사이의 시간은 다음과 같이 우리가 생각하는 것 보다 훨씬 짧다:

$$t = \frac{\lambda}{v_{\text{열}}}$$

그러므로 평균속력은 다음과 같다.

$$v_{\text{평균}} = \frac{1}{2}at = \frac{a\lambda}{2v_{\text{열}}}$$

단위부피에 n개의 분자가 있고, 분자 하나에 전하 q, 질량 m인 자유전자가 f개 들어 있다면, 전류밀도는 다음과 같다:

$$\mathbf{J} = nfq\mathbf{v}_{\text{평균}} = \frac{nfq\lambda}{2v_{\text{열}}}\frac{\mathbf{F}}{m} = \left(\frac{nf\lambda q^2}{2mv_{\text{열}}}\right)\mathbf{E} \tag{7.6}$$

괄호 속의 항이 전도도의 정확한 공식은 아니지만[2] 그것을 결정하는 기본요소를 나타낸다. 또 전도도는 움직이는 전하의 밀도에 비례하고, (보통은)온도가 높아지면 전도도가 줄어드는 것을 정확히 예측한다.

전하가 이렇게 온갖 충돌을 한 결과, 전기력이 전하에 해준 일은 저항에서 열로 바뀐다. 단위전하에 해준 일은 V이고 단위시간에 흐르는 전하량은 I이므로 열로 바뀐 일률은 다음과 같다.

$$\boxed{P = VI = I^2R} \tag{7.7}$$

이것이 **줄 가열 법칙**(Joule heating law)이다. I를 암페어로, R를 옴으로 나타내면, P는 와트(J/s: 1초에 1줄)가 된다.

---

2 (Drude가 제시한) 이 고전적 모형은 전도도에 관한 현재의 양자이론과는 닮은 점이 거의 없다. 다음 교재를 보라: D. Park, *Introduction to the Quantum Theory*, 3판 (New York, McGraw-Hill, 1992) 15 장.

문제 7.1 반지름이 각각 a, b인 두 공심 금속 공껍질 사이를 전도도 σ가 작은 물질로 채웠다(그림 7.4a).

(a) 두 공껍질의 전위차를 V로 유지하면 그 사이에 흐르는 전류는 얼마인가?

(b) 두 공껍질 사이의 저항은 얼마인가?

(c) $b \gg a$이면 바깥반지름 b는 문제되지 않는다. 그것을 어떻게 설명하겠는가? 이것에 비추어 반지름 a인 금속 공 두 개가 바다 속 깊이 아주 멀리 떨어져 있고 (그림 7.4b), 그 전위차가 V일 때 둘 사이에 흐르는 전류를 구하라 (바닷물의 전도도는 이렇게 잴 수 있다).

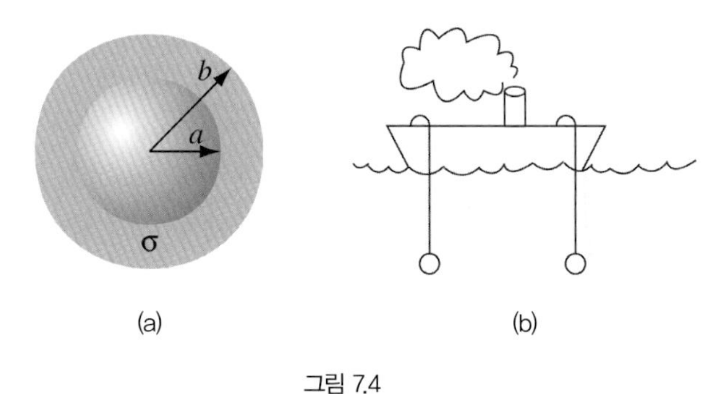

그림 7.4

문제 7.2 축전기 C에 전하를 채워 전위를 V_0로 올렸다; $t = 0$에 이것을 저항 R에 이어 방전을 시작했다 (그림 7.5a).

(a) 축전기의 전하를 시간의 함수 $Q(t)$로 구하라. 저항을 지나는 전류 $I(t)$는 어떠한가?

(b) 축전기에 저장되었던 애초의 에너지는 얼마인가 (식 2.55)? 식 7.7을 적분하여 저항에 전달된 열은 축전기가 잃은 에너지와 같음을 확인하라.

이제 전위 V_0로 유지되는 전지를 $t = 0$에 축전기에 연결하여 전하를 채우는 것을 상상하자 (그림 7.5b).

(c) 다시 또 $Q(t)$와 $I(t)$를 구하라.

(d) 전지가 공급한 총 에너지($\int V_0 I\, dt$)를 구하라. 저항에 전달된 열을 구하라. 축전기에 마지막으로 저장된 에너지는 얼마인가? 전지가 해준 일에너지의 얼마가 축전기에 저장되었는가? [답은 R과 무관하다!]

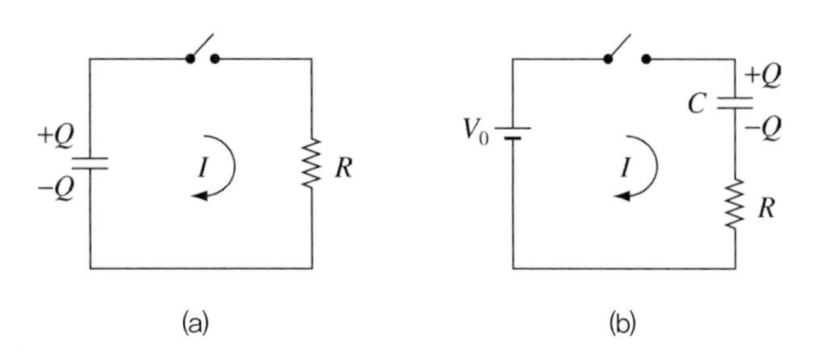

그림 7.5

문제 7.3

(a) 전도도 σ가 작은 물질 속에 쇠로 된 두 물체가 묻혀 있다(그림 7.6) 이 두 물체의 저항은 이 배열상태의 전기용량과 다음 관계가 있음을 밝혀라.

$$R = \frac{\epsilon_0}{\sigma C}$$

(b) 1과 2를 전지에 연결하여 전위차가 V_0가 될 때까지 충전시킨다고 하자. 이제 전지를 떼어 놓으면, 전하는 조금씩 새어나간다. $V(t) = V_0 e^{-t/\tau}$임을 밝히고, **시간상수**(time constant) τ를 ϵ_0와 σ로 나타내어라.

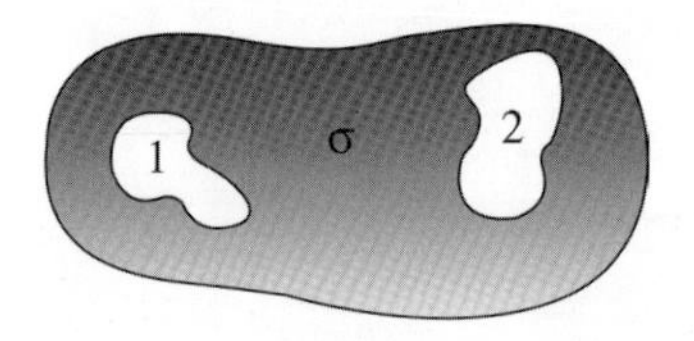

그림 7.6

문제 7.4 예제 7.2에 나오는 두 원통 사이를 채운 물질의 전도도가 고르지 않고, $\sigma(s) = k/s$라 하자. k는 상수이다. 두 원통 사이의 저항을 구하라. [**실마리**: σ가 위치의 함수이므로 식 7.5가 맞지 않으며, 저항이 있는 매질에서 전하밀도는 0이 아니고, $\mathbf{E}$는 $1/s$에 비례하지 않는다. 그러나 정상 전류 I는 원통면의 어디에서나 같음을 알고 있다. 그것에서 시작하라.]

7.1.2 기전력

그림 7.7과 같이 전지에 전구를 연결한 전형적인 전기회로를 생각하면 난처한 질문이 생겨난다: 실제로는 **전류는 회로 어디에서나 같다**; 그렇다면 전하를 움직이는 힘은 전지 속에만 있는데, 왜 전류는 모든 곳에서 똑같이 움직이는가? 언뜻 생각하기에는 전지 속에는 큰 전류가 흐르고, 전구에는 전혀 흐르지 않을 것 같다. 도대체 누가 회로의 나머지 부분에서 전하를 밀어내고, 또 어떻게 해서 모든 곳에서 같은 전류가 흐르도록 전하를 밀어내는가? 더욱이 전형적인 도선 속에서 전하가 (글자 그대로) **달팽이 걸음**을 한다면(문제 5.21을 보라), 그것이 전구에 이르는 데 걸리는 시간이 왜 반시간이 걸리지 않는가? 어떻게 해서 모든 전하가 같은 순간에 움직이기 시작하는가?

그림 7.7

그림 7.8

답: 전류가 회로의 모든 곳에서 같지 않다면 (스위치를 닫은 바로 뒤의 잠깐 동안처럼) 어느 곳엔가 전하가 모이게 되고, 따라서 – 이것이 요점인데 – 모인 전하가 만드는 전기장이 회로 속 모든 곳의 전류를 고르게 만든다. 예를 들어, 그림 7.8의 굽은 곳으로 흘러들어오는 전류가 흘러나가는 양보다 많다면, 이곳에 전하가 모이게 되어 전기장은 굽은 곳으로부터 바깥쪽으로 만들어진다.[3] 이 전기장은 흘러들어오는 전류를 (감속시켜) 줄이고 흘러나가는 전류를 (가속시켜) 늘려 두 전류가 같아져서, 더 이상 전하가 모이지 않는 평형상태에 이르게 된다. 이것은 전류가 고르게 되도록 스스로 조절하는 멋진 체계이다. 또, 이것은 아주 빨리 조절되므로, 실제로는 전류가 라디오 주파수로 바뀔 때라도, 어느 때나 회로의 어느 곳에서나 전류는 같다고 가정할 수 있다.

회로에서 전류를 몰아대는 힘은 실제로는 둘이다: **전원의 힘** $\mathbf{f}_{전원}$은 보통 회로의 일부(말하자면 전지)에만 미치고, **정전기력**은 전류를 고르게 만들고 전원의 영향력을 그로부터 멀리 떨어진 곳까지 전달한다:

$$\mathbf{f} = \mathbf{f}_{전원} + \mathbf{E} \tag{7.8}$$

$\mathbf{f}_{전원}$을 만들어내는 물리적인 과정은 여러 가지이다: 전지에서는 화학력, 압전(piezoelectric) 결정에서는 역학적 압력이 전기장으로 바뀐다; 열전쌍(thermocouple)에서는 온도차가 그러한 구실을 한다; 광전지에서는 빛이고; 반 데 그라프(Van de Graaff) 가속기에서는 글자 그대로 전자가 이동대에 실려 옮겨진다. 그 기구가 무엇이든 그 효과는 $\mathbf{f}$를 회로에 대해 적분한 것으로 결정된다.

$$\boxed{\mathcal{E} \equiv \oint \mathbf{f} \cdot d\mathbf{l} = \oint \mathbf{f}_{전원} \cdot d\mathbf{l}} \tag{7.9}$$

(정전기장은 $\oint \mathbf{E} \cdot d\mathbf{l} = 0$이므로, $\mathbf{f}$나 $\mathbf{f}_{전원}$ 어느 것을 써도 된다.) $\mathcal{E}$를 회로의 **기전력**(electro-

3 이 전하의 양은 아주 작다: W. G. Rosse, *Am. J. Phys.* **38**, 265 (1970); 그렇지만, 생겨나는 전기장은 실험적으로 검출할 수 있다: R. Jacobs, A. deSalazar, A. Nassar, *Am. J. Phys.* **78**, 1432 (2010).

motive force) 또는 **emf**라고 한다. 그런데 이 말은 좋지 않다. 왜냐하면, 이것은 실제로는 힘이 아니고 단위전하가 받는 힘을 거리에 대해 적분한 것으로 차원은 전위(볼트)이기 때문이다.

이상적인 기전력 원(예를 들어 내부저항이 없는 전지[4])에서는 전하가 받는 알짜 힘은 0이므로 (식 7.1에서 $\sigma = \infty$), $\mathbf{E} = -\mathbf{f}_{전원}$이다. 그러므로 양 끝($a$와 b)의 전위차는 다음과 같다:

$$V = -\int_a^b \mathbf{E} \cdot d\mathbf{l} = \int_a^b \mathbf{f}_{전원} \cdot d\mathbf{l} = \oint \mathbf{f}_{전원} \cdot d\mathbf{l} = \mathcal{E} \tag{7.10}$$

(전지 밖에서는 $\mathbf{f}_{전원} = \mathbf{0}$ 이므로, 적분을 회로 전체로 연장할 수 있다). 그렇게 되면 전지의 기능은 기전력과 같은 전위차를 만들고 유지하는 것이다(예를 들어 6V 전지는 양극의 전위를 음극에 대해 6V 더 높게 유지한다). 그 결과 생기는 정전기장 때문에 회로의 나머지 부분에 전류가 흐른다(그렇지만, 전지 속에서는 $\mathbf{f}_{전원}$이 작용하여 전류가 $\mathbf{E}$의 반대쪽으로 흐른다는 점에 유의하라).[5]

$\mathcal{E}$는 $\mathbf{f}_{전원}$의 선적분이므로 전원이 단위전하에 해준 일로 해석할 수 있다 – 실제로 어떤 책에서는 기전력을 이처럼 정의한다. 그렇지만 다음 절에서 볼 수 있듯이, 이렇게 풀이하면 몇 가지 미묘한 문제가 생기므로 식 7.9의 정의를 따르기로 한다.

문제 7.5 기전력이 $\mathcal{E}$이고 내부저항이 r인 전지를 "부하" 저항 R에 연결했다. 부하에 일률을 최대로 전하려면 저항 R이 얼마가 되어야 하는가? (물론 $\mathcal{E}$와 r은 바꿀 수 없다.)

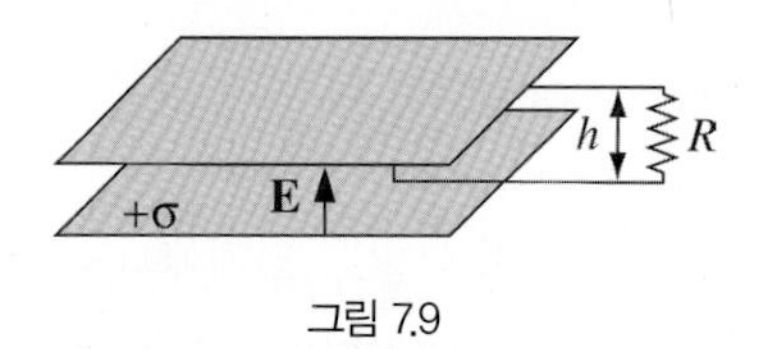

그림 7.9

문제 7.6 네모꼴 도선 고리의 한쪽 끝을 평행판 축전기의 가운데에 끼워 전기장 $\mathbf{E}$와 나란히 두었다 (그림 7.9). 다른쪽 끝은 축전기 밖에 전기장이 없는 곳에 있다. 이 고리의 기전력은 얼마인가? 고리에 달린 총 저항이 R이면 전류가 얼마나 흐르는가? 설명하라. [주의: 여기에는 함정이 있으므로 조심하라; 영구기관을 발명했다면 무엇인가 잘못이 있다.]

---

4 실제의 전지에는 내부저항(internal resistance) r이 있고, 두 전극의 전위차는 전류 I가 흐를 때 $\mathcal{E} - Ir$이다. 전지의 작동원리에 관한 명쾌한 설명은 다음을 보라: D. Roberts *Am. J. Phys.* **51**, 829 (1983).

5 전기회로의 전류는 닫힌 순환계 속의 물 흐름과 비슷하다. 중력이 정전기장의 구실을 하고, (중력에 거슬러 물을 올려주는) 펌프는 전지의 구실을 한다. 이 비유에서 높이는 전압과 비슷하다.

7.1.3 운동 기전력

앞 절에서 회로의 기전력을 몇 가지 들었는데, 가장 낯익은 예가 전지이다. 그렇지만 가장 흔한 전원은 **발전기**(generator)이다. 발전기는 **운동 기전력**(motional emf), 즉 자기장 속에서 도선을 움직일 때 생기는 기전력을 이용한 것이다. 그림 7.10은 발전기의 단순 모형이다. 어두운 곳에는 종이면 속으로 들어가는 자기장 **B**가 고르게 펴져 있고, 저항 R은 전류를 흘려주어야 할 것(전구나 전기밥솥 등)을 나타낸다. 고리 전체를 오른쪽으로 당겨 속력 v로 끌면, 도선토막 ab속의 전하는 수직방향의 자기력 qvB를 받으므로, 고리에는 시침방향으로 전류가 흐르게 된다. 따라서 기전력은 다음과 같다.

$$\mathcal{E} = \oint \mathbf{f}_{\text{자기}} \cdot d\mathbf{l} = vBh \tag{7.11}$$

여기에서 h는 고리의 폭이다(수평방향의 토막 bc와 ad가 받는 자기력은 도선에 대해 수직방향이므로 기전력을 만들지 못한다).

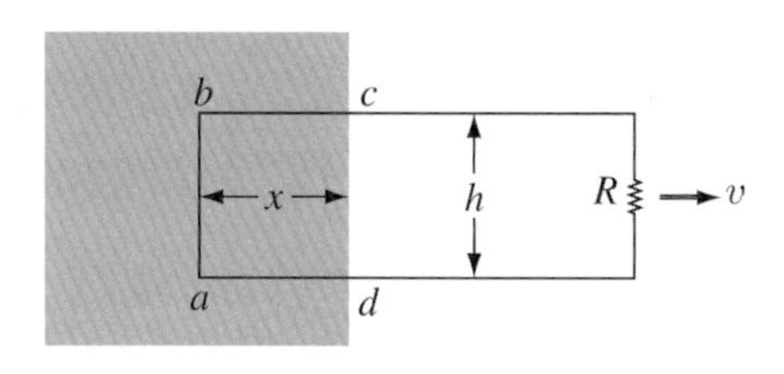

그림 7.10

$\mathcal{E}$를 구하고자 셈한 적분(식 7.9 또는 7.11)은 같은 시각에 대한 것이다 – 말하자면 고리의 순간사진을 찍어 그것을 가지고 셈을 한다. 따라서 고리가 오른쪽으로 움직이고 있는데도 토막 ab의 $d\mathbf{l}$은 수직방향이다. 이것을 가지고 따질 필요는 없다 – 이것은 기전력을 정의한 방식일 뿐이다 – 그러나 좀 더 명확히 설명하는 것이 좋겠다.

특히 자기력이 기전력의 근원이지만, 그 힘은 분명히 어떤 일도 하지 않는다 - 자기력은 결코 일 에너지를 공급하지 않는다. 그렇다면 무엇이 저항을 가열하는 에너지를 공급하는가? 답: 고리를 당기는 사람이다! 전류가 흐르면 토막 ab속의 전하는 고리의 운동에 의한 수평방향의 속도성분 **v**는 물론 수직방향의 속도성분(**u**라고 하자)도 있다. 따라서 자기력에는 왼쪽으로 작용하는 성분 quB가 있다. 이 힘에 대항하려면 고리를 당기는 사람은 단위전하당 다음과 같은 힘을 오른쪽으로 주어야 한다 (그림 7.11):

$$f_{\text{당김}} = uB$$

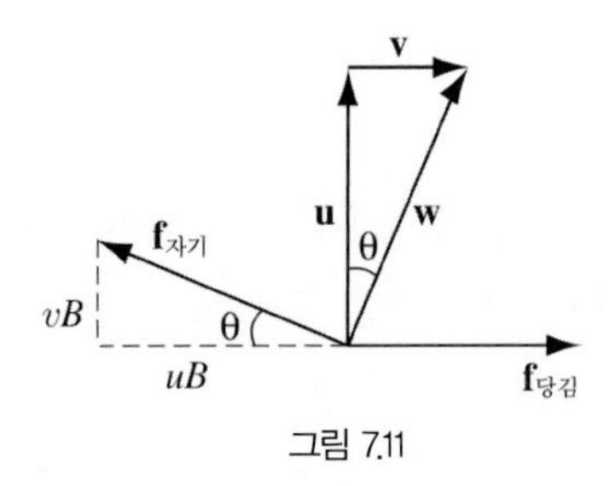

그림 7.11

이 힘은 도선의 구조를 통해 전하에 전달된다. 그동안 전하가 실제로 움직이는 방향은 두 속도 성분의 합인 **w**쪽이며, 움직이는 거리는 $(h/\cos\theta)$이다. 그러므로 단위전하에 해준 일 에너지는 다음과 같다.

$$\int \mathbf{f}_{\text{당김}} \cdot d\mathbf{l} = (uB)\left(\frac{h}{\cos\theta}\right)\sin\theta = vBh = \mathcal{E}$$

($\sin\theta$는 벡터의 점곱에서 온다). 이제 드러난 바와 같이 단위전하에 해준 일이 곧 기전력과 같다. 하지만 그 적분들은 전혀 다른 경로를 따라 (그림 7.12), 또 전혀 다른 힘에 대해 했다. 기전력을 셈하려면 어느 한 순간의 고리를 따라 적분하지만, 일 에너지를 셈하려면 전하가 고리를 따라 움직이는 것에 대해 적분한다; $\mathbf{f}_{\text{당김}}$은 도선과 직교하므로 기전력에 아무런 기여도 하지 않고, $\mathbf{f}_{\text{자기}}$는 전하의 운동방향과 직교하므로 일에너지에 아무런 기여도 하지 않는다.[6]

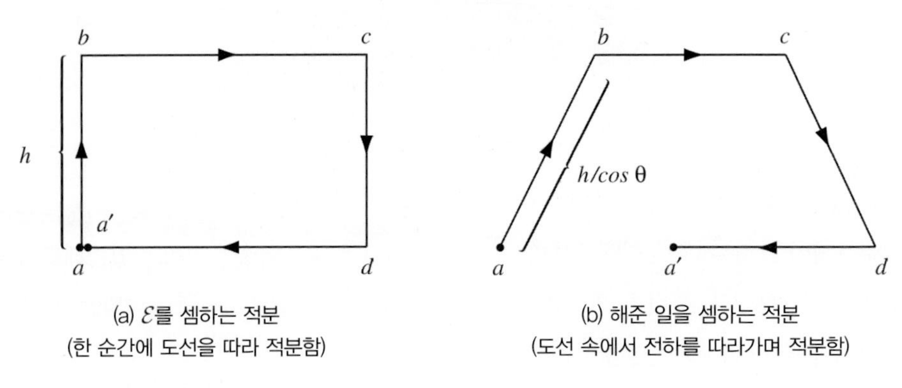

(a) $\mathcal{E}$를 셈하는 적분 (한 순간에 도선을 따라 적분함)

(b) 해준 일을 셈하는 적분 (도선 속에서 전하를 따라가며 적분함)

그림 7.12

움직이는 고리에 생기는 기전력을 특히 멋지게 표현하는 방법이 있다. 고리를 지나가는 자기장 **B**의 선속을 Φ라 하자.

$$\Phi \equiv \int \mathbf{B} \cdot d\mathbf{a} \tag{7.12}$$

6 더 자세한 설명은 다음 논문을 보라: E. P. Mosca, *Am. J. Phys.* 42, 295 (1974).

그림 7.10의 네모꼴 고리에서는 그 값이 다음과 같다.

$$\Phi = Bhx$$

고리가 움직이면 선속은 줄어든다.

$$\frac{d\Phi}{dt} = Bh\frac{dx}{dt} = -Bhv$$

[여기서, (−) 부호는 dx/dt가 음수이기 때문이다.] 그런데 이것이 바로 기전력이다 (식 7.11); 분명히 고리에 생기는 기전력은 고리를 지나는 선속의 변화율에 (−)를 붙인 것이다.

$$\boxed{\mathcal{E} = -\frac{d\Phi}{dt}} \tag{7.13}$$

이것이 운동 기전력에 대한 **선속규칙**(flux rule)이다.

이것은 꼴이 간단할 뿐만 아니라, 고르지 않은 자기장 속에서 모양이 불규칙한 고리가 어느 쪽으로 움직여도 쓸 수 있는 장점이 있다. 심지어 고리의 모양이 변할 때도 쓸 수 있다.

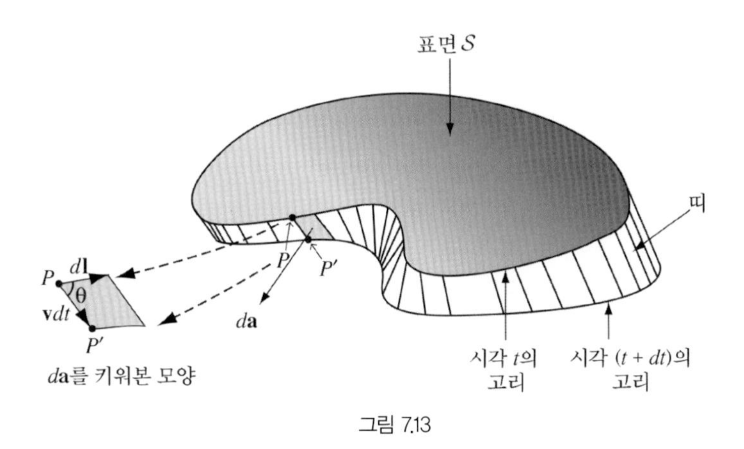

그림 7.13

증명: 그림 7.13은 어느 시각 t와 시간 dt가 지난 뒤의 도선 고리를 보여준다. 시각 t에는 면 $\mathcal{S}$를 지나는 선속을, 시각 $t + dt$에는 $\mathcal{S}$ 및 두 순간의 고리를 잇는 띠를 지나는 선속을 셈하자. 그러면 선속의 **변화**는 다음과 같다.

$$d\Phi = \Phi(t + dt) - \Phi(t) = \Phi_{띠} = \int_{띠} \mathbf{B} \cdot d\mathbf{a}$$

이제 고리의 한 점 P에 주의를 기울이자: 시간 dt동안 그 점은 P'로 옮겨갔다. 도선의 속도를 $\mathbf{v}$, 전하가 도선을 따라 움직이는 속도를 $\mathbf{u}$라고 하면, 전하의 속도합은 $\mathbf{w} = \mathbf{v} + \mathbf{u}$이다. 띠의 미소 면적 요소는 다음과 같이 쓸 수 있다 (그림 7.13을 보라):

$$d\mathbf{a} = (\mathbf{v} \times d\mathbf{l})\, dt$$

그러므로 다음과 같다.

$$\frac{d\Phi}{dt} = \oint \mathbf{B} \cdot (\mathbf{v} \times d\mathbf{l})$$

$\mathbf{w} = \mathbf{v} + \mathbf{u}$이고 $\mathbf{u}$는 $d\mathbf{l}$과 나란하므로, 위의 식은 다음과 같이 쓸 수 있다.

$$\frac{d\Phi}{dt} = \oint \mathbf{B} \cdot (\mathbf{w} \times d\mathbf{l})$$

스칼라 삼중곱은 다음과 같이 고쳐 쓸 수 있다.

$$\mathbf{B} \cdot (\mathbf{w} \times d\mathbf{l}) = -(\mathbf{w} \times \mathbf{B}) \cdot d\mathbf{l}$$

따라서

$$\frac{d\Phi}{dt} = -\oint (\mathbf{w} \times \mathbf{B}) \cdot d\mathbf{l}$$

그런데 $(\mathbf{w} \times \mathbf{B})$는 단위전하가 받는 자기력 $\mathbf{f}_{자기}$이므로

$$\frac{d\Phi}{dt} = -\oint \mathbf{f}_{자기} \cdot d\mathbf{l}$$

이고, $\mathbf{f}_{자기}$의 적분이 바로 기전력이다:

$$\mathcal{E} = -\frac{d\Phi}{dt}$$ ■

기전력의 정의에서는 부호가 애매하다 (식 7.9): 적분을 고리의 어느 쪽으로 해야 하는가? 이것과 관련된 애매함이 선속의 정의(식 7.12)에도 있다: $d\mathbf{a}$의 방향은 어느 쪽인가? 선속규칙을 적용할 때는, 오른손을 써서 부호의 일관성을 지킨다. 고리에 오른손 손가락을 감아쥐어 +쪽을 정의하면 엄지손가락은 $d\mathbf{a}$의 방향을 가리킨다. 기전력이 음수이면 전류는 고리의 (−)쪽으로 흐른다.

선속규칙은 운동 기전력을 셈하는 멋진 지름길이다. 그것은 로런츠 힘 법칙일 뿐 새로운 물리학은 없다. 선속규칙은 도선 고리가 한 겹이라고 가정하며, 그것이 움직이고, 돌고, 늘어나고 (연속적으로) 변형될 수 있다. 하지만 스위치, 미끄럼 접촉 또는 큰 도체가 있으면 전류의 경로가 갖가지로 생길 수 있다. 그림 7.14의 회로에는 표준적인 "선속규칙 역설(flux rule paradox)"이 나타난다. 스위치를 (a에서 b로) 바꾸면 회로를 지나는 선속은 두 배가 되지만, 운동 기전력은 0이고 (자기장 속에서 움직이는 도체가 없다), 전류계(A)에는 전류가 흐르지 않는다.

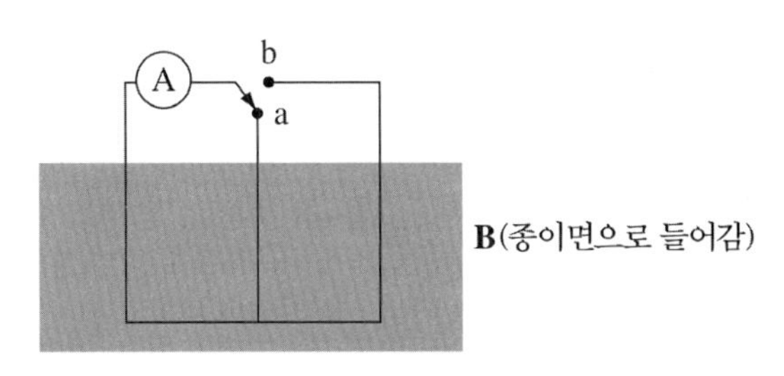

그림 7.14

예제 7.4

위로 향한 고른 자기장 $\mathbf{B}$속에서 반지름이 a인 금속 원반이 수직축을 중심으로 각속도 ω로 돈다. 저항의 한쪽 끝은 회전축의 아래 끝에, 다른 쪽 끝은 원반의 테두리와 매끄럽게 닿아 회로를 이룬다 (그림 7.15). 저항에 흐르는 전류를 구하라.

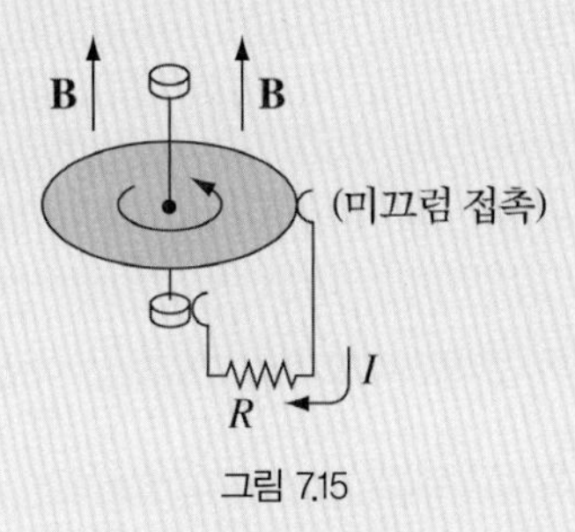

그림 7.15

■ 풀이 ■

원반 위, 축까지의 거리가 s인 점의 속력은 $v = \omega s$이므로, 그곳의 단위전하가 받는 힘은 $\mathbf{f}_{자기} = \mathbf{v} \times \mathbf{B} = \omega s B\hat{\mathbf{s}}$ 이다. 그러므로 기전력은 다음과 같다:

$$\mathcal{E} = \int_0^a f_{자기}\, ds = \omega B \int_0^a s\, ds = \frac{\omega B a^2}{2}$$

그리고 전류는 다음과 같다:

$$I = \frac{\mathcal{E}}{R} = \frac{\omega B a^2}{2R}$$

예제 7.4 [**패러데이 원반**(Faraday disk) 또는 **패러데이 발전기**(Faraday dynamo)]에서는 운동 기전력이 생기는데, 이것은 선속규칙으로는 (적어도 직접은) 셈할 수 없다. 선속규칙을 쓰려면 전류가 흐르는 회로가 잘 정의되어야 하는데, 이 예제에서는 전류가 원반 전체에 퍼져 흐른다. 심지어 "회로를 지나는 선속"이라는 말의 뜻조차도 분명하지 않다.

더 까다로운 것은 **맴돌이 전류**(Eddy current)이다. 알루미늄 한 덩어리를 구해 고르지 않은 자기장 속에서 흔들어라. 그러면 그 물체 속에 전류가 생겨 마치 끈끈한 액체 속에서 그것을 움직이는 것처럼 일종의 "점성 저항"을 느끼게 된다 (이것이 운동 기전력을 설명할 때 $\mathbf{f}_{당김}$이라고 부르는 힘이다). 맴돌이 전류는 셈하기 어려운 것으로 악명이 높지만,[7] 보여주기는 쉽고 극적이다. 알루미늄 원반을 매달아 자극 사이에서 흔들리게 하는 고전적 실험을 보았을 것이다 (그림 7.16a). 원반이 자극 사이의 자기장 속에 들어가면 속력이 갑자기 느려진다. 이것이 맴돌이 전류 때문이라는 것을 확인하려면 전류의 흐름이 끊기도록 가는 틈을 많이 낸 원반을 써서 같은 실험을 되풀이한다 (그림 7.16b). 이번에는 원반이 자기장의 방해를 받지 않고 자유롭게 흔들린다.

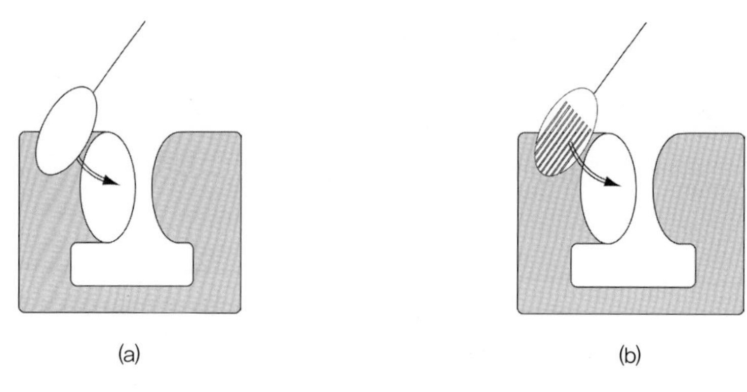

그림 7.16

예제 7.5[8]

해석적으로 다룰 수 있는 맴돌이 전류 문제는 매우 드물다. 다음은 1880년에 헤르츠(Heinrich Hertz)가 23살 때 푼 희귀한 예이다. 전기적으로 중성인 공 껍질을 상상하자: 안쪽 반지름 R_1, 바깥쪽 반지름 R_2, 전도도는 σ로 균일하고 중심이 원점에 있다. 이것이 고른 자기장 $\mathbf{B}$ 속에서 일정 각속도 $\boldsymbol{\omega}$로 돈다.[9] 정상 상태(장, 전하, 전류는 모두 시간에 대해 일정함)에서 다음 두 상황에 놓인 공 껍질의 맴돌이 전류를 구하라: (a) $\boldsymbol{\omega}$와 $\mathbf{B}$가 나란할 때; (b) 수직일 때.

■ 풀이 ■

정전기 조건에서 도체 속의 전하 밀도는 0이다 (모든 초과 전하는 표면으로 간다). 이는 서 있는 도체에 정상 전류가 흐를 때도 마찬가지임을 식 7.5에서 알았다. 그러나 도체가 자기장 속에서 움직일 때는 식 7.2의 속도항을 무시할 수 없다. 실제로 발산을 구하고 가우스 법칙과 연속성 방정식을 쓰면,

---

7 예를 들어 다음 논문을 보라: W. M. Saslow, *Am. J. Phys.* **60**, 693 (1992)

8 이 예제는 건너뛰어도 된다. 자세한 내용과 실제 쓰임새는 다음을 보라: M. A. Nurge et al., *Am. J Phys.* 85, 596 (2017).

9 맴돌이 전류가 만드는 자기장은 무시할 수 있거나, **B**에 포함된다고 가정한다.

$$\nabla \cdot \mathbf{J} = \sigma[\nabla \cdot \mathbf{E} + \nabla \cdot (\mathbf{v} \times \mathbf{B})] = \sigma\Big[\frac{1}{\epsilon_0}\rho + \nabla \cdot (\mathbf{v} \times \mathbf{B})\Big] = -\frac{\partial \rho}{\partial t}$$

이다. 정상 상태에서는 ρ가 일정하므로 다음 결과를 얻는다:

$$\rho = -\epsilon_0 \nabla \cdot (\mathbf{v} \times \mathbf{B}) \tag{7.14}$$

(a) 좌표축을 $\mathbf{B} = B\hat{\mathbf{z}}$, $\boldsymbol{\omega} = \omega\hat{\mathbf{z}}$가 되게 잡는다. 물체가 강체 회전하면 모든 곳에서 $\mathbf{v} = \boldsymbol{\omega} \times \mathbf{r}$이므로 BAC−CAB 규칙을 쓰면

$$\mathbf{v} \times \mathbf{B} = (\boldsymbol{\omega} \times \mathbf{r}) \times \mathbf{B} = \mathbf{r}(\mathbf{B} \cdot \boldsymbol{\omega}) - \boldsymbol{\omega}(\mathbf{B} \cdot \mathbf{r}) = \omega B(\mathbf{r} - z\hat{\mathbf{z}}) = \omega B(x\hat{\mathbf{x}} + y\hat{\mathbf{y}}) \tag{7.15}$$

이다. 따라서

$$\rho = -2\epsilon_0 \omega B \tag{7.16}$$

(물론 두 표면에 보상 전하가 있다.) 전위는 푸아송 방정식을 만족한다.

$$\nabla^2 V = -\frac{1}{\epsilon_0}\rho = 2\omega B \quad (R_1 < r < R_2) \tag{7.17}$$

그리고 반지름 방향 전류는 경계에서 0이 된다 (그렇지 않으면 전하가 공간으로 새나갈 것이다.)

$$J_r = \sigma[\mathbf{E} + \mathbf{v} \times \mathbf{B}] \cdot \hat{\mathbf{r}} = 0 \ (r = R_1,\ R_2) \tag{7.18}$$

따라서

$$E_r = -\omega B(x\hat{\mathbf{x}} + y\hat{\mathbf{y}}) \cdot \hat{\mathbf{r}} = -\frac{\omega B}{r}(x^2 + y^2) = -\omega B r \sin^2\theta \tag{7.19}$$

이다. 안팎의 표면에서는 다음 조건이 성립한다:

$$\frac{\partial V}{\partial r}\Big|_{R_1} = \omega B R_1 \sin^2\theta \qquad \frac{\partial V}{\partial r}\Big|_{R_2} = \omega B R_2 \sin^2\theta \tag{7.20}$$

전하 밀도(식 7.16)와 경계에서의 V의 법선 도함수(식 7.20)가 정해지면 공 껍질 속의 전기장이 유일하게 결정된다 (문제 3.5). 사실, 전위는 쉽게 짐작할 수 있다:

$$V(r, \theta) = \frac{\omega B}{2} r^2 \sin^2\theta + K = \frac{\omega B}{2}(x^2 + y^2) + K(K\text{는 상수}) \tag{7.21}$$

그리고 전기장은 다음과 같다 (식 7.15):

$$\mathbf{E} = -\nabla V = -\omega B(x\hat{\mathbf{x}} + y\hat{\mathbf{y}}) = -\mathbf{v} \times \mathbf{B} \tag{7.22}$$

결과적으로, 전기력이 자기력을 정확히 상쇄한다. 이 상황에서는 맴돌이 전류가 없다.[10]

$$\mathbf{J} = \mathbf{0}.$$

(b) 이제는 $\boldsymbol{\omega} = \omega\hat{\mathbf{x}}$, $\mathbf{B} = B\hat{\mathbf{y}}$로 잡자. 그러면[10]

$$\mathbf{v} \times \mathbf{B} = \mathbf{r}(\mathbf{B} \cdot \boldsymbol{\omega}) - \boldsymbol{\omega}(\mathbf{B} \cdot \mathbf{r}) = -\omega By\hat{\mathbf{x}}$$

인데, 이것은 발산이 0이므로 전하 밀도가 0이 된다 (식 7.14):

$$\rho = 0$$

(하지만 유도된 표면 전하는 있을 수 있다). 공 껍질 속에서는 라플라스 방정식이 성립하고

$$\nabla^2 V = 0$$

식 7.19는 다음과 같아진다.

$$E_r = -(\mathbf{v} \times \mathbf{B}) \cdot \hat{\mathbf{r}} = \omega By(\hat{\mathbf{x}} \cdot \hat{\mathbf{r}}) = \omega Br \sin^2\theta \sin\phi \cos\phi$$

공 껍질 안팎의 경계면에서의 값은 다음과 같다:

$$\left.\frac{\partial V}{\partial r}\right|_{R_1} = -\omega BR_1 \sin^2\theta \sin\phi \cos\phi, \quad \left.\frac{\partial V}{\partial r}\right|_{R_2} = -\omega BR_2 \sin^2\theta \sin\phi \cos\phi$$

해는 다음과 같다:

$$\text{전위: } V(r, \theta, \phi) = -\frac{\omega B}{2} r^2 \sin^2\theta \sin\phi \cos\phi + K = -\frac{\omega B}{2} xy + K (R_1 < r < R_2),$$

$$\text{전기장 } \mathbf{E} = -\boldsymbol{\nabla} V = \frac{\omega B}{2}(y\hat{\mathbf{x}} + x\hat{\mathbf{y}})$$

맴돌이 전류는 다음과 같다:

$$\mathbf{J} = \sigma[\mathbf{E} + (\mathbf{v} \times \mathbf{B})] = \frac{\omega B\sigma}{2}(-y\hat{\mathbf{x}} + x\hat{\mathbf{y}}) = \frac{\omega B\sigma}{2} r \sin\theta \hat{\boldsymbol{\phi}}$$

놀랍게도, 이것은 전하가 밀도 $\rho = B\sigma/2$로 고르게 퍼진 절연체 공 껍질이 z-축에 대해 각속도 w로 돌 때 얻을 수 있는 결과이다. 맞다: z-축이다! $\boldsymbol{\omega}$와 $\mathbf{B}$가 임의의 방향일 때의 공식은 다음과 같다:

$$\mathbf{J} = -\frac{\sigma}{2}[\mathbf{r} \times (\boldsymbol{\omega} \times \mathbf{B})].$$

10 공 껍질이 돌 때 ρ(및 표면 전하)가 끌려가므로 **대류 전류**(convection current)가 있지만, (직접 확인할 수 있듯이) $J_{\text{대류}}/J_{\text{전도}}$의 전형적인 값은 $\epsilon_0\omega/\sigma$ 정도로서 (예를 들어) 100rpm의 알루미늄 공 껍질에서는 완전히 무시할 수 있다.

문제 7.7 그림 7.17과 같이 간격 l인 도선 궤도 위를 가로지른 질량 m인 금속막대가 마찰 없이 미끄러진다. 두 도선 끝은 저항 R이 잇고 있고, 종이면 속을 향하는 자기장 $\mathbf{B}$가 모든 곳에 고루 퍼져 있다.

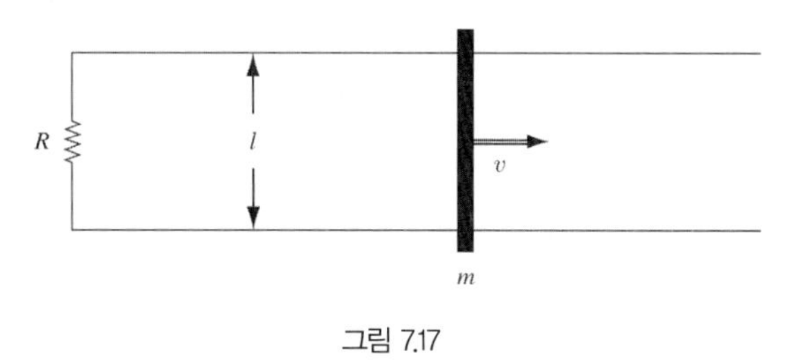

그림 7.17

(a) 막대가 오른쪽으로 속력 v로 움직일 때, 저항을 지나는 전류의 크기와 방향을 구하라.

(b) 막대가 받는 자기력의 크기와 방향을 구하라.

(c) 시각 $t = 0$에 막대를 속력 v_0로 출발시킨 뒤, 내버려 둘 때 시각 t의 막대의 속력을 구하라.

(d) 막대의 처음 운동 에너지는 물론 $\frac{1}{2}mv_0^2$이다. 저항에 전달되는 에너지가 정확히 $\frac{1}{2}mv_0^2$임을 보여라.

문제 7.8 책상 위에 그림 7.18과 같이 전류 I가 흐르는 아주 긴 도선이 있고, 그 옆에 한 변의 길이가 a인 정사각형 고리가 거리 S를 두고 놓여 있다.

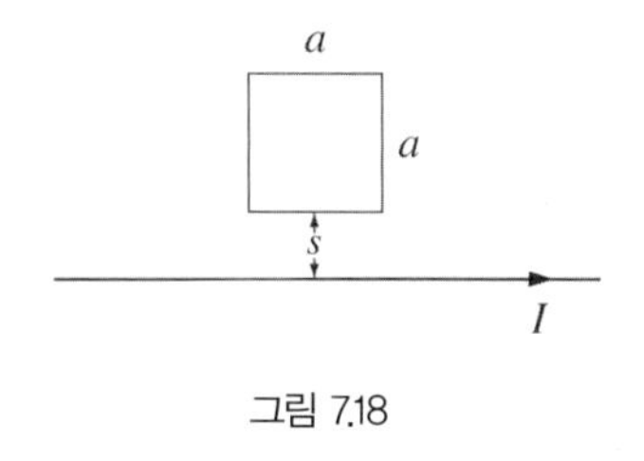

그림 7.18

(a) 고리를 지나는 $\mathbf{B}$의 선속을 구하라.

(b) 고리를 속력 v로 도선에서 멀리 밀어내면, 고리에 생기는 기전력은 얼마인가? 이 기전력으로 생기는 전류의 방향은 어느 쪽(시침 또는 반시침방향)인가?

(c) 고리를 속력 v로 오른쪽으로 당기면 어떻게 되는가?

문제 7.9 고리를 뒤덮을 수 있는 면의 모양은 수없이 많은데, 고리를 지나는 선속의 정의 $\Phi = \int \mathbf{B} \cdot d\mathbf{a}$에서는 면을 구체적으로 정하지 않는다. 그래도 문제가 없음을 설명하라.

문제 7.10 변의 길이가 a인 정사각형 고리를 세워 수직축에 걸고 각속도 ω로 돌렸다 (그림 7.19). 그 둘레에는 오른쪽을 향하는 자기장 $\mathbf{B}$가 고르게 퍼져 있다. 이 **교류 발전기**(alternating generator)의 기전력 $\mathcal{E}(t)$을 구하라.

문제 7.11 두꺼운 알루미늄 판으로 정사각형 고리를 만들고, 이것의 윗부분을 고르게 퍼진 자기장 **B** 속에 있게 둔 뒤 중력을 받아 떨어지게 하였다 (그림 7.20). (그림에서 어두운 부분에 자기장이 걸려 있다; **B**는 종이면 속으로 들어간다.) 자기장의 세기가 1테슬라(실험실에서 쉽게 만들 수 있다)일 때 고리의 종단속도를 구하라 (단위 m/s). 고리의 속도를 시간의 함수로 구하라. 종단속도의 90%에 이르는데 걸리는 시간은 얼마인가? 이 고리의 한 곳을 끊어내면 어떤 일이 생기겠는가? [**참고**: 고리의 넓이는 문제를 푸는 과정에서 지워진다. 문제에 쓰인 단위로 실제 값을 셈하라.]

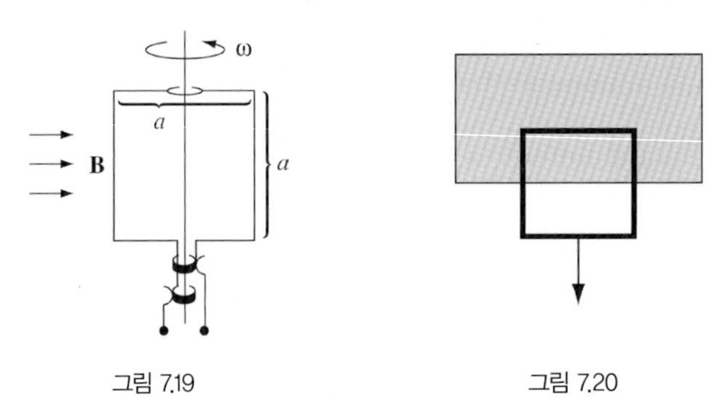

그림 7.19 그림 7.20

문제 7.12 예제 7.5b에서 맴돌이 전류의 알짜 자기 회전력을 셈하라. 이 회전력은 회전을 감쇠시킨다. (지수) 감쇠의 시간 상수는 얼마인가? 이 회전에서 감쇠율이 작다고 가정하라. 지자기장 속의 알루미늄(질량 밀도 2.7×10^3 kg/m^3)에 대한 실제 값을 구하라.

7.2 전자기 유도

7.2.1 패러데이 법칙

1831년 마이클 패러데이는 일련의 실험결과를 발표했는데, 여기에는 다음의 세 가지 내용도 들어있었다 (이 순서는 역사적 순서와는 다르다):

실험 1. 도선 고리를 자기장 속에서 오른쪽으로 당겼다 (그림 7.21a). 전류가 고리에 흘렀다.

실험 2. 도선 고리를 고정시킨 채 자석을 왼쪽으로 밀었다 (그림 7.21b). 전류가 고리에 흘렀다.

실험 3. 도선 고리와 자석을 고정시키고 (그림 7.21c), 자기장의 세기를 변화시켰다 (그는 전자석으로 쓰는 코일의 전류를 변화시켰다). 다시 또 고리에 전류가 흘렀다.

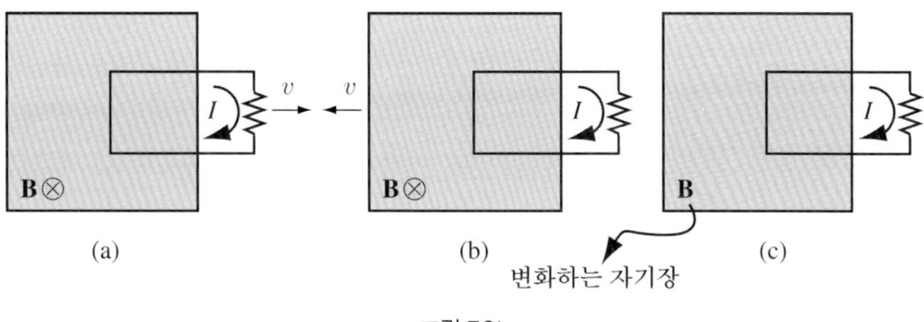

그림 7.21

첫째 실험은 물론 운동 기전력의 보기이고, 아래의 선속규칙을 따른다:

$$\mathcal{E} = -\frac{d\Phi}{dt}$$

실험 2에서도 똑같은 기전력이 생긴다고 말해도 놀라지 않을 것이다 – 중요한 것은 자석과 고리의 상대적 운동이다. 사실 특수 상대론에 비추어보면 그래야만 한다. 그러나 패러데이는 상대론에 관해서는 아무것도 몰랐고, 고전 전기역학에서는 이러한 상호성(reciprocity)은 우연의 일치로 보기에는 놀라운 것이었다. 왜냐하면 고리가 움직일 때는 기전력을 만드는 것은 자기력이지만, 고리가 서 있을 때는 그 힘이 자기력이 될 수 없다 – 서 있는 전하는 자기력을 받지 않는다. 그렇다면 무엇이 기전력을 만드는가? 서 있는 전하에 힘을 주는 장은 도대체 무엇인가? 글쎄, 물론 전기장은 그럴 수 있지만, 이 경우에는 전기장은 어디에도 보이지 않는다.

패러데이는 천재적인 영감을 받았다:

변화하는 자기장은 전기장을 만들어 낸다.

이 "생겨난(유도된)"[11] 전기장이 실험 2의 기전력을 설명한다.[12] 사실 (패러데이가 실험으로 발견한 것처럼) 기전력이 선속의 변화율과 같다면

$$\mathcal{E} = \oint \mathbf{E} \cdot d\mathbf{l} = -\frac{d\Phi}{dt} \tag{7.23}$$

---

11 "생겨난(유도된)"은 미묘하고 헷갈리기 쉬운 말이다. 이것은 원인이 있음을 희미하게 시사한다. 시간 변화 자기장을 (전자와 함께) 독립적인 전기장의 "원천"으로 보아야 하는가에 대한 헛된 논쟁을 하는 문헌을 볼 수 있다. 자기장은 결국 전류가 만든다. 마치 내가 받는 편지의 "원천"이 우편배달부라고 하는 것이나 마찬가지다. 글쎄 틀림없이 그렇다 – 그가 내 우편함에 넣었으니까. 하지만 편지는 할머니께서 쓰셨다. 궁극적으로는 ρ와 $\mathbf{J}$가 모든 전자기장의 원천이고, 시간변화 자기장은 어디엔가 있는 전류가 보낸 전자기적 소식을 전달할 뿐이다. 그러나 시간변화 자기장이 전기장을 "만든다"고 생각하는 것이 편리할 때도 많고, 그것이 더 복잡한 이야기를 줄여 간단히 만든다고 이해한다면 문제가 없다. 다음의 멋진 토론을 보라: S. E. Hill, *Phys. Teach.* **48**, 410 (2010).

12 실험 2의 자기장은 실제로는 변화하는 것이 아니라 움직일 뿐이라고 주장할 수도 있겠다. 이 말은 어느 곳에 서 있는데 자석이 지나가면 그곳의 자기장이 변화한다는 것이다.

E는 다음 식을 통해 **B**의 변화와 관련된다:

$$\oint \mathbf{E} \cdot d\mathbf{l} = -\int \frac{\partial \mathbf{B}}{\partial t} \cdot d\mathbf{a} \tag{7.24}$$

이것이 적분꼴 **패러데이 법칙**(Faraday's law)이다. 여기에 스토크스 정리를 쓰면 미분꼴로 바꿀 수 있다(식 2.14의 각주를 보라):

$$\boxed{\nabla \times \mathbf{E} = -\frac{\partial \mathbf{B}}{\partial t}} \tag{7.25}$$

정자기학의 조건(**B**가 일정)에서는 패러데이 법칙이 옛 규칙 $\oint \mathbf{E} \cdot d\mathbf{l} = 0$(또는 미분꼴로는 $\nabla \times \mathbf{E} = \mathbf{0}$)으로 돌아오며, 당연히 그래야 한다.

실험 3에서는 자기장이 변화하는 까닭이 전혀 다르지만, 패러데이 법칙에 따르면 역시 전기장이 생겨나 기전력 $-d\Phi/dt$이 생긴다. 사실 세 경우 모두를 (그리고 이들의 어떤 결합도) 일종의 **보편적 선속규칙**(universal flux rule)에 넣을 수 있다:

고리를 지나는 선속이 변화할 때는 (그 원인이 무엇이든) 늘
고리에 다음 기전력이 생긴다:

$$\mathcal{E} = -\frac{d\Phi}{dt} \tag{7.26}$$

많은 사람들은 이것을 "패러데이 법칙"이라고 한다.[13] 어쩌면 내가 너무 까다로운지 모르지만, 이것은 너무 헷갈린다. 식 7.26에는 실제로는 두 가지 전혀 다른 기구가 깔려 있고, 두 가지를 모두 "패러데이 법칙"으로 보는 것은 일란성 쌍둥이의 겉모습이 똑같으니까 둘을 같은 이름으로 불러야 한다는 주장과 비슷하다. 패러데이의 첫째 실험에서 실제로 작용하는 것은 로런츠 힘이다; 기전력은 자기력 때문에 생긴다. 그러나 나머지 두 실험에서는 실제로 작용하는 것이 (자기장의 변화로 생겨난) 전기력이다. 이렇게 보면 세 과정 모두가 똑같은 기전력 공식을 만들어내는 것이 놀랍다. 사실 바로 이 "일치" 때문에 아인슈타인은 특수 상대성 이론을 생각해 냈다 – 그는 고전 전기역학에서 특이한 사건에 대해 깊이 있는 설명을 찾고자 했다. 그러나 그것은 12장에서 다룰 이야기이다. 그때까지는 자기장의 변화로 생겨난 전기장에 대해서만 "패러데이 법칙"이라는 말을 쓰고, 실험 1은 패러데이 법칙의 예로 보지 않는다.

---

13 전기 공학자는 자기장선을 "자르면" 기전력이 생긴다고들 말한다.

예제 7.6

길이 L, 반지름 a인 긴 원통 자석에 그 축과 나란한 자화밀도 $\mathbf{M}$이 고르게 퍼져 있다. 이것이 일정 속력 v로 반지름이 조금 더 큰 둥근 도선 고리를 지나간다 (그림 7.22). 고리에 생기는 기전력을 시간의 함수로 그려보라.

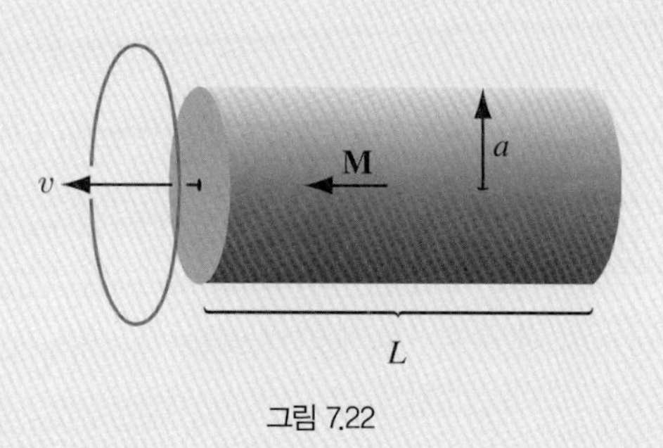

그림 7.22

■ 풀이 ■

이 자기장은 긴 코일에 표면전류 $\mathbf{K}_{속박} = M\hat{\boldsymbol{\phi}}$가 흐를 때 생기는 것과 같다. 따라서 코일 속의 자기장은 $\mathbf{B} = \mu_0\mathbf{M}$이고, 양쪽 끝 근처에서는 퍼지기 시작한다. 고리의 선속은 자석이 고리에서 아주 멀리 있으면 0이다; 자석의 앞머리가 고리를 지나가는 순간 최대값 $\mu_0 M\pi a^2$이 된다; 뒤꼬리가 고리를 빠져 나가는 순간 다시 0이 된다 (그림 7.23a). 기전력은 Φ의 시간도함수에 (−)를 곱한 것이므로, 그림 7.23b와 같이 봉우리가 둘이다.

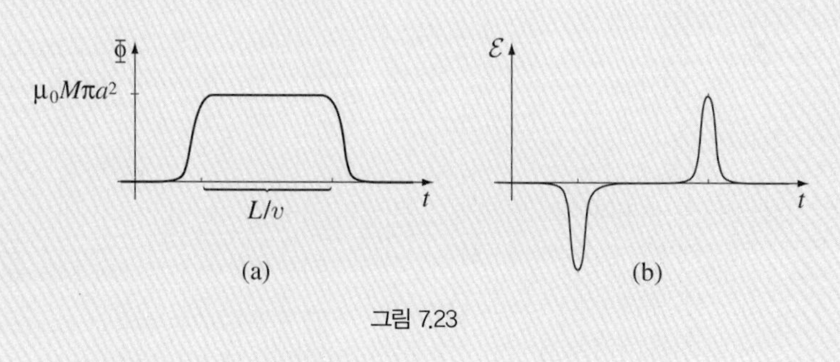

그림 7.23

패러데이 법칙의 부호를 정하는 일은 참으로 골치 아프다. 예를 들어 예제 7.6에서 유도전류가 고리의 어느 쪽으로 흐르는가 알려고 한다고 하자. 원리적으로는 오른손 규칙을 쓰면 된다 (그림 7.22에서 Φ가 왼쪽을 향할 때 (+)로 잡았으므로, 고리에 흐르는 전류의 (+)방향은 왼쪽에서 볼 때 반시침 방향이다; 그림 7.23b의 첫째 봉우리가 아래쪽이므로 첫째 전류 펄스는 시침방향으로 흐르고, 둘째 펄스는 반시침 방향으로 흐른다. 그러나 여기에 **렌츠 법칙**(Lenz's law)이라는 편리한 규칙이 있어 올바른 방향을 손쉽게 찾을 수 있게 도와준다:[14]

14 렌츠 법칙은 운동 기전력에도 쓸 수 있지만, 그때는 로런츠 힘 법칙을 쓰는 것이 더 쉽다.

자연은 선속의 변화를 싫어한다.

유도 전류는 그것이 만드는 선속이 기전력을 만들어내는 선속의 변화를 지우는 쪽으로 흐른다. (예제 7.6에서 자석의 앞머리가 고리에 들어갈 때 선속이 늘어나므로, 고리에 흐르는 전류는 오른쪽을 향하는 선속을 만들어내야 한다 – 그러므로 전류는 시침방향으로 흐른다.) 자연이 싫어하는 것은 선속이 아니라 선속의 변화이다(자석의 꼬리가 고리를 빠져 나갈 때는 선속이 줄어들고, 따라서 유도전류는 그것을 회복하려고 반시침 방향으로 흐른다). 패러데이 유도는 일종의 "관성" 현상이다: 도선 고리는 그것을 지나는 선속이 일정하게 유지되는 것을 "좋아한다": 선속을 변화시키려고 하면 고리는 전류를 흘려보내 그 노력을 무산시키려고 한다. (그 노력은 완전히 성공하지 못한다; 유도전류가 만드는 선속은 보통 그것을 유도하는 선속의 극히 일부이다. 렌츠 법칙은 전류의 방향을 결정할 뿐이다.)

예제 7.7

"튀는 고리" 실험. 철심 둘레에 코일을 감고 (철심은 자기장을 강화시킨다), 그 위에 쇠고리를 둔 뒤, 코일에 전류를 흘리면 쇠고리는 수십 센티미터 위로 튀어 오른다 (그림 7.24). 왜 그럴까?

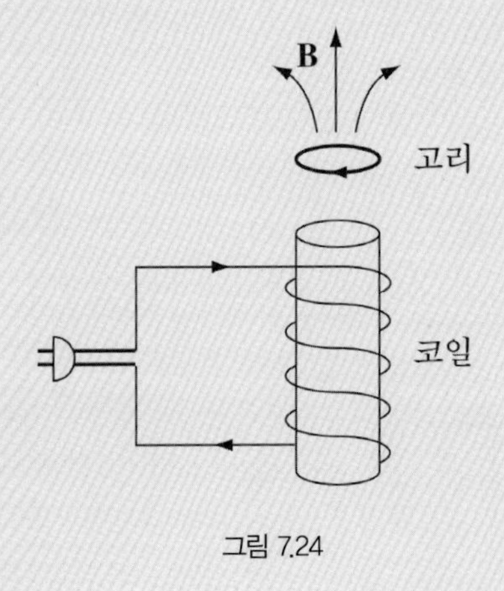

그림 7.24

■ 풀이 ■

코일에 전류를 흘리기 전에는 쇠고리를 지나가는 선속이 없었다. 선속이 (그림의 위쪽으로) 생겨나면 쇠고리에는 기전력 때문에 전류가 흐른다. 렌츠 법칙에 따르면 이 전류가 만드는 자기장이 코일에 생긴 선속을 지우는 방향으로 흐른다. 이것은 쇠고리에 흐르는 전류가 코일과는 반대쪽으로 흐름을 뜻한다. 서로 반대쪽으로 흐르는 전류는 밀어내므로, 쇠고리는 위로 날아오른다.[15]

15 튀는 고리(그리고 이와 관련된 "떠 있는 고리")에 관한 더 자세한 설명은 다음 논문을 보라: C. S. Schneider, J. P.

문제 7.13 반지름 a인 긴 코일에 교류전류를 흘리면 그 속에 조화함수꼴 자기장이 생긴다: $\mathbf{B}(t) = B_0 \cos(\omega t)\,\hat{\mathbf{z}}$. 반지름 $a/2$이고 저항 R인 둥근 도선 고리가 코일 속에 축에 대해 수직하게 놓여 있다. 고리에 유도되는 전류를 시간의 함수로 구하라.

문제 7.14 한변의 길이가 a인 네모꼴 도선 고리가 원점에 한 꼭지를 두고 xy평면의 제 1 사분면에 놓여 있다. 이 영역에 고르지 않은, 시간변화하는 자기장이 걸려 있다: $\mathbf{B}(y, t) = ky^3t^2\,\hat{\mathbf{z}}$ (k는 상수). 고리에 생기는 기전력을 구하라.

문제 7.15 길이 2m 정도의 속이 빈 알루미늄 관을 세로로 세우고, 지름이 관의 안쪽 지름보다 조금 작은 원통 막대자석을 떨어뜨린다. 그러면 바닥으로 빠져 나오는데 수초가 걸리는데, 같은 모양의 자화되지 않은 쇠조각을 떨어뜨리면 1초도 걸리지 않는다. 자석이 왜 늦게 떨어지는가 설명하라.[16]

7.2.2 유도된 전기장

패러데이 법칙은 정전기학의 규칙 $\nabla \times \mathbf{E} = \mathbf{0}$을 시간변화 영역으로 일반화한 것이다. $\mathbf{E}$의 발산은 여전히 가우스 법칙을 따른다: ($\nabla \cdot \mathbf{E} = \rho/\epsilon_0$). $\mathbf{E}$가 ($\rho = 0$ 이어서 오직 $\mathbf{B}$의 변화로만 생기는) 순수한 패러데이 장이라면 발산과 회전은 다음과 같다:

$$\nabla \cdot \mathbf{E} = 0, \quad \nabla \times \mathbf{E} = -\frac{\partial \mathbf{B}}{\partial t}$$

이것은 수학적으로는 정자기학의 방정식과 똑같다:

$$\nabla \cdot \mathbf{B} = 0, \quad \nabla \times \mathbf{B} = \mu_0 \mathbf{J}$$

결론: $\mu_0\mathbf{J}$가 정자기장을 결정하는 것과 똑같이 $-(\partial\mathbf{B}/\partial t)$는 패러데이 유도 전기장을 결정한다. 이 전기장을 셈하는 식은 비오–사바르 법칙에서 유추하면 다음과 같다:[17]

$$\mathbf{E} = -\frac{1}{4\pi}\int \frac{(\partial \mathbf{B}/\partial t) \times \hat{\boldsymbol{\mathscr{r}}}}{\mathscr{r}^2}\,d\tau = -\frac{1}{4\pi}\frac{\partial}{\partial t}\int \frac{\mathbf{B} \times \hat{\boldsymbol{\mathscr{r}}}}{\mathscr{r}^2}\,d\tau \qquad (7.27)$$

Ertel, *Am. J. Phys.* **66**, 686 (1998); P. J. H. Tjossem, E. C. Brost, *Am. J. Phys.* **79**, 353 (2011).

16 이 놀라운 시연에 관해 설명한 논문을 보라: K. D. Hahn et al., *Am. J. Phys.* **66**, 1066 (1998); G. Donoso, C. L. Ladera, P. Martin, *Am. J. Phys.* **79**, 193 (2011).

17 정자기학은 정상전류에서만 성립하지만 $\partial\mathbf{B}/\partial t$에는 그러한 제한이 없다.

대칭성이 있으면, 패러데이 법칙을 아래와 같이 적분꼴로 바꾸고,

$$\oint \mathbf{E} \cdot d\mathbf{l} = -\frac{d\Phi}{dt} \tag{7.28}$$

적분꼴 앙페르 법칙($\oint \mathbf{B} \cdot d\mathbf{l} = \mu_0 I_{안}$)에서 썼던 갖가지 기법을 그대로 쓸 수 있다. 적분꼴 앙페르 법칙에서 $\mu_0 I_{안}$이 했던 구실을 적분꼴 패러데이 법칙에서는 앙페르 고리를 지나는 (자기) 선속의 변화율이 대신 한다.

예제 7.8

그림 7.25에서 어두운 동그란 영역에 위로 향하는 자기장 $\mathbf{B}(t)$가 고르게 퍼져 있다. $\mathbf{B}$가 시간에 따라 변할 때 유도되는 전기장을 구하라.

■ 풀이 ■

전류밀도가 고른, 기다란 곧은 도선 속의 자기장 처럼 $\mathbf{E}$는 원둘레 방향이다. 반지름 s인 앙페르 고리를 그리고, 패러데이 법칙을 쓰면,

$$\oint \mathbf{E} \cdot d\mathbf{l} = E(2\pi s) = -\frac{d\Phi}{dt} = -\frac{d}{dt}\left(\pi s^2 B(t)\right) = -\pi s^2 \frac{dB}{dt}$$

를 얻는다. 그러므로 다음과 같다.

$$\mathbf{E} = -\frac{s}{2}\frac{dB}{dt}\hat{\boldsymbol{\phi}}$$

$\mathbf{B}$가 커지면, $\mathbf{E}$는 위에서 볼 때 시침방향이다.

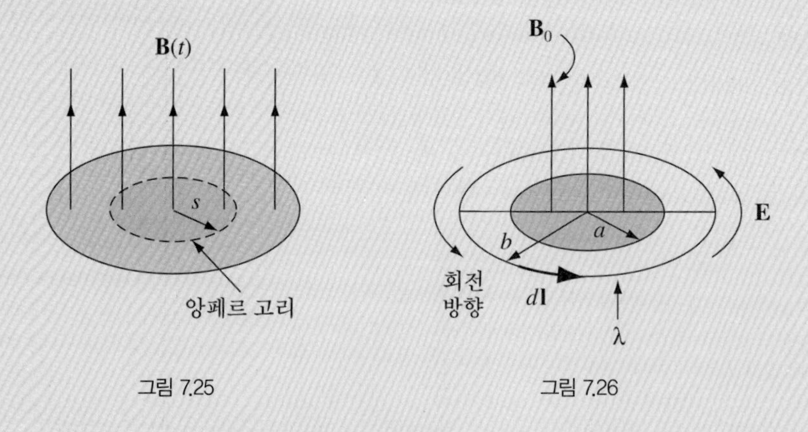

그림 7.25

그림 7.26

예제 7.9

반지름 b인 바퀴 가장자리에 선전하 λ를 붙여 그림 7.26과 같이 수평하게 두어 자유로이 돌 수 있게 했다(바퀴살은 나무 같은 절연체로 만들었다). 바퀴의 가운데 반지름 a까지는 위쪽으로 향하는 자기장 $\mathbf{B}_0$가 고르게 퍼져 있다. 이제 자기장을 없애면 어떤 일이 생길까?

■ 풀이 ■

자기장이 변하면 바퀴축을 에워싸고 도는 전기장이 생겨난다. 이 전기장은 바퀴 테두리의 전하에 힘을 주어 바퀴가 돌기 시작한다. 렌츠 법칙에 따르면 바퀴가 돌면서 선속을 회복시켜야 하므로, 위에서 볼 때 반시침방향으로 돈다.

패러데이 법칙을 반지름 b인 고리에 적용하면 다음과 같다.

$$\oint \mathbf{E}\cdot d\mathbf{l} = E(2\pi b) = -\frac{d\Phi}{dt} = -\pi a^2\frac{dB}{dt}, \text{ 또는 } \mathbf{E} = -\frac{a^2}{2b}\frac{dB}{dt}\,\hat{\boldsymbol{\phi}}$$

길이 $d\mathbf{l}$인 토막이 받는 회전력은 $(\mathbf{r}\times\mathbf{F})$ 또는 $b\lambda E\,dl$이다. 그러므로, 바퀴 전체가 받는 회전력은 다음과 같다.

$$N = b\lambda\left(-\frac{a^2}{2b}\frac{dB}{dt}\right)\oint dl = -b\lambda\pi a^2\frac{dB}{dt}$$

바퀴에 전해지는 총 각운동량은 다음과 같다.

$$\int N dt = -\lambda\pi a^2 b\int_{B_0}^{0} dB = \lambda\pi a^2 b B_0$$

자기장의 변화가 빠르든, 늦든 바퀴의 최종 회전 각속도는 똑같다. (각운동량이 어디로부터 왔는지 궁금하다면 생각이 너무 앞서나간 것이다! 다음 장을 기다려라.)

바퀴를 돌리는 것은 **전기장**이다. 이것을 확실히 하려고 문제를 정할 때 전하가 있는 바퀴의 테두리에는 **자기장이 없게** 하였다. 실험을 하는 사람은 어떤 전기장도 걸어 주지 않았다 – 그가 한 것은 단지 자기장을 껐을 뿐이다. 그렇지만 그것으로 전기장이 저절로 생겨나고, 이것이 바퀴를 돌린다.

이제, 패러데이 법칙의 응용에 흠이 되는 조그마한 거짓에 대해 경고하겠다. 유도 전기장은 자기장이 시간에 따라 변할 때만 생긴다. 그럼에도 이 자기장을 셈할 때는 정자기학의 도구들(앙페르 법칙, 비오–사바르 법칙 등)을 썼다. 기술적으로는 이렇게 얻은 결과는 어디까지나 근사적으로만 맞다. 그러나 자기장의 변화가 극단적으로 빠르거나 원천에서 아주 멀리 있지 않는 한, 이때 생기는 오차는 보통 무시할 수 있다. 심지어 전류가 흐르는 도선을 가위로 자를 때(문제 7.19)도, 앙페르 법칙이 성립할 만큼 자기장은 천천히 변화한다고 볼 수 있다. 이처럼 패러데이 법칙의 오른쪽에 나오는 자기장을 셈하는데 정자기학의 규칙들을 쓸 수 있는 경우를 **준정적** (quasistatic)이라고 한다. 정자기학이 더 이상 적용되지 않는 경우는 전자기 파동이 생겨나 퍼져 나갈 때뿐이다.

예제 7.10

아주 긴 곧은 도선에 천천히 변하는 전류 $I(t)$가 흐른다. 유도 전기장을 도선까지의 거리 s의 함수로 구하라.[18]

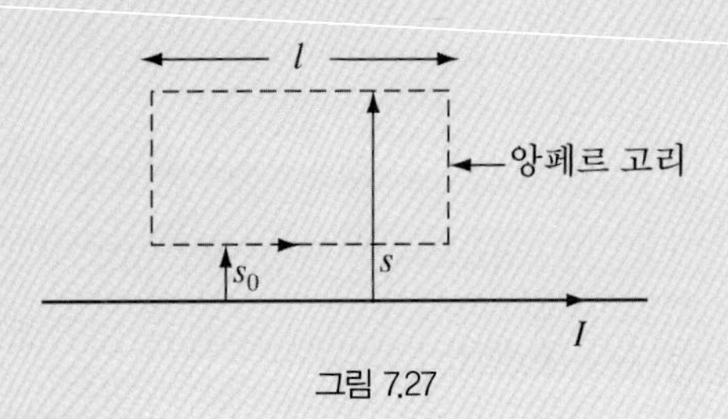

그림 7.27

■ 풀이 ■

준정적 근사에서는 자기장은 $\mu_0 I/2\pi s$이고, 도선 둘레를 감돈다. 코일의 **B**−장처럼 **E**는 축과 나란하다. 그림 7.27의 네모꼴 "앙페르 고리"에 대해 패러데이 법칙을 쓰면 다음과 같다.

$$\begin{aligned}\oint \mathbf{E}\cdot d\mathbf{l} &= E(s_0)l - E(s)l = -\frac{d}{dt}\int \mathbf{B}\cdot d\mathbf{a}\\ &= -\frac{\mu_0 l}{2\pi}\frac{dI}{dt}\int_{s_0}^{s}\frac{1}{s'}\,ds' = -\frac{\mu_0 l}{2\pi}\frac{dI}{dt}(\ln s - \ln s_0)\end{aligned}$$

따라서, 전기장은 다음과 같다.

$$\mathbf{E}(s) = \left[\frac{\mu_0}{2\pi}\frac{dI}{dt}\ln s + K\right]\hat{\mathbf{z}} \tag{7.29}$$

여기에서, K는 상수이다 (말하자면, s와 무관하다. 그러나 시간 t의 함수일 수는 있다). K의 실제 값은 함수 $I(t)$가 어떤 과정을 거쳤는가에 따라 달라진다 − 제 10장의 예제에서 몇 가지 보기를 들겠다.

---

18 이 예제는 일부러 만든 것으로 아주 긴 도선에 미묘한 특성을 덧붙인 것이다. 여기에서는 전류가 (어느 순간이나) 모든 곳에서 같다고 가정한다. 이 가정은 보통의 전기회로에 있는 **짧은 도선**에서는 안전하지만, (실제로 쓰는) 긴 도선(**전송선**)에서는 특별한 장치를 붙여 모든 곳에 같은 전류가 흐르게 해야 성립한다. 그러나 걱정마라 − 이 문제가 묻는 것은 그러한 전류를 만드는 방법이 아니라, 그러한 전류에서 어떤 장이 생겨나는가이다. 이와 비슷한 문제를 다음 논문에서 설명한다: M. A. Head, *Am. J. Phys.* 54, 1142 (1986).

식 7.29는 s가 아주 커지면 E가 한없이 커지는 특이함이 있다. 이것은 분명히 무엇인가가 잘못 되었다 … 무엇일까? 답: 문제를 풀 때 준정적 어림법을 쓸 수 있는 한계를 넘어섰다. 제 9 장에서 알게 되겠지만, 전자기 "신호"는 빛의 속력으로 전달되므로, 아주 먼 곳의 **B**는 지금의 전류가 아닌 옛날 어느 때의(실은 도선 위의 점마다 거리가 다르므로, 어느 한 순간이 아니고 어느 기간이다) 전류값에 따라 정해진다. I가 제법 변하는 데 τ의 시간이 걸린다면, 준정적 어림법을 쓸 수 있는 조건은 다음과 같다

$$s \ll c\tau \tag{7.30}$$

따라서 식 7.20은 아주 먼 s에서는 쓸 수 없다.

문제 7.16 반지름이 a이고, 단위길이당 n번 감은 긴 코일에 전류 $I(t)$가 $\hat{\boldsymbol{\phi}}$ 방향으로 흐른다. 축까지의 거리가 s인 곳(안팎 모두)의 전기장(크기와 방향)을 준정적 어림법으로 구하라.

문제 7.17 교류전류 $I = I_0 \cos(\omega t)$가 길고 곧은 도선을 따라 흘러 반지름 a인 동축원통을 따라 되돌아온다.

(a) 유도된 전기장의 **방향**은 어디인가(반지름방향, 원둘레 방향, 또는 축방향)?

(b) $s \to \infty$이면 전기장이 0으로 줄어든다고 가정하고, $\mathbf{E}(s, t)$를 구하라.[19]

문제 7.18 반지름이 a, 단위길이당 n번 감은 긴 코일의 둘레에 저항 R인 도선 고리를 그림 7.28과 같이 두었다.

(a) 이 코일의 전류를 일정한 시간변화율로($dI/dt = k$) 점점 늘리면 고리에는 전류가 얼마나 흐르며, 저항의 어느 쪽(왼쪽 또는 오른쪽)으로 흐르는가?

(b) 이 코일의 전류 I는 일정하게 둔 채, 코일을 고리에서 빼내어, 뒤집어서 다시 끼우면 저항을 지나가는 전하의 총합은 얼마인가?

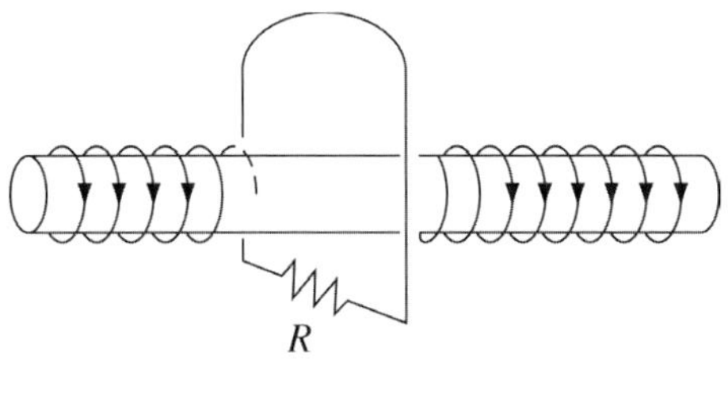

그림 7.28

19 실제의 동축 도선 속에서는 전기장이 이렇지 않다. 그 까닭은 앞의 각주에서 제시했다. 더 실제적으로 다루는 방법은 §9.5.3 또는 다음 논문을 보라: J. G. Cherveniak, *Am. J. Phys.* **54**, 946 (1986).

문제 7.19 전류 I가 흐르는 아주 길고 곧은 도선에서 거리 s인 곳에 저항 R, 변의 길이 a인 정사각형 도선 고리를 두었다 (그림 7.29). 이제, 도선을 가위로 잘라 전류 I가 0이 되게 하였다. 정사각형 고리에 생겨난 전류의 방향과, 전류가 흐르는 동안 고리의 한 점을 지나는 전하의 총합을 구하라. 가위로 도선을 자르는 것이 마음에 걸리거든, 전류를 다음과 같이 천천히 줄여라.

$$I(t) = \begin{cases} (1 - \alpha t)I & 0 \le t \le 1/\alpha \text{ 일 때} \\ 0 & t > 1/\alpha \text{ 일 때} \end{cases}$$

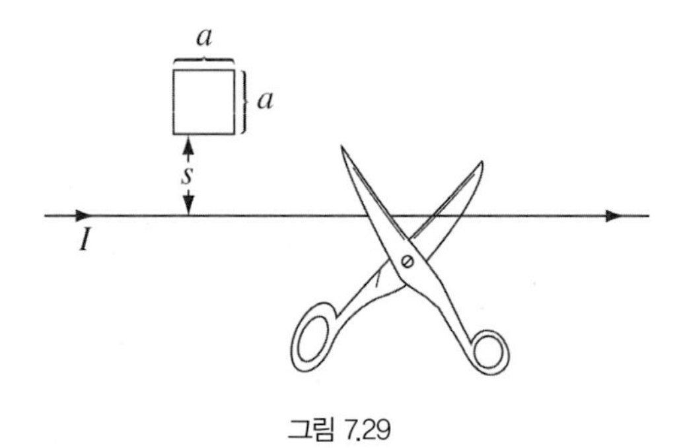

그림 7.29

문제 7.20 단면이 네모꼴인 원환체 코일이 있다. 안쪽 반지름은 a, 바깥쪽 반지름은 $a + w$, 높이는 h이다. 도선은 촘촘히 총 N번 감았고 전류는 일정 비율($dI/dt = k$)로 늘어난다. w와 h 모두 a에 비해 훨씬 작을 때 원환체의 중심에서 위로 거리 z인 곳의 전기장을 구하라. [실마리: 패러데이 장과 정자기장의 유사성을 쓰고, 예제 5.6을 참고하라.]

문제 7.21 그림 7.21(b)에서 $\partial \mathbf{B}/\partial t$가 0이 아닌 곳은 어디인가? 패러데이 법칙과 앙페르 법칙의 유사성을 써서 전기장선을 (정성적으로) 그려보라. [정량적 모형은 문제 7.46을 보라.]

문제 7.22 공간 전체에 z쪽을 향한 자기장($\mathbf{B} = B_0\,\hat{\mathbf{z}}$)이 고르게 퍼져 있다. 원점에 양전하가 서 있다. 이제 누군가가 자기장을 꺼서 전기장을 유도한다. 전하는 어느 쪽으로 움직일까?[20]

7.2.3 인덕턴스

고정된 도선 고리 두 개를 생각하자 (그림 7.30). 고리 1에 정상전류 I_1을 흘리면 자기장 $\mathbf{B}_1$이 생겨난다. 그 자기장선의 일부는 고리 2를 지나간다; 고리 2를 지나는 $\mathbf{B}_1$의 선속을 Φ_2라고 하자. 고리 1의 모양이 아주 간단하지 않으면, 자기장 $\mathbf{B}_1$을 실제로 셈하기는 어렵다. 그러나 비오-사

20 이 역설은 Tom Colbert가 제시했다. 문제 2.56을 보라.

바르 법칙

$$\mathbf{B}_1 = \frac{\mu_0}{4\pi} I_1 \oint \frac{d\mathbf{l}_1 \times \hat{\boldsymbol{\imath}}}{\imath^2}$$

을 살펴보면 다음과 같은 중요한 사실을 알 수 있다: 자기장 $\mathbf{B}_1$은 도선에 흐르는 전류 I_1에 비례한다. 그러므로 고리 2를 지나는 선속도 마찬가지이다:

$$\Phi_2 = \int \mathbf{B}_1 \cdot d\mathbf{a}_2$$

따라서 다음과 같이 쓸 수 있다:

$$\Phi_2 = M_{21} I_1 \tag{7.31}$$

여기에서 M_{21}은 비례상수로서 두 고리의 **상호 인덕턴스**(mutual inductance)라고 한다.

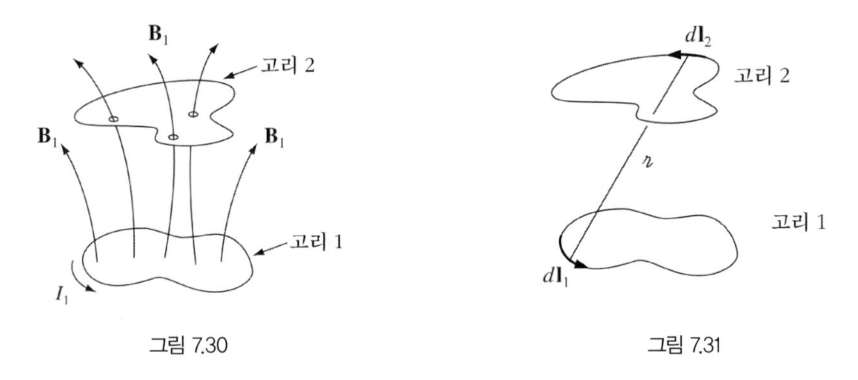

그림 7.30 그림 7.31

상호 인덕턴스에 관한 멋진 공식이 있는데, 그것은 선속을 벡터 전위를 써서 나타내고 스토크스 정리를 쓰면 끌어낼 수 있다:

$$\Phi_2 = \int \mathbf{B}_1 \cdot d\mathbf{a}_2 = \int (\nabla \times \mathbf{A}_1) \cdot d\mathbf{a}_2 = \oint \mathbf{A}_1 \cdot d\mathbf{l}_2$$

벡터 전위 $\mathbf{A}_1$은 식 5.66에 따르면 다음과 같다.

$$\mathbf{A}_1 = \frac{\mu_0 I_1}{4\pi} \oint \frac{d\mathbf{l}_1}{\imath}$$

따라서 선속은 다음과 같이 쓸 수 있다:

$$\Phi_2 = \frac{\mu_0 I_1}{4\pi} \oint \left(\oint \frac{d\mathbf{l}_1}{\imath} \right) \cdot d\mathbf{l}_2$$

따라서, 상호 인덕턴스는 다음과 같다.

$$M_{21} = \frac{\mu_0}{4\pi} \oint \oint \frac{d\mathbf{l}_1 \cdot d\mathbf{l}_2}{\imath} \tag{7.32}$$

이것이 **노이만 공식**(Neumann formula)이다; 이것은 고리 1과 2에 관한 두 선적분의 곱으로 되어 있다 (그림 7.31). 이 공식은 실제 셈에는 쓸모가 별로 없지만, 상호 인덕턴스에 관한 두 가지 중요한 점을 보여 준다:

1. M_{21}은 순전히 기하학적인 양으로 두 고리의 크기, 모양 그리고 상대적 위치가 결정한다.
2. 식 7.23의 적분은 고리 1과 2를 바꾸어도 그 값은 같다; 따라서 다음 등식이 성립한다.

$$M_{21} = M_{12} \tag{7.33}$$

이것은 놀라운 결론이다: "고리의 모양과 위치에 관계없이, 전류 I가 고리 1을 흐를 때 고리 2를 지나는 선속은 같은 전류가 고리 2를 흐를 때 고리 1을 지나는 선속과 똑같다." 따라서 아래글자를 떼어 버리고 둘 다 M으로 써도 된다.

예제 7.11

그림 7.32와 같이 짧은 코일(길이 l, 반지름 a, 단위길이에 감은 수 n_1)이 축을 공유하는 아주 긴 코일(반지름 b, 단위길이에 감은 수 n_2) 속에 들어 있다. 짧은 코일에 전류 I가 흐른다. 긴 코일을 지나는 선속은 얼마인가?

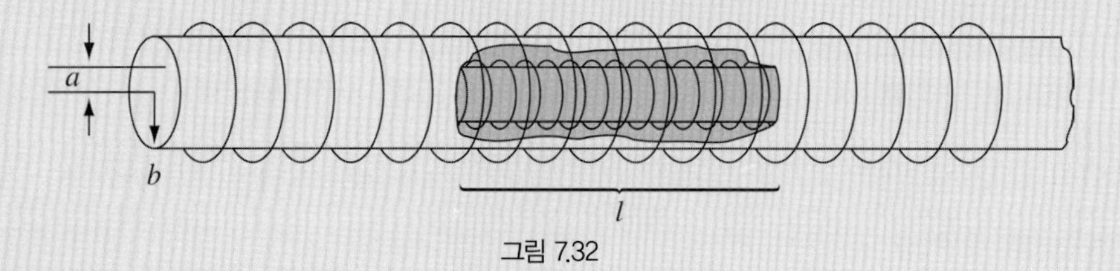

그림 7.32

■ 풀이 ■

안쪽의 짧은 코일이 만드는 자기장의 모양은 복잡하다. 뿐만 아니라, 바깥쪽 코일을 지나는 선속은 그 도선 고리의 위치에 따라 달라진다. 그러므로 이것을 직접 셈하는 일은 아주 괴로운 일이다. 그러나 상호 인덕턴스가 같다는 것을 쓰면 문제가 아주 쉬워진다. 그 반대의 상황을 생각하여 바깥쪽 코일에 전류 I를 흘리고, 안쪽 코일을 지나는 선속을 셈하자. 긴 코일 속의 자기장은 일정하다 (식 5.59):

$$B = \mu_0 n_2 I$$

따라서 짧은 코일의 고리 하나를 지나는 선속은 다음과 같다.

$$B\pi a^2 = \mu_0 n_2 I \pi a^2$$

짧은 코일에 있는 고리의 수는 $n_1 l$이므로 그 코일을 지나는 자기장선의 총수는 다음과 같다.

$$\Phi = \mu_0 \pi a^2 n_1 n_2 l I$$

이것은 또 짧은 코일에 전류 I를 흘릴 때 긴 코일을 지나는 총 선속이기도 하다. 따라서 상호 인덕턴스는 다음과 같다.

$$M = \mu_0 \pi a^2 n_1 n_2 l$$

이제 고리 1에 흐르는 전류를 변화시켜 보자. 그러면 고리 2를 지나는 선속도 이에 따라 변하고, 패러데이 법칙에 따르면 이 선속변화는 고리 2에 기전력을 만든다:

$$\mathcal{E}_2 = -\frac{d\Phi_2}{dt} = -M\frac{dI_1}{dt} \tag{7.34}$$

(식 7.31 – 이것은 비오–사바르 법칙에 바탕을 둔 것이다 – 를 쓰면서 전류가 천천히 변하여 준정적 어림법을 쓸 수 있다고 가정했다.) 얼마나 놀라운가: 고리 1의 전류가 변할 때마다 그것과는 연결되지 않은 고리 2에 전류가 유도되어 흐른다!

어떤 도선 고리의 전류가 변하면 가까이 있는 도선 고리에 기전력이 생길 뿐만 아니라, 전류가 흐르는 그 도선 고리 **자체**에도 기전력이 생긴다 (그림 7.33). 앞에서와 같이 전류 때문에 생겨나는 자기장과 고리를 지나는 선속 모두 전류에 비례한다:

$$\Phi = LI \tag{7.35}$$

이 비례상수 L을 **자체 인덕턴스**(self-inductance) [또는 간단히 **인덕턴스**(inductance)]라고 한다. M과 마찬가지로 이것은 고리의 기하학적 특성(크기와 모양)이 결정한다. 전류가 변하면 고리에 생겨나는 기전력은 패러데이 법칙에 따라서 결정된다.

$$\mathcal{E} = -L\frac{dI}{dt} \tag{7.36}$$

인덕턴스는 **헨리**(Henry) [H] 단위로 잰다; 1헨리는 1암페어당 1볼트–초이다.

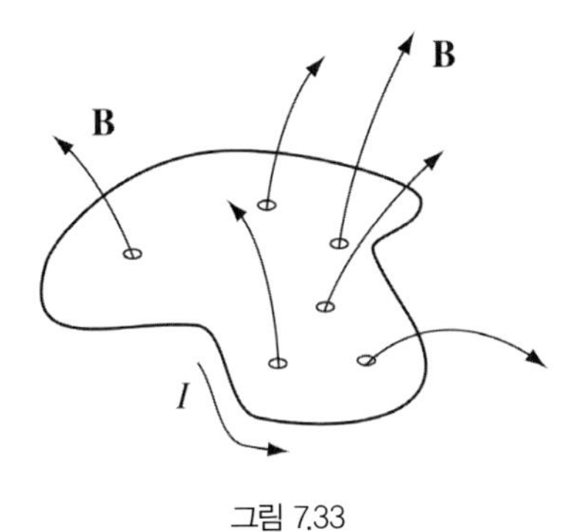

그림 7.33

예제 7.12

단면이 직사각형인 원환체(안쪽 반지름 a, 바깥쪽 반지름 b, 높이 h)에 모두 N번 감긴 코일의 자체 인덕턴스를 구하라.

■ 풀이 ■

원환체 속의 자기장은 다음과 같다(식 5.60):

$$B = \frac{\mu_0 N I}{2\pi s}$$

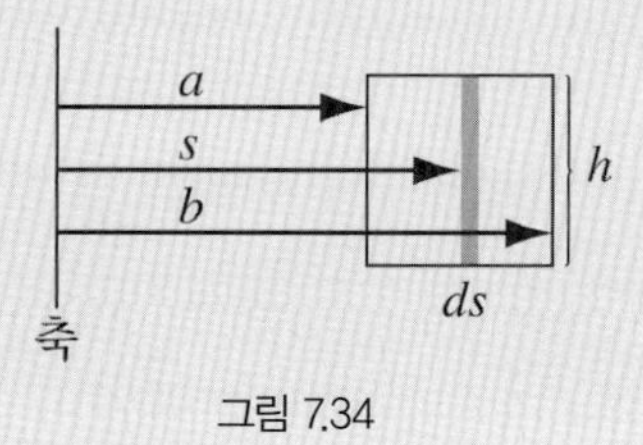

그림 7.34

한 번 감긴 코일을 지나가는 선속(그림 7.34)은 다음과 같다.

$$\int \mathbf{B} \cdot d\mathbf{a} = \frac{\mu_0 N I}{2\pi} h \int_a^b \frac{1}{s}\, ds = \frac{\mu_0 N I h}{2\pi} \ln\left(\frac{b}{a}\right)$$

총 선속은 이것의 N배이므로, 자체 인덕턴스(식 7.26)는 다음과 같다:

$$L = \frac{\mu_0 N^2 h}{2\pi} \ln\left(\frac{b}{a}\right) \tag{7.37}$$

인덕턴스는 (전기용량처럼) 언제나 양수이다. 식 7.36에 있는 (−)부호 때문에 요구되는 렌츠 법칙은 기전력의 방향이 도선의 전류가 변하는 것을 막는 쪽이 되게 한다. 그래서 이것을 **역기전력** (back emf)이라고 한다. 도선의 전류를 변화시키려면, 반드시 이 역기전력과 싸워야 한다. 따라서 인덕턴스가 전기회로에서 하는 구실은 마치 질량이 역학에서 하는 구실과 같다: 물체의 질량이 클수록 그 속도를 바꾸기 어렵듯이, L이 클수록 전류를 바꾸기 어렵다.

예제 7.13

어떤 고리에 전류 I가 흐르는데, 갑자기 도선이 끊겨, 전류가 "순간적으로" 0이 되었다고 하자. 이렇게 되면 I는 작을지라도 dI/dt가 굉장히 크므로 엄청나게 큰 역기전력이 생겨난다. (이것이 바로 전기다리미나 전열기의 플러그를 뽑을 때 불꽃이 튀는 이유이다 – 유도 기전력은 회로가 끊겨 간

간격을 뛰어넘어야 할 때에도 전류를 계속 흐르게 하려는 경향이 있다.)

전열기나 전기다리미의 플러그를 꽂을 때는 그렇게 극적인 일이 벌어지지 않는다. 이때 생기는 기전력은 전류가 갑자기 커지는 것을 막고 천천히 연속적으로 커지게 한다. 예를 들어 (기전력이 $\mathcal{E}_0$로 일정한) 전지를 저항 R, 인덕턴스 L인 회로에 연결한다고 하자(그림 7.35). 전류는 어떻게 변할까?

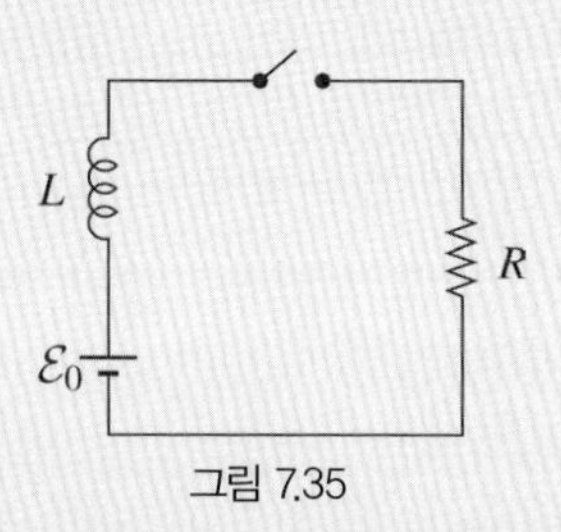

그림 7.35

■ 풀이 ■

이 회로의 총 기전력은 전지의 기전력 $\mathcal{E}_0$과 자체 유도된 기전력 $-L(dI/dt)$의 합이다. 그러므로 옴 법칙에 따라 다음 식이 성립한다:[21]

$$\mathcal{E}_0 - L\frac{dI}{dt} = IR$$

이것은 I에 관한 1계 미분방정식으로 변수는 시간이다. 이 방정식의 일반해는 다음과 같이 쉽게 얻어진다.

$$I(t) = \frac{\mathcal{E}_0}{R} + ke^{-(R/L)t}$$

여기에서 k는 상수로서 경계조건에 따라 결정된다. 특히 $t = 0$일 때 회로의 스위치를 닫으면, $I(0) = 0$이므로 k의 값은 $-\mathcal{E}_0/R$이고 해는 다음과 같다.

$$I(t) = \frac{\mathcal{E}_0}{R}\left[1 - e^{-(R/L)t}\right] \tag{7.38}$$

그림 7.36은 이 함수의 그래프이다. 회로에 인덕턴스가 없었다면, 전류는 스위치를 닫자마자 $\mathcal{E}_0/R$로 뛰었을 것이다. 실제로 모든 회로에는 얼마간의 자체 인덕턴스가 있으므로, 전류는 점차 $\mathcal{E}_0/R$에 접근한다. $\tau \equiv L/R$을 **시간상수**라고 한다; 이것은 최종 전류값에 거의 가까이 (대략 2/3) 이르는 데 걸리는 시간이다.

---

21 $-L(dI/dt)$는 식의 왼쪽에 있음을 유의하라. 이것은 ($\mathcal{E}_0$와 함께) 저항에 걸리는 전위차를 만드는 기전력의 일부이다.

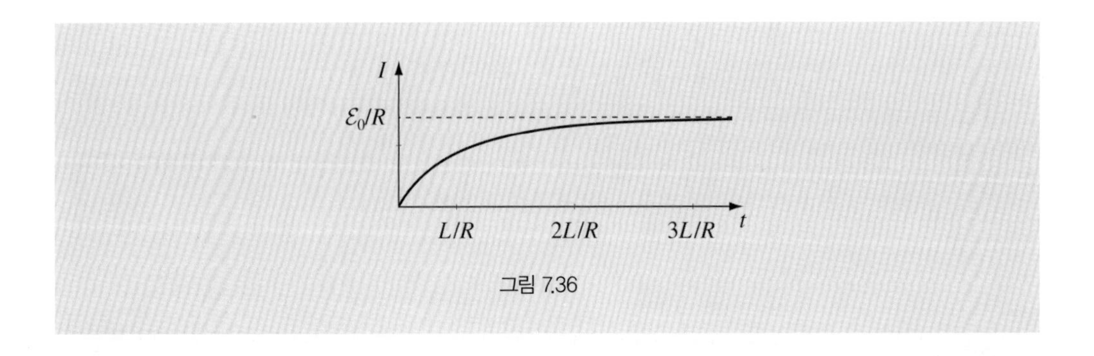

그림 7.36

문제 7.23 그림 7.37과 같이 반지름 b인 큰 도선 고리의 중심에서 위로 z인 곳에 반지름 a인 작은 도선 고리를 두었다. 두 고리는 나란하고 고리 면은 공통의 축과 직교한다.

(a) 큰 고리에 전류 I가 흐를 때 작은 고리를 지나가는 선속을 구하라. (이 고리는 아주 작아서 큰 고리가 그 곳에 만드는 자기장은 거의 일정하다고 보아도 좋다.)

(b) 작은 고리에 전류 I가 흐를 때 큰 고리를 지나가는 선속을 구하라. (작은 고리는 아주 작아서 자기 쌍극자로 보아도 좋다.)

(c) 상호 인덕턴스를 구하고, $M_{21} = M_{12}$임을 확인하라.

문제 7.24 긴 도선 두 가닥이 간격 $3a$로 나란히 있고, 그 사이에 변의 길이가 a인 네모꼴 고리가 같은 평면 위에 있다. (실제로는 긴 도선은 아주 긴 직사각형 고리의 두 변인데, 짧은 두 변은 아주 멀리 있으므로 무시한다.) 작은 네모꼴 고리에 시침방향으로 전류 I를 흘리며 점점 그 양을 늘린다: $dI/dt = k$(상수). 긴 도선이 이루는 고리에 유도되는 기전력을 구하라. 유도 전류는 어느 쪽으로 흐르는가?

문제 7.25 반지름 R이고 단위길이에 n번 감은 긴 코일의 단위길이당의 자체 인덕턴스를 구하라.

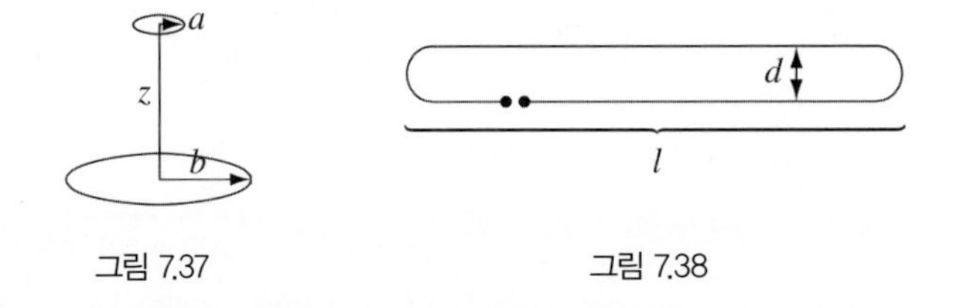

그림 7.37 그림 7.38

문제 7.26 그림 7.38에 보인 "머리핀" 꼴 고리의 자체 인덕턴스를 셈하라. (양쪽 끝의 효과는 무시하라; 선속은 대부분 기다란 부분에서 생겨난다.) 자체 인덕턴스를 셈할 때마다 마주치는 문제가 있는데, 유한한 값을 얻으려면 도선의 반지름을 아주 작은 값 ϵ으로 가정하고, 도선 속을 지나는 선속은 무시하라.

문제 7.27 진폭 0.5A, 진동수 60Hz인 교류전류 $I(t) = I_0 \cos(\omega t)$가 곧은 도선에 흐른다. 이 도선은 단면이 네모꼴인 원환체(안쪽 반지름 1cm, 바깥쪽 반지름 2cm, 높이 1cm, 감긴 횟수 1000번)의 축에 있다. 코일에는 500Ω 저항이 달려 있다.

(a) 준정적 어림법을 쓰면 원환체에 유도되는 기전력은 얼마인가? 저항의 전류 $I_{저항}(t)$를 구하라.

(b) $I_{저항}(t)$ 때문에 코일에 생기는 역기전력을 구하라. (a)의 "1차" 기전력과 이 역기전력의 진폭의 비는 얼마인가?

문제 7.28 그림 7.39와 같이 축전기 C의 전위가 V가 되도록 전하를 채우고, 인덕터 L에 연결하여 회로를 꾸몄다. 시각 $t = 0$에 스위치 S를 닫았다. 이 회로의 전류를 시간의 함수로 구하라. C와 L에 저항 R을 직렬로 붙이면 결과가 어떻게 달라지는가?

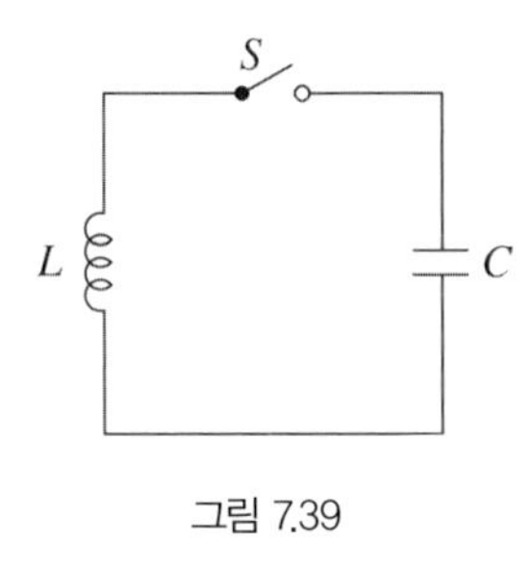

그림 7.39

7.2.4 자기장 속의 에너지

회로에 전류를 흘려보내려면 에너지가 들어간다. 이 에너지는 저항에 공급되어 열로 바뀌는 에너지를 말하는 것이 아니다 – 그것은 비가역적으로 소모되어 사라지며 전류가 흐르는 시간이 길수록 손실량도 많아진다. 지금 따지는 에너지는 이와 달리, 전류를 흘려보내기 시작할 때 생기는 역기전력에 거슬러 해주는 일이다. 그 에너지의 양은 정해져 있고, 되찾아올 수 있다: 전류를 끊으면 이 에너지를 되돌려 받는다. 이것은 회로 속에 숨어 있는데, 곧 설명하겠지만 자기장 속에 저장된 에너지로도 볼 수 있다.

단위전하가 역기전력을 거슬러 회로를 한 바퀴 돌게 하려면 $-\mathcal{E}$의 일을 해주어야 한다[(−)부호는 이 일을 기전력이 한 것이 아니고, 그것에 거슬러 우리가 해준 것을 뜻한다]. 단위시간 동안 도선을 지나는 전하의 양은 I이다. 그러므로 단위시간 동안 한 일의 총량은 다음과 같다.

$$\frac{dW}{dt} = -\mathcal{E} I = L I \frac{dI}{dt}$$

전류가 0인 상태에서 시작하여 마지막 전류값이 I가 되게 하면, 그 동안 한 일은 다음과 같다(위

식을 적분한 값이다).

$$\boxed{W = \frac{1}{2}LI^2} \tag{7.39}$$

이 양은 전류를 흘려보낸 시간과는 관계없고, 고리의 모양(L)과 마지막 전류값 I만이 정한다.

W를 달리 나타내면 면전류와 부피전류가 있을 때에도 그 에너지를 구할 수 있다. 고리를 지나는 선속 Φ는 LI임을 기억하자(식 7.35). 한편 자기선속은 다음과 같다.

$$\Phi = \int \mathbf{B} \cdot d\mathbf{a} = \int (\nabla \times \mathbf{A}) \cdot d\mathbf{a} = \oint \mathbf{A} \cdot d\mathbf{l}$$

여기에서 적분은 고리의 테두리를 따라가며 하므로 다음과 같다.

$$LI = \oint \mathbf{A} \cdot d\mathbf{l}$$

그러므로 다음과 같이 쓸 수 있다.

$$W = \frac{1}{2}I \oint \mathbf{A} \cdot d\mathbf{l} = \frac{1}{2} \oint (\mathbf{A} \cdot \mathbf{I})\, dl \tag{7.40}$$

이것을 부피전류로 일반화시키면 다음과 같다.

$$W = \frac{1}{2} \int_{\mathcal{V}} (\mathbf{A} \cdot \mathbf{J})\, d\tau \tag{7.41}$$

여기서 한 걸음 더 나아가 W를 자기장으로만 나타낼 수 있다: 앙페르 법칙 $\nabla \times \mathbf{B} = \mu_0 \mathbf{J}$를 써서 $\mathbf{J}$를 없애면 다음과 같다.

$$W = \frac{1}{2\mu_0} \int \mathbf{A} \cdot (\nabla \times \mathbf{B})\, d\tau \tag{7.42}$$

부분적분을 하면 도함수를 $\mathbf{B}$에서 $\mathbf{A}$로 옮길 수 있다; 구체적으로 곱셈규칙 6은 다음과 같다:

$$\nabla \cdot (\mathbf{A} \times \mathbf{B}) = \mathbf{B} \cdot (\nabla \times \mathbf{A}) - \mathbf{A} \cdot (\nabla \times \mathbf{B})$$

따라서

$$\mathbf{A} \cdot (\nabla \times \mathbf{B}) = \mathbf{B} \cdot \mathbf{B} - \nabla \cdot (\mathbf{A} \times \mathbf{B})$$

이다. 그러므로 다음과 같다:

$$W = \frac{1}{2\mu_0}\left[\int B^2\,d\tau - \int \nabla\cdot(\mathbf{A}\times\mathbf{B})\,d\tau\right] = \frac{1}{2\mu_0}\left[\int_{\mathcal{V}} B^2\,d\tau - \oint_{\mathcal{S}} (\mathbf{A}\times\mathbf{B})\cdot d\mathbf{a}\right] \tag{7.43}$$

여기에서 $\mathcal{S}$는 부피 $\mathcal{V}$를 감싸는 곡면이다.

식 7.41의 적분영역은 **전류가 흐르는** 모든 공간인데, 그것을 바깥쪽으로 더 키워도 그 곳에서는 **J**가 0이므로 문제가 없다. 식 7.43에서는 적분공간을 키울수록 부피적분은 커지고, 면적분은 작아진다(전류에서 멀어질수록 **A**와 **B**는 작아지므로 상식에 맞다). 특히 온 공간에 대해 적분하면 면 적분은 사라지고 부피 적분만 남는다.

$$W = \frac{1}{2\mu_0}\int_{\text{온 공간}} B^2\,d\tau \tag{7.44}$$

이 결과로부터 에너지는 "자기장 속에 저장되고", 그 밀도는 $(B^2/2\mu_0)$라고 할 수 있다. 이것은 멋진 생각이다. 하지만 어떤 사람은 식 7.41을 보고 에너지는 **전류분포**에 저장되며, 그 밀도는 $\frac{1}{2}(\mathbf{A}\cdot\mathbf{J})$라고 말하고 싶어 할 것이다. 중요한 것은 총 에너지 W이지, 그것이 "어디에 있느냐"가 아니므로 이 두 가지 구분은 별 뜻이 없다. (같은 문제가 정전기 에너지에서도 나왔다 – §2.4.4)

자기장을 만드는 데 에너지가 든다는 것이 이상하게 생각될 것이다 – 사실 자기장 자체는 일을 하지 않는다. 요점은 애초에 자기장이 없던 곳에 자기장을 만들려면 자기장을 **변화**시켜야 하고, 이것은 패러데이 법칙에 따르면 **전기장**을 만들어낸다는 것이다. 이 전기장은 물론 일을 해줄 수 있다. 처음에는 **E**가 없고 끝에도 **E**는 없다. 그러나 **B**를 키우는 동안에는 **E**가 있고, 바로 이것에 거슬러 일을 해주게 된다. (제 5장에서 정자기장에 저장된 에너지를 셈할 수 없었던 까닭을 이제는 이해할 것이다.) 이렇게 볼 때, 자기 에너지에 관한 공식이 정전기 에너지에 관한 식과 아주 비슷한 것은 특이한 일이다.[22]

$$W_{\text{전기}} = \frac{1}{2}\int (V\rho)\,d\tau = \frac{\epsilon_0}{2}\int E^2\,d\tau \tag{2.43과 2.45}$$

$$W_{\text{자기}} = \frac{1}{2}\int (\mathbf{A}\cdot\mathbf{J})\,d\tau = \frac{1}{2\mu_0}\int B^2\,d\tau \tag{7.41과 7.44}$$

---

22 식 7.44를 문제 2.44를 풀 때 쓴 방법으로 멋지게 확인할 수 있다: T. H. Boyer, *Am. J. Phys.* 69, 1 (2001).

예제 7.14

그림 7.40과 같이 긴 동축 도선에 전류 I가 흐른다 (전류의 방향은 반지름 a인 안쪽 원통면에서는 오른쪽, 반지름 b인 바깥쪽 원통에서는 반대쪽이다). 길이 l인 토막에 저장된 에너지를 구하라.

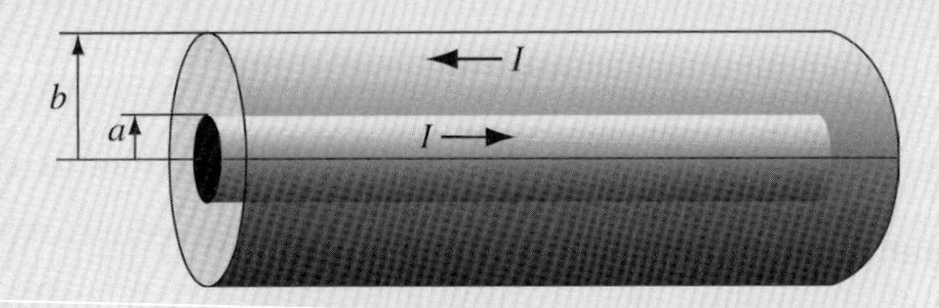

그림 7.40

■ 풀이 ■

앙페르 법칙에 따르면, 두 원통 사이의 공간의 자기장은 다음과 같다.

$$\mathbf{B} = \frac{\mu_0 I}{2\pi s}\hat{\boldsymbol{\phi}}$$

다른 곳에서는 0 이다. 그러므로 단위부피당의 에너지는 다음과 같다.

$$\frac{1}{2\mu_0}\left(\frac{\mu_0 I}{2\pi s}\right)^2 = \frac{\mu_0 I^2}{8\pi^2 s^2}$$

반지름 s, 두께 ds, 길이 l인 원통 속에 담긴 에너지는 다음과 같다.

$$\left(\frac{\mu_0 I^2}{8\pi^2 s^2}\right) 2\pi l s\, ds = \frac{\mu_0 I^2 l}{4\pi}\left(\frac{ds}{s}\right)$$

이것을 a에서 b까지 적분하면 다음 결과를 얻는다.

$$W = \frac{\mu_0}{4\pi} I^2 \ln\left(\frac{b}{a}\right) l$$

그런데 이것을 쓰면 도선의 자체 인덕턴스를 아주 간단히 셈할 수 있다. 식 7.39에 따르면 에너지는 $\frac{1}{2}LI^2$로도 쓸 수 있다. 따라서 두 식을 비교하면 다음 결과를 얻는다.[23]

$$L = \frac{\mu_0}{2\pi}\ln\left(\frac{b}{a}\right) l$$

자체 인덕턴스를 이렇게 셈하는 것은 전류가 도선을 따라 흐르지 않고 면이나 부피에 퍼져 있을 때 아주 쓸모가 있다. 이러한 때는 각 부분의 전류마다 선속을 다르게 만들어 주므로 식 7.35와 같은 공식을 곧바로 써서 L을 셈하기는 아주 어렵고, 따라서 식 7.39를 써서 L을 정의하는 것이 가장 좋다.

23 식 7.37과 비슷함을 눈여겨 보라 – 어떤 면에서는 원환체는 짧은 동축 도선을 세워둔 것과 같다.

문제 7.29 긴 코일에서 길이 l인 토막 속에 저장된 에너지를 구하라(반지름은 R, 전류 I, 단위길이에 도선을 n번 감았다).

(a) 식 7.39를 써라 (문제 7.25에서 L을 구했다).

(b) 식 7.40을 써라 (예제 5.12에서 $\mathbf{A}$를 셈했다).

(c) 식 7.44를 써라.

(d) 식 7.43을 써라. (적분공간은 안쪽 반지름 $a < R$, 바깥 반지름 $b > R$인 원통으로 잡아라.)

문제 7.30 예제 7.12의 원환체 코일에 저장된 에너지를 식 7.44를 써서 셈하라. 이 결과를 써서 식 7.28이 맞는지 확인하라.

문제 7.31 전류가 긴 도선의 둥근 단면 전체에 고루 퍼져 한 쪽으로 흘러가서 표면을 통해 되돌아온다(두 부분은 아주 얇은 절연막으로 격리된다). 단위길이당 자체 인덕턴스를 구하라.

문제 7.32 그림 7.41의 회로가 오랫동안 전지에 이어져 있다가 한 순간 $t = 0$에 스위치 S를 갑자기 A에서 B로 내려 전지가 회로에서 떨어졌다.

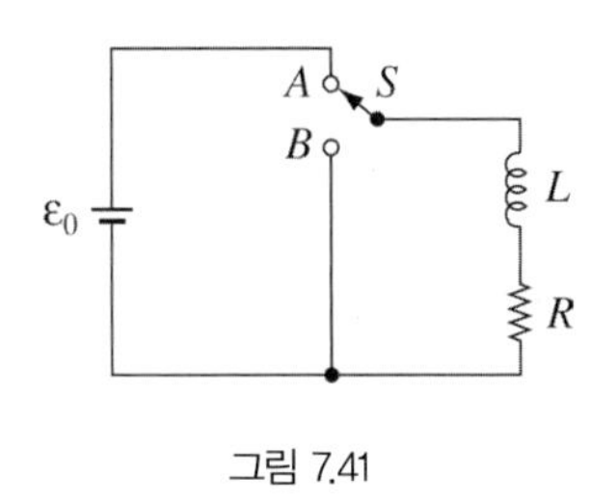

그림 7.41

(a) 그 뒤 시각 t의 전류는 얼마인가?

(b) 저항에 전달되는 총 에너지는 얼마인가?

(c) 이 에너지는 원래 인덕터에 저장되었던 것과 같음을 밝혀라.

문제 7.33 넓이가 $\mathbf{a}_1$, $\mathbf{a}_2$인 아주 작은 도선 고리 둘이 거리 $\boldsymbol{\mathscr{r}}$만큼 떨어져 있다 (그림 7.42).

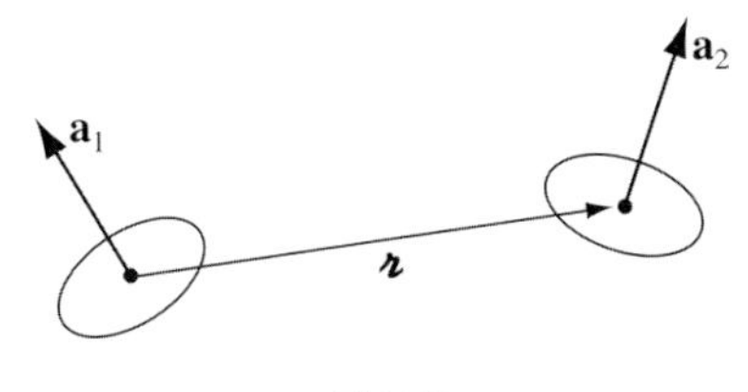

그림 7.42

(a) 상호 인덕턴스를 구하라 [실마리: 이들을 자기 쌍극자로 보고 식 5.88을 써라.] 얻은 결과는 식 7.33과 잘 맞는가?

(b) 고리 1에 전류 I_1이 흐르는데, 고리 2에 전류 I_2를 흘려보내려고 한다. 상호 유도 기전력에 거슬러 고리 1에 전류 I_1이 계속 흐르게 하려면 얼마의 일을 해주어야 하는가? 이 결과를 바탕으로 식 6.35를 설명하라.

문제 7.34 반지름 R인 한 없이 긴 원통 표면에 전하가 밀도 σ로 고르게 퍼져 있다. 이것을 축을 중심으로 돌려 각속도 $\omega_{최종}$에 이르게 한다. 단위 길이당 얼마의 일을 해주어야 하는가? 이것을 아래의 두 방법으로 구하고 답을 비교하라:

(a) 원통 안팎의 자기장과 유도 전기장을 (준정적 어림법을 써서) ω, $\dot{\omega}$, s(축까지의 거리)의 함수로 구하라. 원통에 주어야하는 회전력을 셈하고, 그 결과를 써서 단위 길이당 해준 일($W = \int N\, d\phi$)을 셈하라.

(b) 생겨난 자기장에 저장된 에너지를 식 7.44를 써서 구하라.

7.3 맥스웰 방정식

7.3.1 맥스웰 이전의 전기역학

전기장과 자기장의 발산과 회전에 관해 지금까지 나온 법칙은 다음과 같다.

(i) $\nabla \cdot \mathbf{E} = \dfrac{1}{\epsilon_0}\rho$ (가우스 법칙)

(ii) $\nabla \cdot \mathbf{B} = 0$ (이름이 없다)*

(iii) $\nabla \times \mathbf{E} = -\dfrac{\partial \mathbf{B}}{\partial t}$ (패러데이 법칙)

(iv) $\nabla \times \mathbf{B} = \mu_0 \mathbf{J}$ (앙페르 법칙)

이 방정식들은 맥스웰이 활동하기 시작한 때인, 19세기 중반의 전자기 이론의 상태를 나타낸다. 그 때의 방정식은 지금처럼 간결한 꼴은 아니었지만, 물리적 내용은 잘 알려져 있었다. 그런데 이 공식들에는 심각한 모순이 있다. 그것은 회전성 벡터장은 발산하지 않는다는 잘 알려진 규칙과 관련된 것이다. 식(iii)의 발산을 셈해 보면, 모든 것이 좋다:

$$\nabla \cdot (\nabla \times \mathbf{E}) = \nabla \cdot \left(-\frac{\partial \mathbf{B}}{\partial t}\right) = -\frac{\partial}{\partial t}(\nabla \cdot \mathbf{B})$$

* "자기장에 대한 가우스 법칙"이라고도 한다. 옮긴이

회전의 발산은 0이므로 왼쪽은 0이다. 오른쪽은 식(ii)에 따라 0이다. 그러나 식(iv)에서는 문제가 생긴다:

$$\nabla \cdot (\nabla \times \mathbf{B}) = \mu_0(\nabla \cdot \mathbf{J}) \tag{7.45}$$

왼쪽은 당연히 0이어야 한다. 그러나 오른쪽은 일반적으로 0이 아니다. 정상전류에서는 **J**의 발산이 0이다. 그러나 정자기학을 벗어나면 앙페르 법칙은 옳지 않다.

전류가 시간에 따라 변할 때 앙페르 법칙이 어긋난다는 것을 다른 방법으로도 알 수 있다. 축전기에 전하를 채우는 중이라면(그림 7.43), 적분꼴 앙페르 법칙은 다음과 같다.

$$\oint \mathbf{B} \cdot d\mathbf{l} = \mu_0 I_{안}$$

이 법칙을 그림의 앙페르 고리에 적용하면, $I_{안}$은 어떻게 정해야 할까? 그것은 고리를 지나가는 모든 전류의 합이다. 더 정확히 말하면, 그 고리가 테두리인 면을 뚫고 지나가는 모든 전류이다. 이때 가장 단순한 면은 고리를 품는 평면이다 – 도선이 이 면을 뚫고 지나가므로 $I_{안} = I$이다. 좋다 – 그런데 그림 7.43과 같이 풍선 모양의 면에서는 어떻게 될까? 이 면을 지나는 전류는 없으므로 $I_{안} = 0$이다! 정자기학에서는 이러한 문제가 전혀 없었다. 그 까닭은 이 문제는 전하가 어디엔가 쌓일 때만 생기기 때문이다 (이 경우에는 축전기의 극판에 쌓인다). (이 경우와 같이) 시간에 따라 변하는 전류에서는 "고리에 에워싸인 전류"를 유일하게 정의할 수 없다. 왜냐하면 그 값은 어떤 면을 잡는가에 따라 달라지기 때문이다. ("고리를 품는 평면을 쓰는 것이 자명하다"고 생각하는가? – 앙페르 고리가 뒤틀린 모양이어서 평면에 놓을 수 없는 경우도 있다.)

물론 앙페르 법칙이 정자기학 밖에서도 맞다고 믿을 근거는 없었다. 그것은 비오–사바르 법칙에서 나왔다. 그러나 맥스웰이 살던 때는 앙페르 법칙이 보다 일반적인 경우에도 성립함을 의심할 아무런 실험적 증거가 없었다. 그 흠은 순전히 이론적인 것이었고, 맥스웰은 순전히 이론적 논의를 바탕으로 그 흠을 지웠다.

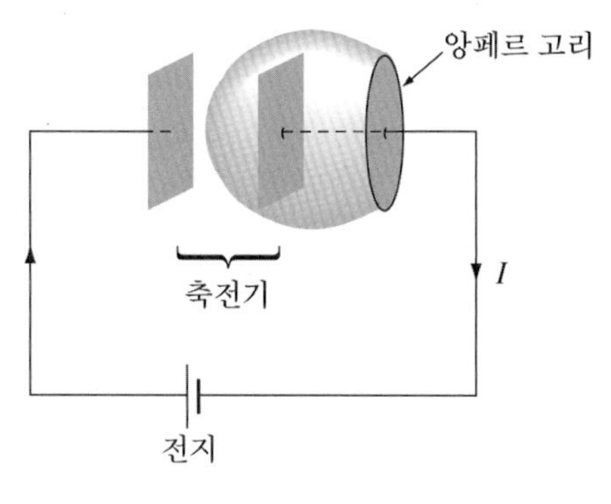

그림 7.43

7.3.2 맥스웰이 앙페르 법칙을 고친 방법

문제는 식 7.45의 오른쪽에 있다. 그것은 0이 되어야 하는데도 0이 아니었다. 연속방정식 5.29와 가우스 법칙을 쓰면 문젯거리는 다음과 같이 고쳐 쓸 수 있다:

$$\nabla \cdot \mathbf{J} = -\frac{\partial \rho}{\partial t} = -\frac{\partial}{\partial t}(\epsilon_0 \nabla \cdot \mathbf{E}) = -\nabla \cdot \left(\epsilon_0 \frac{\partial \mathbf{E}}{\partial t}\right)$$

그러므로 앙페르 법칙의 $\mathbf{J}$에 $\epsilon_0(\partial \mathbf{E}/\partial t)$를 더해 주면 오른쪽의 발산도 없어질 것을 기대할 수 있다.

$$\boxed{\nabla \times \mathbf{B} = \mu_0 \mathbf{J} + \mu_0 \epsilon_0 \frac{\partial \mathbf{E}}{\partial t}} \tag{7.46}$$

(맥스웰에게는 앙페르 법칙에 이것을 더해 주어야 하는 다른 이유가 있었다. 그로서는 연속 방정식을 충족시키는 것은 주된 동기라기보다는 부수적으로 얻은 결과이었다. 그러나 오늘날 우리가 보기에는, 이미 근거가 없어진 에테르 모형에 바탕을 둔 맥스웰의 주장보다는 연속방정식에 바탕을 둔 이 설명이 훨씬 더 이치에 맞다.)[24]

이렇게 고쳤어도 정자기학의 내용은 전혀 바뀌지 않는다. $\mathbf{E}$가 일정하면 앙페르가 말한 바와 같이 $\nabla \times \mathbf{B} = \mu_0 \mathbf{J}$이다. 사실 보통의 전자기학 실험에서는 맥스웰이 끌어들인 항의 효과는 $\mathbf{J}$와 더불어 나타나기 때문에 보기 어렵다. 패러데이와 다른 사람들이 실험실에서 그 효과를 보지 못한 까닭도 여기에 있다. 그렇지만 9 장에서 보게 될 전자기파의 진행에서는 이 항이 아주 중요하다.

맥스웰 항은 앙페르 법칙의 흠을 없앴을 뿐만 아니라 다른 미학적인 매력도 있다. 즉, 변화하는 자기장이 전기장을 만들어내듯이(패러데이 법칙)[25]

변화하는 전기장은 자기장을 만들어 낸다.

물론 이론적 편리함과 미학적 일관성은 오직 방향을 시사할 뿐이다 – 결국 다른 방법으로 앙페르 법칙을 고칠 수 있을지도 모른다. 맥스웰 이론이 옳다는 것은 결국 1888년에 헤르츠의 전자기파 실험에서 확인되었다.

---

24 이 주제에 관한 역사는 다음 논문을 보라: A. M. Bork, *Am. J. Phys.* **31**, 854 (1963).

25 "유도"에 대한 각주 11을 보라. 같은 문제가 여기에서도 생긴다: 시간 변화 전기장을 (전류와 함께) 자기장을 만드는 독립적인 원천으로 보아야 하는가? 대충 말하면 원천의 구실을 하지만, 전기장 자체는 전하와 전류가 만드니까, $\mathbf{E}$와 $\mathbf{B}$의 "궁극적인" 원천은 전하와 전류뿐이다. 다음을 보라: S. E. Hill, *Phys. Teach.* **49**, 343 (2011); 이와 반대의 관점은 다음을 보라: C. Savage, *Phys. Teach.* **50**, 226 (2012).

맥스웰은 이 덧붙인 항을 **대체전류**(displacement current)라고 불렀다.

$$\mathbf{J}_{\text{대체}} \equiv \epsilon_0 \frac{\partial \mathbf{E}}{\partial t} \tag{7.47}$$

[대체전류는 좋은 이름이 아니다. $\epsilon_0(\partial \mathbf{E}/\partial t)$는 앙페르 법칙에서 $\mathbf{J}$에 더해졌을 뿐 전류와는 무관하다.] 이제 대체전류가 축전기의 충전문제에서 생기는 모순(그림 7.43)을 어떻게 푸는지 살펴보자. 축전기의 두 극판이 아주 가까이 있으면 (그림은 그렇게 그리지 않았지만, 이렇게 가정하면 셈이 쉬워진다), 두 판 사이의 전기장은 다음과 같다.

$$E = \frac{1}{\epsilon_0}\sigma = \frac{1}{\epsilon_0}\frac{Q}{A}$$

여기서 Q는 극판에 있는 전하이고 A는 그 넓이이다. 따라서 두 극판 사이에서는 다음과 같다.

$$\frac{\partial E}{\partial t} = \frac{1}{\epsilon_0 A}\frac{dQ}{dt} = \frac{1}{\epsilon_0 A} I$$

식 7.46을 적분꼴로 고치면 다음과 같다.

$$\oint \mathbf{B} \cdot d\mathbf{l} = \mu_0 I_{\text{안}} + \mu_0 \epsilon_0 \int \left(\frac{\partial \mathbf{E}}{\partial t}\right) \cdot d\mathbf{a} \tag{7.48}$$

평면에 대해 적분하면 $E = 0$이고 $I_{\text{안}} = I$이다. 한편 곡면에 대해 적분하면 $I_{\text{안}} = 0$이지만 $\int (\partial \mathbf{E}/\partial t) \cdot d\mathbf{a} = I/\epsilon_0$이다. 그러므로 첫째 경우에는 참된 전류를 얻고, 둘째 경우에는 대체전류를 얻지만 두 면 모두에 대해 결과는 똑같다.

예제 7.15

두 장의 공심 금속 공껍질을 상상하자 (그림 7.44). 반지름 a인 안쪽 껍질에는 전하 $Q(t)$가, 반지름 b인 바깥쪽 껍질에는 $-Q(t)$가 퍼져 있다. 두 공껍질 사이에는 전도도 σ인 저항성 물질이 차 있으므로 전류가 반지름 쪽으로 흐른다:

$$\mathbf{J} = \sigma \mathbf{E} = \sigma \frac{1}{4\pi\epsilon_0}\frac{Q}{r^2}\hat{\mathbf{r}}; \quad I = -\dot{Q} = \int \mathbf{J} \cdot d\mathbf{a} = \frac{\sigma Q}{\epsilon_0}$$

이 전류는 구대칭이므로 자기장은 0이다 [자기장이 있다면 그 방향은 반지름 쪽 뿐이다. 그런데, $\nabla \cdot \mathbf{B} = 0 \Rightarrow \oint \mathbf{B} \cdot d\mathbf{a} = B(4\pi r^2) = 0$ 이므로 $\mathbf{B} = 0$이다]. 뭐? 전류가 흐르는데 자기장이 생기지 않는다고? 비오–사바르 법칙과 앙페르 법칙이 성립하지 않는다고? 어떻게 해서 $\mathbf{J}$는 있는데 $\mathbf{B}$는 없단 말인가?

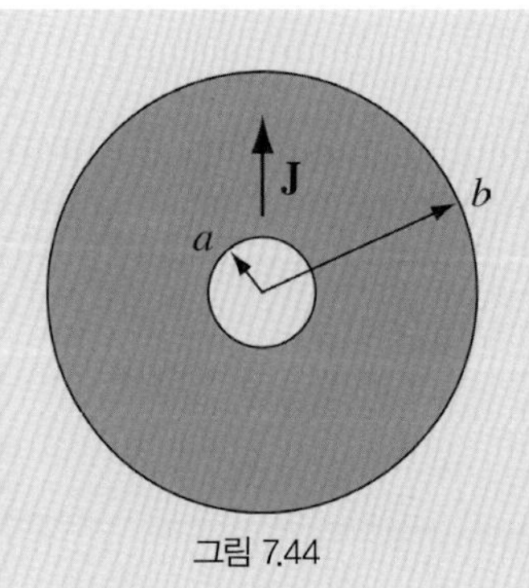

그림 7.44

■ 풀이 ■

이것은 정상전류가 아니다. Q, $\mathbf{E}$, $\mathbf{J}$ 모두 시간의 함수이므로 앙페르 법칙과 비오–사바르 법칙을 쓸 수 없다. 대체전류

$$\mathbf{J}_{\text{대체}} = \epsilon_0 \frac{\partial \mathbf{E}}{\partial t} = \frac{1}{4\pi}\frac{\dot{Q}}{r^2}\,\hat{\mathbf{r}} = -\sigma \frac{Q}{4\pi\epsilon_0 r^2}\,\hat{\mathbf{r}}$$

가 식 7.37의 전도 전류를 정확하게 지우고, 따라서 자기장은 참으로 0이다 ($\nabla \cdot \mathbf{B} = 0, \nabla \times \mathbf{B} = \mathbf{0}$이다).

문제 7.35 일정한 전류 I가 반지름 a인 두꺼운 도선의 단면에 고루 퍼져 흐른다. 그림 7.45와 같이 폭 $w \ll a$인 좁은 간극이 평행판 축전기를 이룬다. 간극 속의 축까지의 거리 $s < a$인 곳의 자기장을 구하라.

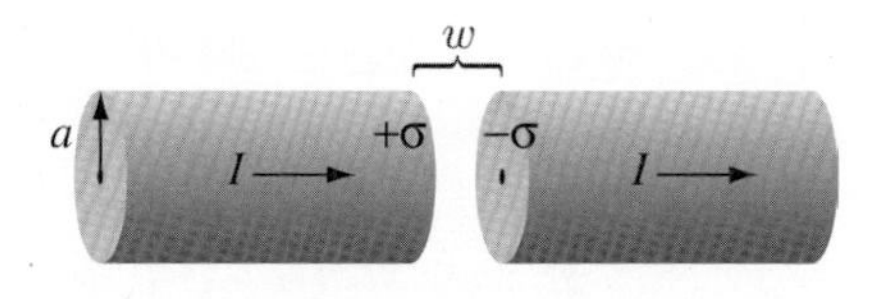

그림 7.45

문제 7.36 앞 문제는 축전기의 충전에서 극판 표면에 전류가 퍼지는 것과 관련된 복잡한 문제를 피하려고 만든 모형이다. 보다 실제적인 모형으로 극판의 중심을 잇는 가는 도선을 생각하자 (그림 7.46a). 여기에서도 전류 I는 일정하고, 축전기 극판의 반지름은 a, 극판의 간격은 $w \ll a$이다. 전류는 극판의 표면전하가 늘 고른 상태를 유지하도록 흐르고 $t = 0$ 일때 0이라고 가정한다.

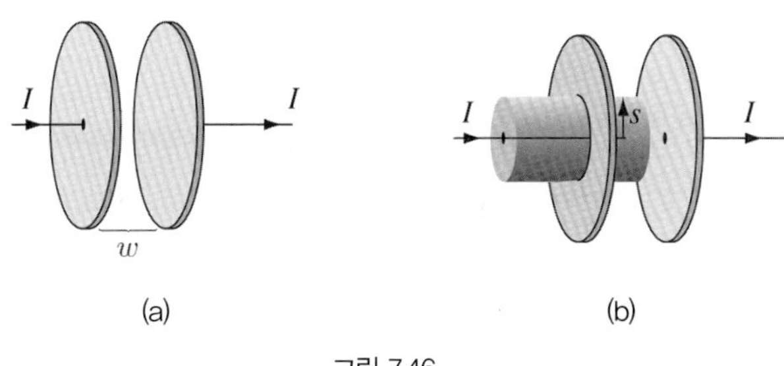

그림 7.46

(a) 극판 사이의 전기장을 t의 함수로 구하라.

(b) 두 극판 사이의 가운데 평면에서 반지름 s인 원을 지나는 대체전류를 구하라. 이 원을 "앙페르 고리"로 삼아 축까지의 거리가 s인 곳의 자기장을 구하라.

(c) (b)를 되풀이하는데, 이번에는 그림 7.46b의 원통면을 쓴다. 이것은 오른쪽 끝은 열려있고, 왼쪽 끝은 극판을 지나 축전기 밖에 있다. 이 면을 지나는 대체전류는 0이고, $I_{안}$에는 두 항이 있음을 눈여겨보라.[26]

문제 7.37 문제 7.17의 정확한 답은 다음과 같다:

$$\mathbf{E}(s,t) = \frac{\mu_0 I_0 \omega}{2\pi} \sin(\omega t) \ln\left(\frac{a}{s}\right) \hat{\mathbf{z}}$$

(a) 대체 전류 밀도 $\mathbf{J}_{대체}$를 구하라.

(b) 대체 전류 밀도를 적분하여 총 대체 전류 $I_{대체}$를 셈하여라:

$$I_{대체} = \int \mathbf{J}_{대체} \cdot d\mathbf{a}$$

(c) $I_{대체}$와 I를 비교하라 (비율이 얼마인가?). 바깥쪽 원통의 지름이 2mm일 때, $I_{대체}$가 I의 1%가 되려면 진동수는 얼마나 되어야 하는가? [이 문제는 패러데이가 왜 대체전류를 결코 발견할 수 없었으며, 왜 진동수가 아주 높지 않으면 그것을 무시해도 되는가를 보여준다.]

문제 7.38 도체 공 껍질(반지름 R, 중심은 원점)을 "남극"에 연결된 도선을 통해 z축 방향의 정상 전류 I로 충전하고 있다. 전류는 표면에 고르게 퍼진다 (그림 7.47). 시각 t에 공의 총 전하는 $Q(t) = It$이다. 공 밖의 한 점 (r, θ, ϕ)의 자기장을 구하라. 먼저 $\mathbf{B}$의 방향을 구한 다음, 적절한 앙페르 고리에 대해 적분 꼴 앙페르-맥스웰 법칙(식 7.48)을 쓴다. 적분은 앙페르 고리로 둘러싸인 세 가지 다른 곡면에 대해 구한다: (a) 고리 북쪽의 구면 모자, (b) 고리 남쪽의 구면 항아리, (c) 원점에 꼭지점이 있는 원뿔면. (d) θ가 ϕ에 가까워지면 어떻게 되는가?[27]

---

26 이 문제는 흥미있는 거의 철학적 물음을 제기한다: 실험실에서 **B**를 재면 [(b)가 시사하듯이] 대체전류의 효과를 검지한 것인가? 또는 [(a)가 시사하듯이] 단지 보통의 전류의 효과를 확인했을 뿐인가? 다음 논문을 보라: D. F. Bartlett, *Am. J. Phys.* **58**, 1168 (1990).

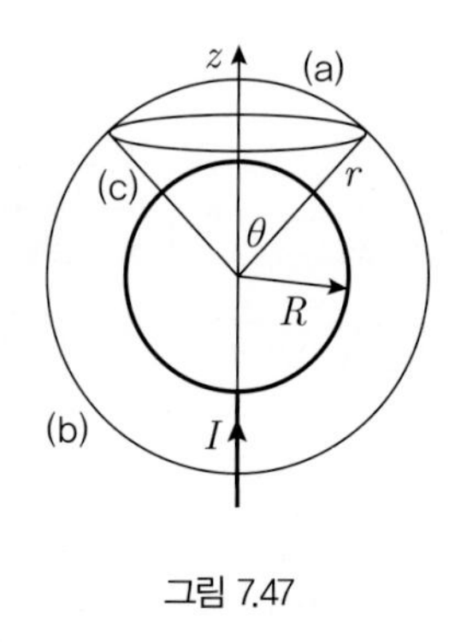

그림 7.47

7.3.3 맥스웰 방정식

앞 절에서 마지막으로 손질을 한 맥스웰 방정식의 정리된 모양은 다음과 같다.[28]

$$\begin{aligned}
&\text{(i)} \quad \nabla \cdot \mathbf{E} = \frac{1}{\epsilon_0}\rho && \text{(전기장에 관한 가우스 법칙)} \\
&\text{(ii)} \quad \nabla \cdot \mathbf{B} = 0 && \text{(자기장에 관한 가우스 법칙)}^* \\
&\text{(iii)} \quad \nabla \times \mathbf{E} = -\frac{\partial \mathbf{B}}{\partial t} && \text{(패러데이 법칙)} \\
&\text{(iv)} \quad \nabla \times \mathbf{B} = \mu_0 \mathbf{J} + \mu_0 \epsilon_0 \frac{\partial \mathbf{E}}{\partial t} && \text{(맥스웰이 고친 앙페르 법칙)}
\end{aligned} \tag{7.49}$$

이 식들과 다음의 로런츠 힘 법칙

$$\mathbf{F} = q(\mathbf{E} + \mathbf{v} \times \mathbf{B}) \tag{7.50}$$

는 (4장과 6장에서 다룬 물성에 관한 부분을 뺀) 고전 전기역학의 모든 내용을 요약한 것이다.[29] 심지어는 전하 보존 법칙을 뜻하는 연속방정식

$$\nabla \cdot \mathbf{J} = -\frac{\partial \rho}{\partial t} \tag{7.51}$$

---

27 T. H. Boyer, *Am. J Phys.* **87**, 729(2019).

28 맥스웰은 현대의 벡터 표기법(특히 연산자 **∇**)을 쓸 수 없었다. 그래서 그의 공식에 있는 방정식은 전위와 장을 포함해서 실제로 20개나 되었다. 그것을 현재의 깔끔한 "맥스웰 방정식"으로 정리한 사람은 헤비사이드이다. 다음을 보라: B. J. Hunt, *Physics Today* 2012년 11월호, 48쪽.

* 저자는 "이름이 없다"고 했다. (옮긴이)

29 어느 미분방정식이나 그렇듯이 맥스웰 방정식에도 적절한 **경계조건**을 붙여 주어야 한다. 경계조건은 보통 문제의 내용에서 분명히 알 수 있으므로 (예: 전하가 어느 한 곳에 모여 있으면 아주 먼 곳에서는 **E**와 **B**가 0이 된다), 그 중요성을 잊기 쉽다.

도 맥스웰 방정식의 식(iv)에서 발산을 셈하면 나온다.

맥스웰 방정식은 전통적 방식으로 썼는데, 이것은 **E**와 **B**의 발산과 회전을 명시한다는 것을 강조한다. 이러한 꼴에서 전기장은 전하(ρ) 또는 변화하는 자기장($\partial \mathbf{B}/\partial t$)이 만들고, 자기장은 전류(**J**) 또는 변화하는 전기장($\partial \mathbf{E}/\partial t$)이 만든다는 생각을 강화한다. 실제로는 그러한 생각은 조금 잘못된 것이다. 왜냐하면 $\partial \mathbf{B}/\partial t$와 $\partial \mathbf{E}/\partial t$ 자체가 전하와 전류에서 생겨난 것이기 때문이다. 나는 다음과 같이 장(**E**와 **B**)은 왼쪽에, 원천(ρ와 **J**)은 오른쪽에 쓰는 것이 논리적으로 더 맞다고 생각한다:

$$\left.\begin{array}{ll}\text{(i)}\ \ \nabla\cdot\mathbf{E}=\dfrac{1}{\epsilon_0}\rho, & \text{(iii)}\ \ \nabla\times\mathbf{E}+\dfrac{\partial\mathbf{B}}{\partial t}=\mathbf{0},\\[2ex] \text{(ii)}\ \ \nabla\cdot\mathbf{B}=0, & \text{(iv)}\ \ \nabla\times\mathbf{B}-\mu_0\epsilon_0\dfrac{\partial\mathbf{E}}{\partial t}=\mu_0\mathbf{J},\end{array}\right\} \tag{7.52}$$

이러한 꼴은 모든 전자기장이 궁극적으로는 전하와 전류에서 생겨난다는 것을 강조한다. 맥스웰 방정식은 전하가 장을 어떻게 만드는가를 말해준다; 힘 법칙은 거꾸로 장이 어떻게 전하에 영향을 주는가를 말해준다.

문제 7.39 전자기장이 다음과 같다고 하자:

$$\mathbf{E}(\mathbf{r},t)=\frac{1}{4\pi\epsilon_0}\frac{q}{r^2}\theta(vt-r)\hat{\mathbf{r}};\quad \mathbf{B}(\mathbf{r},t)=\mathbf{0}$$

(θ 함수는 문제 1.46b에서 정의했다). 이 장은 모든 맥스웰 방정식을 충족시킴을 보이고, ρ와 **J**를 구하라. 이러한 장을 만들어내는 물리적 상황을 설명하라.

7.3.4 자하

맥스웰 방정식에는 멋진 대칭성이 있는데, 그것은 특히 ρ와 **J**가 모두 0인 진공 속에서 더 잘 드러난다.

$$\left.\begin{array}{ll}\nabla\cdot\mathbf{E}=0, & \nabla\times\mathbf{E}=-\dfrac{\partial\mathbf{B}}{\partial t},\\[2ex] \nabla\cdot\mathbf{B}=0, & \nabla\times\mathbf{B}=\mu_0\epsilon_0\dfrac{\partial\mathbf{E}}{\partial t}.\end{array}\right\}$$

E를 **B**로, **B**를 $-\mu_0\epsilon_0\mathbf{E}$로 바꾸면 위아래 방정식이 자리바꿈을 한다. 그러나 이러한 **E**와 **B**

사이의 대칭성은 가우스 법칙의 전하와 앙페르 법칙의 전류 때문에 깨진다.[30] $\nabla \cdot \mathbf{B} = 0$와 $\nabla \times \mathbf{E} = -\partial \mathbf{B}/\partial t$에서 전하와 전류에 해당하는 항이 왜 빠졌는지 생각해 보자. 맥스웰 방정식이 다음과 같은 꼴이면 어떻게 될까?

$$\left.\begin{array}{ll} \text{(i)}\ \nabla \cdot \mathbf{E} = \dfrac{1}{\epsilon_0}\rho_{\text{전기}}, & \text{(iii)}\ \nabla \times \mathbf{E} = -\mu_0 \mathbf{J}_{\text{자기}} - \dfrac{\partial \mathbf{B}}{\partial t}, \\ \text{(ii)}\ \nabla \cdot \mathbf{B} = \mu_0 \rho_{\text{자기}}, & \text{(iv)}\ \nabla \times \mathbf{B} = \mu_0 \mathbf{J}_{\text{전기}} + \mu_0\epsilon_0 \dfrac{\partial \mathbf{E}}{\partial t}. \end{array}\right\} \tag{7.53}$$

그러면 $\rho_{\text{전기}}$가 전하의 밀도이듯 $\rho_{\text{자기}}$는 자하의 밀도를 나타내고, $\mathbf{J}_{\text{전기}}$가 전하의 흐름을 나타내듯이 $\mathbf{J}_{\text{자기}}$는 자하의 흐름이 될 것이다. 그리고 자하와 전하가 모두 보존될 것이다:

$$\nabla \cdot \mathbf{J}_{\text{자기}} = -\frac{\partial \rho_{\text{자기}}}{\partial t} \qquad \text{그리고} \qquad \nabla \cdot \mathbf{J}_{\text{전기}} = -\frac{\partial \rho_{\text{전기}}}{\partial t} \tag{7.54}$$

앞의 것은 식(iii), 뒤의 것은 식(iv)의 발산을 구하면 나온다.

어떤 면에서는 맥스웰 방정식이 자하의 존재를 요구하는 것 같다 – 아주 멋지게 들어맞지 않는가? 그러나 부지런히 찾았는데도 아무도 자하를 찾아내지 못했다.[31] 지금까지 알려진 바로는 어느 곳에서나 $\rho_{\text{자기}}$가 0이고, 따라서 $\mathbf{J}_{\text{자기}}$도 0이다. 그러므로 **B**는 **E**와 같지 않다. **E**에는 서 있는 원천(전하)이 있으나 **B**는 그렇지 않다. (이것은 자기장의 다중극 전개에 홀극 항이 없고, 자기 쌍극자는 전류고리로 이루어지지 남"극"과 북"극"이 분리되지 않는 것으로 나타났다.) 겉보기에는 신이 자하를 만들지 않았던 것 같다. (양자 전기역학에서 자하가 없다는 것은 미학적 결함 이상의 문제이다. 디랙은 자하가 있으면 왜 전하가 양자화되는가를 설명할 수 있음을 밝혔다. 문제 8.19를 보라.)

문제 7.40 자기홀극 $q_{\text{자기}}$에 대한 "쿨롱 법칙"이 다음과 같다고 하자:

$$\mathbf{F} = \frac{\mu_0}{4\pi}\frac{q_{\text{자기}_1} q_{\text{자기}_2}}{\mathscr{r}^2}\hat{\boldsymbol{\mathscr{r}}} \tag{7.55}$$

$q_{\text{자기}}$가 속도 **v**로 전기장 **E**와 자기장 **B** 속에서 움직일 때 받는 힘 법칙을 끌어내라.[32]

---

30 상수 ϵ_0와 μ_0에는 신경 꺼도 된다. 이것은 국제단위계에서 **E**와 **B**의 단위가 다르기 때문에 나타나는 것으로, 가우스 단위계에서는 사라진다.

31 다음 논문에 방대한 참고문헌이 있다: A. S. Goldhaber, W. P. Trower, *Am. J. Phys.* **58**, 429 (1990).

32 다음은 재미있는 논평이다: W. Rindler, *Am. J. Phys.* 57, 993 (1989).

문제 7.41 자기홀극 $q_{자기}$가 자체유도 L인 저항없는 도선 고리를 지난다면, 이 고리에 유도되는 전류는 얼마인가?[33]

7.3.5 물질 속의 맥스웰 방정식

식 7.49꼴의 맥스웰 방정식은 그대로 완전하고 정확하다. 그렇지만 전자기적으로 편극되는 매질을 다룰 때는 더 쓰기 좋게 고칠 수 있다. 편극된 물질 속에는 직접 조절할 수 없는 "속박" 전하와 전류가 들어 있으므로, 직접 조절할 수 있는 이른바 "자유" 전하와 전류만 남게 맥스웰 방정식을 고치면 멋질 것이다.

이미 정전기학에서 전기 편극밀도 **P**가 속박전하를 만들어내는 것을 보았다 (식 4.12):

$$\rho_{속박} = -\nabla \cdot \mathbf{P} \tag{7.56}$$

마찬가지로 자기 편극밀도(또는 "자화밀도") **M**은 속박전류를 만들어낸다 (식 6.13):

$$\mathbf{J}_{속박} = \nabla \times \mathbf{M} \tag{7.57}$$

전하와 전류가 시간적으로 변화할 경우에 생각해야 할 새로운 면이 하나 있다. 전기 편극밀도가 변화할 때에는 반드시 (속박)전하의 흐름(이것을 $\mathbf{J}_{편극}$이라 하자)이 생기므로, 총 전류에 이것도 넣어야 한다. 그림 7.48과 같은 편극된 작은 물체를 살펴보자. 편극밀도 때문에 한쪽 끝에는 전하밀도 $\sigma_{속박} = P$, 다른 쪽 끝에는 $-\sigma_{속박}$이 생겨난다(식 4.11). 이제 P가 조금 더 커지면 양쪽 끝의 전하도 이에 따라 커지므로 다음과 같은 알짜 전류가 생겨난다:

$$dI = \frac{\partial \sigma_{속박}}{\partial t}\, da_{\perp} = \frac{\partial P}{\partial t} da_{\perp}$$

그러므로 전류밀도는 다음과 같이 된다.

$$\mathbf{J}_{편극} = \frac{\partial \mathbf{P}}{\partial t} \tag{7.58}$$

이 **편극전류**(polarization current)는 속박전류 $\mathbf{J}_{속박}$과는 아무 관계가 없다. $\mathbf{J}_{속박}$은 자화밀도와 관계있으며, 전자의 스핀과 궤도운동 때문에 생겨나지만, $\mathbf{J}_{편극}$은 전기 편극밀도가 변할 때 전하가 이동하여 생겨난다. **P**가 오른쪽을 향하며 점점 커진다면, 모든 양전하는 오른쪽으로, 그리고 모든 음전하는 왼쪽으로 조금 움직인다; 이러한 효과를 모두 합한 것이 편극전류 $\mathbf{J}_{편극}$이다.

---

33 이것이 실험실에서 자기홀극을 찾는데 쓴 방법의 하나이다: B. Cabrera, *Phys. Rev. Lett.* **48**, 1378 (1982).

식 7.49가 연속방정식에 어긋나지 않는지도 살펴보아야 한다:

$$\nabla \cdot \mathbf{J}_{\text{편극}} = \nabla \cdot \frac{\partial \mathbf{P}}{\partial t} = \frac{\partial}{\partial t}(\nabla \cdot \mathbf{P}) = -\frac{\partial \rho_{\text{속박}}}{\partial t}$$

그렇다: 연속방정식이 충족된다. 사실 속박전하가 보존되려면 $\mathbf{J}_{\text{편극}}$은 꼭 있어야 한다. (그러나 자화밀도는 시간에 따라 변해도 전하나 전류가 쌓이지 않는다. 물론 $\mathbf{M}$이 변화하면 속박전류 $\mathbf{J}_{\text{속박}} = \nabla \times \mathbf{M}$도 따라서 변화하지만 그것으로 끝이다.)

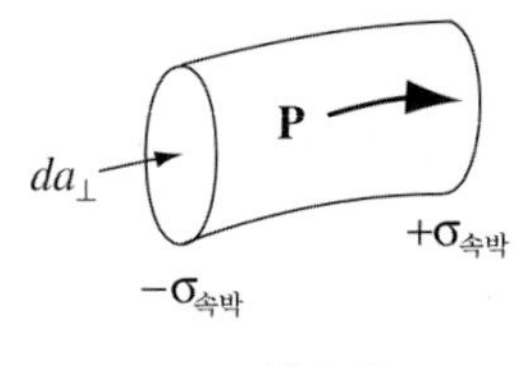

그림 7.48

이렇게 볼 때, 총 전하밀도는 두 부분으로 나눌 수 있다:

$$\rho = \rho_{\text{자유}} + \rho_{\text{속박}} = \rho_{\text{자유}} - \nabla \cdot \mathbf{P} \tag{7.59}$$

그리고 전류밀도는 세 부분으로 나눌 수 있다:

$$\mathbf{J} = \mathbf{J}_{\text{자유}} + \mathbf{J}_{\text{속박}} + \mathbf{J}_{\text{편극}} = \mathbf{J}_{\text{자유}} + \nabla \times \mathbf{M} + \frac{\partial \mathbf{P}}{\partial t} \tag{7.60}$$

이제 가우스 법칙을 다음과 같이 쓸 수 있다.

$$\nabla \cdot \mathbf{E} = \frac{1}{\epsilon_0}(\rho_{\text{자유}} - \nabla \cdot \mathbf{P})$$

또는

$$\nabla \cdot \mathbf{D} = \rho_{\text{자유}} \tag{7.61}$$

여기에서 $\mathbf{D}$는 정적인 경우와 같다:

$$\mathbf{D} \equiv \epsilon_0 \mathbf{E} + \mathbf{P} \tag{7.62}$$

앙페르 법칙은 (맥스웰 항까지 포함하여) 다음과 같은 꼴이 된다.

$$\nabla \times \mathbf{B} = \mu_0 \left(\mathbf{J}_{\text{자유}} + \nabla \times \mathbf{M} + \frac{\partial \mathbf{P}}{\partial t} \right) + \mu_0 \epsilon_0 \frac{\partial \mathbf{E}}{\partial t}$$

또는 다음과 같다:

$$\nabla \times \mathbf{H} = \mathbf{J}_{\text{자유}} + \frac{\partial \mathbf{D}}{\partial t} \tag{7.63}$$

여기에서 $\mathbf{H}$는 전과 같다:

$$\mathbf{H} \equiv \frac{1}{\mu_0}\mathbf{B} - \mathbf{M} \tag{7.64}$$

패러데이 법칙과 $\nabla \cdot \mathbf{B} = 0$은 ρ 또는 $\mathbf{J}$와 관련이 없으므로 전하와 전류를 자유로운 부분과 속박된 부분으로 나누어도 모양이 바뀌지 않는다.

맥스웰 방정식을 자유전하와 자유전류를 써서 나타내면 다음과 같다.

$$\begin{array}{ll} \text{(i)}\ \nabla \cdot \mathbf{D} = \rho_{\text{자유}}, & \text{(iii)}\ \nabla \times \mathbf{E} = -\dfrac{\partial \mathbf{B}}{\partial t}, \\ \text{(ii)}\ \nabla \cdot \mathbf{B} = 0, & \text{(iv)}\ \nabla \times \mathbf{H} = \mathbf{J}_{\text{자유}} + \dfrac{\partial \mathbf{D}}{\partial t} \end{array} \tag{7.65}$$

어떤 사람은 이것을 "참된" 맥스웰 방정식으로 생각하지만, 이것이 결코 식 7.49보다 더 "일반적"이 아니며 다만 전하와 전류를 편의상 자유로운 것과 그렇지 않은 것으로 나누어 생각한 것을 보여줄 뿐이다. 더구나 이 식에서 $\mathbf{E}$와 $\mathbf{D}$ 그리고 $\mathbf{B}$와 $\mathbf{H}$가 서로 섞여 있어서 더 복잡하며, 여기에 $\mathbf{D}$와 $\mathbf{H}$를 $\mathbf{E}$와 $\mathbf{B}$로 나타내는 **물성 관계식**(constitutive relations)을 덧붙여야 한다. 그 식들은 재료의 성질에 따라 달라지며, 선형매질에서는 다음과 같다.

$$\mathbf{P} = \epsilon_0 \chi_{\text{전기}} \mathbf{E}, \qquad \mathbf{M} = \chi_{\text{자기}} \mathbf{H} \tag{7.66}$$

따라서

$$\mathbf{D} = \epsilon \mathbf{E}, \qquad \mathbf{H} = \frac{1}{\mu}\mathbf{B} \tag{7.67}$$

여기에서 $\epsilon \equiv \epsilon_0(1 + \chi_{\text{전기}})$이고 $\mu \equiv \mu_0(1 + \chi_{\text{자기}})$이다. $\mathbf{D}$를 "대체 전기장"이라고 한다는 것을 기억하면, 식(iv)의 앙페르/맥스웰 방정식의 둘째 항을 **대체 전류**(displacement current)라고 부르는 까닭을 알 수 있을 것이다.

$$\mathbf{J}_{\text{대체}} \equiv \frac{\partial \mathbf{D}}{\partial t} \tag{7.68}$$

문제 7.42 진동수 $\nu = 4 \times 10^8$Hz에서 바닷물의 유전율은 $\epsilon = 81\epsilon_0$이고 투자율은 $\mu = \mu_0$, 그리고 비저항은 $\rho = 0.23\ \Omega \cdot \text{m}$이다. 대체전류에 대한 전도전류의 비는 얼마인가? [실마리: 바닷물 속에 잠긴 평행판 축전기에 $V_0 \cos(2\pi \nu t)$의 전압을 걸어 주는 경우를 생각하라.]

7.3.6 경계조건

일반적으로 **E**, **B**, **D** 및 **H**는 서로 다른 두 매질의 경계면이나 전하밀도 σ 또는 전류밀도 **K**가 있는 표면에서 불연속이다. 이 불연속성에 관한 명확한 식은 맥스웰 방정식 7.65의 다음 적분 꼴에서 끌어낼 수 있다.

$$\left.\begin{array}{ll}\text{(i)} & \oint_{\mathcal{S}} \mathbf{D} \cdot d\mathbf{a} = Q_{\text{자유(안)}} \\ \text{(ii)} & \oint_{\mathcal{S}} \mathbf{B} \cdot d\mathbf{a} = 0\end{array}\right\} \text{ 임의의 닫힌 곡면 } \mathcal{S}$$

$$\left.\begin{array}{ll}\text{(iii)} & \oint_{\mathcal{P}} \mathbf{E} \cdot d\mathbf{l} = -\dfrac{d}{dt}\displaystyle\int_{\mathcal{S}} \mathbf{B} \cdot d\mathbf{a} \\ \text{(iv)} & \oint_{\mathcal{P}} \mathbf{H} \cdot d\mathbf{l} = I_{\text{자유(안)}} + \dfrac{d}{dt}\displaystyle\int_{\mathcal{S}} \mathbf{D} \cdot d\mathbf{a}\end{array}\right\} \text{ 닫힌 고리 } \mathcal{P}\text{로 둘러싸인 임의의 면 } \mathcal{S}$$

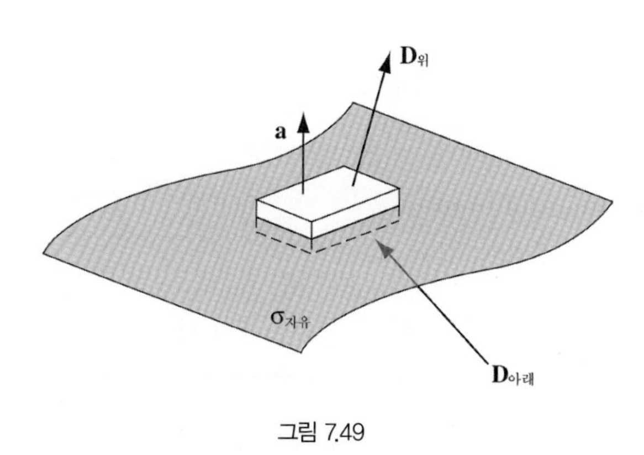

그림 7.49

식(i)을 그림 7.49와 같이 경계면의 양쪽에 박힌, 작고 아주 얇은 가우스 상자의 표면에 적용하면 다음과 같다:

$$\mathbf{D}_{\text{위}} \cdot \mathbf{a} - \mathbf{D}_{\text{아래}} \cdot \mathbf{a} = \sigma_{\text{자유}}\, a$$

(**a**는 "위"를 향한다. 상자가 얇아짐에 따라 상자의 옆면과 전하의 부피밀도에 대한 적분값은 점점

작아져 극한값은 0이 된다.) 따라서 경계면에 대해 수직인 **D**의 성분의 불연속량은 다음과 같다.

$$\boxed{D^{\perp}_{\text{위}} - D^{\perp}_{\text{아래}} = \sigma_{\text{자유}}} \tag{7.69}$$

식(ii)에 똑같은 방식을 쓰면 다음 결과를 얻는다.

$$\boxed{B^{\perp}_{\text{위}} - B^{\perp}_{\text{아래}} = 0} \tag{7.70}$$

식(iii)에서는 폭이 아주 좁은 앙페르 고리를 경계면에 걸면 다음과 같다 (그림 7.50).

$$\mathbf{E}_{\text{위}} \cdot \mathbf{l} - \mathbf{E}_{\text{아래}} \cdot \mathbf{l} = -\frac{d}{dt}\int_S \mathbf{B} \cdot d\mathbf{a}$$

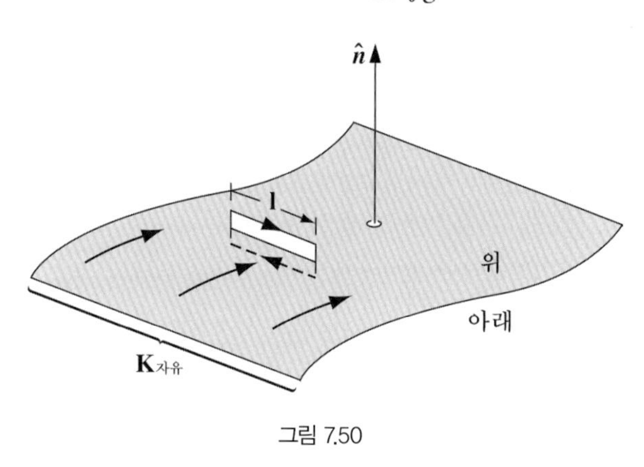

그림 7.50

그런데 고리의 폭이 점점 좁아지면 나중에는 그 고리를 지나는 선속은 0이 된다. ($\oint \mathbf{E} \cdot d\mathbf{l}$에서 고리의 양쪽 끝에 대한 적분값도 마찬가지로 줄어들어 0이 되므로 미리 없앴다.) 그러므로 다음과 같다.

$$\boxed{\mathbf{E}^{\parallel}_{\text{위}} - \mathbf{E}^{\parallel}_{\text{아래}} = \mathbf{0}} \tag{7.71}$$

즉, 경계면에 나란한 **E**의 성분은 경계면에서 연속이다. 같은 방법으로 식(iv)는 다음과 같다.

$$\mathbf{H}_{\text{위}} \cdot \mathbf{l} - \mathbf{H}_{\text{아래}} \cdot \mathbf{l} = I_{\text{자유(안)}}$$

이다. 여기에서 $I_{\text{자유(안)}}$은 앙페르 고리를 지나는 자유전류이다. 앙페르 고리가 아주 좁아지면, 고리를 지나가는 부피전류는 0이 되지만 표면전류는 없어지지 않는다. 사실 $\hat{\mathbf{n}}$이 경계면에 대해 수직인 ("위"를 향한) 단위벡터라면 $(\hat{\mathbf{n}} \times \mathbf{l})$은 앙페르 고리에 대해 수직이고, 따라서 다음과 같다(그림 7.50).

$$I_{\text{자유(안)}} = \mathbf{K}_{\text{자유}} \cdot (\hat{\mathbf{n}} \times \mathbf{l}) = (\mathbf{K}_{\text{자유}} \times \hat{\mathbf{n}}) \cdot \mathbf{l}$$

따라서 다음 결과를 얻는다.

$$\boxed{\mathbf{H}^{\parallel}_{\text{위}} - \mathbf{H}^{\parallel}_{\text{아래}} = \mathbf{K}_{\text{자유}} \times \hat{\mathbf{n}}} \tag{7.72}$$

그러므로 경계면에 나란한 **H**의 성분은 경계면의 양쪽에서 자유 표면 전류 밀도만큼 다르다.

식 7.69~72는 전기역학에서 가장 일반적인 경계조건들이다. 선형매질에서는 이들 식을 **E**와 **B**만으로 나타낼 수 있다.

$$\left.\begin{array}{ll} \text{(i)}\ \ \epsilon_{\text{위}} E^{\perp}_{\text{위}} - \epsilon_{\text{아래}} E^{\perp}_{\text{아래}} = \sigma_{\text{자유}}, & \text{(iii)}\ \ \mathbf{E}^{\parallel}_{\text{위}} - \mathbf{E}^{\parallel}_{\text{아래}} = \mathbf{0}, \\ \text{(ii)}\ \ B^{\perp}_{\text{아래}} - B^{\perp}_{\text{아래}} = 0, & \text{(iv)}\ \ \dfrac{1}{\mu_{\text{위}}}\mathbf{B}^{\parallel}_{\text{위}} - \dfrac{1}{\mu_{\text{아래}}}\mathbf{B}^{\parallel}_{\text{아래}} = \mathbf{K}_{\text{자유}} \times \hat{\mathbf{n}}. \end{array}\right\} \tag{7.73}$$

경계면에 자유전하나 자유전류가 없으면 이 조건은 다음과 같이 된다.

$$\begin{array}{ll} \text{(i)}\ \ \epsilon_{\text{위}} E^{\perp}_{\text{위}} - \epsilon_{\text{아래}} E^{\perp}_{\text{아래}} = 0, & \text{(iii)}\ \ \mathbf{E}^{\parallel}_{\text{위}} - \mathbf{E}^{\parallel}_{\text{아래}} = \mathbf{0}, \\ \text{(ii)}\ \ B^{\perp}_{\text{아래}} - B^{\perp}_{\text{아래}} = 0, & \text{(iv)}\ \ \dfrac{1}{\mu_{\text{위}}}\mathbf{B}^{\parallel}_{\text{위}} - \dfrac{1}{\mu_{\text{아래}}}\mathbf{B}^{\parallel}_{\text{아래}} = \mathbf{0}. \end{array} \tag{7.74}$$

제9장에서 보게 되는데, 이 식들은 전자기파의 굴절과 반사 이론의 밑바탕이 된다.

7.4 회전 자석이 만드는 자기장

회전대칭인 원통꼴 막대 자석이 그 축을 중심으로 일정한 각속도로 돈다고 하자. 지구도 그렇다 (자축이 지축과 일치한다고 하자). 이 상황에서 그 자석이 만드는 자기장은 서 있을까, 아니면 자석과 같이 돌까? [또는, 구트리(Arlo Guthrie) 말대로, "어쩌면 전혀 중요하지 않을 수도 있다."] 도는 자석을 따라 자기장선이 "끌릴까?" 패러데이는 일련의 (예제 7.4의 원반 실험을 고친) 실험을 하여 이 문제를 정리했다. 자석을 금속 원반 위에 축을 따라 둔 다음, 처음에는 자석은 세워 둔 채 원반을 돌렸다 (이것이 애초의 실험이다). 그러자 회로에 전류가 흘렀다 (그림 7.51). 그 다음에는 자석을 원반과 같이 돌렸다; 이 때도 전류가 흘렀다. 끝으로 원반은 가만히 두고 자석만 돌렸다. 이번에는 전류가 흐르지 않았다. 그는 도는 자석의 자기장은 서 있는 자석의 자기장과 같

다고 결론지었다: 그래서 처음 두 실험에서는 똑같이 전류가 흘렀고, 셋째 실험에서는 자석이 서 있을 때와 같은 결과를 얻었다. 자석이 회전축을 중심으로 돌아도 자기장은 끌려가지 않으며, 자기장선은 가만히 있다.[34]

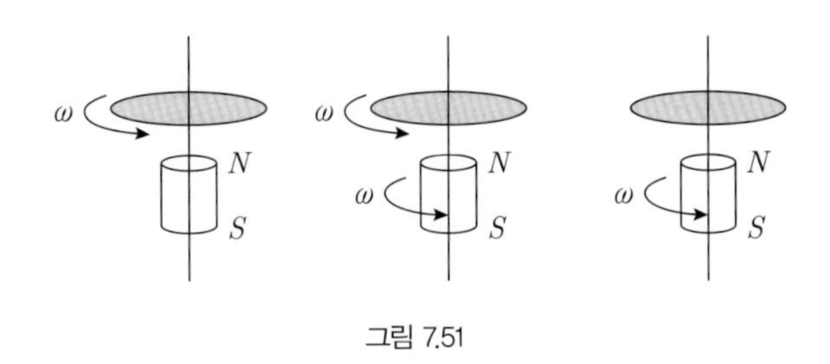

그림 7.51

하지만, 자석을 그것의 대칭축과 수직인 축(그림 7.51에서 수평 방향의 축 - 옮긴이)에 대해 돌리면 자기장선은 자석을 따라 돌 것이다. 자기장선은 북극에서 나와 남극으로 들어가며 고리를 이루고, 자석이 돌면 따라 돌기 때문에 그 방향이 계속 변한다. 따라서 패러데이의 결론에 모두가 동의하지는 않다가 1912년 바넷(S. J. Barnett)의 실험 결과를 보고 최종적으로 패러데이가 옳았다는 결론에 합의했다 특히 지자기장(더 정확히는 지축의 회전과 연관된 성분)은 지구와 함께 돌지 않는다.[35]

그러나, 자기장선이 원천과 함께 돈다는 (또는 돌지 않는다는) 것이 정확히 무엇을 뜻하는가? 패러데이는 장의 개념을 공간에 있는 "선" (또는 거미줄)의 그물이라고 아주 구체적으로 생각했다. 그 경우 장이 움직인다(또는 움직이지 않는다)는 것은 완벽하게 합리적이었다. 그러나 맥스웰 이론에서는 장은 물리적 실재였고 장선(field lines)은 장을 시각화하고자 (그리고 그려보고자) 꾸민 도구일 뿐이었다. 그리고 이미 정적인 자기장 선 조차도 문제가 됨을 배웠다 (§5.3.4).

잠시 전기적 유사성을 살펴보자. 점 전하가 원점에 서 있다고 하자. 그것의 (전기) 장은 사방으로 "뻗어나가고", (뻔히) 시간 불변이다 (그림 7.52). 장선은 바퀴살(삼차원에서는 밤송이의 가시)처럼 보인다. 잠시 뒤에도 모양은 똑같다. 그러나, 시각 $t = 0$에 a'로 표시한 장선은 $t = 1$에는 어떤 것과 대응될까? 그것은 뻔히 a'이다. 서두르지 마라. 왜 a''이 아닌가? 그것도 완벽하게 잘 맞는 장선의 모양이고, 똑같은 장을 나타낸다. 장선에 붙이는 이름은 마음대로 정할 수 있고, 물리적 내용은 전혀 없다. (시각 $t = 0$에) a라는 장선이 $t = 1$에는 a''에, $t = 2$에는 a''에, "대응"된다고 말하고 싶다면, 그렇게 해도 된다. 그러면 전하는 돌지 않지만, 장선은 돈다. 그것은 잘못이 아니다 (매 순간 장을 정확하게 기술한다). 다만 그것은 바보짓일 뿐이다 본질적으로 단순하고 쉬운 것을 복잡하게 생각하여 헷갈리는 것이다.

34 자기장선이 움직인다면, 아마도 그림 7.21b에서 그랬듯이 전기장이 유도될 것이다.

35 온전한 역사에 관해서는 다음을 보라: C. F. Chyba 및 K. P. Hand, *Phys. Rev. Appl.* 6, 014017 (2016).

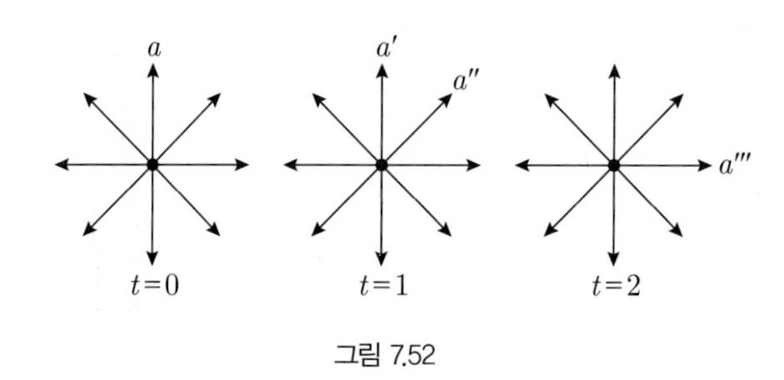

그림 7.52

그러나 점 전하 대신 전하가 고르게 퍼진 공이 있고, 그것이 (균일하게) 돈다고 하자. (공 밖의) 전기장은 똑같고, 여전히 정적이다 (왜냐하면 전하 밀도는 시간 불변이기 때문이다). 이제는 (정) 자기장이 있는데, 그것이 전기장을 바꾸지는 않는다. 그렇지만, 이제는 전기장 선이 공과 함께 도는지를 따져보는 것이 바보짓이 아니다. 글쎄, 좋다면 그것이 돌게 하자 (참으로 복잡하게 꼬려면 다른 축에 대해 전혀 다른 비율로 돌게 할 수도 있다); 그것은 물리학과는 전혀 무관하다 전기장은 똑같다 장선 영화를 감독하는 방법의 선택일 뿐이다. 구트리가 옳았다: 그것은 전혀 중요하지 않다. 장선은 두 가지를 알려준다: 그 밀도는 장의 크기를, 화살표는 방향을 알려준다. 이 두 가지가 맞다면, 더 이상은 요구할 것이 없다. 왜냐하면 장에 대해 알아야할 것은 그 것 뿐이기 때문이다. 어느 순간에 어떤 장선이 다른 순간에 어떤 장선에 해당하는가는 형이상학적(?)* 질문이다; 그 질문은 물리적으로 공허하여 "옳은" 답이 없다. 전기장의 경우 그것이 이야기의 끝이다.

그러나 자기장의 경우는 더 유해하다. 왜냐하면 로렌츠 힘 법칙에 전하의 속도 **v**가 들어 있기 때문이다. 그런데, 무엇에 대한 속도일까? 오늘날은 다음과 같이 대답할 것이다: "자기장이 **B**인 관성 기준틀." 그러나 자기장 선을 공간에 퍼져있는 "선"으로서 시간에 따라 움직인다고 생각하면, **v**는 전하가 있는 곳의 장선에 대한 속도여야 한다고 쉽게 확신할 수 있다 (아뭏든 그것은 19세기의 상황이다). (전기 공학자들은 장선을 "자른다"고 말했음을 상기하라.) 그리고 그 경우에 해당된다면 (그렇지 않다는 것을 말해둔다[36]) 장 선이 자석의 회전에 끌려가는지, 그렇지 않은지가 핵심적으로 중요하다. 끌려간다면, 패러데이는 자석이 돌고 원반은 서 있을 때도 자석이 서 있고 원반은 돌 때와 마찬가지로 전류가 흐르는 것을 발견했어야 하며, 둘이 같이 돌 때는 아무런 전류도 흐르지 않음을 발견했어야 한다. 그러나 실제로 관찰된 것은 그와 반대이므로, 그는 장선은 자석의 회전을 따라가지 않는다고 결론지었다. 그리고 바넷도 마찬가지로 지자기장이 자전하는 지구에 끌려가지 않는다고 결론지었다. 그것은 불합리한 추론이 아니며, 실제로는 장이 시간에 따라 어떻게 진화하는지를 멋지게 보여주는 방법이다. 그래서 지구물리학자, 플라즈마 물리학자, 그리고 천체물리학자가 이 언어를 쓴다. 그러나 그것은 전기역학의 법칙이 강제하는 것이 아

* 물음표는 옮긴이가 붙였다. 철학자들이 보면 코웃음 칠 수도 있다. 옮긴이

36 각주 34는 그냥 틀렸다: 움직이는 자기장은 전기장을 유도하지 않는다 시간 변화하는 자기장은 유도 한다.

닌 선택이고, 따라서 장 선이 이리저리 "끌린다"는 설명을 읽을 때는, 저자가 그 문장에 담은 정확한 뜻을 스스로 찾아봐야 하고, 장선의 색깔이 저마다 달라서 장면이 바뀔 때마다 낱낱의 장선을 추적할 수 있는 것이 아님을 상기해야 한다.

보충문제

! 문제 7.43 반지름 a인 길고 곧은 구리 관 두 개가 간격 $2d$로 나란히 있다 (그림 7.53). 전위가 하나는 V_0, 다른 것은 $-V_0$이다. 두 관 주위는 전도도 σ인 약한 전도성 물질이 차 있다. 단위길이의 한쪽 관에서 다른 쪽 관으로 흐르는 전류를 구하라. [실마리: 문제 3.14를 보라.]

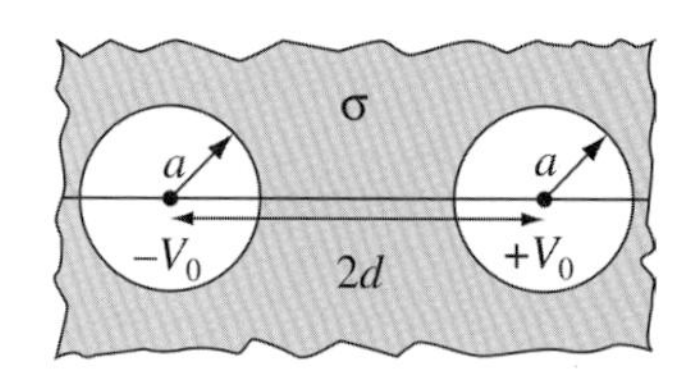

그림 7.53

! 문제 7.44 회로의 정전기장 **E**를 셈할 수 있는 드문 경우이다.[37] 반지름이 a이고 비저항이 고른, 한없이 긴 원통을 상상하자. 그림 7.54와 같이 $\phi = \pm\pi$에 얇은 틈이 있어 전위가 $\pm V_0/2$로 유지되며(전지를 이어 놓은 것에 해당한다), 정상전류가 표면을 따라 흐른다. 옴 법칙에 따르면 전위분포는 다음과 같다:

$$V(a, \phi) = \frac{V_0\phi}{2\pi}, \quad (-\pi < \phi < +\pi)$$

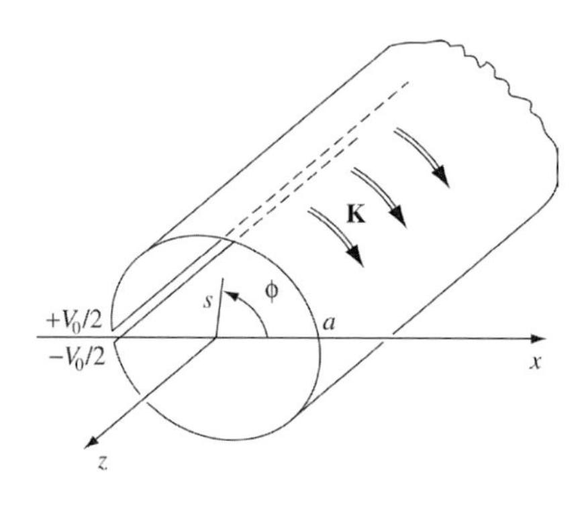

그림 7.54

---

37 M. A. Heald, *Am. J. Phys.* 52, 522 (1984). J. A. Hernandes, A. K. T. Assis, *Phys. Rev. E* 68, 046611 (2003).

(a) 원통좌표계에서 변수분리법을 써서 원통 안팎의 $V(s, \phi)$를 구하라.
[답: $(V_0/\pi)\tan^{-1}[(s\sin\phi)/(a+s\cos\phi)], (s<a); (V_0/\pi)\tan^{-1}[(a\sin\phi)/(s+a\cos\phi)]$, $(s>a)$]

(b) 원통의 면전하 밀도를 구하라. [답: $(\epsilon_0 V_0/\pi a)\tan(\phi/2)$]

문제 7.45 정상전류 I가 흐르는 길고 곧은 도선 밖의 자기장은 다음과 같다.

$$\mathbf{B} = \frac{\mu_0}{2\pi}\frac{I}{s}\hat{\boldsymbol{\phi}}$$

도선 속의 전기장은 고르다.

$$\mathbf{E} = \frac{I\rho}{\pi a^2}\hat{\mathbf{z}}$$

여기에서 ρ는 비저항, a는 반지름이다 (예제 7.1과 7.3을 보라). 물음: 도선 밖의 전기장을 구하라.[38] 답은 회로를 꾸미는 방식에 따라 달라진다. 전류가 완전도체로 된 반지름 b인 접지된 동축원통을 통해 되돌아온다면(그림 7.55), $a < s < b$인 곳에서는 전위 $V(s, z)$가 라플라스 방정식의 해로 경계조건은 다음과 같다:

$$\text{(i)}\ V(a, z) = -\frac{I\rho z}{\pi a^2};\quad \text{(ii)}\ V(b, z) = 0$$

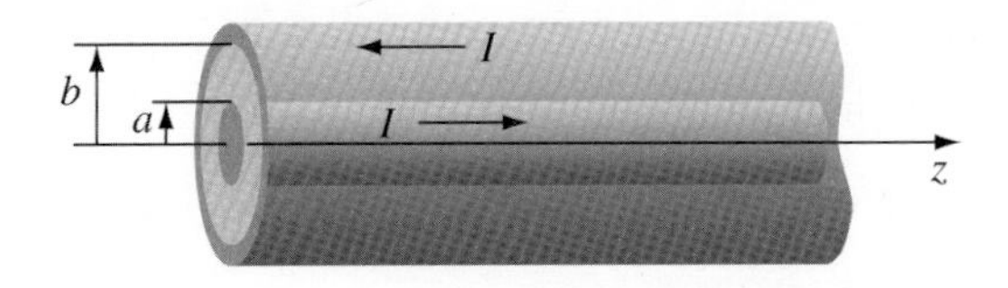

그림 7.55

그러나 불행히도 이것만으로는 답을 구할 수 없다 – (긴 도선에서는 크게 문제되지 않아야 하지만) 도선 양끝의 경계조건을 정해주어야 한다. 문헌에서는 대개 $V(s, z)$가 z에 비례한다고 하여 이러한 애매함을 슬쩍 넘긴다: $V(s, z) = zf(s)$. 이렇게 가정하고,

(a) $f(s)$를 구하라.

(b) $\mathbf{E}(s, z)$를 구하라.

(c) 도선의 표면 전하 밀도 $\sigma(z)$를 구하라.

[답: $V = (-Iz\rho/\pi a^2)[\ln(s/b)/\ln(a/b)$. 이것은 E_s와 $\sigma(z)$가 z에 따라 달라지므로 한없이 긴 도선에는 맞지 않는 특이한 결과이다.]

---

38 이것은 유명한 문제로 좀머펠트(Arnold Sommerfeld)가 처음으로 풀었으며, 최근에는 "**메르츠바하 수수께끼** (Merzbacher's puzzle)"라고 한다. A. Sommerfeld, *Electrodynamics* (New York, Academic Press, 1952) 125쪽; E. Merzbacher, *Am. J. Phys.* 48, 178 (1980). 더 많은 참고문헌은 다음을 보라: R. N. Varnay, L. H. Fisher, *Am. J. Phys.* 52, 1097 (1984).

문제 7.46 문제 7.21과 그림 7.21b를 참조하라. 정량적 모형[39]으로서, 자기장이 어두운 영역(너비 w)에서는 $-B_0\hat{\mathbf{z}}$로 균일하지만, 좌우 면에 붙은 너비 d인 판에서는 거리에 비례하여 약해진다 (그림 7.56). 좌표축은 x가 수평(오른쪽), y가 수직(위쪽), z가 종이면에서 나오게 잡고, 원점은 도선 고리의 왼쪽 끝 중앙에 둔다. 자석의 왼쪽 테두리가 $t = 0$에 원점을 지나게 시계를 맞춘다.

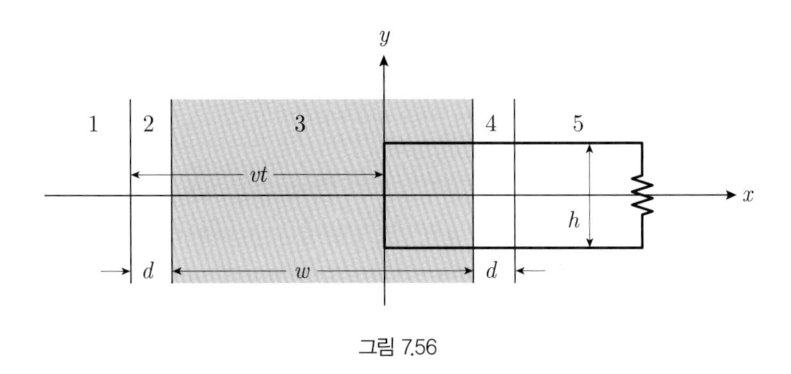

그림 7.56

(a) 5개 영역 각각에서 $\mathbf{B}(x, t)$를 구하라 (자석이 y 및 z쪽으로는 한없이 퍼져있다).

(b) 미분하여 $\partial\mathbf{B}/\partial t$를 구하고, 0이 아닌 영역을 찾아라.

(c) 영역 3에서의 유도 전기장을 구하고 고리에 생기는 기전력을 구하라. 예상과 같은가?

문제 7.47 **완전도체**(Perfect conductor)에서는 전도도가 한없이 크므로 $\mathbf{E} = \mathbf{0}$(식 7.3)이고, 알짜 전하는 모두 표면에 있게 된다 (정전기학에서는 불완전 도체에서도 그렇다).

(a) 완전도체 속에서는 자기장이 일정함($\partial\mathbf{B}/\partial t = \mathbf{0}$)을 보여라.

(b) (서 있는) 완전도체 고리를 지나는 자기 선속은 일정함을 보여라.

초전도체(Superconductor)는 완전도체이면서 (일정한) $\mathbf{B}$가 그 속에서는 0인 물질이다. [이 "선속 밀어내기(flux exclusion)"를 **마이스너 효과**(Meissner effect)라고 한다.[40]]

(c) 초전도체에서는 전류가 표면에만 흐름을 보여라.

(d) 온도가 어떤 문턱 온도($T_{문턱}$)보다 높으면 초전도성이 사라지는데, $T_{문턱}$은 재료에 따라 다르다. 초전도 물질로 된 공(반지름 a)을 $T_{문턱}$보다 높은 온도에서 고른 자기장 $B_0\hat{\mathbf{z}}$ 속에 둔 채 $T_{문턱}$ 이하로 냉각시킨다. 이 과정에서 유도되는 표면 전류 밀도 $\mathbf{K}$를 극각 θ의 함수로 구하라.

문제 7.48 초전도성(문제 7.47)을 보여줄 때 흔히 초전도 물체 위에 자석을 띄운다. 이 현상은 영상법으로 분석할 수 있다.[41] 자석을 완벽한 쌍극자 $\mathbf{m}$이 (z쪽을 향하도록 구속된 채) 원점 위 높

39 이 문제는 Martin Ligare가 제시했다.

40 마이스너 효과는 때로 "완벽한 반자성"이라고도 하는데, 그것은 자기장이 초전도체 속에서 약해지기만 하는 것이 아니라 완전히 지워진다는 뜻이다. 그렇지만 이러한 효과를 내는 표면전류는 속박전류가 아니라 자유전류이므로 실제의 기구는 반자성과는 전혀 다르다.

이 z에 있고, 초전도체는 xy평면 아래 모든 공간을 채우고 있다고 본다. 마이스너 효과 때문에 $z \le 0$에서는 $\mathbf{B} = \mathbf{0}$이고, $\mathbf{B}$의 발산이 0이므로 법선(z) 성분은 연속이어서 표면 바로 위에서는 $B_z = 0$이다. 이 경계조건을 맞추려면 초전도체와 똑같은 쌍극자를 $-z$에 두면 된다; 두 자기 쌍극자는 $z > 0$인 영역에서는 똑같은 자기장을 만들어낸다.

(a) 영상 쌍극자는 어느 쪽을 향하는가($+z$ 또는 $-z$)?

(b) 초전도체에 유도된 전류 때문에 자석이 받는 힘(다시 말해 영상 쌍극자 때문에 받는 힘)을 구하라. 이것을 Mg와 같게 두어 자석이 "떠" 있는 높이 h를 결정하라 (M은 자석의 질량이다). [실마리: 문제 6.3을 참고하라.]

(c) 초전도체 표면(xy 평면)에 유도된 전류는 $\mathbf{B}$의 **접선성분**에 대한 경계조건(식 5.76)으로부터 결정할 수 있다: $\mathbf{B} = \mu_0(\mathbf{K} \times \hat{\mathbf{z}})$. 영상법으로 얻은 자기장을 써서 표면전류가 다음과 같음을 보여라:

$$\mathbf{K} = -\frac{3mrh}{2\pi(r^2 + h^2)^{5/2}}\,\hat{\boldsymbol{\phi}}$$

여기에서 r은 원점까지의 거리이다.

! **문제 7.49** 한없이 큰 초전도 판 위에 떠 있는 자기 쌍극자(문제 7.48)가 자유롭게 돌 수 있으면, 얼마나 높은 곳에서 어떤 쪽을 향할까?

문제 7.50 완전 도체로 된, 반지름 a인 공 껍질이 고른 자기장 $\mathbf{B} = B_0\,\hat{\mathbf{z}}$ 속에서 z축을 중심으로 각속도 ω로 돈다. "북극"과 적도선 사이에 생기는 기전력을 셈하라 (그림 7.15처럼 미끄럼 접촉을 한다고 하자). [답: $\frac{1}{2}B_0\omega a^2$]

! **문제 7.51** 문제 7.11과 관련됨(그리고 도움이 된다면 문제 5.45의 결과를 써라): (반지름 a, 질량 m, 저항 R인) **둥근** 고리가 떨어지면서 (변화하는) 종단 속도로 자기장 B의 밑바닥을 지나는 데 걸리는 시간을 구하라.

문제 7.52

(a) 패러데이 유도 전기장이 다음과 같음을 문제 5.55(a)와 식 7.11을 참조하여 보여라.

$$\mathbf{E} = -\frac{\partial \mathbf{A}}{\partial t} \tag{7.75}$$

전기장의 발산과 회전을 셈하여 이 결과가 맞는지 확인하라.

(b) 반지름 R인 공 껍질에 면전하 σ가 고르게 퍼져 있다. 이 공 껍질이 고정된 축을 중심으로 각진동수 $\omega(t)$로 자전하는데, 각진동수는 시간에 따라 천천히 변한다. 공 껍질 안팎의 전기장을 구하라. [실마리: 전기장을 만드는 기구는 두 가지이다: 전하가 만드는 쿨롱 장과 시간 변

---

41 다음 논문을 보라: W. M. Saslow, *Am. J. Phys.* 59, 16 (1991).

화하는 **B**가 만드는 패러데이 장이 그것이다. 예제 5.11을 참고하라.]

문제 7.50 전자가 사이클로트론 운동을 할 때, 자기장의 세기를 늘리면 전자의 속력을 키울 수 있다. 즉, 유도된 전기장이 전자를 접선방향으로 가속시킨다. 이것이 **베타트론**(betatron)의 작동 원리이다. 이때 전자의 궤도 반지름을 그대로 두려면, 궤도면에 대한 자기장의 평균값을 궤도의 자기장의 2배가 되게 만들어야 함을 보여라 (그림 7.57). 전자는 자기장이 없을 때 정지 상태에서 출발하고, 장치는 궤도의 중심에 대해 회전대칭이라고 가정하라. (또 전자의 속력은 빛의 속력보다 훨씬 느려서 비상대론적 역학으로 다룰 수 있다고 가정하라.) [실마리: 식 5.3을 시간에 대해 미분하고, $F = ma = qE$를 써라.]

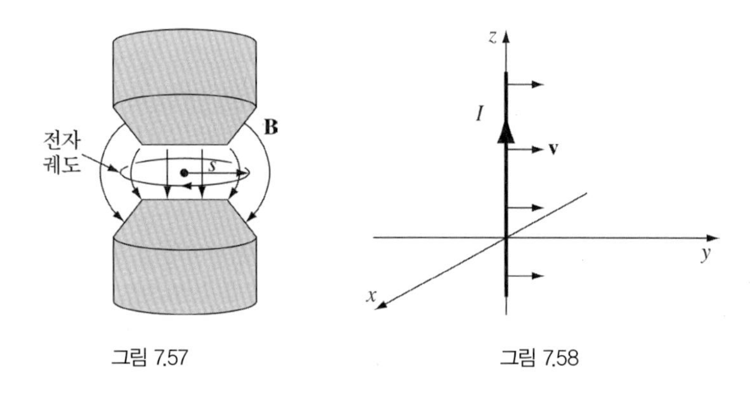

그림 7.57 그림 7.58

문제 7.54 일정한 전류 I가 $\hat{\mathbf{z}}$쪽으로 흐르는 한없이 긴 도선이 일정한 속력 v로 $\hat{\mathbf{y}}$쪽으로 움직인다. 도선이 z축과 겹치는 순간(그림 7.58)의 전기장을 준정적 어림법을 써서 구하라. [답: $-(\mu_0 I v/2\pi s)\sin\phi\,\hat{\mathbf{z}}$.]

문제 7.55 원자 속의 전자(전하 q) 하나가 핵(전하 Q)을 중심으로 반지름 r인 원궤도를 돈다; 이 전자의 원운동에 필요한 구심력은 물론 핵과 전자의 쿨롱 인력이 제공한다. 이제 궤도면에 수직 방향으로 약한 자기장 dB를 천천히 걸어 준다. 이때 유도된 전기장 때문에 커진 전자의 운동 에너지 dT는 꼭 전자가 반지름 r을 똑같이 유지한 채 원운동을 하는데 필요한 만큼임을 밝혀라. (이것이 바로 반자성에 관해 이야기할 때, 전자 궤도반지름이 고정되어 있다고 가정한 근거이다. §6.1.3과 그곳에서 말한 참고문헌을 보라.)

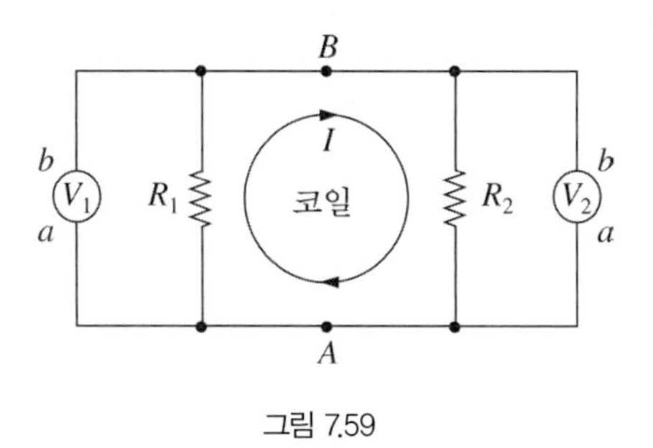

그림 7.59

문제 7.56 긴 코일에 흐르는 전류가 시간에 비례하여 커져서 선속이 t에 비례한다: $\Phi = \alpha t$. 그림 7.59와 같이 마주보는 두 점(A와 B)에 전압계 두 개와 저항 두 개(R_1과 R_2)를 이어 두었다. 각 전압계에서 재는 전압은 얼마인가? 이 전압계는 이상적이어서 (내부저항이 아주 크므로) 전류가 거의 흐르지 않아 전압계의 두 단자 사이의 전압 $-\int_a^b \mathbf{E} \cdot d\mathbf{l}$을 기록한다. [답: $V_1 = \alpha R_1/(R_1 + R_2)$; $V_2 = -\alpha R_2/(R_1 + R_2)$. 두 전압계는 같은 점에 연결되어 있지만 $V_1 \neq V_2$임을 눈여겨보라![42]]

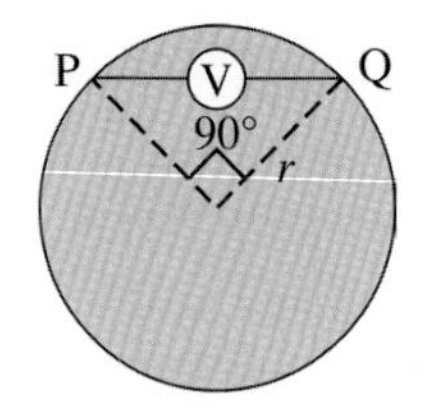

그림 7.60

문제 7.57 그림 7.60과 같이 어두운 부분에 고른 자기장 B가 종이면에 수직하게 펴져 있고, 반지름 r, 저항 R인 둥근 도선 고리가 그것을 감싸고 있다. 자기장이 시간에 비례하여 세진다: $B = \alpha t$. 내부저항이 한없이 큰 이상적인 전압계를 점 P와 Q에 연결했다.

(a) 고리에 흐르는 전류를 구하라.

(b) 전압계로 재는 전압을 구하라. [답: $\alpha r^2/2$]

문제 7.58 운동기전력을 설명할 때 (§7.1.3) 도선 고리(그림 7.10)의 저항을 R로 가정했다; 그러면 생기는 전류는 $I = vBh/R$이다. 그러나 도선의 재질이 완전도체라서 $R = 0$이라면 어떻게 될까? 이때는 전류를 제한하는 것은 고리의 자체유도 L과 관련된 역기전력뿐이다(보통은 IR에 비해 이것을 무시할 수 있다). 이러한 조건에서는 고리(질량 m)가 단순 조화진동을 함을 보이고, 그 진동수를 구하라.[43][답: $\omega = Bh/\sqrt{mL}$]

문제 7.59

(a) 노이만 공식(식 7.32)을 써서 그림 7.37과 같은 회로의 상호 인덕턴스를 셈하라. a는 아주 작다고 가정하라($a \ll b, a \ll z$). 구한 답을 문제 7.23의 답과 비교하라.

(b) (a가 작지 않은) 일반적인 경우에는 다음과 같음을 보여라.

$$M = \frac{\mu_0 \pi \beta}{2} \sqrt{ab\beta} \left(1 + \frac{15}{8}\beta^2 + \dots\right)$$

42 R. H. Romer, *Am. J. Phys.* **50**, 1089 (1982); H. W. Nicholson, *Am. J. Phys.* **73**, 1194 (2005); B. M. McGuyer, *Am. J. Phys.* **80**, 101 (2012).

43 이와 관련된 문제 모음은 다음 논문을 보라: W. M. Saslow, *Am. J. Phys.* **55**, 986 (1987), R. H. Romer, *Eur. J. Phys.* **11**, 103 (1990).

여기에서 β는 다음과 같다.

$$\beta \equiv \frac{ab}{z^2 + a^2 + b^2}$$

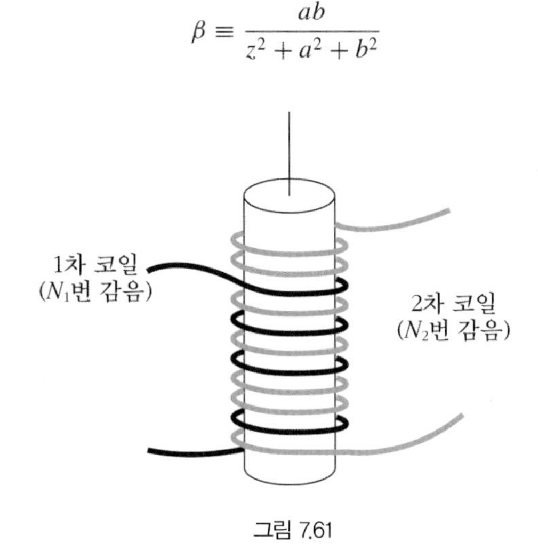

그림 7.61

문제 7.60 원통꼴 심지에 코일을 두 개 감는데, 두 코일의 고리마다 지나는 선속이 모두 같게 했다 (실제로는 철심을 원통에 끼워 넣어 선속을 모아주어 이 조건을 실현한다). 1차 코일에는 고리가 N_1개, 2차 코일에는 N_2개 있다(그림 7.61). 1차 코일의 전류 I가 변하면, 2차 코일에 유도된 기전력은 다음과 같음을 보여라:

$$\frac{\mathcal{E}_2}{\mathcal{E}_1} = \frac{N_2}{N_1} \tag{7.76}$$

여기서 $\mathcal{E}_1$은 1차에 유도된 (역)기전력이다. [이것이 **변압기**(transformer)의 원형이다 – 이것은 교류 전원의 기전력을 높이거나 낮추는 데 쓰인다. 코일 감은 수를 잘 맞추면, 2차 기전력을 원하는 만큼 얻을 수 있다. 이것이 에너지 보존법칙에 어긋난다고 생각되면 문제 7.61을 보라.]

문제 7.61 변압기(문제 7.60)에 진폭 V_1인 교류전압이 들어가면 나오는 전압의 진폭은 V_2는 코일을 감은 수의 비에 따라 정해진다($V_2/V_1 = N_2/N_1$). $N_2 > N_1$이면 나오는 전압이 들어간 전압보다 높다. 이것이 에너지 보존법칙에 어긋나지 않는 까닭은 무엇인가? [답: 일률은 전압과 전류의 곱이다. 분명히 **전압이 올라가면 전류는 줄어든다**. 이 문제의 목적은 간단한 모형을 써서 이것이 어떻게 그렇게 되는가를 정확히 살펴보는 것이다.]

(a) 이상적인 변압기에서는 1차 코일과 2차 코일을 지나는 선속이 모두 같다. 이 경우 $M^2 = L_1 L_2$임을 밝혀라. 여기에서 M은 두 코일의 상호 인덕턴스, L_1과 L_2는 각 코일의 자체 인덕턴스이다.

(b) 1차 코일에 교류전압 $V_{들} = V_1 \cos(\omega t)$를 걸어 주고, 2차 코일에 저항 R을 이어 두었다. 두 코일에 흐르는 전류는 다음 방정식을 만족시킴을 밝혀라.

$$L_1 \frac{dI_1}{dt} + M \frac{dI_2}{dt} = V_1 \cos(\omega t); \quad L_2 \frac{dI_2}{dt} + M \frac{dI_1}{dt} = -I_2 R$$

(c) (a)의 결과를 써서 위 방정식을 풀어 I_1와 I_2를 구하라. (I_1에 직류성분이 없다고 가정하라.)

(d) 나오는 전압($V_{날} = I_2 R$)을 들어간 전압($V_{들}$)으로 나누면 코일이 감긴 수의 비가 됨을 보여라: $V_{날}/V_{들} = N_2/N_1$.

(e) 들어가는 일률($P_{들} = V_{들} I_1$)과 나오는 일률($P_{날} = V_{날} I_2$)을 셈하여 한 주기 동안 평균하면 같음을 보여라.

문제 7.62 한없이 긴 도선이 z축을 따라 놓여 있다. 도선의 전류 $I(z)$는 z의 함수이고 (하지만, t의 함수는 아니다), 전하밀도 $\lambda(t)$는 t의 함수이다 (하지만, z의 함수는 아니다).

(a) 시간 dt동안 도선 토막 dz에 흐르는 전류를 살펴보아 다음 관계식을 보여라: $d\lambda/dt = -dI/dz$. $\lambda(0) = 0, I(0) = 0$이라면 $\lambda(t) = kt, I(z) = -kz$임을 보여라. k는 상수이다.

(b) 잠시, 이 과정이 준정적이어서 전자기장은 식 2.9와 5.38과 같다고 하자. 이 식이 사실 정확한 값임을 네 개의 맥스웰 방정식에 맞음을 보여 확인하라. (먼저 $s > 0$인 영역에서 미분꼴 식이 맞음을 보이고, 그 다음에는 도선을 둘러싼 가우스 원통/앙페르 고리를 적당히 잡아 적분꼴이 맞음을 보여라.)

문제 7.63 $\mathbf{J}(\mathbf{r})$는 시간에 대해 불변이지만 $\rho(\mathbf{r}, t)$는 변한다고 가정하자 – 이 조건은 축전기를 충전할 때에 해당한다.

(a) 전하밀도는 어느 곳에서나 시간에 비례함을 보여라:

$$\rho(\mathbf{r}, t) = \rho(\mathbf{r}, 0) + \dot{\rho}(\mathbf{r}, 0)t$$

여기에서 $\dot{\rho}(\mathbf{r}, 0)$는 시각 $t = 0$일 때의 ρ의 시간 도함수이다. [실마리: 연속 방정식을 써라.]

이것은 정전기적이나 정자기적 상황이 아니다.[44] 그럼에도 – 놀랍게도 – 이들이 맥스웰 방정식을 충족시킴을 보임으로써 쿨롱 법칙(식 2.8)과 비오–사바르 법칙(식 5.42)이 성립함을 보일 수 있다.

(b) 자기장

$$\mathbf{B}(\mathbf{r}) = \frac{\mu_0}{4\pi} \int \frac{\mathbf{J}(\mathbf{r}') \times \hat{\boldsymbol{\mathscr{r}}}}{\mathscr{r}^2} d\tau'$$

는 앙페르–맥스웰 법칙을 따름을 밝혀라 [하지만 여기서 $\mathbf{J}$는 보통의 (전도) 전류로서 대체전류는 들어있지 않다].

문제 7.64 아주 긴 곧은 도선에 정상전류 I가 흐를 때 생기는 자기장은 앙페르–맥스웰 법칙의

---

44 어떤 사람은 이것을 정자기적 상황이라고 생각한다-결국 $\mathbf{B}$는 시간에 대해 불변이다. 그들에게는 정자기학의 일반규칙은 비오–사바르 법칙이고, $\nabla \cdot \mathbf{J} = 0$과 $\nabla \times \mathbf{B} = \mu_0 \mathbf{J}$는 ρ가 상수라는 가정을 덧붙일 때만 성립한다. 그러한 공식에서 맥스웰 대체전류는 (b)에서 한 것처럼 비오-사바르 법칙에서 끌어낼 수 있다. 다음 논문을 보라: D. F. Bartlett, *Am. J. Phys.* **58**, 1168 (1990); D. J. Griffiths, M. A. Heald, *Am. J. Phys.* **59**, 111 (1991).

대체전류 항을 써서 다음과 같이 구할 수 있다: 전류를 고른 선전하 λ가 z축을 따라 속력 v로 움직이는 것으로 보자 (따라서 $I = \lambda v$). 선전하에는 폭 ϵ인 아주 작은 틈이 있는데, 이 틈이 $t = 0$일 때 원점에 이른다. 다음 순간($t = \epsilon/v$까지)에는 xy평면 위의 앙페르 고리를 지나가는 참된 전류가 없지만, 이 틈에 전하가 "없기 때문에" 생기는 **대체전류**는 있다.

(a) 쿨롱 법칙을 써서 xy평면 위, 원점까지의 거리가 s인 곳의 전기장의 z성분을 셈하라. 전기장을 만드는 도선토막은 $z_1 = vt - \epsilon$에서 $z_2 = vt$까지이고 전하밀도는 $-\lambda$이다.

(b) xy평면 위의 반지름 R인 원을 지나가는 전기선속을 구하라.

(c) 이 원을 지나가는 대체전류를 구하라. 틈새(ϵ)가 작아져서 0이 되면 $I_{\text{대체}}$는 I와 같음을 보여라.[45]

문제 7.65 폭 w인 얇은 금속 띠 두 개를 거리 $h \ll w$로 나란히 두어 전송선을 만들었다. 전류는 한 띠를 따라 흘러 다른 띠를 따라 되돌아온다. 이때 전류는 각 띠의 표면에 고루 퍼져 흐른다.

(a) 단위길이당의 전기용량 $\mathcal{C}$를 구하라.

(b) 단위길이당의 인덕턴스 $\mathcal{L}$을 구하라.

(c) 두 양의 곱 $\mathcal{LC}$의 값은 얼마인가? [$\mathcal{L}$과 $\mathcal{C}$는 당연히 전송선마다 다르다. 그러나 그 둘의 곱은 주위가 진공이면 보편상수이다 – 믿기지 않거든 예제 7.14에서 확인하라. 전송선 이론에서 이 곱은 전송선을 따라 가는 전자기 신호의 속력과 같다: $v = 1/\sqrt{\mathcal{LC}}$.]

(d) 두 전송선 사이를 유전율 ϵ, 투자율 μ인 절연성 물질로 채우면 곱 $\mathcal{LC}$의 값은 얼마일까? 전자기 신호의 전파속력은 얼마인가? [실마리: 예제 4.6을 보라; 코일 주위를 투자율 μ인 선형 물질로 채우면 L은 어떻게 달라질까?]

문제 7.66 매우 긴, 두 동축 원형 코일(반지름 a 및 $2a$)에 도선이 각각 단위 길이당 $4n$ 및 n번씩 감겨 있다. 둘 다 정상 전류 I가 흐르는데 방향은 반대이다.

(a) 반지름 $5a$인 동축 둥근 고리를 지나는 자기 선속을 구하라.

(b) 이제 교류 전류 $I = I_0 \cos \omega t$를 흘린다고 하자. 준정적 근사에서 각 영역 $s < a$, $a < s < 2a$, $2a < s$에 유도되는 전기장을 구하라.

(c) 이 변화하는 전기장은 다시 2차 자기장 $\mathbf{B}'$을 유도한다. 축 위의 한 점에서의 이 자기장을 구하라.

(d) 축 위의 점에서의 B'과 B의 비를 구하라. 주파수가 60Hz(일반 가정용 전류)이고 a = 2cm일 때 실제 값을 구하라.

문제 7.67 다음 **알벤 정리(Alfven's theorem)**를 증명하라: 유체가 완전도체(예를 들면 자유전자 기체)이면, 유체와 함께 움직이는 닫힌 고리를 지나가는 선속은 시간이 지나도 변하지 않는다.

---

45 조금 다른 풀이법이 있다: W. K. Terry, *Am. J. Phys.* **50**, 742 (1982).

(자기장선은, 말하자면 유체에 "고정되어" 있다.)

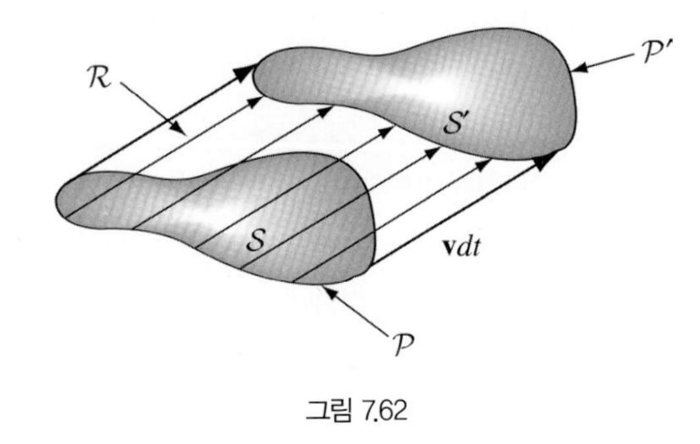

그림 7.62

(a) 식 7.2꼴의 옴 법칙과 패러데이 법칙을 써서 $\sigma = \infty$이고 $\mathbf{J}$가 유한하면 다음 식이 성립함을 증명하라.

$$\frac{\partial \mathbf{B}}{\partial t} = \boldsymbol{\nabla} \times (\mathbf{v} \times \mathbf{B})$$

(b) 시각 t에 고리($\mathcal{P}$)가 둘러싼 면을 $\mathcal{S}$, 이 고리가 움직여서 시각 $t + dt$에 고리($\mathcal{P}'$)가 둘러싼 면을 $\mathcal{S}'$라고 하자 (그림 7.62를 보라). 선속의 변화는 다음과 같다.

$$d\Phi = \int_{\mathcal{S}'} \mathbf{B}(t + dt) \cdot d\mathbf{a} - \int_{\mathcal{S}} \mathbf{B}(t) \cdot d\mathbf{a}$$

$\boldsymbol{\nabla} \cdot \mathbf{B} = 0$을 써서 다음을 보여라(여기에서, $\mathcal{R}$은 $\mathcal{P}$와 $\mathcal{P}'$를 잇는 띠이다).

$$\int_{\mathcal{S}'} \mathbf{B}(t + dt) \cdot d\mathbf{a} + \int_{\mathcal{R}} \mathbf{B}(t + dt) \cdot d\mathbf{a} = \int_{\mathcal{S}} \mathbf{B}(t + dt) \cdot d\mathbf{a}$$

따라서 (아주 작은 dt에 대해) 다음이 성립함을 보여라

$$d\Phi = dt \int_{\mathcal{S}} \frac{\partial \mathbf{B}}{\partial t} \cdot d\mathbf{a} - \int_{\mathcal{R}} \mathbf{B}(t + dt) \cdot d\mathbf{a}$$

§7.1.3의 방법을 써서 둘째 적분을 다음과 같이 고쳐쓰고

$$dt \oint_{\mathcal{P}} (\mathbf{B} \times \mathbf{v}) \cdot d\mathbf{l}$$

스토크스 정리를 써서 다음의 결론을 끌어내라.

$$\frac{d\Phi}{dt} = \int_{\mathcal{S}} \left(\frac{\partial \mathbf{B}}{\partial t} - \boldsymbol{\nabla} \times (\mathbf{v} \times \mathbf{B}) \right) \cdot d\mathbf{a}$$

(a)의 결과와 이것으로 정리는 증명되었다.

문제 7.68

(a) 자하가 있다면 맥스웰 방정식(식 7.53)은 아래와 같은 **쌍대변환**(duality transformation)에 대해 불변이다:

$$\left.\begin{aligned} \mathbf{E}' &= \mathbf{E}\cos\alpha + c\mathbf{B}\sin\alpha, \\ c\mathbf{B}' &= c\mathbf{B}\cos\alpha - \mathbf{E}\sin\alpha, \\ cq'_{전기} &= cq_{전기}\cos\alpha + q_{자기}\sin\alpha, \\ q'_{자기} &= q_{자기}\cos\alpha - cq_{전기}\sin\alpha, \end{aligned}\right\} \tag{7.77}$$

여기에서 $c \equiv 1/\sqrt{\epsilon_0\mu_0}$이고 α는 "E/B–공간"에서의 임의의 회전각이다. 전하와 전류밀도도 $\boldsymbol{q}_{전기}$ 및 $\boldsymbol{q}_{자기}$와 같은 식으로 변환된다. [이것이 뜻하는 바는 전하분포가 만드는 전자기장을 알면, ($\alpha = 90°$를 써서) 그에 대응되는 자하 배열이 만드는 전자기장을 곧바로 알 수 있다는 것이다.]

(b) 다음 힘 법칙도 쌍대변환에 대해 불변임을 보여라 (문제 7.40).

$$\mathbf{F} = q_{전기}(\mathbf{E} + \mathbf{v}\times\mathbf{B}) + q_{자기}\left(\mathbf{B} - \frac{1}{c^2}\mathbf{v}\times\mathbf{E}\right) \tag{7.78}$$

문제 7.69 두 동축 둥근 고리에 각각 정상 전류 I_1과 I_2가 흐른다. 이들은 축 방향으로 일정한 속력 v로 간다 (그림 7.63). 이 운동이 준정적이라면, 두 고리가 만드는 자기장은 움직이기는 하지만 서 있을 때와 같다.

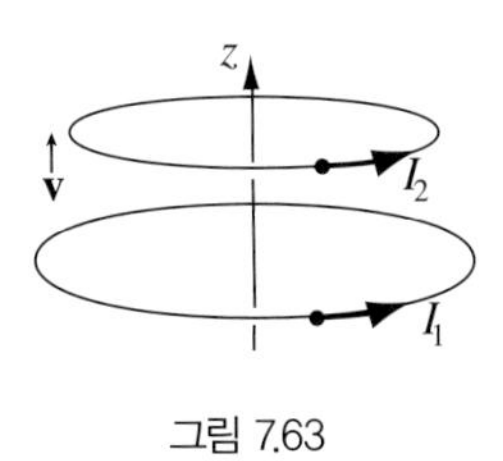

그림 7.63

(a) 고리 1이 고리 2에 유도하는 기전력을 구하라.

(b) 고리 1이 고리 2에 운동 기전력을 유도하는가?

(c) 고리 1이 고리 2에 패러데이 기전력을 유도하는가?

(d) (b)와 (c)에 대한 답이 (a)와 일치하는가? 설명하라.[46]

46 이 문제는 Hermnann Batelaan이 제시했다.

쉬었다 가기

이제 모든 카드가 책상 위에 올라 있으니 어떤 면에서는 내가 할 일이 끝났다. 처음 7장에서는 전기역학을 한 조각씩 짜 맞추었다. 이제 더 이상 배울 법칙은 없고, 더 이상 일반화를 생각할 것이 없고, (아마도 하나의 예외를 빼면) 숨어있는 모순도 없다. 여러분이 듣는 강의가 1학기에 끝나는 것이면, 여기에서 마쳐도 된다.

그러나 다른 뜻에서 우리는 이제 막 출발점에 이른 셈이다. 드디어 카드를 모두 모았다 – 이제는 겨뤄볼 차례이다. 이것은 재미있는 부분으로, 전기역학의 대단한 위력과 풍부함을 맛볼 수 있다. 1년 동안의 강좌에서는 나머지 장을 모두 다루고 또 플라스마 물리학이나 교류회로이론 또는 일반 상대론을 조금 보충할 정도의 시간이 충분하다. 그러나 남는 시간이 주제 하나를 더 다룰 정도라면 9장 전자기파를 추천한다 (이에 대한 준비인 8장은 건너뛰고 싶을 것이다). 이것은 역사적으로 맥스웰의 이론의 가장 중요한 응용인 광학으로 이어주는 부분이다.

제8장 보존법칙

8.1 전하와 에너지

8.1.1 연속방정식

이 장에서는 전기역학에서 에너지, 운동량 그리고 각운동량이 보존되는 것을 살펴본다. 그러나 먼저 전하보존법칙부터 다시 살펴보자. 그 까닭은 이것이 모든 보존 법칙의 기본양식이기 때문이다. 전하보존법칙이 말해주는 것은 정확히 무엇인가? 온 우주의 총 전하가 일정하다는 것인가? 글쎄, 그럴 것이다 – 그것은 **대역적**(global) 전하 보존이다; 그러나 **국소적**(local) 전하 보존이 훨씬 더 강한 법칙이다. 어떤 부피의 공간에 든 총 전하가 변화하면, 바로 그만큼의 전하가 그 공간을 둘러싸는 면을 통해 들어왔거나 나갔어야 한다. 호랑이가 갑자기 우리 바깥에서 생겨날 수는 없다; 그것이 우리 안에서 바깥으로 나왔다면 담장 어디엔가에 빠져나온 구멍이 있어야 한다.

형식상으로는 부피 $\mathcal{V}$ 속에 든 전하는 다음과 같다:

$$Q(t) = \int_{\mathcal{V}} \rho(\mathbf{r}, t)\, d\tau \tag{8.1}$$

그리고 이것의 경계면 $\mathcal{S}$를 통해 흘러나오는 전류는 $\oint_{\mathcal{S}} \mathbf{J} \cdot d\mathbf{a}$이므로 국소적 전하보존법칙은 다음과 같이 나타낸다:

$$\frac{dQ}{dt} = -\oint_{\mathcal{S}} \mathbf{J} \cdot d\mathbf{a} \tag{8.2}$$

식 8.1을 써서 왼쪽을 고치고, 오른쪽은 발산정리를 써서 고치면 다음 결과를 얻는다.

$$\int_{\mathcal{V}} \frac{\partial \rho}{\partial t}\, d\tau = -\int_{\mathcal{V}} \nabla \cdot \mathbf{J}\, d\tau \tag{8.3}$$

그리고 이것은 어떤 부피의 공간에 대해서도 성립하므로 다음과 같다:

$$\boxed{\frac{\partial \rho}{\partial t} = -\nabla \cdot \mathbf{J}.} \tag{8.4}$$

이것이 연속방정식 – 국소적 전하 보존 법칙에 대한 정확한 수학적 표현 – 이다. 이것은 맥스웰 방정식에서 끌어낼 수 있다 – 전하보존은 별개의 가정이 아니라 전기역학의 법칙 속에 들어있다. 그것은 원천(ρ와 $\mathbf{J}$)에 대한 구속조건의 구실을 한다. 이들은 아무 함수나 될 수 없고, 전하 보존법칙을 따라야 한다.[1]

이 장의 목적은 에너지와 운동량의 국소 보존법칙에 대응되는 방정식을 구성하는 것이다. 그 과정에서 (그리고 아마도 더 중요한 것인데) 에너지 밀도와 운동량 밀도 그리고 에너지 "흐름"과 운동량 "흐름"을 나타내는 방법을 배울 것이다.

8.1.2 포인팅 정리

2장에서 일정한 전하분포를 꾸미는 데 드는 일(쿨롱 힘에 거슬러 해주는 일)은 다음과 같음을 알았다 (식2.45):

$$W_{전기} = \frac{\epsilon_0}{2}\int E^2\, d\tau$$

여기에서, $\mathbf{E}$는 전하분포가 만드는 전기장이다. 마찬가지로 (역기전력에 거슬러) 전류가 흐르게 하는 데 드는 일은 다음과 같음을 알았다 (식 7.44):

$$W_{자기} = \frac{1}{2\mu_0}\int B^2\, d\tau$$

여기에서 $\mathbf{B}$는 전류분포가 만드는 자기장이다. 이것은 단위부피의 공간에 전자기장으로 저장된 총 에너지는 다음과 같음을 시사한다:

$$\boxed{u = \frac{1}{2}\left(\epsilon_0 E^2 + \frac{1}{\mu_0} B^2\right).} \tag{8.5}$$

---

1 연속방정식이 유일한 구속이다. 함수 $\rho(\mathbf{r}, t)$와 $\mathbf{J}(\mathbf{r}, t)$는 식 8.4와 맞기만 하면 어느 것이든 전하와 전류 밀도가 되어 맥스웰 방정식의 해를 만들 수 있다.

이 절에서는 식 8.5를 확인하고, 전기역학의 에너지 보존법칙을 끌어낸다.

어떤 전하 및 전류 분포로부터 시각 t에 **E**와 **B**가 생겨났다고 하자. 시간 dt뒤에 전하가 조금 움직인다. 질문: dt동안 전자기력이 이들 전하에 해준 일 dW는 얼마인가? 로런츠 힘 법칙에 따르면, 전하 q에 해주는 일은 다음과 같다.

$$\mathbf{F} \cdot d\mathbf{l} = q(\mathbf{E} + \mathbf{v} \times \mathbf{B}) \cdot \mathbf{v}\, dt = q\mathbf{E} \cdot \mathbf{v}\, dt$$

전하 및 전류 밀도를 써서 나타내면, $q \to \rho\, d\tau$이고 $\rho\mathbf{v} \to \mathbf{J}$이므로,[2] 부피 $\mathcal{V}$속의 모든 전하에 해준 일은 다음과 같다.

$$\frac{dW}{dt} = \int_{\mathcal{V}} (\mathbf{E} \cdot \mathbf{J})\, d\tau \tag{8.6}$$

명백히 $\mathbf{E} \cdot \mathbf{J}$는 단위부피에 단위시간 동안 해준 일 – 다시 말해, 단위부피에 전해 준 일률 – 이다. 이것을 앙페르-맥스웰 법칙을 써서 **J**를 없애 전자기장만으로 나타내면 다음과 같다.[3]

$$\mathbf{E} \cdot \mathbf{J} = \frac{1}{\mu_0}\mathbf{E} \cdot (\nabla \times \mathbf{B}) - \epsilon_0 \mathbf{E} \cdot \frac{\partial \mathbf{E}}{\partial t}$$

곱셈규칙 6번을 쓰면 다음과 같다.

$$\nabla \cdot (\mathbf{E} \times \mathbf{B}) = \mathbf{B} \cdot (\nabla \times \mathbf{E}) - \mathbf{E} \cdot (\nabla \times \mathbf{B})$$

여기에 패러데이 법칙($\nabla \times \mathbf{E} = -\partial \mathbf{B}/\partial t$)을 쓰면

$$\mathbf{E} \cdot (\nabla \times \mathbf{B}) = -\mathbf{B} \cdot \frac{\partial \mathbf{B}}{\partial t} - \nabla \cdot (\mathbf{E} \times \mathbf{B})$$

이다. 그런데

$$\mathbf{B} \cdot \frac{\partial \mathbf{B}}{\partial t} = \frac{1}{2}\frac{\partial}{\partial t}(B^2), \qquad \mathbf{E} \cdot \frac{\partial \mathbf{E}}{\partial t} = \frac{1}{2}\frac{\partial}{\partial t}(E^2) \tag{8.7}$$

이므로 다음과 같다.

$$\mathbf{E} \cdot \mathbf{J} = -\frac{1}{2}\frac{\partial}{\partial t}\left(\epsilon_0 E^2 + \frac{1}{\mu_0}B^2\right) - \frac{1}{\mu_0}\nabla \cdot (\mathbf{E} \times \mathbf{B}) \tag{8.8}$$

---

2 양전하와 음전하가 모두 있다면, 알짜 전하 밀도는 0이어도 알짜 전류 밀도는 0이 아닐 수 있다 – 사실 전류가 흐르는 도선에서는 보통 그렇다. 실제로는 양전하와 음전하를 따로 다룬 다음, 그것을 더하여 식 8.6을 얻어야 한다: $\mathbf{J} = \rho_+\mathbf{v}_+ + \rho_-\mathbf{v}_-$. 5장 각주 8을 보라.

3 이것은 장 이론의 표준적 방법이다. 장 방정식(가우스 법칙과 앙페르-맥스웰 법칙)을 써서 원천(ρ와 **J**)을 장(**E**와 **B**)으로 나타낸다.

이 결과를 식 8.6에 넣고, 둘째 항에 발산정리를 쓰면 다음 결과를 얻는다.

$$\frac{dW}{dt} = -\frac{d}{dt}\int_{\mathcal{V}} \frac{1}{2}\left(\epsilon_0 E^2 + \frac{1}{\mu_0}B^2\right) d\tau - \frac{1}{\mu_0}\oint_{\mathcal{S}} (\mathbf{E} \times \mathbf{B}) \cdot d\mathbf{a} \tag{8.9}$$

여기에서 $\mathcal{S}$는 $\mathcal{V}$를 감싸는 면이다. 이것이 **포인팅 정리**(Poynting's theorem)로 전기역학의 "일–에너지 정리"이다. 오른쪽 첫째 적분은 전자기장 속에 저장된 총 에너지 $\int u\, d\tau$(식 8.5)이다. 둘째 항은 $\mathcal{V}$속의 에너지가 전자기장에 실려 경계면 밖으로 새어나가는 비율이다. 따라서 포인팅 정리의 내용은 다음과 같다: "전자기력이 전하에 해준 일은 전자기장에 저장된 에너지의 감소량과 경계면을 통해 밖으로 새어나간 에너지를 더한 것과 같다."

장에 실려 단위시간에 단위면적을 지나가는 에너지가 **포인팅 벡터**(Poynting vector)로, 다음과 같이 정의한다.

$$\boxed{\mathbf{S} \equiv \frac{1}{\mu_0}(\mathbf{E} \times \mathbf{B}).} \tag{8.10}$$

$\mathbf{S} \cdot d\mathbf{a}$는 전자기장에 실려 단위시간 동안에 미소 면 $d\mathbf{a}$를 지나가는 에너지 – 에너지 흐름이다 [그래서 $\mathbf{S}$는 **에너지 흐름 밀도**(energy flux density)이다].[4] 제 9장과 11장에서 포인팅 벡터를 많이 쓰지만, 당분간은 포인팅 벡터를 써서 포인팅 정리를 보다 간결하게 써보자:

$$\boxed{\frac{dW}{dt} = -\frac{d}{dt}\int_{\mathcal{V}} u\, d\tau - \oint_{\mathcal{S}} \mathbf{S} \cdot d\mathbf{a}} \tag{8.11}$$

$\mathcal{V}$속의 전하에 일을 해주지 않으면 – 예를 들어 전하가 없는 진공에서는 어떻게 될까? 그때는 $dW/dt = 0$이므로,

$$\int \frac{\partial u}{\partial t}\, d\tau = -\oint \mathbf{S} \cdot d\mathbf{a} = -\int (\boldsymbol{\nabla} \cdot \mathbf{S})\, d\tau$$

이고, 따라서 다음과 같다.

$$\frac{\partial u}{\partial t} = -\boldsymbol{\nabla} \cdot \mathbf{S} \tag{8.12}$$

이것이 에너지에 대한 "연속 방정식"이다 – u(에너지 밀도)가 ρ(전하밀도)의 구실을 하고, $\mathbf{S}$가 $\mathbf{J}$(전류밀도)의 구실을 한다. 위 식은 전자기 에너지가 국소적으로 보존됨을 말해준다.

---

4 까다로운 사람들은 작은 논리적 간극이 있음을 눈치챘을 것이다: 식 8.9에서 $\oint \mathbf{S} \cdot d\mathbf{a}$는 닫힌곡면을 지나가는 총 일률임을 알지만, 그것이 곧 $\oint \mathbf{S} \cdot d\mathbf{a}$가 열린 곡면을 지나는 일률임을 증명하지는 않는다 (닫힌 곡면에 대해 적분한 값이 0인 다른 항이 있을 수도 있다). 그렇지만 이것은 명백하고 자연스러운 해석이다; 늘 그렇듯이 전기역학에서는 에너지가 실제로 있는 곳은 결정하지 않는다 (§2.4.4를 보라).

하지만 일반적으로 전자기 에너지 자체는 보존되지 않는다 (전하의 에너지도 보존되지 않는다). 장이 전하에 일을 해주고, 전하는 장을 만든다 – 둘은 에너지를 주고받는다. 전체적인 에너지 셈을 할 때는 물질과 장의 에너지를 모두 넣어야 한다.

예제 8.1

전류가 도선을 따라 흐르면, 전자기력이 전하에 일을 해주어 도선이 뜨거워지는 줄 가열 현상이 생긴다 (식 7.7). 도선에 단위시간에 전달되는 에너지를 셈하는 데는 더 쉬운 길이 있지만 포인팅 벡터를 써서 할 수도 있다. 도선의 재료가 고르다면, 도선 속의 전기장은 다음과 같다.

$$E = \frac{V}{L}$$

여기에서 V는 도선 양끝의 전위차, L은 도선의 길이이다 (그림 8.1). 도선의 전류가 만드는 자기장은 도선을 "싸고돌고", 반지름 a인 도선표면에서의 크기는 다음과 같다.

$$B = \frac{\mu_0 I}{2\pi a}$$

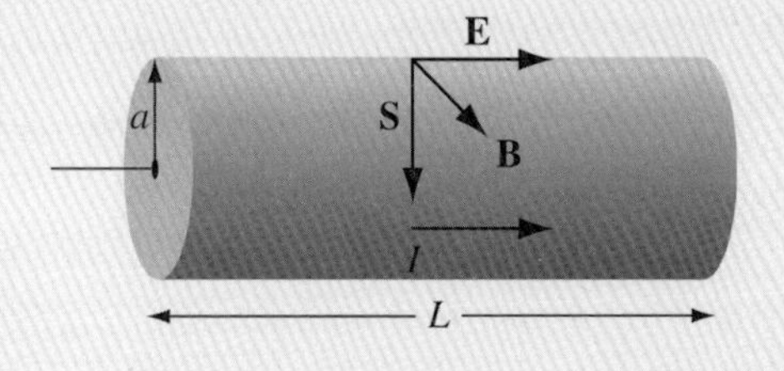

그림 8.1

따라서 포인팅 벡터의 크기는 다음과 같다.

$$S = \frac{1}{\mu_0}\frac{V}{L}\frac{\mu_0 I}{2\pi a} = \frac{VI}{2\pi a L}$$

방향은 도선의 중심축을 향하는 반지름 방향이다. 그러므로 단위시간에 도선의 표면을 통해 들어오는 에너지는 다음과 같다.

$$\int \mathbf{S}\cdot d\mathbf{a} = S(2\pi a L) = VI$$

이 값은 §7.1.1에서 직접 셈한 것과 똑같다.[5]

5 도선을 따라 흘러간 에너지는 얼마일까? 다음을 보라: M. K. Harbola, *Am. J. Phys.* **78**, 1203 (2010). 더 복잡한 모양에 대한 것은 다음을 보라: B. S. Davis, L. Kaplan, *Am. J. Phys.* 79, 1155 (2011).

문제 8.1 예제 7.14와 문제 7.65에서 두 도체의 전위차가 V이고 전류 I가 흐른다면 (한쪽을 통해서 가고 다른 쪽을 통해서 온다), 도선을 통해 이동되는 일률(단위시간 동안의 에너지 이동률)은 얼마인가?

문제 8.2 비전도성 무한 평면 두 장이 간격 d로 나란히 있다. 두 평면의 면 전하 밀도는 $\pm\sigma$로 부호가 반대이다. 점 전하 q가 두 평면 사이에, $-\sigma$ 표면 위로 거리 z_0인 곳에 서 있다. 점 전하 주위의 전기장은 $\mathbf{E} = \mathbf{E}_\sigma + \mathbf{E}_q$이다. 총 전기장 에너지는 무한하지만 두 평면의 전하와 점 전하의 **상호작용 에너지**($\pm\sigma$와 q 자체의 에너지는 뺀 것)는 유한하다.

(a) 이 전하 배치의 상호작용 에너지를 구하라.

(b) 상호작용 에너지를 q의 위치 에너지(두 평면의 중간점에서 0으로 잡는다)와 비교하라.

(c) 상호작용 에너지의 기울기에서 q가 받는 힘을 구하라 (놀랍지 않다).[6]

문제 8.3 문제 7.35의 축전기에 전하를 채우는 것을 생각하자.

(a) 간극 속의 전기장과 자기장을 축까지의 거리 s와 시간 t의 함수로 구하라. ($t = 0$일 때 전하가 없다고 가정하라.)

(b) 간극 속의 에너지 밀도 $u_{전자기}$와 포인팅 벡터 $\mathbf{S}$를 셈하라. 특히 $\mathbf{S}$의 **방향**을 명시하라. 식 8.12가 맞음을 확인하라.

(c) 간극 속의 총에너지를 시간의 함수로 구하라. 포인팅 벡터를 적절한 면에 대해 적분하여 간극으로 흘러 들어가는 총 일률을 셈하라. 그 일률이 간극 속의 에너지의 증가율과 같음을 확인하라 (식 8.9 – 이 경우 $W = 0$인데, 그 까닭은 간극 속에 전하가 없기 때문이다). [테두리 전기장이 걱정되거든 간극 안쪽 깊은 곳, 반지름 $b < a$인 곳의 부피에 대해 셈하라.]

문제 8.4 문제 7.38의 도체 공 껍질 충전에서,

(a) 포인팅 벡터를 구하라.

(b) 전기장의 에너지 밀도를 구하라.

(c) 전자기 에너지가 $-z$축을 뺀 모든 곳에서 국소적으로 보존되는지(식 8.12) 확인하라.

(d) 그렇지만, $-z$축에서는 외부에서 전하를 전기장에 거슬러 밀어 전류에 일을 해준다. 이 외부 일률을 셈하고 그것이 전기장의 에너지 증가율과 같음을 보여라.[7]

---

6 다음을 보라: R. C. Hilborn, *Am. J. Phys.* **84**, 531 (2016).

7 다음을 보라: T. H. Boyer, *Am. J. Phys.* **87**, 729 (2019).

8.2 운동량

8.2.1 전기역학에서의 뉴턴 제 3 법칙

점전하 q가 x축을 따라 일정한 속력 v로 움직인다고 하자. 전하가 움직이고 있으므로 그것이 만드는 전기장은 쿨롱 법칙을 따르지 않는다; 그렇지만 **E**의 방향은 그 순간 전하가 있는 곳에서 바깥쪽을 향한다(그림 8.2a). 이것은 제 10장에서 알게 될 것이다. 또 움직이는 점전하는 정상전류를 이루지 못하므로, 그것이 만드는 자기장은 비오–사바르 법칙을 따르지 않는다. 그렇지만 **B**의 방향은 오른손 법칙을 따라 축을 감싸고 도는 방향이다(그림 8.2b). 이것의 증명도 제 10장에서 나온다.

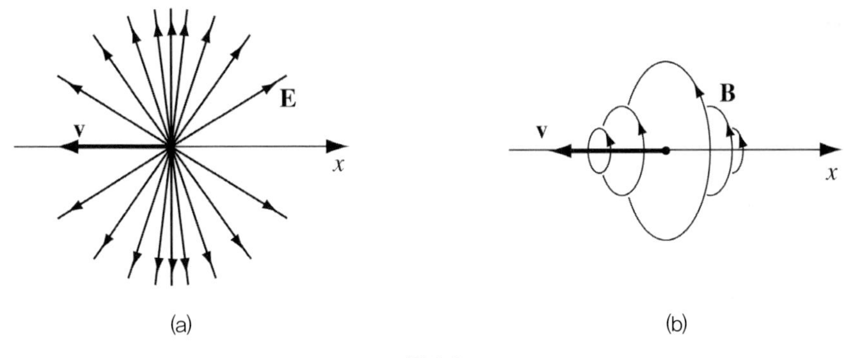

그림 8.2

이제 똑같은 전하가 또 하나 y축을 따라 같은 속력으로 움직인다고 하자. 물론 두 전하 사이의 전자기력 때문에 두 전하는 축에서 벗어나려고 할 것이다. 그러나 그것들을 궤도에 올려놓거나 하여 같은 방향과 속력을 유지시켰다고 하자(그림 8.3). 두 전하가 주고받는 전기력은 서로 미는 힘이다. 그런데 자기력은 어떠할까? 전하 q_1이 만드는 자기장은(전하 q_2가 있는 곳에서는) 지면을 뚫고 들어가므로 전하 q_2가 받는 자기력은 오른쪽을 향하고, 전하 q_2가 만드는 자기장은(전하 q_1이 있는 곳에서는) 지면을 뚫고 나오므로 전하 q_1이 받는 자기력은 위쪽을 향한다. 여기에 문제가 있다. 즉, q_1이 q_2에 주는 알짜 전자기력은 q_2가 q_1에 주는 힘과 크기는 같으나 방향이 반대가 아니어서 뉴턴 제 3법칙에 어긋난다. 정전기학과 정자기학에서는 제 3법칙이 성립하였으나 전기역학에서는 성립하지 않는다.

이것은 흥미있는 문제이다. 그런데 제 3법칙은 실제로 얼마나 자주 쓰일까? 답은 "언제나"이다. 왜냐하면 운동량 보존법칙의 바탕은 역학계의 내부에서 주고받는 힘이 완전히 지워진다는 것인데, 이것이 제 3법칙으로부터 나오기 때문이다. 제 3법칙이 맞지 않다면, 무엇보다 신성한 원

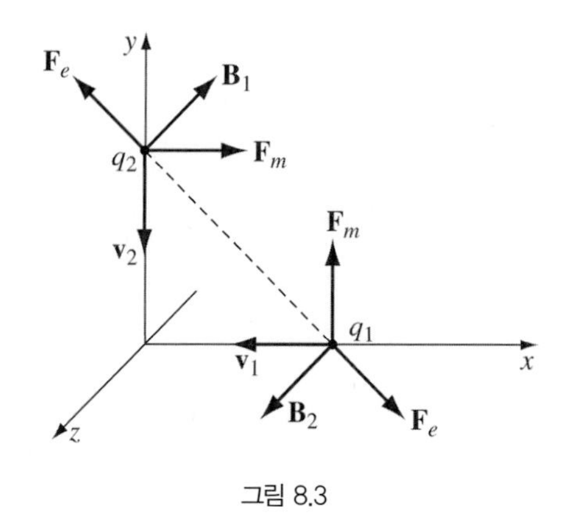

그림 8.3

리인 운동량 보존법칙이 깨짐을 뜻한다.

"전자기장에 실린 운동량"까지 넣으면 전기역학에서도 운동량 보존법칙이 성립한다. 전자기장에 이미 에너지가 있음을 기억하면, 운동량이 있다는 것도 놀랄 일은 아니다. 입자가 잃은 운동량은 전자기장이 얻는다. 운동량 보존법칙이 성립하려면 입자의 역학적 운동량에 전자기장의 운동량을 더해 주어야 한다.

8.2.2 맥스웰 변형력 텐서

부피 $\mathcal{V}$속에 든 전하가 받는 전자기력을 셈하자.

$$\mathbf{F} = \int_{\mathcal{V}} (\mathbf{E} + \mathbf{v} \times \mathbf{B})\rho \, d\tau = \int_{\mathcal{V}} (\rho\mathbf{E} + \mathbf{J} \times \mathbf{B}) \, d\tau \tag{8.13}$$

"단위부피 속의 전하"가 받는 힘은 다음과 같다.

$$\mathbf{f} = \rho\mathbf{E} + \mathbf{J} \times \mathbf{B} \tag{8.14}$$

앞서와 같이 맥스웰 방정식 (i)과 (iv)를 써서 ρ와 $\mathbf{J}$를 없애고 전자기장만으로 나타내자.

$$\mathbf{f} = \epsilon_0(\nabla \cdot \mathbf{E})\mathbf{E} + \left(\frac{1}{\mu_0}\nabla \times \mathbf{B} - \epsilon_0 \frac{\partial \mathbf{E}}{\partial t}\right) \times \mathbf{B}$$

그런데

$$\frac{\partial}{\partial t}(\mathbf{E} \times \mathbf{B}) = \left(\frac{\partial \mathbf{E}}{\partial t} \times \mathbf{B}\right) + \left(\mathbf{E} \times \frac{\partial \mathbf{B}}{\partial t}\right)$$

이고, 패러데이의 법칙은 다음과 같다.

$$\frac{\partial \mathbf{B}}{\partial t} = -\nabla \times \mathbf{E}$$

그러므로

$$\frac{\partial \mathbf{E}}{\partial t} \times \mathbf{B} = \frac{\partial}{\partial t}(\mathbf{E} \times \mathbf{B}) + \mathbf{E} \times (\nabla \times \mathbf{E})$$

이다. 따라서 다음과 같다.

$$\mathbf{f} = \epsilon_0 [(\nabla \cdot \mathbf{E})\mathbf{E} - \mathbf{E} \times (\nabla \times \mathbf{E})] - \frac{1}{\mu_0} [\mathbf{B} \times (\nabla \times \mathbf{B})] - \epsilon_0 \frac{\partial}{\partial t}(\mathbf{E} \times \mathbf{B}) \tag{8.15}$$

식이 더 대칭적으로 보이게 둘째 괄호 속에 $(\nabla \cdot \mathbf{B})\mathbf{B}$를 넣자. $\nabla \cdot \mathbf{B} = 0$이므로 위 식의 내용은 바뀌지 않는다. 또한 곱셈규칙 4번을 쓰면

$$\nabla(E^2) = 2(\mathbf{E} \cdot \nabla)\mathbf{E} + 2\mathbf{E} \times (\nabla \times \mathbf{E})$$

이므로

$$\mathbf{E} \times (\nabla \times \mathbf{E}) = \frac{1}{2}\nabla(E^2) - (\mathbf{E} \cdot \nabla)\mathbf{E}$$

이고 $\mathbf{B}$에 대해서도 같다. 그러므로 다음과 같다.

$$\begin{aligned} \mathbf{f} = \epsilon_0 [(\nabla \cdot \mathbf{E})\mathbf{E} + (\mathbf{E} \cdot \nabla)\mathbf{E}] + \frac{1}{\mu_0} [(\nabla \cdot \mathbf{B})\mathbf{B} + (\mathbf{B} \cdot \nabla)\mathbf{B} \\ -\frac{1}{2}\nabla\left(\epsilon_0 E^2 + \frac{1}{\mu_0}B^2\right) - \epsilon_0 \frac{\partial}{\partial t}(\mathbf{E} \times \mathbf{B}) \end{aligned} \tag{8.16}$$

너무 복잡하다! 이 식이 더 단순해지도록 다음과 같은 **맥스웰 변형력 텐서**(Maxwell stress tensor)를 도입한다:

$$T_{ij} \equiv \epsilon_0 \left(E_i E_j - \frac{1}{2}\delta_{ij} E^2\right) + \frac{1}{\mu_0}\left(B_i B_j - \frac{1}{2}\delta_{ij} B^2\right) \tag{8.17}$$

위 식의 아래 글자 i와 j는 좌표 x, y, z를 나타내므로 변형력 텐서에는 모두 9개의 성분(T_{xx}, T_{yy}, T_{xz}, T_{yx} 등등)이 있다. **크로네커 델타**(Kronecker delta) δ_{ij}는 아래 글자가 같으면 1이고($\delta_{xx} = \delta_{yy} = \delta_{zz} = 1$), 그렇지 않으면 0이다($\delta_{xy} = \delta_{xz} = \delta_{yz} = 0$). 따라서 성분을 보면 다음과 같다.

$$T_{xx} = \frac{1}{2}\epsilon_0 \left(E_x^2 - E_y^2 - E_z^2\right) + \frac{1}{2\mu_0}\left(B_x^2 - B_y^2 - B_z^2\right)$$

$$T_{xy} = \epsilon_0(E_x E_y) + \frac{1}{\mu_0}(B_x B_y)$$

벡터는 아래 글자가 하나인데, 변형력 텐서는 아래 글자가 두 개이므로 T_{ij}는 때로는 겹화살표로 $\overleftrightarrow{\mathbf{T}}$와 같이 쓴다. $\overleftrightarrow{\mathbf{T}}$와 벡터 $\mathbf{a}$의 점곱을 만들면 다음과 같다.

$$\left(\mathbf{a}\cdot\overleftrightarrow{\mathbf{T}}\right)_j = \sum_{i=x,y,z} a_i T_{ij}, \quad \left(\overleftrightarrow{\mathbf{T}}\cdot\mathbf{a}\right)_j = \sum_{i=x,y,z} T_{ji} a_i \tag{8.18}$$

이 결과는 아래 글자가 하나이므로 벡터이다. 특히 $\overleftrightarrow{\mathbf{T}}$의 발산의 j성분은 다음과 같다.

$$\left(\nabla\cdot\overleftrightarrow{\mathbf{T}}\right)_j = \epsilon_0\left[(\nabla\cdot\mathbf{E})E_j + (\mathbf{E}\cdot\nabla)E_j - \frac{1}{2}\nabla_j E^2\right] + \frac{1}{\mu_0}\left[(\nabla\cdot\mathbf{B})B_j + (\mathbf{B}\cdot\nabla)B_j - \frac{1}{2}\nabla_j B^2\right]$$

따라서 단위 부피가 받는 힘(식 8.16)은 다음과 같이 간결한 꼴이 된다.

$$\mathbf{f} = \nabla\cdot\overleftrightarrow{\mathbf{T}} - \epsilon_0\mu_0\frac{\partial\mathbf{S}}{\partial t} \tag{8.19}$$

여기에서 $\mathbf{S}$는 식 8.10의 포인팅 벡터이다.

그러므로 $\mathcal{V}$속의 모든 전하가 받는 총 전자기력(식 8.13)은 다음과 같다.

$$\mathbf{F} = \oint_{\mathcal{S}} \overleftrightarrow{\mathbf{T}}\cdot d\mathbf{a} - \epsilon_0\mu_0\frac{d}{dt}\int_{\mathcal{V}}\mathbf{S}\,d\tau \tag{8.20}$$

(첫 항은 발산정리를 써서 면적분으로 바꾸었다). 정적인 경우에는 둘째 항이 0이므로, 전하배열이 받는 전자기력은 경계면에서의 변형력 텐서만으로 나타난다.

$$\mathbf{F} = \oint_{\mathcal{S}} \overleftrightarrow{\mathbf{T}}\cdot d\mathbf{a} \qquad \text{(정적일 때)} \tag{8.21}$$

물리적으로 $\overleftrightarrow{\mathbf{T}}$는 단위면적이 받는 힘[또는 **변형력**(stress)]이다. 더 정밀하게는 T_{ij}는 i–쪽 단위면적의 면이 j–쪽으로 받는 힘이다 – "대각"요소(T_{xx}, T_{yy}, T_{zz})는 **압력**을, "비대각"요소(T_{xy}, T_{xz} 등)는 **층밀리기힘**을 나타낸다.

예제 8.2

전하 Q가 고르게 퍼진, 반지름 R인 속이 찬 공의 위쪽 반이 받는 알짜 힘을 구하라 (문제 2.48과 같은데, 여기에서는 맥스웰 변형력 텐서와 식 8.21을 쓴다).

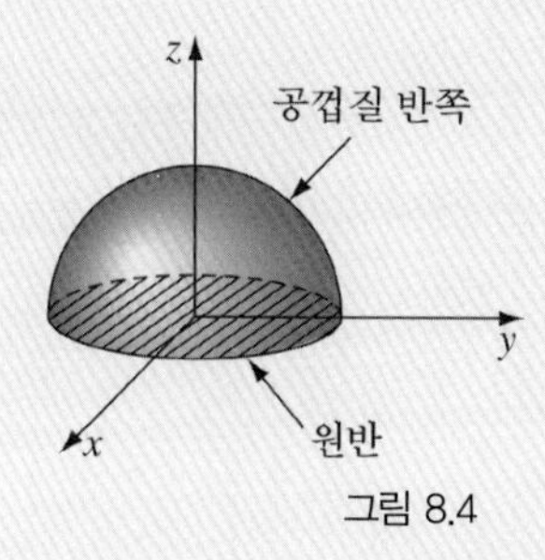

그림 8.4

■ 풀이 ■

경계면은 두 부분 – 반지름 R인 공껍질의 반과 $\theta = \pi/2$에 있는 원반 – 이다 (그림 8.4). 공껍질에서는

$$d\mathbf{a} = R^2 \sin\theta \, d\theta \, d\phi \, \hat{\mathbf{r}}$$

이고

$$\mathbf{E} = \frac{1}{4\pi\epsilon_0} \frac{Q}{R^2} \hat{\mathbf{r}}$$

이다. 직각좌표 성분으로 나타내면

$$\hat{\mathbf{r}} = \sin\theta\cos\phi\,\hat{\mathbf{x}} + \sin\theta\sin\phi\,\hat{\mathbf{y}} + \cos\theta\,\hat{\mathbf{z}}$$

이므로 다음 결과를 얻는다.

$$\begin{aligned} T_{zx} &= \epsilon_0 E_z E_x = \epsilon_0 \left(\frac{Q}{4\pi\epsilon_0 R^2}\right)^2 \sin\theta\cos\theta\cos\phi \\ T_{zy} &= \epsilon_0 E_z E_y = \epsilon_0 \left(\frac{Q}{4\pi\epsilon_0 R^2}\right)^2 \sin\theta\cos\theta\sin\phi \\ T_{zz} &= \frac{\epsilon_0}{2}\left(E_z^2 - E_x^2 - E_y^2\right) = \frac{\epsilon_0}{2}\left(\frac{Q}{4\pi\epsilon_0 R^2}\right)^2 (\cos^2\theta - \sin^2\theta) \end{aligned} \tag{8.22}$$

알짜 힘은 분명히 z쪽이므로 아래의 항만 셈하면 된다.

$$\left(\overleftrightarrow{\mathbf{T}} \cdot d\mathbf{a}\right)_z = T_{zx}\,da_x + T_{zy}\,da_y + T_{zz}\,da_z = \frac{\epsilon_0}{2}\left(\frac{Q}{4\pi\epsilon_0 R}\right)^2 \sin\theta\cos\theta\,d\theta\,d\phi$$

그러므로 공껍질 "반쪽"이 받는 힘은 다음과 같다.

$$F_{\text{반쪽}} = \frac{\epsilon_0}{2}\left(\frac{Q}{4\pi\epsilon_0 R}\right)^2 2\pi \int_0^{\pi/2} \sin\theta\cos\theta\, d\theta = \frac{1}{4\pi\epsilon_0}\frac{Q^2}{8R^2} \tag{8.23}$$

적도면 원반의 면 요소는 다음과 같다.

$$d\mathbf{a} = -r\,dr\,d\phi\,\hat{\mathbf{z}} \tag{8.24}$$

그리고 전기장은 (이제는 공 속이므로) 다음과 같다.

$$\mathbf{E} = \frac{1}{4\pi\epsilon_0}\frac{Q}{R^3}\mathbf{r} = \frac{1}{4\pi\epsilon_0}\frac{Q}{R^3}r(\cos\phi\,\hat{\mathbf{x}} + \sin\phi\,\hat{\mathbf{y}})$$

따라서 맥스웰 변형력 텐서의 T_{zz} 성분은 다음과 같다.

$$T_{zz} = \frac{\epsilon_0}{2}\left(E_z^2 - E_x^2 - E_y^2\right) = -\frac{\epsilon_0}{2}\left(\frac{Q}{4\pi\epsilon_0 R^3}\right)^2 r^2$$

따라서 원반의 면 요소가 받는 힘은 다음과 같다.

$$\left(\overleftrightarrow{\mathbf{T}}\cdot d\mathbf{a}\right)_z = \frac{\epsilon_0}{2}\left(\frac{Q}{4\pi\epsilon_0 R^3}\right)^2 r^3\,dr\,d\phi$$

그러므로 원반이 받는 힘은 다음과 같다.

$$F_{\text{원반}} = \frac{\epsilon_0}{2}\left(\frac{Q}{4\pi\epsilon_0 R^3}\right)^2 2\pi \int_0^R r^3 dr = \frac{1}{4\pi\epsilon_0}\frac{Q^2}{16R^2} \tag{8.25}$$

식 8.23과 식 8.25를 묶으면, 엎어진 반쪽 공이 받는 알짜 힘은 다음과 같다.

$$F = \frac{1}{4\pi\epsilon_0}\frac{3Q^2}{16R^2} \tag{8.26}$$

식 8.21을 쓸 때, 문제가 되는 전하들만 들어 있으면 (그리고 다른 전하는 없다면) 부피를 어떻게 잡아도 좋다. 예를 들어 이번 예제에서는 $z > 0$인 모든 곳을 써도 된다. 그렇게 하면 경계면은 xy평면 전체(그리고 $r = \infty$인 반쪽 공 – 그러나 여기서는 $E = 0$이므로 적분값은 없다)가 된다. 이제는 공 껍질 반절 대신 원판 바깥쪽의 평면($r > R$)이 있다. 여기서는 변형력 텐서의 성분 T_{zz}는 다음과 같다(식 8.22에서 $\theta = \pi/2$이고 $R \to r$).

$$T_{zz} = -\frac{\epsilon_0}{2}\left(\frac{Q}{4\pi\epsilon_0}\right)^2 \frac{1}{r^4}$$

$d\mathbf{a}$는 식 8.24와 같으므로 z–쪽 힘은 다음과 같다.

$$\left(\overleftrightarrow{\mathbf{T}}\cdot d\mathbf{a}\right)_z = \frac{\epsilon_0}{2}\left(\frac{Q}{4\pi\epsilon_0}\right)^2 \frac{1}{r^3}\,dr\,d\phi$$

이것을 $r > R$인 평면에 대해 적분한 값은 다음과 같다.

$$\frac{\epsilon_0}{2}\left(\frac{Q}{4\pi\epsilon_0}\right)^2 2\pi \int_R^\infty \frac{1}{r^3}\,dr = \frac{1}{4\pi\epsilon_0}\frac{Q^2}{8R^2}$$

이것은 공껍질 반쪽에 대해 얻은 결과(식 8.23)와 같다.

예제 8.2의 풀이과정에서 세세한 부분에 너무 빠져들어 길을 잃지 말기 바란다. 그렇게 되었다면 잠시 쉬고 어떤 일이 벌어졌는지 살펴보라. 속이 찬 물체가 받는 힘을 셈했는데, 예상과는 달리 부피적분 대신, 식 8.21 덕분에 면적분을 할 수 있었다; 변형력 텐서는 어떻게 해서인지 물체 속에서 벌어지는 일을 알아차린다.

! **문제 8.5** 반지름이 R이고 전하가 면밀도 σ로 고르게 퍼진 공 껍질이 각속도 ω로 돌고 있다. 위아래 반쪽이 서로 끌어당기는 자기력을 셈하라 [이것은 문제 5.47과 같은데, 이번에는 맥스웰 변형력 텐서와 식 8.21을 써라.]

문제 8.6

(a) 두 점전하 q가 거리 $2a$떨어져 있다. 두 전하로부터 거리가 같은 평면을 그려라. 맥스웰 변형력 텐서를 이 평면에서 적분하여 한 전하가 다른 전하에 주는 힘을 셈하라.

(b) 두 전하의 부호가 다른 경우에 대해 셈하라.

8.2.3 운동량 보존

뉴턴 제 2법칙에 따르면 물체가 받는 힘은 그 물체의 운동량의 변화율과 같다:

$$\mathbf{F} = \frac{d\mathbf{p}_{\text{역학}}}{dt}$$

그러므로 식 8.20은 다음 꼴로 쓸 수 있다:[8]

---

8 전자기력만 작용한다고 가정하자. 원하면 다른 힘도 여기와 에너지 보존에 관한 설명에 넣을 수 있지만, 핵심이 흐려질 뿐이다.

$$\frac{d\mathbf{p}_{\text{역학}}}{dt} = -\epsilon_0\mu_0 \frac{d}{dt}\int_{\mathcal{V}} \mathbf{S}\, d\tau + \oint_{\mathcal{S}} \overleftrightarrow{\mathbf{T}} \cdot d\mathbf{a} \tag{8.27}$$

여기에서 $\mathbf{p}_{\text{역학}}$은 부피 $\mathcal{V}$속에 들어있는 입자의 총 (역학적) 운동량이다. 이 식은 포인팅 정리(식 8.11)와 비슷한 꼴이므로 해석도 비슷하게 할 수 있다. 첫 적분은 **전자기장에 저장된 운동량**이다:

$$\mathbf{p} = \mu_0\epsilon_0 \int_{\mathcal{V}} \mathbf{S}\, d\tau \tag{8.28}$$

둘째 적분은 단위시간에 면을 통해 흘러 들어가는 운동량이다.[9]

식 8.27은 전기역학에서의 **운동량 보존법칙**이다: 역학적 운동량이 늘어난다면, 그것은 전자기장에 실린 운동량이 그만큼 줄고 있거나, 아니면 그 영역을 둘러싼 면을 통해 장에 실려 들어오는 운동량 때문이다. 장의 운동량 밀도는 명백히 다음과 같다.

$$\boxed{\mathbf{g} = \mu_0\epsilon_0\mathbf{S} = \epsilon_0(\mathbf{E}\times\mathbf{B}),} \tag{8.29}$$

그리고 장에 실려 수송되는 운동량 흐름율은 $-\overleftrightarrow{\mathbf{T}}$이다 (더 정확하게는 $-\overleftrightarrow{\mathbf{T}} \cdot d\mathbf{a}$는 $d\mathbf{a}$면 요소 를 단위시간에 지나는 전자기장에 실린 운동량이다).

$\mathcal{V}$속의 역학적 운동량이 시간에 대해 변하지 않는다면 (예를 들어, 진공이라면),

$$\int \frac{\partial \mathbf{g}}{\partial t}\, d\tau = \oint \overleftrightarrow{\mathbf{T}} \cdot d\mathbf{a} = \int \nabla \cdot \overleftrightarrow{\mathbf{T}}\, d\tau$$

이므로 미분꼴은 다음과 같다:

$$\frac{\partial \mathbf{g}}{\partial t} = \nabla \cdot \overleftrightarrow{\mathbf{T}} \tag{8.30}$$

이것이 전자기 운동량에 대한 "연속 방정식"이며, (운동량 밀도) $\mathbf{g}$가 (전하밀도) ρ의 구실을, $-\overleftrightarrow{\mathbf{T}}$가 $\mathbf{J}$의 구실을 한다; 이것은 장 운동량의 국소적 보존을 나타낸다. 그러나 일반적으로 (전하가 주변에 있으면) 장 운동량 홀로 그리고 역학적 운동량 홀로는 보존되지 않는다 – 전하와 장이 운동량을 주고받으므로 보존되는 것은 전체 운동량이다.

포인팅 벡터가 두 개의 전혀 다른 구실을 했던 것을 눈여겨보자. $\mathbf{S}$는 전자기장에 실려 단위시간에 단위면적을 통해서 수송되는 에너지이고, $\mu_0\epsilon_0\mathbf{S}$는 이 장의 단위부피 속에 저장된 운동량이다.[10] 마찬가지로, $\overleftrightarrow{\mathbf{T}}$도 두 가지 구실을 한다. $\overleftrightarrow{\mathbf{T}}$는 면에 주는 전자기적 변형력 텐서이고, $-\overleftrightarrow{\mathbf{T}}$

9 쓸데 없이 복잡해지지 않게, 입자가 $\mathcal{V}$를 드나들지 않는다고 가정하자.

10 이것은 우연이 아니다 – R. P. Feynman, R. B. Leighton, M. Sands, *The Feynman Lectures on Physics* (Reading, Mass.: Addison-Wesley, 1964), 2권, 27-6절을 보라.

는 장에 실린 운동량의 흐름을 기술한다 (운동량 흐름 밀도이다.).

예제 8.3

반지름 a인 도체를 반지름 b인 도체가 밖에서 싼, 저항이 없는 동축도선의 길이가 l이다. 한쪽 끝은 전지에, 다른 쪽 끝은 저항기에 연결되어 있다 (그림 8.5). 안쪽 도체에는 전하가 단위길이당 λ로 고르게 퍼져 있고, 정상전류 I가 오른쪽으로 흐른다; 바깥쪽 도체의 전하와 전류는 안쪽 도체와 부호가 반대이다. 전자기장에 저장된 운동량을 구하라.

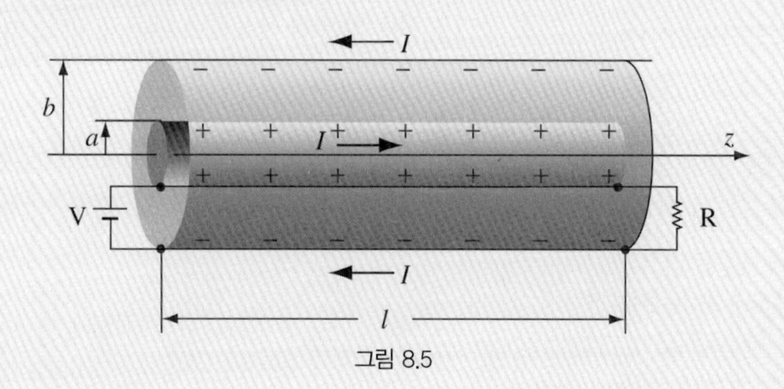

그림 8.5

■ 풀이 ■

전자기장은 다음과 같다:

$$\mathbf{E} = \frac{1}{2\pi\epsilon_0}\frac{\lambda}{s}\,\hat{\mathbf{s}}, \qquad \mathbf{B} = \frac{\mu_0}{2\pi}\frac{I}{s}\,\hat{\boldsymbol{\phi}}$$

그러므로 포인팅 벡터는 다음과 같다:

$$\mathbf{S} = \frac{\lambda I}{4\pi^2\epsilon_0 s^2}\,\hat{\mathbf{z}}$$

따라서 에너지는 전지에서 저항기쪽으로 도선을 따라 흐른다. 사실 수송되는 일률은 다음과 같고

$$P = \int \mathbf{S}\cdot d\mathbf{a} = \frac{\lambda I}{4\pi^2\epsilon_0}\int_a^b \frac{1}{s^2}2\pi s\,ds = \frac{\lambda I}{2\pi\epsilon_0}\ln(b/a) = IV$$

그래야 마땅하다.

전자기장 속의 운동량은 다음과 같다.

$$\mathbf{p} = \mu_0\epsilon_0\int \mathbf{S}\,d\tau = \frac{\mu_0\lambda I}{4\pi^2}\,\hat{\mathbf{z}}\int_a^b \frac{1}{s^2}l2\pi s\,ds = \frac{\mu_0\lambda Il}{2\pi}\ln(b/a)\,\hat{\mathbf{z}} = \frac{IVl}{c^2}\,\hat{\mathbf{z}}$$

이것은 놀라운 결과이다. 도선은 움직이지 않고, **E**와 **B** 모두 정적인데도 이 계에 운동량이 있다는 것을 믿어야 하는 상황이다. 이것이 옳지 않다고 생각한다면 직관이 건전한 것이다. 그렇지만, 이 역설을 풀려면 12장까지 기다려야 한다(예제 12.12).

이제 저항을 늘려 전류를 줄인다고 하자. 변화하는 자기장은 전기장을 만들어낸다 (식 7.29):

$$\mathbf{E} = \left[\frac{\mu_0}{2\pi}\frac{dI}{dt}\ln s + K\right]\hat{\mathbf{z}}$$

이 장은 전하 $\pm\lambda$에 힘을 준다:

$$\mathbf{F} = \lambda l\left[\frac{\mu_0}{2\pi}\frac{dI}{dt}\ln a + K\right]\hat{\mathbf{z}} - \lambda l\left[\frac{\mu_0}{2\pi}\frac{dI}{dt}\ln b + K\right]\hat{\mathbf{z}} = -\frac{\mu_0\lambda l}{2\pi}\frac{dI}{dt}\ln(b/a)\,\hat{\mathbf{z}}$$

그러므로 전류가 I에서 0으로 줄어드는 동안 도선이 받는 총 운동량은 다음과 같다.

$$\mathbf{p}_{\text{역학}} = \int \mathbf{F}\,dt = \frac{\mu_0\lambda I l}{2\pi}\ln(b/a)\,\hat{\mathbf{z}}$$

이것은 애초에 전자기장에 저장되어 있던 운동량이다.

문제 8.7 아주 큰 평행판 축전기를 생각하자. $z = d$와 $z = 0$에 있는 극판에는 전하가 고르게 퍼져 있는데 표면밀도는 각각 σ와 $-\sigma$이다. 두 극판이 y–쪽으로 일정한 속력 v로 움직인다 (문제 5.18과 같다).

(a) 면적 A인 영역의 전자기 운동량을 구하라.

(b) 이제 위쪽 극판이 아래쪽으로 천천히 (속력 u로) 내려가 아래쪽 극판에 닿으면 장이 사라진다. 전하($q = \sigma A$)가 받는 (알짜) 힘을 셈하여 극판이 받는 충격량은 애초에 장에 저장되어 있던 운동량과 같음을 보여라.

문제 8.8 그림 8.6과 같이 전하를 채운 평행판 축전기(고른 전기장 $\mathbf{E} = E\,\hat{\mathbf{z}}$이 있다)가 고른 자기장 $\mathbf{B} = B\,\hat{\mathbf{x}}$속에 있다.

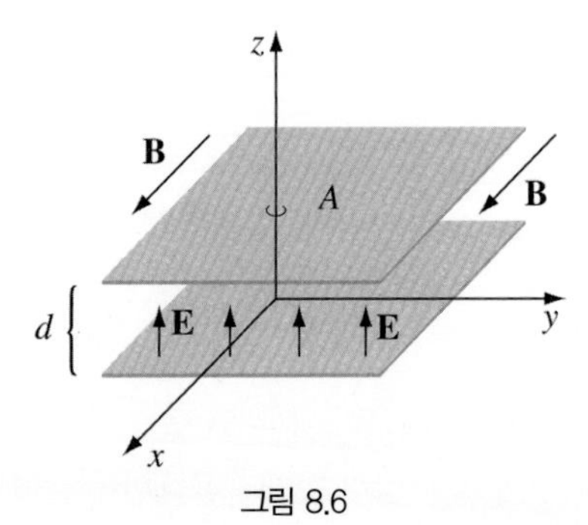

그림 8.6

(a) 두 극판 사이의 공간의 전자기장 운동량을 셈하라.
(b) 저항이 있는 도선을 z축을 따라 두 극판에 연결하여 천천히 방전시킨다. 도선에 흐르는 전류는 자기력을 느낄 것이다. 방전되는 동안 계 전체가 받는 총 충격량은 얼마인가?[11]

문제 8.9 아주 큰 평행판 축전기를 생각하자. $z = \pm d/2$에 있는 위아래 극판의 전하밀도는 각각 $\pm\sigma$이다.

(a) 두 극판 사이의 공간의 변형력 텐서의 9개 요소 모두를 셈하라. 이것을 3×3 행렬로 나타내라.

$$\begin{pmatrix} T_{xx} & T_{xy} & T_{xz} \\ T_{yx} & T_{yy} & T_{yz} \\ T_{zx} & T_{zy} & T_{zz} \end{pmatrix}$$

(b) 식 8.21을 써서 위 극판이 단위면적당 받는 전자기력을 셈하라. 이 결과를 식 2.51과 비교하라.
(c) xy평면(또는 두 극판 사이에 있는 이것과 나란한 아무 평면)의 단위면적을 단위시간 동안 지나는 전자기 운동량을 셈하라.
(d) 물론 극판이 붙지 않게 붙잡아두는 역학적 힘이 있어야 한다 – 아마도 극판 사이를 채우고 있는 절연물질이 압력을 받고 있을 것이다. 절연체를 갑자기 빼낸다고 하자; 이제 (c)의 운동량 흐름을 극판이 흡수하여 움직이기 시작한다. 위쪽 극판이 단위시간에 받는 운동량(다시 말해 힘)을 셈하고, (b)에서 셈한 답과 비교하라. [**주의**: 이것은 새로 **더해지는** 힘이 아니고, **같은** 힘을 달리 셈하는 방법이다 – (b)에서는 로런츠 힘 법칙을 써서, (d)에서는 운동량 보존법칙을 써서 셈한다.]

8.2.4 각운동량

이제는 전자기장(처음에는 전하들끼리 주고받는 힘의 매개자였다)이 전하와 전류로부터 벗어나 스스로의 삶을 꾸리게 되었다. 전자기장에는 **에너지**가 있다:

$$u = \frac{1}{2}\left(\epsilon_0 E^2 + \frac{1}{\mu_0} B^2\right) \tag{8.31}$$

그리고 **운동량**도 있다 (식 8.29):

11 이 문제에는 복잡한 내용이 많으므로 (a)와 (b)의 답이 맞다고 너무 좋아하지 말아라. 다음 논문을 보라: D. Babson 외, *Am. J. Phys.* 77, 826 (2009).

$$\mathbf{g} = \epsilon_0(\mathbf{E} \times \mathbf{B}) \tag{8.32}$$

그리고 각운동량도 있다:

$$\boldsymbol{\ell} = \mathbf{r} \times \mathbf{g} = \epsilon_0 \left[\mathbf{r} \times (\mathbf{E} \times \mathbf{B})\right] \tag{8.33}$$

심지어 완벽하게 정적인 전자기장도 $\mathbf{E} \times \mathbf{B}$가 0이 아닌 한 운동량과 각운동량을 품을 수 있고, 이러한 전자기장에 들어있는 양까지 넣어야 보존법칙이 성립한다.

예제 8.4

긴 코일을 생각하자: 반지름은 R, 단위길이에 n번 감겨 있고, 전류 I가 흐른다. 이 코일과 나란히 길이 l인 긴 원통껍질이 포개져 있는데 – 하나는 반지름이 a로 코일 속에 들어 있고, 전하 Q가 고르게 퍼져 있다. 또 하나는 반지름이 b로 코일을 감싸고 있고, 전하 $-Q$가 고르게 퍼져 있다 (그림 8.7을 보라; l은 b보다 훨씬 크다). 코일에 흐르는 전류를 차츰 줄이면, 예제 7.9에서 안 것처럼 원통이 돌기 시작한다. 물음: 원통의 각운동량은 어디에서 오는가?[12]

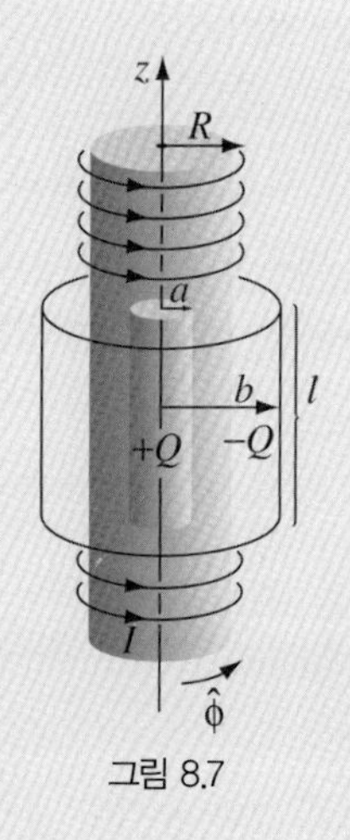

그림 8.7

■ 풀이 ■

그것은 처음에는 장에 간직되어 있었다. 전류를 줄이기 전에는 전기장

$$\mathbf{E} = \frac{Q}{2\pi\epsilon_0 l}\frac{1}{s}\,\hat{\mathbf{s}} \quad (a < s < b)$$

12 이것은 "파인만 원반 역설"[R. P. Feynman, R. B. Leighton, M. Sands, *The Feynman Lectures* (Reading, Mass.: Addison–Wesley, 1964) 2권 17-5]의 변형으로 다음 논문에서 제시한 것이다: F. L. Boos, Jr. *Am. J. Phys.* 52, 756 (1984). R. H. Romer가 그에 앞서 비슷한 모형을 제시하였다 [*Am. J. Phys.* 34, 772 (1966)]. 더 많은 참고문헌은 다음 논문을 보라: T.-C. E. Ma, *Am. J. Phys.* 54, 949 (1986).

가 두 원통 사이에 있었고, 자기장

$$\mathbf{B} = \mu_0 n I \,\hat{\mathbf{z}} \quad (s < R)$$

이 코일 속에 있었다. 그러므로 영역 $a < s < R$의 운동량 밀도(식 8.29)는 다음과 같다.

$$\mathbf{g} = -\frac{\mu_0 n I Q}{2\pi l s}\,\hat{\boldsymbol{\phi}}$$

각운동량 밀도의 z성분은 다음과 같다.

$$(\mathbf{r} \times \mathbf{g})_z = -\frac{\mu_0 n I Q}{2\pi l}$$

이것은 **상수**이다(s와 무관하다). 장에 들어 있는 **총** **각운동량**은 이것에 부피 $\pi(R^2 - a^2)l$만 곱하면 얻어진다:[13]

$$\mathbf{L} = -\frac{1}{2}\mu_0 n I Q (R^2 - a^2)\,\hat{\mathbf{z}} \tag{8.34}$$

전류를 끄면, 자기장의 변화 때문에 패러데이의 법칙에 따라 원통 둘레를 따라 전기장이 생겨난다.

$$\mathbf{E} = \begin{cases} -\dfrac{1}{2}\mu_0 n \dfrac{dI}{dt}\dfrac{R^2}{s}\,\hat{\boldsymbol{\phi}}, & (s > R) \\[2ex] -\dfrac{1}{2}\mu_0 n \dfrac{dI}{dt} s\,\hat{\boldsymbol{\phi}}, & (s < R) \end{cases}$$

따라서 바깥쪽 원통이 받는 회전력은 다음과 같다.

$$\mathbf{N}_b = \mathbf{r} \times (-Q\mathbf{E}) = \frac{1}{2}\mu_0 n Q R^2 \frac{dI}{dt}\,\hat{\mathbf{z}}$$

그리고 이것이 얻는 각운동량은 다음과 같다.

$$\mathbf{L}_b = \frac{1}{2}\mu_0 n Q R^2\,\hat{\mathbf{z}} \int_I^0 \frac{dI}{dt}\,dt = -\frac{1}{2}\mu_0 n I Q R^2\,\hat{\mathbf{z}}$$

마찬가지로 안쪽 원통이 받는 회전력은 다음과 같다.

$$\mathbf{N}_a = -\frac{1}{2}\mu_0 n Q a^2 \frac{dI}{dt}\,\hat{\mathbf{z}}$$

이것의 각운동량도 아래 만큼 늘어난다.

13 반지름 성분은 적분하면 0이 되는데, 대칭성을 생각하면 당연하다.

$$\mathbf{L}_a = \frac{1}{2}\mu_0 n I Q a^2 \,\hat{\mathbf{z}}$$

그러므로 이 모두를 모으면 $\mathbf{L}_{전자기} = \mathbf{L}_a + \mathbf{L}_b$가 된다. 전자기장이 잃은 각운동량은 두 원통이 얻은 각운동량과 똑같고, 따라서 총 각운동량(장+물질)은 보존된다.

주의: 장 에너지는 중첩 원리를 따르지 않는다. 복합계의 에너지는 구성 요소의 에너지의 합이 아니다. 그 이유는 에너지(식 8.5)가 $\mathbf{E}$와 $\mathbf{B}$의 2차 함수이기 때문이다. 장 자체는 중첩 원리를 따르므로 예를 들어

$$\mathbf{E} = \mathbf{E}_1 + \mathbf{E}_2$$

이면 전기장의 에너지 밀도는 다음과 같다:

$$u = \frac{1}{2}\epsilon_0(\mathbf{E}\cdot\mathbf{E}) = \frac{1}{2}\epsilon_0(E_1^2 + E_2^2 + 2\mathbf{E}_1\cdot\mathbf{E}_2) = u_1 + u_2 + \epsilon_0\mathbf{E}_1\cdot\mathbf{E}_2$$

문제는 교차 항이다. 쉬운 예로서, 전하 Q인 공을 상상하자. 이 공의 전하가 두 배가 되면 장은 두 배가 되지만 에너지는 네 배가 된다. 포인팅 벡터, 운동량, 각운동량 및 변형력 텐서도 마찬가지다. 왜냐하면 이들 모두 장의 제곱에 비례하기 때문이다.

문제 8.10 예제 8.4에서 (I를 줄여) 자기장을 끄는 대신 두 원통을 전도도가 작은 바큇살로 이어 전기장을 끈다고 하자.[14] (코일에 틈을 내어 원통이 자유로이 돌 수 있게 한다.) 두 원통의 전하가 방전되는 동안 바큇살에 흐르는 전류가 받는 자기력을 통해 원통에 전달되는 총 각운동량을 구하라 (두 원통은 튼튼하게 연결되어 함께 돈다). 이것을 애초에 전자기장에 들어있던 각운동량(식 8.34)과 비교하라. (이 두 경우에 각운동량이 전자기장에서 원통으로 전달되는 기구가 전혀 다르다: 예제 8.4에서는 패러데이 법칙이었고, 여기에서는 로런츠 힘 법칙이다.)

문제 8.11 두 동심 공껍질에 전하 $+Q$(반지름 a)와 $-Q$(반지름 $b > a$)가 고르게 퍼져 있고, 이들을 고른 자기장 $\mathbf{B} = B_0\,\hat{\mathbf{z}}$속에 두었다.

(a) 장의 각운동량을 구하라(기준점을 공의 중심에 두어라).

(b) 이제 자기장을 천천히 꺼라. 각각의 공껍질이 받는 회전력을 구하고, 계의 각운동량을 구하라.

! **문제 8.10**[15] 반지름 R인 쇠 공에 전하 Q가 들어 있고, 자화밀도 $\mathbf{M} = M\hat{\mathbf{z}}$로 고르게 자화되어 있

---

14 예제 8.4에서는 준정적 상태를 유지하고자 전류를 천천히 껐다; 여기에서는 대체전류를 무시할 수 있을만큼 작게 만들고자 전기장을 천천히 줄인다.

15 이 파인만 원반 역설의 변형은 N. L. Sharma가 제시했다 (*Am. J. Phys.* **56**, 420 (1988)); 비슷한 모형을 다음 논문

다. 이 공은 처음에 서 있었다.

(a) 전자기장 속에 든 각운동량을 셈하라.

(b) 공의 자화밀도를 천천히 (고르게) 줄여 간다고 하자 (아마 퀴리온도 이상으로 가열하면 될 것이다). 패러데이 법칙을 써서 유도된 전기장을 구하고, 자성을 지우는 과정에서 이 장이 공에 주는 회전력과 공이 받는 총 각운동량을 셈하라.

(c) 공의 자성을 지우는 대신, 북극을 접지시켜 전하를 없앤다고 하자. 전류는 표면을 통해 흐르고 그 동안에도 전하밀도는 고른 상태를 유지한다. 로런츠 힘 법칙을 써서 공이 받는 회전력을 셈하고, 이 방전과정에서 공이 받는 총 각운동량을 셈하라. (자기장은 공의 표면에서 불연속인데... 문제가 되는가?) [답: $\frac{2}{9}\mu_0 M Q R^2$]

8.3 자기력은 일을 하지 않는다[16]

이제 자기력은 일을 하지 않는다(식 5.11)는 옛날의 역설을 다시 살펴볼 좋은 때가 되었다. 폐차로 된 고철 덩어리를 전자석으로 들어 올리는 기중기는 어떻게 설명해야 할까? 누군가가 차를 들어 올리느라 일을 하는데, 그것이 자기장이 아니라면 무엇인가? 차는 강자성체이고, 자기장이 있으면, 그 속에 든 수많은 미세한 자기 쌍극자(실제로는 자전하는 전자)가 모두 정렬한다. 이렇게 해서 생기는 자화밀도는 표면을 따라 흐르는 속박전류와 등가이므로 차를 둥근 전류 고리로 보자.

예제 8.5

그 전류 고리를 선 전하밀도 λ인 둥근 도선고리가 각속도 ω로 도는 것이라고 하자 (그림 8.8).

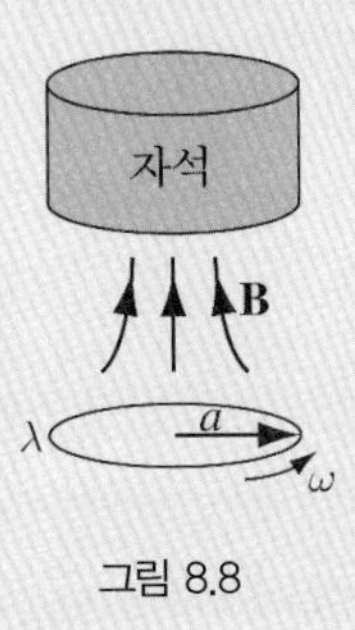

그림 8.8

에서 분석했다: E. M. Pugh, G. E. Pugh, *Am. J. Phys.* 35, 153 (1967); R. H. Romer, *Am. J. Phys.* 35, 445 (1967).

16 이 절은 건너 뛰어도 된다. 자기력이 일을 하지 않는다는 생각에 마음이 걸리는 사람들을 위해 이 절을 넣었다.

그 고리가 위쪽으로 받는 자기력은 다음과 같다 (식 6.2).

$$F = 2\pi I a B_s \tag{8.35}$$

여기에서 B_s는 자기장의 반지름쪽 성분, $I = \lambda\omega a$이다.[17] (전자석이 계속 붙어) 고리를 높이 dz만큼 올리면, 그것에 해준 일은 다음과 같다.

$$dW = 2\pi a^2 \lambda\omega B_s\, dz \tag{8.36}$$

그러면 고리의 위치 에너지가 커진다. 누가 그 일을 했을까? 언뜻 생각하면 자기장이 한 것 같다. 하지만 이미 (예제 5.3) 그렇지 않다는 것을 배웠다 − 고리가 올라가면, 자기력은 고리의 전하의 알짜 속도와 직교하므로 일을 해주지 않는다.
그렇지만 그때 고리에 운동 기전력이 생겨 전하의 흐름을 막고, 따라서 각속도를 줄인다.

$$\mathcal{E} = -\frac{d\Phi}{dt}$$

여기에서 $d\Phi$는 시각 t의 고리와 시각 $t + dt$의 고리를 잇는 "띠"를 지나는 자속이다 (그림 8.9):

$$d\Phi = B_s\, 2\pi a\, dz$$

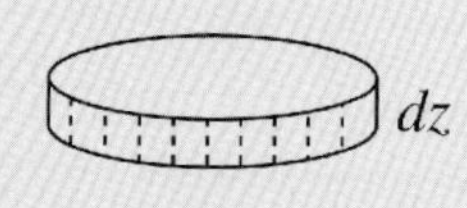

그림 8.9

그런데 운동기전력은 다음과 같이 정의된다:

$$\mathcal{E} = \oint \mathbf{f} \cdot d\mathbf{l} = f(2\pi a)$$

여기에서 $\mathbf{f}$는 단위 전하가 받는 힘이다. 따라서 다음과 같다.

$$f = -B_s \frac{dz}{dt} \tag{8.37}$$

길이 dl인 토막이 받는 힘은 $f\lambda\, dl$이므로, 고리가 받는 회전력은 다음과 같다.

$$N = a\left(-B_s \frac{dz}{dt}\right)\lambda(2\pi a)$$

그리고 (각속도를 줄이면서) 고리에 해준 일은 $N\, d\phi = N\omega\, dt$ 또는 다음과 같다.

---

17 이 자기장은 고르지 않아야지, 그렇지 않으면 차를 들어 올릴 수 없다. 또한, 지금은 고리가 올라갈 때 자기장은 일정하게 유지되는 것으로 정한다.

$$dW = -2\pi a^2 \lambda \omega B_s \, dz \tag{8.38}$$

고리의 각속도가 줄어들면서 잃는 회전에너지(식 8.38)는 바로 그것이 얻는 위치에너지(식 8.36)와 똑같다. 자기장이 하는 것은 한 가지 에너지를 다른 에너지로 바꾸는 것이다. 부정확한 말로 설명하자면, 자기력의 수직성분이 한 일(식 8.35)는 수평성분이 한 일(식 8.37)과 크기가 같고 부호가 반대이다.[18]

예제 8.6

자석은 무엇을 하는가? 이 과정에서 자석은 완전히 수동적인 역할을 하는가? 그것을 탁자 위에 놓인 커다란 (반지름 b인) 둥근 고리로서 전류 I_b가 흐른다고 하자; "폐차"는 (반지름 a인) 상대적으로 작은 전류 고리로 탁자 바로 아래 바닥에 있고 전류 I_a가 흐른다고 하자 (그림 8.10). 이번에는 상황을 바꾸어 두 전류가 모두 일정하다고 하자 (고리마다 정전류 전원을 달아준다).[19] 나란히 흐르는 전류는 서로 끌어당기므로 작은 고리를 바닥에서 떠 올리면서, 해준 일과 무엇이 그것을 해주었는지 세심하게 살펴보자.

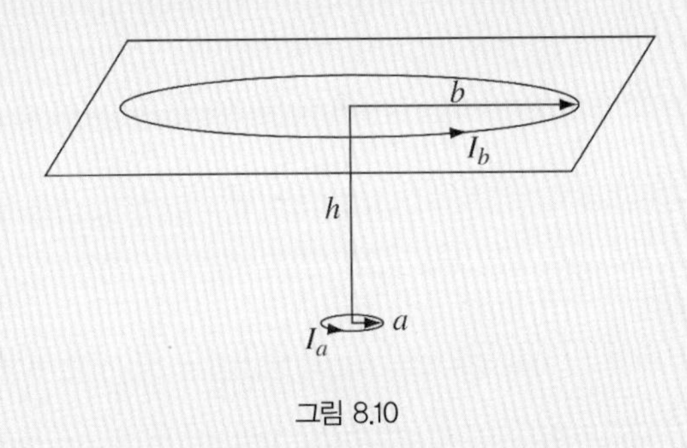

그림 8.10

전류를 맞추어 작은 고리가 받는 자기력과 중력($m_a g$)이 딱 맞비겨 탁자 아래로 거리 h인 곳에 겨우 "떠 있게" 한 것에서 시작하자. 그때의 자기력은 다음과 같다 (문제 8.13):

$$F_{자기} = \frac{3\pi}{2}\mu_0 I_a I_b \frac{a^2 b^2 h}{(b^2+h^2)^{5/2}} = m_a g \tag{8.39}$$

이제 고리를 위로 아주 조금 dz만큼 올리자; 그 때 해준 일은 위치에너지가 늘어난 값과 같다.

---

18 이 논리는 본질적으로 예제 5.3과 같은데, 다만 여기에서는 로런츠 힘 법칙 대신 운동 기전력으로 설명한 것이 다르다. 하지만, 결국 선속 규칙은 로런츠 힘 법칙의 결과이다.

19 아래쪽 고리가 자전하는 전자 하나라면, 양자역학에 따라 각운동량이 $\hbar/2$로 고정된다. 그러면 전류가 저절로 일정하게 유지되므로 전원이 없어도 된다고 생각할 수도 있다. 이것은 뒤에 다시 설명할테니 지금은 양자역학은 버리자.

$$dW_g = m_a g\, dz = \frac{3\pi}{2}\mu_0 I_a I_b \frac{a^2 b^2 h}{(b^2+h^2)^{5/2}}\, dz \tag{8.40}$$

누가 이 일을 했을까? 자기장? 아니다! 이 일은 고리 a에 전류를 일정하게 유지하는 전원이 했다(예제 5.3). 고리가 올라가면서 운동 기전력이 생겨난다. 고리를 지나는 자속은 다음과 같다.

$$\Phi_a = M I_b$$

여기에서 M은 두 고리의 상호 인덕턴스로 다음과 같다(문제 7.23):

$$M = \frac{\pi \mu_0}{2} \frac{a^2 b^2}{(b^2+h^2)^{3/2}}$$

기전력은 다음과 같다:

$$\begin{aligned}\mathcal{E}_a &= -\frac{d\Phi_a}{dt} = -I_b \frac{dM}{dt} = -I_b \frac{dM}{dh}\frac{dh}{dt} \\ &= -I_b \left(-\frac{3}{2}\right) \frac{\pi\mu_0}{2} \frac{a^2 b^2}{(b^2+h^2)^{5/2}} 2h \frac{(-dz)}{dt}\end{aligned}$$

전원이 (전류를 일정하게 유지하려고 운동 기전력과 싸우면서) 해준 일은 다음과 같다.

$$dW_a = -\mathcal{E}_a I_a\, dt = \frac{3\pi}{2}\mu_0 I_a I_b \frac{a^2 b^2 h}{(b^2+h^2)^{5/2}}\, dz \tag{8.41}$$

고리를 들어 올리느라 해준 일(식 8.40)과 같다.
그렇지만 아래쪽 고리가 위쪽 고리에 만드는 선속이 변하므로 위쪽 고리에도 패러데이 기전력이 생긴다:

$$\Phi_b = M I_a \;\Rightarrow\; \mathcal{E}_b = -I_a \frac{dM}{dt}$$

그리고 고리 b의 전원이 (전류 I_b를 유지하느라) 해준 일은 다음과 같다.

$$dW_b = -\mathcal{E}_b I_b\, dt = \frac{3\pi}{2}\mu_0 I_a I_b \frac{a^2 b^2 h}{(b^2+h^2)^{5/2}}\, dz \tag{8.42}$$

이것은 dW_a와 똑같다. 전원은 폐차를 들어 올리는데 필요한 일의 두 배나 했다! 이 "헛되이 쓴" 에너지는 어디로 갔을까? 답: 그것은 장에 저장되었다. 두 전류 고리 계의 에너지는 다음과 같다 (문제 8.12):

$$U = \frac{1}{2}L_a I_a^2 + \frac{1}{2}L_b I_b^2 + M I_a I_b \tag{8.43}$$

따라서

$$dU = I_a I_b \frac{dM}{dt} dt = dW_b$$

놀랍게도 네 가지 에너지 증가가 모두 같다. 사물을 이러한 방식으로 정리한다면, 고리 a에 대한 전원은 아래쪽 고리를 들어 올리는데 필요한 에너지를 주고, 고리 b에 대한 전원은 장에 공급하는 에너지를 준다. 고리를 들어 올리는데 필요한 일에만 집중한다면, 위쪽 고리(와 장에 있는 에너지)는 완전히 무시할 수 있다.

예제 8.7

이 두 모형 모두 자석 자체는 서 있었다. 그것은 자석으로 종이집게를 끌어 올릴 때와 비슷하다. 그렇지만 전자석 기중기에서는 폐차가 전자석에 붙어 있고, 전자석은 도선을 통해 전원에 연결되어 있는데, 일을 하는 것은 바로 전원이다. 모형으로서는 위쪽 고리를 커다란 통에 넣고, 아래쪽 고리는 작은 통에 넣은 다음, 두 고리에 전류를 흘려 서로 끄는 힘이 $m_a g$보다 훨씬 크게 한다; 그러면 두 통이 찰싹 붙을 것이고, 위쪽 통에 실을 달아 당긴다 (그림 8.11).

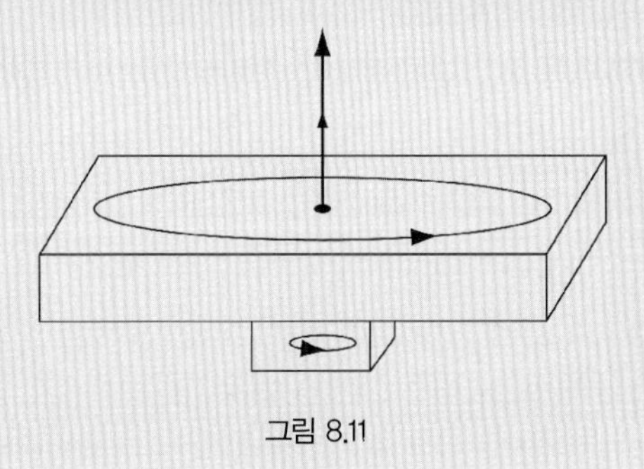

그림 8.11

앞에서 설명한 과정(예제 5.3)이 지배한다: 아래쪽 고리가 올라옴에 따라 자기력은 뒤로 기울어진다; 수직성분은 고리를 끌어 올리지만, 수평성분은 전류의 흐름을 막고 아무런 알짜 일도 하지 않는다. 그렇지만, 이번에는 운동 기전력이 전류를 일정하게 유지하려는 패러데이 기전력과 완벽하게 맞비긴다 – 아래쪽 고리의 자속은 변하지 않는다. (원한다면 아래쪽 고리가 위로 올라가 자기장이 더 센 곳으로 가므로 자속이 늘어난다고 할 수 있다. 그러나 아래쪽 고리가 올라감에 따라 위쪽 고리의 자기장은 – 어디에서나 – 약해지므로 자속이 줄어든다. 문제 7.69를 보라.) 전류를 유지하는데 어떤 전원도 필요하지 않다 (그리고 그 점에서는 위쪽 고리에서도 자기장이 변하지 않으므로 전원이 필요하지 않다.) 누가 차를 들어올렸는가? 명백히 밧줄을 당기는 사람이다. 자기장의 구실은 자기력의 수직성분을 통해 그 에너지를 차에 전해준 것뿐이다. 그러나 자기장 자체는 (늘 그렇듯이) 아무 일도 하지 않는다.

자기장이 아무 일도 하지 않는다는 것은 로런츠 힘 법칙에서 곧바로 나오므로 예외적인 현상을 발견했다면, 그 법칙이 왜 맞지 않는지 설명해야 한다. 예를 들어 자기 홀극이 있다면, 전하 $q_{전기}$와 자하 $q_{자기}$를 띤 입자가 받는 힘은 다음과 같다 (문제 7.40):

$$\mathbf{F} = q_{전기}(\mathbf{E} + \mathbf{v} \times \mathbf{B}) + q_{자기}(\mathbf{B} - \epsilon_0\mu_0\mathbf{v} \times \mathbf{E}) \tag{8.44}$$

그러면 자기장도 일을 할 수 있지만, 자하에만 일을 해준다. 따라서 차가 자기홀극으로 되어 있는 게 아니라면 그것으로 문제가 풀리지 않는다.

보다 덜 과격한 가능성은 전하와 함께 영구 점쌍극자(전자?)가 있고, 그 쌍극자 모멘트 $\mathbf{m}_{고유}$ 고유은 전류와는 무관하게 그냥 있는 것이다. 그러면 로런츠 힘 법칙에 항이 더 붙는다:

$$\mathbf{F} = q_{자기}(\mathbf{E} + \mathbf{v} \times \mathbf{B}) + \nabla(\mathbf{m}_{고유} \cdot \mathbf{B})$$

이 "고유" 쌍극자에는 자기장이 일을 할 수 있다 (그것에는 자속이 없으므로 운동 또는 패러데이 기전력이 생기지 않는다). 이 식을 써서 일관성 있는 이론체계를 꾸밀 수 있는지는 잘 모르지만,[20] 아무튼 그것은 고전 전기역학은 아니다. 고전 전기역학은 모든 자기현상은 운동하는 전하가 만들어내며, 점 자기 쌍극자는 작은 전류 고리의 극한으로 해석해야 한다는 앙페르의 가정에 바탕을 두고 있다.

물론, 현실 세계에는 고유 스핀이 있는 입자가 있지만, 이들은 고전 역학이 아닌 양자 역학의 법칙을 따른다. 원한다면 양자 전기역학에서 자기력이 일을 할 수 있는지 따져볼 수 있다. 딱하게도, 이는 어려운 질문이다. "힘"과 "일"은 양자 역학에서 자연스럽게 나오는 개념이 아니다. 하지만 고전 전기역학의 답은 명확하다. 자기력은 일을 하지 않는다.

문제 8.13 식 8.39를 끌어내라 [실마리: 아래쪽 고리를 자기 쌍극자로 보라.]

문제 8.14 식 8.43을 끌어내라 [실마리: §7.2.4의 방법을 써서 두 전류를 0에서 마지막 값까지 올려라.]

---

20 고유 스핀(및 관련 고유 자기 쌍극자 모멘트)에 대한 준고전적 이론이 때때로 제안되었다. 예를 들어, 다음을 보라: J. Barandes, *Found. Phys.* **51**, 79 (2021). 이들은 복잡하고 믿기 어렵지만, 신경 쓰지 마라. 살펴볼 가치는 확실히 있다.

보충문제

문제 8.15[21] 아주 긴 코일을 생각하자: 반지름은 a, 단위길이에 n번 감겨 있고, 전류 $I_{코일}$이 흐른다. 이 코일과 동축으로 반지름 $b \gg a$이고 저항 R인 둥근 도선 고리가 있다. 코일의 전류를 (천천히) 줄이면, 고리에 전류 $I_{고리}$가 고리에 유도된다.

(a) $I_{고리}$를 $dI_{코일}/dt$의 함수로 구하라.

(b) 유도 전기장을 s(축까지의 거리)의 함수로 구하고, 이 결과를 써서 그것이 고리에 주는 일률을 구하여 다음을 확인하라: $P = I^2R$.[22]

(c) 고리가 받는 일률은 코일에서 나와야 한다. 코일 바로 밖의 포인팅 벡터를 셈하고 (전기장은 코일의 자속 변화가 만들고, 자기장은 고리의 전류가 만든다) 코일 표면 전체에 대해 적분한 결과가 총 일률과 같음을 확인하라.

문제 8.16 반지름이 a인 아주 긴 둥근 관이 축을 따라 일정한 속력 v로 움직인다. 관에는 알짜 전하가 단위 길이당 λ씩 고르게 퍼져 있다. 그것을 둘러싼 반지름 b인 또 다른 둥근 관이 반대 부호의 전하($-\lambda$)를 띠고 같은 속도로 움직인다.

(a) 단위 길이의 구간에서 장에 저장된 에너지를 구하라.

(b) 단위 길이의 구간에서 장에 저장된 운동량을 구하라.

(c) 장에 실려 관과 직교하는 평면을 단위시간에 지나가는 에너지를 구하라.

문제 8.17 단면이 네모꼴인 원환체의 중심에 점전하 q가 있다. 원환체의 단면은 안쪽 반지름이 a, 바깥쪽 반지름이 $a + w$, 높이가 h이고, 총 N번 감긴 도선에 전류 I가 흐른다.

(a) w와 h가 모두 a보다 훨씬 작다고 가정하고(그래서 단면에서의 장의 변이는 무시할 수 있다고 보고), 전자기 운동량 $\mathbf{p}$를 구하라.

(b) 원환체의 전류를 아주 빨리 꺼서 자기장이 0이 될 때까지 점전하가 움직이는 거리가 아주 짧다. q가 받는 충격량은 애초에 전자기장에 저장된 운동량과 같음을 보여라. [**실마리**: 문제 7.20를 보라.]

문제 8.18[23] 반지름 R인 쇠 공에 편극밀도 $\mathbf{P}$와 자화밀도 $\mathbf{M}$이 고르게 퍼져 있다 (두 방향이 꼭 같을 필요는 없다). 이 상태에서의 전자기장의 운동량을 셈하라. [**답**: $(4/9)\pi\mu_0 R^3(\mathbf{M} \times \mathbf{P})$]

문제 8.19[24] 전자를 반지름이 R이고, 총전하 e가 고르게 퍼진 공 껍질이 각속도 ω로 도는 것으로

---

21 다음 논문에 자세한 설명이 있다: M. A. Head, *Am. J. Phys.* 56, 540 (1988).

22 이 부분은 Sami Al-Jaber가 제시했다.

23 이에 관한 재미있는 설명과 참고문헌은 다음 논문을 보라: R. H. Romer, *Am. J. Phys.* 63, 777 (1995).

24 다음 논문을 보라: J. Higbie, *Am. J. Phys.* 56, 378 (1988).

보자.

(a) 전자기장에 든 총 에너지를 셈하라.

(b) 전자기장에 든 총 각운동량을 셈하라.

(c) 아인슈타인 공식($E = mc^2$)에 따르면, 전자의 질량에는 전자기장에 든 에너지에 의한 것도 있어야 한다. 로런츠를 비롯한 다른 사람들은 전자의 모든 질량을 그렇게 설명할 수 있을 것으로 생각했다: $U_{전자기} = m_{전자}c^2$. 또한 전자의 스핀 각운동량도 모두 전자기장에 들어있는 총 각운동량에 의한 것이라고 하자: $L_{전자기} = \hbar/2$. 이 두 가정을 바탕으로 전자의 반지름과 각속도를 셈하라. ωR의 값은 얼마인가? 이 고전적 모형이 사리에 맞는가?

문제 8.20 자하가 있을 때의 u, $\mathbf{S}$, $\mathbf{g}$, $\overleftrightarrow{\mathbf{T}}$에 관한 공식을 완성하라. [실마리: 일반화한 맥스웰 방정식(식 7.44)과 로런츠 힘 법칙(식 8.44)에서 시작하여 §8.1.2, 8.2.2, 8.2.3의 유도과정을 따르라.]

! **문제 8.21**[25] 전하 $q_{전기}$와 자기홀극 $q_{자기}$가 거리 d 떨어져 있다고 하자. 전하가 만드는 전기장은

$$\mathbf{E} = \frac{1}{4\pi\epsilon_0}\frac{q_{전기}}{\mathscr{r}^2}\hat{\mathscr{r}}$$

이고, 자기홀극이 만드는 자기장은 다음과 같다.

$$\mathbf{B} = \frac{\mu_0}{4\pi}\frac{q_{자기}}{\mathscr{r}^2}\hat{\mathscr{r}}$$

이 장에 든 총 각운동량을 셈하라. [답: $(\mu_0/4\pi)q_{전기}q_{자기}$][26] 문제 5.45의 보존량 $\mathbf{Q}$는 물리적으로 어떤 물리량인가?

문제 8.22 자기 홀극 $\mathbf{m} = m\hat{\mathbf{z}}$는 원점에, 전하 $q_{전기}$는 $\mathbf{r}$에 서 있다. 이들이 만드는 전기장의 각운동량을 구하라. [실마리: 문제 8.21의 결과를 쓰면 된다.]

문제 8.23 정전기장 $\mathbf{E}$ 속에 이상적인 자기 쌍극자 $\mathbf{m}$이 하나 있는 것을 생각하자. 장에 있는 운동량은 다음과 같음을 보여라:

$$\mathbf{p} = -\epsilon_0\mu_0(\mathbf{m} \times \mathbf{E}) \tag{8.45}$$

---

25 이 계를 **톰슨 쌍극자**(Thomson's dipole)이라고 한다. 다음 논문을 보라: I. Adawi, *Am. J. Phys.* 44, 762 (1976); *Phys. Rev.* **D31**, 3301 (1985). 설명과 참고문헌은 다음 논문을 보라: K. R. Brownstein, *Am. J. Phys.* **57**, 420 (1989).

26 이 결과는 거리와 무관하다(!); 이것은 $q_{전기}$에서 $q_{자기}$를 향한다. 양자역학에서는 각운동량의 크기는 $\hbar/2$의 정수배이므로, 이 결과는 자기홀극이 있다면 전하와 자하가 양자화되어야 함을 시사한다: $\mu_0 q_{전기}q_{자기}/4\pi = n\hbar/2$ (n = 1, 2, 3,⋯). 이 생각은 디랙이 1931년 처음 제시했다. 자기홀극이 우주의 어디에든 단 하나라도 있으면, 왜 전하가 양자화되는가를 그것이 "설명"해 준다. [그렇지만 다음을 보라: D. Singleton, *Am. J. Phys.* **66**, 697 (1998).]

여기에서 $\mathbf{E}$는 쌍극자가 있는 곳의 값이다. 전기장은 국재화되어 있다(아주 먼 곳에서 0이 된다)고 규정한다. 그렇지 않으면 운동량이 잘 정의되지 않는다 (적분값이 발산한다).
[실마리 : 이것을 하는 방법은 여러 가지다. 가장 간단한 것은 다음 식에서 출발한다 : $\mathbf{p} = \epsilon_0 \int (\mathbf{E} \times \mathbf{B})\, d\tau$. $\mathbf{E} = -\nabla V$로 바꾸고, 부분적분하여 다음 식을 얻는다:

$$\mathbf{p} = \epsilon_0 \mu_0 \int V \mathbf{J}\, d\tau \tag{8.46}$$

아직까지는 모든 국채화된 정전하 및 정상전류에 대해 맞다. 전류가 원점 근처의 한없이 좁은 곳에 갇혀 있다면 다음과 같이 어림할 수 있다: $V(\mathbf{r}) \approx V(\mathbf{0}) - \mathbf{E}(\mathbf{0}) \cdot \mathbf{r}$. 쌍극자를 전류 고리로 보고, 식 5.82와 1.108을 써라.][27]

문제 8.24 예제 8.4에서 고일의 전류가 사라진 뒤에도 원통들은 돌고 있으므로(각속도를 각각 ω_a와 ω_b라 하자), 실제로는 자기장이 남아있고, 따라서 각운동량도 전자기장에 남아있다. 원통이 무거우면 이 보정은 무시할 수 있겠지만, 그러한 가정 없이 문제를 푸는 것도 재미있다.[28]

(a) 전자기장에 마지막까지 남는 각운동량을 (ω_a와 ω_b의 함수로) 셈하라. [$\boldsymbol{\omega} = \omega\,\hat{\mathbf{z}}$로 정의하면, ω_a와 ω_b는양수 또는 음수가 될 수 있다.]

(b) 원통이 돌기 시작하면 이것들이 만드는 자기장의 변화로 원둘레 방향의 전기장이 생기고, 이것은 다시 또 회전력을 더 주게 된다. 더 늘어나는 각운동량을 셈하고, 그 결과를 (a)에서 얻은 답과 비교하라. [답: $-\mu_0 Q^2 \omega_b (b^2 - a^2)/4\pi l\, \hat{\mathbf{z}}$]

문제 8.25[29] 한없이 긴 코일(반지름 R, 단위길이에 감긴 횟수 n, 전류 I)의 축에서 거리 $a > R$인 곳에 점전하 q가 있다. 전자기장에 든 선운동량과 각운동량을 셈하라. (코일의 축을 z축으로 잡고, q를 x축 위에 두어라; 코일 표면에 유도되는 전하에 신경 쓸 필요가 없게 코일을 절연체로 보아라.) [답: $\mathbf{p} = (\mu_0 q n I R^2/2a)\,\hat{\mathbf{y}}$; $\mathbf{L} = \mathbf{0}$] $a < R$이면 어떻게 되는가?

! **문제 8.26** 반경 R, 표면 전류 $\mathbf{K} = K_0 \sin\theta\,\hat{\boldsymbol{\phi}}$가 흐르는 공 껍질의 중심에 전기 쌍극자 $\mathbf{p}$가 있다.

(a) 공 껍질 안팎의 전기장과 자기장을 적어라. [실마리: 전기장의 접촉 항을 잊지 마라; 자기장은 예제 5.11과 6.1을 보고 공 껍질의 자기 쌍극자 모멘트 $\mathbf{m}$으로 나타내라.]

(b) 장의 운동량을 셈하라.

(c) 쌍극자의 양 끝을 가는 도선으로 연결하여 준정적으로 방전시켜 전기장을 없애자. 도선의 전

---

27 식 8.45는 이상적인 쌍극자에서만 맞다. 그러나 $\mathbf{g}$가 $\mathbf{B}$에 비례하므로, $\mathbf{E}$가 고정되면, 중첩원리를 따른다: 자기 쌍극자 무리가 있으면, 총 운동량은 낱낱의 쌍극자의 운동량을 벡터 덧셈한 값이다. 특히 정상전류가 퍼져 있는 한정된 영역에서 $\mathbf{E}$가 고르다면, 식 8.45는 전체 영역에서 맞고, 이제 $\mathbf{m}$은 총 자기 쌍극자 모멘트가 된다.

28 이 문제는 Paul De Young이 제시했다.

29 이에 관한 설명 및 관련된 문제는 다음 논문을 보라: F. S. Johnson, B. L Cragin, R. R. Hodges, *Am. J. Phys.* **62**, 33 (1994); B. Y.-K. Hu, *Eur. J. Phys.* **33**, 873 (2012).

류에 전달되는 알짜 충격량을 구하라. [실마리: (c)와 (d)에서는 z축을 $\mathbf{m}$ 대신 $\mathbf{p}$를 따라 잡으면 도움이 되지만 최종 답은 늘 좌표와 무관한 꼴로 나타내라.]

(d) 변화하는 전기장은 자기장 $\mathbf{B}_{유도}$를 만든다. 이 자기장 및 공 껍질에 주는 충격량을 구하라.

(e) 대신 K_0를 차츰 줄여 자기장을 끈다고 하자. 변화하는 자기장은 전기장 $\mathbf{E}_{유도}$를 만든다. 이것이 주는 충격량을 구하라.

(f) 위의 결과에 대해 의견을 말하라. 운동량이 보존되는가?[30]

문제 8.27

(a) §8.1.2의 설명을 마무리하라. 식 8.6에서 시작하되 $\mathbf{J}$ 대신 $\mathbf{J}_{자유}$를 써라. 포인팅 벡터는 다음과 같고

$$\mathbf{S} = \mathbf{E} \times \mathbf{H}$$

전자기장에 든 에너지 밀도의 변화율은 다음과 같음을 보여라:

$$\frac{\partial u}{\partial t} = \mathbf{E} \cdot \frac{\partial \mathbf{D}}{\partial t} + \mathbf{H} \cdot \frac{\partial \mathbf{B}}{\partial t} \tag{8.47}$$

선형매질에서는 다음과 같음을 보여라:[31]

$$u = \frac{1}{2}(\mathbf{E} \cdot \mathbf{D} + \mathbf{B} \cdot \mathbf{H}) \tag{8.48}$$

(b) 같은 식으로 §8.2.2의 설명을 다시 끌어내라. 식 8.15에서 시작하되 ρ와 $\mathbf{J}$ 대신 $\rho_{자유}$와 $\mathbf{J}_{자유}$를 써라. 맥스웰 변형력 텐서를 구성하려 애쓸 것 없지만, 운동량 밀도가 다음과 같음을 보여라:[32]

$$\mathbf{g} = \mathbf{D} \times \mathbf{B} \tag{8.49}$$

문제 8.28 반지름 R, 질량 M인 원반에 점전하(q) n개가 테두리에 같은 간격으로 붙어 있다. 시각 $t = 0$에 원반은 xy평면에 있고, 중심은 원점에 있으며, z축에 대해 각속도 ω_0로 돈다. 이 원반은 (시간 불변인) 밖에서 걸어준 자기장 속에 있다:

$$\mathbf{B}(s, z) = k(-s\,\hat{\mathbf{s}} + 2z\,\hat{\mathbf{z}})$$

여기에서 k는 상수이다.

(a) 이 원반의 중심의 위치 $z(t)$와 각속도 $\omega(t)$를 시간의 함수로 구하라. (중력은 무시하라.)

---

30 아직 끝나지 않았다. 12장 문제 12.43에서 다시 본다.

31 여기에서의 "에너지"의 뜻은 §4.4.3을 보라.

32 편극/자화되는 매질의 장 운동량에 대한 식이 (민코프스키의) 식 8.49와 (아브라함의) $\epsilon_0\mu_0(\mathbf{E} \times \mathbf{H})$ 어느 것이 맞는가 놓고 100년이 넘게 열띤 논쟁이 벌어졌다(아직도 완전히 풀리지 않았다). 다음을 보라: D. J. Griffiths, *Am. J. Phys.* **80**, 7 (2012).

(b) 운동을 설명하고, 총 (운동) 에너지 – 병진과 회전 운동 에너지의 합 – 가 일정한지 점검하여, 자기력이 일을 하지 않음을 확인하라.[33]

문제 8.29 자기 쌍극자 모멘트 $\mathbf{m} = m\hat{\mathbf{z}}$ 및 (양) 전하 Q를 띤 입자가 원점에 붙어 있다. (음) 전하 q를 띤 입자가 아주 먼 곳에서 서 있다 풀려나 Q에 끌려 "떨어지면서" $\mathbf{m}$의 자기력을 받아 곡선이 궤적 $\mathbf{r}(t) = (r(t), \theta(t), \phi(t))$을 그린다.

(a) q가 받는 회전력의 z 성분 N_z와 각운동량의 z 성분 L_z가 각각 다음과 같음을 보여라:

$$N_z = \frac{\mu_0 qm}{4\pi}\left(\frac{\sin^2\theta}{r^2}\dot{r} - 2\frac{\sin\theta\cos\theta}{r}\dot{\theta}\right) = -\frac{\mu_0 qm}{4\pi}\frac{d}{dt}\left(\frac{\sin^2\theta}{r}\right)$$

$$L_z = -\frac{\mu_0 qm}{4\pi}\frac{\sin^2\theta}{r}$$

(b) 이 각운동량은 어디에서 왔는가? [실마리: 문제 8.22 참조]

33 이 멋진 문제는 K. T. McDonald가 제시했다. 다음 URL을 보라 (그는 조금 다른 결론을 얻었다): http://puhep1.princeton.edu/mcdonald/examples/disk.pdf.

제9장 전자기파

9.1 일차원 파동

9.1.1 파동 방정식

"파동"이란 무엇인가? 이 물음에 대해 완전히 만족스러운 대답은 없다 – 개념 자체가 다소 애매하다 – 그러나 출발점은 다음과 같다: **매질의 흔들림이 일정한 꼴을 유지한 채 일정 속도로 퍼져가는 것**. 보충설명이 필요하다: 파동이 가면서 흡수되면 점점 약해진다; 매질이 분산성이면 진동수가 다른 파동은 진행속도가 다르다; 이차원 또는 삼차원에서는 파동이 퍼져가면서 진폭이 줄어든다; 그리고 물론 **정상파**는 전혀 전파하지 않는다. 그러나 이것은 세세한 부분이다; 먼저 모양이 고정되어 있고, 속력이 일정한 간단한 파동에서 시작하자 (그림 9.1).

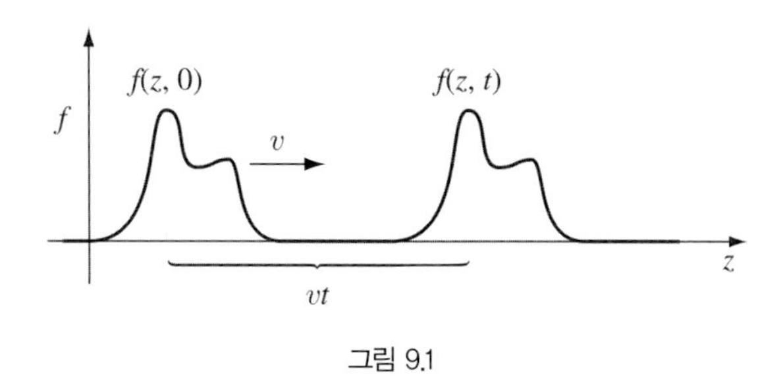

그림 9.1

그것을 나타내는 수식은 어떤 꼴일까? 그림 9.1은 시각 $t = 0$과 그 뒤의 t, 두 순간의 파동을 보여준다 – 오른쪽 그림은 왼쪽 그림의 대응점을 파동 속력 v에 대해 vt만큼 오른쪽으로 이동한 것일 뿐이다. 파동은 팽팽히 당긴 실을 흔들어 만든 것일 수 있다; 시각 t의 z점의 실의 변위를 $f(z, t)$로 나타내자. 애초의 실의 모양이 $g(z) = f(z, 0)$라면 다음 순간의 모양 $f(z, t)$는 무엇일까? 명백히 다음 순간 t의 z점의 실의 변위는 거리 vt만큼 왼쪽에 있던 곳 $z-vt$의 과거 $t=0$의 변위와 같다:

$$f(z,t) = f(z-vt, 0) = g(z-vt) \tag{9.1}$$

이 식은 파동 운동의 핵심을 담고 있다. 이것은 변수 z와 t에 대한 함수 $f(z,t)$가 임의의 꼴이 될 수 있지만, 실제로는 두 변수가 특별히 결합된 $z-vt$만의 함수임을 말해준다; 이것이 참이라면 함수 $f(z,t)$는 모양이 일정한 파동이 z쪽으로 속력 v로 가는 것을 나타낸다. 예를 들어 A와 b가 (적절한 단위의) 상수라면 아래의 함수 모두가 파동을 나타낸다 (물론 모양은 다르다).

$$f_1(z,t) = Ae^{-b(z-vt)^2}, \quad f_2(z,t) = A\sin[b(z-vt)], \quad f_3(z,t) = \frac{A}{b(z-vt)^2+1}$$

그러나 다음 함수는 파동을 나타내지 못한다.

$$f_4(z,t) = Ae^{-b(bz^2+vt)}, \qquad f_5(z,t) = A\sin(bz)\cos(bvt)^3$$

왜 팽팽하게 당긴 줄은 파동 운동을 하는가? 실제로는 뉴턴 제 2 법칙의 결과이다. 장력 T로 팽팽히 당긴 아주 긴 줄을 생각하자. 줄이 평형 위치에서 벗어나면, z와 $z+\Delta z$ 사이의 토막이 수직방향으로 받는 알짜 힘은 다음과 같다 (그림 9.2).

$$\Delta F = T\sin\theta' - T\sin\theta$$

여기에서 θ와 θ'는 각각 실이 z와 $z+\Delta z$에서 z축과 이루는 각이다. 줄이 너무 많이 변형되지 않으면, 이 각이 작으므로 sin을 tan로 바꿀 수 있다.

$$\Delta F \cong T(\tan\theta' - \tan\theta) = T\left(\left.\frac{\partial f}{\partial z}\right|_{z+\Delta z} - \left.\frac{\partial f}{\partial z}\right|_{z}\right) \cong T\frac{\partial^2 f}{\partial z^2}\Delta z$$

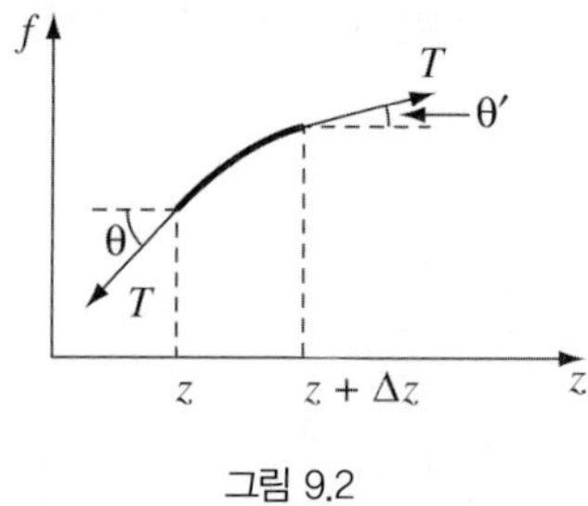

그림 9.2

줄의 단위 길이당 질량이 μ라면, 뉴턴 제 2법칙은 다음과 같다.

$$\Delta F = \mu(\Delta z)\frac{\partial^2 f}{\partial t^2}$$

그러므로 운동 방정식은 다음과 같다.

$$\frac{\partial^2 f}{\partial z^2} = \frac{\mu}{T}\frac{\partial^2 f}{\partial t^2}$$

즉, 줄의 작은 변형의 운동 방정식은 다음과 같다.

$$\boxed{\frac{\partial^2 f}{\partial z^2} = \frac{1}{v^2}\frac{\partial^2 f}{\partial t^2},} \tag{9.2}$$

여기에서 v(이것은 전파 속력을 나타내는 것을 곧 알게 된다)의 값은 다음과 같다:

$$v = \sqrt{\frac{T}{\mu}} \tag{9.3}$$

식 9.2는 (고전적) **파동 방정식**(wave equation)으로, 이 방정식의 해는 모두 다음과 같은 꼴이다:

$$f(z,t) = g(z - vt) \tag{9.4}$$

(곧, 두 변수 z와 t가 특별히 결합한 꼴인 $u \equiv z - vt$을 변수로 하는 임의의 함수이다). 방금 그러한 함수가 z축을 따라 속력 v로 전파하는 파동을 나타냄을 배웠다.

증명:

$$\frac{\partial f}{\partial z} = \frac{dg}{du}\frac{\partial u}{\partial z} = \frac{dg}{du}, \quad \frac{\partial f}{\partial t} = \frac{dg}{du}\frac{\partial u}{\partial t} = -v\frac{dg}{du}$$

그리고

$$\frac{\partial^2 f}{\partial z^2} = \frac{\partial}{\partial z}\left(\frac{dg}{du}\right) = \frac{d^2 g}{du^2}\frac{\partial u}{\partial z} = \frac{d^2 g}{du^2},$$

$$\frac{\partial^2 f}{\partial t^2} = -v\frac{\partial}{\partial t}\left(\frac{dg}{du}\right) = -v\frac{d^2 g}{du^2}\frac{\partial u}{\partial t} = v^2\frac{d^2 g}{du^2},$$

이므로 다음과 같다.

$$\frac{d^2 g}{du^2} = \frac{\partial^2 f}{\partial z^2} = \frac{1}{v^2}\frac{\partial^2 f}{\partial t^2}$$ ■

$g(u)$는 (미분할 수 있는) 어떤 함수나 된다.[1] 흔들림이 모양을 유지한 채 실을 타고 간다면 그것은 파동방정식을 충족시킨다.

그러나, $g(z-vt)$와 같은 꼴의 함수만이 해가 되는 것은 아니다. 파동 방정식에는 v의 제곱이 들

1 파동 방정식의 해가 그렇게 많다는 게 놀라운가? 결국, 2계 상미분 방정식에는 일반적으로 선형 독립인 해가 둘 뿐인데 … 맞다. 하지만 편미분 방정식에는 그러한 규칙이 없다.

어있으므로, 속도의 부호만 바꾸면 다른 해를 만들 수 있다:

$$f(z, t) = h(z + vt) \tag{9.5}$$

이것은 물론 $-z$쪽으로 가는 파동을 나타내고, 그러한 해가 (물리적으로) 허용되는 것도 확실히 사리에 맞다. 놀라운 것은 파동방정식의 **가장 일반적인** 해는 오른쪽으로 가는 파동과 왼쪽으로 가는 파동의 합이라는 것이다:

$$f(z, t) = g(z - vt) + h(z + vt) \tag{9.6}$$

[파동방정식이 **선형**(linear)임을 눈여겨보자: 어느 두 해를 더한 것도 해가 된다.] 파동방정식의 모든 해는 이러한 꼴로 나타낼 수 있다.

단순 조화 진동자의 운동 방정식처럼 파동방정식도 물리학의 곳곳에 나타난다. 무엇인가가 진동한다면 적어도 진폭이 작을 때는 거의 틀림없이 진동자의 운동 방정식이 관련되고, 무엇인가가 파동으로 퍼져가면 (그것이 역학, 음향학, 광학 또는 해양학 그 어느 분야에 나오든) 파동방정식이 관련된다.

문제 9.1 앞에 나온 함수 f_1, f_2, f_3가 파동 방정식을 충족시키고 f_4, f_5는 그렇지 않음을 보여라.

문제 9.2 **정상파**(standing wave) $f(z, t) = A\sin(kz)\cos(kvt)$는 파동 방정식을 충족시킴을 보이고, 이것을 오른쪽과 왼쪽으로 가는 파동의 합으로 나타내라(식 9.6).

9.1.2 사인파

(i) **용어.** 모든 파동의 꼴에서 가장 낯이 익은 것은 사인파이다(까닭이 있다).

$$f(z, t) = A\cos[k(z - vt) + \delta] \tag{9.7}$$

그림 9.3은 $t = 0$일 때의 사인파를 보여준다. A는 파의 **진폭**(amplitude)이다 (이것은 양수이고, 평형위치에 대한 최대변위를 나타낸다). 코사인 함수의 변수를 **위상**(phase)이라고 하고, δ는 **위상상수**(phase constant)이다 [명백히 δ에 2π의 정수배를 더해도 $f(z, t)$는 달라지지 않는다; 보통 $0 \le \delta < 2\pi$의 범위 안에 있는 값을 쓴다]. $z = vt - \delta/k$인 곳에서는 위상이 0임을 눈여겨보라; 이것을 **봉우리**(central maximum)라 하자. $\delta = 0$이면, 봉우리는 $t = 0$일 때 원점을 지난다;

더 일반적으로 δ/k는 봉우리가(따라서 파동 전체가) "뒤처진" 거리이다. 끝으로 k는 **파수**(wave number)로서, **파장**(wavelength) λ와는 다음 관계가 있다.

$$\lambda = \frac{2\pi}{k} \tag{9.8}$$

그 까닭은 z가 $2\pi/k$만큼 진행하면 코사인 함수는 완전히 한 번 순환하기 때문이다.

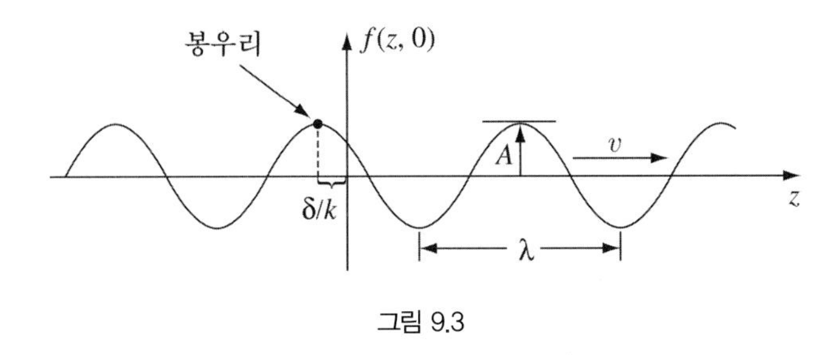

그림 9.3

시간이 지나면 온 파동이 속력 v로 오른쪽으로 간다. 어느 한 곳 z에서 줄은 위아래로 진동하는데, 한 번 온전히 순환하는 **주기**(period)는 다음과 같다.

$$T = \frac{\lambda}{v} \tag{9.9}$$

이다. **진동수**(frequency; 단위시간 동안 진동하는 횟수) ν는 다음과 같다.

$$\nu = \frac{1}{T} = \frac{v}{\lambda} \tag{9.10}$$

각진동수(angular frequency)는 ω로 많이 쓰는데, 진동에 등속 원운동을 대응시켜 진동수를 단위시간에 도는 각도로 바꾸어 라디안(radian) 단위로 나타낸 것이다.[2]

$$\omega = 2\pi\nu = kv \text{ 따라서 } \boxed{\omega = kv} \tag{9.11}$$

보통 사인 파동(식 9.7)은 v보다는 ω를 써서 나타내는 것이 낫다:

$$f(z,t) = A\cos(kz - \omega t + \delta) \tag{9.12}$$

파수가 k, (각) 진동수가 ω인 사인 진동이 왼쪽으로 간다면 파동함수는 다음과 같이 쓸 수

2 $\omega = kv$를 네모꼴로 두른 까닭은 파수(또는 파장)과 주파수(v 또는 ω)의 관계는 근본적이므로 기억할만한 이름이 있어야 하기 때문이다. 본질적으로 같은 착상을 여러 가지로 표현할 수 있다: $v\lambda = v$, $\omega\lambda = 2\pi v$, 등.

있다:

$$f(z,t) = A\cos(kz + \omega t - \delta) \tag{9.13}$$

위상 상수의 부호는 앞에서 δ/k를 파동이 "뒤쳐진" 거리를 나타내기로 한 것에 맞추어 정했다 (이제는 파동이 **왼쪽으로** 가므로, 파동이 뒤쳐진다는 것은 **오른쪽으로** 간 것을 뜻한다). $t = 0$에는 파동은 그림 9.4처럼 보인다. 코사인 함수는 대칭함수이므로 식 9.13을 다음과 같이 써도 된다:

$$f(z,t) = A\cos(-kz - \omega t + \delta) \tag{9.14}$$

식 9.12와 비교하면 **k의 부호만 바꾸면** 진폭, 위상상수, 진동수, 파장이 모두 같지만 반대쪽으로 가는 파동이 됨을 알 수 있다.

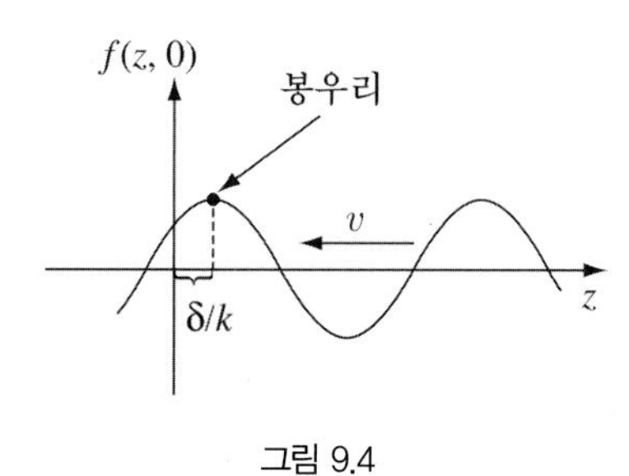

그림 9.4

(ii) 복소수 표기법. 유명한 **오일러 공식**(Euler's formula)

$$e^{i\theta} = \cos\theta + i\sin\theta \tag{9.15}$$

를 쓰면 사인 파동(식 9.12)은 다음과 같이 쓸 수 있다:

$$f(z,t) = \text{Re}\left[Ae^{i(kz-\omega t+\delta)}\right] \tag{9.16}$$

여기에서 $\text{Re}(\xi)$는 복소수 ξ의 실수부분을 나타낸다. 이로부터 **복소 파동함수**(complex wave function)를 도입할 수 있다.

$$\tilde{f}(z,t) \equiv \tilde{A}e^{i(kz-\omega t)} \tag{9.17}$$

여기에서 **복소 진폭**(complex amplitude) $\tilde{A} \equiv Ae^{i\delta}$에 위상상수를 포함시켰다. 실제의 파동함수는 $\tilde{f}$의 실수부이다:

$$f(z,t) = \text{Re}[\tilde{f}(z,t)] \tag{9.18}$$

$\tilde{f}$를 알면 f는 바로 알 수 있다; 복소 기호를 쓰면 좋은 점은 지수함수가 사인 함수나 코사인 함

수 보다 다루기 쉽다는 것이다.

예제 9.1

두 사인 파동을 더한다고 하자:

$$f_3 = f_1 + f_2 = \mathrm{Re}(\tilde{f}_1) + \mathrm{Re}(\tilde{f}_2) = \mathrm{Re}(\tilde{f}_1 + \tilde{f}_2) = \mathrm{Re}(\tilde{f}_3)$$

여기에서 $\tilde{f}_3 = \tilde{f}_1 + \tilde{f}_2$이다. 단순히 두 파동에 대응되는 **복소** 파동 함수를 더한 다음, 실수부만 빼내면 된다. 특히 두 파동의 진동수와 파수가 같으면

$$\tilde{f}_3 = \tilde{A}_1 e^{i(kz-\omega t)} + \tilde{A}_2 e^{i(kz-\omega t)} = \tilde{A}_3 e^{i(kz-\omega t)}$$

이다. 여기에서

$$\tilde{A}_3 = \tilde{A}_1 + \tilde{A}_2, \text{ 또는 } A_3 e^{i\delta_3} = A_1 e^{i\delta_1} + A_2 e^{i\delta_2} \tag{9.19}$$

이다. 다시 말해 (복소) 진폭만 더해주면 된다. 결합된 파동도 진동수와 파장이 같다:

$$f_3(z, t) = A_3 \cos(kz - \omega t + \delta_3)$$

그리고 식 9.19에서 A_3와 δ_3를 쉽게 알아낼 수 있다(문제 9.3). 이것을 복소 기호를 쓰지 말고 해보라 – 삼각함수 항등식을 찾아야 하고, 까다로운 수식을 다루어야 할 것이다.

경고: 복소 표기법은 사인 함수를 더할 때는 아주 좋다.

$$\mathrm{Re}(\tilde{f}_1 + \tilde{f}_2) = \mathrm{Re}(\tilde{f}_1) + \mathrm{Re}(\tilde{f}_2).$$

하지만 이를 곱할 때는 별 쓸모가 없다.

$$\mathrm{Re}(\tilde{f}_1 \cdot \tilde{f}_2) \neq \mathrm{Re}(\tilde{f}_1) \cdot \mathrm{Re}(\tilde{f}_2).$$

그러므로, 2차항으로 된 양(예: 에너지)을 보면 조심하라. 특수한 경우를 다루는 요령이 있지만 (문제 9.12 참조), 안전한 방법은 실수 표기법으로 돌아가는 것이다.

(iii) 사인파의 선형중첩. 식 9.17의 사인 함수는 특별한 모양의 파동이지만, 사인 파동을 겹치면 어떤 파동이든 만들 수 있다:

$$\tilde{f}(z,t) = \int_{-\infty}^{\infty} \tilde{A}(k) e^{i(kz-\omega t)}\, dk \tag{9.20}$$

여기에서 ω는 k의 함수이고(식 9.11), k값의 범위를 음수까지 잡아 양쪽으로 가는 파동이 모두 들어가게 했다.[3]

$\tilde{A}(k)$를 초기조건 $f(z,0)$와 $\dot{f}(z,0)$로 나타내는 공식은 푸리에 변환 이론을 써서 얻을 수 있다(문제 9.34를 보라). 그러나 자세한 내용은 여기서 다루기에 적당하지 않다. 요점은 어떤 파동도 사인 파동이 겹쳐진 것으로 나타낼 수 있으므로 사인 파동의 특성을 알면, 원리적으로는 모든 파동의 특성을 아는 셈이 된다. 그래서 이제부터는 사인 파동에 초점을 맞추겠다.

문제 9.3 식 9.19를 써서 A_3와 δ_3을 $A_1, A_2, \delta_1, \delta_2$로 나타내라.

문제 9.4 변수 분리법을 써서 파동 방정식으로부터 곧바로 식 9.20을 끌어내라.

9.1.3 경계조건: 반사와 투과

지금까지는 줄이 아주 길다고 – 또는 아주 길어서 파동이 줄의 끝에 이르면 어떻게 되는가 걱정할 필요가 없다고 가정했다. 실제로는 줄 끝을 어떻게 매는가 – 다시 말해 경계조건 – 에 따라서 달라진다. 예를 들어 줄이 다른 줄에 매어져 있다고 하자. 양쪽 줄이 장력 T는 같지만, 단위 길이의 질량 μ는 다르므로 파동의 속도 v_1과 v_2가 달라진다 ($v = \sqrt{T/\mu}$임을 기억하라). 편의상 매듭이 $z = 0$에 있고 파동이 왼쪽에서 들어오면 **입사파동**(incident wave)

$$\tilde{f}_{\text{입사}}(z,t) = \tilde{A}_{\text{입사}} e^{i(k_1 z-\omega t)}, \quad (z<0) \tag{9.21}$$

은 줄 1을 따라 되돌아가는 **반사 파동**(reflected wave)

$$\tilde{f}_{\text{반사}}(z,t) = \tilde{A}_{\text{반사}} e^{i(-k_1 z-\omega t)}, \quad (z<0) \tag{9.22}$$

과 줄 2를 따라 계속 오른쪽으로 가는 **투과 파동**(transmitted wave)

$$\tilde{f}_{\text{투과}}(z,t) = \tilde{A}_{\text{투과}} e^{i(k_2 z-\omega t)}, \quad (z>0) \tag{9.23}$$

---

3 그렇다고 λ와 ω가 음수가 되는 것은 아니다 – 파장과 진동수는 늘 양수이다. 파수가 음수라면, 식 9.8과 9.11은 $\lambda = 2\pi/|k|$와 $\omega = |k|v$로 써야 한다.

을 만든다.

입사 파동 $f_{입사}(z, t)$는 (원리적으로는) 사인 진동이 $z = -\infty$까지 뻗친 것으로, 그 진동을 과거 모든 시간 내내 계속해 온 것이다. 이것은 $f_{반사}$와 $f_{투과}$도 같다(물론, 투과 파동은 $z = +\infty$까지 뻗쳐 있다). 실의 모든 부분은 같은 진동수 ω로 진동한다 ($z = -\infty$에 있는 사람이 줄을 흔드는 진동수이다). 그렇지만 두 줄에서 파동의 속도가 다르므로 파장과 파수는 다르다:

$$\frac{\lambda_1}{\lambda_2} = \frac{k_2}{k_1} = \frac{v_1}{v_2} \tag{9.24}$$

물론 이 상황은 자연스럽지 않다 – 더구나 입사 파동과 반사 파동이 똑같은 줄에서 아주 먼 곳까지 퍼져있으면 관찰자가 구별하기도 힘들다. 그러므로 그림 9.5에 보인 것처럼 짧은 펄스가 들어오는 것을 생각하는 것이 낫다 (문제 9.5). 문제는 짧은 펄스는 참된 사인 파동은 아니라는 것이다. 그림 9.5의 파동은 사인 파동처럼 보이지만 실제로는 아니다: 사인 파동의 조각을 전혀 다른 함수(즉 $f = 0$)에 이어 놓은 것이다. 이 펄스는 다른 파동과 마찬가지로 참된 사인 파동을 겹쳐서 만들 수 있지만(식 9.20), 온갖 진동수의 파동을 겹쳐야 한다. 입사 파동의 진동수를 (전자기파에서 하듯이) 단 하나로 만들려면 파동이 한없이 길게 뻗도록 해야 한다. (실제로는 여러 번 진동하는 긴 펄스를 쓰면, 진동수가 하나인 이상적인 파동에 가까워진다.)

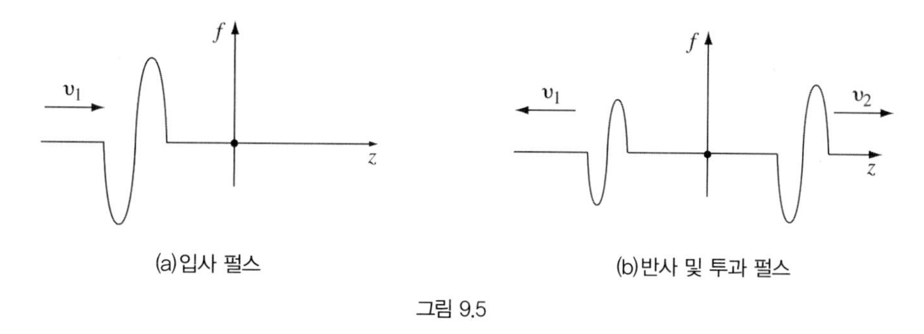

(a)입사 펄스 (b)반사 및 투과 펄스

그림 9.5

사인 파동이 들어오면 줄의 알짜 흔들림은 다음과 같다:

$$\tilde{f}(z,t) = \begin{cases} \tilde{A}_{입사}\, e^{i(k_1 z - \omega t)} + \tilde{A}_{반사} e^{i(-k_1 z - \omega t)}, & z < 0\text{일 때}, \\ \tilde{A}_{투과}\, e^{i(k_2 z - \omega t)}, & z > 0\text{일 때}. \end{cases} \tag{9.25}$$

매듭($z = 0$)에서는 왼쪽($z = 0^-$)의 변위가 오른쪽($z = 0^+$)의 변위와 같아야 한다. 그렇지 않으면 두 줄 사이가 끊긴다. 수학적으로 표현하면 $f(z, t)$는 $z = 0$에서 연속이다:

$$f(0^-, t) = f(0^+, t) \tag{9.26}$$

매듭 자체의 질량을 무시할 수 있으면 f의 도함수도 연속이어야 한다:

$$\left.\frac{\partial f}{\partial z}\right|_{0^-} = \left.\frac{\partial f}{\partial z}\right|_{0^+} \tag{9.27}$$

그렇지 않으면 매듭이 알짜 힘을 받아 가속도가 한없이 커진다(그림 9.6). 이 경계조건은 실수 파동함수 $f(z, t)$에 적용된다. 그러나 $\tilde{f}$의 허수부분은 실수부분의 코사인을 사인으로 바꾼 것이므로(식 9.15), 복소 파동함수 $\tilde{f}(z, t)$에도 똑같이 적용된다.

$$\tilde{f}(0^-, t) = \tilde{f}(0^+, t), \quad \left.\frac{\partial \tilde{f}}{\partial z}\right|_{0^-} = \left.\frac{\partial \tilde{f}}{\partial z}\right|_{0^+} \tag{9.28}$$

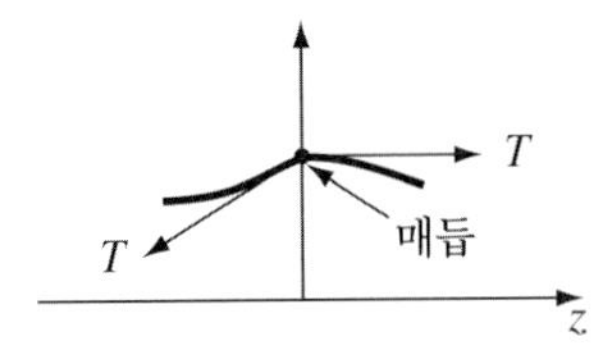

(a) 기울기가 불연속일 때: 매듭이 힘을 받음

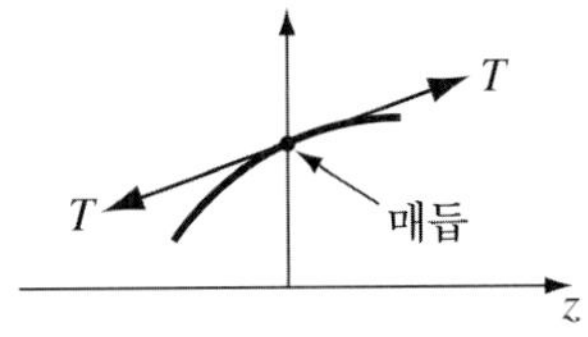

(b) 기울기가 연속일 때: 매듭이 힘을 받지 않음

그림 9.6

이 경계조건을 식 9.25에 쓰면 투과 및 반사 파동의 진폭($\tilde{A}_{반사}$과 $\tilde{A}_{투과}$)이 입사 파동의 진폭($\tilde{A}_{입사}$)에 따라 결정된다.

$$\tilde{A}_{입사} + \tilde{A}_{반사} = \tilde{A}_{투과}, \quad k_1(\tilde{A}_{입사} - \tilde{A}_{반사}) = k_2\tilde{A}_{투과}$$

이로부터 다음 결과를 얻는다.

$$\tilde{A}_{반사} = \left(\frac{k_1 - k_2}{k_1 + k_2}\right)\tilde{A}_{입사}, \quad \tilde{A}_{투과} = \left(\frac{2k_1}{k_1 + k_2}\right)\tilde{A}_{입사} \tag{9.29}$$

또는 속도(식 9.24)를 써서 나타내면 다음과 같다.

$$\tilde{A}_{반사} = \left(\frac{v_2 - v_1}{v_2 + v_1}\right)\tilde{A}_{입사}, \quad \tilde{A}_{투과} = \left(\frac{2v_2}{v_2 + v_1}\right)\tilde{A}_{입사} \tag{9.30}$$

따라서, 실수 진폭과 위상은 다음 관계가 있다.

$$A_{반사}e^{i\delta_{반사}} = \left(\frac{v_2 - v_1}{v_2 + v_1}\right)A_{입사}e^{i\delta_{입사}}, \; A_{투과}e^{i\delta_{투과}} = \left(\frac{2v_2}{v_2 + v_1}\right)A_{입사}e^{i\delta_{입사}} \tag{9.31}$$

둘째 줄이 첫째 줄보다 가벼우면($\mu_2 < \mu_1$, 따라서 $v_2 > v_1$), 세 파동 모두 위상각이 같고($\delta_{반사} = \delta_{투과} = \delta_{입사}$), 반사 및 투과 파동의 진폭은 다음과 같다.

$$A_{반사} = \left(\frac{v_2 - v_1}{v_2 + v_1}\right) A_{입사}, \quad A_{투과} = \left(\frac{2v_2}{v_2 + v_1}\right) A_{입사} \tag{9.32}$$

둘째 줄이 첫째 줄보다 무거우면($v_2 < v_1$), 반사 파동은 위상이 180° 어긋난다($\delta_{반사} + \pi = \delta_{투과} = \delta_{입사}$). 다시 말해,

$$\cos(-k_1 z - \omega t + \delta_{입사} - \pi) = -\cos(-k_1 z - \omega t + \delta_{입사})$$

이므로 반사 파동은 "뒤집힌다." 이 경우 진폭은 다음과 같다.

$$A_{반사} = \left(\frac{v_1 - v_2}{v_2 + v_1}\right) A_{입사}, \quad A_{투과} = \left(\frac{2v_2}{v_2 + v_1}\right) A_{입사} \tag{9.33}$$

특히 둘째 줄이 아주 무거우면 – 또는 이것과 같은 것인데, 첫째 줄의 끝이 고정되어 있으면 – 다음과 같아진다.

$$A_{반사} = A_{입사}, \quad A_{투과} = 0$$

이때는 당연히 투과 파동이 없다 – 모두 반사 된다.

! **문제 9.5** 모양이 $g_{입사}(z - v_1 t)$인 파동을 줄 1을 따라 보낸다. 그러면 반사 파동 $h_{반사}(z + v_1 t)$와 투과 파동 $g_{투과}(z - v_2 t)$가 생겨난다. 식 9.26과 9.27의 경계조건을 써서 $h_{반사}$와 $g_{투과}$를 구하라.

문제 9.6

(a) 두 줄을 이은 매듭의 질량이 m이고 장력이 T일 때, 식 9.27을 바꿔칠 수 있는 경계조건을 정하라.

(b) 매듭의 질량이 m이고 둘째 줄의 질량이 0일 때, 반사 파동과 투과 파동의 위상과 진폭을 구하라.

! **문제 9.7** 둘째 줄을 점성이 있는 매질(물과 같은) 속에 담가두면, 그 줄은 (수직방향) 속력에 비례하는 마찰력을 받는다.

$$\Delta F_{끌림} = -\gamma \frac{\partial f}{\partial t} \Delta z$$

(a) 줄의 운동을 기술하는 수정된 파동방정식을 끌어내라.

(b) 줄이 입사 파동의 진동수 ω로 진동한다고 하고, 이 방정식을 풀어라. 즉, $\tilde{f}(z, t) = e^{-i\omega t}\tilde{F}(z)$꼴의 해를 찾아보라.

(c) 그 파동이 **감쇠됨**(attenuated)(z가 커질수록 진폭이 줄어듦)을 보여라. 진폭이 애초의 값의 $1/e$ 배로 줄어드는 거리인 고유 침투 거리를 γ, T, μ, ω의 함수로 구하라.

(d) 진폭 $A_{입사}$, 위상 $\delta_{입사}=0$, 진동수 ω인 파동이 왼쪽에서 들어올 때(첫째 줄), 반사 파동의 진폭과 위상을 구하라.

9.1.4 편광

줄을 위아래로 흔들 때 줄을 따라 가는 파동을 **수직파**(transverse wave)라고 하는데, 그 까닭은 줄이 흔들리는 방향이 파동의 진행방향과 수직이기 때문이다. 줄의 탄성이 좋으면 줄을 조금 당겨 **압축** 파동을 만들어낼 수 있고, 줄로는 압축파를 보기가 힘들지만 용수철 줄을 쓰면 더 잘 볼 수 있다 (그림 9.7). 이 파를 **평행파**(longitudinal wave)라고 하는데, 그 까닭은 줄의 진동방향이 파동의 진행 방향과 같기 때문이다. 소리는 공기의 압축 파동이므로 평행파이고 전자기파는 곧 알게 되듯이 수직파이다.

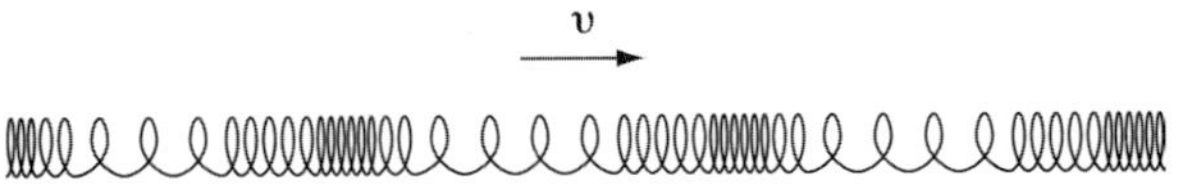

v

그림 9.7

진행방향에 수직인 방향은 둘이므로, 수직파에는 독립적인 **편광**(polarization) 상태가 둘이다: 줄을 위아래로 흔들면, 줄의 변위는 다음과 같다("수직" 편광 – 그림 9.8a):

$$\tilde{\mathbf{f}}_{수직}(z,t)=\tilde{A}e^{i(kz-\omega t)}\,\hat{\mathbf{x}} \tag{9.34}$$

좌우로 흔들면, 줄의 변위는 다음과 같다("수평" 편광 – 그림 9.8b).

$$\tilde{\mathbf{f}}_{수평}(z,t)=\tilde{A}e^{i(kz-\omega t)}\,\hat{\mathbf{y}} \tag{9.35}$$

xy평면 위의 어느 방향 $\hat{\mathbf{n}}$으로 흔들면, 줄의 변위는 다음과 같다(그림 9.8c).

$$\tilde{\mathbf{f}}(z,t)=\tilde{A}e^{i(kz-\omega t)}\,\hat{\mathbf{n}} \tag{9.36}$$

$\hat{\mathbf{n}}$은 **편광벡터**(polarization vector)로서 진동면을 정의한다.[4] 줄파동은 수직파이므로 $\hat{\mathbf{n}}$은 진행방향과 수직이다.

4 $\hat{\mathbf{n}}$의 부호는 바꿀 수 있는데, 그러면 위상상수에 180°를 더해주어야 한다. 왜냐하면 두 연산 모두 파동의 진동방향을 뒤집기 때문이다.

$$\hat{\mathbf{n}} \cdot \hat{\mathbf{z}} = 0 \tag{9.37}$$

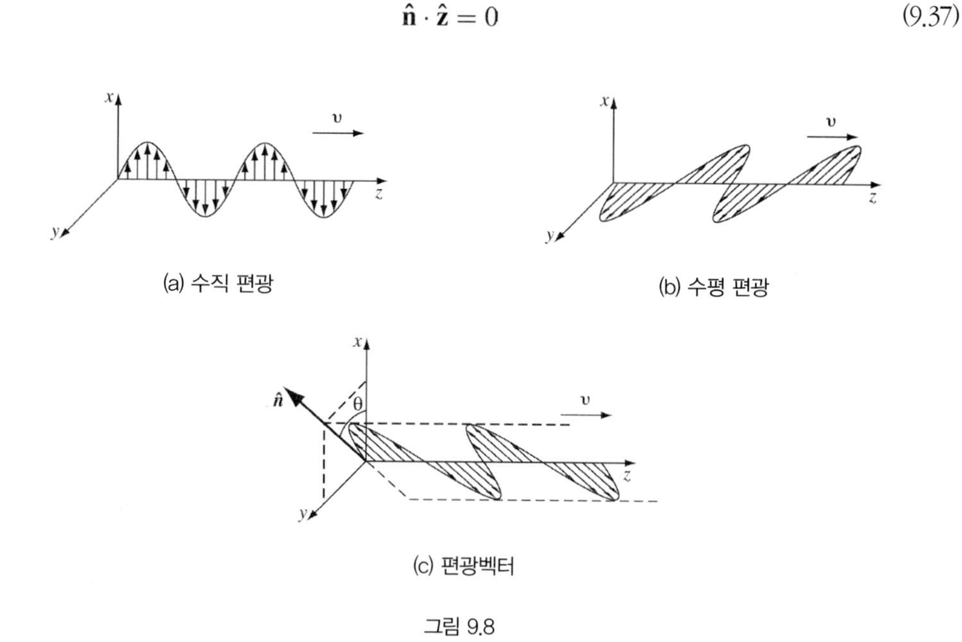

그림 9.8

편광벡터 $\hat{\mathbf{n}}$을 **편광각**(polarization angle) θ를 써서 나타내면 다음과 같다.

$$\hat{\mathbf{n}} = \cos\theta\,\hat{\mathbf{x}} + \sin\theta\,\hat{\mathbf{y}} \tag{9.38}$$

따라서 그림 9.8c의 파동은 파동 두 개 – 수평 파동과 수직 파동-를 겹친 것으로 볼 수 있다.

$$\tilde{\mathbf{f}}(z,t) = (\tilde{A}\cos\theta)e^{i(kz-\omega t)}\,\hat{\mathbf{x}} + (\tilde{A}\sin\theta)e^{i(kz-\omega t)}\,\hat{\mathbf{y}} \tag{9.39}$$

문제 9.8 식 9.36은 가장 일반적인 **선편광**(linearly polarized) 줄파동을 나타낸다. 위상이 같은 수직 및 수평 편광을 결합시키면 선(또는 "평면") 편광(줄이 흔들리는 방향이 상수 벡터 $\hat{\mathbf{n}}$와 나란하다)이 된다(식 9.39). 만일 편광 방향이 직교하는 두 성분의 진폭이 같고 **위상이 90° 어긋나면**(가령, $\delta_{수직} = 0$, $\delta_{수평} = 90°$), 겹쳐진 파동은 원편광 파동이 된다.

(a) 한 점 z에서 볼 때 그곳의 줄이 z축에 대해 원운동하고 있음을 밝혀라. 축 위에서 원점 쪽을 쳐다볼 때 움직이는 방향이 **시침방향**인가 또는 **반시침방향**인가? 어떻게 하면 이와 반대쪽으로 움직이게 할 수 있을까? [광학에서는 시계방향이면 **오른손 원편광**(right circular polarization), 그 반대쪽이면 **왼손 원편광**(left circular polarization)이라고 한다.][5]

(b) 시각 $t = 0$에서의 줄의 모양을 그려 보아라.

(c) 원편광 파동을 만들려면 줄을 어떻게 흔들어야 할까?

---

5 벡터 $\hat{\mathbf{n}}$을 복소수로 만들면 원편광을 멋지게 나타낼 수 있지만, 여기에서는 쓰지 않는다.

9.2 진공에서의 전자기파

9.2.1 E와 B에 대한 파동 방정식

전류와 전하가 없는 곳의 맥스웰 방정식은 다음과 같다.

$$\left.\begin{aligned} &\text{(i)} \quad \nabla\cdot\mathbf{E}=0, \quad \text{(iii)} \quad \nabla\times\mathbf{E}=-\frac{\partial\mathbf{B}}{\partial t}, \\ &\text{(ii)} \quad \nabla\cdot\mathbf{B}=0, \quad \text{(iv)} \quad \nabla\times\mathbf{B}=\mu_0\epsilon_0\frac{\partial\mathbf{E}}{\partial t}. \end{aligned}\right\} \tag{9.40}$$

이 식들은 **E**와 **B**에 대한 연립 1계 편미분방정식이다. **E**와 **B**를 떼어내려면 회전 연산자를 식(iii)과 식(iv)에 작용시킨다:

$$\nabla\times(\nabla\times\mathbf{E})=\nabla(\nabla\cdot\mathbf{E})-\nabla^2\mathbf{E}=\nabla\times\left(-\frac{\partial\mathbf{B}}{\partial t}\right)$$

$$=-\frac{\partial}{\partial t}(\nabla\times\mathbf{B})=-\mu_0\epsilon_0\frac{\partial^2\mathbf{E}}{\partial t^2}$$

$$\nabla\times(\nabla\times\mathbf{B})=\nabla(\nabla\cdot\mathbf{B})-\nabla^2\mathbf{B}=\nabla\times\left(\mu_0\epsilon_0\frac{\partial\mathbf{E}}{\partial t}\right)$$

$$=\mu_0\epsilon_0\frac{\partial}{\partial t}(\nabla\times\mathbf{E})=-\mu_0\epsilon_0\frac{\partial^2\mathbf{B}}{\partial t^2}$$

그런데 $\nabla\cdot\mathbf{E}=0$이고 $\nabla\cdot\mathbf{B}=0$이므로 다음 결과를 얻는다.

$$\boxed{\nabla^2\mathbf{E}=\mu_0\epsilon_0\frac{\partial^2\mathbf{E}}{\partial t^2}, \quad \nabla^2\mathbf{B}=\mu_0\epsilon_0\frac{\partial^2\mathbf{B}}{\partial t^2}.} \tag{9.41}$$

이제는 **E**와 **B**가 떨어졌지만 2계 미분방정식이 되었으므로 그 값을 치른 셈이다.

진공에서는 **E**와 **B**의 직각좌표 성분이 **삼차원 파동 방정식**(three-dimensional wave equation)을 충족시킨다:

$$\nabla^2 f=\frac{1}{v^2}\frac{\partial^2 f}{\partial t^2}$$

(이것은 식 9.2에서 $\partial^2 f/\partial z^2$이 자연스럽게 일반화한 ∇^2으로 바뀌었을 뿐 내용은 같다.) 따라서 맥스웰 방정식은 진공에서 전자기파가 퍼져갈 수 있으며, 그 속도는 다음과 같음을 뜻한다:

$$v = \frac{1}{\sqrt{\epsilon_0 \mu_0}} = 3.00 \times 10^8 \text{ m/s} \tag{9.42}$$

그런데 이 값은 빛의 속력 c와 똑같다.

$$\boxed{c = \frac{1}{\sqrt{\epsilon_0 \mu_0}}} \tag{9.43}$$

이것이 뜻하는 바는 놀라운 것이다: 아마도 빛은 전자기파의 일종일 것이다.[6] 물론 지금은 아무도 이 결론에 놀라지 않지만, 맥스웰이 살던 때에는 이것이 얼마나 엄청난 계시였을 것인지 상상해 보라! ϵ_0와 μ_0가 처음에 어떻게 이론으로 들어 왔는가를 기억하라: ϵ_0는 쿨롱 법칙에서, μ_0는 비오-사바르 법칙에서 나온 상수이다. 이러한 값들은 전하를 띤 공, 전지, 도선 등을 쓰는 – 빛과는 전혀 상관없는 – 실험에서 잰다. 그런데 맥스웰 이론에 따르면 이 두 값을 써서 빛의 속력을 셈할 수 있다. 앙페르-맥스웰 법칙에 있는 맥스웰 항($\mu_0\epsilon_0\partial\mathbf{E}/\partial t$)이 아주 중요한 구실을 함을 눈여겨보라; 이 항이 없으면 파동방정식이 나타나지 않을 것이고, 빛의 전자기 이론도 없을 것이다.

9.2.2 단색 평면파

§9.1.2에서 설명한 이유로 앞으로는 진동수 ω인 사인 파동에 집중한다. 그러한 파동을 **단색**(monochromatic) 파동이라고 하는데, 그 까닭은 가시광 영역의 전자기파는 진동수가 다르면 색깔이 다른 빛이 되기 때문이다 (표 9.1). 그리고 파동이 z쪽으로 가고 x나 y쪽으로는 변화가 없다고 하자; 이러한 파동을 **평면파**(plane waves)라고 한다.[7] 그 까닭은 진행 방향에 수직인 평면 전체에서 전자기장의 크기와 방향이 같기 때문이다 (그림 9.9). 그러면 다음과 같은 꼴의 전자기장을 살펴보아야 한다:

$$\tilde{\mathbf{E}}(z,t) = \tilde{\mathbf{E}}_0 e^{i(kz-\omega t)}, \quad \tilde{\mathbf{B}}(z,t) = \tilde{\mathbf{B}}_0 e^{i(kz-\omega t)} \tag{9.44}$$

---

6 맥스웰 자신은 이렇게 말했다: "빛은 전자기 현상의 원인인 매질의 수직방향 흔들림이라고 추론할 수밖에 없다." 다음 책을 보라: Ivan Tolsky, *James Clerk Maxwell, A Biography* (Chicago: University Press, 1983).

7 구면파에 관한 이 책 수준의 설명은 다음을 보라: J. R. Reitz, F. J. Milford, R. W. Christy, *Foundation of Electromagnetic Theory*, 3판 (Reading, MA: Addison-Wesley, 1979), §17-5. 또는 문제 9.37을 풀어보라. 물론 파장이 파면의 곡률 반지름 보다 훨씬 작기만 하면 모든 파동이 아주 작은 영역에서는 본질적으로 평면파이다

전자기파 스펙트럼		
진동수(Hz)	종류	파장 (m)
10^{22}		10^{-13}
10^{21}	감마선	10^{-12}
10^{20}		10^{-11}
10^{19}		10^{-10}
10^{18}	엑스선	10^{-9}
10^{17}		10^{-8}
10^{16}	자외선	10^{-7}
10^{15}	가시광	10^{-6}
10^{14}	적외선	10^{-5}
10^{13}		10^{-4}
10^{12}		10^{-3}
10^{11}		10^{-2}
10^{10}	극초단파	10^{-1}
10^{9}		1
10^{8}	텔레비전, 에프엠(FM)	10
10^{7}		10^{2}
10^{6}	에이엠(AM)	10^{3}
10^{5}		10^{4}
10^{4}	라디오파	10^{5}
10^{3}		10^{6}

가시광 영역		
진동수(Hz)	색	파장 (m)
1.0×10^{15}	근자외선	3.0×10^{-7}
7.5×10^{14}	파장이 가장 짧은 청색	4.0×10^{-7}
6.5×10^{14}	청색	4.6×10^{-7}
5.6×10^{14}	녹색	5.4×10^{-7}
5.1×10^{14}	황색	5.9×10^{-7}
4.9×10^{14}	귤색	6.1×10^{-7}
3.9×10^{14}	파장이 가장 긴 적색	7.6×10^{-7}
3.0×10^{14}	근적외선	1.0×10^{-6}

표 9.1

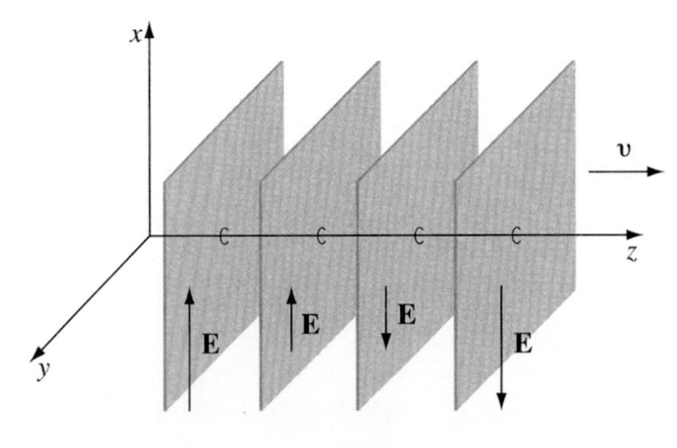

그림 9.9

여기에서 $\tilde{\mathbf{E}}_0$와 $\tilde{\mathbf{B}}_0$는 (복소) 진폭이고, $\omega = ck$이다 (물론 물리적 전자기장은 $\tilde{\mathbf{E}}$와 $\tilde{\mathbf{B}}$의 실수부이다).

E와 **B**에 대한 파동 방정식(식 9.41)은 맥스웰 방정식에서 나왔다. (진공에서의) 맥스웰 방정식의 해는 모두 파동 방정식을 충족시키지만, 그 역은 참이 아니다; 맥스웰 방정식은 $\tilde{\mathbf{E}}_0$와 $\tilde{\mathbf{B}}_0$에 조건을 덧붙인다. 특히 $\nabla \cdot \mathbf{E} = 0$이고 $\nabla \cdot \mathbf{B} = 0$이므로 다음 식이 성립해야 한다:[8]

$$(\tilde{E}_0)_z = (\tilde{B}_0)_z = 0 \tag{9.45}$$

즉, 전자기파는 수직파이다: 전기장과 자기장은 진행방향에 수직이다. 또한 패러데이 법칙 $\nabla \times \mathbf{E} = -\partial \mathbf{B}/\partial t$때문에 전기장과 자기장 진폭은 다음 관계가 있다.

$$-k(\tilde{E}_0)_y = \omega(\tilde{B}_0)_x, \quad k(\tilde{E}_0)_x = \omega(\tilde{B}_0)_y \tag{9.46}$$

좀 더 간결하게 쓰면 다음과 같다.

$$\tilde{\mathbf{B}}_0 = \frac{k}{\omega}(\hat{\mathbf{z}} \times \tilde{\mathbf{E}}_0) \tag{9.47}$$

분명히 **E**와 **B**는 위상은 같고 서로 직교하며, 진행 방향(여기에서는 z 쪽)과도 직교한다; 따라서 이들의 (0이 아닌) 성분은 하나씩 뿐이다. 이들의 (실수)진폭은 다음 관계가 있다.

$$B_0 = \frac{k}{\omega}E_0 = \frac{1}{c}E_0 \tag{9.48}$$

맥스웰 방정식의 넷째 식 $\nabla \times \mathbf{B} = \mu_0\epsilon_0 (\partial \mathbf{E}/\partial t)$는 새로운 조건을 만들어내지는 않고 식 9.46이 다시 나온다.

예제 9.2

E가 x쪽이면 **B**는 y쪽을 가리킨다(식 9.47).

$$\tilde{\mathbf{E}}(z,t) = \tilde{E}_0 e^{i(kz-\omega t)}\hat{\mathbf{x}}, \quad \tilde{\mathbf{B}}(z,t) = \frac{1}{c}\tilde{E}_0 e^{i(kz-\omega t)}\hat{\mathbf{y}}$$

또는 (실수부를 잡으면) 다음과 같다.

---

8 $\tilde{\mathbf{E}}$의 실수부와 허수부가 다른 점은 코사인 함수가 사인 함수로 바뀌는 것일 뿐이므로, 어느 한 쪽이 맥스웰 방정식의 해이면 다른 쪽도 해이며, 따라서 $\tilde{\mathbf{E}}$도 해이다.

$$\mathbf{E}(z,t) = E_0 \cos(kz - \omega t + \delta)\,\hat{\mathbf{x}}, \quad \mathbf{B}(z,t) = \frac{1}{c} E_0 \cos(kz - \omega t + \delta)\,\hat{\mathbf{y}}. \tag{9.49}$$

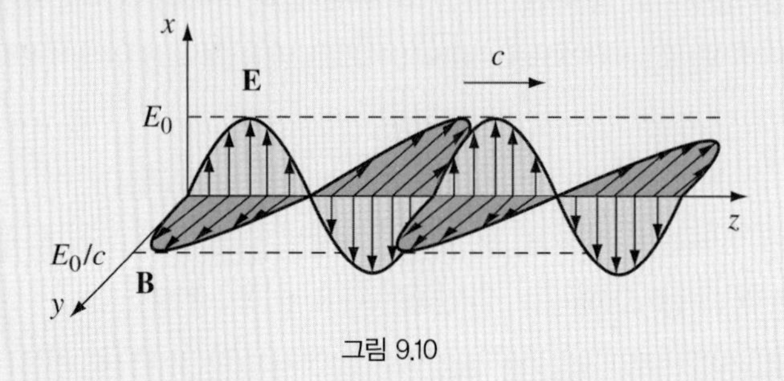

그림 9.10

이것이 단색 평면파를 기술하는 기본양식이다 (그림 9.10을 보라). 이 파동은 x쪽 편광이라고 한다 (전자기파의 편광방향은 $\mathbf{E}$의 방향에 따라 정한다).

물론 z쪽에 특별한 점은 없다 – 단색 평면파가 어느 쪽으로 가든 쉽게 일반화할 수 있다. 진행방향과 나란한 **전파벡터**(propagation vector) 또는 **파동벡터**(wave vector) $\mathbf{k}$를 도입하면 표기가 쉬워진다. 이 벡터의 크기는 파수 k이다. kz를 일반화하면 점곱 $(\mathbf{k}\cdot\mathbf{r})$이 되므로 (그림 9.11), 일반적인 전자기파는 다음과 같이 쓸 수 있다.

$$\begin{aligned} \tilde{\mathbf{E}}(\mathbf{r},t) &= \tilde{E}_0 e^{i(\mathbf{k}\cdot\mathbf{r}-\omega t)}\,\hat{\mathbf{n}}, \\ \tilde{\mathbf{B}}(\mathbf{r},t) &= \frac{1}{c}\tilde{E}_0 e^{i(\mathbf{k}\cdot\mathbf{r}-\omega t)}(\hat{\mathbf{k}}\times\hat{\mathbf{n}}) = \frac{1}{c}\hat{\mathbf{k}}\times\tilde{\mathbf{E}}, \end{aligned} \tag{9.50}$$

여기에서 $\hat{\mathbf{n}}$은 편광벡터이다. $\mathbf{E}$는 수직파이므로 다음과 같다.

$$\hat{\mathbf{n}}\cdot\hat{\mathbf{k}} = 0 \tag{9.51}$$

($\mathbf{B}$의 수직파 특성은 식 9.50에서 저절로 나온다.) 전파벡터가 $\mathbf{k}$이고 편광벡터가 $\hat{\mathbf{n}}$인 단색 평면파의 실제 (실수) 전기장과 자기장은 다음과 같다.

$$\mathbf{E}(\mathbf{r},t) = E_0 \cos(\mathbf{k}\cdot\mathbf{r} - \omega t + \delta)\,\hat{\mathbf{n}} \tag{9.52}$$

$$\mathbf{B}(\mathbf{r},t) = \frac{1}{c} E_0 \cos(\mathbf{k}\cdot\mathbf{r} - \omega t + \delta)(\hat{\mathbf{k}}\times\hat{\mathbf{n}}) \tag{9.53}$$

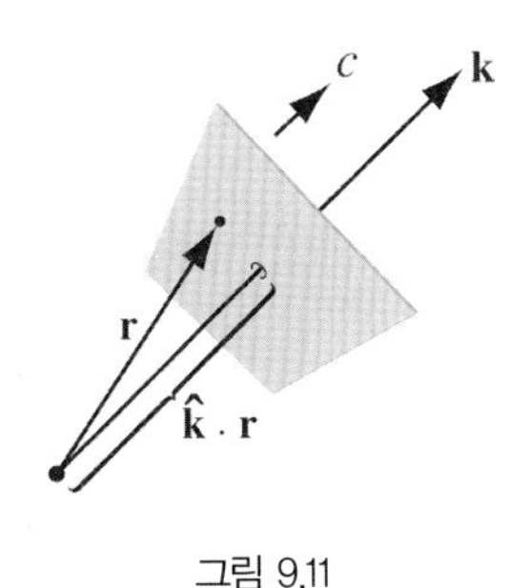

그림 9.11

문제 9.9 진폭 E_0, 진동수 ω, 위상각 0인 단색 평면파가 다음과 같을 때 전기장과 자기장의 (실수) 식을 써라: (a) $-x$쪽으로 가는 z쪽 편광; (b) 원점에서 (1, 1, 1)쪽으로 가는, xz평면과 나란한 편광. 각각의 파동을 그리고, $\mathbf{k}$와 $\hat{\mathbf{n}}$의 직각좌표 성분을 명확히 써라.

9.2.3 전자기파의 에너지와 운동량

식 8.5에 따르면 단위부피 속의 전자기장에 저장된 에너지는 다음과 같다:

$$u = \frac{1}{2}\left(\epsilon_0 E^2 + \frac{1}{\mu_0}B^2\right) \tag{9.54}$$

단색 평면파에서는 전기장과 자기장의 진폭이 다음 관계가 있다 (식 9.49 또는 9.53).[9]

$$B^2 = \frac{1}{c^2}E^2 = \mu_0\epsilon_0 E^2 \tag{9.55}$$

따라서 전기장과 자기장의 에너지가 똑같다.

$$u = \epsilon_0 E^2 = \epsilon_0 E_0^2 \cos^2(kz - \omega t + \delta) \tag{9.56}$$

파동이 가면 에너지도 함께 실려간다. 장이 수송하는 에너지 흐름률 밀도(단위 시간에 단위

9 에너지 밀도를 셈할 때는 실수 장을 썼음을 눈여겨보라. 그냥 복소 진폭을 그대로 넣어

$$\tilde{u} \equiv \frac{1}{2}(\epsilon_0\tilde{E}^2 + \frac{1}{\mu_0}\tilde{B}^2)$$

로 쓴 다음 실수부를 취하고 싶겠지만,

$$\text{Re}(\tilde{u}) = \epsilon_0 E_0^2 \cos[2(\mathbf{k}\cdot\mathbf{r} - \omega t + \delta)] \neq u$$

로 맞지 않다. 왜 그럴까?

면적을 지나가는 에너지)는 포인팅 벡터로 나타낸다 (식 8.10).

$$\mathbf{S} = \frac{1}{\mu_0}(\mathbf{E} \times \mathbf{B}) \tag{9.57}$$

z쪽으로 가는 단색 평면파의 포인팅 벡터는 다음과 같다.

$$\mathbf{S} = c\epsilon_0 E_0^2 \cos^2(kz - \omega t + \delta)\,\hat{\mathbf{z}} = cu\,\hat{\mathbf{z}} \tag{9.58}$$

S는 에너지 밀도(u)에 파동의 속도($c\,\hat{\mathbf{z}}$)를 곱한 것인데, 이것은 당연하다. 왜냐하면 넓이 A인 면을 지나가는 파동이 Δt동안 가는 거리는 $c\Delta t$이고, 따라서 그것에 실려 옮겨지는 에너지는 $uAc\Delta t$이기 때문이다 (그림 9.12). 그러므로 단위시간에 파동에 실려 단위면적을 지나 옮겨지는 에너지는 uc이다.

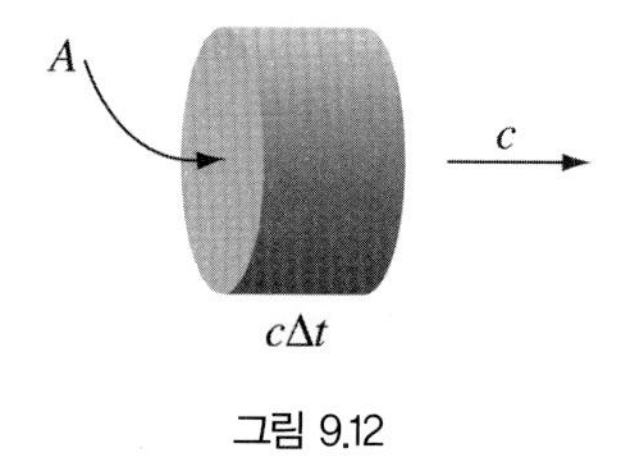

그림 9.12

전자기파에는 **에너지**와 함께 **운동량**도 실려 있다. 사실 식 8.29에서 장에 저장된 운동량 밀도는 포인팅 벡터로 표시됨을 배웠다.

$$\mathbf{g} = \frac{1}{c^2}\mathbf{S} \tag{9.59}$$

따라서 단색 평면파의 경우는 다음과 같다.

$$\mathbf{g} = \frac{1}{c}\epsilon_0 E_0^2 \cos^2(kz - \omega t + \delta)\,\hat{\mathbf{z}} = \frac{1}{c}u\,\hat{\mathbf{z}} \tag{9.60}$$

빛은 파장이 아주 짧고($\sim 5 \times 10^{-7}$ m) 주기도 순간적이어서($\sim 10^{-15}$초) 거시적으로 재는 동안 여러 번 진동한다. 그러므로 전형적인 실험에서 에너지와 운동량을 재면 시간에 대해 흔들리는 코사인 제곱항의 **평균값**을 얻는다. 코사인 제곱의 한 주기 평균값은 1/2이므로[10] 다음 결과가

---

10 $\sin^2\theta + \cos^2\theta = 1$이고, 한 주기 동안의 평균값은 $\cos^2\theta$이나 $\sin^2\theta$이나 같다. 따라서 $\langle\sin^2\rangle = \langle\cos^2\rangle = 1/2$이다. 형식을 더 갖추어 쓰면 다음과 같다:

$$\frac{1}{T}\int_0^T \cos^2(kz - 2\pi t/T + \delta)\,dt = 1/2$$

된다.

$$\langle u \rangle = \frac{1}{2}\epsilon_0 E_0^2 \tag{9.61}$$

$$\langle \mathbf{S} \rangle = \frac{1}{2}c\epsilon_0 E_0^2\,\hat{\mathbf{z}} \tag{9.62}$$

$$\langle \mathbf{g} \rangle = \frac{1}{2c}\epsilon_0 E_0^2\,\hat{\mathbf{z}} \tag{9.63}$$

꺾쇠괄호 ⟨ · ⟩는 한 주기(또는 몇 주기) 동안의 (시간)평균을 나타낸다. 전자기파가 단위면적당 실어오는 평균 일률을 **세기**(intensity)라고 한다.

$$I \equiv \langle S \rangle = \frac{1}{2}c\epsilon_0 E_0^2 \tag{9.64}$$

완전 흡수체가 빛을 받으면 그 빛에 실린 운동량이 그 면에 전달된다. Δt동안 전달되는 운동량은 (그림 9.12) $\Delta \mathbf{p} = \langle \mathbf{g} \rangle Ac\,\Delta t$이므로 **방사압력**(radiation pressure) (단위 넓이의 면이 평균적으로 받는 힘)은 다음과 같다:

$$P = \frac{1}{A}\frac{\Delta p}{\Delta t} = \frac{1}{2}\epsilon_0 E_0^2 = \frac{I}{c} \tag{9.65}$$

(완벽한 반사면이 받는 압력은 두 배이다. 왜냐하면 빛이 단순히 흡수되는 것이 아니라 반사되면서 운동량의 부호가 바뀌기 때문이다.) 이 압력이 생기는 근원은 정성적으로 다음과 같이 설명할 수 있다: 전기장(식 9.49)은 전하를 x쪽으로 구동하고, 그러면 자기장은 힘 $(q\mathbf{v} \times \mathbf{B})$을 z쪽으로 준다. 표면에 있는 모든 전하가 받는 알짜힘이 압력이 된다.[11]

문제 9.10 지구에 오는 햇빛의 세기는 약 1300 W/m² 이다. 햇빛이 완전 흡수체를 비추면, 그 면은 얼마의 압력을 받는가? 완벽한 반사체라면 어떤가? 이 값은 대기 압력의 몇 배나 될까?

문제 9.11 전하 q, 질량 m인 입자가 z쪽으로 가는 전자기파(식 9.49 – $\delta = 0$으로 잡아라.)에 반응하여 xy평면에서 자유로이 움직인다.

(a) 자기력은 무시하고, 입자의 속도를 시간의 함수로 구하라. (평균 속도는 0이라고 가정하라.)

(b) 이제 입자가 받는 자기력을 셈하라.

---

11 실제로는 조금 더 미묘하다 – 문제 9.11을 보라.

(c) 자기력의 (시간) 평균값이 0임을 보여라.

빛 압력에 대한 이 초보적인 모형의 문제점은 속도가 전자기장과 90° 위상이 어긋나는 것이다. 에너지를 흡수하려면 전하의 운동에 어떤 저항이 있어야 한다. 이제 감쇠 상수 γ인 다음과 같은 힘을 넣자: $-\gamma m\mathbf{v}$.

(d) (a)를 되풀이하라 (지수함수꼴로 감쇠하는 과도항은 무시하라). (b)를 되풀이하고, 입자가 받는 자기력의 평균값을 셈하라.[12]

문제 9.12 복소수 표기법에서 두 함수의 곱의 평균값을 얻는 아주 좋은 방법이 있다. $f(\mathbf{r}, t) = A\cos(\mathbf{k}\cdot\mathbf{r} - \omega t + \delta_a)$와 $g(\mathbf{r}, t) = B\cos(\mathbf{k}\cdot\mathbf{r} - \omega t + \delta_b)$를 생각하자. $\langle fg\rangle = (1/2)\mathrm{Re}(\tilde{f}\tilde{g}^*)$임을 보여라. 여기에서 *는 복소공액을 나타낸다. [이것은 두 파동의 $\mathbf{k}$와 ω가 같을 때만 쓸 수 있고, 진폭과 위상은 다를 수 있다는 것에 유의하라.] 예를 들어 다음과 같다:

$$\langle u\rangle = \frac{1}{4}\mathrm{Re}\left(\epsilon_0\tilde{\mathbf{E}}\cdot\tilde{\mathbf{E}}^* + \frac{1}{\mu_0}\tilde{\mathbf{B}}\cdot\tilde{\mathbf{B}}^*\right) \quad \text{그리고} \quad \langle\mathbf{S}\rangle = \frac{1}{2\mu_0}\mathrm{Re}\left(\tilde{\mathbf{E}}\times\tilde{\mathbf{B}}^*\right)$$

문제 9.13 z쪽으로 가는 x쪽 선편광인 단색 평면파(식 9.49)에 대해 맥스웰 변형력 텐서의 모든 성분을 구하라. 얻은 답이 사리에 맞는가? ($-\overleftrightarrow{\mathbf{T}}$는 운동량 흐름률 밀도임을 기억하라.) 운동량 흐름률 밀도는 에너지 밀도와 어떤 관계가 있을까?

9.3 물질 속에서의 전자기파

9.3.1 선형매질 속에서의 전파

물질 속에서는, 자유 전하와 자유전류 가 없다면, 맥스웰 방정식은 다음과 같다:

$$\left.\begin{array}{llll}\text{(i)} & \nabla\cdot\mathbf{D} = 0, & \text{(iii)} & \nabla\times\mathbf{E} = -\dfrac{\partial\mathbf{B}}{\partial t},\\ \text{(ii)} & \nabla\cdot\mathbf{B} = 0, & \text{(iv)} & \nabla\times\mathbf{H} = \dfrac{\partial\mathbf{D}}{\partial t}.\end{array}\right\} \tag{9.66}$$

그 매질이 선형이면

12 C. E. Mungan, *Am. J. Phys.* 77, 965 (2009). 문제 9.36도 보라.

$$\mathbf{D} = \epsilon \mathbf{E}, \quad \mathbf{H} = \frac{1}{\mu}\mathbf{B} \tag{9.67}$$

이고, 또 고르다면(그래서 ϵ과 μ가 어느 곳이나 같다면), 맥스웰 방정식은 다음과 같다:

$$\left.\begin{array}{llll} \text{(i)} & \nabla \cdot \mathbf{E} = 0, & \text{(iii)} & \nabla \times \mathbf{E} = -\dfrac{\partial \mathbf{B}}{\partial t}, \\ \text{(ii)} & \nabla \cdot \mathbf{B} = 0, & \text{(iv)} & \nabla \times \mathbf{B} = \mu\epsilon \dfrac{\partial \mathbf{E}}{\partial t}, \end{array}\right\} \tag{9.68}$$

이것을 진공에서의 식(식 9.40)과 비교하면 겨우 $\epsilon_0\mu_0$이 $\epsilon\mu$로 바뀌었을 뿐이다.[13] 명백히 전자기파가 고른 선형 매질 속을 전파하는 속력은 다음과 같다:

$$v = \frac{1}{\sqrt{\epsilon\mu}} = \frac{c}{n} \tag{9.69}$$

여기에서

$$n \equiv \sqrt{\frac{\epsilon\mu}{\epsilon_0\mu_0}} \tag{9.70}$$

는 물질의 **굴절률**(index of refraction)이다. 대부분의 물질은 μ의 값이 μ_0에 가까우므로

$$n \cong \sqrt{\epsilon_{상대}} \tag{9.71}$$

이다. 여기에서 $\epsilon_{상대}$는 유전상수(식 4.34)이다.[14] $\epsilon_{상대}$은 거의 늘 1 보다 크므로, 빛은 물질 속에서는 더 느리게 간다 – 광학에서 잘 알려진 사실이다.

앞에서 진공 속에서의 전자기파에 관해 얻은 모든 결과를 고스란히 넘겨 받아 쓸 수 있는데, 다만 $\epsilon_0 \to \epsilon$, $\mu_0 \to \mu$로 바꾸어야 하므로 $c \to v$로 바뀐다 (문제 8.15를 보라). 에너지 밀도는 다음과 같다:[15]

---

13 이것은 수학적으로는 시시하지만, 물리적 내용은 놀라운 것이다. 파동이 어느 곳을 지나갈 때 전자기장은 그 곳의 모든 분자를 편극시키고 자화시키며, 그 결과 생기는 (진동) 쌍극자는 그 자체의 전기장과 자기장을 만들어낸다. 이것이 애초에 바깥에서 들어온 전자기장과 겹쳐져서, 진동수는 같지만 전파속력이 다른 파동을 만들어낸다. 이러한 특이한 협력이 **투명성**(transparancy)의 근원이다[광학에서는 **에발트–오신 소멸 정리**(Ewald-Oseen extinction theorem)라고 한다]. 이것은 매질의 선형성 때문에 생기는 유별나게 중요한 결과이다. 더 자세한 설명은 다음 논문을 보라: M. B. James, D. J. Griffiths, *Am. J. Phys.* **60**, 309 (1992); F. Fearn, D. F. V. James, P. W. Milonni, *Am. J. Phys.* **64**, 986 (1996); M. Mansuripur, *Optics and Photonics News* **9**, 50 (1998).

14 유전상수의 "상수"는 **E**의 **진폭**과 무관하다는 뜻이고, 실제로는 진동수의 함수이다. 예를 들어 표 4.2에서 물의 (정적) 유전상수로부터 얻는 굴절률은 8.9인데, 그것은 가시광의 굴절률(n = 1.33)과 크게 다르다.

15 문제 8.27을 보라; 선형 매질과 관련된 "에너지 밀도"의 정확한 뜻에 관해서는 §4.4.3을 보라.

$$u = \frac{1}{2}\left(\epsilon E^2 + \frac{1}{\mu}B^2\right) \tag{9.72}$$

그리고 포인팅 벡터는 다음과 같다.

$$\mathbf{S} = \frac{1}{\mu}(\mathbf{E} \times \mathbf{B}) \tag{9.73}$$

단색 평면파에서 진동수와 파수는 $\omega = kv$의 관계가 있고 (식 9.11), **B**의 진폭은 **E**의 진폭의 $1/v$이며(식 9.48), 세기는 다음과 같다:[16]

$$I = \frac{1}{2}\epsilon v E_0^2 \tag{9.74}$$

다음과 같은 재미있는 물음이 있다: 파동이 한 투명 매질에서 다른 투명 매질로 – 예를 들어 공기에서 물로 또는 유리에서 플라스틱으로 – 들어갈 때 어떤 일이 벌어지는가? 줄 파동에서 본 것처럼 반사파와 투과파가 생길 것이다. 자세한 것은 제 7장에서 끌어낸 경계조건(식 7.74)에 따라 결정된다:

$$\left.\begin{array}{ll} \text{(i)}\ \ \epsilon_1 E_1^{\perp} = \epsilon_2 E_2^{\perp}, & \text{(iii)}\ \ \mathbf{E}_1^{\parallel} = \mathbf{E}_2^{\parallel}, \\ \text{(ii)}\ \ B_1^{\perp} = B_2^{\perp}, & \text{(iv)}\ \ \dfrac{1}{\mu_1}\mathbf{B}_1^{\parallel} = \dfrac{1}{\mu_2}\mathbf{B}_2^{\parallel}. \end{array}\right\} \tag{9.75}$$

이 식은 두 선형매질이 맞닿은 경계면 양쪽의 전자기장을 연결해준다. 다음 절에서는 이 식을 써서 전자기파의 반사와 굴절을 지배하는 법칙을 끌어낸다.

9.3.2 수직 입사파의 반사와 투과

두 선형매질이 xy평면에서 맞닿아 있다고 하자. 진동수가 ω이고 x쪽으로 편광되어 z쪽으로 가는 평면파가 왼쪽에서 들어온다(그림 9.13).

$$\left.\begin{array}{l} \tilde{\mathbf{E}}_{\text{입사}}(z,t) = \tilde{E}_{0_{\text{입사}}} e^{i(k_1 z - \omega t)}\,\hat{\mathbf{x}}, \\ \tilde{\mathbf{B}}_{\text{입사}}(z,t) = \dfrac{1}{v_1}\tilde{E}_{0_{\text{입사}}} e^{i(k_1 z - \omega t)}\,\hat{\mathbf{y}}. \end{array}\right\} \tag{9.76}$$

16 물질 속의 전자기파에 실린 운동량은 논쟁거리이다. 예를 들어 다음 문헌을 보라: S. M. Barnett, Phys. Rev. Lett. **104**, 070401 (2010).

이로부터 매질 (1)에서 왼쪽으로 가는 반사파

$$\left.\begin{aligned}\tilde{\mathbf{E}}_{반사}(z,t) &= \tilde{E}_{0_{반사}} e^{i(-k_1 z - \omega t)}\,\hat{\mathbf{x}},\\ \tilde{\mathbf{B}}_{반사}(z,t) &= -\frac{1}{v_1}\tilde{E}_{0_{반사}} e^{i(-k_1 z - \omega t)}\,\hat{\mathbf{y}},\end{aligned}\right\} \tag{9.77}$$

와 매질 (2)에서 오른쪽으로 가는 투과파가 생긴다:

$$\left.\begin{aligned}\tilde{\mathbf{E}}_{투과}(z,t) &= \tilde{E}_{0_{투과}} e^{i(k_2 z - \omega t)}\,\hat{\mathbf{x}},\\ \tilde{\mathbf{B}}_{투과}(z,t) &= \frac{1}{v_2}\tilde{E}_{0_{투과}} e^{i(k_2 z - \omega t)}\,\hat{\mathbf{y}},\end{aligned}\right\} \tag{9.78}$$

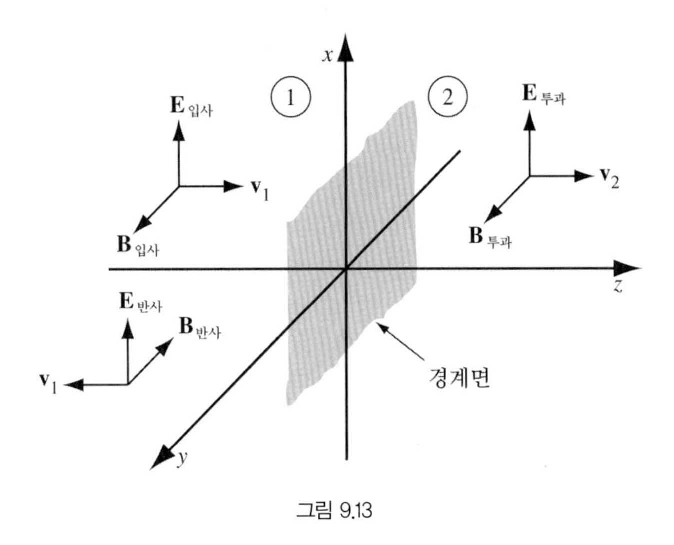

그림 9.13

$\tilde{\mathbf{B}}_{반사}$에 붙은 (−)부호를 눈여겨보라 − 이것은 식 9.50에 따른 것으로, 포인팅 벡터의 방향이 진행 방향과 같아야 하기 때문에 붙였다.

경계면 $z=0$에서 왼쪽의 전자기장 $\tilde{\mathbf{E}}_{입사}+\tilde{\mathbf{E}}_{반사}$ 및 $\tilde{\mathbf{B}}_{입사}+\tilde{\mathbf{B}}_{반사}$가 오른쪽의 전자기장 $\tilde{\mathbf{E}}_{투과}$ 및 $\tilde{\mathbf{B}}_{투과}$와 식 9.75의 경계조건에 따라 연결되어야 한다. 이 경우에는 표면에 수직한 성분이 없기 때문에 식 (i)과 식(ii)는 무시한다. 그렇지만 식(iii)에 따라 다음 조건이 맞아야한다.

$$\tilde{E}_{0_{입사}} + \tilde{E}_{0_{반사}} = \tilde{E}_{0_{투과}} \tag{9.79}$$

그리고 식 (iv)는 다음과 같다.

$$\frac{1}{\mu_1}\left(\frac{1}{v_1}\tilde{E}_{0_{입사}} - \frac{1}{v_1}\tilde{E}_{0_{반사}}\right) = \frac{1}{\mu_2}\left(\frac{1}{v_2}\tilde{E}_{0_{투과}}\right) \tag{9.80}$$

이것은 다음과 같다.

$$\tilde{E}_{0_{입사}} - \tilde{E}_{0_{반사}} = \beta \tilde{E}_{0_{투과}} \tag{9.81}$$

여기에서 β는 다음과 같이 정의된다.

$$\beta \equiv \frac{\mu_1 v_1}{\mu_2 v_2} = \frac{\mu_1 n_2}{\mu_2 n_1} \tag{9.82}$$

식 9.79와 식 9.81을 풀어 반사파와 투과파의 진폭을 입사파의 진폭으로 나타낼 수 있다.

$$\tilde{E}_{0_{반사}} = \left(\frac{1-\beta}{1+\beta}\right)\tilde{E}_{0_{입사}}, \quad \tilde{E}_{0_{투과}} = \left(\frac{2}{1+\beta}\right)\tilde{E}_{0_{입사}} \tag{9.83}$$

이 결과는 줄 파동에 대한 것과 아주 비슷하다. 투자율 μ가 진공의 투자율 μ_0와 거의 같으면 (대부분의 매질은 그렇다), $\beta = v_1/v_2$가 되어 다음과 같이 쓸 수 있다.

$$\tilde{E}_{0_{반사}} = \left(\frac{v_2 - v_1}{v_2 + v_1}\right)\tilde{E}_{0_{입사}}, \quad \tilde{E}_{0_{투과}} = \left(\frac{2v_2}{v_2 + v_1}\right)\tilde{E}_{0_{입사}} \tag{9.84}$$

이것은 식 9.30과 똑같다. 이때 앞서와 같이 $v_2 > v_1$이면 반사파의 위상이 같고, $v_2 < v_1$이면 위상이 어긋난다. 실수 진폭은 다음과 같다:

$$E_{0_{반사}} = \left|\frac{v_2 - v_1}{v_2 + v_1}\right| E_{0_{입사}}, \quad E_{0_{투과}} = \left(\frac{2v_2}{v_2 + v_1}\right) E_{0_{입사}} \tag{9.85}$$

또는 굴절률을 써서 나타내면 다음과 같다.

$$E_{0_{반사}} = \left|\frac{n_1 - n_2}{n_1 + n_2}\right| E_{0_{입사}}, \quad E_{0_{투과}} = \left(\frac{2n_1}{n_1 + n_2}\right) E_{0_{입사}} \tag{9.86}$$

입사파 중 얼마가 반사되고, 얼마가 투과될까? 식 9.74에 따르면 세기(단위면적당의 평균 일률)는 다음과 같다.

$$I = \frac{1}{2}\epsilon v E_0^2$$

$\mu_1 = \mu_2 = \mu_0$이면 입사파에 대한 반사파의 세기의 비 R 및 투과파의 세기의 비 T는 각각 다음과 같다.

$$R \equiv \frac{I_{반사}}{I_{입사}} = \left(\frac{E_{0_{반사}}}{E_{0_{입사}}}\right)^2 = \left(\frac{n_1 - n_2}{n_1 + n_2}\right)^2 \tag{9.87}$$

$$T \equiv \frac{I_{투과}}{I_{입사}} = \frac{\epsilon_2 v_2}{\epsilon_1 v_1}\left(\frac{E_{0_{투과}}}{E_{0_{입사}}}\right)^2 = \frac{4n_1 n_2}{(n_1+n_2)^2} \tag{9.88}$$

R을 **반사율**(reflectance), T를 **투과율**(transmittance)이라고 한다.* 이것은 각각 입사 에너지에 대한 반사 에너지 및 투과 에너지의 비를 나타낸다. 에너지 보존법칙 때문에 이들은 관계식을 따름을 쉽게 알 수 있다.

$$R + T = 1 \tag{9.89}$$

예를 들어 빛이 공기(n_1 = 1.00)에서 유리(n_2 = 1.50)로 들어가면 R = 0.04이고 T = 0.96이므로 거의 대부분이 투과하는데, 당연하다.

문제 9.14 $\mu_1 = \mu_2 = \mu_0$로 가정하지 말고 반사율 및 투과율을 정확히 셈하라. $R + T = 1$을 확인하라.

문제 9.15 식 9.77과 식 9.78을 쓸 때 반사파 및 투과파의 **편광방향**이 입사파의 **편광방향** − x쪽 − 과 같다고 몰래 가정했다. 이것이 옳다는 것을 증명하라. [실마리: 투과파 및 반사파의 편광벡터를 다음과 같이 놓고,

$$\hat{\mathbf{n}}_{투과} = \cos\theta_{투과}\,\hat{\mathbf{x}} + \sin\theta_{투과}\,\hat{\mathbf{y}}, \quad \hat{\mathbf{n}}_{반사} = \cos\theta_{반사}\,\hat{\mathbf{x}} + \sin\theta_{반사}\,\hat{\mathbf{y}}$$

경계조건으로부터 $\theta_{투과} = \theta_{반사} = 0$임을 보여라.]

9.3.3 비스듬히 입사한 파의 반사와 투과

앞 절에서는 빛이 경계면에 수직 입사할 때의 반사와 투과를 다루었다. 이제 더 일반적으로, 들어오는 파동이 경계면의 법선과 $\theta_{입사}$의 각도로 비스듬히 들어올 때를 다루자(그림 9.14). 물론 수직 입사는 $\theta_{입사} = 0$인 특별한 경우에 해당한다. 그러나 일반적인 경우는 수식이 복잡하므로 수직 입사는 준비삼아 앞 절에서 따로 다루었다.

---

* 옮긴이: 원서에는 R을 **반사계수**(reflection coefficient), T를 **투과계수**(transmission coefficient)라고 했으나, 옳은 용어가 아니다. 다음 책을 보라: 조재흥 외 역, 광학 4판(자유아카데미, 2013), 139, 140쪽; M. Born, E. Wolf, *Principles of Optics* 7판 (Cambridge University Press, 1999) 65-66쪽.

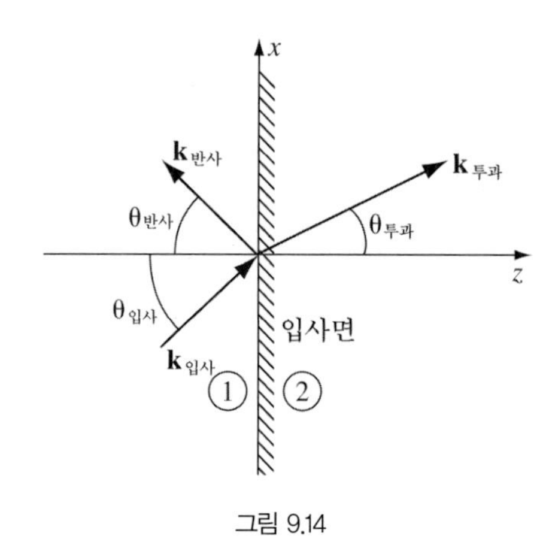

그림 9.14

다음과 같은 단색 평면파가 왼쪽에서 경계면으로 들어오는 것을 생각하자:

$$\tilde{\mathbf{E}}_{입사}(\mathbf{r}, t) = \tilde{\mathbf{E}}_{0_{입사}} e^{i(\mathbf{k}_{입사}\cdot\mathbf{r}-\omega t)}, \quad \tilde{\mathbf{B}}_{입사}(\mathbf{r}, t) = \frac{1}{v_1}(\hat{\mathbf{k}}_{입사}\times \tilde{\mathbf{E}}_{입사}) \tag{9.90}$$

이로부터 다음과 같은 반사파와 투과파가 생겨난다:

$$\tilde{\mathbf{E}}_{반사}(\mathbf{r}, t) = \tilde{\mathbf{E}}_{0_{반사}} e^{i(\mathbf{k}_{반사}\cdot\mathbf{r}-\omega t)}, \quad \tilde{\mathbf{B}}_{반사}(\mathbf{r}, t) = \frac{1}{v_1}\left(\hat{\mathbf{k}}_{반사}\times \tilde{\mathbf{E}}_{반사}\right) \tag{9.91}$$

$$\tilde{\mathbf{E}}_{투과}(\mathbf{r}, t) = \tilde{\mathbf{E}}_{0_{투과}} e^{i(\mathbf{k}_{투과}\cdot\mathbf{r}-\omega t)}, \quad \tilde{\mathbf{B}}_{투과}(\mathbf{r}, t) = \frac{1}{v_2}\left(\hat{\mathbf{k}}_{투과}\times \tilde{\mathbf{E}}_{투과}\right) \tag{9.92}$$

세 파동 모두 진동수가 똑같이 ω인데, 이것은 모두 파동의 원천(입사 파동을 만들어내는 것)의 진동수로 온전히 결정된다.[17] 세 파동의 파수는 식 9.11에 따라 다음 관계가 있다.

$$k_{입사}v_1 = k_{반사}v_1 = k_{투과}v_2 = \omega, \qquad k_{입사} = k_{반사} = \frac{v_2}{v_1}k_{투과} = \frac{n_1}{n_2}k_{투과} \tag{9.93}$$

매질 (1)의 전자기장 $\tilde{\mathbf{E}}_{입사} + \tilde{\mathbf{E}}_{반사}$와 $\tilde{\mathbf{B}}_{입사} + \tilde{\mathbf{B}}_{반사}$는 매질 (2)의 전자기장 $\tilde{\mathbf{E}}_{투과}$와 $\tilde{\mathbf{B}}_{투과}$과 경계조건 식 9.75에 따라 연결되어야 한다. 이 경계조건에는 다음과 같은 공통 구조가 있다.

$$(\cdots)e^{i(\mathbf{k}_{입사}\cdot\mathbf{r}-\omega t)} + (\cdots)e^{i(\mathbf{k}_{반사}\cdot\mathbf{r}-\omega t)} = (\cdots)e^{i(\mathbf{k}_{투과}\cdot\mathbf{r}-\omega t)}, \ (z = 0 \text{ 에서}) \tag{9.94}$$

괄호 속은 곧 채울 것이다; 지금 눈여겨 보아야할 요점은 변수 x, y, z가 지수에만 들어 있다는 것

17 비선형("활성") 매질은 지나가는 빛의 진동수를 바꿀 수 있지만, 여기에서는 선형매질만 다룬다.

이다. 경계조건은 경계면의 모든 곳에서 늘 맞아야 하므로 지수가 (z = 0에서) 모두 같아야 한다. 그렇지 않으면 예를 들어 x를 조금만 바꾸어도 등식이 맞지 않게 된다(문제 9.16을 보라). 물론 시간 인자는 같다(사실 이것을 써서 투과파와 반사파의 진동수가 입사파의 진동수와 같아야 함을 보일 수도 있었다). 공간 항에 대해서는 명백히

$$\mathbf{k}_{\text{입사}} \cdot \mathbf{r} = \mathbf{k}_{\text{반사}} \cdot \mathbf{r} = \mathbf{k}_{\text{투과}} \cdot \mathbf{r}, \qquad (z = 0) \tag{9.95}$$

이고, 더 자세히 쓰면 다음 식이 모든 x와 y에 대해 맞다.

$$x(k_{\text{입사}})_x + y(k_{\text{입사}})_y = x(k_{\text{반사}})_x + y(k_{\text{반사}})_y = x(k_{\text{투과}})_x + y(k_{\text{투과}})_y \tag{9.96}$$

위 등식이 성립하려면 변수마다 등식이 성립해야 한다. x = 0이면 다음과 같고,

$$(k_{\text{입사}})_y = (k_{\text{반사}})_y = (k_{\text{투과}})_y \tag{9.97}$$

y = 0이면 다음과 같다.

$$(k_{\text{입사}})_x = (k_{\text{반사}})_x = (k_{\text{투과}})_x \tag{9.98}$$

또한 좌표축을 돌려 $\mathbf{k}_{\text{입사}}$를 xz평면에 오게 할 수도 있다(즉 $(k_{\text{입사}})_y = 0$); 그러면 식 9.97에 따라 $\mathbf{k}_{\text{반사}}$와 $\mathbf{k}_{\text{투과}}$도 xz평면에 오게 된다. 결론:

첫째 법칙: 입사파, 반사파, 투과파의 파동벡터는 같은 평면에 있다. 이 평면이 **입사면**(plane of incidence)이며, 입사파의 파동벡터와 경계면의 법선벡터(여기에서는 z축 방향)로 정의되는 평면이다.

한편 식 9.98은 다음을 뜻한다:

$$k_{\text{입사}} \sin\theta_{\text{입사}} = k_{\text{반사}} \sin\theta_{\text{반사}} = k_{\text{투과}} \sin\theta_{\text{투과}} \tag{9.99}$$

여기에서 $\theta_{\text{입사}}$는 **입사각**(angle of incidence), $\theta_{\text{반사}}$는 **반사각**(angle of reflection), $\theta_{\text{투과}}$는 **굴절각**(angle of refraction)이라 하며, 모두가 법선을 기준으로 잰다 (그림 9.14). 식 9.93에 비추어 보면

둘째 법칙: 입사각은 반사각과 같다

$$\theta_{\text{입사}} = \theta_{\text{반사}} \tag{9.100}$$

이것이 **반사 법칙**(law of reflection)이다.

투과각에 대해서는

셋째 법칙:

$$n_1 \sin\theta_{\text{입사}} = n_2 \sin\theta_{\text{투과}} \tag{9.101}$$

이것이 **굴절 법칙**(law of refraction) 또는 **스넬 법칙**(Snell's law)이다.

이들은 기하광학의 세 가지 기본법칙이다. 여기에는 전자기학 이론이 거의 들어가지 않았다. 구체적인 경계조건은 쓰지 않았고, 쓴 것이라고는 경계조건의 일반 꼴(식 9.94)뿐이다. 그러므로 모든 파동은(수면파나 음파도) 매질이 바뀌는 경계면을 지날 때는 이 "광학"법칙을 따를 것이다.

경계조건에서 지수인자는 이미 살폈으므로 – 식 9.95에 의해 지워진다 – 식 9.75의 경계조건은 다음과 같다.

$$\left.\begin{aligned}
&\text{(i)}\quad \epsilon_1\left(\tilde{\mathbf{E}}_{0_{\text{입사}}}+\tilde{\mathbf{E}}_{0_{\text{반사}}}\right)_z=\epsilon_2\left(\tilde{\mathbf{E}}_{0_{\text{투과}}}\right)_z\\
&\text{(ii)}\quad \left(\tilde{\mathbf{B}}_{0_{\text{입사}}}+\tilde{\mathbf{B}}_{0_{\text{반사}}}\right)_z=\left(\tilde{\mathbf{B}}_{0_{\text{투과}}}\right)_z\\
&\text{(iii)}\quad \left(\tilde{\mathbf{E}}_{0_{\text{입사}}}+\tilde{\mathbf{E}}_{0_{\text{반사}}}\right)_{x,y}=\left(\tilde{\mathbf{E}}_{0_{\text{투과}}}\right)_{x,y}\\
&\text{(iv)}\quad \frac{1}{\mu_1}\left(\tilde{\mathbf{B}}_{0_{\text{입사}}}+\tilde{\mathbf{B}}_{0_{\text{반사}}}\right)_{x,y}=\frac{1}{\mu_2}\left(\tilde{\mathbf{B}}_{0_{\text{투과}}}\right)_{x,y}
\end{aligned}\right\}\tag{9.102}$$

여기에서 $\tilde{\mathbf{B}}_0=(1/v)\hat{\mathbf{k}}\times\tilde{\mathbf{E}}_0$이다. (마지막 두 식은 각각 x–성분과 y–성분에 대한 두 개의 식으로 되어 있다.)

입사파의 편광방향이 입사면(그림 9.15의 xz 평면)과 나란하다고 하자. 그러면 반사파와 투과파도 편광방향이 이 평면과 나란하다 (문제 9.15를 보라; 편광 방향이 입사면과 수직인 경우를 분석하는 것은 문제 9.17로 남겨둔다). 그러면 (i)의 조건에 따라 다음과 같다.

$$\epsilon_1\left(-\tilde{E}_{0_{\text{입사}}}\sin\theta_{\text{입사}}+\tilde{E}_{0_{\text{반사}}}\sin\theta_{\text{반사}}\right)=\epsilon_2\left(-\tilde{E}_{0_{\text{투과}}}\sin\theta_{\text{투과}}\right)\tag{9.103}$$

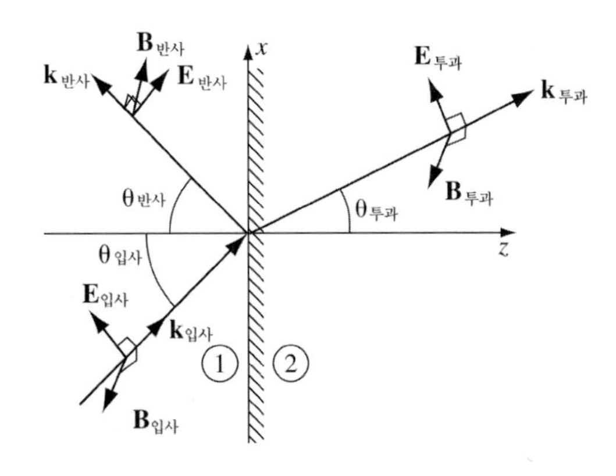

그림 9.15

(ii)는 새로운 조건이 없으며(0 = 0), (iii)은 다음과 같다.

$$\tilde{E}_{0_{입사}} \cos\theta_{입사} + \tilde{E}_{0_{반사}} \cos\theta_{반사} = \tilde{E}_{0_{투과}} \cos\theta_{투과} \tag{9.104}$$

(iv)는 다음과 같다.

$$\frac{1}{\mu_1 v_1}\left(\tilde{E}_{0_{입사}} - \tilde{E}_{0_{반사}}\right) = \frac{1}{\mu_2 v_2}\tilde{E}_{0_{투과}} \tag{9.105}$$

반사 및 굴절 법칙을 쓰면 식 9.103과 식 9.105는 다음과 같이 된다:

$$\tilde{E}_{0_{입사}} - \tilde{E}_{0_{반사}} = \beta \tilde{E}_{0_{투과}} \tag{9.106}$$

여기에서 (앞서와 같이)

$$\beta \equiv \frac{\mu_1 v_1}{\mu_2 v_2} = \frac{\mu_1 n_2}{\mu_2 n_1} \tag{9.107}$$

이고, 식 9.104는 다음과 같이 된다:

$$\tilde{E}_{0_{입사}} + \tilde{E}_{0_{반사}} = \alpha \tilde{E}_{0_{투과}} \tag{9.108}$$

이고 α는 다음과 같다.

$$\alpha \equiv \frac{\cos\theta_{투과}}{\cos\theta_{입사}} \tag{9.109}$$

식 9.106과 식 9.108을 풀면 반사파와 투과파의 진폭은 다음과 같다.

$$\boxed{\tilde{E}_{0_{반사}} = \left(\frac{\alpha - \beta}{\alpha + \beta}\right)\tilde{E}_{0_{입사}}, \quad \tilde{E}_{0_{투과}} = \left(\frac{2}{\alpha + \beta}\right)\tilde{E}_{0_{입사}}} \tag{9.110}$$

이것이 편광방향이 입사면과 나란할 때의 **프레넬 공식**(Fresnel's equation)이다. (편광방향이 입사면에 수직이면 반사파와 투과파의 진폭에 관한 또 다른 두 개의 프레넬 공식이 생긴다 – 문제 9.17을 보라.) 투과파의 위상은 늘 입사파와 같고 반사파의 위상은 $\alpha > \beta$이면 같고, $\alpha < \beta$이면 180° 어긋남을 눈여겨보라.[18]

투과 및 반사파의 진폭은 α가 $\theta_{입사}$의 함수이므로 입사각에 따라 변한다.

18 반사파의 위상은 애매함을 피할 수 없다. 왜냐하면 (식 9.36의 각주에서 말한 것처럼) 편광벡터의 부호를 바꾸는 것은 위상을 180° 바꾸는 것과 같다. 그림 9.15에서는 표준적인 광학교재에서 쓰는 규약에 따라 $\mathbf{E}_{반사}$가 위쪽을 향할 때를 (+)로 잡았다.

$$\alpha = \frac{\sqrt{1-\sin^2\theta_{투과}}}{\cos\theta_{입사}} = \frac{\sqrt{1-[(n_1/n_2)\sin\theta_{입사}]^2}}{\cos\theta_{입사}} \tag{9.111}$$

수직 입사이면($\theta_{입사} = 0$), $\alpha = 1$이므로, 식 9.83을 다시 얻는다. 경계면에 거의 나란히 입사하면 ($\theta_{입사} = 90°$), α가 발산하므로 파가 전반사된다(밤에 빗길을 운전해 본 사람은 누구나 잘 아는 사실이다). 흥미롭게도 반사가 전혀 되지 않는 각 θ_B가 있는데[**브루스터 각**(Brewster's angle)이라고 한다], 이 각에서는 반사파가 전혀 없다.[19] 식 9.110에 따르면 이것은 $\alpha = \beta$일 때 또는 다음 조건에서 나타난다:

$$\sin^2\theta_B = \frac{1-\beta^2}{(n_1/n_2)^2-\beta^2} \tag{9.112}$$

보통 $\mu_1 \cong \mu_2$이므로 $\beta \cong n_2/n_1$, $\sin^2\theta_B \cong \beta^2/(1+\beta^2)$이 되어 다음과 같이 간단히 쓸 수 있다.

$$\tan\theta_B \cong \frac{n_2}{n_1} \tag{9.113}$$

그림 9.16은 빛이 공기(n_1 = 1)에서 유리(n_2 = 1.5)로 입사할 때, 투과파 및 반사파의 진폭을 $\theta_{입사}$의 함수로 나타낸 것이다. (그림에서 음수는 들어오는 빛에 대해 위상이 180° 어긋나는 것을 나타낸다 – 진폭은 절대값이다.)

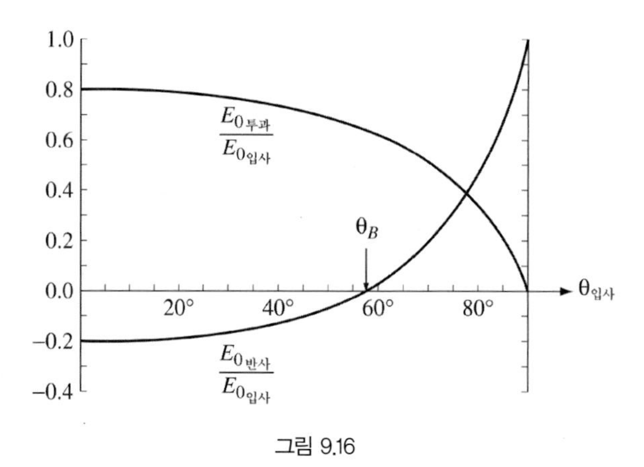

그림 9.16

경계면의 단위 넓이에 들어오는 일률은 $\mathbf{S}\cdot\hat{\mathbf{z}}$이다. 따라서 입사파의 세기는 다음과 같고,

$$I_{입사} = \frac{1}{2}\epsilon_1 v_1 E_{0_{입사}}^2 \cos\theta_{입사} \tag{9.114}$$

19 편광방향이 입사면에 수직이면 반사파가 사라지는 경우가 없으므로, 아무 편광상태의 빛이 브루스터 각으로 입사하면 반사파의 편광방향은 경계면에 나란하게 된다. 그래서 투과축을 수직방향에 맞춘 편광 안경을 쓰면 수평면을 볼 때 눈이 덜 부시다.

반사파와 투과파의 세기는 다음과 같다.

$$I_{\text{반사}} = \frac{1}{2}\epsilon_1 v_1 E_{0_{\text{반사}}}^2 \cos\theta_{\text{반사}}, \qquad I_{\text{투과}} = \frac{1}{2}\epsilon_2 v_2 E_{0_{\text{투과}}}^2 \cos\theta_{\text{투과}} \tag{9.115}$$

(코사인이 있는 이유는 단위 넓이에 대한 평균 일률을 따지기 때문인데, 파면은 경계면에 대해 기울어져 있다.) 입사파의 편광방향이 입사면과 나란할 때의 반사율 및 투과율은 다음과 같다.

$$R \equiv \frac{I_{\text{반사}}}{I_{\text{입사}}} = \left(\frac{E_{0_{\text{반사}}}}{E_{0_{\text{입사}}}}\right)^2 = \left(\frac{\alpha-\beta}{\alpha+\beta}\right)^2 \tag{9.116}$$

$$T \equiv \frac{I_{\text{투과}}}{I_{\text{입사}}} = \frac{\epsilon_2 v_2}{\epsilon_1 v_1}\left(\frac{E_{0_{\text{투과}}}}{E_{0_{\text{입사}}}}\right)^2 \frac{\cos\theta_{\text{투과}}}{\cos\theta_{\text{입사}}} = \alpha\beta\left(\frac{2}{\alpha+\beta}\right)^2 \tag{9.117}$$

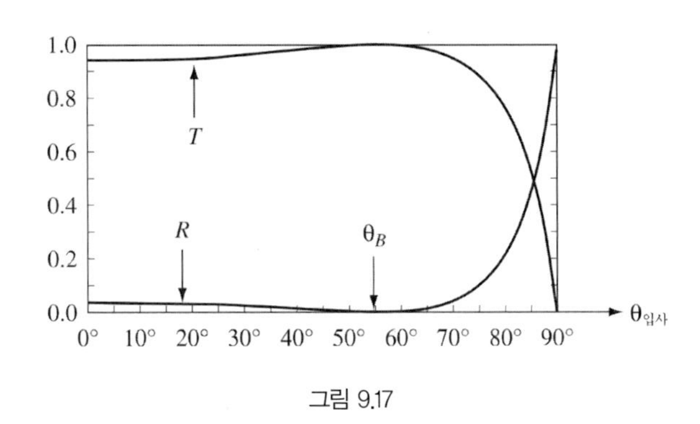

그림 9.17

그림 9.17은 (공기/유리 경계면에 대해) 이것을 입사각의 함수로 그린 것이다. 물리적으로, R과 T는 입사 에너지 중에서 반사된 것과 투과된 것의 비율이다 브루스터 각 θ_B에서는 당연히 각각 0과 1이다. 눈여겨 볼 것은 $R + T = 1$인데, 이것은 에너지 보존 법칙의 조건이다: 표면의 어느 부분에 단위시간에 들어오는 에너지는 그곳을 빠져나가는 에너지와 같다 (문제 9.43을 보라).

$$I_{\text{입사}} = I_{\text{투과}} + I_{\text{반사}} \tag{9.118}$$

문제 9.16 값이 0이 아닌 상수 A, B, C, a, b, c에 대해 $Ae^{iax} + Be^{ibx} = Ce^{icx}$가 모든 x에 대해 성립하려면 $a = b = c$와 $A + B = C$이어야 함을 보여라.

! 문제 9.17 편광방향이 입사면에 수직일 때(즉, 그림 9.15에서 전기장이 y쪽일 때)를 살펴보자. 식 9.102의 경계조건을 써서 $\tilde{E}_{0_{\text{반사}}}$와 $\tilde{E}_{0_{\text{투과}}}$에 대한 프레넬 공식을 구하라. $\beta = n_2/n_1 = 1.5$인 때에 대해 $(\tilde{E}_{0_{\text{반사}}}/\tilde{E}_{0_{\text{입사}}})$와 $(\tilde{E}_{0_{\text{투과}}}/\tilde{E}_{0_{\text{입사}}})$를 $\theta_{\text{입사}}$의 함수로 그려 보라. (이 β값에서는 반사파의 위상이 늘 입사파와 어긋남을 유의하라.) 이 경우 n_1과 n_2의 값이 어떻게 되든 브루스터각이 없음을 밝혀

라 – 즉, $\tilde{E}_{0반사}$는 결코 0이 되지 않는다 (물론, $n_1 = n_2$, $\mu_1 = \mu_2$여서 두 매질을 광학적으로 구분할 수 없는 경우는 뺀다). 수직 입사일 때 프레넬 공식이 제대로 맞는지 확인하라. 반사율 및 투과율을 구하고 둘을 더하면 1이 됨을 보여라.

문제 9.18 금강석의 굴절률은 2.42이다. 공기-금강석의 경계면을 가정하고, 그림 9.16과 비슷한 그림을 그려라 ($\mu_1 = \mu_2 = \mu_0$이라고 가정하라.) 특히, 다음을 셈하라: (a) 수직 입사할 때의 진폭; (b) 브루스터각; (c) 반사파와 투과파의 진폭이 같아지는 "교차"각.

문제 9.19 그림 9.15의 상황에서 다음 관계식이 성립하는가?

$$\mathbf{S}_{입사} = \mathbf{S}_{투과} + \mathbf{S}_{반사}.$$

9.4 흡수와 분산

9.4.1 도체 속에서의 전자기파

§9.3.1에서는 자유 전하밀도 $\rho_{자유}$와 자유전류 밀도 $\mathbf{J}_{자유}$가 0이라고 가정했고, 그 뒤의 모든 것은 그 가정에 바탕을 둔 것이다. 그러한 제한은 빛이 진공 또는 유리나 (순수한) 물과 같은 유전체 속을 전파할 때는 완벽하게 타당하다. 그러나 도체에서는 전하의 움직임을 따로 조절할 수도 없고, 또 일반적으로 $\mathbf{J}_{자유}$는 0이 아니다. 실제로 옴 법칙에 따르면 도체 속의 (자유) 전류밀도는 전기장에 비례한다.

$$\mathbf{J}_{자유} = \sigma \mathbf{E} \tag{9.119}$$

이 식을 쓰면 선형매질에서의 맥스웰 방정식은 다음과 같다.

$$\left.\begin{aligned} &\text{(i)}\ \ \nabla \cdot \mathbf{E} = \frac{1}{\epsilon}\rho_{자유}, &&\text{(iii)}\ \ \nabla \times \mathbf{E} = -\frac{\partial \mathbf{B}}{\partial t}, \\ &\text{(ii)}\ \ \nabla \cdot \mathbf{B} = 0, &&\text{(iv)}\ \ \nabla \times \mathbf{B} = \mu\sigma\mathbf{E} + \mu\epsilon\frac{\partial \mathbf{E}}{\partial t}. \end{aligned}\right\} \tag{9.120}$$

자유전하에 관한 연속방정식

$$\nabla \cdot \mathbf{J}_{\text{자유}} = -\frac{\partial \rho_{\text{자유}}}{\partial t} \tag{9.121}$$

에 옴 법칙과 가우스 법칙 (i)을 쓰면 고른 선형 매질에서는

$$\frac{\partial \rho_{\text{자유}}}{\partial t} = -\sigma(\nabla \cdot \mathbf{E}) = -\frac{\sigma}{\epsilon}\rho_{\text{자유}}$$

가 되고, 이 식의 풀이는 다음과 같다.

$$\rho_{\text{자유}}(t) = e^{-(\sigma/\epsilon)t}\rho_{\text{자유}}(0) \tag{9.122}$$

따라서 초기 자유 전하밀도 $\rho_{\text{자유}}(0)$는 고유시간 $\tau \equiv \epsilon/\sigma$이 지나면 흩어진다. 이것은 도체에 자유 전하를 넣으면 그것이 표면으로 옮겨간다는 잘 알려진 사실을 반영한다. 시간상수 τ는 도체가 얼마나 "좋은"가를 나타내는 지표이다: "완벽한" 도체에서는 $\sigma = \infty$이므로 $\tau = 0$이다; "좋은" 도체에서는 τ가 다른 시간에 비해 훨씬 짧다 (진동계에서는 다음을 뜻한다: $\tau \ll 1/\omega$). "나쁜" 도체에서는 τ가 다른 시간보다 훨씬 길다($\tau \gg 1/\omega$).[20] 과도현상은 여기에서는 관심거리가 아니다 – 축적된 자유전하가 흩어질 때까지 기다리면 $\rho_{\text{자유}} = 0$이 되고, 이때는 맥스웰 방정식이 다음과 같다.

$$\left.\begin{aligned} &\text{(i)}\ \nabla \cdot \mathbf{E} = 0, \quad &&\text{(iii)}\ \nabla \times \mathbf{E} = -\frac{\partial \mathbf{B}}{\partial t}, \\ &\text{(ii)}\ \nabla \cdot \mathbf{B} = 0, \quad &&\text{(iv)}\ \nabla \times \mathbf{B} = \mu\epsilon\frac{\partial \mathbf{E}}{\partial t} + \mu\sigma\mathbf{E}. \end{aligned}\right\} \tag{9.123}$$

이 식은 비전도성 매질($\sigma = 0$)에 대한 방정식(식 9.68)과는 식(iv)의 마지막 항만 다를 뿐이다.

식(iii)과 식(iv)에 회전 연산자를 적용하면 **E**와 **B**에 대한 수정된 파동방정식을 얻는다:

$$\nabla^2\mathbf{E} = \mu\epsilon\frac{\partial^2\mathbf{E}}{\partial t^2} + \mu\sigma\frac{\partial \mathbf{E}}{\partial t}, \quad \nabla^2\mathbf{B} = \mu\epsilon\frac{\partial^2\mathbf{B}}{\partial t^2} + \mu\sigma\frac{\partial \mathbf{B}}{\partial t} \tag{9.124}$$

이 식도 평면파 해가 있다:

$$\tilde{\mathbf{E}}(z,t) = \tilde{\mathbf{E}}_0 e^{i(\tilde{k}z-\omega t)}, \quad \tilde{\mathbf{B}}(z,t) = \tilde{\mathbf{B}}_0 e^{i(\tilde{k}z-\omega t)} \tag{9.125}$$

---

20 N. Ashby, *Am. J. Phys.* 43, 553 (1975)는 좋은 도체의 τ가 터무니없이 짧음을 지적했다(구리는 10^{-19}초인데 충돌시간은 $\tau_{\text{충돌}} = 10^{-14}$초이다). 이 문제는 $\tau_{\text{충돌}}$보다 더 짧은 시간영역에서는 옴 법칙이 깨진다는 것이다; 실제로 좋은 도체 속에서 자유전하가 흩어지는데 걸리는 시간은 τ가 아니라 $\tau_{\text{충돌}}$이다. 더구나 H. C. Ohanian, *Am. J. Phys.* 51, 1020 (1983)는 전기장과 전류가 평형상태에 이르려면 더 오래 걸림을 보였다. 그러나 이것 가운데 어떤 것도 우리가 다루는 내용과는 상관 없다; 요점은 도체 속의 알짜 전하 밀도가 빨리 흩어진다는 것이지, 걸리는 시간이 아니다.

그러나 이번에는 "파수" $\tilde{k}$가 복소수임을 식 9.125를 식 9.124에 넣어 쉽게 확인할 수 있다:

$$\tilde{k}^2 = \mu\epsilon\omega^2 + i\mu\sigma\omega \tag{9.126}$$

제곱근을 셈하면 다음과 같다.

$$\tilde{k} = k + i\kappa \tag{9.127}$$

여기에서

$$k \equiv \omega\sqrt{\frac{\epsilon\mu}{2}}\left[\sqrt{1+\left(\frac{\sigma}{\epsilon\omega}\right)^2}+1\right]^{1/2}, \quad \kappa \equiv \omega\sqrt{\frac{\epsilon\mu}{2}}\left[\sqrt{1+\left(\frac{\sigma}{\epsilon\omega}\right)^2}-1\right]^{1/2} \tag{9.128}$$

$\tilde{k}$의 허수부 때문에 파동은 감쇠된다(z가 커질수록 진폭이 작아진다):

$$\tilde{\mathbf{E}}(z,t) = \tilde{\mathbf{E}}_0 e^{-\kappa z} e^{i(kz-\omega t)}, \quad \tilde{\mathbf{B}}(z,t) = \tilde{\mathbf{B}}_0 e^{-\kappa z} e^{i(kz-\omega t)} \tag{9.129}$$

진폭이 $1/e$ (약 1/3)의 비율로 줄어드는 거리를 **침투 깊이**(skin depth)라 한다.

$$d \equiv \frac{1}{\kappa} \tag{9.130}$$

이것은 전자기파가 도체에 스며들 수 있는 깊이의 지표이다. 한편 $\tilde{k}$의 실수부는 파장, 전파 속력, 그리고 굴절률을 결정한다.

$$\lambda = \frac{2\pi}{k}, \quad v = \frac{\omega}{k}, \quad n = \frac{ck}{\omega} \tag{9.131}$$

감쇠된 평면파(식 9.129)는 $\tilde{\mathbf{E}}_0$와 $\tilde{\mathbf{B}}_0$가 어떤 값을 가져도 수정된 파동 방정식(식 9.124)을 충족시킨다. 그러나 맥스웰 방정식(식 9.123)은 구속조건을 더 부과하며, 이것은 **E**와 **B**의 진폭의 상대적 비율, 위상 그리고 편광방향을 결정한다. 앞서와 같이 (i)과 (ii)때문에 z성분은 없으므로 전자기파는 수직파이다. 좌표축을 돌려 **E**가 x쪽과 나란하게 만들자:

$$\tilde{\mathbf{E}}(z,t) = \tilde{E}_0 e^{-\kappa z} e^{i(kz-\omega t)}\,\hat{\mathbf{x}} \tag{9.132}$$

그러면 자기장은 식(iii)에서 다음과 같다.

$$\tilde{\mathbf{B}}(z,t) = \frac{\tilde{k}}{\omega}\tilde{E}_0 e^{-\kappa z} e^{i(kz-\omega t)}\,\hat{\mathbf{y}} \tag{9.133}$$

[식(iv)도 내용이 같다.] 이것도 전기장과 자기장은 직교한다.

여느 복소수와 마찬가지로 $\tilde{k}$도 크기와 위상으로 나타낼 수 있다:

$$\tilde{k} = K e^{i\phi} \tag{9.134}$$

여기에서 크기 K는 다음과 같고,

$$K \equiv |\tilde{k}| = \sqrt{k^2 + \kappa^2} = \omega\sqrt{\epsilon\mu\sqrt{1 + \left(\frac{\sigma}{\epsilon\omega}\right)^2}} \tag{9.135}$$

위상 ϕ는 다음과 같다.

$$\phi \equiv \tan^{-1}(\kappa/k) \tag{9.136}$$

식 9.132와 9.133에 따르면 복소진폭 $\tilde{E}_0 = E_0 e^{i\delta_E}$와 $\tilde{B}_0 = B_0 e^{i\delta_B}$는 다음 관계가 있다:

$$B_0 e^{i\delta_B} = \frac{K e^{i\phi}}{\omega} E_0 e^{i\delta_E} \tag{9.137}$$

명백히 전기장과 자기장의 위상은 더 이상 같지 않다; 사실

$$\delta_B - \delta_E = \phi \tag{9.138}$$

로서, 자기장은 전기장에 뒤쳐진다. 한편 **E**와 **B**의 (실수) 진폭 사이에는 다음 관계가 있다:

$$\frac{B_0}{E_0} = \frac{K}{\omega} = \sqrt{\epsilon\mu\sqrt{1 + \left(\frac{\sigma}{\epsilon\omega}\right)^2}} \tag{9.139}$$

끝으로 (실수) 전기장과 자기장은 다음과 같다.

$$\left.\begin{aligned} \mathbf{E}(z,t) &= E_0 e^{-\kappa z}\cos(kz - \omega t + \delta_E)\,\hat{\mathbf{x}}, \\ \mathbf{B}(z,t) &= B_0 e^{-\kappa z}\cos(kz - \omega t + \delta_E + \phi)\,\hat{\mathbf{y}}. \end{aligned}\right\} \tag{9.140}$$

그림 9.18은 이 전자기장을 보여준다.

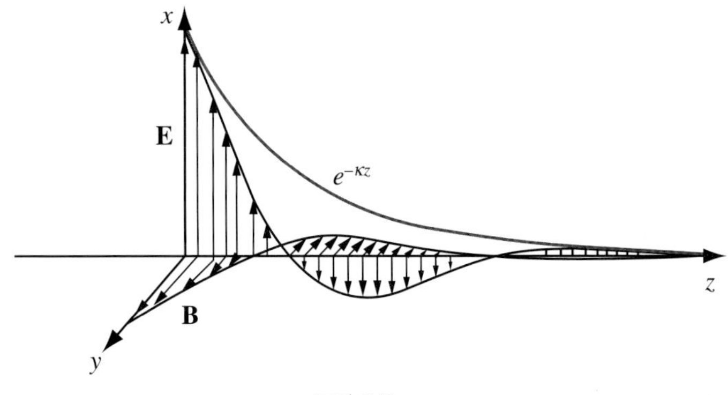

그림 9.18

문제 9.20

(a) 유리조각에 자유전하를 집어넣는다면, 그 전하가 표면으로 나올 때까지 시간이 대략 얼마나 걸릴까?

(b) 은은 아주 좋은 도체이지만 비싸다. 진동수 10 GHz에서 작동하는 극초단파 실험을 설계할 때, 은도금을 얼마나 두껍게 해야 할까?

(c) 1 MHz의 라디오파가 구리 속을 지나갈 때의 파장과 전파속도를 구하라. 공기 (또는 진공) 속에서의 값과 비교하라.

문제 9.21

(a) 불량 도체($\sigma \ll \omega\epsilon$)의 침투깊이가 $(2/\sigma)\sqrt{\epsilon/\mu}$(진동수에 무관하다)임을 보여라. (순수한) 물의 침투깊이(미터 단위)를 구하라. (ϵ, μ, σ는 정전기장에서의 값을 써라; 얻는 답은 진동수가 낮을 때만 맞다.)

(b) 좋은 도체($\sigma \gg \omega\epsilon$)의 침투깊이가 $\lambda/2\pi$(λ는 도체 속에서의 파장)임을 보여라. 전형적인 금속 [$\sigma \approx 10^7$ $(\Omega\,\text{m})^{-1}$의 가시광 영역($\omega \approx 10^{15}$ 초$^{-1}$)]에서의 침투깊이(nm 단위)를 구하라. $\epsilon \approx \epsilon_0$와 $\mu \approx \mu_0$로 가정하라. 왜 금속은 불투명한가?

(c) 좋은 도체에서는 자기장이 전기장 보다 위상이 $45°$ 뒤쳐짐을 보이고, 두 장의 진폭의 비를 구하라. 구체적인 수치의 사례로는 (b)의 "전형적인 금속"의 값을 써라.

문제 9.22

(a) 도체 속에서 전자기 평면파(식 9.140)의 (시간 평균) 에너지 밀도를 셈하라. 자기장의 에너지가 늘 더 많음을 보여라. [답: $(k^2/2\mu\omega^2)E_0^2e^{-2\kappa z}$]

(b) 세기는 $(k/2\mu\omega)E_0^2e^{-2\kappa z}$임을 보여라.

9.4.2 도체 표면에서의 반사

두 유전체의 경계면에서의 반사와 굴절을 분석하는데 썼던 경계조건은 자유전하와 자유전류가 있으면 성립하지 않는다. 대신 더 일반적인 식 7.73을 써야 한다:

$$\left.\begin{array}{ll} \text{(i)}\ \ \epsilon_1 E_1^{\perp} - \epsilon_2 E_2^{\perp} = \sigma_{\text{자유}}, & \text{(iii)}\ \ \mathbf{E}_1^{\parallel} - \mathbf{E}_2^{\parallel} = \mathbf{0}, \\ \text{(ii)}\ \ B_1^{\perp} - B_2^{\perp} = 0, & \text{(iv)}\ \ \dfrac{1}{\mu_1}\mathbf{B}_1^{\parallel} - \dfrac{1}{\mu_2}\mathbf{B}_2^{\parallel} = \mathbf{K}_{\text{자유}} \times \hat{\mathbf{n}}, \end{array}\right\} \tag{9.141}$$

여기에서 $\sigma_{\text{자유}}$(전도도와 헷갈리지 말아라)는 자유 면전하, $\mathbf{K}_{\text{자유}}$는 자유 면전류, 그리고 $\hat{\mathbf{n}}$은 (평면파의 편광과 혼동하지 말아라) 경계면에 대한 단위 법선벡터로, 매질 (2)에서 매질 (1)을 향한다.

옴 법칙을 따르는 도체($\mathbf{J}_{자유} = \sigma\mathbf{E}$)에서는 표면에 자유전류가 없다. 그 까닭은 전류를 흐르게 하려면 경계면에 한없이 센 전기장이 있어야 하기 때문이다.[21]

xy평면이 유전체 선형 매질 (1)과 도체 (2) 사이의 경계면이라 하자. 그림 9.13과 같이 x–편광 단색 평면파가 z축을 따라 왼쪽에서 온다:

$$\tilde{\mathbf{E}}_{입사}(z,t) = \tilde{E}_{0_{입사}} e^{i(k_1 z - \omega t)}\,\hat{\mathbf{x}}, \quad \tilde{\mathbf{B}}_{입사}(z,t) = \frac{1}{v_1}\tilde{E}_{0_{입사}} e^{i(k_1 z - \omega t)}\,\hat{\mathbf{y}} \tag{9.142}$$

반사파

$$\tilde{\mathbf{E}}_{반사}(z,t) = \tilde{E}_{0_{반사}} e^{i(-k_1 z - \omega t)}\,\hat{\mathbf{x}}, \quad \tilde{\mathbf{B}}_{반사}(z,t) = -\frac{1}{v_1}\tilde{E}_{0_{반사}} e^{i(-k_1 z - \omega t)}\,\hat{\mathbf{y}} \tag{9.143}$$

는 매질 (1)의 왼쪽으로 되돌아가고, 투과파

$$\tilde{\mathbf{E}}_{투과}(z,t) = \tilde{E}_{0_{투과}} e^{i(\tilde{k}_2 z - \omega t)}\,\hat{\mathbf{x}}, \quad \tilde{\mathbf{B}}_{투과}(z,t) = \frac{\tilde{k}_2}{\omega}\tilde{E}_{0_{투과}} e^{i(\tilde{k}_2 z - \omega t)}\,\hat{\mathbf{y}} \tag{9.144}$$

는 도체 속으로 스며들어가며 감쇠된다.

$z = 0$에서 매질 (1)에 있는 입사파와 반사파가 매질 (2)에 있는 투과파와 식 9.141의 경계조건에 따라 이어진다. 양쪽 다 $E^{\perp} = 0$이므로 경계조건 (i)로부터 $\sigma_{자유} = 0$이다. $B^{\perp} = 0$이므로, (ii)는 저절로 충족된다. (iii)은 다음 조건을 준다:

$$\tilde{E}_{0_{입사}} + \tilde{E}_{0_{반사}} = \tilde{E}_{0_{투과}} \tag{9.145}$$

그리고 (iv)는 ($\mathbf{K}_{자유} = 0$과 함께) 다음 조건을 준다:

$$\frac{1}{\mu_1 v_1}(\tilde{E}_{0_{입사}} - \tilde{E}_{0_{반사}}) = \frac{\tilde{k}_2}{\mu_2 \omega}\tilde{E}_{0_{투과}} \tag{9.146}$$

또는 다음과 같다.

$$\tilde{E}_{0_{입사}} - \tilde{E}_{0_{반사}} = \tilde{\beta}\tilde{E}_{0_{투과}} \tag{9.147}$$

여기에서 $\tilde{\beta}$는 다음과 같이 정의된다.

$$\tilde{\beta} \equiv \frac{\mu_1 v_1}{\mu_2 \omega}\tilde{k}_2 \tag{9.148}$$

따라서 다음 결과를 얻는다.

---

21 표면 전류 벡터 **J**는 델타 함수이다. 완전 도체($\sigma = \infty$)의 극한 상황은 곧 살펴보겠다.

$$\tilde{E}_{0_{\text{반사}}} = \left(\frac{1-\tilde{\beta}}{1+\tilde{\beta}}\right)\tilde{E}_{0_{\text{입사}}}, \quad \tilde{E}_{0_{\text{투과}}} = \left(\frac{2}{1+\tilde{\beta}}\right)\tilde{E}_{0_{\text{입사}}} \tag{9.149}$$

이 결과는 유전체의 경계에 대한 것(식 9.83)과 겉보기에 똑같이 꼴이지만, $\tilde{\beta}$가 이제는 복소수이므로 실제로는 다르다.

완전 도체($\sigma = \infty$)라면 $k_2 = \infty$(식 9.128)이므로 $\tilde{\beta}$가 무한대이고, 따라서 다음과 같다.[22]

$$\tilde{E}_{0_{\text{반사}}} = -\tilde{E}_{0_{\text{입사}}}, \quad \tilde{E}_{0_{\text{투과}}} = 0 \tag{9.150}$$

이때 전자기파는 위상이 180° 바뀌면서 완전히 반사된다. (그래서 아주 좋은 도체가 좋은 거울이 된다. 실제로는 유리판 뒷면에 은을 얇게 입힌다 – 유리는 빛의 반사와 아무 관계가 없으며, 은을 받쳐 주고 변색되지 않게 한다. 은에 대한 가시광선의 침투깊이는 약 100Å 정도이므로 두껍게 입힐 필요가 없다.)

문제 9.23 공기–은 경계면($\mu_1 = \mu_2 = \mu_0$, $\epsilon_1 = \epsilon_0$, $\sigma = 6 \times 10^7 (\Omega \cdot \text{m})^{-1}$)에서 가시광($\omega = 4 \times 10^{15}/\text{s}$)의 반사율을 셈하라.

9.4.3 유전율의 진동수에 대한 변화

앞 절에서 물질 속에서의 전자기파의 진행은 물질의 세 가지 성질(유전율 ϵ, 투자율 μ, 전도도 σ)에 따라 달라짐을 알았는데, 그 세 가지 성질을 지금까지는 상수로 보았다. 그러나 이 매개변수들은 진동수에 따라 어느 정도 변한다. ϵ과 μ가 참으로 상수였다면 투명 매질의 굴절율 $n \cong \sqrt{\epsilon_{\text{상대}}}$도 상수였을 것이다. 그러나 n이 파장의 함수임은 광학에서 잘 알려져 있다 (그림 9.19는 전형적인 유리에 대한 것이다). 프리즘이나 빗방울은 붉은 빛 보다는 파란 빛을 더 많이 꺾어, 흰빛을 무지개 색으로 퍼뜨린다. 이 현상이 **분산**(dispersion)이고, 파동의 전파속력이 진동수에 따라 다른 매질이 **분산 매질**(dispersive medium)이다.

분산매질에서는 파동의 진행 속력이 진동수에 따라 다르므로, 여러 진동수 성분이 섞여 있는 파동은 매질 속을 진행하면서 파동의 모양이 바뀐다. 봉우리가 뾰족한 파동은 매질 속을 가면서

---

22 σ가 매우 크면, 식 9.128에 따라 $k \approx \kappa \approx \omega\sqrt{\sigma/2}$이고, $E_{0_{\text{투과}}}$는 $1/\sqrt{\sigma}$에 비례하므로, 자유 전류 밀도 $J_{\text{자유}} = \sigma E$는 $\sqrt{\sigma}$에 비례하여 커진다. 그러나 이 전류는 아주 얕은 침투 깊이 $d = 1/\kappa \sim 1/\sqrt{\sigma}$에 갇히고, $\sigma \to \infty$의 극한에서는 표면 전류가 된다.

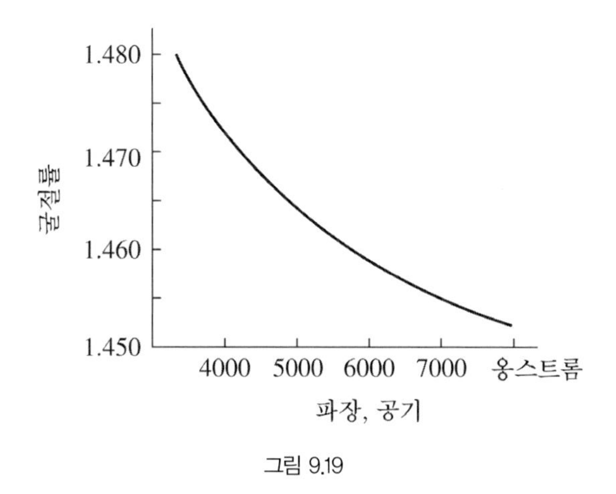

그림 9.19

봉우리가 평평해진다. 낱낱의 사인파동은 보통의 **파동속도**(wave velocity) 또는 **위상속도**(phase velocity)로 가지만

$$v = \frac{\omega}{k} \tag{9.149}$$

파동뭉치(wave packet) 전체["**싸개**(envelope)"]는 **군속도**(group velocity)로 간다.[23]

$$v_{군} = \frac{d\omega}{dk} \tag{9.150}$$

[이것은 호수에 돌을 떨어뜨리고 물결이 번지는 것을 보면 알 수 있다: 물결 전체는 원을 그리며 속력 $v_{군}$로 퍼지지만, 물결을 이루는 잔물결은 두 배로 빨리 (이 경우 $v = 2v_{군}$) 가는 것을 볼 수 있다. 그 잔물결은 파동뭉치의 꼬리에서 나타나 중심 쪽으로 가며 커지다가 머리에서 작아지며 사라진다(그림 9.20).] 앞으로는 단색파만 다루는데, 그때는 이 문제가 생기지 않는다. 중요한 것은 파동뭉치가 운반하는 에너지가 분산매질에서는 (위상속도가 아니라) 군속도로 전달된다는 것이다. 따라서 v가 c보다 커져도 놀랄 것이 없다.[24]

---

23 A. P. French, *Vibrations and Waves* (New York: W. W. Norton & Co., 1971), 230쪽; S. Crawford, Jr., *Waves* (New York, McGraw-Hill, 1968), §6.2.

24 특별한 경우에는 심지어 군속도가 c보다 더 클 수도 있다 - 다음 논문을 보라: P. C. Peers, *Am. J. Phys.* **56**, 129 (1988) 또는 문제 9.27을 풀어보라. 멋진 설명이 다음 논문에 있다: C. F. Bohren, *Am. J. Phys.* **77**, 101 (2009). 서로 다른 두 가지 "빛의 속력"만으로도 충분하지 않다면 여덟 가지 이상의 다른 속력을 찾아낸 다음 논문을 보라: S. C. Bloch, *Am. J. Phys.* **45**, 538 (1977). 사실 어떤 것이 가면서 모양이 변하며, 머리와 꼬리가 분명하지 않다면, "속력"이 무엇을 뜻하는지도 명확하지 않다. 그 속력이 세기의 봉우리가 가는 속력인가, 아니면 에너지가 수송되는 속력인가, 정보가 전송되는 속력인가? 특수 상대성에서는 인과 정보를 담은 신호는 c보다 더 빨리 갈 수 없지만, 다른 "속도"에는 그러한 제약이 없다.

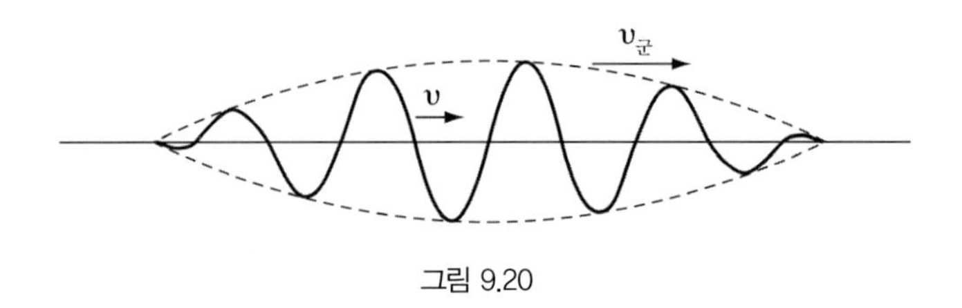

그림 9.20

이 절의 목적은 유전체 속의 전자의 거동에 관한 간단한 모형을 써서 유전체의 ϵ이 진동수에 따라 변하는 것을 설명하는 것이다. 원자수준의 현상에 관한 고전적 모형이 모두 그렇듯이 그것은 잘해봐야 근사일 뿐이다. 그렇지만 이 모형은 정성적으로 잘 맞는 결과를 내며, 투명 매질의 분산을 그럴듯하게 설명한다.

유전체 속의 전자는 어떤 분자에 묶여 있다. 실제의 결합력은 아주 복잡하지만, 낱낱의 전자가 탄성상수 $k_{용수철}$인 용수철 끝에 붙어 있는 것으로 상상하자 (그림 9.21):

$$F_{결합} = -k_{용수철}x = -m\omega_0^2 x \tag{9.153}$$

여기에서 x는 평형점에서 벗어난 변위, m은 전자의 질량, ω_0는 고유 진동수 $\sqrt{k_{용수철}/m}$이다. [이것이 터무니없는 모형이라고 생각되면, 예제 4.1을 돌이켜 보라. 그곳에서 바로 이러한 꼴의 힘이 나왔다. 사실 어떤 결합력을 받든 평형점에서 벗어난 거리가 충분히 작으면 이런 꼴이 된다는 것은 위치 에너지를 평형점을 중심으로 테일러 급수 전개를 해 보면 알 수 있다:

$$U(x) = U(0) + xU'(0) + \frac{1}{2}x^2U''(0) + \cdots$$

첫 항은 상수로 동역학에서는 중요하지 않다 [$U(0) = 0$이 되도록 위치에너지의 기준을 맞출 수 있다]. $dU/dx = -F$이고 평형점이란 힘이 0인 곳이므로 둘째 항은 저절로 0이 된다. 셋째 항이 바로 탄성상수가 $k_{용수철} = d^2U/dx^2|_0$인 용수철의 위치 에너지이다. (안정 평형점에서는 2계 도함수의 값이 양수이다.) 변위가 작으면 급수의 고차항은 무시할 수 있다. 기하학적으로는 설명하자면 거의 모든 함수는 최소점 근처를 적당한 포물선으로 볼 수 있다는 것이다.]

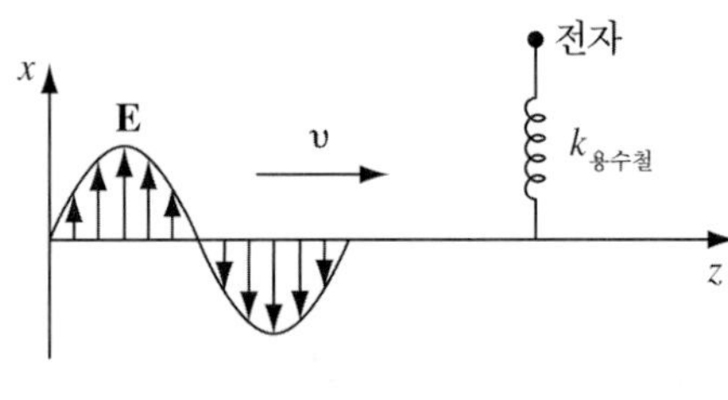

그림 9.21

전자는 감쇠력도 받을 수 있다.

$$F_{감쇠} = -m\gamma \frac{dx}{dt} \tag{9.154}$$

[여기에서도 가장 간단한 꼴을 골랐다: 감쇠력의 방향은 속도와 반대쪽이어야 하고, 크기는 속도에 비례한다. 감쇠의 원인은 여기에서 따지지 않는다 – 하지만 진동하는 전하는 전자기파를 내고, 그 전자기파는 에너지를 가져간다. 이 "방사감쇠"는 제 11 장에서 셈한다.]

진동수 ω이고 x쪽으로 편광된 전자기파가 있으면(그림 9.21), 전자는 다음과 같은 힘을 받는다.

$$F_{구동} = qE = qE_0 \cos(\omega t) \tag{9.155}$$

여기에서 q는 전자의 전하량, E_0는 전자가 있는 곳 z의 전자기파의 진폭이다. (이곳만 살펴볼 것이므로 시계를 맞추어 $t = 0$ 때 E가 최대값이 된다고 하자. 간단히 자기력은 무시할 수 있다고 하자.) 이 모두를 뉴턴 제 2법칙에 넣으면 다음 식을 얻는다.

$$m\frac{d^2x}{dt^2} = F_{전체} = F_{결합} + F_{감쇠} + F_{구동}$$

또는

$$m\frac{d^2x}{dt^2} + m\gamma\frac{dx}{dt} + m\omega_0^2 x = qE_0\cos(\omega t) \tag{9.156}$$

이 모형은 전자의 운동을 진동수 ω인 힘을 받는 감쇠 조화진동으로 기술한다. (핵은 훨씬 무거우므로 서 있다고 가정한다.)

식 9.156을 **복소수** 방정식의 실수부로 보면 더 쉽게 다룰 수 있다.

$$\frac{d^2\tilde{x}}{dt^2} + \gamma\frac{d\tilde{x}}{dt} + \omega_0^2\tilde{x} = \frac{q}{m}E_0 e^{-i\omega t} \tag{9.157}$$

정상상태에서는 이 계는 구동력의 진동수로 진동한다.

$$\tilde{x}(t) = \tilde{x}_0 e^{-i\omega t} \tag{9.158}$$

이것을 식 9.157에 넣으면 다음 결과를 얻는다.

$$\tilde{x}_0 = \frac{q/m}{\omega_0^2 - \omega^2 - i\gamma\omega}E_0 \tag{9.159}$$

전자의 진동으로 생기는 쌍극자 모멘트는 다음의 실수부이다.

$$\tilde{p}(t) = q\tilde{x}(t) = \frac{q^2/m}{\omega_0^2 - \omega^2 - i\gamma\omega}E_0 e^{-i\omega t} \tag{9.160}$$

분모에 허수부가 있으므로 p와 E의 위상이 어긋난다 – 위상차는 $\tan^{-1}[\gamma\omega/(\omega_0^2 - \omega^2)]$이다. 이것은 $\omega \ll \omega_0$이면 아주 작고, $\omega \gg \omega_0$이면 π에 가까워진다.

일반적으로 한 분자 속에서도 전자가 있는 곳에 따라 고유 진동수와 감쇠상수가 다르다. 분자마다 고유 진동수가 ω_j이고 감쇠상수가 γ_j인 전자가 f_j개 있다고 하자. 단위부피속에 분자가 N개 있다면 편극밀도 $\mathbf{P}$는 다음 양의 실수부와 같다.[25]

$$\tilde{\mathbf{P}} = \frac{Nq^2}{m}\left(\sum_j \frac{f_j}{\omega_j^2 - \omega^2 - i\gamma_j\omega}\right)\tilde{\mathbf{E}} \tag{9.161}$$

앞에서 $\mathbf{P}$와 $\mathbf{E}$사이의 비례상수를 전기 감수율로 정의했다(구체적으로 $\mathbf{P} = \epsilon_0\chi_{전기}\mathbf{E}$). 이번에는 $\mathbf{P}$와 $\mathbf{E}$의 위상이 다르므로 $\mathbf{P}$는 $\mathbf{E}$에 비례하지 않는다(엄밀히 말하면, 선형매질이 아니다). 그러나 복소 편극밀도 $\tilde{\mathbf{P}}$는 복소 전기장 $\tilde{\mathbf{E}}$에 비례하므로 **복소 감수율**(complex susceptibility) $\tilde{\chi}_{전기}$를 정의할 수 있다.

$$\tilde{\mathbf{P}} = \epsilon_0\tilde{\chi}_{전기}\tilde{\mathbf{E}} \tag{9.162}$$

물리적 전기장이 $\tilde{\mathbf{E}}$의 실수부인 것과 마찬가지로 물리적 편극밀도가 $\tilde{\mathbf{P}}$의 실수부라는 것을 이해하면 전과 똑같이 복소수를 다룰 수 있다. 특히 $\tilde{\mathbf{D}}$와 $\tilde{\mathbf{E}}$사이의 비례상수는 **복소 유전율**(complex permittivity) $\tilde{\epsilon} = \epsilon_0(1 + \tilde{\chi}_{전기})$이고, **복소 유전상수**(complex dielectric constant)는 이 모형에서는 다음과 같다.

$$\tilde{\epsilon}_{상대} = \frac{\tilde{\epsilon}}{\epsilon_0} = 1 + \frac{Nq^2}{m\epsilon_0}\sum_j \frac{f_j}{\omega_j^2 - \omega^2 - i\gamma_j\omega} \tag{9.163}$$

허수항은 보통 중요하지 않지만, ω가 공명 진동수의 어느 하나(ω_j)에 가까우면 중요한 구실을 함을 보게 될 것이다.

분산매질에서의 파동방정식

$$\nabla^2\tilde{\mathbf{E}} = \tilde{\epsilon}\mu_0\frac{\partial^2\tilde{\mathbf{E}}}{\partial t^2} \tag{9.164}$$

에 대한 정해진 진동수의 평면파 해는 앞서와 마찬가지로 다음과 같은 꼴이다.

---

25 이것은 희박한 기체에는 곧바로 적용된다; 밀도가 더 큰 물질에서는 클라지우스–모소티 방정식에 따라 이론을 조금 고쳐야 한다(문제 4.42). 그런데 매질의 "편극밀도(polarization)" $\mathbf{P}$와 전자기파의 "편광(polarization)"을 헷갈리지 말아라. 영어로는 두 용어가 똑같지만 전혀 관계없는 양이다.

$$\tilde{\mathbf{E}}(z,t) = \tilde{\mathbf{E}}_0 e^{i(\tilde{k}z-\omega t)} \tag{9.165}$$

복소파수는 다음과 같다.

$$\tilde{k} \equiv \sqrt{\tilde{\epsilon}\mu_0}\,\omega \tag{9.166}$$

$\tilde{k}$를 다음과 같이 실수부와 허수부로 나누면

$$\tilde{k} = k + i\kappa \tag{9.167}$$

식 9.163은 다음과 같다.

$$\tilde{\mathbf{E}}(z,t) = \tilde{\mathbf{E}}_0 e^{-\kappa z} e^{i(kz-\omega t)} \tag{9.168}$$

명백히 이 파동은 갈수록 진폭이 줄어든다(감쇠될 때 에너지가 흡수되므로 당연하다). 세기는 E^2에 비례하므로 (따라서 $e^{-2\kappa z}$에 비례하므로) 다음 양을 **흡수계수**(absorption coefficient)라고 한다.

$$\alpha \equiv 2\kappa \tag{9.169}$$

또한 파동속도는 ω/k이므로 굴절률은 다음과 같다.

$$n = \frac{ck}{\omega} \tag{9.170}$$

일부러 기호를 §9.4.1와 거의 같게 했다. 그렇지만 여기에서는 k와 κ 모두 전도도와는 아무 관계가 없다; 이 값들은 감쇠 조화진동자의 매개변수에 따라 결정된다. 기체는 식 9.163의 둘째 항이 작으므로 제곱근(식 9.166)을 이항전개식의 일차 어림식으로 바꿀 수 있다: $\sqrt{1+\varepsilon} \cong 1 + \frac{1}{2}\varepsilon$. 그러면 다음과 같다.

$$\tilde{k} = \frac{\omega}{c}\sqrt{\tilde{\epsilon}_{\text{상대}}} \cong \frac{\omega}{c}\left[1 + \frac{Nq^2}{2m\epsilon_0}\sum_j \frac{f_j}{\omega_j^2 - \omega^2 - i\gamma_j\omega}\right] \tag{9.171}$$

따라서 굴절률은 다음과 같다.

$$n = \frac{ck}{\omega} \cong 1 + \frac{Nq^2}{2m\epsilon_0}\sum_j \frac{f_j\left(\omega_j^2 - \omega^2\right)}{\left(\omega_j^2 - \omega^2\right)^2 + \gamma_j^2\omega^2} \tag{9.172}$$

흡수계수는 다음과 같다.

$$\alpha = 2\kappa \cong \frac{Nq^2\omega^2}{m\epsilon_0 c}\sum_j \frac{f_j\gamma_j}{\left(\omega_j^2-\omega^2\right)^2+\gamma_j^2\omega^2} \tag{9.173}$$

그림 9.22는 굴절률과 흡수계수의 진동수에 대한 변화를 공명 진동수 근처에서 보여준다. 진동수가 커지면 굴절률도 대개 커지는데, 이것은 광학에서 경험한 것과 맞다(그림 9.19). 그렇지만 공명 진동수 아주 가까이에서는 굴절률이 급격히 떨어진다. 이러한 거동은 전형적이 아니므로 **비정상 분산**(anomalous dispersion)이라고 한다. 비정상 분산 영역(그림에서 $\omega_1 < \omega < \omega_2$)은 최대 흡수영역과 같다; 사실 이 진동수 영역에서는 물질이 불투명해진다. 그 까닭은 전자가 잘 진동하는 진동수의 전자기파를 보내면, 전자의 진폭이 상대적으로 커지고, 따라서 많은 에너지가 감쇠 기구를 통해 흩어지기 때문이다.

그림 9.22에서 n은 공명 진동수 보다 더 큰 진동수에서는 1 보다 작은데, 이것은 파동의 속력이 c보다 큼을 시사한다. 앞에서 이미 말한 것처럼 놀랄 것 없다. 왜냐하면 에너지가 이동하는 속도는 파동 속도가 아니기 때문이다. 더구나 그림에는 굴절률에 더해지는 다른 항은 보여주지 않았는데, 그것은 거의 일정한 크기의 "배경"으로 더해지므로 공명 진동수 양쪽에서 $n > 1$이 되게 하기도 한다. 그런데, 이 모형에서는 공명 진동수 근처에서 군속도도 c보다 클 수 있다 (문제 9.27).

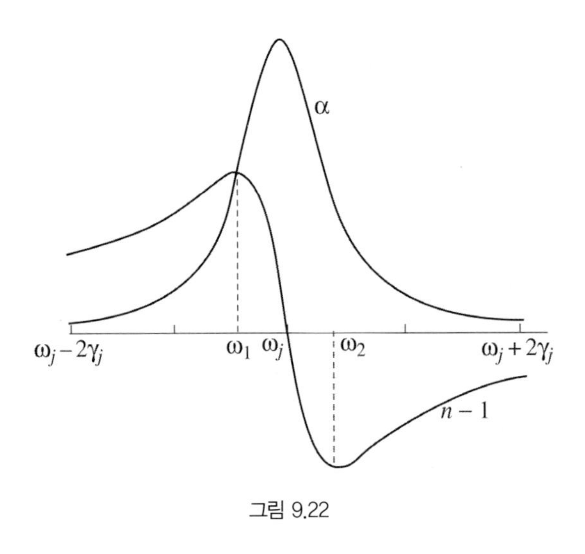

그림 9.22

공명 진동수에서 멀어지면 감쇠는 무시할 수 있으므로 굴절률 공식이 좀 간단해진다:

$$n = 1 + \frac{Nq^2}{2m\epsilon_0}\sum_j \frac{f_j}{\omega_j^2-\omega^2} \tag{9.174}$$

대부분의 물질에는 고유 진동수 ω_j가 모든 진동수 영역에 걸쳐 마구 퍼져있다. 그러나 투명한 물질은 가장 가까운 주요 공명 진동수가 자외선 영역에 있으므로 $\omega < \omega_j$이다. 이때는

$$\frac{1}{\omega_j^2 - \omega^2} = \frac{1}{\omega_j^2}\left(1 - \frac{\omega^2}{\omega_j^2}\right)^{-1} \cong \frac{1}{\omega_j^2}\left(1 + \frac{\omega^2}{\omega_j^2}\right)$$

이므로, 식 9.174는 다음과 같은 꼴이 된다.

$$n = 1 + \frac{Nq^2}{2m\epsilon_0}\sum_j \frac{f_j}{\omega_j^2}\left(1 + \frac{\omega^2}{\omega_j^2}\right) \tag{9.175}$$

이것을 진공에서의 파장($\lambda = 2\pi c/\omega$)으로 나타내면 다음과 같다.

$$n = 1 + A\left(1 + \frac{B}{\lambda^2}\right) \tag{9.176}$$

이다. 이것이 **코시 공식**(Cauchy's formula)이다. 여기에서 A는 **굴절계수**(coefficient of refraction), B는 **분산계수**(coefficient of dispersion)이다. 이 코시 공식은 가시광 영역에서는 대부분의 기체에 제법 잘 맞는다.

이 절의 설명으로 유전체의 분산에 관한 이야기가 다 끝난 것은 아니다. 그렇지만 전자의 감쇠 조화진동이 굴절률의 진동수에 대한 변화를 설명했고, n이 왜 보통은 진동수에 따라 커지고, 가끔 급격하게 떨어지는 "비정상" 영역이 있는지도 설명했다.

문제 9.24 파동 속도와 군 속도의 관계는 파동의 유형에 따라 다르다.

(a) 얕은 물은 비분산적이다; 물결의 속력은 깊이의 제곱근에 비례한다. 그렇지만 깊은 물에서는 물결이 바닥까지의 물을 모두 "느끼지" 못하므로 – 깊이가 λ에 비례하는 것처럼 거동한다.(실제로는 "얕은" 과 "깊은"의 거리차이 자체가 파장에 따라 달라진다: 물의 깊이가 λ보다 작으면 "얕고" λ보다 제법 크면 "깊다.") 깊은 물에서 물결의 속도는 군속도의 두배임을 보여라.

(b) 양자역학에서는 질량 m인 자유 입자가 x쪽으로 움직이는 것을 다음 파동함수로 기술한다:

$$\Psi(x,t) = Ae^{i(px-Et)/\hbar}$$

여기에서 p는 운동량, $E = p^2/2m$은 운동에너지이다. 군속도와 파동 속도를 셈하라. 어떤 것이 고전적인 속도에 해당하는가? 파동속도가 군속도의 반임을 눈여겨보라.

문제 9.25 예제 4.1의 모형을 그대로 받아들이면 고유 진동수는 얼마일까? 원자 반지름이 0.5 Å이라면 전자기파 스펙트럼의 어디에 놓이는가? 굴절 및 분산 계수를 구하고, 그 값을 0°C 대기압

에서의 수소의 값($A = 1.36\times10^{-4}$, $B = 7.7\times10^{-15}\text{m}^2$)과 비교하라.

문제 9.26 공명 진동수가 ω_0 하나일 때 비정상 분산영역의 폭을 구하라. $\gamma \ll \omega_0$로 가정하라. 흡수계수가 최대값의 반이 되는 곳에서 굴절률이 최대 또는 최소가 됨을 보여라.

문제 9.27 식 9.172에서 출발하여 공명 진동수가 ω_0 하나라고 가정하여 군속도를 셈하라. 컴퓨터를 써서 $y \equiv v_{군}/c$를 $x \equiv (\omega/\omega_0)^2$의 함수로, $x = 0$에서 2까지 다음 조건에서 그려라: (a) $\gamma = 0$, (b) $\gamma = (0.1)\omega_0$. $(Nq^2)/(2m\epsilon_0\omega_0^2) = 0.003$으로 잡아라. 군속도가 c를 넘을 수 있다.

9.5 도파

9.5.1 도파관

지금까지 한없이 뻗어 있는 평면파를 다루어 왔다; 이제는 속이 빈 관, 또는 **도파관**(wave guide) (그림 9.23) 속에 갇힌 전자기파를 살펴보자. 도파관이 완전 도체라고 가정하면 그 속에서는 $\mathbf{E} = \mathbf{0}$, $\mathbf{B} = \mathbf{0}$이므로 안쪽 벽에서의 경계조건은 다음과 같다.[26]

$$\left.\begin{array}{ll}\text{(i)} & \mathbf{E}^{\parallel} = \mathbf{0},\\ \text{(ii)} & B^{\perp} = 0.\end{array}\right\} \tag{9.177}$$

이 구속조건에 맞추어 도파관 벽면에 자유 전하와 전류가 유도된다.[27]

도파관을 따라가는 단색광을 살펴보면 $\mathbf{E}$와 $\mathbf{B}$의 일반 꼴은 다음과 같다.

$$\left.\begin{array}{ll}\text{(i)} & \tilde{\mathbf{E}}(x, y, z, t) = \tilde{\mathbf{E}}_0(x, y)e^{i(kz-\omega t)},\\ \text{(ii)} & \tilde{\mathbf{B}}(x, y, z, t) = \tilde{\mathbf{B}}_0(x, y)e^{i(kz-\omega t)}.\end{array}\right\} \tag{9.178}$$

26 식 9.141과 문제 7.47을 보라. 완전 도체에서는 $\mathbf{E} = \mathbf{0}$이므로 (패러데이 법칙에 따라) $\partial\mathbf{B}/\partial t = \mathbf{0}$이다: 자기장이 0에서 시작되면 계속 0이다.

27 §9.4.2에서 (전도도가 유한한) 옴 도체에는 표면 전류가 없다고 했다. 그러나 (얼추) 침투 깊이까지 퍼진 부피 전류는 있다. 전도도가 커지면, 그것이 점점 더 얇아져서 완전 도체에서는 참된 표면 전류가 된다. 각주 22를 보라.

(k가 실수일 때를 살펴보므로 물결표를 떼어냈다.) 물론 전기장과 자기장은 도파관 안에서 맥스웰 방정식을 충족시켜야 한다:

$$\left.\begin{array}{ll}\text{(i)}\ \nabla\cdot\mathbf{E}=0, & \text{(iii)}\ \nabla\times\mathbf{E}=-\dfrac{\partial\mathbf{B}}{\partial t},\\ \text{(ii)}\ \nabla\cdot\mathbf{B}=0, & \text{(iv)}\ \nabla\times\mathbf{B}=\dfrac{1}{c^2}\dfrac{\partial\mathbf{E}}{\partial t}.\end{array}\right\} \tag{9.179}$$

이제 문제는 식 9.178의 전자기장이 식 9.179의 미분방정식과 식 9.177의 경계조건에 맞는 함수 $\tilde{\mathbf{E}}_0$와 $\tilde{\mathbf{B}}_0$를 찾아내는 것이다.

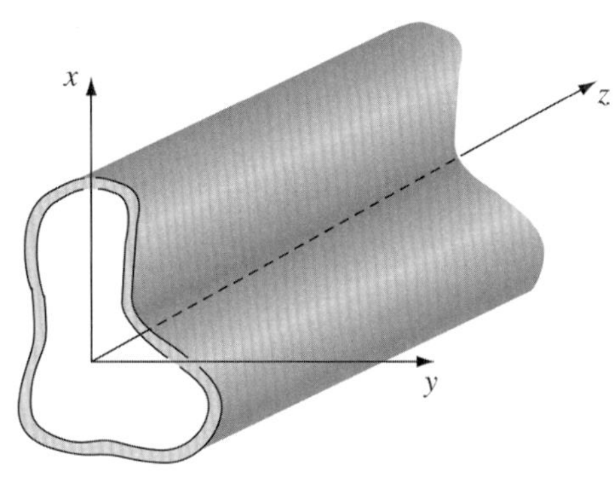

그림 9.23

곧 알게 되겠지만, 좁은 곳에 갇혀 있는 전자기파는 일반적으로 수직파가 아니다. 경계조건을 맞추려면 평행성분(E_z와 B_z)도 넣어야 한다:[28]

$$\tilde{\mathbf{E}}_0=E_x\,\hat{\mathbf{x}}+E_y\,\hat{\mathbf{y}}+E_z\,\hat{\mathbf{z}},\qquad \tilde{\mathbf{B}}_0=B_x\,\hat{\mathbf{x}}+B_y\,\hat{\mathbf{y}}+B_z\,\hat{\mathbf{z}} \tag{9.180}$$

여기에서 낱낱의 성분은 x와 y의 함수이다. 이들을 맥스웰 방정식의 식(iii)과 식(iv)에 넣으면 다음 식을 얻는다(문제 9.28a).

$$\left.\begin{array}{ll}\text{(i)}\ \dfrac{\partial E_y}{\partial x}-\dfrac{\partial E_x}{\partial y}=i\omega B_z, & \text{(iv)}\ \dfrac{\partial B_y}{\partial x}-\dfrac{\partial B_x}{\partial y}=-\dfrac{i\omega}{c^2}E_z,\\ \text{(ii)}\ \dfrac{\partial E_z}{\partial y}-ikE_y=i\omega B_x, & \text{(v)}\ \dfrac{\partial B_z}{\partial y}-ikB_y=-\dfrac{i\omega}{c^2}E_x,\\ \text{(iii)}\ ikE_x-\dfrac{\partial E_z}{\partial x}=i\omega B_y, & \text{(vi)}\ ikB_x-\dfrac{\partial B_z}{\partial x}=-\dfrac{i\omega}{c^2}E_y.\end{array}\right\} \tag{9.181}$$

28 기호가 간단해지도록 낱낱의 성분에서 아래 글자 0과 물결표를 떼어 버리겠다.

식(ii), (iii), (v), (vi)을 E_x, E_y, B_x, B_y에 대해 풀면 다음과 같다.

$$\left.\begin{aligned}
&\text{(i)}\ \ E_x = \frac{i}{(\omega/c)^2 - k^2}\left(k\frac{\partial E_z}{\partial x} + \omega\frac{\partial B_z}{\partial y}\right),\\
&\text{(ii)}\ \ E_y = \frac{i}{(\omega/c)^2 - k^2}\left(k\frac{\partial E_z}{\partial y} - \omega\frac{\partial B_z}{\partial x}\right),\\
&\text{(iii)}\ \ B_x = \frac{i}{(\omega/c)^2 - k^2}\left(k\frac{\partial B_z}{\partial x} - \frac{\omega}{c^2}\frac{\partial E_z}{\partial y}\right),\\
&\text{(iv)}\ \ B_y = \frac{i}{(\omega/c)^2 - k^2}\left(k\frac{\partial B_z}{\partial y} + \frac{\omega}{c^2}\frac{\partial E_z}{\partial x}\right).
\end{aligned}\right\} \tag{9.182}$$

이제 평행성분 E_z와 B_z만 결정하면 된다; 나머지 성분은 이것을 미분하면 결정된다. 식 9.182를 나머지 맥스웰 방정식에 넣으면(문제 9.28b) E_z와 B_z에 대한 식이 분리된다.

$$\left.\begin{aligned}
&\text{(i)}\quad \left[\frac{\partial^2}{\partial x^2} + \frac{\partial^2}{\partial y^2} + (\omega/c)^2 - k^2\right]E_z = 0,\\
&\text{(ii)}\quad \left[\frac{\partial^2}{\partial x^2} + \frac{\partial^2}{\partial y^2} + (\omega/c)^2 - k^2\right]B_z = 0.
\end{aligned}\right\} \tag{9.183}$$

$E_z = 0$이면 **TE**(transverse electric: 수직 전기장)**파**, $B_z = 0$이면 **TM**(transverse magnetic: 수직 자기장)**파**; $E_z = 0$이고 $B_z = 0$이면 **TEM**(transverse electric and magnetic: 수직 전자기장)**파**라고 한다.[29] 속이 빈 도파로에서는 TEM파가 생기지 않는다.

증명: $E_z = 0$이면 가우스 법칙(식 9.179i)는 다음과 같다.

$$\frac{\partial E_x}{\partial x} + \frac{\partial E_y}{\partial y} = 0$$

$B_z = 0$이면 패러데이 법칙(식 9.179iii) 다음과 같다.

$$\frac{\partial E_y}{\partial x} - \frac{\partial E_x}{\partial y} = 0$$

사실 식 9.180의 $\tilde{\mathbf{E}}_0$는 발산과 회전 모두 0이다. 그러므로 라플라스 방정식의 해인 스칼라 전위의 기울기로 나타낼 수 있다. 그런데 $\mathbf{E}$에 대한 경계조건(식 9.177) 때문에 표면은 등전위이고, 라플라스 방정식은 어떤 영역에서든 최대나 최소값을 허용하지 않으므로(§3.1.4) 결국 전위가 모든 곳에서 같고, 따라서 전기장이 0이다 – 아무런 파동도 없다. ■

29 TEM파의 경우(§9.2의 평면파를 포함하여) $k = \omega/c$이고, 식 9.182는 정의되지 않으므로 식 9.181로 돌아가야 한다.

위의 논리는 속이 텅 빈 관에서만 맞다 – 만일 다른 도체를 관 속에 넣으면 그 표면의 전위가 바깥쪽 벽의 전위와 같을 필요가 없으므로 전기장이 0이 아닌 전위의 해가 있을 수 있다. 이것의 예를 §9.5.3에서 보게 될 것이다.

! 문제 9.28

(a) 식 9.181을 끌어내고, 이 식에서 식 9.182를 얻어라.

(b) 식 9.182를 맥스웰 방정식 (i)과 (ii) 속에 넣어 식 9.183을 얻어라. 식 9.181의 (i)과 (iv)를 써도 같은 결과를 얻는지 확인하라.

9.5.2 네모꼴 도파관에서의 TE파

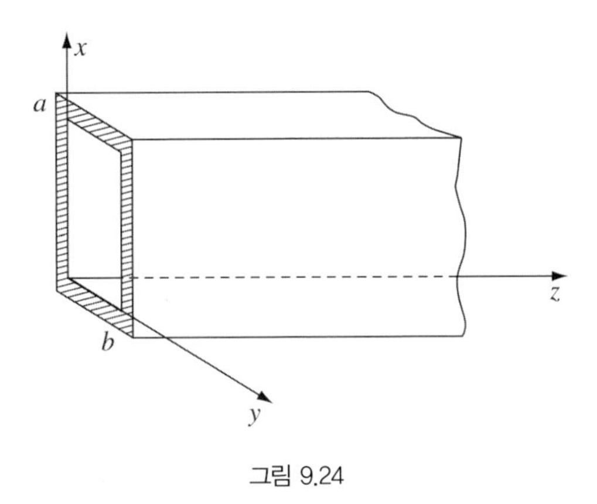

그림 9.24

높이 a, 폭 b인 네모꼴 도파관(그림 9.24)을 따라가는 TE파를 살펴보자. 문제는 식 9.183ii를 식 9.177ii의 경계조건에 맞추어 푸는 것이다. 변수 분리법을 쓰자.

$$B_z(x, y) = X(x)Y(y)$$

그러면 다음 식을 얻는다.

$$Y\frac{d^2X}{dx^2} + X\frac{d^2Y}{dy^2} + \left[(\omega/c)^2 - k^2\right]XY = 0$$

양쪽을 XY로 나누면 x–함수가 든 항과 y–함수가 든 항이 상수가 되어야 한다:

$$\text{(i)}\quad \frac{1}{X}\frac{d^2X}{dx^2} = -k_x^2, \quad \text{(ii)}\quad \frac{1}{Y}\frac{d^2Y}{dy^2} = -k_y^2 \qquad (9.184)$$

여기에서 k_x와 k_y에 대한 식은 다음과 같다.

$$-k_x^2 - k_y^2 + (\omega/c)^2 - k^2 = 0 \tag{9.185}$$

식 9.184i의 일반해는 다음과 같은 꼴이다.

$$X(x) = A \sin(k_x x) + B \cos(k_x x)$$

그러나 경계조건에 따라 B_x – 따라서 dX/dx(식 9.182iii) – 가 $x = 0$과 $x = a$에서 0이다. 그래서 $A = 0$이고, k_x의 값은 다음과 같다.

$$k_x = m\pi/a, \quad (m = 0, 1, 2, \ldots) \tag{9.186}$$

마찬가지로 Y에 대해서 풀면 k_y의 값은 다음과 같다.

$$k_y = n\pi/b, \quad (n = 0, 1, 2, \ldots) \tag{9.187}$$

결국 해는 다음과 같다.

$$B_z = B_0 \cos(m\pi x/a) \cos(n\pi y/b) \tag{9.188}$$

이 해를 TE_{mn}모드(mode)라고 한다. (아래글자는 관례상 길이가 긴 쪽을 먼저 쓰며, 여기에서는 $a \geq b$로 잡는다. 두 아래글자 중 적어도 하나는 0이 아니어야 한다–문제 9.29를 보라.) 파수(k)는 식 9.186과 9.187을 식 9.185에 넣어 구한다:

$$k = \sqrt{(\omega/c)^2 - \pi^2[(m/a)^2 + (n/b)^2]} \tag{9.189}$$

만일 아래의 조건이 맞으면

$$\omega < c\pi\sqrt{(m/a)^2 + (n/b)^2} \equiv \omega_{mn} \tag{9.190}$$

파수는 허수가 되므로 파동이 지수함수꼴로 감쇠되어 나아가지 못한다(식 9.178). 그래서 ω_{mn}을 TE_{mn} 모드의 **차단 진동수**(cutoff frequency)라고 한다. 도파관에서 가장 낮은 차단 진동수는 TE_{10}에 대한 것이다:

$$\omega_{10} = c\pi/a \tag{9.191}$$

진동수가 이보다 낮은 전자기파는 도파관을 따라가지 못한다.

파수에 관한 식은 차단 진동수를 쓰면 간단해진다.

$$k = \frac{1}{c}\sqrt{\omega^2 - \omega_{mn}^2} \tag{9.192}$$

파동속도는 다음과 같이 c보다 크다.

$$v = \frac{\omega}{k} = \frac{c}{\sqrt{1-(\omega_{mn}/\omega)^2}} \tag{9.193}$$

그러나(문제 9.31을 보라) 파동에 실린 에너지는 **군속도**로 나아간다 (식 9.152).

$$v_{군} = \frac{1}{dk/d\omega} = c\sqrt{1-(\omega_{mn}/\omega)^2} < c \tag{9.194}$$

전자기파가 네모꼴 도파관을 따라가는 것을 그림으로 보면 이 결과를 더 잘 이해할 수 있다. 보통의 **평면파**가 z축에 대해 각도 θ로 가다가 도체 면에서 완전 반사되는 것을 살펴보자(그림 9.25). (여러 번 반사된) 파는 간섭하여 x 및 y쪽으로 각각 정상파를 만들며, 마디 간격은 각각 $\lambda_x = 2a/m$, $\lambda_y = 2b/n$이다 (따라서 파수는 $k_x = 2\pi/\lambda_x = \pi m/a$, $k_y = 2\pi/\lambda_y = n\pi/b$이다). 한편 z쪽으로는 진행파이고 파수는 $k_z = k$이다. 그러므로 "애초의" 평면파의 전파벡터는 다음과 같다.

$$\mathbf{k}' = \frac{\pi m}{a}\hat{\mathbf{x}} + \frac{\pi n}{b}\hat{\mathbf{y}} + k\hat{\mathbf{z}}$$

그리고 진동수는 다음과 같다.

$$\omega = c|\mathbf{k}'| = c\sqrt{k^2 + \pi^2[(m/a)^2 + (n/b)^2]} = \sqrt{(ck)^2 + (\omega_{mn})^2}$$

정상파는 특별한 각도에서만 생긴다.

$$\cos\theta = \frac{k}{|\mathbf{k}'|} = \sqrt{1-(\omega_{mn}/\omega)^2}$$

평면파의 속력은 c이지만 z축에 대해 각 θ로 가므로 도파관 속의 알짜 진행속도는 다음과 같다.

$$v_{도파관} = c\cos\theta = c\sqrt{1-(\omega_{mn}/\omega)^2}$$

한편, **파동속도**는 파면(그림 9.25의 A)이 관을 따라 가는 속력이다. 해안과 물결의 마루선이 만나는 점의 이동속도처럼 파면은 파동 자체보다 훨씬 빨리 움직일 수 있다.

$$v = \frac{c}{\cos\theta} = \frac{c}{\sqrt{1-(\omega_{mn}/\omega)^2}}$$

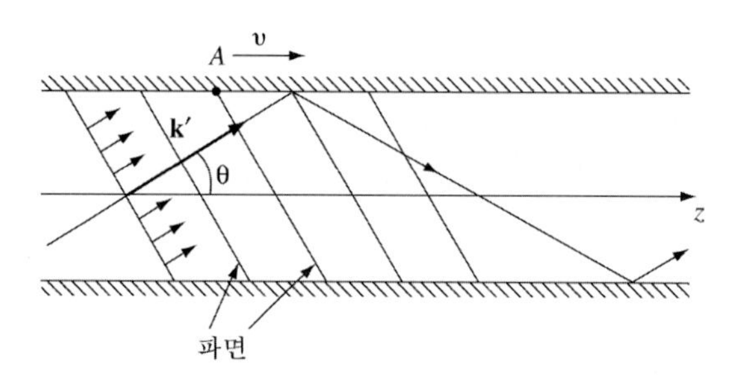

그림 9.25

문제 9.29 TE_{00} 모드는 네모꼴 도파관에서 생길 수 없음을 보여라. [실마리: 이때는 $\omega/c = k$이므로 식 9.182는 부정형이 되어 식 9.181로 돌아가야 한다. B_z는 상수임을 보이고, 따라서 − 적분꼴 패러데이 법칙을 단면에 써서 − $B_z = 0$ 임을 보여, 이것이 TEM 모드임을 보여라.]

문제 9.30 단면이 2.28 cm × 1.01 cm인 네모꼴 도파관을 생각해 보자. 입력파의 진동수가 1.70 × 10^{10} Hz이면 어떤 TE 모드가 이 도파관을 따라갈까? TE 모드 하나만 들뜨우려면 쓸 수 있는 진동수 범위는? 그에 대응되는 전자기파의 (진공에서의) 파장은 얼마인가?

문제 9.31 TE_{mn}모드에서 에너지는 군속도로 감을 확인하라. [실마리: 시간평균 포인팅 벡터 $\langle \mathbf{S} \rangle$와 에너지밀도 $\langle u \rangle$를 구하라(문제 9.12를 써라). 도파관의 단면에 대해 적분하여 단위시간당, 단위길이당 파가 운반하는 에너지를 구하고 그 비를 찾아라.]

문제 9.32 네모꼴 도파관의 TM 모드에 관한 이론을 전개하라. 특히, 전기장의 평행 성분, 차단 진동수, 파동속도, 군속도를 구하라. 정해진 도파관에 대해 TM 모드와 TE 모드의 최소 차단 진동수의 비를 구하라. [주의: 차수가 가장 낮은 TM 모드는 무엇인가?]

9.5.3 동축 전송선

그림 9.26

§9.5.1에서 속이 빈 도파관에서는 TEM 모드가 생기지 않음을 배웠다. 그러나 동축 전송선, 즉 반지름 a인 도선을 반지름 b인 원통형 도체관으로 둘러싼 기다란 곧은 도선(그림 9.26)에는 $E_z = 0$이고 $B_z = 0$인 모드가 있다. 이 경우 맥스웰 방정식(식 9.181)에서 다음 결과를 얻는다.

$$k = \omega/c \tag{9.195}$$

(따라서 파동이 속력 c로 가고, 분산되지 않는다.)

$$cB_y = E_x \qquad \text{그리고} \qquad cB_x = -E_y \tag{9.196}$$

(따라서 $\mathbf{E}$와 $\mathbf{B}$는 서로 직교한다.) 그리고 맥스웰 방정식은 ($\boldsymbol{\nabla} \cdot \mathbf{E} = 0$, $\boldsymbol{\nabla} \cdot \mathbf{B} = 0$와 함께) 다음과 같다.

$$\left.\begin{array}{ll} \dfrac{\partial E_x}{\partial x} + \dfrac{\partial E_y}{\partial y} = 0, & \dfrac{\partial E_y}{\partial x} - \dfrac{\partial E_x}{\partial y} = 0, \\ \dfrac{\partial B_x}{\partial x} + \dfrac{\partial B_y}{\partial y} = 0, & \dfrac{\partial B_y}{\partial x} - \dfrac{\partial B_x}{\partial y} = 0. \end{array}\right\} \tag{9.197}$$

이것은 정확히 2차원 진공에서의 정전자기학의 방정식이다; 원통 대칭성이 있는 해를 각각 한없이 긴 직선전하와 직선전류의 일반해에서 가져와 쓸 수 있다.

$$\mathbf{E}_0(s, \phi) = \frac{A}{s}\,\hat{\mathbf{s}}, \qquad \mathbf{B}_0(s, \phi) = \frac{A}{cs}\,\hat{\boldsymbol{\phi}} \tag{9.198}$$

여기에서 A는 상수이다. 이 해를 식 9.178에 넣고 실수부만 잡으면 곧바로 해를 얻는다.

$$\left.\begin{array}{l} \mathbf{E}(s, \phi, z, t) = \dfrac{A\cos(kz - \omega t)}{s}\,\hat{\mathbf{s}}, \\ \mathbf{B}(s, \phi, z, t) = \dfrac{A\cos(kz - \omega t)}{cs}\,\hat{\boldsymbol{\phi}}. \end{array}\right\} \tag{9.199}$$

문제 9.33

(a) 식 9.199가 맥스웰 방정식(식 9.179)과 경계조건(식 9.177)에 맞음을 보여라.

(b) 안쪽 도체의 전하밀도 $\lambda(z, t)$와 전류 $I(z, t)$를 구하라.

보충문제

! **문제 9.34** 푸리에 변환의 "역변환 정리"는 다음과 같다.

$$\tilde{\phi}(z) = \int_{-\infty}^{\infty} \tilde{\Phi}(k) e^{ikz}\, dk \quad \Longleftrightarrow \quad \tilde{\Phi}(k) = \frac{1}{2\pi}\int_{-\infty}^{\infty} \tilde{\phi}(z) e^{-ikz}\, dz \tag{9.200}$$

이 결과를 써서 식 9.20의 $\tilde{A}(k)$를 $f(z,0)$과 $\dot{f}(z,0)$으로 나타내라.
[답: $(1/2\pi)\int_{-\infty}^{\infty}[f(z,0) + (i/\omega)\dot{f}(z,0)]e^{-ikz}\,dz$]

문제 9.35

(a) 식 9.49는 x쪽으로 편광되고 (진공에서) z쪽으로 가는 평면파를 나타낸다. y쪽으로 편광되고 z쪽으로 가는 파동에 대한 유사한 식을 적어 보라. ($\mathbf{E}\times\mathbf{B}$는 진행 방향을 가리켜야 한다.)

(b) 식 9.49와 (a)에 대한 답에서 z쪽으로 가는 두 원편광을 꾸며라 (문제 9.8 참조).

(c) **정상파**(standing wave)는 진폭과 주파수는 같지만 진행 방향이 반대인 두 파동이 겹칠 때 생긴다. 식 9.49의 장에서 얻은 선편광 정상파를 꾸며라 (삼각 항등식을 써서 식을 단순화하라). 이 파동의 에너지 밀도(u), 운동량 밀도($\mathbf{g}$), 포인팅 벡터 $\mathbf{S}$를 구하라. 또한 시간 평균 $\langle u\rangle$, $\langle \mathbf{g}\rangle$, $\langle \mathbf{S}\rangle$를 구하라.

(d) (b)에서 얻은 해로 원편광 정상파를 꾸미고 $u, \mathbf{g}, \mathbf{S}$를 구하라.

문제 9.36 [§9.2.3의 빛 압력에 관한 엉성한 설명은 흠이 있는데, 문제 9.11을 풀었다면 찾아냈을 것이다. 플랑크의 설명은 다음과 같다.[30]] 진공에서 z쪽으로 가는 평면파가 $z \geq 0$에 있는 완전 도체를 만나 반사된다.

$$\mathbf{E}(z,t) = E_0\,[\cos(kz-\omega t) - \cos(kz+\omega t)]\,\hat{\mathbf{x}}, \quad (z<0)$$

(a) 이 파동의 ($z<0$인 영역의) 자기장을 구하라.

(b) 도체 속에서 $\mathbf{B}=0$이라고 가정하고, 표면 $z=0$의 전류 $\mathbf{K}$를 경계조건을 적절하게 써서 구하라.

(c) 표면의 단위면적이 받는 자기력을 구하고, 그것의 시간 평균값을 예상되는 빛 압력(식 9.65)과 비교하라.

! **문제 9.37** 전기장이 다음과 같다.

$$\mathbf{E}(r,\theta,\phi,t) = A\frac{\sin\theta}{r}\left[\cos(kr-\omega t) - (1/kr)\sin(kr-\omega t)\right]\hat{\boldsymbol{\phi}}, \quad \frac{\omega}{k} = c$$

---

30 T. Rothman, Boughn, *Am. J. Phys.* 77, 122 (2009), § IV.

[이것이 가장 간단한 **구면파**(spherical wave)이다. 셈할 때 식이 간단해지도록 $(kr - \omega t) \equiv u$로 놓아라.]

(a) **E**가 진공에서의 맥스웰 방정식을 충족시킴을 보이고, 연관된 자기장을 구하라.

(b) 포인팅 벡터를 셈하라. **S**를 한 주기에 걸쳐 평균하여 세기벡터 **I**를 구하라. (방향이 예측한 대로인가? 예상대로 r^{-2}에 비례하여 줄어드는가?)

(c) 구면에 대해 $\mathbf{I} \cdot d\mathbf{a}$를 적분하여 총 방사일률을 구하라. [답: $4\pi A^2/3\mu_0 c$]

! **문제 9.38** (각)진동수 ω인 빛이 매질 1에서 매질 2로 된 판(두께 d)을 지나 매질 3으로 들어간다 (예를 들어 그림 9.27과 같이 물에서 유리판을 지나 공기로 들어간다). 수직 입사할 때 투과율이 다음과 같음을 보여라:

$$T^{-1} = \frac{1}{4n_1 n_3}\left[(n_1 + n_3)^2 + \frac{(n_1^2 - n_2^2)(n_3^2 - n_2^2)}{n_2^2}\sin^2\left(\frac{n_2 \omega d}{c}\right)\right] \tag{9.201}$$

[실마리: **왼쪽**에는 입사 파동과 반사 파동이 있고, **오른쪽**에는 투과 파동이 있다; 판 속에는 오른쪽과 왼쪽으로 가는 두 파동이 있다. 낱낱의 파동을 복소 진폭으로 나타내고, 두 경계면에서 적절한 경계조건을 써서 진폭 사이의 관계를 구하라. 세 매질 모두 고른 선형매질이다; $\mu_1 = \mu_2 = \mu_3 = \mu_0$로 가정하라.]

문제 9.39 10GHz 극초단파를 방사하는 안테나에 유전상수 2.5인 플라스틱 보호막을 입혔다. 이 보호막의 두께를 최소 얼마로 하면 수직 입사하는 극초단파가 완벽하게 투과되는가? [실마리: 식 9.201을 써라.]

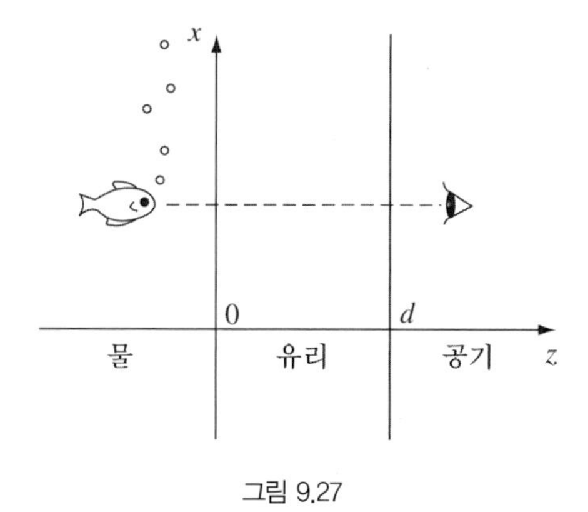

그림 9.27

문제 9.40 어항에서 나오는 빛이 그림 9.27과 같이 물(n = 4/3)에서 유리판(n = 3/2)을 지나 공기 (n = 1)로 나온다. 이 빛이 단색 평면파이고 유리에 수직 입사할 때, 투과율의 최대값과 최소값의 비를 구하라. 우리는 물고기를 잘 볼 수 있는데, 물고기는 우리를 얼마나 잘 볼 수 있을까?

! **문제 9.41** 스넬 법칙에 따르면 빛이 굴절율이 큰 매질에서 작은 매질로 갈 때($n_1 > n_2$), 전파벡터 $\mathbf{k}$는 경계면의 법선에서 멀어지는 쪽으로 꺾인다 (그림 9.28). 특히 빛이 다음과 같은 **임계각**(critical angle)으로 입사하면

$$\theta_{\text{임계}} \equiv \sin^{-1}(n_2/n_1) \tag{9.202}$$

$\theta_{\text{투과}} = 90°$가 되어 투과된 빛살은 표면을 따라간다. $\theta_{\text{입사}}$가 $\theta_{\text{임계}}$보다 크면 굴절되는 빛살은 전혀 없고, 반사되는 빛살만 있다[이것이 **내부전반사**(total internal reflection) 현상이며, 도광관과 광섬유의 작동원리의 바탕이다]. 그러나 전자기장은 매질 2에서 0이 아니다; 그곳에는 이른바 **소멸파**(evanescent wave)가 있는데, 이것은 급격하게 감쇠되며 에너지를 매질 2로 보내지 않는다.[31]

소멸파를 만드는 빠른 길은 그냥 §9.3.3의 결과를 따와서 $k_{\text{투과}} = \omega n_2/c$로 둔다:

$$\mathbf{k}_{\text{투과}} = k_{\text{투과}}(\sin\theta_{\text{투과}}\,\hat{\mathbf{x}} + \cos\theta_{\text{투과}}\,\hat{\mathbf{z}})$$

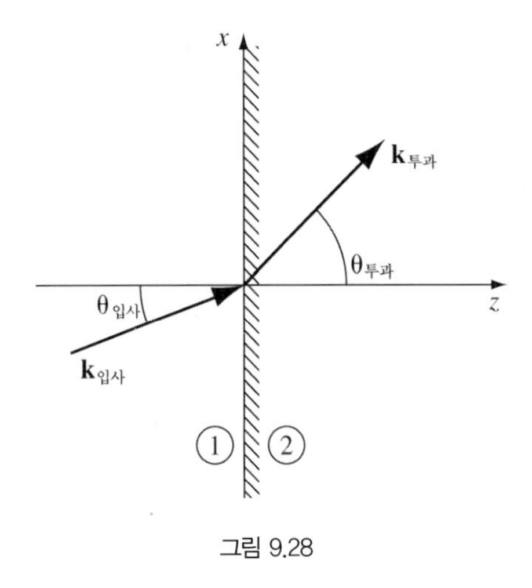

그림 9.28

단 하나 바뀐 것은

$$\sin\theta_{\text{투과}} = \frac{n_1}{n_2}\sin\theta_{\text{입사}}$$

가 이제는 1 보다 큰 것이고,

$$\cos\theta_{\text{투과}} = \sqrt{1-\sin^2\theta_{\text{투과}}} = i\sqrt{\sin^2\theta_{\text{투과}} - 1}$$

는 허수이다. ($\theta_{\text{투과}}$를 이제는 각도로 볼 수 없음이 명백하다!)

(a) 다음을 보여라.

---

31 소멸파의 전기장은 경계면 아주 가까이에 또 다른 경계면을 두면 검출할 수 있다; 양자역학적 **터널링**(tunneling)과 아주 비슷하게 파동은 두 경계면의 간극을 건너 오른쪽에서 다시 모인다. 다음 논문을 보라: F. Albiol, S. Navas, M. V. Andres, *Am. J. Phys.* **61**, 165 (1993).

$$\tilde{\mathbf{E}}_{투과}(\mathbf{r}, t) = \tilde{\mathbf{E}}_{0투과} e^{-\kappa z} e^{i(kx-\omega t)} \tag{9.203}$$

여기에서 κ와 k는 다음과 같다.

$$\kappa \equiv \frac{\omega}{c}\sqrt{(n_1 \sin\theta_{입사})^2 - n_2^2} \qquad \text{그리고} \qquad k \equiv \frac{\omega n_1}{c}\sin\theta_{입사} \tag{9.204}$$

이것은 x쪽(경계면과 나란한 쪽)으로 가고, z쪽으로는 감쇠되는 파동이다

(b) α(식 9.109)가 이제는 허수임을 눈여겨보고, 식 9.110을 써서 편광방향이 입사면과 나란할 때의 반사율을 셈하라. [반사율이 100%가 되는데, 이것은 도체표면의 반사율보다 더 크다(예를 들어 문제 9.23을 보라).]

(c) 편광방향이 입사면과 직교할 때의 반사율을 셈하라(문제 9.17의 결과를 써라).

(d) 편광방향이 입사면과 직교할 때, 소멸파의 (실수) 전자기장은 다음과 같음을 보여라.

$$\left.\begin{aligned} \mathbf{E}(\mathbf{r}, t) &= E_0 e^{-\kappa z}\cos(kx - \omega t)\,\hat{\mathbf{y}}, \\ \mathbf{B}(\mathbf{r}, t) &= \frac{E_0}{\omega} e^{-\kappa z}\left[\kappa\sin(kx - \omega t)\,\hat{\mathbf{x}} + k\cos(kx - \omega t)\,\hat{\mathbf{z}}\right]. \end{aligned}\right\} \tag{9.205}$$

(c) (d)의 전자기장이 모두 식 9.68의 맥스웰 방정식과 맞음을 확인하라.

(f) (d)의 전자기장에 대해 포인팅 벡터를 구하고, 평균적으로 z쪽으로 투과되는 에너지가 없음을 보여라.

! **문제 9.42** 네모꼴 도파관의 양쪽 끝 z = 0과 z = d를 막아 만든 완전도체로 된 **공명통**(resonant cavity)을 생각하자. TE 및 TM 모드의 공명 진동수가 정수 l, m, n에 대해 다음과 같음을 보여라.

$$\omega_{lmn} = c\pi\sqrt{(l/d)^2 + (m/a)^2 + (n/b)^2} \tag{9.206}$$

이 모드의 전기장과 자기장을 구하라.

문제 9.43 경계면에서의 에너지 보존(식 9.114-9.118)은 §9.3.3에서 제시한 것보다 조금 더 미묘하다. 면 $\mathcal{S}$로 둘러싸인 부피 $\mathcal{V}$를 살펴보자. 이 부피에서 나오는 장에 실려 단위 시간당 전달되는 에너지는 식 8.9의 포인팅 정리에 따라 다음과 같다.

$$\oint_{\mathcal{S}} \mathbf{S}\cdot d\mathbf{a} = 0$$

(적어도 한 주기에 대해 시간 평균할 때). 0이 되는 까닭은 $\mathcal{V}$ 안에 에너지 원천이 없기 때문이다.

(a) 경계면 양쪽을 간신히 품는 아주 얇은 원통을 $\mathcal{V}$로 잡자. 다음을 보여라:

$$I_{입사} = I_{반사} + I_{투과}$$

(식 9.118), 여기서 이들 항은 식 9.114 및 9.115로 정의되었다. **주의:** 매질 1에는 두 가지 장이 겹쳐 있다:

$$\mathbf{S} = \frac{1}{\mu_0}[(\mathbf{E}_{입사} + \mathbf{E}_{반사}) \times (\mathbf{B}_{입사} + \mathbf{B}_{반사})] = \mathbf{S}_{입사} + \mathbf{S}_{반사} + \frac{1}{\mu_0}[(\mathbf{E}_{입사} + \mathbf{B}_{반사}) + (\mathbf{E}_{반사} + \mathbf{B}_{입사})]$$

교차항은 어떻게 되는가?

(b) 실제로 쓰는 것은 (아주 멀리까지 퍼진) 평면파가 아니라 레이저 등에서 나오는 가느다란 빛다발이다. 평면파를 어떻게든 원통관에 가두어 빛다발을 만들 수 있다고 하자.[32] 이번에는 입사, 반사, 투과 빛다발에 의해 세 곳이 뚫린 풍선 모양으로 부피를 잡자 (사실, 표면 S를 변형시켜 뚫린 곳에서는 각 빛다발과 직교하게 만들 수도 있다). 다시 식 9.118을 확인하라. 장이 겹치는 것을 걱정할 필요는 없지만, 세 빛다발의 상대적 단면적은 알아내야 한다.

문제 9.44 빛 집게(Optical tweezer) 문제 4.33에서 (편극되는) 전기적 중성 입자를 정전기장에 가둘 수 없음을 보였다. 그러나 레이저 빛다발과 같은 시간 변화 전자기장을 쓰면 가능하다. 이 힘이 다음과 같은 꼴임을 보여라.

$$\mathbf{F} = \alpha\left[\frac{1}{2}\nabla E^2 + \frac{\partial}{\partial t}(\mathbf{E}\times\mathbf{B})\right], \tag{9.207}$$

여기서 α는 편극성이다. [입자가 서 있다고 (또는 빛의 속도보다 훨씬 느리게 움직인다고) 가정하지만, 내부는 매우 빨리 움직일 수 있다. 전하 $\pm q$가 변위 $\boldsymbol{\epsilon}$ 만큼 분리된 전기 쌍극자가 $\mathbf{r}$에 있다고 하자. 그러면 $d\mathbf{r}/dt$는 버릴 수 있지만 $d\boldsymbol{\epsilon}/dt$는 남겨야 한다.]

예를 들어, 빛다발 속에서 둘째 항은 빠르게 진동하여 평균이 0이 되므로 유효 힘은 다음과 같이 정적인 경우(문제 4.33).와 같다:

$$\mathbf{F} = \frac{\alpha}{2}\nabla E^2, \tag{9.208}$$

하지만 시간-변화 영역에서는 E^2은 극대값이 있을 수 있다 (예: 레이저 빛다발의 초점). 이를 써서 중성 입자를 빛으로 잡아둘 수 있다 ("빛 집게").

32 실제로는 불가능하다; 실제의 빛다발은 훨씬 더 복잡하다. 다음을 보라: J. Lekner, *Theory of Electromagnetic Beams*, Morgan and Claypool, San Rafael (2020).

제 10 장 전위와 전자기장

10.1 전위 형식

10.1.1 스칼라와 벡터 전위

이 장에서는 맥스웰 방정식의 일반해를 찾는다.

$$\left.\begin{array}{llll} \text{(i)} & \nabla\cdot\mathbf{E}=\dfrac{1}{\epsilon_0}\rho, & \text{(iii)} & \nabla\times\mathbf{E}=-\dfrac{\partial\mathbf{B}}{\partial t}, \\ \text{(ii)} & \nabla\cdot\mathbf{B}=0, & \text{(iv)} & \nabla\times\mathbf{B}=\mu_0\mathbf{J}+\mu_0\epsilon_0\dfrac{\partial\mathbf{E}}{\partial t}. \end{array}\right\} \tag{10.1}$$

$\rho(\mathbf{r},t)$와 $\mathbf{J}(\mathbf{r},t)$을 알면, $\mathbf{E}(\mathbf{r},t)$와 $\mathbf{B}(\mathbf{r},t)$를 어떻게 구할까? 전하와 전류가 시간에 따라 바뀌지 않으면 쿨롱 법칙과 비오–사바르 법칙을 써서 답을 얻을 수 있다. 이제 찾는 것은 전하와 전류가 시간에 따라 변할 때에도 쓸 수 있게 일반화한 법칙이다.

이것은 쉬운 문제가 아니며, 전위를 쓰는 방법의 가치가 드러나기 시작한다. 정전기학에서는 $\nabla\times\mathbf{E}=\mathbf{0}$이므로 $\mathbf{E}$를 스칼라 전위의 기울기로 쓸 수 있었다: $\mathbf{E}=-\nabla V$. 전기역학에서는 $\mathbf{E}$의 회전이 0이 아니므로, 그렇게 할 수 없다. 그러나 $\mathbf{B}$는 발산이 0이므로, 정자기학에서와 같이 벡터 전위를 쓸 수 있다.

$$\boxed{\mathbf{B}=\nabla\times\mathbf{A},} \tag{10.2}$$

이 식을 패러데이 법칙 (iii)에 넣으면 다음 식을 얻는다.

$$\nabla\times\mathbf{E}=-\frac{\partial}{\partial t}(\nabla\times\mathbf{A})$$

또는

$$\nabla \times \left(\mathbf{E} + \frac{\partial \mathbf{A}}{\partial t}\right) = \mathbf{0}$$

E와는 달리 괄호 속의 양은 비회전성 벡터이므로 스칼라 전위의 기울기로 쓸 수 있다.

$$\mathbf{E} + \frac{\partial \mathbf{A}}{\partial t} = -\nabla V$$

E를 A와 V로 나타내면 다음과 같다:

$$\boxed{\mathbf{E} = -\nabla V - \frac{\partial \mathbf{A}}{\partial t}.} \tag{10.3}$$

A가 상수이면 옛날 꼴로 돌아간다.

전위로 나타낸 E와 B(식 10.2와 10.3)는 저절로 맥스웰 방정식 가운데 두 개의 제차 방정식을 충족시킨다. 그러면 식(i)의 가우스 법칙과 앙페르/맥스웰 법칙 (iv)는 어떻게 될까? 식 10.3을 식(i)에 넣으면 다음 결과를 얻는다.

$$\nabla^2 V + \frac{\partial}{\partial t}(\nabla \cdot \mathbf{A}) = -\frac{1}{\epsilon_0}\rho \tag{10.4}$$

이것이 푸아송 방정식을 대신한다 (전하분포가 고정되면 푸아송 방정식으로 돌아간다). 식 10.2와 식 10.3을 식(iv)에 넣으면 다음 결과를 얻는다.

$$\nabla \times (\nabla \times \mathbf{A}) = \mu_0 \mathbf{J} - \mu_0\epsilon_0 \nabla\left(\frac{\partial V}{\partial t}\right) - \mu_0\epsilon_0 \frac{\partial^2 \mathbf{A}}{\partial t^2}$$

벡터 항등식 $\nabla \times (\nabla \times \mathbf{A}) = \nabla(\nabla \cdot \mathbf{A}) - \nabla^2 \mathbf{A}$을 쓰고 항을 정리하면, 다음과 같이 된다.

$$\left(\nabla^2 \mathbf{A} - \mu_0\epsilon_0 \frac{\partial^2 \mathbf{A}}{\partial t^2}\right) - \nabla\left(\nabla \cdot \mathbf{A} + \mu_0\epsilon_0 \frac{\partial V}{\partial t}\right) = -\mu_0 \mathbf{J} \tag{10.5}$$

맥스웰 방정식의 모든 정보가 식 10.4와 10.5에 들어있다.

예제 10.1

아래의 전위를 만드는 전하와 전류 분포를 구하라.

$$V = 0, \quad \mathbf{A} = \begin{cases} \dfrac{\mu_0 k}{4c}(ct - |x|)^2\,\hat{\mathbf{z}}, & |x| < ct \text{ 일 때} \\ \mathbf{0}, & |x| > ct \text{ 일 때} \end{cases}$$

여기에서 k는 상수, $c = 1/\sqrt{\epsilon_0\mu_0}$이다.

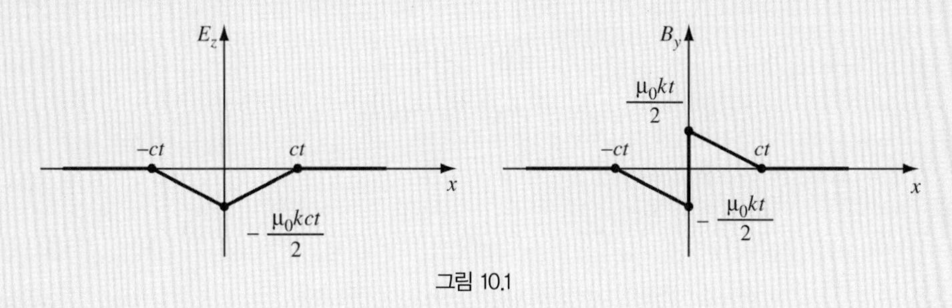

그림 10.1

■ 풀이 ■

먼저 식 10.2와 식 10.3을 써서 전기장과 자기장을 결정한다.

$$\mathbf{E} = -\frac{\partial \mathbf{A}}{\partial t} = -\frac{\mu_0 k}{2}(ct - |x|)\,\hat{\mathbf{z}}$$

$$\mathbf{B} = \nabla \times \mathbf{A} = -\frac{\mu_0 k}{4c}\frac{\partial}{\partial x}(ct - |x|)^2\,\hat{\mathbf{y}} = \pm\frac{\mu_0 k}{2c}(ct - |x|)\,\hat{\mathbf{y}}$$

[$x > 0$이면 (+), $x < 0$이면 (−)이다]. 이것은 $|x| < ct$일 경우에 대한 것이다; $|x| > ct$이면 $\mathbf{E} = \mathbf{B} = \mathbf{0}$이다(그림 10.1). 이 전자기장의 도함수를 모두 셈하면 다음과 같다.

$$\nabla \cdot \mathbf{E} = 0; \quad \nabla \cdot \mathbf{B} = 0; \quad \nabla \times \mathbf{E} = \mp\frac{\mu_0 k}{2}\hat{\mathbf{y}}; \quad \nabla \times \mathbf{B} = -\frac{\mu_0 k}{2c}\,\hat{\mathbf{z}};$$

$$\frac{\partial \mathbf{E}}{\partial t} = -\frac{\mu_0 kc}{2}\,\hat{\mathbf{z}}; \quad \frac{\partial \mathbf{B}}{\partial t} = \pm\frac{\mu_0 k}{2}\,\hat{\mathbf{y}}.$$

이 도함수들이 ρ와 $\mathbf{J}$가 모두 0인 맥스웰 방정식과 맞음은 쉽게 확인할 수 있다. 그렇지만 $x = 0$에서 $\mathbf{B}$가 불연속이므로, 이것은 yz평면에 면전류 $\mathbf{K}$가 있음을 뜻한다; 식 7.64의 경계조건 (iv)는 다음과 같다.

$$kt\,\hat{\mathbf{y}} = \mathbf{K} \times \hat{\mathbf{x}}$$

따라서 면전류 k는 다음과 같다.

$$\mathbf{K} = kt\,\hat{\mathbf{z}}$$

분명히 평면 $x = 0$에는 z방향 면전류가 고르게 퍼져 있다. 이 전류는 $t = 0$에 흐르기 시작하여, t에 비례하여 커진다. 소식은 (양쪽으로) 빛의 속력으로 퍼져가는 것을 눈여겨보라: $|x| > ct$인 점에는 (전류가 흐른다는) 소식이 아직 오지 않았으므로 전자기장은 0이다.

문제 10.1 V와 $\mathbf{A}$에 대한 미분방정식(식 10.4와 10.5)은 더 대칭적인 꼴로 쓸 수 있음을 보여라:

$$\left.\begin{aligned} \Box^2 V + \frac{\partial L}{\partial t} &= -\frac{1}{\epsilon_0}\rho, \\ \Box^2 \mathbf{A} - \nabla L &= -\mu_0 \mathbf{J}, \end{aligned}\right\} \tag{10.6}$$

여기에서 $\Box^2$과 L은 다음과 같다.

$$\Box^2 \equiv \nabla^2 - \mu_0\epsilon_0 \frac{\partial^2}{\partial t^2} \qquad \text{그리고} \qquad L \equiv \nabla \cdot \mathbf{A} + \mu_0\epsilon_0 \frac{\partial V}{\partial t}$$

문제 10.2 예제 10.1의 조건에서 길이 l, 폭 w, 높이 h인 육면체가 yz평면 위로 높이 d인 곳에 있다(그림 10.2).

(a) 시각 $t_1 = d/c$와 $t_2 = (d+h)/c$의 상자 속의 에너지를 구하라.

(b) 포인팅 벡터를 구하고, 시간 $t_1 < t < t_2$동안 상자 속으로 단위시간에 들어오는 에너지를 구하라.

(c) (b)의 결과를 t_1에서 t_2까지 적분하여 에너지가 늘어난 양((a)에서 구한 양)이 알짜로 흘러들어온 양과 같음을 확인하라.

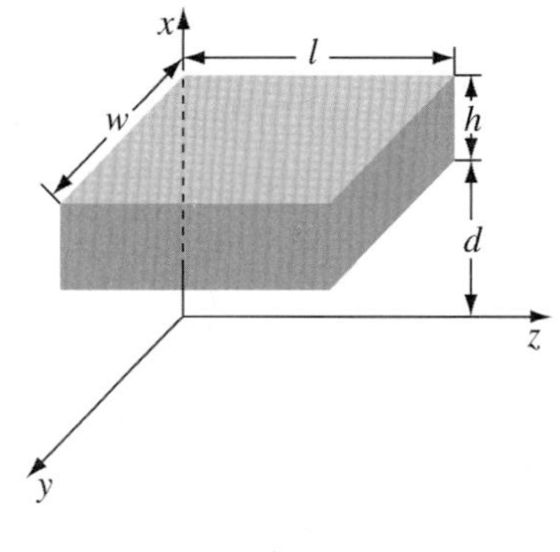

그림 10.2

10.1.2 게이지 변환

식 10.4와 10.5는 볼품이 없으므로 지금은 전위를 쓰는 방식을 버리고 싶을 것이다. 그렇지만 전위를 써서 6개의 맥스웰 방정식 – $\mathbf{E}$와 $\mathbf{B}$ 각각의 세 성분을 찾는 식 – 을 네 개(V 하나와 $\mathbf{A}$의 세 성분)로 줄였다. 뿐만 아니라, 전위는 식 10.2와 10.3으로는 유일하게 정해지지 않으므로 $\mathbf{E}$와 $\mathbf{B}$를 바꾸지 않고도 V와 $\mathbf{A}$에 마음대로 조건을 덧붙일 수 있다. 이제 이 **게이지 자유도**(gauge freedom)가 정확히 무엇인지 살펴보자.

두 짝의 전위 $(V, \mathbf{A})$와 $(V', \mathbf{A}')$가 똑같은 전·자기장을 만든다고 하자. 이들은 어떤 점이 다를까?

$$\mathbf{A}' = \mathbf{A} + \boldsymbol{\alpha} \qquad \text{그리고} \qquad V' = V + \beta$$

로 쓰면 두 벡터 전위 $\mathbf{A}$와 $\mathbf{A}'$는 같은 $\mathbf{B}$를 만들어내므로 두 벡터의 회전은 같아야 하며, 따라서 다음과 같다.

$$\nabla \times \boldsymbol{\alpha} = \mathbf{0}$$

그러므로 $\boldsymbol{\alpha}$는 어떤 스칼라 함수의 기울기로 나타낼 수 있다.

$$\boldsymbol{\alpha} = \nabla\lambda$$

마찬가지로 두 스칼라 전위 V와 V'는 같은 $\mathbf{E}$를 만들어내므로 다음과 같다.

$$\nabla\beta + \frac{\partial\boldsymbol{\alpha}}{\partial t} = \mathbf{0}$$

또는

$$\nabla\left(\beta + \frac{\partial\lambda}{\partial t}\right) = \mathbf{0}$$

그러므로 괄호 속의 양은 위치에 무관하다(그러나 시간의 함수일 수는 있다). 이 양을 $k(t)$라고 쓰자:

$$\beta = -\frac{\partial\lambda}{\partial t} + k(t)$$

이 식에서 $k(t)$를 λ에 흡수시킬 수 있다. $\int_0^t k(t')dt'$를 λ에 더하여 새 λ로 정의하면 $k(t)$를 $\partial\lambda/\partial t$에 더하는 것이므로 λ의 기울기는 바뀌지 않는다. 그러면 다음과 같아진다:

$$\left.\begin{aligned} \mathbf{A}' &= \mathbf{A} + \nabla\lambda, \\ V' &= V - \frac{\partial\lambda}{\partial t}. \end{aligned}\right\} \tag{10.7}$$

결론: 어떤 스칼라 함수 $\lambda(\mathbf{r}, t)$에 대해서 $\mathbf{A}$에 $\nabla\lambda$를 더해 주고 동시에 V에서 $\partial\lambda/\partial t$를 빼주어도, 물리량인 $\mathbf{E}$와 $\mathbf{B}$는 달라지지 않는다. 이러한 $\mathbf{A}$와 V의 변화를 **게이지 변환**(gauge transformation)이라고 한다. 이렇게 $\mathbf{A}$의 발산을 맞추면 "볼품없는" 식 10.4와 10.5를 단순하게 만들 수 있다. 정자기학에서는 $\nabla \cdot \mathbf{A} = 0$으로 두는 것이 가장 좋았지만(식 5.63), 전기역학에서는 상황에 따라 가장 편리한 게이지를 골라 쓸 수 있다. 문헌에는 유명한 게이지가 여럿 나오는데, 가장 많이 쓰는 두 가지만 살펴보겠다.

문제 10.3

(a) 다음 전위에 대한 전자기장, 전하 및 전류분포를 구하라.

$$V(\mathbf{r}, t) = 0, \quad \mathbf{A}(\mathbf{r}, t) = -\frac{1}{4\pi\epsilon_0}\frac{qt}{r^2}\,\hat{\mathbf{r}}$$

(b) 게이지 함수 $\lambda = -(1/4\pi\epsilon_0)(qt/r)$를 써서 전위를 바꾸고, 그 결과를 설명하라.

문제 10.4 $V = 0$, $\mathbf{A} = A_0 \sin(kx - \omega t)\,\hat{\mathbf{y}}$라고 하자. 여기에서 A_0, ω, k는 상수이다. $\mathbf{E}$와 $\mathbf{B}$를 구하고, 이들이 진공에서의 맥스웰 방정식과 맞는지 점검해 보라. ω와 k는 어떤 관계여야 하는가?

10.1.3 쿨롱 게이지와 로렌츠 게이지

쿨롱 게이지. 정자기학에서와 같이 벡터 전위의 발산을 0으로 잡는다.

$$\nabla \cdot \mathbf{A} = 0 \tag{10.8}$$

그러면 식 10.4는 다음과 같이 푸아송 방정식이 된다.

$$\nabla^2 V = -\frac{1}{\epsilon_0}\rho \tag{10.9}$$

이 미분 방정식을 푸는 방법은 잘 알고 있고, 아주 먼 곳에서 $V = 0$인 해는 다음과 같다.

$$V(\mathbf{r}, t) = \frac{1}{4\pi\epsilon_0}\int \frac{\rho(\mathbf{r}', t)}{\mathscr{r}}\,d\tau' \tag{10.10}$$

쿨롱 게이지의 스칼라 전위에는 아주 특이한 점이 있다: 모든 곳의 전위가 지금 이 순간의 전하분포로 결정된다. 실험실에서 전자 하나가 움직이면, 달에서의 전위 V는 이 변화를 즉시 기록한다. 이것은 빛보다 더 빨리 전달되는 신호가 없다는 특수 상대론에 비추어 볼 때 이상한 이야기이다. 요점은 물리적으로 잴 수 있는 것은 V자체가 아니라 $\mathbf{E}$이며, 이것은 $\mathbf{A}$도 알아야 정해진다는 것이다(식 10.3). (쿨롱 게이지의) 벡터 전위에는 인과율을 지키는 요소가 들어 있어서 ρ가 변하면 V는 바로 변하지만 $-\nabla V - (\partial\mathbf{A}/\partial t)$는 그렇지 않다. $\mathbf{E}$는 "소식"이 오는 데 걸린 시간이 지난 뒤에야 변한다.[1]

1 다음 논문을 보라: O. L. Brill, B. Goodman, *Am. J. Phys.* **35**, 831 (1967); J. D. Jackson, *Am. J. Phys.* **70**, 917 (2001).

쿨롱 게이지의 좋은 점은 스칼라 전위를 셈하기 쉬운 것이고, 나쁜 점은(V가 인과율에서 벗어나는 점 말고도) $\mathbf{A}$를 셈하기가 특히 어려운 것이다. 쿨롱 게이지에서 $\mathbf{A}$에 관한 미분방정식(식 10.5)은 다음과 같다.

$$\nabla^2\mathbf{A} - \mu_0\epsilon_0\frac{\partial^2\mathbf{A}}{\partial t^2} = -\mu_0\mathbf{J} + \mu_0\epsilon_0\boldsymbol{\nabla}\left(\frac{\partial V}{\partial t}\right) \tag{10.11}$$

로렌츠 게이지. 로렌츠[2] 게이지에서는 다음과 같이 둔다.

$$\boxed{\boldsymbol{\nabla}\cdot\mathbf{A} = -\mu_0\epsilon_0\frac{\partial V}{\partial t}.} \tag{10.12}$$

그러면 식 10.5는 가운데 항이 없어져서(문제 10.1의 기호를 쓰면 $L = 0$으로 두어) 다음과 같아진다.

$$\nabla^2\mathbf{A} - \mu_0\epsilon_0\frac{\partial^2\mathbf{A}}{\partial t^2} = -\mu_0\mathbf{J} \tag{10.13}$$

그리고 V에 관한 미분방정식(식 10.4)은 다음과 같아진다.

$$\nabla^2 V - \mu_0\epsilon_0\frac{\partial^2 V}{\partial t^2} = -\frac{1}{\epsilon_0}\rho \tag{10.14}$$

로렌츠 게이지의 좋은 점은 V와 $\mathbf{A}$를 같은 바탕에 두고 본다는 점이다: 두 방정식 모두 아래의 미분연산자[**달랑베르 연산자**(d'Alembertian)]가 똑같이 나타난다.

$$\boxed{\nabla^2 - \mu_0\epsilon_0\frac{\partial^2}{\partial t^2} \equiv \Box^2,} \tag{10.15}$$

따라서 V와 $\mathbf{A}$에 관한 방정식은 다음과 같다.

$$\boxed{\begin{aligned} &\text{(i)} \quad \Box^2 V = -\frac{1}{\epsilon_0}\rho, \\ &\text{(ii)} \quad \Box^2\mathbf{A} = -\mu_0\mathbf{J}. \end{aligned}} \tag{10.16}$$

---

2 최근까지는 네덜란드 물리학자 로런츠(H. A. Lorentz)를 기려 "로런츠(Lorentz)" 게이지라고 했다. 그러나 이제는 덴마크 물리학자 로렌츠(L. V. Lorenz)의 업적으로 인정한다. 다음 문헌을 보라: J. Van Bladel, *IEEE Antennas and Propagation Magazine* 33(2), 69 (1991); J. D. Jackson, L. B. Okun, *Rev. Mod. Phys.* 73, 663 (2001).

V와 $\mathbf{A}$를 똑같이 다루는 것은 특히 특수 상대론과 관련된 것을 다룰 때 좋다. 달랑베르 연산자는 라플라스 연산자를 특수상대론에 맞추어 자연스럽게 일반화시킨 것이므로, 식 10.16을 4차원 공간에서의 푸아송 방정식으로 볼 수 있다. 같은 흐름에서 전파속력이 c인 파동방정식 $\square^2 f = 0$은 4차원 라플라스 방정식으로 볼 수도 있다. 로렌츠 게이지에서는 V와 $\mathbf{A}$가 "원천" 항이 0이 아닌 **비제차 파동 방정식**(inhomogeneous wave equation)의 해이다. 앞으로는 로렌츠 게이지만 쓰겠고, 그러면 전기역학은 원천항이 정해진 비제차 파동 방정식을 푸는 문제로 귀착된다.

문제 10.5 예제 10.1, 문제 10.3, 그리고 문제 10.4의 전위 가운데 어느 것에서 쿨롱 게이지를 썼고 어느 것에서 로렌츠 게이지를 썼는가? (두 게이지를 함께 쓸 수 있다.)

문제 10.6 5 장에서는 발산이 0인 벡터 전위(쿨롱 게이지)를 늘 고를 수 있음을 보였다. 식 10.16과 같은 비제차 파동 방정식을 풀 수 있다고 가정하고, 로렌츠 게이지 조건 $\nabla \cdot \mathbf{A} = -\mu_0\epsilon_0(\partial V/\partial t)$에 맞는 전위를 늘 찾을 수 있음을 보여라. 늘 $V=0$이 되게 할 수 있는가? $\nabla \cdot \mathbf{A} = 0$은 어떤가?

문제 10.7 전류 $\mathbf{J}(\mathbf{r}, t) = -(1/4\pi)(\dot{q}/r^2)\,\hat{\mathbf{r}}$가 흘러 원점에 있는 점전하 $q(t)$가 시간 변화한다: $\rho(\mathbf{r}, t) = q(t)\delta^3(\mathbf{r})$. 여기에서 $\dot{q} \equiv dq/dt$이다.

(a) 연속 방정식이 맞는가 보아 전하가 보존됨을 확인하라.

(b) 쿨롱 게이지에서 스칼라 전위와 벡터 전위를 구하라. 풀다가 막히면 (c)를 먼저 풀어라.

(c) 전자기장을 구하고, 모두가 맥스웰 방정식에 맞는가 확인하라.[3]

10.1.4 전위로 나타낸 로런츠 힘 법칙[4]

로런츠 힘 법칙을 전위를 써서 나타낸 식을 살펴보면 배울 것이 있다:

$$\mathbf{F} = \frac{d\mathbf{p}}{dt} = q(\mathbf{E} + \mathbf{v} \times \mathbf{B}) = q\left[-\nabla V - \frac{\partial \mathbf{A}}{\partial t} + \mathbf{v} \times (\nabla \times \mathbf{A})\right] \tag{10.17}$$

여기에서 $\mathbf{p} = m\mathbf{v}$는 입자의 운동량이다. 이제 곱셈규칙 (4)를 쓰면

$$\nabla(\mathbf{v} \cdot \mathbf{A}) = \mathbf{v} \times (\nabla \times \mathbf{A}) + (\mathbf{v} \cdot \nabla)\mathbf{A}$$

---

3 P. R. Berman, *Am. J. Phys.* 76, 48 (2008).

4 이 절은 건너 뛰어도 된다.

이다($\mathbf{v}$는 입자의 속도이므로 시간의 함수이지 위치의 함수는 아니다). 따라서 운동 방정식은 다음과 같다.

$$\frac{d\mathbf{p}}{dt} = -q\left[\frac{\partial \mathbf{A}}{\partial t} + (\mathbf{v}\cdot\nabla)\mathbf{A} + \nabla(V - \mathbf{v}\cdot\mathbf{A})\right] \tag{10.18}$$

오른쪽 괄호 속의 처음 두 항

$$\frac{\partial \mathbf{A}}{\partial t} + (\mathbf{v}\cdot\nabla)\mathbf{A}$$

은 $\mathbf{A}$의 **흐름도함수**(convective derivative) 또는 **완전도함수**(total derivative)라고 하며 기호로는 $d\mathbf{A}/dt$을 쓴다. 이것은 (움직이는) 입자가 있는 곳에서의 $\mathbf{A}$의 시간변화율을 나타낸다. 시각 t에 입자가 있는 곳 $\mathbf{r}$의 벡터 전위가 $\mathbf{A}(\mathbf{r}, t)$이고, 시간 dt 뒤에 있는 곳은 $\mathbf{r} + \mathbf{v}\,dt$이고, 그곳의 벡터 전위는 $\mathbf{A}(\mathbf{r} + \mathbf{v}\,dt, t + dt)$이다. 그러면 $\mathbf{A}$의 변화량은 다음과 같다.

$$\begin{aligned} d\mathbf{A} &= \mathbf{A}(\mathbf{r} + \mathbf{v}\,dt, t + dt) - \mathbf{A}(\mathbf{r}, t) \\ &= \left(\frac{\partial \mathbf{A}}{\partial x}\right)(v_x\,dt) + \left(\frac{\partial \mathbf{A}}{\partial y}\right)(v_y\,dt) + \left(\frac{\partial \mathbf{A}}{\partial z}\right)(v_z\,dt) + \left(\frac{\partial \mathbf{A}}{\partial t}\right)dt \end{aligned}$$

따라서

$$\frac{d\mathbf{A}}{dt} = \frac{\partial \mathbf{A}}{\partial t} + (\mathbf{v}\cdot\nabla)\mathbf{A} \tag{10.19}$$

이다. 입자가 움직이면, 그것이 "느끼는" 전위의 변화는 두 가지 원인으로 생긴다: 첫째는 전위의 시간 변화이고, 둘째는 입자의 위치가 바뀌어 생기는 $\mathbf{A}$의 공간적 변화이다. 따라서 식 10.19에는 두 가지 항이 들어있다.

로런츠 힘 법칙을 흐름 도함수를 써서 정리하면 다음과 같다.

$$\frac{d}{dt}(\mathbf{p} + q\mathbf{A}) = -\nabla\left[q(V - \mathbf{v}\cdot\mathbf{A})\right] \tag{10.20}$$

이것은 역학에서 위치 에너지가 U인 곳에서 움직이는 입자의 운동 방정식과 같은 꼴이다:

$$\frac{d\mathbf{p}}{dt} = -\nabla U$$

식 10.20에서 역학적 운동량 $\mathbf{p}$의 구실을 하는 양을 **바른틀 운동량**(canonical momentum)이라고 한다.

$$\mathbf{p}_{\text{바른}} = \mathbf{p} + q\mathbf{A} \tag{10.21}$$

그리고 위치 에너지 U의 구실은 속도−변화량으로 넘어간다.

$$U_{속도} = q(V - \mathbf{v}\cdot\mathbf{A}) \tag{10.22}$$

입자의 에너지의 변화율에 대해서도, 비슷한 논리적 과정을 거치면 (문제 10.9) 다음 결과를 얻는다.

$$\frac{d}{dt}(T + qV) = \frac{\partial}{\partial t}[q(V - \mathbf{v}\cdot\mathbf{A})] \tag{10.23}$$

여기에서 $T = \frac{1}{2}mv^2$는 운동 에너지, qV는 위치 에너지이다 (오른쪽의 도함수는 V와 $\mathbf{A}$에만 작용하지 $\mathbf{v}$에는 작용하지 않는다). 희한하게도 두 방정식 모두 오른쪽에 똑같이 $U_{속도}$가 있다.[5] 식 10.20과 10.23의 유사성에서 V가 단위 전하의 위치 에너지인 것처럼, $\mathbf{A}$를 단위 전하가 지니는 일종의 "**위치 운동량**(potential momentum)"으로 볼 수 있다.[6]

문제 10.8 고른 자기장의 벡터 전위는 다음과 같다: $\mathbf{A} = -\frac{1}{2}(\mathbf{r}\times\mathbf{B})$(문제 5.27). 이 경우에 다음 식이 맞음을 보여라: $d\mathbf{A}/dt = -\frac{1}{2}(\mathbf{v}\times\mathbf{B})$. 또한 식 10.20이 맞는 운동 방정식임을 보여라.

문제 10.9 식 10.23을 끌어내라. [실마리: 식 10.17에 $\mathbf{v}$의 점곱을 하는 것에서 시작하라.]

10.2 연속 분포

10.2.1 지연 전위

전하와 전류 분포가 시간에 따라 바뀌지 않으면, 식 10.16은 푸아송 방정식으로 환원된다:

$$\nabla^2 V = -\frac{1}{\epsilon_0}\rho, \quad \nabla^2\mathbf{A} = -\mu_0\mathbf{J}$$

이들의 해는 잘 알려져 있다:

---

5 $U_{속도}$를 무어라고 불러야 할지 모르겠다 – 정확하게는 위치 에너지가 아니다 (그것은 qV이다).

6 이 해석에 대해 이견이 있는데, 맥스웰이 좋아했고 많은 현대의 저자들도 옹호한다. 이에 관한 재미있는 설명은 다음 문헌에서 볼 수 있다: M. D. Semon, J. R. Taylor, *Am. J. Phys.* **64**, 1361 (1996). 재미있는 것은 양자화는 역학적인 부분만으로는 안되고 ($\mathbf{p}_{바른}$에서 나온) 바른틀 각운동량이 된다는 것이다 – 다음을 보라: R. H. Young, *Am. J. Phys.* **66**, 1043 (1998).

$$V(\mathbf{r}) = \frac{1}{4\pi\epsilon_0}\int \frac{\rho(\mathbf{r}')}{\mathscr{r}}\,d\tau', \quad \mathbf{A}(\mathbf{r}) = \frac{\mu_0}{4\pi}\int \frac{\mathbf{J}(\mathbf{r}')}{\mathscr{r}}\,d\tau' \tag{10.24}$$

여기에서 $\mathscr{r}$은 늘 그렇듯이 전하가 있는 곳 $\mathbf{r}'$에서 전자기장을 재는 관찰점 $\mathbf{r}$까지의 거리이다 (그림 10.3).

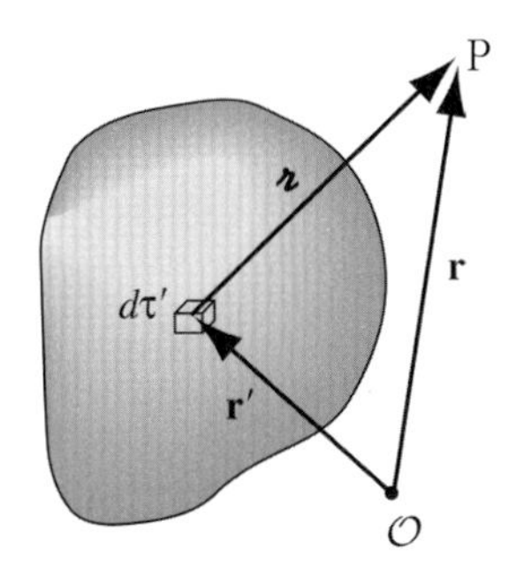

그림 10.3

이제 전자기장에 관한 "소식"은 빛의 속력으로 퍼져 간다. 그러므로 전하가 움직일 때의 전위를 셈하는데 중요한 것은 지금의 전하분포가 아니고, 지금 P에 도착하는 "소식"이 출발한 과거의 시각 $t_{지연}$[**지연 시각**(retarded time)이라고 한다]에서의 전하분포이다. 이 신호는 거리 $\mathscr{r}$을 지나와야 하므로 시간지연은 $\mathscr{r}/c$이고, 따라서 다음과 같다.

$$\boxed{t_{지연} \equiv t - \frac{\mathscr{r}}{c}} \tag{10.25}$$

그러므로 전하가 움직일 때에 대해 식 10.24를 일반화한 꼴은 다음과 같다.

$$\boxed{V(\mathbf{r}, t) = \frac{1}{4\pi\epsilon_0}\int \frac{\rho(\mathbf{r}', t_{지연})}{\mathscr{r}}\,d\tau', \quad \mathbf{A}(\mathbf{r}, t) = \frac{\mu_0}{4\pi}\int \frac{\mathbf{J}(\mathbf{r}', t_{지연})}{\mathscr{r}}\,d\tau'.} \tag{10.26}$$

여기에서 $\rho(\mathbf{r}', t_{지연})$은 점 $\mathbf{r}'$에서의 지연 시각 $t_{지연}$의 전하밀도이다. 이 적분은 지연 시각에서 값을 셈하므로 **지연 전위**(retarded potential)라고 한다. (물론 이 지연 시각은 전하마다 달라서, 먼 곳일수록 지연 시각이 더 오랜 과거의 시각이다. 이것은 밤하늘의 별빛에도 적용된다: 지금 보는 별빛은 빛이 그 별에서 지구까지의 오는 데 걸린 시간만큼 이전의 과거에 별을 떠나 왔다.) 전하가 움직이지 않아 ρ와 $\mathbf{J}$가 시간에 대해 변하지 않으면 지연 전위는 식 10.24로 되돌아간다.

이 모든 이야기는 합리적이고, 놀랄 만큼 단순하다. 그러나 참으로 옳은가? V와 $\mathbf{A}$에 관한 공식을 수학적으로 끌어내지는 않았다. 다만 사리에 맞는 논리("전자기 소식은 빛의 속력으로 전해진다.")를 써서 그 공식을 그럴 듯하게 설명하였다. 그것을 증명하려면, 그 해들이 비제차 파동방정식(식 10.16)과 로렌츠 조건(식 10.12)에 맞음을 보여야 한다. 이것을 자세히 살피는 이유는 똑같은 논리를 전자기장에 쓰면 완전히 그릇된 결과를 얻기 때문이다 (정확한 논리는 문제 10.36을 보라).

$$\mathbf{E}(\mathbf{r}, t) \neq \frac{1}{4\pi\epsilon_0}\int \frac{\rho(\mathbf{r}', t_{지연})}{\mathscr{r}^2}\hat{\boldsymbol{\mathscr{r}}}\, d\tau', \quad \mathbf{B}(\mathbf{r}, t) \neq \frac{\mu_0}{4\pi}\int \frac{\mathbf{J}(\mathbf{r}', t_{지연}) \times \hat{\boldsymbol{\mathscr{r}}}}{\mathscr{r}^2}\, d\tau'$$

먼저 지연 스칼라 전위가 식 10.16과 맞는지 확인하자; 본질적으로 같은 논리를 벡터 전위에도 쓸 수 있다.[7] 지연 전위가 로렌츠 조건과 맞음을 밝히는 것은 문제 10.10으로 남겨둔다.

증명. $V(\mathbf{r}, t)$의 라플라스 연산을 셈할 때 눈여겨 볼 요점은 (식 10.26의) 피적분함수에는 두 가지 $\mathbf{r}$이 들어 있다는 것이다: 하나는 분모에 드러나게 들어있고($\mathscr{r} = |\mathbf{r} - \mathbf{r}'|$), 다른 하나는 분자의 $t_{지연} = t - \mathscr{r}/c$에 숨어있다. 따라서 다음과 같다.

$$\nabla V = \frac{1}{4\pi\epsilon_0}\int \left[(\nabla\rho)\frac{1}{\mathscr{r}} + \rho\nabla\left(\frac{1}{\mathscr{r}}\right)\right] d\tau' \tag{10.27}$$

$$\nabla\rho = \dot{\rho}\,\nabla t_{지연} = -\frac{1}{c}\dot{\rho}\,\nabla\mathscr{r} \tag{10.28}$$

(점은 시간에 대한 미분을 나타낸다).[8] $\nabla\mathscr{r} = \hat{\boldsymbol{\mathscr{r}}}$이고 $\nabla(1/\mathscr{r}) = -\hat{\boldsymbol{\mathscr{r}}}/\mathscr{r}^2$이므로(문제 1.13), 다음과 같다.

$$\nabla V = \frac{1}{4\pi\epsilon_0}\int \left[-\frac{\dot{\rho}}{c}\frac{\hat{\boldsymbol{\mathscr{r}}}}{\mathscr{r}} - \rho\frac{\hat{\boldsymbol{\mathscr{r}}}}{\mathscr{r}^2}\right] d\tau' \tag{10.29}$$

발산을 셈하면, 다음 결과를 얻는다.

$$\nabla^2 V = \frac{1}{4\pi\epsilon_0}\int \left\{-\frac{1}{c}\left[\frac{\hat{\boldsymbol{\mathscr{r}}}}{\mathscr{r}}\cdot(\nabla\dot{\rho}) + \dot{\rho}\,\nabla\cdot\left(\frac{\hat{\boldsymbol{\mathscr{r}}}}{\mathscr{r}}\right)\right] - \left[\frac{\hat{\boldsymbol{\mathscr{r}}}}{\mathscr{r}^2}\cdot(\nabla\rho) + \rho\nabla\cdot\left(\frac{\hat{\boldsymbol{\mathscr{r}}}}{\mathscr{r}^2}\right)\right]\right\} d\tau'$$

그러나 식 10.28처럼 다음 관계식이 성립한다.

$$\nabla\dot{\rho} = -\frac{1}{c}\ddot{\rho}\,\nabla\mathscr{r} = -\frac{1}{c}\ddot{\rho}\,\hat{\boldsymbol{\mathscr{r}}}$$

---

7 이 증명은 쉽지만 지루하다; 재치있는 간접적 증명은 다음 책을 보라: M. A. Head, J. B. Marion, *Classical Electromagnetic Radiation*, 3판 (Orlando, FL: Saunders, 1995), §8.1.

8 $t_{지연} = t - \mathscr{r}/c$이고 $\mathscr{r}$은 t에 무관하므로 $\partial/\partial t_{지연} = \partial/\partial t$이다.

그런데 아래의 관계식을 쓰면(문제 1.63과 식 1.100)

$$\nabla \cdot \left(\frac{\hat{\boldsymbol{\mathscr{r}}}}{\mathscr{r}}\right) = \frac{1}{\mathscr{r}^2}$$

$$\nabla \cdot \left(\frac{\hat{\boldsymbol{\mathscr{r}}}}{\mathscr{r}^2}\right) = 4\pi \delta^3(\boldsymbol{\mathscr{r}})$$

다음과 같이 식 10.26의 지연 전위는 식 10.16의 비제차 파동방정식의 해임을 알 수 있다.

$$\nabla^2 V = \frac{1}{4\pi\epsilon_0}\int\left[\frac{1}{c^2}\frac{\ddot{\rho}}{\mathscr{r}} - 4\pi\rho\delta^3(\boldsymbol{\mathscr{r}})\right]d\tau' = \frac{1}{c^2}\frac{\partial^2 V}{\partial t^2} - \frac{1}{\epsilon_0}\rho(\mathbf{r}, t)$$ ■

이 증명법은 아래의 **앞선 전위**(advanced potential)에 대해서도 똑같이 쓸 수 있다.

$$V_{앞선}(\mathbf{r}, t) = \frac{1}{4\pi\epsilon_0}\int \frac{\rho(\mathbf{r}', t_{앞선})}{\mathscr{r}}d\tau', \qquad \mathbf{A}_{앞선}(\mathbf{r}, t) = \frac{\mu_0}{4\pi}\int \frac{\mathbf{J}(\mathbf{r}', t_{앞선})}{\mathscr{r}}d\tau' \tag{10.30}$$

이 식에서 전하와 전류밀도는 아래와 같은 **앞선 시각**(advanced time) $t_{앞선}$에서의 값이다.

$$t_{앞선} \equiv t + \frac{\mathscr{r}}{c} \tag{10.31}$$

부호가 몇 개 바뀌기는 해도 마지막 결과는 같다. 앞선 전위는 맥스웰 방정식과 완전히 맞지만, 물리학의 신성한 교리인 **인과율**(causality)에 어긋난다. 앞선 전위는 지금의 전위가 미래의 전하와 전류분포에 따라 정해짐을 뜻한다. 바꾸어 말해 결과가 원인에 앞서 나타난다는 것이다. 앞선 전위는 이론적 흥미는 있으나 직접적인 물리적 중요성은 없다.[9]

예제 10.2

아주 긴 곧은 도선에 아래와 같은 전류가 흐른다.

$$I(t) = \begin{cases} 0, & t \leq 0 \text{ 일 때} \\ I_0, & t > 0 \text{ 일 때} \end{cases}$$

다시 말해 시각 $t = 0$에 갑자기 일정한 전류 I_0을 흘린다. 이로부터 생겨나는 전자기장을 구하라.

---

9 달랑베르 연산자에 t^2이 들어있으므로 (t와는 달리), 이론 자체는 시간반전에 대해 불변이고, "과거"와 "미래"를 구별하지 않는다. 시간 비대칭이 들어오는 것은 앞선 전위가 아니라 지연 전위를 고르면서이고, 이것은 전자기적 영향이 전파되는 방향은 과거가 아니라 미래라는 (합리적!) 믿음을 반영한 것이다.

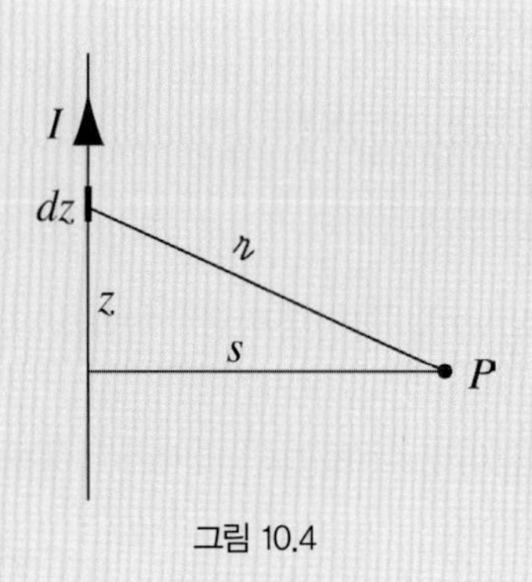

그림 10.4

■ 풀이 ■

도선이 전기적으로 중성일 것이고 따라서 스칼라 전위는 0이다. 도선이 z축을 따라 놓여 있다고 하자(그림 10.4). 점 P에서의 지연 벡터 전위는 다음과 같다.

$$\mathbf{A}(s,t)=\frac{\mu_0}{4\pi}\,\hat{\mathbf{z}}\int_{-\infty}^{\infty}\frac{I(t_{\text{지연}})}{\mathscr{r}}\,dz$$

시각 $t<s/c$에는 그 "소식"이 아직 P에 이르지 않았으므로 전위는 0이다. 시각 $t>s/c$에는 다음과 같은 도선토막만이 전위에 값을 준다(그 밖에서는 $t_{\text{지연}}$이 음수이므로 $I(t_{\text{지연}})=0$이다)

$$|z|\le\sqrt{(ct)^2-s^2} \tag{10.32}$$

따라서 다음 결과를 얻는다.

$$\begin{aligned}\mathbf{A}(s,t)&=\left(\frac{\mu_0 I_0}{4\pi}\,\hat{\mathbf{z}}\right)2\int_0^{\sqrt{(ct)^2-s^2}}\frac{dz}{\sqrt{s^2+z^2}}\\&=\frac{\mu_0 I_0}{2\pi}\,\hat{\mathbf{z}}\ln\left(\sqrt{s^2+z^2}+z\right)\Big|_0^{\sqrt{(ct)^2-s^2}}=\frac{\mu_0 I_0}{2\pi}\ln\left(\frac{ct+\sqrt{(ct)^2-s^2}}{s}\right)\hat{\mathbf{z}}\end{aligned}$$

전기장과 자기장은 다음과 같다.

$$\mathbf{E}(s,t)=-\frac{\partial\mathbf{A}}{\partial t}=-\frac{\mu_0 I_0 c}{2\pi\sqrt{(ct)^2-s^2}}\,\hat{\mathbf{z}}$$

$$\mathbf{B}(s,t)=\nabla\times\mathbf{A}=-\frac{\partial A_z}{\partial s}\,\hat{\boldsymbol{\phi}}=\frac{\mu_0 I_0}{2\pi s}\frac{ct}{\sqrt{(ct)^2-s^2}}\,\hat{\boldsymbol{\phi}}$$

$t\to\infty$이면 정상적인 경우의 결과 $\mathbf{E}=\mathbf{0}$, $\mathbf{B}=(\mu_0 I_0/2\pi s)\,\hat{\boldsymbol{\phi}}$를 얻는다.

! **문제 10.10** 지연 전위가 로렌츠 게이지 조건에 맞음을 확인하라.
[실마리: 먼저 다음 관계식을 보여라.

$$\nabla \cdot \left(\frac{\mathbf{J}}{\mathscr{r}}\right) = \frac{1}{\mathscr{r}}(\nabla \cdot \mathbf{J}) + \frac{1}{\mathscr{r}}(\nabla' \cdot \mathbf{J}) - \nabla' \cdot \left(\frac{\mathbf{J}}{\mathscr{r}}\right)$$

여기에서 ∇은 $\mathbf{r}$에 대한 미분, ∇'은 $\mathbf{r}'$에 대한 미분이다. 다음에는 $\mathbf{J}(\mathbf{r}', t - \mathscr{r}/c)$에서 $\mathbf{r}'$은 드러난 변수이자 $\mathscr{r}$속에 숨은 변수로 들어 있지만, $\mathbf{r}$은 $\mathscr{r}$속에 숨은 변수로만 들어있음에 유의하여 다음 관계식을 보여라.

$$\nabla \cdot \mathbf{J} = -\frac{1}{c}\dot{\mathbf{J}} \cdot (\nabla \mathscr{r}), \quad \nabla' \cdot \mathbf{J} = -\dot{\rho} - \frac{1}{c}\dot{\mathbf{J}} \cdot (\nabla' \mathscr{r})$$

이것을 모두 써서 $\mathbf{A}$(식 10.19)의 발산을 셈하면 된다.]

! **문제 10.11**

(a) 예제 10.2의 도선에 흐르는 전류가 $t > 0$일 때 시간에 비례하여 커진다.

$$I(t) = kt$$

여기에서 생겨나는 전기장과 자기장을 구하라.

(b) 아래와 같은 펄스 전류에 대하여 같은 셈을 하라.

$$I(t) = q_0 \delta(t)$$

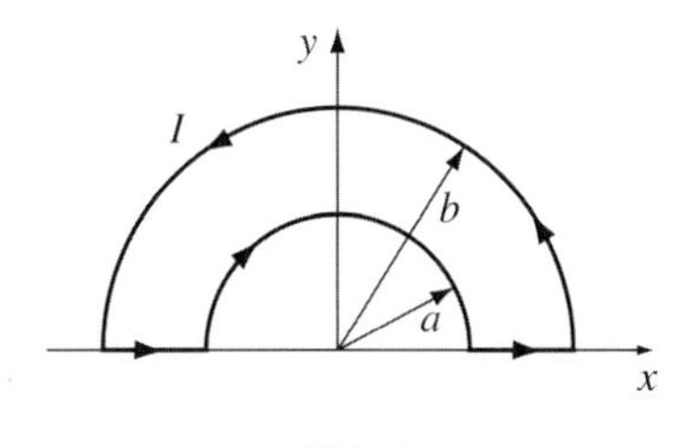

그림 10.5

문제 10.12 도선 토막으로 그림 10.5와 같이 고리를 만들어, 전류를 시간에 따라 변화시킨다.

$$I(t) = kt \quad (-\infty < t < \infty)$$

원점에서의 지연 벡터 전위 $\mathbf{A}$와 전기장을 구하라. 어떻게 해서 이 (전기적으로 중성인) 도선에서 전기장이 생겨나는가? (어째서 여기서 구한 $\mathbf{A}$로부터 자기장을 구할 수 없는가?)

10.2.2 제피멩코 방정식

아래와 같은 지연 전위를 알면

$$V(\mathbf{r}, t) = \frac{1}{4\pi\epsilon_0}\int \frac{\rho(\mathbf{r}', t_{\text{지연}})}{\mathscr{r}}\, d\tau', \qquad \mathbf{A}(\mathbf{r}, t) = \frac{\mu_0}{4\pi}\int \frac{\mathbf{J}(\mathbf{r}', t_{\text{지연}})}{\mathscr{r}}\, d\tau' \tag{10.33}$$

전자기장을 결정하는 것은 원리적으로는 쉽다:

$$\mathbf{E} = -\nabla V - \frac{\partial \mathbf{A}}{\partial t}, \qquad \mathbf{B} = \nabla \times \mathbf{A} \tag{10.34}$$

그러나 실제로는 그렇게 시시하지 않은데, 그 까닭은 앞에서 말한 것처럼 피적분함수에 들어있는 변수 $\mathbf{r}$이 분모에 $\mathscr{r} = |\mathbf{r} - \mathbf{r}'|$로 드러나게 들어있고, 분자에 있는 함수의 변수 $t_{\text{지연}} = t - \mathscr{r}/c$에 숨어 있기도 하기 때문이다.

이미 V의 기울기를 셈했었다(식 10.29); $\mathbf{A}$의 시간 도함수를 셈하는 것은 쉽다:

$$\frac{\partial \mathbf{A}}{\partial t} = \frac{\mu_0}{4\pi}\int \frac{\dot{\mathbf{J}}}{\mathscr{r}}\, d\tau' \tag{10.35}$$

이것을 함께 모으면 (그리고 $c^2 = 1/\mu_0\epsilon_0$를 쓰면) 다음과 같다.

$$\boxed{\mathbf{E}(\mathbf{r}, t) = \frac{1}{4\pi\epsilon_0}\int \left[\frac{\rho(\mathbf{r}', t_{\text{지연}})}{\mathscr{r}^2}\hat{\boldsymbol{\mathscr{r}}} + \frac{\dot{\rho}(\mathbf{r}', t_{\text{지연}})}{c\mathscr{r}}\hat{\boldsymbol{\mathscr{r}}} - \frac{\dot{\mathbf{J}}(\mathbf{r}', t_{\text{지연}})}{c^2\mathscr{r}}\right] d\tau'.} \tag{10.36}$$

이것이 전하분포가 시간에 따라 변할 때에 맞게 고친 일반화된 쿨롱법칙으로, 정전기학의 조건이 맞으면 쿨롱법칙으로 되돌아간다 (둘째 및 셋째 항이 사라지고, 첫 항에서는 $t_{\text{지연}}$이 변수에서 빠진다).

B에 관해서는 **A**의 회전에 두 항이 들어있다:

$$\nabla \times \mathbf{A} = \frac{\mu_0}{4\pi}\int \left[\frac{1}{\mathscr{r}}(\nabla \times \mathbf{J}) - \mathbf{J} \times \nabla\left(\frac{1}{\mathscr{r}}\right)\right] d\tau'$$

이제

$$(\nabla \times \mathbf{J})_x = \frac{\partial J_z}{\partial y} - \frac{\partial J_y}{\partial z}$$

이고

$$\frac{\partial J_z}{\partial y} = \dot{J}_z \frac{\partial t_{\text{지연}}}{\partial y} = -\frac{1}{c}\dot{J}_z \frac{\partial \mathscr{r}}{\partial y}$$

이므로 다음과 같다.

$$(\nabla \times \mathbf{J})_x = -\frac{1}{c}\left(\dot{J}_z \frac{\partial \mathscr{r}}{\partial y} - \dot{J}_y \frac{\partial \mathscr{r}}{\partial z}\right) = \frac{1}{c}\left[\dot{\mathbf{J}} \times (\nabla \mathscr{r})\right]_x$$

그런데 $\nabla \mathscr{r} = \hat{\boldsymbol{\mathscr{r}}}$이므로 (문제 1.13), 다음과 같이 쓸 수 있다.

$$\nabla \times \mathbf{J} = \frac{1}{c}\dot{\mathbf{J}} \times \hat{\boldsymbol{\mathscr{r}}} \tag{10.37}$$

한편 $\nabla(1/\mathscr{r}) = -\hat{\boldsymbol{\mathscr{r}}}/\mathscr{r}^2$이므로 (문제 1.13), 다음 결과를 얻는다.

$$\boxed{\mathbf{B}(\mathbf{r}, t) = \frac{\mu_0}{4\pi}\int\left[\frac{\mathbf{J}(\mathbf{r}', t_{\text{지연}})}{\mathscr{r}^2} + \frac{\dot{\mathbf{J}}(\mathbf{r}', t_{\text{지연}})}{c\mathscr{r}}\right] \times \hat{\boldsymbol{\mathscr{r}}}\, d\tau'.} \tag{10.38}$$

이것이 전류분포가 시간에 따라 변할 때에 맞게 고친 일반화된 비오-사바르 법칙으로, 정자기학의 조건이 맞으면 비오-사바르 법칙으로 되돌아간다.

식 10.36과 10.38은 (인과율에 맞는) 맥스웰 방정식의 해이다. 무슨 까닭인지 아주 최근까지도 이 결과는 논문으로 발표되지 않았다 – 내가 아는 한 가장 오래된 것은 제피멩코(Oleg Jefimenko)가 1966년 발표한 것이다.[10] **제피멩코 방정식**(Jefimenko equation)은 실제로는 쓸모가 별로 없다. 그 까닭은 대개는 전자기장을 곧바로 셈하는 것 보다 지연 전위를 셈하고, 그것을 미분하는 것이 더 쉽기 때문이다. 그렇지만 이 공식은 이론이 완결된 느낌을 준다: 지연 전위를 구하려면 정전기학과 정자기학의 공식에서 t를 $t_{\text{지연}}$으로 바꿔치기만 하면 된다. 그러나 전자기장에서는 시각을 지연 시각으로 바꾸어야할 뿐 아니라 (ρ와 $\mathbf{J}$의 도함수가 들어있는) 완전히 새로운 항이 들어간다. 그리고 이들은 준정적 근사를 놀랍도록 강력하게 지지한다 (문제 10.14를 보라).

문제 10.13 $\mathbf{J}(\mathbf{r})$이 시간에 대해 변화하지 않는다면, $\rho(\mathbf{r}, t) = \rho(\mathbf{r}, 0) + \dot{\rho}(\mathbf{r}, 0)t$이다(문제 7.60). 이때 다음을 보여라:

$$\mathbf{E}(\mathbf{r}, t) = \frac{1}{4\pi\epsilon_0}\int \frac{\rho(\mathbf{r}', t)}{\mathscr{r}^2}\hat{\boldsymbol{\mathscr{r}}}\, d\tau'$$

곧, 쿨롱 법칙이 성립하며 전하밀도는 **지연되지 않은** 시각의 값이다.

---

10 O. D. Jefimenko, *Electricity and Magnetism* (New York, Appleton-Century-Crofts, 1966), §15.7. 관련된 식이 다음 책에 있다: G. A. Scott, *Electromagnetic Radiation* (Cambridge, UK, Cambridge University Press, 1912), 2장; W. K. H. Panofsky, M. Phillips, *Classical Electricity and Magnetism* (Reading, MA: Addison-Wesley, 1962). 명석한 설명과 참고문헌은 다음 논문을 보라: K. T. McDonald, *Am. J. Phys.* **65**, 1074 (1997).

문제 10.14 전류밀도가 천천히 변하여 테일러 급수에서 1차항까지만 셈해도 잘 맞는다고 하자:

$$\mathbf{J}(t_{\text{지연}}) = \mathbf{J}(t) + (t_{\text{지연}} - t)\dot{\mathbf{J}}(t) + \cdots$$

(식이 명료해지도록 변수 **r**은 생략했다). 식 10.38에서 항이 운 좋게 지워져서 다음과 같이 됨을 보여라:

$$\mathbf{B}(\mathbf{r}, t) = \frac{\mu_0}{4\pi}\int \frac{\mathbf{J}(\mathbf{r}', t) \times \hat{\boldsymbol{\mathscr{r}}}}{\mathscr{r}^2}\, d\tau'$$

곧, 비오–사바르 법칙이 성립하는데, 전류밀도 **J**는 **지연되지 않은** 시각의 값이다. 이것이 뜻하는 바는 준정적 근사가 실제로 기대 이상으로 아주 잘 맞는다는 것이다: 일차 근사에서는 두 가지 오류(식 10.38에서 시간 지연을 무시한 것과 둘째 항을 빼버린 것)가 서로 맞지워진다.

문제 10.15 예제 10.2의 전자기장을 제피멩코 방정식에서 곧바로 끌어내라.[11]

10.3 점전하

10.3.1 리에나르–비케르트 전위

다음으로 할 일은 점전하 q가 다음 궤적을 따라 움직일 때 생겨나는 (지연) 전위 $V(\mathbf{r}, t)$와 $\mathbf{A}(\mathbf{r}, t)$를 셈하는 것이다:

$$\mathbf{w}(t) \equiv q\text{가 시각 } t\text{에 있는 곳} \tag{10.39}$$

아래의 공식(식 10.26)을 얼핏 보면

$$V(\mathbf{r}, t) = \frac{1}{4\pi\epsilon_0}\int \frac{\rho(\mathbf{r}', t_{\text{지연}})}{\mathscr{r}}\, d\tau' \tag{10.40}$$

점전하가 만드는 지연 전위는 단순히 아래와 같다고 생각하기 쉽다.

$$\frac{1}{4\pi\epsilon_0}\frac{q}{\mathscr{r}}$$

(정전기학의 전위와 같지만, $\mathscr{r}$은 전하의 **지연** 위치까지의 거리이다). 그러나, 이것은 틀렸다. 그

11 D. V. Redžič, V. Hnizdo, *Eur. J. Phys.* 34, 495 (2013).

까닭이 아주 미묘하다: 점전하의 경우 식 10.40에서 분모 $\mathscr{r}$을 적분기호 밖으로 꺼낼 수 있다.[12] 그러나 남은 적분

$$\int \rho(\mathbf{r}', t_{\text{지연}})\, d\tau' \tag{10.41}$$

는 입자의 전하와 같지 않다 (그리고 $t_{\text{지연}}$ 때문에 $\mathbf{r}$에 따라 값이 달라진다). 총 전하를 셈하려면 한 시각의 ρ를 적분해야 한다. 그러나 지연 시각 $t_{\text{지연}} = t - \mathscr{r}/c$이 있어서 전하 분포의 곳곳마다 다른 시각의 ρ를 적분해야 한다. 전하가 움직이면 이 적분은 총 전하가 아닌 다른 양이 된다. 점전하라면 그러한 문제가 없을 것으로 생각할지 모르나, 그렇지 않다. 맥스웰 전기역학은 전하 및 전류 밀도를 써서 기술하는데 점전하는 큰 전하가 수축하여 크기가 0으로 줄어든 것으로 보아야 한다. 그리고 큰 물체는, 그것이 아무리 작아도, 식 10.41의 지연 때문에 인자 $(1 - \hat{\boldsymbol{\mathscr{r}}} \cdot \mathbf{v}/c)^{-1}$을 곱해야 한다.

$$\int \rho(\mathbf{r}', t_{\text{지연}})\, d\tau' = \frac{q}{1 - \hat{\boldsymbol{\mathscr{r}}} \cdot \mathbf{v}/c} \tag{10.42}$$

여기에서 $\mathbf{v}$는 전하의 속도로 지연 시각의 값이다.

증명. 이것은 순수한 기하학적 효과이므로, 구체적인 설명이 도움이 될 것이다. 우리는 알아채지 못하지만 우리에게 다가오는 기차는 실제보다 길어 보인다. 그 까닭은 기차 꼬리에서 나온 빛이 기관차에서 나온 빛과 동시에 우리 눈에 들어오려면 기관차에서 나온 빛보다 먼저 나와야 하는데, 그 순간에 기차의 꼬리는 더 먼 곳에 있었기 때문이다(그림 10.6). 꼬리에서 나온 빛이 거리 L'를 오는 동안 기차가 움직인 거리는 $L' - L$이므로 다음 식이 성립한다.

$$\frac{L'}{c} = \frac{L' - L}{v} \quad \text{또는} \quad L' = \frac{L}{1 - v/c}$$

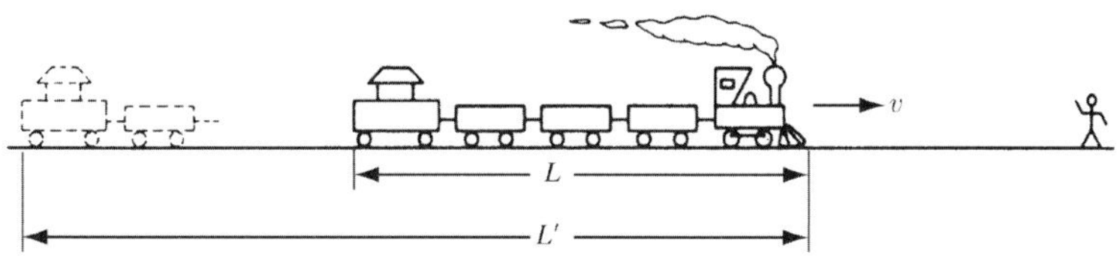

그림 10.6

따라서 다가오는 기차는 $(1 - v/c)^{-1}$배 더 길어 보이고, 이와 반대로 멀어지는 기차는

12 그렇지만, 함수꼴이 드러나지 않게 바뀐다: 적분하기 전에는 $\mathscr{r} = |\mathbf{r} - \mathbf{r}'|$은 $\mathbf{r}$과 $\mathbf{r}'$의 함수이다; 적분한 뒤에는 $\mathbf{r}' = \mathbf{w}(t_{\text{지연}})$은 고정되고, $\mathscr{r} = |\mathbf{r} - \mathbf{w}(t_{\text{지연}})|$은 $\mathbf{r}$과 t의 함수가 된다.

$(1+v/c)^{-1}$배 더 짧아 보인다.[13] 일반적으로 기차가 움직이는 방향과 시선의 사이각이 θ이면 기차 꼬리에서 나온 빛이 더 달려야 하는 거리는 $L'\cos\theta$이다(그림 10.7).[14] 빛이 그 거리를 달리는 시간 $L'\cos\theta/c$동안, 기차는 $(L'-L)$을 움직이므로 다음 식이 성립한다.

$$\frac{L'\cos\theta}{c}=\frac{L'-L}{v} \qquad \text{또는} \qquad L'=\frac{L}{1-v\cos\theta/c}$$

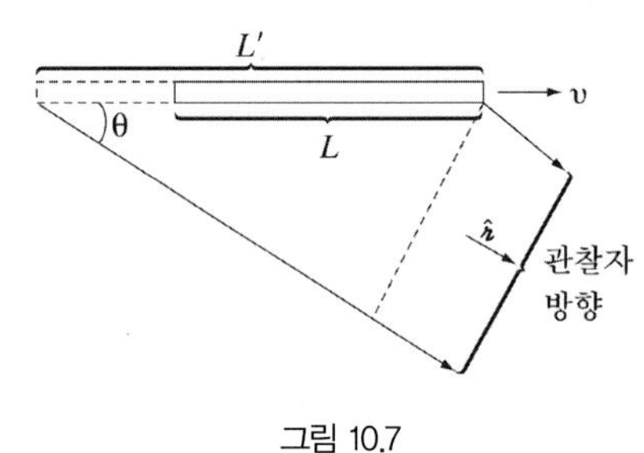

그림 10.7

이 효과는 운동방향과 직교하는 쪽의 길이(기차의 폭이나 높이)에는 나타나지 않는다. 그 방향으로는 움직이지 않으므로 멀리 떨어진 곳에서 나온 빛이 가까운 곳에서 나온 빛보다 늦게 온다고 해도, 둘 사이의 거리는 똑같아 보인다. 따라서, 기차의 겉보기 부피 τ'는 실제의 부피 τ와 다음 관계가 있다.

$$\tau'=\frac{\tau}{1-\hat{\boldsymbol{\imath}}\cdot\mathbf{v}/c} \tag{10.43}$$

여기에서 $\hat{\boldsymbol{\imath}}$는 기차에서 관찰자로 향하는 단위벡터이다.

움직이는 기차의 이야기와 지연 전위의 관련성은 다음과 같다: 식 10.41과 같이 지연시각의 피적분함수의 값을 적분하면 전하의 유효 부피는 식 10.43의 인자만큼 변하는데, 그 까닭은 기차의 겉보기 부피가 달라지는 이유와 같다. 이 보정인자는 입자의 크기와 무관하므로, 큰 전하와 점전하 모두에게 똑같이 중요하다. ■

점 전하의 경우 지연 시각은 아래의 방정식으로 결정하는데, 오른쪽에는 미지수가 드러나 있고, 왼쪽에는 $\mathbf{w}(t_{\text{지연}})$에 숨어 있다:

$$|\mathbf{r}-\mathbf{w}(t_{\text{지연}})|=c(t-t_{\text{지연}}) \tag{10.44}$$

여기에서 왼쪽은 "소식"이 가야할 거리이고, $(t-t_{\text{지연}})$은 가는데 걸리는 시간이다 (그림 10.8).

---

13 이것은 특수 상대론이나 로런츠 수축과는 무관하다 – L은 움직이는 기차의 길이이고, 여기에서는 서 있는 기차의 길이가 문제가 아니다. 여기에서의 논리는 도플러 효과를 상기시킨다.

14 기차는 아주 멀리 있거나 길이가 아주 짧아 꼬리와 기관차에서 오는 두 빛살이 나란하다고 가정한다.

$\boldsymbol{\mathscr{r}}$은 지연 위치에서 관찰점 $\mathbf{r}$까지의 벡터이다:

$$\boldsymbol{\mathscr{r}} = \mathbf{r} - \mathbf{w}(t_{지연}) \tag{10.45}$$

요점은 어떤 시각 t에 $\mathbf{r}$에 "소식을 보내는" 점이 궤적 위에 하나뿐이라는 것이다. 그러한 점이 둘이고 지연 시각이 각각 t_1, t_2라면 다음과 같다.

$$\mathscr{r}_1 = c(t - t_1) \qquad 그리고 \qquad \mathscr{r}_2 = c(t - t_2)$$

그러면, $\mathscr{r}_1 - \mathscr{r}_2 = c(t_2 - t_1)$이므로 입자가 다른 방향의 속도를 뺀, $\mathbf{r}$쪽으로 움직이는 평균속도가 c가 되어야 한다. 그러나 어느 입자도 빛의 속도로 움직이지 못하므로, 어느 때나 전위에 영향을 주는 궤적 위의 점은 단 하나이다.[15]

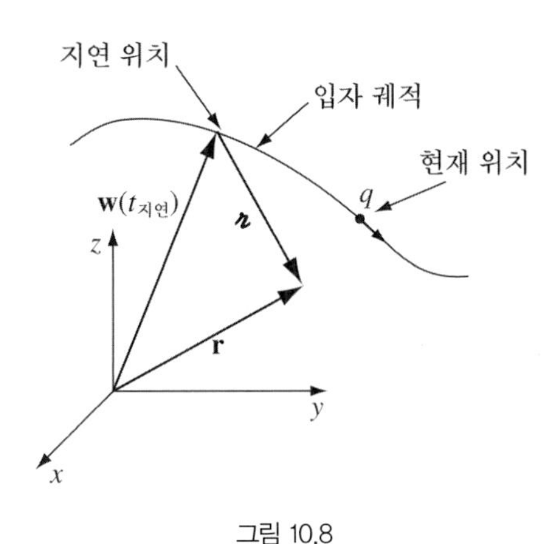

그림 10.8

그러므로 다음의 식을 얻는다.

$$\boxed{V(\mathbf{r}, t) = \frac{1}{4\pi\epsilon_0} \frac{qc}{(\mathscr{r}c - \boldsymbol{\mathscr{r}} \cdot \mathbf{v})},} \tag{10.46}$$

여기에서 $\mathbf{v}$는 전하의 지연 시각의 속도, $\boldsymbol{\mathscr{r}}$은 지연 위치에서 관찰점 $\mathbf{r}$까지의 벡터이다. 전류밀도는 $\rho\mathbf{v}$이므로(식 5.26) 벡터 전위는 다음과 같다.

$$\mathbf{A}(\mathbf{r}, t) = \frac{\mu_0}{4\pi} \int \frac{\rho(\mathbf{r}', t_{지연})\mathbf{v}(t_{지연})}{\mathscr{r}} d\tau' = \frac{\mu_0}{4\pi} \frac{\mathbf{v}}{\mathscr{r}} \int \rho(\mathbf{r}', t_{지연})\, d\tau'$$

또는

15 똑같은 이유로 $\mathbf{r}$에 있는 사람은 매 순간 입자를 한 곳에서만 볼 수 있다. 이에 반해 소리는 한 물체가 두 곳에서 낸 것을 동시에 들을 수 있다. 앞에서 곰 한 마리가 한 번 울부짖고 소리의 속도로 달려와 다시 울부짖으면, 다른 두 곳에서 울부짖은 소리를 한꺼번에 듣게 된다. 그러나 곰은 한 마리뿐이다.

$$\boxed{\mathbf{A}(\mathbf{r}, t) = \frac{\mu_0}{4\pi}\frac{qc\mathbf{v}}{(\mathscr{r}c - \boldsymbol{\mathscr{r}}\cdot\mathbf{v})} = \frac{\mathbf{v}}{c^2}V(\mathbf{r}, t).} \quad (10.47)$$

식 10.46과 10.47은 움직이는 점전하가 만드는 유명한 **리에나르-비케르트 전위**(Lienard-Wiechert potential)이다.[16]

예제 10.3

일정한 속도로 움직이는 점전하의 전위를 구하라.

■ 풀이 ■

편의상 시각 $t = 0$에 입자가 좌표계의 원점을 지난다고 하면, 위치 벡터는 다음과 같다.

$$\mathbf{w}(t) = \mathbf{v}t$$

먼저, 지연 시각을 식 10.44를 써서 셈하면 다음과 같다.

$$|\mathbf{r} - \mathbf{v}t_{지연}| = c(t - t_{지연})$$

이것을 제곱하면

$$r^2 - 2\mathbf{r}\cdot\mathbf{v}t_{지연} + v^2t_{지연}^2 = c^2(t^2 - 2tt_{지연} + t_{지연}^2)$$

이다. 이것을 $t_{지연}$에 관해 풀면 다음 결과를 얻는다.

$$t_{지연} = \frac{(c^2t - \mathbf{r}\cdot\mathbf{v}) \pm \sqrt{(c^2t - \mathbf{r}\cdot\mathbf{v})^2 + (c^2 - v^2)(r^2 - c^2t^2)}}{c^2 - v^2} \quad (10.48)$$

부호를 정하기 위해 $v = 0$인 극한을 살펴보면

$$t_{지연} = t \pm \frac{r}{c}$$

인데, 이때는 전하가 원점에 있어 지연 시각이 $t - r/c$이므로 음(−)의 부호가 맞다.

식 10.44와 10.45에서

---

16 리에나르-비케르트 전위를 얻는 방법은 여러 가지이다. 여기에서는 $(1 - \hat{\boldsymbol{\mathscr{r}}}\cdot\mathbf{v}/c)^{-1}$의 근원이 기하학적 요소임을 강조했다. 다음 책에서 명확한 설명을 볼 수 있다: W. K. H. Panofsky, M. Phillips, *Classical Electricity and Magnetism* (Reading, MA: Addison-Wesley, 1962), 2판 342-3쪽. 더 엄밀한 유도과정은 다음 책을 보라: J. R. Reitz, F. J. Milford, R. W. Christy, *Foundations of Electromagnetic Theory*, 3판 (Reading, MA: Addison-Wesley, 1979), §21.1 또는 M. A. Head, J. B. Marion, *Classical Electromagnetic Radiation*, 3판 (Orlando, FL: Saunders, 1995), §8.3.

$$\mathscr{r} = c(t - t_{지연}) \quad 그리고 \quad \hat{\boldsymbol{\mathscr{r}}} = \frac{\mathbf{r} - \mathbf{v}t_{지연}}{c(t - t_{지연})}$$

이므로 다음과 같다.

$$\begin{aligned}
\mathscr{r}(1 - \hat{\boldsymbol{\mathscr{r}}} \cdot \mathbf{v}/c) &= c(t - t_{지연})\left[1 - \frac{\mathbf{v}}{c} \cdot \frac{(\mathbf{r} - \mathbf{v}t_{지연})}{c(t - t_{지연})}\right] = c(t - t_{지연}) - \frac{\mathbf{v} \cdot \mathbf{r}}{c} + \frac{v^2}{c}t_{지연} \\
&= \frac{1}{c}\left[(c^2 t - \mathbf{r} \cdot \mathbf{v}) - (c^2 - v^2)t_{지연}\right] \\
&= \frac{1}{c}\sqrt{(c^2 t - \mathbf{r} \cdot \mathbf{v})^2 + (c^2 - v^2)(r^2 - c^2 t^2)}
\end{aligned}$$

(맨 끝에서는 식 10.48의 − 부호를 골랐다.) 그러므로 스칼라 전위는

$$V(\mathbf{r}, t) = \frac{1}{4\pi\epsilon_0} \frac{qc}{\sqrt{(c^2 t - \mathbf{r} \cdot \mathbf{v})^2 + (c^2 - v^2)(r^2 - c^2 t^2)}} \tag{10.49}$$

이고 벡터 전위는 다음과 같다(식 10.47).

$$\mathbf{A}(\mathbf{r}, t) = \frac{\mu_0}{4\pi} \frac{qc\mathbf{v}}{\sqrt{(c^2 t - \mathbf{r} \cdot \mathbf{v})^2 + (c^2 - v^2)(r^2 - c^2 t^2)}} \tag{10.50}$$

문제 10.16 전하 q인 입자가 반지름 a인 원 둘레를 일정한 각속도 ω로 돈다. 원은 xy평면에 있고, 중심이 원점에 있으며, 입자의 위치 좌표는 시각 $t = 0$에 $(a, 0)$이다. z축 위에 있는 점의 리에나르-비케르트 전위를 구하라.

• **문제 10.17** 일정한 속도로 움직이는 점전하가 만드는 스칼라 전위(식 10.49)는 다음과 같이 쓸 수 있음을 보여라.

$$V(\mathbf{r}, t) = \frac{1}{4\pi\epsilon_0} \frac{q}{R\sqrt{1 - v^2 \sin^2\theta / c^2}} \tag{10.51}$$

여기에서 $\mathbf{R} \equiv (\mathbf{r} - \mathbf{v}t)$는 입자가 현재 있는 곳에서 관찰점 $\mathbf{r}$까지의 벡터이고, θ는 $\mathbf{R}$와 $\mathbf{v}$사이의 각이다(그림 10.9). 비상대론적 속도에서는 $(v^2 \ll c^2)$명백히 다음과 같다

$$V(\mathbf{r}, t) \approx \frac{1}{4\pi\epsilon_0} \frac{q}{R}$$

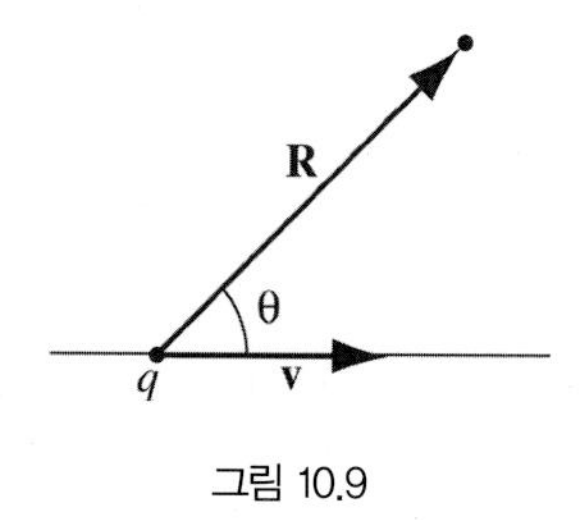

그림 10.9

문제 10.18 어느 시각에 $\mathbf{r}$의 전위는 입자의 궤적 위의 점 하나에 의해 결정된다고 하였다. 때로는 그러한 점이 전혀 없을 수도 있다($\mathbf{r}$에 있는 관찰자는 아직 입자를 보지 못할 수도 있다 – 일반상대론의 현란한 표현을 쓰자면 "**지평선** 너머에 있다"). 예를 들어 입자가 x축을 따라 **쌍곡선꼴**(hyperbolic) **운동**을 하는 것을 생각하자:

$$\mathbf{w}(t) = \sqrt{b^2 + (ct)^2}\,\hat{\mathbf{x}} \qquad (-\infty < t < \infty) \tag{10.52}$$

(특수 상대론에 따르면, 이것은 일정한 힘 $F = mc^2/b$을 받는 입자의 운동궤적이다.) 시간 t에 대한 w의 그래프를 그려 보라. 그림에서 대표적인 점 너댓개를 잡아, 그 점에서 축의 양쪽(+쪽과 −쪽)으로 가는 빛의 궤적을 그려 보라. 입자가 보이지 않는 시공간의 점 (x, t)는 그림의 어느 부분에 해당되는가? 점 x에 있는 사람이 입자를 처음으로 보게 되는 때는 언제인가? (이 시각 이전의 x에서의 전위는 0이다.) 보이던 입자가 시야에서 사라질 수 있는가?

! **문제 10.19** 쌍곡선꼴 운동(식 10.52)을 하는 전하의 리에나르–비케르트 전위를 구하라(식 10.45). 점 $\mathbf{r}$은 전하의 오른쪽, x축 위에 있다 [$x > w(t_{지연})$].[17]

10.3.2 움직이는 점전하가 만드는 전자기장

이제 움직이는 점전하가 만드는 전기장과 자기장을 리에나르–비케르트 전위를 써서 셈할 수 있다:[18]

$$V(\mathbf{r}, t) = \frac{1}{4\pi\epsilon_0}\frac{qc}{(\mathscr{r}c - \boldsymbol{\mathscr{r}}\cdot\mathbf{v})}, \qquad \mathbf{A}(\mathbf{r}, t) = \frac{\mathbf{v}}{c^2}V(\mathbf{r}, t) \tag{10.53}$$

전자기장은 이로부터 다음과 같이 구할 수 있다.

17 쌍곡선 운동을 하는 점전하가 만드는 전자기장 문제는 까다롭기로 유명하다. 실제로 리에나르–비케르트 전위로 셈한 전기장은 가우스 법칙에 어긋난다. 이 역설은 1955년 본디(H. Bondi)와 골드(T.Gold)가 풀었다. 이 문제에 관한 역사는 다음 문헌을 보라: E. Erieksen, Ø. Grøn, *Ann. Phys.* **286**, 320 (2000).

18 전자기장을 제피멩코 방정식에서 곧바로 얻을 수도 있지만, 쉽지 않다. 예를 들어 다음 교재를 보라: M. A. Heald, J. B. Marion, *Classical Electromagnetic Radiation*, 3판 (Orlando, FL: Saunders, 1995), §8.4.

$$\mathbf{E} = -\nabla V - \frac{\partial \mathbf{A}}{\partial t}, \qquad \mathbf{B} = \nabla \times \mathbf{A}$$

그렇지만 이 미분은 보기처럼 쉽지 않다. 왜냐하면,

$$\boldsymbol{\mathscr{r}} = \mathbf{r} - \mathbf{w}(t_{\text{지연}}) \qquad \text{그리고} \qquad \mathbf{v} = \dot{\mathbf{w}}(t_{\text{지연}}) \tag{10.54}$$

은 모두 지연시각의 값이고, $t_{\text{지연}}$은 다음 식으로 정의되는데

$$|\mathbf{r} - \mathbf{w}(t_{\text{지연}})| = c(t - t_{\text{지연}}) \tag{10.55}$$

이것은 다시 $\mathbf{r}$와 t의 함수이기 때문이다.[19] 자 정신을 모아라: 앞으로 할 셈의 설명은 세 쪽이나 되지만 얻는 답은 그만한 가치가 있다.

먼저 V의 기울기에서 시작하자.

$$\nabla V = \frac{qc}{4\pi\epsilon_0} \frac{-1}{(\mathscr{r}c - \boldsymbol{\mathscr{r}} \cdot \mathbf{v})^2} \nabla(\mathscr{r}c - \boldsymbol{\mathscr{r}} \cdot \mathbf{v}) \tag{10.56}$$

$\mathscr{r} = c(t - t_{\text{지연}})$이므로 다음과 같다.[20]

$$\nabla \mathscr{r} = -c \nabla t_{\text{지연}} \tag{10.57}$$

식 10.56의 둘째 항은 곱셈규칙 4를 쓰면 다음과 같다.

$$\nabla(\boldsymbol{\mathscr{r}} \cdot \mathbf{v}) = (\boldsymbol{\mathscr{r}} \cdot \nabla)\mathbf{v} + (\mathbf{v} \cdot \nabla)\boldsymbol{\mathscr{r}} + \boldsymbol{\mathscr{r}} \times (\nabla \times \mathbf{v}) + \mathbf{v} \times (\nabla \times \boldsymbol{\mathscr{r}}) \tag{10.58}$$

이 항들을 하나씩 셈해 보자.

$$\begin{aligned}(\boldsymbol{\mathscr{r}} \cdot \nabla)\mathbf{v} &= \left(\mathscr{r}_x \frac{\partial}{\partial x} + \mathscr{r}_y \frac{\partial}{\partial y} + \mathscr{r}_z \frac{\partial}{\partial z}\right)\mathbf{v}(t_{\text{지연}}) \\ &= \mathscr{r}_x \frac{d\mathbf{v}}{dt_{\text{지연}}} \frac{\partial t_{\text{지연}}}{\partial x} + \mathscr{r}_y \frac{d\mathbf{v}}{dt_{\text{지연}}} \frac{\partial t_{\text{지연}}}{\partial y} + \mathscr{r}_z \frac{d\mathbf{v}}{dt_{\text{지연}}} \frac{\partial t_{\text{지연}}}{\partial z} \\ &= \mathbf{a}(\boldsymbol{\mathscr{r}} \cdot \nabla t_{\text{지연}})\end{aligned} \tag{10.59}$$

여기에서 $\mathbf{a} \equiv \dot{\mathbf{v}}$는 지연 시각의 입자의 가속도이다. 둘째 항은

$$(\mathbf{v} \cdot \nabla)\boldsymbol{\mathscr{r}} = (\mathbf{v} \cdot \nabla)\mathbf{r} - (\mathbf{v} \cdot \nabla)\mathbf{w} \tag{10.60}$$

이고

---

19 다음 셈은 가장 직접적인, "마구 푸는" 방법으로 한다. 보다 슬기롭고 효율적인 방법은 다음 교재를 보라: J. D. Jackson, *Classical Electrodynamics*, 3판 (New York, John Wiley, 1999), §14.1.

20 $\boldsymbol{\mathscr{r}} = \mathbf{r} - \mathbf{w}(t_{\text{지연}})$이고(그림 10.8), $t_{\text{지연}}$은 $\mathbf{r}$의 함수임을 기억하자. 문제 1.13(그리고 §10.2)에서는 $\boldsymbol{\mathscr{r}} = \mathbf{r} - \mathbf{r}'$이고 (그림 10.3), $\mathbf{r}'$는 독립 변수이므로 $\nabla \mathscr{r} = \hat{\boldsymbol{\mathscr{r}}}$이다. 그렇지만 여기에서는 더 복잡하다.

$$
\begin{aligned}
(\mathbf{v}\cdot\nabla)\mathbf{r} &= \left(v_x\frac{\partial}{\partial x}+v_y\frac{\partial}{\partial y}+v_z\frac{\partial}{\partial z}\right)(x\,\hat{\mathbf{x}}+y\,\hat{\mathbf{y}}+z\,\hat{\mathbf{z}}) \\
&= v_x\,\hat{\mathbf{x}}+v_y\,\hat{\mathbf{y}}+v_z\,\hat{\mathbf{z}}=\mathbf{v}
\end{aligned} \tag{10.61}
$$

및

$$(\mathbf{v}\cdot\nabla)\mathbf{w}=\mathbf{v}(\mathbf{v}\cdot\nabla t_{지연})$$

이다(식 10.59와 같은 이유이다). 식 10.58의 셋째 항은 다음과 같다.

$$
\begin{aligned}
\nabla\times\mathbf{v} &= \left(\frac{\partial v_z}{\partial y}-\frac{\partial v_y}{\partial z}\right)\hat{\mathbf{x}}+\left(\frac{\partial v_x}{\partial z}-\frac{\partial v_z}{\partial x}\right)\hat{\mathbf{y}}+\left(\frac{\partial v_y}{\partial x}-\frac{\partial v_x}{\partial y}\right)\hat{\mathbf{z}} \\
&= \left(\frac{dv_z}{dt_{지연}}\frac{\partial t_{지연}}{\partial y}-\frac{dv_y}{dt_{지연}}\frac{\partial t_{지연}}{\partial z}\right)\hat{\mathbf{x}}+\left(\frac{dv_x}{dt_{지연}}\frac{\partial t_{지연}}{\partial z}-\frac{dv_z}{dt_{지연}}\frac{\partial t_{지연}}{\partial x}\right)\hat{\mathbf{y}} \\
&\quad+\left(\frac{dv_y}{dt_{지연}}\frac{\partial t_{지연}}{\partial x}-\frac{dv_x}{dt_{지연}}\frac{\partial t_{지연}}{\partial y}\right)\hat{\mathbf{z}} \\
&= -\mathbf{a}\times\nabla t_{지연}
\end{aligned} \tag{10.62}
$$

끝으로

$$\nabla\times\boldsymbol{\mathscr{r}}=\nabla\times\mathbf{r}-\nabla\times\mathbf{w} \tag{10.63}$$

인데 $\nabla\times\mathbf{r}=\mathbf{0}$이므로, 식 10.62와 같은 논리로

$$\nabla\times\mathbf{w}=-\mathbf{v}\times\nabla t_{지연} \tag{10.64}$$

이다. 이 모두를 식 10.58에 넣고, "BAC-CAB" 규칙을 써서 삼중곱을 풀면,

$$
\begin{aligned}
\nabla(\boldsymbol{\mathscr{r}}\cdot\mathbf{v}) &= \mathbf{a}(\boldsymbol{\mathscr{r}}\cdot\nabla t_{지연})+\mathbf{v}-\mathbf{v}(\mathbf{v}\cdot\nabla t_{지연})-\boldsymbol{\mathscr{r}}\times(\mathbf{a}\times\nabla t_{지연})+\mathbf{v}\times(\mathbf{v}\times\nabla t_{지연}) \\
&= \mathbf{v}+(\boldsymbol{\mathscr{r}}\cdot\mathbf{a}-v^2)\nabla t_{지연}
\end{aligned} \tag{10.65}
$$

이 된다. 식 10.57과 10.65를 한데 모으면 다음 결과를 얻는다.

$$\nabla V=\frac{qc}{4\pi\epsilon_0}\frac{1}{(\mathscr{r}c-\boldsymbol{\mathscr{r}}\cdot\mathbf{v})^2}\left[\mathbf{v}+(c^2-v^2+\boldsymbol{\mathscr{r}}\cdot\mathbf{a})\nabla t_{지연}\right] \tag{10.66}$$

이 셈을 마치려면 $\nabla t_{지연}$을 알아야 한다. 이것은 정의식(식 10.55)의 기울기를 구하여 – 이미 식 10.57에서 했다 – $\nabla\mathscr{r}$를 펼치면 얻는다.

$$
\begin{aligned}
-c\nabla t_{지연} &= \nabla\mathscr{r}=\nabla\sqrt{\boldsymbol{\mathscr{r}}\cdot\boldsymbol{\mathscr{r}}}=\frac{1}{2\sqrt{\boldsymbol{\mathscr{r}}\cdot\boldsymbol{\mathscr{r}}}}\nabla(\boldsymbol{\mathscr{r}}\cdot\boldsymbol{\mathscr{r}}) \\
&= \frac{1}{\mathscr{r}}\left[(\boldsymbol{\mathscr{r}}\cdot\nabla)\boldsymbol{\mathscr{r}}+\boldsymbol{\mathscr{r}}\times(\nabla\times\boldsymbol{\mathscr{r}})\right]
\end{aligned} \tag{10.67}
$$

그러나 (식 10.60에서와 같이)

$$(\boldsymbol{\mathscr{r}} \cdot \nabla)\boldsymbol{\mathscr{r}} = \boldsymbol{\mathscr{r}} - \mathbf{v}(\boldsymbol{\mathscr{r}} \cdot \nabla t_{\text{지연}})$$

이고, 식 10.63과 10.64에서 본 바와 같이

$$\nabla \times \boldsymbol{\mathscr{r}} = (\mathbf{v} \times \nabla t_{\text{지연}})$$

이므로

$$-c\nabla t_{\text{지연}} = \frac{1}{\mathscr{r}}[\boldsymbol{\mathscr{r}} - \mathbf{v}(\boldsymbol{\mathscr{r}} \cdot \nabla t_{\text{지연}}) + \boldsymbol{\mathscr{r}} \times (\mathbf{v} \times \nabla t_{\text{지연}})] = \frac{1}{\mathscr{r}}[\boldsymbol{\mathscr{r}} - (\boldsymbol{\mathscr{r}} \cdot \mathbf{v})\nabla t_{\text{지연}}]$$

이다. 따라서 다음과 같다.

$$\nabla t_{\text{지연}} = \frac{-\boldsymbol{\mathscr{r}}}{\mathscr{r}c - \boldsymbol{\mathscr{r}} \cdot \mathbf{v}} \tag{10.68}$$

이 결과를 식 10.66에 넣으면 다음 식을 얻는다.

$$\nabla V = \frac{1}{4\pi\epsilon_0}\frac{qc}{(\mathscr{r}c - \boldsymbol{\mathscr{r}} \cdot \mathbf{v})^3}\left[(\mathscr{r}c - \boldsymbol{\mathscr{r}} \cdot \mathbf{v})\mathbf{v} - (c^2 - v^2 + \boldsymbol{\mathscr{r}} \cdot \mathbf{a})\boldsymbol{\mathscr{r}}\right] \tag{10.69}$$

비슷한 방법으로 계산하면 다음 결과를 얻는다 (문제 10.20).

$$\begin{aligned}\frac{\partial \mathbf{A}}{\partial t} = \frac{1}{4\pi\epsilon_0}\frac{qc}{(\mathscr{r}c - \boldsymbol{\mathscr{r}} \cdot \mathbf{v})^3}\Big[&(\mathscr{r}c - \boldsymbol{\mathscr{r}} \cdot \mathbf{v})(-\mathbf{v} + \mathscr{r}\mathbf{a}/c) \\ &+ \frac{\mathscr{r}}{c}(c^2 - v^2 + \boldsymbol{\mathscr{r}} \cdot \mathbf{a})\mathbf{v}\Big]\end{aligned} \tag{10.70}$$

이것들을 모두 모으면 **E**가 되는데, 벡터 **u**를 다음과 같이 정의하여 쓴다.

$$\mathbf{u} \equiv c\hat{\boldsymbol{\mathscr{r}}} - \mathbf{v} \tag{10.71}$$

그러면 전기장 벡터 **E**는 다음과 같다.

$$\boxed{\mathbf{E}(\mathbf{r}, t) = \frac{q}{4\pi\epsilon_0}\frac{\mathscr{r}}{(\boldsymbol{\mathscr{r}} \cdot \mathbf{u})^3}\left[(c^2 - v^2)\mathbf{u} + \boldsymbol{\mathscr{r}} \times (\mathbf{u} \times \mathbf{a})\right].} \tag{10.72}$$

한편,

$$\nabla \times \mathbf{A} = \frac{1}{c^2}\nabla \times (V\mathbf{v}) = \frac{1}{c^2}[V(\nabla \times \mathbf{v}) - \mathbf{v} \times (\nabla V)]$$

이고, $\nabla \times \mathbf{v}$는 식 10.62에서, ∇V는 식 10.69에서 이미 셈했으므로, 그 결과를 모으면 다음과 같다.

$$\nabla \times \mathbf{A} = -\frac{1}{c}\frac{q}{4\pi\epsilon_0}\frac{1}{(\mathbf{u}\cdot\boldsymbol{\mathscr{r}})^3}\boldsymbol{\mathscr{r}} \times \left[(c^2 - v^2)\mathbf{v} + (\boldsymbol{\mathscr{r}}\cdot\mathbf{a})\mathbf{v} + (\boldsymbol{\mathscr{r}}\cdot\mathbf{u})\mathbf{a}\right]$$

괄호 속의 양은 식 10.72와 아주 비슷하며, BAC−CAB 규칙을 써서 정리하면 다음과 같다: $[(c^2 - v^2)\mathbf{u} + (\boldsymbol{\mathscr{r}}\cdot\mathbf{a})\mathbf{u} - (\boldsymbol{\mathscr{r}}\cdot\mathbf{u})\mathbf{a}]$. 단 하나 다른 점은 처음 두 항에 $\mathbf{u}$대신 $\mathbf{v}$가 들어 있는 것이다. 사실 모두가 $\boldsymbol{\mathscr{r}}$과의 가위곱으로 이루어지므로 $\mathbf{v}$를 $-\mathbf{u}$로 바꾸어도 결과는 같다. 왜냐하면 $\hat{\boldsymbol{\mathscr{r}}}$에 비례하는 항은 가위곱에서 없어지기 때문이다. 그러므로 다음과 같다.

$$\boxed{\mathbf{B}(\mathbf{r}, t) = \frac{1}{c}\hat{\boldsymbol{\mathscr{r}}} \times \mathbf{E}(\mathbf{r}, t).} \tag{10.73}$$

점전하가 만드는 자기장은 언제나 전기장과 직교하고, 지연 위치까지의 벡터와도 직교한다.

$\mathbf{E}$의 첫 항($(c^2 - v^2)\mathbf{u}$가 있는 항)은 입자까지의 거리의 제곱에 반비례하여 작아진다. 입자의 속도와 가속도 모두가 0이면, 이 항만이 남아 잘 알려진 정전기장이 된다.

$$\mathbf{E} = \frac{1}{4\pi\epsilon_0}\frac{q}{\mathscr{r}^2}\hat{\boldsymbol{\mathscr{r}}}$$

그러므로 $\mathbf{E}$의 첫 항을 때때로 **일반화된 쿨롱 전기장**(generalized Coulomb field)이라고 한다. [이것은 가속도와는 관계없으므로 **속도장**(velocity field)이라고도 한다.] 둘째항[$\boldsymbol{\mathscr{r}} \times (\mathbf{u} \times \mathbf{a})$가 있는 항]은 $\mathscr{r}$에 반비례하여 줄어든다. 그러므로 먼 곳에서는 이 항이 주된 전기장이 된다. 제 11 장에서 보겠지만, 이 항이 전자기파 방사와 관련된 것이다; 따라서 이 항을 **방사장**(radiation field) − 또는 이 항이 a에 비례하므로 **가속도장**(acceleration field)이라고도 한다. 자기장에 대해서도 같은 말을 쓴다.

제 2 장에서는 전하들이 주고받는 힘에 관한 공식을 써놓을 수만 있으면, 적어도 원리상으로 전기역학은 끝난 것이라고 말했었다. 그것과 중첩의 원리를 쓰면 전하가 어떻게 퍼져 있어도, 시험전하 Q가 받는 힘을 구할 수 있다. 이제 식 10.72와 10.73을 쓰면 장을 구할 수 있고, 로런츠 힘 법칙을 쓰면 시험전하가 받는 힘을 구할 수 있다.

$$\mathbf{F} = \frac{qQ}{4\pi\epsilon_0}\frac{\mathscr{r}}{(\boldsymbol{\mathscr{r}}\cdot\mathbf{u})^3}\Bigg\{[(c^2 - v^2)\mathbf{u} + \boldsymbol{\mathscr{r}} \times (\mathbf{u} \times \mathbf{a})] + \frac{\mathbf{V}}{c} \times \left[\hat{\boldsymbol{\mathscr{r}}} \times [(c^2 - v^2)\mathbf{u} + \boldsymbol{\mathscr{r}} \times (\mathbf{u} \times \mathbf{a})]\right]\Bigg\} \tag{10.74}$$

여기에서 $\mathbf{V}$는 Q의 속도이고, $\boldsymbol{\mathscr{r}}$, $\mathbf{u}$, $\mathbf{v}$, $\mathbf{a}$는 모두 지연 시각의 값이다. 고전 전기역학 이론이 통째로 이 식에 들어 있다 − 그러나 쿨롱 법칙으로부터 출발한 이유를 이제는 알 것이다.

예제 10.4

등속도로 움직이는 점전하가 만드는 전기장과 자기장을 셈하라.

■ 풀이 ■

식 10.72에서 $\mathbf{a} = \mathbf{0}$으로 두면 다음과 같다.

$$\mathbf{E} = \frac{q}{4\pi\epsilon_0} \frac{(c^2 - v^2)\mathscr{r}}{(\boldsymbol{\mathscr{r}} \cdot \mathbf{u})^3} \mathbf{u}$$

궤적은 $\mathbf{w} = \mathbf{v}t$이므로

$$\mathscr{r}\mathbf{u} = c\boldsymbol{\mathscr{r}} - \mathscr{r}\mathbf{v} = c(\mathbf{r} - \mathbf{v}t_{\text{지연}}) - c(t - t_{\text{지연}})\mathbf{v} = c(\mathbf{r} - \mathbf{v}t)$$

이다. 예제 10.3에서 다음 결과를 얻었다.

$$\mathscr{r}c - \boldsymbol{\mathscr{r}} \cdot \mathbf{v} = \boldsymbol{\mathscr{r}} \cdot \mathbf{u} = \sqrt{(c^2 t - \mathbf{r} \cdot \mathbf{v})^2 + (c^2 - v^2)(r^2 - c^2 t^2)}$$

문제 10.16에서는 이것이 다음과 같음을 보였다.

$$Rc\sqrt{1 - v^2 \sin^2\theta / c^2}$$

여기에서 $\mathbf{R}$은 입자의 현재 위치에서 $\mathbf{r}$까지의 벡터로 다음과 같다.

$$\mathbf{R} \equiv \mathbf{r} - \mathbf{v}t$$

그리고 θ는 $\mathbf{R}$과 $\mathbf{v}$의 사이각이다 (그림 10.9). 따라서 전기장 벡터는 다음과 같다.

$$\boxed{\mathbf{E}(\mathbf{r}, t) = \frac{q}{4\pi\epsilon_0} \frac{1 - v^2/c^2}{\left(1 - v^2 \sin^2\theta / c^2\right)^{3/2}} \frac{\hat{\mathbf{R}}}{R^2}.} \tag{10.75}$$

$\mathbf{E}$의 방향은 입자의 현재 위치에서 관찰점을 향한다. “소식”이 입자의 **지연** 위치에서 나오는 것을 생각하면, 이 일치는 특이하다. 분모에 $\sin^2\theta$가 들어있어서, 빠른 전하가 만드는 전기장은 그 속도에 수직방향으로 납작해져 전기장선이 촘촘해진다 (그림 10.10). $\mathbf{E}$는 앞, 뒤쪽으로는 전하가

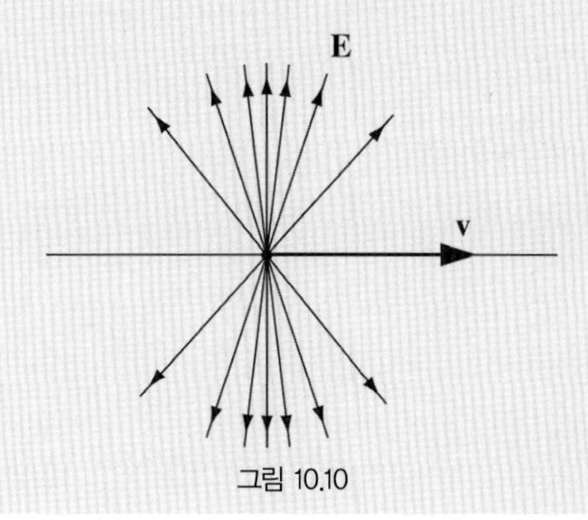

그림 10.10

서 있을 때 보다 $1-v^2/c^2$배 약하고, 수직방향으로는 $1/\sqrt{1-v^2/c^2}$배 세다.

B에 관해서는

$$\hat{\boldsymbol{\mathscr{r}}} = \frac{\mathbf{r} - \mathbf{v}t_{\text{지연}}}{\mathscr{r}} = \frac{(\mathbf{r} - \mathbf{v}t) + (t - t_{\text{지연}})\mathbf{v}}{\mathscr{r}} = \frac{\mathbf{R}}{\mathscr{r}} + \frac{\mathbf{v}}{c}$$

이므로 다음과 같다.

$$\boxed{\mathbf{B} = \frac{1}{c}(\hat{\boldsymbol{\mathscr{r}}} \times \mathbf{E}) = \frac{1}{c^2}(\mathbf{v} \times \mathbf{E}).} \tag{10.76}$$

자기장선은 그림 10.11과 같이 전하 주위를 싸고돈다.

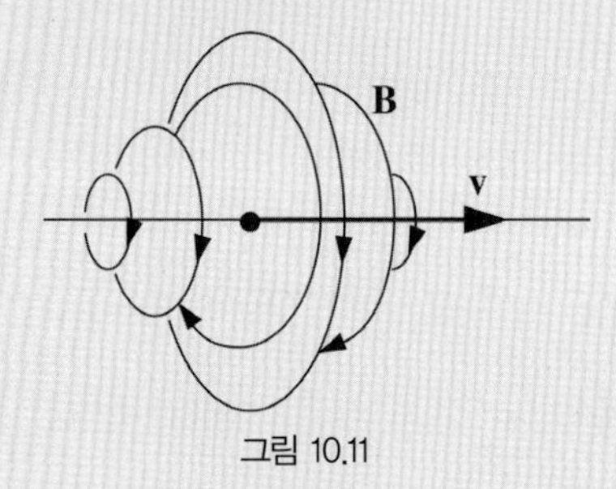

그림 10.11

등속 운동하는 점전하가 만드는 전자기장(식 10.75와 10.76)은 헤비사이드가 1888년에 처음 얻었다.[21] $v^2 \ll c^2$이면 그 식은 다음과 같이 된다:

$$\mathbf{E}(\mathbf{r}, t) \approx \frac{1}{4\pi\epsilon_0}\frac{q}{R^2}\hat{\mathbf{R}}; \qquad \mathbf{B}(\mathbf{r}, t) \approx \frac{\mu_0}{4\pi}\frac{q}{R^2}(\mathbf{v} \times \hat{\mathbf{R}}) \tag{10.77}$$

첫 식은 실질적인 쿨롱 법칙이고, 둘째 식은 "점전하에 대한 비오-사바르 법칙"인데, 이에 관해서는 5장에서 주의를 준 바 있다(식 5.43).

예제 10.5

(톰슨 꺾인 장선 모형)

점 전하가 원점에 서 있다. 시각 $t = 0$에 충격을 받아 x 방향으로 일정한 속도 v로 간다. 조금 뒤의 전기장선을 그려라. 자기장선은 어떤가?

21 다음 논문에 역사와 참고문헌이 있다: O. J. Jefimenko, *Am. J. Phys.* **62**, 79 (1994).

■ 풀이 ■

"충격"이 짧게 τ(t = 0에 시작) 동안 지속되어, 입자가 속도 v로 간다고 하자. 반지름 $r_2 = ct$인 공 표면 밖으로는 충격의 "소식"이 아직 가지 않았으므로, 장은 원점에 서 있는 입자의 장이다 그림 10.12). 반지름 $r_1 = c(t - \tau)$인 공 표면[22] 안에는 소식이 이미 왔으므로, **E**는 일정한 속도로 움직이는 입자의 "납작해진" 장이다 (그림 10.10). 이 두 공 표면 사이의 공 껍질 안에서는 장이 정확히 어떤 모양인지 모른다 (전하가 받은 충격을 정확히 알지 못하므로); 아는 것은 이 정도이다. 장선은 연속이어야 한다. 공 껍질(빛의 속도로 계속 부푼다) 안에서는 전기장선이 "꺾여" 있어, 특히 상당히 큰 **접선** 성분이 생긴다.

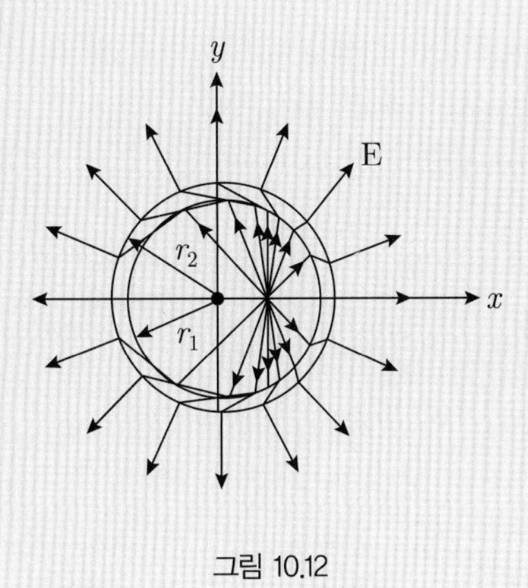

그림 10.12

한편, **자기장**은 바깥쪽 공 표면 밖에서는 0이고, 안쪽 공 표면 안에서는 x축을 중심으로 원을 그리며 싸고돈다 (그림 10.11). 자기장은 모든 곳에서 **E**에 수직이다 (식 10.73). 부푸는 공 껍질 안에서는 포인팅 벡터에 상당한 반지름 성분이 있다. 에너지는 빛의 속도로 전하에서 "방사"된다.[23]

문제 10.20 식 10.70을 끌어내라. 먼저, 다음을 보여라:

$$\frac{\partial t_{\text{지연}}}{\partial t} = \frac{\mathscr{r} c}{\boldsymbol{\mathscr{r}} \cdot \mathbf{u}} \tag{10.78}$$

22 안쪽 공 표면의 중심은 시각 $t = \tau$에 전하가 있는 곳이다..

23 가속 전하의 전자기파 방사에 관한 이 멋진 정성적 모형의 원전은 다음 문헌이다: J. J. Thomson, *Electricity and Matter*, (예일 대학 출판부, New Haven, CT) (1904), 35쪽. 다음을 보라: E. M. Purcell, D. J. Morrin, *Electricity and Magnetism*. 3판. 케임브리지 대학 출판부 (2013) §5.7 및 부록 H; R. Y. Tsien, *Am. J. Phys.* **40**, 46 (1972); H. C. Ohanian, *Am. J. Phys.* **48**, 170 (1980).

문제 10.21

(a) 점전하 q가 x축을 따라 갈 때, 전하의 **앞쪽**으로 x축 위의 점에서는 전자기장이 다음과 같음을 보여라.(v가 상수라고 가정하지 않았다!)

$$\mathbf{E} = \frac{q}{4\pi\epsilon_0}\frac{1}{\imath^2}\left(\frac{c+v}{c-v}\right)\hat{\mathbf{x}}, \quad \mathbf{B} = \mathbf{0}$$

전하 **뒤쪽**으로 x축 위에 있는 점에서의 전자기장은 어떠한가?

(b) 예제 10.41에서 전하가 등속 운동하면 앞, 뒤쪽의 $\mathbf{E}$가 $[1-(v/c)^2]$배로 줄어든다고 했는데, (a)의 결과와는 어긋나는 것처럼 보인다. 이 "역설"을 풀어라.

문제 10.22 점전하가 일정한 속도로 움직일 때 전하의 현재 위치에 중심을 둔 구면에 대한 전기선속의 적분 $\oint \mathbf{E}\cdot d\mathbf{a}$를 셈하라 (식 10.75를 써라).[24]

문제 10.23

(a) 전하가 선밀도 λ로 퍼진 아주 긴 직선도선이 그 길이방향으로 속력 v로 움직일 때, 그로부터 거리 d인 곳의 전기장을 식 10.75를 써서 셈하라.

(b) 이 도선이 만드는 **자기장**을 식 10.76을 써서 셈하라.

문제 10.24 문제 10.16과 같이 전하가 움직일 때, 고리 중심의 전기장과 자기장을 구하라. 여기에서 얻은 $\mathbf{B}$에 관한 공식을 써서 정상전류 I가 흐르는 둥근 고리 중심의 자기장을 구하고, 이것을 예제 5.6의 결과와 비교하라.

보충문제

문제 10.25 반지름이 a, 선전하 밀도가 $\lambda_0|\sin(\theta/2)|$인 플라스틱 고리가 있다. 이 고리를 축을 중심으로 각속도 ω로 돌린다. 고리 중심의 (정확한) 스칼라 및 벡터 전위를 구하라.
[답: $\mathbf{A} = (\mu_0\lambda_0\omega a/3\pi)\left\{\sin[\omega(t-a/c)]\,\hat{\mathbf{x}} - \cos[\omega(t-a/c)]\,\hat{\mathbf{y}}\right\}$

문제 10.26 그림 2.35는 **정전기학** 법칙을 요약하여 **원천**(ρ)과 **장**($\mathbf{E}$) 그리고 **전위**(V)의 관계를 "세모꼴 그림"로 나타낸 것이다. 마찬가지로 그림 5.51은 원천이 $\mathbf{J}$, 장이 $\mathbf{B}$, 전위가 $\mathbf{A}$인 **정자기학**을 요약한 그림이다. 같은 그림을 **전기역학**에 관해 그려라. 여기서는 원천이 ρ와 $\mathbf{J}$(이것은 연속방정식과

24 휠러의 첫째 도덕률은 다음과 같다: "셈은 꼭 답을 알아낸 뒤에 해라" (E. F. Taylor와 J. A. Wheeler, Spacetime Physics, Freeman (1966), 60쪽). 늘 그럴 수는 없지만, 이 문제는 그렇게 해봄직 하다.

맞아야 한다), 장은 **E**와 **B**, 그리고 전위는 V와 **A**이다(이것은 로렌츠 게이지 조건에 맞다). V와 **A**를 **E**와 **B**로 나타낸 공식은 빼라.

문제 10.27 전하 Q가 고르게 퍼진, 속이 찬 공의 반지름이 다음과 같이 부푼다: $R(t) = vt$ ($t > 0$, v는 일정). 다음 적분을 중심에 대해 구하라.

$$Q_{\text{유효}} = \int \rho(\mathbf{r}, t_{\text{지연}})\, d\tau$$

$v \ll c$이면 $Q_{\text{유효}} \approx Q(1 - \frac{3v}{4c})$임을 보여라.

문제 10.28 등속 운동하는 점전하가 만드는 전위(식 10.49와 10.50)가 로렌츠 게이지 조건(식 10.12)과 맞음을 보여라.

문제 10.29 전하 q_1인 입자가 좌표계의 원점에 서 있다. 전하 q_2인 다른 입자가 x축을 따라 다음과 같은 쌍곡선 운동을 한다.

$$x(t) = \sqrt{b^2 + (ct)^2}$$

이것은 $t = 0$에 가장 가까이 b까지 온 뒤, 다시 아주 먼 곳으로 돌아간다.

(a) 시각 t에 (q_1이) q_2에 주는 힘 F_2를 구하라.

(b q_1이 q_2에 주는 총 충격량 ($I_2 = \int_{-\infty}^{\infty} F_2 dt$)을 구하라.

(c) 시각 t에 q_2가 q_1에 주는 힘 F_1을 구하라.

(d) q_2가 q_1에 주는 총 충격량 $I_1 = \int_{-\infty}^{\infty} F_1 dt$을 구하라. [실마리: 문제 10.18을 다시 보는 것이 이 적분값을 셈하는 데 도움이 될 것이다. 답: $I_2 = -I_1 = q_1 q_2 / 4\epsilon_0 bc$]

문제 10.30 §8.2.1에서 다룬 예를 이제 정량적으로 살펴볼 수 있다. q_1이 x축을 따라 $x(t) = -vt$로 움직이고 q_2는 y축을 따라 $y(t) = -vt$로 움직인다 (그림 8.3, $t < 0$). q_1과 q_2가 받는 전기력과 자기력을 구하라. 뉴턴 제 3 법칙에 맞는가?

문제 10.31 전하가 고르게 퍼진 막대(길이 L, 선전하 밀도 λ)가 일정한 속력 v로 x축을 따라간다. 시각 $t = 0$에 꼬리가 원점을 지난다 (따라서 꼬리의 위치를 시간의 함수로 나타내면 $x = vt$이고 머리는 $x = vt + L$이다). $t > 0$에 원점의 지연 스칼라 전위를 시간의 함수로 구하라. [먼저 꼬리의 지연시각 t_1과 머리의 지연시각 t_2를 구하고, 그에 대응되는 지연 위치 x_1과 x_2를 구하라.] 얻은 답이 점전하 극한($L \ll vt, \lambda L = q$)에서 리에나르-비케르트 전위와 맞는가? $v \ll c$로 가정하지 말아라.

문제 10.32 전하 q인 입자가 x축을 따라 일정속력 v로 움직인다. 이 입자가 원점을 지나는 순간에 평면 $x = a$를 지나가는 방사일률을 셈하라. [답: $q^2 v / 32\pi\epsilon_0 a^2$]

문제 10.33[25] 전하 q_1인 입자가 좌표계의 원점에 서 있다. 전하 q_2인 다른 입자가 z축을 따라 등속도 v로 움직인다.

(a) 시각 t(q_2가 $z = vt$에 있는 때)에 q_1이 q_2에 주는 힘 $\mathbf{F}_{12}(t)$를 구하라.

(b) 시각 t에 q_2가 q_1에 주는 힘 $\mathbf{F}_{21}(t)$를 구하라. 이 때 뉴턴 제 3 법칙이 성립하는가?

(c) 시각 t에 전자기장에 들어있는 운동량 $\mathbf{p}$를 셈하라 [시간에 대해 변하지 않는 항은 셈할 필요가 없다. 그것은 문제 (d)에서 필요하지 않다]. [답: $(\mu_0 q_1 q_2/4\pi t)\,\hat{\mathbf{z}}$]

(d) 두 전하가 받는 힘의 합은 전자기장에 실린 운동량의 시간변화율과 크기는 같고 부호가 반대임을 보이고, 이것을 물리적으로 설명하라.

문제 10.34 자하(식 7.53)가 있을 때의 전기역학 방정식을 전위를 써서 전개하라. [실마리: 스칼라 전위와 벡터 전위가 각각 둘씩 필요하다. 로렌츠 게이지를 써라. (식 10.26을 일반화하여) 지연 전위를 구하고, (식 10.2와 10.3을 일반화하여) **E**와 **B**를 전위로 나타내는 식을 구하라.]

! 문제 10.35 원점에 있는 이상적인 전기 쌍극자 $\mathbf{p}(t)$가 시간에 따라 변할 때 (로렌츠 게이지에서의) 전위를 구하라.[26] (전기 쌍극자는 서 있지만, 크기 그리고/또는 방향이 시간에 따라 변한다.) 접촉항에는 신경 쓸 것 없다.

[답:

$$\left.\begin{aligned}
V(\mathbf{r},t) &= \frac{1}{4\pi\epsilon_0}\frac{\hat{\mathbf{r}}}{r^2}\cdot[\mathbf{p}+(r/c)\dot{\mathbf{p}}]\\
\mathbf{A}(\mathbf{r},t) &= \frac{\mu_0}{4\pi}\left[\frac{\dot{\mathbf{p}}}{r}\right]\\
\mathbf{E}(\mathbf{r},t) &= -\frac{\mu_0}{4\pi}\left\{\frac{\ddot{\mathbf{p}}-\hat{\mathbf{r}}(\hat{\mathbf{r}}\cdot\ddot{\mathbf{p}})}{r}+c^2\frac{[\mathbf{p}+(r/c)\dot{\mathbf{p}}]-3\hat{\mathbf{r}}(\hat{\mathbf{r}}\cdot[\mathbf{p}+(r/c)\dot{\mathbf{p}}])}{r^3}\right\}\\
\mathbf{B}(\mathbf{r},t) &= -\frac{\mu_0}{4\pi}\left\{\frac{\hat{\mathbf{r}}\times[\dot{\mathbf{p}}+(r/c)\ddot{\mathbf{p}}]}{r^2}\right\}
\end{aligned}\right\} \tag{10.79}$$

여기에서 $\mathbf{p}$의 모든 도함수는 지연시각의 값이다.]

문제 10.36 §10.2.11에서 지연 전위의 "유도 방법"을 그대로 전자기장에 쓰면 안됨을 알았다. 그 이유는 미묘하지만, 바로잡을 수 있다.[27] 로렌츠 게이지에서 전위는 비제차 파동 방정식(식 10.16)의 해이다:

---

25 다음 논문을 보라: J. J.G. Scanio, *Am. J. Phys.* 43, 258 (1975).

26 W. J. M. Kort-Kamp, C. Farina, *Am. J. Phys.* 79, 111 (2011); D. J. Griffiths, *Am. J. Phys.* 79, 867(2011).

27 N. A. Lemos, *Rev. Bras. Ensino Fis*, 27, 385 (2005); 영문판은 다음을 보라: arXiv:physics/0508047v1[physics.ed-ph].

$$\Box^2 f(\mathbf{r}, t) = -s(\mathbf{r}, t) \tag{10.80}$$

여기에서 f는 V 또는 A를, s는 해당 원천(ρ/ϵ_0 또는 $\mu_0 \mathbf{J}$)을 나타낸다. (국소 원천에 대한) 해는 짐작하고, 확인한 바 다음과 같다 (식 10.26):

$$f(\mathbf{r}, t) = \frac{1}{4\pi} \int \frac{s(\mathbf{r}', t_r)}{\mathscr{r}} d\tau' \tag{10.81}$$

(a) (맥스웰 방정식에서) 다음을 보여라:

$$\Box^2 \mathbf{E} = \frac{1}{\epsilon_0} \boldsymbol{\nabla} \rho + \mu_0 \frac{\partial \mathbf{J}}{\partial t}, \quad \Box^2 \mathbf{B} = -\mu_0 (\boldsymbol{\nabla} \times \mathbf{J}) \tag{10.82}$$

(b) 해 $\mathbf{E}(\mathbf{r}, t)$와 $\mathbf{B}(\mathbf{r}, t)$를 구하라.

(c) 부분적분을 하여 제피멩코 방정식(식 10.36과 10.38)을 끌어내라.

문제 10.37 두 전하 $\pm q$가 반대 쪽에서 x축을 따라 등속도로 원점에 다가온다. 이들은 충돌하여 붙어서 중성 입자가 되어 선다. 충돌 전과, 후의 전기장을 그려라. 충돌 후의 전기장을 물리적으로 해석하라.

! **문제 10.38** 원점에 있는, z 방향의 이상적인 전기 쌍극자의 쌍극자 모멘트가 시간에 비례하여 커진다:

$$\mathbf{p}(t) = kt\hat{\mathbf{z}} \tag{10.83}$$

(k는 상수). 분명히 음극에서 양극으로 일정한 전류가 흐른다.

$$\mathbf{J}(\mathbf{r}) = \alpha \delta^3(\mathbf{r}) \hat{\mathbf{z}} \tag{10.84}$$

여기서 α는 구해야 할 상수이다.

(a) 연속 방정식에서 전하 밀도 $\rho(\mathbf{r}, t)$를 구하라. 배경 정전하는 없다고 가정하라: $\rho(\mathbf{r}, 0) = 0$. [답을 델타 함수의 도함수로 나타내라.]

(b) 전하 밀도에서 전기 쌍극자 모멘트를 셈하고, 식 10.83과 비교하여 α를 (k의 함수로) 구하라. [실마리: 부분적분을 하라.]

(c) $\rho(\mathbf{r}, t)$가 t에서 비례하고 $\mathbf{J}(\mathbf{r})$이 상수이면, 운 좋게 상쇄되어 전기장은 쿨롱 법칙을 따르고 자기장은 비오-사바르의 법칙을 따르며 **지연이 없다** (문제 10.13 및 10.14 참조). 따라서 이 경우 $\mathbf{E}(\mathbf{r}, t)$는 정전기학의 공식(식 3.106)으로 정해지며, $\mathbf{p}$는 현재의 쌍극자 모멘트(식 10.83)이다. 자기장 $\mathbf{B}(\mathbf{r}, t)$는 무엇인가?

(d) 이제 x 방향의 둘째 쌍극자가 z축의 $z = a$에 있다고 하자. $\mathbf{p}_1$이 $\mathbf{p}_2$에 주는 알짜 힘과, $\mathbf{p}_2$가 $\mathbf{p}_1$에 주는 알짜 힘을 구하라. 뉴턴 제 3 법칙에 맞는가?

(e) 이제 어려운 부분이다. 상호 작용과 관련된 장 운동량(식 8.29)을 셈하라:

$$\mathbf{p}_{장}(t) = \epsilon_0 \int [(\mathbf{E}_1 \times \mathbf{B}_2) + (\mathbf{E}_2 \times \mathbf{B}_1)]\, d\tau \tag{10.85}$$

이것의 변화율이 두 쌍극자가 받는 알짜 힘과 딱 맞아 총 운동량이 보존됨을 보여라.[28] [필요하면 적분할 때 컴퓨터를 써라.]

28 이것은 다음 논문의 내용을 V. Onoochin이 단순하게 바꾼 것이다: O. Narayan, *Am. J. Phys.* **89**, 1033 (2021) (자체 힘 및 자체 장운동량은 모두 0이다).

제 11 장 전자기파 방사

11.1 쌍극자 방사

11.1.1 전자기파는 무엇인가?

전하가 가속되면, 그것이 만드는 전자기장에 에너지가 실려 한없이 먼 곳으로 비가역적으로 퍼져간다 – 이 과정이 **전자기파(빛) 방사**(radiation)이다.[1] 원천이 원점 근처에 모여 있다고 가정하고,[2] 그것이 시각 t_0에 방사하는 에너지를 셈하자. 반지름이 r인 아주 커다란 공을 생각하면(그림 11.1), 이 공 표면을 지나가는 빛의 일률은 포인팅 벡터를 표면에 대해 적분한 값이다.

$$P(r, t) = \oint \mathbf{S} \cdot d\mathbf{a} = \frac{1}{\mu_0} \oint (\mathbf{E} \times \mathbf{B}) \cdot d\mathbf{a} \tag{11.1}$$

전자기 "소식"은 빛의 속력으로 퍼져가므로,[3] 이 에너지가 원천에서 떠나온 시각은 $t_0 = t - r/c$이므로, 방사 일률은 다음과 같다.

$$P_{\text{방사}}(t_0) = \lim_{r \to \infty} P\left(r, t_0 + \frac{r}{c}\right) \tag{11.2}$$

---

1 이 장에서 쓰는 "방사"의 뜻은 엄격하게 기술적이다 – "빛을 내어 한 없이 멀리 퍼뜨리는 것 또는 그 빛"을 뜻한다. 단어에는 여러 가지 뜻이 있다. 예를 들어, 백열등이나 엑스선 장치에서 나오는 것도 "방사"라고 한다. 그러한 일반적인 뜻에서는 전자기 "방사"는 에너지를 실어 나르는 장 – 다시 말해 포인팅 벡터가 0이 아닌 모든 전자기장을 가리킨다. 그것도 틀린 말은 아니지만, 여기에서는 그러한 뜻으로 쓰지 않는다.

2 한없이 큰 평면, 아주 긴 도선이나 코일처럼 원천이 한 곳에 모여 있지 않으면, "방사"의 개념 자체를 새로 정의해야한다(문제 11.28).

3 더 정확하게는 지연 시각에서의 원천의 상태에 따라 결정된다.

(t_0는 상수로 둔다.) 이 값은 (단위시간에) 아주 먼 곳으로 퍼져가 결코 되돌아오지 않는 에너지이다.

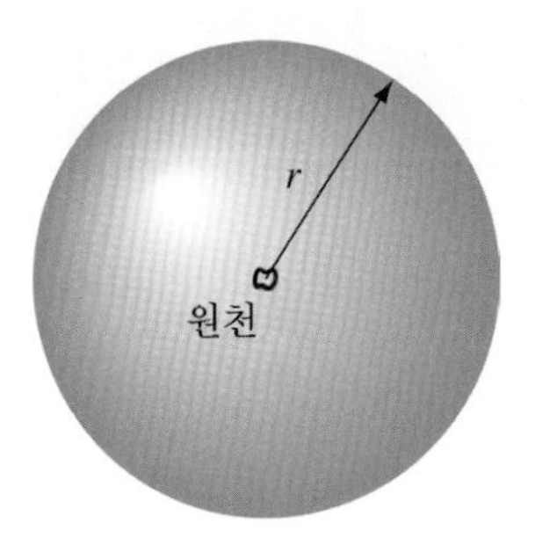

그림 11.1

공 표면의 넓이는 $4\pi r^2$이므로, 전자기파가 방사되려면 포인팅 벡터가 (아주 먼 곳에서) $1/r^2$ 보다 더 빨리 줄어들면 안된다 (예를 들어 $1/r^3$처럼 줄어든다면 $P(r)$이 $1/r$처럼 줄어들어 $P_{방사}$의 극한값은 0이 될 것이다). 정전기장은 쿨롱 법칙에 따라 $1/r^2$처럼 줄어들며 (총 전하가 0이면 더 빨리 줄어든다), 정자기장은 비오–사바르 법칙에 따라 $1/r^2$처럼 (또는 더 빨리) 줄어든다. 따라서 원천이 서 있을 때는 $S \sim 1/r^4$이다. 그러나 제피멩코의 방정식(식 10.36와 10.38)은 시간 변화 전자기장에는 $1/r$에 비례하는 항($\dot{\rho}$와 $\dot{\mathbf{J}}$가 든 항)이 들어있음을 보여준다; 바로 이 항이 전자기파 방사와 관련된다.

따라서 전자기파 방사를 살펴보려면 $\mathbf{E}$와 $\mathbf{B}$에 관한 식에서 원천으로부터 멀어지면 $1/r$에 비례하는 항을 뽑아내고, 이것을 써서 $\mathbf{S}$에 관한 식에서 $1/r^2$에 비례하는 항을 만들어, 커다란 공 껍질에[4] 대해 적분하여 $r \to \infty$의 극한값을 구하면 된다. 이것을 먼저 진동하는 전기 및 자기 쌍극자에 대해하고, 그 다음 §11.2에서는 더 어려운 가속 점전하의 방사를 다룬다.

11.1.2 전기 쌍극자 방사

거리 d 떨어진 아주 작은 쇠 공 두 개를 가는 도선으로 이은 것을 생각하자 (그림 11.2); 두 공의 전하는 시각 t에 위쪽이 $q(t)$, 아래쪽이 $-q(t)$이다. 도선을 통해 전하를 한 쪽에서 다른 쪽으로 흘려 각진동수 ω로 진동시킨다고 하자.

$$q(t) = q_0 \cos(\omega t) \tag{11.3}$$

그 결과 진동 전기쌍극자가 생긴다:[5]

4 물론 공 모양이 아니어도 되지만, 셈은 공 모양일 때 훨씬 쉽다.

5 더 자연스러운 모형은 크기가 같고 부호가 다른 전하가 용수철 양 끝에 붙어 q는 일정하고 d는 진동하는 것이

$$\mathbf{p}(t) = p_0 \cos(\omega t)\,\hat{\mathbf{z}} \tag{11.4}$$

여기에서 p_0는 쌍극자 모멘트의 최대값이다.

$$p_0 \equiv q_0 d$$

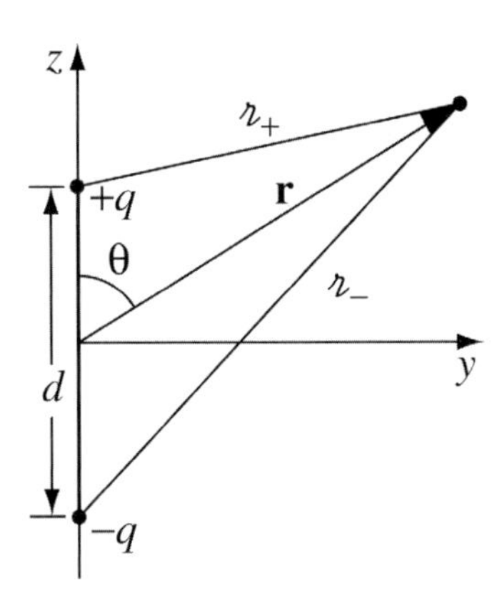

그림 11.2

지연 전위(식 10.26)는 다음과 같다.

$$V(\mathbf{r}, t) = \frac{1}{4\pi\epsilon_0}\left\{\frac{q_0\cos[\omega(t - \mathscr{r}_+/c)]}{\mathscr{r}_+} - \frac{q_0\cos[\omega(t - \mathscr{r}_-/c)]}{\mathscr{r}_-}\right\} \tag{11.5}$$

여기에서 $\mathscr{r}_\pm$는 코사인 법칙에 따라 다음과 같다.

$$\mathscr{r}_\pm = \sqrt{r^2 \mp rd\cos\theta + (d/2)^2} \tag{11.6}$$

이제 이 물리적 쌍극자를 "점"쌍극자로 바꾸려면, 두 공의 거리를 아주 가깝게 줄여야 한다:

$$\textbf{어림 1:}\ d \ll r \tag{11.7}$$

물론 d가 0이면 전위도 0이므로, 필요한 것은 d의 1차 항까지의 전개식이며, 다음과 같다.

$$\mathscr{r}_\pm \cong r\left(1 \mp \frac{d}{2r}\cos\theta\right) \tag{11.8}$$

이로부터 다음 결과가 나온다.

라고 생각할지 모르겠다. 그 모형도 결과는 같겠지만, 움직이는 점전하는 다루기가 더 어려우므로, 이 방식이 훨씬 간단하다.

$$\frac{1}{\mathscr{r}_{\pm}} \cong \frac{1}{r}\left(1 \pm \frac{d}{2r}\cos\theta\right) \tag{11.9}$$

그러므로 다음과 같다.

$$\begin{aligned}\cos[\omega(t - \mathscr{r}_{\pm}/c)] &\cong \cos\left[\omega(t - r/c) \pm \frac{\omega d}{2c}\cos\theta\right] \\ &= \cos[\omega(t - r/c)]\cos\left(\frac{\omega d}{2c}\cos\theta\right) \\ &\quad \mp \sin[\omega(t - r/c)]\sin\left(\frac{\omega d}{2c}\cos\theta\right)\end{aligned}$$

점쌍극자의 극한에서 한번 더 어림하자.

$$\textbf{어림 2:}\quad d \ll \frac{c}{\omega} \tag{11.10}$$

(진동수 ω인 빛의 파장은 $\lambda = 2\pi c/\omega$이므로, 이것은 $d \ll \lambda$의 조건에 해당한다.) 이 조건에서는 다음과 같이 어림할 수 있다.

$$\cos[\omega(t - \mathscr{r}_{\pm}/c)] \cong \cos[\omega(t - r/c)] \mp \frac{\omega d}{2c}\cos\theta\sin[\omega(t - r/c)] \tag{11.11}$$

식 11.9와 11.11을 식 11.5에 넣으면 진동하는 점쌍극자가 만드는 전위에 관한 식을 얻는다.

$$V(r, \theta, t) = \frac{p_0\cos\theta}{4\pi\epsilon_0 r}\left\{-\frac{\omega}{c}\sin[\omega(t - r/c)] + \frac{1}{r}\cos[\omega(t - r/c)]\right\} \tag{11.12}$$

전하가 서 있으면($\omega \to 0$), 둘째 항은 서 있는 쌍극자가 만드는 전위의 공식(식 3.102)으로 바뀐다.

$$V = \frac{p_0\cos\theta}{4\pi\epsilon_0 r^2}$$

그렇지만 지금 중요한 것은 이 항이 아니고, 전하에서 먼 **방사영역**(radiation zone)에서도 살아남는 전자기장이다:[6]

$$\textbf{어림 3:}\quad r \gg \frac{c}{\omega} \tag{11.13}$$

(또는 파장으로 나타내면 $r \gg \lambda$). 이 영역에서는 전위가 다음과 같다.[7]

---

6 어림 1은 어림 2와 3 속에 들어간다; 모두 묶으면 다음과 같다: $d \ll \lambda \ll r$.

7 ≈ 대신 = 를 썼다; 그것은 정확한 전위가 아니라, 전자기파 방사와 관련된 부분이다.

$$V(r, \theta, t) = -\frac{p_0 \omega}{4\pi\epsilon_0 c}\left(\frac{\cos\theta}{r}\right)\sin[\omega(t - r/c)]. \tag{11.14}$$

벡터 전위는 도선의 전류

$$\mathbf{I}(t) = \frac{dq}{dt}\,\hat{\mathbf{z}} = -q_0\omega\sin(\omega t)\,\hat{\mathbf{z}} \tag{11.15}$$

로부터 다음과 같이 정해진다 (그림 11.3과 식 10.26).

$$\mathbf{A}(\mathbf{r}, t) = \frac{\mu_0}{4\pi}\int_{-d/2}^{d/2} \frac{-q_0\omega\sin[\omega(t - \mathscr{r}/c)]\,\hat{\mathbf{z}}}{\mathscr{r}}\,dz \tag{11.16}$$

적분하면 d인자가 나오므로, 1차 어림에서는 피적분함수를 중심에서의 값으로 바꿀 수 있다:

$$\mathbf{A}(r, \theta, t) = -\frac{\mu_0 p_0 \omega}{4\pi r}\sin[\omega(t - r/c)]\,\hat{\mathbf{z}}. \tag{11.17}$$

(여기에서는 어림 1과 2를 슬쩍 써서 d의 1차 항만 남겼지만, 식 11.17에 어림 3은 하지 않았음을 눈여겨보라.)

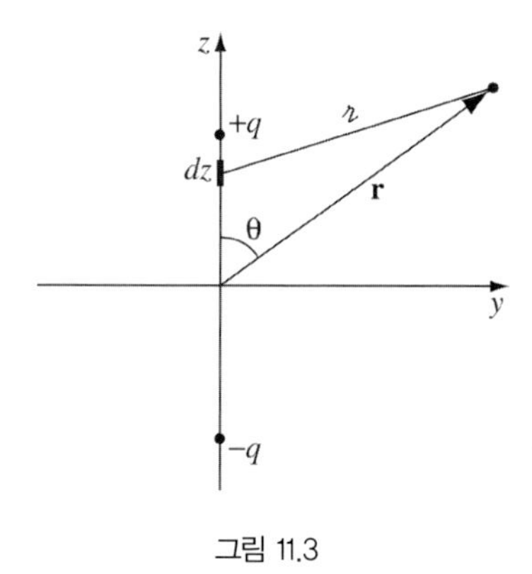

그림 11.3

전위를 알면 장을 셈하는 것은 쉽다.

$$\begin{aligned}
\nabla V &= \frac{\partial V}{\partial r}\,\hat{\mathbf{r}} + \frac{1}{r}\frac{\partial V}{\partial \theta}\,\hat{\boldsymbol{\theta}} \\
&= \frac{p_0\omega}{4\pi\epsilon_0 c}\left\{\cos\theta\left(\frac{1}{r^2}\sin[\omega(t - r/c)] + \frac{\omega}{rc}\cos[\omega(t - r/c)]\right)\hat{\mathbf{r}}\right. \\
&\qquad \left. + \frac{\sin\theta}{r^2}\sin[\omega(t - r/c)]\,\hat{\boldsymbol{\theta}}\right\} \\
&\cong \frac{p_0\omega^2}{4\pi\epsilon_0 c^2}\left(\frac{\cos\theta}{r}\right)\cos[\omega(t - r/c)]\,\hat{\mathbf{r}}
\end{aligned}$$

(어림 3을 써서 첫항과 끝항은 버렸다.) 마찬가지로,

$$\frac{\partial \mathbf{A}}{\partial t} = -\frac{\mu_0 p_0 \omega^2}{4\pi r} \cos[\omega(t - r/c)](\cos\theta\,\hat{\mathbf{r}} - \sin\theta\,\hat{\boldsymbol{\theta}})$$

이므로 전기장은 다음과 같다.

$$\boxed{\mathbf{E} = -\boldsymbol{\nabla} V - \frac{\partial \mathbf{A}}{\partial t} = -\frac{\mu_0 p_0 \omega^2}{4\pi}\left(\frac{\sin\theta}{r}\right)\cos[\omega(t - r/c)]\,\hat{\boldsymbol{\theta}}.} \tag{11.18}$$

자기장에 관해서는

$$\begin{aligned}\boldsymbol{\nabla} \times \mathbf{A} &= \frac{1}{r}\left[\frac{\partial}{\partial r}(r A_\theta) - \frac{\partial A_r}{\partial \theta}\right]\hat{\boldsymbol{\phi}} \\ &= -\frac{\mu_0 p_0 \omega}{4\pi r}\left\{\frac{\omega}{c}\sin\theta\cos[\omega(t - r/c)] + \frac{\sin\theta}{r}\sin[\omega(t - r/c)]\right\}\hat{\boldsymbol{\phi}}\end{aligned}$$

이므로, 다시 어림 3을 써서 이차 항을 버리면, 다음 결과를 얻는다.

$$\boxed{\mathbf{B} = \boldsymbol{\nabla} \times \mathbf{A} = -\frac{\mu_0 p_0 \omega^2}{4\pi c}\left(\frac{\sin\theta}{r}\right)\cos[\omega(t - r/c)]\,\hat{\boldsymbol{\phi}}.} \tag{11.19}$$

식 11.18과 11.19는 빛의 속력으로 사방으로 퍼지는 진동수 ω인 단색빛을 나타낸다. **E**와 **B**는 위상이 같고, 서로 직교하며, 진행방향과도 직교한다. 그 둘의 진폭의 비는 $E_0/B_0 = c$이다. 이 모든 것은 바로 진공 속의 전자기파의 성질이다. (이것은 평면파가 아니라 구면파이고, 빛이 퍼져가면서 진폭이 $1/r$의 비율로 줄어든다. 그러나 r이 커지면, 작은 영역에서는 – 마치 땅의 표면이 국소적으로는 평평하듯이 – 파면은 거의 평면이 된다.)

진동 전기 쌍극자가 방사하는 에너지는 포인팅 벡터로부터 셈할 수 있다.

$$\mathbf{S}(\mathbf{r}, t) = \frac{1}{\mu_0}(\mathbf{E} \times \mathbf{B}) = \frac{\mu_0}{c}\left\{\frac{p_0 \omega^2}{4\pi}\left(\frac{\sin\theta}{r}\right)\cos[\omega(t - r/c)]\right\}^2 \hat{\mathbf{r}} \tag{11.20}$$

전자기파의 세기는 포인팅 벡터를 한 주기 동안 평균한 값이다.

$$\langle \mathbf{S} \rangle = \left(\frac{\mu_0 p_0^2 \omega^4}{32\pi^2 c}\right)\frac{\sin^2\theta}{r^2}\,\hat{\mathbf{r}} \tag{11.21}$$

쌍극자의 축방향($\sin\theta = 0$)으로는 전자기파가 방사되지 않음을 눈여겨보라. 전자기파의 세기분포는 똬리 꼴이며,[8] 적도면 쪽이 가장 세다(그림 11.4). 총 방사 일률은 $\langle \mathbf{S} \rangle$를 반지름 r인 구면에 대해 적분한 값이다.

$$\langle P \rangle = \int \langle \mathbf{S} \rangle \cdot d\mathbf{a} = \frac{\mu_0 p_0^2 \omega^4}{32\pi^2 c} \int \frac{\sin^2\theta}{r^2} r^2 \sin\theta \, d\theta \, d\phi = \frac{\mu_0 p_0^2 \omega^4}{12\pi c} \tag{11.22}$$

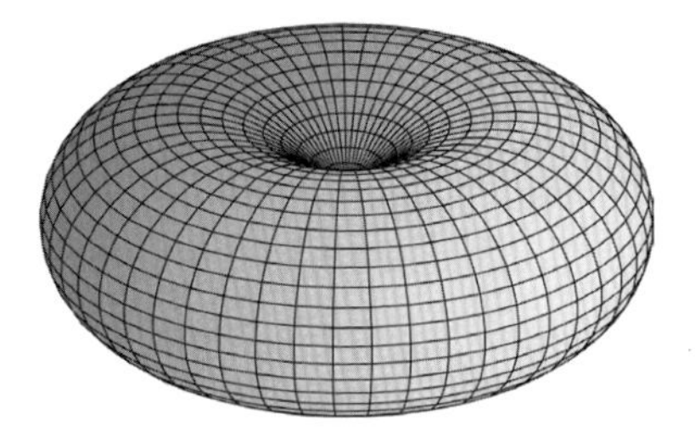

그림 11.4

예제 11.1

낮에 하늘이 푸른 까닭은 방사일률이 진동수에 민감하게 변하기 때문이다. 햇빛이 대기를 지날 때 대기 속의 원자들을 자극하여 아주 작은 쌍극자 진동을 하게 만든다. 햇빛(흰빛)에는 여러 색깔(진동수)의 빛이 섞여 있는데, 쌍극자에 흡수된 뒤 다시 방사되는 빛은 식 11.22의 ω^4때문에 진동수가 높을수록 훨씬 더 많다. 그래서 붉은 빛보다는 푸른 빛이 더 많다. 하늘을 쳐다볼 때 – 물론, 해를 직접 보지 않는다면 – 보이는 빛은 쌍극자들이 다시 방사하는 빛이다.

전자기파는 수직파이므로, 쌍극자는 햇살에 대해 직각방향으로 진동한다. 햇살과 직교하는 방향의 하늘의 푸른빛이 가장 강하지만, 그 중 시선 쪽으로 진동하는 쌍극자가 방사하는 빛은 (식 11.21의 $\sin^2\theta$때문에) 우리 눈에 들어오지 않는다. 그러므로 그 쪽에서 우리 눈으로 들어오는 빛은 햇살의 방향에 대해 직각방향으로 편광되어 있다 (그림 11.5).

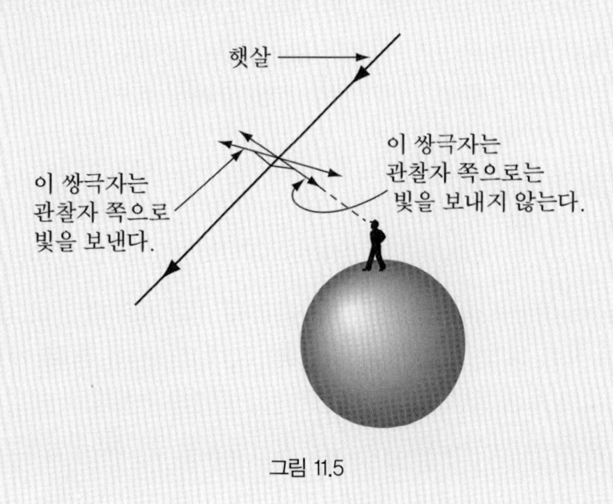

그림 11.5

8 그림 11.4의 "반지름" 좌표는 그 방향의 $\langle \mathbf{S} \rangle$의 크기를 나타낸다.

해질녘의 붉은 노을은 같은 현상의 다른 면이다. 지면과 거의 나란히 들어오는 햇빛은 머리 위에서 들어오는 빛 보다 훨씬 두터운 대기층을 지나와야 한다 (그림 11.6). 따라서 푸른빛은 대기 속의 쌍극자들에 의해 훨씬 많은 비율이 산란되어 사라지고 붉은 빛만 남는다.

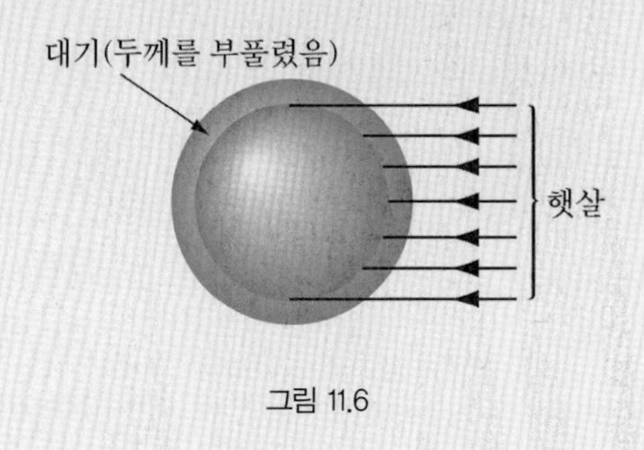

그림 11.6

문제 11.1 진동 쌍극자가 만드는 지연 전위(식 11.12와 11.17)는 로렌츠 게이지 조건에 맞음을 보여라. 어림 3을 쓰지 마라.

문제 11.2 식 11.14에서 $p_0 \cos\theta = \mathbf{p}_0 \cdot \hat{\mathbf{r}}$을 쓰면 "좌표계와 무관한" 꼴이 된다. 식 11.17, 11.18, 11.19 및 11.21도 같은 방법으로 표현하라.

문제 11.3 쌍극자의 양 끝을 잇는 도선의 **방사저항**(radiation resistance)을 셈하라. (방사저항이란, 진동 쌍극자의 실제 방사 일률과 같은 양을 열로 방출할 수 있는 저항값을 말한다.) 전자기파의 파장을 λ라고 할 때 방사저항은 $R = 790\ (d/\lambda)^2\ \Omega$임을 밝혀라. 보통의 라디오에 있는 도선(길이는 d = 5cm라고 하자)의 경우에는 총 저항 값에 방사저항을 넣어야 하는가?

! **문제 11.4** 돌고 있는 전기 쌍극자

$$\mathbf{p} = p_0[\cos(\omega t)\,\hat{\mathbf{x}} + \sin(\omega t)\,\hat{\mathbf{y}}]$$

는 x축과 y축을 따라 위상이 90° 어긋나게 진동하는 두 쌍극자를 더한 것으로 볼 수 있다 (그림 11.7). 중첩 원리와 식 11.18 및 11.19를 써서 (문제 11.2에서 시사한 꼴로) 이 쌍극자가 만드는 전자기장을 구하라. 그리고 포인팅 벡터와 전자기파의 세기를 구하라. 전자기파의 세기가 방향에 따라 변하는 모양을 극각 θ의 함수로 그리고, 총 방사일률을 셈하라. 구한 답이 그럴듯한가?

(일률은 전자기장의 **제곱**이므로 중첩 원리가 적용되지 않는다. 그렇지만 이 예에서는 성립하는 것처럼 보이는 까닭은 무엇인가?)

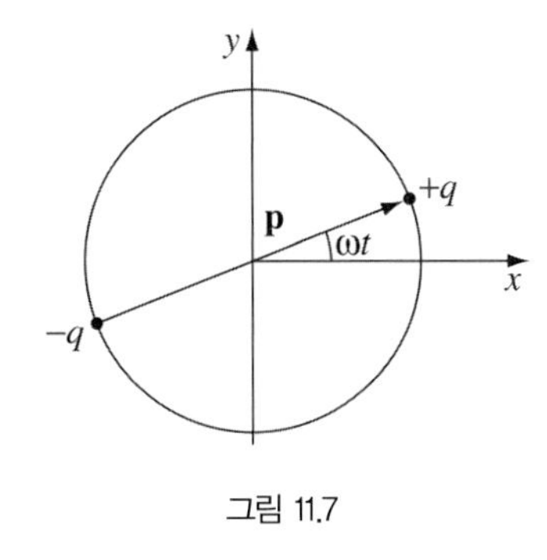

그림 11.7

11.1.3 자기 쌍극자의 전자기파 방사

반지름 b인 도선 고리(그림 11.8)에 다음과 같은 교류전류가 흐른다고 하자.

$$I(t) = I_0 \cos(\omega t) \tag{11.23}$$

이것이 아래와 같은 진동 자기 쌍극자의 모형이다.

$$\mathbf{m}(t) = \pi b^2 I(t)\,\hat{\mathbf{z}} = m_0 \cos(\omega t)\,\hat{\mathbf{z}} \tag{11.24}$$

여기에서 m_0는 자기 쌍극자 모멘트의 최대값으로 다음과 같다.

$$m_0 \equiv \pi b^2 I_0 \tag{11.25}$$

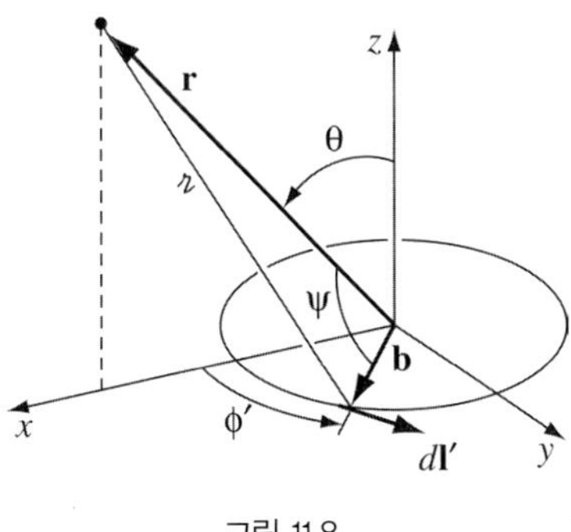

그림 11.8

고리는 전기적으로 중성이므로 스칼라 전위는 0이다. 지연 벡터 전위는 다음과 같다.

$$\mathbf{A}(\mathbf{r}, t) = \frac{\mu_0}{4\pi} \int \frac{I_0 \cos[\omega(t - \mathscr{r}/c)]}{\mathscr{r}}\, d\mathbf{l}' \tag{11.26}$$

x축 바로 위에 있는 점 $\mathbf{r}$(그림 11.8)에서 $\mathbf{A}$는 x축에 대칭인 고리의 양쪽 점이 만드는 x성분이 지워지므로 y축 성분만 남는다. 따라서, 다음과 같다.

$$\mathbf{A}(\mathbf{r}, t) = \frac{\mu_0 I_0 b}{4\pi}\,\hat{\mathbf{y}} \int_0^{2\pi} \frac{\cos[\omega(t - \mathscr{r}/c)]}{\mathscr{r}} \cos\phi'\, d\phi' \tag{11.27}$$

($\cos\phi'$는 $d\mathbf{l}'$의 y성분을 골라내는 구실을 한다.) 코사인 법칙에 따라

$$\mathscr{r} = \sqrt{r^2 + b^2 - 2rb\cos\psi}$$

이다. 여기에서 ψ는 벡터 $\mathbf{r}$와 $\mathbf{b}$사이의 각이다.

$$\mathbf{r} = r\sin\theta\,\hat{\mathbf{x}} + r\cos\theta\,\hat{\mathbf{z}}, \quad \mathbf{b} = b\cos\phi'\,\hat{\mathbf{x}} + b\sin\phi'\,\hat{\mathbf{y}}$$

따라서 $rb\cos\psi = \mathbf{r}\cdot\mathbf{b} = rb\sin\theta\cos\phi'$이므로 다음과 같다.

$$\mathscr{r} = \sqrt{r^2 + b^2 - 2rb\sin\theta\cos\phi'} \tag{11.28}$$

"점"쌍극자라면 고리가 아주 작아야 한다:

$$\textbf{어림 1:}\quad b \ll r \tag{11.29}$$

b에 대한 1차 어림식은 다음과 같다.

$$\mathscr{r} \cong r\left(1 - \frac{b}{r}\sin\theta\cos\phi'\right)$$

따라서

$$\frac{1}{\mathscr{r}} \cong \frac{1}{r}\left(1 + \frac{b}{r}\sin\theta\cos\phi'\right) \tag{11.30}$$

이고,

$$\begin{aligned}\cos[\omega(t - \mathscr{r}/c)] &\cong \cos\left[\omega(t - r/c) + \frac{\omega b}{c}\sin\theta\cos\phi'\right]\\ &= \cos[\omega(t - r/c)]\cos\left(\frac{\omega b}{c}\sin\theta\cos\phi'\right)\\ &\quad - \sin[\omega(t - r/c)]\sin\left(\frac{\omega b}{c}\sin\theta\cos\phi'\right)\end{aligned}$$

이다. 앞서와 같이, 여기에서 생겨나는 전자기파의 파장보다 고리의 반지름이 훨씬 더 작다고 가정하자.

$$\textbf{어림 2:}\quad b \ll \frac{c}{\omega} \tag{11.31}$$

그러면,

$$\cos[\omega(t - \mathscr{r}/c)] \cong \cos[\omega(t - r/c)] - \frac{\omega b}{c} \sin\theta \cos\phi' \sin[\omega(t - r/c)] \qquad (11.32)$$

이다. 식 11.30과 11.32를 식 11.27에 넣고, 2차항을 버리면 다음과 같다.

$$\mathbf{A}(\mathbf{r}, t) \cong \frac{\mu_0 I_0 b}{4\pi r} \hat{\mathbf{y}} \int_0^{2\pi} \left\{ \cos[\omega(t - r/c)] + b \sin\theta \cos\phi' \times \left(\frac{1}{r} \cos[\omega(t - r/c)] - \frac{\omega}{c} \sin[\omega(t - r/c)] \right) \right\} \cos\phi' \, d\phi'$$

첫 항은 적분하면 0이 되고

$$\int_0^{2\pi} \cos\phi' \, d\phi' = 0$$

둘째 항은 코사인함수의 제곱의 적분이 된다.

$$\int_0^{2\pi} \cos^2\phi' \, d\phi' = \pi$$

$\mathbf{A}$는 보통 $\hat{\boldsymbol{\phi}}$–방향이므로, 위의 적분값에서 진동 자기쌍극자 점이 만드는 벡터 전위는 다음과 같다고 결론지을 수 있다:

$$\mathbf{A}(r, \theta, t) = \frac{\mu_0 m_0}{4\pi} \left(\frac{\sin\theta}{r} \right) \left\{ \frac{1}{r} \cos[\omega(t - r/c)] - \frac{\omega}{c} \sin[\omega(t - r/c)] \right\} \hat{\boldsymbol{\phi}} \qquad (11.33)$$

진동하지 않으면($\omega = 0$) 자기 쌍극자가 만드는 벡터 전위의 공식이 된다 (식 5.87).

$$\mathbf{A}(r, \theta) = \frac{\mu_0}{4\pi} \frac{m_0 \sin\theta}{r^2} \hat{\boldsymbol{\phi}}$$

방사영역에서는

$$\textbf{어림 3:} \; r \gg \frac{c}{\omega} \qquad (11.34)$$

이므로 $\mathbf{A}$의 첫 항은 무시할 수 있고, 따라서 다음과 같다.

$$\boxed{\mathbf{A}(r, \theta, t) = -\frac{\mu_0 m_0 \omega}{4\pi c} \left(\frac{\sin\theta}{r} \right) \sin[\omega(t - r/c)] \, \hat{\boldsymbol{\phi}}.} \qquad (11.35)$$

이 $\mathbf{A}$부터 먼 곳의 전기장 및 자기장은 다음과 같이 된다.

$$\boxed{\mathbf{E} = -\frac{\partial \mathbf{A}}{\partial t} = \frac{\mu_0 m_0 \omega^2}{4\pi c}\left(\frac{\sin\theta}{r}\right)\cos[\omega(t - r/c)]\,\hat{\boldsymbol{\phi}},} \tag{11.36}$$

$$\boxed{\mathbf{B} = \nabla \times \mathbf{A} = -\frac{\mu_0 m_0 \omega^2}{4\pi c^2}\left(\frac{\sin\theta}{r}\right)\cos[\omega(t - r/c)]\,\hat{\boldsymbol{\theta}}.} \tag{11.37}$$

(**B**를 셈하는 데는 어림 3을 썼다.) 이 전자기장은 위상이 같고 서로 직교하며, 진행방향($\hat{\mathbf{r}}$)과도 직교하고, 진폭의 비는 $E_0/B_0 = c$이다. 이 모두가 전자기파의 성질이다. 실제로 이 전자기장은 진동 전기 쌍극자가 만드는 전자기장(식 11.18과 11.19)과 놀랄 만큼 같다. 다만 하나 다른 점은 여기서는 **B**가 $\hat{\boldsymbol{\theta}}$쪽, **E**가 $\hat{\boldsymbol{\phi}}$쪽인데, 전기 쌍극자가 만드는 장에서는 그 방향이 서로 바뀐다는 것이다.

자기 쌍극자가 방사하는 에너지 흐름률은 다음과 같다.

$$\mathbf{S}(\mathbf{r}, t) = \frac{1}{\mu_0}(\mathbf{E} \times \mathbf{B}) = \frac{\mu_0}{c}\left\{\frac{m_0\omega^2}{4\pi c}\left(\frac{\sin\theta}{r}\right)\cos[\omega(t - r/c)]\right\}^2 \hat{\mathbf{r}} \tag{11.38}$$

따라서 그 세기는 다음과 같다.

$$\langle \mathbf{S} \rangle = \left(\frac{\mu_0 m_0^2 \omega^4}{32\pi^2 c^3}\right)\frac{\sin^2\theta}{r^2}\,\hat{\mathbf{r}} \tag{11.39}$$

그러므로 총 방사 일률은 다음과 같다.

$$\langle P \rangle = \frac{\mu_0 m_0^2 \omega^4}{12\pi c^3} \tag{11.40}$$

여기에서도 방사 일률의 세기의 각분포는 똬리 꼴이고 (그림 11.4), 총 방사 일률은 ω^4에 비례한다. 그러나 전기 쌍극자와 자기 쌍극자 방사의 중요한 차이점이 하나 있다. 쌍극자의 크기가 비슷하면 총 방사 일률은 전기 쌍극자가 훨씬 크다. 식 11.22와 식 11.40을 비교하여 비를 셈하면 다음과 같다.

$$\frac{P_{\text{자기}}}{P_{\text{전기}}} = \left(\frac{m_0}{p_0 c}\right)^2 \tag{11.41}$$

여기에서, $m_0 = \pi b^2 I_0$이고 $p_0 = q_0 d$이다. 전기 쌍극자에 흐르는 전류의 진폭은 $I_0 = q_0\omega$이다(식 11.15). $d = \pi b$로 두면 두 일률의 비는 다음과 같다.

$$\frac{P_{\text{자기}}}{P_{\text{전기}}} = \left(\frac{\omega b}{c}\right)^2 \tag{11.42}$$

그런데 $\omega b/c$는 어림 2에서 아주 작다고 가정한 양이고, 여기서는 그것을 제곱하였다. 그러므로 보통은 전기 쌍극자의 방사 일률이 훨씬 더 크다. 자기 쌍극자의 방사 일률을 재려면, 전하와 전류를 잘 배열하여 전기 쌍극자가 생기지 않게 해야 한다.

문제 11.5 진동 자기 쌍극자가 만드는 전자기장을 어림 3을 **쓰지 말고** 셈하라 [이것이 낯 익은가? 문제 9.37과 비교하라]. 포인팅 벡터를 구하고, 방사 일률의 세기는 어림 3을 썼을 때와 같음을 보여라.

문제 11.6 그림 11.8에 있는 진동 자기 쌍극자의 방사저항(문제 11.3)을 구하라. 이 결과를 λ와 b로 나타내고, 전기 쌍극자의 방사저항과 비교하라 (문제 11.3). [답: $3 \times 10^5\ (b/\lambda)^4\ \Omega$]

문제 11.7 문제 7.68의 "쌍대" 변환과 진동 **전기** 쌍극자가 만드는 전자기장(식 11.18과 11.19)을 써서 진동 "길버트" **자기** 쌍극자(전류 고리 대신 크기가 같고 부호가 다른 자하로 이루어진 쌍극자)의 전자기장을 구하라. 식 11.36 및 11.37과 비교하고, 그 결과를 설명하라.

11.1.4 임의의 원천에서 나오는 전자기파

앞 절에서는 진동 전기 쌍극자와 자기 쌍극자가 만들어내는 전자기파를 살펴보았다. 이제는 좌표계 원점 가까운 곳에 모여 있는 전하와 전류분포(그림 11.9)에 대해 똑같은 셈을 해 보자. 스칼라 전위는 다음과 같다.

$$V(\mathbf{r}, t) = \frac{1}{4\pi\epsilon_0}\int \frac{\rho(\mathbf{r}', t - \mathscr{r}/c)}{\mathscr{r}}\, d\tau' \tag{11.43}$$

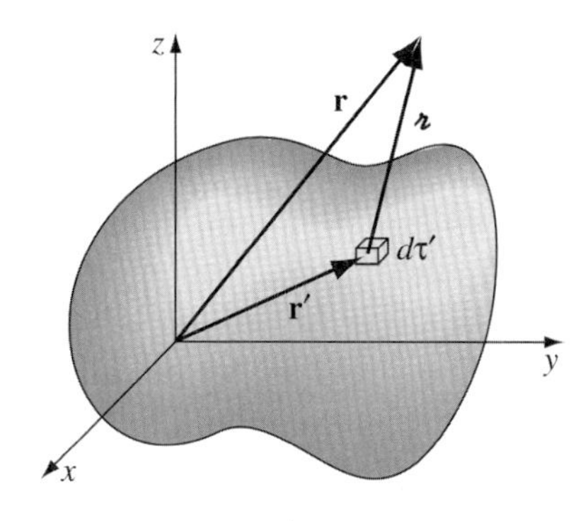

그림 11.9

여기에서, 분리거리 $\mathscr{r}$은 다음과 같다.

$$\mathscr{r} = \sqrt{r^2 + r'^2 - 2\mathbf{r}\cdot\mathbf{r}'} \tag{11.44}$$

앞서와 같이 전하가 퍼진 영역의 크기에 비하면 관찰점 $\mathbf{r}$은 아주 멀리 있다:

$$\textbf{어림 1: } r' \ll r \tag{11.45}$$

(r'은 적분변수이므로 실제로는 어림 1이 맞으려면 r'의 가장 큰 값이 r보다 훨씬 작아야 한다.) 이렇게 가정하면, $\mathscr{r}$은 다음과 같이 어림할 수 있다.

$$\mathscr{r} \cong r\left(1 - \frac{\mathbf{r}\cdot\mathbf{r}'}{r^2}\right) \tag{11.46}$$

따라서 그 역수는 다음과 같다.

$$\frac{1}{\mathscr{r}} \cong \frac{1}{r}\left(1 + \frac{\mathbf{r}\cdot\mathbf{r}'}{r^2}\right) \tag{11.47}$$

그러므로 전하분포는 다음과 같이 어림할 수 있다.

$$\rho(\mathbf{r}', t - \mathscr{r}/c) \cong \rho\left(\mathbf{r}', t - \frac{r}{c} + \frac{\hat{\mathbf{r}}\cdot\mathbf{r}'}{c}\right)$$

원점에서의 지연 시각

$$t_0 \equiv t - \frac{r}{c} \tag{11.48}$$

을 중심으로 ρ를 t에 대해 테일러 급수 전개한 식은 다음과 같다.

$$\rho(\mathbf{r}', t - \mathscr{r}/c) \cong \rho(\mathbf{r}', t_0) + \dot{\rho}(\mathbf{r}', t_0)\left(\frac{\hat{\mathbf{r}}\cdot\mathbf{r}'}{c}\right) + \ldots \tag{11.49}$$

여기에서 위에 찍은 점은 시간 미분을 나타낸다. 이 급수의 다음 항들은 다음과 같다.

$$\frac{1}{2}\ddot{\rho}\left(\frac{\hat{\mathbf{r}}\cdot\mathbf{r}'}{c}\right)^2, \quad \frac{1}{3!}\dddot{\rho}\left(\frac{\hat{\mathbf{r}}\cdot\mathbf{r}'}{c}\right)^3, \ldots$$

다음 어림이 맞다면 고차 항은 버려도 된다.

$$\textbf{어림 2: } r' \ll \frac{c}{|\ddot{\rho}/\dot{\rho}|}, \frac{c}{|\dddot{\rho}/\dot{\rho}|^{1/2}}, \frac{c}{|\ddddot{\rho}/\dot{\rho}|^{1/3}}, \ldots \tag{11.50}$$

진동계에서 어림 2의 오른쪽의 항은 각각 c/ω이므로 앞서 정의한 어림 2의 조건이 된다. 일반적으로는 식 11.50을 해석하기가 더 어렵지만, 과정상의 문제로 본다면 어림 1과 2는 "r'의 1차항만 남기는 것"에 해당한다.

식 11.47과 11.49를 V에 관한 식 11.43에 넣고, 2차항을 버리면 다음 결과를 얻는다.

$$V(\mathbf{r}, t) \cong \frac{1}{4\pi\epsilon_0 r}\left[\int \rho(\mathbf{r}', t_0)\, d\tau' + \frac{\hat{\mathbf{r}}}{r}\cdot\int \mathbf{r}'\rho(\mathbf{r}', t_0)\, d\tau' + \frac{\hat{\mathbf{r}}}{c}\cdot\frac{d}{dt}\int \mathbf{r}'\rho(\mathbf{r}', t_0)\, d\tau'\right]$$

첫 적분의 값은 시각 t_0의 총 전하 Q이다. 전하는 보존되므로 Q는 실제로는 시간에 대해 불변이다. 나머지 두 적분은 시각 t_0의 전기 쌍극자 모멘트를 나타낸다. 따라서, 다음과 같다.

$$V(\mathbf{r}, t) \cong \frac{1}{4\pi\epsilon_0}\left[\frac{Q}{r} + \frac{\hat{\mathbf{r}}\cdot\mathbf{p}(t_0)}{r^2} + \frac{\hat{\mathbf{r}}\cdot\dot{\mathbf{p}}(t_0)}{rc}\right] \tag{11.51}$$

전하가 서 있을 때는 처음 두 항은 V를 다중극 전개했을 때의 전하와 쌍극자 분포에 해당하며, 셋째 항은 물론 없다.

벡터 전위는 다음과 같다.

$$\mathbf{A}(\mathbf{r}, t) = \frac{\mu_0}{4\pi}\int \frac{\mathbf{J}(\mathbf{r}', t - \mathscr{r}/c)}{\mathscr{r}}\, d\tau' \tag{11.52}$$

곧 알게 되겠지만 피적분함수를 r'에 대해 1차 어림하면 $\mathscr{r}$을 r로 바꾸어도 되므로 다음과 같다.

$$\mathbf{A}(\mathbf{r}, t) \cong \frac{\mu_0}{4\pi r}\int \mathbf{J}(\mathbf{r}', t_0)\, d\tau' \tag{11.53}$$

문제 5.7에 따르면 **J**의 적분은 쌍극자 모멘트의 시간 도함수이므로 다음과 같이 쓸 수 있다.

$$\mathbf{A}(\mathbf{r}, t) \cong \frac{\mu_0}{4\pi}\frac{\dot{\mathbf{p}}(t_0)}{r} \tag{11.54}$$

이제는 $\mathscr{r}$을 0차($\mathscr{r} \cong r$) 이상으로 어림할 필요가 없는 까닭을 알 수 있다: **p**는 이미 r'에 대해 1차이므로, 그것을 보완하는 것은 2차(또는 고차) 어림에 해당한다.

이제, 전자기장을 셈하자. 셈할 것은 방사영역의 전자기파(즉, 원천에서 멀리 가도 그 효과가 남아 있는 장)이므로, $1/r$에 비례하는 항만 남기자.

$$\textbf{어림 3: } \mathbf{E}\text{와 } \mathbf{B}\text{에서 } 1/r^2\text{항을 버린다} \tag{11.55}$$

예를 들어, 쿨롱 전기장

$$\mathbf{E} = \frac{1}{4\pi\epsilon_0}\frac{Q}{r^2}\hat{\mathbf{r}}$$

은 식 11.51의 첫 항에서 나오는데, 이것은 전자기파 방사와 관계가 없다. 사실 방사되는 전자기파는 t_0로 미분한 항에서만 나온다. 식 11.48에서

$$\nabla t_0 = -\frac{1}{c}\nabla r = -\frac{1}{c}\hat{\mathbf{r}}$$

이므로 다음과 같다.

$$\nabla V \cong \nabla\left[\frac{1}{4\pi\epsilon_0}\frac{\hat{\mathbf{r}}\cdot\dot{\mathbf{p}}(t_0)}{rc}\right] \cong \frac{1}{4\pi\epsilon_0}\left[\frac{\hat{\mathbf{r}}\cdot\ddot{\mathbf{p}}(t_0)}{rc}\right]\nabla t_0 = -\frac{1}{4\pi\epsilon_0 c^2}\frac{[\hat{\mathbf{r}}\cdot\ddot{\mathbf{p}}(t_0)]}{r}\hat{\mathbf{r}}$$

마찬가지로

$$\nabla\times\mathbf{A} \cong \frac{\mu_0}{4\pi r}[\nabla\times\dot{\mathbf{p}}(t_0)] = \frac{\mu_0}{4\pi r}[(\nabla t_0)\times\ddot{\mathbf{p}}(t_0)] = -\frac{\mu_0}{4\pi rc}[\hat{\mathbf{r}}\times\ddot{\mathbf{p}}(t_0)]$$

이고,

$$\frac{\partial\mathbf{A}}{\partial t} \cong \frac{\mu_0}{4\pi}\frac{\ddot{\mathbf{p}}(t_0)}{r}$$

이다. 따라서 전자기장은 다음과 같다.

$$\boxed{\mathbf{E}(\mathbf{r},t) \cong \frac{\mu_0}{4\pi r}[(\hat{\mathbf{r}}\cdot\ddot{\mathbf{p}})\hat{\mathbf{r}} - \ddot{\mathbf{p}}] = \frac{\mu_0}{4\pi r}[\hat{\mathbf{r}}\times(\hat{\mathbf{r}}\times\ddot{\mathbf{p}})],} \tag{11.56}$$

$$\boxed{\mathbf{B}(\mathbf{r},t) \cong -\frac{\mu_0}{4\pi rc}[\hat{\mathbf{r}}\times\ddot{\mathbf{p}}].} \tag{11.57}$$

여기에서 $\ddot{\mathbf{p}}$는 시각 $t_0 = t - r/c$의 값이다.

특히 구좌표계의 z축을 $\ddot{\mathbf{p}}(t_0)$와 나란히 잡으면, 전자기장의 성분은 다음과 같다.

$$\left.\begin{aligned}\mathbf{E}(r,\theta,t) &\cong \frac{\mu_0\ddot{p}(t_0)}{4\pi}\left(\frac{\sin\theta}{r}\right)\hat{\boldsymbol{\theta}},\\ \mathbf{B}(r,\theta,t) &\cong \frac{\mu_0\ddot{p}(t_0)}{4\pi c}\left(\frac{\sin\theta}{r}\right)\hat{\boldsymbol{\phi}}.\end{aligned}\right\} \tag{11.58}$$

포인팅 벡터는 다음과 같다.

$$\mathbf{S}(\mathbf{r},t) = \frac{1}{\mu_0}(\mathbf{E}\times\mathbf{B}) \cong \frac{\mu_0}{16\pi^2 c}[\ddot{p}(t_0)]^2\left(\frac{\sin^2\theta}{r^2}\right)\hat{\mathbf{r}} \tag{11.59}$$

반지름 r이 아주 큰 구면을 통해 나가는 일률은 다음과 같다.

$$P(r,t) = \oint \mathbf{S}(\mathbf{r},t)\cdot d\mathbf{a} = \frac{\mu_0}{6\pi c}\left[\ddot{p}\left(t-\frac{r}{c}\right)\right]^2$$

따라서 총 방사 일률(식 11.2)은 다음과 같다.

$$P_{\text{방사}}(t_0) \cong \frac{\mu_0}{6\pi c}\left[\ddot{p}(t_0)\right]^2 \tag{11.60}$$

눈여겨볼 것은 **E**와 **B**가 서로 직교하고 진행방향($\hat{\mathbf{r}}$)과도 직교하며, 전자기장의 진폭의 비는 $E/B = c$인 것인데, 이 모두가 전자기파의 특징이다.

예제 11.2

(a) 진동하는 쌍극자에서는

$$p(t) = p_0\cos(\omega t), \quad \ddot{p}(t) = -\omega^2 p_0 \cos(\omega t)$$

이고, §11.1.2의 모든 결과가 다시 나온다.

(b) 점전하 q의 쌍극자 모멘트는 다음과 같다.

$$\mathbf{p}(t) = q\mathbf{d}(t)$$

여기에서 **d**는 좌표계의 원점에 대한 전하 q의 위치이다. 따라서,

$$\ddot{\mathbf{p}}(t) = q\mathbf{a}(t)$$

이다. 여기에서 **a**는 전하의 가속도이다. 방사 일률(식 11.60)은 다음과 같다.

$$P = \frac{\mu_0 q^2 a^2}{6\pi c} \tag{11.61}$$

이것이 유명한 **라모 공식**(Larmor formula)이다. 다음 절에서 이것을 다른 방법으로 다시 끌어내겠다. 점전하의 방사 일률은 **가속도의 제곱**에 비례함을 눈여겨보라.

이 절에서 한 일은 지연 전위를 다중극으로 펼쳐 전자기파를 만들어낼 수 있는, r'에 대해 차수가 가장 낮은 항($1/r$에 비례하는 전자기장)을 셈한 것이다. 이 항은 결국 전기 쌍극자항이었다. 전하는 보존되므로 전하(**전기 홀극**)는 전자기파를 방사하지 않는다. 전하가 보존되지 않았다면, 식 11.51의 첫 항은

$$V_{홀극} = \frac{1}{4\pi\epsilon_0}\frac{Q(t_0)}{r}$$

이 되고, $1/r$에 비례하는 홀극 전기장은 다음과 같을 것이다.

$$\mathbf{E}_{홀극} = \frac{1}{4\pi\epsilon_0 c}\frac{\dot{Q}(t_0)}{r}\hat{\mathbf{r}}$$

전하를 띤 공이 작아졌다 커졌다 하면, 전자기파를 낼 것으로 생각할지 모르나 실제로는 그렇지 않다 – 공 밖의 전기장은 가우스 법칙에 따르면 정확히 $(Q/4\pi\epsilon_0 r^2)\hat{\mathbf{r}}$로 공의 크기와는 상관없다. (그런데 소리는 홀극에서도 생긴다. 왕개구리가 우는 것을 생각해 보라.)

전기 쌍극자가 0이면 (또는 아무튼 시간에 대한 2계도함수가 0이면) 전기 쌍극자가 내는 전자기파는 없고, 따라서 다음 차수인 r'의 2차 항을 살펴보아야 한다. 이때는 그 항이 두 부분으로 나뉘는데, 하나는 **자기 쌍극자** 모멘트에 의한 것, 다른 하나는 전기 **사중극자** 모멘트에 의한 것이다. (앞의 것은 §11.1.3에서 살펴본 자기 쌍극자 방사를 일반화한 것이다.) 자기 쌍극자와 전기 사중극자도 없으면 $(r')^3$항을 살펴 보아야 한다. 이때는 자기 사중극자와 전기 팔중극……등의 식이 나타난다.

문제 11.8 극판 간격이 d인 평행판 축전기 C에 전하 $(\pm)Q_0$가 차 있다. 이것에 저항기 R을 달면 전하가 다음과 같이 방전 된다: $Q(t) = Q_0 e^{-t/RC}$.

(a) 애초의 에너지($Q_0^2/2C$)에 대한 전자기파로 방사되는 에너지의 비율을 구하라.

(b) C = 1 pF, R = 1000Ω, d = 0.1mm이면, 그 비율의 값은 얼마인가? 전자회로를 꾸며 쓸 때 대개 방사 손실을 따지지 않는다; 그래도 괜찮은가?

문제 11.9 식 11.59와 11.60을 문제 11.4의 회전 쌍극자에 적용하라. 앞에서 구한 답과 다른 점을 설명하라.

문제 11.10 xy평면 위에 반지름 b인 둥근 절연체 고리가 중심을 원점에 두고 놓여 있다. 고리에는 전하가 선밀도 $\lambda = \lambda_0 \sin\phi$로 퍼져 있다. 여기에서 λ_0는 상수이고 ϕ는 방위각이다. 이 고리가 z축을 중심으로 일정한 각속도 ω로 돌기 시작했다. 방사 일률을 셈하라.

! **문제 11.11** 그림 11.8의 둥근 고리에 전류 $I(t)$가 흐른다. 이것의 방사일률에 관한 (식 11.60과 비슷한) 일반 공식을 끌어내고, 답을 고리의 자기 쌍극자 모멘트 $m(t)$로 나타내라. [답: $P = \mu_0\ddot{m}^2/6\pi c^3$]

11.2 점전하의 방사 일률

11.2.1 라모 공식

제 10 장에서 임의로 움직이는 점전하 q가 만드는 전자기장을 끌어냈다(식 10.72와 10.73):

$$\mathbf{E}(\mathbf{r}, t) = \frac{q}{4\pi\epsilon_0} \frac{\mathscr{r}}{(\boldsymbol{\mathscr{r}} \cdot \mathbf{u})^3} \left[\left(c^2 - v^2\right) \mathbf{u} + \boldsymbol{\mathscr{r}} \times (\mathbf{u} \times \mathbf{a}) \right] \tag{11.62}$$

$$\mathbf{B}(\mathbf{r}, t) = \frac{1}{c} \hat{\boldsymbol{\mathscr{r}}} \times \mathbf{E}(\mathbf{r}, t) \tag{11.63}$$

여기에서 $\mathbf{u} = c\hat{\boldsymbol{\mathscr{r}}} - \mathbf{v}$이다. 식 11.62의 첫 항은 **속도 장**, 둘째 항(벡터 삼중곱)은 **가속도 장**이다.

포인팅 벡터는 다음과 같다.

$$\mathbf{S} = \frac{1}{\mu_0}(\mathbf{E} \times \mathbf{B}) = \frac{1}{\mu_0 c}[\mathbf{E} \times (\hat{\boldsymbol{\mathscr{r}}} \times \mathbf{E})] = \frac{1}{\mu_0 c}[E^2 \hat{\boldsymbol{\mathscr{r}}} - (\hat{\boldsymbol{\mathscr{r}}} \cdot \mathbf{E})\mathbf{E}] \tag{11.64}$$

그렇지만 이 에너지 흐름률 모두가 전자기파로 방사되지는 않는다; 일부는 입자와 함께 움직이는 전자기장 에너지일 뿐이다. 전자기파는 전하에서 떨어져 나와 아주 멀리 퍼져 간다. (이것은 쓰레기를 실은 차에 붙어있는 파리에 비유할 수 있다: 일부는 차를 계속 따라 다니고 일부는 다른 곳으로 날아가 버린다.) 입자가 방사하는 총 일률을 셈하려면 시각 t에 입자가 있는 곳을 중심으로 굉장히 큰 반지름 $\mathscr{r}$인 공을 그린다 (그림 11.10). 방사된 전자기파가 그 공 표면에 이르는 시각

$$t_{공} \equiv t + \frac{\mathscr{r}}{c} \tag{11.65}$$

을 기다려, 그 순간의 포인팅 벡터를 그 공 표면에 대해 적분한다.[9] (시각 $t_{공}$에) 공 표면의 모든 점에서 $t = t_{공} - \mathscr{r}/c$는 정확히 지연 시각(식 10.25)임에 유의하자. 따라서 전자기장의 값을 구하려면 빛이 원천을 떠나는 시각 t의 전하의 위치, 속도, 가속도가 필요하다.

---

9 여기에서 전략이 미묘하게 바뀐 것을 눈여겨보라. §11.1에서는 고정된 점(원점)에서 셈을 했지만, 여기에서는 전하의 (움직이는) 위치를 쓰는 것이 더 적절하다. 이 변화가 담고 있는 뜻은 곧 더 명확해진다.

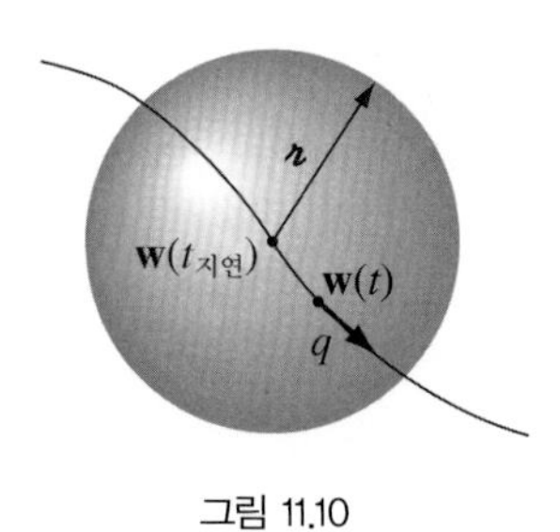

그림 11.10

공의 표면적은 $\mathcal{r}^2$에 비례하므로, **S**에서 $1/\mathcal{r}^2$에 비례하는 항은 적분하면 유한한 값을 얻지만, $1/\mathcal{r}^3$ 또는 $1/\mathcal{r}^4$에 비례하는 항은 $\mathcal{r} \to \infty$의 극한에서는 적분값이 0이 된다. 그러므로 참으로 방사되는 것은 가속도 장 뿐이다 (그래서 **방사장**이라고도 한다):

$$\mathbf{E}_{방사} = \frac{q}{4\pi\epsilon_0}\frac{\mathcal{r}}{(\boldsymbol{\mathcal{r}}\cdot\mathbf{u})^3}[\boldsymbol{\mathcal{r}} \times (\mathbf{u} \times \mathbf{a})] \tag{11.66}$$

속도 장에도 확실히 에너지는 들어 있지만, 전하에 끌려 함께 움직일 뿐 전자기파로 방사되지는 않는다. (이것은 쓰레기차를 계속 따라다니는 파리와 비슷하다.) $\mathbf{E}_{방사}$는 $\hat{\boldsymbol{\mathcal{r}}}$과 직교하므로, 식 11.64의 둘째항은 0이다:

$$\mathbf{S}_{방사} = \frac{1}{\mu_0 c}E^2_{방사}\hat{\boldsymbol{\mathcal{r}}} \tag{11.67}$$

전하가 (t에) 순간적으로 서 있다면, $\mathbf{u} = c\hat{\boldsymbol{\mathcal{r}}}$이므로 가속도 장은 다음과 같다.

$$\mathbf{E}_{방사} = \frac{q}{4\pi\epsilon_0 c^2 \mathcal{r}}[\hat{\boldsymbol{\mathcal{r}}} \times (\hat{\boldsymbol{\mathcal{r}}} \times \mathbf{a})] = \frac{\mu_0 q}{4\pi\mathcal{r}}[(\hat{\boldsymbol{\mathcal{r}}}\cdot\mathbf{a})\hat{\boldsymbol{\mathcal{r}}} - \mathbf{a}] \tag{11.68}$$

이때 포인팅 벡터는 다음과 같다.

$$\mathbf{S}_{방사} = \frac{1}{\mu_0 c}\left(\frac{\mu_0 q}{4\pi\mathcal{r}}\right)^2\left[a^2 - (\hat{\boldsymbol{\mathcal{r}}}\cdot\mathbf{a})^2\right]\hat{\boldsymbol{\mathcal{r}}} = \frac{\mu_0 q^2 a^2}{16\pi^2 c}\left(\frac{\sin^2\theta}{\mathcal{r}^2}\right)\hat{\boldsymbol{\mathcal{r}}} \tag{11.69}$$

여기에서 θ는 $\hat{\boldsymbol{\mathcal{r}}}$와 **a** 사이의 각이다. 전자기파는 전하의 앞뒤로는 방사되지 않고 순간 가속도방향을 축으로 하는 똬리 꼴로 방사된다 (그림 11.11).

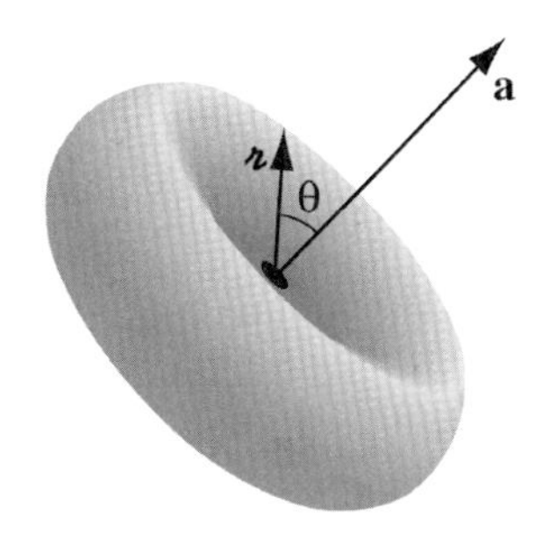

그림 11.11

총 방사 일률은 다음과 같다.

$$P = \oint \mathbf{S}_{\text{방사}} \cdot d\mathbf{a} = \frac{\mu_0 q^2 a^2}{16\pi^2 c} \int \frac{\sin^2\theta}{\mathscr{r}^2} \mathscr{r}^2 \sin\theta \, d\theta \, d\phi$$

(a는 시각 t의 가속도). 또는

$$\boxed{P = \frac{\mu_0 q^2 a^2}{6\pi c}.} \tag{11.70}$$

이것은 다시 또 **라모 공식**인데, 앞에서 다른 방법으로 얻었다 (식 11.61). 식 11.69와 11.70을 끌어낼 때 $v = 0$이라고 가정했지만, $v \ll c$이면 이 식들은 잘 맞는다.[10]

일반적인 경우($v \neq 0$)는 조금 뒤에 다루겠지만, 먼저 라모 공식에서 강조한 방사와 가속도의 연관성을 잘 살펴보라. 서 있는 입자는 전자기파를 내지 않는다. 등속 운동하는 입자도 마찬가지다. 그러나 가속 운동을 한다면 방사한다. 잠깐! 전하가 고르게 퍼진 둥근 고리(반지름 R)가 축을 중심으로 일정한 각속도(ω)로 돌 때는 어떨까? 그것은 정상 전류이고 전기장과 자기장은 정적이며 확실히 전자기파를 내지 않는다. 그렇지만 고리의 모든 곳은 가속된다 ($a = \omega^2 R$). 또는 전하가 고르게 퍼진 공 껍질(반지름 R)이 사인 함수 꼴로 "숨쉬는" 것을 생각해 보라 [$R(t) = R_0 \cos\omega t$]; $r > R_0$이면 전기장은 쿨롱 장이고 자기장은 모든 곳에서 0이다. 방사는 없지만… 껍질의 모든 점은 가속된다. 라모 공식에 따르면 가속 전하는 전자기파를 방사하지 않는가? 맞다: 하지만 라모 공식은 점 전하에 대한 것인데, 앞서의 예는 큰 물체이다. 포인팅 벡터는 중첩 원리를 따르지 않음을 상기하자 – 방사되는 총 일률은 각 전자가 저마다 방사하는 일률의 합이 아니다. 이 예에서는 모든 방향에서 완벽한 소멸 간섭을 한다고 해도 된다.[11]

---

10 특수 상대성을 생각하면 조건 $v = 0$은 단지 기준틀을 잡는 것일 뿐이다. P가 어떻게 변환되는가를 결정하면 $v = 0$에서 얻은 (라모) 공식으로부터 일반적 결과(리에나르 공식)를 끌어낼 수 있다(문제 12.74를 보라).

11 T. A. Abbott and D. J. Griffiths, *Am. J. Phys.* 53, 1203 (1985).

11.2.2 리에나르 공식

일반적인 경우($v \neq 0$)를 정확히 다루기는 더 어렵다. 그 까닭은 $\mathbf{E}_{\text{방사}}$가 더 복잡해진다는 뻔한 이유와, 에너지가 공 표면을 지나가는 비율인 $\mathbf{S}_{\text{방사}}$(그림 11.10)와 입자가 에너지를 방사하는 비율이 다르다는 좀 미묘한 이유 때문이다.

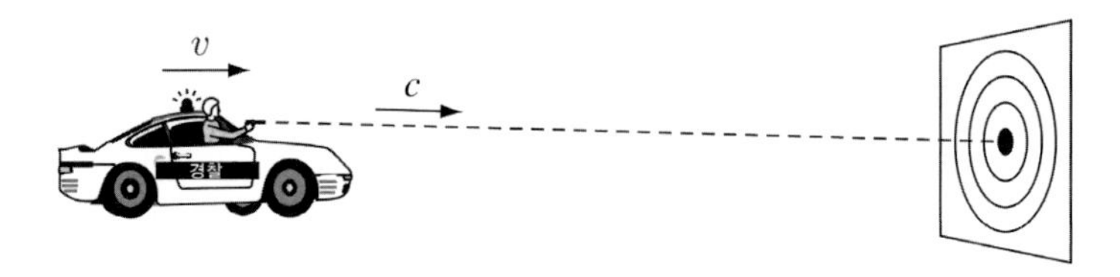

그림 11.12

달리는 차에 탄 사람이 총알을 잇달아 쏘아댄다고 하자(그림 11.12). 서 있는 표적에 이 총알이 날아오는 비율 $N_{\text{표적}}$은, 차가 달리고 있으므로, 총구에서 총알이 나오는 비율 $N_{\text{총}}$과는 다르다. 사실 차가 표적을 향해 달릴 때는 $N_{\text{총}} = (1 - v/c)N_{\text{표적}}$임을 쉽게 알 수 있고, 더 일반적인 식은 다음과 같다.

$$N_{\text{총}} = \left(1 - \frac{\hat{\boldsymbol{\mathscr{r}}} \cdot \mathbf{v}}{c}\right) N_{\text{표적}}$$

(여기에서, $\mathbf{v}$와 c는 각각 지면에 대한 차와 총알의 속도이고, $\hat{\boldsymbol{\mathscr{r}}}$은 차에서 표적을 향하는 단위벡터이다). 전자기파의 방사문제에서, 반지름 $\mathscr{r}$인 공 밖으로 나가는 에너지의 비율을 dW/dt라고 하면, 전하가 에너지를 방사하는 비율은 다음과 같다.

$$\frac{dW}{dt} = \frac{dW}{dt_{\text{공}}} \frac{\partial t_{\text{공}}}{\partial t} = \left(\frac{\boldsymbol{\mathscr{r}} \cdot \mathbf{u}}{\mathscr{r} c}\right) \frac{dW}{dt_{\text{공}}} \tag{11.71}$$

(식 10.78을 써서 $\partial t / \partial t_{\text{공}}$을 얻었다). 그런데

$$\frac{\boldsymbol{\mathscr{r}} \cdot \mathbf{u}}{\mathscr{r} c} = 1 - \frac{\hat{\boldsymbol{\mathscr{r}}} \cdot \mathbf{v}}{c}$$

는 바로 $N_{\text{표적}}$에 대한 $N_{\text{총}}$의 비율이다; 이것은 순수한 기하학적 효과이다 (도플러 효과도 그렇다).

그러므로 입자가 넓이 $\mathscr{r}^2 \sin\theta \, d\theta \, d\phi = \mathscr{r}^2 \, d\Omega$인 공 표면 조각으로 방사하는 일률은 다음과 같다.

$$\frac{dP}{d\Omega} = \left(\frac{\boldsymbol{\mathscr{r}} \cdot \mathbf{u}}{\mathscr{r} c}\right) \frac{1}{\mu_0 c} E_{\text{방사}}^2 \mathscr{r}^2 = \frac{q^2}{16\pi^2 \epsilon_0} \frac{|\hat{\boldsymbol{\mathscr{r}}} \times (\mathbf{u} \times \mathbf{a})|^2}{(\hat{\boldsymbol{\mathscr{r}}} \cdot \mathbf{u})^5} \tag{11.72}$$

여기에서 $d\Omega = \sin\theta \, d\theta \, d\phi$는 방사된 일률이 나가는 곳의 **입체각**(solid angle)이다. 이것을 θ와

ϕ에 대해 적분하여 총 방사 일률을 구하는 일은 제법 힘이 드니까, 결과만 보여 주겠다:

$$P = \frac{\mu_0 q^2 \gamma^6}{6\pi c}\left(a^2 - \left|\frac{\mathbf{v}\times\mathbf{a}}{c}\right|^2\right) \tag{11.73}$$

여기에서, $\gamma \equiv 1/\sqrt{1-v^2/c^2}$이다. 이것이 **리에나르가 일반화한**(Lineard's generalization) 라모 공식이다 ($v \ll c$이면 라모 공식과 같다). γ^6때문에 입자의 속도가 c에 가까워질수록 방사 일률이 엄청나게 커진다.

예제 11.3

직선운동처럼 (t에) $\mathbf{a}$와 $\mathbf{v}$가 순간적으로 나란할 때, 방사 에너지의 각분포(식 11.72)와 총 방사 일률을 구하라.

■ 풀이 ■

이때는 $(\mathbf{u}\times\mathbf{a}) = c(\hat{\boldsymbol{\mathscr{r}}}\times\mathbf{a})$이므로 다음과 같다.

$$\frac{dP}{d\Omega} = \frac{q^2c^2}{16\pi^2\epsilon_0}\frac{|\hat{\boldsymbol{\mathscr{r}}}\times(\hat{\boldsymbol{\mathscr{r}}}\times\mathbf{a})|^2}{(c-\hat{\boldsymbol{\mathscr{r}}}\cdot\mathbf{v})^5}$$

그런데

$$\hat{\boldsymbol{\mathscr{r}}}\times(\hat{\boldsymbol{\mathscr{r}}}\times\mathbf{a}) = (\hat{\boldsymbol{\mathscr{r}}}\cdot\mathbf{a})\hat{\boldsymbol{\mathscr{r}}}-\mathbf{a},\quad |\hat{\boldsymbol{\mathscr{r}}}\times(\hat{\boldsymbol{\mathscr{r}}}\times\mathbf{a})|^2 = a^2-(\hat{\boldsymbol{\mathscr{r}}}\cdot\mathbf{a})^2$$

이다. 특히 z축을 v와 나란히 잡으면 다음과 같다.

$$\frac{dP}{d\Omega} = \frac{\mu_0 q^2 a^2}{16\pi^2 c}\frac{\sin^2\theta}{(1-\beta\cos\theta)^5} \tag{11.74}$$

여기에서 $\beta \equiv v/c$이다. $v=0$이면 이것은 물론 식 11.69와 같다. 그러나 v가 아주 크면($\beta \approx 1$), 방사되는 일률의 각분포가 똬리 꼴(그림 11.11)에서 그림 11.13과 같이 $(1-\beta\cos\theta)^{-5}$만큼 앞으로 밀린다. 정확히 앞쪽으로는 방사파가 전혀 없지만, 거의 앞쪽을 향한 좁은 원뿔꼴 속에 대부분이 모인다 (문제 11.15를 보라).

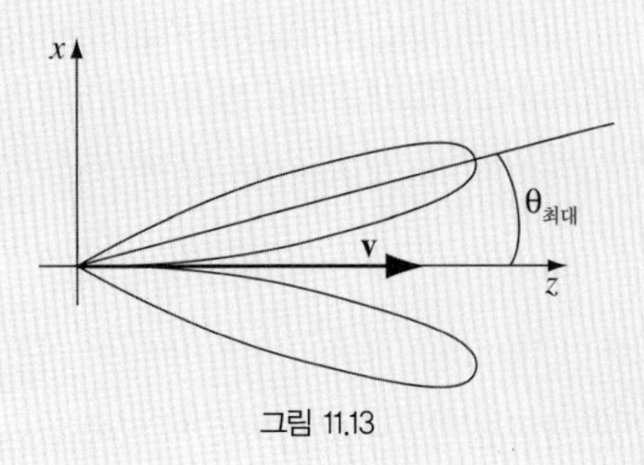

그림 11.13

총 방사 일률은 식 11.74를 모든 각에 대해 적분하여 얻는다.

$$P = \int \frac{dP}{d\Omega} d\Omega = \frac{\mu_0 q^2 a^2}{16\pi^2 c} \int \frac{\sin^2\theta}{(1-\beta\cos\theta)^5} \sin\theta \, d\theta \, d\phi$$

ϕ에 대한 적분은 2π, θ에 대한 적분은 $x \equiv \cos\theta$로 바꾸면 간단해진다.

$$P = \frac{\mu_0 q^2 a^2}{8\pi c} \int_{-1}^{+1} \frac{(1-x^2)}{(1-\beta x)^5} dx$$

부분적분하면 $\frac{4}{3}(1-\beta^2)^{-3}$을 얻으므로 다음 결론을 얻는다.

$$P = \frac{\mu_0 q^2 a^2 \gamma^6}{6\pi c} \tag{11.75}$$

이 결과는 리에나르 공식(식 11.73)에서 **a**와 **v**를 나란히 둔 것과 같다. 방사되는 전자기파 에너지의 각분포는 a의 제곱에 비례하므로, 입자가 가속되는 때나 감속되는 때나 모양이 같다. 빠른 전자가 금속표적과 부딪쳐 아주 빨리 감속되면서 방사하는 전자기파를 **제동방사**(braking radiation, 또는 bremsstrahlung)라고 한다. 이 예제에서 설명한 것이 제동방사의 고전 이론이다.

문제 11.12 서 있던 전자가 중력을 받아 떨어진다. 처음 1 cm를 떨어지는 동안 전자기파 방사로 잃는 에너지는 애초의 위치에너지에 대해 얼마의 비율인가?

문제 11.13 먼 곳에 고정된 양전하 Q를 겨냥하여 양전하 q를 처음 속도 v_0로 쏘았다. 그 전하는 Q에 다가가면서 감속되어 $v = 0$이 된 다음, 되돌아 한없이 멀리 날아간다. 그동안 전자기파로 방사하는 에너지는 처음 에너지 $\frac{1}{2}mv_0^2$에 대해 얼마의 비율인가? $v_0 \ll c$라고 가정하고, 입자의 운동을 셈할 때 방사 손실의 효과는 무시하라. [답: $(16/45)(q/Q)(v_0/c)^3$.]

문제 11.14 보어의 수소원자 이론에서는, 바닥상태의 전자는 양성자의 쿨롱 정전기력 때문에 반지름 5.3×10^{-11} m인 원 궤도를 돈다. 고전 전기역학에 따르면, 이 전자는 빛을 방사하여 에너지를 잃기 때문에 나선궤도를 그리며 핵에 다가가서 결국은 핵과 부딪친다. 이 과정의 대부분에서 $v \ll c$임을 밝히고 (따라서, 라모 공식을 쓸 수 있다), 보어원자의 수명을 셈하라 (매 순간의 전자의 운동은 원운동으로 보아라).

문제 11.15 예제 11.13(그림 11.13을 보라)에서 방사 전자기파가 가장 센 각도 $\theta_{최대}$를 찾아라. (v가 c에 가까운) 상대론적 한계에서는 아래와 같음을 보여라.

$$\theta_{최대} \cong \sqrt{(1-\beta)/2}$$

상대론적 한계에서 이 쪽으로 방사되는 출력은 입자가 순간적으로 설 때에 비해 몇 배인가? 그것을 γ로 나타내라.

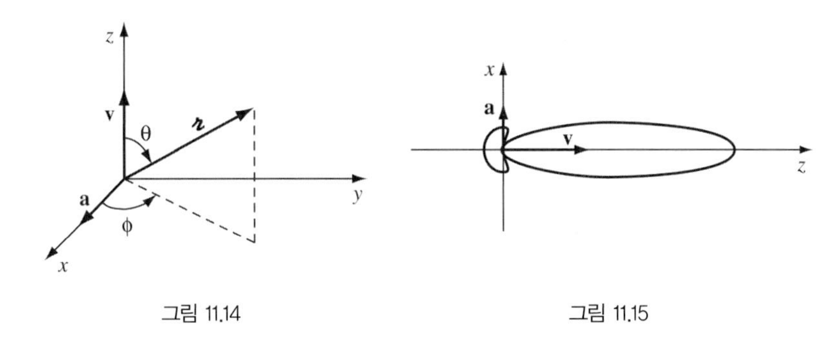

그림 11.14　　　그림 11.15

! 문제 11.16 예제 11.3에서 속도와 가속도가 (적어도 순간적으로는) 나란하다고 가정했다. 그 둘이 서로 직교할 때 같은 셈을 해보라. 좌표계는 z축을 $\mathbf{v}$에 나란히, x축을 $\mathbf{a}$에 나란히 잡아라(그림 11.14). 그러면 $\mathbf{v} = v\,\hat{\mathbf{z}}$, $\mathbf{a} = a\,\hat{\mathbf{x}}$, $\hat{\boldsymbol{\mathscr{r}}} = \sin\theta\cos\phi\,\hat{\mathbf{x}} + \sin\theta\sin\phi\,\hat{\mathbf{y}} + \cos\theta\,\hat{\mathbf{z}}$이다. P가 리에나르 공식과 일치하는지 확인하라.

[답: $\dfrac{dP}{d\Omega} = \dfrac{\mu_0 q^2 a^2}{16\pi^2 c}\dfrac{[(1-\beta\cos\theta)^2 - (1-\beta^2)\sin^2\theta\cos^2\phi]}{(1-\beta\cos\theta)^5}$,　$P = \dfrac{\mu_0 q^2 a^2 \gamma^4}{6\pi c}$

상대론적 속도($\beta \approx 1$)에서 방사분포는 앞쪽으로 아주 뾰족하다 (그림 11.15). 이 공식의 가장 중요한 쓰임새는 **원운동**이다 – 이때 나오는 전자기파가 **싱크로트론 방사**(synchrotron radiation)이다. 전자가 상대론적 속도로 원운동 할 때 나오는 전자기파는 마치 경찰차의 경보등이 돌면서 빛을 내듯이 주변을 쓸어 간다.]

11.3 방사 반작용

가속되는 전하는 전자기파를 낸다. 이 전자기파는 에너지를 가져가므로 결국 입자의 에너지 – 운동 에너지, 위치 에너지, 또는 입자의 비방사장에 있는 에너지 – 가 그만큼 줄어든다. 그러므로 같은 힘을 받아도 전하를 띤 입자는 질량이 같은 중성입자보다 덜 – 또는 달리 가속된다. 방사되는 전자기파는 마치 총알이 총구에 되튀기 힘을 주듯이 전하에 반작용력($\mathbf{F}_{방사}$)을 준다. 이 절에서는 에너지 보존법칙을 써서 이 **방사 반작용**(radiation reaction) 힘을 끌어낸다. 다음 절에서는 실제의 기작을 설명하고, 단순한 모형으로부터 다시 끌어낸다.

11.3.1 아브라함–로런츠 공식

비상대론적 입자($v \ll c$)의 총 방사 일률은 라모 공식(식 11.70)에 따라 다음과 같다.

$$P = \frac{\mu_0 q^2 a^2}{6\pi c} \tag{11.76}$$

에너지 보존법칙에 따르면, 이것은 방사 반작용력 $\mathbf{F}_{\text{방사}}$를 받아 에너지를 잃는 비율인 것처럼 보인다.

$$\mathbf{F}_{\text{방사}} \cdot \mathbf{v} = -\frac{\mu_0 q^2 a^2}{6\pi c} \tag{11.77}$$

"처럼 보인다"고 한 까닭은 이 방정식이 실은 **옳지 않기** 때문이다. 방사 일률을 셈할 때는 반지름이 "아주" 큰 구면에 대해 포인팅 벡터를 적분했는데, 그렇게 하면 속도 장은 반지름이 커짐에 따라 $\mathscr{r}$의 함수로서 너무 빨리 작아지므로 적분값에 영향을 주지 않는다. 그러나 이 "국소" 장에도 분명히 에너지는 실려 있다 – 다만 아주 먼 곳까지 에너지가 퍼지지 않을 뿐이다. 입자가 가속되고 감속됨에 따라, 에너지가 가속도 장에 실려 전자기파로 퍼져나갈 뿐만 아니라, 전하와 속도 장이 에너지를 주고받기도 한다. 식 11.77은 가속도 장에 실려 퍼져나가는 일률만 셈한 것이다. 장이 전하에 주는 되튀기 힘을 알려면 방사만을 생각해서는 안 되고, 순간마다 전하가 잃는 에너지를 **모두** 셈해야 한다. ("방사 반작용"은 잘못 지은 이름이다. 참뜻을 담으려면 "**장 반작용**"이라 해야 한다. $\mathbf{F}_{\text{방사}}$는 가속도의 시간 도함수로 정해지며, 따라서 순간적으로 가속도가 0이 되어 전자기파를 방사하지 않을 때에도 그 힘은 0이 아님을 곧 알게 된다.)

어느 시간 동안 입자가 잃은 에너지는 방사된 에너지와 속도 장으로 옮겨진 에너지의 합이다.[12] 입자가 움직이기 시작한 뒤 처음상태로 되돌아올 때까지를 한 단위의 시간간격으로 잡으면, 속도 장에 실린 에너지는 처음과 나중이 같고, 실제로 잃은 에너지는 방사된 것뿐이다. 따라서, 식(11.77)은 순간적으로는 틀리지만, **평균적으로는** 맞다:

$$\int_{t_1}^{t_2} \mathbf{F}_{\text{방사}} \cdot \mathbf{v}\, dt = -\frac{\mu_0 q^2}{6\pi c} \int_{t_1}^{t_2} a^2\, dt \tag{11.78}$$

이 식은 t_1과 t_2에서 전하의 운동상태가 똑같을 때 성립한다. 예를 들어 주기 운동에서는 시간에 대한 적분을 주기의 정수배만큼씩 해야 한다.[13] 식 11.78의 오른쪽을 부분적분하면 다음과 같다.

---

12 사실 총 전기장은 속도 장과 가속도 장의 합 $\mathbf{E} = \mathbf{E}_{\text{속도}} + \mathbf{E}_{\text{가속도}}$이지만, 에너지는 전기장의 제곱이므로 $E^2 = E^2_{\text{속도}} + 2\mathbf{E}_{\text{속도}} \cdot \mathbf{E}_{\text{가속도}} + E^2_{\text{가속도}}$로 세 항으로 되어 있다: 속도 장에만 저장된 에너지($E^2_{\text{속도}}$), 방사되는 에너지($E^2_{\text{가속도}}$), 그리고 교차항 $\mathbf{E}_{\text{속도}} \cdot \mathbf{E}_{\text{가속도}}$. 간단히 ($E^2_{\text{속도}} + 2\mathbf{E}_{\text{속도}} \cdot \mathbf{E}_{\text{가속도}}$)를 "속도 장에 저장된 에너지"라고 하자. 이 항들은 각각 $1/\mathscr{r}^4$과 $1/\mathscr{r}^3$에 비례하므로 어느 것도 전자기파 방사에 들어가지 않는다.

$$\int_{t_1}^{t_2} a^2\,dt = \int_{t_1}^{t_2} \left(\frac{d\mathbf{v}}{dt}\right)\cdot\left(\frac{d\mathbf{v}}{dt}\right) dt = \left(\mathbf{v}\cdot\frac{d\mathbf{v}}{dt}\right)\Big|_{t_1}^{t_2} - \int_{t_1}^{t_2} \frac{d^2\mathbf{v}}{dt^2}\cdot\mathbf{v}\,dt$$

t_1과 t_2에서 속도와 가속도가 같으므로 경계값은 없어져서 식 11.78은 다음과 같다.

$$\int_{t_1}^{t_2} \left(\mathbf{F}_{방사} - \frac{\mu_0 q^2}{6\pi c}\dot{\mathbf{a}}\right)\cdot\mathbf{v}\,dt = 0 \tag{11.79}$$

이 식이 맞을 조건은 다음과 같다.

$$\boxed{\mathbf{F}_{방사} = \frac{\mu_0 q^2}{6\pi c}\dot{\mathbf{a}}} \tag{11.80}$$

이것이 방사 반작용력에 관한 **아브라함–로런츠 공식**(Abraham-Lorentz formula)이다.[14]

물론 식 11.79가 식 11.80에 대한 증명은 아니다. 그것은 $\mathbf{F}_{방사}$의 성분 중 $\mathbf{v}$와 나란한 성분의 시간평균 – 그것도 아주 특별한 시간동안의 – 만 정해줄 뿐 직교 성분에 관해서는 아무 것도 알려주지 않는다. 다음 절에서 알게 되겠지만, 아브라함–로런츠 공식이 맞다고 믿을 수 있는 다른 이유가 있다. 지금으로서는 이 공식이 에너지 보존법칙과 잘 들어맞는 가장 단순한 꼴의 방사 반작용력이라고 말하는 것이 좋겠다.

아브라함–로런츠 공식이 처음 제시된 지 1세기가 지났지만 그 뜻을 아직도 완전히 알지 못한다. 밖에서 입자에 주는 힘이 전혀 없다면 뉴턴 제 2법칙은 다음과 같다.

$$F_{방사} = \frac{\mu_0 q^2}{6\pi c}\dot{a} = ma$$

따라서 가속도는 다음과 같다.

$$a(t) = a_0 e^{t/\tau} \tag{11.81}$$

여기에서 시간상수 τ는 다음과 같다.

$$\tau \equiv \frac{\mu_0 q^2}{6\pi mc} \tag{11.82}$$

---

13 주기적이 아닌 운동에서는 t_1과 t_2에 속도 장에 든 에너지가 같을 조건을 맞추기는 더 어렵다. 이때는 순간 속도와 가속도가 같은 것으로는 충분하지 않다. 왜냐하면 전하에서 더 먼 곳의 전자기장은 더 앞서의 v와 a에 따라 결정되기 때문이다. 원리적으로는 t_1과 t_2에 v와 a 그리고 모든 고차 도함수가 같아야 한다. 실제로는 거리가 멀어지면 속도 장이 빨리 작아지므로 t_1과 t_2보다 앞선 짧은 시간에 v와 a가 같으면 된다.

14 이 공식은 로런츠가 1892년 자체–힘 방법(§11.3.2)을 써서 처음 얻었다; 플랑크는 에너지–보존 방식을 개척했다; 아브라함은 두 논리를 다듬고, 더 빠른 속도로 일반화했다; 디랙(1938)은 온전히 상대론적 설명을 한 논문을 냈다. 온전한 역사는 다음을 보라: K. T. McDonald, http://kirkmcd.princeton.edu/examples/seflforce.pdf.

(전자에 대해서는 $\tau = 6 \times 10^{-24}$초이다). 이것이 옳다면 가속도가 시간이 가면서 지수함수꼴로 커진다! 물론 $a_0 = 0$이면 이러한 불합리한 결론을 피할 수 있지만, **마구 커지는 해**(run away solution)를 차곡차곡 없애다 보면 더 나쁜 결과가 나온다. 즉, 밖에서 입자에 힘을 주면 입자는 그 힘을 받기도 전에 가속되기 시작한다(문제 11.19를 보라). "**인과율에 어긋나게 미리 가속**(acausal preacceleration)"되는 이 시간 τ는 아주 짧다. 그러나 이것은 (적어도 나는) 받아들일 수 없는 이론이다.[15]

예제 11.4

고유 진동수 ω_0인 용수철에 붙은, 전하를 띤 입자가 진동수 ω로 진동할 때, **방사감쇠**(radiation damping)를 셈하라.

■ 풀이 ■

운동방정식은 다음과 같다.

$$m\ddot{x} = F_{\text{용수철}} + F_{\text{방사}} + F_{\text{구동}} = -m\omega_0^2 x + m\tau\dddot{x} + F_{\text{구동}}$$

진동수 ω로 진동하는 계라면 해는 다음과 같은 꼴이다.

$$x(t) = x_0 \cos(\omega t + \delta)$$

따라서

$$\dddot{x} = -\omega^2 \dot{x}$$

이다. 그러므로

$$m\ddot{x} + m\gamma\dot{x} + m\omega_0^2 x = F_{\text{구동}} \tag{11.83}$$

이다. 여기에서 감쇠인자 γ는 다음과 같다.

$$\gamma = \omega^2 \tau \tag{11.84}$$

[제 9 장(식 9.154)에서 $F_{\text{감쇠}} = -\gamma m v$로 썼을 때는 간단히 감쇠력은 속도에 비례한다고 가정했었다. 이제는 적어도 방사감쇠는 $\ddot{v}$에 비례함을 알고 있다. 그러나 이것은 별 문제가 되지 않는다. 그 까닭은 사인함수꼴의 진동에서는 계차가 짝수인 v의 도함수는 v에 비례하기 때문이다.]

---

15 상대론적 아브라함-로런츠 방정식은 라모 공식 대신 리에나르 공식에서 시작하여 얻을 수 있는데, 그 식에서도 이 어려움은 여전히 남는다 (문제 12.75를 보라). 아마도 이것은 고전 전기역학에서 점전하와 같은 것은 없다는 것을 말해주거나, 양자역학의 시작의 전조일지도 모르겠다. 참고문헌에 대한 안내는 다음을 보라: D. Teplitz 편집, *Electromagnetism: Paths to Research* (New York: Plenum, 1982)에서 Philip Pearle이 쓴 부분; F. Rohlich, *Am. J. Phys.* **65**, 1051 (1997).

예제 11.5

원점에 고정된 음전하($-q$)와 z축($z = d$)에 서 있는 양전하($+q$)가 전기 쌍극자를 이룬다. 시각 $t = 0$에서 양전하(질량 m)를 놓으면 음전하 쪽으로 가속된다. q가 받는 힘은 방사 반작용(작은 섭동)을 빼면

$$\mathbf{F} = -\frac{1}{4\pi\epsilon_0}\frac{q^2}{z^2}\hat{\mathbf{z}} = m\mathbf{a}$$

이므로 가속도는

$$\mathbf{a} = \frac{\mathbf{F}}{m} = -\frac{q^2}{4\pi\epsilon_0 m}\frac{1}{z^2}\hat{\mathbf{z}}$$

이다. t에 대해 미분하면

$$\dot{\mathbf{a}} = -\frac{q^2}{4\pi\epsilon_0 m}\left(\frac{-2}{z^3}\right)\frac{dz}{dt}\hat{\mathbf{z}} = -\frac{2q^2}{4\pi\epsilon_0 m}\frac{v}{z^3}\hat{\mathbf{z}}$$

이다 (도함수가 음수이므로 $dz/dt = -v$임에 유의하라). 그러므로, 방사 반작용(식 11.80)은 다음과 같다:

$$\mathbf{F}_{\text{rad}} = \frac{\mu_0 q^2}{6\pi c}\dot{\mathbf{a}} = -\frac{\mu_0 q^4}{12\pi^2\epsilon_0 m}\left(\frac{v}{c}\right)\frac{1}{z^3}\hat{\mathbf{z}}$$

세부 사항은 별로 흥미롭지 않다 – 특이한 점은 부호이다: 방향이 **F**와 같다. 이것은 감속이 아니라 가속이다! 계 전체가 전자기파 방사로 에너지를 잃는데 q는 실제로는 에너지를 얻고 있다. (물론, 입자가 떨어지면서 운동 에너지를 얻고 위치 에너지는 잃는다. 방사 반작용이 없다면 총 에너지는 일정할 것이다. 지금 말하는 것은 방사 반작용과 관련된 추가 에너지이다.) 그것은 어디에서 올까? 그것은 에너지를 양 쪽으로 뿌리는 전자기장에서 온다.[16] 이것이 무엇을 말할까? "방사 반작용"이라는 이름이 심각한 오해의 소지가 있다는 것을 강조하는 것 말고는 별로 없다.

문제 11.17

(a) 전하 q인 입자가 일정한 속력 v로 반지름 R인 원둘레를 따라 돈다. 이 운동을 지속시키려면, 물론 구심력 mv^2/R을 주어야 한다. 방사 반작용을 맞비기려면 힘($F_{\text{바깥}}$)을 얼마나 더 주어야 하는가? [답은 순간속도 **v**를 써서 나타내는 것이 가장 쉽다.] 이 힘이 주는 일률($P_{\text{바깥}}$)을 방사

16 여러 저자가 붕괴하는 전기 쌍극자 근처의 포인팅 벡터는 안쪽을 가리키는 반면, 더 먼 곳에서는 바깥쪽을 가리킨다고 말했다 (물론 방사를 묘사하려면 그래야 한다). 다음을 보라: H. G. Schantz, *Am. J. Phys.* 63, 513 (1995) 또는 K. T. McDonald, http://kirkmcd.princeton.edu/examples/collapse.pdf.

일률(라모 공식)과 비교하라.

(b) 이 입자가 진폭 A, 각진동수 ω로 단순 조화운동을 할 때[$\mathbf{w}(t) = A\cos(\omega t)\,\hat{\mathbf{z}}$] (a)의 셈을 해 보고, 차이를 설명하라.

(c) 이 입자가 (일정 가속도 g로) 떨어질 때의 방사 반작용과 방사 일률을 셈하고, 그 결과를 설명하라.

문제 11.18 탄성 상수 k인 용수철 끝에 전하 q, 질량 m인 입자가 붙어 있다. $t = 0$에 입자를 쳐서 운동에너지 $U_0 = \frac{1}{2}mv_0^2$으로 움직이기 시작하여 진동하면서 그 에너지를 전자기파로 방사한다.

(a) 방사 에너지의 총량이 U_0와 같음을 확인하라. 방사 감쇠가 작다고 가정하면, 운동 방정식은 다음과 같다.

$$\ddot{x} + \gamma\dot{x} + \omega_0^2 x = 0$$

그리고 해는 다음과 같다.

$$x(t) = \frac{v_0}{\omega_0}e^{-\gamma t/2}\sin(\omega_0 t)$$

여기에서 $\omega_0 \equiv \sqrt{k/m}, \gamma = \omega_0^2\tau, \gamma \ll \omega_0$이다 (한 주기 동안 평균 셈을 할 때 ω_0^2에 비하면 γ^2은 아주 작으므로 버리고, $e^{-\gamma t}$의 변화는 무시한다).

(b) 그러한 진동자가 둘이고, 똑같이 쳐서 진동시킨다고 하자. 진동자의 상대적 위치나 방향이 무엇이든, 방사 에너지의 총량은 $2U_0$이어야 한다. 그러나 두 진동자 중의 하나가 다른 것 위에 얹혀 있으면 그것은 전하가 두 배인 진동자 하나나 마찬가지다. 그러면 라모 공식에 따르면 방사 일률은 네 배가 되므로 총량은 $4U_0$가 되어야 한다. 이 추론에서 잘못된 곳을 찾아내고, 방사 에너지의 총량은 실제로는 $2U_0$임을 보여라.[17]

문제 11.19 전하를 띤 입자에 대한 뉴턴 제 2법칙에 식 11.80의 방사 반작용도 넣으면 다음 결과를 얻는다.

$$a = \tau\dot{a} + \frac{F}{m}$$

여기에서 F는 그 입자가 받는 외부 힘이다.

(a) **중성**입자($a = F/m$)와는 달리 전하를 띤 입자의 가속도 a는 힘이 갑자기 변해도 (위치와 속도처럼) 시간에 대해 **연속함수**이어야 한다. (물리적으로는 방사 반작용이 a의 급격한 변화를 줄인다.) 운동 방정식을 $(t - \epsilon)$에서 $(t + \epsilon)$까지 적분한 뒤 $\epsilon \to 0$으로 보내어, a가 늘 t의 연속함수임을 **증명**하라.

(b) 어떤 입자가 $t = 0$부터 T까지 일정한 힘 F를 받는다. 운동방정식의 가장 일반적인 해 $a(t)$를 다음의 세 시간대에서 구하라. (i) $t < 0$; (ii) $0 < t < T$; (iii) $t > T$.

17 이러한 역설로 더 정교한 것은 다음을 보라: P. R. Berman, *Am. J. Phys.* **78**, 1323 (2010).

(c) $t=0$과 $t=T$에서 (a)의 연속조건을 부과하라. 영역 (iii)에서 값이 마구 커지는 해를 없애거나 (i)에서 "미리 가속되는 것"을 피할 수는 있지만, 둘을 한꺼번에 없앨 수 없음을 보여라.

(d) 값이 마구 커지는 해를 없애어 낱낱의 시간대에서 가속도와 속도를 시간의 함수로 구하라 (물론 속도는 $t=0$과 $t=T$에서 연속이어야 한다). 입자가 처음에 서 있었다고 가정하라: $v(-\infty)=0$.

(e) 이 힘을 받는 중성입자와 전하를 띤 입자의 (값이 마구 커지지 않는 해) $a(t)$와 $v(t)$를 그려 보라.

11.3.2 전하를 띤 입자가 받는 자체힘

앞 절에서는 에너지 보존법칙을 써서 방사 반작용에 관한 아브라함–로런츠 공식을 끌어냈다. 그때 입자 스스로 만든 전자기장이 거꾸로 전하에 미치는 되튀기 효과가 방사 반작용으로 나타날 것이라는 것 말고는, 그 힘의 실제 기초는 설명하지 않았다. 불행히도, 점전하가 만드는 전자기장은 입자가 있는 곳에서는 한없이 커지므로, 그 전자기장이 점전하에 주는 힘을 어떻게 셈해야 할지 알기 어렵다.[18] 이 어려움을 피하려면 장이 어느 곳에서나 유한하게 되는 퍼져 있는 전하분포를 생각하고, 뒤에 가서 전하의 크기가 0이 될 때의 극한값을 구한다. 퍼져 있는 전하의 일부분(A)이 다른 부분(B)에 주는 힘은 B가 A에 주는 힘과 크기가 같고 방향이 반대가 아니다 (그림 11.16). 전하분포를 아주 작은 조각으로 나눈 뒤, 조각 끼리 주고받는 힘을 모두 더하면 전하의 알짜 자체힘이 된다. 입자 속에서 뉴턴 제3법칙이 깨지기 때문에 생겨나는 이 **자체힘**(self-force)이 방사 반작용을 설명해 준다.

로런츠는 원래 공 모양의 전하분포를 써서 자체 전자기력을 셈했는데, 그것은 합리적이기는 하나 수학적으로는 성가시다.[19] 여기서는 그 힘이 생겨나는 기구를 뚜렷이 보이고자 하므로, 덜 사실적인 모형을 쓰자: 총 전하 q가 반씩 나뉘어 고정된 거리 d만큼 떨어진 아령모형을 생각하자(그림 11.17). 이것은 방사 반작용력이 생겨나는 가장 본질적인 과정(내부의 전자기력의 불균형)을 보여줄 수 있는 가장 단순한 전하배치이다. 이것이 소립자 모형으로 좋지 않다는 것에는 신경 쓸 것이 없다. 크기가 0이 되어($d\to 0$) 점전하가 되면, 어떤 모형에서든지 아브라함–로런츠 공식이 나타나야 한다. 그 까닭은 이것이 에너지 보존법칙의 결과이기 때문이다.

이 아령이 $+x$쪽으로 움직이고, 지연 시각에는 (순간적으로) 서 있었다고 하자. (2)에 있는 전하가 (1)에 만드는 전기장은 다음과 같다(식 10.72).

---

18 장을 적당히 평균할 수는 있으나, 쉽지 않다. 다음 논문과 그 속의 참고문헌을 보라: T. H. Boyer, *Am. J. Phys.* 40, 1843 (1972).

19 다음 교재를 보라: J. D. Jackson, *Classical Electrodynamics*, 3판 (New York, John Wiley, 1999), §16.3.

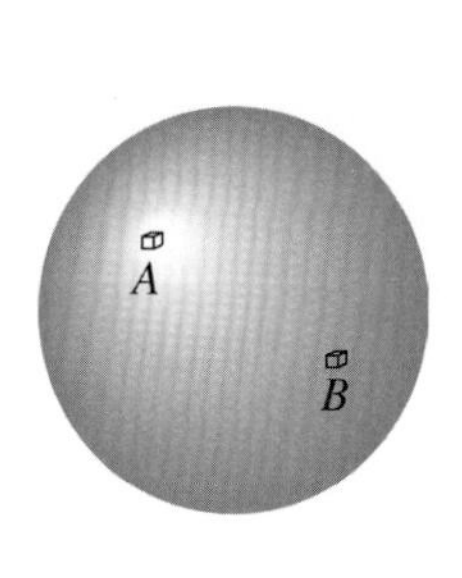

그림 11.16

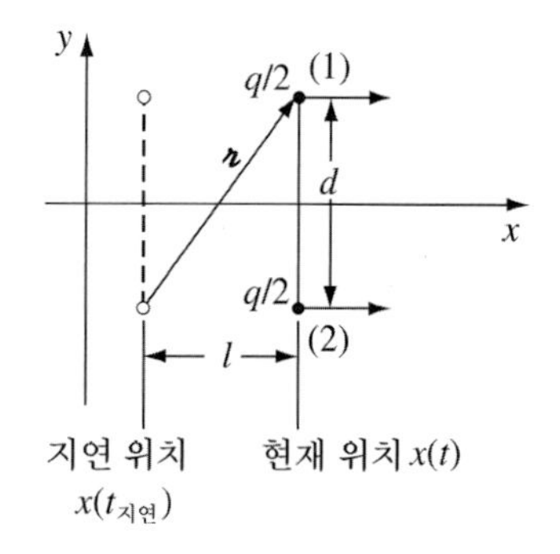

그림 11.17

$$\mathbf{E}_1 = \frac{(q/2)}{4\pi\epsilon_0}\frac{\mathscr{r}}{(\boldsymbol{\mathscr{r}}\cdot\mathbf{u})^3}\left[(c^2+\boldsymbol{\mathscr{r}}\cdot\mathbf{a})\mathbf{u}-(\boldsymbol{\mathscr{r}}\cdot\mathbf{u})\mathbf{a}\right] \tag{11.85}$$

여기에서

$$\mathbf{u} = c\,\hat{\boldsymbol{\mathscr{r}}} \qquad \text{그리고} \qquad \boldsymbol{\mathscr{r}} = l\,\hat{\mathbf{x}} + d\,\hat{\mathbf{y}} \tag{11.86}$$

이므로 다음과 같다.

$$\boldsymbol{\mathscr{r}}\cdot\mathbf{u} = c\mathscr{r}, \qquad \boldsymbol{\mathscr{r}}\cdot\mathbf{a} = la, \qquad \mathscr{r} = \sqrt{l^2+d^2} \tag{11.87}$$

실제로는 양쪽 끝의 전하가 받는 힘의 y성분은 서로 맞비기므로 $\mathbf{E}_1$의 x성분만 생각하자 (같은 이유로 자기력은 생각하지 않아도 된다). 그러면,

$$u_x = \frac{cl}{\mathscr{r}} \tag{11.88}$$

이므로 그 성분은 다음과 같다.

$$E_{1_x} = \frac{q}{8\pi\epsilon_0 c^2}\frac{(lc^2-ad^2)}{(l^2+d^2)^{3/2}} \tag{11.89}$$

대칭성에 의해 $E_{2_x} = E_{1_x}$이다. 그러므로 아령이 받는 알짜 힘은 다음과 같다.

$$\mathbf{F}_{\text{자체}} = \frac{q}{2}(\mathbf{E}_1+\mathbf{E}_2) = \frac{q^2}{8\pi\epsilon_0 c^2}\frac{(lc^2-ad^2)}{(l^2+d^2)^{3/2}}\,\hat{\mathbf{x}} \tag{11.90}$$

지금까지는 모든 것이 정확했다. 이제는 구한 식을 d에 관해 급수 전개하자. "입자"의 크기가 사라지면, 1차 이상의 고차항은 모두 사라진다. 다음의 테일러 정리를 쓰면

$$x(t) = x(t_{\text{지연}}) + \dot{x}(t_{\text{지연}})(t-t_{\text{지연}}) + \frac{1}{2}\ddot{x}(t_{\text{지연}})(t-t_{\text{지연}})^2 + \frac{1}{3!}\dddot{x}(t_{\text{지연}})(t-t_{\text{지연}})^3 + \cdots$$

다음 결과를 얻는다.

$$l = x(t) - x(t_{지연}) = \frac{1}{2}aT^2 + \frac{1}{6}\dot{a}T^3 + \cdots \tag{11.91}$$

여기에서 $T \equiv t - t_{지연}$이다. T는 다음과 같은 지연 시간의 조건에 따라 결정된다.

$$(cT)^2 = l^2 + d^2 \tag{11.92}$$

따라서 d를 T의 함수로 나타내면 다음과 같다.

$$d = \sqrt{(cT)^2 - l^2} = cT\sqrt{1 - \left(\frac{aT}{2c} + \frac{\dot{a}T^2}{6c} + \cdots\right)^2} = cT - \frac{a^2}{8c}T^3 + (\ )T^4 + \cdots$$

이것을 풀어 T를 d의 함수로 나타내야 한다. 이것을 체계적으로 하는 **급수 뒤집기**(reversion of series) 과정이 있지만,[20] 처음 몇 항을 셈하는 것은 다음과 같이 간단히 할 수도 있다: T의 고차 항을 모두 무시하면 다음과 같다.

$$d \cong cT \quad \Rightarrow \quad T \cong \frac{d}{c}$$

이것을 삼차 항에 대한 어림식으로 쓰면 다음과 같다.

$$d \cong cT - \frac{a^2}{8c}\frac{d^3}{c^3} \quad \Rightarrow \quad T \cong \frac{d}{c} + \frac{a^2 d^3}{8c^5}$$

이것을 되풀이하면 고차 어림식을 얻는다.

$$T = \frac{1}{c}d + \frac{a^2}{8c^5}d^3 + (\ )d^4 + \cdots \tag{11.93}$$

식 11.91로 돌아가서, l을 d의 급수로 나타내면 다음과 같다.

$$l = \frac{a}{2c^2}d^2 + \frac{\dot{a}}{6c^3}d^3 + (\ )d^4 + \cdots \tag{11.94}$$

이 식을 식 11.90에 넣으면 다음 결론을 얻는다:

$$\mathbf{F}_{자체} = \frac{q^2}{4\pi\epsilon_0}\left[-\frac{a}{4c^2 d} + \frac{\dot{a}}{12c^3} + (\ )d + \cdots\right]\hat{\mathbf{x}} \tag{11.95}$$

여기에서 a와 $\dot{a}$는 지연 시각($t_{지연}$)의 값이지만, 이것을 현재 시각 t의 함수로 고치는 것은 쉽다:

---

20 예를 들어 다음을 보라: *CRC Standard mathematical Tables*, 32판 (Boca Raton, FL: CRC Press, 2011).

$$a(t_{\text{지연}}) = a(t) + \dot{a}(t)(t_{\text{지연}} - t) + \cdots = a(t) - \dot{a}(t)T + \cdots = a(t) - \dot{a}(t)\frac{d}{c} + \cdots$$

따라서 다음 결과를 얻는다:

$$\mathbf{F}_{\text{자체}} = \frac{q^2}{4\pi\epsilon_0}\left[-\frac{a(t)}{4c^2 d} + \frac{\dot{a}(t)}{3c^3} + (\ )d + \cdots\right]\hat{\mathbf{x}} \tag{11.96}$$

오른쪽 첫 항은 전하의 가속도에 비례한다. 이것을 뉴턴 제 2 법칙의 다른 쪽으로 옮기면, 아령의 질량이 커지는 효과를 준다. 결과적으로 전하를 띤 아령의 총 관성질량은 다음과 같다.

$$m = 2m_0 + \frac{1}{4\pi\epsilon_0}\frac{q^2}{4dc^2} \tag{11.97}$$

여기에서 m_0는 끝에 있는 아령 한쪽의 질량이다. 특수 상대론에 따르면, 전하가 서로 미는 전기력 때문에 아령의 관성질량이 커진다는 것은 놀랍지 않다. 그 까닭은 이렇게 배치된 전하의 위치에너지가 (전하가 고정된 상태에서)

$$\frac{1}{4\pi\epsilon_0}\frac{(q/2)^2}{d} \tag{11.98}$$

인데, 아인슈타인 공식 $E = mc^2$에 따라 이 에너지가 물체의 질량으로 나타날 것이기 때문이다.[21]

식 11.96의 둘째 항이 실제 방사 반작용이다.

$$F_{\text{방사}}^{\text{상호}} = \frac{\mu_0 q^2 \dot{a}}{12\pi c} \tag{11.99}$$

$d \to 0$인 "점아령"에서는 (질량 보정항을 빼고는)[22] 이 항만 남는다. 불행히도 이것은 아브라함–로런츠 공식과는 곱수 2가 다르다. 그러나 이것은 1과 2의 **상호작용**과 관련된 유일한 힘이다 – 그래서 "상호"라는 윗글자를 달았다. 그것 말고도 아령의 **양 끝**에 있는 전하들의 자체힘이 있을 것이다. 그것까지 넣어 셈하면 (문제 11.20을 보라) 결과는 다음과 같다:

---

21 전하의 위치 에너지가 질량 증가량과 꼭 맞는 것은 이 모형의 운좋은 특성이다. 움직이는 방향으로 갈라진 아령에 대해 똑같은 셈을 하면 질량 보정값이 "제" 값의 반밖에 안된다(식 11.97에 4 대신에 2가 나온다). 그리고 공 모형에서는 3/4이 된다. 이 악명 높은 역설은 여러 해 동안 논쟁거리가 되어왔다. 다음을 보라: D. J. Griffiths, R. E. Owen, *Am. J. Phys.* **51**, 1120 (1983).

22 물론 $d \to 0$의 극한에서는 질량이 한없이 커져서 골치 아프다. 이것은 문제가 아닌데, 그 까닭은 실제로 재는 것은 총 질량 m이기 때문이다. 아마도 m_0에는 그것을 지우는 (음수) 무한히 큰 성분이 있어 m 값이 유한해지는 것으로 볼 수 있다. 이 곤란한 문제는 **양자** 전기역학에서도 남아있는데, 그때는 **질량 재규격화**(mass renormalization) 과정을 통해 "치워버린다".

$$F_{\text{방사}} = \frac{\mu_0 q^2 \dot{a}}{6\pi c} \tag{11.100}$$

이것은 아브라함–로런츠 공식과 똑같다. **결론: 방사 반작용은 전하가 자체힘 때문에 – 더 자세히 말하면, 전하의 일부가 다른 부분에 주는 알짜 힘 때문에 생겨난다.**

문제 11.20 식 11.99에서 식 11.100을 다음과 같이 끌어내라.

(a) 아브라함–로런츠 공식을 써서 아령의 각 끝이 받는 방사 반작용을 구하라. 이것을 식11.99의 상호작용 항에 더하라.

(b) (a)의 방법은 끌어내려는 아브라함–로런츠 공식을 쓴다는 흠이 있다. 이것을 피하려면 전하 q가 d와 무관하게 스스로 주고받는 힘을 $F(q)$라고 하자. 그러면 다음과 같이 쓸 수 있다.

$$F(q) = F^{\text{상호}}(q) + 2F(q/2)$$

여기에서 $F^{\text{상호}}$는 상호작용 하는 부분(식 11.99), $F(q/2)$는 양 끝의 전하의 자체힘이다. 이제 $F(q)$는 q^2에 비례해야 한다. 왜냐하면 전기장이 q에 비례하고, 힘은 $q\mathbf{E}$이기 때문이다. 따라서 $F(q/2) = (1/4)F(q)$이다. 이것에서 시작해라.

(c) 전하를 운동방향과 직교하는, 길이 L인 띠에 펴놓고(그러면 전하밀도는 $\lambda = q/L$이다), 띠의 조각 끼리 주고받는 힘을 식 11.99를 써서 구하라(한 쪽 끝을 $q/2 \to \lambda\, dy_1$으로, 다른 쪽 끝을 $q/2 \to \lambda\, dy_2$로 대응시켜라). 한 쌍의 조각이 주고받는 힘을 두 번 셈하지 않게 유의하라.

! **문제 11.21**[23] xy평면에서 전기쌍극자가 일정한 각속도 ω로 돈다. [전하 $\pm q$의 위치벡터가 다음과 같다: $\mathbf{r}_\pm = \pm R(\cos\omega t\,\hat{\mathbf{x}} + \sin\omega t\,\hat{\mathbf{y}};)$ 쌍극자 모멘트의 크기는 $p = 2qR$이다.]

(a) (식 11.99와 비슷한) 자체–회전력을 구하라. 운동은 비상대론적($\omega R \ll c$)이라고 하자.

(b) 문제 11.20(a)의 방법을 써서 이 계가 받는 총 방사 반작용 회전력을 구하라.

[답: $-\dfrac{\mu_0 p^2 \omega^3}{6\pi c}\,\hat{\mathbf{z}}$.]

(c) 이 결과가 총 방사일률(식 11.60)과 맞음을 확인하라.

---

23 관련된 문제가 다음 논문에 있다: D. R. Stump, G. L. Pollack, *Am, J. Phys*. **65**, 81 (1997); D. Griffiths, E. Szeto *Am, J. Phys*. **46**, 244 (1978).

보충문제

문제 11.22 탄성 상수 k인 용수철이 천장에 매달려 있고, 그 끝에 질량 m, 전하 q인 입자가 붙어 있다 (그림 11.18). 이것의 평형 점은 바닥에서 높이 h인 곳이다. 입자를 평형 점 아래로 거리 d만큼 당겼다가 $t = 0$에 놓았다.

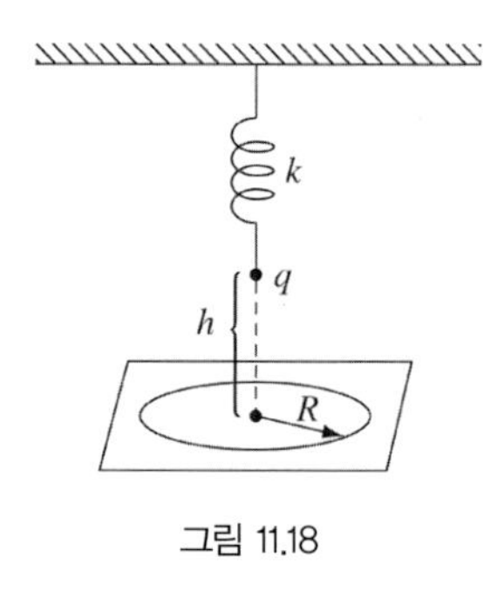

그림 11.18

(a) 흔히 가정하는 조건($d \ll \lambda \ll h$)에서 전하에서 방사되어 바닥에 이르는 전자기파의 세기를, 전하 q 바로 밑으로부터의 거리 R의 함수로 셈하라. (전자기파의 세기란 바닥의 단위면적이 받는 전자기파의 평균 일률이다.) R이 얼마일 때 전자기파를 가장 세게 받는가? 진동자의 방사감쇠는 무시하라. [답: $\mu_0 q^2 d^2 \omega^4 R^2 h / 32\pi^2 c (R^2 + h^2)^{5/2}$]

(b) 답을 확인하기 위해 바닥이 한없이 넓다고 하고, 바닥 전체에 들어오는 전자기파의 평균 일률을 셈하라. 예상한 바와 같은가?

(c) 진동하면서 전자기파를 방사하여 에너지를 잃으므로, 진폭이 점점 줄어들 것이다. 진폭이 d/e로 줄어드는 데 걸리는 시간 τ는 얼마인가? (총 에너지에 대한 한 주기에 잃는 에너지의 비율은 아주 작다고 가정한다.)

문제 11.23 평평한 땅에 높이 h인 방송탑이 서 있다. 탑의 꼭대기에 반지름 b이고 축이 수직방향인 자기 쌍극자가 있다. 한국방송 FM 기지국이 이 안테나를 통해 각진동수 ω인 방송파를 평균일률 (한 주기 동안의 평균값) P로 보낸다. 방송탑 근처에 사는 사람들은 탑에서 나오는 방송파가 너무 세기 때문에 집에 있는 음향기기에 잡음이 끓고, 기계식 차고문이 제멋대로 여닫히고, 여러 가지 의심스러운 의학적 문제가 생긴다고 불평한다. 그러나 시청 공무원이 탑 밑에서 전자기파의 세기를 재어 허용 표준 값보다 훨씬 약한 것을 확인했다. 여러분은 주민대책회의에 나가 공무원의 보고서를 평가하게 되었다.

(a) 위의 변수를 써서 탑의 기초에서 거리 R인 땅바닥에서의 전자기파의 세기에 관한 공식을 구하라. $b \ll c/\omega \ll h$라고 가정하라. [주의: 중요한 것은 전자기파의 **세기**이지 **방향**이 아니다 − 세기를 잴 때 검지기는 곧바로 안테나를 향하게 한다.]

(b) 공무원은 탑의 기초에서 얼마나 먼 곳에서 재야할까? 이곳에서의 세기에 관한 공식은 어떻게 되나?

(c) 한국방송에서 보내는 방송파의 실제 출력 일률은 35 kW, 진동수는 90MHz, 안테나의 반지름은 6cm, 방송탑의 높이는 200m이다. 시의 방송파 송출 한계는 200μW/cm^{2}이다. 한국방송은 규칙을 지키고 있는가?

! **문제 11.24** 전기 사중극자 방사의 모형으로서 그림 11.19와 같이 두 진동 전기쌍극자가 거리 d만큼 떨어져서 반대쪽으로 배열된 것을 생각하자. 낱낱의 쌍극자의 전위에 대한 식은 §11.1.2의 결과를 쓰는데, 위치가 원점이 아닌 것에 유의하고 d에 대한 1차 항만 남긴다.

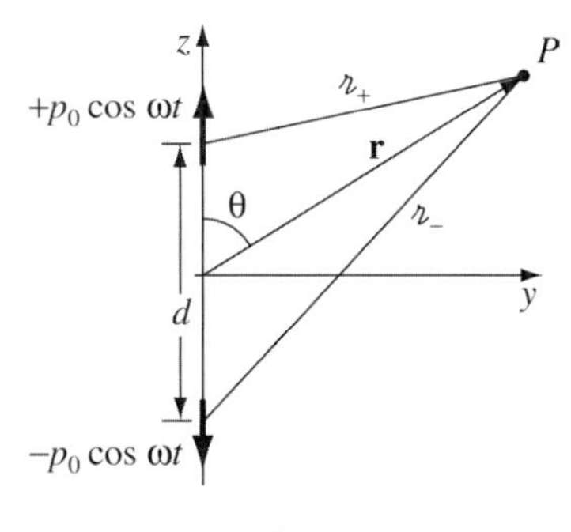

그림 11.19

(a) 스칼라 및 벡터 전위를 구하라.
(b) 전기장 및 자기장을 구하라.
(c) 포인팅 벡터와 방사 일률을 구하라. 세기의 각분포를 θ의 함수로 그려보아라.

문제 11.25 지구의 자기적 북극과 지리적 북극은 같지 않다 - 사실은 약 11° 어긋나 있다. 나침반 바늘의 북극은 (대략) 북쪽을 가리키므로, 지구의 자기적 **남극**은 실제로는 지리적 **북극**에 매우 가깝다. (왜 이리 복잡해?) 그러므로 고정된 지축에 대해 지구의 자기 쌍극자 모멘트는 시간에 따라 방향이 바뀌고, 따라서 지구는 자기 쌍극자 방사를 한다.

(a) 다음 변수를 써서 총 방사 일률을 구하라: ψ (지리적 북극과 자기적 북극 사이의 각), M (지구의 자기 쌍극자 모멘트의 크기), ω (지구의 자전 각속도). [**실마리**: 문제 11.4 또는 문제 11.11을 참고하라.]
(b) 지표면의 자기장의 세기가 적도에서는 약 1/2가우스임을 써서 지구의 자기 쌍극자 모멘트 M을 어림하라.
(c) 방사 일률을 구하라. [답: 4×10^5 W]
(d) "맥동별"은 돌고 있는 중성자별로서 전형적인 반지름은 10km정도, 회전주기는 10^{-3}초, 그리고 그 표면의 자기장은 10^8 T 정도로 추정된다. 그러한 별의 방사 일률은 얼마 정도나 될까?[24]
[답: 2×10^{36} W]

24 다음 논문을 보라: J. P Ostriker, J. E. Gunn, *Astrophys. J.* 157, 1395 (1969).

문제 11.26 점 쌍극자가 원점에 있는데, 쌍극자 모멘트의 방향은 $\hat{\mathbf{z}}$쪽이고 크기는 시간의 제곱에 비례한다.

$$\mathbf{p}(t) = \frac{1}{2}\ddot{p}_0 t^2\,\hat{\mathbf{z}}, \quad (-\infty < t < \infty)$$

여기에서 $\ddot{p}_0$는 상수이다.

(a) §11.1.2의 방법을 써서 $r > 0$인 모든 곳의 (정확한) 전기장 및 자기장을 구하라 (원점에 델타함수 항이 있지만 그것에는 신경 쓰지 않는다).

[일부 답: $V = (\mu_0\ddot{p}_0/8\pi)\cos\theta[(ct/r)^2 - 1]$, $\mathbf{A} = (\mu_0\ddot{p}/4\pi c)[(ct/r) - 1]\hat{\mathbf{z}}$.]

(b) 반지름 r인 구면을 지나가는 일률 $P(r, t)$를 구하라.

[답: $(\ddot{p}_0^2/12\pi\epsilon_0 r^3)t[t^2 + (r/c)^2]$]

(c) 방사된 전체 일률(식 11.2)을 구하고, 그 답이 식 11.60과 맞는가 확인하라.[25]

! 문제 11.27 §11.2.1에서 (비상대론적) 점전하가 단위시간에 방사하는 에너지를 셈했다 − 그것이 라모 공식이다. 같은 식으로 다음을 구하라:

(a) 단위시간에 방사하는 **운동량**을 구하라. [답: $(\mu_0 q^2/6\pi c^3)a^2\mathbf{v}$]

(b) 단위시간에 방사하는 **각운동량**을 구하라. [답: $(\mu_0 q^2/6\pi c)(\mathbf{v}\times\mathbf{a})$]

문제 11.28 (전기적으로 중성인) yz평면에 시간에 따라 변하는 면전류 $K(t)\,\hat{\mathbf{z}}$가 고르게 흐른다.

(a) 이 평면 위로 높이 x인 곳의 전자기장을 다음 두 가지 전류분포에 대하여 구하라,

(i) 시각 $t = 0$에 일정한 전류를 흘려보내기 시작했다:

$$K(t) = \begin{cases} 0, & t \le 0 \\ K_0, & t > 0 \end{cases}$$

(ii) 시각 $t = 0$에 시간에 비례하는 전류를 흘려보내기 시작했다.

$$K(t) = \begin{cases} 0, & t \le 0 \\ \alpha t, & t > 0 \end{cases}$$

(b) 지연 벡터 전위가 다음과 같은 꼴임을 밝히고,

25 $\mathbf{B}(r, t)$가 $1/r^2$에 비례하므로 이것은 전자기파를 방사하지 않는다고 생각할지 모르지만, 셈할 때 들어가는 것은 $\mathbf{B}(r, t)$가 아니라 $\mathbf{B}(r, t_0 + r/c)$이고 − 전자기파가 한없이 먼 곳으로 퍼져가는 것을 추적한다 − $\mathbf{B}(r, t_0 + r/c)$에는 $1/r$에 비례하는 항이 있다.

$$\mathbf{A}(x,t) = \frac{\mu_0 c}{2}\,\hat{\mathbf{z}} \int_0^{\infty} K\left(t - \frac{x}{c} - u\right) du$$

이로부터 **E**와 **B**를 구하라.

(c) 단위 넓이의 면의 총 방사 일률은 다음과 같음을 보여라.

$$\frac{\mu_0 c}{2}[K(t)]^2$$

전류가 한없이 넓게 퍼져있는 이 경우 "방사"가 무엇을 뜻하는지 설명하라.[26]

문제 11.29 쌍대변환 (문제 7.68)을 써서 임의로 움직이는 자기홀극 $q_{자기}$가 만드는 전기장과 자기장 및 방사 일률에 관한 "라모 공식"을 구하라.[27]

문제 11.30 문제 11.19에서 마구 커지는 해를 뺀다고 가정하고 다음을 셈하라.

(a) 밖에서 준 힘이 하는 일,

(b) 마지막 순간의 운동 에너지 (처음 운동 에너지는 0이라고 가정하라),

(c) 총 방사 에너지.

(d) 이 과정에서 에너지가 보존됨을 확인하라.[28]

문제 11.31

(a) 문제 11.19를 되풀이하는데, 이번에는 밖에서 주는 힘이 디랙 델타함수이다: $F(t) = k\delta(t)$(k는 상수).[29] [눈여겨 볼 것은 (**속도**는 여전히 연속이어야 하지만) 가속도가 이제는 $t = 0$에서 불연속이라는 것이다; 문제 11.19(a)의 방법을 써서 $\Delta a = -k/m\tau$임을 보여라. 이 문제에서는 두 시간 간격만 살펴보면 된다: (i) $t < 0$, (ii) $t > 0$.]

(b) 문제 11.30에서와 같이 이 과정에서 에너지가 보존됨을 확인하라.

! 문제 11.32 전하를 띤 입자가 $-\infty$에서부터 x축을 따라오다 다음과 같은 네모꼴 위치 에너지 장벽을 만난다:

$$U(x) = \begin{cases} U_0, & 0 < x < L \\ 0, & \text{그 밖의 곳} \end{cases}$$

방사 반작용 때문에 입자가 장벽을 **관통**(tunnel) 할 수 있음을 — 다시 말해 장벽에 부딪치는 입자

---

26 자세한 설명 및 관련된 문제는 다음 논문을 보라: B. R. Holstein, *Am. J. Phys.* **63**, 217 (1995); T.A. Abbott, D.J. Griffiths, *Am. J. .Phys.* **53**, 1203 (1985).]

27 이와 관련된 응용은 다음 논문을 보라: J. A. Heras, *Am. J. Phys.* **63**, 242 (1995).

28 문제 11.30과 11.31은 G. L. Pollak이 제시했다.

29 이 보기는 다음 논문에서 처음 분석했다: P. A. M. Dirac, *Proc. Roy. Soc.* **A167**, 148 (1938).

의 운동에너지가 U_0보다 작아도 그 입자는 장벽을 지나갈 수 있음을 보여라.[30]
[실마리: 할 일은 다음 방정식

$$a = \tau \dot{a} + \frac{F}{m}$$

을 다음과 같은 힘에 대해 푸는 것이다:

$$F(x) = U_0[-\delta(x) + \delta(x - L)]$$

문제 11.19와 11.31을 참고하되, 이번에는 힘이 t가 아닌 x의 함수임을 눈여겨보아야 한다. 살펴볼 영역은 셋이다: (i) $x < 0$, (ii) $0 < x < L$, (iii) $x > L$. 각 영역에서 $a(t)$, $v(t)$, $x(t)$에 대한 일반해를 구하되, (iii) 영역에서는 마구 커지는 해는 빼고, $x = 0$과 $x = L$에 적절한 경계조건을 적용하라. 마지막 속도(v_f)는 장벽을 건너는데 드는 시간 T와 다음 관계가 있음을 보여라.

$$L = v_{끝} T - \frac{U_0}{m v_{끝}} \left(\tau e^{-T/\tau} + T - \tau \right)$$

그리고 처음 속도 ($x = -\infty$에서의 속도)는 다음과 같음을 보여라:

$$v_{처음} = v_{끝} - \frac{U_0}{m v_{끝}} \left[1 - \frac{1}{1 + \frac{U_0}{m v_{끝}^2} \left(e^{-T/\tau} - 1 \right)} \right]$$

이 결과를 간단히 하려면, (우리가 찾는 것은 구체적인 보기이므로) 마지막 운동에너지가 장벽의 높이의 반일 때 다음과 같음을 보여라:

$$v_{처음} = \frac{v_{끝}}{1 - (L / v_{끝} \tau)}$$

특히 $L = v_{끝}\tau/4$이면 $v_{처음} = (4/3)v_{끝}$이고, 처음 운동 에너지는 $(8/9)U_0$이며, 입자의 에너지가 장벽을 넘기엔 부족해도 장벽을 뚫고 나온다!]

! 문제 11.33

(a) §11.2.3에서 $v(t_{지연}) = 0$이라고 가정하지 말고 논리를 다시 꾸며 임의의 속력으로 직선운동하는 입자가 받는 방사 반작용력을 구하라. [답: $(\mu_0 q^2 \gamma^4 / 6\pi c)(\dot{a} + 3\gamma^2 a^2 v / c^2)$]

(b) 이 답이 (식 11.78과 같은 뜻에서) 그 입자의 방사 일률인 식 11.75와 맞음을 보여라.

문제 11.34

(a) 쌍곡선 운동을 하는 입자(식 10.52)가 전자기파를 방사하는가? (정확한 공식인 식11.75를 써서 셈하라.)

30 다음 논문을 보라: F. Denef 외., *Phys. Rev.* **E56**, 3624 (1997).

(b) 쌍곡선 운동을 하는 입자는 방사 반작용을 받는가? [정확한 공식(문제 11.33)을 써서 셈하라.] [설명: 이 유명한 물음은 **등가원리**(principle of equivalence)와 관련된 중요한 뜻이 있다.[31]]

문제 11.35 문제 10.35의 결과를 써서, 원점에 있는 이상적인 전기 쌍극자 $\mathbf{p}(t)$가 방사하는 일률을 구하라. 쌍극자가 조화함수꼴로 진동할 때 답이 식 11.22와 맞는가, 그리고 시간의 제곱에 비례할 때 문제 11.26의 결과와 맞는가 확인하여라.

문제 11.36 무한 평면(yz 평면이라 하자)은 전기적으로 중성이지만 사인파 표면 전류가 흐른다.

$$\mathbf{K}(t) = K_0 \cos(\omega t)\hat{\mathbf{z}}$$

(a) (표절을 뺀) 모든 수단을 써서 생겨나는 전기장과 자기장을 추론하라. (추측이나 계시를 받는다면 결과가 맥스웰 방정식과 적절한 경계 조건에 맞는지 확인하라.)
(b) 포인팅 벡터를 꾸미고 시간 평균을 구하라. 그 결과를 전류를 품는 "통"에 대해 적분하여 단위 면적당 방사하는 (평균) 일률을 구하라.
(c) (b)에 대한 답이 전류 공급 전원이 표면에 전달하는 일률과 같은지 확인하라.

31 T. Fulton, F. Rohrlich, *Annals of Physics* 9, 499(1960); J. Cohn. *Am. J. Phys.* 46, 225 (1978); R. Peierls, *Surprises in Theoretical Physics* (Princeton: Princeton University Press, 1979), 8장; D. Teplitz 편집, *Electromagnetism: Paths to Research* (New York: Plenum Press, 1982), P. Pearle의 논문; C. de Almeida, A. Saa, *Am. J. Phys.* 74, 154 (2006).

제 12 장 전자기학과 상대론

12.1 특수 상대성 이론

12.1.1 아인슈타인 가설

고전역학은 **상대성 원리**(principles of relativity)를 따른다: 모든 **관성 기준틀**(inertial reference frame)에서는 물리현상에 똑같은 법칙이 적용된다. 여기에서 "관성"이란 계가 서 있거나 일정 속도로 움직인다는 뜻이다.[1] 당구대를 실은 기차가 매끄럽고 곧은 철길을 따라 일정 속력으로 간다고 하자. 기차에 탄 사람이 보는 모든 물리현상은 기차가 역에 서 있을 때와 똑같을 것이다; 기차 속에서 당구를 칠 때 기차가 간다고 하여 당구봉을 달리 놀리지는 않는다 – 창을 모두 가려 밖을 보지 못하게 하면 기차가 가고 있는지 서 있는지 가려낼 수도 없다. 이와는 대조적으로 기차가 속력을 올리거나 늦출 때 또는 굽은 철길을 따라가며 방향을 바꿀 때는 곧 알 수 있다 – 당구공이 괴상한 곡선궤적을 따라 움직이고 여러분은 비틀거릴 것이다. 따라서 가속 기준틀에서는 확실히 역학 법칙이 달라진다.

상대성 원리가 고전역학에 적용된다는 것은 이미 갈릴레오가 명확히 설명했다. 상대성 원리가 전기역학 법칙에도 적용되는가? 언뜻 생각하기에는 아닐 것 같다. 전하가 움직일 때는 자기장을 만들지만 서 있을 때는 그렇지 않다. 기차에 실린 전하는 땅에 있는 사람이 보기에는 자기장

---

1 여기에서 곤란한 문제가 생긴다: 일정한 속도로 가는 모든 기준틀에서는 똑같은 물리법칙이 적용된다면 무엇보다도 "서 있는" 기준틀을 알아낼 길이 없고, 따라서 다른 기준틀이 일정 속도로 가는가를 확인할 수도 없다. 이 함정을 피하고자 관성 기준틀이란 뉴턴 제 1 법칙이 성립하는 기준틀로 정의한다. 우리가 관성 기준틀 안에 있는가를 알려면 돌멩이를 던져 보라 – 그 돌멩이가 일정 속력으로 직선을 따라 가면 관성 기준틀에 있는 것으로 볼 수 있고, 우리에 대해 일정 속도로 가는 그 어떤 기준틀도 역시 관성 기준틀이다 (문제 12.1을 보라).

을 만들지만, 열차에 탄 사람은 전기역학 법칙을 써서 살펴본 다음 자기장이 없다고 할 것이다. 사실 로런츠 힘 법칙을 비롯한 전기역학의 많은 방정식에는 전하의 "속도"가 명확히 들어있다. 그러므로 전자기 이론은 모든 속도를 재는 기준이 되는 유일한 정지 기준틀을 전제하는 것처럼 보인다.

그렇지만 여기에는 특이한 우연의 일치가 있고 그것이 아인슈타인의 눈길을 끌었다. 기차에 도선 고리를 싣고 커다란 자석의 자극 사이를 지나게 하자 (그림 12.1). 고리가 자기장을 뚫고 지나가면 선속규칙에 따라 운동 기전력이 생겨난다 (식 7.13).

$$\mathcal{E} = -\frac{d\Phi}{dt}$$

그렇지만 이 기전력은 기차와 함께 움직이는 도선 고리 속의 전하가 받는 자기력 때문에 생긴 것임을 기억하자. 반면에 기차에 탄 사람이 전기역학 법칙을 그냥 적용하면 어떻게 될까? 그 사람이 보기에는 도선 고리가 서 있으므로 자기력은 없다고 생각할 것이다. 그러나 자석이 지나가므로 화물차 속의 자기장은 바뀔 것이고, 따라서 패러데이 법칙에 따라 자기장의 변화가 전기장을 만들어낼 것이다. 그 결과 생기는 전기력이 식 7.23의 기전력을 만들어낼 것이다:

$$\mathcal{E} = -\frac{d\Phi}{dt}$$

패러데이 법칙과 선속규칙이 예측하는 기전력이 정확히 같다. 그래서 기차에 탄 사람은 전기가 생기는 과정에 대해 전혀 그릇된 해석을 했는데도 답은 옳게 얻는다!

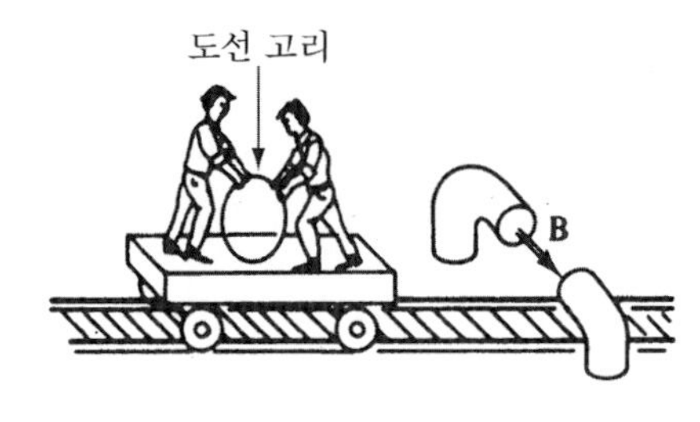

그림 12.1

그의 해석도 옳지 않을까? 아인슈타인은 이것을 단순한 우연의 일치로 보지 않았다; 그는 이것을 전자기 현상이 역학현상과 마찬가지로 상대성 원리가 적용됨을 보여주는 실마리로 생각했다. 그가 보기에는 기차에 탄 사람의 해석도 땅에 서 있는 사람의 해석과 마찬가지로 옳아야했다. 이 두 사람의 해석이 다르다면 (땅에 있는 사람은 전기적이라고 하고 기차에 탄 사람은 자기적이라고 한다), 그렇게 두어라; 이들의 실제적인 예측은 똑같다. 그가 **특수 상대성 이론**(special theory of relativity)을 소개하는 1905년 논문의 첫 장은 다음과 같다:

> 맥스웰의 전기역학을 – 현재 알고 있기로는 – 움직이는 물체에 적용하면, 현상 자체의 속성이 아닌 비대칭성이 나타난다. 예를 들어 자석과 도체의 전기역학적 작용의 상호대칭성(reciprocity)이 있다. 여기에서 나타나는 현상은 도체와 자석의 상대적 운동에만 의존하는데, 전통적인 관점에서는 이들 가운데 어느 것이 움직이는가를 뚜렷이 구별한다. 자석이 움직이고 도체가 서 있으면, 자석 주위에 전기장이 생겨...도체에 전류가 흐른다. 그러나 자석이 서 있고 도체가 움직이면 자석 주위에 전기장이 전혀 생기지 않는다. 그렇지만 도체에는 기전력이 생기고...앞의 두 경우에서 상대적 운동이 같다면 앞의 전기력이 만들어낸 것과 똑같은 전류가 흐른다.
>
> 이러한 예는 "빛의 매질"에 대한 지구의 상대운동을 찾아내는데 실패한 일과 함께 전기역학 현상은 역학적 과정과 마찬가지로 절대 정지의 개념에 대응되는 성질은 없음을 시사한다.[2]

이야기가 너무 앞질러 갔다. 아인슈타인의 선배들은 두 기전력이 같은 것은 우연의 일치일 뿐, 한 사람이 옳고 다른 사람은 그르다고 믿었다. 그들은 전기장과 자기장을 공간의 모든 곳에 스며있는 **에테르**(ether)라는 젤리 같은 투명한 매질의 변형율로 생각했다. 전하의 속력은 에테르에 대해 재야 하며, 그래야 전기역학 법칙이 맞다고 보았다. 열차에 탄 관찰자의 해석이 그릇된 까닭은 열차가 에테르에 대해 움직이고 있기 때문이었다.

그런데, 잠깐! 땅에 있는 사람이 에테르에 대해 움직이지 않는다는 것을 어떻게 안단 말인가? 결국 지구는 하루에 한 바퀴씩 지축을 중심으로 돌고 한해에 한 바퀴씩 태양 둘레를 돈다; 태양계는 은하계 주위를 돌고, 은하계는 다시 엄청난 속도로 우주 속을 움직인다. 모든 것을 더하면 우리는 에테르에 대해 50km/초가 넘는 속력으로 움직이고 있어야 한다. 오토바이를 모는 사람처럼 우리는 아주 빠른 "에테르 바람"을 맞게 된다 – 어떤 기적적인 우연의 일치로 정확히 같은 속도의 순풍을 받고 있거나, 지구에 어떤 "바람막이"가 있어 에테르를 함께 끌고 가야할 것이다. 갑자기 에테르 기준틀을 실험적으로 찾아내는 것이 핵심적으로 중요하게 되었다. 그렇지 않으면 앞의 모든 셈이 정당성을 잃게 될 것이다.

따라서, 문제는 에테르에 대한 우리의 운동을 찾아내는 것 – "에테르 바람"의 속력과 방향을 재는 것이다. 어떻게 잴까? 언뜻 생각하기에 어느 전자기적인 실험도 충분할 것 같다: 맥스웰 방정식이 에테르 기준틀에서만 성립한다면, 실험 결과와 이론적 예측의 차이는 에테르 바람 때문에 생긴 것일 것이다. 불행히도 19세기 물리학자들이 곧 깨달은 것처럼 전형적인 실험에서 얻을 수 있는 차이는 아주 작다: 위의 예에서 본 것처럼 늘 "우연의 일치"가 생겨 우리가 "그릇된" 기준틀을 쓰고 있다는 사실을 숨겨준다. 따라서 그 일을 하려면 아주 정밀한 실험을 해야 한다.

---

2 아인슈타인의 첫 상대론 논문의 번역 "On the Electrodynamics of Moving Bodies,"는 다음 책에 실려 있다: H. A. Lorentz 외, *The Principle of Relativity* (New York: Dover, 1923).

그런데 고전 전기역학의 결과 가운데 전자기파가 진공 속을 (아마도) 에테르에 대해 다음 속력으로 움직인다는 예측이 있다:

$$\frac{1}{\sqrt{\epsilon_0\mu_0}} = 3.00 \times 10^8 \mathrm{m/s}$$

따라서, 원리적으로는 빛의 속력을 여러 방향에서 재면 에테르 바람을 알아낼 수 있다. 빛의 속력은, 강물에 떠가는 배와 같이, 빛이 에테르의 흐름을 "타고" 갈 때 최고가 될 것이고, 거슬러 갈 때 최저가 될 것이다 (그림 12.2).

이 실험은 생각은 쉬울지 몰라도, 빛이 너무 빨라서 실행은 전혀 다른 문제이다. 이러한 "기술적인 문제"만 없다면, 손전등과 초시계만 있어도 실험할 수 있다. 실제로 마이컬슨(Michelson)과 몰리(Morley)가 정밀하고도 멋진 실험을 생각해 냈는데, 그것은 엄청나게 정밀한 광간섭계를 쓰는 것이었다. 자세한 것은 여기에서 다루지 않지만 요점은 다음 두 가지 이다: (1) 마이컬슨과 몰리는 다른 쪽으로 가는 빛의 속력을 비교했고, (2) 빛이 어느 쪽으로 가든 속력이 똑같다는 사실을 발견했다.

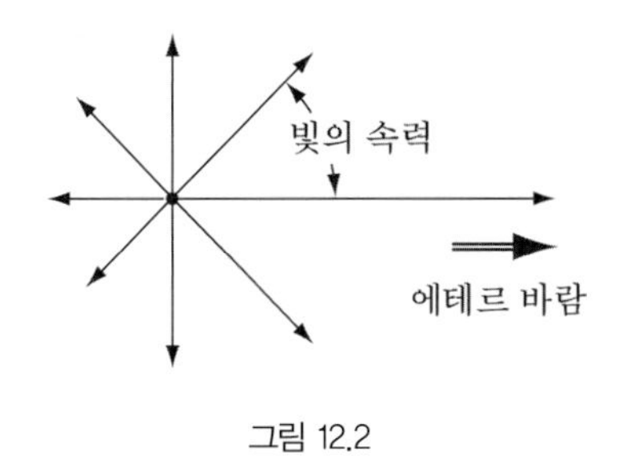

그림 12.2

오늘날은 고등학교에서도 에테르 모형이 옳지 않다고 가르치지만, 그 당시 사람들이 이 실험결과를 보고 얼마나 당혹했을지는 잠깐 생각해 보면 알 수 있다. 다른 모든 파(수면파, 음파, 줄파)는 매질(파동을 전달하는 물질)에 대해 일정속도로 움직인다. 관찰자가 볼 때 매질이 움직이고 있으면 파동이 매질의 운동을 "거스를" 때보다 "탈" 때의 전파속력이 항상 더 크다. 빛은 왜 그렇게 되지 않는지를 설명하고자 여러 방법을 20년 이상이나 고안했다. 마이컬슨과 몰리도 자기들이 한 실험을 통해 지구가 에테르를 끌고 간다는 "에테르 끌림(ether drag)" 가설이 확인된 것으로 해석했다. 그러나 이것은 광행차(光行差) 등의 실험결과와 어긋남이 밝혀졌다.[3] 또한 여러 가지 "발광(emission)" 이론들이 제안되었는데, 이것은 (빛을 입자들의 흐름으로 생각하는) 입자이론처럼 전자기파의 속력이 광원의 움직임에 따라 결정된다는 것이다. 이 이론들에 따르면 맥스

---

3 마이컬슨–몰리의 실험 및 관련된 것에 관한 설명은 다음 책을 보라: R. Resnick, *Introduction to Special Relativity*, 제 1 장 (New York, John Wiley, 1968).

웰 방정식을 이상한 꼴로 고쳐야 하지만, 그것들은 모두 지구 밖의 광원을 쓴 실험 결과 부정되었다. 한편, 핏제랄드(Fitzgerald)와 로런츠(Lorentz)는 에테르 바람이 (마이컬슨-몰리의 실험기구를 포함한) 모든 물질을 (광속이 달라지는 효과를 정확히 지우도록) 수축시키기 때문에 빛의 속도 변화가 감춰진다고 시사했다. 수축되는 까닭에 대한 설명은 옳지 않지만, 여기에 진실의 한 조각이 있음이 나중에 밝혀졌다.

아무튼 마이컬슨-몰리 실험의 결과를 그대로 받아들이고, 빛의 속력은 관찰자나 광원의 움직임에 상관없이 모든 방향으로 일정한 보편상수라고 한 사람은 아인슈타인이었다. 에테르 자체가 없으므로 에테르 바람도 없다. 어떤 기준틀에서도 맥스웰 방정식을 그대로 쓸 수 있고, 전하의 속도는 (애초에 없는) 절대 정지 기준틀이나 (애초에 없는) 에테르에 대해 재는 것이 아니라, 우리가 마음대로 고른 기준틀에서 재면 된다.

아인슈타인은 자신이 찾아낸 이론적인 실마리(전자기 법칙은 "그릇된" 계에서도 옳은 답을 준다는 사실)와 다른 사람의 실험적 증거(마이컬슨-몰리의 실험)[4]에 자극받아 유명한 두 가지 가설을 제안했다.

1. **상대성 원리.** 물리법칙은 모든 관성 기준틀에서 똑같이 성립한다.
2. **빛의 속력의 보편성.** 진공에서의 빛의 속력은 광원의 운동에 관계없이, 어느 기준틀에서 재도 똑같다.

특수 상대성 이론은 이 두 가정에서 나온다. 첫째는 갈릴레오가 고전역학에서 관찰한 것을 모든 물리학 전체에 적용되는 일반 법칙으로 높인 것이다. 이것에 의하면 절대 정지계란 없다. 둘째는 마이컬슨-몰리의 실험결과를 아인슈타인이 해석한 것으로 볼 수 있다. 이것은 에테르는 없다는 것이다. (어떤 이는 둘째 가설이 중복된다고 – 첫째의 특별한 경우일 뿐이라고 생각한다. 이들은 에테르의 존재 자체가 유일한 정지 기준틀을 정의한다는 뜻에서 상대성원리를 부정한다고 말한다. 나는 이 주장이 틀렸다고 생각한다. 소리를 전파시키는 매질로서 공기가 있다고 하여 상대론이 틀리지 않는다. 에테르가 절대 정지계가 아닌 것은 어항에 있는 물이 절대 정지계가 아닌 것과 같다 – 우리가 금붕어라면 이것은 *특수한* 좌표계이지 결코 "절대" 좌표계가 아니다.)[5]

상대성 원리는 몇 세기 전부터 알려져 왔지만, 빛의 속력이 일정하다는 것은 전혀 새롭고 상식을 벗어난 것이었다. 내가 60km/h로 달리는 기차 복도에서 5km/h로 걸어 나가면 알짜 속도는 분명히 65km/h가 될 것이다 – C(땅)가 본 A(나)의 속력은 C가 본 B의 속력에 B(기차)가 본 A의

4 실제로는 아인슈타인은 마이컬슨-몰리 실험을 잘 몰랐던 것 같다. 그에게는 이론적 논거만으로도 결정적이었다.

5 이렇게 설명하는 까닭은 절대 정지 기준틀이 무엇인가에 대한 오해를 걷어내기 위한 것이다. 1977년 "대폭발"로부터 남은 3K 배경방사에 대한 지구의 속력을 잴 수 있게 되었다. 이로써 절대 정지계가 발견되었고, 상대성이 부정되었는가? 물론 아니다.

속력을 더한 것이다:

$$v_{AC} = v_{AB} + v_{BC} \tag{12.1}$$

그런데도 아인슈타인은 A가 빛이라면 (이것이 기차에 있는 손전등에서 나왔든, 땅위의 전등이나 하늘의 별에서 왔든) 기차에서 잰 빛의 속력은 c이고 땅에서 잰 값도 c라고 할 것이다:

$$v_{AC} = v_{AB} = c \tag{12.2}$$

식 12.1은 **갈릴레오 속도 덧셈규칙**(Galileo's velocity addition rule)으로 (아인슈타인 이전에는 아무도 여기에 이름을 붙이지 않았다) 둘째 가정과 어긋난다. 특수 상대론에서는 **아인슈타인 속도 덧셈규칙**(Einstein's velocity addition rule)으로 바뀐다:

$$\boxed{v_{AC} = \frac{v_{AB} + v_{BC}}{1 + (v_{AB}v_{BC}/c^2)}.} \tag{12.3}$$

"보통" 속력($v_{AB} \ll c$, $v_{BC} \ll c$)에서는 분모가 1에 가까우므로 갈릴레오의 공식과 아인슈타인의 공식은 거의 같다. 그러나 $v_{AB} = c$이면 저절로 $v_{AC} = c$가 된다:

$$v_{AC} = \frac{c + v_{BC}}{1 + (cv_{BC}/c^2)} = c$$

그러면, 어떻게 해서 오직 상식을 바탕으로 만든 갈릴레오의 규칙이 틀린다는 말인가? 또한, 그렇다면 고전물리와는 어떤 관련이 있는가? 그 답은 특수 상대론은 시공간 자체에 대한 생각을 바꾸게 만들고, 따라서 그로부터 나온 속도, 운동량, 에너지와 같은 양에 대한 생각도 바꾸게 만든다는 것이다. 역사적으로는 이것이 전기역학에 대한 아인슈타인의 깊은 생각에서 발전되었지만, 어떤 특정한 무리의 현상에만 적용되는 것이 아니다 – 이것은 모든 물리현상이 일어나는 시공간 "영역"에 대한 묘사이다. 둘째 가설은 빛의 속력에 관한 것이지만 상대론은 빛과 아무 관련이 없다. c는 근본적인 속도이고, 빛은 우연히도 그 속력으로 움직일 뿐이다. 그러나 전하가 없고, 따라서 전자기장이나 파는 없지만 상대론이 지배하는 우주를 생각할 수도 있다. 상대론은 시공간의 구조를 결정하므로, 이것은 지금까지 알려진 모든 현상만이 아니라 앞으로 발견될 모든 현상에도 적용된다. 칸트(Kant)라면 이것을 "미래의 모든 물리학의 서론"이라고 할 것이다.

문제 12.1 $\mathcal{S}$가 관성 기준계라 하자. 갈릴레오 속도 덧셈 규칙을 써라.

(a) $\bar{\mathcal{S}}$가 $\mathcal{S}$에 대해 일정 속도로 움직인다면, $\bar{\mathcal{S}}$도 관성 기준계임을 보여라. [실마리: 각주 1의 정의를 써라.]

(b) 거꾸로 $\bar{S}$가 관성 기준계라면, 이것은 S에 대해 일정 속도로 움직임을 보여라.

문제 12.2 고전역학에서 상대성 원리를 보여주는 사례로서 다음 일반적인 충돌을 생각하자: 관성 기준틀 S에서 입자 A(질량 m_A, 속도 $\mathbf{u}_A$)가 입자 B(질량 m_B, 속도 $\mathbf{u}_B$)와 부딪친다. 충돌과정에서 A의 일부가 떨어져 나와 B에 붙어 결국 입자 C(질량 m_C, 속도 $\mathbf{u}_C$)와 입자 D(질량 m_D, 속도 $\mathbf{u}_D$)가 남는다. S에서 운동량($\mathbf{p} \equiv m\mathbf{u}$)이 보존된다고 하자.

(a) S에 대해 속도 $\mathbf{v}$로 움직이는 관성 기준틀 $\bar{S}$에서도 운동량이 보존됨을 증명하라. (갈릴레오 속도 덧셈 규칙을 써라 — 이것은 완전히 고전적인 셈이다. 질량은 어떻게 된다고 가정해야 하는가?)

(b) S에서 충돌이 탄성적이면 $\bar{S}$에서도 탄성적임을 보여라.

문제 12.3

(a) v_{AB} = 8km/h이고 v_{BC} = 90km/h일 때, 아인슈타인 규칙 대신 갈릴레오 규칙을 쓰면 몇 %의 오차가 생기겠는가?

(b) 빛의 속력의 3/4으로 달리는 기차의 복도에서 우리가 빛의 속력의 1/2로 달린다면, 땅에서 볼 때의 속력은 얼마이겠는가?

(c) $v_{AB} < c$이고 $v_{BC} < c$이면 $v_{AC} < c$임을 식 12.3을 써서 증명하라. 이 결과를 해석해 보라.

문제 12.4 범죄자가 차를 $\frac{3}{4}c$의 속력으로 몰아 도망하자 경찰이 순찰차를 $\frac{1}{2}c$로 몰며 총을 쏜다 (그림 12.3). 총알이 총구에서 나갈 때의 (총에 대한) 속력은 $\frac{1}{3}c$이다.

(a) 갈릴레오라면 범인이 총알에 맞는다고 할까?

(b) 아인슈타인이라면 어떨까?

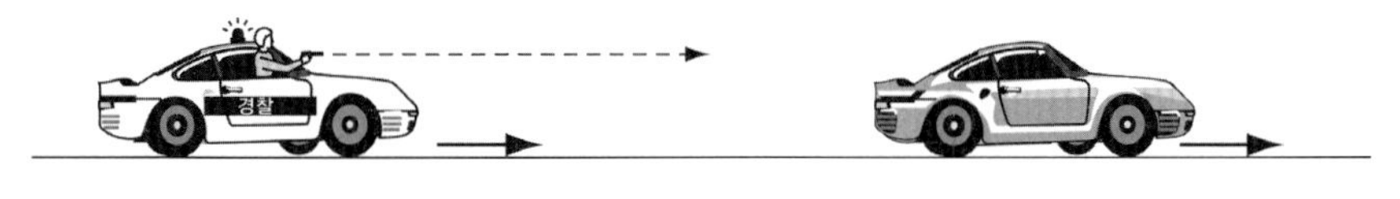

그림 12.3

12.1.2 상대론의 기하학

이 절에서는 일련의 생각실험(실험상황을 상상하여 문제의 핵심을 끌어내는 것)을 제시하여 아인슈타인의 가설에서 나오는 가장 중요한 세 가지 기하학적 결과, 즉 시간팽창, 로런츠 수축, 동시성의 상대성을 끌어낸다. §12.1.3에서는 로런츠 변환을 써서 같은 결과를 더 체계적으로 끌어낼 것이다.

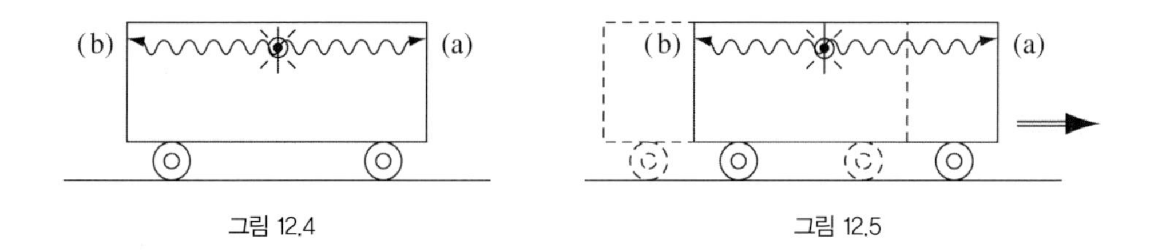

그림 12.4 그림 12.5

(i) **동시성의 상대성.** 기차가 매끄럽고 곧은 궤도를 따라 일정한 속력으로 달린다고 하자 (그림 12.4). 이 차의 한 가운데에 등이 걸려 있다. 등을 켜면 빛이 모든 방향으로 속력 c로 퍼져 나간다. 등은 기차의 양 끝에서 같은 거리에 있으므로 기차에 탄 사람이 보기에는 빛이 동시에 앞쪽과 뒤쪽 끝에 이를 것이다. 즉, (a) 빛이 앞쪽 끝에 닿는 것과 (b) 빛이 뒤쪽 끝에 닿는 것, 두 사건이 "동시에" 일어난다.

그렇지만, 땅에 선 사람이 보기에는 이 두 사건이 동시에 일어나지 않는다. 왜냐하면, 빛이 등에서 (모든 방향으로 속력 c로 – 이것이 둘째 가설이다) 퍼지는 동안 기차가 앞으로 가므로, 뒤로 가는 빛은 앞으로 가는 빛보다 짧은 거리를 가기 때문이다 (그림 12.5). 이 사람이 보기에는 사건 (b)가 사건 (a)보다 먼저 일어난다. 하지만 특급 열차를 타고 추월하면서 보는 사람은 (a)가 (b)보다 먼저 일어났다고 할 것이다. 결론:

> **한 기준틀에서 동시에 일어난 두 사건을 다른 기준틀에서 보면 일반적으로 동시에 일어나지 않는다.**

그 차이를 알아차릴 수 있으려면 당연히 기차가 엄청나게 빨라야 한다 – 그래서 우리는 그 차이를 전혀 알아채지 못한다.

물론 너무 단순하게 받아들이면 동시성을 잘못 생각할 수 있다: 차의 뒷자리에 앉은 사람이 종 b의 소리를 종 a의 소리보다 먼저 듣는데, 그 까닭은 b가 a보다 가까이 있기 때문인데, 어떤 아이는 b가 a보다 먼저 울렸기 때문이라고 생각할 수 있다. 그러나 이것은 단순한 실수로서 특수상대성과는 아무 관계가 없다 – 신호(소리, 빛, 심부름 꾼 등)가 전달되는 시간을 보정해 주어야 한다. **관찰자**(observer)란 이 보정을 할 수 있는 사람이고, **관찰결과**(observation)란 관찰자가 보정한 뒤에 기록한 결과를 말한다. 그러므로 우리가 본 것이 곧 우리가 관찰한 것은 아니다. 관찰결과는 사진기로 찍은 것이 아니라 모든 자료를 모아 사실에 맞추어 재구성한 것으로, 관찰자의 위치와는 무관하다. 사실 똑똑한 관찰자라면 조수를 중요한 곳에 세워 놓고 그의 시계바늘을 기준시계에 맞춰 놓아 사건을 보자마자 시각을 잴 수 있게 할 것이다. 이 점을 자세히 말하는 까닭은 동시성의 상대성이란 상대적으로 운동하는 관찰자들이 잰 결과들이 참으로 어긋나는 점을 말하는 것이지, 단순히 빛이 도달하는데 걸린 시간을 제대로 넣지 않아 생기는 실수가 아님을 강조하려는 것이다.

문제 12.5 시각을 맞추어 둔 시계들이 직선을 따라 백만 km마다 하나씩 놓여 있다. 우리 옆에 있는 시계가 정오를 알릴 때
(a) 90번째 떨어진 시계는 몇 시로 보이는가?
(b) 그 시계는 몇 시로 관찰되는가?

문제 12.6 대략 2년마다 천체물리학자가 빛보다 빠른 물체를 관측했다는 신문보도가 나온다. 이런 기사 가운데 많은 것이 본 것과 관찰한 것을 가리지 못해 – 빛이 가는데 걸린 시간을 생각하지 않아 – 생긴다. 한 예로서 다음을 보자: 시선방향과 각도 θ를 이루는 방향에서 별이 속력 v로 우리 쪽으로 다가온다 (그림 12.6). 이 별이 하늘을 가로지르는 겉보기 속력은 얼마인가? (점 a에서 나온 빛이 지구에 오고 나서 Δt 뒤에 점 b에서 나온 빛이 온다고 하자. 그 동안 별이 하늘을 Δs만큼 가로지른다고 하자. "겉보기 속력"이란 $\Delta s/\Delta t$이다.) 어떤 각도일 때 겉보기 속력이 가장 빠른가? v가 c보다 작아도 겉보기 속력은 c보다 훨씬 빠를 수 있음을 보여라.

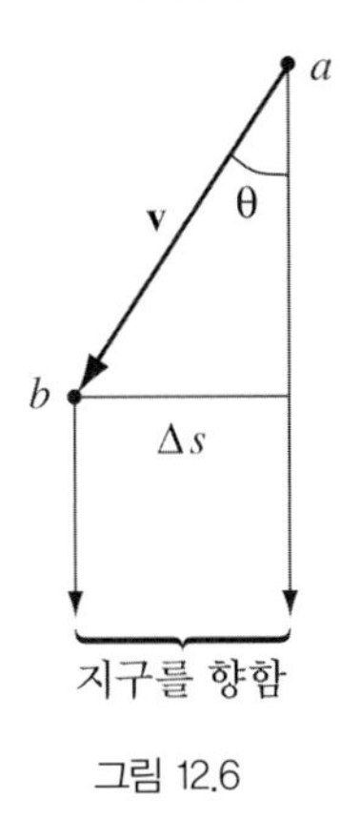

그림 12.6

(ii) **시간팽창.** 이번에는 기차에 달린 등 바로 밑바닥에 오는 빛을 생각해 보자. 물음: 빛이 오는데 걸리는 시간은 얼마인가? 기차에서 관찰하면 대답은 간단하다. 차의 높이가 h라면 걸린 시간은 다음과 같다.

$$\Delta\bar{t} = \frac{h}{c} \tag{12.4}$$

(기차에서 관찰한 시간에 막대를 얹었다.) 그런데 땅에서 보면 이 빛은 (기차가 움직이므로) 더 먼 길을 가야 한다. 그림 12.7에서 보면 이 거리는 $\sqrt{h^2 + (v\Delta t)^2}$이므로 걸린 시간은 다음과 같다.

$$\Delta t = \frac{\sqrt{h^2 + (v\Delta t)^2}}{c}$$

Δt에 대해 풀면 다음 식을 얻는다.

$$\Delta t = \frac{h}{c} \frac{1}{\sqrt{1 - v^2/c^2}}$$

그러므로 다음 결과를 얻는다.

$$\boxed{\Delta \bar{t} = \sqrt{1 - v^2/c^2}\, \Delta t.} \tag{12.5}$$

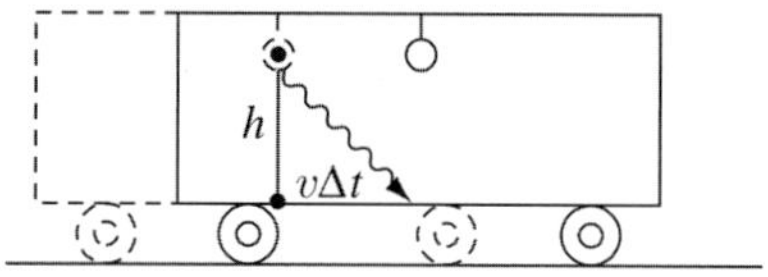

그림 12.7

똑같은 두 사건 – (a) 빛이 등을 떠나 (b) 바닥에 부딪치는 – 사이에 흐른 시간이 분명히 관찰자에 따라 다르다. 실제로 기차에 있는 시계에 기록된 시간 $\Delta \bar{t}$는 다음 인자만큼 짧다.

$$\boxed{\gamma \equiv \frac{1}{\sqrt{1 - v^2/c^2}}.} \tag{12.6}$$

결론 : **움직이는 시계는 느리게 간다.**

이 효과가 **시간팽창**(time dilation)이다. 이것은 시계의 작동 기구와는 아무 관계가 없고, 시간의 본성에 관한 이야기이므로 모든 시계에 적용된다.

아인슈타인이 예측한 것 가운데 가장 극적이고 설득력 있는 증거가 바로 이 시간팽창이다. 소립자는 대부분 불안정해서 고유수명이[6] 지나면 붕괴하는데, 그것은 입자마다 다르다. 중성자의 수명은 15분, 뮤온은 2×10^{-6}초, 중성 중간자는 9×10^{-17}초이다. 그러나 이 수명은 입자가 서 있을 때의 값이다. 입자가 c에 가까운 속력으로 움직이면 수명이 더 긴데, 이것은 아인슈타인의 시간지연 공식대로 내부시계(수명이 다했음을 나타내 주는 것)가 천천히 가기 때문이다.

예제 12.1

뮤온이 실험실에서 광속의 3/5배로 움직인다면 얼마나 오래 살겠는가?

6 실제로는 입자마다 수명이 이보다 길거나 짧다. 입자의 붕괴는 제멋대로 진행되므로 종류마다 평균수명만을 말할 수 있다. 그러나 쓸데없이 복잡해지지 않도록 각 입자는 정확히 평균수명 뒤에 붕괴하는 것처럼 생각하겠다.

■ 풀이 ■

이 경우에

$$\gamma = \frac{1}{\sqrt{1-(3/5)^2}} = \frac{5}{4}$$

이므로 5/4배만큼 더 오래 산다. 즉, 다음과 같다.

$$\frac{5}{4} \times (2 \times 10^{-6})\,\text{s} = 2.5 \times 10^{-6}\,\text{s}$$

시간팽창이 상대성 원리와 어긋나는 것처럼 보일 수도 있다. 즉, 땅에서 볼 때 기차에 있는 시계가 느리게 가는 것으로 보인다면, 기차에서 볼 때도 똑같이 땅에 있는 시계가 느리게 가는 것으로 보일 것이다 – 기차를 기준으로 보면 땅이 움직이기 때문이다. 누가 옳은가? 답: 모두 옳다! 잘 살펴보면 굳건해 보이는 이 "모순"이 사라진다. 그 이유는 이렇다. 땅 위의 관찰자(그)가 기차 시계의 시간을 점검하려면 시계 두 개가 필요하다 (그림 12.8). 하나는 기차 시계가 *A*를 지나가는 시각을 비교하는데, 다른 하나는 기차 시계가 *B*를 지나가는 시각을 비교하는데 쓴다. 물론 실험을 하기 전에 두 시계의 시각을 맞추어야 한다. 그가 보기에 기차 시계가 3분을 똑딱거렸을 때 땅 시계가 5분을 가리켰다면, 그는 기차 시계가 천천히 갔다고 말할 것이다.

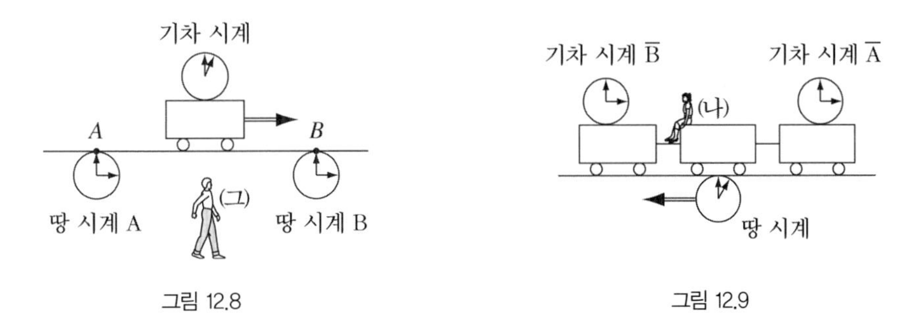

그림 12.8 그림 12.9

한편, 기차를 탄 관찰자(나)는 똑같은 과정을 거쳐 땅 시계의 시각을 확인한다. 나는 시각을 맞춘 시계 두 개로, 땅 시계 하나가 지나갈 때의 시각과 비교한다 (그림 12.9). 땅 시계가 3분을 똑딱거리면 기차 시계로는 5분이 될 것이고, 땅 시계가 느리게 간다고 결론짓는다. 여기에 모순이 있는가? 없다. 왜냐하면, 두 관찰자는 서로 다른 것을 쟀기 때문이다. 그는 기차 시계 하나를 땅 시계 두 개와 비교했고, 나는 땅 시계 하나를 기차 시계 두 개와 비교했다. 각자는 합리적이고 올바른 과정을 거쳐 움직이는 시계 하나를 서 있는 시계 두 개와 비교했다. "그래서? 서 있는 두 시계는 매 순간 시각이 같았는데, 시계 두 개를 쓴다고 해서 무슨 문제가 되겠는가?" 그러나 여기에 문제가 있다: (다른 곳에 있는) 두 시계의 시각이 한 계에서는 같아도, 다른 계에서는 다를 수 있다.

두 시계의 시각이 같다는 것은 예를 들어 동시에 정오를 가리킨다는 뜻인데, 한 관찰자가 보기에는 동시에 일어난 일이 다른 관찰자가 보기에는 동시에 일어나는 것으로 보이지 않는다는 것을 우리는 이미 알고 있다. 따라서, 한 관찰자가 자기로서는 완전히 흠이 없는 실험을 했다 할지라도, 다른 관찰자는 그 과정을 보고 그가 두 시계의 시각을 맞추지 않는 어처구니없는 실수를 했다고 생각하게 된다. 그래서 "실제로는" 그의 시계가 천천히 가는 데도, 그는 "내" 시계가 천천히 가고 있다고 결론 짓는다 (입장을 바꾸어도 같은 논리가 적용된다).

상대적으로 움직이는 시계로는 시각을 맞출 수 없으므로, 시간팽창을 검증할 때는 움직이는 시계 하나만을 관찰해야 한다. 움직이는 시계는 모두 똑같이 느리게 가지만, 시계 하나를 잰 뒤에 다른 시계로 바꿀 수는 없다. 그 까닭은 그 시계들은 애초부터 시계바늘이 같은 속도로 돌지 않기 때문이다. 그러나 (관찰자에 대해) 서 있는 시계는 시계바늘이 같은 속도로 돌기 때문에 얼마든지 많이 써도 된다 (움직이는 관찰자는 반박하겠지만, 이것은 그의 문제일 뿐이다).

예제 12.2

(쌍둥이 역설) 어떤 여자 우주비행사가 21살 되는 생일에 우주선을 타고 (12/13)c의 속력으로 집을 떠났다. 그녀의 시계로 5년이 지난 뒤에 방향을 돌려 같은 속력으로 돌아와 집에 머물던 그녀의 남자 쌍둥이를 만났다. **물음**: 다시 만났을 때 그 쌍둥이들은 각각 몇 살인가?

■ 풀이 ■

여행 다녀온 쌍둥이는 10살을 먹으므로(가는 데 5년, 오는 데 5년), 집에 돌아오는 때 꼭 31 번째 생일을 맞는다. 그러나 지구에서 보면, 그녀의 시계는

$$\gamma = \frac{1}{\sqrt{1-(12/13)^2}} = \frac{13}{5}$$

배만큼 느리게 가고 있었다. 집에 있던 시계로는 $\frac{13}{5} \times 10 = 26$년이 지났고 남자 쌍둥이는 47번째 생일을 축하할 것이다 – 그는 누이보다 현재 16살이나 더 늙었다. 그러나 속지 말아야 할 것은 여행한 쌍둥이에게 젊음이 생겨난 것이 아니라는 것이다. 왜냐하면, 그녀는 남자 쌍둥이보다 늦게 죽을지는 모르지만 더 많이 산 것은 아니기 때문이다 – 단지 **천천히** 나이를 먹었던 것뿐이다. 비행하는 동안 그녀의 모든 생물학적 과정 – 신진대사, 박동, 생각하는 것과 말하는 것 – 이 시계가 느려지듯이 느려진다.

이른바 **쌍둥이 역설**은 여행한 쌍둥이 입장에서 생각할 때에 생겨난다. 그녀가 볼 때에는 지구가 (12/13)c로 움직여서, 5년 후에 방향을 바꿔 돌아왔다. 그녀의 입장에서 보면 그녀가 서 있었고 지구에 있던 남자 쌍둥이가 움직였기 때문에, 지구에 있던 그가 젊어져야 한다고 생각한다. 이 쌍둥이 역설에 대해 많은 이야기가 있지만, 여기에는 역설이 전혀 없다는 것이 진실이다. 즉, 두 번째 분석은

완전히 틀렸다. 그 두 쌍둥이는 입장을 서로 바꿀 수 없다. 여행한 쌍둥이는 집으로 돌아올 때 가속운동을 해야 하지만, 남자 쌍둥이는 그렇지 않다. 좀 더 멋진 말을 쓰자면, 여행한 쌍둥이는 관성기준틀에 있지 않았다. 좀 더 정확히 말하면, 갈 때와 올 때의 기준틀이 전혀 다르다. 문제 12.16에서 이 문제를 그녀의 입장에서 정확히 분석하려면 어떻게 할지를 알게 되겠지만, 가속운동을 하면서 서 있을 수는 없으므로 여행한 쌍둥이는 서 있는 관찰자가 될 수 없다는 것만 알아도 쌍둥이 역설이 풀린다.

문제 12.7 실험실에서 뮤온이 800m간 뒤 붕괴되는 것을 관찰했다. 어떤 대학원생이 뮤온의 수명(2×10^{-6}초)을 살펴본 후 속력이

$$v = \frac{800\ \mathrm{m}}{2 \times 10^{-6}\ \mathrm{s}} = 4 \times 10^{8}\ \mathrm{m/s}$$

로 빛보다 빠르다고 단정했다. 그의 실수가 무엇인지 찾아내고 뮤온의 실제속력을 구하라.

문제 12.8 어느 로켓 우주선이 속력 $\frac{3}{5}c$로 지구를 떠났다. 로켓에 있는 시계로 1시간이 지난 뒤에 그 로켓에서 지구로 빛 신호를 보냈다.

(a) 지구 시계로 언제 빛 신호가 떠났겠는가?

(b) 지구 시계로 로켓이 출발하고 얼마 뒤에 빛 신호가 지구에 왔겠는가?

(c) 로켓에서 볼 때 로켓이 출발하고 얼마 뒤에 빛 신호가 지구에 왔겠는가?

(iii) 로런츠 수축. 셋째 생각실험으로서 기차 뒤쪽에 등을, 앞쪽에 거울을 달아서 빛 신호가 오갈 수 있다고 하자 (그림 12.10). 물음: 신호가 한 번 갔다 오는데 걸리는 시간은 얼마인가? 기차에 탄 사람이 보기에는 답은 다음과 같다.

$$\Delta\bar{t} = 2\frac{\Delta\bar{x}}{c} \tag{12.7}$$

여기에서 $\Delta\bar{x}$는 기차의 길이이다 (윗막대는 전과 같이 기차에 타고서 잰 길이를 나타낸다). 땅에서 보면 기차가 움직이고 있으므로, 과정이 더 복잡하다. 빛 신호가 앞쪽에 도착한 시간을 Δt_1, 돌아온 시간을 Δt_2라고 하면 (그림 12.11을 보라),

$$\Delta t_1 = \frac{\Delta x + v\Delta t_1}{c}, \quad \Delta t_2 = \frac{\Delta x - v\Delta t_2}{c}$$

이것을 $\Delta t_1, \Delta t_2$에 대해 풀면 다음과 같다.

$$\Delta t_1 = \frac{\Delta x}{c - v}, \quad \Delta t_2 = \frac{\Delta x}{c + v}$$

따라서 갔다 오는데 걸린 시간은 다음과 같다.

$$\Delta t = \Delta t_1 + \Delta t_2 = 2\frac{\Delta x}{c}\frac{1}{(1 - v^2/c^2)} \tag{12.8}$$

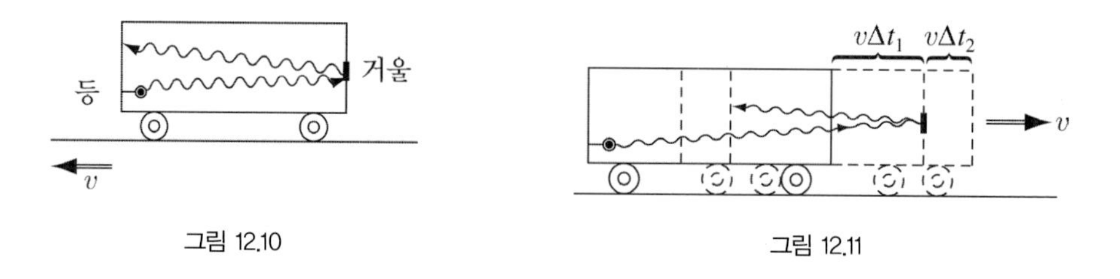

그림 12.10

그림 12.11

그런데 이 시간들은 시간팽창 공식인 식 12.5에 따라 다음 관계가 있다.

$$\Delta \bar{t} = \sqrt{1 - v^2/c^2}\, \Delta t$$

이것을 식 12.7과 식 12.8에 쓰면 다음 결론을 얻는다.

$$\boxed{\Delta \bar{x} = \frac{1}{\sqrt{1 - v^2/c^2}} \Delta x.} \tag{12.9}$$

기차의 길이는 땅에서 잰 값과 기차 안에서 잰 값이 다르다 – 땅에서 재면 더 짧다.[7] 결론:

움직이는 물체는 짧아진다.

이것이 **로런츠 수축**(Lorentz contraction)이다. 여기에 나타난 인자

$$\gamma \equiv \frac{1}{\sqrt{1 - v^2/c^2}}$$

는 시간팽창 공식과 로런츠 수축 공식에 나온 것과 똑같다. 따라서 외우기 쉽다: 움직이는 시계는 느리게 가고 움직이는 막대는 짧아지며 그 인자는 늘 γ이다.

물론, 기차에 탄 사람은 기차가 짧아졌다고 생각하지 않는다 – 그의 자도 똑같이 짧아져서,

---

7 더 짧아 "보인다"고 하지 않았음에 유의하자. 결코 그렇지 않다! 그 길이를 어떻게 재도 실제로 더 짧다.

길이를 재면 기차가 역에 서 있을 때와 똑같다. 사실 그에게는 땅에 있는 물체가 짧아 보인다. 이렇게 보면 또다시 역설이 생긴다. 즉, A는 B의 자가 짧다고 하고 B는 A의 자가 짧다고 한다면 누가 옳을까? 답: 둘 다 옳다! 그러나 양쪽의 주장을 조화시키려면 길이를 실제로 어떻게 재는지 잘 살펴야 한다.

널빤지의 길이를 잰다고 하자. 그것이 (우리에 대해) 서 있다면 그 널빤지 곁에 자를 놓고 양쪽 끝의 눈금을 읽으면 된다. 그 차이가 널빤지의 길이이다 (그림 12.12). (또는 한쪽 끝을 눈금 0에 맞추고 다른 쪽 끝의 눈금만 읽으면 된다.)

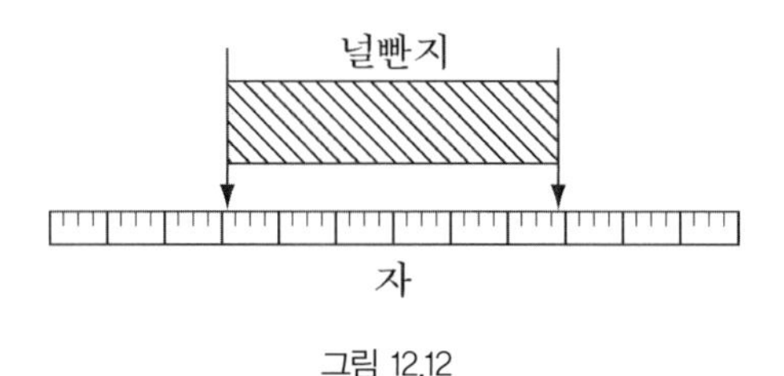

그림 12.12

그러나 널빤지가 움직이면 어떻게 해야 할까? 이번에도 같은 이야기지만, 두 끝을 같은 순간에 읽어야 한다. 그렇게 하지 않으면 널빤지는 재는 동안 움직이므로 측정값이 옳지 않을 것이다. 그러나 문제가 있다. 즉, 동시란 상대적이므로 언제가 "같은 순간"인지에 대해 두 사람의 의견이 다를 것이다. 땅에서 기차의 길이를 재는 사람은 자신의 틀에서 같은 순간에 두 끝의 위치를 잴 것이다. 그러나 기차에 있는 사람이 이것을 보면, 앞을 먼저 재고 조금 뒤에 뒤를 잰다고 불평할 것이 다. 따라서 그가 (기차에서 볼 때) 더 짧은 자를 쓰는데도 그가 잰 결과는 길어지는 것이 아니라 오히려 짧아진다. 각 관찰자는 (그 자신의 기준틀에서 볼 때) 길이를 정확하게 쟀으며, 서로 상대방의 자가 짧아졌음을 발견한다. 그러나 모순은 없는데, 그 까닭은 잰 대상이 다르고 상대방의 방법이 틀렸다고 생각하기 때문이다.

예제 12.3

헛간과 사다리 역설

시간팽창과는 달리 로런츠 수축을 직접 증명하는 실험은 없는데, 그 까닭은 빛의 속력에 가깝게 움직이는 큰 물체가 없기 때문이다. 다음 이야기는 우리가 빛의 속력을 낼 수 있다면 얼마나 이상한 세계가 될 지를 알려준다.

한 농부가 있었는데, 그의 사다리가 너무 길어 헛간에 넣지 못했다 (그림 12.13a). 어느 날 우연히 상대론을 조금 읽다가 한 가지 해법이 떠올랐다. 그는 딸에게 사다리를 들고 힘껏 빨리 뛰라고 했다 – 움직이는 사다리는 헛간 크기로 짧아져 쉽게 들어갈 수 있게 될 것이다. 딸이 헛간 문으로 뛰어 들어가면 그 농부는 문을 닫아 사다리를 안에 넣으려고 했다 (그림 12.13b). 그런데 그 딸은 상대론을 더 읽은 터였다. 딸은 자기 기준틀에서 보면 짧아지는 것은 사다리가 아니라 헛간일 것이며, 따라서 가만히 있을 때보다도 더 맞지 않을 것이라고 우겼다 (그림 12.13c). 물음: 누가 옳은가? 그 사다리가 헛간 안에 들어갈 수 있을까, 없을까?

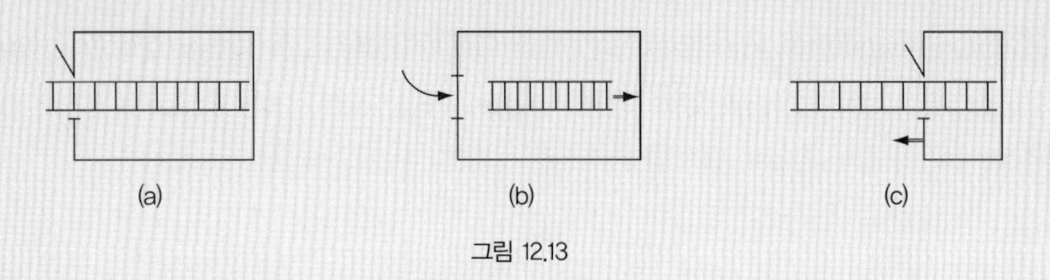

그림 12.13

■ 풀이 ■

둘 다 옳다 ! 사다리가 헛간 속에 있다고 할 때는 모든 부분이 **동시에** 안에 있다는 말이지만, 동시는 상대적이기 때문에 그 상황은 관찰자에 따라 달라진다. 이것과 관련된 사건은 실제로는 둘이다.

a. 사다리 뒤끝이 문 안에 들어갔다.
b. 사다리의 앞이 헛간 벽에 닿았다.

농부는 a가 b에 앞서므로 사다리가 완전히 안에 들어갈 수 있는 시간이 있다고 말한다; 딸은 b가 a에 앞서므로 안 된다고 한다. **모순인가?** 전혀 아니다 – 관점에 따른 차이일 뿐이다.

"문제는 결국 사다리가 헛간 속에 들어가는지, 못 들어가는지 아닌가?" 맞다. 하지만 이제 이야기에 새로운 요소가 들어간다. 사다리가 서면 어떻게 될까? 그 농부가 한 손으로 사다리 끝을 꽉 잡고 다른 손으로 문을 닫는다고 하자. 그대로 둔다면 사다리는 이제 정지 길이로 늘어나야 한다. 분명히 앞 끝은 뒤 끝이 선 뒤에도 계속 간다! 아코디언이 늘어나듯 사다리의 앞 끝은 헛간의 안쪽 벽을 뚫고 나갈 것이다. 상대론에서는 강체라는 개념이 뜻이 없다. 속도가 변할 때 각 부분이 때 일반적으로 동시에 가속되지 않기 때문이다 – 이렇게 해서 물질은 그 속도에 맞는 길이로 늘어나거나 줄어든다.[8]

문제로 돌아가자. 사다리가 서면 헛간 안에 있을까, 없을까? 답은 불확실하다. 사다리 앞 끝이 헛간 안쪽 벽을 치면 무슨 일이 벌어질 것이다. 사다리가 부러져 헛간 안에 남거나, 헛간 벽을 뚫고 나갈 것이다. 어찌되든 농부는 그 결과를 좋아하지 않을 것이다.

로런츠 수축에 관해 마지막 한 가지를 말하면, 움직이는 물체는 그 방향의 길이만 짧아진다. 즉,

속도에 수직인 길이는 짧아지지 않는다.

시간팽창 공식을 끌어낼 때에도 두 관찰자가 본 기차의 높이가 똑같은 것을 당연하게 생각했다.

8 관련된 역설은 다음을 보라: E. Pierce, *Am. J. Phys.* **75**, 610 (2007).

이것을 증명하기 위해 테일러(E.F.Taylor)와 휠러(J.A.Wheeler)가 고안한 생각실험을 살펴보자.[9] 선로 옆에 담을 쌓고, 땅에서 볼 때, 선로 위 1m에 파란 수평선을 그린다고 하자. 기차가 지나갈 때 승객이 창가에서 붓으로 벽에, 기차에서 보아 선로 위 1m에 빨간 선을 그었다고 하자. 물음: 승객이 그은 빨간 선은 파란 선 위에 있을까 또는 밑에 있을까? 상대성 원리의 규칙이 운동에 수직인 방향으로도 길이 수축이 일어나는 것이라면, 땅에 있는 사람은 빨간 선이 아래에 있다고 할 것이고, 기차에 있는 사람은 파란 선이 아래에 있다고 할 것이다 (이 사람에게는 땅이 움직일 테니까). 상대성 원리에 의하면 둘 다 똑같은 이유를 가질 수는 있어도, 서로 어긋나는 둘 모두가 옳을 수는 없다. 동시성이라든지 시각일치와 같은 미묘한 것으로도 이 모순은 합리화될 수 없다: 파란 선이나 빨간 선 어느 하나가 높아야 하며, 그렇지 않다면 둘이 일치해야 하고 바로 이것이 필연적인 결론이다. 운동에 수직 방향으로는 수축(또는 팽창) 법칙이 있을 수 없다. 그렇지 않으면 모순을 피할 수 없기 때문이다.

문제 12.9 차가 서 있을 때 보면 그랜저 승용차가 프라이드보다 약 2배나 길다. 검문초소 앞에서 그랜저가 프라이드를 앞지를 때 (서 있는) 경찰이 보았더니 두 차의 길이가 같았다. 프라이드가 $1/2c$로 움직이고 있었다면 그랜저의 속력은 c의 몇 배인가?

문제 12.10 배의 돛대가 축이 갑판에 대해 $\bar{\theta}$만큼 기울어 있다. 부두에 선 사람이 보니 배가 속력 v로 지나간다(그림 12.14). 그 사람이 보기에 돛대가 기운 각도는 얼마일까?

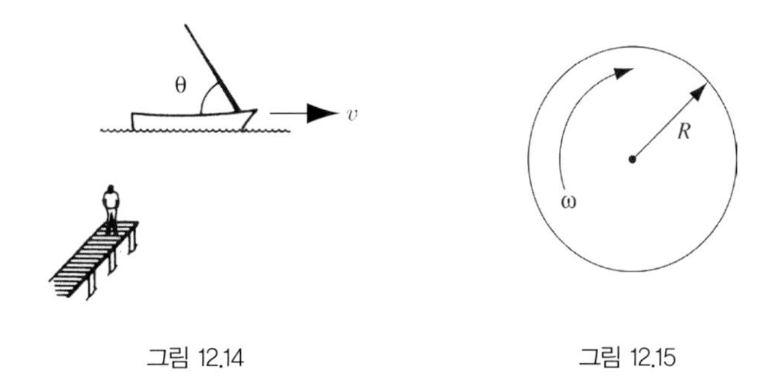

그림 12.14 그림 12.15

! **문제 12.11** 반지름 R인 레코드판이 각속도 ω로 돈다 (그림 12.15). 원둘레는 아마도 로런츠 수축이 되겠지만 반지름은 (속도와 직교하므로) 그렇지 않을 것이다. 원둘레와 지름의 비를 ω와 R로 나타내면 얼마인가? 보통의 기하학 규칙으로는 π이다. 여기서는 어떻게 되고 있는가?[10]

---

9 E. F. Taylor, J. A. Wheeler, *Spacetime Physics* 2판 (San Francisco: W. H. Freeman, 1992). 같은 논리를 다른 방식으로 설명한 것은 다음 책을 보라: J. H. Smith, *Introduction to Special Relativity* (Champaign, IL: Stipes, 1965).

12.1.3 로런츠 변환식

모든 물리적 과정은 **사건**(event)들로 이루어진다. "사건"이란 어느 곳(x, y, z)에서 어느 때(t)에 일어난 것을 말한다. 예를 들어 폭죽이 터지는 것은 사건이지만, 달로 여행하는 것은 사건이 아니다. 어떤 관성 기준틀 $\mathcal{S}$에서 어떤 사건 E의 좌표 (x, y, z, t)를 알고, 다른 관성 기준틀 $\bar{\mathcal{S}}$에서 같은 사건의 좌표 ($\bar{x}, \bar{y}, \bar{z}, \bar{t}$)을 셈하려 한다고 하자. $\mathcal{S}$의 말을 $\bar{\mathcal{S}}$의 말로 바꾸는 "사전"이 필요하다.

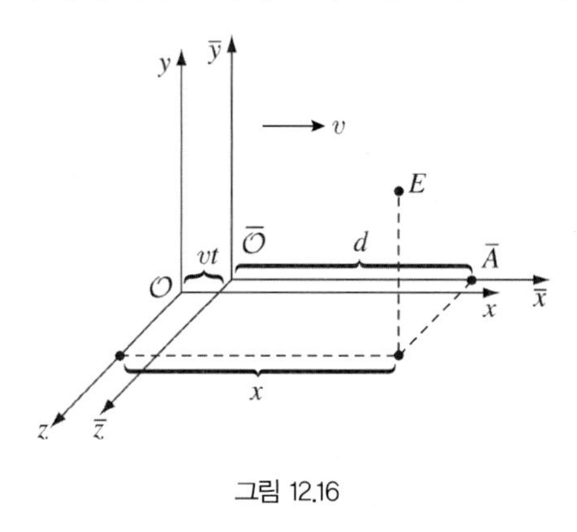

그림 12.16

그림 12.16과 같이 $\bar{\mathcal{S}}$가 x축을 따라 속력 v로 미끄러지도록 좌표축을 잡자. 원점($\mathcal{O}$와 $\bar{\mathcal{O}}$)이 겹치는 순간에 "시계를 작동시키면" ($t = 0$), 시각 t에 원점 $\bar{\mathcal{O}}$은 $\mathcal{O}$에서 vt만큼 멀어지므로, 시각 t에 $\mathcal{O}$에서 본 $\bar{\mathcal{O}}$에서 $\bar{A}$까지의 거리 d는 $\mathcal{O}$에서 $\bar{A}$까지의 거리 x와 다음 관계가 있다 ($\bar{A}$는 사건 E와 $\bar{z}$-좌표가 같은 점).

$$x = d + vt \tag{12.10}$$

아인슈타인 이전에는 누구나 당연히 $\bar{\mathcal{O}}$에서의 $\bar{A}$의 x좌표 $\bar{x}$는 다음과 같다고 말했을 것이다.

$$d = \bar{x} \tag{12.11}$$

따라서 "사전"은 다음과 같았다.

$$\left.\begin{array}{ll} \text{(i)} & \bar{x} = x - vt, \\ \text{(ii)} & \bar{y} = y, \\ \text{(iii)} & \bar{z} = z, \\ \text{(iv)} & \bar{t} = t. \end{array}\right\} \tag{12.12}$$

10 이것이 **에렌페스트 역설**(Ehrenfest's paradox)이다. 자세한 것은 다음을 보라: H. Arzelies, *Relativistic Kinematics* (Elmsford, NY: Pergamon Press, 1966) 제 9장; T. A. Weber, *Am. J. Phys.* **65**, 486 (1997).

이것이 **갈릴레오 변환식**(Galilean transformations)이다 – 특히 마지막 것은 모든 관찰자에게 시간의 흐름은 똑같다고 여겼기 때문에 당연하게 생각했다. 그렇지만, 상대론에서는 (iv)는 시간팽창, 동시성의 상대성, 움직이는 시계는 다르게 간다는 것이 들어간 규칙으로 바꾸어야 한다. 이와 함께 (i)도 로런츠 수축을 설명하도록 고쳐야 한다. (ii)와 (iii)은 움직이는 방향과 직교하는 길이는 달라지지 않으므로 바뀌지 않는다.

그런데 왜 고전적으로 끌어낸 (i)이 잘못된 것일까? 답: 식 12.11 때문이다. d는 $\mathcal{S}$에서 본 $\bar{\mathcal{O}}$에서 $\bar{A}$까지의 길이인데 비해, $\bar{x}$는 $\bar{\mathcal{S}}$에서 본 $\bar{\mathcal{O}}$에서 $\bar{A}$까지의 길이이다. $\bar{\mathcal{O}}$와 $\bar{A}$는 $\bar{\mathcal{S}}$에서 보면 서 있으므로, $\mathcal{S}$에서 본 $\bar{x}$는 "움직이는 막대"이고, 짧아 보인다.

$$d = \frac{1}{\gamma}\bar{x} \tag{12.13}$$

이것을 식 12.10에 넣으면 (i)이 상대론적인 식으로 바뀐다.

$$\bar{x} = \gamma(x - vt) \tag{12.14}$$

물론, $\bar{\mathcal{S}}$에서 보아도 똑같이 말할 수 있다. 그림 12.17은 비슷해 보이지만, 이것은 시각 $\bar{t}$에 본 것이고 그림 12.16은 시각 t에 본 것이다. (t와 $\bar{t}$는 E에서는 똑같은 물리적 순간을 나타내지만, 다른 곳에서는 동시성의 상대성 때문에 같은 순간이 아니다.) $\bar{\mathcal{S}}$에서도 원점이 겹치는 순간에 시계가 작동하기 시작했다면, 시각 $\bar{t}$에 $\mathcal{O}$는 $\bar{\mathcal{O}}$으로부터 거리 $v\bar{t}$에 있을 것이고, 따라서 다음과 같다.

$$\bar{x} = \bar{d} - v\bar{t} \tag{12.15}$$

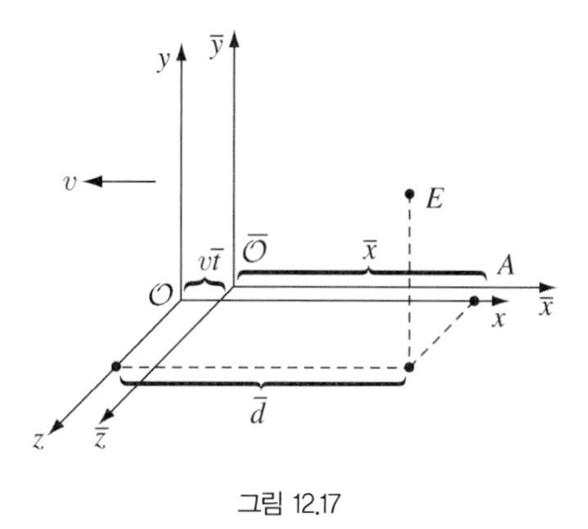

그림 12.17

여기에서 $\bar{d}$는 시각 $\bar{t}$에 $\mathcal{O}$에서 A까지의 거리이고, A는 사건 E와 x좌표가 같은 x축 위의 점이다. 고전 물리학자라면 $x = \bar{d}$라고 했을 것이고, (iv)를 쓰면 (i)이 다시 나온다. 그러나 앞서와 같이 상대성 때문에 미묘한 구분이 생긴다: x는 $\mathcal{S}$에서 잰 $\mathcal{O}$에서 A까지의 거리이고, $\bar{d}$는 $\bar{\mathcal{S}}$에서 잰 거리이다. $\mathcal{O}$와 A는 $\mathcal{S}$에서 보면 서 있으므로 x가 "움직이는 막대"가 되고, 따라서 다음과 같다.

$$\bar{d} = \frac{1}{\gamma}x \tag{12.16}$$

결국 다음 식을 얻는다.

$$x = \gamma(\bar{x} + v\bar{t}) \tag{12.17}$$

마지막 식은 놀랄 것이 못 되는데, 상황이 대칭적이므로 x를 $\bar{x}$와 $\bar{t}$로 나타낸 식은 $\bar{x}$를 x와 t로 나타낸 식 12.14와 같되, v의 부호만 달라야 한다. ($\bar{S}$가 S에 대해 **오른쪽**으로 속력 v로 움직인다면 S는 $\bar{S}$에 대해 **왼쪽**으로 속력 v로 움직인다.) 이제 식 12.14의 $\bar{x}$를 넣고 $\bar{t}$에 대해 풀면 상대성에 대한 "사전"이 완성된다:

$$\boxed{\begin{aligned} &\text{(i)}\ \ \bar{x} = \gamma(x - vt), \\ &\text{(ii)}\ \ \bar{y} = y, \\ &\text{(iii)}\ \ \bar{z} = z, \\ &\text{(iv)}\ \ \bar{t} = \gamma\left(t - \frac{v}{c^2}x\right). \end{aligned}} \tag{12.18}$$

이것이 유명한 **로런츠 변환식**(Lorentz transformations)으로서 아인슈타인이 갈릴레오 변환식 대신 썼다. 다음 예제에서 보듯이 여기에는 특수 상대론의 모든 기하학적 정보가 담겨 있다. 반대로 $\bar{S}$에서 S로 가는 사전은 (i)과 (iv)를 x와 t에 대해 풀든지 또는 v의 부호를 바꾸면 얻어진다.

$$\left.\begin{aligned} &\text{(i}'\text{)}\ \ x = \gamma(\bar{x} + v\bar{t}), \\ &\text{(ii}'\text{)}\ \ y = \bar{y}, \\ &\text{(iii}'\text{)}\ \ z = \bar{z}, \\ &\text{(iv}'\text{)}\ \ t = \gamma\left(\bar{t} + \frac{v}{c^2}\bar{x}\right). \end{aligned}\right\} \tag{12.19}$$

예제 12.4

동시성, 시각일치, 시간팽창. 사건 A가 $x_A = 0, t_A = 0$에 일어나고, 사건 B가 $x_B = b, t_B = 0$에 일어난다고 생각하자. S에서 보면 두 사건은 동시에 일어나지만 (똑같이 시각 $t = 0$에 일어난다), $\bar{S}$에 보면 동시에 일어나지 않는다. 왜냐하면, 로런츠 변환에 따르면 $\bar{x}_A = 0, \bar{t}_A = 0$이고 $\bar{x}_B = \gamma b$, $\bar{t}_B = -\gamma(v/c^2)b$이기 때문이다. $\bar{S}$의 시계로는 B가 A보다 **먼저** 일어난다. 물론 이것은 새로운 일이 아니다 – 동시성의 상대성일 뿐이다. 이것이 어떻게 로런츠 변환식에서 나오는지 보자.

$\mathcal{S}$에 있는 관찰자가 $t = 0$에 $\bar{\mathcal{S}}$에 있는 모든 시계의 시각을 읽는다고 하자. 그가 보기에는 시계마다, 있는 곳에 따라 가리키는 시각이 다르다; 그 시각은 (iv)에 따르면 다음과 같다.

$$\bar{t} = -\gamma \frac{v}{c^2} x$$

원점 왼쪽(−쪽)에 있는 것은 **앞서고**, 오른쪽(+쪽)에 있는 것은 **뒤쳐지며**, 시차는 원점까지의 거리에 비례한다 (그림 12.18). 원점에 있는 표준시계만이 $\bar{t} = 0$을 가리킨다. 그래서 움직이는 시계의 시간이 맞지 않는 것도 로런츠 변환식에서 직접 나온다. 물론 $\bar{\mathcal{S}}$에서 보면 시각이 맞지 않는 것은 $\mathcal{S}$의 시계들이다. 이것은 $\bar{t} = 0$을 (iv′)에 넣어 보면 알 수 있다.

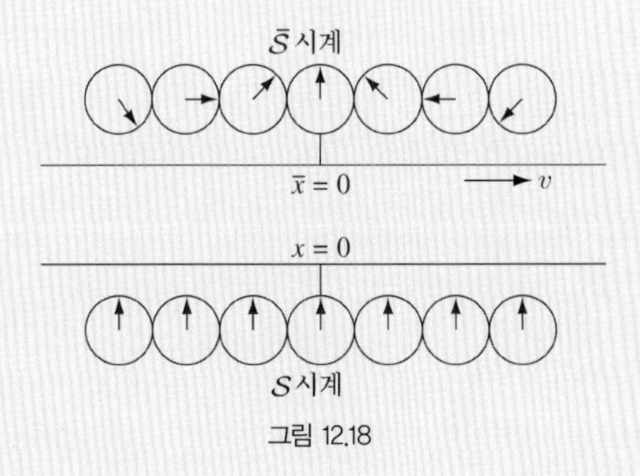

그림 12.18

끝으로 $\mathcal{S}$에 있는 관찰자가 $\bar{\mathcal{S}}$에서 서 있는 시계($\bar{x} = a$에 있는 시계) 하나만 시간 Δt동안 지켜본다고 하자. 움직이는 시계에서는 시간이 얼마나 흘러가겠는가? $\bar{x}$가 고정되어 있으므로 (iv′)에 따르면 $\Delta t = \gamma \Delta \bar{t}$ 또는 다음과 같다.

$$\Delta \bar{t} = \frac{1}{\gamma} \Delta t$$

이것이 앞에 나온 시간 팽창 공식인데, 이번에는 로런츠 변환식에서 끌어냈다. 여기에서는 **움직이는 시계 하나만을** 보고 있었으므로 $\bar{x}$를 고정시켰음을 눈여겨보자. x를 고정했더라면 $\bar{\mathcal{S}}$에 있는 모든 시계가 지나가는 것을 보게 되어, 어느 것이 느리게 가는지 구별할 수 없었을 것이다.

예제 12.5

로런츠 수축. $\bar{\mathcal{S}}$에서 볼 때 서 있는 막대를 생각하자 (따라서 $\mathcal{S}$에서 보면 오른쪽으로 속력 v로 움직인다). ($\bar{\mathcal{S}}$에서 잰) 정지 길이는 $\Delta \bar{x} = \bar{x}_{\text{오른쪽}} - \bar{x}_{\text{왼쪽}}$이다. 여기에서 아래 글자는 오른쪽과 왼쪽 끝을 나타낸다. $\mathcal{S}$에 있는 관찰자가 막대 길이를 잰다면 그는 시각 t에 양쪽 끝의 위치를 재어 뺀다: $\Delta x = x_{\text{오른쪽}} - x_{\text{왼쪽}}$. (i)에 따르면 두 길이는 다음 관계가 있다.

$$\Delta x = \frac{1}{\gamma} \Delta \bar{x}$$

이것이 앞에서 얻은 로런츠 수축 공식이다. $\mathcal{S}$에서는 양쪽 끝을 동시에 재야하므로 t를 고정시켰음을 유의하라. ($\bar{\mathcal{S}}$에서는 막대가 서 있으므로 시각에는 그렇게 신경 쓰지 않는다.)

예제 12.6

아인슈타인 속도 덧셈규칙. 한 입자가 ($\mathcal{S}$에서) 시간 dt 동안 거리 dx만큼 간다면 속도 u는 다음과 같다.

$$u = \frac{dx}{dt}$$

$\bar{\mathcal{S}}$에서 볼 때 움직인 거리 $d\bar{x}$는 (i)에서 다음과 같고,

$$d\bar{x} = \gamma(dx - v\,dt)$$

걸린 시간 $d\bar{t}$는 (iv)에서 다음과 같다.

$$d\bar{t} = \gamma \left(dt - \frac{v}{c^2} dx \right)$$

그러므로, $\bar{\mathcal{S}}$에서 본 속도 $\bar{u}$는 다음과 같다.

$$\bar{u} = \frac{d\bar{x}}{d\bar{t}} = \frac{\gamma(dx - v\,dt)}{\gamma\left(dt - v/c^2 dx\right)} = \frac{(dx/dt - v)}{1 - v/c^2 dx/dt} = \frac{u - v}{1 - uv/c^2} \tag{12.20}$$

이것이 **아인슈타인 속도 덧셈규칙**이다. 보다 알기 쉬운 식 12.3의 기호로 바꾸려면 다음과 같이 생각하라. A가 입자이고, $\mathcal{S}$는 B, $\bar{\mathcal{S}}$는 C라 하자; 그러면 $u = v_{AB}$, $\bar{u} = v_{AC}$이고 $v = v_{CB} = -v_{BC}$이므로 식 12.20은 다음과 같아진다:

$$v_{AC} = \frac{v_{AB} + v_{BC}}{1 + \left(v_{AB}\, v_{BC}/c^2\right)}$$

문제 12.12 식 12.18을 x, y, z, t에 대해 풀어 $\bar{x}, \bar{y}, \bar{z}, \bar{t}$로 나타내고 식 12.19가 나오는지 확인하라.

문제 12.13 천리안을 가진 영희는 500km 떨어진 곳에 있는 오빠가 망치에 손가락 다치는 것을 본 순간 소리를 질렀다. 속력 $(12/13)c$로 오른쪽으로 가는 비행기에 탄 냉철한 과학자가 두 사건 (오빠의 사고와 영희의 고함)을 관찰했다 (그림 12.19). 이 사람은 어느 사건이 몇 초나 더 먼저 일

어났다고 할까?

문제 12.14

(a) 예제 12.6에서 x방향의 속도가 $\mathcal{S}$에서 $\bar{\mathcal{S}}$으로 어떻게 바뀌는지 알았다. y와 z방향($\mathcal{S}$와 $\bar{\mathcal{S}}$이 움직이는 방향과 직각방향)의 속도에 대한 공식을 구하라.

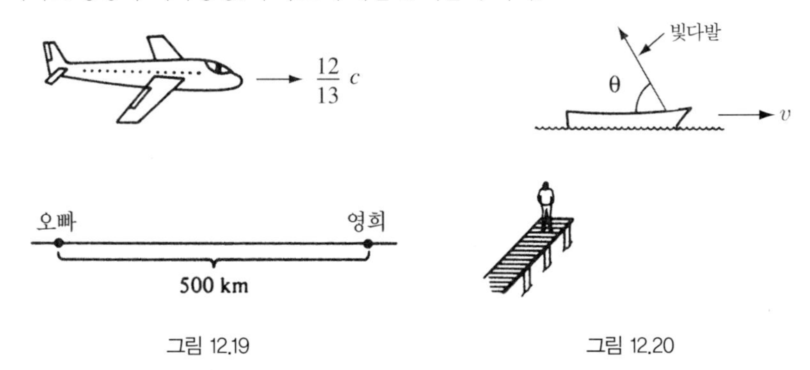

그림 12.19

그림 12.20

(b) 배에서 갑판에 대해 각도 $\bar{\theta}$쪽으로 탐조등을 비춘다 (그림 12.20). 이 배가 속력 v로 움직인다면, 부두에서 볼 때 빛알 낱낱의 궤적이 갑판과 이루는 각도 θ는 얼마일까? (약한 안개가 끼어) 보이는 빛다발이 이루는 각도는 얼마일까? 문제 12.10과 비교하라.

문제 12.15 문제 12.4를 풀 때는 아마도 땅에서 본 것으로 풀었을 것이다. 이번에는 경찰차와 범인, 총알의 입장에서 각각 생각하고, 다음 표를 채워라.

속력→ 관찰자↓	땅	경찰	범인	총알	도망칠 수 있는가?
땅	0	$\frac{1}{2}c$	$\frac{3}{4}c$		
경찰				$\frac{1}{3}c$	
범인					
총알					

! **문제 12.16** **쌍둥이 역설 재음미.** 21살 생일에 쌍둥이 누나가 $\frac{4}{5}c$로 움직이는 길을 타고 X별까지 갔고, 다른 하나는 집에 있었다. X별에 닿자 그녀는 돌아오는 길로 바꿔 타고 같은 속력으로 곧바로 지구로 돌아왔다. 그녀는 (자기 시계로) 39번째 생일에 도착했다.

(a) 쌍둥이 남동생의 나이는 몇 살인가?

(b) X별은 몇 광년이나 떨어져 있는가?

별로 가는 길을 $\bar{\mathcal{S}}$계라 하고 돌아오는 길을 $\tilde{\mathcal{S}}$계라고 하자(지구는 $\mathcal{S}$). 출발할 때 각각의 좌표와 표준시계를 다음과 같이 맞추었다: $x = \bar{x} = \tilde{x} = 0, t = \bar{t} = \tilde{t} = 0$.

(c) $\mathcal{S}$에서 본 (가는 길에서 오는 길로) 갈아타는 사건의 좌표 (x, t)를 구하라.

(d) $\bar{S}$에서 본 좌표 $(\bar{x}, \bar{t})$를 구하라.
(e) $\tilde{S}$에서 본 좌표 $(\tilde{x}, \tilde{t})$를 구하라.
(f) 여행하는 쌍둥이가 $\tilde{S}$에 있는 시계와 자신의 시계를 맞추려면, 바꿔 탄 뒤 어떻게 해야 하겠는가? 이렇게 해서 집에 오면 그녀의 시계로는 얼마가 되었겠는가? (물론 이렇게 한다고 해서 그녀의 실제 나이가 변하는 것은 아니며, 그녀는 아직도 39살이다. 다만 그녀의 시계를 표준시계에 맞춘 것일 뿐이다.)
(g) 여행하는 쌍둥이에게 "지금 네 동생이 몇 살이냐?"고 묻는다면, 바꿔 타기 (i) 바로 전과 (ii) 바로 뒤에 각각 어떻게 대답해야 옳은가? (물론 (i)과 (ii) 사이에 집에 있던 쌍둥이에게는 아무 일도 없었다. 갑작스럽게 바뀌는 것은 여행하는 여자가 쓰는 말 "지금, 집에서"의 뜻이다.)
(h) 왕복여행에 걸린 시간을 지구에서 따지면 몇 년이 걸리는가? 이것을 (g)의 (ii)에 더해 그녀가 남동생을 만날 때 기대하는 나이를 구하라. 그 값을 (a)의 답과 비교하라.

12.1.4 시공간의 구조

(i) 네성분 벡터. 다음과 같은 양을 쓰면 로런츠 변환이 간단한 꼴이 된다.

$$x^0 \equiv ct, \quad \beta \equiv \frac{v}{c} \tag{12.21}$$

(t 대신) x^0와 (v 대신) β를 쓰면 시간의 단위를 초에서 미터로 바꾸는 것과 같다 − 1미터의 x^0는 빛이 (진공에서) 1미터 가는 데 걸리는 시간과 같다. 동시에 x, y, z 좌표를 다음과 같이 바꾸면

$$x^1 = x, \quad x^2 = y, \quad x^3 = z \tag{12.22}$$

로런츠 변환식은 다음과 같이 된다.

$$\left.\begin{aligned} \bar{x}^0 &= \gamma(x^0 - \beta x^1) \\ \bar{x}^1 &= \gamma(x^1 - \beta x^0) \\ \bar{x}^2 &= x^2 \\ \bar{x}^3 &= x^3 \end{aligned}\right\} \tag{12.23}$$

이것을 행렬로 쓰면 다음과 같다.

$$\begin{pmatrix} \bar{x}^0 \\ \bar{x}^1 \\ \bar{x}^2 \\ \bar{x}^3 \end{pmatrix} = \begin{pmatrix} \gamma & -\gamma\beta & 0 & 0 \\ -\gamma\beta & \gamma & 0 & 0 \\ 0 & 0 & 1 & 0 \\ 0 & 0 & 0 & 1 \end{pmatrix} \begin{pmatrix} x^0 \\ x^1 \\ x^2 \\ x^3 \end{pmatrix} \tag{12.24}$$

그리스 글자의 값의 범위를 0에서 3까지로 정하면, 이것을 다시 한 줄의 식으로 쓸 수 있다.

$$\bar{x}^\mu = \sum_{\nu=0}^{3} (\Lambda^\mu_\nu) x^\nu \tag{12.25}$$

여기에서 Λ는 식 12.24의 **로런츠 변환 행렬**(Lorentz transformaion matrix)이다. [위 글자 μ는 행(가로줄)을, 아래 글자 ν는 열(세로줄)을 표시한다.] 이렇게 쓰면 좋은 점은 상대운동의 방향이 공통의 축 $x\bar{x}$축 방향과 다른 일반적인 상황에서도 식의 모양이 같다는 것이다. 행렬 A는 더 복잡해지지만 식 12.25의 구조는 같다.

이것은 §1.1.5에서 본 회전운동과 비슷한데, 그것은 우연이 아니다. 거기에서는 회전된 좌표계에서의 성분의 변화를 살펴보았고, 여기에서는 계가 움직일 때의 성분의 변화를 살펴본다. 1 장에서 (3-)벡터란 세 성분의 집합으로서, 회전에 대해 (x, y, z)처럼 변환되는 것으로 정의했다; 이것을 확장하여 **4-벡터**(4-vector)란 네 성분의 집합으로서 로런츠 변환에 대해 (x^0, x^1, x^2, x^3)처럼 변환되는 것으로 정의한다:

$$\bar{a}^\mu = \sum_{\nu=0}^{3} \Lambda^\mu_\nu a^\nu \tag{12.26}$$

특히 x축을 따라 상대운동을 할 때는 변환식이 다음과 같다:

$$\left.\begin{aligned} \bar{a}^0 &= \gamma(a^0 - \beta a^1) \\ \bar{a}^1 &= \gamma(a^1 - \beta a^0) \\ \bar{a}^2 &= a^2 \\ \bar{a}^3 &= a^3 \end{aligned}\right\} \tag{12.27}$$

4-벡터에도 두 벡터의 점곱($\mathbf{A} \cdot \mathbf{B} \equiv A_x B_x + A_y B_y + A_z B_z$)과 비슷한 것이 있으나, 이것은 성분끼리 곱하여 모두 더하는 것이 아니라, 0번째 성분은 뺀다.

$$-a^0b^0 + a^1b^1 + a^2b^2 + a^3b^3 \tag{12.28}$$

이것이 **4차원 점곱**(4-dimensional scalar product)이다; 이것은 모든 관성계에서 값이 똑같다는 것을 확인해 보라(문제 12.17).

$$-\bar{a}^0\bar{b}^0 + \bar{a}^1\bar{b}^1 + \bar{a}^2\bar{b}^2 + \bar{a}^3\bar{b}^3 = -a^0b^0 + a^1b^1 + a^2b^2 + a^3b^3 \tag{12.29}$$

보통의 점곱의 값이 회전변환에 대해 **불변**(invariant)인 것처럼, 이것도 로런츠 변환에 대해 값이 바뀌지 않는다.[11]

(−) 부호를 기억하려면, **반변**(contravariant)벡터 a^μ와는 0번째 항의 부호만 다른 **공변**(covariant)벡터 a_μ를 도입하는 것이 편리하다.

$$a_\mu = (a_0, a_1, a_2, a_3) \equiv (-a^0, a^1, a^2, a^3) \tag{12.30}$$

이것을 쓸 때는 위, 아래 글자의 위치에 신경을 써야 한다: 위 글자는 반변벡터를, 아래 글자는 공변벡터를 나타낸다. 시간좌표의 붙임 글자가 오르내릴 때는 부호가 바뀌지만($a_0 = -a^0$), 공간좌표의 붙임 글자가 오르내릴 때는 바뀌지 않는다($a_1 = a^1, a_2 = a^2, a_3 = a^3$). 반변벡터를 공변벡터로 바꾸는 식은 다음과 같다.

$$a_\mu = \sum_{\nu=0}^{3} g_{\mu\nu}a^\nu, \qquad g_{\mu\nu} \equiv \begin{pmatrix} -1 & 0 & 0 & 0 \\ 0 & 1 & 0 & 0 \\ 0 & 0 & 1 & 0 \\ 0 & 0 & 0 & 1 \end{pmatrix} \tag{12.31}$$

위의 $g_{\mu\nu}$는 **민코프스키 공간의 계량텐서**(Minkowski metric)이다.[12]

점곱을 합기호로 나타낸 식은 다음과 같다:

$$\sum_{\mu=0}^{3} a^\mu b_\mu$$

또는 더 간단히 줄여 다음과 같이도 쓴다.

$$a^\mu b_\mu \tag{12.32}$$

[곱에서 위 아래 글자가 똑같은 그리스 글자면 합을 나타낸다 – 하나는 공변이고 또 하나는

---

11 상대론에서는 스칼라(scalar)는 회전은 물론 로런츠 변환에 대해서도 불변인 물리량이다.

12 점곱을 식 12.28과 같이 $(-a^0b^0 + \mathbf{a}\cdot\mathbf{b})$로 정의하건 부호를 반대로 잡아 $(a^0b^0 - \mathbf{a}\cdot\mathbf{b})$로 하건 문제가 안된다; 둘 다 불변량이다. 문헌에서는 두 가지를 모두 쓰므로 부호를 어떻게 잡았는가 살펴보아야 한다. 민코프스키 계량텐서의 대각성분을 (−,+,+,+)로 잡았으면, 식 12.28을 따르는 것이고, 그렇지 않다면 (+,−,−,−)이다.

반변 글자이다. 아인슈타인이 이것을 처음 써서 **아인슈타인 덧셈규약**(Einstein's summation convention)이라고 하는데, 그는 이것을 매우 중요한 업적으로 생각했다.] 물론 이때 b를 공변벡터로 바꿔 음성 부호를 흡수시킬 수도 있다.

$$a_\mu b^\mu = a^\mu b_\mu = -a^0 b^0 + a^1 b^1 + a^2 b^2 + a^3 b^3 \tag{12.33}$$

● **문제 12.17** 식 12.27을 써서 식 12.29를 확인하라. (이것은 x쪽 병진운동에 맞는 변환에 대해서 점곱이 불변임을 보일 뿐이다. 그러나 점곱은 회전에 대해서도 불변이다. 왜냐하면 회전에서는 첫 항은 변하지 않고 나머지 세 항은 점곱 $\mathbf{a}\cdot\mathbf{b}$가 되기 때문이다. 적당히 회전시키면 x쪽을 아무 쪽으로나 바꿀 수 있으므로, 4-차원 점곱은 실제로 모든 로런츠 변환에 대해 불변이다.)

문제 12.18

(a) 식 12.12의 갈릴레오 변환식을 행렬로 나타내라.

(b) y쪽 병진운동에 맞는 로런츠 변환 행렬을 구하라.

(c) x쪽으로 속도 v로 가는 로런츠 변환을 한 뒤 y쪽으로 속도 $\bar{v}$로 가는 로런츠 변환을 한 것에 대한 행렬을 써라. 변환의 순서를 바꾸면 결과가 달라지는가?

문제 12.19 다음과 같은 **빠르기**(rapidity)를 쓰면 회전변환과 로런츠 변환의 비슷함이 더 잘 드러난다:

$$\theta \equiv \tanh^{-1}(v/c) \tag{12.34}$$

(a) 로런츠 변환행렬 Λ(식 12.24)를 θ로 나타내고, 회전행렬(식 1.29)과 비교하라.

운동을 묘사할 때 빠르기가 어떤 면에서는 속도보다 더 자연스럽다.[13] 이것의 범위는 $-c$에서 $+c$까지가 아니라 $-\infty$에서 $+\infty$까지이고, 더 중요한 것은 속도와는 달리 그냥 더할 수 있는 것이다.

(b) 아인슈타인의 속도 덧셈법칙을 빠르기로 나타내라.

(ii) **불변간격.** 4-벡터 자체의 점곱 $a^\mu a_\mu = -(a^0)^2 + (a^1)^2 + (a^2)^2 + (a^3)^2$의 값은 "공간" 항이 더 크면 양수, "시간" 항이 더 크면 음수, 둘이 같으면 0이다:

$a^\mu a_\mu > 0$이면, a^μ는 **공간같은**(spacelike) 벡터이다.

$a^\mu a_\mu < 0$이면, a^μ는 **시간같은**(timelike) 벡터이다.

$a^\mu a_\mu = 0$이면, a^μ는 **빛같은**(lightlike) 벡터이다.

---

13 다음 책을 보라: E. F. Taylor, J. A. Wheeler, *Spacetime Physics* (San Francisco: W.H. Freeman, 1966).

사건 A가 $(x_A^0, x_A^1, x_A^2, x_A^3)$에서 일어나고, 사건 B가 $(x_B^0, x_B^1, x_B^2, x_B^3)$에서 일어난다고 하자. 그 차이

$$\Delta x^\mu \equiv x_A^\mu - x_B^\mu \tag{12.35}$$

는 **변위 4-벡터**(displacement 4-vector)이다. Δx^μ 자체의 점곱을 두 사건의 **불변간격**(invariant interval)이라고 한다.

$$I \equiv (\Delta x)^\mu (\Delta x)_\mu = -(\Delta x^0)^2 + (\Delta x^1)^2 + (\Delta x^2)^2 + (\Delta x^3)^2 = -c^2t^2 + d^2 \tag{12.36}$$

여기에서 t는 시간차, d는 공간 거리이다. 움직이는 계에서 보면 A와 B의 시간차가 변하고($\bar{t} \neq t$) 공간 거리도 변하지만($\bar{d} \neq d$), 그 간격 I는 똑같다.

두 사건의 간격이 시간같으면($I < 0$) 두 사건이 한 곳에서 일어나는 관성 기준틀이 있으며, 그것은 로런츠 변환을 통해 찾을 수 있다. 왜냐하면, 사건 A가 일어날 때, 그 곳에서 점(A)에서 점(B)로 속력 $v = d/t$로 가는 기차에 올라타면 B가 일어나는 순간에 (B)를 지날 것이다. 기차 계에서 보면 A와 B가 같은 곳에서 생긴다. 두 사건의 간격이 공간같으면($I > 0$) 그렇게 할 수 없다. 왜냐하면 v가 c보다 커야 하는데 아무도 빛보다 빨리 갈 수는 없기 때문이다. (그러면 γ는 허수가 되어 로런츠 변환은 엉터리가 된다.) 반면에 공간같은 간격에서는 두 사건이 동시에 일어나는 기준틀이 있다 (문제 12.21). 두 사건의 간격이 빛같으면($I = 0$) 두 사건은 빛 신호로 연결될 수 있다.

문제 12.20

(a) S계에서 사건 A가 점($x_A = 5, y_A = 3, z_A = 0$)에서 시각 $ct_A = 15$에서 일어나고, B가 점(10, 8, 0)에서 시각 $ct_B = 5$에 일어난다.

(i) A와 B사이의 불변간격은 얼마인가?

(ii) 이 두 사건이 동시에 일어나는 기준틀이 있는가? 그렇다면 S에서 볼 때 그 계의 속도(크기와 방향)를 구하라.

(iii) 이 두 사건이 한 점에서 생기는 기준틀이 있는가? 그렇다면 S에서 본 그 계의 속도를 구하라.

(b) 똑같은 것을 $A = (2, 0, 0), ct = 1, B = (5, 0, 0), ct = 3$에 대해 해보라.

문제 12.21 사건 A의 좌표가 $(x_A, 0, 0), t_A$이고 사건 B의 좌표가 $(x_B, 0, 0), t_B$이다. 두 사건의 간격이 공간같을 때 이들이 동시에 일어나는 계의 속도를 구하라.

(iii) 시공간 그림. 입자의 운동을 그림으로 나타내려면, 보통 시간에 대한 위치의 변화를 그린다 (x를 세로축, t를 가로축으로 잡는다). 그러면 속도는 곡선의 기울기가 된다. 상대론에서는 관례를 바꾸어 위치를 가로축, 시간(또는 $x^0 = ct$)을 세로축으로 잡는다. 그러면 속도는 기울기의 역수이다. 서 있는 물체는 수직선으로, 빛은 기울기 45°인 직선으로, 로켓은 그 중간쯤에 기울기 $c/v = 1/\beta$인 선으로 나타낸다 (그림 12.21). 그것을 **민코프스키 그림**(Minkowski diagram)이라고 한다.

민코프스키 그림에 나타낸 입자의 궤적을 **세계선**(world line)이라고 한다. 이제 우리가 원점에서 시각 $t = 0$에 출발한다고 하자. 빛보다 빠른 것은 없으므로 세계선의 기울기는 늘 1보다 크다. 따라서 우리의 운동은 두 개의 45°선에 갇힌 쐐기꼴 영역 속에 있다(그림 12.22). 우리는 나중에 이 영역 어디엔가 있게 되므로, 이 영역을 "미래"라고 부른다. 물론 시간이 지나면서 우리가 고른 세계선을 따라 움직이면 미래는 차츰 좁아진다. "미래"는 우리가 있는 곳에 꼭지가 있는 앞쪽 "쐐기"이고, 뒤쪽 쐐기는 (우리가 지나온 점이 이 부분에만 있을 수 있으므로) "과거"이다. (앞, 뒤의 쐐기를 뺀) 나머지 부분은 일반화된 "현재"이다. 우리는 그 곳으로 가지도 오지도 못한다. 우리는 현재영역에서 일어나는 사건에는 영향을 전혀 줄 수 없다(그러려면 빛보다 빨리 가야 한다). 그 커다란 시공간 영역은 우리가 결코 갈 수 없다.

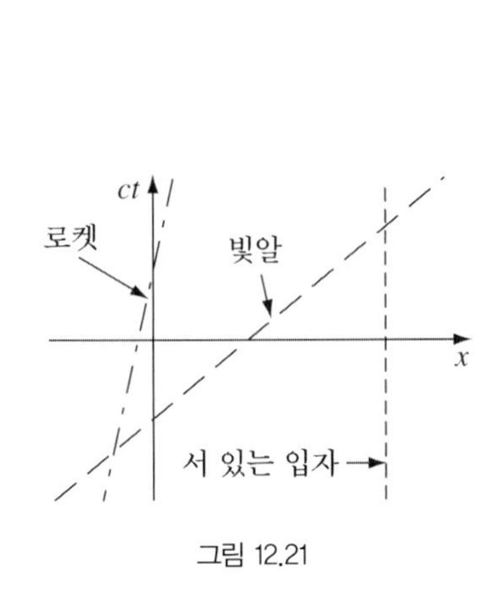

그림 12.21

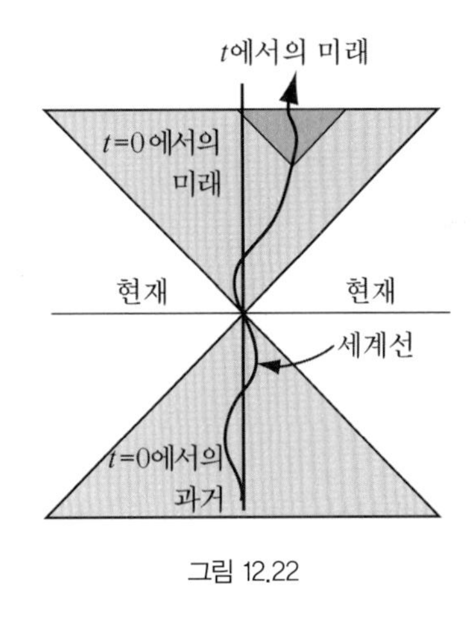

그림 12.22

위에서 y와 z방향을 무시했는데, y축을 포함한다면 지면 앞쪽으로 나오게 되고 "쐐기"는 원뿔이 된다. z축을 그려 넣을 수 있다면 초원뿔(hypercone)이 될 것이다. 이 경계선은 빛살들의 궤적이 되므로 이 경계선을 **앞쪽 빛원뿔**(forward light cone)과 **뒤쪽 빛원뿔**(backward light cone)이라고 한다. 다시 말하면 미래는 앞쪽 빛원뿔, 과거는 뒤쪽 빛원뿔 속에 있다.

두 사건을 잇는 선의 기울기만 보면, 불변간격이 시간같은지(기울기가 1보다 크다), 공간같은지(기울기가 1보다 작다), 또는 빛같은지(기울기가 1이다) 금방 알 수 있다. 예를 들어 과거와 미래는 현재의 우리가 볼 때 모두 시간같고, 현재에 있는 점들은 모두 공간같으며, 빛원뿔에 있는 점은 모두 빛같다.

민코프스키(Hermann Minkowski)는 특수 상대론의 기하학적인 중요성을 처음으로 제대로 이해한 사람이었는데, 1908년에 유명한 강의를 다음과 같은 말로 시작했다: "따라서 공간 따로, 시간 따로는 그림자 속으로 사라지고 둘을 묶은 것만 독립적 실체가 된다."[14] 이것은 멋진 생각이지만 말 그대로 받아들이면 곤란하다. 왜냐하면 시간은 (자 대신 시계로 잰다는 애매한 이유는 빼더라도) x, y, z와 성격이 똑같은 "또 하나의 좌표"가 아니기 때문이다. 시간은 공간과 전혀 달라 불변간격 안에 다른 부호를 달고 들어온다. 이 (−) 부호 때문에 3차원 공간의 원형 기하학보다 훨씬 다양한 쌍곡선 기하학이 나타난다.

z축에 대해 회전하면 xy평면에 있는 한 점 P는 원점까지의 거리 $r = \sqrt{x^2 + y^2}$이 고정된 점들의 궤적인 원을 그린다 (그림 12.23). 그렇지만 로런츠 변환에서 보존되는 양은 $I = (x^2 - c^2t^2)$이고, I값이 일정한 점들의 궤적은 **쌍곡선**이 된다 − 또는 y축도 넣으면 **회전 쌍곡면**이 된다. 간격이 **시간같으면** "두 장의 쌍곡면"이 되고 (그림 12.24a), **공간같으면** "한 장의 쌍곡면"이 된다 (그림 12.24b). 로런츠 변환을 하면 (즉, 움직이는 기준틀로 옮기면) 사건의 좌표 (x, t)는 $(\bar{x}, \bar{t})$으로 바뀌지만, 이 새 좌표는 (x, t)가 **있던 같은 쌍곡면**에 있다. 로런츠 변환과 회전을 적당히 묶으면 한 점이 그 쌍곡면 위를 옮겨다닐 수는 있지만, 시간같은 쌍곡면의 윗면에 있는 점은 아랫면이나 공간같은 쌍곡면으로는 결코 옮겨갈 수 없다.

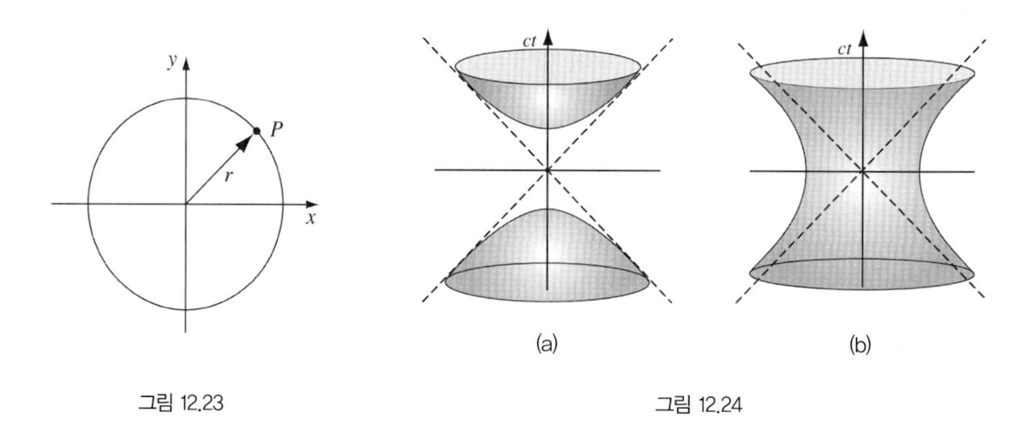

그림 12.23

그림 12.24

동시성을 말할 때 두 사건의 순서는 기준틀을 바꾸면 어떤 경우에는 바뀔 수도 있음을 보였다. 그러나 늘 그렇게 되는 것은 아님을 이제는 알 수 있다: "**두 사건의 4–벡터 변위가 시간같으면**

---

14 A. Einstein 외, The Principle of Relativity (New York: Dover, 1923), 5장. 민코프스키는 아인슈타인의 수학 교수였고, 처음에는 그를 높이 평가하지 않았다. "아, 그 아인슈타인, 늘 강의를 빼먹던 학생…, 그가 그럴 수 있다고는 정말 생각하지 않았어." D. Overbye, *Einstein in Love*, Viking, New York (2000), 158쪽.

그 순서는 어느 기준틀에서도 같다; 공간같으면 순서가 기준틀에 따라 달라진다." 시공간 도표로 보면 시간같은 쌍곡면의 윗면에 있는 사건은 (0, 0) 뒤에만 일어나고, 아랫면에 있는 사건은 그 전에만 일어난다. 그러나 공간 같은 쌍곡면에 있는 사건은 보는 입장에 따라 t가 양수(+) 또는 음수(−)가 될 수 있다. 그러므로 물리의 바탕이 되는 **인과율**(causality)이 살아남는다. 만일 두 사건의 순서가 바뀔 수 있다면 "A 때문에 B가 생겼다"고 말할 수 없을 것이다. 왜냐하면 다른 이가 보면 B 때문에 A가 생길 것이기 때문이다. 두 사건이 시간같이 또는 빛같이 떨어져 있으면, 이런 황당한 일은 생기지 않는다. 인과적으로 연결된 사건은 늘 시간같이 떨어져 있다. 그렇지 않으면 하나가 다른 것에 영향을 줄 수 없기 때문이다. 결론: 인과율로 연결된 사건의 변위는 늘 시간같고, 그 시간적 순서는 어떤 관점 기준틀에서나 똑같다.

문제 12.22

(a) 3m 떨어진 채 서서 이야기하는 두 사람을 나타내는 시공간 도표를 그려 보라. 이들의 간격이 공간같은데, 어떻게 서로 연락할 수 있는가?

(b) 다음과 같은 동시가 있다.

먼 옛날 명희라는 소녀가 살았네.
그 애는 빛보다 빨리 걸을 수가 있네.
하루는 길을 떠나
아인슈타인 길을 따라 간 뒤
전날 밤에 돌아왔네.

어떻게 생각하는가? 그 소녀가 빛보다 빠르게 갈 수 있다고 해도 출발할 때보다 일찍 돌아올 수 있을까? 길을 떠나기도 전에 중간 길목에 도착할 수 있을까? 여행을 시공간 도표로 그려라.

문제 12.23 관성 기준틀 $\mathcal{S}$에 대해 $\bar{\mathcal{S}}$가 x쪽으로 속력 $3/5c$로 움직인다. (여느 때처럼 $\bar{x}$축은 x축을 따라 가고 $t = \bar{t} = 0$일 때 원점이 겹쳤다.)

(a) 모눈종이에 ct와 x의 직각좌표를 만든 후 $\bar{x} = -3, -2, -1, 0, 1, 2, 3$과 $c\bar{t} = -3, -2, -1, 0, 1, 2, 3$에 해당하는 선들을 조심스럽게 그린 후 이름을 붙여라.

(b) $\bar{\mathcal{S}}$에서 보니 자유입자가 $\bar{x} = -2, c\bar{t} = -2$에서 $\bar{x} = 2, c\bar{t} = +3$으로 움직였다. 이 변위를 모눈종이에 표시해 보라. 이 선의 기울기로부터 $\mathcal{S}$에서 본 입자의 속력을 구하라.

(c) $\mathcal{S}$에서의 속도를 속도 덧셈규칙을 써서 구하고, 이 값이 (b)에서 구한 값과 맞는지 확인하라.

12.2 상대론적 역학

12.2.1 고유시간과 고유속도

우리가 세계선을 따라 움직이면, 우리 시계는 천천히 간다; 벽걸이 시계가 dt 갈 동안 우리 시계는 $d\tau$를 간다:

$$d\tau = \sqrt{1 - u^2/c^2}\, dt \tag{12.37}$$

(u는 특정 물체 – 여기에서는 우리 – 의 속도를, v는 두 관성계의 상대속도를 나타낸다.) 우리 시계가 기록하는 시간 (또는 더 일반적으로, 움직이는 물체와 연관된 시간) τ를 **고유시간**(proper time)이라고 한다. (proper는 "자신의"라는 뜻의 프랑스어 "propre"를 영어로 잘못 옮긴 것이다.) 때로는 τ가 t보다 더 쓸모 있다. 예를 들어 고유시간은 불변량이지만, "보통" 시간은 보는 기준틀에 따라 달라진다.

제주행 비행기의 기장이 비행기 속도가 4/5c라고 한다면, 그 "속도"는 정확히 무엇을 뜻할까? 물론 변위를 시간으로 나눈 값으로서 한 시간에 가는 거리일 것이다. 벡터로 나타내면 다음과 같다.

$$\mathbf{u} = \frac{d\mathbf{l}}{dt} \tag{12.38}$$

아마도 땅에 대한 속도일 것이므로 $d\mathbf{l}$과 dt 모두 땅에 있는 관찰자가 잰 양일 것이다. 우리가 제주에서 시간약속을 했다면 이것이 중요한 양이겠지만, 우리가 도착할 때 얼마나 배고플까를 생각한다면 단위 고유시간 동안 간 거리가 더 중요하다.

$$\boldsymbol{\eta} \equiv \frac{d\mathbf{l}}{d\tau} \tag{12.39}$$

이것은 뒤섞인 양 – 거리는 땅에서, 시간은 비행기에서 쟀다 – 으로서 **고유속도**(proper velocity)라고 한다. 이에 비해, **u**는 **보통 속도**(ordinary velocity)이다. 두 양은 식 12.37로 연결된다.

$$\boldsymbol{\eta} = \frac{1}{\sqrt{1 - u^2/c^2}}\mathbf{u} \tag{12.40}$$

속력이 c보다 훨씬 느리면 두 속도는 거의 같다.

그렇지만 이론에서는 고유속도가 보통속도 보다 훨씬 편리하다. 관성계를 바꿀 때 간단히 변하기 때문이다. 실제로 $\boldsymbol{\eta}$는 다음과 같은 4-벡터의 공간성분이다.

$$\eta^\mu \equiv \frac{dx^\mu}{d\tau} \tag{12.41}$$

이것의 분자는 dx^μ로 변위 4-벡터이고 분모는 $d\tau$로 불변량인데, 0번째 성분은 다음과 같다.

$$\eta^0 = \frac{dx^0}{d\tau} = c\frac{dt}{d\tau} = \frac{c}{\sqrt{1-u^2/c^2}} \tag{12.42}$$

따라서, 예를 들어 S에 대해 $x\bar{x}$쪽으로 속력 v로 움직이는 좌표계 $\bar{S}$로 바꾸면 다음과 같다.

$$\left.\begin{aligned} \bar{\eta}^0 &= \gamma(\eta^0 - \beta\eta^1) \\ \bar{\eta}^1 &= \gamma(\eta^1 - \beta\eta^0) \\ \bar{\eta}^2 &= \eta^2 \\ \bar{\eta}^3 &= \eta^3 \end{aligned}\right\} \quad \left(\beta = \frac{v}{c}, \quad \gamma = \frac{1}{\sqrt{1-\beta^2}}\right) \tag{12.43}$$

일반적으로는 다음과 같다.

$$\bar{\eta}^\mu = \Lambda^\mu_\nu \eta^\nu \tag{12.44}$$

η^μ는 **고유속도 4-벡터**(proper velocity 4-vector) 또는 그냥 4-**속도**(4-velocity)라고 한다.

보통속도의 변환규칙은 이보다 훨씬 복잡하며, 예제 12.6과 문제 12.14에서 보듯이 다음과 같다.

$$\left.\begin{aligned} \bar{u}_x &= \frac{d\bar{x}}{d\bar{t}} = \frac{u_x - v}{(1 - vu_x/c^2)} \\ \bar{u}_y &= \frac{d\bar{y}}{d\bar{t}} = \frac{u_y}{\gamma(1 - vu_x/c^2)} \\ \bar{u}_z &= \frac{d\bar{z}}{d\bar{t}} = \frac{u_z}{\gamma(1 - vu_x/c^2)} \end{aligned}\right\} \tag{12.45}$$

또는 더 간결하게

$$\bar{\mathbf{u}}_\parallel = \frac{\mathbf{u}_\parallel - \mathbf{v}}{(1 - u_\parallel v/c^2)}, \quad \bar{\mathbf{u}}_\perp = \frac{\mathbf{u}_\perp}{\gamma(1 - u_\parallel v/c^2)} \tag{12.46}$$

(여기에서 $\parallel$와 $\perp$는 각각 상대운동 v와 나란한 성분과 수직인 성분을 나타낸다).

이렇게 더욱 복잡해지는 이유는 간단하다. 이때는 분자 $d\mathbf{l}$과 분모 dt를 모두 변환해야 하지만, 고유속도에서는 분모 $d\tau$가 변하지 않으므로 분자의 변환규칙을 그대로 받기 때문이다.

문제 12.24

(a) 식 12.40에서는 고유속도를 보통속도로 표시했다. 식을 뒤집어 $\mathbf{u}$를 $\boldsymbol{\eta}$로 나타내는 공식을 써라.

(b) 고유속도와 빠르기(식 12.34)는 어떤 관계인가? 속도가 x쪽이라 하고, $\boldsymbol{\eta}$를 θ의 함수로 구하라.

문제 12.25 그림 12.25처럼 어느 차가 S에서 45°선을 따라 $(2/\sqrt{5})c$의 (보통) 속력으로 달린다.

(a) (보통)속도의 성분 u_x와 u_y를 구하라.

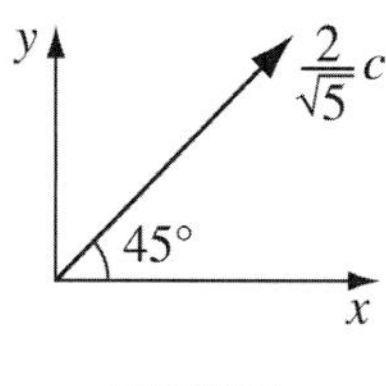

그림 12.25

(b) 고유속도의 성분 η_x와 η_y를 구하라.

(c) 4-벡터의 0번째 성분 η^0을 구하라.

$\bar{S}$가 S에 대해 x쪽으로 (보통)속력 $\sqrt{2/5}\,c$로 움직인다. 변환법칙을 써서 $\bar{S}$에서의 다음 값을 구하라.

(d) $\bar{S}$에서의 (보통)속도 성분 $\bar{u}_x$와 $\bar{u}_y$를 구하라.

(e) $\bar{S}$에서의 고유속도 성분 $\bar{\eta}_x$와 $\bar{\eta}_y$를 구하라.

(f) 다음 관계가 맞는지 확인하라.

$$\bar{\boldsymbol{\eta}} = \frac{\bar{\mathbf{u}}}{\sqrt{1 - \bar{u}^2/c^2}}$$

• **문제 12.26** 불변량인 4-속도벡터의 자체 점곱 $\eta^\mu \eta_\mu$를 구하라. η^μ는 시간같은가? 공간같은가? 빛같은가?

문제 12.27 고속도로에서 차를 모는데 순찰차가 보고 차를 세우게 한 다음 속력 얼마로 달렸는가 묻기에 다음과 같이 대답했다: "경찰관님, 거짓말은 하지 않겠어요. 속도계로 보니 4×10^8 m/s 였습니다." 그는 고속도로의 제한속도는 2.5×10^8 m/s라고 하면서 벌금 딱지를 뗐다. 법정에서 (다행히도 물리학을 배운) 변호사가 차의 속도계는 고유속도를 재는데, 제한속도는 보통속도임을 지적했다. 유죄인가 무죄인가?

문제 12.28 입자가 다음과 같이 쌍곡선 운동을 한다.

$$x(t) = \sqrt{b^2 + (ct)^2}, \quad y = z = 0$$

(a) $t = 0$일 때 $\tau = 0$로 맞추었을 때 고유시간 τ를 t의 함수로 구하라. (실마리: 식 12.37을 적분하라.]

(b) x와 $u = dx/dt$(보통속도)를 τ의 함수로 구하라.
(c) η^μ(고유속도)를 τ의 함수로 구하라.

12.2.2 상대론적 에너지와 운동량

고전역학에서 운동량은 질량과 속도의 곱이다. 이 개념을 상대론적으로 확장하려면 곧 의문이 생긴다: 보통속도와 고유속도 어느 것을 써야 하는가? 고전물리학에서는 $\boldsymbol{\eta}$와 $\mathbf{u}$가 같으므로 어느 것을 써도 좋다. 그러나 상대론에서는 반드시 고유속도를 써야 한다. 운동량을 $m\mathbf{u}$로 정의하면 운동량 보존법칙이 상대성 원리와 어긋난다 (문제 12.29를 보라). 따라서 (보통)속도 $\mathbf{u}$로 가는, 질량 m인 물체의 **상대론적 운동량**(relativistic momentum)은 다음과 같이 정의한다:[15]

$$\boxed{\mathbf{p} \equiv m\boldsymbol{\eta} = \frac{m\mathbf{u}}{\sqrt{1-u^2/c^2}};} \tag{12.47}$$

상대론적 운동량은 다음 4-벡터의 공간부분이다:

$$p^\mu \equiv m\eta^\mu \tag{12.48}$$

그렇다면 당연히 다음과 같은 시간 성분은 도대체 무엇인지 궁금해진다.

$$p^0 = m\eta^0 = \frac{mc}{\sqrt{1-u^2/c^2}} \tag{12.49}$$

아인슈타인은 p^0c가 **상대론적 에너지**(relativistic enaegy)임을 확인했다.

$$\boxed{E \equiv \frac{mc^2}{\sqrt{1-u^2/c^2}};} \tag{12.50}$$

p^μ를 **에너지-운동량 4-벡터**(energy-momentum 4-vector) 또는 간단히 **운동량 4-벡터**(momentum 4-vector)라고 한다.

물체가 서 있을 때에도 상대론적 에너지는 0이 아님을 눈여겨보라; 그것을 **정지 에너지**(rest energy)라고 한다:

$$E_{정지} \equiv mc^2 \tag{12.51}$$

15 옛날 이론에서는 이른바 **상대론적 질량**(relativistic mass) $m_{상대} \equiv m/\sqrt{1-u^2/c^2}$을 도입하여 $\mathbf{p}$를 $m_{상대}\mathbf{u}$로 쓰기도 했지만, 이 새로운 용어는 별 쓸모가 없어서 사라져버렸다.

나머지는 운동과 관련된 양이므로 **운동에너지**(kinetic energy)라고 한다:

$$E_{운동} \equiv E - mc^2 = mc^2\left(\frac{1}{\sqrt{1-u^2/c^2}} - 1\right) \tag{12.51}$$

비상대론적 영역($u \ll c$)에서는 제곱근을 다음과 같이 u^2/c^2의 급수로 펼칠 수 있다:

$$E_{운동} = \frac{1}{2}mu^2 + \frac{3}{8}\frac{mu^4}{c^2} + \cdots \tag{12.52}$$

이 식의 첫 항은 고전적인 운동에너지 공식이다.

지금까지는 모두 기호에 관한 것이었다. 물리적 내용은 식 12.47과 12.50에서 정의한 E와 $\mathbf{p}$가 보존된다는 것이다:

고립계에서는[16] 총 상대론적 에너지와 운동량이 보존된다.

질량은 보존되지 않는다 – 1945년의 비극 이래 모두가 잘 아는 사실이다 (이른바 "질량을 에너지로 바꾸는 것"은 실제로는 **정지** 질량을 **운동** 에너지로 바꾸는 것이다).

물리량의 **불변**(invariant)(모든 관성계에서 값이 같음)과 **보존**(conserved)(어떤 과정 전, 후의 값이 같음)을 잘 구별해야 한다. 질량은 불변량이지만 보존량은 아니다; 에너지는 보존량이지만 불변량은 아니다; 전하는 보존량이자 불변량이다; 속도는 보존량도 불변량도 아니다.

p^μ의 자체 점곱은 다음과 같음을 문제 12.26의 결과를 써서 바로 확인할 수 있다:

$$p^\mu p_\mu = -(p^0)^2 + (\mathbf{p}\cdot\mathbf{p}) = -m^2c^2 \tag{12.53}$$

상대론적 에너지와 운동량을 쓰면 다음과 같다:

$$\boxed{E^2 - p^2c^2 = m^2c^4.} \tag{12.54}$$

이 결과는 물체의 속도를 몰라도 ($p \equiv |\mathbf{p}|$를 알 때) E를 셈할 수 있고, (E를 알 때) p를 셈할 수 있으므로 아주 쓸모가 있다.[17]

---

16 밖에서 주는 힘이 있으면, (고전적인 경우와 마찬가지로) 계의 에너지와 운동량은 일반적으로 보존되지 않는다.

17 식 12.54와 12.55는 질량 m인 **입자 하나**에 적용된다. 입자 무리의 총 에너지와 총 운동량을 다룰 때도 $p^\mu p_\mu$는 여전히 불변량이고, 이것을 써서 이른바 계의 **불변 질량**(invariant mass) ($-p^\mu p_\mu/c^2$)을 정의할 수 있지만, 그 값은 (일반적으로) 낱낱의 입자의 질량을 더한 값과 다르다.

문제 12.29

(a) 문제 12.2(a)를 되풀이하되, (그릇된) 운동량의 정의 $\mathbf{p} = m\mathbf{u}$와 (올바른) 아인슈타인 속도 덧셈 규칙을 써라. (이렇게 정의한) 운동량이 $\mathcal{S}$에서 보존되면, $\bar{\mathcal{S}}$에서는 보존되지 않음을 눈여겨보라. 운동은 x축을 따라 간다고 가정하라.

(b) 이제 정확한 운동량의 정의 $\mathbf{p} = m\boldsymbol{\eta}$를 써서 되풀이하라. (이렇게 정의한) 운동량이 $\mathcal{S}$에서 보존되면, $\bar{\mathcal{S}}$에서도 저절로 보존됨을 눈여겨보라. [실마리: 고유속도를 변환시킬 때 식 12.43을 써라.] 상대론적 에너지에 관해 무엇을 가정해야 하는가?

문제 12.30 물체의 운동 에너지가 정지 에너지의 n배이면 그 속력은 얼마인가?

문제 12.31 여러 입자가 에너지 E_1, E_2, E_3,⋯ 와 운동량 p_1, p_2, p_3,⋯ 을 가지고 모두 x방향으로 움직인다. 총 운동량이 0인 **운동량 중심**(center of momentum) 기준틀의 속도를 구하라.

12.2.3 상대론적 운동학

이 절에서는 보존법칙의 쓰임새 몇 가지를 살펴본다.

예제 12.7

각각의 (정지)질량이 m인 진흙 뭉치 두 개가 3/5c로 정면충돌하여(그림 12.26), 한 뭉치가 되었다. 물음: 뭉친 진흙의 질량(M)은 얼마인가?

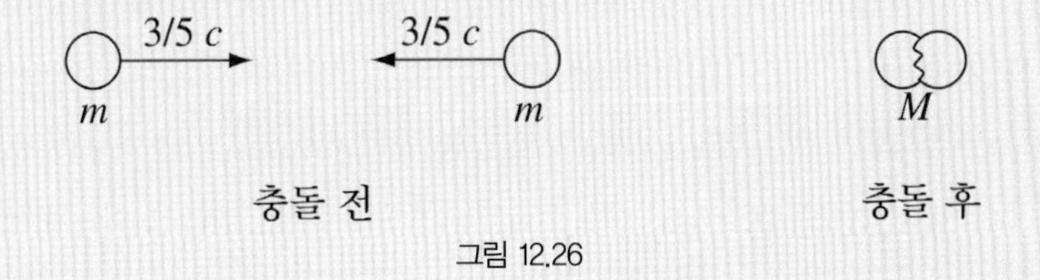

그림 12.26

■ 풀이 ■

이 경우의 운동량 보존은 간단하다. 처음과 나중 모두 0이다. 충돌 전의 각 뭉치의 에너지는 다음과 같다.

$$\frac{mc^2}{\sqrt{1-(3/5)^2}} = \frac{5}{4}mc^2$$

충돌 후에 뭉친 진흙의 에너지는 (서 있으므로) Mc^2이다. 따라서, 에너지 보존법칙에 따라 다음과 같다.

$$\frac{5}{4}mc^2 + \frac{5}{4}mc^2 = Mc^2$$

따라서 M은 다음과 같다.

$$M = \frac{5}{2}m$$

이 값은 처음의 총 질량보다 크다! 이 충돌에서 질량은 보존되지 않는다: 운동 에너지가 정지 에너지로 바뀌었고, 따라서 질량이 늘었다.

이런 충돌을 고전역학에서 다룰 때는 운동 에너지가 열에너지로 바뀌었다고 말한다. 뭉친 진흙은 두 뭉치일 때보다 더 뜨거워진다. 물론 이것은 상대론적으로도 맞다. 그런데 열에너지란 무엇인가? 그것은 물체 속의 원자 및 분자들의 무질서한 운동 에너지와 위치 에너지의 합이다. 상대성 이론이 말하는 것은 이와 같은 내부 에너지가 물체의 질량으로 나타난다는 것이다. 뜨거운 감자가 찬 감자보다 무겁고, 압축된 용수철이 이완된 용수철보다 무겁다. 물론 크게 다르지는 않다. 내부에너지(U) 때문에 생기는 질량 변화는 U/c^2이고 c^2은 일상의 단위에서 볼 때 아주 크기 때문이다. 진흙 뭉치가 아무리 빨리 부딪쳐도 질량변화를 느낄 수 있는 정도까지는 안된다. 그러나 소립자 영역에서는 그 효과가 두드러질 수 있다. 예를 들어 중성 파이온(질량 2.4×10^{-28}kg)이 전자와 양전자(둘 다 질량은 9.11×10^{-31}kg)로 붕괴할 때 정지 에너지의 거의 대부분이 운동에너지로 바뀐다 – 원래의 질량의 1%도 안되는 양만 남는다.

고전역학에서는 질량이 없는($m = 0$) 입자는 없다 – 질량이 0이면 운동 에너지($\frac{1}{2}mu^2$)와 운동량($m\mathbf{u}$)이 0이 될 것이고, 그것에 힘을 줄 수 없고($\mathbf{F} = m\mathbf{a}$), 따라서 (뉴턴 제 3 법칙에 따라) 그것은 다른 어떤 것에도 힘을 줄 수 없다. 따라서 물리에 관한 한 그것은 없는 것과 같다. 얼핏 상대론에서도 마찬가지일 것으로 생각하기 쉽다. 왜냐하면, $\mathbf{p}$와 E도 m에 비례하기 때문이다. 그러나 식 12.47과 12.50을 잘 살펴보면 허점이 있다: $u = c$이면 분자와 분모가 모두 0이 되므로 $\mathbf{p}$와 E는 정해지지 않는다. 그러므로 질량이 없는 입자도 늘 빛의 속력으로 가면 에너지와 운동량을 가질 수 있다. 식 12.47과 12.50이 $\mathbf{p}$와 E를 결정할 수는 없지만 식 12.55는 두 양 사이에 다음 관계가 있음을 시사한다:

$$E = pc \tag{12.56}$$

실제로 자연에 질량이 없는 입자, 즉 빛알이 없었다면 나는 이런 주장에 코웃음 쳤을 것이다.[18] 빛알은 빛의 속력으로 다니며 식 12.56을 따른다.[19] 그래서 이 "허점"을 심각하게 받아들여야 한

18 최근까지 중성미자도 질량이 0이라고 가정했었는데, 1988년 실험 결과는 이것이 (아주 작은) 질량을 가짐을 시사한다.

19 빛알은 전자기장의 **양자**(quantum)이므로, 에너지와 운동량의 비가 전자기파와 같은 것은 우연이 아니다 (식

다. [그런데 에너지가 큰 빛알과 적은 빛알은 어떻게 가려낼까? 그것들은 질량이 같고(0), 속력도 같다(c), 이 물음에 대한 답은 상대론이 아니라, 이상하게도 양자역학에서 나온다. 플랑크 공식에 따르면, $E = h\nu$이며 h는 **플랑크 상수**(Planck's constant), ν는 진동수이다. 파란 빛알은 붉은 빛알보다 에너지가 많다.]

예제 12.8

서 있던 중간자가 뮤온과 중성미자로 붕괴한다 (그림 12.27). 뮤온의 에너지를 질량 m_π와 m_μ를 써서 구하라($m_\nu = 0$으로 가정하라).*

그림 12.27

■ 풀이 ■

붕괴 전, 후의 총 에너지와 운동량은 다음과 같다.

$$E_{전} = m_\pi c^2, \qquad \mathbf{p}_{전} = \mathbf{0},$$
$$E_{후} = E_\mu + E_\nu, \qquad \mathbf{p}_{후} = \mathbf{p}_\mu + \mathbf{p}_\nu$$

운동량이 보존되므로 $\mathbf{p}_\nu = -\mathbf{p}_\mu$이다. 에너지가 보존되려면 다음과 같아야 한다.

$$E_\mu + E_\nu = m_\pi c^2$$

식 12.56에서 $E_\nu = |\mathbf{p}_\nu|c$인데, 식 12.55에서 $|\mathbf{p}_\mu| = \sqrt{E_\mu^2 - m_\mu^2 c^4}\,/c$이므로 위 식은 다음과 같다.

$$E_\mu + \sqrt{E_\mu^2 - m_\mu^2 c^4} = m_\pi c^2$$

이로부터 다음 결과를 얻는다.

$$E_\mu = \frac{(m_\pi^2 + m_\mu^2)c^2}{2m_\pi}$$

9.61과 9.63을 보라).

* 실제로는 $m_\nu \neq 0$이다.

고전적 충돌과정에서는 운동량과 질량이 늘 보존되지만, 운동 에너지는 일반적으로 보존되지 않는다. "들러붙는" 충돌에서는 운동 에너지의 일부가 열로 바뀐다; "폭발적" 충돌에서는 화학 에너지(또는 다른 종류의 에너지)가 운동 에너지로 바뀐다. 두 당구공이 이상적으로 충돌할 때처럼 운동 에너지가 보존되는 것을 "탄성" 충돌이라고 한다. 상대론적 충돌에서는 운동량과 총 에너지가 늘 보존되지만, 질량과 운동 에너지는 일반적으로 보존되지 않는다. 이때도 운동 에너지가 보존되면 **탄성**(elastic) 충돌이라고 하며, 그때는 정지 에너지(총에너지에서 운동에너지를 뺀 값)도 보존되며, 따라서 질량도 보존된다. 이것은 실제로는 충돌과정에 들어간 입자와 나온 입자가 같음을 뜻한다. 예제 12.7과 12.8은 비탄성 과정이고, 다음 예제는 탄성 과정이다.

예제 12.9

콤프턴 산란. 에너지 E_0인 빛알이 서 있던 전자에 부딪쳐 "튕겨" 나왔다. 나가는 빛알의 에너지 E를 **산란각**(scattering angle) θ의 함수로 나타내라 (그림 12.28).

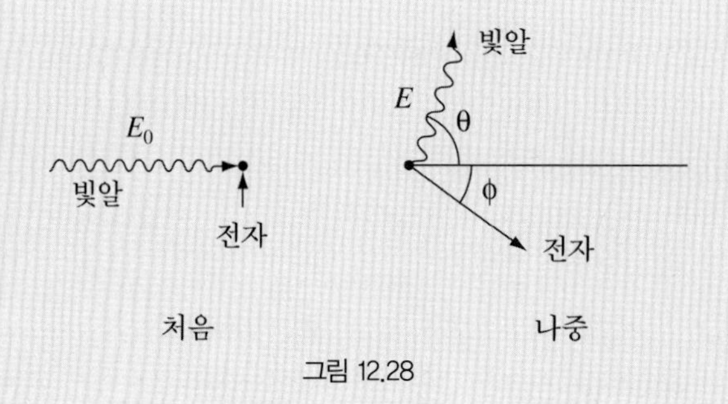

그림 12.28

■ 풀이 ■

운동량의 "수직" 방향 성분 보존을 나타내는 식은 $p_{전자} \sin\phi = p_{빛알} \sin\theta$, 또는 $p_{빛알} = E/c$ 이므로 다음과 같다:

$$\sin\phi = \frac{E}{p_{전자}c}\sin\theta$$

운동량의 "수평" 방향 성분 보존을 나타내는 식은 다음과 같다:

$$\frac{E_0}{c} = p_{빛알}\cos\theta + p_{전자}\cos\phi = \frac{E}{c}\cos\theta + p_{전자}\sqrt{1-\left(\frac{E}{p_{전자}c}\sin\theta\right)^2}$$

또는

$$p_{전자}^2 c^2 = (E_0 - E\cos\theta)^2 + E^2\sin^2\theta = E_0^2 - 2E_0E\cos\theta + E^2$$

끝으로 에너지 보존을 나타내는 식은 다음과 같다:

$$E_0 + mc^2 = E + E_{전자} = E + \sqrt{m^2c^4 + p_{전자}^2c^2}$$
$$= E + \sqrt{m^2c^4 + E_0^2 - 2E_0E\cos\theta + E^2}$$

E에 대해 풀면 다음 결과를 얻는다:

$$E = \frac{1}{(1-\cos\theta)/mc^2 + (1/E_0)} \tag{12.57}$$

이것을 빛알의 파장으로 표시하면 좀더 간단해진다.

$$E = h\nu = \frac{hc}{\lambda}$$

이므로

$$\lambda = \lambda_0 + \frac{h}{mc}(1-\cos\theta) \tag{12.58}$$

가 된다. (h/mc)를 전자의 **콤프턴 파장**(Compton wavelength)이라고 한다.

문제 12.32 예제 12.8에서의 뮤중간자의 속도를 구하라.

문제 12.33 질량이 m이고 총 에너지가 정지 에너지의 2배인 입자가 서 있던 똑같은 입자와 충돌했다. 이것들이 붙은 복합 입자의 질량과 속도를 구하라.

문제 12.34 (정지)질량이 m이고 (상대론적) 운동량이 $p = \frac{3}{4}mc$인 중성 파이온이 빛알 두 개로 붕괴되었다. 빛알 하나는 원래의 파이온이 가던 쪽으로, 다른 하나는 반대 쪽으로 나왔다. 각 빛알의 (상대론적) 에너지를 구하라.

문제 12.35 과거의 입자실험에서는 대개 서 있는 입자와 충돌시켰다: 입자(양성자나 전자) 하나를 높은 에너지 E로 가속한 뒤 서 있는 표적과 충돌시킨다 (그림 12.29a). 훨씬 큰 **상대** 에너지를 얻으려면 입자를 둘 다 가속시켜 에너지 E로 올린 다음 충돌시킨다 (그림 12.29b). **고전적으로는** 한 입자에 대한 다른 입자의 에너지 $\tilde{E}$는 $4E$(왜?)일 뿐이어서 이득이 별로 없다(겨우 4배이다). 그러나 **상대론적으로는** 이득이 엄청나다. 두 입자의 질량 m이 같다면 다음과 같음을 보여라.

$$\tilde{E} = \frac{2E^2}{mc^2} - mc^2 \tag{12.59}$$

양성자(mc^2 = 1 GeV)를 쓰고 E = 30 GeV라면 $\tilde{E}$는 얼마인가? 이것은 E의 몇 배인가? (1 GeV = 10^9

전자볼트.) [이 상대론적 증가 때문에 대부분의 현대 입자실험에서는 고정된 표적 보다는 **충돌입자선**(colliding beams)을 쓴다.]

그림 12.29

문제 12.36 **쌍소멸**(Pair annihilation) 실험에서 운동량 $p_{전자}$인 전자(질량 m)가 서 있는 반전자(질량은 같으나 전하는 반대이다)와 부딪친 뒤 소멸되고, 두 개의 빛알이 생겨났다. (왜 빛알 한 개만 생기지 않을까?) 전자가 들어오던 쪽에 대해 60°쪽으로 첫째 빛알이 나오면, 이것의 에너지는 얼마인가?

12.2.4 상대론적 동역학

뉴턴 제 1 법칙은 상대성 원리에 들어 있다. 제 2 법칙은 아래와 같은 꼴이고 상대론적 운동량을 쓴다면 상대론적 역학에서도 맞다.

$$\boxed{\mathbf{F} = \frac{d\mathbf{p}}{dt}} \tag{12.59}$$

예제 12.10

일정한 힘을 받는 운동. 질량 m인 입자가 서 있다가 일정한 힘 F를 받아 $t = 0$에 원점에서 움직이기 시작할 때 그 위치 (x)를 시간의 함수로 구하라.

■ 풀이 ■

$$\frac{dp}{dt} = F \quad \Rightarrow \quad p = Ft + 상수$$

그런데 $t = 0$에는 $p = 0$이므로 상수는 0이고, 따라서 다음과 같다.

$$p = \frac{mu}{\sqrt{1 - u^2/c^2}} = Ft$$

u에 대해 풀면 다음과 같다.

$$u = \frac{(F/m)t}{\sqrt{1+(Ft/mc)^2}} \tag{12.61}$$

분자만 보면 고전적인 답과 같다 – $(F/m)t \ll c$이면 근사적으로 맞다. 그러나 분모 때문에 u가 c를 넘지 못한다; 실제로 $t \to \infty$이면 $u \to c$이다.

이 문제를 완전히 풀려면 적분을 다시 해야 한다.

$$\begin{aligned} x(t) &= \frac{F}{m}\int_0^t \frac{t'}{\sqrt{1+(Ft'/mc)^2}}\,dt' \\ &= \frac{mc^2}{F}\sqrt{1+(Ft'/mc)^2}\,\Big|_0^t = \frac{mc^2}{F}\left[\sqrt{1+(Ft/mc)^2}-1\right] \end{aligned} \tag{12.62}$$

고전적으로 나오는 포물선 $x(t) = (F/2m)t^2$ 대신에 쌍곡선이 나온다 (그림 12.30). 그래서 일정한 힘을 받는 운동을 **쌍곡선 운동**(hyperbolic motion)이라고 한다. 이런 모양은 전하를 띤 입자가 고른 전기장 속에 있을 때 나타난다.

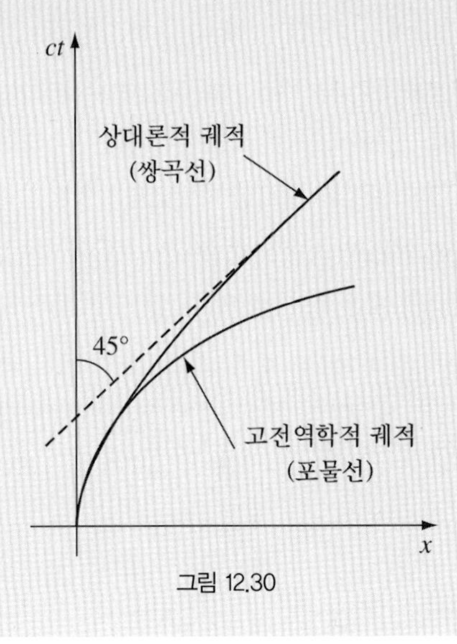

그림 12.30

일은 늘 그렇듯이 힘을 선적분한 것이다:

$$W \equiv \int \mathbf{F}\cdot d\mathbf{l} \tag{12.63}$$

일–에너지 정리(work-energy theorem)("입자에 해준 일만큼 그 입자의 운동에너지가 늘어난다")는 상대론적으로도 성립한다:

$$W = \int \frac{d\mathbf{p}}{dt} \cdot d\mathbf{l} = \int \frac{d\mathbf{p}}{dt} \cdot \frac{d\mathbf{l}}{dt}\, dt = \int \frac{d\mathbf{p}}{dt} \cdot \mathbf{u}\, dt$$

인데,

$$\begin{aligned} \frac{d\mathbf{p}}{dt} \cdot \mathbf{u} &= \frac{d}{dt}\left(\frac{m\mathbf{u}}{\sqrt{1-u^2/c^2}}\right) \cdot \mathbf{u} \\ &= \frac{m\mathbf{u}}{(1-u^2/c^2)^{3/2}} \cdot \frac{d\mathbf{u}}{dt} = \frac{d}{dt}\left(\frac{mc^2}{\sqrt{1-u^2/c^2}}\right) = \frac{dE}{dt} \end{aligned} \tag{12.64}$$

이므로 다음과 같다.

$$W = \int \frac{dE}{dt}\, dt = E_{\text{마지막}} - E_{\text{처음}} \tag{12.65}$$

(정지 에너지는 일정하므로, 총에너지와 운동에너지 어느 것을 써도 같다.)

뉴턴 제 3 법칙은 처음 두 법칙과는 달리 일반적으로 상대론적 영역으로 확대할 수 없다. 사실 두 물체가 공간에서 떨어져 있으면, 제 3 법칙은 동시성의 상대성과도 맞지 않다. 어떤 순간 t에 A가 B에 주는 힘이 $\mathbf{F}(t)$, B 가 A에 주는 힘이 $-\mathbf{F}(t)$라 하자. 그러면 이 기준틀에서는 제 3 법칙이 성립한다. 그러나 움직이는 관찰자가 보기에는 크기가 같고 방향이 반대인 두 힘이 다른 순간에 작용할 것이다; 그러므로 이 기준틀에서는 제 3 법칙이 깨진다. 접촉 상호작용과 같이 두 힘이 같은 곳에 작용할 때만 (그리고 힘이 일정한 시시한 때만) 제 3 법칙이 성립한다.

F는 운동량을 보통시간으로 미분한 것이므로 (보통)속도와 같이 한 기준틀에서 다른 기준틀로 갈 때 이상하게 바뀐다. 왜냐하면 분자와 분모가 모두가 변해야 하기 때문이다. 따라서[20]

$$\bar{F}_y = \frac{d\bar{p}_y}{d\bar{t}} = \frac{dp_y}{\gamma\, dt - \frac{\gamma\beta}{c}\, dx} = \frac{dp_y/dt}{\gamma\left(1 - \frac{\beta}{c}\frac{dx}{dt}\right)} = \frac{F_y}{\gamma(1-\beta u_x/c)} \tag{12.66}$$

이고 z성분은 다음과 같다.

$$\bar{F}_z = \frac{F_z}{\gamma(1-\beta u_x/c)}$$

x성분은 더 복잡하다:

$$\bar{F}_x = \frac{d\bar{p}_x}{d\bar{t}} = \frac{\gamma\, dp_x - \gamma\beta\, dp^0}{\gamma\, dt - \frac{\gamma\beta}{c}\, dx} = \frac{\frac{dp_x}{dt} - \beta\frac{dp^0}{dt}}{1 - \frac{\beta}{c}\frac{dx}{dt}} = \frac{F_x - \frac{\beta}{c}\left(\frac{dE}{dt}\right)}{1-\beta u_x/c}$$

---

20 기억하라: γ와 β는 $\mathcal{S}$에 대한 $\bar{\mathcal{S}}$의 운동에 관한 것이므로 상수이다; **u**는 $\mathcal{S}$에 대한 입자의 속도이다.

식 12.63에서 구한 dE/dt를 쓰면 다음과 같다.

$$\bar{F}_x = \frac{F_x - \beta(\mathbf{u}\cdot\mathbf{F})/c}{1-\beta u_x/c} \tag{12.67}$$

이 식은 다음의 특별한 경우에는 그런대로 쓸 수 있다: $\mathcal{S}$에서 (순간적으로) 입자가 설 때는 $\mathbf{u}=0$이므로 다음과 같다:

$$\bar{\mathbf{F}}_{\perp} = \frac{1}{\gamma}\mathbf{F}_{\perp}, \quad \bar{F}_{\parallel} = F_{\parallel} \tag{12.68}$$

$\mathbf{F}$의 성분 가운데 $\bar{\mathcal{S}}$와 나란한 것은 변하지 않고, 수직한 것은 γ로 나눈 값이다.

$\mathbf{F}$의 변환이 이처럼 복잡하므로 "고유"속도처럼 운동량을 고유시간으로 미분하여 다음과 같은 "고유"힘을 도입할 수도 있다.

$$K^{\mu} \equiv \frac{dp^{\mu}}{d\tau} \tag{12.69}$$

이 힘이 **민코프스키 힘**(Minkowski force)이다. 이것은 p^{μ}가 4-벡터이고, 고유시간은 불변이므로 완전한 4-벡터이다. K^{μ}의 공간 성분은 보통힘과 다음과 같이 관련된다.

$$\mathbf{K} = \left(\frac{dt}{d\tau}\right)\frac{d\mathbf{p}}{dt} = \frac{1}{\sqrt{1-u^2/c^2}}\mathbf{F} \tag{12.70}$$

0번째 성분은 다음과 같다.

$$K^0 = \frac{dp^0}{d\tau} = \frac{1}{c}\frac{dE}{d\tau} \tag{12.71}$$

이 식은 $1/c$을 빼면 입자 에너지의 (고유) 증가율 – 곧 입자가 받는 (고유) 일률이다.

상대론적 동역학은 보통 힘 또는 민코프스키 힘을 써서 전개할 수 있다. 뒤의 것을 쓰면 식은 간결하지만 결국 입자의 궤적을 보통시간의 함수로 알아야 하므로, 앞의 것이 더 쓸모가 있다. 로런츠의 힘과 같은 고전적인 힘 법칙을 상대론적 영역으로 일반화하려면 다음 물음이 생긴다: 고전적인 공식에 나오는 힘은 보통 힘과 민코프스키 힘 어느 것에 해당되는가? 다시 말하면, 다음 두 식 가운데 어느 것이 옳은가?

$$\mathbf{F} = q(\mathbf{E} + \mathbf{u}\times\mathbf{B})$$

또는

$$\mathbf{K} = q(\mathbf{E} + \mathbf{u}\times\mathbf{B})?$$

고전물리에서는 고유시간과 보통시간이 같으므로, 이것은 이 단계에서 구별할 수 없다. 사실은 로런츠의 힘은 **보통** 힘이다 – 그 까닭과 전자기 민코프스키 힘을 만드는 방법은 뒤에 설명한다.

예제 12.11

고른 자기장 속에서 전하를 띤 입자의 운동이 **사이클로트론 운동**(cyclotron motion)이며, 전형적인 궤적은 원이다 (그림 12.31). 원운동에 필요한 구심 가속도는 자기력이 준다.

$$F = QuB$$

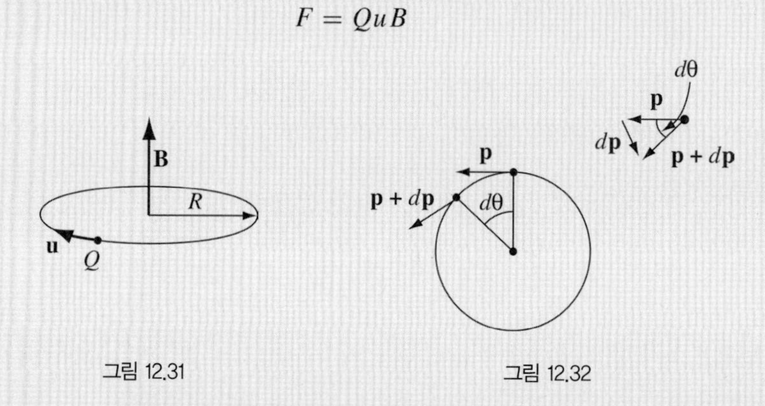

그림 12.31 그림 12.32

그러나 특수 상대성 이론에서는 구심력이 고전역학의 값 mu^2/R이 아니다. 그림 12.32에서 보듯이, $dp = p\,d\theta$이므로 다음과 같다.

$$F = \frac{dp}{dt} = p\frac{d\theta}{dt} = p\frac{u}{R}$$

(고전적으로는 $p = mu$이므로 $F = mu^2/R$이다.) 따라서 다음과 같다.

$$QuB = p\frac{u}{R}$$

또는

$$p = QBR \tag{12.72}$$

이렇게 쓰면 상대론적 사이클로트론 공식은 비상대론적 공식인 식 5.3과 같다 – 다만 p가 상대론적 운동량이다.

고전역학에서는 상호작용하는 입자 무리의 총 운동량($\mathbf{P}$)은 총 질량(M)에 질량중심의 속도를 곱한 값이다.

$$\mathbf{P} = M\frac{d\mathbf{R}_{\text{질량}}}{dt}$$

상대성 이론에서는 질량중심 $\mathbf{R}_{질량} = \frac{1}{M}\sum m_i \mathbf{r}_i$ 대신 **에너지중심**(center-of-energy) $\mathbf{R}_{에너지} = \frac{1}{E}\sum m_i \mathbf{r}_i$ (E는 총에너지)를, M대신 E/c^2를 쓴다:

$$\mathbf{P} = \frac{E}{c^2}\frac{d\mathbf{R}_{에너지}}{dt} \tag{12.73}$$

그러면 $\mathbf{P}$와 E에는 각각 모든 꼴의 – 역학적인 양뿐만 아니라 장에 저장된 것까지 더한 – 운동량과 에너지가 들어간다.[21] 특히 에너지 중심이 서 있으면, 예상할 수 있듯이 계의 총 운동량이 0이어야 한다.[22]

예제 12.12

예제 8.3에서 동축 도선이 서 있어도, 그 속의 전자기장에 저장된 운동량이 있음을 보았다. 그때는 그 결과가 역설적으로 보였다. 그렇지만 에너지는 전지에서 저항기로 동축 도선을 따라 전달되므로 에너지중심이 움직인다. 실제로 전지가 $z = 0$에 서 있고, 저항기는 $z = l$에 서 있으면, $\mathbf{R}_{에너지} = (E_0\mathbf{R}_0 + E_{저항}\, l\,\hat{\mathbf{z}})/E$이다. 여기에서 $E_{저항}$은 저항기 속의 에너지, E_0는 저항기나 전지에 들어 있지 않은 모든 에너지, $\mathbf{R}_0$는 E_0의 에너지중심이다. 따라서 에너지중심의 속도는 다음과 같다.

$$\frac{d\mathbf{R}_{에너지}}{dt} = \frac{(dE_{저항}/dt)l}{E}\hat{\mathbf{z}} = \frac{IVl}{E}\hat{\mathbf{z}}$$

그러면 식 12.73에 따라 총 운동량은 다음과 같다.

$$\mathbf{P} = \frac{IVl}{c^2}\hat{\mathbf{z}}$$

그런데, 이 값은 바로 예제 8.3에서 셈한 전자기장 속의 운동량이다.

아직도 이상하게 보인다면, 구슬을 채운, 속이 안 보이는 통을 생각하자. 상자는 서 있지만, 속의 구슬은 이리저리 굴러다닐 수 있다. 이 통에 운동량이 있는가? 물론이다. 통은 서 있지만 속에 든 구슬은 운동량이 있으므로, "통+구슬" 역학계에는 운동량이 있다. 동축도선에서는 실제로 움직이는 물체는 없지만(글쎄 전자는 움직이지만, 한쪽으로 가는 것만큼 반대쪽으로 가므로 알짜 운동량은 0이다), 에너지가 한쪽 끝에서 다른쪽 끝으로 흘러가고, 상대성 이론에서는 정지에너지(질량)만이 아니라 움직이는 모든 꼴의 에너지는 운동량을 지닌다. 위의 비유에서 "구슬"에 해당하는 것이 바로 전자기장이고, 에너지는 이것에 실려 흘러가며, 따라서 운동량이 있다. **전자기장 자체는 완벽하게 서 있지만!**[23]

---

21 식 12.73의 증명은 쉽지 않다. 다음을 보라: S. Coleman, J. H. Van Vleck, *Phys. Rev.* **171**, 1370 (1968) 또는 M. G. Calkin, *Am. J. Phys.* **39**, 513 (1971).

22 이것을 때로는 **에너지-중심 정리**(center-of-energy theorem)라고 한다.

다음 예제에서는 에너지 중심이 서 있으므로, 총 운동량이 0이어야 한다 (식 12.73). 그러나 (정적인) 전자기장도 운동량을 가질 수 있으므로, 문제는 그것을 보상하는 역학적 운동량을 찾아내는 것이다.

예제 12.13

자기 쌍극자 **m**의 모형으로서 정상전류 I가 흐르는 네모꼴 도선 고리를 생각하자. 전류가 흐르는 것은 도선 속에서 양전하가 상호작용하지 않으면서 자유로이 움직이는 것으로 상상하라. 고른 전기장 **E**를 걸어주면 (그림 12.33), 전하는 왼쪽 토막에서는 가속되고 오른쪽 토막에서는 감속된다.[24] 고리 속의 모든 전하의 총 운동량을 구하라.

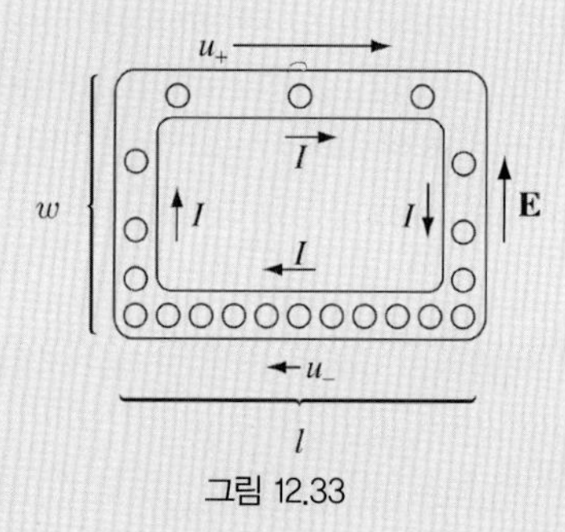

그림 12.33

■ 풀이 ■

왼쪽과 오른쪽 토막의 운동량은 지워지므로, 위와 아래 토막만 살피면 된다. 윗토막에 N_+개의 전하가 오른쪽으로 속력 u_+로, 아랫토막에 N_-개의 전하가 왼쪽으로 (더 느린) 속력 u_-로 움직인다고 하자. 네 토막에 흐르는 전류($I = \lambda u$)는 같다(그렇지 않으면 어딘가에 쌓일 것이다):

$$I = \frac{QN_+}{l}u_+ = \frac{QN_-}{l}u_- \quad \Rightarrow \quad N_\pm u_\pm = \frac{Il}{Q}$$

여기에서 Q는 낱낱의 입자의 전하, l은 위아래 토막의 길이이다. 고전적으로는 입자 하나의 운동량이 $\mathbf{p} = M\mathbf{u}$(M은 질량)이므로 총운동량은 다음과 같다(오른쪽이 +):

$$p_{고전} = MN_+u_+ - MN_-u_- = M\frac{Il}{Q} - M\frac{Il}{Q} = 0$$

(결국 고리 전체는 움직이지 않는다). 그러나 상대론적으로는 $\mathbf{p} = \gamma M\mathbf{u}$이고 따라서 총운동량은 다음과 같이 0이 아니다:

---

23 3판에서 이 문제를 분석한 부분에는 오류가 있다 – 다음 논문을 보라: T. H. Boyer, *Am. J. Phys.* 76, 190 (2008).

24 물론 이것은 전류가 흐르는 도선의 사실적 모형이 아니지만, 다른 모형도 결과는 똑같다. 다음 논문을 보라: V. Hinzido, *Am. J. Phys.* 65, 92 (1997).

$$p = \gamma_+ M N_+ u_+ - \gamma_- M N_- u_- = \frac{MIl}{Q}(\gamma_+ - \gamma_-)$$

그 까닭은 입자가 윗토막에서는 더 빨리 움직이기 때문이다.

사실 왼쪽 토막에서 입자 하나가 위로 가면서 얻는 에너지 $(\gamma_+ - \gamma_-)Mc^2$는 전기력이 해준 일 QEw와 같다. 여기에서 ω는 고리의 높이이다.

$$(\gamma_+ - \gamma_-)Mc^2 = QEw$$

따라서 운동량은 다음과 같다.

$$p = \frac{IlEw}{c^2}$$

그런데 Ilw는 고리의 자기 쌍극자이다; 벡터 $\mathbf{m}$은 종이 속으로 들어가는 쪽이고 $\mathbf{p}$는 오른쪽이므로 위 식을 벡터로 나타내면 다음과 같다.

$$\mathbf{p} = \frac{1}{c^2}(\mathbf{m} \times \mathbf{E}) \tag{12.74}$$

따라서 전기장 속에 있는 자기 쌍극자는 움직이고 있지 않는데도 선운동량이 있다! 이 **숨은 운동량**(hidden momentum)은 엄밀하게 상대론적이고, 역학적인 양이다. 이것이 전자기장에 저장된 운동량(식 8.45)과 꼭 맞지워진다.[25]

문제 12.37 고전역학에서 뉴턴 제 2 법칙은 잘 알려진 식 $\mathbf{F} = m\mathbf{a}$로 쓸 수 있다. 그러나 상대론적 방정식 $\mathbf{F} = d\mathbf{p}/dt$는 그렇게 간단히 쓸 수 없고 그 대신 다음과 같은 꼴이 됨을 보여라.

$$\mathbf{F} = \frac{m}{\sqrt{1 - u^2/c^2}}\left[\mathbf{a} + \frac{\mathbf{u}(\mathbf{u} \cdot \mathbf{a})}{c^2 - u^2}\right] \tag{12.75}$$

여기에서 $\mathbf{a} \equiv d\mathbf{u}/dt$는 **보통 가속도**(ordinary acceleration)이다.

문제 12.38 우리가 빛보다 충분히 일찍 출발하고, 발이 계속 일정한 힘을 낼 수 있다면, 빛살과 경주하여 이길 수 있음을 보여라.

25 이 모형은 다음 문헌에서 가져왔다: P. Penfield, Jr. and H. A. Haus, *Electrodynamics of Moving Media*, MIT Press, Cambridge, MA(1967), 214–216쪽. 숨은 운동량에 대해 더 알려면, 문제 8.8과 그곳에 있는 참고문헌을 보라.

문제 12.39 **고유 가속도**(proper acceleration)를 다음과 같이 정의하자.

$$\alpha^\mu \equiv \frac{d\eta^\mu}{d\tau} = \frac{d^2x^\mu}{d\tau^2} \tag{12.76}$$

(a) α^0과 $\boldsymbol{\alpha}$를 $\mathbf{u}$와 (보통 가속도) $\mathbf{a}$로 나타내라.

(b) $\alpha_\mu\alpha^\mu$를 $\mathbf{u}$와 $\mathbf{a}$로 나타내라.

(c) $\eta^\mu\alpha_\mu = 0$임을 보여라.

(d) 민코프스키 방식의 뉴턴 제 2 법칙인 식 12.69를 α^μ로 나타내라. 불변곱 $K^\mu\eta_\mu$를 셈하라.

문제 12.40 θ가 $\mathbf{u}$와 $\mathbf{F}$ 사이의 각이다. 다음 관계식을 보여라.

$$K_\mu K^\mu = \frac{1-(u^2/c^2)\cos^2\theta}{1-u^2/c^2}F^2$$

문제 12.41 질량 m, 전하량 q인 입자가 전자기장 $\mathbf{E}$와 $\mathbf{B}$ 속에서 속도 $\mathbf{u}$로 움직일 때의 (보통) 가속도는 다음과 같음을 보여라:

$$\mathbf{a} = \frac{q}{m}\sqrt{1-u^2/c^2}\left[\mathbf{E} + \mathbf{u}\times\mathbf{B} - \frac{1}{c^2}\mathbf{u}(\mathbf{u}\cdot\mathbf{E})\right]$$

[실마리: 식 12.75를 써라.]

문제 12.42 예제12.13의 전략을 일반화하여 불균일 정전기장 속의 임의의 모양의 정상 전류 고리에 적용하여 숨은 운동량을 다음과 같이 쓸 수 있음을 보여라:

$$\mathbf{p}_{\text{숨은}} = -\frac{I}{c^2}\oint V\,d\mathbf{l}$$

여기서 V는 스칼라 전위이다. 표면 및 부피 전류의 경우에는 다음과 같다.

$$\mathbf{p}_{\text{숨은}} = -\frac{1}{c^2}\int V\mathbf{K}\,da, \quad \mathbf{p}_{\text{숨은}} = -\frac{1}{c^2}\int V\mathbf{J}\,d\tau \tag{12.77}$$

식 8.46과 비교하여 설명하라.

문제 12.43 문제 8.26에서 에너지 중심은 서 있었지만 (정적) 전자기장에는 운동량이 있었다. 식 12.77을 써서 이 상황에서 숨은 운동량을 셈하고, 그것이 정확히 전자기장의 운동량과 균형을 이루는지 확인하라. 이것이 그 문제의 (c), (d), (e)에서 힘들여 확인한 운동량 보존에 어떤 영향을 주는가?

12.3 상대론적 전자기학

12.3.1 자성: 상대론적 현상

뉴턴역학과는 달리 고전 전기역학은 애초부터 상대론과 잘 맞다. 맥스웰 방정식과 로런츠의 힘 법칙은 어떤 관성계에서도 적용된다. 물론 어떤 관찰자는 전기현상으로 보는 것을 다른 이는 자기현상으로 보기도 하지만, 두 사람이 예측하는 입자의 운동은 똑같다. 19세기에 로런츠와 그 밖의 사람들이 이것을 알지 못했던 까닭은 전기역학 때문이 아니라 그들이 비상대론적 역학을 썼기 때문이다. 뉴턴역학을 고쳤으므로, 이제는 완전하고 일관된 상대론적 전기역학 이론을 전개할 수 있다. 강조하는 점은, 이제는 전기역학의 규칙을 조금도 고치지 않을 것이며, 상대론적 특성을 잘 드러내는 기호를 써서 표현하겠다는 것이다. 설명을 하면서, 이따금씩 쉬고, 앞에서 복잡하게 끌어 낸 결과를 로런츠 변환을 써서 다시 끌어내겠다. 그러면 전기역학의 구조를 더 깊이 이해할 수 있다. 전에는 관계가 전혀 없어 보이던 것들이 상대론적으로 보면 필연적이고 결이 맞아 보인다.

먼저, 정전기학과 상대성이 있으면 왜 자성이 나오는지 보여주겠다. 특히 전류가 흐르는 도선이 있고, 그 주위에서 전하가 움직일 때 받는 자기력을 자기학의 법칙을 전혀 쓰지 않고 셈하는 방법을 보여주겠다.[26] 한줄로 늘어선 양전하가 오른쪽으로 속력 v로 움직이는데, 전하들이 아주 가까이 있어서 마치 선전하가 밀도 λ로 연속적으로 퍼져 있는 것처럼 다룰 수 있다고 하자. 여기에 왼쪽으로 속력 v로 움직이는 음전하 $-\lambda$가 겹쳐 있으면 다음의 총 전류가 오른쪽으로 흐른다.

$$I = 2\lambda v \tag{12.78}$$

한편, 도선에서 거리 s인 곳에서 점전하 q가 오른쪽으로 속력 $u < v$로 움직인다 (그림 12.34a). 두 선전하가 서로 지워지므로 이 계(S)에서 보면 q가 받는 전기력은 없다.

그런데 이 상황을 속력 u로 오른쪽으로 가는 계 $\bar{S}$에서 보자 (그림 12.34b). 이 기준틀에서는 q가 서 있다. 아인슈타인의 속도 덧셈규칙에 따라 음전하 및 양전하의 속도는 다음과 같다.

$$v_{\pm} = \frac{v \mp u}{1 \mp vu/c^2} \tag{12.79}$$

26 여기에 실린 몇 가지 설명은 다음 책에서 따왔다: E. M. Purcell, *Electricity and Magnetism*, 2판 (New York: McGraw-Hill, 1985).

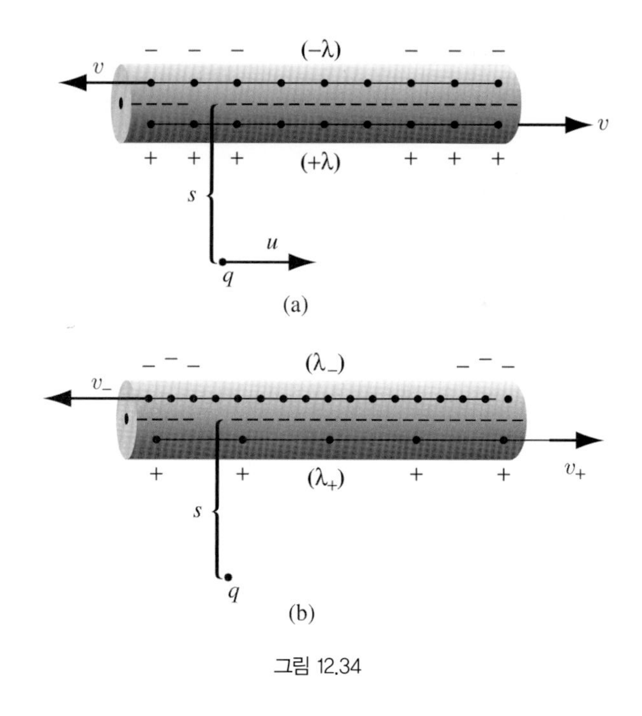

그림 12.34

v_-는 v_+보다 크므로 음전하 간격의 로런츠 수축이 양전하 보다 커서 이 기준틀에서는 "도선에 알짜 음전하가 있다!" 실제로 다음과 같다.

$$\lambda_\pm = \pm(\gamma_\pm)\lambda_0 \tag{12.80}$$

여기에서

$$\gamma_\pm = \frac{1}{\sqrt{1 - v_\pm^2/c^2}} \tag{12.81}$$

이고, λ_0는 양전하가 서 있는 계에서 본 양전하의 선밀도이다. 이것은 물론 S에서의 λ값과 같지 않다 − S에서는 전하가 이미 속력 v로 움직이고 있으므로 다음과 같다.

$$\lambda = \gamma\lambda_0 \tag{12.82}$$

여기에서

$$\gamma = \frac{1}{\sqrt{1 - v^2/c^2}} \tag{12.83}$$

이다. $\gamma_\pm$의 식을 정리하면 간단한 꼴이 된다.

$$\gamma_{\pm} = \frac{1}{\sqrt{1 - \frac{1}{c^2}(v \mp u)^2(1 \mp vu/c^2)^{-2}}} = \frac{c^2 \mp uv}{\sqrt{(c^2 \mp uv)^2 - c^2(v \mp u)^2}}$$
$$= \frac{c^2 \mp uv}{\sqrt{(c^2 - v^2)(c^2 - u^2)}} = \gamma \frac{1 \mp uv/c^2}{\sqrt{1 - u^2/c^2}} \tag{12.84}$$

따라서 $\bar{S}$에서의 알짜 선전하는 다음과 같다.

$$\lambda_{알짜} = \lambda_+ + \lambda_- = \lambda_0(\gamma_+ - \gamma_-) = -2\lambda \frac{uv/c^2}{\sqrt{1 - u^2/c^2}} \tag{12.85}$$

결론: 양전하선과 음전하선의 로런츠 수축이 다르므로, 한 기준틀에서 전기적으로 중성이고 전류가 흐르는 도선이 다른 기준틀에서는 전기를 띤 것으로 보인다.

선전하 밀도 $\lambda_{알짜}$가 만드는 **전기장**은 다음과 같다.

$$E = \frac{\lambda_{알짜}}{2\pi\epsilon_0 s}$$

따라서 $\bar{S}$에서는 q가 다음과 같은 전기력을 받는다:

$$\bar{F} = qE = -q \frac{\lambda}{\pi\epsilon_0 s} \frac{uv/c^2}{\sqrt{1 - u^2/c^2}} \tag{12.86}$$

$\bar{S}$에서 q가 전기력을 받는다면 S에서도 힘을 받아야 한다: 실제로 이것은 힘의 변환규칙을 써서 셈할 수 있다. $\bar{S}$에서 q가 서 있으므로 $\bar{F}$는 u와 직교하고, 따라서 S에서의 받는 힘은 식 12.68로 구해진다:

$$F = \sqrt{1 - u^2/c^2}\,\bar{F} = -\frac{\lambda v}{\pi\epsilon_0 c^2} \frac{qu}{s} \tag{12.87}$$

(도선이 전하를 띠고 있고, q가 서 있는) $\bar{S}$에서 보면 이 전하는 순수한 전기력을 받아 끌리지만, S에서 보면 (도선이 전기적으로 중성이므로) 전기력은 분명히 아니다. 둘을 종합해 보면 정전기학과 상대성에 의해 또 다른 힘이 있어야 하고, 이 "다른 힘"은 물론 **자기력**이다. 사실 식 12.87에서 $c^2 = (\epsilon_0\mu_0)^{-1}$을 쓰고 λv를 전류로 나타내면 (식 12.78), 다음과 같다.

$$F = -qu\left(\frac{\mu_0 I}{2\pi s}\right) \tag{12.88}$$

괄호 속의 양은 길고 곧은 도선이 만드는 자기장이며, 이 힘은 S에서 로런츠 힘 법칙을 써서 얻는 것과 똑같다.

12.3.2 장의 변환

여러 특별한 경우를 통해 어떤 이가 보면 전기장인데 다른 이가 보면 자기장이 될 수 있음을 배웠다. 이제는 전자기장의 일반적인 변환규칙이 필요하다: $\mathcal{S}$에서의 장을 알 때 $\bar{\mathcal{S}}$에서의 장이 무엇일까? 얼핏 **E**는 어떤 4-벡터의 공간성분이고, **B**는 다른 것의 공간성분일 것으로 짐작하기 쉽다. 그러나 그 짐작은 맞지 않다 – 실제로는 더 복잡하다. 먼저 §12.3.1에서 은연중에 쓴, "**전하는 불변량이다**"라는 가정을 확실히 하자. 에너지와는 달리 전하량은 입자의 정지질량처럼 입자가 얼마나 빨리 움직이든 똑같다. 또 장이 어떻게 생겨났든 변환규칙은 똑같다고 가정하자 – 전기장은, 그것을 만든 것이 자기장이든 서 있는 전하이든, 변환규칙이 똑같다. 그렇지 않다면 전자기장 이론조차 꾸밀 수 없을 것이다. 왜냐하면 장 이론의 요체는 어느 한 곳의 장을 알면 그 곳의 전자기적인 성질을 모두 아니까, 그 장이 어떻게 생겨났는가는 알 필요가 없기 때문이다.

이제 가장 간단한 전기장, 즉 커다란 평행판 축전기 속의 고른 전기장을 살펴보자 (그림 12.35a). 이 축전기는 $\mathcal{S}_0$에서 서 있고, 표면전하 $\pm\sigma_0$가 있다. 그러면 전기장은 다음과 같다:

$$\mathbf{E}_0 = \frac{\sigma_0}{\epsilon_0}\,\hat{\mathbf{y}} \tag{12.89}$$

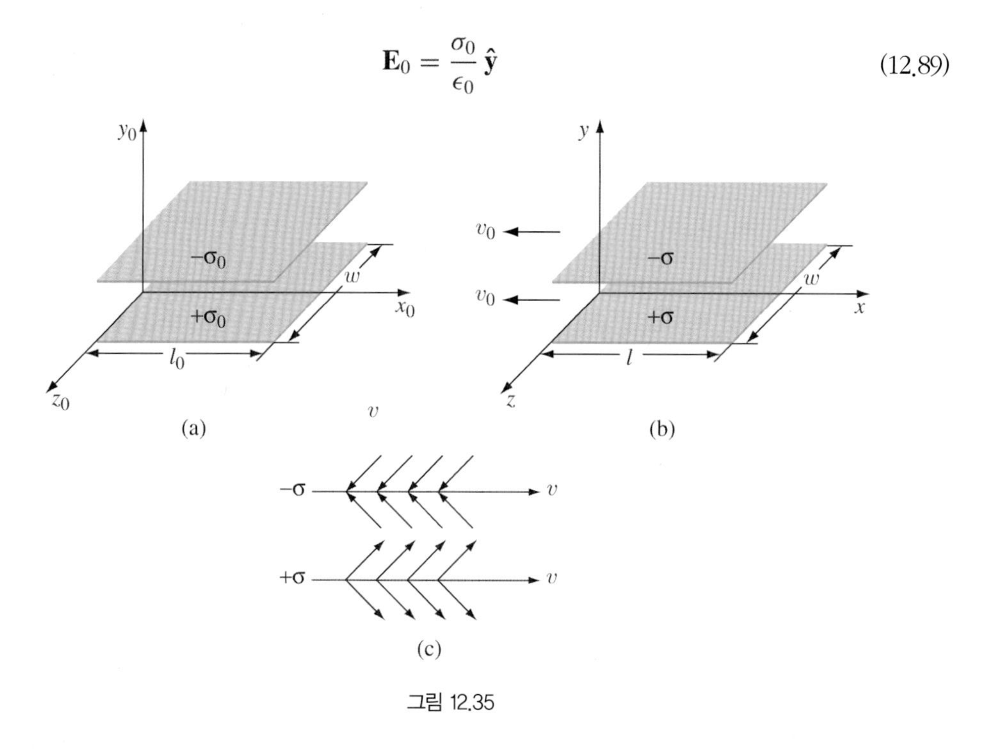

그림 12.35

오른쪽으로 속력 v_0로 움직이는 $\mathcal{S}$에서 이 축전기를 보면 어떨까 (그림 12.35b)? $\mathcal{S}$에서 보면 평행판은 왼쪽으로 움직이고, 전기장은 똑같은 꼴이다.

$$\mathbf{E} = \frac{\sigma}{\epsilon_0}\,\hat{\mathbf{y}} \tag{12.90}$$

다른 것은 표면전하 σ뿐이다. [참으로 그것만 다를까? 평행판 축전기의 공식 $E = \sigma/\epsilon_0$는 가우스 법칙에서 나오는데, 가우스 법칙은 움직이는 전하에 대해서도 완벽하게 성립하지만, 그것을 쓰려면 대칭성이 있어야 한다. 그런데 전기장이 그 판에 여전히 수직하다는 것이 확실한가? 움직이는 판이 만드는 전기장은 그림 12.35c와 같이 움직이는 쪽으로 기울어진다면 어떨까? (실제로는 그렇지 않지만) 그렇다고 해도, 판 사이에 있는 전기장은 $+\sigma$와 $-\sigma$가 만드는 전기장을 더한 것이므로 판에 수직할 것이다. 왜냐하면 $-\sigma$장은 그림 12.35c와 같은 방향일 것이고 (전하의 부호를 바꾸면 화살표의 방향만 바뀐다), 벡터 덧셈을 하면 나란한 성분은 지워지기 때문이다.]

각각의 극판의 총 전하는 불변이고 폭(w)은 그대로이지만, 길이 l은 다음의 곱수로 로런츠 수축된다:

$$\gamma_0 = \frac{1}{\sqrt{1 - v_0^2/c^2}} \tag{12.91}$$

따라서 단위넓이의 전하량은 γ_0를 곱한만큼 늘어난다:

$$\sigma = \gamma_0 \sigma_0 \tag{12.92}$$

따라서 전기장은 다음과 같이 변환된다.

$$\mathbf{E}^{\perp} = \gamma_0 \mathbf{E}_0{}^{\perp} \tag{12.93}$$

윗글자 $\perp$는 $\mathbf{E}$의 성분 중 S의 운동방향과 수직인 것을 나타낸다. 나란한 성분이 어떻게 되는지 보려면 yz평면과 나란한 축전기를 생각한다(그림 12.36). 이번에는 전극의 간격(d)가 로런츠 수축 때문에 짧아지고 l과 w는 (따라서 σ도) 그대로 이다. 장은 d에 상관없으므로 다음과 같다:

$$E^{\parallel} = E_0{}^{\parallel} \tag{12.94}$$

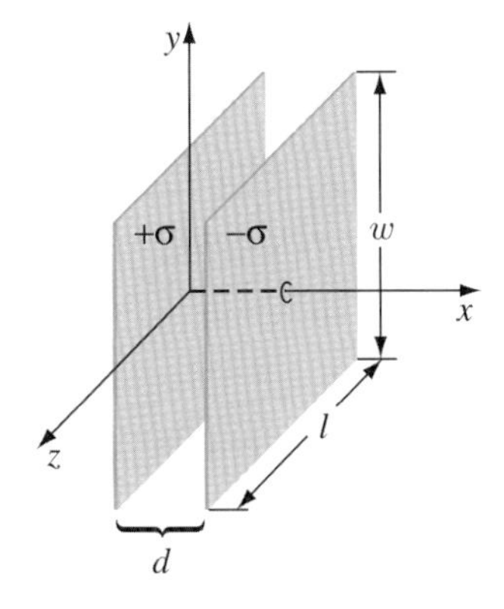

그림 12.36

예제 12.14

등속 운동하는 점전하가 만드는 전기장. 점전하 q가 $\mathcal{S}_0$의 원점에 있다. 물음: $\mathcal{S}_0$에 대해 오른쪽으로 속력 v_0로 움직이는 $\mathcal{S}$에서 볼 때 이 점전하가 만드는 전기장은 무엇인가?

■ 풀이 ■

$\mathcal{S}_0$에서 전기장은 다음과 같다:

$$\mathbf{E}_0 = \frac{1}{4\pi\epsilon_0}\frac{q}{r_0^2}\hat{\mathbf{r}}_0$$

또는

$$\left.\begin{aligned} E_{x0} &= \frac{1}{4\pi\epsilon_0}\frac{qx_0}{(x_0^2+y_0^2+z_0^2)^{3/2}} \\ E_{y0} &= \frac{1}{4\pi\epsilon_0}\frac{qy_0}{(x_0^2+y_0^2+z_0^2)^{3/2}} \\ E_{z0} &= \frac{1}{4\pi\epsilon_0}\frac{qz_0}{(x_0^2+y_0^2+z_0^2)^{3/2}} \end{aligned}\right\}$$

변환규칙(식 12.91과 12.92)으로부터 다음 결과를 얻는다.

$$\left.\begin{aligned} E_x &= E_{x0} = \frac{1}{4\pi\epsilon_0}\frac{qx_0}{(x_0^2+y_0^2+z_0^2)^{3/2}} \\ E_y &= \gamma_0 E_{y0} = \frac{1}{4\pi\epsilon_0}\frac{\gamma_0 q y_0}{(x_0^2+y_0^2+z_0^2)^{3/2}} \\ E_z &= \gamma_0 E_{z0} = \frac{1}{4\pi\epsilon_0}\frac{\gamma_0 q z_0}{(x_0^2+y_0^2+z_0^2)^{3/2}} \end{aligned}\right\}$$

이것은 아직도 점(P)의 위치를 $\mathcal{S}_0$의 좌표 (x_0, y_0, z_0)로 나타냈으므로, $\mathcal{S}$의 좌표로 바꾸자. 로런츠 변환(실제는 역변환)에 따르면 다음과 같다.

$$\left.\begin{aligned} x_0 &= \gamma_0(x+v_0t) = \gamma_0 R_x \\ y_0 &= y = R_y \\ z_0 &= z = R_z \end{aligned}\right\}$$

여기에서 $\mathbf{R}$은 q에서 P까지의 벡터이다 (그림 12.37). 따라서 전기장은 다음과 같다.

$$\begin{aligned} \mathbf{E} &= \frac{1}{4\pi\epsilon_0}\frac{\gamma_0 q\mathbf{R}}{(\gamma_0^2R^2\cos^2\theta + R^2\sin^2\theta)^{3/2}} \\ &= \frac{1}{4\pi\epsilon_0}\frac{q(1-v_0^2/c^2)}{[1-(v_0^2/c^2)\sin^2\theta]^{3/2}}\frac{\hat{\mathbf{R}}}{R^2}. \end{aligned} \tag{12.95}$$

이것이 등속운동하는 전하가 만드는 전기장인데, 제 10장에서 지연 전위를 써서 얻은 것(식 10.75)과 같다. 이렇게 끌어내는 것이 훨씬 효율적이고, 전기장의 방향은, 전하가 (지연 위치가 아닌) 순간 위치에서 멀어지는 쪽임도 확실히 보여 준다: E_x는 좌표의 로런츠 변환 때문에 곱수 γ_0가 곱해지며, E_y와 E_z도 장의 변환 때문에 똑같은 곱수가 곱해진다. 이렇게 모든 방향에 γ_0가 들어가므로 **E**는 여전히 **R**과 나란하다.

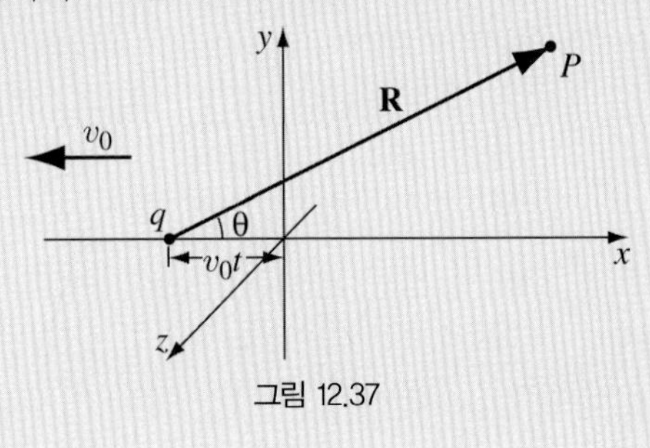

그림 12.37

식 12.93과 12.94에는 **B**의 성분이 전혀 없으므로 일반적인 변환법칙이 아니다. 그렇게 된 까닭은 간단하다. 전하가 서 있는 $\mathcal{S}_0$에는 자기장이 없기 때문이다. 일반적인 법칙을 끌어내려면, 전기장과 자기장이 모두 있는 계에서 시작해야 한다. $\mathcal{S}$에는 전기장

$$E_y = \frac{\sigma}{\epsilon_0} \tag{12.96}$$

뿐만 아니라, 표면전류 때문에 생기는 자기장도 있다 (그림 12.35b).

$$\mathbf{K}_\pm = \mp\sigma v_0\,\hat{\mathbf{x}} \tag{12.97}$$

오른손 규칙에 의하면, 자기장의 방향은 $-z$쪽이고, 그 크기는 앙페르 법칙에 따라 다음과 같다 (예제 5.8).

$$B_z = -\mu_0\sigma v_0 \tag{12.98}$$

$\mathcal{S}$에 대해 속력 v로 오른쪽으로 움직이는 제 3의 계 $\bar{\mathcal{S}}$(그림 12.38)에서 보면, 전자기장은 다음과 같다.

$$\bar{E}_y = \frac{\bar{\sigma}}{\epsilon_0}, \quad \bar{B}_z = -\mu_0\bar{\sigma}\bar{v} \tag{12.99}$$

여기에서 $\bar{v}$는 $\mathcal{S}_0$에서 본 $\bar{\mathcal{S}}$의 속도로서 다음과 같다.

$$\bar{v} = \frac{v + v_0}{1 + vv_0/c^2}, \quad \bar{\gamma} = \frac{1}{\sqrt{1 - \bar{v}^2/c^2}} \tag{12.100}$$

그리고 $\bar{\sigma}$는 다음과 같다.

$$\bar{\sigma} = \bar{\gamma}\sigma_0 \tag{12.101}$$

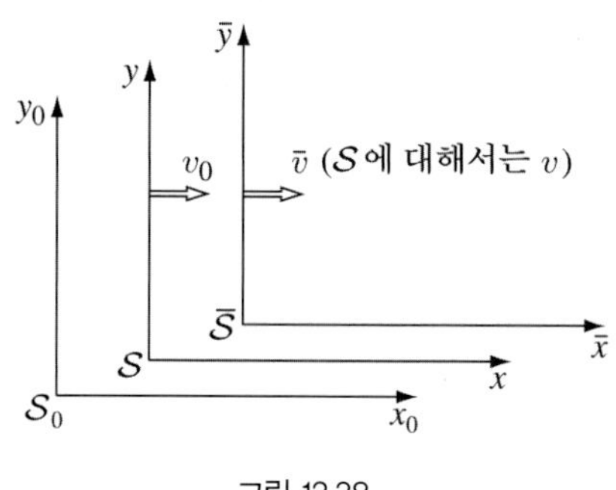

그림 12.38

$\bar{\mathbf{E}}$와 $\bar{\mathbf{B}}$(식 12.97)를 $\mathbf{E}$와 $\mathbf{B}$(식 12.96과 12.98)로 쓰자. 식 12.92와 12.101에서 다음 식을 얻는다:

$$\bar{E}_y = \left(\frac{\bar{\gamma}}{\gamma_0}\right)\frac{\sigma}{\epsilon_0}, \quad \bar{B}_z = -\left(\frac{\bar{\gamma}}{\gamma_0}\right)\mu_0\sigma\bar{v} \tag{12.102}$$

식을 정리하면 다음 결과를 얻는다:

$$\frac{\bar{\gamma}}{\gamma_0} = \frac{\sqrt{1-v_0^2/c^2}}{\sqrt{1-\bar{v}^2/c^2}} = \frac{1+vv_0/c^2}{\sqrt{1-v^2/c^2}} = \gamma\left(1+\frac{vv_0}{c^2}\right) \tag{12.103}$$

여기에서 γ는 다음과 같다.

$$\gamma = \frac{1}{\sqrt{1-v^2/c^2}} \tag{12.104}$$

따라서, $\bar{\mathcal{S}}$에서의 전자기장 $\bar{E}_y$와 $\bar{B}_z$를 $\mathcal{S}$에서의 $\mathbf{E}$와 $\mathbf{B}$로 나타내면 다음과 같다.

$$\bar{E}_y = \gamma\left(1+\frac{vv_0}{c^2}\right)\frac{\sigma}{\epsilon_0} = \gamma\left(E_y - \frac{v}{c^2\epsilon_0\mu_0}B_z\right)$$

$$\bar{B}_z = -\gamma\left(1+\frac{vv_0}{c^2}\right)\mu_0\sigma\left(\frac{v+v_0}{1+vv_0/c^2}\right) = \gamma(B_z - \mu_0\epsilon_0 v E_y)$$

$\mu_0\epsilon_0 = 1/c^2$ 이므로 위 식은 다음과 같다.

$$\left.\begin{aligned}\bar{E}_y &= \gamma(E_y - vB_z)\\ \bar{B}_z &= \gamma\left(B_z - \frac{v}{c^2}E_y\right)\end{aligned}\right\} \tag{12.105}$$

이 식은 E_y와 B_z가 어떻게 변환하는지 말해 준다. E_z와 B_y의 변환식을 구하려면 축전기를 xz평면 대신에 xy평면에 나란히 둔다 (그림 12.39). 그러면 S에서의 장은 다음과 같다 (B_y의 부호는 오른손 규칙을 써서 정한다).

$$E_z = \frac{\sigma}{\epsilon_0}, \quad B_y = \mu_0 \sigma v_0$$

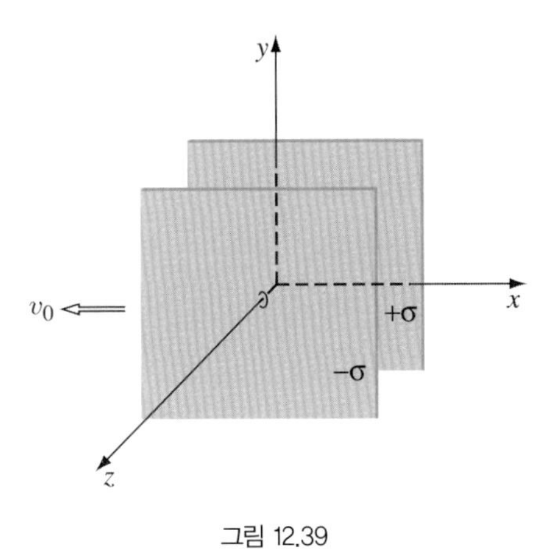

그림 12.39

나머지 과정은 똑같다 – 앞에서 얻은 식에서 E_y를 모두 E_z로, B_z를 모두 $-B_y$로 바꾸면 된다.

$$\left.\begin{aligned}\bar{E}_z &= \gamma(E_z + vB_y)\\ \bar{B}_y &= \gamma\left(B_y + \frac{v}{c^2}E_z\right)\end{aligned}\right\} \tag{12.106}$$

x성분은 (축전기가 yz평면에 나란할 때) 이미 본 것처럼 같다:

$$\bar{E}_x = E_x \tag{12.107}$$

자기장이 없어서 B_x의 변환규칙을 끌어낼 수 없으므로, 다른 방법을 써보자. S에서 서 있는 x축과 나란한 긴 코일을 생각하자(그림 12.40). 코일 속의 자기장은 다음과 같다:

$$B_x = \mu_0 n I \tag{12.108}$$

n은 단위길이에 감긴 횟수, I는 전류이다. $\bar{S}$에서 보면 이 길이가 짧아지므로 n이 커진다:

$$\bar{n} = \gamma n \tag{12.109}$$

한편 시간은 **팽창**한다: 코일과 같이 있던 $\mathcal{S}$시계는 느려지므로, $\bar{\mathcal{S}}$에서의 전류(단위시간에 흐르는 전하량)는 다음과 같아진다:

$$\bar{I} = \frac{1}{\gamma} I \tag{12.110}$$

두 γ는 정확히 지워지므로 다음 결론을 얻는다:

$$\bar{B}_x = B_x$$

따라서 운동과 나란한 **B**의 성분도 **E**처럼 변하지 않는다.

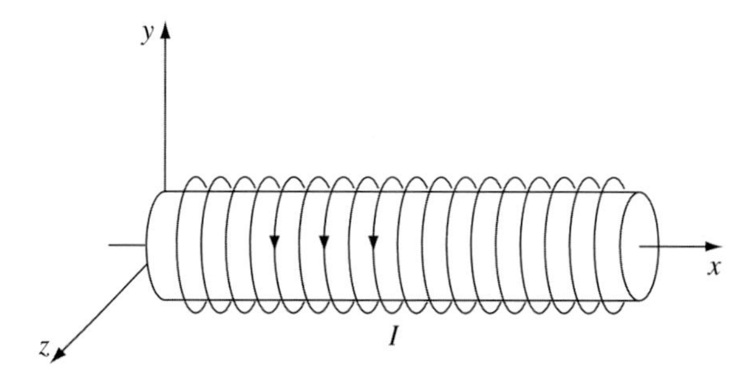

그림 12.40

변환공식을 모으면 다음과 같다.

$$\boxed{\begin{aligned} &\bar{E}_x = E_x, \quad &&\bar{E}_y = \gamma(E_y - vB_z), \quad &&\bar{E}_z = \gamma(E_z + vB_y), \\ &\bar{B}_x = B_x, \quad &&\bar{B}_y = \gamma\left(B_y + \frac{v}{c^2}E_z\right), \quad &&\bar{B}_z = \gamma\left(B_z - \frac{v}{c^2}E_y\right). \end{aligned}} \tag{12.111}$$

또는 식 12.46의 기호를 쓰면

$$\begin{aligned} \bar{\mathbf{E}}_\parallel &= \mathbf{E}_\parallel, \qquad \bar{\mathbf{E}}_\perp = \gamma(\mathbf{E}_\perp + \mathbf{v} \times \mathbf{B}_\perp), \\ \bar{\mathbf{B}}_\parallel &= \mathbf{B}_\parallel, \qquad \bar{\mathbf{B}}_\perp = \gamma\left(\mathbf{B}_\perp - \frac{\mathbf{v}}{c^2} \times \mathbf{E}_\perp\right). \end{aligned} \tag{12.112}$$

특별한 경우 두 가지를 살펴보자.

1. $\mathcal{S}$에서 $\mathbf{B} = \mathbf{0}$이면

$$\bar{\mathbf{B}} = \gamma \frac{v}{c^2}(E_z\,\hat{\mathbf{y}} - E_y\,\hat{\mathbf{z}}) = \frac{v}{c^2}(\bar{E}_z\,\hat{\mathbf{y}} - \bar{E}_y\,\hat{\mathbf{z}})$$

또는 $\mathbf{v} = v\,\hat{\mathbf{x}}$ 이므로 다음과 같다:

$$\boxed{\bar{\mathbf{B}} = -\frac{1}{c^2}(\mathbf{v} \times \bar{\mathbf{E}}).} \tag{12.113}$$

2. $\mathcal{S}$에서 $\mathbf{E} = \mathbf{0}$이면

$$\bar{\mathbf{E}} = -\gamma v(B_z\,\hat{\mathbf{y}} - B_y\,\hat{\mathbf{z}}) = -v(\bar{B}_z\,\hat{\mathbf{y}} - \bar{B}_y\,\hat{\mathbf{z}})$$

또는 다음과 같다:

$$\boxed{\bar{\mathbf{E}} = \mathbf{v} \times \bar{\mathbf{B}}.} \tag{12.114}$$

다시 말해서, 어떤 계에서 (어느 한 곳의) **E**나 **B**가 0이면, 다른 계에서는 (똑같은 곳의) 전자기장이 식 12.113이나 식 12.114로 연결된다.

예제 12.15

등속운동하는 점전하가 만드는 자기장. 일정 속도 **v**로 움직이는 점전하 q가 만드는 자기장을 구하라.

■ 풀이 ■

그 입자가 서 있는 기준틀에서는 (어디에서나) 자기장이 0이므로 속도 −**v**로 움직이는 계(그 속에서 입자는 +**v**로 움직인다)에서는 자기장이 다음과 같다.[27]

$$\mathbf{B} = \frac{1}{c^2}(\mathbf{v} \times \mathbf{E})$$

전기장은 예제 12.14에서 셈했고, 그 결과를 쓰면 자기장은 다음과 같다:

$$\mathbf{B} = \frac{\mu_0}{4\pi}\frac{qv(1 - v^2/c^2)\sin\theta}{[1 - (v^2/c^2)\sin^2\theta]^{3/2}}\frac{\hat{\boldsymbol{\phi}}}{R^2} \tag{12.115}$$

$\hat{\boldsymbol{\phi}}$의 방향은 달려오는 전하를 쳐다볼 때 반시침 방향이다. 비상대론적 한계($v^2 \ll c^2$)에서는 식 12.115는 다음과 같이 바뀐다:

$$\mathbf{B} \approx \frac{\mu_0}{4\pi}q\frac{\mathbf{v} \times \hat{\mathbf{R}}}{R^2}$$

이것은 점전하에 비오-사바르 법칙을 그냥 써서 얻는 식 5.43과 똑같다.

---

27 여기에서 **v**는 입자의 속도이다. 식 12.113에서는 기준틀의 속도였다.

문제 12.44 그림 12.35b에서 자기장에는 z성분이 있는데 왜 전기장에는 없는가?

문제 12.45 고른 자기장 $B_0\hat{\mathbf{y}}$ 속에서 점전하 q가 원점에 서 있다. 우리가 $-x$쪽으로 속력 v로 간다 (그래서 우리가 보기에 점전하는 속도 $v\hat{\mathbf{x}}$로 간다). 왜 그 점전하가 자기력을 받아 편향되는 것을 볼 수 없는가?

문제 12.46 $\mathcal{S}_0$에서 선전하가 z축을 따라 밀도 λ로 퍼져, 서 있다.

(a) 점 (x_0, y_0, z_0)의 전기장 $\mathbf{E}_0$를 직각좌표에 대한 식으로 나타내라.

(b) $\mathcal{S}_0$에 대해 x쪽으로 속력 v로 가는 $\mathcal{S}$에서의 전기장 $\mathbf{E}$를 나타내는 식을 식 12.111을 써서 구하라. 이것은 여전히 (x_0, y_0, z_0)에 대한 식이므로 $\mathcal{S}$에서의 직각좌표 (x, y, z)에 대한 식으로 바꾸어라. 끝으로 그 식을 도선의 현재 위치에 대한 벡터 $\mathbf{S}$ 및 $\mathbf{S}$와 $\hat{\mathbf{x}}$의 사이각 θ에 대한 식으로 나타내라. 이 전기장의 방향이 등속 운동하는 점전하가 만드는 전기장처럼 도선의 순간 위치에서 멀어지는 쪽인가?

문제 12.47

(a) 전하 q_A가 $\mathcal{S}$의 원점에 있다. 전하 q_B가 속력 v로 x축과 나란히, 그러나 $y = d$를 따라 날아간다. q_B가 y축을 지날 때 받는 전자기력은 얼마인가?

(b) 똑같은 문제를 오른쪽으로 속력 v로 움직이는 $\bar{\mathcal{S}}$에서 생각해 보자. q_A가 $\bar{y}$축을 지날 때 q_B가 받는 전자기력은 얼마인가? [이것을 두 가지로 풀어라: (i) (a)에서 얻은 힘을 변환시켜라. (ii) $\bar{\mathcal{S}}$에 나타나는 장을 셈한 뒤 로런츠 힘 법칙을 써라.]

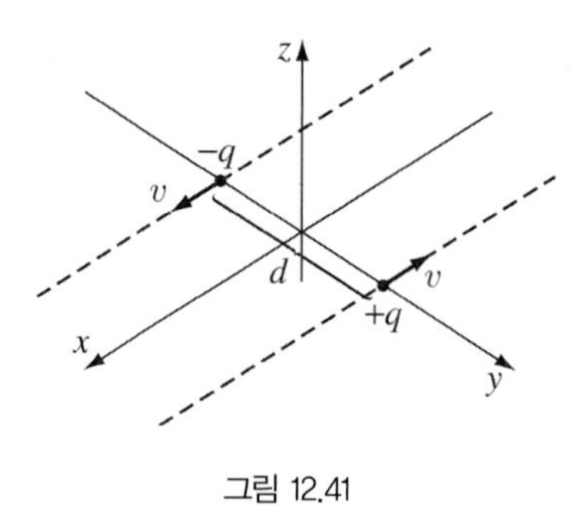

그림 12.41

문제 12.48 두 전하 $\pm q$가 거리 r 떨어진 나란한 두 궤적을 따라 서로 반대쪽으로 같은 속력 v로 움직인다. 두 전하가 서로 지나치는 순간 $-q$가 $+q$에 주는 힘을 구하려고 한다 (그림 12.41). 아래 표를 채우고 서로 모순이 없는지를 확인하라.

	계 A (그림 12.41)	계 B ($+q$가 서 있음)	계 C ($-q$가 서 있음)
$-q$가 $+q$에 만드는 전기장 $\mathbf{E}$			
$-q$가 $+q$에 만드는 자기장 $\mathbf{B}$			
$-q$가 $+q$에 주는 힘 $\mathbf{F}$			

• **문제 12.49**

(a) $(\mathbf{E}\cdot\mathbf{B})$가 상대론적 불변량임을 보여라.

(b) $(E^2 - c^2B^2)$이 상대론적 불변량임을 보여라.

(c) 어떤 관성계에서 보니, 어떤 곳 P에서 $\mathbf{B} = \mathbf{0}$이지만 $\mathbf{E} \neq \mathbf{0}$이었다. P에서 전기장이 0인 계를 찾을 수 있는가?

문제 12.50 (각)진동수 ω인 평면 전자기파가 진공에서 x축을 따라 간다. 편광방향은 y축과 나란하고, 전기장의 진폭은 E_0이다.

(a) 전자기장 $\mathbf{E}(x, y, z, t)$와 $\mathbf{B}(x, y, z, t)$를 구하라. [풀면서 도입하는 보조량을 ω, E_0 그리고 보편상수를 써서 정의하여라.]

(b) $\mathcal{S}$에 대해 x쪽으로 속력 v로 움직이는 기준틀 $\bar{\mathcal{S}}$에서 본 이 전자기파의 전자기장 $\bar{\mathbf{E}}(\bar{x}, \bar{y}, \bar{z}, \bar{t})$와 $\bar{\mathbf{B}}(\bar{x}, \bar{y}, \bar{z}, \bar{t})$를 구하라. [여기에서도 도입하는 보조량을 정의하여라.]

(c) $\bar{\mathcal{S}}$에서 본 이 전자기파의 진동수 $\bar{\omega}$를 구하고, 그 결과를 해석하여라. $\bar{\mathcal{S}}$에서의 파장 $\bar{\lambda}$는 얼마인가? $\bar{\omega}$와 $\bar{\lambda}$로부터 $\bar{\mathcal{S}}$에서의 전자기파의 속력을 구하라. 예상한 바와 같은가?

(d) $\bar{\mathcal{S}}$와 $\mathcal{S}$에서의 세기의 비를 구하라. 아인슈타인은 청년시절에 전자기파와 나란히 빛의 속력으로 달리면 그것이 어떻게 보일까 궁금해 했다. 여러분 같으면 v가 c에 가까워지면 진폭, 진동수 그리고 밝기가 어떻게 될 것이라고 아인슈타인에게 말해주겠는가?

문제 12.51 다음 각본을 살펴보자. 반공간 $x < 0$에서는 전기장과 자기장이 0이고, $x > 0$에서 고른 정자기장이 있다.

$$\mathbf{B} = -B_0\hat{\mathbf{z}} \quad (x > 0)$$

하지만 여전히 전기장은 없다. 점 전하 q(질량 m)가 $x = -\infty$에서 x축을 따라 일정한 속도 v로 와서 시각 $t = 0$에서 원점에 이른다.

(a) 그 뒤의 운동을 설명하고 궤적을 그려라.

(b) 속력 v로 x 쪽으로 가는 관성 기준틀 $\bar{\mathcal{S}}$에서 본 이 동일한 문제를 분석하라. [v가 c보다 매우 작다고 가정하여 v^2/c^2 항은 무시할 수 있다 (하지만 v의 1차 항은 남겨라). 이는 비상대론적 역학을 쓸 수 있음을 뜻한다.]

12.3.3 장 텐서

식 12.111을 보면 **E**와 **B**는 분명히 4-벡터의 공간성분처럼 변환되지 않는다 – 사실 어떤 관성계에서 다른 관성계로 바꿀 때 **E**와 **B**의 성분이 뒤섞인다. 식 12.111과 같이 6개의 성분이 섞여 변환되는 이 양은 도대체 무엇일까? 답: 그것은 **반대칭 2계텐서**(anti-symmetric second-rank tensor)이다.

4-벡터는 다음 규칙에 따라 변환됨을 상기하자:

$$\bar{a}^{\mu} = \Lambda^{\mu}_{\nu} a^{\nu} \tag{12.116}$$

(ν에 대해 더한다). 여기에서 Λ는 로런츠 변환 행렬이다. $\bar{\mathcal{S}}$가 x축을 따라 속력 v로 움직이면, Λ는 다음과 같은 꼴이 된다:

$$\Lambda = \begin{pmatrix} \gamma & -\gamma\beta & 0 & 0 \\ -\gamma\beta & \gamma & 0 & 0 \\ 0 & 0 & 1 & 0 \\ 0 & 0 & 0 & 1 \end{pmatrix} \tag{12.117}$$

Λ^{μ}_{ν}에서 μ는 가로줄을 ν는 세로줄을 나타낸다. (2계)텐서는 위/아래 글자가 둘이며 변환할 때는 Λ의 인자가 두개(글자당 1개씩) 붙는다.

$$\bar{t}^{\mu\nu} = \Lambda^{\mu}_{\lambda} \Lambda^{\nu}_{\sigma} t^{\lambda\sigma} \tag{12.118}$$

이 텐서에는 (4차원에서) $4 \times 4 = 16$ 성분이 있는데, 이것을 4×4 행렬로 쓸 수 있다.

$$t^{\mu\nu} = \left\{ \begin{array}{cccc} t^{00} & t^{01} & t^{02} & t^{03} \\ t^{10} & t^{11} & t^{12} & t^{13} \\ t^{20} & t^{21} & t^{22} & t^{23} \\ t^{30} & t^{31} & t^{32} & t^{33} \end{array} \right\}$$

그런데 이 16개가 모두 다를 필요는 없다. 예를 들어 텐서가 대칭이면 다음과 같은 성질이 있다.

$$t^{\mu\nu} = t^{\nu\mu} \ \textbf{(대칭 텐서)} \tag{12.119}$$

이때는 10개 요소만 다르다. 16개 요소 가운데 6개는 중복된다($t^{01} = t^{10}, t^{02} = t^{20}, t^{03} = t^{30}, t^{12} = t^{21}, t^{13} = t^{31}, t^{23} = t^{32}$). 이와 비슷하게 반대칭이면 다음과 같은 성질이 있다.

$$t^{\mu\nu} = -t^{\nu\mu} \ \textbf{(반대칭 텐서)} \tag{12.120}$$

이때는 6개 요소만이 다르다 – 16개 중에서 6개가 중복되고(전과 같으나 (–)가 붙어 있다), 4개는 0이다($t^{00}, t^{11}, t^{22}, t^{33}$). 따라서 반대칭 텐서의 일반적 꼴은 다음과 같다:

$$t^{\mu\nu} = \left\{ \begin{array}{cccc} 0 & t^{01} & t^{02} & t^{03} \\ -t^{01} & 0 & t^{12} & t^{13} \\ -t^{02} & -t^{12} & 0 & t^{23} \\ -t^{03} & -t^{13} & -t^{23} & 0 \end{array} \right\}$$

식 12.118의 변환규칙이 반대칭 텐서의 6개 성분에 어떻게 작용하는지 보자. $\bar{t}^{01}$에서 시작하면 변환식이 다음과 같다.

$$\bar{t}^{01} = \Lambda^0_\lambda \Lambda^1_\sigma t^{\lambda\sigma}$$

그런데 식 12.117에 따르면, $\lambda = 0$ 또는 1이 아니면 $\Lambda^0_\lambda = 0$이고, $\sigma = 0$ 또는 1이 아니면 $\Lambda^1_\sigma = 0$이다. 따라서 4개의 항만 더하면 된다.

$$\bar{t}^{01} = \Lambda^0_0 \Lambda^1_0 t^{00} + \Lambda^0_0 \Lambda^1_1 t^{01} + \Lambda^0_1 \Lambda^1_0 t^{10} + \Lambda^0_1 \Lambda^1_1 t^{11}$$

한편 $t^{00} = t^{11} = 0$이고 $t^{01} = -t^{10}$이므로, 다음 결과가 된다.

$$\bar{t}^{01} = (\Lambda^0_0 \Lambda^1_1 - \Lambda^0_1 \Lambda^1_0) t^{01} = [\gamma^2 - (\gamma\beta)^2] t^{01} = t^{01}$$

다른 것도 해보면, 변환규칙은 전체적으로 다음과 같다.

$$\left. \begin{array}{lll} \bar{t}^{01} = t^{01}, & \bar{t}^{02} = \gamma(t^{02} - \beta t^{12}), & \bar{t}^{03} = \gamma(t^{03} + \beta t^{31}), \\ \bar{t}^{23} = t^{23}, & \bar{t}^{31} = \gamma(t^{31} + \beta t^{03}), & \bar{t}^{12} = \gamma(t^{12} - \beta t^{02}). \end{array} \right\} \tag{12.121}$$

이것은 바로 식 12.111에 있던 전자기장의 변환규칙과 똑같다 – 둘을 직접 비교하면 **장 텐서** (field tensor) $F^{\mu\nu}$를 만들 수 있다.[28]

$$F^{01} \equiv \frac{E_x}{c}, \quad F^{02} \equiv \frac{E_y}{c}, \quad F^{03} \equiv \frac{E_z}{c}, \quad F^{12} \equiv B_z, \quad F^{31} \equiv B_y, \quad F^{23} \equiv B_x$$

이것을 행렬로 쓰면 다음과 같다.

$$F^{\mu\nu} = \left\{ \begin{array}{cccc} 0 & E_x/c & E_y/c & E_z/c \\ -E_x/c & 0 & B_z & -B_y \\ -E_y/c & -B_z & 0 & B_x \\ -E_z/c & B_y & -B_x & 0 \end{array} \right\} \tag{12.122}$$

따라서 외르스테드가 시작한 일을 상대론이 전기장과 자기장을 묶어서 하나의 물리량 $F^{\mu\nu}$로 만들어 완성했다.

---

28 어떤 사람은 $F^{01} \equiv E_x$, $F^{12} \equiv cB_z$ 등의 규약을 더 좋아하고, 또 어떤 사람은 부호를 반대로 쓴다. 따라서 이제 부터는 대부분의 식이 교재에 따라서 다를 수 있다.

위의 설명을 잘 살펴보면, **E**와 **B**로 반대칭 텐서를 또 하나 만들 수 있다. 식 12.111의 첫줄 및 둘째 줄을 각각 식 12.121의 첫줄 및 둘째 줄이 아니라 둘째 줄 및 첫줄과 교차 비교하면 **짝텐서**(dual tensor) $G^{\mu\nu}$가 생긴다.

$$G^{\mu\nu} = \left\{ \begin{array}{cccc} 0 & B_x & B_y & B_z \\ -B_x & 0 & -E_z/c & E_y/c \\ -B_y & E_z/c & 0 & -E_x/c \\ -B_z & -E_y/c & E_x/c & 0 \end{array} \right\} \tag{12.123}$$

$G^{\mu\nu}$는 $F^{\mu\nu}$에서 $\mathbf{E}/c \to \mathbf{B}, \mathbf{B} \to -\mathbf{E}/c$로 바꾸면 생긴다. 식 12.111은 이 연산으로 바뀌지 않으므로, 이 두 텐서 모두 **E**와 **B**에 대해 정확한 변환규칙을 준다.

문제 12.52 식 12.121에서 남은 다섯 개를 끌어내는 과정을 채워라.

문제 12.53 텐서의 대칭성(반대칭성)은 로런츠 변환을 해도 보존됨을 보여라($t^{\mu\nu}$가 대칭이면, $\bar{t}^{\mu\nu}$도 대칭임을 보여라. 반대칭인 경우도 해보라).

문제 12.54 반변 4-벡터의 0번째 성분의 부호를 바꾸면 공변 4-벡터가 된다. 텐서에서도 똑같다: "윗글자를 내려서" 공변 4-벡터로 만들 때는 이 윗 글자가 0이면 빼셈 부호를 붙인다. 다음 텐서 불변량을 **E**와 **B**로 나타내고, 그 결과를 문제 12.49의 결과와 비교하라.

$$F^{\mu\nu}F_{\mu\nu}, \qquad G^{\mu\nu}G_{\mu\nu}, \qquad F^{\mu\nu}G_{\mu\nu}$$

문제 12.55 z축과 겹치는 곧은 도선에 전하가 선밀도 λ로 고르게 퍼져 있다. 이 도선은 $+z$쪽으로 속력 v로 움직인다. 점$(x, 0, 0)$에서의 장 텐서와 짝텐서를 구하라.

12.3.4 텐서로 쓴 전기역학

이제 장을 상대론적 양으로 나타낼 수 있으므로 그것을 써서 전자기학 법칙(맥스웰 방정식과 로런츠 힘 법칙)을 정리하자. 먼저 장의 원천인 ρ와 **J**가 어떻게 변환되는지를 결정해야 한다. 전하뭉치가 흘러가는 것을 작은 부피 V속에 속도 **u**로 움직이는 전하 Q가 들어 있는 것으로 보면 (그림 12.42), 전하밀도와 전류밀도는 각각 다음과 같다:[29]

29 부피 V속의 모든 전하의 부호와 속력이 같다고 가정한다. 그렇지 않으면 그 성분을 따로 다루어야 한다: $\mathbf{J} = \rho_+\mathbf{u}_+ + \rho_-\mathbf{u}_-$. 그렇지만 논리는 같다.

$$\rho = \frac{Q}{V}$$

$$\mathbf{J} = \rho \mathbf{u}$$

이 양을 전하가 서 있는 계에서의 밀도인 **고유 전하밀도**(proper charge density) ρ_0로 쓰면 다음과 같다:

$$\rho_0 = \frac{Q}{V_0}$$

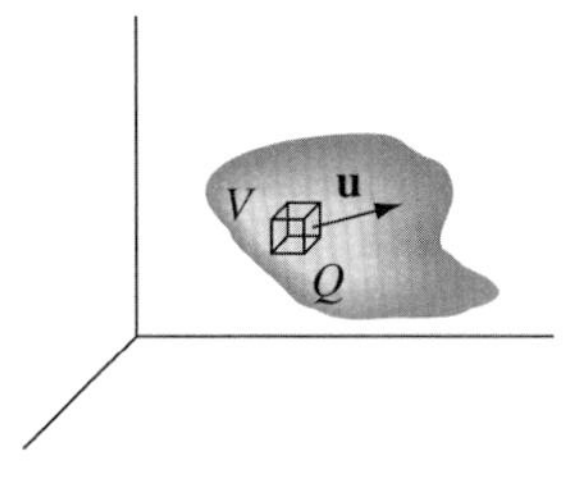

그림 12.42

여기에서 V_0는 그 토막의 정지 부피이다. 그런데 한쪽 길이(움직이는 쪽)가 로런츠 수축되므로,

$$V = \sqrt{1 - u^2/c^2}\, V_0 \tag{12.124}$$

이고, 따라서 다음과 같다.

$$\rho = \rho_0 \frac{1}{\sqrt{1 - u^2/c^2}}, \quad \mathbf{J} = \rho_0 \frac{\mathbf{u}}{\sqrt{1 - u^2/c^2}} \tag{12.125}$$

이것은 식 12.40 및 12.42와 비교하면, 고유속도에 불변량 ρ_0를 곱한 것임을 알 수 있다. 전하밀도와 전류밀도를 모으면 분명히 4-벡터가 된다:

$$J^\mu = \rho_0 \eta^\mu \tag{12.126}$$

이것이 **전류밀도 4-벡터**(current density 4-vector)로서, 성분은 다음과 같다.

$$\boxed{J^\mu = (c\rho, J_x, J_y, J_z).} \tag{12.127}$$

국소적 전하보존을 나타내는 연속방정식 (식 5.29)

$$\nabla \cdot \mathbf{J} = -\frac{\partial \rho}{\partial t}$$

도 J^μ로 간결하게 나타낼 수 있다. 왜냐하면 전류밀도의 발산은 다음과 같이 쓸 수 있고

$$\nabla \cdot \mathbf{J} = \frac{\partial J_x}{\partial x} + \frac{\partial J_y}{\partial y} + \frac{\partial J_z}{\partial z} = \sum_{i=1}^{3} \frac{\partial J^i}{\partial x^i}$$

전하밀도의 시간 변화율은 다음과 같이 쓸 수 있기 때문이다.

$$\frac{\partial \rho}{\partial t} = \frac{1}{c}\frac{\partial J^0}{\partial t} = \frac{\partial J^0}{\partial x^0} \tag{12.128}$$

따라서 연속 방정식에서 $\partial\rho/\partial t$를 왼쪽으로 넘기고 덧셈규약을 쓰면 다음과 같은 꼴이 된다.

$$\boxed{\frac{\partial J^\mu}{\partial x^\mu} = 0,} \tag{12.129}$$

$\partial J^\mu/\partial x^\mu$는 J^μ의 4 차원 발산이므로 이 연속방정식은 전류밀도 4-벡터가 발산하지 않음을 뜻한다.

맥스웰 방정식도 (덧셈규약을 쓰면) 다음과 같이 쓸 수 있다:

$$\boxed{\frac{\partial F^{\mu\nu}}{\partial x^\nu} = \mu_0 J^\mu, \quad \frac{\partial G^{\mu\nu}}{\partial x^\nu} = 0,} \tag{12.130}$$

이 식에 ν에 대한 덧셈이 들어있다. 이 식의 낱낱의 성분 – μ값 마다 하나씩 – 이 4개의 방정식을 나타낸다. $\mu = 0$이면, 첫 식은 아래와 같이 가우스 법칙이다.

$$\begin{aligned}\frac{\partial F^{0\nu}}{\partial x^\nu} &= \frac{\partial F^{00}}{\partial x^0} + \frac{\partial F^{01}}{\partial x^1} + \frac{\partial F^{02}}{\partial x^2} + \frac{\partial F^{03}}{\partial x^3} \\ &= \frac{1}{c}\left(\frac{\partial E_x}{\partial x} + \frac{\partial E_y}{\partial y} + \frac{\partial E_z}{\partial z}\right) = \frac{1}{c}(\nabla \cdot \mathbf{E}) \\ &= \mu_0 J^0 = \mu_0 c\rho\end{aligned}$$

또는

$$\nabla \cdot \mathbf{E} = \frac{1}{\epsilon_0}\rho$$

$\mu = 1$이면,

$$\frac{\partial F^{1\nu}}{\partial x^\nu} = \frac{\partial F^{10}}{\partial x^0} + \frac{\partial F^{11}}{\partial x^1} + \frac{\partial F^{12}}{\partial x^2} + \frac{\partial F^{13}}{\partial x^3}$$

$$= -\frac{1}{c^2}\frac{\partial E_x}{\partial t} + \frac{\partial B_z}{\partial y} - \frac{\partial B_y}{\partial z} = \left(-\frac{1}{c^2}\frac{\partial \mathbf{E}}{\partial t} + \nabla \times \mathbf{B}\right)_x$$

$$= \mu_0 J^1 = \mu_0 J_x$$

가 된다. 이것을 $\mu = 2$와 $\mu = 3$인 경우와 묶으면, 다음과 같이 맥스웰이 고친 앙페르 법칙이 된다.

$$\nabla \times \mathbf{B} = \mu_0 \mathbf{J} + \mu_0 \epsilon_0 \frac{\partial \mathbf{E}}{\partial t}$$

그런데 식 12.130의 둘째 식은 $\mu = 0$일 때 다음과 같이 자기장에 관한 가우스 법칙이 되고

$$\frac{\partial G^{0\nu}}{\partial x^\nu} = \frac{\partial G^{00}}{\partial x^0} + \frac{\partial G^{01}}{\partial x^1} + \frac{\partial G^{02}}{\partial x^2} + \frac{\partial G^{03}}{\partial x^3}$$

$$= \frac{\partial B_x}{\partial x} + \frac{\partial B_y}{\partial y} + \frac{\partial B_z}{\partial z} = \nabla \cdot \mathbf{B} = 0$$

$\mu = 1$이면 다음과 같이 된다:

$$\frac{\partial G^{1\nu}}{\partial x^\nu} = \frac{\partial G^{10}}{\partial x^0} + \frac{\partial G^{11}}{\partial x^1} + \frac{\partial G^{12}}{\partial x^2} + \frac{\partial G^{13}}{\partial x^3}$$

$$= -\frac{1}{c}\frac{\partial B_x}{\partial t} - \frac{1}{c}\frac{\partial E_z}{\partial y} + \frac{1}{c}\frac{\partial E_y}{\partial z} = -\frac{1}{c}\left(\frac{\partial \mathbf{B}}{\partial t} + \nabla \times \mathbf{E}\right)_x = 0$$

따라서 이것을 $\mu = 2$와 $\mu = 3$인 경우와 묶으면 다음과 같이 패러데이 법칙이 된다:

$$\nabla \times \mathbf{E} = -\frac{\partial \mathbf{B}}{\partial t}$$

따라서 상대론적 표기를 쓰면 맥스웰의 복잡한 방정식 4개가 아주 간단한 방정식 2개로 바뀐다.

$F^{\mu\nu}$와 고유속도 η^μ를 쓰면, 전하 q가 받는 민코프스키 힘은 다음과 같다:

$$\boxed{K^\mu = q\eta_\nu F^{\mu\nu}.} \tag{12.131}$$

$\mu = 1$이면,

$$K^1 = q\eta_\nu F^{1\nu} = q(-\eta^0 F^{10} + \eta^1 F^{11} + \eta^2 F^{12} + \eta^3 F^{13})$$
$$= q\left[\frac{-c}{\sqrt{1-u^2/c^2}}\left(\frac{-E_x}{c}\right) + \frac{u_y}{\sqrt{1-u^2/c^2}}(B_z) + \frac{u_z}{\sqrt{1-u^2/c^2}}(-B_y)\right]$$
$$= \frac{q}{\sqrt{1-u^2/c^2}}[\mathbf{E} + (\mathbf{u}\times\mathbf{B})]_x$$

가 되고, $\mu = 2$와 $\mu = 3$인 경우에도 비슷하다. 따라서 다음과 같은 식이 된다.

$$\mathbf{K} = \frac{q}{\sqrt{1-u^2/c^2}}[\mathbf{E} + (\mathbf{u}\times\mathbf{B})] \tag{12.132}$$

식 12.70을 쓰면 다음과 같이 로런츠 힘 법칙이 된다.

$$\mathbf{F} = q[\mathbf{E} + (\mathbf{u}\times\mathbf{B})]$$

따라서 식 12.131은 로런츠 힘 법칙의 상대론적 꼴이다. 0번째 성분에 대한 해석은 여러분이 해보라 (문제 12.58).

문제 12.56 연속방정식(식 12.129)은 맥스웰 방정식(식 12.130)의 결과임을 증명하라.

문제 12.57 식 12.130의 둘째 식은 장 텐서 $F^{\mu\nu}$로 다음과 같이 나타낼 수 있음을 보여라.

$$\frac{\partial F_{\mu\nu}}{\partial x^\lambda} + \frac{\partial F_{\nu\lambda}}{\partial x^\mu} + \frac{\partial F_{\lambda\mu}}{\partial x^\nu} = 0 \tag{12.133}$$

문제 12.58 식 12.131의 전자기력 법칙의 $\mu = 0$성분을 풀어 쓰고 물리적인 내용을 설명하라.

문제 12.59 맥스웰 방정식은 로런츠 변환에 대해 불변이다. 곧, 그것이 S에서 성립하면

$$\nabla\cdot\mathbf{E} = \frac{1}{\epsilon_0}\rho, \quad \nabla\cdot\mathbf{B} = 0, \quad \nabla\times\mathbf{E} = -\frac{\partial\mathbf{B}}{\partial t}, \quad \nabla\times\mathbf{B} = \mu_0\mathbf{J} + \mu_0\epsilon_0\frac{\partial\mathbf{E}}{\partial t}$$

$\bar{S}$에서도 저절로 성립한다:

$$\bar{\nabla}\cdot\bar{\mathbf{E}} = \frac{1}{\epsilon_0}\bar{\rho}, \quad \bar{\nabla}\cdot\bar{\mathbf{B}} = 0, \quad \bar{\nabla}\times\bar{\mathbf{E}} = -\frac{\partial\bar{\mathbf{B}}}{\partial\bar{t}}, \quad \bar{\nabla}\times\bar{\mathbf{B}} = \mu_0\bar{\mathbf{J}} + \mu_0\epsilon_0\frac{\partial\bar{\mathbf{E}}}{\partial\bar{t}}$$

변환 규칙 12.111과 전류 $J^\mu = (c\rho, J_x, J_y, J_z)$가 4-벡터임을 써서 위의 명제를 증명하라.[30] [실마

30 물론 텐서 표기법을 쓰면 훨씬 더 효율적이다. 사실, 식 12.130을 쓰면 양변이 같은 방식으로 변환되므로 시시

리 시간에 대한 편미분의 로런츠 변환에 대한 변환식은 다음과 같다:

$$\frac{\partial}{\partial \bar{t}} = \frac{\partial t}{\partial \bar{t}}\frac{\partial}{\partial t} + \frac{\partial x}{\partial \bar{t}}\frac{\partial}{\partial x} + \frac{\partial y}{\partial \bar{t}}\frac{\partial}{\partial y} + \frac{\partial z}{\partial \bar{t}}\frac{\partial}{\partial z} = \gamma\left(\frac{\partial}{\partial t} + v\frac{\partial}{\partial x}\right)$$

다른 변수에 대한 편미분도 비슷한 꼴이다.]

12.3.5 상대론적 전위

10장에서 전기장과 자기장은 스칼라 전위 V와 벡터 전위 $\mathbf{A}$로 나타낼 수 있음을 알았다:

$$\mathbf{E} = -\nabla V - \frac{\partial \mathbf{A}}{\partial t}, \qquad \mathbf{B} = \nabla \times \mathbf{A} \tag{12.134}$$

V와 $\mathbf{A}$를 묶으면 4-벡터가 될 것을 짐작할 수 있다:

$$\boxed{A^{\mu} = (V/c, A_x, A_y, A_z).} \tag{12.135}$$

장 텐서를 이 **4-벡터 전위**(4-vector potential)로 나타내면 다음과 같다:

$$\boxed{F^{\mu\nu} = \frac{\partial A^{\nu}}{\partial x_{\mu}} - \frac{\partial A^{\mu}}{\partial x_{\nu}}.} \tag{12.136}$$

(미분은 **공변** 벡터 x_{μ}와 x_{ν}에 대해 해야 함을 살펴보라; 이때 0번째 성분은 부호가 바뀐다는 것을 기억하라: $x_0 = -x^0$. 문제 12.60을 보라.)

식 12.136이 12.134와 같은지 보려면, 항 몇 개를 직접 펼쳐 보아야 한다. $\mu = 0, \nu = 1$이면 다음 결과를 얻는데, 이것은 (ν =2와 ν =3의 결과와 함께) 식 12.134의 첫째 식이다:

$$F^{01} = \frac{\partial A^1}{\partial x_0} - \frac{\partial A^0}{\partial x_1} = -\frac{\partial A_x}{\partial (ct)} - \frac{1}{c}\frac{\partial V}{\partial x}$$

$$= -\frac{1}{c}\left(\frac{\partial \mathbf{A}}{\partial t} + \nabla V\right)_x = \frac{E_x}{c}$$

한 문제가 된다. 텐서 표기법의 장점 중 하나는 상대론과 일관성을 유지하는 것이 식의 모양에 드러나는 것이다. 하지만 이 문제의 요점은 더 익숙한 3차원 표기법에서 그것이 어떻게 나오는지 보는 것이다.

$\mu = 1, \nu = 2$ 이면 다음 식을 얻는데, 이것은 F^{23} 및 F^{31}과 함께 식 12.134의 둘째 식이다:

$$F^{12} = \frac{\partial A^2}{\partial x_1} - \frac{\partial A^1}{\partial x_2} = \frac{\partial A_y}{\partial x} - \frac{\partial A_x}{\partial y} = (\nabla \times \mathbf{A})_z = B_z$$

전위를 쓰면 제차 맥스웰 방정식($\partial G^{\mu\nu}/\partial x^\nu = 0$)이 저절로 충족된다. 비제차 방정식($\partial F^{\mu\nu}/\partial x^\nu = \mu_0 J^\mu$)은 다음과 같다:

$$\frac{\partial}{\partial x_\mu}\left(\frac{\partial A^\nu}{\partial x^\nu}\right) - \frac{\partial}{\partial x_\nu}\left(\frac{\partial A^\mu}{\partial x^\nu}\right) = \mu_0 J^\mu \tag{12.137}$$

이것 자체는 매우 복잡한 식이다. 그렇지만 전위는 장으로 완전히 결정되지 않는다는 것을 상기하자 – 사실 식 12.136에서 A^μ에 어떤 스칼라 함수 λ의 기울기를 더해도 $F^{\mu\nu}$는 달라지지 않는다:

$$A^\mu \longrightarrow A^{\mu\prime} = A^\mu + \frac{\partial \lambda}{\partial x_\mu} \tag{12.138}$$

이것이 바로 제 10장에서 본 **게이지 불변성**(gauge invariance)이다; 이것을 쓰면 식 12.137을 간단히 할 수 있다. 특히 로렌츠 게이지 조건(식 10.12)

$$\nabla \cdot \mathbf{A} = -\frac{1}{c^2}\frac{\partial V}{\partial t}$$

의 상대론적 식은 다음과 같다.

$$\frac{\partial A^\mu}{\partial x^\mu} = 0 \tag{12.139}$$

그러므로 로렌츠 게이지에서는 식 12.137이 다음과 같이 비제차 파동 방정식(10.16)이 된다:

$$\boxed{\Box^2 A^\mu = -\mu_0 J^\mu,} \tag{12.140}$$

여기에서 $\Box^2$은 **달랑베르 연산자**(d'Alembertian operator) (10.15)이다:

$$\Box^2 \equiv \frac{\partial}{\partial x_\nu}\frac{\partial}{\partial x^\nu} = \nabla^2 - \frac{1}{c^2}\frac{\partial^2}{\partial t^2} \tag{12.141}$$

식 12.140은 앞에서 얻은 결과를 4-벡터 방정식 하나로 묶은 것이다. 이것이 가장 멋진 형식의 맥스웰 방정식이다.[31]

31 **쿨롱** 게이지의 정의식 $\nabla \cdot \mathbf{A} = 0$은 로런츠 변환을 하면 깨지므로 상대론적으로는 **좋지 않다**. 이 조건을 회복하려면 새 기준틀로 바꿀 때마다 로런츠 변환과 **함께** 게이지 변환**도** 해야 한다. 그래서 쿨롱 게이지에서는 A^μ는

문제 12.60 **4차원 기울기 연산자**(four-dimensional gradient) $\partial/\partial x^\mu$는 **공변** 4-벡터와 같다 – 사실 이것을 줄여서 ∂_μ로 쓰기도 한다. 예를 들어 연속방정식을 $\partial_\mu J^\mu = 0$이라고 쓰면, 두 벡터를 곱해 불변량으로 만든 꼴이 된다. 여기에 따른 반변 기울기는 $\partial^\mu \equiv \partial/\partial x_\mu$가 될 것이다. 스칼라 함수 ϕ에 대해 $\partial^\mu \phi$가 (반변) 4-벡터라는 것을 변환법칙과 사슬규칙을 써서 보여라.

문제 12.61 장텐서 4-전위 표현(식 12.136)은 $\partial G^{\mu\nu}/\partial x^\nu = 0$을 저절로 충족시킴을 보여라. [실마리: 문제 12.57을 보라].

문제 12.62 리에나르-비케르트 전위(식 10.46과 10.47)를 상대론적으로 쓰면 다음과 같음을 보여라.

$$A^\mu = -\frac{q}{4\pi\epsilon_0 c}\frac{\eta^\mu}{(\eta^\nu \mathscr{r}_\nu)}$$

여기에서 $\mathscr{r}^\mu \equiv x^\mu - w^\mu(t_{지연})$이다.

보충문제

문제 12.63 기준틀 $\bar{\mathcal{S}}$가 $\mathcal{S}$에 대해 등속도 $\mathbf{v} = \beta c(\cos\phi\,\hat{\mathbf{x}} + \sin\phi\,\hat{\mathbf{y}})$로 움직인다. 두 계의 좌표축은 나란하고, $t = \bar{t} = 0$에 원점이 같았다. 로런츠 변환행렬 Λ(식 12.25)를 구하라.

$$\left[\text{답}: \begin{pmatrix} \gamma & -\gamma\beta\cos\phi & -\gamma\beta\sin\phi & 0 \\ -\gamma\beta\cos\phi & (\gamma\cos^2\phi + \sin^2\phi) & (\gamma-1)\sin\phi\cos\phi & 0 \\ -\gamma\beta\sin\phi & (\gamma-1)\sin\phi\cos\phi & (\gamma\sin^2\phi + \cos^2\phi) & 0 \\ 0 & 0 & 0 & 1 \end{pmatrix}\right]$$

문제 12.64 다음 과정이 일어나는데 필요한 파이온의 운동량의 **문턱값**(threshold)을 셈하라: $\pi + p \rightarrow K + \Sigma$. 양성자 p는 처음에 서 있었다. $m_\pi c^2 = 150$, $m_K c^2 = 500$, $m_p c^2 = 900$, $m_\Sigma c^2 = 1200$이다 (단위는 모두 MeV). [실마리: 문턱 조건을 다루려면 운동량 중심의 기준틀에서 충돌 문제를 풀어라(문제 12.31). 답: 1133 MeV/c]

문제 12.65 질량 m, 속도 v인 입자가 서 있는 동일 입자와 탄성충돌한다. 고전적으로는 산란각 θ가 늘 90°이다. 이 각을 운동량 중심의 기준틀에서 본 산란각 ϕ를 써서 상대론적으로 구하라. [답: $\tan^{-1}(2c^2/v^2\gamma\sin\phi)$]

참된 4-벡터가 아니다.

문제 12.66 원점에 서 있던 입자가 일정한 민코프스키 힘을 x쪽으로 받을 때, 그 위치 x를 t의 함수로 구하라. 답은 t를 x의 함수로 써라. [답: $2Kt/mc = z\sqrt{1+z^2} + \ln(z + \sqrt{1+z^2})$ 여기에서 $z \equiv \sqrt{2Kx/mc^2}$]

! **문제 12.67** 질량 m인 두 점전하($\pm q$)가 길이 d인 (질량이 없는) 막대 양쪽에 붙어 전기 쌍극자를 이루고 있다. (d는 작지 않다.)

(a) 그 쌍극자가 축에 수직한 선을 따라 쌍곡선 운동(식 12.62)을 할 때 스스로 받는 힘을 구하라. [실마리: 식 11.90을 적당히 바꾸어 시작하라.]

(b) 이 스스로 받는 힘은 일정하고(t가 없다), x쪽을 향하므로 쌍곡선 운동을 만들어냄을 눈여겨보라. 따라서 이 쌍극자는 밖에서 힘을 받지 않아도 스스로 가속운동을 할 수 있다![32] [운동에 필요한 에너지는 어디에서 나오는 것일까?] 스스로 받는 힘 F를 m, q, d로 나타내라. [답: $(2mc^2/d)\sqrt{(\mu_0 q^2/8\pi m d)^{2/3} - 1}$]

문제 12.68 이상적 자기 쌍극자 모멘트 $\mathbf{m}$이 관성틀 $\bar{\mathcal{S}}$의 원점에 있는데, 이것은 관성틀 $\mathcal{S}$에 대해 x쪽으로 속력 v로 간다. $\bar{\mathcal{S}}$에서의 스칼라 전위 $\bar{V}$는 0이고 벡터 전위는 다음과 같다 (식 5.85):

$$\bar{\mathbf{A}} = \frac{\mu_0}{4\pi}\frac{\bar{\mathbf{m}} \times \hat{\bar{\mathbf{r}}}}{\bar{r}^2}$$

(a) $\mathcal{S}$에서의 스칼라 전위 V를 구하라. [답: $\frac{1}{4\pi\epsilon_0}\frac{\hat{\mathbf{R}}\cdot(\mathbf{v}\times\mathbf{m})}{c^2R^2}\frac{(1-v^2/c^2)}{[1-(v^2/c^2)\sin^2\theta]^{3/2}}$]

(b) 비상대론적 한계에서는 $\mathcal{S}$에서의 스칼라 전위는 $\bar{\mathcal{O}}$에 있는 다음과 같은 이상적인 전기 쌍극자가 만드는 것임을 보여라.

$$\mathbf{p} = \frac{\mathbf{v}\times\mathbf{m}}{c^2}$$

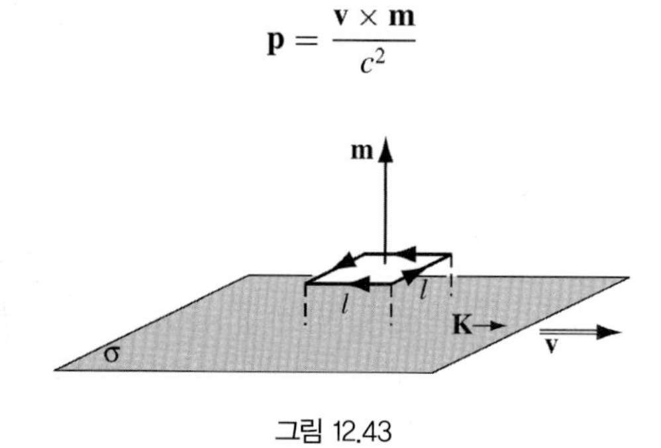

그림 12.43

! **문제 12.69** 한없이 퍼진 고른 면전류 $\mathbf{K} = K\,\hat{\mathbf{x}}$ 위에 자기 쌍극자 $\mathbf{m} = m\,\hat{\mathbf{z}}$가 서 있다 (그림 12.43).

(a) 식 6.1을 써서 쌍극자가 받는 회전력을 구하라.

---

32 F. H. J. Cornish, *Am. J. Phys.* 54, 166 (1986).

(b) 면전류는 고른 면전하 σ가 속도 $\mathbf{v} = v\,\hat{\mathbf{x}}$로 움직여 생겨나므로 $\mathbf{K} = \sigma\,\mathbf{v}$이고, 자기 쌍극자는 고른 선전하 λ가 속력 v로 길이 l인 정사각형 고리를 돌아서 $m = \lambda v l^2$이라고 하자. x쪽으로 속력 v로 움직이는 $\bar{S}$에서 보면 이것들은 어떻게 변할까? $\bar{S}$에서는 면전하가 서 있으므로 자기장을 만들지 못한다. 이 계에서 전류고리에 전기 쌍극자 모멘트가 생겨남을 보이고, 식 4.4를 써서 회전력을 구하라.

문제 12.70 관성틀 S에서 보았더니 시공간의 어느 점에서 전기장 **E**와 자기장 **B**가 서로 나란하지도 수직하지도 않았다. S에 대해 다음과 같은 속도 **v**로 움직이는 $\bar{S}$에서는 장 $\bar{\mathbf{E}}$와 $\bar{\mathbf{B}}$가 그 점에서 나란함을 보여라.

$$\frac{\mathbf{v}}{1 + v^2/c^2} = \frac{\mathbf{E} \times \mathbf{B}}{B^2 + E^2/c^2}$$

두 장이 서로 수직인 기준틀이 있는가?

문제 12.71 로런츠 힘 법칙을 다음과 같이 "끌어내라": 전하 q가 $\bar{S}$에서 서 있으므로 $\bar{\mathbf{F}} = q\bar{\mathbf{E}}$이다. $\bar{S}$는 S에 대해 속도 $\mathbf{v} = v\,\hat{\mathbf{x}}$로 움직인다. 변환규칙(식 12.68과 12.111)을 써서 $\bar{\mathbf{F}}$를 **F**로, $\bar{\mathbf{E}}$를 **E**와 **B**로 고쳐 써라. 이 결과로부터 **F**를 **E**와 **B**로 나타내라.

문제 12.72 고른 전기장 $\mathbf{E} = E_0\,\hat{\mathbf{z}}$와 고른 자기장 $\mathbf{B} = B_0\,\hat{\mathbf{x}}$가 있는 곳에서 원점에 서 있던 전하 q를 놓아주었다. $\mathbf{E} = 0$인 계로 변환하여 이 입자의 궤적을 구하고, 이것을 다시 원래의 계로 변환하여라. $E_0 < cB_0$라고 가정하라. 이 결과를 예제 5.2의 결과와 비교하라.

문제 12.73

(a) **D**와 **H**로부터 ($F^{\mu\nu}$와 비슷한) 텐서 $D^{\mu\nu}$를 구성하라. 이것을 써서 물질 속에서의 맥스웰 방정식을 자유전류 밀도 $J^{\mu}_{자유}$를 써서 나타내라. [답: $D^{01} \equiv cD_x$, $D^{12} \equiv H_z$, 등등; $\partial D^{\mu\nu}/\partial x^{\nu} = J^{\mu}_{자유}$.]

(b) ($G^{\mu\nu}$와 비슷한) 짝텐서 $H^{\mu\nu}$를 구성하라. [답: $H^{01} \equiv H_x$, $H^{12} \equiv -cD_z$, 등등]

(c) 민코프스키는 선형 매질에 대한 **상대론적 물성 관계식**(relativistic constitutive relation)을 다음과 같이 제안했다:

$$D^{\mu\nu}\eta_\nu = c^2\epsilon F^{\mu\nu}\eta_\nu \qquad \text{그리고} \qquad H^{\mu\nu}\eta_\nu = \frac{1}{\mu}G^{\mu\nu}\eta_\nu$$

여기에서 ϵ은 고유[33] 유전율, μ는 고유 투자율, 그리고 η^{μ}는 물질의 4-속도이다. 민코프스키의 공식은 물질이 서 있으면 식 4.32와 6.31로 환원됨을 보여라.

(d) (보통) 속도 **u**로 움직이는 매질에 대해 **D**와 **H**를 **E**와 **B**로 연결시키는 공식을 자세히 풀어내라.

33 늘 그렇듯이 "고유"란 "물질이 서 있는 기준틀"이다.

! **문제 12.74** 라모어 공식(식 11.70)과 특수 상대성을 써서 리에나르 공식(식 11.73)을 끌어내라.

문제 12.75 아브라함-로런츠 공식(식 11.80)을 자연스럽게 상대론적으로 일반화한 식은 다음과 같은 꼴이 될 것이다:

$$K^{\mu}_{\text{방사}} = \frac{\mu_0 q^2}{6\pi c}\frac{d\alpha^{\mu}}{d\tau}$$

이것은 분명히 4-벡터이고, 비상대론적 한계 $v \ll c$에서는 아브라함-로런츠 공식으로 환원된다.

(a) 그렇지만 이것은 민코프스키 힘이 될 수 없음을 보여라. [**실마리**: 문제 12.39d를 보라.]

(b) (a)에서 지적한 문제가 사라지도록 오른쪽에 보정항을 덧붙여 4-벡터 특성이나 비상대론적 한계의 특성이 유지되게 하라.[34]

문제 12.76 상대론적 전기역학 법칙(식 12.130과 12.131)에 자하가 들어가도록 일반화하라. [§ 7.3.4를 참조하라.]

34 상대론적 방사 반작용에 관한 흥미있는 설명이 다음 논문에 있다: F. Rohrlich, *Am. J. Phys*. **65**. 1051 (1997).

부록 A 곡선 좌표계에서의 벡터 미적분

A.1 서론

이 부록에서는 벡터 미적분에 관한 세 기본정리의 증명을 간추려 설명한다. 논리의 핵심을 전하는 것이 목적이므로 세세한 부분은 접는다. 훨씬 더 우아하고 현대적이며, 통일된 – 그렇지만 어쩔 수 없이 훨씬 긴 – 설명은 M. Spivak의 *Calculus on Manifolds* (New York, Benjamin, 1965)을 보라.

일반성을 위해 임의의 (직교) 곡선 좌표계 (u, v, w)를 써서 기울기, 발산, 회전 그리고 라플라스 연산에 관한 공식을 얻는다. 이 공식은 직각, 구면, 원통좌표계 또는 어떤 다른 좌표계에 대해서도 맞는 꼴로 바꿀 수 있다. 처음 읽을 때 일반적인 꼴을 따르기 힘들면 (u, v, w)를 (x, y, z)로 보아 직각좌표계를 써서 공식을 단순하게 만들면 된다.

A.2 기호

공간의 한 점은 세 **좌표**(u, v, w) [직각 좌표계에서는 (x, y, z), 구 좌표계에서는 (r, θ, ϕ), 원통 좌표계에서는 (s, θ, z)]로 나타낸다. 이 좌표계는 **직교계** – 좌표값이 커지는 쪽을 가리키는 세 단위벡터 $\hat{\mathbf{u}}, \hat{\mathbf{v}}, \hat{\mathbf{w}}$가 서로 수직인 좌표계 – 로 가정한다. 단위벡터는 (직각 좌표계를 빼고는) 곳에 따라 다르므로 위치의 함수이다. 어느 벡터나 $\hat{\mathbf{u}}, \hat{\mathbf{v}}, \hat{\mathbf{w}}$를 써서 나타낼 수 있다. 특히 (u, v, w)에서 $(u + du, v + dv, w + dw)$까지의 미소 변위벡터는 다음과 같이 쓸 수 있다.

$$d\mathbf{l} = f\,du\,\hat{\mathbf{u}} + g\,dv\,\hat{\mathbf{v}} + h\,dw\,\hat{\mathbf{w}} \tag{A.1}$$

여기에서 f, g, h는 좌표계의 특성을 나타내는 위치의 함수이다 (직각 좌표계에서는 $f = g = h = 1$; 구 좌표계에서는 $f = 1, g = r, h = r\sin\theta$; 원통 좌표계에서는 $f = h = 1, g = s$). 곧 알게 되겠지만 좌표계에 관해 알아야 할 모든 것이 이 세 함수에 담겨있다.

A.3 기울기 연산자

점(u, v, w)에서 점$(u + du, v + dv, w + dw)$으로 옮겨가면 스칼라 함수 $t(u, v, w)$의 값의 변화는 다음과 같다.

$$dt = \frac{\partial t}{\partial u}du + \frac{\partial t}{\partial v}dv + \frac{\partial t}{\partial w}dw \tag{A.2}$$

이것이 편미분의 표준정리이다.[1] 이 식은 두 벡터의 점곱으로 다음과 같은 꼴로 쓸 수 있다.

$$dt = \nabla t \cdot d\mathbf{l} = (\nabla t)_u\,f\,du + (\nabla t)_v\,g\,dv + (\nabla t)_w\,h\,dw \tag{A.3}$$

단

$$(\nabla t)_u \equiv \frac{1}{f}\frac{\partial t}{\partial u}, \quad (\nabla t)_v \equiv \frac{1}{g}\frac{\partial t}{\partial v}, \quad (\nabla t)_w \equiv \frac{1}{h}\frac{\partial t}{\partial w}$$

이다. 따라서 t의 **기울기**(gradient)를 다음과 같이 정의한다.

$$\boxed{\nabla t \equiv \frac{1}{f}\frac{\partial t}{\partial u}\hat{\mathbf{u}} + \frac{1}{g}\frac{\partial t}{\partial v}\hat{\mathbf{v}} + \frac{1}{h}\frac{\partial t}{\partial w}\hat{\mathbf{w}}.} \tag{A.4}$$

표 A.1에서 f, g, h에 관해 적당한 식을 고르면 이 책의 앞표지에 보인 것과 같이 직각, 구, 원통좌표계에서의 ∇t에 관한 공식을 쉽게 만들어낼 수 있다.

---

1 M. Boas, *Mathematical Methods in the Physical Sciences*, 2판 (New York: John Wiley, 1983) 4장 3절.

표 A.1

좌표계	u	v	w	f	g	h
직각	x	y	z	1	1	1
구	r	θ	ϕ	1	r	$r\sin\theta$
원통	s	ϕ	z	1	s	1

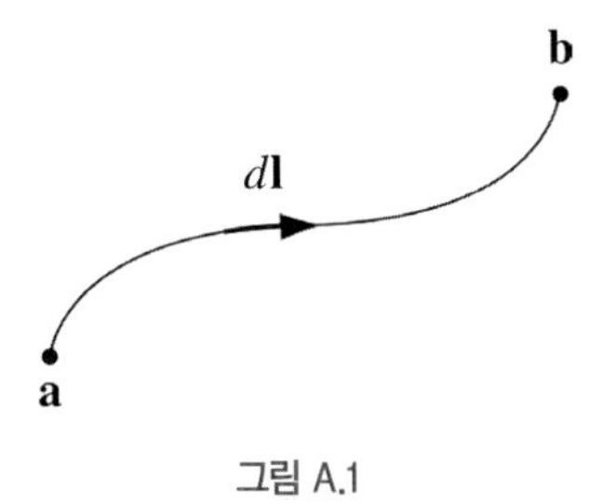

그림 A.1

점 **a**에서 점 **b**로 갈 때(그림 A.1)의 t의 전체변화는 식 A.3으로부터 다음과 같다.

$$t(\mathbf{b}) - t(\mathbf{a}) = \int_{\mathbf{a}}^{\mathbf{b}} dt = \int_{\mathbf{a}}^{\mathbf{b}} (\nabla t) \cdot d\mathbf{l} \tag{A.5}$$

이것이 **기울기의 기본정리**(fundamental theorem for gradients)이다 (이것은 증명할 것이 별로 없었다). 이 적분값은 **a**에서 **b**로 가는 경로와는 상관이 없음을 눈여겨보라.

A.4 발산 연산자

다음과 같은 벡터함수가 있다고 하자

$$\mathbf{A}(u, v, w) = A_u\,\hat{\mathbf{u}} + A_v\,\hat{\mathbf{v}} + A_w\,\hat{\mathbf{w}}$$

한 점 (u, v, w)에서 출발하여 각 좌표를 차례로 아주 조금 늘릴 때 생기는 아주 작은 육면체를 감싼 표면에 대해 적분 $\oint \mathbf{A} \cdot d\mathbf{a}$를 셈하려한다 (그림 A.2). 이 좌표계는 직교계이므로 이 육면체의 세 모서리의 길이는 (적어도 아주 작을 때는) $dl_u = f\,du, dl_v = g\,dv, dl_w = h\,dw$이고 그 부피는 다음과 같다.

$$d\tau = dl_u\,dl_v\,dl_w = (fgh)\,du\,dv\,dw \tag{A.6}$$

(모서리의 길이는 단순히 du, dv, dw가 아니다 – v는 각도일 수도 있는데, 이 경우 dv의 차원은 길이가 아니다. 정확한 식은 식 A.1로부터 얻을 수 있다.)

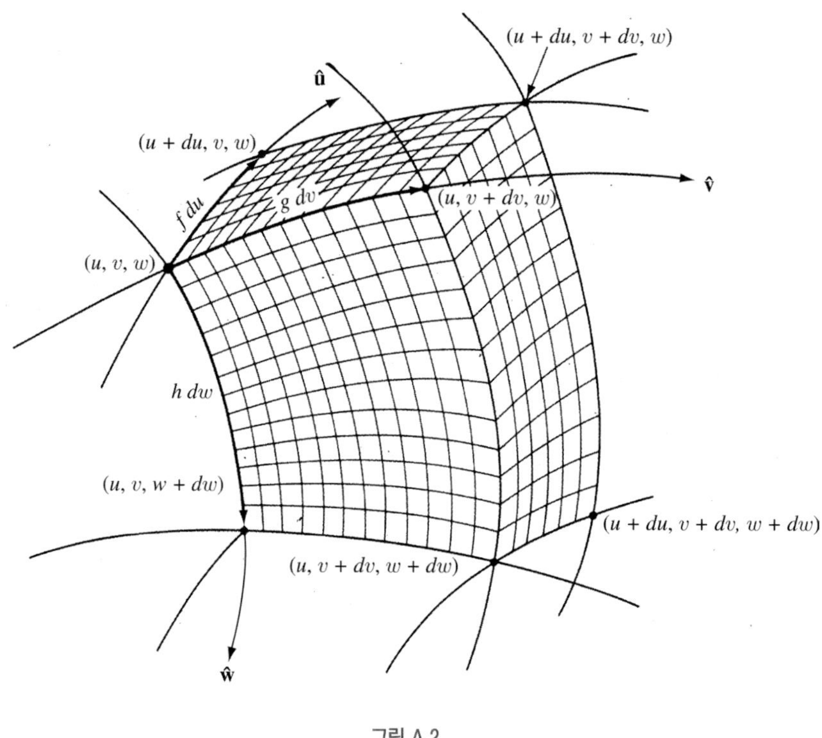

그림 A.2

앞면은 다음과 같다.

$$d\mathbf{a} = -(gh)\, dv\, dw\, \hat{\mathbf{u}}$$

따라서 적분요소는 다음과 같다.

$$\mathbf{A} \cdot d\mathbf{a} = -(ghA_u)\, dv\, dw$$

뒷면도 같은데 (부호는 다르다), 다만 ghA_u는 u가 아니라 $u + du$에서의 값이다. 어떤 (미분할 수 있는) 함수이건

$$F(u + du) - F(u) = \frac{dF}{du}\, du$$

이므로 앞뒷면의 값을 더하면 다음과 같이 된다.

$$\left[\frac{\partial}{\partial u}(ghA_u)\right] du\, dv\, dw = \frac{1}{fgh}\frac{\partial}{\partial u}(ghA_u)\, d\tau$$

마찬가지로 왼쪽과 오른쪽 면에서는 다음과 같고

$$\frac{1}{fgh}\frac{\partial}{\partial v}(fhA_v)\,d\tau$$

위아래 면에서는 다음과 같다.

$$\frac{1}{fgh}\frac{\partial}{\partial w}(fgA_w)\,d\tau$$

이 모두를 더하면 다음 결과가 된다.

$$\oint \mathbf{A}\cdot d\mathbf{a} = \frac{1}{fgh}\left[\frac{\partial}{\partial u}(ghA_u) + \frac{\partial}{\partial v}(fhA_v) + \frac{\partial}{\partial w}(fgA_w)\right] d\tau \tag{A.7}$$

$d\tau$의 계수를 A의 곡선좌표계에서의 **발산**(divergence)으로 정의한다.

$$\boxed{\nabla\cdot\mathbf{A} \equiv \frac{1}{fgh}\left[\frac{\partial}{\partial u}(ghA_u) + \frac{\partial}{\partial v}(fhA_v) + \frac{\partial}{\partial w}(fgA_w)\right],} \tag{A.8}$$

그러면 식 A.7은 다음과 같은 꼴이 된다:

$$\oint \mathbf{A}\cdot d\mathbf{a} = (\nabla\cdot\mathbf{A})\,d\tau \tag{A.9}$$

표 A.1을 쓰면 이 책의 앞쪽 속표지에 보인 직각, 구, 원통좌표계에서의 발산에 관한 공식을 끌어낼 수 있다.

식 A.9 자체는 발산정리의 증명이 아니다. 그 까닭은 이 식은 아주 작고, 모양이 특별한 육면체에 대해서만 성립하기 때문이다. 물론 어떤 공간이든 아주 작은 조각으로 나눌 수 있고, 그 조각에 대해서는 식 (A.9)를 적용할 수 있다. 문제는 모든 조각을 더하면 바깥쪽 면에 대한 적분만 남는 것이 아니라 아주 작은 안쪽 면에 대한 적분도 나오는 것이다. 그렇지만 다행히도 안쪽 면에 대한 적분은 서로 짝을 이루어 지워진다. 그 까닭은 안쪽 면은 붙어 있는 두 작은 육면체가 서로 맞닿은 경계면이 되는데, $d\mathbf{a}$는 늘 육면체의 바깥쪽을 향하므로 맞닿은 면에 대해 각 육면체에서 $\mathbf{A}\cdot d\mathbf{a}$를 셈하면 값은 같고 부호가 반대가 되기 때문이다 (그림 A.3). 모두 더하면 지워지지 않고 남는 것은 덩어리 전체를 감싸는 면 – 말하자면 바깥쪽 경계면 – 뿐이다. 그러므로 부피가 크건 작건 다음 식이 맞고,

$$\oint \mathbf{A}\cdot d\mathbf{a} = \int (\nabla\cdot\mathbf{A})\,d\tau \tag{A.10}$$

적분은 바깥 경계면에 대해서만 하면 된다.[2] 이것이 **발산정리**(divergence theorem)이다.

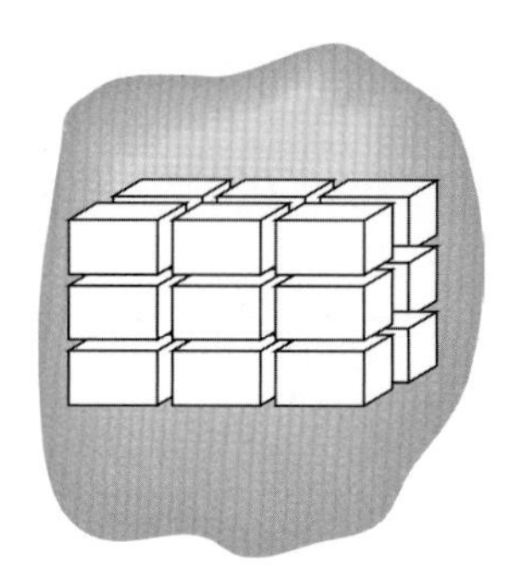

그림 A.3

A.5 회전 연산자

곡선좌표계에서 회전값을 셈하려면 그림 A.4와 같이 한 점 (u, v, w)에서 출발하여 w값을 고정시킨 채 u와 v를 차례로 아주 조금씩 늘려 생기는 작은 고리를 따라 다음 선적분을 셈한다.

$$\oint \mathbf{A} \cdot d\mathbf{l}$$

이 고리가 만드는 네모꼴(적어도 아주 작을 때는)의 가로는 $dl_u = fdu$, 세로는 $dl_u = gdv$ 이므로 넓이는 다음과 같다.

$$d\mathbf{a} = (fg)du\,dv\,\hat{\mathbf{w}} \tag{A.11}$$

좌표계가 오른손계이면 $\hat{\mathbf{w}}$는 그림 A.4에서 지면으로부터 튀어나오는 방향이다. 이것을 $d\mathbf{a}$에 대한 양(+)의 방향으로 잡으면, 그림에 보인 것처럼 반시침 방향으로 돌면 선적분을 구하는 오른손 규칙을 따라야 한다.

2 육면체를 아무리 작게 만들어 채워도 완전히 메꿔지지 않는 영역 – 예를 들어 좌표축에 대해 비스듬히 잘라낸 평면으로 둘러싸인 영역 - 은 어떻게 해야 할까? 이것을 다루기는 어렵지 않다; 스스로 생각해 보거나, 다음 책을 보라: H. M. Schey, *Div, Grad, Curl, and All That* (New York: W. W. Norton, 1973) 문제 II-15.

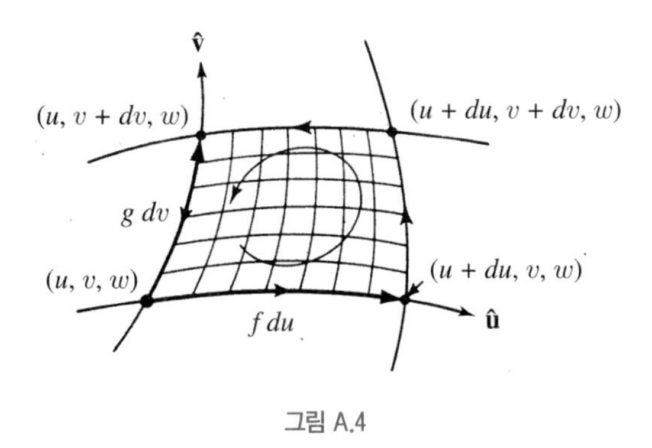

그림 A.4

아래쪽 테두리를 따라가면

$$d\mathbf{l} = f\,du\,\hat{\mathbf{u}}$$

이므로

$$\mathbf{A}\cdot d\mathbf{l} = (fA_u)\,du$$

이다. 위쪽 테두리를 따라가면 부호가 바뀌고 fA_u는 u가 아니라 $v + dv$에서의 값이다. 두 값을 더하면 다음과 같다.

$$\left[-(fA_u)\big|_{v+dv} + (fA_u)\big|_{v}\right] du = -\left[\frac{\partial}{\partial v}(fA_u)\right] du\,dv$$

마찬가지로 왼쪽과 오른쪽 테두리에서는 다음 결과를 얻는다.

$$\left[\frac{\partial}{\partial u}(gA_v)\right] du\,dv$$

이 모두를 더하면 다음과 같다.

$$\begin{aligned}\oint \mathbf{A}\cdot d\mathbf{l} &= \left[\frac{\partial}{\partial u}(gA_v) - \frac{\partial}{\partial v}(fA_u)\right] du\,dv \\ &= \frac{1}{fg}\left[\frac{\partial}{\partial u}(gA_v) - \frac{\partial}{\partial v}(fA_u)\right] \hat{\mathbf{w}}\cdot d\mathbf{a}\end{aligned} \tag{A.12}$$

오른쪽에 있는 $d\mathbf{a}$의 계수는 **회전**(curl)의 w−성분의 정의식이다. 같은 방법으로 u와 v성분을 셈하면, 다음 결과를 얻는다.

$$\boxed{\begin{aligned}\nabla \times \mathbf{A} \equiv & \frac{1}{gh}\left[\frac{\partial}{\partial v}(hA_w) - \frac{\partial}{\partial w}(gA_v)\right]\hat{\mathbf{u}} + \frac{1}{fh}\left[\frac{\partial}{\partial w}(fA_u) - \frac{\partial}{\partial u}(hA_w)\right]\hat{\mathbf{v}} \\ & + \frac{1}{fg}\left[\frac{\partial}{\partial u}(gA_v) - \frac{\partial}{\partial v}(fA_u)\right]\hat{\mathbf{w}},\end{aligned}} \tag{A.13}$$

그리고 식 A.11은 다음과 같은 꼴이 된다.

$$\oint \mathbf{A} \cdot d\mathbf{l} = \int (\nabla \times \mathbf{A}) \cdot d\mathbf{a} \tag{A.14}$$

표 A.1을 쓰면 직각, 구, 원통좌표계에서의 회전에 관한 공식을 끌어낼 수 있다.

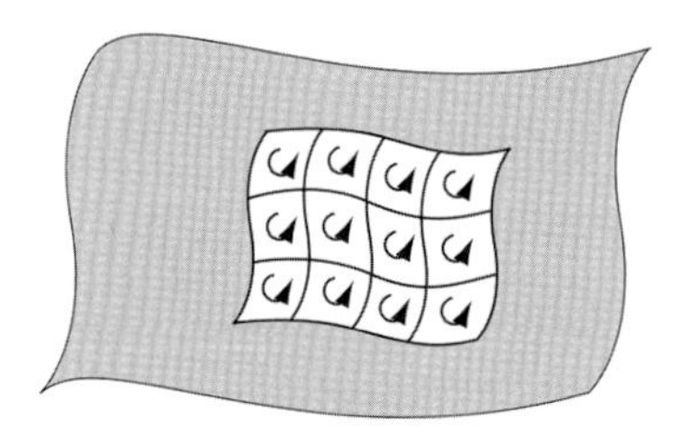

그림 A.5

식 A.14는 특별한 모양의 아주 작은 면에 대한 것이므로 그 자체가 스토크스 정리의 증명은 아니다. 그렇지만 어떤 면도 아주 작은 조각으로 나눌 수 있고, 조각마다 식 (A.14)를 쓸 수 있다 (그림 A.5). 그 모두를 더하면 바깥 테두리를 따라가는 선적분만이 아니라 아주 안쪽의 작은 고리에 대한 선적분도 나온다. 그렇지만 앞에서와 같이 다행히도 안쪽 고리에 대한 선적분은 서로 짝을 이루어 지워진다. 그 까닭은 모든 안쪽 선은 서로 이웃한 두 고리가 서로 맞닿은 경계선으로서, 두 고리에 대한 선적분 방향이 반대가 되기 때문이다. 그 결과 식 A.14는 어느 면에 대해서나 쓸 수 있다.

$$\oint_C \mathbf{A}\cdot d\mathbf{l} = \int_S (\nabla \times \mathbf{A})\cdot d\mathbf{a} \tag{A.15}$$

이 선적분은 바깥쪽 테두리에 대해서만 셈한다.[3] 이것이 **스토크스 정리**(Stokes' theorem)이다.

3 네모꼴을 아무리 작게 만들어 채워도 완전히 메꿔지지 않는 영역 또는 어느 한 좌표가 고정된 것으로 볼 수 없을 때는 어떻게 해야 할까? 이것이 애를 먹이면 다음 책을 보라: H. M. Schey, *Div, Grad, Curl, and All That* (New York: W. W. Norton, 1973) 문제 III-2.

A.6 라플라스 연산자

어떤 스칼라 함수의 **라플라스 연산**(Laplacian)은 그 함수의 기울기의 발산값으로 정의되므로 식 A.4와 식 A.8로부터 다음의 일반공식을 바로 끌어낼 수 있다.

$$\nabla^2 t \equiv \frac{1}{fgh}\left[\frac{\partial}{\partial u}\left(\frac{gh}{f}\frac{\partial t}{\partial u}\right) + \frac{\partial}{\partial v}\left(\frac{fh}{g}\frac{\partial t}{\partial v}\right) + \frac{\partial}{\partial w}\left(\frac{fg}{h}\frac{\partial t}{\partial w}\right)\right]. \tag{A.16}$$

여기에서도 표 A.1을 써서 직각, 구, 원통좌표계에서의 발산에 관한 공식을 끌어내어, 앞쪽 속표지의 공식과 비교해 보라.

부록 B 헬름홀츠 정리

벡터함수 $\mathbf{F}(\mathbf{r})$의 발산이 스칼라 함수 $D(\mathbf{r})$라고 하자:

$$\nabla \cdot \mathbf{F} = D \tag{B.1}$$

그리고 $\mathbf{F}(\mathbf{r})$의 회전이 벡터함수 $\mathbf{C}(\mathbf{r})$라고 하자:

$$\nabla \times \mathbf{F} = \mathbf{C} \tag{B.2}$$

회전의 발산은 늘 0이므로, $\mathbf{C}$도 발산이 0이어야 한다:

$$\nabla \cdot \mathbf{C} = 0 \tag{B.3}$$

물음: 위의 정보를 바탕으로 벡터함수 $\mathbf{F}$를 구할 수 있는가? $D(\mathbf{r})$과 $\mathbf{C}(\mathbf{r})$의 값이 아주 먼 곳에서 충분히 빨리 줄어 0이 된다면, $\mathbf{F}$를 실제로 구성함으로써 이 질문에 대한 답은 "그렇다"임을 보이겠다.

$\mathbf{F}$는 다음과 같은 꼴이다.

$$\mathbf{F} = -\nabla U + \nabla \times \mathbf{W} \tag{B.4}$$

여기에서 $U(\mathbf{r})$과 $\mathbf{W}(\mathbf{r})$은 각각 다음과 같다.

$$U(\mathbf{r}) \equiv \frac{1}{4\pi} \int \frac{D(\mathbf{r}')}{\mathscr{r}} \, d\tau' \tag{B.5}$$

$$\mathbf{W}(\mathbf{r}) \equiv \frac{1}{4\pi} \int \frac{\mathbf{C}(\mathbf{r}')}{\mathscr{r}} \, d\tau' \tag{B.6}$$

적분은 모든 공간에 대해 하며, 앞서와 같이 $\mathscr{r} = |\mathbf{r} - \mathbf{r}'|$이다. $\mathbf{F}$가 식 B.4와 같으면, 그 발산은

(식 1.102를 쓰면) 다음과 같다:

$$\nabla \cdot \mathbf{F} = -\nabla^2 U = -\frac{1}{4\pi}\int D\,\nabla^2\left(\frac{1}{\mathscr{r}}\right) d\tau' = \int D(\mathbf{r}')\,\delta^3(\mathbf{r}-\mathbf{r}')\,d\tau' = D(\mathbf{r})$$

(벡터의 회전의 발산은 0이므로, W가 들어간 항은 사라지고, 미분은 $\mathscr{r}$에 들어있는 $\mathbf{r}$에 대한 것임을 유의하라.)

따라서 발산은 맞다; 회전은 어떠한가?

$$\nabla \times \mathbf{F} = \nabla \times (\nabla \times \mathbf{W}) = -\nabla^2\mathbf{W} + \nabla(\nabla \cdot \mathbf{W}) \tag{B.7}$$

(기울기의 회전은 0이므로, U가 든 항은 사라진다.) 이제

$$-\nabla^2\mathbf{W} = -\frac{1}{4\pi}\int \mathbf{C}\,\nabla^2\left(\frac{1}{\mathscr{r}}\right) d\tau' = \int \mathbf{C}(\mathbf{r}')\delta^3(\mathbf{r}-\mathbf{r}')\,d\tau' = \mathbf{C}(\mathbf{r})$$

이므로 식 B.7의 오른쪽 둘째항의 값이 0이되는 것만 보이면 증명은 완벽하게 끝난다! 부분적분식 [식(B.3)]을 쓰고 $\mathscr{r}$의 $\mathbf{r}'$에 대한 도함수는 $\mathbf{r}$에 대한 도함수와 부호가 반대임을 쓰면 다음 결과를 얻는다

$$\begin{aligned} 4\pi\nabla \cdot \mathbf{W} &= \int \mathbf{C} \cdot \nabla\left(\frac{1}{\mathscr{r}}\right) d\tau' = -\int \mathbf{C} \cdot \nabla'\left(\frac{1}{\mathscr{r}}\right) d\tau' \\ &= \int \frac{1}{\mathscr{r}}\nabla' \cdot \mathbf{C}\,d\tau - \oint \frac{1}{\mathscr{r}}\mathbf{C} \cdot d\mathbf{a} \end{aligned} \tag{B.8}$$

그렇지만 식 B.3의 가정에 따라 $\mathbf{C}$의 발산이 0이고, 아주 먼 곳에서는 $\mathbf{C}$의 값이 충분히 빨리 작아지면 아주 먼 곳에 있는 표면에 대한 적분값은 0이 된다.

물론 이 증명은 식 B.5와 식 B.6의 적분값이 수렴한다는 것을 미리 가정하고 있다 – 그렇지 않다면 U와 W가 아예 존재하지도 않는다. r'값이 아주 커서 $\mathscr{r} \approx r'$인 한계에서는 적분값이 다음 꼴이 된다.

$$\int^{\infty} \frac{X(r')}{r'} r'^2\,dr' = \int^{\infty} r'X(r')\,dr' \tag{B.9}$$

(여기에서 X는 D나 $\mathbf{C}$일 수 있다.) r'값이 아주 커지면 $X(r')$의 값은 반드시 0에 가까와져야 한다 – 그렇지만 그것으로 충분하지는 않다 : $X \sim 1/r'$ 이면 피적분함수는 상수가 되어 적분값이 발산해버린다. 또 $X \sim 1/r'^2$이어도 적분값은 로그함수가 되어 여전히 발산한다. 증명이 성립하려면 충분히 먼 곳에서 함수 $\mathbf{F}$의 발산과 회전이 $1/r^2$보다 더 빨리 0에 가까워져야 한다. (결과적으로 이것은 식 B.8의 표면적분값이 0이 되는 것을 보증하고도 남는다.)

$D(\mathbf{r})$과 $\mathbf{C}(\mathbf{r})$이 이러한 조건에 맞으면 식 B.4가 유일한 해인가? 그 대답은 분명히 "아니다"이며, 그 까닭은 함수 $\mathbf{F}$에 발산과 회전이 0인 어떤 함수를 더해 만든 새로운 함수도 발산이 D이고 회전이 $\mathbf{C}$이기 때문이다. 그렇지만 다행히도 발산과 회전이 모두 0이면서 아주 먼 곳에서는 함수값이 0에 가까와지는 함수는 없다 (§3.1.5를 보라). 그래서 $r \to \infty$로 가면 $\mathbf{F}(\mathbf{r})$이 0에 가까워진다는 조건을 더하면 식 B.4는 유일한 해가 된다.[1]

이제 모든 것이 다 나왔으므로, **헬름홀츠 정리**(Helmholtz theorem)를 보다 엄밀하게 기술하자:

어떤 벡터함수 $\mathbf{F}(\mathbf{r})$의 발산 $D(\mathbf{r})$과 회전 $\mathbf{C}(\mathbf{r})$이 정해지고, $r \to \infty$로 가면 둘 다 $1/r^2$보다 더 빨리 0에 가까워지고 $\mathbf{F}(\mathbf{r})$도 0에 가까워지면, $\mathbf{F}$는 식 B.4로 유일하게 정해진다.

이 헬름홀츠 정리에는 재미있는 **따름정리**(corollary)가 있다:

어떤 (미분할 수 있는) 벡터함수 $\mathbf{F}(\mathbf{r})$이 $r \to \infty$에서 $1/r$보다 더 빨리 0에 가까워지면, 이 함수는 스칼라 함수의 기울기와 벡터함수의 회전을 더한 꼴로 나타낼 수 있다:[2]

$$\mathbf{F}(\mathbf{r}) = \nabla\left(\frac{-1}{4\pi}\int\frac{\nabla'\cdot\mathbf{F}(\mathbf{r}')}{\mathscr{r}}\,d\tau'\right) + \nabla\times\left(\frac{1}{4\pi}\int\frac{\nabla'\times\mathbf{F}(\mathbf{r}')}{\mathscr{r}}\,d\tau'\right) \tag{B.10}$$

보기를 들어 정전기학에서는 $\nabla\cdot\mathbf{E} = \rho/\epsilon_0$이고 $\nabla\times\mathbf{E} = \mathbf{0}$이므로 다음과 같다.

$$\mathbf{E}(\mathbf{r}) = -\nabla\left(\frac{1}{4\pi\epsilon_0}\int\frac{\rho(\mathbf{r}')}{\mathscr{r}}\,d\tau'\right) = -\nabla V \tag{B.11}$$

---

1 전하와 전류가 만드는 전기장과 자기장은 아주 먼 곳에서는 사라지므로 이것은 불합리한 제한이 아니다. 때로 전하나 전류가 한없이 넓게 퍼진 – 무한 도선 또는 무한 평판 – 인위적 상황을 만나는데, 이때는 맥스웰 방정식의 해의 존재성과 유일성을 증명하는 방법을 새로 찾아내야한다.

2 사실 미분할 수 있는 벡터함수는 모두 스칼라 함수의 기울기와 벡터함수의 회전을 더한 꼴로 나타낼 수 있다. 그렇지만 더 일반적인 이 결과는 헬름홀츠 정리에서 곧바로 얻어지지도 않고, 또 식 B.10으로 그 함수를 구할 수도 없다. 왜냐하면 그 식의 적분값이 일반적으로 발산하기 때문이다.

그것을 증명하는 한 가지 방법은 푸아송 방정식의 해의 존재 정리를 쓰는 것이다. $\mathbf{F}$가 정해지면, $f \equiv \nabla\cdot\mathbf{F}$라 하면 라플라시안이 f인 함수 h가 있다:

$$\nabla^2 h = f$$

따라서

$$\nabla\cdot(\mathbf{F} - \nabla h) = 0$$

그런데 발산이 0인 벡터는 어떤 벡터($\mathbf{H}$)의 회전으로 나타낼 수 있다:

$$\mathbf{F} - \nabla h = \nabla\times\mathbf{H} \quad \text{또는} \quad \mathbf{F} = \nabla h + \nabla\times\mathbf{H}$$

($\mathbf{V}$는 스칼라 전위). 이와는 대조적으로 정자기학에서는 $\nabla \cdot \mathbf{B} = 0$이고 $\nabla \times \mathbf{B} = \mu_0 \mathbf{J}$이므로 다음과 같다.

$$\mathbf{B}(\mathbf{r}) = \nabla \times \left(\frac{\mu_0}{4\pi} \int \frac{\mathbf{J}(\mathbf{r}')}{\mathscr{r}} d\tau' \right) = \nabla \times \mathbf{A} \tag{B.12}$$

($\mathbf{A}$는 벡터 전위).

부록 C 단위계

이 책에서 쓴 **국제단위계**(Systeme International)에서는, 쿨롱 법칙이 다음과 같다.

$$\mathbf{F} = \frac{1}{4\pi\epsilon_0}\frac{q_1 q_2}{\mathscr{r}^2}\hat{\mathscr{r}} \quad \text{(국제단위계)} \tag{C.1}$$

역학적인 양을 재는 단위는 미터, 킬로그램, 초이고 전하를 재는 단위는 **쿨롱**(coulomb)이다 (표 C.1). **가우스단위계**(Gaussian system)에서는 맨 앞의 상수가 전하의 단위에 흡수되어 다음과 같은 꼴이 된다.

$$\mathbf{F} = \frac{q_1 q_2}{\mathscr{r}^2}\hat{\mathscr{r}} \quad \text{(가우스단위계)} \tag{C.2}$$

역학적인 양을 재는 단위는 센티미터, 그램, 초이고 전하를 재는 단위는 "**정전기 단위**(electrostatic units 또는 esu)"이다. esu의 단위를 살펴보면 "다인$^{1/2}$–센티미터(dyne$^{1/2}$–centimeter)"이다. 정전기학 방정식을 국제단위계에서 가우스단위계로 바꾸기는 쉽다: 다음과 같이 두면 된다.

$$\epsilon_0 \rightarrow \frac{1}{4\pi}$$

예를 들어 전기장에 저장된 에너지[식(2.39)]는 다음과 같다.

$$U = \frac{\epsilon_0}{2}\int E^2\, d\tau \quad \text{(국제단위계)}$$

$$U = \frac{1}{8\pi}\int E^2\, d\tau \quad \text{(가우스단위계)}$$

(유전체 속의 전기장과 관련된 공식을 국제단위계에서 가우스단위계로 바꾸기는 쉽지 않은데, 그 까닭은 변위, 편극율 등의 정의가 다르기 때문이다. 표 C.2를 보라.)

표 C.1 변환곱수. [멱지수가 아닌 "3"은 α = 2.99792458(빛의 속력의 값)을 나타내고, "9"는α^2, "12"는 4α이다.]

물리량	국제단위계	변환곱수	가우스단위계
길이	미터(meter, m)	10^2	센티미터(centimeter, cm)
질량	킬로그램(kilogram, kg)	10^3	그램(gram, g)
시간	초(second, s)	1	초(second, s)
힘	뉴턴(newton, N)	10^5	다인(dyne)
에너지	줄(joule, J)	10^7	에르그(erg)
일률	와트(watt, W)	10^7	에르그/초(erg/s)
전하	쿨롬(coulomb, C)	3×10^9	정전기단위[esu(statcoulomb)]
전류	암페어(ampere, A)	3×10^9	정전기단위/초[esu/s(statampere)]
전기장	볼트/미터(volt/meter, V/m)	$(1/3)\times10^{-4}$	스탯볼트/센티미터(statvolt/cm)
전위	볼트(volt, V)	1/300	스탯볼트(statvolt)
대체전기장	쿨롬/미터^2(coulomb/meter^2, C/m^2)	$12\pi\times10^5$	스탯쿨롬/센티미터^2(statcoulomb/cm^2, C/m^2)
저항	옴(ohm, Ω)	$(1/9)\times10^{-11}$	초/센티미터(s/cm)
전기용량	패럿(farad, F)	9×10^{11}	센티미터(cm)
자기장	테슬라(tesla, T)	10^4	가우스(gauss)
자속	베버(weber, Wb)	10^8	맥스웰(maxwell)
자기장(**H**)	암페어/미터(ampere/meter, A/m)	$4\pi\times10^{-3}$	외르스테드(oersted)
인덕턴스	헨리(henry, H)	$(1/9)\times10^{-11}$	초^2/센티미터(s^2/cm)

비오–사바르 법칙은 다음과 같다.

$$\mathbf{B} = \frac{\mu_0}{4\pi} I \int \frac{d\mathbf{l} \times \hat{\boldsymbol{\imath}}}{\imath^2} \quad \text{(국제단위계)} \tag{C.3}$$

$$\mathbf{B} = \frac{I}{c} \int \frac{d\mathbf{l} \times \hat{\boldsymbol{\imath}}}{\imath^2} \quad \text{(가우스단위계)} \tag{C.4}$$

여기에서 c는 빛의 속력이고 전류의 단위는 esu/s이다. 이 가우스단위계의 자기장 단위 **가우스**(gauss)는 우리가 늘 쓴다. 우리는 볼트, 암페어, 헨리 등(모두 국제 단위계의 양이다)을 말하지만, 왠지 자기장은 가우스(가우스 단위계의 양이다)로 잰다; 국제단위계의 자기장 단위는 **테슬라**(tesla)(10^4 가우스)이다.

가우스단위계의 좋은 점은 전기장과 자기장의 차원이 같다는 것이다 (원리상으로는 전기장도 가우스 단위로 잴 수 있으나 아무도 그렇게 하지 않는다). 따라서, 앞에서 쓴 로런츠 힘 법칙

$$\mathbf{F} = q(\mathbf{E} + \mathbf{v} \times \mathbf{B}) \quad \text{(국제단위계)} \tag{C.5}$$

표 C.2 국제단위계와 가우스단위계에서의 기본방정식

	국제단위계	가우스단위계
맥스웰 방정식		
일반	$\begin{cases} \nabla\cdot\mathbf{E}=\frac{1}{\epsilon_0}\rho \\ \nabla\times\mathbf{E}=-\partial\mathbf{B}/\partial t \\ \nabla\cdot\mathbf{B}=0 \\ \nabla\times\mathbf{B}=\mu_0\mathbf{J}+\mu_0\epsilon_0\partial\mathbf{E}/\partial t \end{cases}$	$\nabla\cdot\mathbf{E}=4\pi\rho$ $\nabla\times\mathbf{E}=-\frac{1}{c}\partial\mathbf{B}/\partial t$ $\nabla\cdot\mathbf{B}=0$ $\nabla\times\mathbf{B}=\frac{4\pi}{c}\mathbf{J}+\frac{1}{c}\partial\mathbf{E}/\partial t$
물질 속	$\begin{cases} \nabla\cdot\mathbf{D}=\rho_{\text{자유}} \\ \nabla\times\mathbf{E}=-\partial\mathbf{B}/\partial t \\ \nabla\cdot\mathbf{B}=0 \\ \nabla\times\mathbf{H}=\mathbf{J}_{\text{자유}}+\partial\mathbf{D}/\partial t \end{cases}$	$\nabla\cdot\mathbf{D}=4\pi\rho_{\text{자유}}$ $\nabla\times\mathbf{E}=-\frac{1}{c}\partial\mathbf{B}/\partial t$ $\nabla\cdot\mathbf{B}=0$ $\nabla\times\mathbf{H}=\frac{4\pi}{c}\mathbf{J}_{\text{자유}}+\frac{1}{c}\partial\mathbf{D}/\partial t$
D와 H		
정의	$\begin{cases} \mathbf{D}=\epsilon_0\mathbf{E}+\mathbf{P} \\ \mathbf{H}=\frac{1}{\mu_0}\mathbf{B}-\mathbf{M} \end{cases}$	$\mathbf{D}=\mathbf{E}+4\pi\mathbf{P}$ $\mathbf{H}=\mathbf{B}-4\pi\mathbf{M}$
선형매질	$\begin{cases} \mathbf{P}=\epsilon_0\chi_{\text{전기}}\mathbf{E}, \quad \mathbf{D}=\epsilon\mathbf{E} \\ \mathbf{M}=\chi_{\text{자기}}\mathbf{H}, \quad \mathbf{H}=\frac{1}{\mu}\mathbf{B} \end{cases}$	$\mathbf{P}=\chi_{\text{전기}}\mathbf{E}, \quad \mathbf{D}=\epsilon\mathbf{E}$ $\mathbf{M}=\chi_{\text{자기}}\mathbf{H}, \quad \mathbf{H}=\frac{1}{\mu}\mathbf{B}$
로런츠 힘법칙	$\mathbf{F}=q(\mathbf{E}+\mathbf{v}\times\mathbf{B})$	$\mathbf{F}=q\left(\mathbf{E}+\frac{\mathbf{v}}{c}\times\mathbf{B}\right)$
에너지와 일률		
에너지	$U=\frac{1}{2}\int\left(\epsilon_0E^2+\frac{1}{\mu_0}B^2\right)d\tau$	$U=\frac{1}{8\pi}\int\left(E^2+B^2\right)d\tau$
포인팅 벡터	$\mathbf{S}=\frac{1}{\mu_0}(\mathbf{E}\times\mathbf{B})$	$\mathbf{S}=\frac{c}{4\pi}(\mathbf{E}\times\mathbf{B})$
라모 공식	$P=\frac{1}{4\pi\epsilon_0}\frac{2}{3}\frac{q^2a^2}{c^3}$	$P=\frac{2}{3}\frac{q^2a^2}{c^3}$

(이것은 국제단위계에서 E/B가 속도의 차원임을 보여준다)이 가우스 단위계에서는 다음과 같은 꼴이 된다.

$$\mathbf{F} = q\left(\mathbf{E} + \frac{\mathbf{v}}{c} \times \mathbf{B}\right) \quad \text{(가우스단위계)} \tag{C.6}$$

결국 자기장이 곱수 c만큼 커진 것이다. 이것은 전기와 자기가 구조적으로 같다는 것을 보다 뚜렷이 보여준다. 보기를 들어 전자기장에 저장된 총에너지는 가우스 단위계에서는 다음과 같은 꼴이 된다.

$$U = \frac{1}{8\pi}\int (E^2 + B^2)\, d\tau \quad \text{(가우스단위계)} \tag{C.7}$$

그러나 국제단위계에서 ϵ_0와 μ_0때문에 대칭성이 깨져서 다음과 같은 꼴이 된다.

$$U = \frac{1}{2}\int \left(\epsilon_0 E^2 + \frac{1}{\mu_0}B^2\right) d\tau \quad \text{(국제단위계)} \tag{C.8}$$

표 C.2는 두 단위계에서의 전기역학의 기본 공식 몇 가지를 보여준다. 여기에 없는 식과, 헤비사이드-로런츠 단위계에서의 공식은 다음 책의 부록에 더 완전한 표가 있다: J. D. Jackson, Classical Electrodynamics, 3판 (New York, John Wiley, 1999).[1]

1 국제단위계의 전기적 물리량에 대한 재미있는 '초보적' 설명은 다음을 보라: N. M. Zimmerman, *Am. J. Phys.* 66, 324 (1998); 역사에 관한 설명은 다음을 보라: L. Kowalski, *Phys. Teach.* 24, 97 (1986).

찾아보기

ㄱ

가속도장(acceleration field) 518
가시광 영역 445
가우스 곡면(Gaussian surface) 78
가우스 법칙(Gauss's law) 73, 75, 201, 636
가우스 정리(Gauss's theorem) 35
가위곱(cross product) 3
각운동량 415
각진동수(angular frequency) 435
갈릴레오 변환식(Galilean transformations) 587
갈릴레오 속도 덧셈규칙(Galileo's velocity addition rule) 574
감수율 텐서(susceptibility tensor) 213
강자성체(ferromagnet) 297
거시적(macroscopic) 199
게이지 변환(gauge transformation) 495
게이지 불변성(gauge invariance) 640
게이지 자유도(gauge freedom) 494
경계값 문제 214
경계조건(boundary condition) 58, 96, 133, 205, 277, 315
경계조건들 382
경계조건: 반사 438
경로적분(path integral) 27
계단함수(step function) 54
고르게 편극된 공 194, 200, 201
고유 가속도(proper acceleration) 618
고유속도 4-벡터(proper velocity 4-vector) 601
고유속도(proper velocity) 600
고유시간(proper time) 600
고유 전하밀도(proper charge density) 635
곡선좌표계 25, 43, 44, 271
곱셈규칙 22
공간같은(spacelike) 벡터 595
공간전하(space charge) 119
공명통(resonant cavity) 489
공변(covariant)벡터 594
관성 기준틀(inertial reference frame) 569
관찰점(field point) 10
교류 발전기(alternating generator) 347
교환력(exchange force) 324
구(spherical) 42
구면파(spherical wave) 487
군속도 483
군속도(group velocity) 471
굴절각(angle of refraction) 459
굴절계수(coefficient of refraction) 477
굴절률(index of refraction) 453
굴절 법칙(law of refraction) 460
그린 역진정리(Green's reciprocity theorem) 180

그린 정리(Green's identity) 62
그린 정리(Green's theorem) 35
극각(polar angle) 42
극성분자(polar molecule 189
급수 뒤집기(reversion of series) 559
기울기 15
기울기(gradient) 15
기울기의 기본정리(fundamental theorem for gradients) 33
기전력 336
기전력(electromotive force) 337

ㄴ

나눗셈 규칙 22
나쁜 도체 465
내부저항(internal resistance) 338
내부전반사(total internal reflection) 488
노이만 공식(Neumann formula) 360
뉴턴 제 1 법칙 569, 610
뉴턴 제 2법칙 411
뉴턴 제 3 법칙 405, 612
늘림(stretching) 185

ㄷ

다중극 전개식(multipole expansion) 168
단색(monochromatic) 445
단위벡터(unit vector) 4
달랑베르 연산자(d'Alembertian) 497
달랑베르 연산자(d'Alembertian operator) 640
대체 전기장(electric displacement) 202
대체전류(displacement current) 373, 381
대칭성 78, 79
대칭 텐서 632
델(del) 17
도체(conductor) 107, 185
도체 표면에서의 반사 468
도파관(wave guide) 478
돌림(rotating) 185
동시성 576
둘러싸인 전류(current enclosed) 258
뒤쪽 빛원뿔(backward light cone) 597
등가원리(principle of equivalence) 567
등방성(isotropic) 213
등속운동하는 점전하가 만드는 자기장 629
등속 운동하는 점전하가 만드는 전기장 624
등전위면(equipotential) 88
디랙 델타함수(Dirac delta function) 50
디리클레 정리(Dirichlet's theorem) 148

ㄹ

라모 공식(Larmor formula) 543
라플라스 방정식 91
라플라스 방정식(Laplace's equation) 92
라플라스 연산(Laplacian) 25
랑주뱅 공식(Langevin formula) 232
랑주뱅 방정식(Langevin equation) 231
랭뮤어 법칙(Child-Langmuir law) 119
레비-치비타 기호(Levi-Civita symbol) 325
렌츠 법칙(Lenz's law) 351
로드리그 공식(Rodrigues formula) 157
로런츠(Lorentz) 573
로런츠-로렌츠(Lorentz-Lorenz) 방정식 231
로런츠 변환식(Lorentz transformations) 588
로런츠 변환 행렬(Lorentz transformaion matrix) 593
로런츠 수축 575, 581, 584, 589
로런츠 수축(Lorentz contraction) 582
로런츠 힘 법칙 1, 14, 376, 27, 42, 49, 57, 65, 73, 100, 107, 127, 138, 145, 165, 185, 192, 201,

207, 233, 247, 253, 269, 297, 305, 311, 316, 348, 370, 384, 431, 399, 405, 444, 452, 491, 500, 464, 478, 527, 508, 545, 569, 551, 600, 619
로런츠 힘 법칙(Lorentz force law) 235
로렌츠 게이지 496, 497, 534, 640
르장드르 다항식(Legendre polynomial) 157
리나르트가 일반화한(Lineard's generalization) 549
리나르트-비케르트 전위 641
리나르트-비케르트 전위(Lienard-Wiechert potential) 512

ㅁ

마델룽 상수(Madelung constant) 103
마이스너 효과(Meissner effect) 389
마이컬슨(Michelson) 572
막대자석(bar magnet) 308
막대 전기 쌍극자(bar electret) 195
맥동별 563
맥스웰 방정식 376
맥스웰 방정식(Maxwell's equation) 265
맥스웰 변형력 텐서(Maxwell stress tensor) 407
맴돌이 전류(Eddy current) 343
메르츠바하 수수께끼(Merzbacher's puzzle) 388
면 적분 28
면전하 69, 94, 112
모함수 32
모함수(generating function) 168, 225
몰리(Morley) 572
몸 대각선(body diagonal) 7
문턱값(threshold) 641
물성 관계식 209
물성 관계식(constitutive relations) 381
물성방정식(constitutive equation) 317
미분꼴 가우스 법칙(Gauss's law in differential form) 77
미소 변위 벡터(infinitesimal displacement vector) 9
미소 부피요소 44
미시적(microscopic) 199
미적분의 기본정리(fundamental theorem of calculus) 31
민코프스키 공간의 계량텐서(Minkowski metric) 594
민코프스키 그림(Minkowski diagram) 597
민코프스키 힘(Minkowski force) 613, 637

ㅂ

바른틀 운동량(canonical momentum) 499
바탕벡터(basis vector) 5
반대칭 2차텐서(anti-symmetric second-rank tensor) 632
반대칭 텐서 632
반 데 그라프(Van de Graaff) 337
반변(contravariant)벡터 594
반사각(angle of reflection) 459
반사계수(reflection coefficient) 457
반사 법칙(law of reflection) 459
반사율(reflectance) 457
반사 파동(reflected wave) 438
반자성(diamagnetism) 304
반자성체(diamagnet) 297
반전(inversion) 13
발광(emission) 572
발산 18, 253
발산(divergence) 19
발산의 기울기(the gradient of the divergence) 25

발산정리(divergence theorem) 35
발전기(generator) 339
방사(radiation) 527
방사감쇠(radiation damping) 554
방사압력(radiation pressure) 451
방사영역(radiation zone) 530
방사장(radiation field) 518
방사저항(radiation resistance) 534
방위각(azimuthal angle) 42
베타트론(betatron) 391
벡터(vector) 1
벡터곱(vector product) 4
벡터 넓이(vector area) 62, 280
벡터 연산자(vector operator) 18
벡터 전위(vector potential) 59, 269, 491, 639
변수 분리법(separation of variables) 145
변압기(transformer) 393
변위(displacement) 1
변형력(stress) 408
병진이동(translation) 13
보어 마그네톤(Bohr magneton) 291
보존(conserved) 604
보존력(conservative force) 27
보통 가속도(ordinary acceleration) 617
보통 속도(ordinary velocity) 600
보편적 선속규칙(universal flux rule) 350
복소 감수율(complex susceptibility) 474
복소수 표기법(Complex notation) 436
복소 유전상수(complex dielectric constant) 474
복소 유전율(complex permittivity) 474
복소 진폭(complex amplitude) 436
복소 파동함수(complex wave function) 436
볼츠만(Boltzmann) 인자 232
볼트(volt) 90
봉우리(central maximum) 434
부분적분(Integration by parts) 40
부피요소 48, 305
부피적분(volume integral) 27, 30
부피 전류 밀도(volume current density) 244
부피전하 69
분리 벡터(separation vector) 10
분산(dispersion) 470
분산계수(coefficient of dispersion) 477
분산 매질(dispersive medium) 470
분포(distribution) 51
불변(invariant) 594, 604
불변량 594, 600
불변 질량(invariant mass) 604
브루스터 각(Brewster's angle) 462
비발산장(divergence free field 또는 solenoidal field) 59
비스듬히 입사 457
비오-사바르 법칙(Biot-Savart law) 248, 507
비저항(resistivity) 329
비정상 분산(anomalous dispersion) 476
비제차 파동 방정식(inhomogeneous wave equation) 498
비회전장(curl-less field 또는 irrotational field) 59
빛같은(lightlike) 벡터 595
빛의 속력의 보편성 573
빠르기(rapidity) 595

ㅅ

사건(event) 586
4-벡터 595
4-벡터(4-vector) 593
4-벡터 전위(4-vector potential) 639
4-속도(4-velocity) 601
사이클로이드(Cycloid) 238

사이클로트론 공식(cyclotron formula) 235
사이클로트론 운동(cyclotron motion) 614
사이클로트론 진동수(cyclotron frequency) 237
사인파의 선형중첩(Linear combinations of sinusoidal waves) 437
사중극자(quadrupole) 166, 171, 280
4차원 기울기 연산자(four-dimensional gradient) 641
4차원 점곱(4-dimensional scalar product) 594
산란각(scattering angle) 608
삼중곱(triple product) 8
3차원 델타함수 54
3차원 라플라스 방정식 131
삼차원 파동 방정식(three-dimensional wave equation) 444
상대론적 동역학 610
상대론적 물성 방정식(relativistic constitutive relation) 643
상대론적 에너지(relativistic enaegy) 603
상대론적 운동량(relativistic momentum) 603
상대론적 운동학 605
상대론적 전위 639
상대론적 질량(relativistic mass) 603
상대성 원리 573
상대성 원리(principles of relativity) 569
상대 유전율(relative permittivity) 208
상대 투자율(relative permeability) 317
상자성(paramagnetism) 299
상자성체(paramagnet) 297
상전이(phase transition) 323
상호대칭성(reciprocity) 571
상호성(reciprocity) 349
상호 인덕턴스(mutual inductance) 359
샘(source) 19
서 있는 전하 85
선속(flux) 27, 74
선속규칙(flux rule) 341
선속규칙 역설(flux rule paradox) 342
선속 밀어내기(flux exclusion) 389
선적분(line integral) 27
선전하 69
선전하가 만드는 전기장 70
선편광(linearly polarized) 443
선형(linear) 434
선형매질(linear medium) 317
선형 유전체(linear dielectrics) 208
세계선(world line) 597
세기(intensity) 451
소멸점(sink) 19
소멸파(evanescent wave) 488
속도장(velocity field) 518
속박전류 305
속박전류(bound current) 307
속박전하 192
속박전하(bound charge) 193
수직 도함수(normal derivative) 99
수직파(transverse wave) 442
순환(circulation) 38
숨은 운동량(hidden momentum) 617
스넬 법칙(Snell's law) 460
스칼라(scalar) 1
스칼라 곱(scalar product) 3
스칼라 전위(scalar potential) 58, 269, 491, 639
스토크스 정리 85, 211
스토크스 정리(Stokes' theorem) 37
시간같은(timelike) 벡터 595
시간반전에 대해 불변 503
시간상수(time constant) 336
시간지연(time dilation) 578
시공간 그림 597
시공간의 구조 574, 592
시험전하(test charge) 65

싱크로트론 방사(synchrotron radiation) 551
싸개(envelope) 471
쌍곡선 기하학 598
쌍곡선꼴 운동(hyperbolic motion) 514
쌍곡선 운동(hyperbolic motion) 611
쌍극자(dipole) 280
쌍극자가 만드는 자기장 173, 282
쌍극자 모멘트(dipole moment) 169, 186, 246, 529
쌍극자에 의한 전위 170
쌍대변환(duality transformation) 397
쌍둥이 역설(twin paradox) 580
쌍소멸(pair annihilation) 610

ㅇ

아브라함-로런츠 공식(Abraham-Lorentz formula) 553
아인슈타인 가설 569
아인슈타인 덧셈규약(Einstein's summation convention) 595
아인슈타인 속도 덧셈규칙(Einstein's velocity addition rule) 574
알벤 정리(Alfven's theorem) 395
암페어(ampere) 239
압전(piezoelectric) 결정 337
앙페르 고리(amperian loop) 257, 312, 354
앙페르 법칙(Ampere's law) 257, 311, 354, 372, 625
앞선 시각(advanced time) 503
앞선 전위(advanced potential) 503
앞쪽 빛원뿔(forward light cone) 597
양자(quantum) 606
언쇼 정리(Earnshaw's theorem) 132
에너지 보존법칙 401, 457
에너지-운동량 4-벡터(energy-momentum 4-vector) 603
에너지중심(center-of-energy) 615
에너지 흐름 402, 538
에너지 흐름 밀도(energy flux density) 402
에렌페스트 역설(Ehrenfest's paradox) 586
에발트-오신 소멸 정리(Ewald-Oseen extinction theorem) 453
에테르(ether) 571
에테르 끌림(ether drag) 572
에테르 바람 571
역기전력(back emf) 362
연산자 17
연속방정식 372, 399, 464, 635
연속방정식(continuity equation) 245
연속 전하분포 69
열전쌍(thermocouple) 337
영구자석(permanent magnet) 321
0벡터(zero vector) 4
영상법 218
영상법(method of images) 142
오른손 규칙(right-handed rule) 4
오른손 원편광(right circular polarization) 443
오른손 좌표계 6
오일러 공식(Euler's formula) 436
옴 법칙 329, 464
옴 법칙(Ohm's law) 330
완벽한 도체 465
완비성(completeness) 150
완전도체(perfect conductor) 329, 389
완전도함수(total derivative) 499
외르스테드 633
왼손 원편광(left circular polarization) 443
왼손 좌표계 6
운동 기전력(motional emf) 339, 420
운동량 4-벡터(momentum 4-vector) 603
운동량 보존 411

운동량 중심(center of momentum) 605
운동에너지(kinetic energy) 604
움직이는 점전하가 만드는 자기장 251
움직이는 점전하가 만드는 전자기장 514
원자 편극성(atomic polarizability) 186
원천전하(source charge) 65, 66, 89, 233
원천점(source point) 10
원통좌표계 47, 254
원편광 443
원환체(Toroid) 262
원환체 코일 358
위상(phase) 434
위상상수(phase constant) 434
위상속도(pahse velocity) 471
위치벡터(position vector) 9
위치 운동량(potential momentum) 500
유도된 쌍극자 185
유도전류 351
유도전하(induced charge) 107
유량(flux) 29
유일성 정리(uniqueness theorem) 133
유전상수(dielectric constant) 207, 208, 453
유전율(permittivity) 207, 208, 470
유전체(dielectrics) 185, 207
유전체 계의 에너지 220
2계 도함수 24
이력곡선(hysteresis loop) 322
이완법(method of relaxation) 130
2차원 라플라스 방정식 129
인과율(causality) 503, 599
인과율에서 벗어나는 점 497
인덕턴스(inductance) 361
일반화된 쿨롱 전기장(generalized Coulomb field) 518
일반화된 함수(generalized function) 51
일-에너지 정리(work-energy theorem) 611
1차원 라플라스 방정식 128
임계각(critical angle) 488
임의의 원천에서 나오는 전자기파 539
입사각(angle of incidence) 459
입사면(plane of incidence) 459
입사파동(incident wave) 438
입체각(solid angle) 548

ㅈ

자구(magnetic domain) 320
자기소거장(demagnetization field) 314
자기 감수율(magnetic susceptibility) 317
자기 스칼라 전위 276
자기 쌍극자 298
자기 쌍극자 모멘트(magnetic dipole moment) 280, 544
자기 쌍극자의 전자기파 방사 535
자기 역학비(magnetomechanical ratio) 290
자기유도(magnetic induction) 313
자기장(magnetic field) 58, 233
자기장 속의 에너지 365
자기 편극(magnetic polarization) 304
자기홀극(magnetic monopole) 266
자기 회전비(gyromagnetic ratio) 290
자성 297
자성체 속에서의 앙페르 법칙 311
자속밀도(flux density) 313
자유 전류(free current) 311, 381
자유전하(free charge) 201, 381, 464
자유전하만 312
자체 인덕턴스(self-inductance) 361
자체힘(self-force) 557
자하(magnetic charge) 266, 300
자화된다(magnetized) 297
자화밀도(magnetization) 304, 379, 419

장선(field line) 73, 267
저항(resistance) 332
저항(resistor) 330
전극(electrode) 331
전기 감수율(electric susceptibility) 208
전기 사중극자 544
전기 쌍극자(electric dipole) 165, 300
전기역학 329
전기용량(capacitance) 115, 212
전기장(electric field) 57, 67
전도도(conductivity) 329
전류(current) 239
전류밀도 4-벡터(current density 4-vector) 635
전위(electric potential) 87
전자기장 491
전자기파의 에너지 449
전파벡터(propagation vector) 448
전하를 옮기느라 한 일 100
전하보존법칙 399
절연체(insulator) 107, 185
점 쌍극자(point dipole) 170
점전하 분포의 에너지 101
접지(ground) 135
정상전류 302, 332
정상전류(steady current) 247
정상파(standing wave) 434
정자기 스칼라 전위(magnetostatic scalar potential) 271
정자기학(magnetostatics) 247
정자기학의 경계조건 315
정전기 압력(electrostatic pressure) 114
정전기학(electrostatics) 65, 66, 73, 100, 107, 247, 254
정전기학의 경계조건 205
정지 에너지(rest energy) 603
정지점(stationary point) 16
정지질량 622
제2정리(Green's second identity) 62
제동방사(braking radiation) 550
제피멩코 방정식 506
조화함수(harmonic functions 128
좋은 도체 465
주기(period) 435
준벡터(pseudovector) 14, 235
준스칼라(pseudoscalar) 14
준정적(quasistatic) 356
줄 가열 법칙(Joule heating law) 334
중첩원리 93, 233
중첩원리(superposition principle) 65
지연 시각(retarded time) 501
지연 전위(retarded potential) 501
직각좌표계 5, 145
직교성(orthogonality) 150
직교좌표계 45
직선전류 253
진공 유전율(permittivity of free space) 66, 208
진공 투자율(permeability of free space) 248
(permeability of vacuum) 318
진동수(frequency) 435
진동 자기 쌍극자 535
진폭(amplitude) 434
질량이 없는 입자 606
질량 재규격화(mass renormalization) 560
짝텐서(dual tensor) 634

ㅊ

차단 진동수(cutoff frequency) 482
초미세 갈라짐(hyperfine splitting) 292
초원뿔(hypercone) 597
초전도체(Superconductor) 389
축전기 114

충돌입자선(colliding beams) 610
층밀리기힘 408
침투 깊이(skin depth) 466

ㅋ

코사인 법칙(law of cosine) 3
코시 공식(Cauchy's formula) 477
콤프턴 산란 608
콤프턴 파장(Compton wavelength) 609
쿨롱 게이지 496
쿨롱 법칙 491
쿨롱 법칙(Coulomb's law) 66
퀴리점(Curie point) 323
크로네커 델타(Kronecker delta) 407
크로넥커 델타 181
클라우지우스-모소티(Clausius-Mossotti) 231

ㅌ

탄성(elastic) 충돌 608
터널링 488
테두리 장(fringing field) 224
테슬라(tesla: T) 248
테일러(Taylor) 585
텐서(tensor) 12
톰슨-램퍼드 정리(Thompson-Lampard theorem) 182
톰슨의 자기홀극(Thomson's monopole) 426
투과계수(transmission coefficient) 457
투과율(transmittance) 457
투과 파동(transmitted wave) 438
투명성(transparancy) 453
투자율(permeability) 317
특수 상대성 이론(special theory of relativity) 570

ㅍ

파동뭉치(wave packet) 471
파동 방정식(wave equation) 433
파동방정식의 가장 일반적인 해 434
파동벡터(wave vector) 448
파동속도(wave velocity) 471, 483
파수(wave number) 435
파인만 원반 역설 416
파장(wavelength) 435
팔중극자(octopole) 166
패러데이 발전기(Faraday dynamo) 343
패러데이 법칙(Faraday's law) 348, 350, 447, 480, 491, 637
패러데이 원반(Faraday disk) 343
패러데이 통(Faraday cage) 111
패럿(farad: F) 115
편광(polarization) 442, 474
편광각(polarization angle) 443
편광벡터(polarization vector) 442
편극된다(polarized) 186, 191
편극밀도(polarization) 191, 474
편극성 텐서(polarizability tensor) 188
편극전류(polarizatio current) 379
평면파 483
평면파(plane waves) 445
평행파(longitudinal wave) 442
평행판 축전기(parallel-plate capacitor) 115, 622
포인팅 벡터(Poynting vector) 402, 450, 542
포인팅 정리(Poynting's theorem) 402
포화되었다(saturated) 321
표류속도(drift velocity) 334
표면적분(surface integral) 27
표면 전류 밀도(surface current density) 243
푸리에 변환 438, 486
푸리에 사인 급수 148

푸리에 요령(Fourier's trick) 148
푸아송 방정식(Poisson's equation) 91, 92, 127, 496
풀러린(Buckminsterfullerine) 177
프레넬 공식(Fresnel's equation) 461
플라스마(plasma) 284
플랑크 상수(Planck's constant) 607
핀치 효과(pinch effect) 284
핏제랄드(Fitzgerald) 573

ㅎ

행렬 592
헛간과 사다리 역설 583
헤르츠 372
헤비사이드(Oliver Heaviside) 520
헨리(Henry) 361
헬름홀츠 정리(Helmholtz theorem) 58
헬름홀츠 코일(He1mholtz coil) 287
홀극(monopole) 166, 280
홀전압(Hall voltage) 284
홀효과(Hall effect) 284
회전(curl) 20, 21, 253
회전 대칭성(azimuthal symmetry) 156
회전의 기본정리 37
휠러(Wheeler) 585
흐름도함수(convective derivative) 499
흡수계수(absorption coefficient) 475
흩어지기 계(dissipative system) 223

B

BAC-CAB 8

E

emf 338

T

TEM(transverse electric and magnetic: 수직 전자기장)파 480
TE(transverse electric: 수직 전기장)파 480
TM(transverse magnetic: 수직 자기장)파 480

■ 역 자

김진승 (jin@jbnu.ac.kr)
전북대학교, 물리학과(명예교수)

기초전자기학 5판

초판 1쇄 인쇄 2025년 3월 5일
초판 1쇄 발행 2025년 3월 10일

저 자 David J. Griffiths
역 자 김 진 승
발행자 조 승 식
발행처 (주) 도서출판 북스힐

등 록 제22-457호(1998년 7월 28일)
주 소 서울시 강북구 한천로 153길 17
홈페이지 www.bookshill.com
전자우편 bookshill@bookshill.com
전 화 (02) 994-0071
팩 스 (02) 994-0073

값 34,000원
ISBN 979-11-5971-668-3

*잘못된 책은 구입하신 서점에서 바꿔 드립니다.

전자기의 기본방정식

맥스웰 방정식

일반적:

$$\begin{cases} \nabla \cdot \mathbf{E} = \dfrac{1}{\epsilon_0}\rho \\ \nabla \times \mathbf{E} = -\dfrac{\partial \mathbf{B}}{\partial t} \\ \nabla \cdot \mathbf{B} = 0 \\ \nabla \times \mathbf{B} = \mu_0 \mathbf{J} + \mu_0 \epsilon_0 \dfrac{\partial \mathbf{E}}{\partial t} \end{cases}$$

물질 속:

$$\begin{cases} \nabla \cdot \mathbf{D} = \rho_{\text{자유}} \\ \nabla \times \mathbf{E} = -\dfrac{\partial \mathbf{B}}{\partial t} \\ \nabla \cdot \mathbf{B} = 0 \\ \nabla \times \mathbf{H} = \mathbf{J}_{\text{자유}} + \dfrac{\partial \mathbf{D}}{\partial t} \end{cases}$$

보조장

정의:

$$\begin{cases} \mathbf{D} = \epsilon_0 \mathbf{E} + \mathbf{P} \\ \mathbf{H} = \dfrac{1}{\mu_0}\mathbf{B} - \mathbf{M} \end{cases}$$

선형 매질:

$$\begin{cases} \mathbf{P} = \epsilon_0 \chi_{\text{전기}} \mathbf{E}, \quad \mathbf{D} = \epsilon \mathbf{E} \\ \mathbf{M} = \chi_{\text{자기}} \mathbf{H}, \quad \mathbf{H} = \dfrac{1}{\mu}\mathbf{B} \end{cases}$$

전위

$$\mathbf{E} = -\nabla V - \frac{\partial \mathbf{A}}{\partial t}, \qquad \mathbf{B} = \nabla \times \mathbf{A}$$

로런츠 힘 법칙

$$\mathbf{F} = q(\mathbf{E} + \mathbf{v} \times \mathbf{B})$$

에너지, 운동량, 일률

에너지: $U = \dfrac{1}{2}\displaystyle\int \left(\epsilon_0 E^2 + \frac{1}{\mu_0} B^2\right) d\tau$

운동량: $\mathbf{P} = \epsilon_0 \int (\mathbf{E} \times \mathbf{B})\, d\tau$

포인팅 벡터: $\mathbf{S} = \dfrac{1}{\mu_0}(\mathbf{E} \times \mathbf{B})$

라모어 공식: $P = \dfrac{\mu_0}{6\pi c} q^2 a^2$

기본 상수

$\epsilon_0 = 8.85 \times 10^{-12}\,\mathrm{C^2/Nm^2}$ (진공 유전율)

$\mu_0 = 4\pi \times 10^{-7}\,\mathrm{N/A^2}$ (진공 투자율)

$c = 3.00 \times 10^8\,\mathrm{m}/s$ (빛의 속력)

$e = 1.60 \times 10^{-19}\,\mathrm{C}$ (전자의 전하)

$m = 9.11 \times 10^{-31}\,\mathrm{kg}$ (전자의 질량)

구와 원통 좌표계

구좌표계

$$\begin{cases} x = r\sin\theta\cos\phi \\ y = r\sin\theta\sin\phi \\ z = r\cos\theta \end{cases} \qquad \begin{cases} \hat{\mathbf{x}} = \sin\theta\cos\phi\,\hat{\mathbf{r}} + \cos\theta\cos\phi\,\hat{\boldsymbol{\theta}} - \sin\phi\,\hat{\boldsymbol{\phi}} \\ \hat{\mathbf{y}} = \sin\theta\sin\phi\,\hat{\mathbf{r}} + \cos\theta\sin\phi\,\hat{\boldsymbol{\theta}} + \cos\phi\,\hat{\boldsymbol{\phi}} \\ \hat{\mathbf{z}} = \cos\theta\,\hat{\mathbf{r}} - \sin\theta\,\hat{\boldsymbol{\theta}} \end{cases}$$

$$\begin{cases} r = \sqrt{x^2+y^2+z^2} \\ \theta = \tan^{-1}\left(\sqrt{x^2+y^2}/z\right) \\ \phi = \tan^{-1}(y/x) \end{cases} \qquad \begin{cases} \hat{\mathbf{r}} = \sin\theta\cos\phi\,\hat{\mathbf{x}} + \sin\theta\sin\phi\,\hat{\mathbf{y}} + \cos\theta\,\hat{\mathbf{z}} \\ \hat{\boldsymbol{\theta}} = \cos\theta\cos\phi\,\hat{\mathbf{x}} + \cos\theta\sin\phi\,\hat{\mathbf{y}} - \sin\theta\,\hat{\mathbf{z}} \\ \hat{\boldsymbol{\phi}} = -\sin\phi\,\hat{\mathbf{x}} + \cos\phi\,\hat{\mathbf{y}} \end{cases}$$

원통좌표계

$$\begin{cases} x = s\cos\phi \\ y = s\sin\phi \\ z = z \end{cases} \qquad \begin{cases} \hat{\mathbf{x}} = \cos\phi\,\hat{\mathbf{s}} - \sin\phi\,\hat{\boldsymbol{\phi}} \\ \hat{\mathbf{y}} = \sin\phi\,\hat{\mathbf{s}} + \cos\phi\,\hat{\boldsymbol{\phi}} \\ \hat{\mathbf{z}} = \hat{\mathbf{z}} \end{cases}$$

$$\begin{cases} s = \sqrt{x^2+y^2} \\ \phi = \tan^{-1}(y/x) \\ z = z \end{cases} \qquad \begin{cases} \hat{\mathbf{s}} = \cos\phi\,\hat{\mathbf{x}} + \sin\phi\,\hat{\mathbf{y}} \\ \hat{\boldsymbol{\phi}} = -\sin\phi\,\hat{\mathbf{x}} + \cos\phi\,\hat{\mathbf{y}} \\ \hat{\mathbf{z}} = \hat{\mathbf{z}} \end{cases}$$